汉语主题词表

CHINESE THESAURUS

工程技术卷

第X册 轻工业、手工业、生活服务业

中国科学技术信息研究所 编

U0349316

科学技术文献出版社

SCIENTIFIC AND TECHNICAL DOCUMENTATION PRESS

·北京·

图书在版编目（CIP）数据

汉语主题词表. 工程技术卷. 第10册，轻工业、手工业、生活服务业 / 中国科学技术信息研究所编. — 北京：科学技术文献出版社，2014.9
　ISBN 978-7-5023-9056-3

　Ⅰ.①汉…　Ⅱ.①中…　Ⅲ.①《汉语主题词表》　②轻工业—《汉语主题词表》　③手工业—《汉语主题词表》　④服务业—《汉语主题词表》　Ⅳ.① G254.242

中国版本图书馆 CIP 数据核字（2014）第 127947 号

汉语主题词表（工程技术卷）　第 X 册　轻工业、手工业、生活服务业

策划编辑：周国臻　　　　　　责任编辑：周国臻　杨俊妹　　　　　　责任出版：张志平

出　版　者　科学技术文献出版社
地　　　址　北京市复兴路15号　邮编　100038
编　务　部　（010）58882938，58882087（传真）
发　行　部　（010）58882868，58882874（传真）
邮　购　部　（010）58882873
官方网址　www.stdp.com.cn
发　行　者　科学技术文献出版社发行　全国各地新华书店经销
印　刷　者　北京时尚印佳彩色印刷有限公司
版　　　次　2014 年 9 月第 1 版　2014 年 9 月第 1 次印刷
开　　　本　880×1230　1/16
字　　　数　1786千
印　　　张　59.75
书　　　号　ISBN 978-7-5023-9056-3
定　　　价　298.00元

顾　问　（按姓名笔划排序）

卜书庆　国家图书馆

马张华　北京大学信息管理系

王启慎　中国科学技术信息研究所

王建雄　中国科学技术信息研究所

司　莉　武汉大学信息管理学院

白光武　中国科学技术信息研究所

关家麟　中国科学技术信息研究所

孙伯庆　中国化工信息中心

吴家栖　交通运输部科学研究院

张　涵　北京大学信息管理系

汪东波　国家图书馆

苏新宁　南京大学信息管理学院

邱祖斌　中国航空工业发展研究中心

陈树年　华东理工大学科技信息研究所

周铁生　国家安全生产监督管理总局信息研究院

侯汉清　南京农业大学信息管理系

赵建华　军事科学院战争理论和战略研究部

赵建国　军事科学院战争理论和战略研究部

贾君枝　山西大学经济与管理学院

钱起霖　中国科学技术信息研究所

曹树金　中山大学资讯管理学院

龚昌明　中国国防科技信息中心

曾新红　深圳大学图书馆

鲍绵福　工业和信息化部电子科学技术情报研究所

戴维明　南京政治学院训练部

《汉语主题词表(工程技术卷)》
编制人员及编制单位名单

主　　编　贺德方

副 主 编　乔晓东　曾建勋

编制人员　（按姓氏笔划排序）

于秀春	马　恩	马　骏	马　捷	马　然	马占营	马红妹	毛笑菲	王　波	王　星
王　琳	王立学	王国田	王俊海	王冠华	王晓云	王晰巍	付　静	付天香	史宇清
田　峰	石荣珺	乔晓东	任超超	伍莹乐	刘　伟	刘　佳	刘双双	刘建平	刘羿彤
危　红	孙伯庆	孙清玉	朱连花	吴东敏	吴家栖	吴雯娜	宋培彦	宋朝彝	张　亚
张　明	张　洁	张　鹏	张向先	张玎玎	张劲松	张洁雪	张海涛	张逢升	张逸群
李　芳	李　岩	李青华	李春萌	李海军	杨代庆	肖　东	邱凤鸣	陆险峰	陈　永
陈　磊	陈干山	陈必武	陈树年	陈惠兰	周　冰	周　杰	周法宪	周铁生	周紫君
林　峥	武　帅	武　洁	武晓峰	范增杰	范慧慧	郑　丹	郑　敏	郑晓云	郑燕华
金　敏	侯健菲	姜静华	洪　建	胡　滨	胡晓辉	贺德方	赵　捷	赵红哲	赵金玉
郝叶丽	饶黄裳	唐　晔	夏佩福	徐晓焰	敖雪蕾	顾德南	高依旻	高英军	高碧红
常　春	盖　葳	盛苏平	黄　敏	黄　微	龚昌明	彭　佳	曾建勋	曾雅萍	蒋　艳
韩丽影	鲍　静	鲍秀林	潘　峰						

编制单位及人员

中国科学技术信息研究所（贺德方　乔晓东　曾建勋　吴雯娜　常　春　鲍秀林　张逸群
　　　　　　　　　　　　　高碧红　王　星　王　琳　郝叶丽　宋培彦　张　鹏　赵　捷
　　　　　　　　　　　　　盛苏平　刘　伟　胡　滨　王立学　杨代庆　周　杰）

吉林大学管理学院（马　捷　刘　佳　张海涛　黄　微　张向先　王晰巍）

中国计量科学研究院（刘羿彤　潘　峰　张　明）

国家安全生产监督管理总局信息研究院（张逢升　刘双双　周铁生）

冶金工业信息标准研究院（顾德南　付　静　李春萌　王俊海　马占营）

华东理工大学科技信息研究所（李青华　马　然　陈树年　盖　葳　朱连花　郑　敏）

中国核科技信息与经济研究院（赵红哲　马　恩　武　洁）

中国国防科技信息中心（韩丽影　龚昌明　李　岩　武　帅　王晓云　马红妹）

上海交通大学图书馆（夏佩福　陈必武　范慧慧　黄　敏　姜静华　郑燕华　张　洁
　　　　　　　　　　　彭　佳　李　芳　敖雪蕾）

工业和信息化部电子科学技术情报研究所（范增杰　鲍　静　张洁雪　伍莹乐　赵金玉
　　　　　　　　　　　于秀春）

中国化工信息中心（陆险峰　李海军　张劲松　张玎玎　孙伯庆）

东华大学图书馆（陈惠兰　刘建平　邱凤鸣　陈　磊）

亚太建设科技信息研究院（宋朝彝　陈干山　郑　丹　石荣珺　田　峰　周法宪　王国田
　　　　　　　　　　　陈　永）

河海大学图书馆（吴东敏　孙清玉　武晓峰　林　峥　洪　建　周　冰　付天香　蒋　艳
　　　　　　　　　肖　东　胡晓辉　史宇清　高依旻）

交通运输部科学研究院（周紫君　吴家栖　侯键菲　张　亚　饶黄裳）

中国航空工业发展研究中心（曾雅萍　王　波　任超超　高英军　马　骏）

同济大学图书馆（危　红　王冠华　唐　晔　金　敏　毛笑菲　郑晓云　徐晓焰）

审核人员

钱起霖（中国科学技术信息研究所）

陈树年（华东理工大学科技信息研究所）

鲍绵福（工业和信息化部电子科学技术情报研究所）

龚昌明（中国国防科技信息中心）

邱祖斌（中国航空工业发展研究中心）

吴家栖（交通运输部科学研究院）

吴雯娜（中国科学技术信息研究所）

曾雅萍（中国航空工业发展研究中心）

刘建平（东华大学图书馆）

顾德南（冶金工业信息标准研究院）

吴东敏（河海大学图书馆）

鲍　静（工业和信息化部电子科学技术情报研究所）

鲍秀林（中国科学技术信息研究所）

周紫君（交通运输部科学研究院）

王乃洪（中国航天系统科学与工程研究院）

孙伯庆（中国化工信息中心）

软件设计人员

王　星　刘敏健　赵　捷　杨彦芳　高　岩（中国科学技术信息研究所）

前　　言

　　《汉语主题词表》是我国第一部大型综合性叙词表，1980年6月由中国科学技术情报研究所（现中国科学技术信息研究所）作为主持单位编制、科学技术文献出版社出版，包括自然科学和社会科学领域，共收词汇 108 568 个。《汉语主题词表》是我国情报界与图书馆界20世纪70年代集体协作的智慧结晶。由于它覆盖各个学科专业，收词量大，编制体例规范，主题标引规则通用性强，推动了我国主题标引工作的开展，在促进计算机文献数据库的建立，以及专业叙词表的编制、发展与完善方面，都发挥了极为重要的作用，于1985年获得国家科学技术进步二等奖。1991年5月，中国科学技术信息研究所对自然科学部分进行了修订与增补，出版了《汉语主题词表（自然科学增订本）》。增订后主表共收录主题词81 198条，其中正式主题词68 823条，非正式主题词12 375条。

　　从20世纪90年代末开始，信息网络技术在世界范围内得到普及和应用，以谷歌、百度为代表的网络搜索引擎，逐渐发展成为网络时代主流的信息检索方式。随着数字信息资源的快速增加，网络检索面临严重的检全和检准问题，很多目标信息被淹没在海量信息之中，很多知识被隐藏于数据冗余之间，解决这些问题需要有大型叙词表作为基础工具来强化知识系统建设、深化数据处理和挖掘，推进知识的组织与服务。

　　鉴于《汉语主题词表》对我国情报检索语言发展的历史贡献，以及图书情报界对网络环境下新型《汉语主题词表》的期待，中国科学技术信息研究所于2009年启动了《汉语主题词表（工程技术卷）》的重新编制工作。4年来，我们收集与加工了包括文献关键词、用户检索词、各类百科全书、专业术语、相关专业及综合叙词表等词汇资源；建立了收词量达400万条的中文基础词库；研究了词汇概念的分类方法；构建了概念与文献导航的分类体系；开发了适用于网络环境的叙词表协同编制与管理平台；在广泛征集用户意见，充分论证叙词表机器应用模式的基础上，面向数字信息资源组织，制定了《汉语主题词表》编制手册；联合国内十几家工程技术领域图书情报机构上百名专家，分领域开展专业术语选词工作，对专业概念进行归类与同义词归并、关系建立、类目划分、审定英文，并增加参考注释等工作。在大家共同努力下，《汉语主题词表（工程技术卷）》的重新编制工作历经4年完成，如期出版。

　　考虑到《汉语主题词表》需要满足网络环境下知识组织与数据处理的需要，《汉语主题词表（工程技术卷）》加大了收词量，共收录优选词19.6万条，非优选词16.4万条；等同率从0.18提高到0.84。属分参照度为2.14，相关参照度为0.63。《汉语主题词表（工程技术卷）》在体系结构、词汇术语、词间关系等方面，都得到改进和创新。同时建立了《汉语主题词表》服务系统，提供在线概念检索和辅助标引服务，通过可视化技术，展示各类概念关系。从工程技术诸多专业着手，正确地建立复杂的概念关系绝非易事，《汉语主题词表（工程技术卷）》

中相关细节之争论或缺陷尚有待于不断交流、完善和持续更新。

本次《汉语主题词表（工程技术卷）》的重新编制是新时期我国图书情报界全国性大协作工程的成果，是网络在线编制叙词表的协同示范。在此谨向参加编制工作的所有单位和个人以及参与论证和指导的研究单位和个人表示感谢。

《汉语主题词表》的建设和应用具有深厚的理论基础和应用前景，网络环境下《汉语主题词表》的应用和实践，既可以运用于资源组织与知识关联，也可以支撑知识展示与数据服务，通过有机地嵌入信息系统，实现基于《汉语主题词表》的机器标注和语义关联，直接应用到主题标引、智能检索、自动聚类、热点追踪、知识链接、术语服务、科研关系网络构建等多个方面。我们期待着一方面与业界同行继续推进《汉语主题词表》的基础建设和维护更新，另一方面期盼社会各界全面推进网络环境下《汉语主题词表》的应用实践，促进知识资源的有序组织和知识服务的深层发展，服务于学术界和社会大众。

《汉语主题词表（工程技术卷）》编委会
2014 年 4 月

目　录

编制说明

一、编制目的与过程

1. 目的与功能

1980 年，中国科学技术情报研究所（现中国科学技术信息研究所）和北京图书馆主编的《汉语主题词表》（以下简称《汉表》），由科学技术文献出版社出版，是国内第一部综合性大型叙词表。1991 年，中国科学技术情报研究所对《汉表》自然科学部分进行修订后出版。经过 20 多年的发展，叙词表作为重要的知识组织工具，无论是编制方式还是使用方法都发生巨大变化，同时，网络环境下数字信息资源的指数增长，大数据时代数据分析挖掘技术日臻完善，更加凸现对大型叙词表的应用需求，中国科学技术信息研究所于 2009 年立项，专门成立《汉表》项目组开始重新编制《汉语主题词表（工程技术卷）》（以下简称《汉表（工程技术卷）》。经过 4 年的时间，《汉表（工程技术卷）》于 2013 年全部完成并于 2014 年正式出版。重新编制的《汉表（工程技术卷）》收录了新概念、新术语，及时反映了科学技术的最新变化，吸取知识组织的新理论、新方法和新技术，完善了《汉表（工程技术卷）》的体系结构。既继承了传统叙词表的优势，又适应网络时代的发展，能够满足数字科研环境下对海量文本数据组织和挖掘的需求。

2. 编制过程

从 2009 年开始，《汉表》项目组采集加工各种语词资源，构建了 400 余万条术语的中文基础词库，包括多种中文叙词表、规范科技术语表、术语标准、专业词典、在线百科、文献作者关键词、网络用户检索词等。按照学科分类遴选出工程技术专业的科技术语 125 万条，形成候选词汇集，同步开发了适宜于多单位多用户在线协同修订的《汉表》编表平台。《汉表》项目组基于国家标准 GB/T 13190—1991《汉语叙词表编制规则》制定了"《汉表（工程技术卷）》编制手册"，之后参考 ISO 25964-1《信息与文献——叙词表及其与其他词表的互操作》国际标准以及近年来叙词表编制方面的最新研究成果进行改进，并基于《中国图书资料分类法》（第 4 版）（以下简称《资料法》）（第 4 版）建立了分类表。

2010 年，中国科学技术信息研究所组织 16 个单位参加《汉表（工程技术卷）》的编制工作，这些单位是吉林大学管理学院、中国计量科学研究院、国家安全生产监督管理总局信息研究院、冶金工业信息标准研究院、华东理工大学科技信息研究所、中国核科技信息与经济研究院、中国国防科技信息中心、上海交通大学图书馆、工业和信息化部电子科学技术情报研究所、中国化工信息中心、东华大学图书馆、亚太建设科技信息研究院、河海大学图书馆、交通运输部科学研究院、中国航空工业发展研究中心、同济大学图书馆。各单位在统一的编表平台上协同编制各自的专业叙词表，依据编制手册，对候选词库进行语词遴选、同义词归并及语词分类工作；并以概念为单位，构建概念间的等级关系和相关关系。

2012 年，将各参加单位按专业编制的叙词表逐步合并，解决合并中产生的概念冲突及逻辑关系错误。2013 年，对叙词表语词的关系进行全面审核，对优选词英文翻译、优选词分类进行逐一核查。2014 年初，全面完成《汉表（工程技术卷）》的最后审定并正式出版。

3. 主要参数与特点

《汉表（工程技术卷）》共收录优选词 19.6 万条，非优选词 16.4 万条，总词量 36 万条，叙词表结构更趋合理，相关指标有较大改善，其中：等同率为 0.84（非优选词数/优选词数）；属分参照度为 2.14[（属项词数＋分项词数）/优选词总数]；相关参照度为 0.63（参项词数/优选词总数）；无关联比为 0（无关联词数/优选词总数）。词族约 4300 个，平均每个词族含有 46 个概念，词族层级主要分为 2～5 层。为了实现跨语言应用，每个优选词都配备一个或一个以上对应的英文译名。

《汉表（工程技术卷）》的主要特点有：①充分考虑网络环境下叙词表的编制和应用特征，等同率高，收录的概念量远多于以往版本，1980 年出版的《汉表》收录正式主题词 91 158 条，非正式主题词 17 410 条，共计 108 568 条；1991 年修订出版的《汉语主题词表（自然科学增订本）》，收录自然科学领域的语词共 81 198 条，其中正式主题词 68 823 条，非正式主题词 12 375 条。②基于文献数据库，全面考虑词频信息的作用，贯彻用户保障原则，兼顾术语规范性。③基于语义计算、共现聚类等技术，促进词间关系的建立，语义关联更为紧密。④基于《中国图书资料分类法》，全面修订和重新编制分类表，基本具备分类主题一体化应用功能，形成分类表—基础词库—概念的体系结构。⑤印刷版与网络版同时出版，形成人机两用的知识表达工具，适应用户的多样化需求。

4. 维护机制与方法

叙词表维护是叙词表生存和发展的基础。中国科学技术信息研究所在重新编制《汉表（工程技术卷）》的同时，本着用户参与维护的原则，建立《汉表》维护更新平台。首先，研制叙词表编制的计算机辅助技术，实现对新词的发现和推荐，术语的自动归类、概念相关性计算以及中英文翻译的自动推荐，对词和词间关系进行动态维护。其次，构建基于网络的叙词表协同编制软件，为专业人员进行叙词表的维护提供规范、统一的工作平台。再次，《汉表》服务系统提供网络化、交互式、可视化的维护功能，在网上进行维护工作，普通网络用户和专业标引人员可以便捷地在网上提出新增概念术语，建立或修订相应的词间关系，或者上传对现有术语的修订意见，为叙词表维护提供参考。叙词表维护人员既可以将修订内容分发给不同的编制者进行讨论，也可以将修订内容在总体叙词表环境下进行显示和检查，理顺新的词间关系，核实所有互逆概念，剔除或调整已有的相同或相近概念。

与此同时，《汉表》服务系统将向广大社会公众和科研人员提供基于知识学习的术语检索服务，为相关信息机构提供在线标引服务。《汉表（工程技术卷）》竭诚为数字内容产业机构、图书情报机构等提供基于机器使用的应用服务，希望相关部门和单位与我们联系使用《汉表（工程技术卷）》的授权事宜。

二、编制方法

1. 选词原则与范围

《汉表（工程技术卷）》在遵循叙词表基本选词原则基础上，强化了以下两条原则：①词频相关度原则。具有较高词频的专业概念所对应的语词是叙词表的首要候选词，综合考虑词语规范性、用户使用偏好等信息，共同确定候选概念语词。②专业相关度原则。以工程技术领域为主，语词按专业相关度从高到低进行筛选，凡与本专业密切相关的、科研生产中迫切需要的重要语词概念入选本专业领域语词。

依照汉语词类的特点，《汉表（工程技术卷）》选词以名词和名词性词组为主，主要是文献主题中用来表示相关事物及事物特征的各学科领域名词术语。另外，对主题概念起修饰作用的形容词也适当选入。主要有下列类型：

1）工程技术领域的普通名词术语。例如：

载重汽车、金属材料、跟踪雷达等。

2）表示事物的性质、现象、状态的语词。例如：

耐久性、放电、非均相、额定载荷、循环等。

3）表示工作、工艺过程、方法的语词。例如：

加压、统计、测量、维修、结构试验、无损探伤等。

4）表示学科、理论、定理、原理等名词术语。例如：

软件工程学、合金理论、感光原理、菲涅尔定律等。

5）表示通用数量、数值、形状、尺寸的语词。例如：

余量、差值、初始值、球型、高度、厚度等。

6）表示通用时间、地点、方位的语词。例如：

高峰期、顶部、区域、方向、位置、斜向等。

7）表示通用文献类型、信息载体的语词。例如：

手册、说明书、缩微胶片、音视频产品、电子书等。

2．等同关系建立方法

在自然语言语词或众多的关键词中，有许多词形不同然而含义却完全相同或非常接近的情况，如："计算机"与"电脑"，"自行车"、"单车"与"脚踏车"等。《汉表》将同义词群中的一个词频较高的规范化语词选作优选词，其他词作为非优选词纳入词表，与优选词建立等同关系，提供由非优选词到对应的优选词的途径。在叙词表中，优选词与非优选词是一对一或一对多的同义词组或准同义词组，《汉表》使用"Y"、"D"等同关系指引符号，Y 指向优选词，D 指向非优选词。

（1）等同关系类型

1）完全同义词。例如：

混凝土
　　D 砼

2）准同义词或近义词。例如：

合金学
　　D 合金理论

3）部分反义词。例如：

粗糙度
　　D 光滑度

4）专指词与泛指词。例如：

电动汽车
　　D 电动两门汽车

（2）优选词的选定

优选词选定遵循下列基本原则：①依据叙词表所欲覆盖的学科范围、专业范围，结合被标引文献的特点、检索系统类型以及信息用户的需求进行选定。②依据科学性、实用性和时效性原则进行选词。选定的优选词应是各个学科领域内经常出现的、通用的、能准确表达科学概念、具有主题聚类功能的语词。③选定的优选词，必须是概念明确、一词一义、词形简练。不得选用概念容易混淆、词义不清的词语作为优选词。当某优选词在不同学科领域有不同的内涵时，应采取各种措施加以区分、限定。④选定的优选词应具广泛的通用性，并具有规范的表达形式。当一个主题概念有多种表述形式时，应选择其中较通用、较规范的作为优选词。⑤选定的优选词应符合汉语的构词特点。在词形上符合作为语词标识的要求，并尽量选用便于字面成族的词。⑥选定的优选词应尽量同国内外叙词表相兼容。

（3）优选词选择方法举例

1）选择专业、行业内较为通用的词作优选词。例如：

混凝土施工（优选词）
　砼工程（非优选词）
　砼施工（非优选词）
　混凝土工程施工（非优选词）

2）一般选全称作优选词。但当简称更为通行且含义清晰时，也可选简称作优选词。例如：

热力发动机（优选词）
　热机（非优选词）

光纤（优选词）
　光导纤维（非优选词）

3）一般选新称作优选词。例如：

混凝土搅拌（优选词）
　砼搅拌（非优选词）

4）不同译名之间，选择较通用或意译名作优选词；外来语音译词已通用或被公认者，也可作优选词；包含有外文译名的词取通行的惯用译名作优选词。例如：

涡轮（优选词）
　透平（非优选词）

5）某些近义词之间，一般选择较为概括、通用的词作优选词。例如：

隔绝灭火（优选词）
　火区封闭（非优选词）

6）某些反义词之间，一般选择表示正面含义的词作优选词，但也有例外，主要视其侧重点而定。例如：

理想波导（优选词）
　非理想波导（非优选词）

非均质流体（优选词）
　均质流体（非优选词）

7）某些专指词与泛指词之间，用泛指词代替专指词作优选词。例如：

穿甲枪弹（优选词）

　穿甲燃烧枪弹（非优选词）

　穿甲燃烧曳光枪弹（非优选词）

3. 等级关系建立方法

　　等级关系，是指上位优选词和下位优选词之间的关系，亦称属分关系。其反映词间等级关系的结构形式，是叙词表与一般词汇表或词典的主要区别之一。建立等级关系的目的是为文献标引与情报检索提供族性检索的需要。汉语叙词表中，词间的等级关系符号有："S（属）"、"F（分）"和"Z（族）"。

　　"S"是上位优选词的指引符，用在下位优选词之上，指出它的上位优选词；

　　"F"是下位优选词的指引符，用在上位优选词之下，指出它的下位优选词；

　　"Z"是族首词的指引符，用在依等级关系构成一族的、除族首词及族首词的直接下位词之外的其他优选词下，指出它所属词族的族首词。

（1）等级关系类型

　　等级关系主要类型为属种关系，也包含少量整体与部分关系、概念与实例关系。属种关系是叙词表内反映词间等级关系的主要类型。两个概念的外延具有包含关系，是建立属种关系的基础。判断两个概念的外延是否真正存在包含关系的判别式如下：

　　上述判别式自下而上是"全部是……"，自上而下是"部分是……"。符合这个判别式的两个优选词的外延，具有包含关系，可以构成属种关系。因此，"透镜"和"目镜"之间可以构成属种关系。

　　凡是不符合这个判别式的两个优选词，其外延不具有包含关系，不能构成等级关系。例如：

　　此例中，自下而上是"有些纸是包装材料"，自上而下为"有些包装材料是纸"，不符合上述判别式。因此，"包装材料"与"纸"不能构成等级关系。如果是"包装纸"，则与"包装材料"可以构成等级关系。

　　事物的整体与部分之间，在概念的外延上不存在包含关系，因而一般不构成等级关系。例如："发动机"与"汽车"是两个不同概念，它们的外延不具有包含关系，不能构成等级关系。但在某些特殊情况下，为满足族性检索的需要，特定的整体与部分关系可以作为等级关系处理。以下几种整体与部分关系可以作为属分关系处理。

　　1）地理区域之间。例如：

外海区域

　S 海域

2）某些组织机构与其下属机构之间。例如：

计量机构
　F　计量科学研究所

3）学科及其分支，事物及其组成部分之间。例如：

计算机科学
　F　软件工程学
　　　计算机图形学

（2）族首词选定规则与参照关系

族首词是一族词中能概括该词族的最上位词，即只有分项没有属项。在具有等级关系的一群优选词中，一般可根据检索系统需要，选定具有实际族性检索意义的词作为族首词。族首词可以是某一学科专业内能形成独立专题，或是某专题中主要研究对象、研究方法及设备仪器的类称词。一个词族的大小，应根据实际检索需要而定。选定的族首词，不能在其他优选词的分项中出现。如果必须出现，则该词不能选作族首词。

每条优选词的族首词用指引符"Z"指引。例如：

高层钢结构
　S　建筑金属结构
　Z　建筑结构

4. 相关关系建立方法

相关关系，是指优选词之间除等级关系之外彼此关联的关系。相关关系的显示是双向的，用"C（参）"表示相关关系。一般来说，一个优选词可以与一个或多个优选词建立相关参照。但是，一个优选词一般只与具有等级关系的两个或多个优选词中的一个建立相关关系。相关关系主要表现为因果关系、应用关系、部分重合关系、对立关系、矛盾关系和没有建立等级关系的事物的整体与部分关系等。例如：

计算机
　C　键盘

地基失稳
　C　固结沉降

辐照
　C　辐射改性

线性码
　C　非线性码

电流密度
　C　电流效率

汽车污染
　C　汽车尾气

显微摄影
　C　显微术

5. 分类表编排规则

（1）分类表功能与编制原则

在《汉表（工程技术卷）》中，分类表主要用于从学科、专业领域对优选词进行分类显示，提供按学科、按专业查找优选词的途径，便于通过对同类优选词进行比较，准确选词，也是对文献进行分类标引的工具，这是原《汉表》的"范畴索引"所不具备的。在《汉表》的编制过程中，可用来控制选词的范围和深度。

《汉表》分类表以《中国图书资料分类法》（以下简称《资料法》）为基础进行编制，保持《资料法》结构体系和标记体系的完整性，与我国各信息机构的标引系统/检索系统、已建文献数据库相关标识相兼容。由于将一部具有分类标引功能的分类法作为叙词表的分类显示体系，使叙词表和分类表有机地结合起来，兼顾优选词分类和文献分类的需求，从而具备"分类主题一体化"的应用功能。当优选词（主题概念）和类目（学科概念和主题概念）使用相同的分类号连接起来后，即实现优选词和类目的基本对应，为自动标引特别是自动分类奠定坚实的基础。

（2）分类表编制依据与修改重点

《汉表》分类表基本沿用《资料法》的类目体系和标记制度，考虑了类目的文献统计频次、优选词/关键词的统计频次，并参考了《中国图书馆分类法》（第5版）。

《汉表》分类表相对于《资料法》（第4版），编制的重点为：细分与粗分的程度不同，在保持类目体系完整的前提下，基本采用工程技术和自然科学类目相对细分、社会科学类目相对粗分的原则。使用含义完整的类名，为了准确表达类目的含义，放弃了下位类省略上位类已经表达含义的做法，采用含义完整的类名。根据文献分类和优选词分类的需要，完善类目注释。类目注释包括类目含义注释和类目（类号）使用方法注释两种基本类型。删除专用复分表、设置"某某概论"类目，相关内容归入该类中的"概论"。由于总论信息、控制、实验、测量、检测、导航等概念（或作为构词元素）通用性高，现有各类均无法容纳，故增设或修改了若干类目。增设的类目包括：

1）"自然科学总论"大类增设：

N95 信息科学、信息技术

N96 控制论、控制技术

2）"工程技术总论"大类增设：

TB461 试验技术、试验设备

TB462 测量技术、测量设备

TB463 检测技术、检测设备

TB465 导航技术、导航设备

3）增设"通用概念"大类：

通用概念在优选词分类时较难处理。因此，将"通用概念"从原来的"总论复分表"中抽出，增设为独立的一级大类（借用ZT的号码），专门用于优选词分类。

上述新增设的类目，均通过设置交替类目或类目注释，说明与相关类的关系。

（3）优选词分类规则

1）基本规则

优选词应按其表达概念的本质属性归入相应的类目。例如："铸铁"归入"TG143　铸铁"，不归入"TF6 铁合金冶炼"。

凡是能归入某下位类的优选词，不归入其上位类，要求优选词应归入最恰当的类目，优选词的外延不应大于或小于类目的外延。例如，在下例中，"球墨铸铁"应归入"TG143.5"，不归入"TG143"。

TG143	... 铸铁
TG143.5	.... 球墨铸铁
TG143.9	.... 其他铸铁

2）具有多重属性的优选词分类

凡是具有多重属性的优选词，可以分别归入几个不同学科的类目，以增加优选词的分类检索入口。例如："清洁能源"归入"TK01"和"X382"；"建筑能源"归入"TK01"和"TU111"。

3）交替类目的对应

交替类目和正式类目是对应关系，交替类目的注释中说明其宜入的类目。

三、编排结构

1.　印刷版结构

《汉表（工程技术卷）》印刷版由以下部分构成：前言，对叙词表的编制目的、适用范围作全面概括介绍。编制说明，对叙词表的编制原则、体系结构和使用说明，以范例形式详加阐述。主表，由款目词组成，款目序列按汉语拼音字顺规定的同音同调同形排列，主表是主题标引和检索查询的主要工具。分类表，是使用叙词表的辅助工具，是词汇分类的依据。

（1）参照项的种类、作用和符号

《汉表（工程技术卷）》中使用下列汉语拼音字符作词间关系的指引符号：

Y　优选词指引符。只在非优选词下使用，其后所列的词是与对应非优选词等同的优选词。

D　非优选词指引符。只在优选词下使用，其后所列的词是该优选词所对应的非优选词。

S　上位优选词指引符。其后所列优选词是本条优选词的上位优选词。

F　下位优选词指引符。其后所列优选词是本条优选词的下位优选词。

C　相关优选词指引符。其后所列优选词是本条优选词的相关优选词。

Z　族首词指引符。其后所列优选词是本条优选词所属的族首词。

（2）语词的款目结构

主表是叙词表的正文部分，包括优选词和非优选词，其款目格式为：

1）优选词在上，其下依次为：英文翻译、分类号、代项 D、属项 S、分项 F、参项 C、族项 Z；

2）优选词为族首词时，在款目词后加"*"标记；

3）优选词的"属项 S"为族首词时，也在其后加"*"标记，并不再重复出现相应的族项 Z。

4）优选词的"参项 C"对应的优选词不在该册中时，在其后加"→"，后跟该词所属册的编号。

5）非优选词的款目只有"用项 Y"。

例如：

显像管

kinescope

TN141.3

    D 电视机显像管

      电视显像管

      阴极射线显像管

    S 阴极射线管

    F 扁平显像管

      彩色显像管

      黑白显像管

      平面显像管

      投影显像管

      像素管

    C 电子枪

      偏转线圈

      显示器

      显像管玻壳

    Z 电真空器件

电视显像管

    Y 显像管

玻璃*

glass

TB32；TQ17

    D 玻璃材料

    F 低温玻璃

      光学玻璃

      纳米多孔玻璃

      石英玻璃

      微晶玻璃板

      座舱玻璃

    C 玻璃肥料 →(9)

      玻璃光纤 →(7)(9)

      玻璃结构 →(9)

      玻璃密度 →(9)

      玻璃模具 →(9)

      玻璃制品 →(9)

      防雾剂 →(9)

      ……

还原焙烧

reduction roasting

TF046.2

 S 焙烧*

 F 磁化还原焙烧

 C 铁精矿

  冶金还原气

（3）分类表结构与显示

  分类表包括两个部分：分类简表、分类详表。分类简表覆盖全部学科，展示一级或二级类目。自然科学（N、O、P、Q）和工程技术（TB-TV）及 U、V、X 共 23 个学科展示到二级，其他学科只展示到一级。分类详表展示该分册涉及的一个或多个学科的全部类目。类目显示时加 "." 表示类目等级。分类详表中交替类目加 "[ ]" 进行标记，并在其下说明其宜入类目。例如：

  [TD927] ... 矿石热处理、矿石烧结、团矿
       宜入 TF046。

（4）出版分册与专业构成

  为了方便工程技术领域不同专业机构和用户的使用，《汉表（工程技术卷）》按专业分 13 册出版，每册单独进行字顺排版。考虑到对《汉表（工程技术卷）》整体字顺排序使用的需求，可以经申请提供单独按需印制服务。各册与专业对照表如下：

分　册	词　量
第Ⅰ册　工程基础科学、通用技术、通用概念	28 238
第Ⅱ册　矿业工程、石油与天然气工业	30 359
第Ⅲ册　冶金工业、金属工艺	45 403
第Ⅳ册　机械、仪表工业	43 468
第Ⅴ册　能源与动力工程、电工技术	33 717
第Ⅵ册　武器工业、原子能技术、航空航天	30 249
第Ⅶ册　电子技术、通信技术	36 309
第Ⅷ册　自动化技术、计算机技术	37 579
第Ⅸ册　化学工业	32 256
第Ⅹ册　轻工业、手工业、生活服务业	35 597
第Ⅺ册　建筑科学、水利工程	44 589
第Ⅻ册　交通运输	25 813
第ⅩⅢ册　环境科学、安全科学	23 601

2. 服务系统

  《汉表（工程技术卷）》将通过《汉表》服务系统（http://ct.istic.ac.cn）提供网络化服务，具备用户管理、分类导航、术语检索、机器辅助标引、概念可视化等功能。《汉表》服务系统需要使用 "IE 内核" 的浏览器。

（1）分类导航

分类导航按照分类层级体系自上而下逐层显示专业术语及其术语信息，展示某分类所属族首词和术语列表。

（2）术语检索

通过"模糊匹配"、"精确匹配"、"前方一致"、"后方一致"可以检索术语，检索结果以列表方式显示所检索术语的"分类"、"族首词"等属性，浏览该术语的详细属性。

（3）术语详细信息浏览

通过术语检索或分类导航，可以查看命中优选词层级结构、词间关系、释义、英文翻译等信息。

（4）知识地图

"知识地图"对注册用户进行开放，以可视化方式显示术语之间的"属/分"、"用/代"、"参"等关系，地图上最多会展示三个级别深度的优选词节点。

（5）机器辅助标引

对文献进行受控标引是叙词表的主要功能之一。系统基于《汉表》具有自动标引功能，当输入工程技术领域相关文献标题和摘要时，可以输出代表性高的优选词作为标引词，还可以赋予文献合适的分类号。

除此之外，《汉表》服务系统还提供"热词排行"、"相关文献"、"百科搜索"和"意见建议"等功能；提供针对相关术语的"相关文献"检索服务；可以将当前术语链接到"百度百科"或"互动百科"进行检索。还可以对相应的术语提出相关意见建议；具体使用可以网上浏览"《汉表》服务系统使用说明"。

3. 应用领域

《汉表》自 1980 年诞生以来，作为信息组织与检索的重要基础工具，在我国图书情报界和信息文献领域发挥了其应有的作用。基于网络环境而重新编制的《汉表（工程技术卷）》，应用领域除信息标引与检索之外，还包括学科分类导航、机器翻译、跨语言检索、主题可视化服务、语义计算、文本处理等方面，也与标准数据协议、映射或互操作、主题图、向本体转化等多种重要信息技术密切相关。

（1）知识学习

经过向分类、概念关系细化、定义注释等多个方向发展，《汉表（工程技术卷）》可以具备网络百科的功能，成为用户的网络参考知识工具。对知识管理机构来说，可以利用可视化等多种信息技术，将《汉表（工程技术卷）》用于研制开发具备知识节点网络的相关产品。从汉语规范化角度出发，《汉表（工程技术卷）》也是用户查找和检索规范专业术语、基础词汇和通用词汇的常用工具，兼具词典的功能。

（2）学科导航与智能检索

《汉表（工程技术卷）》具备主题分类一体化应用功能。从学科分类入口浏览查询，可以获得所需类目及相应信息；也可以浏览《汉表（工程技术卷）》词族知识概念体系。《汉表（工程技术卷）》同时具备分类表、叙词表和本体的共同属性，能够实现不同颗粒度的智能查询与检索功能，可以是分类层级类目的批量文献信息获取，也可以是主题概念级别的扩检与缩检，结合其他词表映射融合等多种不同方法，可以实现不同目的和条件下的智能检索。

（3）文本信息处理

《汉表（工程技术卷）》由一系列语词库组成，可根据不同目的，用于切词、信息抽取、聚类、词频统计、情感分析等文本处理基础工作。通过《汉表（工程技术卷）》的英汉双语对照，可实现英汉双语检索功能等，利用其中英汉对应词库及词间关系，可以为英汉机器翻译系统的开发提供基础语料。同时，利用《汉表（工程技术卷）》语词、术语、概念等语料词汇系统，可以开展研究热点领域监测、专业知识挖掘、领域知识聚类等相关的系列应用。

主　　表

（乙烯醇/氯乙烯）纤维
　　Y 维纶

"三废"处理
　　Y 废物处理

"三废"治理
　　Y 废物处理

1+1 变化纬平针织物
　　Y 纬平针织物

1+1 罗纹
　　Y 罗纹组织

1+1 罗纹针织物
　　Y 罗纹组织

1+1 罗纹组织
　　Y 罗纹组织

100MN 挤压机
　　Y 挤压设备

121 轧花机
　　Y 轧花机

2+2 变化纬平针织物
　　Y 纬平针织物

3,5-二硝基水杨酸法
DNS method
TS201.2
　　D DNS 法
　　S 比色法*

3150mm 纸机
　　Y 造纸机

3150 型
　　Y 造纸机

3150 纸机
　　Y 造纸机

3D 机织物
　　Y 多轴向机织物

3D 技术
　　Y 三维技术

3D 立体眼镜
　　Y 3D 眼镜

3D 眼镜
three-dimensional glasses
TS959.6

　　D 3D 立体眼镜
　　　　三维立体眼镜
　　S 立体眼镜
　　Z 眼镜

4-异丙烯基-1-环己烯-1-甲醛肪
　　Y 紫苏糖

5L 发酵罐
　　Y 发酵罐

5'-磷酸二酯酶
5'-phosphodiesterase
Q5；TS264
　　S 酶*

8253 计数器
　　Y 计数器

8254 计数器
　　Y 计数器

881 型
　　Y 筒子架

881 型筒子架
　　Y 筒子架

A186 系列梳棉机
　　Y 梳棉机

A186 型
　　Y 梳棉机

A186 型梳棉机
　　Y 梳棉机

A272 型
　　Y 并条机

A272 型并条机
　　Y 并条机

AB 纱
　　Y 纱线

AD 钙奶
　　Y 钙奶

AKD 乳液
AKD emulsion
TS72
　　S 造纸施胶剂
　　Z 施胶剂

Al$_2$O$_3$ 短纤维
　　Y 氧化铝纤维

Al$_2$O$_3$ 纤维
　　Y 氧化铝纤维

AME-LZ120
　　Y 染色机

AME-LZ120 冷轧堆设备
　　Y 染色机

APMP 废水
　　Y 碱性过氧化氢机械浆废水

APMP 浆
　　Y 化机浆

APMP 制浆废水
　　Y 碱性过氧化氢机械浆废水

AS-AQ 半化浆
　　Y 碱性-亚钠蒽醌半化浆

AS-AQ 稻草浆
　　Y 碱性-亚钠蒽醌稻草浆

AS-AQ 麦草浆
　　Y 碱性-亚钠蒽醌麦草浆

AS 颜料
　　Y 颜料

AV 器材
　　Y 视听设备

AV 设备
　　Y 视听设备

A 淀粉
A-starch
TS235
　　D A-淀粉
　　S 淀粉*

A-淀粉
　　Y A 淀粉

B1 包装机
　　Y 卷烟包装机

B1 包装机组
　　Y 卷烟包装机

bB 调单簧管
　　Y 单簧管

BCTMP 废水
　　Y 漂白化学机械磨木浆废水

BCTMP 化学机械浆

Y 化机磨木浆

BCTMP 浆
Y 化机磨木浆

BCTMP 制浆废水
Y 漂白化学机械磨木浆废水

Bennett 机构
Y 机构

BE 包装机
Y 卷烟包装机

BHKP
BHKP
TS749
D 阔叶浆
漂白桉木硫酸盐浆
硬木牛皮浆
S KP 浆
Z 浆液

BQ1626/13 型
Y 旋切机

B-淀粉
B-starch
TS235
S 淀粉*

C4 梳棉机
Y 梳棉机

C4 型
Y 梳棉机

C4 型梳棉机
Y 梳棉机

C60 梳棉机
Y C60 型梳棉机

C60 型梳棉机
C60 carding engines
TS103.22
D C60 梳棉机
S 梳棉机
Z 纺织机械

CA 贮藏
Y 气调贮藏

CBK-5 型带刀式裁剪机
Y 裁剪机

CFRP 布
Y 碳纤维布

CGGA114 型
Y 整经机

CGGA114 型整经机
Y 整经机

CIE 白度
CIE brightness
TS190.9；TS77
S 白度
Z 光学性质

CL998 型
Y 倍捻机

CL998 型短纤倍捻机
Y 倍捻机

ClO₂ 漂白
Y 二氧化氯漂白

CP 浆料
Y 改性浆料

CTcP 制版机
Y 制版机

CTC 红碎茶
Y 红碎茶

CTMP 废水
Y 化机浆废水

CTMP 废液
Y 化学机械法制浆废液

CTMP 浆
Y 化学热磨机械浆

CTMP 制浆
Y 化学热磨机械制浆

CTMP 制浆废水
Y 化机浆废水

CTMP 制浆废液
Y 化学机械法制浆废液

CTP 版
Y 热敏 CTP 版材

CTP 技术
Y 计算机直接制版

CTP 数码制版机
Y 计算机直接制版

CTP 印版
Y 热敏 CTP 版材

CTP 直接制版机
Y 计算机直接制版

CTP 制版
Y 热敏 CTP 版材

CTP 制版机
Y 计算机直接制版

CTP 制版设备
Y 计算机直接制版

CTP 制版系统
Y 计算机直接制版

CV%值
Y 乌斯特条干

CV 值
Y 乌斯特条干

CX 筛
Y 离心筛浆机

DK 型
Y 梳棉机

DK 型梳棉机
Y 梳棉机

DNS 法
Y 3,5-二硝基水杨酸法

DPPH 清除活性
DPPH scavenging activity
TS205
D DPPH 自由基清除活性
S 清除自由基活性
Z 化学性质
活性
性能

DPPH 自由基清除活性
Y DPPH 清除活性

dp 整理
Y 耐久压烫整理

DREF 摩擦纺
Y 摩擦纺

DREF 型
Y 摩擦纺

DREF 型摩擦纺
Y 摩擦纺

DTC 饰品
Y 饰品

DTP 出版系统
Y 桌面出版系统

D-塔格糖
Y 塔格糖

D 型牵伸
D-draft
TS103.11
S 牵伸*

E19 酯化淀粉
Y 酯化淀粉

E1 级刨花板
E1 grade particleboard
TS62
S 刨花板
Z 木材

EB 油墨
EB ink
TQ63；TS802.3
S 油墨*

ECAP 变形
Y 变形

ECF 漂白
Y 无氯漂白

EF 型
Y 活性染料

EF 型活性染料
Y 活性染料

EMCC 纸浆
extended modified continuous cooking paper pulp
TS749
S 纸浆
Z 浆液

EMCC 制浆
extended modified continuous cooking
TS743
　　D 改良硫酸盐法蒸煮
　　　延伸改良连续蒸煮
　　S 造纸制浆
　　Z 制浆

EP 帆布
EP sailcloth
TS106.8
　　S 帆布
　　Z 织物

ER65
　　Y 施胶剂

ER65 废纸浆专用施胶剂
　　Y 施胶剂

ES 纤维
ES fibers
TQ34；TS102.65
　　S 复合纤维
　　Z 纤维

E 玻璃纤维
E-glass fiber
TQ17；TS102
　　S 玻璃纤维
　　Z 纤维

E 型瓦楞纸板
　　Y 瓦楞原纸

FAST 测试系统
　　Y FAST 织物风格仪

FAST 系统
　　Y FAST 织物风格仪

FAST 仪
　　Y FAST 织物风格仪

FAST 织物风格测试系统
　　Y FAST 织物风格仪

FAST 织物风格仪
FAST fabric style tester
TS103.6
　　D FAST 测试系统
　　　FAST 系统
　　　FAST 仪
　　　FAST 织物风格测试系统
　　S 织物风格仪
　　Z 仪器仪表

FA 系列并条机
　　Y 并条机

FA 系列粗纱机
　　Y 粗纱机

FA 型梳棉机
　　Y 梳棉机

Formotex 纤维
Formotex fibres
TQ34；TS102.6
　　S 共混纤维
　　　木浆纤维

Z 纤维

FRW 阻燃中密度纤维板
FRW flame retardant medium density fiber board
TS62
　　S 阻燃中密度纤维板
　　Z 木材

F 值
F-value
S；TS201.6
　　S 数值*
　　F 高 F 值

GA747 剑杆织机
GA747 rapier loom
TS103.33
　　S 剑杆织机
　　Z 织造机械

GAMMA 剑杆织机
GAMMA rapier loom
TS103.33
　　S 剑杆织机
　　Z 织造机械

GDX1 包装机
　　Y 卷烟包装机

GDX1 包装机组
　　Y 卷烟包装机

GDX2 包装机
　　Y 卷烟包装机

GD 包装机
　　Y 卷烟包装机

G-M 计数器
　　Y 计数器

H_2O_2 漂白
　　Y 过氧化氢漂白

H_2O_2 强化
　　Y 过氧化氢强化

H_2O_2 强化氧脱木素
H_2O_2 reinforced oxygen delignification
TS74
　　S 脱木质素
　　Z 脱除

HACCP 法规
　　Y HACCP 管理

HACCP 方式
　　Y HACCP 管理

HACCP 管理
hazard analysis and critical control point system
TS201.6
　　D HACCP 法规
　　　HACCP 方式
　　　HACCP 管理体系
　　　HACCP 管理系统
　　　HACCP 计划
　　　HACCP 技术
　　　HACCP 控制

　　　HACCP 理论
　　　HACCP 模式
　　　HACCP 体系
　　　HACCP 系统
　　　HACCP 应用
　　　HACCP 原理
　　　HACCP 制度
　　S 食品管理
　　Z 产品管理

HACCP 管理体系
　　Y HACCP 管理

HACCP 管理系统
　　Y HACCP 管理

HACCP 计划
　　Y HACCP 管理

HACCP 技术
　　Y HACCP 管理

HACCP 控制
　　Y HACCP 管理

HACCP 理论
　　Y HACCP 管理

HACCP 模式
　　Y HACCP 管理

HACCP 体系
　　Y HACCP 管理

HACCP 系统
　　Y HACCP 管理

HACCP 应用
　　Y HACCP 管理

HACCP 原理
　　Y HACCP 管理

HACCP 制度
　　Y HACCP 管理

HACCP 质量管理体系
HACCP quality management system
TS207.7
　　D HACCP 质量控制体系
　　S 体系*

HACCP 质量控制体系
　　Y HACCP 质量管理体系

hauteur 长度
　　Y 纤维平均长度

HC-3
　　Y HC-3 助剂

HC-3 增强剂
　　Y HC-3 助剂

HC-3 增强助剂
　　Y HC-3 助剂

HC-3 助剂
HC-3 additives
TS72
　　D HC-3
　　　HC-3 增强剂
　　　HC-3 增强助剂

S 造纸助剂
Z 助剂

HD 漂白
Y 次氯酸盐-二氧化氯漂白

³He 正比计数器
Y 计数器

HEDPA
1-hydroxyethylene-1,1-diphosphoric acid
TS19
S 螯合分散剂
C 反萃取 →(9)
Z 分散剂

Hénon 映射
Y 映射

HHP 漂白
HHP bleaching
TS745
S HP 漂白
Z 漂白

HID 前照灯
Y 气体放电前照灯

HIS 彩色空间
Y 色空间

HIS 空间
Y 色空间

HIS 颜色空间
Y 色空间

HP 漂白
HP Bleaching
TS745
S 纸浆漂白
F HHP 漂白
Z 漂白

HRN-40
Y 中性施胶剂

HRN-40 松香中性施胶剂
Y 中性施胶剂

HSI 彩色空间
Y 色空间

HSI 空间
Y 色空间

ICC 特性文件
ICC profile
TS8
S 文件*

IC 卡门锁
IC card lock system
TS914
S 电子锁
Z 五金件

IE 值
Y 油墨除去值

INA-V 型
Y V 型牵伸

INA-V 型牵伸
Y V 型牵伸

Ingeo 纤维
Y 玉米纤维

Ingeo 玉米纤维
Y 玉米纤维

IOB 值
IOB value
TS19
S 染色特征值
Z 数值

ISO 细度
Y 细度

JA 澄清剂
JA clarifier
TS202.3
S 澄清剂
Z 制剂

JC 蚕蛹蛋白纤维
Y 蚕蛹蛋白纤维

JD-104G 型
Y 煮茧机

JD-104G 型高效节能煮茧机
Y 煮茧机

JPT 型
Y 盖板针布

JPT 型盖板针布
Y 盖板针布

JWF1342
Y JWF1342 型条卷机

JWF1342 型条卷机
JWF1342 sliver lap machine
TS103.22
D JWF1342
S 条卷机
Z 纺织机械

K/S 值
K/S value
TS193.1
S 数值*

K251 型
Y 丝织机

K251 型丝织机
Y 丝织机

Kappa 值
Y 卡伯值

KDF2 滤棒成型机
KDF2 multisegment filter rod making
machines
TS43
D 复合滤棒成型机
S 滤棒成形机
Z 制烟机械

KEG 保温面料
KEG heat insulation material

TS941.41
S 功能面料
Z 面料

KES 系统
Y KES 织物风格仪

KES 织物风格仪
KES fabric style tester
TS103.6
D KES 系统
S 织物风格仪
Z 仪器仪表

Kevlar-49
Y 芳纶

KEVLAR 纤维
Y 芳纶

KE 型
Y KE 型活性染料

KE 型活性染料
KE type reactive dyes
TS193.21
D KE 型
S 活性染料
Z 染料

KP-AQ 浆
KP-AQ pulp
TS749
S KP 浆
Z 浆液

KP 法制浆
kraft pulping
TS743
S 造纸制浆
Z 制浆

KP 浆
kraft pulp
TS749
D 牛皮浆
S 纸浆
F BHKP
KP-AQ 浆
KP 竹浆
NBKP
常规 KP 浆
三倍体毛白杨 KP 浆
Z 浆液

KP 竹浆
KP bamboo pulp
TS749.3
S KP 浆
竹浆
Z 浆液

KS 经编机
KS warp knitting machines
TS183.3
S 经编机
Z 织造机械

KYC2500 型
Y 梳毛机

KYC2500 型梳毛机
　　Y 梳毛机

K 反射镜
　　Y 反射镜

K 型活性染料
K type reactive dyes
TS193.21
　　S 活性染料
　　F 一氯均三嗪活性染料
　　Z 染料

Lanaset 染料
Lanaset dyes
TS193.21
　　S 纺织染料
　　Z 染料

LED 彩灯
LED lampion
TM92；TS956
　　S LED 灯
　　　彩灯
　　Z 灯

LED 灯
LED lamps
TM92；TS956
　　D LED 灯具
　　　LED 照明灯具
　　　半导体灯
　　　发光二极管灯
　　S 发光灯
　　F LED 彩灯
　　　LED 路灯
　　　LED 指示灯
　　C 晶片 →(4)(7)(8)
　　Z 灯

LED 灯具
　　Y LED 灯

LED 路灯
LED street lamp
TM92；TS956
　　S LED 灯
　　　路灯
　　Z 灯

LED 前照灯
　　Y LED 指示灯

LED 信号灯
　　Y LED 指示灯

LED 照明灯具
　　Y LED 灯

LED 指示灯
LED indicator
TM92；TS956
　　D LED 前照灯
　　　LED 信号灯
　　S LED 灯
　　Z 灯

LR-100
　　Y 筒子架

LR-100 型筒子架
　　Y 筒子架

LWC 纸
　　Y 轻量涂布纸

Lycell 纤维
　　Y Lyocell 纤维

Lycoell 纤维
　　Y Lyocell 纤维

Lycra 纤维
　　Y 氨纶纱

Lyocell 纤维
Lyocell
TQ34；TS102.51
　　D Lycell 纤维
　　　Lycoell 纤维
　　　tencel 纤维
　　　Teneel 纤维
　　　莱赛尔
　　　莱赛尔纤维
　　　坦塞尔
　　　天丝
　　　天丝纤维
　　S 再生纤维素纤维
　　C 玻璃纤维毡
　　Z 纤维

Lyocell 织物
　　Y 丽赛织物

L-薄荷醇
　　Y 薄荷脑

L 型扳手
　　Y 扳手

MBK 型
　　Y 圆网印花机

MBK 圆网印花机
　　Y 圆网印花机

MBWK 织物
MBWK fabrics
TS186.1
　　S 多轴向织物
　　Z 织物

MDF 生产线
　　Y 中纤板生产线

Megafix BES
Megafix BES
TS193.21
　　S MegafixB 型活性染料
　　Z 染料

MegafixB 型
　　Y MegafixB 型活性染料

MegafixB 型活性染料
MegafixB type activated dyes
TS193.21
　　D MegafixB 型
　　S 活性染料
　　F Megafix BES
　　Z 染料

MF 染料

MF dyes
TS193.21
　　S 弱酸性染料
　　Z 染料

MH 灯
　　Y 金属卤化物灯

MJS 纱
　　Y 喷气纱

MK8 型
　　Y 卷烟机

MK9-5
　　Y 卷烟机

Modal 纤维
Modal fibre
TQ34；TS102.51
　　D 莫代尔
　　　莫代尔纤维
　　S 再生纤维素纤维
　　C 针织物
　　Z 纤维

Mozzarella 干酪
Mozzarella cheese
[TS252.52]
　　D 低脂 Mozzarella 干酪
　　S 干酪
　　Z 乳制品

MY-121 轧花机
　　Y 轧花机

MY80 轧花机
　　Y 轧花机

M 型活性染料
M type reactive dyes
TS193.21
　　S 活性染料
　　F 双活性基染料
　　Z 染料

N, O-羧甲基壳聚糖
N,O-carboxymethyl chitosan
Q5；TS24
　　S 羧甲基壳聚糖
　　Z 碳水化合物

NaOH-H₂O₂ 制浆
　　Y 烧碱-双氧水制浆

NAS 系列
　　Y 整经机

NAS 系列单线整经机
　　Y 整经机

NBKP
conventional KP slurry
TS749
　　S KP 浆
　　Z 浆液

Newcell 纤维
Newcell fibres
TQ34；TS102.51
　　S 再生纤维素纤维

C 接枝反应 →(3)(9)
Z 纤维

NOMEX 纸
Y 绝缘纸

NZB-S800
Y 整经机

NZB-S800 型整经机
Y 整经机

OCC 浆
OCC pulp
TS749
D OCC 纸浆
S 纸浆
C 环压指数
Z 浆液

OCC 纸浆
Y OCC 浆

ODQP 漂白
ODQP bleaching
TS745
S 纸浆漂白
Z 漂白

OE 纱
Y 转杯纱

onions 指数
onions index
TS104
S 指数*

ONP/OMG
ONP/OMG deinked pulp
TS749.7
D ONP/OMG 脱墨浆
S 废纸脱墨浆
Z 浆液

ONP/OMG 脱墨浆
Y ONP/OMG

Optim 纤维
Y 拉细羊毛

OP 漂白
Y PO 漂白

OQP 漂白
OQP bleaching
TS745
S 纸浆漂白
Z 漂白

Outlast 空调纤维
Y Outlast 纤维

Outlast 纤维
Outlast fibres
TQ34；TS102.528
D Outlast 空调纤维
S 调温纤维
Z 纤维

O-羧甲基壳聚糖
O-carboxymethyl chitosan
Q5；TS24

S 羧甲基壳聚糖
Z 碳水化合物

P·P 整理
Y 耐久压烫整理

P7100
Y P7100 片梭织机

P7100 片梭织机
P7100 projectile loom
TS103.33
D P7100
P7100 型
P7100 型片梭织机
S 片梭织机
Z 织造机械

P7100 型
Y P7100 片梭织机

P7100 型片梭织机
Y P7100 片梭织机

PA6
Y 尼龙 6

PA66
Y 尼龙 66

PAE 树脂
PAE resin
TS727
D 聚酰胺多胺环氧氯丙烷树脂
S 树脂*
C 纸张湿强剂

PAN 基炭纤维
Y PAN 基碳纤维

PAN 基碳纤维
PAN-based carbon fiber
TQ34；TS102
D PAN 基炭纤维
PAN 炭纤维
聚丙烯腈活性炭纤维
聚丙烯腈基炭纤维
聚丙烯腈基碳纤维
S 碳纤维
C 聚丙烯酸水凝胶 →(9)
Z 纤维

PAN 炭纤维
Y PAN 基碳纤维

PAN 纤维
Y 腈纶

PAR 灯
PAR light
TM92；TS956
S 金属卤化物灯
Z 灯

PASSIM 卷烟机
Y 卷烟机

PAT 喷气织机
Y 喷气织机

PA 纤维
Y 聚酰胺纤维

PBI 纤维
PBI fibre
TQ34；TS102.527.
D 聚 2,2'-(间苯撑)-5,5'双苯并咪唑纤维
聚苯并咪唑纤维
S 聚合物纤维
F 聚对苯撑苯并双噁唑纤维
C 耐高温纤维
阻燃纤维
Z 纤维

PBO 纤维
Y 聚对苯撑苯并双噁唑纤维

PBT/PET 复合纤维
PBT/PET multi-component fibres
TQ34；TS102.65
S 复合纤维
Z 纤维

PBT 熔喷非织造布
PBT melt-blown nonwoven fabric
TS176.9
S 熔喷非织造布
Z 非织造布

PCBN 刀具
cubic boron nitride cutter
TG7；TS914
D 聚晶立方氮化硼刀具
立方氮化硼刀具
人造立方氮化硼刀具
S 超硬刀具
Z 刀具

PCD 刀具
Y 聚晶金刚石刀具

PDC 刀具
Y 聚晶金刚石刀具

PE/PP 复合纤维
Y 复合纤维

PEN 纤维
Y 聚酯纤维

PET/ECDP/PEG 共混纤维
PET/ECDE/PEG blended fibres
TQ34；TS102.6
S 共混纤维
Z 纤维

PET/PTT 复合纤维
PET/PTT multi-component fibres
TQ34；TS102.65
D PET/PTT 双组分长丝
S 复合纤维
Z 纤维

PET/PTT 双组分长丝
Y PET/PTT 复合纤维

PET/毛混纺织物
PET/wool blended fabrics
TS106.8
S 毛混纺织物
Z 混纺织物

PET 短纤维

PET short fiber
TQ34；TS102.522
　S PET 纤维
　　化纤短纤维
　C 聚酯薄膜 →(9)
　　聚酯乳液 →(9)
　　帘子线
　　塑料瓶 →(9)
　　纤维过滤器 →(9)
　Z 纤维

PET 非织造布
PET nonwovens
TS176.9
　S 非织造布*

PET 纤维
PET fibre
TQ34；TS102.522
　S 聚酯纤维
　F PET 短纤维
　Z 纤维

PET 织物
　Y 化纤织物

pH 试纸
pH indicator paper
TS767
　S 试纸
　Z 纸制品

pH 值测定
　Y 酸价测定

PLA 纤维
　Y 聚乳酸纤维

PLA 植物纤维
　Y 聚乳酸纤维

PM11
　Y 造纸机

Polynosic 纤维
　Y 波里诺西克纤维

POY 丝
　Y 复丝

POY 纤维
　Y 复丝

PO 漂白
OP bleaching
TS745
　D OP 漂白
　S 纸浆漂白
　Z 漂白

PPTA 纤维
　Y 对位芳纶

PP 编织布
PP braided cloth
TS186
　S 编织布
　Z 编织物

PP 纺粘布
　Y 聚丙烯纺粘法非织造布

PP 纤维
　Y 聚丙烯纤维

pp 整理
　Y 耐久压烫整理

P–RC APMP
P-RC APMP
TS10；TS74
　S 碱-过氧化氢法制浆
　Z 制浆

Protamex 蛋白酶
Protamex protease
TS201.3
　S 酶*

PSE 肉
pale, soft and exudative muscle
TS251.51
　S 猪肉
　Z 肉

PSW 轧机
　Y 轧机

PS 版
presensitized plate
TS802；TS803；TS82
　D 预涂感光版
　　预制感光版
　S 感光版
　F 阳图 PS 版
　　阴图 PS 版
　Z 模版

PS 版耐印力
PS edition printed endurance
TS805
　D 正预涂感光版耐印力
　S 耐印力
　Z 印刷参数

PT52 型
　Y 盖板针布

PT52 型盖板针布
　Y 盖板针布

PTA 纤维
　Y 聚酯纤维

PTF 增稠剂
PTF thicker
TS19
　S 印花增稠剂
　Z 增效剂

PTT/毛混纺织物
PTT/wool blended fabrics
TS106.8
　S 毛混纺织物
　Z 混纺织物

PTT/毛织物
PTT/wool fabrics
TS106.8
　S 毛混纺织物
　Z 混纺织物

PTT 长丝

Y PTT 纤维

PTT 短纤维
　Y PTT 纤维

PTT 纤维
PTT fibre
TQ34；TS102.522
　D PTT 长丝
　　PTT 短纤维
　　聚对苯二甲酸丙二醇酯纤维
　　聚对苯二甲酸丙二酯纤维
　　聚对苯二甲酸四甲酯纤维
　S 聚酯纤维
　C 涤纶
　　树脂催化剂 →(9)
　Z 纤维

PTT 针织面料
PTT knitted fabrics
TS186；TS941.41
　S 针织面料
　Z 面料

PTT 织物
　Y 化纤织物

PUR 胶
PUR glue
TS802
　S 粘接材料*

PU 革
　Y 聚氨酯合成革

PU 合成革
　Y 聚氨酯合成革

PU 鞋底
　Y 鞋底

PVA 纤维
　Y 维纶

PVC 保鲜膜
polyvinyl chloride fresh-keeping films
TQ32；TS206.4
　S 膜*
　　塑料保鲜膜
　F PVC 自粘保鲜膜
　Z 包装材料

PVC 人造革
　Y 合成革

PVC 装帧材料
　Y 涂塑纸

PVC 自粘保鲜膜
PVC self-adhesive fresh-keeping films
TQ32；TS206.4
　D 自粘保鲜膜
　S PVC 保鲜膜
　Z 包装材料
　　膜

PVDF 中空纤维膜
PVDF hollow fiber membrane
TQ34；TS102
　D 聚偏氟乙烯中空纤维膜
　S 膜*

C 镀膜中空玻璃 →(9)
　　连续膜过滤 →(9)

PVI 值
PVI value
TS194
　　S 染色特征值
　　Z 数值

Q113 常温染色机
　　Y 染色机

Q113 型
　　Y 染色机

QCS 系统
　　Y 造纸机

R-100
　　Y 退浆剂

R-100 退浆剂
　　Y 退浆剂

RAM 两性离子增强施胶剂
　　Y 施胶剂

Rapida 印刷机
　　Y 印刷机

RC4 切丝机
　　Y 切丝机

RDH 间歇蒸煮
　　Y RDH 蒸煮

RDH 浆
rapid displacement heating pulp
TS749
　　S 纸浆
　　Z 浆液

RDH 蒸煮
rapid displacement heating cooking
TS74
　　D RDH 间歇蒸煮
　　S 纸浆蒸煮
　　Z 蒸煮

Richcel 纤维
　　Y 丽赛纤维

RIP 后打样
RIP after proofing
TS805
　　S 打样*

RR 系列
　　Y 活性染料

RSJ 经编机
RSJ warp knitting machines
TS183.3
　　S 经编机
　　Z 织造机械

RSSP 机构
　　Y 机构

S.E.F.R 值
　　Y SEFR 值

SCMP 废水

Y 化机浆废水

SCMP 制浆
sulfonated chemimechanical pulping
TS743
　　S 造纸制浆
　　Z 制浆

SC 纸
　　Y 超级压光纸

SEFR 值
SEFR value
TS193
　　D S.E.F.R 值
　　　活性染料染色特征值
　　S 染色特征值
　　Z 数值

Sevag 法
Sevag method
TS205
　　S 方法*

SGA241 型
　　Y 整经机

SGA241 型整经机
　　Y 整经机

SGW
TS749
　　S 纸浆
　　Z 浆液

SiC 纤维
　　Y 碳化硅纤维

Sirofil 纺
　　Y 赛络纺

Sirofil 纺纱
　　Y 赛络纺

Sirofil 复合纱
　　Y 赛络菲尔纱

Sirofil 纱
　　Y 赛络菲尔纱

Sirofil 纱线
　　Y 赛络菲尔纱

Sirospun 纺
　　Y 赛络纺

Siro 纺
　　Y 赛络纺

SI 制
　　Y 计量单位

SKF 型
　　Y SKF 型牵伸

SKF 型牵伸
SKF type drawing
TS104
　　D SKF 型
　　S 牵伸*

SLG 多功能制浆机
SLG multifunctional pulper

TS733
　　S 制浆机
　　Z 制浆设备

S1 制
　　Y 计量单位

SMR 反射镜
　　Y 反射镜

SMS 非织造布
SMS nonwovens
TS176.9
　　S 聚丙烯无纺布
　　Z 非织造布

SNX 糊料
　　Y 糊料

SN 型
　　Y 活性染料

SN 型活性染料
　　Y 活性染料

Soda-AQ 麦草浆
Soda-AQ wheat straw pulp
TS749.2
　　S 麦草浆
　　Z 浆液

Solospun 纺纱技术
　　Y 赛络纺

Solospun 纱线
　　Y 赛络纺

Spandex 纤维
　　Y 氨纶

SPA 护理
SPA care
TS974.1
　　S 身体护理
　　Z 护理

SR186-180 型
　　Y 洗涤设备

SR186-180 型绳状水洗机
　　Y 洗涤设备

Stephenson 机构
　　Y 机构

Supplex 纤维
Supplex fibres
TQ34；TS102.521
　　S 聚酰胺纤维
　　C 针织物
　　Z 纤维

S 拈
　　Y S 捻

S 捻
S twist
TS104.2
　　D S 拈
　　　左拈
　　S 捻向
　　Z 加捻参数

S 捻纱
　　Y 纱线

T/C 混纺织物
　　Y 涤棉织物

T/C 织物
　　Y 涤棉织物

T400
T-400 composite elastic fibres
TQ34；TS102.65
　　D T-400 弹性纤维
　　　T400 复合弹力纤维
　　　T400 复合弹性纤维
　　　T-400 纤维
　　S 弹性纤维
　　　复合纤维
　　Z 纤维

T-400 弹性纤维
　　Y T400

T400 复合弹力纤维
　　Y T400

T400 复合弹性纤维
　　Y T400

T-400 纤维
　　Y T400

Tactel 纤维
　　Y 聚酰胺纤维

Taly 纤维
Taly fibres
TQ34；TS102.51
　　S 木浆纤维
　　Z 纤维

TBA 法
　　Y 扭摆热分析

TBA 值
TBA value
TS207.7
　　S 数值*

TC03 梳棉机
TC03 carding engines
TS103.22
　　S 梳棉机
　　Z 纺织机械

TCF 漂白
　　Y 无氯漂白

Tencel 纱线
Tencel yarns
TS106.4
　　S 纯纺纱
　　Z 纱线

Tencel 纤维
　　Y Lyocell 纤维

Tencel 纤维织物
　　Y 天丝织物

Tencel 织物
　　Y 天丝织物

Teneel 纤维
　　Y Lyocell 纤维

Tex 数
　　Y 纱线特数

THP 盐
THP salt
TS36
　　S 工业盐
　　Z 盐

TiO₂ 纤维
TiO₂ fibres
TS102.4
　　S 氧化物纤维
　　C 光催化降解 →⑬
　　Z 天然纤维

TTC-比脱氢酶活性
　　Y TTC-脱氢酶活性

TTC-脱氢酶活性
TTC-dehydrogenase
TS201.3
　　D TTC-比脱氢酶活性
　　S 酶活性
　　Z 活性
　　　生物特征

TW-N 型
　　Y 整经机

TW-N 型整经机
　　Y 整经机

T 型扳手
　　Y 扳手

T 恤
T-shirt
TS941.7
　　D T 恤衫
　　S 休闲装
　　F 针织 T 恤
　　Z 服装

T 恤面料
T-shirt fabric
TS941.41
　　S 薄型面料
　　Z 面料

T 恤衫
　　Y T 恤

T 恤印花机
T-shirt printing machine
TS194.3
　　S 印花机
　　Z 印染设备

UHT 灭菌乳
　　Y 超高温灭菌乳

UHT 奶
　　Y 超高温灭菌乳

UHT 牛奶
　　Y 超高温灭菌乳

UHT 乳
　　Y 超高温灭菌乳

UPF 值
　　Y 防紫外线织物

UQC 电子清纱器
　　Y 电子清纱器

UV-CTP 制版机
　　Y 制版机

UV 固化油墨
UV-curable inks
TQ63；TS802.3
　　D 紫外光固化油墨
　　　紫外线固化油墨
　　S UV 油墨
　　　固化油墨
　　Z 油墨

UV 胶印油墨
　　Y UV 油墨

UV 磨砂油墨
　　Y UV 油墨

UV 曝光
UV exposure
TS8
　　S 曝光*

UV 柔印油墨
UV flexo inks
TQ63；TS802.3
　　S UV 油墨
　　　柔印油墨
　　Z 油墨

UV 上光
　　Y 紫外线上光

UV 上光油
UV glazing oil
TS802.3
　　S 上光油
　　Z 印刷材料

UV 印刷
UV printing
TS859
　　S 特种印刷
　　Z 印刷

UV 油墨
UV ink
TQ63；TS802.3
　　D UV 胶印油墨
　　　UV 磨砂油墨
　　　水性 UV 油墨
　　　网印 UV 油墨
　　　紫外线油墨
　　S 油墨*
　　F UV 固化油墨
　　　UV 柔印油墨

Vc 含量
content of vitamin C
R；TS201.4
　　D 维 C 含量
　　　维生素 C 含量
　　S 含量*

C 蔬菜
　水果

VC 轧机
　Y 轧机

Viloft(R) 纤维
　Y 维劳夫特纤维

VILOFT 纤维
　Y 维劳夫特纤维

Visil 纤维
Visil fibres
TQ34；TS102.51
　S 粘胶纤维
　Z 纤维

V 领
　Y V 字领

V 形领口
　Y V 字领

V 形牵伸
　Y V 型牵伸

V 型机
　Y 横机

V 型牵伸
type V drafting
TS104
　D INA-V 型
　　INA-V 型牵伸
　　V 形牵伸
　　V 型牵伸装置
　　依纳 V 型牵伸
　S 牵伸*

V 型牵伸装置
　Y V 型牵伸

V 型煮茧机
V type cocoon cooking machine
TS142
　S 煮茧机
　Z 纺织机械

V 字领
V-neckline
TS941.61
　D V 领
　　V 形领口
　S 领型
　Z 服装结构

Web 打印
Web printing
TS859
　S 打印*

XC-2 新型中性分散施胶剂
　Y 中性施胶剂

XLA 弹性纤维
XLA elastic fibres
TQ34；TS102.528
　D XLA 纤维
　　聚烯烃基弹性纤维
　S 弹性纤维

Z 纤维

XLA 纤维
　Y XLA 弹性纤维

Y146 型棉纺纤维光电长度仪
Y146 type cotton fiber photoelectricity
length measurer
TS103.6
　S 棉纤维光电长度仪
　Z 仪器仪表

YB13 型
　Y 卷烟包装机

YB45 型硬盒包装机
　Y 卷烟包装机

YJ14 型
　Y 卷烟包装机

YJ19 卷烟机
　Y 卷烟机

Y 型接头
　Y 接头

ZAX 喷气布机
　Y 喷气织机

ZAX 喷气织机
　Y 喷气织机

ZD203 型
　Y 煮茧机

ZD203 型煮茧机
　Y 煮茧机

ZDPM 盘磨
　Y ZDPM 盘磨机

ZDPM 盘磨机
ZDPM disc refiner
TS733
　D ZDPM 盘磨
　S 盘式磨浆机
　Z 制浆设备

Z 拈
　Y Z 捻

Z 捻
right hand twist
TS104.2
　D Z 拈
　　反手捻
　　顺手捻
　　右拈
　S 捻向
　Z 加捻参数

α-淀粉
　Y 预糊化淀粉

α-淀粉酶活力
α-amylase activity
TS23
　S 淀粉酶活力
　Z 材料性能
　　活性
　　生物特征

食品特性

α 度
　Y 糊化度

α-方便米饭
　Y 方便米饭

α-酪蛋白
α-casein
Q5；TS201.21
　S 酪蛋白
　Z 蛋白质

α-乳白蛋白
alpha-lactalbumin
Q5；TS201.21
　S 乳清分离蛋白
　Z 蛋白质

α-印刷纸
　Y 印刷纸

β 半乳糖苷酶
　Y 乳糖酶

β-胡萝卜素
beta-carotene
TS255.3
　S 胡萝卜素
　Z 提取物

β-葡聚糖
beta-glucan
Q5；TS24
　S 碳水化合物*
　F 大麦β-葡聚糖
　　酵母β-葡聚糖
　　燕麦β-葡聚糖

β-葡聚糖含量
beta-glucan content
S；TS201.2
　S 糖含量
　Z 含量

β 闪烁计数器
　Y 计数器

γ-环状糊精
γ-cyclodextrin
TS264
　S 环糊精
　Z 糊料

阿昌族服饰
　Y 民族服饰

阿拉伯半乳聚糖
arabinogalactan
Q5；TS24
　S 半乳聚糖
　Z 碳水化合物

阿拉伯木聚糖
araboxylan
Q5；TS24
　S 碳水化合物*

阿拉伯糖
arabinose

Q5；TS218
　S 碳水化合物*

阿力甜
alitame
TS202；TS245
　S 甜味剂
　C 阿斯巴甜
　Z 增效剂

阿塞尔轧机
　Y 轧机

阿斯巴甜
aspartame
TS202；TS245
　S 甜味剂
　C 阿力甜
　　糖精
　Z 增效剂

埃及棉
egyptian cotton
TS102.21
　S 棉纤维
　Z 天然纤维

艾蒿
felon herb
TS255.2
　S 蔬菜
　Z 果蔬

艾捷克
　Y 弦乐器

爱马仕丝巾
　Y 丝巾

安定剂
　Y 稳定剂

安定性
　Y 稳定性

安定性能
　Y 稳定性

安防设备
　Y 防护装置

安哥拉绒
　Y 山羊绒

安哥拉山羊毛
　Y 马海毛

安哥拉兔毛
　Y 兔毛

安徽菜
　Y 徽菜

安徽菜系
　Y 徽菜

安康鱼皮
anglerfish skin
S；TS564
　S 鱼皮
　Z 动物皮毛

安梨

AN pear
TS255.2
　S 梨
　Z 果蔬

安全*
safety
X9
　D 安全防范知识
　　安全氛围
　　安全格局
　　安全工程技术
　　安全工作
　　安全机理
　　安全基础
　　安全基础工作
　　安全技能
　　安全技术
　　安全技术改造
　　安全技术说明书
　　安全技术条件
　　安全科技
　　安全科学技术
　　安全容量
　　安全条件
　　安全条件论证
　　安全相关性
　　不安全
　　大安全
　　确保安全
　F 包装安全
　　家庭安全
　　美容安全
　　木工机床安全
　　玩具安全
　C 安全措施　→(6)(13)
　　安全服务　→(8)
　　安全供水　→(11)
　　安全管理　→(1)(2)(5)(6)(7)(8)(9)(11)(12)(13)
　　安全规程　→(13)
　　安全技术管理　→(13)
　　安全节能　→(5)
　　安全开关　→(5)
　　安全科学　→(13)
　　安全控制　→(1)(2)(3)(5)(6)(7)(8)(11)(12)(13)
　　安全色彩　→(1)(5)
　　安全设计　→(6)(13)
　　安全生产　→(13)
　　安全生产管理条例　→(11)
　　安全体系
　　安全系数　→(1)(2)(3)(4)(11)(12)(13)
　　暴露　→(1)(3)(9)(11)(13)
　　电气安全　→(5)(6)(11)(13)
　　防护
　　航空航天安全　→(6)
　　交通安全　→(2)(5)(12)(13)
　　食品安全
　　通信安全　→(5)(7)(8)(13)
　　信息安全　→(7)(8)(13)

安全保险装置
　Y 保险装置

安全带
safety belt
TS941.731；U4；V2
　D 安全带固定装置

　　安全带互锁装置
　　安全带加强板
　　安全带拉紧器
　　安全带栓扣
　　安全带系统
　　安全带装置
　　安全带状装置
　　安全肩带
　　半被动安全带
　　背带系统
　　乘员安全带
　　座椅安全带
　　座椅背带
　S 安全装置*
　　个人防护用品
　F 背带
　C 座椅　→(6)(12)
　Z 安全防护用品

安全带固定装置
　Y 安全带

安全带互锁装置
　Y 安全带

安全带加强板
　Y 安全带

安全带拉紧器
　Y 安全带

安全带栓扣
　Y 安全带

安全带系统
　Y 安全带

安全带装置
　Y 安全带

安全带状装置
　Y 安全带

安全灯
jacklamp
TM92；TS956
　D 安全灯具
　S 灯*
　F 安全帽灯
　　防护灯
　　应急灯

安全灯具
　Y 安全灯

安全度
　Y 安全性

安全度水平
　Y 安全性

安全防范设备
　Y 防护装置

安全防范设施
　Y 安全设施

安全防范知识
　Y 安全

安全防护设备
　Y 防护装置

安全防护设施
Y 安全设施

安全防护鞋
Y 安全鞋

安全防护用品*
safety protection articles
X9
D 安全用品
F 个人防护用品
劳动防护用品
C 安防产品 →(13)
安全装置
防护装置

安全防护装置
Y 防护装置

安全氛围
Y 安全

安全服
Y 防护服

安全格局
Y 安全

安全工程技术
Y 安全

安全工作
Y 安全

安全机理
Y 安全

安全基础
Y 安全

安全基础工作
Y 安全

安全技能
Y 安全

安全技术
Y 安全

安全技术改造
Y 安全

安全技术说明书
Y 安全

安全技术条件
Y 安全

安全肩带
Y 安全带

安全科技
Y 安全

安全科学技术
Y 安全

安全帽
crash helmet
TS941.721；TS941.731；X9
D 安全头罩
防护帽
防护头套
头部防护用品
S 个人防护用品
帽*
F 塑料安全帽
C 头部防护 →(6)(13)
Z 安全防护用品

安全帽灯
safety cap lamp
TM92；TS956
S 安全灯
矿灯
F 矿用安全帽灯
Z 灯

安全起爆装置
Y 保险装置

安全容量
Y 安全

安全设施*
safety facilities
X9
D 安全防范设施
安全防护设施
F 电子防盗门
C 安全设备 →(4)(6)(8)(12)(13)
保护装置 →(2)(3)(4)(5)(8)(11)(13)
设施安全 →(13)

安全食品
safety food
TS219
D 放心食品
S 食品*

安全食用
Y 食品安全

安全特性
Y 安全性

安全体系*
safety system
X9
D 安全体系设计
安全相关系统
F 食品安全体系
C 安全
安全体系结构 →(8)
安全系统 →(1)(2)(4)(5)(6)(7)(8)(11)(12)(13)
安全系统学 →(13)
保护系统 →(1)(2)(3)(5)(6)(8)(11)(12)(13)
报警系统 →(1)(2)(4)(6)(7)(8)(11)(12)(13)
本质安全电路 →(5)
体系

安全体系设计
Y 安全体系

安全条件
Y 安全

安全条件论证
Y 安全

安全头盔
Y 头盔

安全头罩
Y 安全帽

安全相关系统
Y 安全体系

安全相关性
Y 安全

安全鞋
safety shoes
TS943.78；X9
D 安全防护鞋
S 防护鞋
Z 安全防护用品
鞋

安全性*
security
X9
D 安全度
安全度水平
安全特性
安全性能
安全性质
不安全性
F 食品安全性
贮藏安全性
C 保护性能
冲击波感度 →(1)
防护性能
工程性能 →(1)(2)(3)(4)(5)(6)(11)(12)
环境性能
可靠性 →(1)(2)(3)(4)(5)(6)(7)(8)(11)(12)(13)
性能
灾害性 →(11)(13)
重大危险源 →(13)

安全性能
Y 安全性

安全性质
Y 安全性

安全用品
Y 安全防护用品

安全知识竞赛
Y 比赛

安全装置*
safety device
TH6；X9
D 机械安全防护装置
家用安全装置
提升安全装置
F 安全带
卡头
C 安全防护 →(13)
安全防护用品
安全控制系统 →(8)
保护装置 →(2)(3)(4)(5)(8)(11)(13)
保险装置
报警装置 →(4)(6)(7)(8)(11)(12)(13)
防护性能
防护装置
防雷装置 →(5)(11)
消防装置 →(2)(4)(11)(13)
装置

安息茴香

Y 孜然

安溪铁观音
anxi tieguanyin tea
TS272.52
　S 铁观音
　Z 茶

安装锤
　Y 锤

桉木
　Y 桉木浆

桉木 CTMP 浆
　Y 桉木浆

桉木浆
eucalyptus pulp
TS749.1
　D 桉木
　　桉木 CTMP 浆
　　桉木类
　　桉木硫酸盐浆
　S 木浆
　Z 浆液

桉木类
　Y 桉木浆

桉木硫酸盐浆
　Y 桉木浆

氨爆破法制浆
　Y 爆破制浆

氨基淀粉
amino starch
TS235
　S 淀粉*
　F 氨基甲酸酯淀粉
　　交联氨基淀粉

氨基改性硅油
　Y 氨基硅油柔软剂

氨基硅油柔软剂
amino silicone softeners
TS195.23
　D 氨基改性硅油
　S 有机硅柔软剂
　C 氨基硅油　→(2)
　Z 整理剂

氨基甲酸酯淀粉
carbamate starch
TS235
　S 氨基淀粉
　　酸酯淀粉
　Z 淀粉

氨基树脂鞣剂
amino resin tanning agent
TS529.2
　S 树脂鞣剂
　Z 鞣剂

氨纶
polyurethane fibre
TQ34；TS102.527.
　D Spandex 纤维

　　氨纶弹性纤维
　　氨纶裸丝
　　氨纶纤维
　　聚氨基甲酸酯弹性纤维
　　聚氨基甲酸酯纤维
　　聚氨酯弹性纤维
　　聚氨酯纤维
　S 聚合物纤维
　C 弹性纤维
　　聚氨酯切片　→(9)
　Z 纤维

氨纶包缠纱
　Y 氨纶包覆纱

氨纶包缠丝
　Y 氨纶包覆纱

氨纶包覆纱
polyurethane fibre covered yarn
TS106.4
　D 氨纶包缠纱
　　氨纶包缠丝
　　氨纶包覆丝
　　真丝/氨纶包覆丝
　S 氨纶纱
　　包缠纱
　F 涤纶/氨纶包覆丝
　Z 纱线

氨纶包覆丝
　Y 氨纶包覆纱

氨纶包芯纱
polyurethane fibre core-spun yarn
TS106.4
　D 弹性包芯纱
　　莱卡包芯纱
　S 氨纶纱
　　包芯纱
　F 大豆纤维氨纶包芯纱
　　锦氨包芯纱
　　毛氨包芯纱
　　棉氨纶包芯纱
　Z 纱线

氨纶布
　Y 氨纶弹力织物

氨纶长丝
polyurethane filament
TQ34；TS102.527.
　S 氨纶丝
　　长丝
　C 包芯纱
　Z 纤维制品

氨纶弹力机织物
polyurethane woven fabric
TS106.8
　S 氨纶弹力织物
　　弹力机织物
　Z 织物

氨纶弹力丝
　Y 氨纶丝

氨纶弹力织物
polyurethane elastic fabric
TS106.8

　D 氨纶布
　　氨纶弹性织物
　S 弹性织物
　F 氨纶弹力机织物
　　氨纶针织物
　　棉氨织物
　Z 织物

氨纶弹性纤维
　Y 氨纶

氨纶弹性织物
　Y 氨纶弹力织物

氨纶裸丝
　Y 氨纶

氨纶纱
spandex yarn
TS106.4
　D Lycra 纤维
　　莱卡
　　莱卡弹性纤维
　　莱卡纤维
　S 弹力纱
　F 氨纶包覆纱
　　氨纶包芯纱
　C 氨纶丝
　Z 纱线

氨纶丝
elastic filament
TQ34；TS102.527.
　D 氨纶弹力丝
　S 工业丝
　F 氨纶长丝
　C 氨纶纱
　　包芯纱
　Z 纤维制品

氨纶纤维
　Y 氨纶

氨纶针织物
polyurethane fiber knitted fabric
TS186
　S 氨纶弹力织物
　Z 织物

氨纶织物
　Y 弹性织物

氨棉包芯纱
　Y 棉氨纶包芯纱

鹌鹑蛋
quail egg
TS253.2
　D 鹑蛋
　S 禽蛋
　F 鹌鹑皮蛋
　Z 蛋

鹌鹑皮蛋
preserved quail eggs
TS253.4
　D 鹌鹑松花蛋
　S 鹌鹑蛋
　　皮蛋
　Z 蛋

鹌鹑松花蛋
  Y 鹌鹑皮蛋

鞍型填料
  Y 填料

按摩椅
massage armchair
TS952.91
  S 健身器材
  Z 体育器材

按需印刷
demand printing
TS87
  S 个性化印刷
  Z 印刷

胺碱洗毛
  Y 洗毛

暗发酵
dark fermentation
TS26；X7
  S 发酵*

暗缝机
  Y 缝纫设备

暗门襟
button panel
TS941.4
  S 衣襟
  Z 服装附件

暗线
concealed wiring
TM7；TS94
  C 明线

暗褶裙
  Y 褶裙

凹板印花
  Y 凹凸印花

凹版
  Y 凹印制版

凹版滚筒
gravure cylinder
TH13；TS803
  D 凹印版滚筒
    凹印滚筒
  S 印版滚筒
  Z 滚筒

凹版全自动电脑套色彩印机
automatic computer gravure tinted color
printing machine
TS803.6
  S 凹印机
  Z 印刷机械

凹版移印
  Y 凹版印刷

凹版印花
  Y 凹凸印花

凹版印刷
gravure

TS83
  D 凹版移印
    凹版预印
    凹印
    间接凹印
  S 印刷*
  F 雕版印刷
    水松纸凹版印刷
    塑料凹版印刷

凹版印刷机
  Y 凹印机

凹版印刷技术
  Y 印刷工艺

凹版印刷设备
gravure printing equipment
TS803
  S 凹印机
  F 国产凹版印刷设备
  Z 印刷机械

凹版印刷油墨
  Y 凹印油墨

凹版印纸油墨
  Y 凹印油墨

凹版油墨
  Y 凹印油墨

凹版预印
  Y 凹版印刷

凹版预印机
gravure pre-printing machine
TS803.6
  S 凹印机
  Z 印刷机械

凹版制版
  Y 凹印制版

凹边齐头平锉
  Y 锉

凹坑表面
  Y 表面

凹口锯
  Y 锯

凹凸罗拉
embossing roller
TS103.82
  S 罗拉
  Z 纺织器材

凹凸印花
concave-convex printing
TS194
  D 凹板印花
    凹版印花
  S 印花*

凹凸印刷
  Y 凸版印刷

凹凸织物
piqué
TS106.8

  D 凸条织物
  S 织物*

凹凸组织
  Y 织物组织

凹印
  Y 凹版印刷

凹印版
  Y 凹印制版

凹印版辊
gravure roll
TH13；TS73
  S 版辊
  Z 辊

凹印版滚筒
  Y 凹版滚筒

凹印滚筒
  Y 凹版滚筒

凹印机
gravure printing machine
TS803.6
  D 凹版印刷机
    网印机
  S 印刷机
  F 凹版全自动电脑套色彩印机
    凹版印刷设备
    凹版预印机
    单张纸凹版机
    单张纸柔印机
    多色凹版机
    卷筒纸凹版机
    轮转凹版机
    纸张凹版机
  Z 印刷机械

凹印技术
  Y 印刷工艺

凹印设备
  Y 印刷机械

凹印油墨
gravure ink
TQ63；TS802.3
  D 凹版印刷油墨
    凹版印纸油墨
    凹版油墨
  S 印刷油墨
  F 水性凹印油墨
    塑料凹版水性油墨
  Z 油墨

凹印制版
gravure cylinder making
TS805
  D 凹版
    凹版制版
    凹印版
  S 制版工艺
  Z 印刷工艺

熬制
decocting
TS972.113

S 烹饪工艺*

螯合处理
chelating treatment
TQ0；TS75
　　S 化学处理*

螯合分散剂
chelating disperser agent
TQ42；TS19
　　D 螯合分散剂原料
　　　络合分散剂
　　S 分散剂*
　　F HEDPA
　　C 染整

螯合分散剂原料
　　Y 螯合分散剂

螯虾
crayfish
TS254.2
　　S 虾类
　　Z 水产品

澳大利亚羊毛
　　Y 美利奴羊毛

澳毛
　　Y 澳毛纤维

澳毛条
　　Y 毛条

澳毛纤维
Australasian wool fibres
TS102.31
　　D 澳毛
　　S 羊毛
　　Z 天然纤维

澳洲山羊皮
Australian goat fur
S；TS564
　　S 山羊皮
　　Z 动物皮毛

八宝茶
　　Y 凉茶

八宝辣酱
　　Y 辣酱

八宝糯米酒
assorted glutinous rice wine
TS262
　　S 糯米酒
　　Z 酒

八宝粥
eight components porridge
TS972.137
　　S 粥
　　Z 主食

八大菜系
eight big cuisines
TS972.12
　　S 菜系*
　　F 川菜
　　　徽菜

鲁菜
闽菜
苏菜
湘菜
粤菜
浙菜

八辊磨
　　Y 八辊磨粉机

八辊磨粉机
eight-roller mills
TS210.3
　　D 八辊磨
　　S 辊式磨粉机
　　Z 磨机

八角
star anise
TS255.5；TS264.3
　　D 八角茴香
　　　大茴香
　　S 五香
　　C 八角茴香油
　　Z 调味品

八角锤
　　Y 锤

八角茴香
　　Y 八角

八角茴香油
aniseed-star oil
TS225.3；TS264
　　S 茴香油
　　C 八角
　　Z 粮油食品

八角精油
star anise essential oil
TS225.3；TS264
　　S 调味油
　　Z 粮油食品

八角油树脂
star anise oil resin
TQ65；TS264
　　S 油树脂
　　Z 提取物

八色印花机
8-colour printing machine
TS194.3
　　S 印花机
　　Z 印染设备

八音琴
　　Y 弦乐器

八珍鸭
eight treasures duck
S；TS251.59
　　S 鸭子
　　Z 肉

巴布长度
　　Y 纤维平均长度

巴旦木
　　Y 巴旦杏

巴旦杏
amygdala
TS255.6
　　D 巴旦木
　　　巴旦杏仁
　　S 杏仁
　　Z 坚果制品

巴旦杏仁
　　Y 巴旦杏

巴非蛤
Buffet clam
TS254.2
　　D 巴菲蛤壳
　　S 蛤蜊
　　Z 水产品

巴菲蛤壳
　　Y 巴非蛤

巴拉莱卡琴
　　Y 弦乐器

巴厘纱
voile
TS106.8
　　D 巴里纱
　　S 平纹织物
　　Z 机织物

巴里纱
　　Y 巴厘纱

巴林鸡血石
Balin chicken-blood stone
TS933.21
　　S 巴林石
　　　鸡血石
　　Z 观赏石

巴林石
Balin stone
TS933.21
　　S 印石
　　F 巴林鸡血石
　　Z 观赏石

巴马火腿
　　Y 西式火腿

巴山面酱
　　Y 面酱

巴氏奶
　　Y 巴氏杀菌乳

巴氏牛奶
　　Y 巴氏杀菌乳

巴氏杀菌机
　　Y 杀菌机

巴氏杀菌奶
　　Y 巴氏杀菌乳

巴氏杀菌牛奶
　　Y 巴氏杀菌乳

巴氏杀菌乳
pasteurized milk
TS252.59

D 巴氏奶
　　巴氏牛奶
　　巴氏杀菌奶
　　巴氏杀菌牛奶
S 灭菌乳
Z 乳制品

巴氏消毒
pasteurization
TS201.6
　　S 消毒*

巴乌
　　Y 打击乐器

芭比娃娃
barbie doll
TS958.1
　　S 洋娃娃
　　Z 玩具

芭蕉
musa
TS255.2
　　S 水果
　　Z 果蔬

芭蕉芋淀粉
canna starch
TS235.5
　　S 芋头淀粉
　　Z 淀粉

粑
cake
TS972.14
　　S 小吃*
　　F 糍粑

拔白
　　Y 拔白印花

拔白印花
white discharge printing
TS194.45
　　D 拔白
　　S 拔染印花
　　Z 印花

拔长
　　Y 拉拔

拔钉机
　　Y 制鞋机械

拔杆棉
　　Y 低级棉

拔拉工艺
　　Y 拉拔

拔染法
　　Y 拔染印花

拔染剂
discharge agent
TS194
　　D 拔染剂 JN
　　　雕白剂
　　　吸白剂
　　　咬白剂

　　S 印花助剂
　　C 拔染印花
　　　靛系染料
　　　防染印花
　　Z 助剂

拔染剂 JN
　　Y 拔染剂

拔染浆
　　Y 印花色浆

拔染性
　　Y 拔染印花

拔染性能
　　Y 拔染印花

拔染印花
discharge printing
TS194.45
　　D 拔染法
　　　拔染性
　　　拔染性能
　　　拔染印花工艺
　　　拔染印花技术
　　　雕印
　　　碱拔染印花
　　S 印花*
　　F 拔白印花
　　C 拔染剂

拔染印花工艺
　　Y 拔染印花

拔染印花技术
　　Y 拔染印花

拔染印浆
　　Y 印花色浆

拔色
　　Y 剥色

拔丝
　　Y 拉丝

拔丝技术
　　Y 拉丝

拔烫
　　Y 熨烫

拔制
　　Y 拉拔

把手
　　Y 手柄

白板
whiteboard
TS951
　　S 办公用品*

白板笔
　　Y 笔

白板笔墨水
whiteboard inks
TS951.23
　　S 墨水
　　Z 办公用品

白板用记号笔
　　Y 笔

白板纸
　　Y 白纸板

白冰糖
　　Y 冰糖

白茶
white tea
TS272.59
　　S 茶*
　　F 惠明白茶

白厂丝
white steam filature
TS102.33
　　S 生丝
　　Z 真丝纤维

白炽
　　Y 白炽灯

白炽灯
incandescent lamp
TM92；TS956
　　D 白炽
　　　白炽灯泡
　　S 灯*
　　F 白光灯
　　　钨灯
　　C 灯丝温度 →(1)
　　　辉光放电灯 →(5)

白炽灯泡
　　Y 白炽灯

白瓷
white porcelain
TQ17；TS93
　　S 彩绘瓷
　　Z 瓷制品

白醋
distilled vinegar
TS264.22
　　S 液态醋
　　F 酿造白醋
　　Z 食用醋

白度
whiteness
TS190.9；TS77
　　S 光学性质*
　　F CIE 白度
　　　白度稳定性
　　　织物白度

白度测定
determination of whiteness
TS77
　　S 测定*

白度稳定性
brightness stability
TS71
　　S 白度
　　　颜色稳定性
　　Z 光学性质

白度增加值
whiteness value added
TS77
　　S 白度值
　　Z 数值

白度值
whiteness value
TS77；TS802
　　D 纸张白度
　　S 数值*
　　F 白度增加值
　　C 纸张性能

白度指标
whiteness index
TS211.7
　　S 性能指标*

白垩粉处理
Y 白垩粉整理

白垩粉整理
chalk finish
TS195
　　D 白垩粉处理
　　S 纺织品整理
　　Z 整理

白方
Y 白腐乳

白腐菌降解
degradation by white rot fungi
TS74
　　S 降解*

白腐乳
preserved white bean curd
TS214
　　D 白方
　　S 腐乳
　　Z 豆制品

白钢刀
white steel knife
TG7；TS914
　　S 钢刀
　　Z 刀具

白光灯
white light
TM92；TS956
　　S 白炽灯
　　Z 灯

白胡椒油树脂
white pepper oleoresin
TQ65；TS264
　　S 油树脂
　　Z 提取物

白糊精
white dextrin
TS23
　　S 糊精
　　Z 糊料

白酱油
white sauce

TS264.21
　　D 无色酱油
　　S 酱油*

白酒*
distillate spirits
TS262.3
　　D 白酒产品
　　　名优白酒
　　　烧酒
　　F 豉香型白酒
　　　传统白酒
　　　纯净白酒
　　　低度白酒
　　　低质白酒
　　　高粱酒
　　　功能性白酒
　　　固态白酒
　　　兼香型白酒
　　　酱香型白酒
　　　老窖
　　　米香型白酒
　　　绵柔型白酒
　　　浓香型白酒
　　　瓶装白酒
　　　清香型白酒
　　　曲酒
　　　小烧白酒
　　　新工艺白酒
　　　蒸馏酒
　　　芝麻香型白酒
　　　中国白酒
　　C 白酒风味
　　　勾调
　　　黄酒
　　　胶体特性 →(9)
　　　酒
　　　酿酒工艺
　　　酿酒酵母
　　　酿造设备
　　　葡萄酒
　　　微量成分
　　　饮酒

白酒产品
Y 白酒

白酒产业
Y 白酒工业

白酒厂
liquor factories
TS262
　　S 酒厂
　　Z 工厂

白酒发酵
liquor fermentation
TS261；TS262；TS264
　　S 酒发酵
　　Z 发酵

白酒废水
distilled spirit wastewater
TS209
　　S 酒精废液
　　Z 发酵产品
　　　废水

　　　废液

白酒分析
Y 食品分析

白酒风格
Y 白酒风味

白酒风味
liquor flavour
TS971.1
　　D 白酒风格
　　S 风味*
　　C 白酒

白酒工业
liquor-making industry
TS261
　　D 白酒产业
　　　白酒行业
　　　白酒业
　　S 酿酒工业
　　C 白酒企业
　　Z 轻工业

白酒工艺
liquor production
TS261.4
　　D 白酒加浆
　　　白酒酿造
　　　白酒生产
　　　白酒生产技术
　　　白酒腌制
　　　二步法白酒工艺
　　　全液态法白酒工艺
　　　一步法白酒工艺
　　S 酿酒工艺*
　　F 白酒勾兑
　　　川酒技艺
　　　老五甑工艺
　　　清蒸混入
　　　挑窖
　　C 量比关系

白酒勾调
Y 勾调

白酒勾兑
liquor blending
TS261.4
　　S 白酒工艺
　　　勾调
　　Z 酿酒工艺
　　　物料调配

白酒加浆
Y 白酒工艺

白酒检测
liquor determination
TS262
　　D 白酒检验
　　S 检测*

白酒检验
Y 白酒检测

白酒鉴别
Y 酒类鉴别

白酒净化器
purifier for liquor
TS261.3
D 多功能白酒净化器
S 酿造设备
Z 食品加工设备

白酒酿造
Y 白酒工艺

白酒企业
liquor-making enterprises
TS262
S 酿酒企业
C 白酒工业
Z 企业

白酒曲
liquor Quyao
TS26
S 酒曲
F 包包曲
Z 曲

白酒容器
liquor container
TS972.23
S 酒器
Z 厨具

白酒生产
Y 白酒工艺

白酒生产技术
Y 白酒工艺

白酒史
wine history
TS262.3
S 酿酒史
Z 历史

白酒行业
Y 白酒工业

白酒腌制
Y 白酒工艺

白酒业
Y 白酒工业

白酒质量
liquor quality
TS261.7
S 原酒质量
Z 食品质量

白卡纸
white cardboard
TS761.1
S 卡纸
Z 办公用品
纸张

白兰地
Brandy
TS262.61
D 白兰地酒
S 葡萄酒*
洋酒
F 人头马

水果白兰地
Z 酒

白兰地酒
Y 白兰地

白肋香型烟叶
Y 烟叶

白肋型烟叶
Y 烟叶

白肋烟
burley tobacco
TS459
S 卷烟
Z 烟草制品

白肋烟干燥机
Y 烘烤装置

白肋烟烘焙
Y 烟叶烘烤

白肋烟烘焙机
Y 烤烟机

白鲢鱼
silver carp
TS254.2
S 鱼
Z 水产品

白麦
Y 小麦

白毛茶
baimao tea
TS272.59
D 九峰白毛茶
乐昌白毛茶
凌乐白毛茶
凌云白毛茶
南昆山白毛茶
南山白毛茶
S 毛茶
Z 茶

白米
Y 大米

白米醋
Y 米醋

白米分级
white rice grading
TS212
S 食品分级
C 大米
Z 分级

白棉
white cotton
TS102.21
D 本白棉
S 棉纤维
C 彩色棉
Z 天然纤维

白泥回收窑
white mud recycling pit

TS733.9
S 造纸辅助设备
Z 造纸机械

白啤酒
white beer
TS262.59
S 啤酒
Z 酒

白瓶啤酒
bright bottle beer
TS262.59
S 瓶装啤酒
Z 酒

白葡萄酒
white wine
TS262.61
D 长城牌白葡萄酒
花果山牌白葡萄酒
开远牌白葡萄酒
靠山牌白葡萄酒
兰考白葡萄酒
龙阁牌甜白葡萄酒
龙徽牌白葡萄酒
龙眼半甜白葡萄酒
民权白葡萄酒
中华白葡萄酒
S 葡萄酒*
F 干白葡萄酒

白切鸡
boiled chicken
TS972.125
D 白斩鸡
S 鸡类菜肴
Z 菜肴

白曲
Y 米曲

白色硅酸盐纤维
Y 硅酸盐纤维

白色南洋珠
Y 珍珠

白色松香胶
Y 松香胶

白色鞋面革
Y 鞋面革

白砂糖
Y 白糖

白砂糖质量
Y 白糖质量

白湿皮
wet white
S；TS564
S 动物皮
Z 动物皮毛

白水
white water
TS74；X7
D 白液
S 废液*

C 白水浓度

白水封闭
closed white water
TS74
　　S 封闭*

白水封闭循环
white water obturation
TS74
　　S 白水循环
　　Z 循环

白水回收
white water recovery
TS74；TS75
　　S 回收*

白水回收机
　　Y 白水回收系统

白水回收设备
　　Y 白水回收系统

白水回收系统
white water recovery system
TS733.9
　　D 白水回收机
　　　白水回收设备
　　S 造纸辅助设备
　　Z 造纸机械

白水浓度
concentration of white water
TS74
　　S 浓度*
　　C 白水

白水稀释流浆箱
white water dilution headbox
TS733
　　S 流浆箱
　　Z 造纸机械

白水循环
white water recycling
TS74
　　S 循环*
　　F 白水封闭循环

白糖
white sugar
TS245
　　D 白砂糖
　　　等折白砂糖
　　S 食糖
　　F 绵白糖
　　C 冰片糖
　　Z 糖制品

白糖质量
white sugar quality
TS247
　　D 白砂糖质量
　　S 食品质量*

白条鹅
　　Y 鹅肉

白条肉
　　Y 猪肉

白条鸭
plain strip duck
S：TS251.59
　　S 鸭子
　　Z 肉

白虾
white shrimp
TS254.2
　　S 虾类
　　Z 水产品

白星
neps
TS101.97
　　S 染疵
　　Z 纺织品缺陷

白芽奇兰茶
white bud orchid tea
TS272.52
　　S 乌龙茶
　　Z 茶

白杨木
poplar
TS62
　　S 硬杂木
　　Z 木材

白液
　　Y 白水

白银饰品
　　Y 银饰

白玉
chauche
TS933.21
　　S 玉
　　Z 饰品材料

白云边酒
baiyun side wine
TS262.39
　　S 中国白酒
　　Z 白酒

白斩鸡
　　Y 白切鸡

白纸板
white board
TS767
　　D 白板纸
　　S 纸板
　　F 灰底白纸板
　　　涂布白纸板
　　Z 纸制品

白族服饰
　　Y 民族服饰

白族家具
bai nationality furniture
TS66；TU2
　　S 中国家具
　　Z 家具

白族童帽
　　Y 童帽

百度试验法
100℃ test method
TS65
　　S 试验法*

百果酒
　　Y 果酒

百合淀粉
lily starch
TS235.5
　　S 植物淀粉
　　Z 淀粉

百脚
mispick
TS101.97
　　D 百脚疵点
　　S 织物疵点
　　Z 纺织品缺陷

百脚疵点
　　Y 百脚

百乐烧鸡
　　Y 烧鸡

百米重量偏差
weight deviation per hundred meter
TS107
　　S 误差*
　　C 成纱质量

百香烧鸡
　　Y 烧鸡

百页
　　Y 豆腐干

百褶裙
　　Y 褶裙

摆布机构
　　Y 摆动机构

摆锤冲击试验设备
　　Y 试验设备

摆动机构
swing mechanism
TH11；TS103.1
　　D 摆布机构
　　　摆动结构
　　　摆动装置
　　　倾摆机构
　　　倾动机构
　　S 机械机构*
　　C 粗纱机

摆动接头
　　Y 接头

摆动结构
　　Y 摆动机构

摆动式布铗
　　Y 布铗

摆动式递纸机构
swinging gripper mechanism
TS803
　　S 递纸机构

Z 印刷机机构

摆动式锯
Y 锯

摆动式热锯机
Y 锯机

摆动装置
Y 摆动机构

摆锯
Y 锯

摆式锯
Y 锯

摆式热锯
Y 锯

摆式圆锯床
Y 圆锯机

摆丝机
sway machine
TS173
S 非织造布机械*
　制烟机械*

摆针绣花机
Y 绣花机

扳倒井酒
bandaojing liquor
TS262.39
S 中国白酒
Z 白酒

扳手
wrench
TG7；TS914
D L型扳手
　T型扳手
　测力扳手
　成套扳手
　抽油杆扳手
　大型扳手
　呆扳手
　带式扳手
　定力扳手
　多用扳手
　管子扳手
　活扳手
　活络扳手
　火花塞扳手
　机动扳手
　棘轮扳手
　棘轮两用扳手
　卡盘扳手
　开口扳手
　两用扳手
　滤清器扳手
　轮胎扳手
　梅花扳手
　敲击扳手
　三叉扳手
　十字扳手
　手动扳手
　手动离合式扭矩扳手
　双梅花扳手

　讯响扳手
　油管扳手
　油桶扳手
　月牙扳手
　指针扳手
　专用扳手
　组合扳手
S 手工具
F 钩形扳手
　内六角扳手
　内四方扳手
　扭矩扳手
　双头呆扳手
　液压扳手
Z 工具

班卓
Y 弦乐器

斑点染色
Y 染色工艺

斑玷染色
Y 染色工艺

斑铜
Y 斑铜工艺品

斑铜工艺品
variegated copper
TS93
D 斑铜
S 工艺品*

斑渍
Y 污渍

搬迁技术
Y 迁移

板*
plate
TG1；TS6
D 板(结构件)
　板材结构
　触敏控制板
　功能板
　梁脚板
　梁肘板
　石棉垫板
F 背板
　表板
　隔板
　护帮板
　绝缘纸板
　图板
　印板
C 板材 →(1)
　板形 →(3)
　地板 →(1)
　顶板 →(2)
　混凝土构造物 →(5)(1)
　建筑构件 →(1)(4)(1)
　楼板 →(1)
　墙板 →(1)

板(结构件)
Y 板

板材尺寸

panel size
TG1；TS67
S 尺寸*
C 排样 →(3)

板材厚度
Y 板厚

板材结构
Y 板

板材利用率
board utlization rate
TS65
S 比率*

板材密度
panel density
TS61
S 密度*
F 单板密度

板材生产线
chipboard production line
TH16；TS64
S 生产线*
F 刨花板生产线
　纸板生产线
　中纤板生产线

板材纹理
plate grain
TS61；TU1
D 木质纹理
S 纹理*
C 板材 →(1)

板材性能
board performance
TS61
S 材料性能*
C 家具用材
　人造板

板材质量
board quality
TS6
S 质量*

板锉
Y 锉

板带厚度
Y 板厚

板鹅
Y 鹅肉

板鼓
Y 鼓

板厚
plate thickness
TG3；TS65
D 板材厚度
　板带厚度
　板料厚度
　管板厚度
　可剪板厚
　临界板厚
S 厚度*

C 板形　→(3)
　换热器管板　→(5)

板件*
panel
TH13
　D 板式部件
　F 复合玻纤板
　C 板式翅片　→(1)

板锯
　Y 锯

板栗
chestnut
S；TS255.2
　D 板栗树
　　魁栗
　　栗
　S 坚果*

板栗淀粉
chestnut starch
TS235.5
　S 植物淀粉
　Z 淀粉

板栗粉
　Y 栗粉

板栗糕
chestnut cake
TS255.6
　S 板栗制品
　Z 坚果制品

板栗果酒
　Y 板栗酒

板栗酒
chestnut fruit wine
TS262.7
　D 板栗果酒
　S 果酒
　Z 酒

板栗壳色素
chestnut shell pigment
TQ61；TS202.39
　D 板栗壳棕色素
　S 植物色素
　C 清除能力
　Z 色素

板栗壳棕色素
　Y 板栗壳色素

板栗内皮
Chinese chestnut endothelial
TS255
　S 水果果皮*

板栗仁
chestnut core
TS255.6
　S 板栗制品
　　果仁
　Z 坚果制品

板栗乳饮料
　Y 板栗饮料

板栗树
　Y 板栗

板栗饮料
Chinese chestnut drink
TS275.5
　D 板栗乳饮料
　S 原汁饮料
　Z 饮料

板栗制品
chestnut products
TS255.6
　S 坚果制品*
　F 板栗糕
　　板栗仁
　　栗粉

板栗贮藏
Chinese chestnut storage
TS205
　S 果蔬贮藏
　Z 储藏

板料厚度
　Y 板厚

板坯含水率
mat moisture content rate
TS67
　S 比率*

板坯横截锯
flying cut-off saw
TG5；TG7；TS914.54
　S 横截锯
　Z 工具

板坯夹钳
slab clamp
TG7；TH2；TS914.51
　S 夹钳
　Z 工具

板皮
slab
TS62
　S 原木
　Z 木材

板皮带锯机
　Y 细木工带锯机

板球
cricket
TS952.3
　S 球类器材
　Z 体育器材

板球拍
　Y 球拍

板式部件
　Y 板件

板式家具
panel type furniture
TS66
　S 家具样式
　C 连接　→(1)(2)(3)(4)(5)(6)(7)(8)(11)(12)
　　中密度纤维板

　Z 样式

板式快速加热器
　Y 热水器

板式快速水加热器
　Y 热水器

板式烧毛
　Y 烧毛

板丝呢
　Y 精纺呢绒

板兔
dehydrated salted rabbit
TS251.54
　D 玫瑰板兔
　S 兔肉制品
　Z 肉制品

板型设计
plate type design
TS941.2
　D 版型设计
　S 服装设计
　Z 服饰设计

板鸭
salted preserved duck
TS251.55
　S 鸭类菜肴
　　鸭肉制品
　F 南安板鸭
　Z 菜肴
　　肉制品

板样
　Y 服装板型

板纸
　Y 纸板

板纸废水
paperboard papermaking wastewater
TS75；X7
　S 造纸废水
　F 纸箱生产废水
　C 制浆废液
　Z 废水

版材
printing plate material
TS802.2
　D 柔性感光树脂版
　　印刷版材
　　制版材料
　S 印刷材料*
　F 热敏CTP版材

版辊
printing roller
TH13；TS73
　S 印刷胶辊
　F 凹印版辊
　C 制版机
　Z 辊

版滚筒
　Y 印版滚筒

版纹
jacquard card
TS804
　S 纹样*
　F 底纹
　　地纹

版纹防伪
security line
TS804
　S 印刷防伪
　Z 防伪

版型
　Y 服装板型

版型设计
　Y 板型设计

版样
　Y 服装板型

钣金构件
　Y 钣金件

钣金件
sheet metal parts
TG3；TH13；TS914
　D 钣金构件
　　钣金零件
　S 金属件*
　C 钣金 →(3)
　　工业加工 →(3)(4)(9)

钣金零件
　Y 钣金件

办公家具
office furniture
TS66；TU2
　D 办公室家具
　S 家具*
　F 办公椅
　　办公桌
　　电脑桌
　　写字桌

办公设备
office equipment
TH6；TS951
　D 工作设备
　S 设备*

办公室家具
　Y 办公家具

办公椅
office chair
TS66；TU2
　S 办公家具
　Z 家具

办公印刷
　Y 轻印刷

办公用具
　Y 办公用品

办公用品*
office appliance
TS951

　D 办公用具
　　教学用品
　　文化用品
　　文教用品
　F 白板
　　公文包
　　贺卡
　　名片
　　文化用纸
　　文具
　　相册
　　信封
　　砚
　C 纸张
　　纸张质量
　　纸制品

办公桌
office table
TS66；TU2
　S 办公家具
　　桌子
　Z 家具

半被动安全带
　Y 安全带

半长裤
　Y 裤装

半成形针织物
　Y 成形针织物

半穿双经缎网孔织物
　Y 网眼针织物

半穿双经绒网眼织物
　Y 网眼针织物

半导体灯
　Y LED 灯

半导体发光灯
semiconductor electroluminescent lamps
TM92；TS956
　D 半导体照明灯
　S 发光灯
　Z 灯

半导体可饱和吸收反射镜
　Y 反射镜

半导体照明灯
　Y 半导体发光灯

半堆积式烤房
half a stacked curing barn
TS43
　S 烤烟房
　Z 车间

半发酵茶
semi-fermented tea
TS272.52
　S 红茶
　F 乌龙茶
　Z 茶

半发酵面团改良剂
　Y 发酵剂

半幅单板
　Y 单板

半干红葡萄酒
　Y 干红酒

半干葡萄酒
　Y 干红酒

半干食品
intermediate moisture foods
TS219
　S 食品*

半干香肠
　Y 风干香肠

半光纤维
　Y 功能纤维

半胱氨酸滤纸
cysteine filter paper
TS761.9
　S 滤纸
　Z 纸张

半化学法
semichemical method
TQ17；TS74
　S 化学法*

半化学浆
semi-chemical pulp
TS749
　D 碱性碳酸钠半化学浆
　S 化学浆
　Z 浆液

半化学浆黑液
semi chemical pulping black liquor
TS79；X7
　S 黑液
　Z 废液

半化学纸浆废水
　Y 制浆造纸废水

半即热式水加热器
　Y 热水器

半绞边装置
semi leon-selvedge mechanism
TS103.19
　D 半综绞边装置
　S 绞边机构
　Z 纺织机构

半紧身裙
　Y 紧身裙

半菁染料
hemicyanine dye
TS193.21
　S 菁染料
　Z 染料

半精纺
semi-worsted spinning
TS104
　D 半精纺纺纱
　S 精纺

F 半精纺毛纺
　　Z 纺纱

半精纺纺纱
　　Y 半精纺

半精纺工艺
　　Y 半精梳

半精纺毛纺
semi-worsted wool
TS104.2
　　S 半精纺
　　　毛精纺
　　Z 纺纱
　　　纺纱工艺

半精纺纱线
semi-worsted yarn
TS106.4
　　S 精梳纱线
　　Z 纱线

半精纺梳毛机
　　Y 梳毛机

半精梳
semi-combed
TS104.2
　　D 半精纺工艺
　　　半精梳系统
　　S 精梳
　　Z 纺纱工艺

半精梳毛纺
semi-worsted wool spinning
TS104.2
　　S 毛纺工艺
　　C 精梳毛纺
　　Z 纺纱工艺

半精梳毛条
　　Y 毛条

半精梳棉织物
　　Y 棉织物

半精梳系统
　　Y 半精梳

半米拉诺罗纹织物
　　Y 罗纹织物

半畦编织物
　　Y 针织物

半畦编组织
half cardigan stitch
TS18
　　S 畦编组织
　　Z 材料组织

半球状食品
hemispherical food
TS219
　　S 食品*

半染时间
half-dyeing time
TS193
　　S 染色时间

Z 时间

半乳甘露聚糖
galactomannan
Q5；TS24
　　D 半乳糖甘露聚糖
　　S 碳水化合物*

半乳聚糖
galactosan
Q5；TS24
　　S 碳水化合物*
　　F 阿拉伯半乳聚糖

半乳糖甘露聚糖
　　Y 半乳甘露聚糖

半色调丝网印刷
　　Y 丝网印刷

半纱罗组织
　　Y 纱罗组织

半髓心板
　　Y 径切板

半甜苹果酒
　　Y 苹果酒

半甜葡萄酒
　　Y 葡萄酒

半透明纸
translucent paper
TS76
　　S 透明纸
　　Z 纸张

半细毛
　　Y 半细羊毛

半细羊毛
medium fine wool
TS102.31
　　D 半细毛
　　S 羊毛
　　C 细羊毛
　　Z 天然纤维

半香料型烟叶
　　Y 烟叶

半消光纤维
　　Y 功能纤维

半夜灯
mid-night lamp
TM92；TS956
　　S 路灯
　　Z 灯

半硬性针布
　　Y 弹性针布

半硬质干酪
semi-hard cheese
[TS252.52]
　　S 干酪
　　Z 乳制品

半硬质纤维板
　　Y 中密度纤维板

半圆锉
　　Y 锉

半汁葡萄酒
　　Y 葡萄酒

半轴轧机
　　Y 轧机

半自动搓丝机
　　Y 搓丝机

半自动攻丝机
　　Y 攻丝机

半自动接头装置
　　Y 自动接头装置

半自动络筒机
semi-automatic winding machine
TS103.23；TS103.32
　　S 络筒机
　　Z 纺织机械

半自动内钉跟机
　　Y 制鞋机械

半综绞边装置
　　Y 半绞边装置

伴大豆球蛋白
conglycinin
Q5；TQ46；TS201.21
　　S 蛋白质*

伴纺
carrier spinning
TS104
　　S 纺纱*
　　F 维纶伴纺

拌胶
　　Y 施胶工艺

拌料
ingredients
TS2
　　S 生产工艺*

帮底
upper bottom
TS943.3；TS943.4
　　S 鞋帮
　　Z 鞋材
　　　鞋结构

帮脚内里刷腔机
　　Y 制鞋机械

帮脚起毛机
　　Y 制鞋机械

帮脚熨平机
　　Y 制鞋机械

帮结构设计
　　Y 鞋类设计

帮口定型机
　　Y 制鞋机械

帮面
upper outsides

TS943.3；TS943.4
　　S 鞋帮
　　Z 鞋材
　　　鞋结构

帮面材料
　　Y 鞋帮

帮面烫平机
　　Y 制鞋机械

帮面蒸湿机
　　Y 制鞋机械

帮样
　　Y 鞋样

帮样结构设计
　　Y 鞋样设计

帮样平面设计
　　Y 鞋样设计

帮样设计
　　Y 鞋样设计

梆子
bangzi
TS953.25
　　S 打击乐器
　　Z 乐器

蚌肉
shellfish meat
TS254.5
　　S 肉*

棒冰机
　　Y 冷饮机械

棒材挤压机
　　Y 挤压设备

棒槌花边
　　Y 花边

棒球
baseball
TS952.3
　　S 球类器材
　　Z 体育器材

棒球帽
baseball cap
TS941.721
　　S 帽*

棒针衫
　　Y 羊毛衫

棒子
　　Y 玉米

包包曲
wrapped starter
TS26
　　S 白酒曲
　　Z 曲

包缠纺
wrap spinning
TS104.7
　　S 新型纺纱

　　Z 纺纱

包缠纺纱机
　　Y 细纱机

包缠纱
fasciated yarn
TS106.4
　　S 纱线*
　　F 氨纶包覆纱
　　　差捻包缠纱

包衬
cylinder packing
TS805
　　S 衬料*

包袋
envelope
TS95
　　S 箱包*

包缝机
cup seaming machine
TS941.562
　　D 高速包缝机
　　　三线包缝机
　　　双线包缝机
　　　四线包缝机
　　　五线包缝机
　　S 缝纫设备
　　Z 服装机械

包覆纺纱机
　　Y 细纱机

包覆纱
　　Y 包芯纱

包覆丝
　　Y 包芯纱

包跟
　　Y 制鞋工艺

包扣
　　Y 钮扣

包木沙发
upholstered sofa
TS66；TU2
　　S 沙发
　　Z 家具

包钮
　　Y 钮扣

包伞机
parachute-packing machine
TS04
　　S 轻工机械*

包套
　　Y 壳体

包芯
　　Y 包芯纱

包芯纺纱机
　　Y 细纱机

包芯缝纫线

core-spun sewing thread
TS941.491
　　S 缝纫线
　　Z 服装辅料

包芯纱
core yarn
TS106.4
　　D 包覆纱
　　　包覆丝
　　　包芯
　　　包芯纱线
　　　包芯丝
　　　包芯线
　　S 纱线*
　　F 氨纶包芯纱
　　　锦纶包芯纱
　　　摩擦纺包芯纱
　　C 氨纶长丝
　　　氨纶丝
　　　弹力丝 →(9)
　　　炼钢 →(3)
　　　脱硫 →(3)

包芯纱线
　　Y 包芯纱

包芯纱织物
covering yarn fabric
TS106.8
　　S 织物*

包芯丝
　　Y 包芯纱

包芯线
　　Y 包芯纱

包芯竹节纱
　　Y 竹节纱

包装安全
packaging safety
TS09；X9
　　S 安全*
　　C 包装质量

包装保鲜
　　Y 保鲜包装

包装标签
　　Y 包装标识

包装标识
parcel label
TS09
　　D 包装标签
　　S 标志*
　　C 包装 →(1)

包装布
　　Y 产业用纺织品

包装材料*
packaging materials
TB4
　　D 包装器材
　　　包装物
　　　包装资源
　　F 包装带

包装袋
包装盒
包装膜
包装线
包装纸
包装纸板
卷烟包装材料
软包材
食品包装材料
C 包装 →(1)
包装设备
材料
爽滑性 →(9)

包装材料印刷
Y 包装印刷

包装带
packing tape
TS09
S 包装材料*

包装袋
packaging bag
TS09
D 袋
S 包装材料*
F 食品包装袋
塑料包装袋
C 耐油性 →(1)

包装盒
packing case
TB4；TS206
D 香烟包装盒
药品包装盒
S 包装材料*
盒子*
F 礼品包装盒

包装机
Y 包装机械

包装机械
packaging machinery
TB4；TS04
D 包装机
包装器
S 包装设备*
F 卷烟包装机
食品包装机械
无菌包装机

包装机组
Y 包装设备

包装胶印
packaging offset printing
TS851.6
S 包装印刷
胶印
Z 印刷

包装量
pack quantity
TS09
S 数量*
F 最小包装量
C 包装 →(1)

包装领域
Y 包装印刷工业

包装膜
packaging films
TS09
S 包装材料*
膜*
F 食品包装膜
塑料保鲜膜

包装器
Y 包装机械

包装器材
Y 包装材料

包装设备*
packaging equipment
TB4
D 包装机组
包装装置
F 包装机械
打包机
打捆机
打码机
封罐机
糊盒机
塑封机
贴标机
无菌包装设备
C 包装材料
加工设备

包装食品
packaged food
TS219
S 食品*
F 屏蔽包装食品
软包装食品
预包装食品

包装食品机械
Y 食品包装机械

包装条件
packaging requirement
TS09
S 条件*
C 包装 →(1)

包装物
Y 包装材料

包装线
packaging line
TS09
S 包装材料*

包装印刷
package printing
TS851.6
D 包装材料印刷
S 印刷*
F 包装胶印
软包装印刷
食品包装印刷

包装印刷防伪
Y 印刷防伪

包装印刷废水
packaging and printing wastewater
TS8；X7
S 废水*

包装印刷工业
package printing industry
TS8
D 包装领域
S 印刷业
Z 轻工业

包装印刷机
Y 印刷机

包装印刷机械
package printing machinery
TS803.9
S 印刷机械*

包装印刷品
package printed matter
TS89
S 印刷品*

包装印刷企业
packaging printing enterprise
TS808
D 印刷包装企业
S 印刷企业
Z 企业

包装印刷设备
Y 印刷包装设备

包装用织物
Y 产业用纺织品

包装用纸
Y 包装纸

包装用纸板
Y 包装纸板

包装纸
wrapping paper
TS761.7
D 包装用纸
特种包装纸
S 包装材料*
纸张*
F 食品包装纸
瓦楞纸

包装纸板
packing board
TS767
D 包装用纸板
S 包装材料*
纸板
F 箱纸板
Z 纸制品

包装纸业
packaging and paper industry
TS7
S 造纸工业
C 包装 →(1)
Z 轻工业

包装质量

packaging quality
TS09
　S　工艺质量*
　C　包装 →(1)
　　包装安全

包装贮藏
packaging and storage
TS205
　S　储藏*
　F　真空袋装贮藏

包装贮存
package and storage
TS206
　S　存储*

包装装潢
packaging decoration
TS88
　S　装修*
　C　包装 →(1)

包装装置
　Y　包装设备

包装资源
　Y　包装材料

包子
steamed stuffed bun
TS972.132
　S　面食
　Z　主食

包子品质
dumpling quality
TS211.7
　S　面制品质量
　Z　食品质量

胞壁厚度
cell wall thickness
TS102；TS107
　D　胞壁增厚度
　S　厚度*
　C　纺织纤维

胞壁增厚度
　Y　胞壁厚度

炮糊
　Y　挂糊

饱充罐
carbonating tank
TS203
　S　罐*

饱和比
　Y　饱和点

饱和点
saturation point
O6；TS3
　D　饱和比
　　饱和浓度
　　饱和系数
　S　化工系数*
　C　对苯型不饱和聚酯树脂 →(9)
　　溶解

饱和卤水
saturated brine
TS39
　S　卤水*

饱和浓度
　Y　饱和点

饱和系数
　Y　饱和点

宝宝鞋
　Y　童鞋

宝石
precious stones
TS933.21
　D　宝石矿物
　　宝石资源
　　铬绿帘石
　　铬绿泥石
　　硅铍石
　　硅铁锂钠石
　　钠锂大隅石
　　硼锂镀矿
　　硼铍铝铯石
　　人工宝石
　　人造宝石
　　水氟珊石
　　水铝氟石
　　似晶石
　　鹰眼石
　S　宝玉石
　F　高档宝石
　　红宝石
　　孔雀石
　　蓝宝石
　　青金石
　　天然宝石
　　钻石
　Z　饰品材料

宝石材料
　Y　红宝石

宝石雕刻
cameocut
J；TS932.3
　S　石雕
　Z　雕刻

宝石加工
gem processing
TS93
　S　首饰加工
　Z　加工

宝石鉴别
gemstone identification
TS934.3
　S　鉴别*

宝石矿物
　Y　宝石

宝石饰品
　Y　饰品

宝石学
gemmary

TS93
　S　科学*
　C　材料
　　地质 →(1)(2)(11)
　　矿石 →(1)(2)(3)(9)(11)
　　珠宝

宝石原料
　Y　红宝石

宝石资源
　Y　宝石

宝丝绒
dog fine hair
TS102.31
　D　狗绒
　S　绒纤维
　Z　天然纤维

宝塔筒子
　Y　锥形筒子

宝玉石
gem jade
TS933.21
　S　饰品材料*
　F　宝石
　　松石
　　玉

保藏
　Y　储藏

保藏方法
　Y　储藏

保藏工艺
　Y　储藏

保藏技术
　Y　储藏

保藏性
keeping property
TS972.24
　D　保存性
　S　保护性能*
　C　食品保鲜贮藏
　　食品储藏
　　贮藏性

保藏性能
　Y　贮藏性

保脆性
crispness keeping
TS21
　S　力学性能*

保存剂
　Y　防腐剂

保存性
　Y　保藏性

保存性能
　Y　贮藏性

保护材料
　Y　防护材料

保护工艺
　　Y 工艺方法

保护关机
　　Y 停机

保护剂*
protecting agent
TQ0
　　F 冻干保护剂
　　　护色剂
　　　抗湿热保护剂
　　　羊毛保护剂
　　C 防护剂

保护胶体
protecting colloid
TQ42；TS190
　　S 胶体*
　　C 保护膜 →(1)(3)
　　　防护涂料 →(9)

保护特性
　　Y 保护性能

保护头盔
　　Y 头盔

保护性能*
protective property
TM5；ZT4
　　D 保护特性
　　F 保藏性
　　　保暖性
　　　保鲜性
　　　保型性
　　C 安全性
　　　距离保护 →(5)
　　　性能

保健白酒
　　Y 保健酒

保健菜谱
　　Y 保健食谱

保健茶
healthy tea
TS272.55
　　D 保健茶饮料
　　　复合保健茶
　　　速溶保健茶
　　S 特种茶
　　F 枸杞茶
　　Z 茶

保健茶饮料
　　Y 保健茶

保健产品
　　Y 保健品

保健成分
　　Y 营养成分

保健醋
health vinegar
TS218；TS264.22
　　D 保健果醋
　　　保健食醋
　　S 保健调味品

　　　液态醋
　　F 保健红醋
　　C 果醋
　　Z 保健品
　　　调味品
　　　食用醋

保健醋饮料
health protection vinegar drink
TS264；TS27
　　S 醋饮料
　　Z 饮料

保健大米
health rice
TS210.2
　　D 保健米
　　S 功能稻米
　　Z 粮食

保健袋泡茶
　　Y 袋泡茶

保健蛋
healthy egg
TS218；TS253.4
　　S 保健食品
　　　蛋*
　　Z 保健品
　　　食品

保健调味品
healthy condiment
TS218
　　S 保健品*
　　　调味品*
　　F 保健醋
　　　保健酱油

保健纺织品
health textiles
TS106.8
　　D 保健用纺织品
　　　纺织保健品
　　S 保健品*
　　　功能纺织品*
　　C 磁性纤维

保健功能
health function
TS210；TS218；TS221
　　D 保健功效
　　　保健功用
　　　保健价值
　　　保健效果
　　　保健性
　　　保健性能
　　S 功能*
　　　生物特征*
　　F 生理保健功能
　　C 保健食品
　　　牛初乳

保健功能食品
　　Y 保健食品

保健功效
　　Y 保健功能

保健功用

　　Y 保健功能

保健罐头
health tin
TS218；TS295.6
　　S 保健食品
　　　罐头食品*
　　Z 保健品
　　　食品

保健果醋
　　Y 保健醋

保健果冻
healthy jelly
TS218.51
　　S 保健食品
　　Z 保健品
　　　食品

保健含片
health care chewing tablets
TS218
　　D 保健型咀嚼片
　　S 剂型*

保健红醋
health red vinegar
TS218；TS264.22
　　S 保健醋
　　Z 保健品
　　　调味品
　　　食用醋

保健黄酒
health yellow rice wine
TS262.4
　　D 功能黄酒
　　S 保健酒
　　　黄酒
　　Z 酒

保健价值
　　Y 保健功能

保健酱油
healthy soy sauce
TS218；TS264.21
　　S 保健调味品
　　　功能酱油
　　Z 保健品
　　　调味品
　　　酱油

保健酒
health wine
TS262
　　D 保健白酒
　　　保健露酒
　　　保健型蘑菇酒
　　　健身酒
　　　苦瓜保健酒
　　　疗效酒
　　　灵芝保健酒
　　　美容保健酒
　　　营养保健酒
　　S 酒*
　　F 保健黄酒
　　　保健啤酒

保健药酒
保龄酒
茶酒
蜂蜜酒
花蜜酒
菊花酒
香菇酒
杨林肥酒
营养酒
C 功能性白酒
活性干酵母 →(9)

保健菌油
Y 保健食用油

保健凉茶
Y 凉茶

保健露酒
Y 保健酒

保健米
Y 保健大米

保健米酒
Y 保健型米酒

保健面包
health care bread
TS213.21
S 面包
Z 糕点

保健面粉
care flour
TS211.2
S 面粉
Z 粮食

保健内衣
health care underwear
TS941.7
S 内衣
Z 服装

保健啤酒
healthy beer
TS262.59
D 保健型低醇啤酒
保健型啤酒
S 保健酒
啤酒
F 蜂王浆啤酒
富硒啤酒
苦丁茶啤酒
灵芝啤酒
Z 酒

保健品*
health care products
R：TS218
D 保健产品
口腔保健品
绿色植物保健品
美容保健品
F 保健调味品
保健纺织品
保健食品
保健饮料
天然保健品

营养保健品

保健软糖
health soft-sugar
TS246.56
S 软糖
Z 糖制品

保健食醋
Y 保健醋

保健食品
health food
TS218
D 保健功能食品
保健制品
补硒食品
蛋白食品
蛋白质食品
健康食品
疗效食品
养生食品
滋补食品
S 保健品*
功能食品
F 保健蛋
保健罐头
保健果冻
保健酸奶
保健香肠
补钙食品
黑色食品
减肥保健食品
降糖食品
抗癌食品
抗氧化食品
强化食品
药膳食品
营养保健挂面
C 保健功能
保健食谱
食品科学
营养成分
有效性 →(1)
Z 食品

保健食品工业
healthy food industry
TS2
S 食品工业
Z 轻工业

保健食品原料
health food material
TS202.1
S 功能性食品原料
Z 食品原料

保健食谱
health care diet
TS972.12
D 保健菜谱
益智食谱
S 食谱*
C 保健食品

保健食用油
healthy oil
TS225

D 保健菌油
保健油
强化食用油
S 保健油脂
食用油
Z 粮油食品
油脂

保健蔬菜酸奶
Y 保健酸奶

保健酸奶
health yogurt
TS252.59
D 保健蔬菜酸奶
保健型酸奶
营养保健酸奶
S 保健食品
功能性酸奶
Z 保健品
发酵产品
乳制品
食品

保健纤维
Y 功能纤维

保健香肠
health sausage
TS251.59
S 保健食品
香肠
Z 保健品
肉制品
食品

保健效果
Y 保健功能

保健型低醇啤酒
Y 保健啤酒

保健型咀嚼片
Y 保健含片

保健型米酒
health rice wine
TS262
D 保健米酒
S 米酒
F 降脂米酒
Z 酒

保健型蘑菇酒
Y 保健酒

保健型啤酒
Y 保健啤酒

保健型酸奶
Y 保健酸奶

保健型饮料
Y 保健饮料

保健性
Y 保健功能

保健性能
Y 保健功能

保健牙刷
health care toothbrush
TS959.1
S 牙刷
Z 个人护理品

保健盐
bamboo salt
TS264.2；TS365
D 平衡健身盐
铁强化营养盐
营养保健盐
竹盐
S 食盐*
F 低钠盐
加钙盐
加碘盐
加铁盐
加锌盐
硒盐

保健药酒
health care medicinal liquor
TS262
S 保健酒
F 碧绿酒
参茸补血酒
枸杞酒
海藻酒
芦笋酒
鹿血酒
蚂蚁酒
人参天麻药酒
山茱萸保健酒
五加皮保健酒
异蛇酒
竹酒
竹荪酒
Z 酒

保健饮料
health drink
TS218；TS275.4
D 保健型饮料
保健饮品
功能型饮料
灰树花保健饮料
健康饮料
姜茶
姜汁饮料
菌茶
菌茶饮料
菌类保健茶
蜜环菌保健饮料
清凉保健饮料
食用菌保健饮料
香菇保健饮料
香菇饮料
银耳保健饮料
真菌保健饮料
S 保健品*
功能饮料
F 复合保健饮料
解酒保健饮料
天然保健饮料
营养保健饮料
运动保健饮料

Z 饮料

保健饮品
Y 保健饮料

保健营养品
Y 营养保健品

保健用纺织品
Y 保健纺织品

保健油
Y 保健食用油

保健油脂
health grease
TS225
S 功能性油脂
F 保健食用油
Z 油脂

保健针织物
Y 针织物

保健织物
Y 功能纺织品

保健制品
Y 保健食品

保健组分
Y 营养成分

保健作用
health benefits
TS201
S 作用*

保丽板
Y 饰面人造板

保龄酒
bowling wine
TS262
S 保健酒
Z 酒

保龄球
bowling
TS952.3
S 球类器材
Z 体育器材

保毛浸灰
hair-saving liming
TS541
S 浸灰
Z 制革工艺

保毛脱毛
hair-saving unhairing
TS541
D 保毛脱毛法
S 脱毛
Z 制革工艺

保毛脱毛法
Y 保毛脱毛

保暖服
thermal protection suit
TS941.7

S 防寒服
F 保暖内衣
电热服
调温服装
Z 服装

保暖量
thermal insulation quantity
TS941.1
S 数量*
C 保温 →(1)

保暖率
warmth retention rate
TS107
D 保温率
S 物理比率*
C 保温 →(1)

保暖面料
Y 功能面料

保暖内衣
thermal underwear
TS941.7
S 保暖服
内衣
F 针织保暖内衣
Z 服装

保暖纤维
thermal fiber
TQ34；TS102.528
D 保温棉
保温纤维
S 调温纤维
Z 纤维

保暖效果
Y 保暖性

保暖性
heat insulating ability
TS101
D 保暖效果
保暖性能
保温隔热
防寒性
耐寒性
热保温
S 保护性能*
热学性能*
C 保温节能 →(11)
大豆蛋白纤维
隔热效果 →(5)
透气性
透湿性
羽绒

保暖性能
Y 保暖性

保暖絮片
thermal insulation interlining
TS106.3
S 絮片
Z 纤维制品

保暖织物
thermal fabric

TS106.8
 S 功能纺织品*
 F 远红外织物

保润剂
 Y 润湿剂

保色
keeping color
O4；TS101
 S 色彩工艺*

保色性
 Y 颜色稳定性

保湿剂
 Y 润湿剂

保湿整理
moisturize treatment
TS195.57
 S 功能性整理
 Z 整理

保水值
water retention
TS77
 S 数值*

保温隔热
 Y 保暖性

保温率
 Y 保暖率

保温棉
 Y 保暖纤维

保温瓶
vacuum bottle
TS914
 S 容器*

保温容器
thermal insulation container
TS91；TU99
 S 容器*

保温水箱
insulated water tank
TS914
 S 水箱*
 C 水容积 →(11)
   水箱水位 →(11)

保温纤维
 Y 保暖纤维

保鲜*
fresh keeping
TS205
 D 保鲜法
   保鲜方法
   保鲜技术
   贮藏保鲜
 F 冰温保鲜
   冰箱保鲜
   薄膜保鲜
   长期保鲜
   常温保鲜
   充气保鲜

储藏保鲜
低温保鲜
防腐保鲜
防霉保鲜
辐照保鲜
复合保鲜
减压保鲜
抗氧保鲜
冷冻保鲜
绿色保鲜
气调保鲜
生物保鲜
食品保鲜
速冻保鲜
涂膜保鲜
微波保鲜
物理保鲜
抑菌保鲜
预冷保鲜
真空保鲜
智能保鲜
综合保鲜
 C 保鲜包装
   保鲜冰箱 →(1)(5)
   保鲜剂
   保鲜膜
   真空包装 →(1)

保鲜包装
fresh-keeping packaging
TS206
 D 包装保鲜
   脱氧包装
   无菌保鲜包装
 S 食品包装*
 F 气调保鲜包装
 C 保鲜

保鲜薄膜
 Y 保鲜膜

保鲜储藏
preservation and storage
TS205
 D 保鲜贮藏
 S 储藏*
 C 食品储藏

保鲜法
 Y 保鲜

保鲜方便米粉
 Y 湿米粉条

保鲜方法
 Y 保鲜

保鲜防腐
preservation and antisepsis
TS207
 S 食品防腐
 Z 防腐

保鲜技术
 Y 保鲜

保鲜剂
antistaling agent
TS202.3

 S 防腐保鲜剂
 F 复合保鲜剂
   固体保鲜缓释剂
   护绿保鲜剂
   生物保鲜剂
   食品保鲜剂
   天然保鲜剂
   有机酸保鲜剂
   植酸保鲜剂
 C 保鲜
   保鲜效果
   储藏
   储存品质
   防腐剂
 Z 防护剂

保鲜米粉
 Y 湿米粉条

保鲜面团
fresh-keeping dough
TS213
 S 面团
 Z 粮油食品

保鲜膜
cling film
TS206
 D 保鲜薄膜
 S 食品包装膜
 F 可食保鲜膜
   食品保鲜膜
   塑料保鲜膜
 C 保鲜
   保鲜纸
 Z 包装材料
   膜

保鲜奶
 Y 鲜奶

保鲜期
length for preservation
TS205
 D 保鲜时间
   食品保鲜期
 S 时期*

保鲜湿米粉
 Y 湿米粉条

保鲜湿面
fresh-keeping wet noodles
TS972.132
 S 湿面条
 Z 主食

保鲜时间
 Y 保鲜期

保鲜试验
freshness preservation
TS205
 S 试验*

保鲜效果
preservation effect
S；TS205
 S 效果*
 C 保鲜冰箱 →(1)(5)

保鲜剂

保鲜性
fresh-keeping performance
TS205
　S 保护性能*

保鲜纸
preservative paper
TS761.7
　S 食品包装纸
　C 保鲜膜
　Z 包装材料
　　纸张

保鲜贮藏
　Y 保鲜储藏

保鲜装置
preservation device
TS203
　S 装置*
　C 保鲜冰箱　→(1)(5)

保鲜作用
fresh-keeping function
TS205
　S 作用*

保险备炸装置
　Y 保险装置

保险柜
strongbox
TS914
　D 防盗保险柜
　S 保险装置*

保险器
　Y 保险装置

保险装置*
safety device
TH；TJ4；X9
　D 安全保险装置
　　安全起爆装置
　　保险备炸装置
　　保险器
　　联锁(保安措施)
　F 保险柜
　C 安全措施　→(6)(13)
　　安全装置
　　保险开关　→(5)

保型性
shape-retaining ability
TS101.9
　S 保护性能*

保障*
support
X9
　D 保障过程
　F 食品安全保障

保障过程
　Y 保障

保证期
　Y 保质期

保质期
quality guarantee period
F；TS205
　D 保证期
　　质保期
　　质量保证期
　S 时期*
　F 长保质期
　　延长保质期

葆莱绒
　Y 葆莱绒纤维

葆莱绒纤维
prolivon fibres
TQ34；TS102.522
　D 葆莱绒
　S 中空涤纶短纤维
　Z 纤维

报表打印
report printing
TS859
　D 表格打印
　S 打印*
　C 报表处理　→(8)

报警*
alarm
X9
　D 报警方式
　　报警事件
　　告警
　　告警技术
　　警报
　F 食品安全预警
　C 报警灵敏度　→(13)
　　报警器　→(4)(8)(13)
　　报警系统　→(1)(2)(4)(6)(7)(8)(11)(12)(13)
　　报警装置　→(4)(6)(7)(8)(11)(12)(13)
　　系统管理总线　→(8)
　　灾害防治　→(1)(2)(4)(5)(7)(8)(11)(12)(13)

报警方式
　Y 报警

报警矿灯
alarming head lamp
TD6；TS956
　S 矿灯
　F 瓦斯报警矿灯
　Z 灯

报警事件
　Y 报警

报刊印刷
newspaper printing
TS87
　D 报业印刷
　　报纸印刷
　　新闻印刷
　　新闻纸印刷
　S 出版印刷
　F 彩报印刷
　Z 印刷

报社印刷厂
　Y 报纸印刷厂

报业印刷
　Y 报刊印刷

报业印刷厂
　Y 报纸印刷厂

报纸计数器
　Y 计数器

报纸印刷
　Y 报刊印刷

报纸印刷厂
newspaper printing house
TS808
　D 报社印刷厂
　　报业印刷厂
　S 印刷厂
　Z 工厂

报纸印刷机
newspaper printing press
TS803.6
　D 报纸印刷设备
　　印报机
　S 印刷机
　F 国产印报机
　Z 印刷机械

报纸印刷企业
　Y 报纸印刷业

报纸印刷设备
　Y 报纸印刷机

报纸印刷业
newspaper printing industry
TS8
　D 报纸印刷企业
　S 印刷出版业
　Z 轻工业

刨板机
　Y 木工刨床

刨床
planer
TG5；TS64
　D 单臂刨床
　　单面木工压刨床
　　单面压刨床
　　单柱刨床
　　仿形悬臂刨床
　　机械刨床
　　水平旋转刀轴刨床
　　台式单面木工压刨床
　　校正刨床
　　悬臂磨刨床
　　悬臂刨床
　　悬臂铣刨床
　　液压刨床
　S 机床*
　F 龙门刨床
　　牛头刨床
　　平刨床
　　数控刨床
　C 刨削　→(3)

刨光机
　Y 刨切机

刨花
wood shavings
TS69
　D 刨花形态
　S 木材副产品
　F 木刨花
　Z 副产品

刨花板
particleboard
TS62
　D 大片刨花板
　　锯屑板
　　碎料板
　S 人造板
　F E1 级刨花板
　　薄型刨花板
　　稻草刨花板
　　稻草碎料板
　　定向刨花板
　　废旧刨花板
　　粉煤灰水泥刨花板
　　均质刨花板
　　空芯刨花板
　　麦秸刨花板
　　木塑复合刨花板
　　轻质刨花板
　　石膏刨花板
　　水泥刨花板
　　竹碎料板
　　阻燃刨花板
　C 胶合板
　Z 木材

刨花板工业
　Y 人造板工业

刨花板机械
particleboard machinery
TS64
　D 刨花板设备
　S 人造板机械*
　F 刨花板压机
　　铺装机

刨花板设备
　Y 刨花板机械

刨花板生产
particleboard production
TH16；TS68
　S 人造板生产
　Z 生产

刨花板生产线
flakeboard production line
TS68
　S 板材生产线
　Z 生产线

刨花板压机
particleboard press
TS64
　S 刨花板机械
　　人造板压机
　Z 人造板机械

刨花铺装机
wood shaving forming machine

TS64
　S 铺装机
　Z 人造板机械

刨花芯层胶合板
　Y 多层胶合板

刨花形态
　Y 刨花

刨机
　Y 刨切机

刨木机
　Y 刨切机

刨片机
　Y 刨切机

刨切
sliced
TS65
　S 木材加工
　Z 材料加工

刨切薄木
slicing veneer
TS62
　D 刨切单板
　S 薄木
　C 单板刨切机
　Z 木材

刨切薄竹
sliced bamboo veneer
TS66
　D 刨切微薄竹
　S 竹材加工
　Z 材料加工

刨切单板
　Y 刨切薄木

刨切机
slicing machine
TS642
　D 刨光机
　　刨机
　　刨木机
　　刨片机
　　双鼓轮刨片机
　S 木工机床
　F 纵向刨切机
　Z 木工机械

刨切微薄竹
　Y 刨切薄竹

抱合性
cohesive property
TS101.921
　S 纤维性能*

曝光*
exposure
TB8
　D 曝光法
　　曝光方法
　　曝光方式
　　曝光技巧
　F UV 曝光

曝光法
　Y 曝光

曝光方法
　Y 曝光

曝光方式
　Y 曝光

曝光计数器
　Y 计数器

曝光技巧
　Y 曝光

爆米花
popcorn
TS219
　S 膨化食品
　Z 食品

爆破法制浆
　Y 爆破制浆

爆破浆
explosion pulps
TS749
　S 纸浆
　Z 浆液

爆破因子
explosive factor
TS74
　S 因子*
　C 爆破制浆

爆破制浆
explosion pulping
TS10；TS743
　D 氨爆破法制浆
　　爆破法制浆
　S 制浆*
　C 爆破因子

杯垫纸
　Y 生活用纸

杯凝胶
　Y 凝胶

杯子
cup
TS972.23
　S 餐具
　F 玻璃杯
　　高脚杯
　　咖啡杯
　　纸杯
　Z 厨具

背带
braces
TS941.498.；TS941.731
　D 胸带
　S 安全带
　　绳带
　C 降落伞 →(6)
　　座椅 →(6)(12)
　Z 安全防护用品
　　安全装置
　　服装附件

背带裤
　　Y 裤装

背带裙
　　Y 裙装

背带系统
　　Y 安全带

北方高效预制组装架空炕连灶
　　Y 吊炕

北方辣酱
　　Y 辣酱

北极狐绒毛
　　Y 狐狸绒

北京菜
　　Y 京菜

北京干白葡萄酒
　　Y 干白葡萄酒

北京加饭酒
　　Y 加饭酒

北京烤鸭
　　Y 烤鸭

北苑茶
　　Y 茶

贝壳织物
　　Y 天然纤维织物

贝塔射线计数器
　　Y 计数器

背板
back veneer
TS6
　　S 板*
　　F 复合背板

背包
backpack
TS95
　　S 箱包*

背部护理
back therapy
TS974.1
　　S 身体护理
　　Z 护理

背涂
back coating
TS54
　　S 生产工艺*

背心
waistcoat
TS941.7
　　D 坎肩
　　　马褂
　　　马甲
　　S 服装*
　　C 战术背心

背缘尺
　　Y 尺

背子
clothes back
TS941.4
　　D 绰子
　　S 衣身
　　Z 服装附件

倍大提琴
　　Y 弦乐器

倍低音号
　　Y 铜管乐器

倍拈锭子
　　Y 倍捻锭

倍拈机
　　Y 倍捻机

倍拈拈丝机
　　Y 倍捻机

倍拈拈线
　　Y 捻线

倍拈拈线机
　　Y 倍捻机

倍拈捻线机
　　Y 倍捻机

倍捻
double twisting
TS104.2
　　S 并捻工艺
　　F 三倍捻
　　C 倍捻锭
　　　倍捻机
　　Z 纺纱工艺

倍捻锭
double-twist spindle
TS103.82
　　D 倍拈锭子
　　　倍捻锭子
　　S 锭子
　　C 倍捻
　　　倍捻机
　　Z 纺纱器材

倍捻锭子
　　Y 倍捻锭

倍捻机
two-for-one twister
TS103.23
　　D CL998 型
　　　CL998 型短纤倍捻机
　　　倍拈机
　　　倍拈拈丝机
　　　倍拈拈线机
　　　倍拈捻线机
　　　倍捻捻丝机
　　　倍捻捻线机
　　　短纤倍捻机
　　　一步法倍捻机
　　S 捻线机
　　C 倍捻
　　　倍捻锭
　　Z 纺织机械

倍捻毛纱
　　Y 毛纱

倍捻捻丝机
　　Y 倍捻机

倍捻捻线
　　Y 捻线

倍捻捻线机
　　Y 倍捻机

倍数*
multiple
O1
　　F 后区牵伸倍数
　　　预牵伸倍数
　　　竹节倍数

被单
　　Y 床单

被褥套
　　Y 被套

被套
quilt cover
TS106.72
　　D 被褥套
　　S 床用纺织品
　　Z 纺织品

被子
quilt
TS106.72
　　S 床用纺织品
　　F 蚕丝被
　　　丝绵被
　　　羽绒被
　　Z 纺织品

焙烘
　　Y 烘烤

焙烘机
　　Y 染整烘燥机

焙烘品质
　　Y 烘焙质量

焙焦
roasting
TS205
　　S 烘烤*

焙烤
　　Y 烘烤

焙烤粉
　　Y 焙烤添加剂

焙烤工业
　　Y 烘焙工业

焙烤工艺
　　Y 烘烤

焙烤技术
　　Y 烘烤

焙烤品质
　　Y 烘焙质量

焙烤食品
bakery products
TS219
　D 焙烤制品
　　烘焙食品
　　烘烤食品
　S 热加工食品
　C 糕点
　　烘烤
　Z 食品

焙烤特性
　Y 烘焙特性

焙烤添加剂
baking additives
TS202；TS211
　D 焙烤粉
　S 食品添加剂
　Z 添加剂

焙烤制品
　Y 焙烤食品

焙熏法
　Y 熏制

本白棉
　Y 白棉

本帮裁缝
Shanghai tailor
TS941.6
　S 服装裁缝
　Z 服装工艺

本底含量
intrinsic content
TS207
　S 含量*

本色布
grey cloth
TS106.8
　D 本色织物
　　原色布
　S 织物*

本色浆
　Y 本色木浆

本色棉纱线
　Y 棉本色纱线

本色木浆
wood pulp
TS749.1
　D 本色浆
　S 木浆
　Z 浆液

本色纱线
　Y 纺纱工艺

本色织物
　Y 本色布

本质阻燃纤维
　Y 阻燃纤维

苯胺版制版机

　Y 制版机

苯胺鞋面革
　Y 鞋面革

苯胺印刷
　Y 柔版印刷

苯胺印刷机
　Y 印刷机

苯胺油墨
　Y 油墨

苯酚-硫酸法
phenol-sulfuric acid method
TS24
　S 化学法*

苯甲酸钠
sodium benzoate
O6；TS213
　S 食品防腐剂
　Z 防护剂

垄麻
　Y 黄麻纤维

绷帮
　Y 制鞋工艺

绷帮机
　Y 制鞋机械

绷帮裕度
　Y 制鞋工艺

绷缝缝纫机
　Y 绷缝机

绷缝机
flat seaming machine
TS941.562
　D 绷缝缝纫机
　S 缝纫设备
　Z 服装机械

绷后帮机
　Y 制鞋机械

绷前帮机
　Y 制鞋机械

绷楦机
　Y 制鞋机械

绷中帮机
　Y 制鞋机械

绷中后帮机
　Y 制鞋机械

泵*
pump
TH3
　D 泵类
　　泵型
　　变向泵
　　串并联泵
　　单腔动作室
　　单腔分泵
　　对角泵
　　多功能泵

　　多头泵
　　反泵
　　复式泵
　　高能泵
　　高效泵
　　高质泵
　　滑板泵
　　机泵
　　机动泵
　　轮泵
　　螺浆泵
　　门泵
　　膜片泵
　F 低浓浆泵
　　离心式纸浆泵
　　蒸汽喷射式热泵
　C 泵零件 →(4)
　　泵试验 →(4)
　　泵性能 →(4)
　　泵站 →(2)(4)(11)(13)
　　泵站技术改造 →(4)(11)
　　出水管 →(11)
　　发泡机 →(9)
　　铝铬砖 →(9)(11)
　　螺旋挤出成型 →(9)
　　泡沫
　　泡沫分离 →(9)
　　泡沫陶瓷 →(9)
　　泡罩包装 →(1)
　　运行特性 →(1)(4)(5)(6)(8)(12)(13)

泵冲数计数器
　Y 计数器

泵类
　Y 泵

泵型
　Y 泵

荸荠粉
water chestnut starch
TS255.4
　S 果粉
　Z 食用粉

荸荠皮
eleocharis tuberosa peel
TS255
　D 马蹄皮
　S 水果果皮*

荸荠皮提取物
water chestnut bark extract
TS255.1
　S 天然食品提取物
　Z 提取物

鼻形打手
　Y 打手

比*
ratio
O1
　D 比例
　F 成熟度比
　　混纺比
　　浆料配比
　　浆网速比

散透比
糖碱比
糖酸比
浴比
C 比例尺度 →(1)
比率
信噪比 →(1)(7)

比不平衡
Y 平衡

比例
Y 比

比例裁剪
proportion cutting
TS941.62
D 比例裁剪法
S 裁剪*

比例裁剪法
Y 比例裁剪

比例计数器
Y 计数器

比率*
ratio
O1
D 比数
比值
率值
F 板材利用率
板坯含水率
不匀率
超喂率
成材率
出材率
出醋率
出粉率
出米率
出油率
粗纱伸长率
道夫转移率
叠印率
短纤维率
断头率
沸水收缩率
干缩率
含杂率
含脂率
号型覆盖率
回潮率
回缩率
活菌存活率
减量率
焦油产率
解舒率
卷曲率
苛性比
空头率
练减率
留胚率
留着率
落棉率
落绪率
面筋出率
名酒率
木材含水率
木材利用率
木素脱除率
膨化率
强度保持率
清除率
取粉率
热收缩率
缫折
上浆率
上染率
上油率
水洗缩率
塑性变形率
碎丝率
提升率
透气率
透射率
图文覆盖率
退浆率
脱胶率
脱壳率
脱皮率
脱色率
网点面积率
吸油率
洗净率
烟丝含水率
油脚残油率
预缩率
原料出酒率
轧液率
毡缩率
整精米率
整丝率
汁液流失率
织缩率
C 比
化学比率
回收率
收率
速率
物理比率
吸收率 →(1)(5)(7)

比目鱼皮
flatfish skin
S；TS564
S 鱼皮
Z 动物皮毛

比赛*
competition
G
D 安全知识竞赛
太空竞赛
太空竞争
F 服装大赛
模特大赛
设计比赛

比色
Y 比色法

比色测量
Y 比色法

比色测量法
Y 比色法

比色测量方法
Y 比色法

比色法*
colorimetry
O6；TH7
D 比色
比色测量
比色测量法
比色测量方法
比色法测定
比色分析
催化比色测定
F 3,5-二硝基水杨酸法
钼蓝比色法
直接比色法
C 比色计 →(4)
色彩测量

比色法测定
Y 比色法

比色分析
Y 比色法

比数
Y 比率

比直径
Y 直径

比值
Y 比率

比重复式清粮机
proportion of compound grain cleaning machine
TS210.3
S 清粮装置
Z 食品加工机械

笔
pen
TS951.1
D 白板笔
白板用记号笔
彩色墨水笔
彩色水笔
钢笔
绘图笔
记号笔
描图笔
墨水笔
耐久性记号笔
书写笔
水彩笔
褪色笔
隐形笔
隐形记号笔
荧光笔
荧光记号笔
自来水笔
S 文具
F 画笔
记录笔
蜡笔
铅笔

签字笔
圆珠笔
中性笔
Z 办公用品

笔筒
brush holder
TS951
S 文具
Z 办公用品

闭合*
close
ZT71
D 闭合形式
F 同时闭合

闭合形式
Y 闭合

闭式回路供氧面罩
Y 氧气面罩

闭尾拉链
close-end zipper
TS941.3
S 拉链
Z 服装附件

哔叽
serge
TS106.8
S 精纺毛织物
斜纹织物
C 花呢
华达呢
Z 机织物
织物

蓖麻蛋白粉
castor protein powder
TS202.1
S 蛋白粉*

碧绿酒
green wine
TS262
S 保健药酒
Z 酒

碧螺春
Biluochun tea
TS272.51
D 碧螺春茶
碧螺春嘉名
洞庭碧螺春绿茶
S 绿茶
Z 茶

碧螺春茶
Y 碧螺春

碧螺春嘉名
Y 碧螺春

碧石
Y 碧玉

碧纹染色
Y 涂料染色

碧玺
tourmaline
TS934
D 变色碧玺
金属工艺品
帕拉伊巴碧玺
双色碧玺
西瓜碧玺
杂色碧玺
S 工艺品*

碧玉
jasper
TS933.21
D 碧石
S 玉
Z 饰品材料

碧玉玛瑙
Y 玛瑙

薜荔籽
climbing fig seeds
TS202.1
S 植物菜籽*

壁布
Y 壁纸

壁灯
bracket lamp
TM92；TS956
S 灯*
C 壁饰 →(11)

壁厚设计
Y 结构设计

壁毯
Y 毯子

壁纸
wall paper
TS761.1
D 壁布
墙壁纸
墙纸
贴墙布
S 装饰纸
C 起翘
Z 纸张
纸制品

避弹衣
Y 防弹衣

避光贮存
dark storage
TS205
S 存储*

边部疵点
Y 紧边

边侧灯
Y 侧灯

边茶
border market tea
TS272.54
S 紧压茶
Z 茶

边车灯
Y 侧灯

边撑
side shoring
TS103.81；TS103.82
D 边撑刺辊
S 织造器材*

边撑疵
temple defect
TS101.97
S 织物疵点
Z 纺织品缺陷

边撑刺辊
Y 边撑

边灯
Y 侧灯

边剪装置
Y 绞边机构

边角废料
Y 废料

边界结构
Y 表面结构

边锯
Y 锯

边框
Y 门窗

边缘接头
Y 接头

边中色差
side-to-centre shading
TS107；TS193
S 色差*

边组织
selvedge weave
TS105
D 布边组织
S 机织物组织
C 浮长
Z 材料组织

编带
Y 编织带

编带机
braider
TS183
S 针织机
Z 织造机械

编发
braiding hair
TS974.2
S 美发
Z 美容

编辑工业
Y 酿酒工业

编结

wovening
TS935
　　D 编结方法
　　　编结工艺
　　　编结技术
　　S 编织*
　　F 活结
　　　绳结
　　　手工编结
　　C 服装
　　　织物组织

编结方法
　　Y 编结

编结工艺
　　Y 编结

编结技术
　　Y 编结

编结线
　　Y 编织材料

编链
　　Y 针织物组织

编链衬纬起圈织物
　　Y 经编毛圈织物

编链织物
　　Y 针织物

编链组织
　　Y 针织物组织

编码尺
　　Y 尺

编绳机
　　Y 针织机

编穗机
　　Y 针织机

编条
　　Y 编织材料

编织*
braiding
TS184
　　D 编织法
　　　编织方法
　　　编织方式
　　　编织工艺
　　　编织技术
　　　技巧编织法
　　　上机编织工艺
　　　织编
　　F 编结
　　　草编
　　　成形编织
　　　钩编
　　　横机编织
　　　绞花编织
　　　立体编织
　　　柳编
　　　平纹编织
　　　绕经编织
　　　手工编织
　　　疏编织

　　　四步法编织
　　　藤编
　　　添纱编织
　　　纤维编织
　　　竹编
　　C 编织角
　　　编织图
　　　打结
　　　针距
　　　针织工艺
　　　织造

编织布
woven fabric
TS186
　　D 编织织物
　　S 编织物*
　　F PP 编织布

编织材料
woven material
TS941.4；TS941.7
　　D 编结线
　　　编条
　　S 纺织材料
　　C 导体 →(1)(5)(7)
　　Z 材料

编织参数
　　Y 织造工艺参数

编织带
webbing
TS106.77
　　D 编带
　　S 带织物
　　Z 织物

编织法
　　Y 编织

编织方法
　　Y 编织

编织方式
　　Y 编织

编织工艺
　　Y 编织

编织工艺参数
　　Y 织造工艺参数

编织过程
　　Y 成圈

编织机
braiding machine
TS183
　　D 电脑编织机
　　　家用编织机
　　　毛衣编织机
　　　人造毛皮编织机
　　　三维编织机
　　　竹帘编织机
　　　自动编织机
　　　自动草帘编织机
　　　自动竹帘编织机
　　S 针织机
　　F 提花编织机

　　C 经编机
　　　纬编机
　　Z 织造机械

编织机构
knitting mechanism
TS183.1
　　D 成圈机构
　　S 针织机构
　　Z 纺织机构

编织技术
　　Y 编织

编织角
braid angle
TS18
　　D 表面编织角
　　　布线角
　　S 角*
　　F 垫纱横角
　　　垫纱纵角
　　C 编织
　　　针织工艺

编织结构
　　Y 针织物组织

编织控制
knit control
TS18
　　S 纺织控制
　　Z 工业控制

编织品
　　Y 编织物

编织图
knitting pattern
TS105
　　S 工程图*
　　F 织物组织图
　　C 编织

编织网
　　Y 纤维编织网

编织物*
braided fabric
TS106；TS186
　　D 编织品
　　　编织制品
　　　织编织物
　　F 编织布
　　　缝编织物
　　　经编织物
　　　三维碳纤维编织体
　　　纬编织物
　　　纤维编织网
　　C 松紧度
　　　织物

编织纤维
braided fiber
TS102
　　S 纺织纤维
　　Z 纤维

编织原理
knitting principle

TS18
  S 纺织原理
  Z 原理

编织织物
  Y 编织布

编织制品
  Y 编织物

鞭毛染色
flagella staining
TS193
  S 染色工艺*

鞭炮
  Y 烟花爆竹产品

扁茶
flat-like tea
TS272.54
  D 扁形茶
    扁形绿茶
    扁形名茶
    扁形名优茶
  S 紧压茶
  Z 茶

扁锉
  Y 锉

扁袋除尘器
  Y 扁袋式除尘器

扁袋式除尘器
flat bag deduster
TM92；TS210
  D 扁袋除尘器
  S 清除装置*

扁钢尘棒
  Y 尘棒

扁钢针
  Y 梳针

扁尾检验锤
  Y 锤

扁形茶
  Y 扁茶

扁形绿茶
  Y 扁茶

扁形名茶
  Y 扁茶

扁形名优茶
  Y 扁茶

扁形筒子
  Y 筒子纱

扁嘴钳
  Y 钳子

便鞋
  Y 鞋

变弹竹节纱
modified elastic nubby yarn
TS106.4

  S 竹节纱
  Z 纱线

变蛋
  Y 皮蛋

变断面轧机
  Y 轧机

变光焊接护目镜
  Y 焊接护目镜

变化*
change
ZT5
  F 生化变化
  C 波动 →(1)(3)(4)(5)(7)(8)(11)

变化经编织物
  Y 经编织物

变化经编组织
  Y 经编组织

变化经缎
  Y 经编组织

变化经缎织物
  Y 经编组织

变化经缎组织
  Y 经编组织

变化经平
  Y 织物变化组织

变化经平编链织物
  Y 经编织物

变化经平绒
  Y 平绒织物

变化经平织物
  Y 织物变化组织

变化组织
  Y 织物变化组织

变换*
transformation
O1；ZT5
  D 变换方法
  F 后区牵伸变换
  C 切换 →(1)(4)(5)(7)(8)(12)
    置换 →(1)(7)(11)(13)
    转化 →(1)(5)(9)(13)
    转换

变换方法
  Y 变换

变截面管
  Y 异型管

变径管
  Y 异型管

变径管道
  Y 异型管

变扣接头
  Y 接头

变频微波炉

  Y 微波炉

变频洗衣机
inverter washing machine
TM92；TS973
  S 洗衣机
  Z 轻工机械

变色*
fading
O6；TS193
  D 变色现象
    防变色
    抗变色
    色变
    色彩变化
    色彩变换
    色调变化
    色泽变化
    退色
    褪色
    褪色现象
    脱色作用
    颜色变化
    颜色变换
  F 常温发黑
    低温慢变黄
    返黄
    泛黄
    光褪色
    褐变
    化学发黑
    氧化发黑
  C 变色机理
    色彩特性 →(11)
    银镀层 →(3)(9)

变色碧玺
  Y 碧玺

变色彩灯
  Y 变色灯

变色灯
alternating light
TM92；TS956
  D 变色彩灯
  S 文化艺术用灯
  F 变色吊灯
  Z 灯

变色吊灯
colour droplight
TM92；TS956
  S 变色灯
    吊灯
  Z 灯

变色纺织品
  Y 功能纺织品

变色服装
color clothing
TS941.7
  D 变色衣服
  S 功能性服装
  Z 服装

变色革

pull-up leather
TS56
　S 成品革
　F 变色移膜革
　Z 皮革

变色规律
　Y 变色机理

变色机理
discoloration mechanism
TS193
　D 变色规律
　　变色技术
　　变色原理
　S 机理*
　C 变色
　　变色玻璃　→(9)
　　变色涂料　→(9)
　　变色温度　→(1)(4)
　　变色纤维
　　变色颜料　→(9)
　　色彩理论

变色技术
　Y 变色机理

变色镜
photochromic lens
TS941.731；TS959.6
　D 变色眼镜
　S 防护眼镜
　Z 安全防护用品
　　眼镜

变色镜片
photosensitive lenses
TH7；TS959.6
　S 镜片*

变色纤维
cameleon fibre
TS102
　S 有色纤维
　C 变色机理
　Z 纤维

变色现象
　Y 变色

变色眼镜
　Y 变色镜

变色衣服
　Y 变色服装

变色移膜革
color-deterioration transfer-coating leather
TS56
　S 变色革
　Z 皮革

变色印花
changeable color printing
TS194
　S 印花*
　F 光敏变色印花
　　热敏变色印花

变色原理

　Y 变色机理

变色织物
　Y 功能纺织品

变速输纸
paper-transferring with a variable speed
TS805
　S 输纸
　Z 印刷工艺

变味
　Y 异味

变温冰箱
　Y 冰箱

变向泵
　Y 泵

变形*
deformation
O3；TB3
　D ECAP 变形
　　变形方式
　　变形分配度
　　变形过程
　　变形力作用线
　　变形路径迭代
　　变形特点
　　变形效果
　　变形行为
　　变形影响
　　变形原因
　　底鼓机理
　　模样变形
　　无变形
　　形变
　F 镜面变形
　　扭曲
　　伸长变形
　　缩水变形
　　网点变形
　　运动变形
　　纸张变形
　C 奥氏体相变　→(3)
　　变形奥氏体　→(3)
　　变形参数
　　变形分布　→(3)
　　变形分析　→(11)
　　变形监测　→(11)
　　变形力　→(3)
　　变形量　→(1)(4)
　　变形孪晶　→(3)
　　变形缺陷　→(3)(4)
　　变形特性　→(1)(2)(11)
　　变形应力　→(1)
　　变形预测　→(2)
　　材料生产　→(1)(4)
　　弹性极限　→(1)
　　防变形　→(1)(3)
　　构件变形
　　加工变形　→(1)(3)(4)(9)(11)
　　拉伸
　　力学性能
　　挠度　→(1)(4)(11)(12)
　　屈服点　→(1)
　　松弛　→(1)(3)(5)(7)(11)

　　形变马氏体　→(3)
　　应变　→(1)(2)(3)(5)(6)
　　中性角　→(3)

变形(纤维)
　Y 差别化纤维

变形参数*
deformation parameters
TB3；TG3
　F 塑性变形率
　C 变形
　　变形分析　→(11)
　　变形机理　→(1)(3)
　　变形量　→(1)(4)
　　变形位移　→(11)
　　抗变形设计　→(11)
　　旁压试验　→(1)

变形方式
　Y 变形

变形分配度
　Y 变形

变形过程
　Y 变形

变形机
texturing machines
TS04
　S 轻工机械*
　C 复丝
　　假捻变形机
　　卷曲机
　　喷气变形机
　　牵伸变形机

变形接头
　Y 接头

变形力作用线
　Y 变形

变形路径迭代
　Y 变形

变形纱
texturized yarn
TS106.4
　D 刀口卷曲法变形纱
　　多异变形丝
　　复合变形丝
　　加拈变形纱
　　加捻变形纱
　　加捻变形丝
　　假编变形纱
　　假编变形丝
　　假拈变形纱
　　假拈变形丝
　　假捻定型变形丝
　　卷曲纱
　　拉伸变形丝
　　双收缩变形纱
　　双收缩变形丝
　　双组分变形纱
　　双组分变形丝
　　填塞箱法变形纱
　S 纱线*
　F 假捻变形丝

交络纱
空气变形丝
拉伸变形纱
膨体纱
网络丝
异收缩丝
C 弹性针织物
混纺纱线

变形丝织物
Y 化纤织物

变形特点
Y 变形

变形玩具
trans
TS958.26
S 机动玩具
Z 玩具

变形效果
Y 变形

变形行为
Y 变形

变形影响
Y 变形

变形原因
Y 变形

变性*
denaturation
TG2；TH16
D 变性处理
F 蛋白质变性
淀粉变性
辐射变性
复合变性
干热变性
冷冻变性
面团流变学特性
耐黄变性
热变色性
酸变性
C 变性淀粉
改性
理化性质
性能

变性处理
Y 变性

变性淀粉
modified starch
TS235
D 变性-淀粉
改性淀粉
S 淀粉*
F 大豆分离蛋白/淀粉
多元变性淀粉
复合变性淀粉
改性高黏度淀粉
化学变性淀粉
酶改性淀粉
食用变性淀粉
双变性淀粉
酸变性淀粉

物理改性淀粉
阳离子淀粉
阴离子淀粉
玉米变性淀粉
C 变性
淀粉醋酸酯
改性

变性-淀粉
Y 变性淀粉

变性淀粉废水
metamorphic amylum production wastewater
TS209；X7
D 变性淀粉生产废水
改性淀粉废水
S 淀粉废水
Z 废水

变性淀粉浆料
modified starch size
TS105
S 淀粉浆料
Z 浆料

变性淀粉生产废水
Y 变性淀粉废水

变性剂
Y 改性剂

变性木材
Y 原木

变性脱脂豆粕
denatured soybean meals
TS209
S 脱脂豆粕
F 低变性脱脂豆粕
高变性脱脂豆粕
Z 粕

变性纤维
Y 差别化纤维

变性羊毛
Y 改性羊毛

变性浴
denaturalization bath
TS190.5
S 浴法*

变性苎麻
Y 变性苎麻纤维

变性苎麻纤维
modified ramee
TS102.6
D 变性苎麻
S 差别化纤维
C 苎麻纤维
Z 纤维

变异设计
Y 设计

变载机构
Y 机构

变质*

modification
TB3；TS201.6
D 变质程度
变质处理
变质工艺
变质现象
F 腐败变质
混浊
C 变质剂 →(3)
表面变质层 →(1)(3)
晶体生长 →(3)
使用寿命 →(4)⑿
孕育处理 →(3)
铸造 →(1)(3)(4)

变质程度
Y 变质

变质处理
Y 变质

变质工艺
Y 变质

变质时间
modified time
TS207
S 时间*

变质食品
contaminated food
TS219
S 食品*
F 易腐食品

变质现象
Y 变质

标灯
Y 信标灯

标度尺
Y 尺

标记
Y 标志

标牌印刷
sign board printing
TS87
S 标签印刷
Z 印刷

标签*
tag
TP3
F 不干胶标签
产品标签
食品标签
营养标签
C 标签识别 →(8)
网络书签 →(8)

标签标准
labelling standards
TS896
S 标准*
F 食品标签标准

标签设计
label design

TS801
S 书籍设计*

标签印刷
label printing
TS87
S 印刷*
F 标牌印刷
不干胶印刷
商标印刷
条形码印刷

标签印刷机
label printing machine
TS803.6
D 不干胶标签印刷机
商标印刷机
S 印刷机
Z 印刷机械

标签印刷设备
label printing equipment
TS803.9
S 印刷机械*

标识
Y 标志

标识技术
identification technology
TH16；TS8
S 技术*

标线机
Y 划线机

标志*
symbol
ZT99
D 标记
标识
F 包装标识
绿色食品标志
烟标
转基因标识
C 标记代谢库技术 →(6)
标记语言 →(8)
同位素交换 →(6)
无载体同位素 →(6)

标志灯
Y 信标灯

标准*
standards
G
D 相关标准
F 标签标准
蚕丝标准
纺织标准
服装标准
号型标准
棉花标准
食品标准
限量标准
颜色标准
印刷标准
制油工艺标准
C 标准化 →(1)(3)(8)(12)
规范
规格
信息产业标准 →(1)(7)(8)(13)
准则 →(1)(3)(4)(5)(6)(7)(8)(11)(13)

标准板
Y 样板

标准刀具
standard cutter
TG7；TS914
S 刀具*

标准灯
reference lamp
TM92；TS956
D 基准灯
S 灯*

标准发酵罐
Y 发酵罐

标准废水
Y 废水

标准粉
standard flour
TS211.2
S 等级粉
Z 粮食

标准规格
Y 规格

标准化规范
Y 规范

标准回潮率
Y 回潮率

标准接头
Y 接头

标准平衡回潮率
Y 回潮率

标准色卡
standard colour card
TS193
D 标准深度卡
标准样卡
色样卡
S 色卡
Z 信息卡

标准深度卡
Y 标准色卡

标准体型
standard type
TS941
D 正常体型
S 体型*

标准钨带灯
standard tungsten lamp
TM92；TS956
S 钨带灯
Z 灯

标准样卡
Y 标准色卡

标准纸板
Y 样板

膘猪肉
Y 猪肥肉

表板
dash board
TS66
S 板*

表层耐磨纸
surface wear-resistant paper
TS761.9
S 耐磨纸
Z 纸张

表层缺陷
Y 表面缺陷

表调剂
Y 表面处理剂

表格打印
Y 报表打印

表格排版
tabular matter
TS805
S 排版
Z 印刷工艺

表观得色量
apparent color yields
TS193
S 得色量
Z 数量

表观平滑度
Y 平整度

表观平整度
Y 平整度

表观缺陷
Y 表面缺陷

表观色深
apparent coloration depth
TS193
S 光学性质*

表观整理
Y 外观整理

表活剂
Y 表面活性剂

表结构
Y 表面结构

表里换层
surface and inner layer exchange
TS105
S 机织工艺
Z 织造工艺

表里换层组织
face-to-ground weave
TS105
S 双层组织
Z 材料组织

表面*
surface
ZT6
D 凹坑表面
擦痕表面
定位表面
多重分形表面
分界表面
工程表面
工作表面
过渡表面
均匀表面
控制表面
磨合表面
内孔表面
抛光表面
偏置表面
入射表面
升华表面
实际表面
完全光滑表面
亚表面
原表面
支撑表面
织构表面
主要表面
组合表面
F 织物表面
C 表面处理 →(1)(3)(4)(7)(9)
表面分析 →(3)
界面 →(1)(2)(3)(5)(7)(11)(13)
面 →(1)(3)(4)(11)
型面 →(1)(3)(4)(6)(12)

表面安定性
Y 稳定性

表面编织角
Y 编织角

表面波纹
Y 波纹

表面不处理胶辊
rubber covered roller without surface treatment
TH13；TQ33；TS103.82
S 不处理胶辊
Z 辊

表面不平度
Y 平整度

表面处理剂*
surface treating agent
TG1；TQ32
D 表调剂
F 表面光亮剂
表面增强剂
滑爽剂
涂饰剂

表面疵病
Y 表面缺陷

表面复合涂层
Y 表面涂层

表面构造
Y 表面结构

表面光亮剂
surface brightener
TE6；TG1；TS529.1
D 光亮液
光亮油
亮光剂
S 表面处理剂*
F 皮革光亮剂

表面痕迹
Y 痕迹

表面花纹
Y 花纹

表面活化剂
Y 表面活性剂

表面活性剂*
surfactant
TQ42
D 表活剂
表面活化剂
表面活性物质
表现活性剂
传统表面活性剂
工业表面活性剂
活性剂
界面活性剂
碳氢表面活性剂
特种表面活性剂
新型表面活性剂
有机表面活性剂
F 拉开粉
C 表面活性 →(3)
分散
分散剂
化纤油剂 →(9)
临界胶束浓度 →(9)
乳化剂
添加剂
洗涤剂 →(9)
增溶 →(9)
助剂

表面活性物质
Y 表面活性剂

表面结构*
surface structure
O6；U4
D 边界结构
表结构
表面构造
界面产物
界面结构
F 表面形态结构
C 边界尺寸 →(1)
表面形态 →(1)
界面电子结构 →(4)
界面开裂 →(1)
界面膜 →(2)
界面性能 →(1)
界面优化 →(1)
界面组织 →(3)
相界面 →(3)
液相扩散连接 →(3)

表面膜
Y 膜

表面耐磨性
Y 表面耐磨性能

表面耐磨性能
surface abrasion resistance
TB3；TS101.9
D 表面耐磨性
S 表面性质*
材料性能*
力学性能*
C 木塑复合材料 →(1)(9)

表面平整度
Y 平整度

表面起皱
Y 起皱

表面清洁性
Y 平整度

表面缺陷*
surface defects
TG2
D 表层缺陷
表观缺陷
表面疵病
表面质量缺陷
F 结皮
镜面热变形
模切压痕
起皱
C 凹坑 →(3)
表面毛化 →(3)
表面纵裂 →(1)(3)
夹杂物 →(3)
裂纹缺陷 →(4)
麻坑 →(11)
涂层缺陷 →(3)
外观缺陷
修复
锈蚀 →(3)
氧化铁皮 →(3)
铸坯缺陷 →(3)

表面染色
surface coloring
TS75
S 染色工艺*
F 表面施胶染色

表面施胶
surface sizing
TS75
S 施胶工艺
C 表面施胶剂
掉毛掉粉
Z 工艺方法

表面施胶淀粉
Y 表面施胶剂

表面施胶剂
surface sizing agent
TS72
D 表面施胶淀粉
S 施胶剂*

C 表面施胶

表面施胶染色
surface sizing dyeing
TS75
　S 表面染色
　Z 染色工艺

表面特性
　Y 表面性质

表面条件
　Y 表面性质

表面涂布
　Y 涂布

表面涂层
surface coating
TB4；TG1；TS195
　D 表面复合涂层
　　表面涂层工艺
　　表面涂层技术
　S 涂层*
　C 表层 →(1)(3)(4)(6)(7)(9)(11)(12)

表面涂层工艺
　Y 表面涂层

表面涂层技术
　Y 表面涂层

表面涂饰
surface decoration
TQ63；TS65
　D 表面装饰
　S 涂饰
　Z 装饰

表面涂饰剂
　Y 涂饰剂

表面物化性能
　Y 表面性质

表面物理特性
　Y 表面性质

表面吸水性
surface water absorption
TS77
　S 表面性质*
　　物理性能*
　　吸收性*

表面形态结构
surface morphological structure
TS712
　S 表面结构*
　F 纹理结构

表面性
　Y 表面性质

表面性能
　Y 表面性质

表面性质*
surface property
O4；O6；TG1
　D 表面特性
　　表面条件

　　表面物化性能
　　表面物理特性
　　表面性
　　表面性能
　F 表面耐磨性能
　　表面吸水性
　　平整度
　C 表面失效 →(9)
　　表面质量 →(3)
　　附着力
　　金属性能 →(1)(2)(3)(9)(12)
　　性能

表面修复
surface restoration
TG1；TS65
　D 表面修复技术
　　表面修整
　S 修复*

表面修复技术
　Y 表面修复

表面修整
　Y 表面修复

表面增强剂
surface strengthening agent
TS72
　S 表面处理剂*
　　增强剂
　Z 增效剂

表面整饰
surface finish
TG1；TS8
　D 表面整饰加工
　S 精加工*
　　整饰
　Z 加工

表面整饰加工
　Y 表面整饰

表面质量缺陷
　Y 表面缺陷

表面皱皮
　Y 起皱

表面装饰
　Y 表面涂饰

表面着色
　Y 着色

表现活性剂
　Y 表面活性剂

表压力
　Y 压力

冰棒
ice sucker
TS277
　D 冰果
　S 冷饮
　Z 饮料

冰藏保鲜
　Y 冷冻保鲜

冰茶
iced tea
TS275.2
　S 茶饮料
　Z 饮料

冰刀鞋
　Y 滑冰鞋

冰冻乳制品
　Y 冷饮

冰冻食品
　Y 冷冻食品

冰糕
　Y 冰淇淋

冰果
　Y 冰棒

冰红茶
iced black tea
TS275.2
　S 茶饮料
　Z 饮料

冰激淋
　Y 冰淇淋

冰激凌
　Y 冰淇淋

冰酒
　Y 冰葡萄酒

冰麦烧
ice shao mai
TS277
　S 冷饮
　Z 饮料

冰牛奶
　Y 冷饮

冰啤
ice beer
TS262.59
　S 啤酒
　Z 酒

冰片糖
golden slab sugar
TS246.59
　S 糖果
　C 白糖
　Z 糖制品

冰葡萄酒
ice wine
TS262.61
　D 冰酒
　S 葡萄酒*

冰淇淋
ice cream
TS252.5；TS277
　D 冰糕
　　冰激淋
　　冰激凌
　　雪糕

S 冷饮
F 酸奶冰淇淋
C 乳化稳定剂
Z 饮料

冰淇淋废水
ice cream wastewater
TS252；X7
S 食品工业废水
Z 废水

冰淇淋机
ice cream machine
TS203
D 单头冰激凌机
多头冰激凌机
立式冰激凌机
七头冰激凌机
软冰激凌机
软冰淇淋机
三色冰淇淋机
三头冰激凌机
台式冰激凌机
硬冰激凌机
硬冰淇淋机
S 冷饮机械
Z 食品加工机械

冰染料
Y 不溶性偶氮染料

冰染染料
Y 不溶性偶氮染料

冰酸乳
Y 冷饮

冰糖
rock candy
TS245
D 白冰糖
单晶冰糖
单晶体冰糖
多晶冰糖
多晶体冰糖
黄冰糖
S 食糖
Z 糖制品

冰温保鲜
ice-temperature fresh-keeping
TS205
S 保鲜*

冰温贮藏
ice-temperature storage
TS205
S 储藏*

冰鲜鸡肉
iced chicken meat
S；TS251.59
S 冻鸡
Z 肉

冰鲜猪肉
Y 冻猪肉

冰箱*
refrigerator

TB6；TM92
D 变温冰箱
磁力冰箱
大容量冰箱
电冰箱
冷藏柜
冷藏箱
冷柜
纳米冰箱
声波制冷冰箱
F 家用电冰箱
C 冰箱内胆 →(5)
家用电器
结霜 →(1)
冷却装置
毛细管长度 →(5)
逆向除霜 →(1)
喷射制冷 →(1)
热泵除霜 →(1)
箱

冰箱保鲜
refrigerator fresh keeping
TS205
S 保鲜*

丙纶
Y 聚丙烯纤维

丙纶长丝
polypropylene filament yarns
TQ34；TS102.526
S 丙纶丝
长丝
C 聚丙烯纤维
Z 纤维制品

丙纶短纤
Y 聚丙烯纤维

丙纶短纤维
Y 聚丙烯纤维

丙纶纺粘非织造布
Y 聚丙烯纺粘法非织造布

丙纶非织造布
Y 聚丙烯无纺布

丙纶丝
polypropylene filament
TQ34；TS102.526
S 工业丝
F 丙纶长丝
聚丙烯单丝
C 聚丙烯纤维
Z 纤维制品

丙纶丝束
Y 烟用聚丙烯丝束

丙纶无纺布
Y 聚丙烯无纺布

丙纶细旦丝
Y 细旦丙纶

丙纶纤维
Y 聚丙烯纤维

丙纶针织物

Y 针织物

丙纶织物
Y 化纤织物

丙烯腈系纤维
Y 腈纶

丙烯腈纤维
Y 腈纶

丙烯类浆料
Y 丙烯酸类浆料

丙烯酸浆料
Y 丙烯酸类浆料

丙烯酸类浆料
acrylic size
TS105
D 丙烯类浆料
丙烯酸浆料
S 化学浆料
Z 浆料

丙烯酸类聚合物鞣剂
acrylic polymer tanning agent
TS529.2
D 丙烯酸树脂复鞣剂
S 聚合物鞣剂
Z 鞣剂

丙烯酸树脂复鞣剂
Y 丙烯酸类聚合物鞣剂

丙烯颜料
Y 颜料

丙纤滤棒
polypropylene filter rod
TS42
D 聚丙烯滤棒
S 滤棒
Z 卷烟材料

丙纤丝束
Y 烟用聚丙烯丝束

柄
Y 手柄

柄部
Y 手柄

饼
cake
TS972.132
S 面食
F 菜籽仁饼
汉堡肉饼
胡饼
煎饼
冷榨饼
米饼
烧饼
杏仁饼
蒸饼
Z 主食

饼茶
cake tea

TS272.54
　D 茶饼
　S 紧压茶
　Z 茶

饼干
biscuits
TS213.22
　D 薄脆饼干
　　葱油饼干
　　动物饼干
　　豆渣纤维饼干
　　钙质饼干
　　高纤维饼干
　　华夫饼干
　　夹心饼干
　　奶酥饼干
　　牛奶饼干
　　葡萄糖饼干
　　曲奇饼干
　　韧性饼干
　　水果饼干
　　四合面饼干
　　苏打饼干
　　酥脆饼干
　　威化饼干
　　维生素饼干
　　小米饼干
　　燕麦饼干
　S 西点
　F 巧克力饼干
　　曲奇饼
　　酥性饼干
　　压缩饼干
　　营养饼干
　Z 糕点

饼干品质
cookie quality
TS211.7
　S 面制品质量
　Z 食品质量

饼干专用粉
biscuit flour
TS211.2
　S 食品专用粉
　Z 粮食

饼粕
seed cake
TS209
　S 粕*
　F 茶饼粕
　　花生饼粕
　　黄连木饼粕
　　脱脂饼粕
　　油菜饼粕
　　油茶饼粕
　　芝麻饼粕

饼粕质量
quality of cake
TS207.7
　S 食品质量*

并堆培养糖化
　Y 糖化

并合
coalescence
TS104.2
　D 并纱
　　并丝
　　并筒
　　合股
　　合丝
　　预并
　S 前纺工艺
　C 并纱机
　　纱线均匀度
　Z 纺纱工艺

并卷机
ribbon lapper
TS103.22
　S 前纺设备
　Z 纺织机械

并列型复合纤维
　Y 多层复合纤维

并捻
doubling and twisting
TS104.2
　S 并捻工艺
　C 并捻联合机
　Z 纺纱工艺

并捻工艺
doubling and twisting technology
TS104.2
　S 后纺工艺
　F 倍捻
　　并捻
　Z 纺纱工艺

并捻联合机
doubling and twisting machine
TS103.23
　D 精纺拈线联合机
　　精纺捻线联合机
　　捻线联合机
　　细纱捻线联合机
　S 捻线机
　C 并捻
　　细纱机
　Z 纺织机械

并纱
　Y 并合

并纱机
doubling winder
TS103
　D 并筒机
　　并线机
　　合股机
　S 纺纱机械
　C 并合
　Z 纺织机械

并丝
　Y 并合

并丝条
　Y 丝条

并条

drawing
TS104.2
　D 并条工序
　　并条工艺
　　复并
　S 前纺工艺
　F 单道并条
　　混并
　　预并工艺
　C 牵引
　　生条定量
　Z 纺纱工艺

并条工序
　Y 并条

并条工艺
　Y 并条

并条辊
　Y 并条胶辊

并条机
drawing frame
TS103.22
　D A272 型
　　A272 型并条机
　　FA 系列并条机
　　螺杆式并条机
　　推排式并条机
　　游条式并条机
　　自调匀整并条机
　S 前纺设备
　F 高速并条机
　　混条机
　　条并卷机
　C 圈条盘
　Z 纺织机械

并条胶辊
drawing cot
TH13；TQ33；TS103.82
　D 并条辊
　S 纺织胶辊
　Z 纺织器材
　　辊

并条牵伸
drawing draft
TS104
　S 牵伸*

并筒
　Y 并合

并筒机
　Y 并纱机

并网
　Y 联网

并网操作
　Y 联网

并网技术
　Y 联网

并网施工
　Y 联网

并网型

　　Y 联网

并线机
　　Y 并纱机

并轴机
warp-rebeaming machine
TS103.32
　　D 整浆并轴机
　　S 织造准备机械*

病死猪肉
　　Y 猪肉

病猪肉
　　Y 猪肉

拨叉导丝机构
thread guide mechanism
TS103.11
　　S 导纱机构
　　Z 纺织机构

拨弹乐器
plucked instruments
TS953
　　S 弓弦乐器*

拨丝
　　Y 拉丝

拨弦乐器
　　Y 弦乐器

拨奏弦鸣乐器
　　Y 弦乐器

波动计数器
　　Y 计数器

波浪式刃口
　　Y 刀刃

波里诺西克纤维
Polynosic fibre
TQ34；TS102.51
　　D Polynosic 纤维
　　　富强纤维
　　　富纤
　　S 高湿模量粘胶纤维
　　Z 纤维

波轮
　　Y 洗衣机

波轮全自动洗衣机
　　Y 全自动洗衣机

波轮式
　　Y 洗衣机

波轮式全自动洗衣机
　　Y 全自动洗衣机

波斯丝毯
　　Y 丝毯

波纹
waves
TG5；TS65
　　D 表面波纹
　　S 形态*
　　C 波纹翅片 →(1)

波纹板分离器
　　Y 分离设备

波纹板式快速加热器
　　Y 热水器

波纹板式快速水加热器
　　Y 热水器

波纹锉
　　Y 锉

波纹滤棒
　　Y 滤棒

波纹轧光机
　　Y 浸轧机

波纹织物
ripple cloth
TS106.8
　　S 纹织物
　　Z 织物

波纹组织
　　Y 织物组织

波形开口织机
　　Y 多相织机

波形刃
waved-edge
TG7；TS914.212
　　S 刀刃
　　Z 工具结构

波形刃铣刀片
　　Y 铣刀片

波形绒线
　　Y 绒线

波形纱线
　　Y 花式纱线

玻璃版
　　Y 珂罗版

玻璃版印刷
　　Y 珂罗版印刷

玻璃杯
glass
TQ17；TS972.23
　　S 杯子
　　　玻璃餐具
　　Z 厨具

玻璃布
　　Y 玻璃纤维织物

玻璃餐具
glass tableware
TQ17；TS972.23
　　S 餐具
　　F 玻璃杯
　　Z 厨具

玻璃长丝
glass filament
TQ17；TQ34；TS102
　　D 长玻璃纤维
　　　长玻纤

　　S 玻璃纤维
　　　长丝
　　Z 纤维
　　　纤维制品

玻璃雕刻
glass-engraving
TB3；TS93
　　S 雕刻*

玻璃罐
glass pot
TS206.4
　　S 罐*

玻璃划线机
　　Y 玻璃机械

玻璃机械
glass ware-manufacturing
TS04
　　D 玻璃划线机
　　　玻璃加工机械
　　S 轻工机械*

玻璃加工机械
　　Y 玻璃机械

玻璃镜
glass mirror
TH7；TS959.7
　　D 玻璃镜面
　　　玻璃镜片
　　S 镜子*

玻璃镜面
　　Y 玻璃镜

玻璃镜片
　　Y 玻璃镜

玻璃卡纸
glass cardboard
TS761.1
　　S 卡纸
　　Z 办公用品
　　　纸张

玻璃棉
　　Y 玻璃纤维

玻璃纱
glass yarn
TS102
　　D 玻璃纱线
　　　玻璃丝
　　　玻璃线
　　　蝉翼纱
　　　加捻原丝
　　S 纱线*

玻璃纱花边
　　Y 花边

玻璃纱线
　　Y 玻璃纱

玻璃丝
　　Y 玻璃纱

玻璃丝拈线机

Y 捻线机

玻璃丝捻线机
Y 捻线机

玻璃稳定性
Y 稳定性

玻璃纤维
glass fiber
TQ17；TS102
D 玻璃棉
玻纤
纺织玻璃纤维
高性能玻璃纤维
光敏玻璃纤维
光学玻璃纤维
空心玻璃纤维
铝硼硅酸盐玻璃纤维
无硼玻璃纤维
S 纤维*
F E玻璃纤维
玻璃长丝
导电玻璃纤维
电子级玻璃纤维
短玻璃纤维
高强玻璃纤维
含碱玻璃纤维
耐碱玻璃纤维
无碱玻璃纤维
C 保温隔热材料 →(1)(3)(5)(6)(9)(11)
玻璃砂 →(9)
玻璃纤维制品
集束性 →(9)
浸润剂 →(9)
拉丝性 →(3)
石英纤维
双马来酰亚胺树脂 →(9)
阻燃纤维

玻璃纤维薄毡
Y 玻璃纤维毡

玻璃纤维布
Y 玻璃纤维织物

玻璃纤维产品
glass fiber product
TS10
S 产品*

玻璃纤维帘子布
Y 帘子布

玻璃纤维滤纸
glass fibre filter paper
TS761.9
S 玻璃纤维纸
滤纸
F 玻纤空气滤纸
Z 纸张

玻璃纤维棉
Y 玻璃纤维毡

玻璃纤维棉毡
Y 玻璃纤维毡

玻璃纤维绳
glass cordage

TS106.4
D 玻璃纤维线绳
涤玻绳
S 绳索*

玻璃纤维网格布
Y 玻纤网格布

玻璃纤维线绳
Y 玻璃纤维绳

玻璃纤维毡
glass fiber felt
TS106.8
D 玻璃纤维薄毡
玻璃纤维棉
玻璃纤维棉毡
玻纤薄毡
玻纤毡
S 纤维毡
C Lyocell纤维
螯合树脂 →(9)
半纤维素水解液 →(9)
玻璃纤维增强 →(1)(9)
无碱玻璃纤维
纤维过滤器 →(9)
Z 毡

玻璃纤维织物
glass cloth
TS106.8
D 玻璃布
玻璃纤维布
纺织玻璃纤维织物
S 织物*
F 电子级玻璃纤维布
高强玻璃纤维布
普通玻璃纤维布
C 芳玻韧布

玻璃纤维纸
glass fibre paper
TS76
S 纤维纸
F 玻璃纤维滤纸
Z 纸张

玻璃纤维制品
fiberglass products
TQ17；TS106
D 玻纤制品
S 纤维制品*
C 玻璃纤维

玻璃线
Y 玻璃纱

玻璃印刷
Y 珂罗版印刷

玻璃织物
Y 帘子布

玻璃纸
cellophane
TS76
S 透明纸
Z 纸张

玻纤

Y 玻璃纤维

玻纤薄毡
Y 玻璃纤维毡

玻纤改性
fiberglass modified
TS101.921
S 纤维改性
Z 改性

玻纤空气滤纸
glass fiber air-filtration paper
TS761.9
S 玻璃纤维滤纸
空气过滤纸
Z 纸张

玻纤网格布
fiber glass lattice cloth
TS106.6
D 玻璃纤维网格布
S 胎体材料*
网格布
Z 纺织品

玻纤毡
Y 玻璃纤维毡

玻纤制品
Y 玻璃纤维制品

饽饽
steamed bun
TS972.14
S 小吃*

剥茧机
Y 蚕茧初加工机械

剥离*
stripping
TG1
D 剥离工艺
剥离技术
层离
脱层
F 层间剥离
浸渍剥离
脱壳
脱皮
C 剥离力矩 →(4)

剥离工艺
Y 剥离

剥离技术
Y 剥离

剥离剂
stripping agent
TS72
S 制剂*

剥离强力
peeling strength
TS17
S 强力*

剥棉
stripping

TS104；TS11
 D 罗拉剥棉
 S 生产工艺*
 C 棉纺

剥棉打手
 Y 罗拉

剥棉辊
 Y 罗拉

剥棉罗拉
 Y 罗拉

剥皮
 Y 去皮

剥皮方法
 Y 去皮

剥皮工艺
 Y 去皮

剥皮机
peeler
TS64
 D 剥皮装置
 S 胶合板机械
 Z 人造板机械

剥皮制粉
milling after dehulling
TS211.4
 D 碾皮制粉
 S 面粉加工
 Z 农产品加工

剥皮装置
 Y 剥皮机

剥色
colour stripping
TS193
 D 拔色
  剥色法
  剥色方法
  剥色分析
  剥色回修
 S 减色
 C 剥色剂
  固色剂
 Z 色彩工艺

剥色法
 Y 剥色

剥色方法
 Y 剥色

剥色分析
 Y 剥色

剥色回修
 Y 剥色

剥色剂
stripping agent
TS19
 S 印花助剂
 C 剥色
 Z 助剂

剥桃棉
 Y 低级棉

剥线钳
 Y 钳子

菠萝
pine
TS255.2
 S 水果
 Z 果蔬

菠萝粉
pineapple powders
TS255.4
 S 果粉
 Z 食用粉

菠萝果醋
pineapple vinegar
TS264；TS27
 S 果醋
 Z 饮料

菠萝果酒
pineapple wine
TS262.7
 D 菠萝酒
 S 果酒
 Z 酒

菠萝果渣
 Y 菠萝渣

菠萝横列
pineapple row
TS18
 S 菠萝组织
 C 菠萝花纹
 Z 材料组织

菠萝花纹
pelerine design
TS18
 S 菠萝组织
 C 菠萝横列
 Z 材料组织

菠萝酒
 Y 菠萝果酒

菠萝麻
 Y 菠萝叶纤维

菠萝皮
pineapple bran
TS255
 S 水果果皮*

菠萝皮渣
 Y 菠萝渣

菠萝筒子
 Y 筒子纱

菠萝网眼横列
 Y 菠萝组织

菠萝网眼织物
 Y 网眼针织物

菠萝纤维
 Y 菠萝叶纤维

菠萝叶纤维
pineapple leaf fiber
TS102.23
 D 菠萝麻
  菠萝纤维
 S 叶纤维
 C 香蕉纤维
 Z 天然纤维

菠萝饮料
 Y 果蔬饮料

菠萝渣
pineapple bran
TS255
 D 菠萝果渣
  菠萝皮渣
 S 果蔬渣
 Z 残渣

菠萝组织
pineapple stitch
TS105；TS18
 D 菠萝网眼横列
  菠萝组织横列
  网眼横列
 S 纬编组织
 F 菠萝横列
  菠萝花纹
 Z 材料组织

菠萝组织横列
 Y 菠萝组织

驳领
lapel collar
TS941.61
 S 领型
 Z 服装结构

钹
 Y 打击乐器

铂金饰品
 Y 铂饰品

铂金首饰
 Y 黄金饰品

铂饰品
platinum adornment
TS934.3
 D 铂金饰品
 S 金银饰品
 F 铂首饰
 Z 饰品

铂首饰
platinum jewelry
TS934.3
 S 铂饰品
  贵金属首饰
 Z 饰品

鲌鱼
 Y 梅鱼

薄板层积材
 Y 单板层积材

薄板坯
sheet bar
TG3；TS6
　S 坯料*
　C 连铸 →(3)
　　 连铸连轧 →(3)

薄板式烘丝机
　Y 烤烟机

薄层竹匾制曲
thin layer zhubian starter-making
TS26
　S 架式制曲
　Z 制曲

薄脆饼干
　Y 饼干

薄打字纸
　Y 打印纸

薄铝片颜料
　Y 颜料

薄膜保鲜
membrane preservation
TS205
　S 保鲜*

薄膜法
film method
TS7
　S 方法*

薄膜贴面人造板
　Y 饰面人造板

薄膜涂布
film coating
TS75
　S 造纸涂布
　C 固化层
　Z 涂装

薄膜压榨
film press
TS75
　S 压榨*

薄木
veneer
TS62
　D 集成薄木
　　 装饰薄木
　　 装饰单板
　　 组合薄木
　S 木材*
　F 合成薄木
　　 刨切薄木
　　 人造薄木
　　 天然薄木
　　 微薄木

薄木贴面
　Y 贴面工艺

薄木装饰板
veneer overlaying panel
TS65
　S 装修装饰材料*

薄片刨花板
　Y 薄型刨花板

薄绒布
　Y 绒织物

薄型高密度纤维板
thin high-density fiberboard
TS62
　S 高密度纤维板
　Z 木材

薄型精纺毛织物
lightweight worsted fabrics
TS136
　S 精纺毛织物
　Z 织物

薄型毛织物
　Y 毛织物

薄型面料
thin fabrics
TS941.41
　D 高支轻薄型面料
　S 面料*
　F T恤面料
　　 衬衣面料
　　 轻薄型面料
　C 轻薄织物

薄型刨花板
thin particleboard
TS62
　D 薄片刨花板
　S 刨花板
　Z 木材

薄型织物
light-weight fabric
TS106.8
　D 薄织物
　S 织物*
　F 超薄织物
　　 高支织物
　　 烂花织物
　C 厚重织物

薄型纸
　Y 薄页纸

薄型中密度纤维板
thin medium-density fiberboard
TS62
　D 薄型中纤板
　S 中密度纤维板
　Z 木材

薄型中纤板
　Y 薄型中密度纤维板

薄页纸
tissue paper
TS761.1
　D 薄型纸
　　 薄纸
　　 低定量纸
　　 低定量纸张
　　 轻型纸
　S 文化用纸

　F 高档薄纸
　Z 办公用品
　　 纸张

薄页纸机
tissue machine
TS734
　D 薄页纸夹网造纸机
　　 薄页纸造纸机
　S 造纸机
　Z 造纸机械

薄页纸夹网造纸机
　Y 薄页纸机

薄页纸造纸机
　Y 薄页纸机

薄印刷纸
　Y 印刷纸

薄织物
　Y 薄型织物

薄纸
　Y 薄页纸

薄荷茶
peppermint tea
TS272.59
　S 凉茶
　Z 茶

薄荷脑
menthol
TQ65；TS264.3
　D L-薄荷醇
　S 植物香料
　C 薄荷油 →(9)
　Z 香精香料

簸箕
dustpan
TS976.8
　S 清洁用具
　Z 生活用品

补钙食品
calcium foods
TS218
　S 保健食品
　F 钙强化食品
　Z 保健品
　　 食品

补强剂
reinforcing agent
TQ33；TS209；TS727
　S 增强剂
　F 填充补强剂
　Z 增效剂

补强接头
　Y 接头

补强织物
　Y 功能纺织品

补色原理
　Y 染色机理

补伤
repair of coating defects
TS54
 D 补伤工艺
 S 生产工艺*

补伤工艺
 Y 补伤

补伤消光剂
dulling delustering agent
TS529
 S 消光剂
 Z 制剂

补贴工艺
 Y 工艺方法

补硒食品
 Y 保健食品

补子
mandarin square
TS941.3
 S 服装附件*

捕获剂
 Y 捕收剂

捕集剂
 Y 捕收剂

捕收剂*
collecting agent
TD9
 D 捕获剂
  捕集剂
  捕捉剂
  新型捕收剂
 F 阴离子垃圾捕集剂
 C 发泡剂 →(2)(9)(11)
  浮选 →(2)
  回收率
  重金属 →(3)

捕捉剂
 Y 捕收剂

不安全
 Y 安全

不安全性
 Y 安全性

不饱和油脂
unsaturated oils and fats
TQ64；TS225
 S 油脂*

不成熟纤维
 Y 低级棉

不处理胶辊
non-treatment rubber roller
TH13；TQ33；TS103.82
 S 胶辊
 F 表面不处理胶辊
 Z 辊

不带线弯针机构
 Y 弯针机构

不干胶
adhesive sticker
TS802
 S 粘接材料*

不干胶标签
self-adhesive label
TS951.5
 S 标签*

不干胶标签印刷
pressure-sensitive label printing
TS87
 S 不干胶印刷
 Z 印刷

不干胶标签印刷机
 Y 标签印刷机

不干胶商标印刷
pressure-sensitive trade mark printing
TS87
 S 不干胶印刷
  商标印刷
 Z 印刷

不干胶印刷
self-adhesive printing
TS87
 S 标签印刷
 F 不干胶标签印刷
  不干胶商标印刷
 Z 印刷

不加热
 Y 加热

不浸酸
 Y 浸酸

不浸酸铬鞣
unsaturated chrome tanning
TS543
 D 不浸酸鞣制
  免浸酸鞣制
 S 铬鞣
 C 不浸酸铬鞣剂
 Z 制革工艺

不浸酸铬鞣剂
unsaturated chrome tanning agent
TS529.2
 S 铬鞣剂
 C 不浸酸铬鞣
 Z 鞣剂

不浸酸鞣制
 Y 不浸酸铬鞣

不膨胀浸灰
unswelling liming
TS541
 S 浸灰
 Z 制革工艺

不平度
 Y 平整度

不平衡
 Y 平衡

不平整度
 Y 平整度

不平直度
 Y 平整度

不溶性壳聚糖
insoluble chitosan
Q5；TS24
 S 碳水化合物*

不溶性偶氮染料
insoluble azo pigment
TS193.21
 D 冰染料
  冰染染料
  非溶性偶氮颜料
 S 偶氮染料
 Z 染料

不溶性直链淀粉
water-insoluble amylose
TS235
 S 直链淀粉
 Z 淀粉

不淘米
 Y 免淘米

不淘洗米
 Y 免淘米

不停机测试设备
 Y 测试装置

不同组分
 Y 成分

不透气式防毒衣
 Y 防毒服

不锈钢餐具
stainless steel tableware
TS972.23
 S 金属餐具
 F 不锈钢筷子
 Z 厨具

不锈钢产品
 Y 不锈钢制品

不锈钢长丝
stainless steel filament
TG1；TS102
 S 不锈钢金属丝
  长丝
 Z 金属制品
  纤维制品

不锈钢衬纸
stainless steel backing paper
TS76
 S 钢纸
 Z 纸张

不锈钢炊具
 Y 炊具

不锈钢发酵罐
stainless steel fermentation tank
TQ92；TS261.3

S 发酵罐
Z 发酵设备

不锈钢金属丝
stainless steel metal wire
TG1；TS102
S 不锈钢制品
金属制品*
F 不锈钢长丝

不锈钢筷子
stainless steel chopsticks
TS972.23
S 不锈钢餐具
筷子
Z 厨具

不锈钢丝网
stainless steel mesh
TS802
S 金属网
Z 网

不锈钢制品
stainless steel products
TS914
D 不锈钢产品
S 钢铁制品
F 不锈钢金属丝
Z 金属制品

不锈钢贮酒罐
Y 酒罐

不匀率
irregularity
TS107
D 内不匀率
外不匀率
细度不匀率
纤度偏差率
支数不匀率
S 比率*
F 单纱条干不匀率
捻度不匀率
强力不匀率
纤维长度不匀率
重量不匀率
C 纱线不匀
纱线性能

不粘炊具
Y 不粘锅

不粘锅
non-stick cookware
TS972.21
D 不粘炊具
S 锅
Z 厨具

不织布
Y 非织造布

不重磨刀具
Y 可转位刀具

不重磨刀片
Y 刀片

不重磨式刀片
Y 刀片

不皱整理
Y 抗皱免烫整理

布
Y 纺织布料

布边疵点
Y 紧边

布边组织
Y 边组织

布端色差
cloth end color shading
TS193
S 色差*

布幅
Y 织物幅宽

布幅宽
Y 织物幅宽

布机
Y 织机

布机车间
loom workshop
TS108
S 车间*

布机效率
Y 织造效率

布机织造
weaving machine
TS105
D 上机工艺
上机织造
有梭织造
S 织造*

布铗
cloth gripper
TS190.4
D 摆动式布铗
锤式布铗
针铗
S 染整机械机构
Z 染整机械

布铗丝光
clip mercerizing
TS195.51
S 丝光整理
F 松堆布铗丝光
Z 整理

布铗丝光机
clip mercerizing machine
TS190.4
D 链铗丝光机
S 丝光机
Z 染整机械

布浆器
pulp distributor
TS733

S 制浆设备*

布胶鞋
Y 胶鞋

布局方案
Y 布置

布局方法
Y 布置

布局方式
Y 布置

布局规划
Y 布置

布局特点
Y 布置

布局型式
Y 布置

布朗族服饰
Y 民族服饰

布面疵点
Y 织物疵点

布面胶鞋
Y 胶鞋

布面平整度
Y 织物质量

布面纱疵
Y 织物疵点

布面质量
Y 织物质量

布匹染色
Y 匹染

布绒玩具
plush toy
TS958.41
D 布制玩具
毛绒玩具
S 玩具*

布设
Y 布置

布设方法
Y 布置

布设形式
Y 布置

布线角
Y 编织角

布鞋
Y 鞋

布依族服饰
Y 民族服饰

布艺沙发
fabric sofa
TS66；TU2
S 沙发
Z 家具

布针
cloth needle type
TS174
- D 布针形式
- S 针刺工艺
- Z 非织造工艺

布针形式
- Y 布针

布制玩具
- Y 布绒玩具

布置*
arrangement
ZT5
- D 布局方案
  布局方法
  布局方式
  布局规划
  布局特点
  布局型式
  布设
  布设方法
  布设形式
  布置方案
  布置方法
  布置方式
  布置特点
  布置型式
  部署方式
  陈设布置
  方案布置
  规划布局
  规划布置
  设计布局
  设计布置
  总体布置方案
- F 家居布置
- C 布线 →(5)(7)(8)(11)
  公交枢纽 →(12)
  设计

布置方案
- Y 布置

布置方法
- Y 布置

布置方式
- Y 布置

布置特点
- Y 布置

布置型式
- Y 布置

步剪机
- Y 剪切设备

步进型烤房
- Y 烤烟房

步进轧机
- Y 轧机

步态稳定性
- Y 稳定性

步行稳定性

步骤
- Y 稳定性

步骤
- Y 流程

部分适气防毒服
- Y 防毒服

部分透气防毒服
- Y 防毒服

部分透气防毒衣
- Y 防毒服

部分透气式防毒服
- Y 防毒服

部花菁染料
- Y 菁染料

部署方式
- Y 布置

部位*
position
ZT74
- D 部位点
  关键部位
  基本部位
  要害部位
  重点部位
- F 出粉部位
  止口
  装饰部位
- C 定向 →(1)(2)(5)(7)(8)(12)
  位置 →(1)(2)(3)(4)(5)(6)(7)(8)(9)(11)(12)(13)

部位点
- Y 部位

擦痕表面
- Y 表面

擦试巾
- Y 擦拭巾

擦拭
- Y 擦洗

擦拭布
- Y 擦拭巾

擦拭巾
wiper cloth
TS973
- D 擦试巾
  擦拭布
  洁净布
  清洁布
- S 纺织品*
- F 多功能洗涤巾
  揩布

擦手纸
paper towel
TS761.6
- S 餐巾纸
- Z 纸张

擦洗
scrub
TG1；TS973

- D 擦拭
  刷洗
- S 清洗*
- C 磁选 →(2)
  再磨 →(2)
  重力选矿 →(2)

擦字橡皮
- Y 橡皮

擦奏弦鸣乐器
- Y 弦乐器

材料*
materials
TB3
- D 材料类型
  材料品种
  材料体系
  材料系统
  材料选用
  材料选择
  材料学科
  材料种类
  材料组合
  材质选择
  常用材料
  原辅材料
- F 底料
  纺织材料
  纺织辅助物料
  服装材料
  家具用材
  矿物棉
  棉秆重组材
  面层材料
  木竹重组材
  篷盖材料
  色带
  首饰材料
  纤维材料
  造纸辅料
  制革材料
  制革辅料
  重组装饰材
  装帧材料
- C 半导体材料 →(3)(4)(5)(7)(9)
  包装材料
  宝石学
  保温隔热材料 →(1)(3)(5)(6)(9)(11)
  薄膜材料 →(1)
  材料变形 →(1)
  材料生产 →(1)(4)
  材料性能
  超导材料 →(1)(3)(5)(9)
  磁性材料 →(1)(2)(3)(5)(6)
  存储材料 →(1)(8)(9)
  电工材料
  电极材料 →(1)(5)(7)
  电子材料
  多孔材料 →(1)(3)
  反应堆材料 →(3)(6)(13)
  防护材料
  复合材料
  高分子材料 →(1)(4)(5)(9)(11)
  工程材料 →(1)(3)(5)(6)(9)(11)(12)(13)
  功能材料 →(1)(2)(3)(4)(5)(6)(7)(9)(11)(13)

光学材料 →(1)(3)(4)(5)(7)(9)
焊接材料 →(3)(7)
核材料 →(3)(6)
活性材料 →(1)(3)(5)(9)
激光材料 →(7)
胶凝材料 →(2)(9)(11)
结构
金属材料
晶体材料 →(1)(3)(5)(7)
卷烟材料
木材
纳米材料
耐火材料
尼龙材料
摄影材料
声学材料 →(1)(11)(13)
石材 →(1)(2)(9)(11)(12)(13)
饰品材料
水工材料 →(11)
胎体材料
下脚料
原料
增强材料 →(1)(9)(11)

材料工程
　Y 材料科学

材料工程学
　Y 材料科学

材料工艺
　Y 工艺方法

材料构造
　Y 材料结构

材料机械性能
　Y 机械性能

材料加工*
material processing
TB3
　D 材料加工工艺
　　材料加工技术
　　空间材料加工
　F 木材加工
　　竹材加工
　C 加工

材料加工工艺
　Y 材料加工

材料加工技术
　Y 材料加工

材料结构*
material structure
TB3
　D 材料构造
　F 面团结构
　　木素结构
　　纱线结构
　　纤维结构
　　织物结构
　　纸张结构
　C 材料性能
　　结构材料 →(1)
　　缺陷

材料科学*

materials science
TB3
　D 材料工程
　　材料工程学
　　材料学
　　工程材料学
　F 制材学
　C 材料生产 →(1)(4)
　　材料性能
　　储能材料 →(1)
　　发射药 →(9)
　　空间材料科学 →(6)
　　力学性能

材料类型
　Y 材料

材料品种
　Y 材料

材料切削
　Y 切削

材料缺陷*
material defect
TB3
　F 缩水
　　纸病
　C 缺陷
　　硬点 →(3)

材料热处理
　Y 热处理

材料特点
　Y 材料性能

材料特性
　Y 材料性能

材料特征
　Y 材料性能

材料体系
　Y 材料

材料物性
　Y 材料性能

材料系统
　Y 材料

材料性能*
material properties
TB3
　D 材料特点
　　材料特性
　　材料特征
　　材料物性
　　材料性质
　　材质特性
　　材质性能
　　料性
　F 板材性能
　　表面耐磨性能
　　淀粉特性
　　粉质特性
　　浆料性能
　　酵母性能
　　墨性

泡沫稳定性
配伍性
皮革性能
啤酒胶体稳定性
香气特征
油墨尘埃度
油墨老化
原料特性
毡缩性
纸浆性能
纸张性能
制粉特性
　C 材料
　　材料改性 →(1)
　　材料结构
　　材料科学
　　产品性能
　　工程性能 →(1)(2)(3)(4)(5)(6)(11)(12)
　　疲劳试验 →(1)(6)
　　衰减 →(1)(3)(5)(6)(7)(8)(11)(13)
　　性能
　　性能变化

材料性质
　Y 材料性能

材料选用
　Y 材料

材料选择
　Y 材料

材料学
　Y 材料科学

材料学科
　Y 材料

材料硬度
　Y 硬度

材料种类
　Y 材料

材料组合
　Y 材料

材料组织*
material structure
TG1
　F 织物组织
　C 金相组织 →(3)(9)

材质*
texture
TB3
　D 质地
　F 服装材质
　　木质
　　石质
　　五金材质
　　玉质

材质特性
　Y 材料性能

材质性能
　Y 材料性能

材质选择
　Y 材料

裁板锯
cut-to-size saw
TS642
S 锯机
F 精密裁板锯
Z 木工机械

裁边锯
Y 轻工机械

裁床
Y 电脑自动裁床

裁刀
cut-off knife
TG7；TS914
S 日用刀具
Z 刀具

裁缝
Y 服装裁缝

裁缝剪
Y 剪刀

裁剪*
clipping
TS941.62
D 裁剪方案
裁剪方法
裁剪方式
裁剪工艺
裁剪技术
成批裁剪
冲模裁剪
单件裁剪
激光裁剪
剪裁
F 比例裁剪
服装裁剪
平面裁剪
斜裁
C 服装工艺
计算机图形学 →(8)

裁剪刀
Y 剪刀

裁剪方案
Y 裁剪

裁剪方法
Y 裁剪

裁剪方式
Y 裁剪

裁剪分析
cutting pattern analysis
TS941.6
S 工程分析*
C 服装裁剪
膜结构 →(11)

裁剪工具
Y 剪刀

裁剪工艺
Y 裁剪

裁剪机
cloth cutter
TS941.562.
D CBK-5 型带刀式裁剪机
开剪机
直刀裁剪机
直刀式裁剪机
S 服装机械*

裁剪技术
Y 裁剪

裁剪剪刀
Y 剪刀

裁剪设备
clipping equipment
TS941.5
S 设备*
C 切割设备 →(3)(4)(7)(8)(9)

裁剪纸样
marking paper
TS941.6
S 纸样*
F 服装纸样

裁口木工平刨床
Y 平刨床

裁片
Y 衣片

裁切
Y 剪切

裁切质量
shearing quality
TG5；TQ34；TS88
D 剪切质量
S 质量*
C 切纸机

裁纸刀
Y 日用刀具

裁制
Y 皮革裁剪

采掘过程
Y 开采

采掘技术
Y 开采

采矿*
mining
TD8
D 采矿法
采矿方法
采矿方式
采矿工艺
采矿过程
采矿技术
采矿作业
采煤方式
开矿
矿藏开采
矿层开采
矿产开采
矿床开采
矿床开采技术
矿床开发
矿区开采
矿区开发
矿山采矿
矿山开采
矿山开发
矿物开采
矿业开采
F 盐矿开采
C 采场 →(2)
采矿设备 →(2)
成井 →(2)
出矿 →(2)
工作面 →(2)
开采
矿井作业 →(2)(11)(12)
矿山 →(2)
煤矿开采 →(2)
探采对比分析 →(2)
作业

采矿法
Y 采矿

采矿方法
Y 采矿

采矿方式
Y 采矿

采矿工艺
Y 采矿

采矿过程
Y 采矿

采矿技术
Y 采矿

采矿卤水
Y 矿卤

采矿作业
Y 采矿

采卤
Y 卤水开采

采卤工艺
Y 卤水开采

采卤技术
Y 卤水开采

采卤井
Y 卤井

采卤油耗率
Y 卤水开采

采卤指数
Y 卤水开采

采煤方式
Y 采矿

采暖时间
Y 加热时间

采输卤
Y 输卤

采盐机

harvester
TS33
　　S 制盐设备
　　Z 轻工机械

采制技术
plucking and making technology
TH16；TS272.4
　　S 技术*
　　C 茶叶加工

彩报印刷
colour newspaper printing
TS87
　　D 彩色报纸印刷
　　S 报刊印刷
　　Z 印刷

彩瓷
　　Y 彩绘瓷

彩灯
festoon lamp
TM92；TS956
　　S 文化艺术用灯
　　F LED 彩灯
　　　流水彩灯
　　　循环彩灯
　　　装饰彩灯
　　Z 灯

彩灯控制器
color lamp controller
TM92；TS956
　　S 控制器*

彩点毛线
　　Y 绒线

彩点绒线
　　Y 绒线

彩点纱
knicker yarn
TS106.4
　　S 花式纱线
　　Z 纱线

彩格针织物
plaid fabric
TS186
　　S 针织物*

彩横条织物
　　Y 条格织物

彩虹鸡尾酒
rainbow cocktail
TS262.8
　　S 鸡尾酒
　　Z 酒

彩虹绒线
　　Y 绒线

彩虹纸
　　Y 彩纸

彩绘瓷
painted porcelain
TQ17；TS93

　　D 彩瓷
　　S 瓷制品*
　　F 白瓷
　　　黑釉瓷
　　　五彩瓷

彩棉
　　Y 彩色棉

彩棉纤维
　　Y 彩色棉

彩棉织物
coloured cotton fabric
TS116
　　D 棕色彩棉织物
　　S 棉织物
　　F 天然彩棉织物
　　Z 织物

彩喷纸
　　Y 喷墨打印纸

彩色报纸
colour newspaper
TS761.2
　　S 新闻纸
　　Z 纸张

彩色报纸印刷
　　Y 彩报印刷

彩色标语纸
　　Y 彩纸

彩色蚕丝
colorful silk
TS102.33
　　D 天然彩色丝
　　S 彩色丝
　　　蚕丝
　　F 黄色蚕丝
　　Z 天然纤维
　　　真丝纤维

彩色出版系统
colour publication system
TS803.8
　　S 出版系统*
　　　颜色系统*
　　F 彩色印前系统

彩色处理
　　Y 色彩工艺

彩色打样
colour proof
TS193；TS805
　　D 色彩打样
　　S 打样*
　　F 彩色喷墨打样
　　　彩色数字打样
　　　彩色印前打样
　　　彩色预打样
　　　数字彩色打样

彩色打样机
colour proof press
TS04
　　D 瑞彩打样机

　　S 打样机
　　Z 轻工机械

彩色打印
color printing
TS859
　　S 打印*
　　F 彩色激光打印
　　　彩色喷墨打印
　　C 彩色印刷

彩色打字纸
　　Y 喷墨打印纸

彩色豆腐
coloured bean curd
TS214
　　S 豆腐
　　Z 豆制品

彩色分色
color separating multiplayer
TS805
　　S 分色
　　Z 色彩工艺

彩色复印
colour copy
TS859
　　D 彩色复制
　　　跨媒体颜色复制
　　　色彩复制
　　　颜色复制
　　S 复印*
　　C 色域边界
　　　颜色再现

彩色复印机
　　Y 复印机

彩色复制
　　Y 彩色复印

彩色管理
　　Y 色彩管理

彩色管理系统
　　Y 色彩管理系统

彩色激光打印
colour laser printing
TS859
　　S 彩色打印
　　　激光打印
　　Z 打印

彩色胶印新闻纸
colored offset newsprint
TS761.2
　　S 彩纸
　　　胶印书刊纸
　　Z 纸张

彩色胶印纸
　　Y 彩纸

彩色结子纱
　　Y 结子纱

彩色蜡染
　　Y 蜡染

彩色米
    Y 有色稻米

彩色密度
    Y 色密度

彩色密度计
colour densitometer
TS805
    S 密度计*

彩色棉
colored cotton
TS102.21
    D 彩棉
      彩棉纤维
      彩色棉花
      彩色棉纤维
    S 色棉
    F 天然彩色棉
    C 白棉
    Z 天然纤维

彩色棉花
    Y 彩色棉

彩色棉纤维
    Y 彩色棉

彩色墨水
    Y 墨水

彩色墨水笔
    Y 笔

彩色喷绘纸
    Y 彩纸

彩色喷墨
    Y 彩色喷墨打印

彩色喷墨打样
colour inkjet proofing
TS805
    S 彩色打样
    Z 打样

彩色喷墨打印
color ink-jet printing
TS859
    D 彩色喷墨
    S 彩色打印
      喷墨打印
    C 彩色喷墨打印机 →(8)
    Z 打印

彩色喷墨打印相纸
    Y 喷墨相纸

彩色喷墨打印纸
    Y 喷墨打印纸

彩色喷墨纸
    Y 喷墨打印纸

彩色绒面革
    Y 绒面革

彩色绒线
    Y 绒线

彩色石印纸

彩纸
    Y 彩纸

彩色数码印刷机
    Y 彩色印刷机

彩色数字打样
colour digital proofing
TS193；TS805
    S 彩色打样
    Z 打样

彩色数字印刷机
    Y 彩色印刷机

彩色水笔
    Y 笔

彩色水性油墨
    Y 油墨

彩色丝
colour silk
TS102.33
    S 真丝纤维*
    F 彩色蚕丝

彩色丝网印刷
    Y 丝网印刷

彩色兔毛
    Y 兔毛

彩色网版印刷
    Y 丝网印刷

彩色系统
    Y 颜色系统

彩色纤维
    Y 有色纤维

彩色相纸
color photographic paper
TS767
    S 相纸
    C 层间效应 →(1)
    Z 纸张
      纸制品

彩色像景织物
    Y 像景织物

彩色校正
    Y 颜色校正

彩色羊毛
    Y 羊毛

彩色样卡
    Y 色卡

彩色印前
pre-printing colour processing
TS194.4；TS859
    D 彩色印前处理
      彩色印前技术
    S 印前工艺
    Z 印制技术

彩色印前处理
    Y 彩色印前

彩色印前打样

彩色印前技术
    Y 彩色印前

彩色印前系统
color prepress system
TS803.1
    S 彩色出版系统
      印前系统
    Z 出版系统
      颜色系统

彩色印刷
colour printing
TS87
    D 彩印
      多色印刷
      四色印刷
    S 印刷*
    C 彩色打印
      阶调再现性
      色序

彩色印刷机
chromatic press
TS803.6
    D 彩色数码印刷机
      彩色数字印刷机
      彩色印刷设备
      彩色印刷系统
      多色印刷机
      多色组印刷机
      六色印刷机
      数字彩色印刷机
      双色印刷机
      四色印刷机
    S 印刷机
    Z 印刷机械

彩色印刷品
colour print
TS89
    S 印刷品*

彩色印刷设备
    Y 彩色印刷机

彩色印刷系统
    Y 彩色印刷机

彩色印刷纸
    Y 印刷纸

彩色油墨
    Y 油墨

彩色预打样
pre-press colour proofing
TS805
    S 彩色打样
    Z 打样

彩色扎染
    Y 传统扎染

彩色纸

彩色数字打样 (彩色印前打样)

colour prepress proofing
TS194；TS805
    S 彩色打样
    Z 打样

Y 彩纸

彩色纸绳纸
colour spinning paper
TS761.1
　S 彩纸
　Z 纸张

彩色制版
colour plate-making
TS805
　S 制版工艺
　Z 印刷工艺

彩色皱纹纸
colored creped paper
TS767
　D 彩色皱纹纸原纸
　S 彩纸
　　皱纹纸
　Z 纸张
　　纸制品

彩色皱纹纸原纸
　Y 彩色皱纹纸

彩色装饰原纸
　Y 彩纸

彩色桌面系统
color disk-top system
TS805.3
　S 软件系统*
　　颜色系统*

彩色钻石
fancy color diamond
TS933.21
　D 彩钻
　S 钻石
　Z 饰品材料

彩石
colored stone
TS933.21
　S 观赏石*

彩条天鹅绒
　Y 天鹅绒

彩帷绒
　Y 绒线

彩帷绒线
　Y 绒线

彩鞋
　Y 鞋

彩印
　Y 彩色印刷

彩印花布
color printing cloth
TS106.8
　S 印花织物
　Z 织物

彩纸
colored paper
TS761.1

　D 彩虹纸
　　彩色标语纸
　　彩色胶印纸
　　彩色喷绘纸
　　彩色石印纸
　　彩色纸
　　彩色装饰原纸
　　有色纸
　S 纸张*
　F 彩色胶印新闻纸
　　彩色纸绳纸
　　彩色皱纹纸
　　染纸

彩珠饮料
colour beads beverage
TS27
　S 饮料*

彩妆
make-up
TS974.12
　D 彩妆方法
　　彩妆技术
　S 化妆
　C 彩妆产品
　　彩妆演示
　Z 美容

彩妆产品
make-up products
TS974
　D 彩妆品
　S 化工产品*
　C 彩妆

彩妆方法
　Y 彩妆

彩妆技术
　Y 彩妆

彩妆品
　Y 彩妆产品

彩妆演示
make-up demonstration
TS974
　S 演示*
　C 彩妆

彩钻
　Y 彩色钻石

菜
　Y 菜肴

菜包方
　Y 腐乳

菜包腐乳
　Y 腐乳

菜单
　Y 菜谱

菜刀
kitchen knife
TG7；TS914
　S 日用刀具
　Z 刀具

菜点
　Y 菜肴

菜点创新
dish innovation
TS971
　S 菜肴创新
　Z 创新

菜馆
　Y 餐馆

菜酱
vegetable jam
TS255.5；TS264
　S 风味酱
　F 香椿酱
　　紫菜酱
　Z 酱

菜品
　Y 菜肴

菜品创新
　Y 菜肴创新

菜品风味
　Y 菜肴风味

菜品质量
　Y 菜肴质量

菜谱
menu
TS972.12
　D 菜单
　S 食谱*
　C 菜肴

菜系*
dish styles
TS972.12
　D 地方菜
　　地方菜系
　　地方风味菜
　　地方风味菜肴
　　地方名菜
　　地方特色菜
　　中国菜系
　F 八大菜系
　　滇菜
　　东北菜
　　鄂菜
　　赣菜
　　津菜
　　京菜
　　客家菜
　　黔菜
　　清真菜
　　台湾菜
　　豫菜
　C 菜肴
　　食谱
　　中式菜肴

菜馅
　Y 馅料

菜肴*
dishes

TS972
- D 菜
    菜点
    菜品
    肴馔
- F 茶肴
    传统菜肴
    创新菜肴
    方便菜肴
    风味菜肴
    羹
    荤菜
    火锅
    即食菜肴
    家常菜
    凉菜
    名菜
    素菜
    汤菜
    西式菜
    小菜
    亚洲菜肴
- C 菜谱
    菜系
    菜肴风味
    调味品
    烹饪原料
    食谱

菜肴创新
dishes innovation
TS971
- D 菜品创新
    烹饪创新
- S 创新*
- F 菜点创新

菜肴搭配
dish fitting
TS971.1
- S 食物搭配
- F 荤素搭配
- Z 搭配

菜肴风味
dish flavor
TS971.1
- D 菜品风味
- S 风味*
- C 菜肴

菜肴原料
cooked food raw material
TS972.111
- S 烹饪原料
- Z 食品原料

菜肴制作
dish making
TS972.113
- S 烹饪工艺*

菜肴质量
cooked food quality
TS207.7；TS972
- D 菜品质量
    成菜质量
    风味质量

S 食品质量*

菜油
- Y 菜籽油

菜油磷脂
rapeseed oil phospholipid
TS22
- S 油脂*

菜汁
- Y 蔬菜汁

菜汁饮料
- Y 茶饮料

菜籽
rapeseed
TS202.1
- S 植物菜籽*
- F 高水分菜籽
    进口菜籽
    苋菜籽
    油菜籽

菜籽蛋白
rapeseed proteins
Q5；TQ46；TS201.21
- S 油料蛋白
- F 菜籽分离蛋白
    菜籽浓缩蛋白
    菜籽清蛋白
- Z 蛋白质

菜籽分离蛋白
rapeseed protein isolate
Q5；TQ46；TS201.21
- S 菜籽蛋白
    蛋白质*
- F 富硒菜籽分离蛋白
    双低菜籽分离蛋白

菜籽毛油
crude rapeseed oil
TS225.14
- D 毛菜籽油
- S 菜籽油
- Z 油脂

菜籽浓缩蛋白
rapeseed protein concentrate
Q5；TQ46；TS201.21
- S 菜籽蛋白
    蛋白质*

菜籽粕
rape seed meal
TS209
- D 菜子粕
- S 粕*
- F 脱皮双低菜籽粕

菜籽清蛋白
rapeseed albumins
Q5；TQ46；TS201.21
- S 菜籽蛋白
- Z 蛋白质

菜籽仁饼
jen rapeseed cake

TS972.132
- S 饼
- Z 主食

菜籽色拉油
rapeseed salad oil
TS225
- S 色拉油
- C 菜籽油
- Z 粮油食品

菜籽油
rapeseed oil
TS225.14
- D 菜油
    菜子油
    改性菜子油
    卡诺拉油
- S 植物种子油
- F 菜籽毛油
    黄须菜籽油
    双低菜籽油
- C 菜籽色拉油
    豆油
    花生油
    生物柴油 →(5)(9)
- Z 油脂

菜子粕
- Y 菜籽粕

菜子油
- Y 菜籽油

参试设备
- Y 试验设备

参数*
parameters
O1；ZT3
- D 参数选定
    参数选取
    关键参数
    合理参数
    特性参数
    特征参数
    特征指标
- F 纤维参数
    竹节参数
- C 参数检测 →(8)
    参数优化 →(8)
    过程参数 →(1)(2)(4)(7)(11)
    理化参数
    深孔爆破 →(2)
    污泥参数 →(13)
    物性参数 →(1)(3)(5)(7)(11)
    冶金参数

参数变化*
parametric variation
O1；ZT5
- F 张力变化
- C 性能变化

参数化人台
parametric mannequin
TS941.2
- S 人台*

参数选定
　Y 参数

参数选取
　Y 参数

餐刀
table knives
TG7；TS914
　S 日用刀具
　Z 刀具

餐馆
restaurants
TS97
　D 菜馆
　　餐室
　　餐厅
　　饭馆
　S 餐饮场所
　F 火锅店
　　酒楼
　　自助餐厅
　C 食堂
　Z 场所

餐盒
making box
TS972.23
　S 餐具
　F 快餐盒
　　纸浆模塑快餐盒
　Z 厨具

餐巾
　Y 餐饮用纺织品

餐巾纸
paper napkin
TS761.6
　D 纸巾
　　纸巾纸
　S 生活用纸
　F 擦手纸
　　面巾纸
　Z 纸张

餐具
table ware
TS972.23
　S 饮食器具
　F 杯子
　　玻璃餐具
　　餐盒
　　刀叉
　　镀银餐具
　　环保餐具
　　家用餐具
　　金属餐具
　　快餐具
　　筷子
　　盘子
　　塑料餐具
　　汤匙
　　陶瓷餐具
　　碗
　　一次性餐具
　Z 厨具

餐具洗涤剂
dishwashing detergent
TQ64；TS973.1
　D 洗洁精
　S 厨房清洗剂
　Z 清洁剂
　　生活用品

餐谱
　Y 食谱

餐勺
　Y 汤匙

餐室
　Y 餐馆

餐厅
　Y 餐馆

餐厅布置
restaurant decoration
TS97
　S 房间布置
　Z 布置

餐厅服务
　Y 餐饮服务

餐饮*
catering
TS971
　F 快餐
　　民族餐饮
　　配餐
　　套餐
　　佐餐
　C 茶点
　　饮食风俗

餐饮场所
dining places
TS97
　S 场所*
　F 餐馆
　　茶馆

餐饮废油
waste cooking oil
TS22；X7
　D 餐饮废油脂
　　餐饮业废油脂
　　废餐饮油
　　废弃食用油脂
　　废食用油
　　废食用油脂
　S 废液*
　F 地沟油
　　泔水油
　　潲水油
　　油炸废油

餐饮废油脂
　Y 餐饮废油

餐饮服务
food and beverage service
TS972.3
　D 餐厅服务
　S 服务*

餐饮管理专业
catering management
TS97
　S 食品专业
　Z 专业

餐饮业
catering industry
F；TS97
　Y 餐饮废油

餐饮业油烟污染
　Y 油烟污染

餐饮用纺织品
catering textile
TS106.7
　D 餐巾
　　餐饮用织物
　　餐桌布
　　茶巾
　S 装饰用纺织品*

餐饮用织物
　Y 餐饮用纺织品

餐饮油烟
　Y 饮食业油烟

餐桌
dining table
TS66；TU2
　S 桌子
　Z 家具

餐桌布
　Y 餐饮用纺织品

餐桌食品
table food
TS219
　S 食品*

残次烟支处理机
defect cigarette processor
TS43
　D 废烟支处理设备
　S 制烟机械*

残减率
　Y 练减率

残胶率
residual gum content
TS101.9
　S 化学比率*
　C 练减率

残留*
residue
S；TS207；X2；X8
　F 农药残留
　C 残留物
　　纯牛奶

残留不平衡
　Y 平衡

残留量分析
　Y 残留物分析

残留物*
residual
X5
- D 残余物
- F 农药残留物
- C 残留
  残余元素 →(3)

残留物分析
residue analysis
O6；TS207
- D 残留量分析
- S 化学分析*

残糖
residual sugar
TS245
- D 发酵残糖
- S 糖*
- C 固态发酵反应器

残液
- Y 废液

残油
reduced oil
TS22
- S 废液*
- F 粕残油

残余木质素
residual lignin
O6；TS74
- S 木质素*
- C 硫酸盐法制浆

残余物
- Y 残留物

残余油墨
- Y 残余油墨量

残余油墨量
residual ink amount
TS749.7
- D 残余油墨
- S 废纸脱墨浆
- Z 浆液

残余油墨浓度
residual ink concentration
O6；TS74
- S 浓度*
- C 浮选脱墨

残渣*
residue
X7
- D 固体渣
- F 发酵残渣
  食品残渣
- C 固体残留物 →(13)
  渣

蚕豆
vicia faba
TS210.2
- S 豆类
- C 蚕豆食品
- Z 粮食

蚕豆蛋白
beans protein
Q5；TQ46；TS201.21
- S 豆蛋白
- Z 蛋白质

蚕豆淀粉
faba bean starch
TS235.3
- S 豆类淀粉
- Z 淀粉

蚕豆粉
- Y 蚕豆食品

蚕豆粉丝
- Y 粉丝

蚕豆酱
- Y 豆酱

蚕豆食品
beans food
TS214
- D 蚕豆粉
  蚕豆系列食品
  金钩蚕豆
  兰花豆
- S 豆制品*
- C 蚕豆

蚕豆熟料制曲
- Y 熟料制曲

蚕豆系列食品
- Y 蚕豆食品

蚕粉
silkworm powders
TS214.9
- S 食用粉*

蚕茧初加工机械
cocoon pretreating machinery
TS142
- D 剥茧机
  干除蛹机
  光茧混茧机
  混茧机
  开茧机
  联合剥选机
  毛茧混茧机
  切茧机
  筛茧机
  选茧机
- S 丝纺织机械
- F 烘茧机
- Z 纺织机械

蚕茧干燥
- Y 烘丝

蚕茧丝素肽
fibroin peptide
TQ93；TS201.2
- S 丝素肽
- C 蚕丝丝素
- Z 肽

蚕茧质量

cocoon quality
TS101.9；TS14
- S 原料质量
- C 生丝质量
- Z 质量

蚕丝
silk
TS102.33
- D 蚕丝纤维
  茧丝
  天然蚕丝
- S 动物纤维
  真丝纤维*
- F 彩色蚕丝
  粗纤度蚕丝
  桑蚕丝
  双宫丝
  天蚕丝
  柞蚕丝
- C 生丝
  丝素
  蜘蛛丝
- Z 天然纤维

蚕丝被
silk quilt
TS106.72
- S 被子
- Z 纺织品

蚕丝标准
silk standard
TS107
- D 出丝率
  生丝标准
  生丝等级
  制丝率
- S 标准*
- C 缫折
  生丝
  生丝质量

蚕丝蛋白
silk proteins
Q5；TS201.21
- S 丝蛋白
- F 桑蚕丝蛋白
  柞蚕丝蛋白
- C 蚕丝丝素
- Z 蛋白质

蚕丝粉
- Y 丝素粉

蚕丝丝素
silk fibroin
TS141
- D 蚕丝丝素蛋白
- S 丝素*
- C 蚕茧丝素肽
  蚕丝蛋白
  真丝纤维

蚕丝丝素蛋白
- Y 蚕丝丝素

蚕丝素蛋白
silk fibroin

Q5：TS201.21
　S 丝素蛋白
　F 桑蚕丝素蛋白
　　 柞蚕丝素蛋白
　Z 蛋白质

蚕丝细度
　Y 纤维细度

蚕丝纤度
　Y 茧丝纤度

蚕丝纤维
　Y 蚕丝

蚕丝织物
silk fabric
TS146
　S 丝织物
　F 桑蚕丝织物
　Z 织物

蚕丝纸
silk papers
TS76
　S 纸张*

蚕丝纸浆
　Y 纸浆

蚕蛹蛋白
chrysalis protein
Q5：TS201.21
　S 动物蛋白
　Z 蛋白质

蚕蛹蛋白纤维
chrysalis fiber
TQ34；TS102.51
　D JC 蚕蛹蛋白纤维
　　 蛹蛋白纤维
　S 再生蛋白质纤维
　F 蛹蛋白粘胶长丝
　C 再生丝素纤维
　Z 纤维

蚕蛹油
silkworm chrysalis oil
TS225.2
　S 动物油
　F 缫丝蛹油
　　 柞蚕蛹油
　Z 油脂

仓库储藏
bin storage
TS205
　S 储藏*

舱外活动手套
extravehicular activity gloves
TS941.731；X9
　S 航天手套
　Z 安全防护用品
　　 服饰

操控方法
　Y 控制

操控方式
　Y 控制

操控技术
　Y 控制

操漆
　Y 粉刷

操作*
operation
TB4；ZT5
　D 操作法
　　 操作范围
　　 操作工艺
　　 操作技法
　　 操作技巧
　　 操作技术
　　 操作技艺
　　 操作指导
　　 操作姿势
　　 方向可操作度
　F 撒料
　C 操作力矩　→(4)
　　 电气操作　→(5)
　　 计算机操作　→(1)(4)(7)(8)
　　 加工
　　 炼钢操作　→(3)(13)
　　 网络操作　→(7)(8)
　　 冶金炉操作　→(3)(8)(9)
　　 制造
　　 自动操作　→(1)(5)(6)(7)(8)
　　 作业

操作法
　Y 操作

操作范围
　Y 操作

操作工艺
　Y 操作

操作技法
　Y 操作

操作技巧
　Y 操作

操作技术
　Y 操作

操作技艺
　Y 操作

操作指导
　Y 操作

操作姿势
　Y 操作

糙米
brown rice
TS210.2
　D 净糙米
　　 生米
　　 食用糙米
　S 大米
　F 发芽糙米
　　 谷外糙米
　　 早稻糙米
　C 脂肪酸值
　Z 粮食

糙米茶
　Y 茶饮料

糙米粉
coarse rice powder
TS212
　S 米粉
　Z 粮油食品

糙米食品
brown rice food
TS212
　S 稻米食品
　Z 粮油食品

槽*
groove
TM3
　D 卷屑槽
　F 径向槽
　　 漂洗槽
　　 酸洗槽
　　 榫槽
　C 槽加工　→(3)(4)
　　 槽结构　→(9)
　　 河槽　→(11)
　　 化工用槽
　　 开槽
　　 溜槽　→(2)(4)(11)

槽刀
　Y 切槽刀

槽接接头
　Y 接头

槽接头
　Y 接头

槽式打浆机
hollander beater
TS734.1
　S 打浆机
　Z 制浆设备

槽式排放
　Y 排放

槽筒
groove drums
TS103.81
　S 纺纱器材*
　C 络纱机
　　 络筒机

槽筒机
　Y 络筒机

槽筒络纱机
　Y 络筒机

槽形铣刀
　Y 切槽刀

草编
straw plaited articles
TS935
　S 编织*

草编鞋
　Y 鞋

草垛
　　Y 草类纤维原料

草浆
straw pulp
TS749.2
　　D 草类浆
　　S 非木材纸浆
　　F 稻草浆
　　　麦法草浆
　　　龙须草浆
　　　麦草浆
　　Z 浆液

草浆白泥
straw white mud
TS72
　　S 造纸白泥
　　Z 工业废弃物

草浆废水
　　Y 草浆造纸废水

草浆黑液
black liquor from straw pulp
TS79；X7
　　D 草浆造纸黑液
　　　造纸草浆黑液
　　S 黑液
　　F 稻草浆黑液
　　　麦草浆黑液
　　Z 废液

草浆黑液处理
　　Y 黑液处理

草浆碱回收
straw pulp alkali recovery
TS74；X7
　　S 碱回收
　　C 草浆造纸废水
　　　黑液
　　Z 回收

草浆碱回收白泥
　　Y 造纸白泥

草浆造纸
straw pulp papermaking
TS75
　　D 草类制浆造纸
　　　草制浆造纸
　　　麦草浆造纸
　　　麦草制浆造纸
　　S 造纸
　　Z 生产

草浆造纸废水
papermaking wastewater of straw-pulp
TS79；X7
　　D 草浆废水
　　　麦草制浆废水
　　S 制浆造纸废水
　　C 草浆碱回收
　　Z 废水

草浆造纸黑液
　　Y 草浆黑液

草浆造纸中段废水
　　Y 草浆中段废水

草浆中段废水
straw-pulp mid-term wastewater
TS79；X7
　　D 草浆造纸中段废水
　　S 中段废水
　　Z 废水

草类机械法制浆
　　Y 草类制浆

草类浆
　　Y 草浆

草类纤维
　　Y 草类纤维原料

草类纤维原料
grass material
TS102
　　D 草垛
　　　草类纤维
　　　草类原料
　　　狼毒草
　　　西班牙草
　　　烟草秆
　　　纸草
　　S 原料*

草类原料
　　Y 草类纤维原料

草类制浆
straw pulping
TS743
　　D 草类机械法制浆
　　S 非木材制浆
　　F 麦草制浆
　　Z 制浆

草类制浆造纸
　　Y 草浆造纸

草帽
　　Y 帽

草莓
strawberries
TS255.2
　　S 水果
　　Z 果蔬

草莓保鲜
strawberry fresh-keeping
TS205
　　S 果蔬保鲜
　　Z 保鲜

草莓粉
strawberry powders
TS255.4
　　S 果粉
　　Z 食用粉

草莓罐头
　　Y 水果罐头

草莓果茶
strawberry juice
TS27

　　S 果茶
　　Z 茶

草莓果酱
　　Y 草莓酱

草莓果酒
　　Y 草莓酒

草莓红色素
strawberry red pigment
TQ61；TS202.39
　　S 草莓色素
　　　色素*

草莓红薯酱
　　Y 甜酱

草莓酱
strawberry jam
TS255.43；TS264
　　D 草莓果酱
　　　黑莓果酱
　　　树莓果酱
　　S 果酱
　　Z 酱

草莓酒
strawberry wine
TS262.7
　　D 草莓果酒
　　S 果酒
　　Z 酒

草莓啤酒
strawberry beer
TS262.59
　　S 果味啤酒
　　Z 酒

草莓色素
strawberry pigments
TQ61；TS202.39
　　S 植物色素
　　F 草莓红色素
　　Z 色素

草莓酸奶
strawberry yoghurt
TS252.54
　　S 酸奶
　　Z 发酵产品
　　　乳制品

草坪灯
lawn lamp
TM92；TS956
　　S 路灯
　　Z 灯

草酸溶液
oxalic acid solution
TS255
　　Y 鞋

草鱼皮
grass carp skin
S；TS564
　　S 鱼皮
　　Z 动物皮毛

测量装置 →(1)(4)(5)(6)(7)(8)
电测量仪器仪表 →(1)(4)(5)(7)(8)(12)
几何量测量仪器 →(3)(4)(6)(7)(12)
计量器具 →(2)(3)(4)(5)
检测仪器
力学测量仪器
流量计 →(4)
路面质量测量仪器 →(1)(4)(12)
热工仪表 →(1)(2)(4)(5)(7)(9)
声学测量仪器 →(1)(2)(4)
时间测量仪 →(1)(4)(5)(6)(8)
探测器 →(1)(4)(5)(6)(7)(8)(11)(12)(13)
仪器 →(4)

测墨
　Y 印刷故障

测配色系统
　Y 测色配色系统

测色
　Y 色彩测量

测色技术
　Y 色彩测量

测色配色系统
color measuring and matching system
TH7；TS193
　D 测配色系统
　　测色配色仪
　　电脑测配色系统
　　电脑测色配色系统
　　电脑测色配色仪
　S 颜色系统*
　F 测色系统
　　配色系统

测色配色仪
　Y 测色配色系统

测色系统
color measuring system
TH7；TS193
　D 测色装置
　S 测色配色系统
　Z 颜色系统

测色装置
　Y 测色系统

测试*
testing
TB4
　D 测量试验
　　测试法
　　测试技术
　　测试实验
　　测试试验
　　测验
　F 纺织品测试
　C 测定
　　测试功能 →(1)
　　测试管理 →(1)
　　测试结果 →(1)
　　测试系统 →(4)(8)
　　测试性要求 →(6)
　　计算机测试 →(3)(6)(7)(8)
　　试验

测试测量
　Y 测量

测试测量仪器
　Y 测量仪器

测试法
　Y 测试

测试机
　Y 测试装置

测试计量仪器
　Y 测量仪器

测试技术
　Y 测试

测试片
test pieces
TB4；TS103
　D 测微片
　S 测试装置*

测试器
　Y 测试装置

测试设备
　Y 测试装置

测试实验
　Y 测试

测试试验
　Y 测试

测试仪器设备
　Y 测试装置

测试装置*
test equipment
TB4；TH7；TP2
　D 不停机测试设备
　　测试机
　　测试器
　　测试设备
　　测试仪器设备
　　通用检测设备
　　卫星测试设备
　　卫星专用测试设备
　　卫星总测设备
　F 测试片
　C 测量装置 →(1)(4)(5)(6)(7)(8)

测微片
　Y 测试片

测温元件*
temperature measurer
TH7；TK1
　D 感温元件
　　温度探针
　　温度元件
　F 测温纸
　C 感温探测器 →(4)(11)
　　热探测器 →(1)(4)(6)
　　温度计 →(4)

测温纸
thermometric paper
TH7；TS761.2

S 测温元件*

测验
　Y 测试

层
　Y 结构层

层叠织物
　Y 叠层织物

层积材
laminated wood
TS62
　D 层积木
　　条层积材
　S 木材*
　F 单板层积材
　　竹层积材
　　竹木复合层积材
　C 层积压机

层积木
　Y 层积材

层积压机
laminating presses
TS64
　S 热压机
　C 层积材
　Z 人造板机械

层间剥离
interlaminar peeling
TS66
　D 两隔
　S 剥离*

层间结合强度
interlayer bonding strength
O3；TS77
　S 内结合强度
　Z 强度

层间喷雾淀粉
spraying starch between layers
TS235
　S 喷雾淀粉
　Z 淀粉

层离
　Y 剥离

层膜
　Y 膜

层式结构
　Y 结构层

层压
lamination
TS65
　D 层压法
　　层压工艺
　　层压技术
　　叠层
　　叠压
　　压层
　S 生产工艺*

层压材料

Y 复合材料

层压法
Y 层压

层压工艺
Y 层压

层压技术
Y 层压

层压织物
Y 叠层织物

层压纸板
Y 纸板

叉烧肉
basted meat
TS972.125
S 猪肉菜肴
Z 菜肴

叉式接头
Y 接头

叉式洗涤机
Y 洗涤设备

叉形接头
Y 接头

叉子
Y 刀叉

差别化纤维
differential fibre
TQ34；TS102.6
D 变形(纤维)
变性纤维
差别纤维
改性纤维
共轭纤维
化学改性纤维
S 纤维*
F 变性苎麻纤维
超细纤维
多组分纤维
负离子纤维
改性聚丙烯纤维
改性聚酯纤维
离子交换纤维
纳米纤维
氧化纤维
异形纤维
异性纤维
C 功能纤维

差别化纤维织物
Y 化纤织物

差别纤维
Y 差别化纤维

差动式送布机构
differential feeding mechanism
TS941.569
S 送布机构
Z 缝制机械机构

差动效应

differential effect
TS101
S 效应*
C 针织工艺

差分不平衡
Y 平衡

差捻包缠纱
differential twist wrapped yarn
TS106.4
S 包缠纱
Z 纱线

差速传动机构
Y 传动装置

差异染色
Y 染色工艺

插帮绷帮
Y 制鞋工艺

插管接头
Y 接头

插肩袖
Y 连肩袖

插箱机
Y 穿经机

插塞接头
Y 接头

插销
latch
TS914
S 紧固件*

插销试验
implant test
TH16；TS913
D 插销试验法
S 工艺试验*

插销试验法
Y 插销试验

茶*
tea
TS272.5
D 北苑茶
茶叶
成品茶
大茶
大叶种茶
低档茶
复合茶
干茶
皋茶
高香茶
建茶
卷曲形茶
闽茶
平地茶
清茶
山野茶
思茅茶
条形茶
新茶

芽茶
F 白茶
陈茶
代用茶
袋泡茶
黑茶
红茶
花茶
黄茶
机制茶
紧压茶
颗粒茶
苦丁茶
老鹰茶
离体茶鲜叶
绿茶
名优茶
散茶
碎茶
特种茶
藤茶
甜茶叶
夏秋茶
野山茶
原料茶
针形茶
C 茶叶包装
茶叶产品
茶叶加工
茶叶提取物
茶饮料
干茶色泽

茶包装
Y 茶叶包装

茶饼
Y 饼茶

茶饼粕
tea seed flakes
TS209
D 茶籽饼粕
S 饼粕
Z 粕

茶餐
Y 茶点

茶产品
Y 茶叶产品

茶厂
tea factory
TS27
D 茶叶加工厂
S 工厂*

茶蛋白
tea protein
Q5；TS201.21
D 茶叶蛋白
S 植物蛋白
Z 蛋白质

茶点
reflection
TS213.23
D 茶餐

S 糕点*
C 餐饮

茶豆腐
　　Y 豆腐

茶多酚废水
tea polyphenols wastewater
TS272；X7
　　S 食品工业废水
　　Z 废水

茶多糖
　　Y 茶叶多糖

茶废料
　　Y 制茶废料

茶粉
tea powder
TS272
　　D 茶叶粉
　　S 食用粉*
　　F 超微茶粉
　　　绿茶粉

茶垢
tea residue
TS971.21
　　S 污垢*

茶馆
tea house
S；TS97
　　D 茶室
　　S 餐饮场所
　　Z 场所

茶花蜂花粉
camellia bee pollen
S；TS218
　　S 蜂蜜粉
　　Z 食用粉

茶黄素
theaflavin
TQ61；TS202.39
　　S 茶色素
　　　色素*

茶巾
　　Y 餐饮用纺织品

茶酒
tea cider
TS262
　　S 保健酒
　　F 柿叶茶酒
　　Z 酒

茶具
tea service
TS972.23
　　D 茶器
　　　茗具
　　　饮茶器具
　　S 饮食器具
　　F 电子泡茶机
　　　水壶
　　　提取器

压力茶壶
越窑茶具
紫砂茶壶
　　Z 厨具

茶绿色素
tea green pigment
TQ61；TS202.39
　　S 茶色素
　　Z 色素

茶坯
tea base
TS272.2
　　S 坯料*

茶品质
tea quality
TS272.7
　　S 食品质量*
　　F 花茶品质
　　　绿茶品质

茶器
　　Y 茶具

茶色素
tea pigments
TQ61；TS202.39
　　S 植物色素
　　F 茶黄素
　　　茶绿色素
　　　红茶色素
　　　绿茶色素
　　Z 色素

茶史
tea history
S；TS272
　　D 茶文化史
　　　茶业史
　　　茶叶史
　　S 饮食史
　　Z 历史

茶室
　　Y 茶馆

茶树油
　　Y 茶籽油

茶水
tea boiled water
TS275.2
　　D 茶叶水
　　S 茶饮料
　　Z 饮料

茶水炉
　　Y 开水器

茶水饮料
　　Y 茶饮料

茶汤
tea liquor
TS275.2
　　D 茶汤饮料
　　　茶汁
　　　绿茶茶汤

S 茶饮料
Z 饮料

茶汤饮料
　　Y 茶汤

茶提取物
　　Y 茶叶提取物

茶文化史
　　Y 茶史

茶肴
tea food
TS972
　　D 茶叶菜肴
　　S 菜肴*

茶业史
　　Y 茶史

茶叶
　　Y 茶

茶叶安全
tea safety
TS207
　　D 茶叶质量安全
　　S 食品安全*

茶叶包装
tea packaging
TS206
　　D 茶包装
　　S 食品包装*
　　C 茶

茶叶菜肴
　　Y 茶肴

茶叶产品
tea products
TS27
　　D 茶产品
　　　茶制品
　　S 产品*
　　C 茶
　　　茶制食品

茶叶蛋白
　　Y 茶蛋白

茶叶多糖
tea polysaccharides
Q5；TS24
　　D 茶多糖
　　S 碳水化合物*

茶叶粉
　　Y 茶粉

茶叶副产品
tea by-products
TS270.9
　　S 副产品*

茶叶烘焙
tea baking
TS272.4
　　D 烤茶
　　S 茶叶加工*

茶叶机械*
tea machinery
TS272.3
　D 茶叶加工机
　　茶叶加工机械
　　茶叶加工设备
　　制茶机械
　　制茶设备
　F 揉捻机
　　杀青机
　　杀青炉灶
　C 轻工机械

茶叶加工*
tea processing
TS272.4
　D 茶叶加工工艺
　　茶叶加工工艺流程
　　茶叶食品加工
　　茶叶药物加工
　　黑茶加工工艺
　　红茶加工
　　红茶加工工艺
　　花茶加工
　　黄茶加工工艺
　　绿茶加工工艺
　　毛茶加工
　　名茶加工
　　青茶加工工艺
　　速溶茶加工
　　制茶
　　制茶方法
　　制茶工艺
　　制茶技术
　　作茶
　F 茶叶烘焙
　　茶叶深加工
　　复火
　　煎茶
　　绿茶加工
　　杀青
　　渥堆
　　窨制
　　做青
　C 采制技术
　　茶

茶叶加工厂
　Y 茶厂

茶叶加工工艺
　Y 茶叶加工

茶叶加工工艺流程
　Y 茶叶加工

茶叶加工机
　Y 茶叶机械

茶叶加工机械
　Y 茶叶机械

茶叶加工设备
　Y 茶叶机械

茶叶加工业
tea processing industry
TS27
　S 制茶工业

　Z 轻工业

茶叶科技创新
tea science and technology innovation
TS272
　S 创新*

茶叶色泽
tea color
TS270.7
　S 色泽*
　F 干茶色泽

茶叶杀青
　Y 杀青

茶叶杀青机
　Y 杀青机

茶叶深加工
tea deep processing
TS272.4
　S 茶叶加工*

茶叶食品加工
　Y 茶叶加工

茶叶史
　Y 茶史

茶叶水
　Y 茶水

茶叶提取物
tea extracts
TS272
　D 茶提取物
　　甜茶提取物
　S 天然食品提取物
　F 绿茶提取物
　C 茶
　Z 提取物

茶叶药物加工
　Y 茶叶加工

茶叶饮料
　Y 植物饮料

茶叶质量安全
　Y 茶叶安全

茶叶籽
tea seed
TS202.1
　S 植物菜籽*
　C 茶籽油

茶叶籽油
　Y 茶籽油

茶饮料
tea drink
TS275.2
　D 菜汁饮料
　　糙米茶
　　茶水饮料
　　醋茶
　　奶茶饮料
　　奶味茶饮料
　　泡沫茶

　　汽茶饮料
　　碳酸茶饮料
　　乌龙茶饮料
　　液态茶
　　液态茶饮料
　　液体茶
　　液体茶饮料
　　有机茶饮料
　S 饮料*
　F 冰茶
　　冰红茶
　　茶水
　　茶汤
　　大麦茶
　　复合茶饮料
　　苦丁茶饮料
　　苦荞茶
　　绿茶饮料
　　酥油茶
　　速溶茶
　　甜茶
　　杏仁茶
　C 茶

茶油
　Y 茶籽油

茶渣
tea ground
TS272
　S 食品残渣
　Z 残渣

茶汁
　Y 茶汤

茶制品
　Y 茶叶产品

茶制食品
tea made food
TS219
　S 食品*
　C 茶叶产品

茶籽
　Y 油茶籽

茶籽饼粕
　Y 茶饼粕

茶籽蛋白奶
　Y 蛋白奶

茶籽粕
　Y 油茶饼粕

茶籽油
camellia oil
TS225.16
　D 茶树油
　　茶叶籽油
　　茶油
　　茶子油
　　山茶油
　S 植物种子油
　F 油茶籽油
　C 茶叶籽
　　化妆品添加剂 →(9)
　　油茶籽

Z 油脂

茶子油
Y 茶籽油

叉环接头
Y 接头

拆残烟
Y 烟草生产

拆装家具
Y 组合家具

镲
Y 打击乐器

柴灶
firewood stove
TS972.26
S 炉灶
Z 厨具

掺水量
mixed water content
TE3；TS26
S 水量*

缠绕*
twining
TB3；TS104.1
D 缠绕法
缠绕法成型
缠绕方式
缠绕工艺
缠绕过程
F 纤维缠绕
C 粗纺
干法合成 →(9)
卷取张力

缠绕法
Y 缠绕

缠绕法成型
Y 缠绕

缠绕方式
Y 缠绕

缠绕工艺
Y 缠绕

缠绕过程
Y 缠绕

缠丝兔
Y 兔肉菜肴

蝉形领带
Y 领带

蝉翼纱
Y 玻璃纱

产酒率
Y 出酒率

产量*
yield
F
D 产量计量
产品产量

产品定量
产品计量
生产数量
F 产酸量
轻工产品产量
盐产量
C 收率

产量计量
Y 产量

产率
Y 收率

产品*
production
F
D 产品水平
产品特色
F 玻璃纤维产品
茶叶产品
厨卫产品
防伪产品
纺纱半成品
纺织新产品
抗菌产品
冷冻品
粮油产品
轻薄产品
卫生产品
烟花爆竹产品
油墨产品
珍品
C 安全产品 →(7)(8)(11)(13)
产品精度 →(1)
产品设计
电气产品
电子产品
发酵产品
副产品
航空航天产品 →(6)
化工产品
环境产品 →(9)(11)(13)
轻纺产品
水产品
危险物质 →(2)(5)(6)(9)(11)(12)(13)
冶炼产品 →(3)
原料
制品

产品标签
product label
F；TS896
S 标签*

产品产量
Y 产量

产品产率
Y 收率

产品纯化
Y 提纯

产品定量
Y 产量

产品分离
Y 物质分离

产品风味
Y 风味

产品感官质量
Y 感官质量

产品管理*
product management
F
F 食品管理
纸张管理
C 管理

产品广义质量
Y 产品质量

产品计量
Y 产量

产品精制
Y 精制

产品零部件
Y 零部件

产品品质
Y 产品质量

产品设计*
product design
F；TB2
D 工业化设计
工业设计
广义工业设计
设计产品
生产设计
狭义工业设计
再制造设计
制造设计
F 家具设计
玩具设计
眼镜设计
珠宝首饰设计
C 材料质感 →(1)
产品
产品模型 →(1)(4)
工艺设计
机械设计 →(1)(2)(3)(4)(5)(6)(7)(11)(12)
设计
设计趋势 →(1)
设计项目 →(1)
制造科学 →(4)

产品收率
Y 收率

产品水平
Y 产品

产品特色
Y 产品

产品特性
Y 产品性能

产品线
Y 生产线

产品信息质量
Y 产品质量

产品性能*
product performance
F
　D 产品特性
　F 净度
　　新鲜度
　　质构特性
　C 材料性能
　　工程性能 →(1)(2)(3)(4)(5)(6)(11)(12)
　　使用性能
　　性能

产品质量*
product quality
F
　D 产品广义质量
　　产品品质
　　产品信息质量
　　产品综合广义质量
　　成品品质
　　制品品质
　　制品质量
　F 成革质量
　　成品酒质量
　　纺织品质量
　　服装质量
　　浆轴质量
　　卷烟质量
　　粮食质量
　　棉花质量
　　墨水质量
　　皮革质量
　　烟丝质量
　　印刷产品质量
　　油墨质量
　　油品质量
　　油漆质量
　　纸浆质量
　　纸张质量
　C 工艺质量
　　关键特性 →(1)
　　食品质量
　　质量

产品综合广义质量
　Y 产品质量

产品组分
　Y 成分

产生器
　Y 发生器

产酸量
acid generation
TS264.22
　S 产量*

产酸性能
acid-production performance
TQ92；TS261.1
　S 化学性质*
　C 发酵剂
　　乳酸菌发酵

产糖率
sugar yield
TS24
　D 等折白砂糖产率

　S 收率*

产物收率
　Y 收率

产香酵母
　Y 生香酵母

产盐区
salt producing areas
TS3
　Y 产业用纺织品

产业废弃物
　Y 工业废弃物

产业工厂
　Y 工厂

产业建筑
　Y 工业建筑

产业类建筑
　Y 工业建筑

产业污染
　Y 行业污染

产业用布
industrial fabrics
TS106.6
　D 产业织物
　S 产业用纺织品
　F 产业用机织物
　　产业用针织物
　　建筑用纺织品
　　土工织物
　　网格布
　Z 纺织品

产业用纺织品
industrial textile
TS106.6
　D 包装布
　　包装用织物
　　产业纺织品
　　产业用织物
　　工业纤维
　　工业用纺织品
　　工业用呢
　　工业用绒
　　工业用纱线
　　工业用纤维
　　工业用织物
　　工业织物
　　麻袋布
　S 纺织品*
　F 产业用布
　　产业用丝
　　帘子布
　　农业用纺织品
　　篷布
　　填充袋
　C 毡

产业用机织物
industrial woven fabrics
TS106.6
　S 产业用布
　Z 纺织品

产业用丝
industrial filaments
TS106.4；TS106.6
　S 产业用纺织品
　Z 纺织品

产业用针织物
industrial knitted fabrics
TS106.6
　S 产业用布
　Z 纺织品

产业用织物
　Y 产业用纺织品

产业织物
　Y 产业用布

产酯酵母
　Y 生香酵母

铲刀
blade of shovel
TG7；TS914
　S 刀具*

长保质期
long quality guarantee period
TS205
　S 保质期
　Z 时期

长玻璃纤维
　Y 玻璃长丝

长玻纤
　Y 玻璃长丝

长城干白葡萄酒
　Y 干白葡萄酒

长城牌白葡萄酒
　Y 白葡萄酒

长笛
flute
TS953.22
　S 笛
　Z 乐器

长度*
length
O1；TB9
　D 超长度
　　大长度
　　最大长度
　　最优长度
　F 浮长
　　解舒丝长
　　裂断长
　　品质长度
　　试样长度
　　纤维长度
　　有效输出长度
　　预置长度
　　竹节长度

长度不匀率
　Y 纤维长度不匀率

长度差异率

Y 纤维长度不匀率

长度分布
length distribution
TS101
S 分布*
F 解舒丝长分布
纤维长度分布
C 长度损伤 →(4)

长度计数器
length counter
TS103
S 计数器*

长度偏差
Y 纤维长度不匀率

长粉路
long mill diagram
TS211.4
S 粉路
Z 农产品加工

长杆旱烟管
Y 烟具

长鼓
Y 鼓

长果黄麻
Y 黄麻纤维

长果种黄麻
Y 黄麻纤维

长货架期
long shelf life
TS205
S 货架期
Z 时期

长刻线机
Y 雕刻机

长裤
Y 裤装

长芦塘沽盐场
Y 盐湖

长芦盐区
Y 盐湖

长毛绒
Y 人造毛皮织物

长毛绒毯
Y 绒毯

长毛绒针织物
Y 长毛绒织物

长毛绒织物
deep pile fabric
TS106.86
D 长毛绒针织物
短毛绒织物
经编双面长毛绒织物
S 人造毛皮织物
Z 织物

长明灯

long light
TM92；TS956
S 灯*

长糯米
Y 籼糯米

长片段不匀率
Y 重量不匀率

长期保藏
long-term preservation
S；TS205
S 储藏*

长期保鲜
long-term freshness preservation
TS205
S 保鲜*

长期储存
long-term storage
TP3；TS205
D 持久存储
S 存储*
C 持久层 →(8)
持久对象 →(8)
持久性能 →(1)(3)

长裙
long skirt
TS941.6；TS941.7
S 裙装
Z 服装

长绒棉
long staple cotton
TS102.21
D 海岛棉
S 棉纤维
F 新疆长绒棉
C 细绒棉
Z 天然纤维

长绒棉高支纱
Y 长绒棉细支纱

长绒棉细支纱
fine count yarn of long stapled cotton
TS106.4
D 长绒棉高支纱
S 棉纱
Z 纱线

长绒毯
Y 绒毯

长山盐矿
Y 盐湖

长寿命废料
Y 废料

长寿命废物
Y 废弃物

长寿命霓虹灯
durable neon
TM92；TS956
S 霓虹灯
Z 灯

长寿食品
longevity food
TS218.23
S 功能食品
Z 食品

长丝
filament
TQ34；TS102
D 长丝纱
长纤维
化纤长丝
S 工业丝
F 氨纶长丝
丙纶长丝
玻璃长丝
不锈钢长丝
涤纶长丝
锦纶长丝
粘胶长丝
C 卷绕机
Z 纤维制品

长丝短纤复合纱
filament/staple fiber composite yarn
TS106.4
S 复合纱
Z 纱线

长丝纺丝机
Y 纺丝设备

长丝花式纱
Y 花式纱线

长丝加捻线
filament twisting line
TS106.4
S 捻线
Z 纱线

长丝纱
Y 长丝

长丝织物
filament fabric
TS156
D 裂膜纤维织物
S 化纤织物*
F 涤纶长丝织物
纬长丝织物

长条薄片刨花
Y 木刨花

长条形反射镜
Y 反射镜

长统袜
Y 长筒袜

长筒袜
hose
TS941.72
D 长统袜
高统袜
S 袜子
Z 服饰

长土钉

long soil nail
TS914
　S 钉子
　Z 五金件

长吐机
　Y 缫丝机械

长网薄页造纸机
　Y 长网造纸机

长网单缸造纸机
　Y 长网造纸机

长网多缸造纸机
　Y 长网造纸机

长网多缸纸机
　Y 长网造纸机

长网双缸纸机
　Y 长网造纸机

长网洗浆机
　Y 洗浆机

长网造纸机
fourdrinier machine
TS734.4
　D 长网薄页造纸机
　　长网单缸造纸机
　　长网多缸造纸机
　　长网多缸纸机
　　长网双缸纸机
　　长网纸机
　S 造纸机
　F 短长网纸机
　Z 造纸机械

长网纸机
　Y 长网造纸机

长细节
　Y 粗细节

长纤维
　Y 长丝

长纤维缠绕工艺
long fiber winding process
TS104.1
　S 纤维缠绕
　Z 缠绕

长袖衬衫
　Y 衬衫

长叶烯
longifolene
TQ35；TS264.3
　S 植物香料
　Z 香精香料

肠粉
steamed vermicelli roll
TS972.14
　D 肠旺粉
　　肥肠粉
　S 小吃*

肠类肉制品
　Y 肉肠

肠类制品
　Y 香肠

肠旺粉
　Y 肠粉

肠衣
sausage skin
TS251.9
　S 猪副产品
　C 肉灌制品
　Z 副产品

肠衣废水
sausage wastewater
TS251.9；X7
　S 肉类加工废水
　Z 废水

肠衣盐
sausage-casing salt
TS264.2；TS36
　S 食盐*

常发性纱疵
normal yarn faults
TS101.97
　S 纱疵
　Z 纺织品缺陷

常规 KP 浆
conventional kraft pulp
TS749
　S KP 浆
　Z 浆液

常规碱性脱墨
conventional alkaline deinking
TS74
　S 碱法脱墨
　Z 脱墨

常规空调
　Y 空调

常规染色
conventional dyeing
TS193
　D 等温染色
　S 染色工艺*
　F 常温常压染色
　　常压染色

常规热压
　Y 热压

常规设备
　Y 设备

常规装备
　Y 设备

常减压车间
　Y 车间

常见事故
　Y 事故

常熟花边
　Y 花边

常温保藏

normal temperature preservation
TS205
　S 储藏*

常温保鲜
preservation at normal temperature
TS205
　S 保鲜*

常温常压染色
normal temperature and pressure dyeing
TS193
　S 常规染色
　Z 染色工艺

常温发黑
ambient temperature blackening
TG1；TG3；TS82
　D 常温发黑工艺
　S 变色*

常温发黑工艺
　Y 常温发黑

常温贮存
storage at normal temperature
TS205
　D 室温贮存
　S 存储*

常压染色
atmospheric dyeing
TS193
　S 常规染色
　Z 染色工艺

常压脱胶
atmospheric pressure degumming
TS12；TS14
　S 脱胶*

常用材料
　Y 材料

常用染料
　Y 染料

常用原料
　Y 原料

厂丝
　Y 生丝

场地
　Y 场所

场所*
habitat
TU98；ZT74
　D 场地
　　特殊场所
　　现场
　F 餐饮场所
　　屠宰场
　C 堆场　→(2)(3)(5)(11)(12)(13)

场致发光板
　Y 场致发光灯

场致发光灯
electroluminescent lamp

TM92；TS956
- D 场致发光板
  电致发光灯
- S 发光灯
- Z 灯

敞开式供氧面罩
open supply oxygen mask
TS941.731；V2
- D 非气密供氧面罩
- S 氧气面罩
- Z 安全防护用品

敞箱造型
- Y 造型

唱机
gramophone
TN91；TS954
- D 留声机
- S 视听设备*
- C 拾音器 →(7)

抄片
handsheet
TS76
- D 复合抄片
  混合抄片
- S 纸张*

抄造
manufacture paper with pulp
TS75
- D 抄造工艺
- S 造纸工艺*

抄造工艺
- Y 抄造

抄造性能
papermaking property
TS75
- S 造纸性能
- C 打浆性能
  浆液材料 →(11)
  造纸工艺
- Z 性能

抄针针布
- Y 针布

抄纸
papermaking
TS75
- D 抄纸工艺
  抄纸过程
- S 造纸工艺*
- F 中性抄纸

抄纸白水
- Y 造纸废水

抄纸工艺
- Y 抄纸

抄纸过程
- Y 抄纸

抄纸机
- Y 造纸机

抄纸系统
- Y 造纸机

绰板
- Y 打击乐器

绰子
- Y 背子

超薄镜
ultrathin mirror
TH7；TS959.7
- S 镜子*

超薄卫生巾
- Y 卫生巾

超薄织物
ultra-thin fabrics
TS106.8
- S 薄型织物
- Z 织物

超长度
- Y 长度

超促进剂
- Y 促进剂

超大牵伸
ultra-high-draft
TS104
- S 大牵伸
- Z 牵伸

超短裙
- Y 短裙

超短纤维
- Y 短绒

超高得率化学浆
- Y 超高得率浆

超高得率浆
super-high yield pulp
TS749
- D 超高得率化学浆
- S 高得率浆
- Z 浆液

超高分子量聚乙烯纤维
ultra-high molecular weight polyethylene fiber
TQ34；TS102.52
- D 超高相对分子质量聚乙烯纤维
- S 乙纶
- C 增强纤维
- Z 纤维

超高麦芽糖浆
- Y 高麦芽糖浆

超高温处理
UHT treatment
TG1；TS205
- S 处理*

超高温灭菌奶
- Y 超高温灭菌乳

超高温灭菌牛奶

超高温灭菌乳

超高温灭菌乳
UHT milk
TS252.59
- D UHT 灭菌乳
  UHT 奶
  UHT 牛奶
  UHT 乳
  超高温灭菌奶
  超高温灭菌牛奶
  超高温奶
  超高温乳
  灭菌奶
- S 灭菌乳
- Z 乳制品

超高温奶
- Y 超高温灭菌乳

超高温牛奶
- Y 牛奶

超高温乳
- Y 超高温灭菌乳

超高相对分子质量聚乙烯纤维
- Y 超高分子量聚乙烯纤维

超高压处理
ultra high pressure treatment
TH16；TS205
- S 压力处理*

超高压汞灯
super-high pressure mercury lamp
TM92；TS956
- D 超高压水银灯
- S 汞灯
- Z 灯

超高压水刀
superhigh pressure water cutting machine
TG7；TS914
- S 水刀
- Z 刀具

超高压水银灯
- Y 超高压汞灯

超黑色羊毛织物
- Y 羊毛织物

超级柔软整理
- Y 柔软整理

超级纤维
- Y 纤维

超级压光机
supercalender
TS734.7
- S 造纸压光机
- Z 造纸机械

超级压光纸
super-calendered paper
TS76
- D SC 纸
- S 压光纸
- Z 纸张

超级针刺技术
　　Y 针刺工艺

超临界 CO_2 染色
　　Y 超临界二氧化碳流体染色

超临界二氧化碳流体染色
supercritical carbon dioxide fluid dyeing
TS193
　　D 超临界 CO_2 染色
　　　 超临界二氧化碳染色
　　S 超临界流体染色
　　Z 染色工艺

超临界二氧化碳染色
　　Y 超临界二氧化碳流体染色

超临界流体染色
supercritical fluid dyein
TS193
　　D 超临界流体染色技术
　　S 超临界染色
　　F 超临界二氧化碳流体染色
　　Z 染色工艺

超临界流体染色技术
　　Y 超临界流体染色

超临界气体
supercritical gases
O3；TS21
　　S 气体*

超临界染色
supercritical dyeing
TS193
　　S 染色工艺*
　　F 超临界流体染色

超滤澄清
ultrafiltration clarification
TQ0；TS255
　　S 澄清*

超棉纶织物
super cotton nylon fabrics
TS156
　　S 锦纶织物
　　Z 化纤织物

超模
super model
TS942.5
　　S 模特
　　Z 人员

超强匹配接头
　　Y 接头

超强纤维
　　Y 增强纤维

超轻质中密度纤维板
ultra-light medium density fiberboard
TS62
　　S 中密度纤维板
　　Z 木材

超柔软灯芯绒
　　Y 灯芯绒

超柔软整理
　　Y 柔软整理

超软鞋面革
　　Y 鞋面革

超深盐井
ultra-deep brine well
TS3
　　S 盐井
　　Z 矿井

超声波辅助浸提
　　Y 超声波浸提

超声波浸提
ultrasonic assisted extraction
TQ0；TS205
　　D 超声波辅助浸提
　　　 超声浸取
　　　 超声浸提
　　S 浸出*

超声波均质机
　　Y 均质机

超声波漂白
ultrasonic bleaching
TS192.5
　　S 漂白*

超声波染色
ultrasonic dyeing
TS193
　　S 染色工艺*

超声波脱墨
ultrasonic deinking
TS74
　　S 脱墨*

超声波脱脂
　　Y 脱脂

超声波洗碗机
　　Y 洗碗机

超声波眼镜
ultrasonic glasses
TS959.6
　　S 眼镜*

超声浸取
　　Y 超声波浸提

超声浸提
　　Y 超声波浸提

超声脱脂
　　Y 脱脂

超微茶粉
super-comminuted tea powder
TS272
　　S 茶粉
　　F 超微绿茶粉
　　Z 食用粉

超微淀粉
　　Y 微细化淀粉

超微粉碎

超细粉碎
　　Y 超细粉碎

超微粉碎技术
　　Y 超细粉碎

超微绿茶粉
ultra-micro green tea powders
TS272
　　S 超微茶粉
　　Z 食用粉

超微细粉碎
　　Y 超细粉碎

超微细纤维
　　Y 超细纤维

超微细鲜骨粉
ultra-fine fresh-bone powders
S；TS251.59
　　S 超细骨粉
　　Z 食用粉

超喂
overfeed
TS104
　　S 棉纺工艺
　　F 饰纱超喂
　　Z 纺纱工艺

超喂率
over feed rate
TS104；TS195
　　S 比率*

超吸水纤维
　　Y 吸湿排汗纤维

超吸水性
superabsorbent
TQ34；TS101
　　S 吸收性*

超细丙纶
　　Y 超细纤维

超细玻璃纤维隔板
　　Y 隔板

超细旦丙纶
　　Y 超细纤维

超细旦涤纶
　　Y 超细纤维

超细旦聚酯纤维
　　Y 超细纤维

超细旦丝
　　Y 超细纤维

超细旦纤维
　　Y 超细纤维

超细旦粘胶纤维
　　Y 超细纤维

超细涤纶
　　Y 超细纤维

超细涤纶纤维
　　Y 超细纤维

超细短纤维
　Y 超细纤维

超细粉碎
ultrafine grinding
TF1；TS205
　D 超微粉碎
　　超微粉碎技术
　　超微细粉碎
　　超细粉碎工艺
　　超细粉碎技术
　S 破碎*
　F 湿法超微粉碎
　C 溶出特性 →(3)

超细粉碎工艺
　Y 超细粉碎

超细粉碎技术
　Y 超细粉碎

超细复合纤维
　Y 超细纤维

超细骨粉
ultra-fine bone powders
S；TS251.59
　S 骨粉
　F 超微细鲜骨粉
　Z 食用粉

超细合成革
ultra-fine synthetic leather
TS565
　S 超纤皮革
　F 超细纤维合成革
　Z 皮革

超细化工艺
　Y 细化处理

超细聚酯纤维
　Y 超细纤维

超细莫代尔纤维
　Y 超细纤维

超细南瓜粉
superfine pumpkin powder
TS255.5
　S 南瓜粉
　Z 食用粉

超细水刺揩布
ultra-fine spunlaced wipes
TS973
　S 揩布
　　水刺非织造布
　Z 纺织品
　　非织造布

超细丝
　Y 超细纤维

超细桃皮绒
　Y 桃皮绒织物

超细特纱
superfine tex yarn
TS106.4
　D 超细支纱

特细特纱
　S 纱线*

超细特纤维
　Y 超细纤维

超细涂料
ultra-fine coatings
TS190
　S 涂料*

超细微纤维
　Y 超细纤维

超细纤维
superfine fibre
TS102
　D 超微细纤维
　　超细丙纶
　　超细旦丙纶
　　超细旦涤纶
　　超细旦聚酯纤维
　　超细旦丝
　　超细旦纤维
　　超细旦粘胶纤维
　　超细涤纶
　　超细涤纶纤维
　　超细短纤维
　　超细复合纤维
　　超细聚酯纤维
　　超细莫代尔纤维
　　超细丝
　　超细特纤维
　　超细微纤维
　S 差别化纤维
　F 复合超细纤维
　　聚酯超细纤维
　C 海岛纤维
　　静电纺丝 →(9)
　　细旦纤维
　Z 纤维

超细纤维合成革
ultra-fine fibre synthetic leather
TS565
　S 超细合成革
　Z 皮革

超细纤维织物
superfine fibre fabric
TS106.8
　D 超细织物
　S 仿真织物
　F 人造麂皮
　Z 化纤织物

超细鲜骨粉
ultra-fine fresh bone powder
TS219
　S 蜂蜜粉
　Z 食用粉

超细亚麻
　Y 亚麻纤维

超细颜料
ultra-fine pigments
TS190
　S 颜料*

超细羊毛
　Y 细羊毛

超细羊毛织物
　Y 羊毛织物

超细支纱
　Y 超细特纱

超细织物
　Y 超细纤维织物

超纤皮革
microfibre leather
TS565
　S 合成革
　F 超细合成革
　Z 皮革

超小功率金卤灯
　Y 小功率金卤灯

超小浴比
　Y 小浴比染色

超硬材料刀具
　Y 超硬刀具

超硬刀具
super-hard cutting tool
TG7；TS914
　D 超硬材料刀具
　S 刀具*
　F PCBN 刀具
　　陶瓷刀具
　　硬质合金刀具
　C 金刚石刀具

超越性加工
　Y 精加工

朝鲜菜
　Y 韩国菜

朝鲜族菜
　Y 韩国菜

朝鲜族服饰
　Y 民族服饰

潮菜
chiu chow cuisine
TS972.12
　D 潮州菜
　S 粤菜
　Z 菜系

潮态交联
moisture crosslinking
TS195
　S 交联*

潮州菜
　Y 潮菜

炒冰机
　Y 冷饮机械

炒茶
　Y 炒青

炒锅
frying pan

TS972.21
 S 锅
 Z 厨具

炒米
fried rice
TS213
 D 蒙古炒米
 S 稻米食品
 Z 粮油食品

炒青
pan-fired
TS272.4
 D 炒茶
 S 杀青
 Z 茶叶加工

炒青茶
 Y 绿茶

炒青绿茶
roasted green tea
TS272.51
 S 绿茶
 Z 茶

炒制
stir-frying
TS972.113
 D 炒制方法
  炒制工艺
  炒制技术
  初炒
  翻炒技术
  干炒
  烘炒
  烘炒技术
  滑炒
  热炒
  软炒
  素炒
  小炒
  盐炒
  抓炒
 S 烹饪工艺*
 F 油炒
  蒸炒

炒制方法
 Y 炒制

炒制工艺
 Y 炒制

炒制机
frying machine
TS203
 D 炒制设备
 S 食品加工机械*

炒制技术
 Y 炒制

炒制设备
 Y 炒制机

车
 Y 车辆

车侧组合灯
 Y 侧灯

车刀片
 Y 切削刀片

车灯
car light
TM92；TS956
 S 灯*
 F 侧灯
  车内灯
  车尾灯
  空车灯
  汽车车灯
  前照灯

车灯反射镜
 Y 反射镜

车间*
plant
TB4
 D 常减压车间
  催化车间
  工具车间
  焦化车间
  面向车间
  汽油车间
  热带车间
  压缩机车间
  重整车间
 F 布机车间
  纺织车间
  缝制车间
  浸出车间
  烤烟房
  造纸车间
  制丝车间
 C 车间布局 →(4)
  车间改造 →(3)
  车间管理信息系统 →(4)
  车间环境 →(13)
  车间设计 →(4)
  工厂

车辆*
vehicle
U2
 D 车
  车辆产品
  车辆分类
  车型
  车型分类
  动力车辆
  机车产品
  客车产品
  行驶车辆
  整车
 F 检衡车
  遥控车
 C 参考车速 →(12)
  车辆管理 →(12)
  车辆零部件 →(3)(4)(5)(6)(11)(12)
  车辆密度 →(12)
  车辆试验 →(1)(6)(12)
  车用发动机 →(5)
  电动车 →(4)(12)
  仿真车
  缸径 →(5)
  挂车 →(12)
  机车 →(2)(12)
  交通控制 →(5)(6)(8)(12)(13)
  绞车 →(2)(4)(12)
  客车 →(12)
  碰撞速度 →(12)
  汽车 →(4)(12)(13)
  倾摆系统 →(12)
  石油专用车 →(2)(9)(12)
  尾气排放 →(13)

车辆材
 Y 工程木材

车辆产品
 Y 车辆

车辆传动装置
 Y 传动装置

车辆分类
 Y 车辆

车辆主传动装置
 Y 传动装置

车轮传动装置
 Y 传动装置

车轮轮箍轧机
 Y 轧机

车轮轧机
 Y 轧机

车内灯
interior light
TM92；TS956
 D 车身内部灯
  车室灯
 S 车灯
 Z 灯

车前灯
 Y 前照灯

车身内部灯
 Y 车内灯

车室灯
 Y 车内灯

车头灯
 Y 前照灯

车尾灯
car back light
TM92；TS956
 D 后灯
 S 车灯
  尾灯
 F 汽车尾灯
  刹车灯
 Z 灯

车削单元
 Y 切削

车削刀片
 Y 切削刀片

车型
　　Y 车辆

车型分类
　　Y 车辆

车用纺织品
　　Y 汽车用纺织品

尘棒
cleaning bars
TS103.81
　　D 扁钢尘棒
　　　弹性尘棒
　　　三角尘棒
　　S 纺纱器材*
　　C 除杂　→(3)
　　　开棉机
　　　清棉机
　　　梳棉机

尘格
　　Y 尘棒

尘笼
dust cage
TS103.81
　　D 集棉尘笼
　　S 纺纱器材*
　　C 精梳机

尘笼纺
　　Y 摩擦纺

尘笼纺纱
　　Y 摩擦纺

尘笼纺纱机
　　Y 新型纺纱机

尘香履
　　Y 鞋

沉淀*
precipitation
O6；TQ0
　　D 沉淀处理
　　　沉淀法
　　　沉淀过程
　　　沉淀机制
　　　沉淀时间
　　　沉淀析出
　　　沉淀现象
　　　沉淀效果
　　　沉淀效应
　　　沉积沉淀法
　　　复盐共沉淀
　　　加热失水沉淀法
　　　碱性沉淀法
　　　水相沉淀
　　　酸性沉淀法
　　F 淀粉沉淀
　　C 沉淀剂
　　　沉淀吸附　→(9)(13)
　　　水解
　　　絮凝

沉淀处理
　　Y 沉淀

沉淀法
　　Y 沉淀

沉淀过程
　　Y 沉淀

沉淀机制
　　Y 沉淀

沉淀剂*
precipitant
TF0；TQ0；X5
　　D 沉降剂
　　　化学沉淀剂
　　　助沉剂
　　F 复合高分子絮凝剂
　　　施胶沉淀剂
　　C 沉淀
　　　分离
　　　化学沉淀法　→(9)

沉淀时间
　　Y 沉淀

沉淀析出
　　Y 沉淀

沉淀现象
　　Y 沉淀

沉淀效果
　　Y 沉淀

沉淀效应
　　Y 沉淀

沉缸酒
catalyzed wine
TS262
　　S 酒*

沉积沉淀法
　　Y 沉淀

沉积废料
　　Y 废料

沉积物浸出液
　　Y 废液

沉降剂
　　Y 沉淀剂

沉降片
sinkers
TS103.82
　　S 纺织器材*

沉降脱水
settling dehydration
TE6；TS205
　　S 脱除*
　　F 热沉降脱水

陈茶
stale tea
TS272.59
　　D 旧茶
　　S 茶*

陈醋
aged vinegar

TS264.22
　　S 液态醋
　　F 老陈醋
　　Z 食用醋

陈腐
　　Y 老化

陈化
　　Y 老化

陈化方式
　　Y 老化

陈化绿茶
　　Y 绿茶

陈化条件
　　Y 老化

陈窖豆豉粑
　　Y 豆豉粑

陈米
old rice
TS210.2
　　S 大米
　　Z 粮食

陈酿
　　Y 酒

陈皮茶
　　Y 凉茶

陈皮蛋
　　Y 皮蛋

陈设布置
　　Y 布置

陈设瓷
　　Y 装饰瓷

衬布
interfacing
TS941.498.
　　S 里料
　　Z 服装辅料

衬材
　　Y 衬料

衬垫裁剪机
　　Y 剪切设备

衬垫经编毛圈
　　Y 经编毛圈织物

衬垫经编毛圈织物
　　Y 经编毛圈织物

衬垫型经编毛圈织物
　　Y 经编毛圈织物

衬垫织物
bottom cloth
TS186.1
　　D 衬经衬纬织物
　　　衬纬织物
　　　单面纬编衬垫织物
　　　平针衬垫织物
　　　双罗纹衬垫织物

双向衬垫织物
添纱衬垫织物
S 经编织物
Z 编织物

衬经
warp insertion
TS184.3
S 经编工艺
Z 针织工艺

衬经衬纬织物
Y 衬垫织物

衬里材料
Y 里料

衬料*
lining mass
TB3
D 衬材
F 包衬
C 衬套　→(3)(4)
垫层材料 →(11)
服装辅料

衬领
Y 粘合衬

衬木
crosser
TS62
S 木材*
F 滚筒衬木

衬衫
shirts
TS941.7；TS943
D 长袖衬衫
衬衣
成衫
刺绣衬衫
短袖衬衫
短袖衫
礼服衬衫
免熨衬衫
针织衬衫
智能衬衫
S 服装*
F 男衬衫
C 衬衣面料

衬衫布
Y 衬衣面料

衬衫领
shirt collar
TS941.61
S 领型
Z 服装结构

衬衫面料
Y 衬衣面料

衬衫烫领机
Y 熨烫机

衬纬
laying-in
TS184.3

S 经编工艺
C 经编网眼织物
罗纹组织
Z 针织工艺

衬纬编链网孔织物
Y 经编网眼织物

衬纬机构
Y 衬纬装置

衬纬经编
Y 经编组织

衬纬经编织物
Y 经编织物

衬纬经编组织
Y 经编组织

衬纬织物
Y 衬垫织物

衬纬装置
laying in device
TS183.1
D 衬纬机构
S 针织机构
Z 纺织机构

衬纬组织
laid-in stitch
TS105
S 纬编组织
Z 材料组织

衬衣
Y 衬衫

衬衣面料
shirting textures
TS941.41
D 衬衫布
衬衫面料
S 薄型面料
服装面料
C 衬衫
吸湿排汗纤维
Z 面料

称蔗台
Y 蔗加工机械

成材率
product rate
TS65
S 比率*
F 出板率

成菜质量
Y 菜肴质量

成分*
composition（property）
ZT6
D 不同组分
产品组分
成分参数
成分特点
副组分
高沸点组分

高沸组分
共聚组分
关键组分
碱性组分
纳米组分
同位素组分
校准组分
组成成分
组分
组份
F 面筋蛋白组分
牛源性成分
食品成分
烟草成分
营养成分
原料成分
致香成分
转基因成分

成分参数
Y 成分

成分配方
Y 配方

成分特点
Y 成分

成革
Y 成品革

成革性能
finished leather performance
TS101
S 纺织性能
皮革性能
Z 材料性能
纺织品性能

成革质量
leather quality
TS57
S 产品质量*

成功开发
Y 开发

成浆浓度
Y 浆料浓度

成浆特性
Y 制浆性能

成浆性
Y 制浆性能

成浆性能
Y 制浆性能

成浆性质
Y 制浆性能

成浆质量
Y 浆料质量

成卷
formation of lap
TS104.2
S 开清棉
C 粘卷
Z 纺纱工艺

成卷机
    Y 清棉机

成卷机构
    Y 成型设备

成批裁剪
    Y 裁剪

成品茶
    Y 茶

成品革
finished leather
TS56
    D 成革
    S 皮革*
    F 变色革
        底革
        二层革
        防水革
        服装革
        篮球革
        绒面革
        深色皮革
        生态皮革
        手套革
        贴膜革
        消光革
        移膜革

成品酒
wine product
TS262
    S 酒*

成品酒质量
wine quality
TS262
    D 酒质量
    S 产品质量*

成品粮
processed grain
TS210.2
    S 粮食*
    F 大米
        高粱米
        面粉
        人造米

成品品质
    Y 产品质量

成品普洱茶
    Y 云南普洱茶

成品糖
    Y 糖制品

成品盐
salt end products
TS36
    S 盐*

成品纸质量
finished paper quality
TS77
    S 纸张质量
    Z 产品质量

成品轴承
    Y 轴承

成曲质量
koji producing quality
TS264
    S 质量*
    C 酱油

成圈
loop formation
TS184
    D 编织过程
        成圈位置
    S 针织工艺*

成圈机构
    Y 编织机构

成圈机件
loop-forming element
TS183.1
    S 针织机构
    Z 纺织机构

成圈位置
    Y 成圈

成肉
    Y 熟肉制品

成纱
    Y 纺纱工艺

成纱疵点
    Y 纱疵

成纱工艺
    Y 纺纱工艺

成纱过程
    Y 纺纱工艺

成纱机理
spinning mechanism
TS104
    D 成丝机理
        成纤机理
    S 机理*
    C 纺纱
        纺纱工艺

成纱结构
    Y 纱线结构

成纱结杂
yarn neps
TS101.97
    D 纺纱结杂
    S 纤维疵点
    F 成纱棉结
    Z 纺织品缺陷

成纱毛羽
    Y 纱线毛羽

成纱棉结
formation yarn neps
TS101.97
    D 成纱千米棉结
        千米棉结

    S 成纱结杂
        棉结
    Z 纺织品缺陷

成纱品质
    Y 成纱质量

成纱千米棉结
    Y 成纱棉结

成纱强度
    Y 纱线强力

成纱强力
    Y 纱线强力

成纱条干
yarn evenness
TS107
    D 纱条条干
        生条条干
        条干
        细纱条干
    S 纱线条干
    F 黑板条干
        棉纱条干
        萨氏条干
        乌斯特条干
    C 条干测试
    Z 指标

成纱性能
    Y 纺纱性能

成纱原理
yarn forming principle
TS104
    S 纺纱原理
    Z 原理

成纱质量
spinning quality
TS101.9
    D 成纱品质
        纺纱质量
    S 纺纱工艺质量
    C 百米重量偏差
        纱线细度
    Z 纺织加工质量

成衫
    Y 衬衫

成熟*
adult
ZT5
    F 发酵成熟
        干酪成熟
        干燥成熟
        高温成熟
        快速成熟
        宰后成熟
        自然晾挂成熟

成熟度比
mature ratio
TS101
    S 比*
    C 成熟度参数
        棉纤维强力

成熟度参数
maturity parameters
TS101；TS102
　D 成熟度系数
　　成熟系数
　S 理化参数*
　C 成熟度 →(1)
　　成熟度比
　　成熟度指标 →(2)

成熟度测定仪
maturometer
TS103
　S 检测仪器*
　C 成熟度 →(1)

成熟度系数
　Y 成熟度参数

成熟肉
　Y 熟肉制品

成熟系数
　Y 成熟度参数

成丝机理
　Y 成纱机理

成套
　Y 配套

成套扳手
　Y 扳手

成套组合碾米机
　Y 碾米机

成条机构
　Y 成型设备

成网
　Y 气流成网

成网工艺
random web
TS174
　D 无定向成网
　　杂乱成网
　　杂乱网
　S 非织造工艺*
　F 垂直成网
　　干法成网
　　熔喷成网
　　湿法成网
　C 成网机

成网机
lapping machine
TS173
　D 铺网机
　　撒粉气流成网机
　　湿法成网机
　　无定向成网机
　　杂乱铺网机
　S 非织造布机械*
　F 交叉铺网机
　C 成网工艺

成纤机理
　Y 成纱机理

成纤性
fiber forming property
TS101.921
　D 成纤性能
　S 纤维性能*

成纤性能
　Y 成纤性

成象技术
　Y 成像

成像*
imaging
O4；TB8；TN91
　D 成象技术
　　成像方式
　　成像技术
　F 激光照排
　　激光制网
　　热敏成像
　　数字成像
　C 成像材料 →(1)
　　成像尺寸 →(1)
　　成像仿真 →(4)(8)
　　成像装置 →(1)
　　图像
　　显示设备 →(4)(5)(7)
　　像点 →(4)

成像方式
　Y 成像

成像技术
　Y 成像

成形*
forming
TQ0
　D 成形法
　　成形法加工
　　成形方法
　　成形方式
　　成形分析
　　成形工序
　　成形工艺
　　成形工艺分析
　　成形过程
　　成形技术
　　成形加工
　　成形控制
　　成形路径
　　成形新工艺
　　成形性分析
　　成形修整
　　成形质量
　　成型加工工艺
　　成型加工技术
　　成型制造
　F 原纤化
　C 波束形成 →(7)
　　玻璃加工 →(9)
　　成形刀具 →(3)
　　成形机理 →(3)(4)(9)
　　成形精度 →(3)(4)
　　成形磨削 →(3)
　　成形砂轮 →(3)
　　成形铣刀 →(3)

　　成形性能 →(3)
　　成形运动 →(4)
　　成形载荷 →(3)(4)
　　成型
　　成型机 →(3)(9)
　　成型压力 →(3)(9)
　　翻边 →(3)
　　金属加工 →(3)(4)
　　拉伸
　　毛坯尺寸 →(3)(11)
　　熔融
　　熔融泵 →(9)
　　熔融纺丝 →(9)
　　熔融共混 →(9)
　　塑料成型 →(9)
　　缩径 →(2)(11)
　　凸度 →(3)(4)
　　压制成型 →(1)(3)(4)(9)(11)
　　液态金属 →(3)
　　注射成型 →(3)(9)
　　铸造 →(1)(3)(4)

成形编织
fashioning knitting
TS184
　D 成形针织品编织
　S 编织*

成形侧刃
　Y 侧刃

成形法
　Y 成形

成形法加工
　Y 成形

成形方法
　Y 成形

成形方式
　Y 成形

成形分析
　Y 成形

成形工序
　Y 成形

成形工艺
　Y 成形

成形工艺分析
　Y 成形

成形过程
　Y 成形

成形机床
　Y 机床

成形技术
　Y 成形

成形加工
　Y 成形

成形控制
　Y 成形

成形路径
　Y 成形

成形设备
　　Y 成型设备

成形设计
　　Y 造型设计

成形网
　　Y 造纸成形网

成形新工艺
　　Y 成形

成形性分析
　　Y 成形

成形修整
　　Y 成形

成形针织品编织
　　Y 成形编织

成形针织物
fashioned knitted fabrics
TS186.3
　　D 半成形针织物
　　　 全成形针织物
　　　 三维成形针织物
　　　 三维针织物
　　S 针织物*
　　C 成形织物

成形织物
fashioned fabrics
TS106.8
　　S 织物*
　　C 成形针织物

成形纸
　　Y 成型纸

成形质量
　　Y 成形

成型*
forming
TG3；TQ32
　　D 成型工艺
　　F 热成型
　　C 成形
　　　 机械成型
　　　 压制成型 →(1)(3)(4)(9)(11)
　　　 注射成型 →(3)(9)

成型工艺
　　Y 成型

成型机构
　　Y 成型设备

成型加工工艺
　　Y 成形

成型加工技术
　　Y 成形

成型加工设备
　　Y 成型设备

成型结构
　　Y 成型设备

成型设备*
forming equipment

TG2；TG3；TQ33
　　D 成卷机构
　　　 成条机构
　　　 成形设备
　　　 成型机构
　　　 成型加工设备
　　　 成型结构
　　　 成型系统
　　　 成型装备
　　　 成型装置
　　F 热定型机
　　　 纸杯成型机
　　　 纸浆模塑成型机
　　C 加工设备

成型系统
　　Y 成型设备

成型轧机
　　Y 轧机

成型纸
plug wrap paper
TS76
　　D 成形纸
　　S 纸张*

成型制造
　　Y 成形

成型装备
　　Y 成型设备

成型装置
　　Y 成型设备

成衣
store clothes
TS941
　　S 服装*
　　F 高级成衣

成衣规格
　　Y 服装规格

成衣加工
garment processing
TS941.6
　　D 成衣生产
　　S 服装工艺*

成衣染色
finished garment dyeing
TS193
　　D 成衣染整
　　　 服装染色
　　　 衣片染色
　　S 纺织品染色
　　Z 染色工艺

成衣染整
　　Y 成衣染色

成衣设计
ready-made clothes design
TS941.2
　　S 服装设计
　　F 毛衫设计
　　　 内衣设计
　　　 男装设计

　　　 女装设计
　　　 品牌服装设计
　　　 童装设计
　　　 文胸设计
　　　 现代服装设计
　　　 泳装设计
　　　 针织服装设计
　　　 职业装设计
　　C 服装规格
　　Z 服饰设计

成衣生产
　　Y 成衣加工

成衣印花
garment printing
TS194
　　S 纺织品印花
　　Z 印花

成衣纸样
　　Y 服装纸样

成纸定量
　　Y 纸张定量

成纸强度
　　Y 纸张强度

成纸性能
　　Y 纸张性能

成纸性质
　　Y 纸张性能

成纸质量
　　Y 纸张性能

丞相牛肉
　　Y 牛肉

呈色
colour generation
J；O4；TS801
　　D 呈色原理
　　S 色彩工艺*

呈色剂
　　Y 显色剂

呈色效果
colouring effect
TS801
　　S 色彩效果
　　Z 效果

呈色原理
　　Y 呈色

呈味物质
tasty substance
TS264
　　S 物质*
　　F 鲜味物质

承插接头
　　Y 接头

承印材料
printing material
TS802.2
　　S 印刷材料*

F 橡皮布
C 耐印力

城市餐饮油烟
Y 饮食业油烟

城市家具
urban furniture
TS66；TU2
S 家具*

城市路灯
city street lamp
TM92；TS956
S 路灯
Z 灯

乘员安全带
Y 安全带

盛酒瓮
Y 酒器

盛具
Y 盛器

盛器
holder
TS972.2
D 盛具
盛装器皿
S 器具*

盛装器皿
Y 盛器

程度*
degree
ZT72
F 高取代度
肩斜度
简纯度
辣度
嫩度
膨化度
平整度
入窖酸度
施胶度
撕裂度
松紧度
糖度
纤维伸直度
新陈度
预固化度
竹节粗度
C 化合度
活度 →(1)(3)(6)
清晰度 →(1)(4)(7)

程序控制铣床
Y 数控铣床

程序系统
Y 软件系统

程序组
Y 计算机软件

澄清*
clarification
TS20

D 澄清处理
澄清法
澄清方法
澄清工艺
澄清化处理
澄清技术
澄清作用
自然澄清法
F 超滤澄清
果汁澄清
麦汁澄清
酶法澄清
啤酒澄清
下胶澄清
C 澄清剂
调配 →(1)(2)(5)(11)(12)
壳聚糖絮凝剂 →(13)
榨汁

澄清处理
Y 澄清

澄清法
Y 澄清

澄清方法
Y 澄清

澄清工艺
Y 澄清

澄清果汁
Y 清汁

澄清化处理
Y 澄清

澄清技术
Y 澄清

澄清剂
fining agents
TS202.3
S 制剂*
F JA澄清剂
复合澄清剂
麦汁澄清剂
啤酒澄清剂
C 澄清
澄清效果
明矾

澄清效果
clarification effects
O4；TS205
S 效果*
C 澄清剂
清净效率

澄清饮料
clarified beverage
TS27
S 饮料*
F 澄清汁饮料

澄清汁饮料
clarified juice drinks
TS27
S 澄清饮料
Z 饮料

澄清作用
Y 澄清

橙皮
flavedo
TS255
D 橙子皮
S 柑橘皮
F 脐橙皮
Z 水果果皮

橙汁
orange juice
TS255
S 果汁
Z 果蔬制品
汁液

橙汁饮料
orange beverage
TS275.5
S 原汁饮料
Z 饮料

橙子
citrus junos
TS255.2
S 水果
Z 果蔬

橙子皮
Y 橙皮

池*
ponds
ZT81
D 池体
F 窖池
C 壁砖 →(11)
池壁 →(11)
水池

池体
Y 池

持久存储
Y 长期储存

尺*
ruler
TG8；TH7
D 背缘尺
编码尺
标度尺
尺子
倒尺
光距尺
光密度尺
光梯尺
光学刻尺
检测尺
四棱尺
移动尺
F 灰梯尺
原木检尺
C 计量器具 →(2)(3)(4)(5)

尺寸*
size
ZT2

F 板材尺寸
　服装尺寸
　人体尺寸
　细部尺寸
　直上尺寸
C 尺寸公差 →(3)
　尺度 →(1)(3)(4)(6)(7)(8)(11)(12)(13)
　距离
　粒径 →(1)(2)(3)(5)(9)(11)(12)(13)
　数量

尺寸变化
　Y 织物变形

尺寸不稳定性
　Y 尺寸稳定性

尺寸稳定性
dimensional stability
O4；TS186
　D 尺寸不稳定性
　　尺寸稳定性能
　　形态稳定性
　　形状稳定性
　S 数学特征*
　　稳定性*
　C 防缩整理
　　抗皱免烫整理

尺寸稳定性能
　Y 尺寸稳定性

尺码计数器
　Y 计数器

尺子
　Y 尺

齿根
tooth root
TH13；TS914
　S 机械结构*
　C 过渡圆角 →(4)

齿轮倒角刀
　Y 倒角刀

齿轮轧机
　Y 轧机

豉香型白酒
glycinemax flavor spirit
TS262.39
　S 白酒*

豉香型米酒
soybean flavor rice wine
TS262
　S 米酒
　Z 酒

斥水性
　Y 拒水性

赤变
　Y 水产品加工

赤豆
　Y 红豆

赤曲

　Y 红曲

赤砂糖
　Y 红糖

赤舄
　Y 鞋

赤霞珠干红葡萄酒
cabernet sauvignon wine
TS262.61
　S 干红葡萄酒
　Z 葡萄酒

冲调性
dilution agent
TS201
　S 食品特性*

冲击挤压机
　Y 挤压设备

冲击式砻谷机
　Y 胶辊砻谷机

冲击式清花机
　Y 清棉机

冲击造型
　Y 造型

冲击钻井
punching drilling
P5；TE2；TS3
　D 顿钻
　　顿钻钻井
　S 钻井*

冲肩
shoulder
TS941.61
　S 肩型
　Z 服装结构

冲浆泵
fan pump
TS733
　S 纸浆泵
　Z 制浆设备

冲泡方法
brewing method
TS97
　D 冲泡方式
　S 方法*

冲泡方式
　Y 冲泡方法

冲泡时间
brewing time
TS971.21
　S 时间*

冲缩接头
　Y 接头

冲洗效果
　Y 洗涤效果

充氮
nitrogen charging

TM4；TS205
　S 充填*

充氮保藏
nitrogen preservation
TS205
　S 储藏*

充电指示灯
charging indicator
TM92；TS956
　S 指示灯
　Z 灯

充泥袋
　Y 充泥管袋

充泥管袋
mud-filled bag
TS106.6
　D 充泥袋
　S 土工管袋
　Z 纺织品

充气保鲜
gas-filled preservation
TS205
　S 保鲜*

充气袋织物
　Y 气囊织物

充气发酵罐
　Y 发酵罐

充气接头
　Y 接头

充填*
filling
TD8
　D 充填法
　　充填方式
　　充填工艺
　　充填过程
　　充填技术
　　填充
　　填充方法
　　填充过程
　　填充体系
　F 充氮
　　复鞣填充
　　无菌充填
　C 空区 →(2)
　　罗克休泡沫 →(2)

充填材料
　Y 填料

充填法
　Y 充填

充填方式
　Y 充填

充填工艺
　Y 充填

充填过程
　Y 充填

充填机
filling machine
TS04
　S 灌装机械*

充填技术
　Y 充填

充填料
　Y 填料

充填物料
　Y 填料

充填原料
　Y 填料

充注
　Y 注入

春实
　Y 压实

虫茶
insect tea
TS272.59
　S 特种茶
　Z 茶

虫胶染料
　Y 动物染料

重不匀
　Y 重量不匀

重氮复印机
　Y 复印机

重叠梭口织机
　Y 织机

重定量
big ration
TS104
　D 重定量工艺
　S 纺织定量
　F 前纺重定量
　Z 定量

重定量工艺
　Y 重定量

重二煮
re-double-boiling
TS19
　S 煮制
　Z 蒸煮

重革
heavy leather
TS56
　S 皮革*

重经组织
　Y 经编组织

重卷机
recoiling machine
TG3；TS73
　S 轧机*

重庆菜
　Y 川菜

重庆川菜
　Y 川菜

重庆火锅
　Y 四川火锅

重台履
　Y 鞋

重纬组织
　Y 纬二重组织

重新利用
　Y 资源利用

重新造型
　Y 造型

重熏
　Y 液熏

重影
ghosting failures
TS805；TS807
　D 重影故障
　　重影现象
　S 印刷故障
　Z 故障

重影故障
　Y 重影

重影现象
　Y 重影

重整车间
　Y 车间

重组木
scrimber
TS66
　S 木竹重组材
　Z 材料

重组织
backed weave
TS105
　D 二重组织
　　双重组织
　S 织物变化组织
　F 经二重组织
　　纬二重组织
　Z 材料组织

重组竹
recombination bamboo timber
TS66
　D 竹重组材
　S 木竹重组材
　Z 材料

重组装饰材
reconstituted decorative lumber
TS66
　S 材料*

宠物食品
pet food
TS219
　S 食品*

宠物玩具

robot pets
TS958.1
　D 机器宠物
　S 玩具*
　F 动物玩具

冲模裁剪
　Y 裁剪

冲压挤压机
　Y 挤压设备

冲眼
　Y 制鞋工艺

抽斗
　Y 抽屉

抽模造型
　Y 造型

抽取
　Y 提取

抽纱
　Y 花边

抽纱工艺品
　Y 花边

抽纱花边
　Y 花边

抽纱织物
　Y 花边

抽纱制品
　Y 花边

抽提分离
　Y 萃取

抽屉
drawer
TS66
　D 抽斗
　S 家具部件
　Z 零部件

抽条弹力布
　Y 弹性织物

抽芯铆钉
self-plugging rivet
TS914
　S 钉子
　Z 五金件

抽油杆扳手
　Y 扳手

抽油烟机
　Y 吸油烟机

抽褶
shirring
TS941.63
　S 缝制工艺
　Z 服装工艺

抽褶裙
　Y 裙裙

抽针 1+1 罗纹织物
　　Y 罗纹织物

绌丝
　　Y 绢丝

绸
　　Y 真丝绸

稠酒
thick wine
TS262
　　S 酒*
　　F 糯米稠酒
　　C 活性干酵母 →(9)

稠甜面酱
　　Y 甜面酱

臭豆腐
strong smelling bean curd
TS214
　　D 油炸臭豆腐
　　S 豆腐
　　Z 豆制品

臭卤
　　Y 卤制

臭氧灯
ozone lamp
TM92；TS956
　　S 灯*

臭氧漂白
ozone bleaching
TS192.5
　　S 氧化漂白
　　Z 漂白

出板率
board yield rate
TS65
　　S 成材率
　　C 木材
　　Z 比率

出版系统*
publishing systems
TS803.8
　　F 彩色出版系统
　　　打样系统
　　　电子出版系统
　　　复制系统
　　　排版系统
　　　印刷系统
　　　桌面出版系统
　　C 系统

出版印刷
publishing and printing
TS87
　　S 印刷*
　　F 报刊印刷
　　　地图印刷
　　　书刊印刷

出版印刷用纸
　　Y 印刷纸

出材率

out-turn percentage
TS65
　　S 比率*
　　C 木材

出醋率
vinegar yield
TS264
　　S 比率*
　　C 食醋酿造

出粉部位
pink parts
TS211.3
　　S 部位*

出粉率
flour yield
TS210
　　S 比率*

出酒率
alcohol yield
TS261
　　D 产酒率
　　　酒精产率
　　　酒精出率
　　S 收率*
　　F 淀粉出酒率
　　C 干酵母 →(9)
　　　酿造

出口服装
exported garments
TS941.7
　　S 服装*

出口生丝
exported raw silk
TS102.33
　　S 生丝
　　Z 真丝纤维

出口食品
export food
TS219
　　S 进出口食品
　　Z 食品

出卤井
　　Y 盐井

出米率
milled rice rate
TS212
　　S 比率*

出入口照明器
　　Y 照明设备

出丝率
　　Y 蚕丝标准

出条速度
output speed
TS104
　　S 纺丝速度
　　Z 加工速度

出楦
　　Y 制鞋工艺

出油接头
　　Y 接头

出油率
oil yield
TS224
　　S 比率*
　　C 制油

初炒
　　Y 炒制

初级污泥
　　Y 污泥

初烤
　　Y 烟叶烘烤

初烤烟
　　Y 烤烟

初烤烟叶
　　Y 烤烟

初乳粉
colostrum powders
TS252.51
　　S 奶粉
　　　牛初乳制品
　　F 牛初乳粉
　　Z 乳制品

初始不平衡
　　Y 平衡

初宰生兔皮
raw rabbit leather
S；TS564
　　S 生兔皮
　　Z 动物皮毛

初轧坯
　　Y 轧坯

初制茶
　　Y 原料茶

初装
　　Y 初装修

初装饰
　　Y 初装修

初装修
initial assembly
TS914；TU7
　　D 初装
　　　初装饰
　　　初装修工程
　　S 装修*

初装修工程
　　Y 初装修

除斑
stain removal
TS974.13
　　D 祛斑法
　　　祛斑方法
　　S 面部美容
　　Z 美容

除冰盐
deicing salt
TS36
D 融雪盐
S 工业盐
C 抗渗性 →(11)
抗盐剥蚀剂 →(11)
Z 盐

除尘刀
mote knife
TS103.81
D 除杂刀
S 纺纱器材*
C 除杂 →(3)
梳棉机

除尘刀隔距
mote knife gauge
TS104.2
S 隔距*

除尘风网
dust ventilating net
TS21
S 网*
C 面粉厂

除尘刮水眼镜
dust wiper glasses
TS941.731；TS959.6
S 防护眼镜
Z 安全防护用品
眼镜

除臭功能
deodorizing function
TS195.58
S 功能*

除臭整理
Y 防臭整理

除臭织物
Y 防臭织物

除臭纸
deodorized papers
TS761.9
S 功能纸
Z 纸张

除蛋白
Y 脱蛋白

除痘
Y 祛痘

除铬
chromium removal
TS54
D 脱铬
S 脱除*
F 蓝湿革脱铬
C 含铬废水处理 →(13)

除胶剂
Y 脱胶剂

除胶粘物
Y 脱胶剂

除静电
Y 抗静电整理

除氯
Y 脱氯

除泡剂
Y 消泡剂

除气净化设备
Y 净化装置

除去
Y 脱除

除去方法
Y 脱除

除醛剂
Y 甲醛消除剂

除色
Y 脱色

除湿*
dehumidification
TB6；TS101；TU8
D 除湿法
除湿方法
除湿技术
除湿系统
放湿
减湿
排湿
散湿
F 热泵除湿
C 除湿量 →(1)
干燥剂 →(9)
加湿
排风机 →(4)
脱附 →(7)(9)
吸水

除湿法
Y 除湿

除湿方法
Y 除湿

除湿技术
Y 除湿

除湿系统
Y 除湿

除酸
Y 脱酸

除炭清洗剂
Y 油墨清洗剂

除炭增白
increasing whiteness by removing carbon
TS192
S 增白
Z 生产工艺

除味
deodorising
S；TS205
S 脱除*
F 大蒜脱臭
抗菌除臭
脱膻
脱腥
氧化脱臭
油脂脱臭
真空脱臭

除味剂*
odor remover
TQ65
F 抗菌防臭剂
C 臭味剂 →(9)

除污
Y 去污

除污机理
Y 去污

除污染
Y 去污

除锈锤
Y 锤

除盐
Y 脱盐

除杂刀
Y 除尘刀

除杂机
Y 开清棉机械

除杂率
Y 除杂效率

除杂器
Y 开清棉机械

除杂效果
Y 除杂效率

除杂效率
impurities removing efficiency
TS104；TS11
D 除杂率
除杂效果
S 效率*
C 除杂 →(3)

除杂装置
cleaning device
TS103.22
S 清除装置*

除渣器
stock cleaner
TS733
S 造纸机械*
F 轻质除渣器

除渣效率
slag removal efficiency
TS75
S 效率*

除皱方法
Y 祛皱

除皱纹
Y 祛皱

厨餐柜
Y 厨柜

厨刀
Y 日用刀具

厨房布置
kitchen decoration
TS97
S 房间布置
C 公共厨房 →(11)
Z 布置

厨房产品
Y 厨具

厨房炊具
Y 炊具

厨房电器
kitchen electric appliance
TM92；TS972.26
D 厨房家电
电热厨具
S 厨具*
家用电器*
F 电热炊具
电灶
家用电冰箱
开水器
食品加工器
吸油烟机
洗碗机
消毒柜

厨房家电
Y 厨房电器

厨房家具
kitchen furniture
TS66；TS972.2；TU2
S 家具*
F 橱柜

厨房器具
Y 厨具

厨房清洗剂
detergent for kitchen
TQ64；TS973.1
S 家用洗涤剂
F 餐具洗涤剂
Z 清洁剂
生活用品

厨房设备
Y 厨具

厨房设施
Y 厨具

厨房用具
Y 厨具

厨房用品
Y 厨具

厨柜
kitchen cabinet
TS972.26
D 厨餐柜
S 厨具*
柜类家具
C 桌子
Z 家具

厨具*
kitchen utensils
TS972.2
D 厨房产品
厨房器具
厨房设备
厨房设施
厨房用具
厨房用品
F 厨房电器
厨柜
炊具
家用厨具
炉灶
商用厨具
饮食器具
C 厨房 →(11)
厨卫产品
洗涤用品 →(9)

厨师
kitchener
TS972.3
S 人员*
F 烹调师

厨卫产品
kitchen and sanitary products
TS97
S 产品*
F 厨卫电器
C 厨具
家用电器

厨卫电器
kitchen & bathroom
TS97
D 厨卫家电
S 厨卫产品
电气产品*
Z 产品

厨卫家电
Y 厨卫电器

橱柜
kitchen cabinets
TS66；TS972.2；TU2
S 厨房家具
柜类家具
F 整体橱柜
Z 家具

处理*
treatment
ZT5
D 处理措施
处理法
处理工艺
处理过程
处理技术
处理手法
处理系统
处置技术
料理
F 超高温处理
电晕处理
辐照处理
高温蒸气处理
活化处理
酶处理
面料二次处理
生物预处理
湿处理
无菌处理
细化处理
氧等离子体处理
原料处理
紫外线处理
C 表面处理 →(1)(3)(4)(7)(9)
措施 →(1)(2)(4)(5)(6)(7)(8)(11)(12)(13)
地基处理 →(11)(12)
废气处理 →(2)(8)(9)(11)(13)
废水处理 →(3)(9)(13)
废物处理
化学处理
计算机处理 →(1)(8)
垃圾处理 →(11)(13)
热处理
数据处理
水处理
图像处理
污泥处理 →(2)(11)(13)
误差处理 →(1)(3)(4)(5)(6)(8)(12)
信道处理 →(7)
信号处理 →(4)(7)(8)(12)
信息处理
压力处理
油气处理 →(2)
孕育处理 →(3)

处理步骤
Y 流程

处理措施
Y 处理

处理法
Y 处理

处理工艺
Y 处理

处理过程
Y 处理

处理回收
Y 回收

处理机
Y 处理器

处理技术
Y 处理

处理剂配伍性
Y 配伍性

处理器*
processor
TP3
D 处理机
处理器阵列
计算机处理器

计算机微处理器
F 光栅图像处理器
C 处理机调度 →(8)
处理模块 →(8)
处理器结构 →(8)
处理器设计 →(8)
计算机处理 →(1)(8)
计算机处理系统 →(8)
计算机硬件 →(8)
计算模块 →(8)
芯片 →(4)(7)(8)

处理器阵列
Y 处理器

处理试验
Y 工艺试验

处理手法
Y 处理

处理系统
Y 处理

处置技术
Y 处理

储藏*
store
ZT5
D 保藏
保藏方法
保藏工艺
保藏技术
储藏方法
储藏方式
收藏方法
贮藏
F 包装贮藏
保鲜储藏
冰温贮藏
仓库储藏
长期保藏
常温保藏
充氮保藏
冻干保藏
干制贮藏
化学保藏
加工贮藏
减压贮藏
冷冻贮藏
灭菌保藏
气调贮藏
湿冷贮藏
食品储藏
C 保鲜剂
储藏温度 →(1)
存储
核桃
贮藏效果
贮存稳定性 →(1)

储藏保鲜
storage and preservation
TS205
S 保鲜*

储藏方法
Y 储藏

储藏方式
Y 储藏

储藏品质
Y 储存品质

储藏品质指标
Y 储存控制品质指标

储藏性能
Y 贮藏性

储存
Y 存储

储存方法
Y 存储

储存过程
Y 存储

储存技术
Y 存储

储存控制品质指标
storage quality parameters
TS202
D 储藏品质指标
S 指标*

储存品质
storage quality
TS206
D 储藏品质
贮藏品质
S 质量*
C 保鲜剂
水果

储存器
Y 存储器

储存容器
Y 贮存容器

储存特性
Y 贮藏性

储存性能
Y 贮藏性

储能传动器
Y 传动装置

储纬器
weft storage device
TS103.12
S 机织机构
Z 纺织机构

储运*
storage and transportation
TE8；U1
D 储运过程
储运技术
F 食品储运
C 存储

储运过程
Y 储运

储运技术
Y 储运

畜类菜肴
domestic animals dishes
TS972.125
S 荤菜
F 牛肉菜肴
兔肉菜肴
羊肉菜肴
猪肉菜肴
Z 菜肴

畜皮
Y 动物皮

畜禽加工业
Y 肉类工业

畜禽肉
livestock and poultry meat
S；TS251.59
S 肉*
F 牛羊肉
禽肉
畜肉
猪肉

畜肉
livestock meat
S；TS251.59
S 畜禽肉
F 狗肉
鹿肉
驴肉
马肉
兔肉
Z 肉

畜肉制品
livestock meat product
TS251.59
S 肉制品*
F 马肉制品
牛肉制品
兔肉制品
羊肉制品
猪肉制品

触觉肌理
tactile texture
TS101；TS941.15
S 肌理*

触觉舒适性
tactile comfort
TS941.15
D 接触舒适性
S 服装舒适性
性能*
F 刺痒感
粗糙感
克罗值
冷感受
冷暖感
C 触觉 →(8)
Z 纺织品性能
使用性能
适性

触陆区灯
Y 着陆灯

触敏控制板
　Y 板

触摸调光灯
touch dimmer lights
TM92；TS956
　S 调光台灯
　Z 灯

触蒸
direct steaming for cooking
TS195
　S 蒸制
　Z 蒸煮

川菜
Sichuan dish
TS972.12
　D 川菜系
　　传统川菜
　　海派川菜
　　四川菜
　　四川菜系
　　四川名菜
　　渝菜
　　渝派川菜
　　重庆菜
　　重庆川菜
　S 八大菜系
　Z 菜系

川菜系
　Y 川菜

川法小曲白酒
Sichuan xiaoqu liquor
TS262.39
　S 川酒
　Z 白酒

川法小曲酒
sichuan method follows
TS262.36
　S 小曲白酒
　Z 白酒

川酒
wine of sichuan
TS262.39
　D 四川白酒
　S 中国白酒
　F 川法小曲白酒
　　郎酒
　　水井坊
　　沱牌曲酒
　Z 白酒

川酒技艺
Sichuan liquor production techniques
TS261.4
　S 白酒工艺
　Z 酿酒工艺

川味火锅
　Y 四川火锅

穿经
drawing-in
TS105.2
　D 接经

引经
　自动穿经
　S 经纱工艺
　F 穿筘
　　穿综
　　经纱排列
　C 穿经机
　Z 织造工艺

穿经机
drawing-in machines
TS103.32
　D 插筘机
　　穿筘机
　　穿综筘机
　　接经机
　　引经机
　S 织造准备机械*
　F 自动穿经机
　C 穿经
　　结经机

穿孔萃取法
extraction method
TS65
　S 萃取*

穿筘
denting
TS105.2
　D 穿筘方法
　　穿筘三自动
　S 穿经
　Z 织造工艺

穿筘方法
　Y 穿筘

穿筘机
　Y 穿经机

穿筘三自动
　Y 穿筘

穿筘图
denting plan
TS105
　D 穿综图
　S 织物组织图
　Z 工程图

穿用舒适性
　Y 服装舒适性

穿着搭配
　Y 服饰搭配

穿着实验
　Y 穿着试验

穿着试验
wear test
TS941.1
　D 穿着实验
　S 试验*

穿着舒适度
　Y 服装舒适性

穿着舒适性
　Y 服装舒适性

穿着压力舒适感
　Y 服装压力舒适性

穿综
drafting
TS105.2
　D 穿综方法
　S 穿经
　Z 织造工艺

穿综方法
　Y 穿综

穿综筘机
　Y 穿经机

穿综图
　Y 穿筘图

传动*
transmission
TH11；TH13
　D 传动方式
　　传动技术
　　传动形式
　　动力传递
　　动力传动
　　动量传递
　　拖动
　　拖动方式
　F 纸机传动
　C 传动原理 →(4)
　　传动装置
　　驱动 →(1)(2)(3)(4)(5)(6)(7)(8)(9)(12)

传动方式
　Y 传动

传动机构
　Y 传动装置

传动机械
　Y 传动装置

传动技术
　Y 传动

传动器
　Y 传动装置

传动设备
　Y 传动装置

传动系统*
drive system
TH11；TH13；TH7
　F 道夫传动系统
　C 车轴齿轮箱 →(12)
　　传动装置
　　驱动桥 →(4)(12)

传动形式
　Y 传动

传动装置*
driving gear
TH13；U4
　D 侧传动机构
　　侧传动器
　　差速传动机构
　　车辆传动装置

车辆主传动装置
车轮传动装置
储能传动器
传动机构
传动机械
传动器
传动设备
船用空气传动装置
弹性传动机构
导叶传动机构
电磁式恒速传动装置
动力传动机构
动力传动装置
非线性传动机构
刚性传动机构
过桥传动机构
恒速传动装置
恒速驱动装置
机械传动结构
机械液压差动式恒速传动装置
间歇传动机构
舰艇动力传动装置
进给传动机构
链传动机构
螺旋传动机构
盘式传动机构
气门传动机构
软式传动机构
声呐传动机构
双功率流传动装置
塑性传动机构
坦克传动机构
坦克传动装置
凸轮传动机构
凸轮传动装置
尾桨传动机构
楔传动机构
液力传动机构
液压传动机构
液压传动器
硬式传动机构
直升机尾桨传动机构
制动传动机构
中心传动装置
轴系传动装置
主传动器
自由涡轮恒速器
　F 钳板传动机构
　C 差速器 →(4)
　　齿轮机构 →(4)
　　传动
　　传动部位 →(4)
　　传动系统
　　传动性能 →(4)
　　调速装置 →(2)(4)(5)(6)(8)(12)
　　动力传动链 →(4)
　　动力传动系统 →(4)
　　动力装置 →(4)(5)(6)(12)
　　机械装置 →(2)(3)(12)
　　驱动装置 →(3)(4)
　　输送装置
　　凸轮机构
　　轴
　　轴系精度 →(7)

传剑机构

rapier institutions
TS103.12
　D 传剑系统
　S 引纬机构
　Z 纺织机构

传剑轮
rapier wheels
TS103.81；TS103.82
　S 织造器材*

传剑系统
　Y 传剑机构

传墨辊
distributor roller
TH13；TS803.9
　S 墨辊
　Z 辊
　　印刷机械

传热*
heat transfer
TK1
　D 传热方式
　　传热过程
　　传热技术
　　导热传热
　　反传热
　　换热
　　换热方式
　　换热过程
　　换热技术
　　热传导
　　热传递
　　热传输
　　热交换
　　热量传递
　　热量交换
　　热质交换
　F 热湿传递
　C 保温 →(1)
　　传热管 →(5)(6)
　　传热极限 →(5)
　　传热学 →(5)
　　导热系数 →(5)
　　导热仪 →(4)(5)
　　沸腾 →(1)(5)(6)
　　换热机组 →(4)(11)
　　换热试验 →(1)
　　扩张角 →(4)
　　肋效率 →(5)(11)
　　热沉 →(5)
　　热驱动 →(2)(5)
　　小通道 →(5)

传热方式
　Y 传热

传热过程
　Y 传热

传热技术
　Y 传热

传热率
　Y 传热速率

传热速率

heat transfer rate
O4；TS85
　D 传热率
　　热转移率
　S 速率*
　C 窗户传热系数 →(5)
　　体积传热系数 →(1)(9)
　　有效传热系数 →(5)
　　最大允许传热系数 →(11)

传输码型
　Y 代码

传输装置
　Y 输送装置

传水辊
　Y 水辊

传送机构
　Y 输送装置

传送设备
　Y 输送装置

传送装置
　Y 输送装置

传统白酒
traditional liquor
TS262.39
　S 白酒*

传统表面活性剂
　Y 表面活性剂

传统菜
　Y 传统菜肴

传统菜肴
traditional dishes
TS972
　D 传统菜
　S 菜肴*

传统川菜
　Y 川菜

传统打样
traditional proofing
TS801；TS805
　S 打样*

传统大豆食品
traditional soybean food
TS214
　S 传统豆制品
　　大豆食品
　Z 豆制品

传统豆制品
traditional soybean products
TS214
　S 豆制品*
　F 传统大豆食品

传统发酵肉制品
　Y 发酵肉制品

传统发酵食品
traditional fermented food
TS219

S 传统食品
　　发酵食品
Z 发酵产品
　　食品

传统纺纱
conventional spinning
TS104
　　S 纺纱*

传统纺织品
traditional textiles
TS106
　　S 纺织品*

传统风味
traditional flavours
TS971.1
　　S 风味*

传统风鸭
traditional air drying duck
S：TS251.59
　　S 鸭子
　　Z 肉

传统服饰
traditional clothing
TS941.7
　　S 服饰*

传统服装
tranditional costume
TS941.7
　　S 服装*
　　F 官服
　　　冠服
　　　汉服
　　　和服
　　　胡服
　　　华服
　　　祭服
　　　袍服
　　　旗装
　　　深衣
　　　唐装
　　　中式服装

传统干腌火腿
　　Y 干腌火腿

传统环锭纺
　　Y 环锭精纺

传统家具
traditional furniture
TS66；TU2
　　S 家具*
　　F 仿古家具
　　　古典家具

传统蜡染
　　Y 蜡染

传统面点
traditional pastry
TS972.132
　　D 古代面点
　　S 面点
　　Z 粮油食品

主食

传统酿造
traditional brewing
TS26
　　S 酿造*

传统酿造食品
traditional brewing food
TS219
　　S 传统食品
　　Z 食品

传统牛肉干
　　Y 牛肉干

传统牛肉制品
　　Y 牛肉干

传统清真食品
traditional muslim food
TS219
　　S 传统食品
　　　清真食品
　　Z 食品

传统肉制品
traditional meat products
TS251.5
　　S 肉制品*

传统乳制品
traditional dairy products
TS252.59
　　S 乳制品*

传统食品
traditional food
TS219
　　D 民族传统食品
　　S 食品*
　　F 传统发酵食品
　　　传统酿造食品
　　　传统清真食品
　　　蜜饯

传统玩具
traditional toys
TS958
　　S 玩具*
　　F 风筝
　　　机动玩具
　　　木制玩具

传统饮食
traditional food
TS971.2
　　S 饮食*

传统印染
traditional printing and dyeing
TS190.6
　　S 印染
　　Z 染整

传统印刷
traditional printing
TS87
　　S 印刷*

传统印刷机

Y 印刷机

传统扎染
traditional tie-dyeing
TS193
　　D 彩色扎染
　　　绞缬
　　S 扎染
　　Z 染色工艺

传真雕刻
　　Y 光电雕刻

传纸滚筒
paper transfer cylinder
TH13；TS803
　　S 印版滚筒
　　Z 滚筒

传纸机构
　　Y 递纸机构

船舶号灯
ship lights
TM92；TS956
　　S 航海灯
　　Z 灯

船用空气传动装置
　　Y 传动装置

串并联泵
　　Y 泵

串联加卤
　　Y 兑卤

串联谐振试验设备
　　Y 试验设备

串列式轧机
　　Y 轧机

串墨辊
ink vibrator
TH13；TS803.9
　　S 墨辊
　　Z 辊
　　　印刷机械

串墨机构
oscillating ink mechanism
TS803.9
　　S 喷墨设备
　　Z 印刷机械

串色
cross-colour
J；O4；TS101
　　S 色彩工艺*

串珠绳
　　Y 金刚石绳锯

串珠绳锯
wire saw
TG7；TS64；TS914.54
　　S 绳锯
　　Z 工具

窗卷帘
　　Y 窗帘

窗框
　　Y 门窗

窗帘
curtain
TS106.71
　　D 窗卷帘
　　　 窗帷
　　　 帘
　　　 帘子
　　　 帷幔
　　S 装饰用纺织品*
　　C 窗帘布

窗帘布
window blind fabric
TS106；TS106.71
　　D 窗帘织物
　　S 家用织物
　　C 窗帘
　　Z 织物

窗帘织物
　　Y 窗帘布

窗纱
window screen
TS106
　　S 金属网
　　Z 网

窗式晒衣机
　　Y 生活用品

窗帷
　　Y 窗帘

床*
beds
TS66
　　D 床具
　　　 睡床
　　F 电动床
　　　 儿童床
　　　 沙发床
　　　 水床
　　　 婴儿床
　　　 折叠床
　　C 床层结构 →(2)(9)
　　　 床用纺织品

床单
sheet
TS106.72
　　D 被单
　　　 床单布
　　　 床单织物
　　　 褥单
　　S 床用纺织品
　　Z 纺织品

床单布
　　Y 床单

床单织物
　　Y 床单

床垫
mattress
TS66

　　S 卧室家具
　　C 棉胎
　　Z 家具

床垫材料
mattress materials
TS66
　　D 弹性网
　　S 家具用材
　　Z 材料

床后加碘
iodine addition after fluid bed dryer
TS36
　　S 制盐*

床具
　　Y 床

床品
　　Y 床用纺织品

床上用品
　　Y 床用纺织品

床台式铣床
　　Y 升降台铣床

床毯
　　Y 毯子

床头灯
bed lamp
TM92；TS956
　　S 台灯
　　Z 灯

床用纺织品
bed fabrics
TS106.72
　　D 床品
　　　 床上用品
　　　 褥具
　　　 卧具
　　S 家用纺织品
　　F 被套
　　　 被子
　　　 床单
　　　 枕头
　　C 床
　　Z 纺织品

床桌
bed-tables
TS66；TU2
　　S 桌子
　　Z 家具

闯纸
　　Y 理纸

创新*
innovation
ZT5
　　D 创新工艺
　　　 创新技术
　　　 技术创新点
　　F 菜肴创新
　　　 茶叶科技创新
　　　 服饰创新

　　　 面料创新

创新菜点
　　Y 创新菜肴

创新菜肴
innovative dishes
TS972
　　D 创新菜点
　　S 菜肴*

创新工艺
　　Y 创新

创新技术
　　Y 创新

创意服装
creative costume
TS941.7
　　S 服装*

吹发器
　　Y 电吹风

吹风机
　　Y 电吹风

吹泡仪
blow bubble instrument
TS203
　　S 食品加工机械*

吹喷造型
　　Y 造型

吹奏乐器
　　Y 管乐器

炊具
cookware
TS972.21
　　D 不锈钢炊具
　　　 厨房炊具
　　　 炊具产品
　　　 金属炊具
　　　 铝炊具
　　　 烹饪器具
　　　 烹饪设备
　　　 铁制炊具
　　　 铜制炊具
　　S 厨具*
　　F 电热炊具
　　　 锅
　　　 锅铲
　　　 锅盖
　　　 蒸笼
　　C 烹饪工艺
　　　 生活用品

炊具产品
　　Y 炊具

垂向渗透系数
　　Y 垂直渗透系数

垂直成网
vertical network
TS174
　　S 成网工艺
　　Z 非织造工艺

垂直渗透系数
vertical permeability coefficient
TS107；TU4
　D 垂向渗透系数
　S 系数*
　C 水平渗透系数

垂直循环
vertical cycle
TS65
　S 循环*

垂轴色差
perpendicular-axis chromatic aberration
O4；TS193
　S 位置色差
　Z 色差

捶布轧光机
　Y 浸轧机

捶打轧光机
　Y 浸轧机

锤
hammer
TG3；TG7；TS914
　D 安装锤
　　八角锤
　　扁尾检验锤
　　除锈锤
　　锤式
　　锤子
　　环锤
　　检验锤
　　榔头
　　木槌
　　木锤
　　木工锤
　　奶头锤
　　起钉锤
　　钳工锤
　　石工锤
　　橡胶锤
　　羊角锤
　　圆头锤

锤式
　Y 锤

锤式布铗
　Y 布铗

锤子
　Y 锤

春材
　Y 原木

春卷
spring roll
TS972.132
　S 面食
　Z 主食

春笋
　Y 竹笋

纯涤纶纱
　Y 涤纶纱

纯涤纶纱线
pure polyester yarns
TS106.4
　S 化纤纺纱
　F 涤纶缝纫线
　　涤纶纱
　Z 纱线

纯涤纶织物
　Y 涤纶织物

纯涤纱
　Y 涤纶纱

纯涤针织物
　Y 涤纶针织物

纯涤织物
　Y 涤纶织物

纯纺
pure spinning
TS104
　S 纺纱*
　F 棉纺

纯纺（化学纤维）
　Y 化学纤维纺

纯纺纱
mono-fibre yarn
TS106.4
　S 纱线*
　F Tencel 纱线
　　大豆蛋白纱
　　化纤纺纱
　　粘胶纱
　　竹纤维纱

纯翡翠
　Y 翡翠

纯化
　Y 提纯

纯化处理
　Y 提纯

纯化工艺
　Y 提纯

纯化过程
　Y 提纯

纯化纤织物
　Y 化纤织物

纯净白酒
purified liquor
TS262.39
　D 纯净酒
　S 白酒*

纯净酒
　Y 纯净白酒

纯净水
purified water
TS275.1
　D 瓶装饮用纯净水
　　食用纯水
　S 水饮料

Z 饮料

纯麻纱
　Y 麻纱

纯麻织物
　Y 麻织物

纯毛
　Y 毛纤维

纯毛地毯
　Y 地毯

纯毛精纺针织绒
worsted knitting yarn
TS106.4
　S 精纺毛纱
　Z 纱线

纯毛毛线
　Y 绒线

纯毛绒线
　Y 绒线

纯毛织物
　Y 毛织物

纯绵织物
　Y 棉织物

纯棉
　Y 棉纺织品

纯棉布
　Y 棉织物

纯棉弹力织物
　Y 棉织物

纯棉灯芯绒
　Y 灯芯绒

纯棉缎格织物
　Y 棉织物

纯棉纺织品
　Y 棉纺织品

纯棉府绸织物
　Y 棉机织物

纯棉高支高密织物
　Y 棉机织物

纯棉高支纱
　Y 高支棉纱

纯棉高支织物
　Y 棉织物

纯棉厚织物
　Y 棉织物

纯棉机织物
　Y 棉机织物

纯棉毛巾
　Y 毛巾

纯棉面料
　Y 棉织物

纯棉色纺纱

pure cotton colored spun yarn
TS106.4
 D 棉色纺纱
 S 色纺纱
 Z 纱线

纯棉色织布
 Y 纯棉色织物

纯棉色织物
pure cotton coloured weave fabrics
TS116
 D 纯棉色织布
　 棉色织布
　 全棉色织布
　 色织棉布
 S 棉机织物
 Z 织物

纯棉纱
 Y 棉纱

纯棉纱线
 Y 棉纱

纯棉纬弹织物
 Y 纬弹织物

纯棉无捻纱
pure cotton untwisted yarns
TS106.4
 S 无捻纱
 Z 纱线

纯棉细号高密织物
 Y 棉机织物

纯棉细特高密织物
 Y 棉机织物

纯棉斜纹织物
 Y 棉机织物

纯棉针织品
 Y 棉针织物

纯棉针织物
 Y 棉针织物

纯棉织物
 Y 棉织物

纯棉竹节纱
pure cotton slubby yarns
TS106.4
 S 棉纱
 Z 纱线

纯木材
 Y 天然木材

纯木聚糖酶
pure xylanase
TS72
 S 酶*

纯牛奶
pure milk
TS252.59
 D 纯牛乳
 S 牛奶
 C 残留

 Z 乳制品

纯牛乳
 Y 纯牛奶

纯生黄酒
pure rice wine
TS262.4
 S 黄酒
 Z 酒

纯生啤酒
 Y 生啤酒

纯生啤酒生产线
 Y 啤酒生产线

纯水豆蓉馅
 Y 豆蓉馅

纯水豆沙馅
 Y 豆蓉馅

纯鲜牛奶
 Y 鲜奶

纯亚麻纱
 Y 亚麻纱

纯亚麻织物
 Y 亚麻织物

纯羊绒
pure cashmere
TS13
 S 羊绒制品
 Z 轻纺产品

纯粘胶纱
 Y 粘胶纱

纯纸质滤嘴
 Y 滤嘴

纯种培养
axenic culture
TQ92；TS261
 S 培养*

纯苎麻纱
 Y 苎麻纱

纯苎麻织物
 Y 苎麻织物

唇部护理
lip care
TS974.1
 D 护唇
 S 美容护理
 Z 护理

唇妆
lip makeup
TS974.12
 S 化妆
 Z 美容

鹑蛋
 Y 鹌鹑蛋

醇法
alcohol method

TS214.2
 S 化工工艺*

醇法大豆浓缩蛋白
alcohol leached soy protein concentrate
Q5；TQ46；TS201.21
 S 大豆浓缩蛋白
 C 浓缩釜 →(9)
 Z 蛋白质

醇溶染料
spirit dye
TS193.21
 S 染料*

醇溶性墨水
 Y 墨水

醇洗豆粕
alcohol washing soybean meals
TS209
 S 豆粕
 Z 粕

疵病
 Y 缺陷

疵布
 Y 织物疵点

词汇库
 Y 词库

词库
thesaurus
TP3；TS80
 D 词汇库
　 字库
　 字模库
　 字体库
　 字形信息库
 S 信息库*

瓷餐具
 Y 陶瓷餐具

瓷胎画珐琅
 Y 珐琅彩

瓷釉
 Y 釉

瓷制品*
porcelain
TQ17
 D 黑瓷(考古)
　 天目釉
　 细瓷
　 细瓷器
 F 彩绘瓷
　 珐琅彩
　 青花瓷
　 日用炻瓷
　 装饰瓷
 C 坯釉配方 →(9)
　 烧制温度 →(1)
　 生活用品
　 陶瓷
　 陶瓷玻璃 →(9)
　 陶瓷过滤器 →(9)

陶瓷机械 →(9)
陶瓷加工 →(9)
陶瓷设计 →(9)
陶瓷颜料 →(9)
陶瓷制品 →(4)(7)(9)(11)
预烧温度 →(1)
　　制品

磁棒圆网印花机
　Y 圆网印花机

磁道钉
magnetic marker
TS914
　S 钉子
　Z 五金件

磁钢反射镜
　Y 金属反射镜

磁力冰箱
　Y 冰箱

磁力造型
　Y 造型

磁粒光整加工
　Y 精加工

磁流变光整加工
　Y 精加工

磁性工具
magnetic tool
TG7；TS914.5
　S 工具*

磁性接头
　Y 接头

磁性紧密纺
magnetic compact spinning
TS104
　S 紧密纺
　Z 纺纱

磁性螺丝刀
　Y 螺丝刀

磁性染色
　Y 染色工艺

磁性纤维
magnetic fiber
TQ34；TS102.528
　S 功能纤维
　C 保健纺织品
　Z 纤维

磁性压制
　Y 压制

磁性引纬
magnetic filling insertion
TS103
　S 引纬
　Z 织造工艺

磁性印刷
magnetic printing
TS859
　S 特种印刷

　Z 印刷

磁性油墨
magnetic ink
TQ63；TS802.3
　S 专色油墨
　Z 油墨

磁性纸
magnetized paper
TS761.9
　S 功能纸
　Z 纸张

磁座电钻
　Y 电钻

次反射镜
　Y 反射镜

次加工原木
　Y 原木

次氯酸钠漂白
sodium hypochlorite bleaching
TS192.5
　S 次氯酸盐漂白
　Z 漂白

次氯酸盐-二氧化氯漂白
hypochlorite-chlorine dioxide bleaching
TS192.5
　D HD 漂白
　S 氯漂
　Z 漂白

次氯酸盐漂白
hypochlorite bleaching
TS192.5
　D 亚氯酸盐漂白
　S 氯漂
　F 次氯酸钠漂白
　C 含氯漂白剂
　Z 漂白

次生废物
　Y 废弃物

次兔毛
　Y 兔毛

次序
　Y 流程

次烟草
　Y 废次烟草

次烟叶
　Y 废次烟叶

刺痒感
　Y 刺痒感

刺钉滚筒清花机
　Y 清棉机

刺辊
licker-in
TS103.81
　D 刺辊锯条
　　刺辊轴
　　刺毛辊

　S 分梳元件
　F 锯齿刺辊
　　梳针刺辊
　C 梳棉机
　Z 纺纱器材

刺辊齿条
　Y 刺辊锯齿

刺辊分梳区
　Y 分梳区

刺辊锯齿
licker-in wire
TS103.82
　D 刺辊齿条
　S 针布
　Z 纺纱器材

刺辊锯条
　Y 刺辊

刺辊落棉
taker-in droppings
TS104.2；TS109
　S 落棉*

刺辊速度
licker-in speed
TS104.2
　S 梳棉速度
　Z 加工速度

刺辊轴
　Y 刺辊

刺果起毛
　Y 起毛

刺梨
rosa roxburghii
TS255.2
　S 梨
　Z 果蔬

刺梨蛋糕
　Y 面包

刺梨干红
rosa roxburghii tratt red wine
TS262
　S 干红酒
　Z 酒

刺梨果汁
　Y 刺梨汁

刺梨酒
roxburgh rose wine
TS262.7
　S 梨酒
　F 刺梨原酒
　Z 酒

刺梨饮料
　Y 刺梨汁

刺梨原酒
raw roxburgh rose wine
TS262.7
　S 刺梨酒

刺梨汁
roxburgh rose juice
TS255
　D 刺梨果汁
　　刺梨饮料
　S 梨汁
　Z 果蔬制品
　　汁液

刺毛辊
　Y 刺辊

刺葡萄皮色素
vitis skin pigment
TQ61；TS202.39
　S 葡萄皮色素
　Z 色素

刺绣
embroidery
TS941.6
　D 刺绣技艺
　　黼黻
　　绣花
　S 工艺品*
　F 电脑刺绣
　　十字绣
　　织绣
　C 服装

刺绣衬衫
　Y 衬衫

刺绣机
　Y 绣花机

刺绣技艺
　Y 刺绣

刺绣剪刀
　Y 剪刀

刺绣纹样
embroidery pattern
TS93；TS94
　S 纹样*

刺绣线
embroidery yarn
TS941.491
　D 绣花线
　S 缝料
　Z 服装辅料

刺痒感
scratchiness
TS941.15
　D 刺痒感
　S 触觉舒适性
　Z 纺织品性能
　　使用性能
　　适性
　　性能

刺针
pricking pin
TS173
　S 非织造布机械零部件*

葱
scallion
TS255.5；TS264.3
　S 天然香辛料
　Z 调味品

葱花脂油饼
　Y 油炸食品

葱头
　Y 洋葱

葱油
scallion oil
TS971.1
　S 风味*

葱油饼干
　Y 饼干

丛台酒
CongTai wine
TS262.39
　S 中国白酒
　Z 白酒

粗糙感
roughness
TS941.15
　S 触觉舒适性
　Z 纺织品性能
　　使用性能
　　适性
　　性能

粗长羊毛
　Y 羊毛

粗齿半圆锉
　Y 锉

粗齿刀锉
　Y 锉

粗齿锯
　Y 锯

粗齿直方锉
　Y 锉

粗旦茧丝
　Y 粗纤度蚕丝

粗多糖
crude polysaccharide
Q5；TS24
　S 碳水化合物*

粗纺
woollen
TS104
　S 纺纱*
　C 缠绕
　　粗纱
　　粗纱机
　　和毛油
　　加捻工艺
　　精纺

粗纺工艺
　Y 粗纱工艺

粗纺机
　Y 粗纱机

粗纺毛织物
　Y 羊毛织物

粗纺呢绒
woollen fabrics
TS136
　D 粗梳呢绒
　S 呢绒织物
　Z 织物

粗纺纱
　Y 粗梳纱

粗纺梳毛机
woollen card
TS132
　S 梳毛机
　Z 纺织机械

粗纺羊绒
woolen cashmere
TS13
　S 羊绒制品
　Z 轻纺产品

粗纺针织绒
woolen knitting yarn
TS106.4
　S 绒线
　Z 纱线

粗纺织物
　Y 织物

粗废物
　Y 废弃物

粗厚织物
　Y 厚重织物

粗浆得率
unscreened yield
TS77
　S 收率*

粗节
slugs
TS101.97
　S 粗细节
　Z 纺织品缺陷

粗经
　Y 经向疵点

粗粒食盐
　Y 粗盐

粗粒盐
　Y 粗盐

粗麻布
　Y 麻织物

粗毛纺
　Y 毛粗纺

粗毛纱
　Y 毛纱

粗毛条

　　Y　毛条

粗毛线
　　Y　毛纱

粗绒棉
　　Y　低级棉

粗绒线
　　Y　绒线

粗纱
roving
TS106.4
　　S　纱线*
　　F　无捻粗纱
　　C　粗纺
　　　　细纱

粗纱定量
roving ration
TS104；TS11
　　S　纺织定量
　　C　粗纱工艺
　　Z　定量

粗纱锭
　　Y　锭子

粗纱锭子
　　Y　锭子

粗纱断头
roving beheaded
TS104；TS11
　　S　纺织断头
　　Z　断头

粗纱法
　　Y　粗纱工艺

粗纱工序
　　Y　粗纱工艺

粗纱工艺
roving process
TS104.2
　　D　粗纺工艺
　　　　粗纱法
　　　　粗纱工序
　　　　粗纱间距
　　　　粗纱强力
　　　　粗纱条干
　　　　粗纱头
　　　　粗纱质量
　　S　前纺工艺
　　C　粗纱定量
　　　　粗纱捻系数
　　　　粗纱伸长率
　　　　粗纱细节
　　Z　纺纱工艺

粗纱管
　　Y　纱管

粗纱机
roving frame
TS103.22
　　D　FA 系列粗纱机
　　　　粗纺机
　　　　吊锭粗纺机

　　　　毛纺粗纱机
　　　　皮圈牵伸粗纺机
　　　　无拈粗纱机
　　　　无捻粗纱粗纺机
　　　　无捻粗纱机
　　　　悬锭粗纺机
　　　　翼锭粗纺机
　　　　翼锭粗纱机
　　　　有捻粗纱粗纺机
　　S　前纺设备
　　F　电脑粗纱机
　　　　悬锭粗纺机
　　C　摆动机构
　　　　粗纺
　　　　罗拉
　　　　牵伸装置
　　Z　纺织机械

粗纱间距
　　Y　粗纱工艺

粗纱捻度
　　Y　粗纱捻系数

粗纱捻系数
roving twist factor
TS104
　　D　粗纱捻度
　　S　捻系数
　　C　粗纱工艺
　　Z　系数

粗纱皮圈
　　Y　纺纱胶圈

粗纱强力
　　Y　粗纱工艺

粗纱伸长率
roving elongation
TS104
　　S　比率*
　　C　粗纱工艺

粗纱条干
　　Y　粗纱工艺

粗纱头
　　Y　粗纱工艺

粗纱细节
roving thin place
TS101.97
　　S　细节
　　C　粗纱工艺
　　Z　纺织品缺陷

粗纱张力
roving tension
TS104；TS11
　　S　纱线张力
　　Z　张力

粗纱质量
　　Y　粗纱工艺

粗梳毛纺
woollen spinning
TS104.2
　　S　毛纺工艺

　　C　精梳毛纺
　　Z　纺纱工艺

粗梳毛纱
　　Y　毛纱

粗梳毛线
　　Y　毛纱

粗梳毛织物
　　Y　羊毛织物

粗梳呢绒
　　Y　粗纺呢绒

粗梳纱
carded yarn
TS106.4
　　D　粗纺纱
　　S　纱线*
　　C　精梳纱

粗糖
　　Y　原糖

粗糖厂
straight house
TS24
　　S　糖厂
　　Z　工厂

粗纹锉
　　Y　锉

粗细节
twitty
TS101.97
　　D　长细节
　　　　大肚纱
　　　　条干纱疵
　　　　竹节纱疵
　　S　纱疵
　　F　粗节
　　　　细节
　　Z　纺织品缺陷

粗纤度蚕丝
coarse denier silk
TS102.33
　　D　粗旦茧丝
　　S　蚕丝
　　Z　天然纤维
　　　　真丝纤维

粗纤度真丝绸
coarse denier silk fabric
TS146
　　S　真丝绸
　　Z　织物

粗斜纹织物
　　Y　斜纹织物

粗盐
coarse salt
TS36
　　D　粗粒食盐
　　　　粗粒盐
　　S　固体盐
　　Z　盐

粗羊毛
　Y 羊毛

粗渣
coarse slag
TF5；TS72
　S 渣*

粗蔗蜡
　Y 甘蔗蜡

促进剂*
promoting agent
TQ31
　D 超促进剂
　　促效剂
　　动力改进剂
　　增进剂
　　助促进剂
　F 钙吸收促进剂
　C 改良剂
　　增效剂

促染
　Y 促染作用

促染剂
dyeing accelerant
TS19
　D 染色载体
　　携染剂
　　助染剂
　S 染色助剂
　F 低温促染剂
　　渗透助染剂
　C 载体染色
　Z 助剂

促染作用
dyeing acceleration
TS190；TS193
　D 促染
　S 作用*

促渗透剂
　Y 渗透剂

促生长物质
growth-promoting substance
TS201.4
　S 物质*
　C 优化筛选 →(1)

促效剂
　Y 促进剂

醋
　Y 食用醋

醋茶
　Y 茶饮料

醋大豆
　Y 醋豆

醋蛋
vinegar egg
TS253.4
　S 蛋*

醋豆

vinegar bean
TS214
　D 醋大豆
　S 大豆食品
　Z 豆制品

醋醅
vinegar grains
TS264
　S 醅*

醋酸淀粉
acetylated starch
TS235
　S 淀粉*
　F 磷酸酯型两性淀粉

醋酸发酵
acetic acid fermentation
TS264
　S 酸发酵
　F 液态醋酸发酵
　Z 发酵

醋酸发酵罐
fermenter for acetic acid production
TQ92；TS261.3
　S 发酵罐
　Z 发酵设备

醋酸发酵饮料
　Y 醋饮料

醋酸法制浆
acetic acid pulping
TS10；TS743
　S 酸法制浆
　Z 制浆

醋酸滤棒
acetate filter rods
TS42
　D 醋酸纤维滤棒
　S 滤棒
　Z 卷烟材料

醋酸丝
acetate silk
TQ34；TS102.51
　S 工业丝
　Z 纤维制品

醋酸纤维
acetate fibre
TQ34；TS102.51
　D 醋纤
　　醋酯纤维
　　福蒂森
　　醛酸纤维素
　　三醋纤
　　三醋酯纤维
　　三乙酸酯纤维
　　乙酸酯纤维
　　乙酰化纤维
　　皂化醋酯纤维
　S 再生纤维素纤维
　F 二醋酸纤维
　　三醋酸纤维
　C 干法纺丝 →(9)

　　纤维束
　　粘胶纤维
　Z 纤维

醋酸纤维滤棒
　Y 醋酸滤棒

醋酸纤维滤嘴
　Y 醋纤滤嘴

醋酸纤维丝束
　Y 醋纤丝束

醋酸饮料
　Y 醋饮料

醋酸酯淀粉
acetate starch
TS235
　S 酸酯淀粉
　Z 淀粉

醋纤
　Y 醋酸纤维

醋纤滤嘴
cellulose acetate filters
TS42
　D 醋酸纤维滤嘴
　S 滤嘴
　Z 卷烟材料

醋纤丝
　Y 醋纤丝束

醋纤丝束
cellulose acetate tows
TS42
　D 醋酸纤维丝束
　　醋纤丝
　　二醋酸纤维丝束
　S 纤维束
　C 卷烟
　Z 纤维制品

醋饮料
vinegar drink
TS264；TS27
　D 醋酸发酵饮料
　　醋酸饮料
　　灵芝功能饮料醋
　　灵芝苹果醋
　　银杏醋
　　饮料醋
　S 饮料*
　F 保健醋饮料
　　果醋
　　玫瑰醋
　　啤酒醋
　C 固定化酵母 →(9)
　　食用醋

醋渣
vinegar residue
TS210.9；TS264.22
　S 食品残渣
　Z 残渣

醋酯纤维
　Y 醋酸纤维

醋酯纤维染色
Y 纤维染色

醋酯织物
Y 化纤织物

醋渍
acid cure
TS972.113
S 烹饪工艺*

簇绒地毯
tufted rug
TS106.76
S 地毯
C 绒毯
Z 毯子

簇绒机
tufting machines
TS103
D 地毯簇绒机
地毯簇绒装备
S 地毯机械
Z 纺织机械

簇绒毯
Y 绒毯

簇绒织物
Y 绒面织物

催陈
accelerating aging
TS261
D 人工催陈
S 生产工艺*

催化比色测定
Y 比色法

催化车间
Y 车间

催化漂白
catalytic bleaching
TS192.5
S 化学漂白
F 光催化漂白
Z 漂白

催化脱脂
catalytic debinding
TS205
S 脱脂
Z 脱除

催眠眼镜
hypnotic glasses
TS959.6
S 眼镜*

催渗剂
Y 渗透剂

脆豆腐
crisp tofu
TS214
S 豆腐
Z 豆制品

脆弱生丝
fragile raw silk
TS102.33
S 生丝
Z 真丝纤维

萃取*
extraction
O6；TQ0
D 抽提分离
萃取法
萃取方法
萃取分离
萃取工艺
萃取过程
萃取技术
提取分离
F 穿孔萃取法
顶空固相微萃取
浸入式固相微萃取
前萃
乙醚萃取
油脂萃取
蒸馏萃取
C 萃取剂 →(3)
萃取设备 →(3)
萃取液 →(9)
石油醚 →(2)
提取

萃取法
Y 萃取

萃取方法
Y 萃取

萃取分离
Y 萃取

萃取分馏
extraction and fractionation
O6；TE6；TS205
S 蒸馏*

萃取工艺
Y 萃取

萃取过程
Y 萃取

萃取技术
Y 萃取

翠蓝
turquoise blue
TS193.21
S 活性翠蓝染料
Z 染料

翠蓝染色
Y 染色工艺

存储*
storage
F
D 储存
储存方法
储存过程
储存技术
存储策略
存储方法
存储方式
存储类型
存储模式
存储形式
存放
存放方法
存贮
贮存
贮存过程
F 包装贮存
避光贮存
长期储存
常温贮存
大罐贮存
低温储存
干法贮存
冷却储存
密封贮存
食物储存
自然贮存
C 包装 →(1)
储藏
储能 →(5)(11)
储运
存储管理 →(8)
计算机存储 →(2)(5)(7)(8)(9)

存储策略
Y 存储

存储产品
Y 存储器

存储池
Y 存储器

存储方法
Y 存储

存储方式
Y 存储

存储矩阵
Y 存储器

存储块
Y 存储器

存储类型
Y 存储

存储模块
Y 存储器

存储模式
Y 存储

存储器*
storage
TP3
D 储存器
存储产品
存储池
存储矩阵
存储块
存储模块
存储器件
存储器阵
存储器阵列

液压打包机

打包精度
　Y 精度

打包装置
　Y 打包机

打麸粉
finisher flour
TS213
　S 麸粉
　Z 粮油食品

打麸机
bran finisher
TS211.3
　S 面粉加工机械
　Z 食品加工机械

打号机
marking machine
TS04
　S 轻工机械*

打火机
cigar lighter
TS97
　S 燃烧装置*
　F 电子打火机
　C 火柴　→(9)
　　烟具

打击乐器
percussion
TS953.25；TS953.36
　D 巴乌
　　钹
　　镲
　　绰板
　　达卜
　　道筒
　　方响
　　钢片琴
　　古击乐器
　　海笛
　　击乐器
　　拉哇布
　　木琴
　　铙钹
　　拍板(乐器)
　　排钟
　　碰铃
　　萨巴伊
　　三角铁
　　三角铁(乐器)
　　沙槌
　　沙锤
　　沙耶
　　书板
　　檀板
　　体鸿乐器
　　土特尔
　　响板
　　钟琴
　S 乐器*
　F 梆子
　　鼓
　　锣

木鱼
　C 西乐器

打浆
pulping
TS74
　D 打浆工艺
　　打浆过程
　　组合打浆
　S 造纸制浆
　F 恒功耗打浆
　　酶促打浆
　　中浓打浆
　C 浆料浓度
　Z 制浆

打浆度
　Y 打浆性能

打浆工艺
　Y 打浆

打浆过程
　Y 打浆

打浆机
pulp engine
TS734.1
　D 打浆设备
　S 制浆设备*
　F 槽式打浆机
　　双盘磨打浆机

打浆浓度
　Y 浆料浓度

打浆设备
　Y 打浆机

打浆性能
beating degree
TS74
　D 打浆度
　　叩解度
　S 制浆性能
　C 抄造性能
　　浆料浓度
　　滤水性能
　　纸张质量
　Z 工艺性能

打浆质量
beating quality
TS74
　S 工艺质量*
　C 制浆

打结
knot
TS104；TS105
　D 结头
　　平结
　　筒子结
　　织布结
　　自紧结
　S 生产工艺*
　C 编织
　　捣固　→(11)(12)
　　接头
　　络筒

打孔机
eyelet machine
TS885
　S 装订设备*

打孔钳
　Y 钳子

打捆机
bander
TS103
　S 包装设备*

打麻
　Y 开松

打码机
code machine
TS213；TS8
　S 包装设备*

打麦机
wheat scourer
TS210.3
　S 粮食机械
　Z 食品加工机械

打磨机
buffing machine
TG5；TS65
　D 打磨设备
　　磨光机
　　抛光机(电动工具)
　S 磨削设备*

打磨设备
　Y 打磨机

打琴
　Y 弦乐器

打散机
　Y 制糖设备

打手
beater hammer
TS103.81
　D 鼻形打手
　　角钉打手
　　开棉打手
　　三翼打手
　　梳针打手
　　翼式打手
　　抓棉打手
　　综合打手
　S 纺纱器材*
　C 开棉机
　　清棉机

打手速度
beater speed
TS104
　S 纺丝速度
　C 开清棉
　Z 加工速度

打梭棒
picking stick
TS103.81；TS103.82
　D 投梭棒

大茶
Y 茶

大长度
Y 长度

大带锯
Y 细木工带锯机

大刀
broadsword
G；TS914
S 武术刀
Z 刀具

大灯
Y 矿灯

大豆
soybean
TS210.2
D 黄豆
S 豆类
F 发芽大豆
脱脂大豆
转基因大豆
C 大豆奶
大豆食品
尿素酶活性
Z 粮食

大豆 11S 球蛋白
soybean 11S globulin
Q5；TQ46；TS201.21
S 大豆球蛋白
Z 蛋白质

大豆 7S 球蛋白
soybean 7S globulin
Q5；TQ46；TS201.21
S 大豆球蛋白
Z 蛋白质

大豆蚕豆酱
Y 豆酱

大豆产品
Y 大豆食品

大豆蛋白
soybean protein
Q5；TQ46；TS201.21
D 大豆蛋白质
S 豆蛋白
F 大豆分离蛋白
大豆浓缩蛋白
大豆球蛋白
大豆乳清蛋白
大豆水解蛋白
大豆组织蛋白
豆渣蛋白
改性大豆蛋白
天然大豆蛋白
C 大豆蛋白胶粘剂 →(9)
Z 蛋白质

大豆蛋白/聚乙烯醇共混纤维
Y 大豆蛋白纤维

大豆蛋白/棉混纺织物
Y 混纺织物

大豆蛋白/粘胶共混纤维
Y 大豆蛋白纤维

大豆蛋白废水
soybean protein wastewater
TS209；X7
D 蛋白废水
S 豆制品废水
Z 废水

大豆蛋白粉
soybean protein powder
TS214.9
S 蛋白粉*
F 大豆分离蛋白粉

大豆蛋白复合纤维
Y 大豆蛋白纤维

大豆蛋白改性纤维
Y 大豆蛋白纤维

大豆蛋白加工
soybean protein processing
TS210.4
S 大豆加工
Z 食品加工

大豆蛋白膜
soybean protein film
TS201.21
S 蛋白膜
F 大豆分离蛋白膜
Z 膜

大豆蛋白纱
soybean protein yarns
TS106.4
D 大豆蛋白纱线
大豆蛋白纤维纱
大豆蛋白纤维纱线
大豆蛋白质纱
S 纯纺纱
Z 纱线

大豆蛋白纱线
Y 大豆蛋白纱

大豆蛋白肽
soybean protein peptide
TQ93；TS201.2
S 蛋白肽
Z 肽

大豆蛋白纤维
soybean protein fibre
TQ34；TS102.51
D 大豆蛋白/聚乙烯醇共混纤维
大豆蛋白/粘胶共混纤维
大豆蛋白复合纤维
大豆蛋白改性纤维
大豆蛋白质纤维
大豆纤维
多功能大豆纤维
再生大豆蛋白纤维
再生大豆蛋白质纤维
S 再生蛋白质纤维
C 保暖性
Z 纤维

大豆蛋白纤维纱
Y 大豆蛋白纱

大豆蛋白纤维纱线
Y 大豆蛋白纱

大豆蛋白纤维织物
Y 大豆蛋白织物

大豆蛋白针织物
Y 大豆纤维针织物

大豆蛋白织物
soybean protein fabric
TS106.8
D 大豆蛋白纤维织物
大豆纤维织物
S 织物*
F 大豆纤维针织物

大豆蛋白质
Y 大豆蛋白

大豆蛋白质纱
Y 大豆蛋白纱

大豆蛋白质纤维
Y 大豆蛋白纤维

大豆低聚糖
soybean oligosaccharide
TS213；TS214
D 改性大豆低聚糖
S 功能性低聚糖
Z 碳水化合物

大豆豆粕
Y 豆粕

大豆豆渣
Y 大豆渣

大豆多肽
soybean peptide
TQ93；TS201.2
D 大豆肽
S 多肽
C 氮溶解指数
豆制品
Z 肽

大豆多糖
soybean polysaccharides
Q5；TS24
S 碳水化合物*
F 可溶性大豆多糖
C 豆制品

大豆发酵食品
soybean fermented food
TS214.2
D 大豆发酵制品
S 大豆食品
发酵豆制品
F 发酵豆乳
腊八豆
Z 豆制品
发酵产品

大豆发酵制品
　　Y 大豆发酵食品

大豆分离蛋白
soy protein isolate
Q5；TQ46；TS201.21
　　D 大豆分离蛋白凝胶
　　　大豆分离蛋白乳油液
　　　分离大豆蛋白
　　S 大豆蛋白
　　　蛋白质*
　　F 商用大豆分离蛋白
　　C 乳化性

大豆分离蛋白/淀粉
isolated soybean protein/starch
TS235.3
　　S 变性淀粉
　　　豆类淀粉
　　Z 淀粉

大豆分离蛋白粉
soybean isolate protein powder
TS214.9
　　S 大豆蛋白粉
　　Z 蛋白粉

大豆分离蛋白膜
soy protein isolate film
TS201.21
　　S 大豆蛋白膜
　　Z 膜

大豆分离蛋白凝胶
　　Y 大豆分离蛋白

大豆分离蛋白乳油液
　　Y 大豆分离蛋白

大豆粉
soybean meal
TS214
　　S 豆粉
　　F 脱脂大豆粉
　　Z 豆制品

大豆腐
　　Y 豆腐

大豆秆
soybean stalk
TS72
　　S 茎秆*

大豆混合油
soybean miscella
TS22
　　S 食用调和油
　　Z 粮油食品

大豆加工
soybean processing
TS210.4
　　S 食品加工*
　　F 大豆蛋白加工
　　　大豆深加工
　　　大豆脱皮

大豆加工废水
soybean processing wastewater

TS214.2；X7
　　S 豆制品废水
　　Z 废水

大豆酱
　　Y 豆酱

大豆炼乳
　　Y 炼乳

大豆毛油
soybean crude oil
TS225.13
　　S 豆油
　　Z 油脂

大豆面包
　　Y 面包

大豆奶
soybean milk
TS214
　　D 大豆乳
　　　大豆乳液
　　S 豆奶
　　F 大豆酸乳
　　C 大豆
　　Z 豆制品

大豆奶酪
soybean cheese
[TS252.52]
　　S 大豆食品
　　　奶酪
　　Z 豆制品
　　　乳制品

大豆浓缩蛋白
soybean protein concentrate
Q5；TQ46；TS201.21
　　D 大豆浓缩蛋白液
　　　浓缩大豆蛋白
　　S 豆大蛋白
　　　蛋白质*
　　F 醇法大豆浓缩蛋白
　　　功能性大豆浓缩蛋白
　　C 氮溶解指数

大豆浓缩蛋白液
　　Y 大豆浓缩蛋白

大豆胚芽油
soybean germ oil
TS225.13
　　S 豆油
　　　胚芽油
　　Z 油脂

大豆啤酒
soybean beer
TS262.59
　　S 啤酒
　　Z 酒

大豆粕
　　Y 豆粕

大豆球蛋白
glycinin
Q5；TQ46；TS201.21

　　S 大豆蛋白
　　　蛋白质*
　　F 大豆 11S 球蛋白
　　　大豆 7S 球蛋白

大豆乳
　　Y 大豆奶

大豆乳清
soybean whey
TS252.59
　　D 大豆乳清液
　　S 大豆食品
　　　乳清
　　Z 豆制品
　　　乳制品

大豆乳清蛋白
whey soybean proteins
Q5；TQ46；TS201.21
　　S 大豆蛋白
　　Z 蛋白质

大豆乳清液
　　Y 大豆乳清

大豆乳酸发酵饮料
　　Y 酸性乳饮料

大豆乳液
　　Y 大豆奶

大豆色拉油
soybean salad oil
TS22
　　S 色拉油
　　Z 粮油食品

大豆深加工
soybean deep processing
TS210.4
　　S 大豆加工
　　Z 食品加工

大豆食品
soyfoods
TS214.2
　　D 大豆产品
　　　大豆制食品
　　S 豆制品*
　　F 传统大豆食品
　　　醋豆
　　　大豆发酵食品
　　　大豆奶酪
　　　大豆乳清
　　C 大豆

大豆水解蛋白
soybean hydrolyzing protein
Q5；TQ46；TS201.21
　　S 大豆蛋白
　　　水解植物蛋白
　　Z 蛋白质

大豆水溶性多糖
　　Y 水溶性大豆多糖

大豆酸化油
soy acidic oil
TS22

S 改性大豆油
　　酸化油
Z 油品
　　油脂

大豆酸奶
soy based yoghurt
TS252.54
S 酸奶
Z 发酵产品
　　乳制品

大豆酸乳
soybean yogurt
TS214
S 大豆奶
Z 豆制品

大豆肽
Y 大豆多肽

大豆肽粉
soybean peptide powders
TQ93；TS201.2
S 肽*

大豆提取液
soybean extract
TS214.2
S 提取液
Z 提取物

大豆脱臭馏出物
Y 豆油脱臭馏出物

大豆脱皮
soybean dehulling
TS210.4
S 大豆加工
　　脱皮
Z 剥离
　　食品加工

大豆纤维
Y 大豆蛋白纤维

大豆纤维氨纶包芯纱
soybean fiber spandex core-spun yarns
TS106.4
S 氨纶包芯纱
Z 纱线

大豆纤维机织物
Y 机织物

大豆纤维针织物
soybean fibre knitted fabrics
TS186
D 大豆蛋白针织物
S 大豆蛋白织物
Z 织物

大豆纤维织物
Y 大豆蛋白织物

大豆芽
Y 黄豆芽

大豆异黄酮
soybean isoflavone
TS201.2

S 异黄酮
F 糖苷型大豆异黄酮
Z 黄酮

大豆饮料
soybean beverage
TS275.7
S 豆乳饮料
Z 饮料

大豆油
Y 豆油

大豆油脚
soybean oil dreg
TQ64；TS229
S 油脚
C 豆胶 →(9)
　　改性醇酸树脂 →(9)
Z 残渣

大豆油墨
soybean oil ink
TQ63；TS802.3
S 油墨*

大豆油脱臭馏出物
Y 豆油脱臭馏出物

大豆油脂
soybean oil
TS225.13
S 动植物油脂
Z 油脂

大豆渣
soybean residue
TQ92；TS210.9
D 大豆豆渣
S 豆渣
F 发酵豆渣
Z 残渣

大豆制品
Y 豆制品

大豆制食品
Y 大豆食品

大豆组织蛋白
soybean organize albumen
Q5；TQ46；TS201.21
D 组织化大豆蛋白
S 大豆蛋白
　　组织蛋白
Z 蛋白质

大肚纱
Y 粗细节

大幅面
Y 大幅面印刷

大幅面丝网印刷
Y 丝网印刷

大幅面印刷
large format printing
TS87
D 大幅面
　　幅面印刷

S 印刷*

大幅面印刷机
large format printing machines
TS803.6
S 印刷机
Z 印刷机械

大功率电磁炉
high-power induction cooker
TS972.26
S 电磁炉
Z 厨具
　　家用电器

大罐贮存
big pot storage
TS205
S 存储*

大号
Y 铜管乐器

大花型针织物
Y 针织物

大环糊精
large cyclodextrin
TS211
D 环状淀粉
S 环糊精
Z 糊料

大黄染料
rhubarb dye
TS193.21
S 天然植物染料
Z 染料

大茴香
Y 八角

大酱
recipe
TS264.24
S 豆酱
Z 豆制品
　　发酵产品
　　酱

大卷装
large package
TS104
S 卷装工艺
Z 工艺方法

大口径平面镜
large diameter plane mirror
TH7；TS959.7
S 平面镜
Z 镜子

大裤底
Y 裤脚口

大雷
Y 弦乐器

大粒种咖啡
Y 咖啡

大锣
　　Y 锣

大麻
　　Y 大麻纤维

大麻纺织品
　　Y 纺织品

大麻纤维
hemp fibre
TS102.22
　　D 大麻
　　　汉麻
　　　汉麻纤维
　　　坦皮科大麻
　　S 麻纤维
　　　韧皮纤维
　　C 脱蜡 →(2)(9)
　　Z 天然纤维

大麻芯秆
hemp core stem
TS72
　　S 茎秆*

大麻织物
hemp fabric
TS126
　　D 汉麻织物
　　S 麻织物
　　Z 织物

大麦
barley
TS210.2
　　D 大麦属
　　S 麦子
　　C 大麦提取物
　　Z 粮食

大麦β-葡聚糖
barley β-glucan
Q5；TS24
　　S β-葡聚糖
　　Z 碳水化合物

大麦茶
barley tea
TS275.2
　　S 茶饮料
　　Z 饮料

大麦粉
barley flour
TS211.2
　　S 麦粉
　　Z 粮食

大麦麸
　　Y 麦麸

大麦麸皮
　　Y 麦麸

大麦加工
barley processing
TS210.4
　　S 制麦
　　Z 农产品加工

大麦麦苗粉
barley wheat seedling powders
TS255.5
　　S 蔬菜粉
　　Z 食用粉

大麦食品
　　Y 荞麦食品

大麦糖浆
barley syrup
TS245
　　S 糖浆
　　Z 糖制品

大麦提取物
barley extract
TS201
　　S 天然食品提取物
　　C 大麦
　　Z 提取物

大麦属
　　Y 大麦

大米
rice
TS210.2
　　D 白米
　　　袋装大米
　　　稻米
　　　等级米
　　　高水分大米
　　　湖米
　　　陆稻米
　　　米粒
　　　水晶米
　　S 成品粮
　　F 糙米
　　　陈米
　　　功能稻米
　　　挤压膨化大米
　　　精白米
　　　免淘米
　　　糯米
　　　胚芽大米
　　　碎大米
　　　籼米
　　　香米
　　　有色稻米
　　　杂交稻米
　　　蒸谷米
　　　转基因稻米
　　C 白米分级
　　　大米包装
　　　大米检验
　　　大米强化
　　　稻米标准
　　　活性干酵母 →(9)
　　　米糠
　　Z 粮食

大米包装
rice packaging
TS206
　　S 粮食包装
　　C 大米
　　Z 食品包装

大米标准
　　Y 稻米标准

大米蛋白
rice protein
Q5；TQ46；TS201.21
　　D 大米蛋白质
　　　稻米蛋白
　　　米蛋白
　　S 谷蛋白
　　F 大米分离蛋白
　　　大米浓缩蛋白
　　　米糠蛋白
　　　米渣蛋白
　　　热变性米蛋白
　　Z 蛋白质

大米蛋白粉
rice protein powder
TS213.3
　　S 蛋白粉*

大米蛋白质
　　Y 大米蛋白

大米淀粉
　　Y 稻米淀粉

大米发酵
rice fermentation
TS210
　　S 食品发酵
　　Z 发酵

大米分离蛋白
rice protein isolation
Q5；TQ46；TS201.21
　　S 大米蛋白
　　　蛋白质*

大米粉
　　Y 米粉

大米加工
rice processing
TS212
　　S 稻米加工
　　F 精米加工
　　C 留胚率
　　Z 农产品加工

大米加工厂
　　Y 米厂

大米加工精度
　　Y 大米精度

大米加工企业
rice processing enterprises
TS210.8
　　S 粮油加工企业
　　Z 企业

大米加工设备
　　Y 大米色选机

大米检验
rice inspection
TS207；TS210
　　S 粮油检测
　　C 大米

Z 检验

大米精度
rice processing precision
TS210
　D 大米加工精度
　　大米精加工
　S 精度*

大米精加工
　Y 大米精度

大米麦芽糊精
rice maltodextrin
TS210
　S 麦芽糊精
　Z 糊料

大米浓缩蛋白
rice protein concentrate
Q5；TQ46；TS201.21
　S 大米蛋白
　　蛋白质*

大米抛光机
　Y 大米色选机

大米品质
rice quality
TS210.7
　D 大米质量
　S 加工粮质量
　F 大米食用品质
　Z 产品质量

大米强化
rice strengthen
TS212
　S 强化*
　C 大米

大米色选机
rice color selector
TS210.3
　D 大米加工设备
　　大米抛光机
　　碾皮机
　　制米机械
　　组合碾米设备
　S 色选机
　Z 食品加工机械

大米食品
　Y 稻米食品

大米食味
rice taste
TS212
　S 食味
　Z 感觉

大米食用品质
rice edible quality
TS210.7
　S 大米品质
　Z 产品质量

大米肽
rice peptide
TQ93；TS201.2

　S 肽*

大米饮料
rice drinks
TS27
　S 饮料*
　F 米乳
　　糯米汁

大米原料
rice raw materials
TS210.2
　S 粮食原料
　Z 食品原料

大米增香剂
　Y 增味剂

大米渣
　Y 米渣

大米直链淀粉
rice amylose
TS235.1
　S 稻米淀粉
　　直链淀粉
　Z 淀粉

大米制品
　Y 稻米食品

大米制食品
　Y 稻米食品

大米制糖
　Y 制糖工艺

大米质量
　Y 大米品质

大片刨花板
　Y 刨花板

大牵伸
long draft
TS104
　S 牵伸*
　F 超大牵伸

大切绵机
　Y 丝纺织机械

大曲
　Y 大曲酒

大曲丢糟
　Y 丢糟

大曲酒
Daqu spirits
TS262
　D 大曲
　　绵竹大曲
　　石花大曲
　　叙府大曲
　　榆树大曲
　S 曲酒
　F 浓香型大曲酒
　　清香型大曲酒
　　中高温大曲
　C 酒曲

Z 白酒

大容量冰箱
　Y 冰箱

大容量纤维测试仪
large capacity fibre testing instrument
TS103
　S 纤维测试仪器
　Z 仪器仪表

大砂袋
　Y 砂袋

大蒜
garlic
TS255.5；TS264.3
　D 蒜
　　蒜粒
　S 天然香辛料
　F 蒜粉
　　蒜皮
　　蒜蓉
　　蒜渣
　　脱水蒜片
　C 大蒜提取物
　　洋葱
　Z 调味品

大蒜多糖
garlic polysaccharide
Q5；TS24
　S 碳水化合物*

大蒜加工
garlic processing
TS255.36
　S 果蔬加工
　Z 食品加工

大蒜精油
　Y 大蒜油

大蒜提取物
garlic extract
TS255.1
　S 天然食品提取物
　C 大蒜
　Z 提取物

大蒜脱臭
garlic deodorization
TS255.36
　S 除味
　Z 脱除

大蒜饮料
　Y 植物饮料

大蒜油
garlic oil
TS225.3；TS264
　D 大蒜精油
　　蒜油
　S 调味油
　C 蛋黄酱
　Z 粮油食品

大蒜制品
garlic products

TS255
　　S 蔬菜制品
　　Z 果蔬制品

大提花
　　Y 提花织物

大提花织物
　　Y 提花织物

大提花装饰布
　　Y 提花织物

大铁钳
　　Y 钳子

大筒径圆机
　　Y 针织大圆机

大筒径圆形针织机
　　Y 针织大圆机

大虾
giant prawn
TS254.2
　　S 虾类
　　Z 水产品

大香槟酒
　　Y 香槟

大芯板
　　Y 细木工板

大型扳手
　　Y 扳手

大型带锯
　　Y 细木工带锯机

大型发酵罐
　　Y 发酵罐

大型废弃物
　　Y 废弃物

大型化工装置
　　Y 化工装置

大型铝挤压机
　　Y 挤压设备

大型造纸机
　　Y 大型纸机

大型纸机
large paper machines
TS734
　　D 大型造纸机
　　S 造纸机
　　Z 造纸机械

大样板
　　Y 样板

大叶种茶
　　Y 茶

大叶种绿茶
　　Y 绿茶

大衣
overcoat
TS941.7
　　S 外衣
　　Z 服装

大衣柜
wardrobe
TS66；TU2
　　S 柜类家具
　　Z 家具

大衣呢
woollen overcoatings
TS136
　　D 拷花大衣呢
　　　平厚大衣呢
　　　银枪大衣呢
　　S 呢绒织物
　　F 顺毛大衣呢
　　C 花呢
　　Z 织物

大圆机
　　Y 针织大圆机

大枣
fructus jujubae
TS255.2
　　D 山西大枣
　　　陕西大枣
　　S 水果
　　F 红枣
　　Z 果蔬

大众食品
popular food
TS219
　　S 食品*

呆扳手
　　Y 扳手

傣族服饰
　　Y 民族服饰

代可可脂
cocoa butter substitute
TS224；TS225
　　D 类可可脂
　　S 可可脂
　　Z 油脂

代码*
code
TN91
　　D 传输码型
　　　码
　　　码长
　　　码型
　　　码制
　　F 电子监管码
　　　区位码
　　C 编码 →(3)(4)(7)
　　　代码安全 →(8)
　　　代码测试 →(8)
　　　代码技术 →(7)(8)
　　　代码优化 →(8)
　　　码转换 →(8)
　　　数据岛 →(8)
　　　误码 →(7)

代替品

　　Y 替代品

代用茶
substitutional tea
TS272.59
　　S 茶*

玳瑁
eretmochelys imbricata
TS934.5
　　D 瑇瑁
　　　十三棱
　　S 饰品*
　　C 珠宝

瑇瑁
　　Y 玳瑁

带电接头
　　Y 接头

带电作业工具
tools for live working
TS914.53
　　S 电工工具
　　Z 工具

带电作业检测试验设备
　　Y 试验设备

带锯
ribbon saw
TG7；TS64；TS914.54
　　S 锯
　　Z 工具

带锯床
　　Y 带锯机

带锯锉锯机
　　Y 锯机

带锯机
band sawing machine
TS642
　　D 带锯床
　　　带锯机床
　　　高速数控带锯床
　　　立式带锯床
　　　木工带锯机
　　　卧式带锯床
　　S 锯机
　　F 细木工带锯机
　　C 锯条 →(3)
　　Z 木工机械

带锯机床
　　Y 带锯机

带锯跑车
　　Y 细木工带锯机

带壳蛋
　　Y 鸡蛋

带壳鸡蛋
　　Y 鸡蛋

带模剪联合冲剪机
　　Y 剪切设备

带肉果汁

comminuted juice
TS255
　D 浆状果汁
　S 果汁
　Z 果蔬制品
　　 汁液

带肉果汁饮料
　Y 果肉饮料

带式扳手
　Y 扳手

带式砂光机
　Y 砂光机

带式洗浆机
　Y 洗浆机

带式压榨机
　Y 压榨机

带输送带洗涤机
　Y 洗涤设备

带纤维籽屑
bearded motes
TS101.97
　S 纤维疵点
　Z 纺织品缺陷

带线弯针机构
　Y 弯针机构

带形切割锯
　Y 锯

带液率
　Y 轧液率

带移动工作台锯板机
　Y 锯板机

带移动工作台木工锯板机
　Y 锯板机

带移动工作台木工圆锯机
　Y 圆锯机

带织物
narrow fabrics
TS106.77
　D 带状织物
　　 花式编带
　S 织物*
　F 编织带
　　 丝带
　　 松紧带
　　 腰带
　C 织带机

带状织物
　Y 带织物

带籽屑棉结
seed coat neps
TS101.97
　S 棉结
　Z 纺织品缺陷

带子纱
tape yarns

TS106.4
　S 花式纱线
　Z 纱线

待开发
　Y 开发

袋
　Y 包装袋

袋茶
　Y 袋泡茶

袋泡茶
tea bag
TS272.59
　D 保健袋泡茶
　　 袋茶
　　 复合袋泡茶
　　 新颖袋泡茶
　S 茶*

袋鼠皮
kangaroo skin
S；TS564
　S 动物皮
　Z 动物皮毛

袋装大米
　Y 大米

丹曲
　Y 红曲

单板
veneer
TS65；TS66
　D 半幅单板
　　 湿单板
　　 随机宽度单板
　　 鱼尾单板
　　 窄长单板
　　 整幅单板
　S 型材*
　F 高含水率单板
　　 红心单板
　　 厚单板
　　 木单板
　　 内层单板
　　 染色单板
　　 碎单板
　　 旋切单板
　　 竹单板

单板层积材
laminated veneer lumber
TS62
　D 薄板层积材
　　 单板层积木
　　 单板条层积材
　S 层积材
　Z 木材

单板层积木
　Y 单板层积材

单板封边
　Y 家具封边

单板干燥

veneer drying
TQ0；TS65
　S 木材干燥
　Z 干燥

单板锯
　Y 锯

单板密度
veneer density
TS61
　S 板材密度
　Z 密度

单板刨切机
veneer slicer
TS64
　S 胶合板机械
　C 刨切薄木
　Z 人造板机械

单板染色
veneer dyeing
TS65
　S 染色工艺*
　C 制板工艺

单板条层积材
　Y 单板层积材

单板贴面
　Y 贴面工艺

单板旋切机
　Y 旋切机

单壁瓦楞纸板
　Y 瓦楞原纸

单臂刨床
　Y 刨床

单薄层岩盐
thinly-bedded rock salt
TS36
　S 岩盐
　Z 盐

单材料纤维
　Y 单纤维

单层拉舍尔毛毯
　Y 拉舍尔毛毯

单层热压机
　Y 单层压机

单层毯
one layer blankets
TS106.76
　S 毯子*

单层压机
single drylight presses
TS64
　D 单层热压机
　S 热压机
　Z 人造板机械

单程拉幅机
　Y 拉幅机

单程留着率
single-pass retention rate
TS73；TS75
　S　留着率
　Z　比率

单程清棉机
　Y　清棉机

单吃线
　Y　纬编工艺

单枞茶
　Y　单丛茶

单丛茶
single bush tea
TS272.52
　D　单枞茶
　S　乌龙茶
　F　凤凰单丛茶
　　　岭头单丛茶
　Z　茶

单打手成卷机
　Y　清花成卷机

单刀切纸机
single cutter
TS735；TS88
　D　单横切装置切纸机
　S　切纸机
　Z　造纸机械

单导盘轧机
　Y　轧机

单道并条
single drawing
TS104.2
　S　并条
　Z　纺纱工艺

单冻
　Y　水产品加工

单根纱断裂负荷
　Y　单纱强力

单股纱
　Y　单纱

单管束容积式水加热器
　Y　热水器

单横切装置切纸机
　Y　单刀切纸机

单簧管
clarinet
TS953.32
　D　bB调单簧管
　　　黑管
　S　铜管乐器
　C　短笛
　Z　乐器

单机座轧机
　Y　轧机

单剪机
　Y　剪切设备

单件裁剪
　Y　裁剪

单经单纬产品
　Y　单经单纬织物

单经单纬织物
single warp and single weft fabrics
TS106.8
　D　单经单纬产品
　S　织物*

单晶冰糖
　Y　冰糖

单晶金刚石刀具
single crystal diamond cutting tool
TG7；TS914
　S　金刚石刀具
　Z　刀具

单晶体冰糖
　Y　冰糖

单开尾拉链
single split zipper
TS941.3
　S　拉链
　Z　服装附件

单料烟
unblended cigarettes
TS45
　S　香烟
　Z　烟草制品

单罗纹
　Y　罗纹组织

单罗纹机
　Y　罗纹机

单唛试纺
single test spinning
TS104.2
　S　试纺
　Z　纺纱工艺

单面白板纸
　Y　纸板

单面抽针罗纹织物
　Y　罗纹织物

单面大圆机
single knitting machine
TS183
　S　单面机
　　　针织大圆机
　Z　织造机械

单面钢领
　Y　钢领

单面机
single side machine
TS183.4
　S　纬编机
　F　单面大圆机
　Z　织造机械

单面紧固件

　Y　紧固件

单面经编
　Y　经编织物

单面经编织物
　Y　经编织物

单面卡其
　Y　卡其织物

单面木工压刨床
　Y　刨床

单面平针织物
　Y　单面针织物

单面提花圆纬机
　Y　单面圆纬机

单面提花织物
　Y　提花织物

单面添纱织物
　Y　纬编织物

单面凸结织物
　Y　单面针织物

单面瓦楞纸板
　Y　瓦楞原纸

单面纬编
　Y　纬编工艺

单面纬编衬垫织物
　Y　衬垫织物

单面纬编针织物
　Y　纬编织物

单面纬编织物
　Y　单面针织物

单面纬平针织物
　Y　纬编织物

单面压刨床
　Y　刨床

单面圆纬机
single circular knitting machine
TS183.4
　D　单面提花圆纬机
　　　单面圆型纬编机
　S　圆纬机
　C　提花机
　　　纬编机
　Z　织造机械

单面圆型纬编机
　Y　单面圆纬机

单面针织物
single jersey
TS186
　D　单面平针织物
　　　单面凸结织物
　　　单面纬编织物
　　　单面织物
　　　集圈型单面花式织物
　S　针织物*
　C　双面针织物

单面整理
single-side finishing
TS195
　S 纺织品整理
　Z 整理

单面织物
　Y 单面针织物

单胖织物
　Y 纬编织物

单皮鼓
　Y 鼓

单腔动作室
　Y 泵

单腔分泵
　Y 泵

单人沙发
single sofa
TS66；TU2
　S 沙发
　Z 家具

单刃
single-blade
TG7；TS914.212
　S 刀刃
　Z 工具结构

单刃刀具
single-point cutting tool
TG7；TS914
　S 刀具*
　F 圆头刀具
　　直头刀具

单色染色
　Y 同色染色

单纱
single yarn
TS106.4
　D 单股纱
　S 纱线*
　F 羊毛单纱
　C 股线
　　精纺

单纱断裂负荷
　Y 单纱强力

单纱断裂强力
　Y 单纱强力

单纱捻度
single twist
TS107
　S 纱线捻度
　Z 指标

单纱强度
　Y 单纱强力

单纱强力
single yarn strength
TS101；TS104
　D 单根纱断裂负荷

单纱断裂负荷
单纱断裂强力
单纱强度
单纱强力 CV 值
　S 纱线强力
　C 单纤维强力
　Z 强力

单纱强力 CV 值
　Y 单纱强力

单纱强力机
　Y 单纱强力仪

单纱强力仪
single end strength tester
TS103
　D 单纱强力机
　S 力学测量仪器*

单纱条干不匀率
single yarn irregularity
TS107
　D 短片段不匀率
　S 不匀率
　C 条干质量
　Z 比率

单纱织物
　Y 织物

单纱织造
single yarn weaving
TS105
　S 织造*

单饰面人造板
　Y 饰面人造板

单丝
monofilament
TQ34；TS102
　S 工业丝
　F 聚丙烯单丝
　　聚酯单丝
　C 复丝
　　原丝 →(9)
　Z 纤维制品

单丝上浆
　Y 上浆工艺

单丝纤度
　Y 纤度

单丝直径
filament diameter
TS101.921
　S 直径*

单台排锯
　Y 锯

单体香料
monomeric spice
TQ65；TS264.3
　D 香料单体
　S 香料
　Z 香精香料

单桶洗衣机

单头冰激凌机
　Y 冰淇淋机

单头呆扳手
　Y 双头呆扳手

单纤维
filament
TS102
　D 单材料纤维
　S 纤维*
　C 纤维束

单纤维强度
　Y 单纤维强力

单纤维强力
single fibre strength
TS101
　D 单纤维强度
　S 纤维强力
　F 单纤维中段强力
　C 单纱强力
　Z 强力

单纤维中段强力
single middle fiber strength
TS101.921
　S 单纤维强力
　Z 强力

单相织机
　Y 织机

单向压制
　Y 压制

单向织物
　Y 织物

单效蒸发装置
　Y 蒸发装置

单鞋
　Y 鞋

单牙双侧送布机构
single-tooth bilateral cloth feeding
mechanism
TS941.569
　S 单牙送布机构
　Z 缝制机械机构

单牙送布机构
single-tooth cloth feeding mechanism
TS941.569
　S 送布机构
　F 单牙双侧送布机构
　Z 缝制机械机构

单元*
unit
ZT6
　D 单元类型
　F 印花单元
　C 程序代码 →(8)
　　电源模块 →(7)
　　接收模块 →(7)
　　神经元 →(8)

单桶洗衣机
　Y 洗衣机

单元类型
　Y 单元

单张胶印机
　Y 单张纸胶印机

单张纸
　Y 纸张

单张纸凹印机
sheet-fed photogravure press
TS803.6
　S 凹印机
　Z 印刷机械

单张纸多色胶印机
　Y 单张纸胶印机

单张纸胶印机
sheet-fed offset press
TS803.6
　D 单张胶印机
　　单张纸多色胶印机
　　单张纸平版胶印机
　S 胶印机
　Z 印刷机械

单张纸平版胶印机
　Y 单张纸胶印机

单张纸柔印机
sheet-fed printing machine
TS803.6
　S 凹印机
　Z 印刷机械

单张纸双面印刷
　Y 双面印刷

单张纸印刷机
sheet-fed printing press
TS803.6
　S 印刷机
　Z 印刷机械

单针
single needle
TS941.63
　S 缝制工艺
　Z 服装工艺

单针单线链缝机
　Y 缝纫设备

单针双线链缝机
　Y 缝纫设备

单支重
　Y 单支重量

单支重量
single weight
TS4
　D 单支重
　S 重量*

单织轴
single loom beam
TS103.81；TS103.82
　S 织轴
　Z 织造器材

单轴攻丝机
　Y 攻丝机

单轴流开棉机
single axial flow opening machine
TS103.22
　S 开棉机
　Z 纺织机械

单轴向压制
　Y 压制

单轴压制
　Y 压制

单柱刨床
　Y 刨床

单柱平面铣床
　Y 平面铣床

胆酸盐
cholate
TS36
　S 酸式盐
　Z 盐

旦数
　Y 纤度

淡干
　Y 水产品加工

淡碱回收
weak alkali recovery
TS199；X7
　S 碱回收
　Z 回收

淡炼乳
　Y 炼乳

淡色啤酒
　Y 淡爽型啤酒

淡色油墨
　Y 油墨

淡爽啤酒
　Y 淡爽型啤酒

淡爽五星啤酒
　Y 淡爽型啤酒

淡爽型啤酒
light beer
TS262.59
　D 淡色啤酒
　　淡爽啤酒
　　淡爽五星啤酒
　S 啤酒
　Z 酒

淡水养殖珍珠
freshwater cultured pearl
TS933.2
　S 淡水珠
　　养殖珍珠
　Z 饰品材料

淡水鱼调味鱼干片
　Y 鱼品加工

淡水鱼加工
　Y 鱼品加工

淡水珠
fresh water pearl
TS933.2
　S 珍珠
　F 淡水养殖珍珠
　Z 饰品材料

弹药计数器
　计数器

弹子顶破强力
billiard bursting strength
TS101.923
　S 顶破
　Z 纺织品性能

弹子锁
spring lock
TS914
　S 机械锁
　Z 五金件

蛋*
egg
TS253
　D 蛋类食品
　　蛋品
　　蛋制品
　　禽蛋制品
　F 保健蛋
　　醋蛋
　　蛋粉
　　蛋黄
　　蛋壳
　　蛋清
　　碘蛋
　　卤蛋
　　皮蛋
　　禽蛋
　　鲜蛋
　　咸蛋
　　液蛋
　　再制蛋
　　糟蛋
　C 低胆固醇食品
　　食品

蛋白
　Y 蛋白质

蛋白变性
　Y 蛋白质变性

蛋白发泡粉
protein foam powder
TS211.2
　S 发泡粉
　Z 粮食

蛋白废水
　Y 大豆蛋白废水

蛋白粉*
albumen powder
TS202.1
　D 高蛋白粉
　　乳蛋白粉

饲料蛋白粉
脱脂麦胚蛋白粉
小麦蛋白粉
营养蛋白粉
F 蓖麻蛋白粉
大豆蛋白粉
大米蛋白粉
花生蛋白粉
水解蛋白粉
鱼蛋白粉
玉米蛋白粉
猪脑蛋白粉
猪血球蛋白粉
C 蛋白质

蛋白含量
protein level
Q5；TS201.21
D 胶原蛋白含量
S 含量*

蛋白回收
Y 蛋白质回收

蛋白回收率
protein recovery rate
TS20
D 蛋白质回收率
S 回收率*

蛋白酶 A 抑制剂
protease A inhibitor
TS202.3
S 酶制剂*
微生物抑制剂
Z 抑制剂

蛋白酶处理
protease treatment
TS190
D 蛋白酶预处理
S 酶处理
Z 处理

蛋白酶预处理
Y 蛋白酶处理

蛋白膜
protein film
TS201.21
S 可食膜
F 大豆蛋白膜
亲水蛋白膜
小麦蛋白膜
玉米醇溶蛋白膜
玉米蛋白保鲜膜
Z 膜

蛋白奶
albumin milk
TS252.59
D 茶籽蛋白奶
高蛋白奶
花生蛋白奶
植物蛋白奶
S 乳制品*

蛋白奶茶
Y 奶茶

蛋白热变性
protein thermal denature
Q；TS201.21
S 蛋白质变性
Z 变性
化学性质

蛋白溶解性
protein solubility
TS201.21
D 蛋白质溶解性
S 理化性质*

蛋白食品
Y 保健食品

蛋白水解指数
proteolysis index
Q5；TS201.2
S 指数*
F 蛋黄指数

蛋白肽
protein peptide
TQ93；TS201.2
S 肽*
F 大豆蛋白肽
富硒菜籽蛋白肽
鸡肉蛋白肽

蛋白纤维
Y 蛋白质纤维

蛋白饮料
protein drink
TS27
D 花生蛋白饮料
酸性蛋白饮料
S 饮料*
F 多肽饮料
复合蛋白饮料
乳饮料
植物蛋白饮料

蛋白营养
protein nutrition
R；TS201
S 营养*

蛋白质*
protein
Q5；TQ46
D 蛋白
F 伴大豆球蛋白
菜籽分离蛋白
菜籽浓缩蛋白
大豆分离蛋白
大豆浓缩蛋白
大豆球蛋白
大米分离蛋白
大米浓缩蛋白
动物蛋白
改性大豆蛋白
花生分离蛋白
肌动球蛋白
绿豆分离蛋白
酶溶性胶原蛋白
米糠可溶性蛋白
啤酒蛋白

乳清分离蛋白
乳清浓缩蛋白
食用蛋白
植物蛋白
C 蛋白粉
功能特性 →(1)
奶粉
渗析 →(9)
营养成分
有机质

蛋白质变性
protein denaturation
TS201.21
D 蛋白变性
S 变性*
化学性质*
F 蛋白热变性
蛋白质冷冻变性

蛋白质测定
protein determination
TS207
S 测定*

蛋白质回收
protein recovery
TS209；X7
D 蛋白回收
S 回收*

蛋白质回收率
Y 蛋白回收率

蛋白质浆料
protein size
TS105.2
S 浆料*

蛋白质冷冻变性
protein freeze denaturalization
S；TS201.21
S 蛋白质变性
热学性能*
Z 变性
化学性质

蛋白质溶解性
Y 蛋白溶解性

蛋白质食品
Y 保健食品

蛋白质脱除
Y 脱蛋白

蛋白质纤维
protein fiber
TS102
D 蛋白纤维
角蛋白纤维
新型蛋白纤维
S 纤维*
C 再生蛋白质纤维

蛋白质纤维染色
Y 纤维染色

蛋白质纤维织物
Y 机织物

蛋白质质量
protein quality
Q5；TS207.7
　　S 食品质量*

蛋粉
desiccated eggs
TS253.4
　　S 蛋*
　　F 蛋黄粉
　　　全蛋粉

蛋糕
cake
TS213.23
　　D 蛋糕制品
　　S 西点
　　F 低糖蛋糕
　　　海绵蛋糕
　　　清蛋糕
　　Z 糕点

蛋糕粉
cake mix
TS211.2
　　D 蛋糕专用粉
　　S 食品专用粉
　　Z 粮食

蛋糕品质
　　Y 面包质量

蛋糕乳化剂
　　Y 食品乳化剂

蛋糕油
cake oil
TS22
　　S 食用油
　　Z 粮油食品

蛋糕制品
　　Y 蛋糕

蛋糕制作
cake baking
TS972.132
　　S 面点制作
　　Z 食品加工

蛋糕专用粉
　　Y 蛋糕粉

蛋黄
yolk
TS253.4
　　D 鸡蛋蛋黄
　　S 蛋*

蛋黄粉
dried egg yolk
TS253.4
　　S 蛋粉
　　C 蛋黄油
　　Z 蛋

蛋黄酱
mayonnaise
TS264
　　S 酱*

　　C 大蒜油
　　　配方

蛋黄免疫球蛋白
egg yolk immunogbulins
Q5；TS201.21
　　S 鸡蛋白
　　Z 蛋白质

蛋黄派
vitellus-pie
TS213.23
　　S 中式糕点
　　Z 糕点

蛋黄油
egg oil
TS22
　　S 食用油
　　C 蛋黄粉
　　Z 粮油食品

蛋黄指数
yolk index
S；TS253
　　S 蛋白水解指数
　　C 咸鸭蛋
　　Z 指数

蛋卷
eggroll
TS972.14
　　S 小吃*

蛋壳
eggshell
TS253.4
　　S 蛋*

蛋类食品
　　Y 蛋

蛋奶
egg milk
TS252.59
　　D 鸡蛋奶
　　S 乳制品*
　　F 发酵蛋奶

蛋品
　　Y 蛋

蛋品加工
egg processing
TS253.4
　　D 鸡蛋加工
　　　禽蛋加工
　　S 食品加工*
　　F 皮蛋加工

蛋清
egg albumen
TS253.4
　　D 蛋清液
　　S 蛋*
　　F 鸡蛋清

蛋清蛋白
egg white protein
Q5；TS201.21

　　D 蛋清蛋白质
　　S 鸡蛋白
　　Z 蛋白质

蛋清蛋白质
　　Y 蛋清蛋白

蛋清粉
egg white powder
R；TS253.4
　　S 食用粉*

蛋清液
　　Y 蛋清

蛋制品
　　Y 蛋

氮测定
　　Y 氮含量测定

氮含量测定
determination of nitrogen content
TQ44；TS207
　　D 氮测定
　　S 测定*

氮化硅陶瓷刀具
silicon nitride ceramic cutter
TG7；TS914
　　S 陶瓷刀具
　　Z 刀具

氮化硼纤维
boron nitride fiber
TQ34；TS102
　　S 硼纤维
　　Z 纤维

氮回收率
nitrogen recovery
TS201.21
　　S 回收率*

氮溶解指数
nitrogen solubility index
TS207
　　D 氮溶指数
　　S 指数*
　　C 大豆多肽
　　　大豆浓缩蛋白
　　　起泡性 →(2)(9)
　　　乳清蛋白
　　　水解
　　　猪血红蛋白

氮溶指数
　　Y 氮溶解指数

当归牛脯
　　Y 牛肉脯

当量深度
　　Y 深度

当门子
　　Y 麝香

裆部
　　Y 裤裆

裆宽

crotch width
TS941.61
  S 裤裆
  Z 服装结构

档弯
crotch bend
TS941.61
  S 裤裆
  Z 服装结构

挡车工
operating personnel
TS1
  S 人员*

挡圈钳
  Y 钳子

挡销结构
  Y 机械结构

档案纸
archival paper
TS761.1
  S 文化用纸
  Z 办公用品
    纸张

刀
  Y 刀具

刀把
  Y 刀柄

刀板
knife board
TG7；TS914.212
  S 刀具结构
  Z 工具结构

刀柄
knife handle
TG7；TS914.212
  D 刀把
  S 刀具结构
  Z 工具结构

刀槽
tool slot
TG7；TS914.212
  S 刀具结构
  F 窄退刀槽
  Z 工具结构

刀叉
knife and fork
TS972.23
  D 叉子
  S 餐具
  Z 厨具

刀齿
cutter teeth
TG7；TS914.212
  D 刀齿侧面
    刀齿廓形
    刀形齿
    刀形截齿
  S 刀具结构

  Z 工具结构

刀齿侧面
  Y 刀齿

刀齿廓形
  Y 刀齿

刀锋
  Y 刀刃

刀杆
toolholder
TG7；TS914.212
  S 刀具结构
  F 防振刀杆
  Z 工具结构

刀尖
nose of tool
TG7；TS914.212
  D 刀尖半径
    刀尖点
    刀尖方位
    刀尖轨迹
  S 刀具结构
  Z 工具结构

刀尖半径
  Y 刀尖

刀尖点
  Y 刀尖

刀尖方位
  Y 刀尖

刀尖轨迹
  Y 刀尖

刀尖圆弧过渡刃
  Y 刀刃

刀剪
  Y 剪刀

刀具*
cutter
TG7；TS914
  D 刀
    刀具系统
    切割刀具
    刃具
  F 标准刀具
    铲刀
    超硬刀具
    单刃刀具
    倒角刀
    多齿刀具
    复合刀具
    复杂形状刀具
    钢刀
    刮刀
    基准刀
    金刚石刀具
    可转位刀具
    孔加工刀具
    绿色刀具
    螺旋刀
    模切刀

    木工刀具
    切槽刀
    切断刀
    球头刀
    球形刀
    日用刀具
    圆盘刀
    专用刀具
    组合刀具
  C 刀具材料 →(3)
    刀具管理 →(3)
    刀具技术 →(3)
    刀具结构
    刀具质量 →(3)
    刀具组件 →(3)
    机床
    机床工具 →(3)
    尖端半径 →(3)
    剪切机 →(3)
    锯
    磨具 →(3)(4)
    刨削 →(3)
    切削
    刃磨 →(3)
    手工具
    钻头 →(2)(3)

刀具接头
  Y 接头

刀具结构
cutting tool structure
TG7；TS914.212
  S 工具结构*
  F 刀板
    刀柄
    刀槽
    刀齿
    刀杆
    刀尖
    刀面
    刀片
    刀刃
    刀体
    刀头
  C 刀具
    刀具技术 →(3)
    刀具形状 →(3)
    切削参数 →(3)

刀具快换接头
  Y 接头

刀具系统
  Y 刀具

刀口卷曲法变形纱
  Y 变形纱

刀面
knife face
TG7；TS914.212
  S 刀具结构
  F 后刀面
    前刀面
  Z 工具结构

刀片
tool tip

导角
guiding angle
TS104
　S 角*
　F 导程角

导流型半容积式水加热器
　Y 热水器

导流型容积式水加热器
　Y 热水器

导热传热
　Y 传热

导热排汗
　Y 吸湿速干性能

导热排汗性
　Y 吸湿速干性能

导纱板
　Y 导纱机构

导纱杆
　Y 导纱机构

导纱辊
　Y 导纱机构

导纱机构
yarn guiding mechanism
TS103.11
　D 导纱板
　　导纱杆
　　导纱辊
　　导纱机件
　　导纱轮
　　导纱器托架
　　导纱装置
　　导丝机构
　S 纺纱机构
　F 拨叉导丝机构
　C 导纱器
　　络纱机
　　整经机
　Z 纺织机构

导纱机件
　Y 导纱机构

导纱轮
　Y 导纱机构

导纱器
yarn guide
TS103.82
　D 导丝器
　　导条器
　S 纺织器材*
　C 导纱机构
　　络纱机
　　络筒机
　　梳栉
　　针织机

导纱器托架
　Y 导纱机构

导纱装置
　Y 导纱机构

导湿
　Y 导湿性

导湿涤纶纤维
conduct wet polyester fibers
TQ34；TS102.528
　S 功能性涤纶
　　吸湿排汗纤维
　Z 纤维

导湿快干
　Y 导湿性

导湿速率
　Y 导湿性

导湿纤维
　Y 吸湿排汗纤维

导湿性
wet permeability
TS101
　D 导湿
　　导湿快干
　　导湿速率
　　导湿性能
　S 物理性能*
　F 定向导湿
　　高导湿

导湿性能
　Y 导湿性

导湿织物
　Y 功能纺织品

导水纤维
　Y 吸湿排汗纤维

导丝机构
　Y 导纱机构

导丝器
　Y 导纱器

导条辊
　Y 导条装置

导条架
　Y 导条装置

导条器
　Y 导纱器

导条装置
conducting bar devices
TS103.11
　D 导条辊
　　导条架
　S 纺纱机构
　Z 纺织机构

导向接头
　Y 接头

导叶传动机构
　Y 传动装置

导纸辊
sheet guide roller
TH13；TS73
　S 纸辊

Z 辊

倒尺
　Y 尺

倒伏量
gradient data
TS941.6
　S 放缝量
　C 翻领松量
　Z 数量

倒角刀
chamfer cutter
TG7；TS914
　D 齿轮倒角刀
　S 刀具*

倒角刃
　Y 刀刃

倒圆切削刃
　Y 切削刃

倒光
dulling
TS66
　D 失光
　S 光学性质*

倒扣接头
　Y 接头

道钉灯
spike lamp
TM92；TS956
　S 交通灯
　　路灯
　Z 灯
　　交通设施

道夫
doffers
TS103.81
　S 分梳元件
　C 道夫传动系统
　　梳棉机
　Z 纺纱器材

道夫齿条
　Y 道夫针布

道夫传动系统
doffer drive system
TS103
　S 传动系统*
　C 道夫

道夫防轧装置
　Y 棉网清洁器

道夫速度
doffer speed
TS104.2
　D 道夫转速
　S 梳棉速度
　Z 加工速度

道夫针布
doffer wire
TS103.82

D 道夫齿条
S 针布
Z 纺纱器材

道夫转速
Y 道夫速度

道夫转移率
doffer transfer ratio
TS11
S 比率*
C 梳棉工艺

道路灯具
Y 路灯

道路划线车
Y 划线机

道筒
Y 打击乐器

稻草浆
rice straw pulp
TS749.2
S 草浆
F 碱法稻草浆
漂白草浆
Z 浆液

稻草浆黑液
rice straw black liquor
TS749.2；X7
S 草浆黑液
Z 废液

稻草刨花板
rice-straw particleboard
TS62
S 刨花板
Z 木材

稻草碎料板
rice-straw particle boards
TS62
S 刨花板
Z 木材

稻谷
rough rice
TS210.2
D 谷物
粮谷
S 谷类
F 杂交稻谷
C 米糠
脂肪酸值
Z 粮食

稻谷加工
Y 稻米加工

稻谷加工厂
Y 米厂

稻谷加工副产品
rice processing by-products
TS210.9
S 粮食副产品
Z 副产品

稻谷质量
rice quality
TS210.7
S 原粮品质
Z 产品质量

稻秸人造板
rice straw artificial boards
TS62
S 秸秆人造板
Z 木材

稻壳粉
powdered rice hull
TS210.9
S 谷物粉
Z 粮油食品

稻壳-木材复合材料
rise husk-wood composites
TS62
S 木质复合材料
Z 复合材料

稻米
Y 大米

稻米标准
rice standards
TS207
D 大米标准
S 粮食标准
C 大米
稻米食品
Z 标准

稻米蛋白
Y 大米蛋白

稻米淀粉
rice starch
TS235.1
D 大米淀粉
米淀粉
S 谷物淀粉
F 大米直链淀粉
糯米淀粉
籼米淀粉
Z 淀粉

稻米加工
rice producing
TS212
D 稻谷加工
S 粮食加工
F 大米加工
浸米
冷米抛光
砻谷
碾米
配米
Z 农产品加工

稻米食品
rice product
TS213
D 大米食品
大米制品
大米制食品
稻米制品
稻米制食品
米制品
米制食品
S 谷物食品
F 糙米食品
炒米
谷物粉
米果
米糠食品
米线
C 稻米标准
Z 粮油食品

稻米制品
Y 稻米食品

稻米制食品
Y 稻米食品

稻米籽粒
paddy rice grain
TS202.1
S 植物菜籽*
C 挤压特性

得率
Y 收率

得色量
tinctorial yield
TS194
D 给色量
S 数量*
F 表观得色量

得色率
Y 上染率

得色深度
Y 染色深度

德昂族服饰
Y 民族服饰

德国祖克浆纱机
Y 祖克浆纱机

灯*
lamp
TM92；TS956
D 灯管
灯泡
电灯
电灯泡
电珠
普通照明灯泡
照明灯
照明灯泡
F 安全灯
白炽灯
壁灯
标准灯
长明灯
车灯
臭氧灯
等离子灯
电脑灯
电热油灯
电子灯

吊灯
调光灯
发光灯
放电型前照灯
感应灯
格栅灯
汞灯
光源灯
航行灯
红外线灯
弧灯
激光灯
金属卤化物灯
矿灯
卤素灯
路灯
落地灯
钠灯
氖灯
霓虹灯
晒图灯
闪光灯
石英灯
隧道灯
台灯
太阳能灯
探照灯
筒灯
微波硫灯
微型灯
尾灯
卫生用灯
文化艺术用灯
无极灯
吸顶灯
氙灯
信号灯
夜光灯
阴极灯
铟灯
荧光高压汞灯
真空灯
准分子灯
紫外线灯
自控灯
　C 灯光控制器 →(5)
　　灯具
　　灯丝 →(3)(5)
　　灯丝温度 →(1)
　　照明 →(1)(2)(4)(5)(6)(7)(11)(12)(13)
　　照明光源 →(5)(11)
　　照明设备
　　照明系统 →(11)

灯管
　Y 灯

灯光装置
　Y 照明设备

灯具*
lamp
TS956.2
　D 照明灯具
　F 高效灯具
　　家用灯具
　　室外灯具

手电筒
陶瓷灯具
　C 灯
　　灯光 →(11)

灯具制造机械
　Y 制灯机械

灯笼
glim
TS95；U6
　S 文化艺术用灯
　F 走马灯
　Z 灯

灯笼椒
bell pepper
TS255.2
　S 辣椒
　Z 果蔬

灯笼裤
　Y 裤装

灯泡
　Y 灯

灯饰
illuminations
TS934.5
　S 饰品*

灯箱
lamphouse
TS802
　S 附件*
　F 灯箱布

灯箱布
lamp-box fabric
TS107
　S 灯箱
　Z 附件

灯芯绒
corduroy
TS106.87
　D 超柔软灯芯绒
　　纯棉灯芯绒
　　弹力灯芯绒
　　灯芯绒织物
　　灯芯条
　　灯芯条织物
　　风格测试灯芯绒
　　麻棉弹力灯芯绒
　　霜花灯芯绒
　　特细条灯芯绒
　　细条灯芯绒
　　印花灯芯绒
　S 绒面织物
　Z 织物

灯芯绒织物
　Y 灯芯绒

灯芯绒组织
　Y 织物组织

灯芯条
　Y 灯芯绒

灯芯条织物
　Y 灯芯绒

灯罩
lamp shade
TS956
　S 附件*

登山裤
　Y 裤装

登山鞋
　Y 鞋

登云履
　Y 鞋

等规聚丙烯纤维
　Y 聚丙烯纤维

等级*
grade
ZT72
　D 级别
　F 平整度等级
　　食品级
　　烟叶等级
　C 品位 →(1)(2)(3)(11)

等级豆粕
　Y 豆粕

等级粉
grade flour
TS211.2
　D 等级面粉
　　面粉等级
　S 面粉
　F 标准粉
　　低筋粉
　　高筋面粉
　　精粉
　　特一粉
　　中筋粉
　Z 粮食

等级粉生产
grade flour production
TS211.4
　S 面粉加工
　Z 农产品加工

等级划分
　Y 分级

等级米
　Y 大米

等级面粉
　Y 等级粉

等离子灯
plasma lighting
TM92；TS956
　S 灯*

等离子体预处理
plasma pretreatment
TS19
　S 预处理*

等温染色
　　Y 常规染色

等压压实
　　Y 压实

等折白砂糖产糖率
　　Y 产糖率

等折白砂糖
　　Y 白糖

低 DE 值麦芽糊精
low DE maltodextrins
TS23
　　S 麦芽糊精
　　Z 糊料

低比例羊毛
　　Y 羊毛

低变性脱脂豆粕
low denatured defatted soybean meal
TS209
　　S 变性脱脂豆粕
　　Z 粕

低纯废液
　　Y 废液

低醇黄酒
　　Y 低度黄酒

低醇啤酒
low-alcohol beer
TS262.59
　　D 低度啤酒
　　S 啤酒
　　F 无醇啤酒
　　Z 酒

低醇葡萄酒
low-alcohol wine
TS262.61
　　S 低度酒
　　　葡萄酒*
　　Z 酒

低次烟叶
sand leaf
TS42
　　D 黑糖烟
　　　坏烟叶
　　　脚叶
　　　桐叶
　　S 烟叶
　　F 废次烟叶
　　Z 卷烟材料

低胆固醇食品
low cholesterol food
TS219
　　S 食品*
　　C 蛋

低蛋白馒头
low protein steamed bread
TS972.132
　　S 馒头
　　Z 主食

低档茶
　　Y 茶

低档卷烟
low-grade cigarettes
TS45
　　S 卷烟
　　Z 烟草制品

低档绿茶
　　Y 绿茶

低定量涂布原纸
low weight coated base paper
TS762.2
　　S 轻量涂布纸
　　　原纸
　　Z 纸张

低定量涂布纸
　　Y 轻量涂布纸

低定量新闻纸
low weight newsprint paper
TS761.2
　　S 新闻纸
　　Z 纸张

低定量纸
　　Y 薄页纸

低定量纸张
　　Y 薄页纸

低毒硫磷
　　Y 农药残留物

低度白酒
low-alcohol liquor
TS262.39
　　D 降度白酒
　　S 白酒*
　　　低度酒
　　F 低度浓香型白酒
　　Z 酒

低度黄酒
low alcohol rice wine
TS262.4
　　D 低醇黄酒
　　S 黄酒
　　Z 酒

低度酒
mild wine
TS262
　　S 酒*
　　F 低醇葡萄酒
　　　低度白酒

低度浓香型白酒
low-alcohol luzhou-flavor liquor
TS262.31
　　D 浓香型低度白酒
　　S 低度白酒
　　　浓香型白酒
　　Z 白酒
　　　酒

低度啤酒
　　Y 低醇啤酒

低酚棉籽
　　Y 棉籽

低酚棉籽蛋白
low gossypoll cottonseed protein
Q5；TQ46；TS201.21
　　S 棉籽蛋白
　　Z 蛋白质

低铬染色
　　Y 低温染色

低给液染整
low liquor dyeing and finishing
TS190.6
　　S 染整*

低过敏大米
hypoallergenic rice
TS210.2
　　D 低过敏米
　　S 功能稻米
　　Z 粮食

低过敏米
　　Y 低过敏大米

低过敏食品
hypoallergenic foods
TS219
　　S 食品*

低级棉
dead cotton
TS102.21
　　D 拔杆棉
　　　剥桃棉
　　　不成熟纤维
　　　粗绒棉
　　　过成熟纤维
　　　厚壁纤维
　　　活僵
　　　僵瓣棉
　　　僵瓣棉花
　　　僵棉
　　　全僵
　　　死僵
　　　微僵
　　S 棉纤维
　　F 含糖棉
　　　霜黄棉
　　C 成熟度　→(1)
　　　棉结
　　Z 天然纤维

低甲醛整理剂
low-formaldehyde finishing agent
TS195.2
　　S 无甲醛整理剂
　　Z 整理剂

低甲氧基果胶
low methoxyl pectin
TS20
　　S 胶*

低焦油混合型卷烟
low tar blended cigarette
TS452
　　D 低焦油混合烟

S 低危害卷烟
Z 烟草制品

低焦油混合烟
Y 低焦油混合型卷烟

低焦油卷烟
Y 低危害卷烟

低芥酸低硫甙油菜籽
Y 双低油菜籽

低筋粉
weak strength flour
TS211.2
S 等级粉
Z 粮食

低筋粉馒头
low gluten flour steamed bread
TS972.132
S 馒头
Z 主食

低聚果糖
fructooligosaccharide
Q5；TS213；TS24
D 果糖低聚糖
蔗果低聚糖
S 功能性低聚糖
果糖
F 低聚乳果糖
C 麦麸膳食纤维
Z 碳水化合物

低聚龙胆糖
gentiooligosaccharide
Q5；TS24
S 功能性低聚糖
Z 碳水化合物

低聚乳果糖
lactosucrose
Q5；TS24
D 乳蔗糖
S 低聚果糖
Z 碳水化合物

低聚异麦芽糖
isomaltooligosaccharide
Q5；TS24
D 异麦芽低聚糖
S 麦芽低聚糖
Z 碳水化合物

低硫燃料油
low sulfur fuel oil
TE6；TQ51；TS22
S 燃料*
油品*

低密度纤维板
low density fiberboard
TS62
S 纤维板
Z 木材

低钠盐
low sodium salt
TS264.2；TS365

S 保健盐
Z 食盐

低捻纱
undertwisted yarn
TS106.4
S 纱线*

低浓度啤酒
Y 低浓啤酒

低浓浆泵
low consistency stock pump
TS733
S 泵*
纸浆泵
Z 制浆设备

低浓啤酒
low gravity beer
TS262.59
D 低浓度啤酒
S 啤酒
Z 酒

低气压汞灯
Y 低压汞灯

低强匹配接头
Y 接头

低取代度阳离子淀粉
low substituted cationic starch
TS235
S 阳离子淀粉
Z 淀粉

低取向丝
Y 复丝

低热量食品
low calorie food
TS219
S 食品*

低热量甜味剂
Y 低热甜味剂

低热甜味剂
low-calorie sweetener
TS202；TS245
D 低热量甜味剂
S 甜味剂
Z 增效剂

低熔点纤维
light melting fiber
TS102
S 纤维*

低乳糖
low lactose
Q5；TS24
S 乳糖
Z 碳水化合物

低乳糖奶
low lactose milk
TS252.59
D 低乳糖乳
低乳糖乳制品

S 乳制品*
F 低乳糖牛奶

低乳糖奶粉
low lactose milk powders
TS252.51
S 奶粉
Z 乳制品

低乳糖牛奶
low-lactose milk
TS252.59
D 低乳糖牛乳
S 低乳糖奶
F 低乳糖酸奶
Z 乳制品

低乳糖牛乳
Y 低乳糖牛奶

低乳糖乳
Y 低乳糖奶

低乳糖乳制品
Y 低乳糖奶

低乳糖酸奶
low-lactose yogurt
TS252.59
S 低乳糖牛奶
酸奶
Z 发酵产品
乳制品

低水平计数器
Y 计数器

低速平衡
Y 平衡

低糖蛋糕
low sugar cake
TS213.23
S 蛋糕
Z 糕点

低糖冬瓜果酱
Y 果酱

低糖果脯
low-sugar preserved fruit
TS255
S 果脯
Z 果蔬制品

低糖果酱
low sugar jam
TS255.43；TS264
D 低糖青梅果酱
低糖人参果酱
S 果酱
Z 酱

低糖青梅果酱
Y 低糖果酱

低糖人参果酱
Y 低糖果酱

低糖饮料
diet drink

TS27
　　S 饮料*

低危害卷烟
low hazard cigarette
TS452
　　D 低焦油卷烟
　　S 卷烟
　　F 低焦油混合型卷烟
　　Z 烟草制品

低温保鲜
low temperature preservation
TS205
　　S 保鲜*

低温储存
cryogenic storage
TB4；TS205
　　D 低温贮存
　　S 存储*
　　C 低温冷藏柜 →(1)(5)

低温促染剂
low temperature dyeing assistant
TS193
　　D 低温染色助剂
　　S 促染剂
　　C 低温染色
　　Z 助剂

低温大豆粕
　　Y 低温豆粕

低温低铬染色
　　Y 低温染色

低温吊黄烘烤
　　Y 烟叶烘烤

低温定形
　　Y 定形整理

低温豆粕
low temperature soy meal used
TS209
　　D 低温大豆粕
　　S 豆粕
　　F 低温脱溶豆粕
　　Z 粕

低温火腿
cold ham
TS205.2；TS251.59
　　D 低温火腿肉
　　　低温圆火腿
　　S 低温肉制品
　　　火腿
　　C 酵母味素
　　　灭菌温度 →(1)
　　Z 肉制品
　　　腌制食品

低温火腿肠
　　Y 火腿

低温火腿肉
　　Y 低温火腿

低温交联
low temperature crosslinking

TS190
　　S 交联*

低温精练
low temperature scouring
TS192.5
　　S 精练
　　Z 练漂

低温控制
low temperature control
TS205.7
　　S 温湿度控制*

低温快干
low-temperature quick-dry
TS195
　　S 干燥*
　　C 氨基漆 →(9)
　　　低温萃取 →(9)
　　　低温电镀 →(9)
　　　低温固化 →(9)
　　　快干腻子 →(9)

低温慢变黄
TS4
　　S 变色*

低温牛肉制品
　　Y 酱牛肉

低温浓缩
cryoconcentration
TQ0；TS205.4
　　S 浓缩*
　　F 食品冰冻浓缩

低温漂白
low temperature bleaching
TS192.5
　　S 漂白*

低温染色
low temperature dyeing
TS193
　　D 低铬染色
　　　低温低铬染色
　　　冷染
　　S 染色工艺*
　　C 低温促染剂

低温染色助剂
　　Y 低温促染剂

低温肉制品
low-temperature meat production
TS251.5
　　S 肉制品*
　　F 低温火腿

低温脱墨
low temperature deinking
TS74
　　S 脱墨*

低温脱溶豆粕
low temperature desolation soy meal
TS209
　　S 低温豆粕
　　Z 粕

低温脱脂
degreasing in low temperature
TS205
　　S 脱脂
　　Z 脱除

低温脱脂豆粉
baking soybean flour
TS214
　　S 脱脂豆粉
　　Z 豆制品

低温圆火腿
　　Y 低温火腿

低温真空油炸
　　Y 真空低温油炸

低温真空油炸技术
　　Y 真空低温油炸

低温蒸煮
low-temperature steam-cook
TS261
　　S 蒸煮*

低温制曲
low temperature koji making
TS26
　　S 制曲*

低温贮存
　　Y 低温储存

低压电器产品
　　Y 电气产品

低压短周期
low pressure short-cycle
TS6
　　S 周期*

低压汞灯
low-pressure mercury lamp
TM92；TS956
　　D 低气压汞灯
　　　低压汞-稀有气体放电灯
　　S 汞灯
　　Z 灯

低压汞-稀有气体放电灯
　　Y 低压汞灯

低压卤钨灯
low-voltage tungsten halogen lamp
TM92；TS956
　　S 卤钨灯
　　Z 灯

低压钠灯
low pressure sodium lamp
TM92；TS956
　　S 钠灯
　　Z 灯

低压闪光灯
low voltage flash lamp
TM92；TS956
　　S 闪光灯
　　Z 灯

低压贮藏
　　Y 减压贮藏

低盐固态发酵
low-salt and solid-state fermentation
TS264
　　D 固态低盐发酵法
　　S 发酵*

低盐固态发酵酱油
　　Y 低盐固态酱油

低盐固态酱油
low salt solid soy sauce
TS264.21
　　D 低盐固态发酵酱油
　　S 低盐酱油
　　　固态酱油
　　Z 酱油

低盐酱菜
low salt pickled vegetables
TS255
　　S 酱菜
　　Z 果蔬制品

低盐酱油
low salt soy sauce
TS264.21
　　S 酱油*
　　F 低盐固态酱油

低盐腊肉
low-salt bacon
TS205.2；TS251.59
　　D 腊鸡腿
　　　腊晾肉
　　　腊鹿肉
　　　腊乳猪
　　　腊兔
　　　腊香鸡
　　　腊香兔肉
　　　腊羊肉
　　　腊汁肉
　　　琵琶腊鸡
　　　五香腊鸡腿
　　　西安腊牛羊肉
　　　腌腊牛肉
　　　腌腊肉
　　　腌腊肉鸡制品
　　　野猪腊肉
　　S 腊肉制品
　　Z 肉制品
　　　腌制食品

低盐染色
low salt dyeing
TS193
　　S 染色工艺*

低盐食物
low-salt food
TS219
　　D 低盐制品
　　S 食品*

低盐腌制
low-salt curing
TS972.113

　　S 腌制
　　Z 烹饪工艺

低盐制品
　　Y 低盐食物

低腰连衣裙
　　Y 连衣裙

低音大管
　　Y 短笛

低音单簧管
　　Y 短笛

低音号
　　Y 铜管乐器

低音胡琴
　　Y 弦乐器

低音提琴
　　Y 弦乐器

低硬度 NaOH-AQ 浆
Low hardness NaOH-AQ slurry
TS749
　　S 碱法浆
　　Z 浆液

低硬度胶辊
　　Y 软胶辊

低浴比
　　Y 小浴比染色

低脂 Mozzarella 干酪
　　Y Mozzarella 干酪

低脂肪
low fat
TS207
　　S 脂肪含量
　　Z 含量

低脂肉制品
low fat meat products
TS251.5
　　S 肉制品*

低脂食品
low fat food
TS219
　　S 食品*

低脂玉米粉
low fat maize flour
TS211
　　S 玉米粉
　　Z 粮油食品

低值水产品
low-value aquatic products
TS254
　　S 水产品*
　　F 低值鱼

低值鱼
offal fish
TS254.2
　　D 下脚鱼
　　S 低值水产品

　　　鱼
　　Z 水产品

低酯果胶
lowester pectin
TS20
　　S 胶*

低质白酒
poor quality liquor
TS262.39
　　S 白酒*

滴胶机
　　Y 涂胶机

滴塑
plastic drop
TS8
　　Y 凝胶

镝灯
dysprosium lamp
TM92；TS956
　　S 金属卤化物灯
　　Z 灯

鞮
　　Y 鞋

狄塞尔轧机
　　Y 轧机

迪尼玛绳
Dyneema string
TS106.5
　　S 绳索*

涤/棉织物
　　Y 涤棉织物

涤/粘细布
polyester/viscose fine cloth
TS106.8
　　S 涤粘织物
　　Z 混纺织物

涤氨弹力针织物
polyester/polyurethane knitted elastic fabric
TS186.8
　　S 弹性针织物
　　Z 针织物
　　　织物

涤氨交织物
　　Y 涤混纺织物

涤丙混纺织物
　　Y 涤混纺织物

涤丙交织物
　　Y 涤混纺织物

涤玻绳
　　Y 玻璃纤维绳

涤长丝
　　Y 涤纶长丝

涤富混纺织物
　　Y 涤混纺织物

涤盖棉

cotton-cirded polyester fasciated yarn
TS106.8
　D 涤盖棉织物
　S 涤棉织物
　Z 混纺织物

涤盖棉织物
　Y 涤盖棉

涤混纺织物
polyester blended fabric
TS106.8
　D 涤氨交织物
　　涤丙混纺织物
　　涤丙交织物
　　涤富混纺织物
　　涤锦交织物
　　涤锦织物
　　涤纶混纺织物
　　聚酯混纺织物
　S 混纺织物*
　F 涤毛织物
　　涤粘织物
　　麻涤织物

涤锦复合
　Y 涤锦复合纤维

涤锦复合超细纤维
polyamide polyester super fine fibers
TQ34；TS102.64
　S 涤锦复合纤维
　　复合超细纤维
　Z 纤维

涤锦复合纤维
polyester/polyamide composite fibre
TQ34；TS102.65
　D 涤锦复合
　S 复合纤维
　F 涤锦复合超细纤维
　Z 纤维

涤锦交织物
　Y 涤混纺织物

涤锦织物
　Y 涤混纺织物

涤纶
dacron
TQ34；TS102.522
　D 涤纶聚酯
　　涤纶纤维
　　对苯二甲酸乙二酯纤维
　　聚对苯二甲酸乙二醇纤维
　　聚对苯二甲酸乙二醇酯纤维
　　聚对苯二甲酸乙二酯纤维
　　聚对苯二甲酸乙酯纤维
　S 聚酯纤维
　F 涤纶短纤维
　　分形涤纶
　　高强涤纶
　　功能性涤纶
　　细旦涤纶
　　阳离子改性涤纶
　　异形涤纶丝
　C PTT 纤维
　　涤纶低弹丝

　　涤纶丝
　　纤维棉
　Z 纤维

涤纶/氨纶包覆丝
polyester spandex covered yarn
TS106.4
　S 氨纶包覆纱
　Z 纱线

涤纶产品
　Y 纺织产品

涤纶长丝
polyester filament
TQ34；TS102.522
　D 涤长丝
　　涤纶长丝纱
　S 长丝
　　涤纶丝
　Z 纤维制品

涤纶长丝纱
　Y 涤纶长丝

涤纶长丝织物
polyester filament fabric
TS156
　D 聚酯长丝织物
　S 长丝织物
　　涤纶织物
　Z 化纤织物

涤纶超细纤维
　Y 聚酯超细纤维

涤纶绸
　Y 涤纶织物

涤纶低弹丝
polyester low stretch yarn
TS102
　S 纤维制品*
　C 涤纶

涤纶短丝
　Y 涤纶短纤维

涤纶短纤
　Y 涤纶短纤维

涤纶短纤维
dacron staple fiber
TQ34；TS102.522
　D 涤纶短丝
　　涤纶短纤
　S 涤纶
　　聚酯短纤维
　F 三维卷曲涤纶短纤维
　　中空涤纶短纤维
　Z 纤维

涤纶仿麻织物
　Y 涤纶织物

涤纶仿毛织物
　Y 涤纶织物

涤纶仿桃皮绒
　Y 桃皮绒织物

涤纶仿真丝
　Y 涤纶仿真丝织物

涤纶仿真丝绸
　Y 涤纶仿真丝织物

涤纶仿真丝织物
polyester facsimile silk
TS106.8
　D 涤纶仿真丝
　　涤纶仿真丝绸
　　聚酯仿真丝绸
　S 仿真丝织物
　Z 化纤织物

涤纶仿真织物
　Y 仿真织物

涤纶非织造布
polyester nonwoven fabrics
TS176.9
　D 聚酯无纺布
　S 非织造布*
　F 聚酯纺粘针刺非织造布
　C 涤纶织物

涤纶废料
waste pet fiber
TS15；X7
　D 废涤纶
　S 废料*

涤纶缝纫线
polyester fibre sewing thread
TS106.4
　S 纯涤纶纱线
　Z 纱线

涤纶混纺纱
polyester blended yarn
TS106.4
　S 涤棉混纺纱线
　F 涤麻混纺纱
　　涤棉混纺纱
　　涤粘混纺纱
　Z 纱线

涤纶混纺织物
　Y 涤混纺织物

涤纶机织物
polyester taffeta
TS156
　D 涤纶塔夫绸
　S 涤纶织物
　Z 化纤织物

涤纶聚酯
　Y 涤纶

涤纶拉链
polyester zipper
TS941.3；TS941.4
　S 拉链
　Z 服装附件

涤纶帘子布
　Y 帘子布

涤纶帘子线
　Y 聚酯帘线

涤纶面料
　Y 涤纶织物

涤纶起绒织物
　Y 涤纶织物

涤纶染色
polyester dyeing
TS193
　S 纤维染色
　Z 染色工艺

涤纶纱
polyester yarn
TS106.4
　D 纯涤纶纱
　　纯涤纶
　S 纯涤纶纱线
　F 细特涤纶纱
　Z 纱线

涤纶丝
polyester yarn
TQ34；TS102.522
　S 聚酯工业丝
　F 涤纶长丝
　C 涤纶
　Z 纤维制品

涤纶丝织物
　Y 涤纶织物

涤纶塔夫绸
　Y 涤纶机织物

涤纶微细纤维
　Y 细旦涤纶

涤纶微纤维
　Y 细旦涤纶

涤纶细旦丝
　Y 细旦涤纶

涤纶细旦纤维
　Y 细旦涤纶

涤纶细纤维
　Y 细旦涤纶

涤纶纤维
　Y 涤纶

涤纶针织物
polyester knitted fabric
TS156
　D 纯涤针织物
　S 涤纶织物
　Z 化纤织物

涤纶织物
polyester fabric
TS156
　D 纯涤纶织物
　　纯涤织物
　　涤纶绸
　　涤纶仿麻织物
　　涤纶仿毛织物
　　涤纶面料
　　涤纶起绒织物
　　涤纶丝织物

　　涤棉仿丝绸
　　涤丝织物
　　短纤聚酯织物
　　仿毛涤纶织物
　　聚酯纤维布料
　　聚酯纤维织物
　　聚酯织物
　　绦纶织物
　　细旦涤纶织物
　S 化纤织物*
　F 涤纶长丝织物
　　涤纶机织物
　　涤纶针织物
　C 涤纶非织造布
　　涤棉织物
　　腈纶织物

涤麻高支纱
　Y 涤麻混纺纱

涤麻混纺纱
polyester/ramie blended yarn
TS106.4
　D 涤麻高支纱
　S 涤麻混纺纱
　Z 纱线

涤麻混纺织物
　Y 麻涤织物

涤麻交织织物
　Y 麻涤织物

涤麻棉织物
　Y 麻涤织物

涤麻织物
　Y 麻涤织物

涤毛混纺织物
　Y 毛涤混纺织物

涤毛织物
polyester wool fabric
TS106.8
　S 涤混纺织物
　F 毛涤混纺织物
　Z 混纺织物

涤绵织物
　Y 涤棉织物

涤棉
　Y 涤棉织物

涤棉包芯缝纫线
　Y 涤棉混纺纱线

涤棉包芯纱
　Y 涤棉混纺纱

涤棉布
　Y 涤棉织物

涤棉产品
　Y 涤棉织物

涤棉绸
　Y 涤棉织物

涤棉防羽布
　Y 涤棉织物

涤棉防羽绒布
　Y 涤棉织物

涤棉仿丝绸
　Y 涤纶织物

涤棉缝纫线
　Y 涤棉混纺纱线

涤棉高密织物
　Y 涤棉织物

涤棉花绸
　Y 涤棉织物

涤棉混纺
polyester cotton blended
TS104.5
　S 棉混纺
　Z 纺纱

涤棉混纺产品
　Y 涤棉混纺纱线

涤棉混纺品种
　Y 涤棉混纺纱线

涤棉混纺纱
polyester and cotton blended yarn
TS106.4
　D 涤棉包芯纱
　　涤棉混纺线
　　涤棉强捻绉纱
　　涤棉纱
　　涤棉纱线
　　涤棉筒子纱
　　涤棉线
　　精梳涤棉纱
　　棉涤包芯纱
　S 涤纶混纺纱
　C 涤棉织物
　Z 纱线

涤棉混纺纱线
polyester cotton blended product
TS106.4
　D 涤棉包芯缝纫线
　　涤棉缝纫线
　　涤棉混纺产品
　　涤棉混纺品种
　S 混纺纱线
　F 涤纶混纺纱
　Z 纱线

涤棉混纺物
　Y 涤棉织物

涤棉混纺线
　Y 涤棉混纺纱

涤棉混纺织物
　Y 涤棉织物

涤棉交织
　Y 涤棉织物

涤棉交织帆布
　Y 涤棉织物

涤棉交织物
　Y 涤棉织物

涤棉卡其
　　Y 涤棉织物

涤棉坯布
　　Y 涤棉织物

涤棉品种
　　Y 涤棉织物

涤棉强捻绉纱
　　Y 涤棉混纺纱

涤棉色布
　　Y 涤棉织物

涤棉纱
　　Y 涤棉混纺纱

涤棉纱卡
　　Y 涤棉织物

涤棉纱线
　　Y 涤棉混纺纱

涤棉筒子纱
　　Y 涤棉混纺纱

涤棉细布
　　Y 涤棉织物

涤棉线
　　Y 涤棉混纺纱

涤棉斜纹布
　　Y 涤棉织物

涤棉针织物
polyester cotton knitted fabric
TS186
　　S 混纺针织物
　　Z 混纺织物
　　　针织物

涤棉织物
polyester/cotton fabric
TS106.8
　　D T/C 混纺织物
　　　T/C 织物
　　　涤/棉织物
　　　涤绵织物
　　　涤棉
　　　涤棉布
　　　涤棉产品
　　　涤棉绸
　　　涤棉防羽布
　　　涤棉防羽绒布
　　　涤棉高密织物
　　　涤棉花绸
　　　涤棉混纺物
　　　涤棉混纺织物
　　　涤棉交织
　　　涤棉交织帆布
　　　涤棉交织物
　　　涤棉卡其
　　　涤棉坯布
　　　涤棉品种
　　　涤棉色布
　　　涤棉纱卡
　　　涤棉细布
　　　涤棉斜纹布
　　　涤棉绉纱织物

　　　精梳涤棉细布
　　　棉涤
　　　棉涤混纺织物
　　　色织涤棉产品
　　S 棉混纺织物
　　F 涤盖棉
　　　棉涤交织物
　　C 涤纶织物
　　　涤棉混纺纱
　　Z 混纺织物

涤棉绉纱织物
　　Y 涤棉织物

涤丝织物
　　Y 涤纶织物

涤粘
　　Y 涤粘织物

涤粘布
　　Y 涤粘织物

涤粘仿毛织物
polyester viscose wool-like fabric
TS106.8
　　S 仿毛织物
　　Z 化纤织物

涤粘复合纱
　　Y 涤粘混纺纱

涤粘混纺纱
polyester-viscose blended yarn
TS106.4
　　D 涤粘复合纱
　　　涤粘纱
　　　涤粘中长纱
　　　中长涤粘纱
　　S 涤纶混纺纱
　　Z 纱线

涤粘混纺织物
　　Y 涤粘织物

涤粘交织物
　　Y 涤粘织物

涤粘纱
　　Y 涤粘混纺纱

涤粘织物
polyester-viscose fabric
TS106.8
　　D 涤粘
　　　涤粘布
　　　涤粘混纺织物
　　　涤粘交织物
　　　涤粘中长织物
　　S 涤混纺织物
　　F 涤/粘细布
　　Z 混纺织物

涤粘中长纱
　　Y 涤粘混纺纱

涤粘中长织物
　　Y 涤粘织物

笛
flute

TS953.22
　　D 笛子
　　S 管乐器
　　F 长笛
　　　短笛
　　　竹笛
　　Z 乐器

笛子
　　Y 笛

底布
base cloth
TS106
　　D 骨架织物
　　　基布
　　　涂层底布
　　　涂层非织造布
　　　涂层基布
　　　绣花底布
　　　印花衬布
　　S 纺织品*
　　F 合成革基布
　　C 非织造布
　　　滚筒印花

底部沉垢
　　Y 污垢

底革
bottom leather
TS563.2
　　S 成品革
　　Z 皮革

底鼓机理
　　Y 变形

底框
　　Y 门窗

底料
bed charge
TS24
　　S 材料*
　　C 火锅

底流排放
　　Y 排放

底色去除
　　Y 颜色校正

底网毛毯
　　Y 造纸毛毯

底网压榨毛毯
　　Y 造纸压榨毛毯

底网针刺毛毯
　　Y 造纸毛毯

底纹
shading
TS85
　　S 版纹
　　Z 纹样

底珍树
　　Y 无花果

底妆
  Y 化妆

底组织
  Y 织物组织

地板革
floor leather
TS563
  S 生活用革
  Z 皮革

地板生产
  Y 人造板生产

地板生产线
  Y 中纤板生产线

地蛋
  Y 马铃薯

地方菜
  Y 菜系

地方菜系
  Y 菜系

地方风味菜
  Y 菜系

地方风味菜肴
  Y 菜系

地方风味小吃
  Y 地方小吃

地方名菜
  Y 菜系

地方名茶
  Y 名优茶

地方特色菜
  Y 菜系

地方小吃
local-style snack
TS972.14
  D 地方风味小吃
    蚝仔煎
    津门小吃
    闽南蚝仔煎
    软煎蚝
    中式风味小吃
  S 小吃*

地沟油
drainage oil
TS22；X7
  S 餐饮废油
  Z 废液

地骨皮
  Y 枸杞

地瓜
  Y 红薯

地坑造型
  Y 造型

地面排放
  Y 排放

地面配套工艺
  Y 配套

地面造型
  Y 造型

地木耳辣酱
  Y 辣酱

地毯
carpet
TS106.76
  D 纯毛地毯
    缝边地毯
    合成纤维地毯
    化纤地毯
    剑麻地毯
    软底地毯
    室内大地毯
    手工地毯
    手工栽绒地毯
    双层绒头地毯
    西藏地毯
    新疆地毯
    羊毛地毯
    羊毛栽绒地毯
    针刺地毯
  S 毯子*
  F 簇绒地毯
    机制地毯
    汽车地毯
  C 地毯织机
    绒织物
    毡

地毯簇绒机
  Y 簇绒机

地毯簇绒装备
  Y 簇绒机

地毯机
  Y 地毯织机

地毯机械
carpet machinery
TS103
  D 地毯锁边机
    毛毯包边机
  S 纺织机械*
  F 簇绒机
    地毯织机

地毯清洁
  Y 室内清洁

地毯清洁剂
carpet cleaner
TQ64；TS973.1
  S 织物洗涤剂
  Z 清洁剂

地毯纱
carpet yarn
TS106.4
  S 纱线*

地毯锁边机
  Y 地毯机械

地毯羊毛
  Y 羊毛

地毯织机
carpet looms
TS103.33
  D 地毯机
  S 地毯机械
    织机
  C 地毯
  Z 纺织机械
    织造机械

地图印刷
map printing
TS87
  D 地图印制
  S 出版印刷
  Z 印刷

地图印制
  Y 地图印刷

地图制版
map plate making
TS805
  D 晒版
  S 制版工艺
  Z 印刷工艺

地纹
ground-tint
TS801
  S 版纹
  Z 纹样

地下卤井
  Y 盐井

地下卤水
underground brine
TS39
  S 卤水*
  C 岩盐矿床

地组织
  Y 织物组织

递纸机构
paper transport mechanism
TS803
  D 传纸机构
    给纸机
    给纸器
    给纸系统
    给纸装置
    输纸机
    输纸机构
    输纸器
    输纸系统
    输纸装置
  S 印刷机机构*
  F 摆动式递纸机构
    递纸牙
    开闭牙机构

递纸吸嘴
forwarder sucker
TS803
  S 输送装置*

递纸牙
transfer gripper
TS803
　S 递纸机构
　Z 印刷机机构

第二类防伪技术
　Y 防伪

第三类防伪技术
　Y 防伪

第三织物
the third fabric
TS106.8
　S 织物*

第四类防伪技术
　Y 防伪

第一类防伪技术
　Y 防伪

滇菜
Yunnan cuisines
TS972.12
　S 菜系*

滇红茶
dian black tea
TS272.52
　S 红茶
　Z 茶

典型结构
　Y 结构

典型应用
　Y 应用

点*
point
O1；ZT2
　F 危害分析控制点
　　纤维分离点
　　组织点
　C 面 →(1)(3)(4)(11)
　　线 →(1)(2)(4)(5)(6)(7)(8)(11)(12)

点浆
curdling
TS214
　D 点卤
　　点脑
　S 豆腐加工
　Z 食品加工

点胶机
　Y 涂胶机

点卤
　Y 点浆

点脑
　Y 点浆

点纹织物
double pique fabrics
TS106.8
　D 瑞士点纹织物
　S 纹织物

Z 织物

点心
　Y 糕点

点心谱
　Y 点心食谱

点心食谱
dessert recipes
TS972.12
　D 点心谱
　S 食谱*

碘测定
determination of iodine
TS37
　S 测定*

碘蛋
iodine-enriched eggs
TS253.4
　D 功能药蛋
　S 蛋*

碘-淀粉
iodo-starch
TS235
　S 淀粉*

碘化食盐
　Y 加碘盐

碘镓灯
iodine gallium lamp
TM92；TS956
　S 金属卤化物灯
　Z 灯

碘酸钾碘盐
potassium iodate iodized salt
TS264.2；TS36
　S 食用碘盐
　Z 食盐

碘损失
iodine loss
TS3
　S 损失*

碘钨灯
tungsten-iodine lamp
TM92；TS956
　S 钨灯
　Z 灯

碘盐
iodic salt
TS264.2；TS36
　S 食盐*
　F 海藻碘盐
　　精制碘盐
　　食用碘盐

电冰箱
　Y 冰箱

电饼铛
　Y 电热锅

电茶壶

Y 电水壶

电炒锅
　Y 电热锅

电池隔膜纸
battery separator papers
TS761.9
　D 碱锰电池隔膜纸
　S 隔离纸
　Z 纸张

电吹风
hair dryer
TM92；TS974
　D 吹发器
　　吹风机
　　电吹风机
　　烘发器
　　帽式吹发器
　　蒸汽烫发器
　S 卫生器具*

电吹风机
　Y 电吹风

电炊具
　Y 电热炊具

电锤钻头
　Y 电钻

电磁波屏蔽织物
　Y 电磁屏蔽织物

电磁饭煲
　Y 电饭煲

电磁防护服
　Y 防电磁辐射服装

电磁防护织物
　Y 电磁屏蔽织物

电磁辐射防护织物
　Y 电磁屏蔽织物

电磁辐射屏蔽织物
　Y 电磁屏蔽织物

电磁感应灯
electromagnetic induction lamp
TM92；TS956
　S 感应灯
　Z 灯

电磁烘缸
electromagnetic dryer
TS73
　S 烘缸
　Z 干燥设备

电磁炉
induction cooker
TS972.26
　D 电磁炉灶
　　电磁灶
　　家用电子炉
　　双灶电磁炉
　S 电灶
　F 大功率电磁炉

C 炉面温度 →(1)
Z 厨具
　家用电器

电磁炉灶
　Y 电磁炉

电磁铆枪
　Y 铆枪

电磁屏蔽织物
electromagnetic shielding fabrics
TS106.8
　D 电磁波屏蔽织物
　　电磁防护物
　　电磁辐射防护织物
　　电磁辐射屏蔽织物
　　防电磁辐射织物
　　抗电磁辐射织物
　S 防辐射织物
　Z 功能纺织品

电磁式恒速传动装置
　Y 传动装置

电磁锁
electro-magnetic lock
TS914
　S 电子锁
　Z 五金件

电磁灶
　Y 电磁炉

电灯
　Y 灯

电灯泡
　Y 灯

电雕制版
electric carving plate
TS805
　S 雕版
　Z 印刷工艺

电动扳手
electric wrench
TG7；TS914
　S 电动工具
　Z 工具

电动测量仪
　Y 测量仪器

电动测量仪器
　Y 测量仪器

电动床
power bed
TS664
　S 床*

电动锉刀
　Y 锉

电动钉枪
electric nail gun
TG7；TS914
　S 电动工具
　　射钉枪

电动干衣机
　Y 干衣机

电动工具
electric tool
TG7；TS914
　S 工具*
　F 电动扳手
　　电动钉枪
　　电动螺丝刀
　　电动往复锯
　　胀管机
　C 五金件

电动攻丝机
　Y 攻丝机

电动刮刀
　Y 刮刀

电动滑板车
electric scooter
TS952.91
　S 体育器材*

电动链锯
　Y 锯

电动螺丝刀
electric screw driver
TG7；TS914
　S 电动工具
　　螺丝刀
　Z 工具

电动铆钉枪
　Y 铆枪

电动跑步机
electric treadmill
TS952.91
　D 电脑跑步机
　S 跑步机
　Z 体育器材

电动曲线锯
　Y 锯

电动玩具
　Y 电子玩具

电动往复锯
electric reciprocating saw
TG7；TS914
　S 电动工具
　Z 工具

电动圆锯
　Y 圆锯

电动指甲刀
　Y 指甲钳

电镀金刚石线锯
　Y 金刚石绳锯

电炖锅
　Y 电热锅

电法脱水
　Y 电脱水

电饭煲
electric rice cooker
TM92；TS972.26
　D 电磁饭煲
　　电饭锅
　　自动电饭锅
　S 电热炊具
　Z 厨具
　　家用电器

电饭锅
　Y 电饭煲

电辅助加热
　Y 加热

电钢琴
　Y 电吉他

电工材料*
electrical engineering materials
TM2
　F 绝缘纸
　　钛酸锶
　　云母纸
　C 材料
　　磁性材料 →(1)(2)(3)(5)(6)
　　电工 →(1)(5)
　　电工薄膜 →(5)
　　电工套管 →(5)

电工产品
　Y 电气产品

电工工具
electric tool
TS914.53
　S 工具*
　F 带电作业工具
　　绝缘工具

电故障
　Y 电气故障

电光
　Y 电光整理

电光机
　Y 浸轧机

电光整理
schreiner finish
TS195.4
　D 电光
　S 机械整理
　Z 整理

电光织物
　Y 功能纺织品

电焊眼镜
　Y 焊接护目镜

电烘箱
　Y 烤箱

电壶
　Y 电水壶

电化铝烫印

aluminum foil stamping
TS194.4；TS859
　　S 烫印
　　Z 印制技术

电化铝转移印花
　　Y 转移印花

电化学漂白
electrochemical bleaching
TS192.5
　　S 化学漂白
　　Z 漂白

电化学染色
electrochemical dyeing
TS193
　　S 染色工艺*

电火锅
　　Y 电热锅

电吉他
electric guitar
TS953.33；TS953.5
　　D 电钢琴
　　　电吉它
　　　电柳琴
　　　电提琴
　　　电扬琴
　　　电子风琴
　　　电子钢琴
　　　电子提琴
　　　电子小提琴
　　　电子扬琴
　　S 电声乐器
　　Z 乐器

电吉它
　　Y 电吉他

电极挤压机
　　Y 挤压设备

电煎锅
　　Y 电热锅

电解电容器纸
electrolytic capacitor paper
TS761.2
　　D 电解纸
　　S 工业用纸
　　C 电解电容器 →(5)
　　Z 纸张

电解冻
electric thawing
TS205
　　S 解冻*

电解纸
　　Y 电解电容器纸

电锯
　　Y 锯机

电绝缘鞋
　　Y 绝缘鞋

电咖啡壶
electric coffee pot

TM92；TS972.23
　　S 咖啡壶
　　Z 厨具

电开水器
electric boiling water heater
TM92；TS972.26
　　D 电热开水瓶
　　　电热开水器
　　S 开水器
　　Z 厨具
　　　家用电器

电烤鸡
　　Y 烤鸡

电烤炉
TS972.26
　　D 烤炉
　　　食品电烤炉
　　S 电灶
　　F 烤面包炉
　　　烤肉炉
　　Z 厨具
　　　家用电器

电烤盘
electric grill
TS972.26
　　S 电灶
　　Z 厨具
　　　家用电器

电烤箱
　　Y 烤箱

电控锁
electronic controlling lock
TS914
　　S 电子锁
　　Z 五金件

电扩音乐器
　　Y 电声乐器

电乐器
　　Y 电声乐器

电链锯
　　Y 锯机

电柳琴
　　Y 电吉他

电铆机
electric riveting machine
TH13；TS914
　　D 手提式压铆机
　　　手提压铆机
　　S 铆接设备
　　Z 加工设备

电鸣乐器
　　Y 电声乐器

电脑编织横机
　　Y 电脑横机

电脑编织机
　　Y 编织机

电脑裁床
　　Y 电脑自动裁床

电脑测配色系统
　　Y 测色配色系统

电脑测色配色系统
　　Y 测色配色系统

电脑测色配色仪
　　Y 测色配色系统

电脑程序
　　Y 计算机软件

电脑刺绣
computerized embroidery
TS935；TS941.6
　　D 电脑绣花
　　　机绣
　　S 刺绣
　　C 挑线机构
　　Z 工艺品

电脑刺绣机
　　Y 电脑绣花机

电脑粗纱机
computer roving machine
TS103.22
　　S 粗纱机
　　Z 纺织机械

电脑灯
intelligent lights
TM92；TS956
　　S 灯*
　　F 数字电脑灯
　　　舞台电脑灯

电脑调色
computerized color tinting system
TQ63；TS193
　　D 电脑调色系统
　　　计算机调色
　　S 调色
　　Z 色彩工艺

电脑调色系统
　　Y 电脑调色

电脑分色
computer colour sorting
TS101
　　S 分色
　　Z 色彩工艺

电脑绗缝机
　　Y 绗缝机

电脑横机
computerized flat knitting machine
TS183.4
　　D 电脑编织横机
　　　电脑针织横机
　　S 横机
　　C 花型准备系统
　　Z 织造机械

电脑横切机
computer transverse cutting machines

TS73
  S 横剪机
  Z 剪切设备

电脑技术
  Y 计算机技术

电脑经编机
computer warp knitting machine
TS183.3
  S 经编机
  Z 织造机械

电脑排版
  Y 计算机排版

电脑排版系统
  Y 计算机排版系统

电脑跑步机
  Y 电动跑步机

电脑配色仪
  Y 配色系统

电脑全自动洗衣机
  Y 全自动洗衣机

电脑软件
  Y 计算机软件

电脑设备
  Y 计算机外部设备

电脑提花
  Y 电子提花

电脑提花大圆机
  Y 电脑提花圆机

电脑提花机
computer jacquard machine
TS103.33
  S 提花机
  F 电脑提花圆机
  Z 织造机械

电脑提花毛圈机
computer jacquard terry knitting machines
TS183
  S 提花毛圈机
  Z 织造机械

电脑提花圆机
computer jacquard circular knitting machine
TS183
  D 电脑提花大圆机
  S 电脑提花机
    针织圆机
  Z 织造机械

电脑袜机
computer hosiery machine
TS183.5
  S 织袜机
  Z 织造机械

电脑外设
  Y 计算机外部设备

电脑玩具
  Y 电子玩具

电脑文件
  Y 文件

电脑洗衣机
  Y 全自动洗衣机

电脑绣花
  Y 电脑刺绣

电脑绣花机
computerized embroidery machine
TS941.562
  D 电脑刺绣机
    电子多头绣花机
    多头电脑刺绣机
  S 绣花机
  F 家用电脑绣花机
  Z 服装机械

电脑艺术设计
computer art design
TS80
  Y 电脑横机

电脑直接制版机
  Y 直接制版机

电脑桌
computer tables
TS66；TU2
  S 办公家具
    桌子
  Z 家具

电脑自动裁床
computerized automatic cutting table
TS941.562
  D 裁床
    电脑裁床
  S 服装机械*

电气产品*
electrical products
TM5
  D 低压电器产品
    电工产品
    电器产品
    供电产品
  F 厨卫电器
  C 产品
    节能性 →(5)

电气故障*
electrical accident
TM92
  D 电故障
    功率故障
    三相故障
  F 静电故障
  C 不对称故障 →(1)(4)
    传感器故障 →(8)
    电机故障 →(5)
    电气安全 →(5)(6)(11)(13)
    故障
    击穿 →(5)(7)

电气配棉
  Y 配棉工艺

电气配棉器

电气器件
  Y 电器

电气闪光灯
  Y 电子闪光灯

电气特性
  Y 电气性能

电气性能*
electrical specification
O4；TM1
  D 电气特性
  F 集中静载性能
  C 电性能
    工程性能 →(1)(2)(3)(4)(5)(6)(11)(12)
    性能

电器*
electric appliance
TM5
  D 电气器件
    电器技术
    断路器技术
    航天电器
    胶木电器
    接插件技术
    旧电器
    纳米电器
    中压电器
    终端电器
    主令电器
  F 电子闪光器
  C 电器开关 →(5)
    电器设计 →(5)
    电器试验 →(5)
    电器线路 →(5)
    电器性能 →(5)
    电子元器件 →(1)(4)(5)(6)(7)(8)
    家用电器

电器产品
  Y 电气产品

电器技术
  Y 电器

电热杯
electric cups
TM92；TS972.26
  S 电热炊具
  Z 厨具
    家用电器

电热厨具
  Y 厨房电器

电热炊具
electric cooker
TM92；TS972.26
  D 电炊具
  S 厨房电器
    炊具
  F 电饭煲
    电热杯
    电热锅
    电热水瓶
    电压力锅

开清棉机械
  Y （开清棉机械）

光饭煲
　Z 厨具
　　家用电器

电热服
electrically heated suit
TS941.7
　S 保暖服
　Z 服装

电热锅
electric pan
TM92；TS972.26
　D 电饼铛
　　电炒锅
　　电炖锅
　　电火锅
　　电煎锅
　　电炸锅
　　电子砂锅
　S 电热炊具
　　锅
　Z 厨具
　　家用电器

电热烘烤用具
　Y 烤箱

电热开水瓶
　Y 电开水器

电热开水器
　Y 电开水器

电热水壶
　Y 电水壶

电热水瓶
electric hot water bottle
TM92；TS972.26
　D 电子热水瓶
　S 电热炊具
　　开水器
　Z 厨具
　　家用电器

电热油灯
electric heating oil lamp
TM92；TS956
　S 灯*

电热轧光机
　Y 浸轧机

电热蒸汽发生器
electric steam generator
TS941.5
　S 发生器*

电容式条干仪
　Y 乌斯特仪

电缫机
　Y 缫丝机械

电声乐器
electrophone
TS953.5
　D 电扩音乐器
　　电乐器
　　电鸣乐器

电子节拍器
电子扩音乐器
电子乐器
电子振荡乐器
　S 乐器*
　F 电吉他

电视眼睛
TV glasses
TS959.6
　S 眼镜*

电水壶
electric kettles
TM92；TS972.23
　D 电茶壶
　　电壶
　　电热水壶
　S 家用电器*
　　水壶
　F 无绳电热水壶
　Z 厨具

电特性
　Y 电性能

电提琴
　Y 电吉他

电筒
　Y 手电筒

电脱水
electrical dehydration
TD9；TE6；TS205
　D 电法脱水
　　电脱水处理
　　电脱水工艺
　S 脱除*

电脱水处理
　Y 电脱水

电脱水工艺
　Y 电脱水

电信应用
　Y 通信应用

电性
　Y 电性能

电性能*
electrical properties
O4；TM7
　D 电特性
　　电性
　　电学特性
　　电学性能
　　电学性质
　　抗电性能
　　雷管电性能
　　省电性能
　　输电性能
　F 抗静电性
　C 电参数 →(5)
　　电测量 →(1)(2)(3)(4)(5)(7)(8)
　　电气性能
　　电气性能指标 →(5)
　　电子性能 →(1)(7)(13)

物理性能
性能

电学特性
　Y 电性能

电学性能
　Y 电性能

电学性质
　Y 电性能

电熏法
　Y 熏制

电压机
　Y 浸轧机

电压力煲
　Y 电压力锅

电压力锅
electric pressure cooker
TM92；TS972.26
　D 电压力煲
　　电蒸锅
　　自动电压力锅
　S 电热炊具
　　压力锅
　Z 厨具
　　家用电器

电扬琴
　Y 电吉他

电影电视设备
　Y 视听设备

电晕处理
corona treatment
TS805
　S 处理*
　C 电晕特性 →(5)

电晕转印
　Y 转印

电灶
electric cooker
TS972.26
　S 厨房电器
　　炉灶
　F 电磁炉
　　电烤炉
　　电烤盘
　　光波炉
　　烤箱
　　三明治炉
　　微波炉
　Z 厨具
　　家用电器

电渣坯料
　Y 坯料

电炸锅
　Y 电热锅

电蒸锅
　Y 电压力锅

电致发光灯

Y 场致发光灯

电珠
Y 灯

电铸制版机
Y 制版机

电子玻纤
Y 电子级玻璃纤维

电子玻纤布
Y 电子级玻璃纤维布

电子材料*
electronic materials
TN0
F 纳米导电纤维
钛酸锶
C 半导体材料 →(3)(4)(5)(7)(9)
材料

电子产品*
electronic product
TN
F 门禁产品
C 半导体存储器 →(8)
半导体工艺 →(3)(4)(5)(6)(7)
半导体工艺设备 →(1)(3)(7)
布线 →(5)(7)(8)(11)
产品
电声技术 →(7)
电声器件 →(7)(8)
电声设备 →(7)
电声系统 →(7)
电子产品编码 →(7)
电子产品设计 →(7)
电子产品制造 →(7)
电子导体 →(5)
电子节能产品 →(7)
电子设备
电子系统
监控模块 →(8)
监控摄像头 →(1)(8)
节能性 →(5)
热安全 →(13)

电子出版系统
electronic publishing system
TS803.8
S 出版系统*
电子系统*
F 数字化印前系统

电子创作防伪技术
Y 防伪

电子存储器
Y 存储器

电子打火机
electronic lighter
TS95
S 打火机
Z 燃烧装置

电子打样
Y 预打样

电子灯

velocitron
TM92；TS956
D 电子灯泡
S 灯*

电子灯泡
Y 电子灯

电子调光台灯
Y 调光台灯

电子多臂
electronic dobby
TS103.12
S 多臂机构
C 电子卷取 →(3)
Z 纺织机构

电子多臂机
Y 多臂织机

电子多头绣花机
Y 电脑绣花机

电子防盗门
electronic antitheft door
TS914
S 安全设施*

电子纺织品
electronic textiles
TS106
S 纺织品*

电子分色
electronic color separation
TS194
S 分色
Z 色彩工艺

电子分色制版
electronic color separation plate
TS805
S 电子制版
分色制版
Z 印刷工艺

电子风琴
Y 电吉他

电子服装
electronic clothing
TS941.7
S 智能服装
Z 服装

电子钢琴
Y 电吉他

电子鼓
Y 鼓

电子合成器
Y 电子音响合成器

电子贺卡
Y 贺卡

电子横移
electronics horizontal movement
TS183.3
S 经编机

Z 织造机械

电子护经
Y 经纱工艺

电子花样套结机
Y 缝纫设备

电子级玻璃纤维
electronic grade glassfiber
TQ17；TS102
D 电子玻纤
S 玻璃纤维
Z 纤维

电子级玻璃纤维布
electronic glass fabrics
TS106.8
D 电子玻纤布
S 玻璃纤维织物
Z 织物

电子技术应用*
electronic application
TN99
D 电子应用
电子应用技术
F 电子竞技
C 技术应用 →(1)(5)(6)(7)(8)(11)

电子监管码
electronic monitoring code
TS80
S 代码*
C 网络管理 →(4)(7)(8)(12)

电子节拍器
Y 电声乐器

电子竞技
electronic sports
TS952
S 电子技术应用*

电子扩音乐器
Y 电声乐器

电子乐器
Y 电声乐器

电子门锁
electron door lock
TS914
S 电子锁
Z 五金件

电子密码锁
Y 密码锁

电子灭蚊灯
Y 灭蚊灯

电子模特
Y 模特

电子墨
electronic ink
TN99；TS951.23
S 墨水
Z 办公用品

电子霓虹灯

electronic neon light
TM92；TS956
　S 霓虹灯
　Z 灯

电子排版
　Y 计算机排版

电子排版系统
　Y 计算机排版系统

电子泡茶机
electronic tea making machine
TM92；TS972.23
　S 茶具
　Z 厨具

电子器材
　Y 电子设备

电子钳
　Y 钢丝钳

电子强力机
　Y 电子强力仪

电子强力仪
electron strength tester
TH7；TS103
　D 电子强力机
　　电子式强力仪
　　强力测试仪
　S 强力试验仪
　Z 试验设备

电子清纱
electronic clearing
TS104.2
　S 清纱工艺
　C 电子清纱器
　　精密卷绕
　Z 纺纱工艺

电子清纱器
electronic yarn clearer
TS103.11
　D UQC 电子清纱器
　　电子式清纱器
　S 清纱器
　C 电子清纱
　Z 纺织机构

电子热水瓶
　Y 电热水瓶

电子伞灯
electronic umbrella lights
TM92；TS956
　S 电子闪光灯
　Z 灯

电子砂锅
　Y 电热锅

电子闪光灯
electronic flash lamp
TM92；TS956
　D 电气闪光灯
　S 闪光灯
　F 电子伞灯
　Z 灯

电子闪光器
electronic flasher
TM92；TS956
　S 电器*

电子设备*
electronic equipment
TN8
　D 电子器材
　　电子整机
　　电子装备
　　电子装置
　　无线电设备
　　无线电装置
　　无线设备
　　无线装置
　F 上胶机
　C 电子产品
　　电子电路 →(5)(7)(8)
　　电子设备结构 →(7)
　　电子设备描述语言 →(8)
　　电子系统
　　无线电技术 →(7)
　　无线通信设备 →(7)

电子式粉质仪
electronic farinograph
TS211.7
　S 粉质仪
　Z 仪器仪表

电子式强力仪
　Y 电子强力仪

电子式清纱器
　Y 电子清纱器

电子水印
electronic watermark
TS80
　S 水印*

电子送经
electronic let off
TS105
　S 送经
　C 电子卷取 →(3)
　Z 织造工艺

电子送经机构
electronic let-off mechanism
TS103.12
　D 电子送经系统
　　电子送经装置
　S 送经机构
　C 送经
　Z 纺织机构

电子送经系统
　Y 电子送经机构

电子送经装置
　Y 电子送经机构

电子锁
electronic lock
TS914
　S 锁具
　F IC 卡门锁
　　电磁锁

　　电控锁
　　电子门锁
　　密码锁
　Z 五金件

电子套结机
　Y 缝纫设备

电子提花
electric jacquard
TS105
　D 电脑提花
　S 提花
　Z 织造工艺

电子提花横机
electronic jacquard flat knitting machine
TS183.4
　S 提花横机
　Z 织造机械

电子提花机
electronic jacquard machine
TS103.33
　S 提花机
　F 电子提花圆纬机
　Z 织造机械

电子提花机构
electronic jacquard mechanism
TS103.19
　D 电子提花龙头
　S 提花机构
　Z 纺织机构

电子提花龙头
　Y 电子提花机构

电子提花圆纬机
electronic jacquard circular knitting machine
TS183.4
　S 电子提花机
　　圆纬机
　Z 织造机械

电子提花针织机
electronic jacquard knitting machine
TS183.4
　D 电子提花装置
　S 纬编机
　Z 织造机械

电子提花装置
　Y 电子提花针织机

电子提琴
　Y 电吉他

电子玩具
electronic plaything
TS958.28
　D 电动玩具
　　电脑玩具
　S 高科技玩具
　Z 玩具

电子纹板
electronic jacquard card
TS103.81；TS103.82
　S 纹板

Z 织造器材

电子系统*
electronic systems
O4；TN
F 电子出版系统
C 电子产品
电子设备
电子战系统 →(7)
工程系统 →(1)(6)(8)(11)
光电系统 →(1)(4)(5)(6)(7)(8)(11)(12)

电子香烟
electronic cigarette
TS45
D 无污染电子香烟
S 香烟
Z 烟草制品

电子消毒柜
Y 消毒柜

电子消毒碗柜
Y 消毒柜

电子小提琴
Y 电吉他

电子选纬
Y 选纬

电子选针
Y 针织CAD

电子选针器
electronic needle selection
TS183.1
S 选针机构
Z 纺织机构

电子牙刷
electronic toothbrush
TS959.1
S 牙刷
Z 个人护理品

电子眼镜
electronic glasses
TS959.6
S 眼镜*

电子扬琴
Y 电吉他

电子音响合成器
electron acoustic synthesizer
TN91；TS953
D 电子合成器
S 合成器*
视听设备*
F 声效合成器
音乐合成器

电子引纬
electronic weft insertion
TS105
S 引纬
Z 织造工艺

电子印前技术
Y 数字印前

电子印前系统
Y 数字化印前系统

电子印刷
electronic printing
TS80
S 特种印刷
Z 印刷

电子应用
Y 电子技术应用

电子应用技术
Y 电子技术应用

电子油墨
electronic printing inks
TQ63；TS802.3
S 油墨*

电子振荡乐器
Y 电声乐器

电子整机
Y 电子设备

电子织带机
electronic inkle loom
TS103.33
S 织带机
Z 织造机械

电子织物
Y 功能纺织品

电子制版
electronic plate making
TS805
S 制版工艺
F 电子分色制版
Z 印刷工艺

电子装备
Y 电子设备

电子装置
Y 电子设备

电子自动雕刻
Y 光电雕刻

电钻
electrodrill
TD4；TS914.53
D 磁座电钻
电锤钻头
多速电钻
多轴钻
环钻
阶梯钻
手持式电钻
手电钻
双速电钻
台钻
吸附电钻
修芯钻
直柄扩孔钻
组合钻
S 工具*
F 微钻
C 钻机 →(2)(3)(11)

钻井设备 →(2)
钻头 →(2)(3)

垫入纱
Y 垫纱

垫纱
yarn laying
TS184
D 垫入纱
垫纱标号
垫纱记号
垫纱运动
经缎垫纱
S 针织工艺*
F 针背垫纱
C 垫纱横角
垫纱运动图
垫纱纵角
经编组织

垫纱标号
Y 垫纱

垫纱横角
horizontal angle of yarn laying
TS18
S 编织角
C 垫纱
Z 角

垫纱记号
Y 垫纱

垫纱运动
Y 垫纱

垫纱运动图
yarn laying motion diagrams
TS18
S 图*
C 垫纱

垫纱纵角
longitudiner angle of laying yarn
TS18
S 编织角
C 垫纱
Z 角

淀粉*
starch
TS235
D 淀粉产品
F A淀粉
B-淀粉
氨基淀粉
变性淀粉
醋酸淀粉
碘-淀粉
豆类淀粉
多孔淀粉
非晶化淀粉
谷物淀粉
黑淀粉
糊化淀粉
交联淀粉
抗性淀粉
颗粒淀粉

可溶性淀粉
快消化淀粉
两性淀粉
慢消化淀粉
醚化淀粉
喷雾淀粉
破损淀粉
羟丙基淀粉
热塑性淀粉
生淀粉
薯类淀粉
双醛淀粉
水解淀粉
酸解淀粉
酸酯淀粉
羧甲基淀粉
天然淀粉
微细化淀粉
氧化淀粉
药用淀粉
乙酰淀粉
预胶化淀粉
原淀粉
支链淀粉
直链淀粉
酯化淀粉
　C 淀粉工业
淀粉化学品
淀粉胶粘剂 →(9)
淀粉浓度
非糊化淀粉颗粒
糊化温度 →(1)
酶降解活性
吸水树脂 →(9)

淀粉变性
amyloidosis
TS23
　S 变性*
淀粉特性
　Z 材料性能
食品特性

淀粉测定
starch determination
TS21
　S 测定*

淀粉产品
　Y 淀粉

淀粉厂废水
　Y 食品厂废水

淀粉沉淀
starch settling
TS23
　D 淀粉沉降
　S 沉淀*
　C 淀粉特性

淀粉沉降
　Y 淀粉沉淀

淀粉出酒率
alcohol yield of starch
TS261
　S 出酒率
　Z 收率

淀粉醋酸酯
starch acetate
TS231
　S 有机化合物*
　C 变性淀粉

淀粉废水
starch wastewater
TS209；X7
　D 淀粉生产废水
　S 食品工业废水
　F 变性淀粉废水
淀粉混合废水
马铃薯淀粉废水
木薯淀粉废水
　Z 废水

淀粉废水处理
starch wastewater treatment
TS209；X7
　S 工业废水处理*

淀粉分离
starch separation
TS234
　S 物质分离*

淀粉改性
starch modification
TS23
　S 改性*

淀粉改性剂
starch-modifying agent
TS101
　S 改性剂*

淀粉工业
starch industry
TS23
　S 食品工业
　F 玉米淀粉工业
　C 淀粉
粮食工业
　Z 轻工业

淀粉糊化
starch gelatinization
TS205
　S 糊化
　Z 食品加工

淀粉化学品
starch chemicals
TS236
　S 化学品*
　C 淀粉

淀粉混合废水
starch mixed wastewater
TS209；X7
　S 淀粉废水
　Z 废水

淀粉加工
starch processing
TS234
　D 淀粉预处理
　S 食品加工*
　F 淀粉深加工

淀粉加工机械
　Y 淀粉加工设备

淀粉加工设备
equipment for starch production
TS23
　D 淀粉加工机械
　S 食品加工设备*

淀粉加工制品
　Y 淀粉类食品

淀粉浆糊
　Y 糨糊

淀粉浆料
starch size
TS101
　S 天然浆料
　F 变性淀粉浆料
　C 改性浆料
　Z 浆料

淀粉颗粒
starch granules
TS231
　S 颗粒*
　F 非糊化淀粉颗粒
　C 糊化

淀粉老化
starch retrogradation
TS213
　S 老化*
　C 淀粉特性

淀粉类食品
starchy foods
TS219
　D 淀粉加工制品
淀粉食品
淀粉食物
淀粉制品
　S 植物性食品
　F 面制食品
魔芋食品
　Z 食品

淀粉粒蛋白
　Y 小麦蛋白

淀粉酶活力
diastatic activity
TS23
　S 淀粉特性
酶活性
　F α-淀粉酶活力
　Z 材料性能
活性
生物特征
食品特性

淀粉膜
　Y 可食性淀粉膜

淀粉凝胶
starch gel
TS236
　S 凝胶*

淀粉浓度
starch concentration
O6；TS234
  S 浓度*
  C 淀粉

淀粉深加工
starch deep processing
TS234
  S 淀粉加工
  Z 食品加工

淀粉生产废水
  Y 淀粉废水

淀粉生产线
starch production line
TS21
  S 食品生产线
  Z 生产线

淀粉食品
  Y 淀粉类食品

淀粉食物
  Y 淀粉类食品

淀粉水解物
glucidtemns
TS23
  S 物质*

淀粉糖
starch sugar
Q5；TS24
  S 碳水化合物*

淀粉糖工业
  Y 制糖工业

淀粉糖化
starch saccharification
TS261；TS261.43
  S 糖化
  Z 食品加工

淀粉糖浆
starch syrup
TS245
  S 糖浆
  Z 糖制品

淀粉特性
starch properties
TS23
  D 淀粉性质
  S 材料性能*
    食品特性*
  F 淀粉变性
    淀粉酶活力
    糊化特性
  C 淀粉沉淀
    淀粉老化
    面条品质
    配粉

淀粉物料
starch material
TS202.1
  S 生物物料

  Z 物料

淀粉性质
  Y 淀粉特性

淀粉液化
starch liquefaction
TS26
  S 液化*

淀粉预处理
  Y 淀粉加工

淀粉原料
starchy material
TS232
  D 淀粉质原料
  S 食品原料*

淀粉制品
  Y 淀粉类食品

淀粉制糖
  Y 制糖工艺

淀粉制糖废水
wastewater from amylose production
TS209；X7
  S 食品工业废水
  Z 废水

淀粉质量
starch quality
TS237
  S 食品质量*

淀粉质原料
  Y 淀粉原料

靛酚蓝
indophenol blue
TS193.21
  S 蓝色染料
  Z 染料

靛红
isatin
TS193.21
  S 靛系染料
  Z 染料

靛兰染料
  Y 靛蓝

靛兰染色
  Y 靛蓝染色

靛蓝
indigo blue
TS193.21
  D 靛兰染料
    靛蓝染料
    靛青
    靛青绿
    天然靛蓝
    植物靛蓝
  S 靛系染料
  Z 染料

靛蓝牛仔布
indigo denim

TS106.8
  S 牛仔布
  Z 机织物

靛蓝染料
  Y 靛蓝

靛蓝染色
indigo dyeing
TS193
  D 靛兰染色
  S 染色工艺*

靛蓝染色织物
indigo dyed fabrics
TS106.8
  S 色织物
  Z 织物

靛类染料
  Y 靛系染料

靛青
  Y 靛蓝

靛青绿
  Y 靛蓝

靛系染料
indigoid dyes
TS193.21
  D 靛类染料
    靛族染料
  S 染料*
  F 靛红
    靛蓝
    二甲基吲哚二羰花青染料
  C 拔染剂

靛族染料
  Y 靛系染料

貂毛
  Y 毛纤维

貂皮
marten
S；TS564
  S 毛皮
  F 水貂皮
    紫貂皮
  Z 动物皮毛

雕白剂
  Y 拔染剂

雕版
engraving
TS805
  D 雕刻制版
    阳錾
    阴錾
    錾花
    錾削
    凿削
  S 制版工艺
  F 电雕制版
  C 凿子 →(3)
  Z 印刷工艺

雕版印刷

block printing
TS838
  D 雕版印刷术
    雕刻凹版印刷
  S 凹版印刷
  Z 印刷

雕版印刷术
  Y 雕版印刷

雕花
fret
TS972.1
  D 雕刻步骤
    雕刻方法
    雕刻技巧
    雕刻作品
  S 雕刻*

雕刻*
carve
J
  D 雕刻工艺
    雕刻技法
    雕琢
    艺术雕刻
  F 玻璃雕刻
    雕花
    光电雕刻
    木雕
    石雕
    食品雕刻
    套刻
    牙雕
    玉雕
  C 雕塑工艺品

雕刻（印花）
  Y 制版工艺

雕刻凹版印刷
  Y 雕版印刷

雕刻步骤
  Y 雕花

雕刻刀
  Y 雕刻机

雕刻方法
  Y 雕花

雕刻工艺
  Y 雕刻

雕刻工艺品
  Y 雕塑工艺品

雕刻机
engraving machine
TS64；TS83
  D 长刻线机
    雕刻刀
    雕刻器
    雕刻设备
    雕刻头
    雕刻针
    仿形雕刻机
    光电刻线机
    花筒雕刻机

花筒雕刻设备
    刻石刀
    刻线机
    刻字刀
    手动仿形雕刻机
    圆刻线机
  S 机床*
  C 虚拟层 →(8)

雕刻技法
  Y 雕刻

雕刻技巧
  Y 雕花

雕刻器
  Y 雕刻机

雕刻设备
  Y 雕刻机

雕刻头
  Y 雕刻机

雕刻针
  Y 雕刻机

雕刻制版
  Y 雕版

雕刻作品
  Y 雕花

雕塑工艺品
sculpture
TS932；TS934
  D 雕刻工艺品
    根艺
    象牙雕刻工艺品
    玉雕工艺品
    玉石雕刻工艺品
  S 工艺品*
  C 雕刻

雕绣花边
  Y 花边

雕印
  Y 拔染印花

雕琢
  Y 雕刻

吊灯
pendent lamp
TM92；TS956
  S 灯*
  F 变色吊灯

吊锭
hanging spindle
TS103.82
  S 锭子
  Z 纺纱器材

吊锭粗纺机
  Y 粗纱机

吊锭纺翼
hanging spinning wing
TS103.82
  S 锭翼

  Z 纺纱器材

吊锭精纺机
  Y 细纱机

吊机圆纬机
  Y 圆纬机

吊截锯机
  Y 圆锯机

吊经疵点
  Y 经向疵点

吊炕
condole kanging
TS972.26
  D 北方高效预制组装架空炕连灶
  S 炉灶
  Z 厨具

吊裤带
gallowses
TS941.498.
  S 绳带
  Z 服装附件

吊练
  Y 挂练

吊炉
hanging furnace
TS972.26
  S 炉灶
  Z 厨具

吊悬筛
  Y 筛

吊装式照明器
  Y 照明设备

吊综
harness threading
TS105
  S 机织工艺
  Z 织造工艺

调车信号灯
shunting lights
TM92；TS956
  S 信号灯
  Z 灯

掉粉
dusting
TS76
  S 掉毛掉粉
  C 掉毛
  Z 缺陷

掉浆
decoating
TS77
  S 缺陷*

掉毛
lose downy
TS101.97
  S 掉毛掉粉
    纺织品缺陷*

C 掉粉
兔毛
Z 缺陷

掉毛掉粉
lining and pull-up
TS101.97
S 缺陷*
F 掉粉
掉毛
C 表面强度 →(3)
表面施胶

掉毛量测试仪
pickingtest
TS103
S 纺织检测仪器
Z 仪器仪表

叠层
Y 层压

叠层轧光机
Y 浸轧机

叠层织物
laminated fabric
TS106.8
D 层叠织物
层压织物
S 多层织物
Z 织物

叠色印花
printing on print
TS194
D 叠印法
S 印花*

叠网
Y 叠网纸机

叠网造纸机
Y 叠网纸机

叠网纸机
bel-pond paper machine
TS734
D 叠网
叠网造纸机
S 造纸机
Z 造纸机械

叠箱造型
Y 造型

叠压
Y 层压

叠印
superimpose
TS194.4；TS859
S 印制技术*
C 叠印率

叠印法
Y 叠色印花

叠印率
trapping rate
TS85

S 比率*
C 叠印

碟子
Y 盘子

丁基胶涂布机
butyl rubber coating machine
TS735.1
S 涂布机
Z 造纸机械

丁腈胶辊
butadiene acrylonitrile rubber roller
TH13；TQ33；TS103.82
D 丁腈橡胶胶辊
S 胶辊
Z 辊

丁腈胶圈
Y 纺纱胶圈

丁腈橡胶胶辊
Y 丁腈胶辊

丁桥织机
Y 织机

丁香
clove
TS255.5；TS264.3
S 五香
Z 调味品

丁香萝卜
Y 胡萝卜

丁香油树脂
clove oleoresin
TQ65；TS264
S 油树脂
Z 提取物

钉子
nails
TS914
S 五金件*
F 长土钉
抽芯铆钉
磁道钉
钢管土钉
钢排钉
焊钉
剪力钉
螺纹道钉
锚管土钉
蒙乃尔铆钉
尾钉
销钉
预应力土钉

顶戴花翎
Y 帽

顶空固相微萃取
headspace solid-phase micro-extraction
O6；TS201.2
S 萃取*

顶破
bursting

TS101.923
S 织物强力
F 弹子顶破强力
顶破强力
Z 纺织品性能

顶破强度
Y 顶破强力

顶破强力
bursting strength
TS101.923
D 顶破强度
S 顶破
Z 纺织品性能

顶梳
top combs
TS103.81
D 整体顶梳
S 分梳元件
C 精梳机
Z 纺纱器材

顶网成形器
top-wire former
TS73
D 顶网成型器
S 造纸机械*

顶网成型器
Y 顶网成形器

订婚戒
Y 订婚戒指

订婚戒指
engagement ring
TS934.3
D 订婚戒
S 戒指
Z 饰品

订书机
Y 装订机

钉钉绷后帮机
Y 制鞋机械

钉钉绷中后帮机
Y 制鞋机械

钉跟机
Y 制鞋机械

钉扣缝纫机
Y 缝纫设备

钉扣机
Y 缝纫设备

钉钮扣缝纫机
Y 缝纫设备

钉鞋眼机
Y 制鞋机械

定标模型
calibration model
TS207
S 模型*
C 食用调和油

定长纤维织物
  Y 化纤织物

定尺飞锯
  Y 飞锯

定尺锯切
  Y 锯切

定点屠宰
appointed-abattoir slaughtering
TS251.41
  S 屠宰加工
  Z 食品加工

定幅
  Y 拉幅整理

定力扳手
  Y 扳手

定粒缫丝
reeling for fixed number of cocoons
TS14
  S 缫丝工艺
  Z 纺织工艺

定量*
quantitation
ZT71
  F 纺织定量
    横向定量
    纸张定量

定陵出土明代纺织品
  Y 古代纺织品

定拈
  Y 定捻

定捻
twist setting
TS104.2
  D 定拈
    蒸纱
  S 加捻工艺
  Z 纺纱工艺

定扭矩扳手
  Y 扭矩扳手

定位*
positioning
TB4；ZT5
  D 定位法
    定位方案
    定位方式
    定位技术
    反定位
    无定位
  F 色彩定位
    纸张定位
  C 不对中 →(3)(4)
    车辆定位 →(1)(3)(4)(12)
    定位服务器 →(8)
    定位识别 →(7)
    定位系统 →(1)(2)(3)(4)(6)(7)(8)(12)
    定位装置 →(2)(3)(4)(6)(7)(8)
    定向 →(1)(2)(5)(7)(8)(12)
    方位角 →(6)

    跟踪 →(1)(2)(3)(4)(5)(6)(7)(8)(12)
    位置 →(1)(2)(3)(4)(5)(6)(7)(8)(9)(11)(12)(13)
    中间柱 →(2)(11)

定位表面
  Y 表面

定位法
  Y 定位

定位方案
  Y 定位

定位方式
  Y 定位

定位技术
  Y 定位

定位切槽
positioning groove cutting
TS93
  S 切割*

定位设计
orientation design
TS941.2
  S 设计*

定纤式自动缫丝机
  Y 自动缫丝机

定香剂
  Y 增味剂

定向导湿
directional moisture
TS101
  S 导湿性
    方向性*
  Z 物理性能

定向接头
  Y 接头

定向结构板
oriented structural board
TS62
  D 强化定向粒片板
  S 结构人造板
  Z 木材

定向结构刨花板
  Y 定向刨花板

定向摩擦效应
directional frictional effect
TS101
  S 效应*

定向刨花板
oriented strand board
TS62
  D 定向结构刨花板
    欧松板
  S 刨花板
  Z 木材

定向网
  Y 纤维网

定向纤网

  Y 纤维网

定向性
  Y 方向性

定心机
centring machine
TS64
  S 胶合板机械
  Z 人造板机械

定形
  Y 定形整理

定形机
boarding machine
TS190.4
  D 定型机
  S 拉幅定形机
  F 热定型机
  Z 染整机械

定形剂
setting agent
TS195.2
  S 整理剂*
  C 定形整理

定形加工
  Y 定形整理

定形整理
stabilised finish
TS195；TS941.67
  D 低温定形
    定形
    定形加工
    定型(工艺)
    辐射定形
    化学定形
  S 纺织品整理
  F 耐久定形整理
    热定型
    预定形
  C 定形剂
    拉幅整理
    汽蒸
  Z 整理

定形质量
setting quality
TS101.9
  S 染整质量
  Z 纺织加工质量

定型(工艺)
  Y 定形整理

定型机
  Y 定形机

定制*
make-to-order
ZT5
  F 服装定制

锭带
spindle tape
TS103.81
  D 锭带张力盘

浸胶锭带
涂胶锭带
S 纺纱器材*
C 锭子
纺纱机械

锭带张力盘
Y 锭带

锭胆
spindle insert
TS103.82
S 锭子
F 锭胆结合件
Z 纺纱器材

锭胆结合件
spindle insert connector
TS103.82
S 锭胆
Z 纺纱器材

锭底
Y 锭子

锭端加拈锭子
Y 锭子

锭杆
Y 纺锭杆

锭管
Y 锭子

锭壳
Y 锭子

锭孔
Y 锭子

锭盘
spindle whirl
TS103.82
S 锭子
Z 纺纱器材

锭速
spindle speed
TS104.2
S 纺纱速度
Z 加工速度

锭翼
flyers
TS103.82
D 铝锭翼
S 锭子
F 吊锭纺翼
悬锭锭翼
Z 纺纱器材

锭轴
spindle
TH13；TS103
S 轴*

锭子
spindle
TS103.82
D 粗纱锭
粗纱锭子

锭底
锭端加拈锭子
锭管
锭壳
锭孔
锭座
纺锭
纺纱锭子
纺纱绽子
纺绽
木锭子
拈线锭子
捻线锭子
普通锭子
纱锭
纱绽
S 纺纱器材*
F 倍捻锭
吊锭
锭胆
锭盘
锭翼
纺锭锭底
纺锭杆
高速锭子
空心锭子
铝套管锭子
棉纺锭子
双层锭脚
细纱锭子
C 锭带

锭座
Y 锭子

丢手接头
Y 接头

丢糟
spent grains
TS261.9
D 大曲丢糟
S 酒糟
Z 副产品

东巴纸
Dongba paper
TS761.1；TS766
S 宣纸
Z 办公用品
纸张

东北菜
northeastern Chinese cuisine
TS972.12
S 菜系*
F 辽菜

东不拉
Y 弦乐器

东坡脯
Y 肉脯

东乡族服饰
Y 民族服饰

东阳木雕
Dongyang wood carving

TS932.4
S 木雕
Z 雕刻
工艺品

冬布拉
Y 弦乐器

冬化
winterization
TS224
S 油脂加工
Z 农产品加工

冬季作训服
Y 冬作训服

冬笋
Y 竹笋

冬装
winter dress
TS941.7
D 棉衣
S 防寒服
Z 服装

冬作训服
winter combat clothing
TS941.7
D 冬季作训服
S 作训服
Z 服装

董酒
Dong wine
TS262.39
S 中国白酒
Z 白酒

动画贺卡
Y 贺卡

动静态悬垂
Y 动静态悬垂性

动静态悬垂性
static and dynamic drape
TS101
D 动静态悬垂
S 物理性能*
悬垂性
F 动态悬垂性
Z 性能

动力车辆
Y 车辆

动力传递
Y 传动

动力传动
Y 传动

动力传动机构
Y 传动装置

动力传动装置
Y 传动装置

动力改进剂
Y 促进剂

动力精度
 Y 精度

动量传递
 Y 传动

动态测量仪
 Y 测量仪器

动态挤压法化机浆
 Y 挤压法化机浆

动态挤压化学机械制浆法
 Y 挤压法化机浆

动态滤水
dynamic drainage
TS83；TU99
 S 过滤*
  水处理*

动态滤水仪
dynamic filtering apparatus
TS733
 D 动态脱水仪
 S 造纸机械*

动态强力
dynamic strength
TS101
 S 强力*

动态热湿舒适性
dynamic heat-moisture comfort
TS101
 S 热湿舒适性
 C 织物
 Z 热学性能
  适性
  物理性能

动态设计方法
 Y 设计

动态脱水仪
 Y 动态滤水仪

动态悬垂
 Y 动态悬垂性

动态悬垂性
dynamic drapability
TS101
 D 动态悬垂
 S 动静态悬垂性
 Z 物理性能
  性能

动态张力
dynamic tension
TS104
 S 张力*
 F 纱线动态张力

动态装帧设计
dynamic binding and layout design
TS801
 S 装帧设计
 Z 书籍设计

动物饼干

 Y 饼干

动物蛋白
animal protein
Q5；TS201.21
 S 蛋白质*
 F 蚕蛹蛋白
  骨蛋白
  黄粉虫蛋白
  鸡蛋白
  胶原蛋白
  角蛋白
  牡蛎蛋白
  泥鳅蛋白
  肉蛋白
  乳蛋白
  水解动物蛋白
  丝蛋白
  血红蛋白
  鱼蛋白
  猪血蛋白

动物蛋白质纤维
 Y 动物纤维

动物胶原水解蛋白
 Y 水解胶原蛋白

动物毛
 Y 毛纤维

动物皮
animal skin
S；TS564
 D 兽皮
  畜皮
 S 动物皮毛*
 F 白湿皮
  袋鼠皮
  黄羊皮
  蓝湿皮
  驴皮
  马皮
  牛皮
  爬行动物皮
  生皮
  羊皮
  鱼皮
  猪皮
 C 毛纤维
  天然皮革
  制革原料

动物皮毛*
animal skin and fur
S；TS564
 F 动物皮
  毛皮
  羽绒羽毛
 C 人造毛皮织物

动物染料
animal dyes
TS193.21
 D 虫胶染料
 S 天然染料
 Z 染料

动物食品

 Y 动物性食品

动物水解蛋白
 Y 水解动物蛋白

动物玩具
animal toys
TS958.1
 S 宠物玩具
 F 玩具熊
 Z 玩具

动物尾毛
 Y 毛纤维

动物纤维
animal fibres
TS102.3
 D 动物蛋白质纤维
  特种动物纤维
 S 天然纤维*
 F 蚕丝
  胶原纤维
  毛纤维
  羽绒纤维
  蜘蛛丝
 C 卷曲
  再生蛋白质纤维
  植物纤维

动物香料
animal perfume materials
TQ65；TS264.3
 S 天然香料
 F 麝香
 Z 香精香料

动物性
animal nature
S；TS251
 S 生物特征*

动物性食品
animal food
TS219
 D 动物食品
 S 食品*
 F 昆虫食品
 C 肉制品

动物油
animal oil
TS225.2
 S 动植物油
 F 蚕蛹油
  骨油
  黄油
  鸡油
  牛羊油
  鱼油
  猪油
 C 食用油
 Z 油脂

动植物油
animal and vegetable oil
TQ64；TS225
 S 动植物油脂
  生物油

F 动物油
黄樟油素
糠油
植物种子油
Z 油脂

动植物油脂
plant and animal oils
TS222
S 油脂*
F 大豆油脂
动植物油
鸡脂
可可脂
昆虫油脂
羊毛脂

冻藏稳定性
frozen storage stability
TS205
S 稳定性*
贮藏性
Z 性能

冻顶乌龙茶
Y 乌龙茶

冻豆腐
frozen bean curd
TS214
S 豆腐
Z 豆制品

冻粉
Y 琼脂

冻干保藏
lyophilized preservation
S；TS205
S 储藏*

冻干保护剂
freezing and drying protecting agent
R；TS202.3
D 冷冻干燥保护剂
S 保护剂*
C 包封率 →(9)
冷冻干燥 →(9)

冻干发酵剂
freeze-drying starter culture
TS202
S 发酵剂*

冻干设备
freezing drying equipment
TS203
S 干燥设备*

冻干食品
freeze-dried foods
TS219
D 冷冻干燥食品
S 干制食品
冷冻食品*
Z 食品

冻干食品工业
Y 速冻食品工业

冻干水产品
Y 冷冻水产品

冻鸡
frozen chicken
S；TS251.59
D 冻鸡肉
S 鸡肉
F 冰鲜鸡肉
Z 肉

冻鸡肉
Y 冻鸡

冻胶
Y 凝胶

冻结*
freezing
TB6
D 冻结方式
冻结工艺
冻结技术
冻结施工技术
F 食品冻结
微冻
C 凝固点 →(4)

冻结方式
Y 冻结

冻结工艺
Y 冻结

冻结技术
Y 冻结

冻结肉
Y 冷冻肉

冻结施工技术
Y 冻结

冻结食品
Y 冷冻食品

冻结速度
Y 冻结速率

冻结速率
freezing rate
P5；S；TS205
D 冻结速度
冷冻速率
S 速率*
C 冻藏温度 →(1)

冻牛肉
Y 牛肉

冻片猪肉
Y 猪肉

冻肉
Y 冷冻肉

冻兔肉
frozen rabbit meat
S；TS251.59
S 兔肉
Z 肉

冻虾
frozen shrimp
TS254.2
S 冷冻水产品
F 冻虾仁
Z 冷冻食品
水产品

冻虾仁
frozen shelled shrimp
TS254.2
S 冻虾
Z 冷冻食品
水产品

冻鱼
frozen fish
TS254.2
S 冷冻水产品
F 冻鱼片
冷冻鱼糜
Z 冷冻食品
水产品

冻鱼片
frozen fish fillet
TS254.2
D 冷冻鱼片
S 冻鱼
Z 冷冻食品
水产品

冻玉米
frozen corn
TS210.2
S 玉米
Z 粮食

冻猪肉
frozen pork
TS251.51
D 冰鲜猪肉
S 冷冻肉
猪肉
Z 冷冻食品
肉

侗裙
Y 裙装

侗族服饰
Dong clothing
TS941.7
S 民族服饰
Z 服饰

洞工珞巴族服饰
Y 民族服饰

洞庭碧螺春绿茶
Y 碧螺春

洞箫
Dongxiao
TS953.22
S 民族乐器
Z 乐器

胴体分级
carcass grading

TS251

 S 食品分级

 Z 分级

斗式计数器

 Y 计数器

斗式预煮机

 Y 预煮

豆瓣

 Y 豆酱

豆瓣酱

 Y 豆酱

豆瓣辣酱

 Y 辣酱

豆豉

fermented soya beans

TS214.9

 D 风味萝卜豆豉

  阳江豆豉

  永川豆豉

 S 发酵豆制品

 F 豆豉粑

  水豆豉

  细菌型豆豉

 Z 豆制品

  发酵产品

豆豉粑

lobster sauce cake

TS214.9

 D 陈窖豆豉粑

 S 豆豉

 Z 豆制品

  发酵产品

豆蛋白

legumin

Q5；TQ46；TS201.21

 D 豆类蛋白

 S 植物蛋白

 F 蚕豆蛋白

  大豆蛋白

  绿豆蛋白

  豌豆蛋白

  鹰嘴豆蛋白

 Z 蛋白质

豆粉

bean flour

TS214

 D 黄豆粉

 S 豆制品*

 F 大豆粉

  富锗豆芽粉

  黄豆饼粉

  活性豆粉

  速溶豆粉

  脱脂豆粉

豆腐

soybean curd

TS214

 D 茶豆腐

  大豆腐

  鸡蛋豆腐

  老豆腐

  特色豆腐

  营养豆腐

  原浆豆腐

 S 豆腐制品

 F 彩色豆腐

  臭豆腐

  脆豆腐

  冻豆腐

  花色豆腐

  内酯豆腐

  奶豆腐

  水豆腐

  无渣豆腐

 C 豆腐凝胶

 Z 豆制品

豆腐菜肴

bean curd dishes

TS972

 D 豆类菜肴

  魔芋豆腐

 S 素菜

 F 花生豆腐

  麻婆豆腐

  油豆腐

 C 豆腐制品

 Z 菜肴

豆腐干

dried beancurd

TS214

 D 百页

  干豆腐

  干张

 S 豆腐制品

 Z 豆制品

豆腐花

beancurd jelly

TS214

 D 豆花

 S 豆腐制品

 Z 豆制品

豆腐机

 Y 豆浆加工机

豆腐加工

soybean curd processing

TS214

 D 豆腐生产

  豆腐制作

  豆类加工

  豆制品加工

  豆制品生产

 S 食品加工*

 F 点浆

 C 豆腐制品

  磨浆

豆腐筋

 Y 腐竹

豆腐脑

jellied bean curd

TS972.14

 S 小吃*

豆腐凝胶

tofu-gel

TS214

 S 凝胶*

 C 豆腐

豆腐皮

 Y 腐竹

豆腐品质

 Y 豆腐质量

豆腐乳

 Y 腐乳

豆腐生产

 Y 豆腐加工

豆腐衣

 Y 腐竹

豆腐渣

 Y 豆渣

豆腐制品

tofu products

TS214

 S 豆制品*

 F 豆腐

  豆腐干

  豆腐花

  腐乳

  腐竹

 C 豆腐菜肴

  豆腐加工

豆腐制作

 Y 豆腐加工

豆腐质量

tofu quality

TS207.7

 D 豆腐品质

 S 食品质量*

豆花

 Y 豆腐花

豆浆

soybean milk

TS214

 D 豆浆液

 S 豆制品*

豆浆机

soymilk machine

TM92；TS972.26

 S 食品加工器

 F 家用豆浆机

  全自动豆浆机

 Z 厨具

  家用电器

豆浆加工机

soya-bean milk processor

TS203

 D 豆腐机

 S 豆制品机械

 Z 食品加工机械

豆浆浓度

soybean milk concentration
TS214
S 浆液浓度
Z 浓度

豆浆液
Y 豆浆

豆酱
soybean paste
TS264.24
D 蚕豆酱
大豆蚕豆酱
大豆酱
豆瓣
豆瓣酱
黄豆酱
黄酱
绿豆酱
纳豆酱
香辣豆酱
S 发酵豆制品
酱*
F 大酱
C 发酵
风味物质
Z 豆制品
发酵产品

豆类
legumes
TS210.2
D 豆类原粮
S 原粮
F 蚕豆
大豆
黑豆
红豆
咖啡豆
可可豆
绿豆
纳豆
全豆
鹰嘴豆
Z 粮食

豆类菜肴
Y 豆腐菜肴

豆类蛋白
Y 豆蛋白

豆类淀粉
bean starch
TS235.3
S 淀粉*
F 蚕豆淀粉
大豆分离蛋白/淀粉
绿豆淀粉
木豆淀粉
豌豆淀粉

豆类加工
Y 豆腐加工

豆类食品
Y 豆制品

豆类原粮

Y 豆类

豆类制食品
Y 豆制品

豆奶
soymilk
TS214
D 豆乳
海带豆奶
花生豆奶
巧克力豆奶
S 豆制品*
F 大豆奶
果汁豆奶
绿豆乳
酸豆奶

豆奶粉
soybean milk powder
TS252.51
D 豆乳粉
S 奶粉
Z 乳制品

豆奶干酪
soybean-milk cheese
[TS252.52]
S 干酪
Z 乳制品

豆奶饮料
Y 豆乳饮料

豆皮
skin of tofu
TS214
S 豆制品*
F 黑豆皮
绿豆皮

豆粕
soybean dregs
TS209
D 大豆豆粕
大豆粕
等级豆粕
S 粕*
F 醇洗豆粕
低温豆粕
高温豆粕
脱皮豆粕
脱脂豆粕
一次浸出豆粕
优质豆粕
转基因豆粕
C 尿素酶活性
食品残渣

豆粕质量
soybean meal quality
TS207.7
S 食品质量*

豆蓉馅
bean paste filling
TS972.111
D 纯水豆蓉馅
纯水豆沙馅

红豆馅
水豆蓉馅
水豆沙馅
水性豆沙馅料
S 馅料
Z 食品原料

豆乳
Y 豆奶

豆乳粉
Y 豆奶粉

豆乳酸奶
Y 酸奶

豆乳饮料
soybean-milk drink
TS275.7
D 豆奶饮料
S 植物蛋白饮料
F 大豆饮料
黑豆饮料
绿豆汁
Z 饮料

豆沙
bean paste
TS214
D 豆沙馅
S 豆制品*

豆沙馅
Y 豆沙

豆酸奶
Y 发酵豆奶

豆香辣酱
Y 辣酱

豆腥味
beany flavour
TS214
S 气味*

豆芽
bean sprouts
TS255.2
S 豆制品*
蔬菜
F 黄豆芽
绿豆芽
Z 果蔬

豆油
soyabean oil
TS225.13
D 大豆油
黑大豆油
S 植物种子油
F 大豆毛油
大豆胚芽油
油莎豆油
C 菜籽油
含油率 →(2)(9)
Z 油脂

豆油脱臭馏出物
deodorization sludge of soybean oil

TQ64；TS214
D 大豆脱臭馏出物
大豆油脱臭馏出物
S 油脂脱臭馏出物
C 萃取条件 →(9)
预浓缩 →(9)
Z 馏分

豆渣
bean dregs
TQ92；TS210.9
D 豆腐渣
S 食品残渣
F 大豆渣
C 可溶性膳食纤维
Z 残渣

豆渣蛋白
bean dregs protein
Q5；TQ46；TS201.21
S 大豆蛋白
Z 蛋白质

豆渣纤维饼干
Y 饼干

豆制品*
bean products
TS214
D 大豆制品
豆类食品
豆类制食品
豆制食品
F 蚕豆食品
传统豆制品
大豆食品
豆粉
豆腐制品
豆浆
豆奶
豆皮
豆沙
豆芽
发酵豆制品
非发酵性豆制品
C 大豆多肽
大豆多糖
粮食食品
食品
制品

豆制品厂
bean products factory
TS208
S 食品厂
Z 工厂

豆制品废水
bean product wastewater
TS209；X7
S 食品工业废水
F 大豆蛋白废水
大豆加工废水
腐竹废水
C 跨界融合子 →(13)
Z 废水

豆制品机械
bean products machinery
TS203
S 食品加工机械*
F 豆浆加工机
腐竹自动成形机

豆制品加工
Y 豆腐加工

豆制品生产
Y 豆腐加工

豆制食品
Y 豆制品

都他尔
Y 弦乐器

都匀毛尖
Duyun Maojian tea
TS272.51
S 毛尖茶
Z 茶

毒素*
toxin
Q93；X5
F 黄曲霉毒素 M1

独立稳定性
Y 稳定性

独龙族服饰
Y 民族服饰

独山玉
Dushan diopside
TS933.21
S 玉
Z 饰品材料

独塔尔
Y 弦乐器

独弦琴
Y 弦乐器

读写计数器
Y 计数器

犊牛皮
Y 小牛皮

犊牛肉
veal
TS251.52
S 牛肉
Z 肉

杜康酒
Dukang wine
TS262.39
S 中国白酒
Z 白酒

杜伦小麦
Y 小麦

杜松子酒
Y 金酒

杜仲茶
eucommia leaf
TS272.59
D 杜仲叶
S 凉茶
F 杜仲雄花茶
Z 茶

杜仲绿茶
Y 杜仲雄花茶

杜仲雄花茶
eucommia staminate flower tea
TS272.59
D 杜仲绿茶
S 杜仲茶
Z 茶

杜仲叶
Y 杜仲茶

杜仲籽
eucommia ulmoides seed
TS202.1
S 植物菜籽*
C 杜仲籽油

杜仲籽油
eucommia seed oil
TS225.19
S 籽油
C 杜仲籽
Z 油脂

肚兜
belly band
TS941.7
S 内衣
Z 服装

度量单位
Y 计量单位

度量衡
Y 计量单位

镀层钢丝圈
plating traveler
TS103.82
S 钢丝圈
F 镀氟钢丝圈
Z 纺纱器材

镀氟钢丝圈
fluorine plating steel wire circle
TS103.82
S 镀层钢丝圈
Z 纺纱器材

镀铬钢领
Y 钢领

镀金饰品
Y 饰品

镀铝膜
aluminizer
TS802
S 膜*

镀铝纸
aluminium coated paper
TS802
S 纸张*

F 铝箔纸
真空镀铝纸

镀镍织物
Y 功能纺织品

镀锌锅
galvanizing pot
TS972.21
S 锌锅
F 热镀锌锅
Z 厨具

镀银餐具
silverware
TS972.23
S 餐具
Z 厨具

端部直径
Y 直径

端接接头
Y 接头

端冕
Y 礼服

端面铣床
Y 平面铣床

端刃
end cutting edge
TG7；TS914.212
S 刀刃
C 球头立铣刀 →(3)
重磨 →(3)
周刃
Z 工具结构

端砚
duan ink slab
TS951.28
S 砚
Z 办公用品

短版印刷
Y 小批量印刷

短半径钻井
Y 水平钻井

短玻璃纤维
short glass fiber
TQ17；TS102
S 玻璃纤维
短纤维
Z 纤维

短长网双缸纸机
Y 短长网纸机

短长网纸机
short-wire paper machine
TS734.4
D 短长网双缸纸机
短网造纸机
S 长网造纸机
Z 造纸机械

短程纺丝机
Y 纺丝设备

短笛
piccolo
TS953.22
D 低音大管
低音单簧管
克拉管
英国管
S 笛
C 单簧管
Z 乐器

短粉路
short flour milling system
TS211.4
S 粉路
Z 农产品加工

短梗霉多糖
pullulan
Q5；TQ46；TS24
D 普鲁兰
普鲁兰多糖
普鲁兰糖
普鲁蓝糖
芽霉菌黏多糖
茁霉多糖
S 碳水化合物*

短号
Y 铜管乐器

短弧氙灯
xenon short-arc lamp
TM92；TS956
S 氙弧灯
Z 灯

短裤
Y 裤装

短毛率
short wool coefficient
TS107
S 服装材料物理指标
Z 指标

短毛绒织物
Y 长毛绒织物

短片段不匀率
Y 单纱条干不匀率

短切 SiC 纤维
chopped SiC fiber
TQ34；TS102
S 短纤维
碳化硅纤维
C LAS 玻璃陶瓷 →(9)
Z 耐火材料
纤维

短切纤维
Y 短纤维

短切原丝毡
chopped strand mat
TS106.8
S 毡*

短裙
short skirt
TS941.6；TS941.7
D 超短裙
S 裙装
Z 服装

短绒
flock
TS102；TS104
D 超短纤维
棉束
S 绒毛*
F 棉短绒
生条短绒
C 短绒含量
短绒率
梳理力
纤维质量

短绒含量
short fiber content
TS101
S 含绒量
C 短绒
Z 含量

短绒率
percentage of short fibres
TS107
S 服装材料物理指标
F 精梳短绒率
C 短绒
短纤维率
纤维长度
Z 指标

短绒毯
Y 绒毯

短绒印花
Y 纺织品印花

短绒织物
Y 绒面织物

短统袜
Y 短袜

短袜
sock
TS941.72
D 短统袜
S 袜子
Z 服饰

短袜机
Y 织袜机

短网造纸机
Y 短长网纸机

短纤倍捻机
Y 倍捻机

短纤聚酯织物
Y 涤纶织物

短纤纱
staple yarn
TS106.4

S 纱线*

短纤维
short fiber
TS102
  D 短切纤维
  S 纤维*
  F 短玻璃纤维
    短切 SiC 纤维
    复合短纤维
    化纤短纤维
    纤维素短纤维
    氧化铝短纤维
  C 复合材料
    集束
    纤维束

短纤维花式纱
  Y 花式纱线

短纤维浆
short fiber pulp
TS74
  S 浆液*

短纤维率
percentage of short fibres
TS101
  S 比率*
  C 短绒率

短纤织物
  Y 仿毛织物

短行程挤压机
  Y 挤压设备

短袖衬衫
  Y 衬衫

短袖衫
  Y 衬衫

短羊毛
  Y 羊毛

短羊绒
  Y 羊绒

短蒸
short steaming
TS193；TS972.1
  S 蒸制
  Z 蒸煮

段染
variegated dyeing
TS193
  S 染色工艺*

断刀
  Y 切断刀

断经
broken warp
TS105
  S 纺织断头
  Z 断头

断裂*
fracture

O3；P5；TG1
  D 断裂方式
    断裂过程
    断裂特征
    断裂位置
    断裂现象
    断裂行为
    断裂形貌
    断裂形式
    裂断
    破断
    破裂
    破裂极限
    破裂现象
    破裂形态
    折断现象
    致裂
  F 纤维断裂
  C 爆裂 →(2)(3)(4)(5)(9)(11)(12)
    断口 →(1)(3)
    断裂分析 →(1)
    断裂过程区 →(11)
    断裂性能 →(1)
    剪切
    开裂控制 →(1)(2)
    抗硫化氢腐蚀 →(3)
    裂缝 →(1)(2)(3)(11)(12)
    破裂机理 →(4)
    破裂压力 →(4)

断裂方式
  Y 断裂

断裂过程
  Y 断裂

断裂特征
  Y 断裂

断裂位置
  Y 断裂

断裂现象
  Y 断裂

断裂行为
  Y 断裂

断裂形貌
  Y 断裂

断裂形式
  Y 断裂

断路器技术
  Y 电器

断面
  Y 截面

断面密度
  Y 剖面密度

断面密度分布
  Y 剖面密度

断面特征
  Y 截面

断奶食品
ablactational food

TS216
  S 婴幼儿食品
  Z 食品

断头*
behead
TS104；TS105
  F 纺织断头

断头率
end breakage rate
TS104
  S 比率*
  F 细纱断头率

断纬
broken filling
TS105
  S 纺织断头
  Z 断头

断纸
breaking paper
TS805；TS807
  S 输纸故障
  Z 故障

缎
  Y 缎纹织物

缎彩纱
satin color yarn
TS106.4
  S 花式纱线
  Z 纱线

缎档毛巾
  Y 毛巾

缎档织物
  Y 缎纹织物

缎光机
  Y 浸轧机

缎光织物
  Y 经编织物

缎条织物
satin striped fabric
TS106.8
  S 缎纹织物
  Z 机织物

缎纹
  Y 缎纹组织

缎纹布
  Y 缎纹织物

缎纹卡其
  Y 卡其织物

缎纹织物
satin fabric
TS106.8
  D 缎
    缎档织物
    缎纹布
    缎子
    花缎

花式经缎织物
锦缎
软缎
双经缎织物
真丝缎
织锦缎
S 机织物*
F 缎条织物
贡缎织物
织锦
C 缎纹组织

缎纹组织
satin weave
TS105；TS107；TS18
D 缎纹
缎组织
S 三原组织
C 缎纹织物
Z 材料组织

缎子
Y 缎纹织物

缎组织
Y 缎纹组织

煅烧废物
Y 工业废弃物

堆肥系统
Y 发酵

堆积变黄
Y 烟丝质量

堆积机
piler
TS803.9
S 印刷机械*

堆积烤房
Y 烤烟房

堆置反应机
Y 染色机

对苯二甲酸乙二酯纤维
Y 涤纶

对比染色
Y 染色工艺

对称防伪技术
Y 防伪

对格
Y 对条对格

对花
design register
TS194
D 对花精度
S 织造工艺*
F 光电对花

对花精度
Y 对花

对角泵
Y 泵

对染
Y 染色工艺

对色
matching colour
TS194
D 多色多点印花方法
S 色彩工艺*

对条
Y 对条对格

对条对格
stripe and plaid matching
TS941.6
D 对格
对条
S 服装工艺*

对位芳纶
para aramid
TQ34；TS102.527.
D PPTA 纤维
对位芳酰胺纤维
芳纶 1414
聚对苯二甲酰对苯二胺纤维
S 芳纶
C 芳纶浆粕 →(9)
间位芳纶
Z 纤维

对位芳纶纤维
Y 芳纶

对位芳酰胺纤维
Y 对位芳纶

对虾
prawn
TS254.2
D 明虾
S 虾类
Z 水产品

对虾头酱
Y 虾酱

兑卤
mixture with brine
TS36
D 串联加卤
兑卤法
加卤
S 制盐*

兑卤法
Y 兑卤

盾尾刷
tail brushes
TS95
D 尾刷
S 刷子*

顿钻
Y 冲击钻井

顿钻钻井
Y 冲击钻井

多摆稳定

Y 稳定

多臂
multi-arm
TS103.12
S 多臂机构
Z 纺织机构

多臂机
Y 多臂织机

多臂机构
dobby
TS103.12
D 多臂开口机构
多臂龙头
多臂装置
S 机织机构
F 电子多臂
多臂
C 多臂织机
开口机构
Z 纺织机构

多臂开口机构
Y 多臂机构

多臂龙头
Y 多臂机构

多臂织机
dobby machine
TS103.33
D 电子多臂机
多臂机
S 织机
C 多臂机构
Z 织造机械

多臂织物
dobby fabric
TS106.8
S 提花织物
Z 织物

多臂装置
Y 多臂机构

多臂组织
Y 提花组织

多仓混棉
multi-bin cotton blending
TS104.2
S 混棉
Z 纺纱工艺

多仓混棉机
multi mixer
TS103.22
S 混棉机
Z 纺织机械

多层复合纤维
multilayer composite fibres
TQ34；TS102.65
D 并列型复合纤维
多芯层复合纤维
裂离型复合纤维
皮芯型复合纤维

双层复合纤维
异形复合纤维
S 复合纤维
F 海岛纤维
Z 纤维

多层机织物
multi layer woven fabric
TS106.8
S 机织物*

多层胶合板
multi-plywood
TB3；TS65
D 夹心胶合板
刨花芯层胶合板
S 胶合板
Z 型材

多层金属版
multi-layer metal plate
TS802
D 多层金属平版
印刷版
S 金属模版
Z 模版

多层金属平版
Y 多层金属版

多层拉幅定形机
Y 拉幅机

多层热压机
multi-daylight press
TS64
D 多层压机
S 热压机
Z 人造板机械

多层瓦楞纸板
Y 瓦楞原纸

多层压机
Y 多层热压机

多层针织物
Y 针织物

多层织物
multi-layer fabric
TS106.8
D 三层织物
双层提花织物
双层粘和织物
双层组织织物
针织多轴向多层织物
S 织物*
F 叠层织物
双层织物
四层织物
C 复合织物

多层组织
multi-layer tissues
TS103
S 织物变化组织
F 接结组织
双层组织
Z 材料组织

多齿刀具
multi-tooth tool
TG7；TS914
S 刀具*

多段漂白
multistage bleaching
TS192.5
S 漂白*
F 二段漂白
三段漂白

多酚类物质
polyphenol substance
O6；TS255
S 物质*
C 葡萄籽

多酚提取物
polyphenol extracts
O6；TS255
S 提取物*
F 苹果多酚提取物

多工件压制
Y 压制

多功能白酒净化器
Y 白酒净化器

多功能泵
Y 泵

多功能大豆纤维
Y 大豆蛋白纤维

多功能纺织整理剂
Y 多功能整理剂

多功能加脂剂
multi-functional fatliquoring agents
TS529.1
S 加脂剂*

多功能涂层织物
multifunctional coating fabrics
TS106.85
S 涂层织物
Z 织物

多功能洗涤巾
multifunctional washing towel
TS973
S 擦拭巾
Z 纺织品

多功能灶
multifunctional stove
TS972.26
S 炉灶
Z 厨具

多功能针布齿条
Y 金属针布齿条

多功能整理
Y 功能性整理

多功能整理剂
multifunctional textile finishing agent
TS195.2

D 多功能纺织整理剂
S 功能整理剂
Z 整理剂

多功能织物
Y 功能纺织品

多级浸提
multistage extraction
TS205
S 浸出*

多级旋风分离器
Y 分离设备

多甲川染料
polymethine dyes
TS193.21
S 甲川类染料
Z 染料

多剑杆织机
Y 剑杆织机

多金属鞣剂
zirconium tanning agent
TS529.2
D 锆鞣剂
钛鞣剂
S 鞣剂*
F 铬鞣剂
铝鞣剂

多晶冰糖
Y 冰糖

多晶莫来石纤维
Y 莫来石纤维

多晶体冰糖
Y 冰糖

多锯片横截圆锯机
Y 圆锯机

多锯片纵剖木工圆锯机
Y 圆锯机

多聚糖
saccharan
Q5；TS24
D 高分子多糖
聚多糖
S 碳水化合物*

多菌种发酵
Y 混菌发酵

多菌种混合发酵
Y 混菌发酵

多菌种制曲
multi-strain koji-making
TS26
S 制曲*
F 双菌制曲

多孔淀粉
porous starch
TS235
S 淀粉*
F 微孔淀粉

多孔镗床
　　Y 钻镗床

多孔纤维
porous fibre
TQ34；TS102.63
　　S 异形纤维
　　C 回潮率
　　Z 纤维

多孔形填料
　　Y 填料

多孔织物
porous textiles
TS106.8
　　S 织物*
　　C 网眼针织物

多粒结织物
　　Y 针织物

多列集圈提花罗纹织物
　　Y 罗纹织物

多唛混配
　　Y 配棉工艺

多媒体防伪技术
　　Y 防伪

多媒体贺卡
　　Y 贺卡

多面体建模
　　Y 服装建模

多模压制
　　Y 压制

多能圆锯
　　Y 圆锯机

多偶氮染料
　　Y 有机染料

多盘过滤机
　　Y 多盘式真空过滤机

多盘式
　　Y 多盘式真空过滤机

多盘式真空过滤机
multiple-disc vacuum filters
TS733
　　D 多盘过滤机
　　　多盘式
　　　多盘真空过滤机
　　S 磨浆设备
　　Z 制浆设备

多盘真空过滤机
　　Y 多盘式真空过滤机

多刃刀片
　　Y 刀片

多色凹印机
multicolour rotogravure press
TS803.6
　　S 凹印机
　　F 六色凹印机
　　Z 印刷机械

多色多点印花方法
　　Y 对色

多色胶印轮转机
　　Y 胶印机

多色染色
　　Y 染色工艺

多色丝网印刷
　　Y 丝网印刷

多色套印
multi-color overprint
TS194.4；TS859
　　S 套印
　　Z 印制技术

多色性
pleochroism
TS195
　　D 多向色性
　　　三向色性
　　S 光学性质*

多色印花
multicolour printing
TS194
　　S 印花*

多色印刷
　　Y 彩色印刷

多色印刷机
　　Y 彩色印刷机

多色圆珠笔
　　Y 圆珠笔

多色组印刷机
　　Y 彩色印刷机

多士炉
　　Y 烤面包炉

多梳经编工艺
multi bar warp knitting process
TS184.3
　　S 经编工艺
　　Z 针织工艺

多梳经编织物
　　Y 经编织物

多梳栉
　　Y 多梳栉经编机

多梳栉经编机
multi-bar warp knitting machine
TS183.3
　　D 多梳栉
　　S 拉舍尔经编机
　　Z 织造机械

多速电钻
　　Y 电钻

多梭口织机
　　Y 多相织机

多梭箱
　　Y 织机

多梭箱织机
　　Y 织机

多肽
polypeptides
TQ93；TS201.2
　　D 多肽类
　　　固相多肽
　　S 肽*
　　F 大豆多肽
　　　胶原多肽
　　　抗真菌多肽
　　　苦荞多肽
　　　膦三肽
　　　绿豆多肽
　　　胸腺多肽
　　　鱼精多肽
　　C 固相反应合成 →(9)

多肽类
　　Y 多肽

多肽饮料
peptide beverages
TS27
　　S 蛋白饮料
　　Z 饮料

多糖含量
polysaccharides content
R；TS255.7
　　S 糖含量
　　Z 含量

多套色
　　Y 套色

多头泵
　　Y 泵

多头冰激凌机
　　Y 冰淇淋机

多头电脑刺绣机
　　Y 电脑绣花机

多维枣酱
　　Y 甜酱

多纬织物
multiple weft fabrics
TS106.8
　　S 织物*

多味核桃
　　Y 核桃

多味牛肉干
　　Y 牛肉干

多相织机
multiphase loom
TS103.33
　　D 波形开口织机
　　　多梭口织机
　　　圆形织机
　　S 有梭织机
　　Z 织造机械

多箱造型
　　Y 造型

多向立体织物
　　Y　立体织物

多向色性
　　Y　多色性

多向纤维缠绕
multidirectional filament winding
TS104.1
　　S　纤维缠绕
　　Z　缠绕

多项式稳定性
　　Y　稳定性

多芯层复合纤维
　　Y　多层复合纤维

多异变形丝
　　Y　变形纱

多用扳手
　　Y　扳手

多用车床
　　Y　万能车床

多用木工机床
　　Y　木工机床

多元变性淀粉
multiple-modified starch
TS235
　　S　变性淀粉
　　Z　淀粉

多圆盘过滤机
multi-disc filter
TS733
　　S　磨浆设备
　　Z　制浆设备

多圆盘回收机
multi-disc recycling machines
TS733.9
　　S　造纸辅助设备
　　Z　造纸机械

多圆网纸板机
　　Y　圆网纸机

多智能体系
　　Y　智能系统

多智能系统
　　Y　智能系统

多重分形表面
　　Y　表面

多重熔融
multiple melting
O4；TQ0；TS10
　　D　多重熔融行为
　　S　熔融*
　　C　熔石英玻璃　→(1)

多重熔融行为
　　Y　多重熔融

多轴攻丝机
　　Y　攻丝机

多轴向机织物
3D woven fabrics
TS106.8
　　D　3D 机织物
　　S　多轴向织物
　　Z　织物

多轴向经编
　　Y　多轴向经编织物

多轴向经编织物
multi-axial warp-knitted fabric
TS186.1
　　D　多轴向经编
　　S　经编织物
　　Z　编织物

多轴向织物
multiaxial fabric
TS106.8
　　D　三轴织物
　　S　织物*
　　F　MBWK 织物
　　　　多轴向机织物
　　　　经编双轴向织物
　　　　双轴向织物

多轴钻
　　Y　电钻

多组分纺织品
multi-component textiles
TS106
　　S　纺织品*

多组分喷气涡流纱
multicomponent jet vortex yarns
TS106.4
　　S　喷气纱
　　Z　纱线

多组分纤维
multicomponent fibre
TQ34；TS102.6
　　S　差别化纤维
　　F　复合纤维
　　　　共混纤维
　　　　混杂纤维
　　　　双组分纤维
　　Z　纤维

多组分纤维染色
multicomponent fiber blends dyeing
TS193
　　S　纤维染色
　　F　毛涤同浴染色
　　Z　染色工艺

剁骨刀
　　Y　日用刀具

俄国菜肴
　　Y　俄罗斯菜

俄罗斯菜
Russian cuisine
TS972
　　D　俄国菜肴
　　　　俄罗斯菜肴
　　　　俄式菜

俄式菜肴
　　S　西式菜
　　Z　菜肴

俄罗斯菜肴
　　Y　俄罗斯菜

俄罗斯族服饰
　　Y　民族服饰

俄式菜
　　Y　俄罗斯菜

俄式菜肴
　　Y　俄罗斯菜

鹅肝
goose liver
S；TS251.59
　　D　肥鹅肝
　　S　鹅肉
　　Z　肉

鹅肝酱
foie gras
TS251.55
　　S　鹅肉制品
　　Z　肉制品

鹅骨
goose bone
S；TS251.59
　　S　鹅肉
　　Z　肉

鹅骨泥
　　Y　鹅肉制品

鹅火腿
　　Y　鹅肉制品

鹅肌肽
anserine
TQ93；TS201.2
　　S　肽*

鹅类
　　Y　鹅肉制品

鹅类菜肴
goose dishes
TS972.125
　　S　禽肉菜肴
　　F　盐水鹅
　　Z　菜肴

鹅毛
goose feather
S；TS102.31
　　S　羽毛
　　Z　动物皮毛

鹅裘皮
goose fur
S；TS564
　　S　毛皮
　　F　鹅绒裘皮
　　Z　动物皮毛

鹅绒
goose down

S；TS102.31
　S 羽绒
　Z 动物皮毛
　　绒毛

鹅绒毛皮
　Y 鹅绒裘皮

鹅绒裘皮
goose down fur
S；TS564
　D 鹅绒毛皮
　S 鹅裘皮
　Z 动物皮毛

鹅肉
goose meat
S；TS251.59
　D 白条鹅
　　板鹅
　S 禽肉
　F 鹅肝
　　鹅骨
　　鹅血
　　鹅掌
　　鹅脂
　　鹅肫
　Z 肉

鹅肉干
dried goose meat
TS251.55
　S 鹅肉制品
　　肉干
　Z 肉制品

鹅肉松
dried goose floss
TS251.55
　S 鹅肉制品
　　肉松
　Z 肉制品

鹅肉制品
goose products
TS251.55
　D 鹅骨泥
　　鹅火腿
　　鹅类
　　肉鹅食品
　　香酥鹅
　S 禽肉制品
　F 鹅肝酱
　　鹅肉干
　　鹅肉松
　　风鹅
　　盐水鹅
　Z 肉制品

鹅血
goose blood
S；TS251.59
　S 鹅肉
　Z 肉

鹅油
　Y 鹅脂

鹅掌

goose paw
S；TS251.59
　S 鹅肉
　Z 肉

鹅脂
goose fat
S；TS251.59
　D 鹅油
　S 鹅肉
　Z 肉

鹅肫
goose stomach
S；TS251.59
　S 鹅肉
　Z 肉

噁唑染料
　Y 有机染料

恶嗪染料
　Y 有机染料

恶唑染料
　Y 有机染料

鄂菜
Hubei cuisine
TS972.12
　D 湖北菜
　S 菜系*

鄂伦春族服饰
　Y 民族服饰

鄂温克族服饰
　Y 民族服饰

鳄鱼皮
alligator skin
S；TS564
　S 爬行动物皮
　Z 动物皮毛

蒽醌废水
　Y 蒽醌染整废水

蒽醌分散染料
　Y 蒽醌染料

蒽醌还原染料
　Y 蒽醌染料

蒽醌类还原染料
　Y 蒽醌染料

蒽醌类染料
　Y 蒽醌染料

蒽醌硫酸盐法制浆
kraft anthraquinone pulping
TS10；TS743
　D 硫酸盐–蒽醌法
　S 硫酸盐法制浆
　Z 制浆

蒽醌染料
anthraquinone dyes
TS193.21
　D 蒽醌分散染料
　　蒽醌还原染料

　　蒽醌类还原染料
　　蒽醌类染料
　　蒽醌型染料
　　蒽酯染料
　S 合成染料
　C 有机颜料 →(9)
　Z 染料

蒽醌染整废水
anthraquinone dyeing wastewater
TS19；X7
　D 蒽醌废水
　S 染整废水
　Z 废水

蒽醌型分散染料
anthraquinone disperse dyes
TS193.21
　S 分散染料
　Z 染料

蒽醌型染料
　Y 蒽醌染料

蒽油
anthracene oil
TS22
　S 化工产品*

蒽酯染料
　Y 蒽醌染料

儿童冰箱
children refrigerator
TM92；TS972.26
　S 家用电冰箱
　C 儿童安全 →(13)
　　儿童家具
　Z 冰箱
　　厨具
　　家用电器

儿童床
children's bed
TS66；TU2
　S 床*

儿童服
　Y 童装

儿童服饰
children clothing
TS941.7
　S 服饰*

儿童服装
　Y 童装

儿童家具
children furniture
TS66；TU2
　S 家具*
　C 儿童冰箱

儿童内衣
underwaist
TS941.7
　S 内衣
　　童装
　Z 服装

儿童皮鞋
　Y 童鞋

儿童食品
children food
TS216
　S 食品*
　F 婴幼儿食品

儿童食谱
children recipes
TS972.12
　D 幼儿食谱
　S 食谱*

儿童外衣
children outer wear
TS941.7
　S 童装
　　外衣
　Z 服装

儿童玩具
children toys
TS958.5
　S 玩具*

儿童鞋
　Y 童鞋

儿童饮食
child dietary
TS971.2
　S 饮食*

耳防护器
　Y 护耳器

二、三、四面刨床
　Y 四面木工刨床

二苯甲烷染料
　Y 有机染料

二步发酵
two stage fermentation
TQ92；TS26
　D 二步发酵法
　　两步发酵
　　两步发酵法
　　两段发酵
　　两段发酵法
　　两阶段发酵
　S 发酵*
　C 二次合成 →(9)
　　红霉素发酵 →(9)
　　肌苷发酵 →(9)

二步发酵法
　Y 二步发酵

二步法
two-step process
TS261.4
　S 方法*

二步法白酒工艺
　Y 白酒工艺

二层革
split leather

TS56
　D 二层皮
　S 成品革
　Z 皮革

二层皮
　Y 二层革

二次废物
　Y 废弃物

二次废渣
　Y 废渣

二次分离器
　Y 分离设备

二次灌装
secondary filling
TB4；TS29
　S 灌装*

二次加工
secondary operation
TS65
　S 加工*

二次浸出
reextraction
TS205
　S 浸出*

二次精制盐水
secondary refining salt
TS36
　D 二次盐水
　S 精制盐水
　Z 盐水

二次拉伸
succeeding stretching
TG3；TQ34；TS101
　S 拉伸*

二次硫熏
secondary sulfitation
TS244
　S 硫熏
　Z 烟熏

二次灭菌奶
　Y 灭菌乳

二次排放
　Y 排放

二次膨化
　Y 膨化

二次设计
two-phase design
TS941.2
　D 再设计
　S 设计*

二次糖化
　Y 糖化

二次贴面
　Y 贴面工艺

二次脱胶

two degumming
TS123
　S 脱胶*

二次污泥
　Y 污泥

二次纤维新闻纸
secondary fibre newspapers
TS761.2
　S 新闻纸
　Z 纸张

二次盐水
　Y 二次精制盐水

二次盐水精制
secondary refining of brine
TS36
　S 盐水精制
　Z 精制

二次蒸汽
secondary steam
TS2
　S 蒸汽*

二次资源利用
　Y 资源利用

二醋酸纤维
diacetate fibre
TQ34；TS102.51
　D 二醋酸纤维素
　　二醋纤
　　二醋酯纤维
　　二乙酸酯纤维
　S 醋酸纤维
　Z 纤维

二醋酸纤维丝束
　Y 醋纤丝束

二醋酸纤维素
　Y 二醋酸纤维

二醋纤
　Y 二醋酸纤维

二醋酯纤维
　Y 二醋酸纤维

二段漂白
second stage bleaching
TS192.5
　S 多段漂白
　Z 漂白

二锅头
erguotou wine
TS262.39
　D 二锅头酒
　S 中国白酒
　Z 白酒

二锅头酒
　Y 二锅头

二号糖
　Y 原糖

二甲苯麝香

xylene musk
TQ65；TS264.3
　　S 合成麝香
　　Z 香精香料

二甲基吲哚二羧花青染料
dimethylindodicarbocyanine dye
TS193.21
　　S 靛系染料
　　Z 染料

二进制计数器
　　Y 计数器

二面刨床
　　Y 四面木工刨床

二面铣床
　　Y 平面铣床

二片罐
　　Y 两片罐

二色性
dichroism
O4；TQ61；TS934
　　S 光学性质*

二手模具
　　Y 模具

二手纸机
second-hand paper machine
TS734
　　S 造纸机
　　Z 造纸机械

二肽甜味剂
dipeptide sweetener
TS202；TS245
　　S 甜味剂
　　Z 增效剂

二碳菁染料
　　Y 菁染料

二维机织
two-dimensional woven
TS105
　　S 机织工艺
　　C 平面编织复合材料　→(1)
　　Z 织造工艺

二维扫描系统
　　Y 扫描设备

二氧化氯漂白
chlorine dioxide bleaching
TS192.5
　　D C1O₂漂白
　　S 氯漂
　　Z 漂白

二氧化钛涂料
　　Y 涂料

二乙酸酯纤维
　　Y 二醋酸纤维

二浴法
two bath process
TS193

　　D 二浴法染色
　　　两浴法
　　　两浴法染色
　　S 浴法*

二浴法染色
　　Y 二浴法

二重轧机
　　Y 轧机

二重组织
　　Y 重组织

二轴攻丝机
　　Y 攻丝机

二组分纤维
　　Y 双组分纤维

发动机滤纸
engine filter paper
TS761.9
　　S 滤纸
　　Z 纸张

发动机试验设备
　　Y 试验设备

发糕
steamed sponge cake
TS213.23
　　S 中式糕点
　　Z 糕点

发光布料
　　Y 纺织布料

发光灯
luminescent light
TM92；TS956
　　S 灯*
　　F LED 灯
　　　半导体发光灯
　　　场致发光灯

发光二极管灯
　　Y LED 灯

发光面料
　　Y 功能面料

发光染料
luminescent dye
TS193.21
　　S 功能染料
　　Z 染料

发光纤维
noctilucent fibers
TS102
　　D 有光纤维
　　S 光纤*
　　F 夜光纤维
　　C 发光膜　→(9)
　　　光接枝　→(9)

发光织物
luminous fabrics
TS106.8
　　S 功能纺织品*

发花
　　Y 色花

发酵*
leaven
TQ92
　　D 堆肥系统
　　　发酵处理
　　　发酵处理工艺
　　　发酵法
　　　发酵法生产
　　　发酵方法
　　　发酵方式
　　　发酵过程
　　　发酵技术
　　　发酵培养
　　　发酵生产
　　　发酵水平
　　　发酵制备
　　　发酵作用
　　F 暗发酵
　　　低盐固态发酵
　　　二步发酵
　　　复合发酵
　　　复式发酵
　　　高浓度发酵
　　　高温堆积发酵
　　　混菌发酵
　　　酵母发酵
　　　静态发酵
　　　菌丝体发酵
　　　连续发酵
　　　生料发酵
　　　食品发酵
　　　熟料发酵
　　　酸发酵
　　　糖化发酵
　　　细菌发酵
　　　厌氧发酵
　　　液体发酵
　　　乙醇发酵
　　　再发酵
　　　直接发酵
　　　自然发酵
　　C 代谢特性　→(9)
　　　豆酱
　　　发酵度
　　　发酵反应器
　　　发酵强度
　　　发酵食品
　　　发酵速度
　　　发酵特性
　　　发酵温度　→(1)
　　　发酵稳定性
　　　发酵效率
　　　发酵转化率　→(9)
　　　固态发酵反应器
　　　酱油
　　　麦芽汁
　　　酶解反应器　→(9)
　　　酸奶
　　　微生物油脂

发酵参数
fermentation parameter
TQ92；TS26
　　S 工艺参数*

C 发酵度
　　发酵速度

发酵残糖
　Y 残糖

发酵残渣
fermentation residue
TQ92；TS26
　S 残渣*
　F 乳酸发酵残渣

发酵槽
　Y 发酵罐

发酵茶
　Y 红茶

发酵产品*
fermented product
TQ92；TS205.5
　D 发酵制品
　F 发酵副产物
　　发酵酒精
　　发酵食品
　C 产品
　　发酵质量　→(9)

发酵肠
　Y 发酵香肠

发酵成熟
fermentation maturity
TQ92；TS26
　S 成熟*

发酵处理
　Y 发酵

发酵处理工艺
　Y 发酵

发酵促进剂
fermentation promoter
TS202
　D 发酵增强剂
　S 发酵剂*

发酵大豆食品
　Y 发酵豆制品

发酵大豆制品
　Y 发酵豆制品

发酵单胞菌
zymomonas
TQ92；TS26
　S 菌种*

发酵蛋奶
cultured egg-milk
TS252.54
　D 发酵型蛋奶
　S 蛋奶
　　发酵乳制品
　Z 发酵产品
　　乳制品

发酵调味料
　Y 发酵调味品

发酵调味品

fermented condiment
TS264.2
　D 发酵调味料
　S 调味品*
　　发酵食品
　F 发酵辣椒
　Z 发酵产品

发酵豆奶
fermented soybean milk
TS252.54
　D 豆酸奶
　　富硒发酵豆奶
　S 发酵乳制品
　Z 发酵产品
　　乳制品

发酵豆乳
fermentative soymilk
TS214.9
　S 大豆发酵食品
　Z 豆制品
　　发酵产品

发酵豆渣
fermented bean curd
TQ92；TS210.9
　S 大豆渣
　Z 残渣

发酵豆制品
fermented soybean products
TS214
　D 发酵大豆食品
　　发酵大豆制品
　　发酵性豆制品
　S 豆制品*
　　发酵食品
　F 大豆发酵食品
　　豆豉
　　豆酱
　Z 发酵产品

发酵度
fermentation degree
TS261
　D 高发酵度
　S 化合度*
　C 发酵
　　发酵参数

发酵法
　Y 发酵

发酵法生产
　Y 发酵

发酵反应器
fixed-cell fluid-bed fermenter
TQ92；TS261.3
　D 固定化细胞流化床发酵器
　　吸附-固体发酵反应器
　S 发酵设备*
　　反应装置*
　F 固态发酵反应器
　C 发酵
　　发酵罐
　　发酵转化率　→(9)

发酵方法
　Y 发酵

发酵方式
　Y 发酵

发酵副产物
fermentation byproduct
TQ92；TS205.5
　S 发酵产品*
　F 发酵液
　　醪液
　　醪糟

发酵罐
fermenter
TQ92；TS261.3
　D 5L 发酵罐
　　标准发酵罐
　　充气发酵罐
　　大型发酵罐
　　发酵槽
　　好气性发酵罐
　　机械搅拌发酵罐
　　机械自吸式发酵罐
　　搅拌式发酵罐
　　空气提升式发酵罐
　　露天锥形发酵罐
　　喷射自吸式发酵罐
　　全自动发酵罐
　　食醋自吸式发酵罐
　　塔式发酵罐
　　通风发酵罐
　　圆柱锥底发酵罐
　S 发酵设备*
　F 不锈钢发酵罐
　　醋酸发酵罐
　　汉生罐
　　好氧发酵罐
　　露天发酵罐
　　啤酒发酵罐
　　气升式发酵罐
　　射流搅拌发酵罐
　　外环流式发酵罐
　　旋转发酵罐
　　锥形发酵罐
　C 发酵反应器
　　酵母

发酵罐培养
incubation in fermentor
TQ92；TS26
　S 培养*

发酵过程
　Y 发酵

发酵胡萝卜汁
fermented carrot juice
TS252.54
　S 发酵饮品
　Z 发酵产品

发酵活力
　Y 酵母活性

发酵机
　Y 发酵设备

发酵机械
　Y 发酵设备

发酵技术
　Y 发酵

发酵剂*
starter cultures
TS202
　D 半发酵面团改良剂
　　母发酵剂
　F 冻干发酵剂
　　发酵促进剂
　　附属发酵剂
　　复合发酵剂
　　混合发酵剂
　　浓缩发酵剂
　　平衡发酵剂
　　肉品发酵剂
　　乳品发酵剂
　　糖化发酵剂
　　微生物发酵剂
　　直投发酵剂
　C 产酸性能

发酵酱油
　Y 酿造酱油

发酵酵母
　Y 酵母

发酵酒
　Y 酿造酒

发酵酒精
fermentation alcohol
TS262.2
　S 发酵产品*
　F 糖蜜酒精
　　玉米酒精
　C 车用乙醇汽油　→⑵⑿

发酵菌粉
fermentation powders
TS26
　S 食用粉*
　F 酵母粉

发酵菌株
fermentation strains
TQ92；TS26
　S 菌种*

发酵辣椒
fermented chili
TS255.5
　S 发酵调味品
　Z 调味品
　　发酵产品

发酵醪
　Y 醪液

发酵醪液
　Y 醪液

发酵力
　Y 发酵特性

发酵滤液
　Y 发酵液

发酵率
　Y 发酵速度

发酵米粉
fermented rice flour
TS210
　S 米粉
　Z 粮油食品

发酵面食
fermented pasta
TS972.132
　D 发酵面制品
　S 发酵食品
　　面粉制品
　　面食
　C 馒头
　　面包
　Z 发酵产品
　　粮油食品
　　主食

发酵面团
fermented dough
TS211
　S 面团
　Z 粮油食品

发酵面制品
　Y 发酵面食

发酵奶
　Y 酸奶

发酵醋
　Y 醋

发酵培养
　Y 发酵

发酵期
　Y 发酵周期

发酵器
　Y 发酵设备

发酵强度
fermentation intensity
TQ92；TS26
　S 强度*
　C 发酵
　　发酵温度　→(1)

发酵肉
　Y 发酵肉制品

发酵肉制品
fermented meat products
TS251.59
　D 传统发酵肉制品
　　发酵肉
　S 发酵食品
　　肉制品*
　F 发酵香肠
　Z 发酵产品

发酵乳
　Y 酸奶

发酵乳品
　Y 发酵乳制品

发酵乳饮料
　Y 乳酸菌饮料

发酵乳制品
cultured milk products
TS252.54
　D 发酵乳品
　S 发酵食品
　　乳制品*
　F 发酵蛋奶
　　发酵豆奶
　　发酵酸豆乳
　　发酵驼乳
　　酸奶
　Z 发酵产品

发酵设备*
fermenting equipment
TQ92；TS261.3
　D 发酵机
　　发酵机械
　　发酵器
　　气流搅拌式发酵设备
　　烟叶发酵设备
　F 发酵反应器
　　发酵罐
　C 酿造设备

发酵生产
　Y 发酵

发酵时间
fermentation time
TQ92；TS26
　S 加工时间*
　C 发酵速度
　　发酵温度　→(1)

发酵食品
fermented foods
TQ92；TS219
　S 发酵产品*
　F 传统发酵食品
　　发酵调味品
　　发酵豆制品
　　发酵面食
　　发酵肉制品
　　发酵乳制品
　　发酵蔬菜
　　发酵饮品
　C 发酵
　　发酵温度　→(1)
　　酒
　　食品

发酵蔬菜
fermented vegetable
TS252.54
　S 发酵食品
　Z 发酵产品

发酵水平
　Y 发酵

发酵速度
fermentation rate
TS26
　D 发酵率
　　发酵速率

S 加工速度*
C 发酵
　发酵参数
　发酵时间
　发酵条件 →(9)
　发酵温度 →(1)
　发酵效率
　发酵质量 →(9)

发酵速率
　Y 发酵速度

发酵酸豆奶
　Y 酸豆奶

发酵酸豆乳
fermented soymilk
TS252.54
　S 发酵乳制品
　Z 发酵产品
　　乳制品

发酵酸奶
　Y 酸奶

发酵特性
fermentation characteristics
TS261
　D 发酵力
　　发酵性
　　发酵性能
　S 化学性质*
　F 发酵稳定性
　C 发酵

发酵驼乳
fermented camel milk
TS252.54
　S 发酵乳制品
　Z 发酵产品
　　乳制品

发酵稳定性
fermentation stability
TQ92；TS26
　S 发酵特性
　　稳定性*
　C 发酵
　Z 化学性质

发酵细菌
　Y 酵母

发酵香肠
fermented sausages
TS251.59
　D 发酵肠
　　干发酵香肠
　S 发酵肉制品
　　香肠
　Z 发酵产品
　　肉制品

发酵效率
fermentation efficiency
TQ92；TS26
　S 效率*
　C 发酵
　　发酵速度
　　发酵温度 →(1)

发酵型蛋奶
　Y 发酵蛋奶

发酵型酸奶
　Y 酸奶

发酵型酸性乳饮料
　Y 酸性乳饮料

发酵性
　Y 发酵特性

发酵性豆制品
　Y 发酵豆制品

发酵性能
　Y 发酵特性

发酵液
fermentation broth
TQ92；TS205.5
　D 发酵滤液
　S 发酵副产物
　F 甘油发酵液
　　琥珀酸发酵液
　　肌苷发酵液
　　柠檬酸发酵液
　　乳酸发酵液
　　生物发酵液
　Z 发酵产品

发酵饮料
fermented drink
TS27
　D 复合发酵饮料
　　麦汁发酵饮料
　　乳酸发酵饮料
　S 饮料*
　F 乳酸菌饮料

发酵饮品
fermented drinks
TS252.54
　S 发酵食品
　F 发酵胡萝卜汁
　Z 发酵产品

发酵增强剂
　Y 发酵促进剂

发酵制备
　Y 发酵

发酵制品
　Y 发酵产品

发酵周期
fermentation period
TS261
　D 发酵期
　S 周期*
　C 发酵温度 →(1)

发酵猪血
　Y 猪血

发酵作用
　Y 发酵

发霉
　Y 霉变

发泡*
foaming
TQ32；TQ42
　D 发泡(塑料加工)
　　发泡法
　　发泡方法
　　发泡改性
　　发泡工艺
　　发泡过程
　　发泡技术
　　发泡速度
　　发泡行为
　　发泡性
　F 鼓泡
　C 发泡机理 →(9)
　　发泡剂 →(2)(9)(11)
　　发泡体系 →(9)
　　发泡制品
　　挤出成型 →(9)
　　泡沫
　　消泡

发泡(塑料加工)
　Y 发泡

发泡餐具
foaming tablewares
TQ32；TS972.23
　S 发泡制品*

发泡法
　Y 发泡

发泡方法
　Y 发泡

发泡粉
foaming powder
TS211.2
　S 食品专用粉
　F 蛋白发泡粉
　Z 粮食

发泡改性
　Y 发泡

发泡工艺
　Y 发泡

发泡过程
　Y 发泡

发泡技术
　Y 发泡

发泡酒
　Y 起泡酒

发泡立体印花
　Y 发泡印花

发泡器
　Y 泡沫发生器

发泡速度
　Y 发泡

发泡塑料餐具
foamed plastic tableware
TQ32；TS972.23
　S 塑料餐具

F 一次性发泡塑料餐具
Z 厨具

发泡纤维
Y 功能纤维

发泡鞋底
Y 鞋底

发泡行为
Y 发泡

发泡性
Y 发泡

发泡印花
foam printing
TS194
D 发泡立体印花
立体印花
S 印花*
C 泡沫发生器

发泡油墨
foaming ink
TQ63；TS802.3
S 油墨*

发泡制品*
foaming product
TQ32
F 发泡餐具
C 发泡
制品

发热器
Y 加热设备

发生器*
producer
TP2
D 产生器
生成器
F 电热蒸汽发生器
泡沫发生器
C 发生炉 →(9)
信号发生器 →(4)(5)(7)(8)

发条玩具
Y 机动玩具

发芽糙米
germinated brown rice
TS210.2
D 萌芽糙米
S 糙米
Z 粮食

发芽大豆
germinated soybean
TS210.2
S 大豆
C 复合乳
黄豆芽
Z 粮食

发芽大麦
Y 芽麦

发芽小麦
Y 芽麦

法定单位
Y 计量单位

法定计量单位
Y 计量单位

法国菜
French food
TS972
D 法国菜肴
法国烹饪
法式菜
法式菜肴
法式大菜
法式西菜
法式西餐
S 西菜*
Z 菜肴

法国菜肴
Y 法国菜

法国烹饪
Y 法国菜

法国小麦粉
french wheat flours
TS211.2
S 小麦粉
Z 粮食

法拉第笼
Y 法拉第筒

法拉第筒
Faraday cage
TS103
D 法拉第笼
S 仪器仪表*

法兰螺母攻丝机
Y 攻丝机

法兰绒
Y 绒面织物

法律法规*
legislation
D
F 食品法规

法式菜
Y 法国菜

法式菜肴
Y 法国菜

法式大菜
Y 法国菜

法式西菜
Y 法国菜

法式西餐
Y 法国菜

法制计量单位
Y 计量单位

发髻
bun
TS934.5

S 饰品*

发胶
Y 胶

发式
hairstyle
TS974.2
D 发型
卷发
直发
中长发
S 美发
Z 美容

发型
Y 发式

发型设计
hair design
TS974
S 造型设计*

发用凝胶
Y 凝胶

珐琅彩
colour enamels
TQ17；TS93
D 瓷胎画珐琅
S 瓷制品*
C 陶瓷涂料 →(9)

帆布
canvas
TS106.8
S 织物*
F EP 帆布
浸胶帆布
棉帆布

帆布鞋
Y 鞋

帆布验布机
Y 验布机

帆布织机
Y 织机

番瓜
Y 南瓜

番茄醋
tomato vinegar
TS264；TS27
S 果醋
Z 饮料

番茄粉
tomato powder
TS255.4
S 果粉
Z 食用粉

番茄果酱
Y 番茄酱

番茄红素油树脂
lycopene oleoresin
TS222

S 树脂*

番茄加工
tomato processing
TS255.36
　S 蔬菜加工
　Z 食品加工

番茄浆料
tomato puree
TS255.2
　S 天然浆料
　Z 浆料

番茄酱
tomato paste
TS255.43；TS264
　D 番茄果酱
　　蕃茄酱
　　柿酱
　　西红柿酱
　S 番茄制品
　　果酱
　C 果胶物质
　Z 果蔬制品
　　酱

番茄酒
tomato wine
TS262.7
　S 果酒
　Z 酒

番茄皮
tomato skins
TS255
　S 水果果皮*

番茄皮渣
　Y 番茄渣

番茄色素
licopin
TQ61；TS202.39
　S 植物色素
　Z 色素

番茄饮料
tomato beverages
TS275.5
　D 番茄原汁饮料
　　番茄汁果醋饮料
　　番茄汁果汁混合饮料
　　番茄汁饮料
　S 蔬菜饮料
　Z 饮料

番茄原汁饮料
　Y 番茄饮料

番茄渣
tomato pomace
TS255
　D 番茄皮渣
　S 果蔬渣
　Z 残渣

番茄汁果醋饮料
　Y 番茄饮料

番茄汁果汁混合饮料
　Y 番茄饮料

番茄汁饮料
　Y 番茄饮料

番茄制品
tomato products
TS255
　S 水果制品
　F 番茄酱
　Z 果蔬制品

番茄贮藏
tomato storage
TS205
　S 蔬菜储藏
　Z 储藏

番茄籽
tomato seeds
TS202.1
　S 植物菜籽*
　C 番茄籽油

番茄籽蛋白
tomato seed protein
Q5；TS201.21
　S 植物蛋白
　Z 蛋白质

番茄籽油
tomato seed oil
TS225.19
　S 籽油
　C 番茄籽
　Z 油脂

番石榴汁
　Y 果汁

番薯
　Y 红薯

番阳黎族服饰
　Y 民族服饰

番芋
　Y 红薯

蕃茄酱
　Y 番茄酱

翻板
　Y 翻门

翻板机
panel turnover machine
TG3；TS29
　S 轧机*

翻驳领
lapel collar
TS941.61
　S 翻领
　Z 服装结构

翻炒技术
　Y 炒制

翻领
turn-down collar
TS941.61
　S 领型
　F 翻驳领
　　翻折领
　　连翻领
　C 直上尺寸
　Z 服装结构

翻领结构
lapel structures
TS941.61
　S 衣领结构
　Z 服装结构

翻领松量
lapel ease
TS941.6
　S 放松量
　C 倒伏量
　Z 尺寸

翻门
flap
TS66
　D 翻板
　S 门窗*

翻木机
　Y 轻工机械

翻丝机
　Y 络纱机

翻折领
fold-over collar
TS941.61
　S 翻领
　Z 服装结构

凡尔丁
　Y 精纺呢绒

凡立丁
　Y 精纺呢绒

反泵
　Y 泵

反传热
　Y 传热

反定位
　Y 定位

反光布
　Y 反光织物

反光镜
　Y 反射镜

反光织物
reflective fabric
TS106.8
　D 反光布
　S 功能纺织品*
　F 回归反光织物

反面线圈提花织物
　Y 提花织物

反绒服装革
suede garment leather

TS563.1；TS941.46
　　S 绒面服装革
　　Z 面料
　　　皮革

反射镜*
mirrors
TH7
　　D K 反射镜
　　　SMR 反射镜
　　　半导体可饱和吸收反射镜
　　　长条形反射镜
　　　车灯反射镜
　　　次反射镜
　　　反光镜
　　　反射镜面
　　　硅反射镜
　　　冷反光镜
　　　冷反射镜
　　　逆向反射镜
　　　前表面反射镜
　　　前涂反光镜
　　　石英柱体反射镜
　　　无反射镜
　　　显微镜反射镜
　　　自适应反射镜
　　F 非球面反射镜
　　　金属反射镜
　　C 光学镜
　　　望远镜 →(4)

反射镜面
　　Y 反射镜

反渗透纤维
　　Y 中空纤维

反手捻
　　Y Z 捻

反手纱
　　Y 纱线

反相胶乳
inverse latex
TS72
　　S 胶乳*
　　C 反相乳液 →(9)

反循环工艺
　　Y 循环

反应工艺条件
　　Y 反应条件

反应罐
reaction retort
TQ0；TS203
　　S 反应装置*

反应合成
　　Y 化学合成

反应合成法
　　Y 化学合成

反应时间*
reaction time
O6
　　D 化学反应时间

　　F 酶解时间
　　　养晶时间
　　C 时间

反应条件*
reaction condition
O6；TQ0
　　D 反应工艺条件
　　F 酶解条件

反应型复合
　　Y 无溶剂复合

反应型染料
　　Y 活性染料

反应型香料
reactive spices
TS264.3
　　S 香料
　　Z 香精香料

反应型阳离子松香胶
reactive cationic rosin size
TS72
　　S 阳离子松香胶
　　Z 胶

反应性抗菌整理剂
　　Y 抗菌整理剂

反应性染色
reactivity dyeing
TS193
　　S 染色工艺*

反应纸
　　Y 试纸

反应装置*
reaction device
TQ0
　　D 化学装置
　　F 发酵反应器
　　　反应罐
　　　酶反应器
　　　杀菌釜
　　C 合成设备 →(2)(9)
　　　化工装置

返黄
yellowing
TS101；TS71
　　D 抗泛黄
　　S 变色*
　　F 光诱导返黄
　　　热返黄

返排工艺
　　Y 工艺方法

返色
brightness reversion
TS745
　　D 回色
　　S 色彩工艺*

返鲜加工
fresh processing
TS255.36
　　S 食品加工*

返元
　　Y 解胶

返沾色
backstaining
TS193
　　S 沾色
　　Z 色彩工艺

饭瓜
　　Y 南瓜

饭馆
　　Y 餐馆

饭勺
　　Y 汤匙

泛光灯
　　Y 探照灯

泛黄
yellowing
TQ63；TS192
　　S 变色*
　　F 光致泛黄
　　　织物泛黄

泛黄防止
　　Y 耐黄变性

泛黄性
yellowing
TS193
　　S 光学性质*

范围*
range
ZT72
　　F 展品范围
　　C 规模 →(1)(2)(7)(8)(11)(12)

方案*
scenario
ZT71
　　D 方案特点
　　　候选方案
　　F 防伪解决方案
　　　印前解决方案
　　C 措施 →(1)(2)(4)(5)(6)(7)(8)(11)(12)(13)
　　　工程方案 →(1)(2)(4)(5)(7)(8)(11)(12)(13)
　　　技术方案
　　　施工方案 →(11)
　　　预案 →(1)(6)(11)(13)

方案布置
　　Y 布置

方案特点
　　Y 方案

方便菜
　　Y 方便菜肴

方便菜肴
convenient dishes
TS972
　　D 方便菜
　　S 菜肴*

方便调味酱

Y 调味方便食品

方便豆腐粉
Y 方便粉

方便粉
instant flour
TS217
D 方便豆腐粉
即食粉
S 方便食品*
F 方便米粉

方便粉丝
instant vermicelli
TS217
S 粉丝
Z 粮油食品

方便米
Y 方便米饭

方便米饭
convenience rice
TS217
D α-方便米饭
方便米
方便软米饭
即食方便米饭
即食米饭
挤压方便米饭
S 方便食品*

方便米粉
instant rice flour
TS217
D 方便湿米粉
方便鲜米粉
即食米粉
S 方便粉
Z 方便食品

方便米线
instant rice noodles
TS217
D 湿式方便米线
S 方便食品*

方便米粥
Y 方便粥

方便面
instant noodles
TS217
D 方便面片
荞麦方便面
速食面
速食煮面
S 方便食品*
F 非油炸方便面
油炸方便面

方便面酱料
Y 调味方便食品

方便面片
Y 方便面

方便面生产线
instant noodle production line

TS203
S 食品生产线
Z 生产线

方便软米饭
Y 方便米饭

方便湿米粉
Y 方便米粉

方便食品*
convenience foods
TS217
D 方便食品类
即食
即食产品
即食品
即食食品
即食型
即食制品
速食
速食品
速食食品
F 调味方便食品
方便粉
方便米饭
方便米线
方便面
方便汤料
方便粥
快餐食品
速冻方便食品
预制食品
C 即食菜肴
食品
脱盐

方便食品类
Y 方便食品

方便汤料
convenient soup
TS217；TS264.2
D 即食汤料
S 方便食品*

方便稀饭
Y 方便粥

方便鲜米粉
Y 方便米粉

方便粥
instant porridge
TS972.137
D 方便米粥
方便稀饭
即食糊
快餐粥
速食粥
S 方便食品*
粥
Z 主食

方锉
Y 锉

方法*
methodology
ZT71

D 方法特点
方式
基本方法
F Sevag 法
薄膜法
冲泡方法
二步法
钢球法
固态法
烘箱法
冷法
嫩化方法
逆转法
排包方式
破壁方法
切展法
烧碱法
食用方法
水剂法
水酶法
水煮法
酸法
梯形法
涂布法
液态法
有机溶剂法
原料配制
蒸汽法
蒸煮法
C 测量方法　→(1)(2)(3)(4)(5)(7)(8)(9)(11)(12)
电工方法　→(1)(3)(4)(5)(7)(8)(11)(12)
电化学方法　→(9)
分析方法
工艺方法
施工技术　→(1)(2)(3)(9)(11)(12)
样式
制备

方法特点
Y 方法

方钢锭铣床
Y 专用铣床

方格织物
grid fabrics
TS106.8
S 条格织物
Z 织物

方火腿
Y 火腿

方平组织
Y 织物变化组织

方式
Y 方法

方酸菁染料
squaraine dye
TS193.21
D 方酸染料
S 菁染料
Z 染料

方酸染料
Y 方酸菁染料

方糖
brick sugar
TS246.52
　S 糖制品*

方响
　Y 打击乐器

方向可操作度
　Y 操作

方向性*
directivity
ZT4
　D 定向性
　　指向性
　F 定向导湿
　　面料方向性
　C 性能

方形馒头
square steamed bread
TS972.132
　S 馒头
　Z 主食

方圆接头
　Y 接头

方正 RIP
　Y 方正书版

方正畅流
　Y 方正书版

方正超线
　Y 方正书版

方正飞腾
　Y 方正书版

方正全略
　Y 方正书版

方正书版
founder bookmaker
TS8
　D 方正 RIP
　　方正畅流
　　方正超线
　　方正飞腾
　　方正全略
　　方正印捷
　S 书版
　Z 模版

方正印捷
　Y 方正书版

方锥总管
square taper duct
TS73
　S 异型管*

芳玻韧布
fibrwrap
TS106.8
　S 功能纺织品*
　C 玻璃纤维织物
　　芳纶织物

芳砜纶
poly-sulfonamide fiber
TQ34；TS102.521
　D 芳砜纶纤维
　　聚苯砜对苯二甲酰胺纤维
　S 聚酰胺纤维
　C 垫片 →(1)(3)(4)(9)(11)
　　耐高温纤维
　　针刺无纺织物
　　阻燃纤维
　Z 纤维

芳砜纶纤维
　Y 芳砜纶

芳砜纶织物
polysulfonamide fabrics
TS156
　D 芳纶纤维布
　S 化纤织物*

芳基甲烷染料
　Y 有机染料

芳纶
kevlar
TQ34；TS102.527.
　D Kevlar-49
　　KEVLAR 纤维
　　对位芳纶纤维
　　芳纶 14
　　芳纶-1414
　　芳纶纤维
　　芳酰胺纤维
　　芳香聚酰胺纤维
　　芳香族聚酰胺纤维
　　芳族聚酰胺纤维
　　聚芳酰胺纤维
　　凯芙拉纤维
　S 芳香族纤维
　　聚酰胺纤维
　F 对位芳纶
　　芳纶短纤维
　　间位芳纶
　C 耐高温纤维
　　尼龙 66
　　阻燃纤维
　Z 纤维

芳纶 1313
　Y 间位芳纶

芳纶 1313 纤维
　Y 间位芳纶

芳纶 1313 纤维纸
　Y 阻燃纸

芳纶 14
　Y 芳纶

芳纶 1414
　Y 对位芳纶

芳纶-1414
　Y 芳纶

芳纶短纤维
aramid short fiber
TQ34；TS102.527

　S 芳纶
　　化纤短纤维
　Z 纤维

芳纶帘线
aramid tyre cord
TS106.4
　S 帘子线
　C 芳纶浆粕 →(9)
　Z 股线

芳纶纤维
　Y 芳纶

芳纶纤维布
　Y 芳砜纶织物

芳纶纤维纸
　Y 阻燃纸

芳纶线绳
aramid cord
TS106.4
　S 线绳
　Z 绳索

芳纶织物
kevlar fabric
TS156
　S 化纤织物*
　C 芳玻韧布

芳纶纸
　Y 阻燃纸

芳酰胺无纺布
　Y 非织造布

芳酰胺纤维
　Y 芳纶

芳香
　Y 香味

芳香成分
　Y 致香成分

芳香纺织品
　Y 芳香织物

芳香剂
　Y 香精香料

芳香聚酰胺纤维
　Y 芳纶

芳香类复鞣剂
aromatic retanning agents
TS529.2
　S 芳香族合成鞣剂
　　复鞣剂
　Z 鞣剂

芳香微胶囊
　Y 香精微胶囊

芳香微胶囊整理
fragrant microcapsule finish
TS195
　S 芳香整理
　Z 整理

芳香味

Y 香味

芳香纤维
fragrant fiber
TQ34；TS102.528
　S 功能纤维
　Z 纤维

芳香整理
aromatic finish
TS195
　S 风格整理
　F 芳香微胶囊整理
　Z 整理

芳香织物
fragment fabric
TS106.8
　D 芳香纺织品
　　香味纺织品
　　贮香纺织品
　S 功能纺织品*

芳香族合成鞣剂
aromatic synthetic tanning agents
TS529.2
　S 鞣剂*
　F 芳香类复鞣剂

芳香族聚酰胺纤维
　Y 芳纶

芳香族聚酯纤维
　Y 聚酯纤维

芳香族纤维
aromatic fibre
TQ34；TS102.527.
　S 聚合物纤维
　F 芳纶
　Z 纤维

芳族聚酰胺纤维
　Y 芳纶

防癌食品
　Y 抗癌食品

防拔染印花
resist-discharge printing
TS194.45
　S 防染印花
　Z 印花

防白印花
　Y 防染印花

防爆灯
explosion-proof lamp
TM92；TS956
　D 防爆灯具
　S 防护灯
　C 防爆 →(2)(11)(13)
　Z 灯

防爆灯具
　Y 防爆灯

防爆服
　Y 防护服

防爆毯
　Y 毯子

防变色
　Y 变色

防尘剂
dust preventive
TS190.2
　S 防护剂*

防尘口罩
dust mask
TS941.731；X9
　S 防尘面具
　Z 安全防护用品

防尘面具
dust mask
TS941.731；X9
　D 防尘面罩
　S 个人防护用品
　F 防尘口罩
　　防烟面罩
　C 防尘技术 →(2)(13)
　Z 安全防护用品

防尘面罩
　Y 防尘面具

防沉
　Y 防沉淀

防沉淀
anti-settling
TS205
　D 防沉
　S 防护*

防虫剂
　Y 抗菌整理剂

防虫加工
　Y 防蛀整理

防虫整理
　Y 防蛀整理

防虫蛀处理
　Y 防蛀整理

防虫蛀剂
antitermite agent
TS195
　S 防护剂*
　C 纺织品

防臭
deodorization
TS195
　S 防护*
　C 防臭整理

防臭整理
purifying finish
TS195.57
　D 除臭整理
　　消臭整理
　S 功能性整理
　C 防臭
　Z 整理

防臭织物
deodorization fabric
TS106.8
　D 除臭织物
　S 抗菌织物
　Z 功能纺织品

防刺纺织品
　Y 防护织物

防刺服
stab-resistant body armor
TS941.731；X9
　S 防护服
　Z 安全防护用品
　　服装

防刺胶鞋
　Y 防护鞋

防刺织物
　Y 防护织物

防弹背心
bulletproof vest
TJ9；TS941.731
　S 防弹衣
　Z 安全防护用品
　　服装

防弹服
　Y 防弹衣

防弹头盔
bullet-proof helmet
TS941.731
　S 头盔
　Z 安全防护用品

防弹纤维
　Y 防护纤维

防弹衣
flak suit
TJ9；TS941.731
　D 避弹衣
　　防弹服
　　军用防弹服
　　软质防弹衣
　S 军用防护服
　F 防弹背心
　Z 安全防护用品
　　服装

防弹衣材料
bulletproof clothing materials
TS941.4
　S 防护材料*

防弹织物
　Y 防护织物

防盗保险柜
　Y 保险柜

防盗螺母攻丝
　Y 攻丝机

防盗锁
thief resistant lock
TS914

S 锁具
Z 五金件

防盗锁具
anti-theft lock
TS914.211
S 防护装置*
锁具
Z 五金件

防滴试验设备
Y 试验设备

防电磁波辐射纺织品
Y 防护织物

防电磁辐射服装
electromagnetic protection suit
TL7；TS941.731；X9
D 电磁防护服
S 防辐射服
Z 安全防护用品
服装

防电磁辐射织物
Y 电磁屏蔽织物

防叠
ribbon breaking
TS104
S 防护*
F 精密防叠
C 络筒

防毒斗蓬
Y 防毒服

防毒斗篷
Y 防毒服

防毒服
toxicity protective clothing
TJ9；TS941.731；X9
D 不透气式防毒衣
部分适气防毒服
部分透气防毒服
部分透气防毒衣
部分透气式防毒服
防毒斗蓬
防毒斗篷
防毒服装
防毒围裙
防毒靴套
防毒衣
隔绝式防毒服
隔绝式防毒衣
过滤式防毒服
含炭透气防毒衣
化学吸收型透气服
浸渍服
浸渍服装
连身式防毒衣
两截式防毒衣
内循环通风防毒衣
强制通风防毒衣
轻型防毒衣
透气防毒服
透气式防毒服
透气式防毒衣
物理吸附型透气服
物理吸收型透气服
重型防毒衣
S 防核生化服
C 穿透时间 →(6)(13)
防毒产品 →(11)(13)
Z 安全防护用品
服装

防毒服装
Y 防毒服

防毒口罩
protective oral-nasal mask
TJ9；TS941.731
S 个人防护用品
Z 安全防护用品

防毒手套
protective glove
TS941.731；X9
D 化学防护手套
S 防护手套
C 防毒产品 →(11)(13)
Z 安全防护用品
服饰

防毒围裙
Y 防毒服

防毒靴套
Y 防毒服

防毒衣
Y 防毒服

防泛黄
Y 耐黄变性

防范技巧
Y 防护

防范技术
Y 防护

防放射线整理
Y 防辐射整理

防放射性服
Y 防辐射服

防幅射织物
Y 防辐射织物

防辐射纺织品
Y 防护织物

防辐射服
radiation protective coverall
TJ9；TS941.731；X9
D 防放射性服
防射线服
S 防核生化服
F 防电磁辐射服装
Z 安全防护用品
服装

防辐射热织物
Y 防辐射织物

防辐射纤维
radiation resistant fibers
TQ34；TS102.528
D 耐辐射纤维
S 防护纤维
F 抗紫外纤维
Z 纤维

防辐射性
radiation resistance
TL7；TS941.79
D 防辐射性能
抗辐射性能
S 物理性能*

防辐射性能
Y 防辐射性

防辐射整理
radiation resistant finish
TS195
D 防放射线整理
放射线照射整理
辐射整理
抗辐射整理
S 织物特种整理
F 防紫外线整理
Z 整理

防辐射织物
radiation resistant fabric
TS106.8
D 防幅射织物
防辐射热织物
S 防护织物
F 电磁屏蔽织物
防紫外线织物
Z 功能纺织品

防腐*
corrosion protection
O6；TG1
D 防腐处理
防腐措施
防腐对策
防腐方法
防腐工程
防腐工艺
防腐技术
防腐蚀
防腐蚀保护
防腐蚀处理
防腐蚀措施
防腐蚀对策
防腐蚀方法
防腐蚀工程
防腐蚀工艺
防腐蚀管理
防腐蚀技术
防腐蚀作用
防腐原理
防腐质量
防蚀
防蚀方法
防蚀技术
防止腐蚀
腐蚀保护
腐蚀抵抗力
腐蚀防护
腐蚀防护工程

腐蚀防护技术
腐蚀抗力
腐蚀控制技术
腐蚀抑制
腐蚀预防
腐蚀治理
缓蚀
缓蚀保护
缓蚀行为
缓蚀作用
抗腐
抗腐蚀
抗蚀
抗蚀处理
抗蚀防护
抗蚀能力
耐蚀
耐蚀能力
  F　食品防腐
  C　防腐试验　→(3)
    防腐涂层　→(1)(3)
    防锈处理　→(3)
    腐蚀
    环氧树脂涂层　→(3)(9)
    缓蚀阻垢　→(9)
    耐腐蚀性　→(3)
    耐蚀性　→(3)
    喷锌　→(3)
    水处理剂　→(9)(11)(13)
    水质稳定剂　→(11)
    原油管道　→(2)(12)

防腐保鲜
antifungal and preservation
TS205
  S　保鲜*

防腐保鲜剂
preservative antistaling agent
TS202
  D　防霉防腐剂
    复合防腐保鲜剂
  S　防护剂*
  F　保鲜剂
    防腐剂

防腐处理
  Y　防腐

防腐措施
  Y　防腐

防腐对策
  Y　防腐

防腐方法
  Y　防腐

防腐防霉剂
  Y　防腐剂

防腐工程
  Y　防腐

防腐工艺
  Y　防腐

防腐技术
  Y　防腐

防腐剂
preservatives
TQ0；TS202.33
  D　保存剂
    防腐防霉剂
    防腐剂(胶乳)
    防腐蚀剂
    防腐药剂
    防霉剂
  S　防腐保鲜剂
  F　复合防腐剂
    食品防腐剂
    肽类防腐剂
    天然防腐剂
    天然生物防腐剂
  C　保鲜剂
    防腐涂料　→(9)
    腐败变质
    腐蚀剂　→(3)(9)
    富马酸单甲酯
    杀菌剂　→(9)
    食品抗菌剂
  Z　防护剂

防腐剂(胶乳)
  Y　防腐剂

防腐蚀
  Y　防腐

防腐蚀保护
  Y　防腐

防腐蚀处理
  Y　防腐

防腐蚀措施
  Y　防腐

防腐蚀对策
  Y　防腐

防腐蚀方法
  Y　防腐

防腐蚀工程
  Y　防腐

防腐蚀工艺
  Y　防腐

防腐蚀管理
  Y　防腐

防腐蚀技术
  Y　防腐

防腐蚀剂
  Y　防腐剂

防腐蚀织物
antiseptic fabric
TS106.8
  S　防护织物
  Z　功能纺织品

防腐蚀作用
  Y　防腐

防腐效果
antisepsis

TS205
  D　防腐作用
  S　效果*

防腐药剂
  Y　防腐剂

防腐原理
  Y　防腐

防腐整理
  Y　抗微生物整理

防腐质量
  Y　防腐

防腐作用
  Y　防腐效果

防勾丝整理
antisnag finish
TS195
  D　防钩丝整理
  S　功能性整理
  Z　整理

防钩丝整理
  Y　防勾丝整理

防垢剂
  Y　阻垢剂

防寒服
cold-proof suits
TS941.7；V2
  D　防寒服装
    抗寒服
    御寒服
  S　功能性服装
  F　保暖服
    冬装
    滑雪服
    羽绒服装
  C　电热飞行服　→(6)
  Z　服装

防寒服装
  Y　防寒服

防寒机能
  Y　防护机理

防寒性
  Y　保暖性

防核生化服
nuclear biological and chemical protective suits
E；TS941.731；X9
  S　生化防护服
  F　防毒服
    防辐射服
  Z　安全防护用品
    服装

防褐
  Y　防褐变

防褐变
anti-browning
TS205

D 防褐
S 防护*

防褐剂
　　Y 抗褐变剂

防护*
protection
X9；ZT5
　　D 防范技巧
　　　防范技术
　　　防护处理
　　　防护范围
　　　防护方法
　　　防护方式
　　　防护工艺
　　　防护技术
　　　防护模式
　　　防护手段
　　　防护行动
　　　防护形式
　　　防护原理
　　F 防沉淀
　　　防臭
　　　防叠
　　　防褐变
　　　防碱
　　　防静电
　　　防晒
　　　防油
　　　人体防护
　　　紫外线防护
　　C 安全
　　　工程防护 →(2)(3)(11)(12)
　　　抗震加固 →(11)

防护材料*
protective material
TB3
　　D 保护材料
　　F 防弹衣材料
　　　防护服材料
　　　防水透气材料
　　　防伪材料
　　C 材料
　　　防水毡 →(11)

防护处理
　　Y 防护

防护灯
protective light
TM92；TS956
　　D 防护灯具
　　S 安全灯
　　F 防爆灯
　　Z 灯

防护灯具
　　Y 防护灯

防护耳罩
　　Y 护耳器

防护范围
　　Y 防护

防护方法
　　Y 防护

防护方式
　　Y 防护

防护纺织品
　　Y 防护织物

防护服
protective clothing
TL7；TS941.731；X9
　　D 安全服
　　　防爆服
　　　防护服装
　　　防护工作服
　　　防护衣具
　　　防酸服
　　　防油服
　　　整体防护服
　　S 个人防护用品
　　　功能性服装
　　F 调温服
　　　防刺服
　　　防晒服
　　　隔离服
　　　洁净服
　　　救生衣
　　　绝缘服
　　　抗浸服
　　　劳动防护服
　　　特种防护服
　　　压力服
　　C 辐射防护 →(6)
　　　职业安全 →(13)
　　Z 安全防护用品
　　　服装

防护服材料
protective clothing materials
TS941.4
　　S 防护材料*

防护服面料
　　Y 功能面料

防护服装
　　Y 防护服

防护工艺
　　Y 防护

防护工作服
　　Y 防护服

防护功能
protective function
TS94
　　S 功能*

防护机理
protective mechanism
TS941.1
　　D 防寒机能
　　S 机理*

防护技术
　　Y 防护

防护剂*
repellent
TQ33
　　D 阻隔剂

　　　防尘剂
　　　防虫蛀剂
　　　防腐保鲜剂
　　　防水剂
　　　防缩剂
　　　防泳移剂
　　　防油剂
　　　辐射防护剂
　　　复合抗氧化剂
　　　抗褐变剂
　　　抗静电剂
　　　抗霉剂
　　　抗再沉积剂
　　　食品抗氧化剂
　　　水溶性抗氧化剂
　　　天然抗氧化剂
　　　油脂抗氧化剂
　　　阻垢剂
　　　阻溶剂
　　C 保护剂

防护口罩
protective masks
TS941.731；X9
　　S 口罩
　　F 医用防护口罩
　　Z 安全防护用品

防护力
　　Y 防护性能

防护帽
　　Y 安全帽

防护模式
　　Y 防护

防护能力
　　Y 防护性能

防护器材
　　Y 防护装置

防护器具
　　Y 防护装置

防护设备
　　Y 防护装置

防护手段
　　Y 防护

防护手套
protective gloves
TS941.731；X9
　　D 手部防护用品
　　S 个人防护用品
　　　手套
　　F 防毒手套
　　　航天手套
　　　绝缘手套
　　　劳动防护手套
　　Z 安全防护用品
　　　服饰

防护头盔
　　Y 头盔

防护头套
　　Y 安全帽

防护纤维
protective fiber
TQ34；TS102.528
D 防弹纤维
S 功能纤维
F 防辐射纤维
抗静电纤维
抗菌纤维
阻燃纤维
C 防弹玻璃 →(9)
绝缘清漆 →(9)
绝缘橡胶 →(9)
抗弹陶瓷 →(9)
Z 纤维

防护鞋
protective shoes
TS943.78；X9
D 防刺胶鞋
防振鞋
劳保靴
耐油鞋
S 个人防护用品
鞋*
F 安全鞋
绝缘鞋
劳动防护鞋
Z 安全防护用品

防护行动
Y 防护

防护形式
Y 防护

防护性
Y 防护性能

防护性纺织品
Y 防护织物

防护性能*
protective performance
TJ
D 防护力
防护能力
防护性
F 防滑性能
防水透湿
防皱性能
耐水洗性
热防护性能
C 安全性
安全装置
性能

防护眼镜
protective glasses
TS941.731；TS959.6
S 个人防护用品
眼镜*
F 变色镜
除尘刮水眼镜
防眩镜
护目镜
太阳镜
Z 安全防护用品

防护衣具

Y 防护服

防护用品
Y 个人防护用品

防护原理
Y 防护

防护织物
armored fabric
TS106.8
D 防刺纺织品
防刺织物
防弹织物
防电磁波辐射纺织品
防辐射纺织品
防护纺织品
防护性纺织品
防火纺织品
防晒织物
防水纺织品
防缩织物
防微波织物
防蚊织物
防污织物
防蛀织物
功能防护纺织品
护身用纺织品
绝缘布
绝缘织物
紫外线防晒织物
S 功能纺织品*
F 防辐射织物
防腐蚀织物
防水织物
抗静电织物
抗菌织物
热防护织物
C 紧密指数

防护指数
protective index
TS101
S 指数*
C 纺织品

防护装备
Y 防护装置

防护装置*
preventer
TJ9；X9
D 安防设备
安全防范设备
安全防护设备
安全防护装置
防护器材
防护器具
防护设备
防护装备
F 防盗锁具
C 安全产品 →(7)(8)(11)(13)
安全防护用品
安全设备 →(4)(6)(8)(12)(13)
安全装置
防雷装置 →(5)(11)

防滑性
Y 防滑性能

防滑性能
skid resistance
TS943.7；U4
D 防滑性
S 防护性能*
机械性能*
物理性能*
F 抗滑移性

防化服
Y 化学防护服

防黄变
Y 耐黄变性

防火纺织品
Y 防护织物

防火服
Y 消防服

防火迷彩面料
Y 功能面料

防火面料
Y 功能面料

防火刨花板
Y 阻燃刨花板

防火特种纸
Y 阻燃纸

防火纤维
Y 阻燃纤维

防火衣
Y 消防服

防火整理
Y 阻燃整理

防火织物
Y 阻燃织物

防火纸
Y 阻燃纸

防激光眼镜
Y 激光防护镜

防碱
alkali protection
TS101
S 防护*

防溅试验设备
Y 试验设备

防静电
static electricity prevention
TN0；TS106
D 防静电性
静电防护
S 防护*
C 防静电服装
静电积累 →(1)

防静电服
Y 防静电服装

防静电服装
anti-electrostatic clothing

TS941.731；X9
- D 导电防护服
  - 防静电服
  - 防静电工作服
  - 防静电无尘服
  - 抗静电服装
- S 绝缘服
- F 防静电无尘服装
- C 防静电
- Z 安全防护用品
  - 服装

防静电工作服
- Y 防静电服装

防静电剂
- Y 抗静电剂

防静电无尘服
- Y 防静电服装

防静电无尘服装
anti-static and clean room clothing
TS941.731；X9
- S 防静电服装
- Z 安全防护用品
  - 服装

防静电纤维
- Y 抗静电纤维

防静电性
- Y 防静电

防静电性能
- Y 抗静电性

防静电整理
- Y 抗静电整理

防静电织物
- Y 抗静电织物

防菌性
anti-bacteria
Q93；TS107
- S 抗菌性
- Z 抗性
  - 生物特征

防老化整理
ageing resistant finish
TS195
- S 耐久整理
- Z 整理

防雷鞋
- Y 绝缘鞋

防螨
- Y 防螨织物

防螨虫整理
- Y 防螨整理

防螨非织造布
- Y 非织造布

防螨技术
mite-assistant technology
TS195
- S 防螨整理

- Z 整理

防螨抗菌
mite-proofing and antimicrobia
TS195
- S 防螨整理
- Z 整理

防螨整理
anti-mite finishing
TS195
- D 防螨虫整理
- S 防蛀整理
- F 防螨技术
  - 防螨抗菌
- C 抗菌整理剂
- Z 整理

防螨织物
mite-assistant fabrics
TS106.8
- D 防螨
  - 防霉织物
- S 抗菌织物
- Z 功能纺织品

防霉保鲜
antifungal preservation
TS205
- S 保鲜*

防霉防腐剂
- Y 防腐保鲜剂

防霉剂
- Y 防腐剂

防霉性
- Y 防霉性能

防霉性能
fungicidal properties
TG1；TQ63；TS101.3
- D 防霉性
- S 抗霉菌性
- Z 生物特征

防霉整理
- Y 抗微生物整理

防霉织物
- Y 防螨织物

防喷试验设备
- Y 试验设备

防起毛起球剂
- Y 抗起毛起球剂

防起毛起球整理
- Y 抗起毛起球整理

防起毛整理剂
- Y 抗起毛起球剂

防起球
- Y 抗起毛起球整理

防起球纤维
- Y 功能纤维

防起球整理

- Y 抗起毛起球整理

防起球整理剂
- Y 抗起毛起球剂

防燃纤维
- Y 阻燃纤维

防染
resist printing
TS194
- S 染色工艺*

防染剂
resist agent
TS193；TS194
- D 阻染剂
- S 印花助剂
- C 防染印花
- Z 助剂

防染印花
resist printing
TS194.45
- D 防白印花
  - 防印
  - 防印印花
  - 涂料防印
- S 印花*
- F 防拔染印花
  - 蜡防印花
- C 拔染剂
  - 防染剂

防热服
- Y 热防护服

防溶胀整理
- Y 抗溶胀整理

防晒
sunscreen
TS97
- D 防晒方法
- S 防护*

防晒方法
- Y 防晒

防晒服
sun protection clothing
TL7；TS941.731；X9
- S 防护服
- Z 安全防护用品
  - 服装

防晒护理
sun care
TS974.1
- S 皮肤护理
- Z 护理

防晒凝胶
- Y 凝胶

防晒织物
- Y 防护织物

防射线服
- Y 防辐射服

防渗水性能
　Y 抗渗水性

防蚀
　Y 防腐

防蚀方法
　Y 防腐

防蚀技术
　Y 防腐

防衰老食品
　Y 抗氧化食品

防水防油
　Y 拒水拒油整理

防水防油整理
　Y 拒水拒油整理

防水纺织品
　Y 防护织物

防水服
water-proof clothing
TS941.731；X9
　S 抗浸服
　Z 安全防护用品
　　服装

防水革
waterproof leather
TS56
　D 防水皮革
　S 成品革
　Z 皮革

防水剂
water-repellent
TS195.25；TU5
　D 防水添加剂
　　防水外加剂
　　复合防水剂
　　高效防水剂
　　拒水剂
　　抗水剂
　　新型防水剂
　S 防护剂*
　C 防水 →(2)(11)(12)(13)
　　防水材料 →(11)(12)
　　防水整理
　　憎水剂 →(11)

防水加脂复鞣剂
　Y 加脂复鞣剂

防水加脂剂
waterproof fatliquoring agents
TS529.1
　S 加脂剂*

防水胶粘剂
　Y 胶粘剂

防水拒油易去污整理
　Y 拒水拒油整理

防水面料
　Y 功能面料

防水皮革

防水革
　Y 防水革

防水添加剂
　Y 防水剂

防水铜版纸
waterproof offset coated paper
TS761.2
　S 铜版纸
　Z 纸张

防水透气
　Y 防水透湿

防水透气材料
waterproof breathable materials
TQ34；TS102.1
　S 防护材料*

防水透气面料
　Y 功能面料

防水透气整理
waterproof and moisture permeable finish
TS195.57
　D 防水透湿整理
　S 防水整理
　C 抗水性 →(3)(9)(11)
　Z 整理

防水透气织物
waterproof breathable fabric
TS106.8
　S 防水织物
　Z 功能纺织品

防水透湿
waterproof and moisture permeable
TS195
　D 防水透气
　　防水透湿性
　S 防护性能*
　　抗性*
　　流体力学性能*
　　透湿性
　C 冲蚀磨损 →(4)
　　涂层剂
　　涂层织物

防水透湿面料
　Y 功能面料

防水透湿涂层织物
　Y 防水透湿织物

防水透湿性
　Y 防水透湿

防水透湿整理
　Y 防水透气整理

防水透湿织物
waterproof and moisture permeable fabrics
TS106.8
　D 防水透湿涂层织物
　S 防水织物
　Z 功能纺织品

防水外加剂
　Y 防水剂

防水鞋面革
　Y 鞋面革

防水粘合剂
　Y 胶粘剂

防水整理
water repellent finish
TS195.57
　D 拒水性整理
　　拒水整理
　S 拒水拒油整理
　F 防水透气整理
　C 防水剂
　　防水整理剂
　　拒水性
　　透湿性
　Z 整理

防水整理剂
water proof finishing agent
TS195.2
　S 拒水拒油整理剂
　C 防水 →(2)(11)(12)(13)
　　防水整理
　Z 整理剂

防水织物
waterproof fabrics
TS106.8
　S 防护织物
　F 防水透气织物
　　防水透湿织物
　Z 功能纺织品

防酸服
　Y 防护服

防缩
non-shrink
TS195
　D 防缩机理
　　防缩性
　S 防缩抗皱*
　F 羊毛防缩

防缩处理
　Y 防缩整理

防缩防皱
　Y 防缩抗皱

防缩防皱整理
　Y 防缩抗皱

防缩机理
　Y 防缩

防缩剂
sanforizing agent
TS195.22
　S 防护剂*
　F 羊毛防缩剂
　C 防缩整理

防缩抗皱*
crease and shrink resistance
TS195
　D 防缩防皱
　　防缩防皱整理

防缩抗皱整理
抗皱防缩
抗皱防缩整理
F 防缩
抗毡缩
C 褶皱

防缩抗皱整理
Y 防缩抗皱

防缩性
Y 防缩

防缩羊毛
non-shrinkable wool
TS102.31
D 机可洗羊毛
S 羊毛
Z 天然纤维

防缩整理
unshrinkable finish
TS195
D 防缩处理
防毡防缩整理
防毡缩
防毡缩处理
防毡缩整理
S 功能性整理
F 机械防缩
丝光防缩整理
C 尺寸稳定性
防缩剂
Z 整理

防缩织物
Y 防护织物

防涂改油墨
safety ink
TQ63；TS802.3
S 专色油墨
Z 油墨

防涂改纸
safety papers
TS761.9
S 功能纸
Z 纸张

防微波织物
Y 防护织物

防伪*
anti-counterfeiting
TB4
D 第二类防伪技术
第三类防伪技术
第四类防伪技术
第一类防伪技术
电子创作防伪技术
对称防伪技术
多媒体防伪技术
防伪措施
防伪方法
防伪工艺
防伪功能
防伪技术
防伪特性

防伪效果
防伪性
防伪性能
防伪原理
结构防伪技术
生物防伪技术
F 服装防伪
光学防伪
票据防伪
全息防伪
数码防伪
印刷防伪
C 防伪设计

防伪包装材料
anti-counterfeiting packaging materials
TS8
S 防伪材料
Z 防护材料

防伪材料
anti-counterfeiting material
TS802
S 防护材料*
F 防伪包装材料

防伪产品
anti-counterfeiting products
TS802
S 产品*

防伪措施
Y 防伪

防伪方法
Y 防伪

防伪工艺
Y 防伪

防伪功能
Y 防伪

防伪技术
Y 防伪

防伪解决方案
anti-fake solutions
TS761.2；TS853.6
S 方案*

防伪设计
security design
TS85
S 性能设计*
C 防伪

防伪特性
Y 防伪

防伪纤维
anti-counterfeiting fibres
TQ34；TS102.528
S 功能纤维
Z 纤维

防伪效果
Y 防伪

防伪性
Y 防伪

防伪性能
Y 防伪

防伪印刷
anti-counterfeit printing
TS853.6
D 防伪印刷技术
S 特种印刷
C 印刷防伪
Z 印刷

防伪印刷技术
Y 防伪印刷

防伪油墨
anti-counterfeiting inks
TQ63；TS802.3
S 专色油墨
Z 油墨

防伪原理
Y 防伪

防伪纸
anti-counterfeiting paper
TS761.9
S 功能纸
Z 纸张

防蚊织物
Y 防护织物

防污
Y 污染防治

防污处理剂
Y 阻垢剂

防污技术
Y 污染防治

防污剂
Y 阻垢剂

防污染
Y 污染防治

防污染技术
Y 污染防治

防污染剂
Y 阻垢剂

防污设计
Y 污染防治

防污添加剂
Y 阻垢剂

防污纤维
Y 功能纤维

防污整理
soil resistant finish
TS195.57
D 防污渍整理
拒污整理
易去污
易去污整理
S 功能性整理
F 自清洁整理
C 抗静电整理

阻垢剂
Z 整理

防污整理剂
Y 阻垢剂

防污织物
Y 防护织物

防污治污
Y 污染防治

防污渍整理
Y 防污整理

防锈纸
antirust paper
TS761.9
S 功能纸
F 气相防锈纸
Z 纸张

防眩镜
anti-dazzle mirror
TS941.731；TS959.6
S 防护眼镜
Z 安全防护用品
眼镜

防烟面罩
smoke mask
TS941.731；X9
S 防尘面具
C 排烟系统 →(11)(13)
Z 安全防护用品

防印
Y 防染印花

防印印花
Y 防染印花

防泳移剂
migration inhibitor
TS190；TS193
D 抗泳移剂
S 防护剂*
C 泳移

防油
oil proofing
TS101
S 防护*
C 防水 →(2)(11)(12)(13)
拒油整理

防油服
Y 防护服

防油剂
oil-proofing agent
TS190；TS195
D 拒油剂
S 防护剂*
C 拒油整理

防油整理
Y 拒油整理

防羽布
down proof fabric
TS106.8
D 防羽绒布
防羽绒织物
羽绒布
羽绒服面料
S 织物*
F 平纹防羽布

防羽绒布
Y 防羽布

防羽绒织物
Y 防羽布

防雨帽
rain hat
TS941.721
S 帽*

防原子头盔
Y 头盔

防沾色
anti-stainin
TS193
S 沾色
Z 色彩工艺

防沾色剂
anti-staining agent
TS195.2
S 功能整理剂
Z 整理剂

防沾污剂
Y 阻垢剂

防毡防缩整理
Y 防缩整理

防毡缩
Y 防缩整理

防毡缩处理
Y 防缩整理

防毡缩性
shrink resistance
TS101.921
D 羊毛毡缩性
S 羊毛性能
毡缩性
Z 材料性能
纤维性能

防毡缩整理
Y 防缩整理

防粘原纸
anti-sticking base papers
TS76
S 原纸
Z 纸张

防振刀杆
anti-vibration cutter bar
TG7；TS914.212
S 刀杆
Z 工具结构

防振鞋
Y 防护鞋

防止腐蚀
Y 防腐

防止油污
Y 油烟治理

防治污染
Y 污染防治

防绉整理
Y 抗皱免烫整理

防皱
Y 抗皱免烫整理

防皱剂
Y 防皱整理剂

防皱纹
Y 祛皱

防皱性
Y 抗皱性

防皱性能
crease resist property
TS101
S 防护性能*

防皱整理
Y 抗皱免烫整理

防皱整理剂
crease proofing agent
TS195.2
D 防皱剂
抗皱剂
抗皱整理剂
免烫整理剂
S 功能整理剂
C 抗皱免烫整理
耐久压烫整理
树脂整理剂
Z 整理剂

防蛀剂
Y 抗菌整理剂

防蛀整理
moth proofing finish
TS195
D 防虫加工
防虫整理
防虫蛀处理
S 织物特种整理
F 防螨整理
Z 整理

防蛀整理剂
Y 抗菌整理剂

防蛀织物
Y 防护织物

防紫外辐射织物
Y 防紫外线织物

防紫外线纺织品
Y 防紫外线织物

防紫外线辐射整理

Y 防紫外线整理

防紫外线伞
Y 太阳伞

防紫外线系数
Y 防紫外线织物

防紫外线纤维
Y 抗紫外纤维

防紫外线整理
ultraviolet resistance finish
TS195
D 防紫外线辐射整理
防紫外整理
抗紫外
抗紫外线
抗紫外线辐射
抗紫外线整理
抗紫外整理
紫外线屏蔽整理
S 防辐射整理
Z 整理

防紫外线整理剂
ultraviolet resistant finishing agent
TS195.2
D 抗紫外线整理剂
抗紫外整理剂
紫外线防护剂
S 功能整理剂
Z 整理剂

防紫外线织物
anti-ultraviolet fabrics
TS106.8
D UPF 值
防紫外辐射织物
防紫外线纺织品
防紫外线系数
防紫外织物
抗紫外线纺织品
抗紫外线织物
抗紫外织物
S 防辐射织物
Z 功能纺织品

防紫外整理
Y 防紫外线整理

防紫外织物
Y 防紫外线织物

防钻绒性
downproofness
TS941.15
S 织物性能
Z 纺织品性能

房间*
chamber
TU2
F 面包房
C 房屋改造 →⑴
居住建筑 →⑴
装修

房间布局
Y 房间布置

房间布置
room layout
TS975
D 房间布局
S 家居布置
F 餐厅布置
厨房布置
Z 布置

仿蚕丝
simulation silk
TS106.8
S 仿真丝织物
Z 化纤织物

仿绸整理
Y 风格整理

仿绸织物
Y 仿丝绸织物

仿短纤维
Y 花式纱线

仿羔皮
Y 仿皮

仿革底
Y 鞋底

仿古家具
antiquated furniture
TS66；TU2
S 传统家具
Z 家具

仿麂皮
Y 仿麂皮织物

仿麂皮绒
Y 仿麂皮织物

仿麂皮绒织物
Y 仿麂皮织物

仿麂皮织物
suede
TS106.8
D 仿麂皮
仿麂皮绒
仿麂皮绒织物
仿毛皮织物
仿绒织物
仿桃皮绒织物
仿桃皮织物
S 仿真织物
Z 化纤织物

仿金饰品
Y 饰品

仿鹿皮
buck
TS565
S 仿皮
Z 皮革

仿麻
Y 仿麻织物

仿麻产品

Y 仿麻织物

仿麻纱织物
imitation yarn fabric
TS106.8
S 仿麻织物
Z 化纤织物

仿麻织物
linen-like fabric
TS106.8
D 仿麻
仿麻产品
S 仿真织物
F 仿麻纱织物
Z 化纤织物

仿马海毛
Y 仿毛

仿马海毛绒线
Y 绒线

仿毛
wool-like
TS104.2
D 仿马海毛
S 毛纺工艺
Z 纺纱工艺

仿毛产品
Y 仿毛织物

仿毛涤纶织物
Y 涤纶织物

仿毛法兰绒针织物
Y 针织物

仿毛机织物
Y 仿毛织物

仿毛面料
imitation wool fabrics
TS941.41
S 仿真面料
C 仿毛织物
Z 面料

仿毛皮织物
Y 仿麂皮织物

仿毛整理
Y 风格整理

仿毛织物
wool-like fabric
TS106.8
D 短纤织物
仿毛产品
仿毛机织物
化纤仿毛织物
S 仿真织物
F 涤粘仿毛织物
毛型织物
摩力克
C 仿毛面料
Z 化纤织物

仿绵羊毛
Y 羊毛

仿绵羊绒
　　Y 仿羊绒织物

仿棉织物
　　Y 仿真织物

仿皮
imitation leather
TS565
　　D 仿羔皮
　　　 仿裘皮
　　　 仿水獭皮
　　S 皮革*
　　F 仿鹿皮
　　　 仿羊皮

仿裘皮
　　Y 仿皮

仿绒织物
　　Y 仿麂皮织物

仿肉制品
simulated meat products
TS251.5
　　D 仿生肉
　　　 仿生肉制品
　　S 肉制品*

仿乳饮料
imitation milk drinks
TS275.6
　　D 仿乳制品
　　S 乳饮料
　　Z 饮料

仿乳制品
　　Y 仿乳饮料

仿色
　　Y 配色

仿色打样
colour combination proofing
TS193；TS805
　　S 打样*

仿山羊绒
imitation cashmere
TS106.8
　　S 仿羊绒织物
　　Z 化纤织物

仿生搓洗式全自动洗衣机
　　Y 全自动洗衣机

仿生海洋食品
bionic sea food
TS219
　　D 仿生鱼翅
　　　 仿虾片
　　　 仿蟹腿肉
　　S 仿生食品
　　Z 食品

仿生模拟食品
　　Y 人造食品

仿生染色
biomimetic dyeing
TS193

　　S 染色工艺*

仿生肉
　　Y 仿肉制品

仿生肉制品
　　Y 仿肉制品

仿生食品
bionic food
TS219
　　D 仿真食品
　　S 新型食品
　　F 仿生海洋食品
　　Z 食品

仿生鱼翅
　　Y 仿生海洋食品

仿生织物
　　Y 仿真织物

仿兽皮毯
　　Y 毯子

仿水曲柳
　　Y 非木质人造板

仿水獭皮
　　Y 仿皮

仿丝绸
　　Y 仿丝绸织物

仿丝绸针织面料
　　Y 针织面料

仿丝绸针织物
　　Y 针织物

仿丝绸织物
silk-like fabric
TS106.8
　　D 仿绸织物
　　　 仿丝绸
　　　 仿丝织物
　　　 仿真丝绸
　　　 仿真丝绸织物
　　　 化纤仿丝织物
　　S 仿真织物
　　F 仿真丝织物
　　Z 化纤织物

仿丝处理
　　Y 风格整理

仿丝整理
　　Y 风格整理

仿丝织物
　　Y 仿丝绸织物

仿桃皮加工
peach skin imitation finish
TS195
　　S 风格整理
　　Z 整理

仿桃皮绒
　　Y 桃皮绒织物

仿桃皮绒织物
　　Y 仿麂皮织物

仿桃皮织物
　　Y 仿麂皮织物

仿虾片
　　Y 仿生海洋食品

仿蟹腿肉
　　Y 仿生海洋食品

仿形雕刻机
　　Y 雕刻机

仿形牛头刨床
　　Y 牛头刨床

仿形悬臂刨床
　　Y 刨床

仿形装置
　　Y 机床

仿羊羔绒
　　Y 仿羊绒织物

仿羊皮
imitation goat skin
TS565
　　S 仿皮
　　Z 皮革

仿羊绒
　　Y 仿羊绒织物

仿羊绒织物
imitation cashmere fabrics
TS106.8
　　D 仿绵羊绒
　　　 仿羊羔绒
　　　 仿羊绒
　　　 人造绵羊绒
　　S 仿真织物
　　F 仿山羊绒
　　Z 化纤织物

仿玉雕
jade carving
J；TS932.1
　　S 玉雕
　　Z 雕刻
　　　 饰品

仿真*
simulation
TP3
　　D 仿真方法
　　　 仿真模拟
　　　 模拟
　　　 模拟方式
　　　 模拟仿真
　　　 模拟过程
　　F 服装仿真
　　　 三维服装仿真
　　C 仿真策略 →(8)
　　　 仿真功能 →(7)
　　　 仿真管理 →(8)
　　　 仿真界面 →(8)
　　　 仿真精度 →(8)
　　　 仿真开发 →(8)
　　　 仿真模块 →(8)
　　　 仿真模型 →(8)

仿真车
simulation vehicle
TS958
  S 模型*
  C 车辆

仿真方法
  Y 仿真

仿真纺织品
  Y 功能纺织品

仿真面料
emulation fabric
TS941.41
  S 面料*
  F 仿毛面料
    仿真丝面料
  C 仿真织物

仿真模拟
  Y 仿真

仿真木板
  Y 非木质人造板

仿真食品
  Y 仿生食品

仿真丝绸
  Y 仿丝绸织物

仿真丝绸织物
  Y 仿丝绸织物

仿真丝面料
imitated silk fabrics
TS941.41
  S 仿真面料
  C 仿真丝织物
  Z 面料

仿真丝织物
simulation silk fabrics
TS106.8
  S 仿丝绸织物
  F 涤纶仿真丝织物
    仿蚕丝
  C 仿真丝面料
  Z 化纤织物

仿真线织物
  Y 仿真织物

仿真织物
facsimile fabric
TS106.8
  D 涤纶仿真织物
    仿棉织物
    仿生织物
    仿真线织物
  S 化纤织物*
  F 超细纤维织物

仿麂皮织物
仿麻织物
仿毛织物
仿丝绸织物
仿羊绒织物
  C 仿真面料

仿制品
imitation parts
TS93
  S 制品*

纺杯
  Y 纺纱杯

纺杯速度
  Y 转杯速度

纺锭
  Y 锭子

纺锭锭底
foot bearing
TS103.82
  D 分体式锭底
  S 锭子
  Z 纺纱器材

纺锭杆
spindle blade
TS103.82
  D 锭杆
  S 锭子
  Z 纺纱器材

纺机
  Y 纺织机械

纺机产品
  Y 纺织机械

纺拉联合机
  Y 纺丝设备

纺牵联合机
  Y 纺丝机

纺前染色
  Y 纺前着色

纺前着色
colored before spinning
TS193
  D 纺前染色
  S 着色
  Z 色彩工艺

纺前着色纤维
  Y 有色纤维

纺纱*
spin
TS104
  D 纺纱方法
    纺纱工序
  F 伴纺
    传统纺纱
    纯纺
    粗纺
    化学纤维纺
    混纺

    集束
    紧密纺
    精纺
    缆型纺
    新型纺纱
    液晶纺丝
  C 成纱机理
    纺纱性能
    纺纱助剂
    纺织
    牵伸
    纱线性能
    竹节长度

纺纱半成品
spinning semi-finished products
TS10
  S 产品*
  F 精梳条
    毛条
    棉条
    纱条
    丝条
  C 纺纱工艺

纺纱杯
rotor
TS103.82
  D 纺杯
    加拈杯
    加捻杯
    转杯
  S 新型纺纱器材
  C 气流纺纱机
  Z 纺纱器材

纺纱锭子
  Y 锭子

纺纱方法
  Y 纺纱

纺纱辅助设备
  Y 干式锭翼清洗机

纺纱工序
  Y 纺纱

纺纱工艺*
yarn spinning technology
TS104.2
  D 本色纱线
    成纱
    成纱工艺
    成纱过程
    纺纱过程
    纺纱技术
    纺纱加工
    纺纱生产
    纺纱生产工艺
    复合纺纱
    高速纺纱
    高效工艺
    集合纺纱
    毛纺技术
    清棉技术
  F 后纺工艺
    加捻工艺
    绢纺工艺

麻纺工艺
毛纺工艺
棉纺工艺
前纺工艺
清纱工艺
色纺工艺
试纺
蒸纱工艺
自调匀整
C 成纱机理
纺纱半成品
纺纱机械
纺纱三角区
纺纱试验
纺纱速度
纺纱原理
纺织
纺织工艺
混纺比
加捻参数
加捻原理
纱线滑移
纱线结构
纱线卷绕
纤维损伤

纺纱工艺质量
quality of spinning process
TS101.9
S 纺织加工质量*
F 成纱质量
经纱质量
精梳质量
生条质量

纺纱过程
Y 纺纱工艺

纺纱机
Y 纺纱机械

纺纱机构
spinning institution
TS103.11
D 纺纱机机构
纺纱机械机构
纺纱系统
S 纺织机构*
F 导纱机构
导条装置
集棉器
紧密纺装置
毛羽减少装置
棉网清洁器
棉箱
捻结器
清纱器
圈条器
纱架
梳理机构
送纱装置
竹节纱装置
自调匀整装置
C 纺纱机械
轻工机械

纺纱机机构
Y 纺纱机构

纺纱机理
Y 纺纱原理

纺纱机械
spinning machinery
TS103
D 纺纱机
纺纱器
纺纱设备
纺丝机械
废纺设备
花式纺纱机
丝纺机
丝纺机械
S 纺织机械*
F 并纱机
毛纺机械
新型纺纱机
C 锭带
纺纱工艺
纺纱机构

纺纱机械部件
Y 纺织器材

纺纱机械机构
Y 纺纱机构

纺纱机械零部件
Y 纺织器材

纺纱技术
Y 纺纱工艺

纺纱加工
Y 纺纱工艺

纺纱胶辊
rubber-covered rolls
TH13；TQ33；TS103.82
S 纺织胶辊
C 纺纱胶圈
细纱机
Z 纺织器材
辊

纺纱胶圈
spinning apron
TS103.82
D 粗纱皮圈
丁腈胶圈
胶圈
内花纹胶圈
皮圈
细纱皮圈
S 纺纱器材*
F 花纹胶圈
上胶圈
网格圈
细纱胶圈
下胶圈
C 纺纱胶辊
牵伸

纺纱结杂
Y 成纱结杂

纺纱理论
Y 纺纱原理

纺纱器
Y 纺纱机械

纺纱器材*
yarn spinning accessories
TS103.82
D 纺纱专用器材
纺专器材
F 槽筒
尘棒
尘笼
除尘刀
打手
锭带
锭子
纺纱胶圈
分梳元件
钢领
钢领板
钢丝圈
给棉板
集聚元件
气圈环
牵伸器材
钳板
圈条盘
吸棉管
细纱专件
小漏底
新型纺纱器材
罩板
C 纺织器材
器材

纺纱三角
Y 纺纱三角区

纺纱三角区
spinning triangular space
TS104
D 纺纱三角
S 区域*
F 加捻三角区
C 纺纱工艺
紧密纺
纱线毛羽

纺纱设备
Y 纺纱机械

纺纱生产
Y 纺纱工艺

纺纱生产工艺
Y 纺纱工艺

纺纱试验
spinning experiment
TS104
S 工艺试验*
C 纺纱工艺

纺纱速度
spinning speed
TS104.2
S 加工速度*
F 锭速
梳棉速度
C 纺纱工艺

纱线速度

纺纱特性
  Y 纱线性能

纺纱系统
  Y 纺纱机构

纺纱效果
spinning effects
TS107
  S 纺织效果
  F 退捻效果
    竹节效果
  Z 效果

纺纱性能
spinning behaviour
TS101
  D 成纱性能
  S 纺织性能
  C 纺纱
    可纺性
  Z 纺织品性能

纺纱学
spinning technology
TS101
  D 棉纺学
  S 纺织科学*

纺纱原理
spinning principles
TS104
  D 纺纱机理
    纺纱理论
  S 纺织原理
  F 成纱原理
    牵伸机理
  C 纺纱工艺
  Z 原理

纺纱原料
spinning materials
TS10
  S 纺织原料
  Z 制造原料

纺纱锭子
  Y 锭子

纺纱张力
  Y 纱线张力

纺纱支数
  Y 支数

纺纱质量
  Y 成纱质量

纺纱助剂
spinning assistant
TS104；TS15
  D 前纺油剂
  S 纺织助剂
  F 毛纺油剂
  C 纺纱
  Z 助剂

纺纱专用器材
  Y 纺纱器材

纺纱装置
  Y 棉纺锭子

纺丝板
spinning plate
TS15
  S 器材*

纺丝成网
spun-laid webbing
TS174
  D 纺丝成网非织造布
  S 气流成网
  Z 非织造工艺

纺丝成网法非织造布
  Y 非织造布

纺丝成网非造布
  Y 非织造布

纺丝成网非织造布
  Y 纺丝成网

纺丝电锭
spinning electric spindle
TQ34；TS103.19
  S 纺织机构*
  C 纺丝原液 →(9)
    化学纤维器材 →(9)
    拉伸机 →(3)

纺丝法非织造布
  Y 非织造布

纺丝工艺条件
  Y 纺丝条件

纺丝机
silk-spinning machine
TQ34；TS103
  D 纺牵联合机
    纺丝联合机
    纺丝牵伸机
    炉栅纺丝机
  S 纺丝设备
  F 高速纺丝机
    纤维缠绕机
    粘胶长丝纺丝机
    粘胶短纤维纺丝机
  Z 纺织机械

纺丝机械
  Y 纺纱机械

纺丝加工
spinning processing
TQ34；TS1
  S 纺织加工*

纺丝浆液
  Y 纺丝液

纺丝胶
  Y 胶

纺丝拉伸联合机
  Y 纺丝设备

纺丝联合机
  Y 纺丝机

纺丝模头
spinning die head
TS15
  S 器材*

纺丝牵伸机
  Y 纺丝机

纺丝溶液
  Y 纺丝液

纺丝设备
spinning equipments
TQ34；TS103
  D 长丝纺丝机
    短程纺丝机
    纺拉联合机
    纺丝拉伸联合机
    纺丝装置
    复合纺丝机
    干法纺丝机
    干湿法纺丝机
    化纤机械
    化纤加工机械
    化纤加工设备
    化纤器材
    化纤设备
    化纤生产设备
    化纤装置
    溶液纺丝机
    熔融纺丝机
    湿法纺丝机
  S 纺织机械*
  F 纺丝机
    假捻变形机
    卷曲机
    喷气变形机
    牵伸变形机
  C 纺丝速度
    纺丝条件
    纺丝液
    纺丝油剂 →(9)
    化纤浆粕 →(9)
    可纺性
    拉伸机 →(3)
    螺杆挤出机 →(3)(9)
    螺杆压缩机 →(4)
    熔融纺丝 →(9)
    石墨纤维
    预氧化纤维

纺丝速度
spinning velocity
TQ34；TS104
  D 纺速
  S 加工速度*
  F 出条速度
    打手速度
  C 纺丝 →(9)
    纺丝设备

纺丝条件
spinning conditions
TQ34；TS15
  D 纺丝工艺条件
  S 条件*
  C 纺丝设备
    纺丝温度 →(1)

纺丝网
　　Y 纤维网

纺丝纤网
　　Y 纤维网

纺丝箱
spin beam
TQ34；TS103.19
　　S 纺织机构*
　　C 拉伸机 →(3)

纺丝性
　　Y 可纺性

纺丝性能
　　Y 可纺性

纺丝液
spinning liquid
TQ34；TS1
　　D 纺丝浆液
　　　纺丝溶液
　　S 液体*
　　C 纺丝 →(9)
　　　纺丝凝固浴 →(9)
　　　纺丝溶剂 →(9)
　　　纺丝设备
　　　熔体 →(3)(5)(7)(9)

纺丝原液染色
　　Y 原液着色

纺丝装置
　　Y 纺丝设备

纺速
　　Y 纺丝速度

纺线半成品质量
quality of spinning semi-finished products
TS107.3
　　S 纺织品质量
　　F 毛条质量
　　　棉条质量
　　　棉网质量
　　　纱条质量
　　　条干质量
　　Z 产品质量

纺液着色
spinning dyeing
TS101
　　S 着色
　　Z 色彩工艺

纺粘布
　　Y 纺粘非织造布

纺粘法
spunbonded
TS174
　　D 纺粘技术
　　S 非织造工艺*

纺粘法非织造布
　　Y 纺粘非织造布

纺粘法无纺织物
　　Y 纺粘非织造布

纺粘非织造布
spunbonded nonwoven
TS176.2
　　D 纺粘布
　　　纺粘法非织造布
　　　纺粘法无纺织物
　　　纺粘织物
　　　喷粘法非织造布
　　S 非织造布*
　　F 聚丙烯纺粘法非织造布
　　　聚酯纺粘针刺非织造布

纺粘非织造布生产线
spunbond nonwoven production line
TS174
　　S 纺粘生产线
　　Z 生产线

纺粘技术
　　Y 纺粘法

纺粘生产线
spunbonded production line
TS173
　　S 纺织生产线
　　F 纺粘非织造布生产线
　　Z 生产线

纺粘无纺布
　　Y 非织造布

纺粘织物
　　Y 纺粘非织造布

纺锭
　　Y 锭子

纺织*
weaving
TS10
　　D 纺织工序
　　　纺织生产
　　　络筒工序
　　F 麻纺织
　　　毛纺织
　　　棉纺织
　　　生态纺织
　　C 纺纱
　　　纺纱工艺
　　　纺织断头
　　　纺织工程
　　　纺织品
　　　纺织实验室
　　　纺织效果
　　　纺织装饰
　　　隔距
　　　上浆工艺
　　　纤维缠绕
　　　织物组织
　　　织造

纺织 CAD
textile CAD
TP3；TS101
　　D 纺织 CAD 系统
　　S 计算机辅助技术*
　　F 服装 CAD
　　　针织 CAD
　　　织物 CAD

纺织 CAD 系统
　　Y 纺织 CAD

纺织保健品
　　Y 保健纺织品

纺织标准
textile standards
T-6；TS107
　　S 标准*
　　C 纺织品性能
　　　纺织品质量

纺织玻璃纤维
　　Y 玻璃纤维

纺织玻璃纤维织物
　　Y 玻璃纤维织物

纺织布料
textile cloth
TS106
　　D 布
　　　发光布料
　　　服装布料
　　　针织布料
　　S 织物*

纺织材料
textile material
TS10
　　S 材料*
　　F 编织材料
　　　纺织新材料
　　C 纺织品
　　　纺织纤维
　　　服装材料
　　　纱线
　　　织物

纺织材料学
textile materials science
TS94
　　S 纺织科学*

纺织测试
　　Y 纺织品测试

纺织测试仪器
　　Y 纺织检测仪器

纺织产品
textile products
TS10
　　D 涤纶产品
　　　纺织制品
　　　经编产品
　　　毛纺产品
　　　毛巾产品
　　　毛皮产品
　　　亚麻产品
　　　羊毛产品
　　S 轻纺产品*
　　F 纺织新产品
　　　混纺产品
　　C 纺织品
　　　混纺织物

纺织产业
　　Y 纺织工业

纺织厂
textile factory
TS108
D 纺织工厂
S 工厂*
F 毛纺厂
棉纺织厂
丝织厂
亚麻纺织厂
印染厂
制丝厂

纺织厂空调
textile mill's air condition
TS101
D 纺织空调
S 空调*
C 侧吹风空调 →(11)
纺织技术

纺织车间
textile workshop
TS108
D 精纺车间
印染车间
整理车间
织布车间
织造车间
S 车间*
F 细纱车间

纺织定量
textile quantitative
TS10
S 定量*
F 粗纱定量
生条定量
小卷定量
重定量

纺织断头
textile broken ends
TS104
S 断头*
F 粗纱断头
断经
断纬
细纱断头
C 纺织

纺织服装
Y 服装

纺织服装品
Y 服装

纺织服装行业
Y 纺织工业

纺织辅机
textile auxiliary engine
TS103
S 辅机*
F 干式锭翼清洗机
磨针机
套胶辊机
蒸纱锅

纺织辅助物料
textile auxiliary materials
TS03
S 材料*
物料*

纺织工厂
Y 纺织厂

纺织工程
textile engineering
TS101
S 工程*
F 染整工程
C 纺织
纺织科学

纺织工程专业
Y 纺织专业

纺织工序
Y 纺织

纺织工业
textile industry
TS1
D 纺织产业
纺织服装行业
纺织行业
S 轻工业*
F 纺织机械工业
服装业
毛纺织工业
棉纺织工业
染整工业
针织工业
制鞋业

纺织工艺*
textile technology
TS10
F 缫丝工艺
C 纺纱工艺
非织造工艺
工艺方法
染色工艺
针织工艺
织造工艺

纺织化学
textile chemistry
TS101
S 科学*
F 染整化学

纺织化学品
Y 纺织印染助剂

纺织机
Y 纺织机械

纺织机构*
textile mechanism
TS103.1
D 纺织机件
纺织机械机构
F 纺纱机构
纺丝电锭
纺丝箱
机织机构
绞边机构
卷绕机构
喷丝板
喷丝头
提花机构
针织机构
C 络筒机
轻工机械

纺织机件
Y 纺织机构

纺织机械*
textile machinery
TS103
D 纺机
纺机产品
纺织机
纺织机械设备
纺织设备
纺织系统
F 地毯机械
纺纱机械
纺丝设备
络筒机
棉纺织机械
棉机
捻线机
前纺设备
丝纺织机械
细纱机
小样机
验布机
异纤分检机
异纤清除机
轧花机
折布机
针织设备
蒸纱机
植绒设备
C 除尘装置 →(3)(5)(13)
工程系统 →(1)(6)(8)(11)
棉花打包机
轻工机械
染整机械
织造机械

纺织机械厂
textile machine manufactory
TS103
S 工厂*

纺织机械工业
textile machinery industry
TS103
S 纺织工业
工业*
Z 轻工业

纺织机械机构
Y 纺织机构

纺织机械设备
Y 纺织机械

纺织几何学
textile geometry
TS101
S 纺织科学*

纺织技术
textile technology
TS10
  D 纺织科技
　　纺织科学技术
　　纺织新技术
  S 技术*
  F 丝绸技术
  C 纺织厂空调

纺织加工*
textile processing
TS10
  D 纺织品加工
　　织物加工
  F 纺丝加工
　　毛条加工
　　毛纤维初加工
　　棉花加工

纺织加工质量*
textile processing quality
TS101.9
  F 纺纱工艺质量
　　浆纱质量
　　染整质量
　　脱胶质量
　　轧花质量
　　整经质量
　　织造质量
  C 工艺质量
　　质量

纺织检测
textile detection
TS107
  D 纺织检验
  S 检测*
  F 纺织品检测

纺织检测仪器
textile test instrument
TS103
  D 纺织测试仪器
　　纺织仪表
  S 仪器仪表*
  F 掉毛量测试仪
　　纱线测试仪
　　条干仪
　　纤维测试仪器
　　织物测试仪器
　　织物强力机
  C 织物检测

纺织检验
  Y 纺织检测

纺织浆料
textile size
TS103；TS74
  S 浆料*
  F 印花浆料

纺织胶辊
rubber roller for textile
TH13；TQ33；TS103.82
  S 纺织器材*
　　胶辊
  F 并条胶辊

纺纱胶辊
花辊
皮辊
微套差胶辊
印染胶辊
整饰辊
  Z 辊

纺织结构
  Y 织物组织

纺织科技
  Y 纺织技术

纺织科学*
textile science
TS101；TS19
  D 纺织力学
　　纺织数学
　　纺织学
  F 纺纱学
　　纺织材料学
　　纺织几何学
　　纺织生态学
　　服装科学
　　染整学
  C 纺织工程

纺织科学技术
  Y 纺织技术

纺织空调
  Y 纺织厂空调

纺织控制
textile controlling
TS1
  S 工业控制*
  F 编织控制
　　毛羽控制
　　门幅控制
　　提花控制

纺织力学
  Y 纺织科学

纺织罗拉
  Y 罗拉

纺织面料
textile face fabric
TS941.41
  D 纺织品面料
  S 面料*
  C 爽滑性 →(9)

纺织配件
  Y 纺织器材

纺织品*
textiles
TS106
  D 大麻纺织品
　　纺织物
　　化纤纺织品
　　麻纺织品
　　麻类纺织品
　　迷彩系列纺织品
　　筛网类纺织品
　　丝纺织品

新型纺织品
新型纤维纺织品
亚麻纺织品
织品
苎麻纺织品
  F 擦拭巾
　　产业用纺织品
　　传统纺织品
　　底布
　　电子纺织品
　　多组分纺织品
　　服用纺织品
　　古代纺织品
　　技术纺织品
　　家用纺织品
　　金属纺织品
　　军用纺织品
　　旅游纺织品
　　麻制品
　　毛纺织品
　　棉纺织品
　　生态纺织品
　　卫生用纺织品
　　医用纺织品
　　有色纺织品
　　针织品
  C 防虫蛀剂
　　防护指数
　　纺织
　　纺织材料
　　纺织产品
　　纺织纤维
　　纺织印染助剂
　　纺织原料
　　功能纺织品
　　滤布 →(1)
　　纱线
　　纤维
　　纤维制品
　　织物
　　装饰用纺织品

纺织品测试
textiles test
TS101；TS107
  D 纺织测试
　　纤维性能试验
  S 测试*
  F 条干测试

纺织品加工
  Y 纺织加工

纺织品检测
textile inspection
TS107
  D 纺织品检验
  S 纺织检测
  F 生丝检测
　　纤维检验
　　织物检测
  Z 检测

纺织品检验
  Y 纺织品检测

纺织品开发
development of textile

TS1
　S 开发*
　F 面料开发
　　织物开发
　C 纺织设计

纺织品练漂机
　Y 练漂机

纺织品面料
　Y 纺织面料

纺织品缺陷*
textile defects
TS101.97
　F 掉毛
　　染疵
　　纱线疵点
　　纤维疵点
　　织物疵点
　C 纺织品质量
　　缺陷

纺织品染色
textile dyeing
TS14；TS193
　D 丝绸染色
　　纤维制品染色
　S 染色工艺*
　F 成衣染色
　　纱线染色
　　条染
　　纤维染色
　　织物染色

纺织品设计
　Y 纺织设计

纺织品市场*
textile market
TS1
　F 服装市场

纺织品图案设计
textile pattern design
TS941.2
　S 图案设计
　Z 设计

纺织品性能*
textile performances
TS101
　F 纺织性能
　　服饰特征
　　可编织性
　　纱线性能
　　织物性能
　C 纺织标准
　　工程性能　→(1)(2)(3)(4)(5)(6)(11)(12)
　　拒水性
　　拒油性　→(2)
　　牢度
　　蓬松性
　　热湿传递性
　　性能
　　织物检测

纺织品印花
textile printing

TS194
　D 短绒印花
　　纺织印花
　　绞纱印花
　　绞丝印花
　　经纱印花
　　毛条印花
　　毛条印花纱
　　泡泡纱印花
　　泡泡纱印制
　　纱线印花
　　纤维制品印花
　　织物印花
　S 印花*
　F 成衣印花
　　夹缬

纺织品整理
textile finishing
TS195
　D 纺织整理
　　整理(织物)
　　整理工艺
　　织物整理
　S 整理*
　F 白垩粉整理
　　单面整理
　　弹性整理
　　定形整理
　　风格整理
　　复合整理
　　功能性整理
　　固色整理
　　后整理
　　化学整理
　　机械整理
　　减量整理
　　拉幅整理
　　抛光整理
　　泡沫整理
　　亲水整理
　　绒面整理
　　柔软整理
　　湿整理
　　疏水整理
　　树脂整理
　　丝光整理
　　外观整理
　　洗涤整理
　C 染色试验
　　染整
　　缩绒
　　整理剂

纺织品质量
textile quality
TS107
　D 纺织质量
　S 产品质量*
　F 纺线半成品质量
　　坯布质量
　　纱线质量
　　纤维质量
　　织物质量
　C 纺织标准
　　纺织品缺陷
　　纺织效果

　　棉花质量检验师

纺织品质量指标
textile quality index
TS107
　D 纺织质量指标
　S 指标*
　F 缩水率
　　脱羽率

纺织企业
textile enterprises
TS108
　S 企业*
　F 服装企业
　　家纺企业
　　毛纺企业
　　棉花加工企业
　　染整企业
　　制丝企业

纺织器材*
textile accessories
TS103.82
　D 纺纱机械部件
　　纺纱机械零部件
　　纺织配件
　F 沉降片
　　导布辊
　　导纱器
　　纺织胶辊
　　纺织销
　　集束器
　　罗拉
　　纱管
　　筒管
　　摇架
　C 纺纱器材
　　化学纤维器材　→(9)
　　器材
　　织造器材

纺织染工艺
　Y 印染

纺织染料
textile dyes
TS193.21
　S 染料*
　F Lanaset 染料
　　纤维素纤维用染料

纺织染整
textile dyeing and finishing
TS190.6
　S 染整*
　F 毛纺织物染整
　　针织物染整

纺织染整废水
　Y 染整废水

纺织纱线
　Y 纱线

纺织上浆
textile sizing
TS105
　S 上浆工艺

F 经纱上浆
　毛纱上浆
C 浆纱工艺
Z 织造工艺

纺织设备
Y 纺织机械

纺织设计*
textile design
TS105.1；TS194.1
D 纺织品设计
F 花样设计
　织物设计
C 纺织品开发
　服装设计
　设计

纺织生产
Y 纺织

纺织生产线
textile production line
TS103
S 生产线*
F 纺粘生产线
　服装生产线
　清梳联生产线
　水刺生产线
　轧花生产线

纺织生态学
textile ecology
TS101
S 纺织科学*

纺织实验
textile experiments
TS107
S 实验*
F 纹织实验
　印花实验

纺织实验室
textile laboratory
TS101.9
S 实验室*
C 纺织

纺织数学
Y 纺织科学

纺织特性
Y 纺织性能

纺织物
Y 纺织品

纺织系统
Y 纺织机械

纺织纤维
textile fibres
TS102
D 新型纺织纤维
　新型纤维
S 纤维*
F 编织纤维
　织物纤维
C 胞壁厚度

纺织材料
纺织品
纱线
织物

纺织销
textile pin
TS103.82
S 纺织器材*
F 皮圈销
　压力棒上销

纺织效果
textile effect
TS107
S 效果*
F 纺纱效果
　浆纱效果
　染色效果
　梳理效果
　印花效果
　织造效果
C 纺织
　纺织品质量

纺织新材料
new material for textile
TS101
D 新型纺织材料
S 纺织材料
Z 材料

纺织新产品
new textiles
TS10
S 产品*
　纺织产品
Z 轻纺产品

纺织新技术
Y 纺织技术

纺织行业
Y 纺织工业

纺织性能
textile property
TS101
D 纺织特性
S 纺织品性能*
F 成革性能
　纺纱性能
　起毛起球性
　梳理性能
　退绕性能
　印花性能
C 可织性

纺织学
Y 纺织科学

纺织仪表
Y 纺织检测仪器

纺织仪器
textile instrument
TS103.6
S 仪器仪表*

纺织印花

Y 纺织品印花

纺织印染
Y 印染

纺织印染废水
Y 印染废水

纺织印染工业
Y 染整工业

纺织印染助剂
textile printing and dyeing auxiliaries
TS10；TS193
D 纺织化学品
　环保型印染助剂
S 助剂*
F 纺织助剂
　染整助剂
　织物整理剂
C 纺织品
　染料

纺织应用
textile applications
TS1
S 应用*

纺织用针
Y 织针

纺织原理
textile principle
TS101
S 原理*
F 编织原理
　纺纱原理
　加捻原理
　梳理原理
　织造原理

纺织原料
textile raw material
TS10
D 服装原料
　新型纺织原料
S 制造原料*
F 纺纱原料
　绢纺原料
　毛纺原料
　棉包
　丝织原料
　针织原料
C 纺织品
　棉纤维

纺织整理
Y 纺织品整理

纺织织物
Y 织物

纺织制品
Y 纺织产品

纺织质量
Y 纺织品质量

纺织质量指标
Y 纺织品质量指标

纺织助剂
textile auxiliary
TS19
    D 环保型纺织助剂
    S 纺织印染助剂
    F 纺纱助剂
      浆纱助剂
      煮茧助剂
    C 羊毛保护剂
    Z 助剂

纺织专业
textile speciality
TS1
    D 纺织工程专业
    S 轻化工程专业
    Z 专业

纺织装饰
textile decorations
TS1
    S 装饰*
      装修*
    C 纺织

纺织装饰品
    Y 装饰用纺织品

纺专器材
    Y 纺纱器材

放大机
enlarger
TB8；TN94；TS803
    S 设备*

放大镜
magnifying glass
TH7；TS959.7
    S 光学镜*

放电型前照灯
discharge headlight
TM92；TS956
    S 灯*
      前照灯
    F 气体放电前照灯

放缝
seaming
TS941.63
    S 缝份
    F 缝迹
      缝口
    C 放缝量
    Z 服装工艺

放缝量
seam allowance
TS941.6
    S 数量*
    F 倒伏量
    C 放缝

放卷
unwinding
TS805
    S 印刷工艺*

放码

grading
TS941.6
    S 放样*

放射线照射整理
    Y 防辐射整理

放湿
    Y 除湿

放湿率
    Y 放湿速率

放湿速率
release humidity rate
TS101；TS102
    D 放湿率
    S 速率*
    C 吸湿速度 →(1)

放湿性
moisture release
TS101.921
    S 物理性能*
    F 吸放湿性能

放松量
loose quantity
TS941.6
    D 放缩
      放缩量
      服装放松量
      加放量
      宽松量
      宽裕量
      松度
      松量
    S 服装尺寸
    F 翻领松量
    C 服装结构
    Z 尺寸

放缩
    Y 放松量

放缩量
    Y 放松量

放心食品
    Y 安全食品

放样*
layout
TU19
    D 放样法
      放样方法
    F 放码
    C 测量外业 →(1)
      排样 →(3)

放样法
    Y 放样

放样方法
    Y 放样

放映灯
projection lamp
TM92；TS956
    D 投影灯
    S 文化艺术用灯

    F 放映氙灯
    Z 灯

放映氙灯
projection xenon lamp
TM92；TS956
    S 放映灯
      氙灯
    Z 灯

放针方法
    Y 收放针

飞刀
flying cutter
TG7；TS914.212
    D 飞刀切削
    S 刀片
    F 蜗轮飞刀
    C 后角 →(3)
      蜗轮 →(4)
    Z 工具结构

飞刀切削
    Y 飞刀

飞花
fly waste
TS104；TS105
    D 飞花尘杂
    S 废料*

飞花尘杂
    Y 飞花

飞机航行灯
aircraft navigation light
TM92；TS956；V2
    S 航空灯
    Z 灯

飞机滑行灯
    Y 机场灯

飞机着陆灯
    Y 着陆灯

飞锯
flying saw
TG7；TS64；TS914.54
    D 定尺飞锯
      飞锯机
      气动飞锯
      数控飞锯
    S 锯
    Z 工具

飞锯机
    Y 飞锯

飞墨
    Y 印刷故障

飞梭
flying shuttle
TS105
    S 投梭
    Z 织造工艺

飞梭绣花机
schiffli embroidery machine

TS941.562.
　S　绣花机
　Z　服装机械

飞仙履
　Y　鞋

飞行帽
　Y　头盔

飞行手套
　Y　航天手套

飞行头盔
flight helmet
TS941.731；V4
　D　航空防护头盔
　　　航天头盔
　　　加压密闭头盔
　　　加压头盔
　　　密闭头盔
　　　通风头盔
　　　液冷头盔
　S　头盔
　Z　安全防护用品

非定向排列
　Y　纤维网

非定向网
　Y　纤维网

非发酵性豆制品
non-ferment soybean products
TS214
　S　豆制品*

非刚性
　Y　刚度

非硅稳定剂
non-silicon stabiliser
TS195.2
　S　稳定剂*
　F　非硅氧漂稳定剂

非硅氧漂稳定剂
non-silicone bleaching stabilizer
TS195.2
　S　非硅稳定剂
　　　氧漂稳定剂
　Z　稳定剂

非合成食品添加剂
　Y　天然食品添加剂

非糊化淀粉颗粒
nongelatinized starch granule
TS231
　S　淀粉颗粒
　C　淀粉
　　　交联
　Z　颗粒

非加热
　Y　加热

非接触性印刷废纸
　Y　非接触印刷废纸

非接触印刷废纸

non-impact printed wastepaper
TS724；X7
　D　非接触性印刷废纸
　S　废纸
　Z　固体废物

非结构集成材
non-structural glued laminated timber
TS62
　S　集成材
　Z　木材

非金属间粘接
　Y　非金属粘接

非金属粘接
nonmetal bonding
TQ43；TS65
　D　非金属间粘接
　S　粘接*
　F　木材粘接

非晶化淀粉
non-crystalline starch
TS235
　S　淀粉*

非晶颗粒态淀粉
non-crystal granular starch
TS235
　S　颗粒淀粉
　Z　淀粉

非硫护色
　Y　无硫护色

非摩擦
　Y　摩擦

非木材人造板
　Y　非木质人造板

非木材纤维
non-wood fibres
TS72
　S　纤维*
　C　无氯漂白

非木材纤维原料
　Y　非木纤维原料

非木材原料
　Y　非木纤维原料

非木材植物
　Y　非木质人造板

非木材植物人造板
　Y　非木质人造板

非木材纸浆
non-wood pulp
TS749
　S　纸浆
　F　草浆
　　　麻浆
　　　苇浆
　　　蔗渣浆
　　　竹浆
　Z　浆液

非木材制浆
non-wood pulping
TS743
　S　造纸制浆
　F　草类制浆
　　　废纸制浆
　Z　制浆

非木纤维原料
non-lumber fibrous materials
TS72
　D　非木材纤维原料
　　　非木材原料
　S　造纸纤维原料
　C　废纸
　Z　制造原料

非木质材料
　Y　非木质人造板

非木质人造板
non-wood based panel
TS62
　D　仿水曲柳
　　　仿真木板
　　　非木材人造板
　　　非木材植物
　　　非木材植物人造板
　　　非木质材料
　　　人造核桃木板
　S　人造板
　Z　木材

非膨胀
　Y　膨胀

非气密供氧面罩
　Y　敞开式供氧面罩

非球面反射镜
aspherical mirror
TH7；TS959.7
　D　非球面镜面
　S　反射镜*

非球面镜面
　Y　非球面反射镜

非溶性偶氮颜料
　Y　不溶性偶氮染料

非肉蛋白
　Y　植物蛋白

非渗透
　Y　渗透

非生物浑浊
　Y　非生物混浊

非生物混浊
non-biological turbidity
TS261.7
　D　非生物浑浊
　　　非生物性浑浊
　　　非生物性混浊
　S　饮料混浊
　F　冷混浊
　Z　变质

非生物性浑浊

　　Y 非生物混浊

非生物性混浊
　　Y 非生物混浊

非石棉材料
　　Y 石棉

非石棉纤维
　　Y 石棉纤维

非食品原料
　　Y 食品原料

非水溶剂染色
　　Y 染色工艺

非水溶性戊聚糖
　　Y 水不溶戊聚糖

非碳酸饮料
　　Y 碳酸饮料

非涂料印刷纸
　　Y 印刷纸

非稳定
　　Y 稳定

非线性传动机构
　　Y 传动装置

非循环
　　Y 循环

非循环脱脂
　　Y 脱脂

非油炸方便面
fried-free instant noodle
TS217
　　S 方便面
　　Z 方便食品

非织造
　　Y 非织造工艺

非织造布*
nonwoven
TS106
　　D 不织布
　　　弹性非织造布
　　　芳酰胺无纺布
　　　防螨非织造布
　　　纺丝成网法非织造布
　　　纺丝成网非造布
　　　纺丝法非织造布
　　　纺粘无纺布
　　　非织造布产品
　　　非织造产品
　　　非织造织物
　　　非制造织物
　　　废纺织物
　　　缝编布
　　　缝编法非织造布
　　　缝编法无纺织物
　　　复合非织造布
　　　干法成网非织造布
　　　干法成网无纺织物
　　　降噪复合非织造布
　　　浸渍粘合法非织造布

　　　抗菌非织造布
　　　裂膜成布
　　　裂膜成纤非织造布
　　　裂膜法非织造布
　　　膜裂成网
　　　膜裂法非织造布
　　　耐用型非织造布
　　　泡沫粘合法非织造布
　　　喷洒粘合法非织造布
　　　蓬松型非织造布
　　　气流成网非织造布
　　　热熔粘合法非织造布
　　　热轧点粘合法非织造布
　　　热轧粘合法非织造布
　　　闪纺成网非织造布
　　　湿法成网非织造布
　　　石棉无纺布
　　　梳理成网非织造布
　　　水溶性非织造布
　　　碳纤维非织造布
　　　铁纤维非织造布
　　　无定向成网非织造布
　　　无纺布
　　　无纺织布
　　　无纺织物
　　　吸声无纺布
　　　医用非织造布
　　　用即弃产品
　　　用即弃非织造布
　　　用即弃织物
　　　粘合法非织造布
　　　粘合法非织造织物
　　F PET 非织造布
　　　涤纶非织造布
　　　纺粘非织造布
　　　非织造衬布
　　　聚丙烯无纺布
　　　农用非织造布
　　　热风非织造布
　　　熔喷非织造布
　　　射流法非织造布
　　　湿法非织造布
　　　双组分非织造布
　　　水刺非织造布
　　　无纺土工布
　　　针刺无纺织物
　　C 底布
　　　喷胶棉
　　　热粘合
　　　双组分纤维
　　　纤维网
　　　织物

非织造布产品
　　Y 非织造布

非织造布工业
　　Y 非织造工艺

非织造布工艺
　　Y 非织造工艺

非织造布工艺参数
　　Y 非织造工艺

非织造布机械*
non-woven machinery
TS173

　　D 非织造布设备
　　　非织造设备
　　　射流喷网成布机
　　　射流喷网成布机械
　　F 摆丝机
　　　成网机
　　　缝编机
　　　干法成网机
　　　水刺机
　　　针刺机
　　C 非织造布机械零部件
　　　气流成网
　　　射流法非织造布
　　　织造机械

非织造布机械零部件*
components of non-woven machinery
TS173
　　F 刺针
　　　双模头
　　　水刺头
　　　水刺托网
　　　针板
　　　针梁
　　C 非织造布机械

非织造布设备
　　Y 非织造布机械

非织造布生产
　　Y 非织造工艺

非织造布生产工艺
　　Y 非织造工艺

非织造产品
　　Y 非织造布

非织造衬布
nonwoven interlining
TS176.7
　　S 非织造布*
　　F 熔粘布
　　　粘合衬布

非织造工艺*
non-woven industry
TS174
　　D 非织造
　　　非织造布工业
　　　非织造布工艺
　　　非织造布工艺参数
　　　非织造布生产
　　　非织造布生产工艺
　　　非织造技术
　　F 成网工艺
　　　纺粘法
　　　缝编法
　　　铺网
　　　水刺工艺
　　　粘合法
　　　针刺工艺
　　C 纺织工艺

非织造技术
　　Y 非织造工艺

非织造设备
　　Y 非织造布机械

非织造土工布
　　Y 无纺土工布

非织造土工织物
　　Y 无纺土工布

非织造织物
　　Y 非织造布

非制冷
　　Y 制冷

非制造织物
　　Y 非织造布

非致冷
　　Y 制冷

非洲花梨木
　　Y 红木

非洲棉
　　Y 西非棉

非洲鸵鸟皮
Africa ostrich skin
S：TS564
　　S 鸵鸟皮
　　Z 动物皮毛

非自动滚筒干衣机
　　Y 干衣机

非自由端纺纱
　　Y 自由端纺纱

菲汀
phytin
TS36
　　S 复盐
　　Z 盐

肥肠粉
　　Y 肠粉

肥鹅肝
　　Y 鹅肝

肥肝加工
　　Y 肉脯加工

肥肉
　　Y 肉

肥皂*
soap
TQ64
　　D 肥皂粉
　　F 钙皂
　　C 去污力　→(9)
　　　 卫生用品
　　　 洗衣粉

肥皂粉
　　Y 肥皂

榧
torreya grandis
S；TS255.2
　　D 香榧
　　S 坚果*

翡翠

jadeite
TS933.21
　　D 纯翡翠
　　　 硬玉
　　S 玉
　　F 祖母绿
　　Z 饰品材料

翡翠饰品
jade accessories
TS934.5
　　S 饰品*
　　F 翡翠玉雕

翡翠玉雕
jadeite jade carving
TS934.5
　　S 翡翠饰品
　　　 玉雕
　　Z 雕刻
　　　 饰品

翡翠原料
jade raw materials
TS93
　　S 原料*

废白土
spent bleaching earth
TS22；X7
　　S 特殊土*

废报纸
waste newspaper
TS89；X7
　　D 废报纸粉
　　S 废旧书刊纸
　　Z 固体废物

废报纸粉
　　Y 废报纸

废报纸脱墨浆
waste newspaper deinking pulp
TS749.7
　　S 废书刊纸浆
　　Z 浆液

废材
　　Y 废旧木材

废餐饮油
　　Y 餐饮废油

废槽液
　　Y 酒精废液

废钞
　　Y 废纸

废次烟草
abandoned tobacco
TS42
　　D 次烟草
　　　 废烟草
　　S 烟草
　　Z 卷烟材料

废次烟叶
discarded tobacco leaf
TS42

　　D 次烟叶
　　　 废次烟叶渣
　　　 废弃烟叶
　　　 废烟叶
　　S 低次烟叶
　　　 废弃物*
　　　 固体废物*
　　Z 卷烟材料

废次烟叶渣
　　Y 废次烟叶

废涤纶
　　Y 涤纶废料

废动植物油
waste animal and vegetable oil
TQ64；TS22
　　D 废弃动植物油
　　S 废液*
　　F 废猪油

废纺纱
　　Y 纱线

废纺设备
　　Y 纺纱机械

废纺织物
　　Y 非织造布

废粉
　　Y 废渣

废革屑
　　Y 皮革屑

废铬革屑
　　Y 铬革屑

废化纤
　　Y 废丝

废化学制品
　　Y 化学废物

废煎炸油
　　Y 油炸废油

废件
　　Y 废弃物

废金刚石刀具
waste diamond cutter
TG7；TS914
　　S 金刚石刀具
　　Z 刀具

废旧编织袋
waste intertexture
TS106.5；X7
　　S 废弃纺织品
　　Z 固体废物

废旧材料
　　Y 废料

废旧产品
　　Y 废弃物

废旧料
　　Y 废料

废旧木材
waste wood
TS69；X7
　D 废材
　　废弃木材
　　木废料
　S 木质废弃物
　F 废旧人造板
　Z 废弃物
　　固体废物

废旧木纤维
waste wood fibre
TS102
　S 木质废弃物
　Z 废弃物
　　固体废物

废旧刨花板
waste particleboard
TS62
　D 废弃刨花板
　S 刨花板
　Z 木材

废旧人造板
waste artificial boards
TS69；X7
　S 废旧木材
　Z 废弃物
　　固体废物

废旧书本纸
　Y 废旧书刊纸

废旧书刊纸
waste book papers
TS89；X7
　D 废旧书本纸
　　废书刊纸
　S 废纸
　F 废报纸
　　废旧新闻纸
　　旧书刊纸
　Z 固体废物

废旧瓦楞纸箱
　Y 废纸

废旧新闻纸
waste newsprint
TS89；X7
　S 废旧书刊纸
　F 废新闻纸
　Z 固体废物

废旧新闻纸浆
　Y 废新闻纸浆

废旧印刷线路板
　Y 废弃印刷线路板

废醪
　Y 酒精废液

废醪液
　Y 酒精废液

废料*
waste

X7
　D 边角废料
　　长寿命废料
　　沉积废料
　　废旧材料
　　废旧料
　　废料最少
　　废弃散料
　　少废料
　　少无废料
　　无废料
　F 涤纶废料
　　飞花
　　废棉
　　回丝
　　落浆
　　落麻
　　落毛
　　木质废料
　　皮革废料
　　食品废料
　　制茶废料
　C 废弃物
　　废物处理
　　废油　→(9)(13)

废料处理
　Y 废物处理

废料处置
　Y 废物处理

废料加工
　Y 废物处理

废料浆
　Y 废纸浆

废料控制
　Y 废物处理

废料最少
　Y 废料

废滤嘴棒接装机
　Y 卷接机

废棉
waste cotton
TS104；TS11
　S 废料*

废母液
waste mother liquors
TS392；X7
　D 吐氏酸废母液
　S 废液*

废木料
　Y 木质废料

废木屑
　Y 木屑

废尼龙短纤维
waste nylon short fiber
TS102
　S 废丝
　Z 工业废弃物
　　固体废物

　　化学废物

废牛奶盒
waste milk cartons
TS72；X7
　S 固体废物*

废皮革
　Y 皮革废料

废皮屑
　Y 皮革屑

废啤酒
waste beer
TS262.59
　D 废弃啤酒
　S 啤酒
　Z 酒

废品
　Y 废弃物

废品处理
　Y 废物处理

废粕
spent lees
TS209
　S 粕*
　F 甜菜废粕

废气*
exhaust
X7
　D 废汽
　　废热蒸汽
　　废蒸汽
　　固定源废气
　　混合废气
　　气溶胶废物
　　气态废物
　　气体废物
　　气载废物
　　污染源废气
　　有害废气
　　有机物废气
　F 油烟废气
　C 废弃物
　　废物处理
　　排放污染物　→(13)
　　燃烧产物　→(6)(9)(13)
　　污染度　→(13)
　　污染管理　→(13)
　　烟气
　　余热利用　→(5)(13)

废气洗涤器
　Y 洗涤器

废弃打印耗材
abandoned printing consumables
TS951；X7
　S 固体废物*

废弃动植物油
　Y 废动植物油

废弃纺织品
waste textiles

TS19；X7
S 固体废物*
F 废旧编织袋

废弃购物塑料袋
Y 塑料袋

废弃木材
Y 废旧木材

废弃木质材料
Y 木质废料

废弃刨花板
Y 废旧刨花板

废弃啤酒
Y 废啤酒

废弃品
Y 废弃物

废弃散料
Y 废料

废弃食用油脂
Y 餐饮废油

废弃污物
Y 废弃物

废弃物*
waste
X7
D 长寿命废物
次生废物
粗废物
大型废弃物
二次废物
废件
废旧产品
废品
废弃品
废弃污物
废弃物品
废物
废物堆
废物分类
废物老化
废物体
后处理废物
可回收废物
可再利用废物
零废品
绿色废物
去污废物
三废
特殊废物
外来废物
问题废物
误废
吸纳废物
一般废弃物
中级废物
F 废次烟叶
废亚麻
进口废纸
木质废弃物
啤酒废弃生物质
C 废料
废气
废弃物再生 →(13)
废物排放量 →(13)
废屑
废液
工业废弃物
固体废物
化学废物
假废品 →(13)
排放污染物 →(13)
衍生燃料 →(13)

废弃物处理
Y 废物处理

废弃物处理设备
Y 废物处理设备

废弃物处置
Y 废物处理

废弃物品
Y 废弃物

废弃物治理
Y 废物处理

废弃烟叶
Y 废次烟叶

废弃液
Y 废液

废弃饮料盒
discarded juice boxes
TS72；X7
S 固体废物*

废弃印刷线路板
printed circuit board scrap
TS803.9；X7
D 废旧印刷线路板
废印刷电路板
废印刷线路板
S 固体废物*

废汽
Y 废气

废热蒸汽
Y 废气

废溶液
Y 废液

废食用油
Y 餐饮废油

废食用油脂
Y 餐饮废油

废书刊纸
Y 废旧书刊纸

废书刊纸浆
waste book paper pulp
TS749.7
S 废纸浆
F 废报纸脱墨浆
废新闻纸浆
Z 浆液

废水*
wastewater
X7
D 标准废水
废水分类
废水特点
废水特性
废水特征
环境废水
间接废水
实际废水
受污染水
污废水
污水特性
原废水
原生废水
F 包装印刷废水
高浓度果汁废水
红水
化机浆混合废水
化妆品废水
毛纺废水
漂白废水
染整废水
食品厂废水
食品工业废水
丝厂废水
丝绸废水
洗毛废水
箱纸板废水
印钞废水
印染废水
造纸废水
针织废水
直接染料印染废水
制革废水
苎麻脱胶废水
C 废水回收 →(13)
废液
废液回收 →(13)
铬法 →(13)
化学需氧量 →(13)
生活污水 →(13)
生活用水 →(11)
水
水环境影响 →(13)
水环境影响评价 →(13)
水污染分析 →(13)
水质影响 →(13)
污染物 →(6)(9)(12)(13)
污水 →(2)(11)(13)
污水排放量 →(11)(13)

废水分类
Y 废水

废水泥袋纸
Y 废纸

废水泥袋纸浆
waste cement sack paper pulp
TS749.7
S 废纸浆
Z 浆液

废水特点
Y 废水

废水特性
Y 废水

废水特征
Y 废水

废丝
silk waste
TS102
D 废化纤
废纤维
纤维废弃物
纤维类废弃物
S 工业废弃物*
固体废物*
化学废物*
F 废尼龙短纤维
C 纤维回收 →(9)(13)

废糖蜜
waste molasses
TS23；X7
S 工业废弃物*

废糖液
waste sugary liquor
TS249
S 制糖工业副产品
Z 副产品

废物
Y 废弃物

废物处理*
waste disposal
TH16；X7
D "三废"处理
"三废"治理
废料处理
废料处置
废料加工
废料控制
废品处理
废弃物处理
废弃物处置
废弃物治理
废物处理法
废物处理方法
废物处理方式
废物处理工艺
废物处理技术
废物处置
废物治理
三废处理
三废防治
三废治理
F 废纸处理
黑液处理
C 处理
废料
废气
废气处理 →(2)(8)(9)(11)(13)
废水处理 →(3)(9)(13)
废物处理工厂 →(13)
废物利用 →(13)
废液
风力选矿 →(2)
环境催化 →(9)

回收
可生化性 →(13)
垃圾处理 →(11)(13)
垃圾处理设施 →(6)(11)(13)
脱除
污染控制规划 →(13)

废物处理法
Y 废物处理

废物处理方法
Y 废物处理

废物处理方式
Y 废物处理

废物处理工艺
Y 废物处理

废物处理机
Y 废物处理设备

废物处理技术
Y 废物处理

废物处理设备*
waste treatment equipment
X7
D 废弃物处理设备
废物处理机
废物处理装置
三废处理装置
F 垃圾桶

废物处理装置
Y 废物处理设备

废物处置
Y 废物处理

废物堆
Y 废弃物

废物分类
Y 废弃物

废物老化
Y 废弃物

废物体
Y 废弃物

废物治理
Y 废物处理

废纤维
Y 废丝

废箱纸板
waste box cardboard
TS724；X7
S 废纸
Z 固体废物

废屑*
attle
X7
F 木屑
皮革屑
亚麻屑
C 废弃物

废新闻纸

old newsprint
TS724；X7
D 旧新闻纸
S 废旧新闻纸
Z 固体废物

废新闻纸浆
waste newspaper pulp
TS749.7
D 废旧新闻纸浆
S 废书刊纸浆
Z 浆液

废亚麻
waste flax
TS72；X7
S 废弃物*
固体废物*

废烟草
Y 废次烟草

废烟叶
Y 废次烟叶

废烟支处理设备
Y 残次烟支处理机

废液*
waste liquid
X7
D 残液
沉积物浸出液
低纯废液
废弃液
废溶液
废液种类变换
冷废液
流出液
排出液
热废液
脱壳废液
污水溶液
液体废料
液体废弃物
液体废物
液体流出物
液状废物
F 白水
餐饮废油
残油
废动植物油
废母液
高酸废油脂
红水废液
碱性蚀刻废液
酒精废液
皮革废液
染色废液
造纸废液
蒸煮废液
C 废弃物
废水
废物处理
污泥
液体
液体污染监测器 →(13)

废液种类变换

Y 废液

废印刷电路板
　　Y 废弃印刷线路板

废印刷线路板
　　Y 废弃印刷线路板

废糟液
　　Y 酒精废液

废渣*
waste residue
X7
　　D 二次废渣
　　　 废粉
　　　 废渣掺加量
　　　 废渣浆
　　　 固体废渣
　　　 污渣
　　F 造纸废渣
　　C 废渣处理 →(3)(13)
　　　 固体废物
　　　 炉渣 →(3)(5)(9)(11)(13)
　　　 冶金渣 →(2)(3)(9)(13)
　　　 渣

废渣掺加量
　　Y 废渣

废渣浆
　　Y 废渣

废蒸汽
　　Y 废气

废纸
waste paper
TS724；X7
　　D 废钞
　　　 废旧瓦楞纸箱
　　　 废水泥袋纸
　　　 废纸板
　　S 固体废物*
　　F 非接触印刷废纸
　　　 废旧书刊纸
　　　 废箱纸板
　　　 废纸袋纸
　　　 混合办公废纸
　　　 混合废纸
　　　 激光打印废纸
　　　 进口废纸
　　　 静电复印废纸
　　C 非木纤维原料
　　　 废纸浆
　　　 脱墨剂

废纸板
　　Y 废纸

废纸处理
waste paper treatment
TS724；X7
　　S 废物处理*
　　C 废纸利用
　　　 废纸质量

废纸袋纸
waste kraft sack paper
TS724；X7

S 废纸
Z 固体废物

废纸回收
waste paper reclamation
TS7
　　D 纸张回收
　　S 回收*

废纸回收利用
　　Y 废纸回用

废纸回用
waste paper recycling
TS72；TS75；X7
　　D 废纸回收利用
　　S 资源利用*
　　C 废纸再生

废纸浆
waste paper pulp
TS749.7
　　D 废料浆
　　　 废纸浆料
　　　 废纸碎浆
　　S 纸浆
　　F 废书刊纸浆
　　　 废水泥袋纸浆
　　　 废纸脱墨浆
　　　 腐浆
　　C 废纸
　　Z 浆液

废纸浆料
　　Y 废纸浆

废纸利用
waste paper utilization
TS72；X7
　　S 资源利用*
　　C 废纸处理
　　　 废纸质量

废纸碎浆
　　Y 废纸浆

废纸碎解
waster paper deflaking
TS74
　　S 废纸制浆
　　Z 制浆

废纸脱墨
waste paper deinking
TS74
　　D 废纸脱墨技术
　　S 脱墨*
　　F 旧报纸脱墨
　　C 脱墨剂

废纸脱墨废水
wastepaper deinking effluent
TS724；X7
　　S 造纸废水
　　Z 废水

废纸脱墨技术
　　Y 废纸脱墨

废纸脱墨剂

Y 脱墨剂

废纸脱墨浆
waste paper deinking pulp
TS749.7
　　D 脱墨废纸浆
　　　 脱墨浆
　　　 脱墨纸浆
　　S 废纸浆
　　F ONP/OMG
　　　 残余油墨量
　　　 漂白废纸脱墨浆
　　Z 浆液

废纸脱墨生产线
waste paper deinking production line
TS73
　　S 脱墨生产线
　　Z 生产线

废纸纤维
　　Y 废纸纤维原料

废纸纤维原料
waste paper fibrous materials
TS102
　　D 废纸纤维
　　　 废纸原料
　　S 造纸纤维原料
　　Z 制造原料

废纸原料
　　Y 废纸纤维原料

废纸再生
waste paper regeneration
TS7
　　S 再生*
　　C 废纸回用
　　　 废纸造纸
　　　 再生造纸

废纸再生造纸
　　Y 废纸造纸

废纸造纸
regenerated papermaking
TS724；X7
　　D 废纸再生造纸
　　　 废纸制浆造纸
　　S 造纸
　　C 废纸再生
　　Z 生产

废纸造纸厂
　　Y 再生纸厂

废纸造纸废水
wastewater from regenerated papermaking
TS724；X7
　　D 废纸造纸生产废水
　　　 再生造纸废水
　　　 再生纸浆造纸废水
　　　 再生纸生产废水
　　S 造纸废水
　　Z 废水

废纸造纸生产废水
　　Y 废纸造纸废水

废纸制浆
waste paper pulping
TS743
  S 非木材制浆
  F 废纸碎解
  Z 制浆

废纸制浆废水
wastepaper pulping effluent
TS74；X7
  D 废纸制浆综合废水
  S 制浆造纸废水
  Z 废水

废纸制浆造纸
  Y 废纸造纸

废纸制浆综合废水
  Y 废纸制浆废水

废纸质量
waste paper quality
TS77
  S 纸张质量
  C 废纸处理
    废纸利用
  Z 产品质量

废猪油
waste lard
TS22；X7
  S 废动植物油
  Z 废液

沸染
  Y 染色工艺

沸水
boiling water
P5；TS97
  D 开水
  S 水*
  C 开水器

沸水定形
  Y 热定型

沸水定形机
  Y 热定型机

沸水收缩率
boiling water shrinkage rate
TS102
  S 比率*
  C 高收缩纤维
    烧成收缩率 →(9)

沸水浴
boiling water bath
TS205
  S 水浴
  Z 浴法

沸腾干燥床
boiling-bed drying
TS3
  S 干燥设备*
  C 制盐设备

费托工艺
  Y 工艺方法

分布*
distribution
ZT3
  D 分布形式
    散布
  F 长度分布
    捻度分布
    纤维分布
  C 城镇 →(11)
    分布荷载 →(11)
    居民点规划 →(11)
    梯度 →(1)(2)(3)(5)(7)(8)(11)

分布不均匀度
  Y 均匀性

分布均匀度
  Y 均匀性

分布均匀性
  Y 均匀性

分布形式
  Y 分布

分步工艺
  Y 工艺方法

分步加脂
  Y 加脂

分步浸渍法
  Y 浸渍

分舱因数
  Y 因子

分层分级
  Y 分级

分层碾磨
partial milling
TS211.4
  S 小麦研磨
  Z 农产品加工

分层酸奶
layered yogurt
TS252.54
  S 酸奶
  Z 发酵产品
    乳制品

分等分级
  Y 分级

分段升温法
  Y 染色工艺

分段升温染色法
  Y 染色工艺

分段整经机
  Y 整经机

分垛密封
  Y 烟草生产

分割肉
carved meat
S；TS251.5
  S 肉*

分割肉加工
division meat processing
TS251.5
  S 肉品加工
  Z 食品加工

分鼓
  Y 鼓

分合闸指示灯
open and close indicator
TM92；TS956
  S 指示灯
  Z 灯

分级*
fractionation
ZT
  D 等级划分
    分层分级
    分等分级
    分级方法
    分级过程
    分级机理
    分级技术
    分级体系
  F 食品分级
    钻石分级
  C 分级机 →(2)(9)
    分级鉴定 →(2)
    分级精度 →(1)

分级方法
  Y 分级

分级分选
  Y 分选

分级过程
  Y 分级

分级机理
  Y 分级

分级技术
  Y 分级

分级式铺装机
classifying forming machines
TS64
  S 铺装机
  Z 人造板机械

分级体系
  Y 分级

分级竹材
  Y 竹材

分绞
lease
TS105.2
  D 分经
  S 前织工艺
  F 湿分绞
  Z 织造工艺

分绞棒
bursting rod
TS103.81；TS103.82
  D 分绞筘

分绞装置
湿分绞棒
湿分绞装置
湿分纱装置
S 织造器材*

分绞筘
Y 分绞棒

分绞装置
Y 分绞棒

分界表面
Y 表面

分经
Y 分绞

分离*
separation
ZT5
D 分离法
分离工艺
分离过程
分离技术
分离流程
分离效果
F 色素分离
C 差转速 →(4)
沉淀剂
电泳 →(4)(9)
分离设备
分离系数 →(3)(6)(9)
过滤
过滤器 →(9)
离子交换 →(3)(6)(9)(13)
清洗
提纯
提取
物质分离
诱导合成 →(9)

分离大豆蛋白
Y 大豆分离蛋白

分离法
Y 分离

分离工艺
Y 分离

分离过程
Y 分离

分离机
Y 分离设备

分离机器
Y 分离设备

分离机械
Y 分离设备

分离技术
Y 分离

分离接合机构
Y 分离罗拉

分离流程
Y 分离

分离罗拉
detaching roller
TS103.82
D 分离接合机构
分离皮辊
S 罗拉
Z 纺织器材

分离皮辊
Y 分离罗拉

分离器
Y 分离设备

分离设备*
separator
TQ0
D 波纹板分离器
多级旋风分离器
二次分离器
分离机
分离机器
分离机械
分离器
分离装置
糠秕分离器
木屑分离器
深冷分离装置
铁屑置换器
压缩空气分离器
真空分离器
F 脱壳设备
C 分离
分离性能 →(1)
离心机 →(6)(9)
深冷分离 →(9)

分离效果
Y 分离

分离装置
Y 分离设备

分裂度
split degree
Q1；TS12
S 化合度*

分配*
distribution
ZT5
F 牵伸分配

分批整经
beam warping
TS105.2
S 整经
C 分条整经
Z 织造工艺

分切机
dividing and cutting machine
TS255.35
S 食品加工机械*
F 莲藕切片机

分散*
dispersal
TQ0
D 分散法

分散方法
分散方式
分散工艺
分散过程
分散技术
分散作用
F 基质固相分散
C 表面活性剂
分散补偿 →(5)
分散机 →(9)
分散体 →(6)(9)
分散条件 →(9)
分散稳定性 →(1)
分散系数 →(1)
分散性 →(1)(2)(9)(11)
颗粒
团聚 →(2)(3)(9)(13)

分散/活性染料
disperse/reactive dyes
TS193.21
S 分散染料
活性染料
Z 染料

分散蒽醌
dispersed anthraquinone
TS72
S 醌*

分散法
Y 分散

分散方法
Y 分散

分散方式
Y 分散

分散工艺
Y 分散

分散过程
Y 分散

分散黑
disperse black
TS193.21
S 分散染料
Z 染料

分散红 343
disperse red 343
TS193.21
S 分散染料
Z 染料

分散黄
disperse yellow
TS193.21
D 分散黄 G
分散黄 SE-4RL
S 分散染料
F 分散黄 RGFL
Z 染料

分散黄 G
Y 分散黄

分散黄 RGFL

disperse yellow RGFL

TS193.21

  S 分散黄

  Z 染料

分散黄 SE-4RL

  Y 分散黄

分散技术

  Y 分散

分散剂*

dispersant

TQ42；TS193

  D 分散添加剂

    分散性添加剂

    分散助剂

    辅助分散剂

    扩散剂

    新型分散剂

    助分散剂

  F 螯合分散剂

    纤维分散剂

  C 包覆剂 →(9)

    表面活性剂

    分散机理 →(9)

    分散稳定剂 →(9)

    分散稳定性 →(1)

    分散性 →(1)(2)(9)(11)

    抗分散剂 →(9)(11)

    稀释剂 →(3)

分散金黄 SE-3R

disperse golden yellow SE-3 R

TS193.21

  S 分散染料

  Z 染料

分散偶氮染料

  Y 分散染料

分散染料

disperse azo dyes

TS193.21

  D 分散偶氮染料

    分散型阳离子染料

    偶氮分散染料

  S 染料*

  F 蒽醌型分散染料

    分散/活性染料

    分散黑

    分散红 343

    分散黄

    分散金黄 SE-3R

    分散染料微胶囊

  C 聚乳酸纤维

分散染料染色

  Y 分散染色

分散染料微胶囊

disperse dyes microcapsules

TS193.21

  S 分散染料

  Z 染料

分散染色

disperse dyeing

TS193

  D 分散染料染色

  S 染色工艺*

分散松香

  Y 分散松香胶

分散松香胶

dispersed rosin size

TS72

  D 分散松香

    高分散松香胶

  S 松香胶

  F 阳离子分散松香胶

    阴离子分散松香胶

  Z 胶

分散添加剂

  Y 分散剂

分散稳定

  Y 稳定

分散型阳离子染料

  Y 分散染料

分散性添加剂

  Y 分散剂

分散颜料

  Y 颜料

分散助剂

  Y 分散剂

分散作用

  Y 分散

分色

separate colour

TS193；TS194；TS81

  D 分色参数

    分色处理

    分色技术

    分色原理

  S 色彩工艺*

  F 彩色分色

    电脑分色

    电子分色

    印花分色

  C 染色机理

分色参数

  Y 分色

分色处理

  Y 分色

分色技术

  Y 分色

分色系统

colour splitting system

TS193；TS801.3

  S 颜色系统*

分色原理

  Y 分色

分色制版

colour separation plate making

TS805

  S 制版工艺

  F 电子分色制版

  Z 印刷工艺

分梳

  Y 梳理

分梳板

carding plate

TS103.81

  D 固定分梳件

    梳针板

  S 分梳元件

  F 锯齿分梳板

    梳针分梳板

    预分梳板

  C 梳棉机

  Z 纺纱器材

分梳工艺

  Y 梳理

分梳辊

combing roller

TS103.81

  S 分梳元件

  F 针辊

  C 气流纺纱机

  Z 纺纱器材

分梳机

  Y 梳理机

分梳件

  Y 分梳元件

分梳能力

  Y 梳理效能

分梳器材

  Y 分梳元件

分梳区

licker-in carding area

TS104

  D 刺辊分梳区

    分梳作用区

  S 工作区*

  C 梳毛机

分梳元件

carding element

TS103.82

  D 分梳件

    分梳器材

    梳理元件

  S 纺纱器材*

  F 刺辊

    道夫

    顶梳

    分梳板

    分梳辊

    附加分梳件

    盖板

    锡林

    圆梳

    针布

  C 梳理

分梳质量

  Y 梳理质量

分梳作用区
　　Y 分梳区

分丝辊
separator roll
TH13；TQ33；TS103.82
　　D 过丝辊
　　S 印染胶辊
　　Z 纺织器材
　　　辊

分体式锭底
　　Y 纺锭锭底

分条梳毛机
　　Y 梳毛机

分条整经
sectional warping
TS105.2
　　S 整经
　　C 分批整经
　　Z 织造工艺

分析*
analysis
O1；ZT0
　　D 分析方案
　　　分析评价
　　　分析原因
　　　解析
　　　剖析
　　　浅析
　　F 提取分析
　　　体型分析
　　　营养分析
　　　质地剖面分析
　　C 分析方法
　　　分析系统　→(1)(4)(5)(8)
　　　工程分析
　　　化学分析
　　　经济分析　→(1)(5)(11)
　　　力学分析　→(1)(2)(3)(4)(8)(11)(12)
　　　物理分析
　　　物质分析
　　　性能分析　→(1)(2)(3)(4)(5)(6)(7)(8)(9)(11)

分析(化学)
　　Y 化学分析

分析测试仪
　　Y 分析仪

分析方案
　　Y 分析

分析方法*
analytical techniques
ZT71
　　D 分析技术
　　　实用分析方法
　　F 感官分析
　　　织物组织分析
　　　质构分析
　　C 方法
　　　分析
　　　谱分析　→(2)(3)(4)(5)(6)(7)(9)(11)(13)

分析技术
　　Y 分析方法

分析评价
　　Y 分析

分析器
　　Y 分析仪

分析设备
　　Y 分析仪

分析仪*
analyzer
TH7
　　D 测量分析仪
　　　分析测试仪
　　　分析器
　　　分析设备
　　　分析仪表
　　　分析仪器
　　　分析装置
　　F 啤酒分析仪
　　C 分析模式　→(8)
　　　谱仪　→(1)(4)(5)(6)(8)

分析仪表
　　Y 分析仪

分析仪器
　　Y 分析仪

分析原因
　　Y 分析

分析装置
　　Y 分析仪

分效排盐
multiple-effect salt discharging
TS3
　　S 水溶采盐
　　Z 采矿

分形涤纶
fractal polyester
TQ34；TS102.522
　　S 涤纶
　　C 弗莱特纱
　　Z 纤维

分选*
grading
TD9
　　D 分级分选
　　　分选法
　　　分选方法
　　　分选工艺
　　　分选过程
　　　分选技术
　　　分选特性
　　　分选作业
　　　拣选工艺
　　　选别
　　　选别工艺
　　　选别流程
　　　选别作业
　　F 色选
　　C 粗煤泥　→(2)(9)
　　　分选指标　→(2)
　　　过滤器　→(9)
　　　煤粉　→(9)
　　　筛分

选矿工艺　→(2)(3)(9)(13)

分选法
　　Y 分选

分选方法
　　Y 分选

分选工艺
　　Y 分选

分选过程
　　Y 分选

分选技术
　　Y 分选

分选特性
　　Y 分选

分选作业
　　Y 分选

分页打印
page printing
TS859
　　S 打印*

分纸
paper separation
TS758
　　S 造纸工艺*

分纸机构
paper separating mechanism
TS803
　　S 印刷机机构*

酚酞酸度
　　Y 总酸

汾酒
fen liquor
TS262.39
　　D 汾酒大曲
　　S 中国白酒
　　Z 白酒

汾酒大曲
　　Y 汾酒

粉
　　Y 粉末

粉茶
　　Y 碎茶

粉点涂层机
powder-pointed coating machine
TS190.4
　　S 涂层机
　　Z 染整机械

粉化
　　Y 制粉

粉矿回收装置
　　Y 回收装置

粉料
　　Y 粉末

粉料制备

Y 制粉

粉路
mill diagram
TS211.4
D 中长粉路
S 面粉加工
F 长粉路
短粉路
C 品质特性 →(1)
Z 农产品加工

粉煤灰水泥刨花板
coal ash cement bonded particleboard
TS62
S 刨花板
Z 木材

粉煤灰细度
Y 细度

粉磨
Y 磨粉

粉磨方法
Y 磨粉

粉磨方式
Y 磨粉

粉磨工艺
Y 磨粉

粉磨过程
Y 磨粉

粉磨机
Y 磨粉机

粉磨机理
Y 磨粉

粉磨机械
Y 磨粉机

粉磨机械设备
Y 磨粉机

粉磨技术
Y 磨粉

粉磨加工
Y 磨粉

粉磨设备
Y 磨粉机

粉磨装置
Y 磨粉机

粉磨作业
Y 磨粉

粉末*
powder
TB4；TF1
D 粉
粉料
粉末颗粒
粉末粒子
粉末原料
粉体
粉体粒子

粉状颗粒
F 墨粉
木粉
丝素粉
速溶粉
糖粉
预混合粉
专用粉
C 堆积密度 →(3)
粉末成型 →(3)
粉末粒径 →(3)
粉末形貌 →(1)
粉体白度 →(1)
粉体材料 →(3)
粉体流动性 →(1)
改性胶粉 →(9)
均匀性
颗粒
颗粒尺寸 →(1)
粒度
有色金属 →(3)

粉末茶
Y 碎茶

粉末调味料
Y 调味基料

粉末化
Y 制粉

粉末酱油
powdered soy
TS264.21
D 酱油粉
S 固态酱油
Z 酱油

粉末酒
powdered wine
TS262.39
S 固态白酒
Z 白酒

粉末颗粒
Y 粉末

粉末粒子
Y 粉末

粉末香精
powdered flavor
TQ65；TS264.3
S 固体香精
Z 香精香料

粉末压实
Y 压实

粉末颜料
Y 颜料

粉末冶金钢领
Y 钢领

粉末冶金模
Y 模具

粉末油脂
powdered oil
TS213

S 油脂*
F 粉末猪油
C 喷雾干燥 →(9)
微胶囊 →(9)

粉末原料
Y 粉末

粉末轧机
Y 轧机

粉末制备
Y 制粉

粉末制造
Y 制粉

粉末猪油
powder lard
TS225.21
S 粉末油脂
猪油
Z 油脂

粉末状废物
Y 固体废物

粉皮
sheet jelly
TS23
S 谷物食品
Z 粮油食品

粉扑
Y 化妆工具

粉刷
whitewash
TQ63；TS66；TU7
D 操漆
粉刷工程
粉刷施工
光灰
滚刷
理漆
刷漆
刷涂
刷涂法
涂刷
造油
罩漆
S 建筑施工*
装修*

粉刷工程
Y 粉刷

粉刷施工
Y 粉刷

粉丝
vermicelli
TS236.5
D 蚕豆粉丝
土豆粉丝
S 谷物食品
F 方便粉丝
无矾粉丝
Z 粮油食品

粉丝加工

bean vermicelli processing
TS215；TS234
S 食品加工*

粉丝加工副产品
vermicelli processing by-products
TS210.9
S 粮食副产品
Z 副产品

粉碎
Y 破碎

粉碎法
Y 破碎

粉碎方法
Y 破碎

粉碎方式
Y 破碎

粉碎工艺
Y 破碎

粉碎过程
Y 破碎

粉碎技术
Y 破碎

粉碎加工
Y 破碎

粉碎洗涤盐
Y 粉洗盐

粉糖
Y 红糖

粉体
Y 粉末

粉体粒子
Y 粉末

粉体制备
Y 制粉

粉条
vermicelli
TS215
S 谷物食品
F 米粉条
Z 粮油食品

粉条机
vermicelli machines
TS203
S 食品加工机械*

粉团
agglomerate of powder
TS215
S 谷物食品
Z 粮油食品

粉洗盐
clean powder salt
TS36
D 粉碎洗涤盐
S 粉盐
Z 盐

粉盐
powder salt
TS36
S 固体盐
F 粉洗盐
Z 盐

粉云母纸
Y 云母纸

粉蒸
Y 蒸制

粉蒸肉
steamed pork slices with glutinous rice flour
TS972.125
S 猪肉菜肴
Z 菜肴

粉质
Y 粉质特性

粉质特性
farinograph characteristics
TS211.7
D 粉质
S 材料性能*

粉质仪
farinograph
TS211.7
S 仪器仪表*
F 电子式粉质仪
C 面粉品质

粉质质量指数
farinograph quality number
TS211.7
S 指数*
C 评价值 →(13)

粉状调味料
Y 调味基料

粉状颗粒
Y 粉末

粉状洗涤剂
Y 洗衣粉

份菁染料
merocyanine dye
TS193.21
S 菁染料
Z 染料

丰满性
fullness
TS941.1
S 人体特征
Z 生物特征

丰收牌干白葡萄酒
Y 干白葡萄酒

风船牌干白葡萄酒
Y 干白葡萄酒

风动攻丝机头
Y 攻丝机

风动铆钉枪
Y 铆枪

风鹅
air-dried goose
TS251.55
S 鹅肉制品
Z 肉制品

风干
air seasoning
TS205
D 天然干燥
S 干燥*

风干肠
Y 风干香肠

风干香肠
dry sausage
TS251.59
D 半干香肠
风干肠
干制品肠类
S 香肠
Z 肉制品

风格*
style
I；J
D 风格形式
F 流行风格
视觉风格
涂鸦风格
纹样风格
形态风格
休闲风格
饮食风俗
织物风格
C 风格评价 →(1)
风格设计 →(1)

风格测试灯芯绒
Y 灯芯绒

风格特性
style characteristic
TS941.2；TU-8
S 性能*
C 北欧风格 →(11)
服装款式
建筑风格 →(11)
园林风格 →(11)
装饰风格 →(11)

风格形式
Y 风格

风格整理
style finishing
TS195
D 仿绸整理
仿毛整理
仿丝处理
仿丝整理
毛型整理
S 纺织品整理
F 芳香整理
仿桃皮加工
松式整理

Z 整理

风光互补路灯
wind-solar hybrid streetlight
TM92；TS956
  S 路灯
  Z 灯

风鸡
dry breezed chicken
TS251.55
  S 鸡肉制品
  Z 肉制品

风冷式长弧氙灯
air-cooled tubular xenon lamps
TM92；TS956
  S 氙弧灯
  Z 灯

风力分选机
  Y 风选机

风力干选机
  Y 风选机

风力输送
wind transport
TS43
  S 输送*

风力送丝
cut tobacco pneumatic feeding
TS44
  S 烟叶加工*

风力选矿装置
  Y 风选机

风尾酥
  Y 桃酥

风味*
flavour
TS971.1
  D 产品风味
    食品风味
    饮食风味
  F 白酒风味
    菜肴风味
    传统风味
    葱油
    复合风味
    挥发性风味
    老化风味
    麻辣
    啤酒风味
    巧克力风味
    肉品风味
  C 风味食品
    风味物质

风味菜点
  Y 风味菜肴

风味菜肴
flavour dishes
TS972
  D 风味菜点
  S 菜肴*

风味成分
  Y 风味物质

风味调料
  Y 风味调味料

风味调配
flavor mixing
TS264
  S 勾调
  Z 物料调配

风味调味料
flavor seasoning
TS264
  D 风味调料
    色拉调味料
  S 复合调味品
  F 火锅调料
    火腿风味料
    肉香风味调味料
    水产调味料
  Z 调味品

风味饭
flavour rice
TS972.131
  D 风味米饭
  S 米食
  F 荷叶包饭
    抓饭
  Z 主食

风味糕点
  Y 中式糕点

风味化学
flavor chemistry
TS201.2
  S 食品化学
  Z 科学
    食品科学

风味酱
flavor sauce
TS264
  D 风味蘑菇酱
    海鲜酱
  S 酱*
  F 菜酱
    芥末酱
    咖喱酱
    辣酱
    面酱
    沙拉酱
    沙司
    甜酱
    虾酱
    蟹酱

风味老化
flavor aging
TS261.4
  S 啤酒老化
  Z 老化
    啤酒工艺

风味萝卜豆豉
  Y 豆豉

风味米饭
  Y 风味饭

风味面点
  Y 面点

风味蘑菇酱
  Y 风味酱

风味奶
flavored milk
TS252.59
  D 调味乳
    姜汁奶
    姜撞奶
    咖啡奶
  S 乳制品*
  F 果奶
    可可奶
    巧克力牛奶

风味评价
flavor evaluation
TS971.1
  S 感官评价
  Z 评价

风味缺陷
flavour defect
TS201
  D 口味缺陷
  S 缺陷*

风味食品
flavor food
TS219
  S 食品*
  C 风味

风味水解蛋白粉
  Y 水解蛋白粉

风味酸奶
  Y 酸奶

风味特性
flavor characteristics
TS201
  S 食品特性*
  F 风味稳定性

风味稳定性
flavor stability
TS201
  S 风味特性
    食品稳定性
  F 啤酒风味稳定性
  Z 食品特性
    稳定性

风味物质
flavour compounds
TS202
  D 风味成分
    香味成分
  S 物质*
  F 挥发性风味物质
    苦味物质
  C 豆酱
    风味

烹饪工艺

风味香酱鹅
　Y 酱肉制品

风味小吃
　Y 小吃

风味鱼肴
　Y 鱼肴

风味增强剂
　Y 增味剂

风味增效剂
　Y 增味剂

风味质量
　Y 菜肴质量

风选机
pneumatic separator
TD4；TS73
　D 风力分选机
　　风力干选机
　　风力选矿装置
　　风选设备
　S 矿山机械*

风选设备
　Y 风选机

风雨衣
　Y 雨衣

风筝
kite
TS958.1
　S 传统玩具
　　工艺品*
　Z 玩具

封闭*
seal off
ZT5
　D 封闭法
　　封闭工艺
　　封闭形式
　　密闭
　F 白水封闭
　C 胶囊 →(9)

封闭法
　Y 封闭

封闭工艺
　Y 封闭

封闭筛选
closed screening
TQ0；TS74
　S 筛选*

封闭形式
　Y 封闭

封边
banding
TS654
　D 封边技术
　S 工艺方法*
　F 家具封边

封边机
　Y 轻工机械

封边技术
　Y 封边

封底剂
　Y 封端剂

封端剂
end-capping reagent
TQ32；TS529.1
　D 封底剂
　S 制剂*
　C 缔合型增稠剂 →(9)

封罐滚轮
　Y 封罐机

封罐机
can seaming machine
TB4；TS29
　D 封罐滚轮
　　封罐托盘
　　封罐压头
　S 包装设备*

封罐托盘
　Y 封罐机

封罐压头
　Y 封罐机

封面设计
book-cover design
TS801
　S 书籍设计*

峰*
peak
ZT5
　F 最大吸收峰
　C 瞬时状态 →(6)

蜂巢织物
　Y 斜纹针织物

蜂巢组织
　Y 织物组织

蜂胶
propolis
S；TS218
　S 营养品
　C 蜂胶乙醇提取液
　Z 保健品

蜂胶乙醇提取液
propolis ethanol extract
TS20
　S 乙醇提取液
　C 蜂胶
　Z 提取物

蜂蜜
honey
S；TS218
　S 营养品
　Z 保健品

蜂蜜粉

honey powder
S；TS218
　S 食用粉*
　F 茶花蜂花粉
　　超细鲜骨粉

蜂蜜酒
honey wine
TS262
　S 保健酒
　C 固定化酵母 →(9)
　Z 酒

蜂蜜桑葚酒
honey mulberry wine
TS262.7
　S 桑葚酒
　Z 酒

蜂蜜饮料
　Y 植物饮料

蜂王浆啤酒
royal jelly beer
TS262.59
　S 保健啤酒
　Z 酒

蜂窝除尘系统
cellular dust removal system
TS103；X7

蜂窝式除尘机组
cellular dust removal unit
TS103；X7
　S 清除装置*

缝帮
　Y 制鞋工艺

缝边地毯
　Y 地毯

缝编
　Y 缝编法

缝编布
　Y 非织造布

缝编法
stitch-bonding method
TS174
　D 缝编
　　毛圈型缝编法
　　纱线型缝编
　　纱线型缝编法
　　纤网型缝编法
　S 非织造工艺*
　C 纤维网

缝编法非织造布
　Y 非织造布

缝编法无纺织物
　Y 非织造布

缝编机
knit-stitch machine
TS183
　S 非织造布机械*
　　针织机

C 缝编织物
　　经编机
Z 织造机械

缝编毛毯
　Y 毛毯

缝编密度
　Y 织物密度

缝编棉毯
　Y 棉毯

缝编织物
stitch-bonded fabric
TS186
　S 编织物*
　C 缝编机
　　经编工艺
　　经编织物

缝疵
sewing defects
TS101.97
　S 织物疵点
　F 缝纫起皱
　　缝纫针洞
　　缝缩
　　线迹过松
　C 缝制工艺
　Z 纺织品缺陷

缝份
cloth allowance
TS941.63
　S 缝制工艺
　F 放缝
　Z 服装工艺

缝合工艺
stitching technology
TS941.63
　D 缝合工艺参数
　S 缝制工艺
　Z 服装工艺

缝合工艺参数
　Y 缝合工艺

缝合性能
sewing characteristics
TS941.6
　D 缝制性能
　S 工艺性能*
　F 可缝性
　　连续缝纫性能
　C 缝制工艺

缝迹
stitch
TS941.63
　S 放缝
　Z 服装工艺

缝口
seam
TS941.63
　S 放缝
　Z 服装工艺

缝料
sewing material
TS941.491
　S 服装辅料*
　F 刺绣线
　　缝纫线

缝片
　Y 衣片

缝纫
　Y 缝制工艺

缝纫工具
　Y 缝纫设备

缝纫工艺
　Y 缝制工艺

缝纫机
sewing machine
TS941.562
　S 缝纫设备
　F 工业缝纫机
　Z 服装机械

缝纫机工业
sewing machine industry
TS04
　S 工业*
　　轻工业*

缝纫机具
　Y 缝纫设备

缝纫机零件
sewing machine parts
TS941.5
　D 缝纫器具
　S 零部件*
　F 缝纫机针
　　梭芯
　　压脚
　　针杆

缝纫机械
　Y 缝纫设备

缝纫机针
needles
TS941.565
　D 机针
　S 缝纫机零件
　　缝针*
　Z 零部件

缝纫加工
　Y 缝制工艺

缝纫平整度
seam pucker
TS941.6
　D 缝纫平整性
　S 平整度
　C 缝制工艺
　Z 表面性质
　　程度

缝纫平整性
　Y 缝纫平整度

缝纫起皱
seam pucker
TS101.97
　S 缝疵
　Z 纺织品缺陷

缝纫器具
　Y 缝纫机零件

缝纫设备
sewing equipment
TS941.562
　D 暗缝机
　　单针单线链缝机
　　单针双线链缝机
　　电子花样套结机
　　电子套结机
　　钉扣缝纫机
　　钉扣机
　　钉钮扣缝纫机
　　缝纫工具
　　缝纫机具
　　缝纫机械
　　缝制机械
　　缝制设备
　　花样套结机
　　加固缝缝机
　　家用缝机
　　家用缝纫机
　　开袋缝纫机
　　开袋机
　　扣眼套结机
　　链缝缝纫机
　　链缝机
　　平袋开袋机
　　套结机
　　特殊缝纫机
　　特种缝纫机
　　斜袋开袋机
　　绣字机
　　自动开袋机
　S 服装机械*
　F 包缝机
　　绷缝机
　　打褶机
　　缝纫机
　　绗缝机
　　合缝机
　　拉边机
　　平缝机
　　锁眼机
　　绣花机
　C 针织机
　　针织机构

缝纫条件
　Y 缝制工艺

缝纫线
sewing thread
TS941.491
　S 缝料
　F 包芯缝纫线
　　工业缝纫线
　Z 服装辅料

缝纫线迹
seaming stitch

TS941.6
　D 针迹
　S 线迹
　C 缝制工艺
　　线迹密度
　Z 痕迹

缝纫性能
　Y 可缝性

缝纫针
　Y 缝针

缝纫针洞
needle cave
TS101.97
　S 缝疵
　　破洞
　Z 纺织品缺陷

缝纫质量
sewing quality
TS941
　D 缝制质量
　S 工艺质量*
　C 缝制工艺

缝袜头机
　Y 织袜机

缝线张力
thread tension
TS941.6
　S 张力*
　C 缝制工艺

缝针*
suture needle
TS941.565
　D 缝纫针
　F 缝纫机针
　C 缝制工艺

缝制
　Y 缝制工艺

缝制车间
sewing workshops
TS941
　S 车间*
　C 服装

缝制工艺
sewing process
TS941.63
　D 缝纫
　　缝纫工艺
　　缝纫加工
　　缝纫条件
　　缝制
　　服装缝纫
　　服装缝制
　　服装缝制工艺
　　服装制缝
　　开缝长度
　S 服装裁缝
　F 抽褶
　　单针
　　缝份
　　缝合工艺

缝型
跳针
褶裥
　C 缝疵
　　缝合性能
　　缝纫平整度
　　缝纫线迹
　　缝纫质量
　　缝线张力
　　缝针
　　服装规格
　　撕裂性能
　Z 服装工艺

缝制机械
　Y 缝纫设备

缝制机械机构*
sewing mechanism
TS941.569
　F 嵌线机构
　　送布机构
　　挑线机构
　　弯针机构
　　压板机构

缝制设备
　Y 缝纫设备

缝制性
　Y 可缝性

缝制性能
　Y 缝合性能

缝制质量
　Y 缝纫质量

凤冠
phoenix coronet
TS934.3
　S 首饰
　Z 饰品

凤凰单枞乌龙茶
　Y 凤凰单丛茶

凤凰单丛茶
Fenghuang single bush tea
TS272.52
　D 凤凰单枞乌龙茶
　S 单丛茶
　Z 茶

凤凰装
phoenix dress
TS941.7
　S 民族服装
　C 畲族服饰
　Z 服装

凤兼复合型太白酒
Xifeng & composite type liquor
TS262.39
　S 太白酒
　Z 白酒

凤兼浓酒
Feng and concentrated wine
TS262.39

　S 兼香型白酒
　Z 白酒

凤鸟牌半干红葡萄酒
　Y 干红酒

凤尾酥
　Y 桃酥

凤香型
　Y 凤香型白酒

凤香型白酒
Feng-flavour Chinese spirits
TS262.39
　D 凤香型
　　凤型白酒
　　凤型大曲
　　凤型酒
　S 兼香型白酒
　Z 白酒

凤型白酒
　Y 凤香型白酒

凤型大曲
　Y 凤香型白酒

凤型酒
　Y 凤香型白酒

缝
　Y 缝隙

缝内底布
　Y 制鞋工艺

缝筛
slotted screen
TS73
　S 筛*

缝缩
seam shrinkage
TS101.97
　S 缝疵
　Z 纺织品缺陷

缝隙*
crevice
TU7
　D 缝
　　开缝
　F 合缝
　C 开缝伞 →(6)
　　孔洞

缝型
seam type
TS941.63
　S 缝制工艺
　F 侧缝
　　绗缝
　　机缝
　　拼接缝
　　省缝
　　锁边
　　无接缝
　Z 服装工艺

肤色调理

skin colour conditioning
TS974.1
　　S　皮肤护理
　　Z　护理

麸醋
bran-vinegar
TS264.22
　　S　杂粮醋
　　Z　食用醋

麸粉
corn gluten powder
TS213
　　D　麸质粉
　　　　玉米麸质粉
　　S　谷物粉
　　F　打麸粉
　　Z　粮油食品

麸粉筛
bran powder sieve
TS21
　　S　筛*

麸皮
wheat bran
TS210.9
　　D　食用麸皮
　　S　粮食副产品
　　F　谷类麸皮
　　　　花生麸
　　　　玉米皮
　　Z　副产品

麸皮蛋白
bran protein
Q5；TQ46；TS201.21
　　D　麸质
　　S　谷蛋白
　　F　小麦麸皮蛋白
　　　　燕麦麸蛋白
　　　　玉米麸质
　　Z　蛋白质

麸皮面包
　　Y　面包

麸皮曲
　　Y　麸曲

麸皮膳食纤维
　　Y　麦麸膳食纤维

麸皮纤维
　　Y　麦麸膳食纤维

麸曲
moldy bran
TS26
　　D　麸皮曲
　　　　快曲
　　S　麦曲
　　Z　曲

麸曲白酒
bran koji liquor
TS262；TS262.37
　　D　麸曲酒
　　S　曲酒

Z　白酒

麸曲酒
　　Y　麸曲白酒

麸星
bran speck
TS210.9
　　S　谷类麸皮
　　Z　副产品

麸质
　　Y　麸皮蛋白

麸质粉
　　Y　麸粉

弗莱特纱
fratto yarns
TS106.4
　　S　纱线*
　　C　分形涤纶

伏特加
vodka
TS262.38
　　D　伏特加酒
　　　　皇冠牌伏特加酒
　　S　洋酒
　　Z　酒

伏特加酒
　　Y　伏特加

伏天掉排
　　Y　转排

伏楦
　　Y　鞋楦

扶手椅
armchair
TS66；TU2
　　S　椅子
　　Z　家具

芙蓉石
rose quartz
TS933.2
　　S　水晶
　　Z　饰品材料

服色
　　Y　服装色彩

服饰*
apparel
TS941.7
　　D　服饰产品
　　　　服饰品
　　　　服饰形式
　　　　服饰用品
　　　　服装服饰
　　　　衣饰
　　F　传统服饰
　　　　儿童服饰
　　　　古代服饰
　　　　民间服饰
　　　　民族服饰
　　　　女性服饰
　　　　配饰

　　　　手套
　　　　首服
　　　　丝绸服饰
　　　　袜子
　　　　围裙
　　　　现代服饰
　　　　针织服饰
　　　　职业服饰
　　　　中国服饰
　　C　服饰搭配
　　　　服饰特征
　　　　服饰元素
　　　　服装
　　　　服装款式

服饰变革
　　Y　服饰演变

服饰变迁
　　Y　服饰演变

服饰产品
　　Y　服饰

服饰创新
costume innovation
TS94
　　S　创新*

服饰搭配
apparel collocation
TS941.2；TS941.3
　　D　穿着搭配
　　　　服装搭配
　　　　衣着搭配
　　S　衣服搭配
　　C　服饰
　　Z　搭配

服饰纺织品
　　Y　服用纺织品

服饰风格
　　Y　服装款式

服饰流行
　　Y　时装

服饰美
　　Y　服饰美学

服饰美学
dress esthetics
TS941.1
　　D　服饰美
　　　　服饰审美
　　S　服装科学
　　　　美学*
　　F　服装美学
　　Z　纺织科学

服饰面料
　　Y　服装面料

服饰配件
　　Y　服装附件

服饰品
　　Y　服饰

服饰色彩

dress color
TS941.1
　S 色彩*

服饰设计*
apparel design
TS941.2；TS943.2
　F 服饰图案设计
　　服装陈列设计
　　服装设计
　　鞋类设计
　C 设计

服饰审美
　Y 服饰美学

服饰史
　Y 服装史

服饰手工艺
dress handicraft
TS941.6
　D 手针工艺
　S 服装工艺*

服饰特点
　Y 服饰特征

服饰特征
clothing characteristics
TS941.15
　D 服饰特点
　S 纺织品性能*
　C 服饰

服饰图案设计
clothing pattern design
TS941.2；TS943.2
　S 服饰设计*
　　图案设计

服饰外观
clothing appearance
TS941.1
　D 服装外观
　S 外观*

服饰心理学
　Y 服装心理学

服饰形式
　Y 服饰

服饰研究
dress research
TS941.1
　S 研究*
　C 服装

服饰演变
vicissitude of costume
TS941.1
　D 服饰变革
　　服饰变迁

服饰用品
　Y 服饰

服饰元素
clothing elements
TS941.1

　S 元素*
　F 军装元素
　C 服饰
　　时尚

服饰造型
　Y 服装造型

服务*
service
F
　D 服务类别
　　服务类型
　F 餐饮服务
　　美容服务

服务类别
　Y 服务

服务类型
　Y 服务

服用纺织品
clothing textiles
TS106
　D 服饰纺织品
　　服装用纺织品
　S 纺织品*

服用功能
　Y 服用性能

服用面料
　Y 服装面料

服用舒适性
　Y 服装舒适性

服用舒适性能
　Y 服装舒适性

服用特性
　Y 服用性能

服用性
　Y 服用性能

服用性能
wear behaviour
TS101.923；TS941.15
　D 服用功能
　　服用特性
　　服用性
　　服用性能（织物）
　　服用性能分析
　　服装功能
　　服装功能性
　　服装性能
　　服装应用性能
　　织物服用性能
　S 使用性能*
　　织物性能
　F 服装合体性
　　服装舒适性
　　吸湿速干性能
　　织物手感
　　织物透湿性
　C 服用性能指标
　　凉爽性
　　面料

　　透气性
　Z 纺织品性能

服用性能（织物）
　Y 服用性能

服用性能分析
　Y 服用性能

服用性能优选
　Y 服用性能指标

服用性能指标
wearability index
TS941.1
　D 服用性能优选
　S 性能指标*
　C 服用性能

服用织物
wearing fabric
TS106.8
　S 织物*
　C 服装面料

服装*
clothing
TS941.7
　D 纺织服装
　　纺织服装品
　　服装产品
　　服装形式
　　衣服
　　衣物
　　衣装
　F 背心
　　衬衫
　　成衣
　　出口服装
　　传统服装
　　创意服装
　　个性化服装
　　功能性服装
　　家居服
　　紧身服装
　　军服
　　裤装
　　礼服
　　民族服装
　　内衣
　　男装
　　牛仔服装
　　女装
　　皮革服装
　　品牌服装
　　情侣装
　　三维服装
　　上装
　　时装
　　丝绸服装
　　童装
　　外衣
　　西服
　　戏装
　　夏装
　　现代服装
　　休闲装
　　虚拟服装

TS94
　S 服装定制
　Z 定制

服装大赛
costume competition
TS94
　S 比赛*

服装吊牌
clothing tag
TS941.3
　S 服装附件*

服装定制
garment customization
TS94
　D 服装个性化定制
　　服装量身定制
　S 定制*
　F 服装大规模定制
　C 服装

服装防伪
clothing anti-counterfeiting
TS94
　S 防伪*

服装仿真
garment simulation
TS94
　S 仿真*

服装放松量
　Y 放松量

服装风格
costume style
TS941.2
　S 服装款式
　F 面料风格
　　朋克
　　时装风格
　C 服装设计
　Z 样式

服装缝纫
　Y 缝制工艺

服装缝制
　Y 缝制工艺

服装缝制工艺
　Y 缝制工艺

服装服饰
　Y 服饰

服装辅料*
garment auxiliary fabric
TS941.4；TS941.498
　D 面辅料
　　絮料
　F 缝料
　　里料
　C 衬料
　　服装
　　服装材料
　　面料

服装附件*

clothing accessories
TS941.3
　D 服饰配件
　　服装零部件
　　服装配件
　F 补子
　　服装吊牌
　　服装饰品
　　口袋
　　拉链
　　钮扣
　　绳带
　　腰省
　　腰头
　　衣襟
　　衣领
　　衣片
　　衣身
　　衣袖
　C 服装工艺

服装革
clothing leather
TS563.1；TS941.46
　D 服装用革
　S 成品革
　　面料*
　F 绵羊服装革
　　绒面服装革
　　山羊服装革
　　西服革
　　正面服装革
　　猪皮服装革
　Z 皮革

服装个性化定制
　Y 服装定制

服装工程
clothing engineering
TS941.1
　S 工程*

服装工效学
clothing ergonomics
TS941.6
　D 服装人体工程学
　　服装人体工效学
　S 服装科学
　Z 纺织科学

服装工业
　Y 服装业

服装工业样板
clothing industrial pattern
TS941.6
　D 工业样板
　　工业制板
　S 服装板型
　Z 纸样

服装工艺*
garment technology
TS941.6
　D 服装技术
　　服装加工
　　服装加工性能
　　服装生产

服装制作
制衣
　F 成衣加工
　　对条对格
　　服饰手工艺
　　服装裁缝
　　服装整理
　　服装制板
　　服装装饰
　　归拔
　　滚边
　　明开襟
　　起翘
　　推档
　　袖子工艺
　　熨烫
　C 裁剪
　　服装附件
　　服装结构
　　服装设计
　　服装纸样
　　工艺方法
　　嵌条

服装功能
　Y 服用性能

服装功能性
　Y 服用性能

服装规格
garment specifications
TS941.1；TS941.6
　D 成衣规格
　S 规格*
　F 服装号型
　C 成衣设计
　　缝制工艺
　　服装标准
　　服装测量

服装号型
clothing sizes
TS941.1；TS941.6
　D 服装基型
　　服装型号
　　号型
　　号型归档
　S 服装规格
　C 数量
　　型号 →(1)(5)(6)(7)(8)(9)(12)
　Z 规格

服装合体性
clothing fitness
TS941.15
　D 合体性
　S 服用性能
　Z 纺织品性能
　　使用性能

服装画
　Y 服装图案

服装机械*
garment machinery
TS941.6
　D 服装加工机械
　　服装加工设备

服装设备
　　缩袖机
　　压领机
　　牙边机
　　制衣机械
F　裁剪机
　　电脑自动裁床
　　缝纫设备
　　粘合机
C　轻工机械
　　熨烫器具

服装基型
Y　服装号型

服装计算机辅助设计
Y　服装CAD

服装技术
Y　服装工艺

服装加工
Y　服装工艺

服装加工机械
Y　服装机械

服装加工设备
Y　服装机械

服装加工性能
Y　服装工艺

服装建模
garment modeling
TS94
D　多面体建模
S　建模*
C　服装

服装结构*
garment structure
TS941.61
D　款式结构
F　服装结构线
　　裤装结构
　　裙装结构
　　上衣结构
　　衣领结构
C　放松量
　　服装测量
　　服装工艺
　　服装结构设计
　　服装纸样

服装结构设计
apparel construction design
TS941.2
S　服装设计
　　结构设计*
C　服装结构
　　切展法
Z　服饰设计

服装结构线
clothing structure lines
TS941.61
S　服装结构*
F　领底线
　　领口交接曲线

　　领圈线
　　省道转移

服装结构造型
clothing structure molding
TS941.2
S　服装造型
Z　造型

服装科学
clothing science
TS941.1
D　服装学
S　纺织科学*
F　服饰美学
　　服装材料学
　　服装工效学
　　服装生理学
　　服装史
　　服装心理学

服装款式
garment style
TS941.1；TS941.2
D　服饰风格
　　服装样式
　　衣服款式
S　样式*
F　服装风格
C　风格特性
　　服饰
　　服装美学

服装款式设计
Y　款式设计

服装款式图
garment fashion drawing
TS941.1；TS941.2；TS941.6
D　款式图
S　服装图案
Z　工程图

服装里料
Y　里料

服装历史
Y　服装史

服装量裁
Y　服装裁剪

服装量身定制
Y　服装定制

服装零部件
Y　服装附件

服装流行
Y　服装时尚

服装买手
apparel buyer
TS94
S　人员*

服装贸易
clothing trade
TS941.1
S　服装市场
F　服装出口

Z　纺织品市场

服装美
Y　服装美学

服装美学
apparel aesthetics
TS941.1
D　服装美
　　服装审美
　　服装整体美
S　服饰美学
C　服装款式
　　服装色彩
　　服装设计
　　图案造型
Z　纺织科学
　　美学

服装面料
apparel fabric
TS941.41
D　服饰面料
　　服用面料
　　衣料
S　面料*
F　衬衣面料
　　民族服饰面料
　　内衣面料
　　男装面料
　　女装面料
　　时装面料
　　外衣面料
　　西服面料
　　运动服面料
C　服用织物
　　服装材质

服装模特
Y　时装模特

服装配件
Y　服装附件

服装配色
garment colour combination
TS941.1
S　配色
C　服装
Z　色彩工艺

服装配饰
Y　服装饰品

服装品质
Y　服装质量

服装评价
garment evaluation
TS941.1
D　服装评论
S　评价*
C　服装

服装评论
Y　服装评价

服装企业
clothing enterprise
TS941.8

D 服装生产企业
　S 纺织企业
　Z 企业

服装染色
　Y 成衣染色

服装热阻
clothing thermal resistance
TS941.1
　S 热阻*
　C 服装

服装人台
mannequin
TS941.2
　S 人台*

服装人体工程学
　Y 服装工效学

服装人体工效学
　Y 服装工效学

服装色彩
garment colour
TS941.1
　D 服色
　S 色彩*
　C 服装美学

服装设备
　Y 服装机械

服装设计
fashion design
TS941.2
　D 时装设计
　　衣服设计
　S 服饰设计*
　F 板型设计
　　成衣设计
　　服装结构设计
　　服装造型设计
　　款式设计
　　领型设计
　　内衬设计
　　省道设计
　　衣片设计
　　纸样设计
　C 纺织设计
　　服装风格
　　服装工艺
　　服装美学
　　服装设计师
　　服装纸样

服装设计师
costume designer
TS94
　D 时装设计师
　S 人员*
　C 服装设计

服装设计专业
　Y 服装专业

服装社会心理学
clothing social psychology
TS941.1

　S 服装心理学
　Z 纺织科学

服装审美
　Y 服装美学

服装生产
　Y 服装工艺

服装生产流水线
　Y 服装生产线

服装生产企业
　Y 服装企业

服装生产线
clothing production line
TS941.5
　D 服装生产流水线
　S 纺织生产线
　Z 生产线

服装生理学
clothing physiology
TS941.1
　S 服装科学
　Z 纺织科学

服装时尚
clothing current
TS941.12
　D 服装潮流
　　服装流行
　　时装流行
　S 时尚*
　C 流行预测

服装史
fashion history
TS941.1
　D 服饰史
　　服装历史
　　古代纺织
　S 服装科学
　F 中国服装史
　Z 纺织科学

服装市场
garment market
TS941.1
　S 纺织品市场*
　F 服装贸易

服装式样
　Y 服装效果图

服装饰品
garment accessory
TS941.3
　D 服装配饰
　S 服装附件*

服装舒适性
clothing comfort
TS941.15
　D 穿用舒适性
　　穿着舒适度
　　穿着舒适性
　　服用舒适性
　　服用舒适性能

　　着装舒适性
　S 服用性能
　　舒适性
　F 触觉舒适性
　　服装压力舒适性
　　活动舒适性
　C 凉爽性
　Z 纺织品性能
　　使用性能
　　适性

服装图案
clothing patterns
TS941.1
　D 服装画
　　时装绘画
　S 工程图*
　F 服装款式图
　　服装效果图
　　时装画

服装外观
　Y 服饰外观

服装污染
garment pollution
TS941.7；X7
　S 环境污染*

服装效果图
clothing effect diagrams
TS941.1
　D 服装式样
　S 服装图案
　F 时装效果图
　Z 工程图

服装心理
　Y 服装心理学

服装心理学
clothing psychology
TS941.1
　D 服饰心理学
　　服装心理
　　着装心理
　S 服装科学
　F 服装社会心理学
　Z 纺织科学

服装形式
　Y 服装

服装形态
formation of clothing
TS941.1
　S 形态*
　C 服装

服装型号
　Y 服装号型

服装性能
　Y 服用性能

服装需求
garments demand
TS941.1
　Y 服装科学

服装压
　Y 服装压力

服装压力
clothing pressure
TS941.1
　D 服装压
　S 压力*
　C 服装压力舒适性
　　加压服 →(6)

服装压力舒适性
clothing pressure comfort
TS941.17
　D 穿着压力舒适感
　S 服装舒适性
　　压力舒适性
　C 服装压力
　Z 纺织品性能
　　力学性能
　　使用性能
　　适性

服装样板
　Y 服装纸样

服装样片
fashion plate
TS941.6
　S 服装板型
　Z 纸样

服装样式
　Y 服装款式

服装业
clothing industry
F；TS941
　D 服装产业
　　服装工业
　　时装业
　S 纺织工业
　F 西服业
　Z 轻工业

服装应用性能
　Y 服用性能

服装用纺织品
　Y 服用纺织品

服装用革
　Y 服装革

服装原料
　Y 纺织原料

服装原型
garment prototype
TS941.6
　S 原型*
　F 文化式原型
　C 服装
　　原型裁剪

服装熨烫
　Y 熨烫

服装熨烫机
　Y 熨烫机

服装造型
apparel modeling
TS941.1
　D 服饰造型
　S 造型*
　F 服装结构造型
　　款式造型
　　女装造型
　　裙装造型
　　文胸造型
　　褶裥造型
　C 结构线

服装造型设计
garment sculpt design
TS941.2
　S 服装设计
　　造型设计*
　Z 服饰设计

服装整理
clothing finishing
TS941.67
　S 服装工艺*

服装整体美
　Y 服装美学

服装纸样
clothing paper pattern
TS941.6
　D 成衣纸样
　　服装样板
　S 裁剪纸样
　F 服装板型
　　文胸纸样
　C 服装工艺
　　服装结构
　　服装设计
　　纸样设计
　Z 纸样

服装纸样设计
　Y 纸样设计

服装制板
clothing drafting
TS941.62
　D 打板
　　打版
　　服装制图
　S 服装工艺*

服装制缝
　Y 缝制工艺

服装制图
　Y 服装制板

服装制作
　Y 服装工艺

服装质量
clothing quality
TS941.79
　D 服装品质
　S 产品质量*
　C 服装标准

服装专业

clothing specialty
TS941.2
　D 服装设计专业
　S 轻化工程专业
　Z 专业

服装装饰
clothing decoration
TS941.6
　S 服装工艺*
　　装饰*
　C 服装

绂冕
　Y 官服

茯砖茶
fu brick tea
TS272.54
　S 砖茶
　Z 茶

氟棉织物
　Y 棉混纺织物

浮标式氧气吸入器
　Y 氧气吸入器

浮长
float length
TS105；TS184
　S 长度*
　　纱线长度
　C 边组织
　Z 织造工艺参数

浮长线
floats
TS101.97
　S 织物疵点
　Z 纺织品缺陷

浮雕织物
　Y 织物

浮动盘管半即热式水加热器
　Y 热水器

浮动盘管型半容积式水加热器
　Y 热水器

浮色
loose colour
TS101.97
　S 色疵
　Z 纺织品缺陷

浮纹织物
　Y 纹织物

浮线
　Y 线迹过松

浮线添纱织物
　Y 纬编织物

浮线添纱组织
　Y 添纱组织

浮线组织
　Y 织物组织

浮选法脱墨
　　Y 浮选脱墨

浮选脱墨
flotation deinking
TS74
　　D 浮选法脱墨
　　S 脱墨*
　　C 残余油墨浓度
　　　泡沫性能 →(9)

浮选脱墨槽
flotation deinking slots
TS732
　　S 脱墨设备
　　Z 造纸机械

浮压
floating pressures
TS65
　　S 压力*

符楦
　　Y 鞋楦

幅宽
　　Y 织物幅宽

幅宽指示器
　　Y 染整机械机构

幅面印刷
　　Y 大幅面印刷

辐射保鲜
　　Y 辐照保鲜

辐射变性
radiation denaturalizing
TS23
　　S 变性*
　　　物理性能*

辐射定形
　　Y 定形整理

辐射防护剂
radioprotectorant
TL7；TS195
　　D 抗辐射剂
　　S 防护剂*

辐射固化油墨
　　Y 固化油墨

辐射加工
radiation processing
TL99；TS205
　　D 辐照工艺
　　S 加工*
　　C 辐射贮藏 →(6)
　　　辐照装置 →(6)
　　　外辐照 →(6)

辐射食品
irradiated foods
TS219
　　D 辐照食品
　　S 食品*

辐射式烘燥

辐射式热定形机
　　Y 烘干

辐射整理
　　Y 热定型机

辐照*
irradiation
TL7
　　D 辐照法
　　　辐照技术
　　F 食品辐照
　　C 辐射 →(1)(4)(5)(6)(7)(9)(11)(13)
　　　辐射改性 →(6)(9)
　　　辐射剂量分布 →(6)
　　　辐射源 →(1)(4)(6)(7)
　　　辐照装置 →(6)

辐照保鲜
irradiation preservation
TS205
　　D 辐射保鲜
　　S 保鲜*

辐照处理
radiation treatment
TS934
　　S 处理*
　　C 辐照改色

辐照法
　　Y 辐照

辐照改色
irradiation color alteration
TS93
　　S 改色
　　C 辐照处理
　　Z 加工

辐照工艺
　　Y 辐射加工

辐照技术
　　Y 辐照

辐照食品
　　Y 辐射食品

福蒂森
　　Y 醋酸纤维

福建菜系
　　Y 闽菜

福建黄酒
fujian rice wine
TS262.4
　　S 黄酒
　　Z 酒

福建茉莉花茶
　　Y 茉莉花茶

福建乌龙茶
　　Y 乌龙茶

福曲
　　Y 红曲

福州双加饭酒
　　Y 加饭酒

福字履
　　Y 鞋

黻冕
　　Y 祭服

府绸
poplin
TS106.8
　　S 平纹织物
　　Z 机织物

府绸织物
yarn dyed poplin
TS106.8
　　D 高支高密府绸
　　　色织府绸
　　S 轻薄织物
　　F 交织府绸
　　Z 织物

辅机*
auxiliary
TM6
　　D 辅机具
　　　辅助机械
　　　副机
　　　配机
　　　配套辅机
　　F 纺织辅机

辅机具
　　Y 辅机

辅具
auxiliary tool
TG7；TS914.5
　　S 工具*
　　C 设备

辅助测量仪器
　　Y 测量仪器

辅助分散剂
　　Y 分散剂

辅助机械
　　Y 辅机

辅助食品
complementary food
TS219
　　S 食品*

辅助小带锯
　　Y 细木工带锯机

腐败
　　Y 腐败变质

腐败变质
putrefaction
Q93；TS201.3；TS254
　　D 腐败
　　S 变质*
　　F 霉变
　　　食物变质
　　C 防腐剂

腐浆
slime pulp
TS749.7
S 废纸浆
Z 浆液

腐浆控制
slime pulp control
TS74
S 造纸控制
Z 工业控制

腐乳
fermented bean curd
TS214
D 菜包方
菜包腐乳
豆腐乳
红方
红腐乳
糟方腐乳
醉方腐乳
S 豆腐制品
F 白腐乳
青腐乳
细菌型腐乳
Z 豆制品

腐乳质量
sufu quality
TS207.7
S 食品质量*

腐蚀*
corrosion
TB3；TE9；TG1；TQ0
D 腐蚀方式
腐蚀过程
腐蚀类型
腐蚀行为
F 预腐蚀
C 电蚀加工 →(3)
防腐
腐蚀性能 →(3)
缓蚀剂 →(2)(3)(5)(9)(13)
刻蚀 →(3)(7)
耐蚀性 →(3)
侵蚀 →(2)(3)(11)

腐蚀保护
Y 防腐

腐蚀抵抗力
Y 防腐

腐蚀方式
Y 腐蚀

腐蚀防护
Y 防腐

腐蚀防护工程
Y 防腐

腐蚀防护技术
Y 防腐

腐蚀过程
Y 腐蚀

腐蚀抗力
Y 防腐

腐蚀控制技术
Y 防腐

腐蚀类型
Y 腐蚀

腐蚀行为
Y 腐蚀

腐蚀抑制
Y 防腐

腐蚀预防
Y 防腐

腐蚀治理
Y 防腐

腐竹
bean curd sticks
TS214
D 豆腐筋
豆腐皮
豆腐衣
S 豆腐制品
Z 豆制品

腐竹废水
bean curd stick wastewater
TS214.2；X7
S 豆制品废水
Z 废水

腐竹自动成形机
automatic yuba maker
TS203
S 豆制品机械
Z 食品加工机械

黼黻
Y 刺绣

付产品
Y 副产品

负荷
Y 载荷

负荷方式
Y 载荷

负荷分类
Y 载荷

负荷类型
Y 载荷

负荷模式
Y 载荷

负荷直径
Y 直径

负离子丙纶纤维
negative ion polypropylene fiber
TS102.526
S 负离子纤维
改性聚丙烯纤维
Z 纤维

负离子纺织品
Y 负离子织物

负离子功能织物
Y 负离子织物

负离子纤维
negative ion fiber
TQ34；TS102.6
S 差别化纤维
F 负离子丙纶纤维
C 抗菌纤维
Z 纤维

负离子织物
anion textiles
TS106.8
D 负离子纺织品
负离子功能织物
S 功能纺织品*

负离子直发
Y 烫发

负温差试验
Y 热工试验

负载
Y 载荷

妇女头饰
women headwear
TS941.722
S 女性服饰
Z 服饰

妇女卫生巾
Y 卫生巾

妇女卫生用品
women sanitary articles
TS76
S 卫生用品
F 卫生巾
Z 个人护理品

妇女卫生纸
Y 卫生纸

附加分梳件
additional combing element
TS103.82
D 附加分梳元件
S 分梳元件
Z 纺纱器材

附加分梳元件
Y 附加分梳件

附加捻度
additional twist
TS101
S 纱线捻度
Z 指标

附件*
accessory
TH13
D 附件产品
F 灯箱
灯罩

C 电气部件 →(4)
　　汽车零部件 →(12)
　　推进剂加注 →(6)

附件产品
　Y 附件

附属发酵剂
affiliated starter culture
TS209
　S 发酵剂*

附着牢度
adhesion fastness
TS85
　S 牢度*
　　物理性能*

附着力
adhesive force
TQ63；TS190.1
　D 附着强度
　　高附着力
　　胶着力
　　结合力
　　握裹力
　　粘附力
　　粘合力
　　粘结力
　　粘聚力
　　粘着力
　S 力*
　C 表面性质
　　胶凝材料 →(2)(9)(11)
　　屏蔽性 →(7)

附着强度
　Y 附着力

复并
　Y 并条

复层状盐矿
　Y 盐矿

复二重式轧机
　Y 轧机

复二座式轧机
　Y 轧机

复盖密度
　Y 织物密度

复合
　Y 复合技术

复合保健茶
　Y 保健茶

复合保健饮料
compound healthy beverage
TS218；TS275.4
　S 保健饮料
　　复合饮料
　Z 保健品
　　饮料

复合保鲜
compound preservation
TS205

　S 保鲜*

复合保鲜剂
complex preservative
TS202.3
　S 保鲜剂
　Z 防护剂

复合背板
composite lagging board
TS653.3
　S 背板
　F 铁背板
　Z 板

复合变形丝
　Y 变形纱

复合变性
composite modification
TS234
　S 变性*
　　综合性能*

复合变性淀粉
composite modified starch
TS235
　D 复合淀粉
　S 变性淀粉
　C 复合胶凝材料 →(9)
　Z 淀粉

复合玻纤板
composite glassfibre plate
TS653.6
　S 板件*

复合材
　Y 复合材料

复合材料*
composites
TB3
　D 层压材料
　　复合材
　　复合结构材料
　F 木材金属复合材料
　　木质复合材料
　　热塑复合材料
　　三维机织热塑复合材料
　　生物质纤维基复合材料
　　纸基材料
　C 材料
　　短纤维
　　复合材料制品 →(1)
　　复合钢板 →(3)
　　复合管 →(1)(2)(3)(7)(9)(11)(12)
　　复合效应 →(1)
　　高强玻璃纤维
　　基体树脂 →(9)
　　夹层结构 →(4)(6)
　　自由边效应 →(1)

复合茶
　Y 茶

复合茶饮料
compound tea beverage
TS275.2
　S 茶饮料

　　复合饮料
　Z 饮料

复合抄片
　Y 抄片

复合超细纤维
composite microfiber
TQ34；TS102.64
　S 超细纤维
　　复合纤维
　F 涤锦复合超细纤维
　　海岛超细纤维
　C 复合反应器 →(9)
　　复合增强 →(1)
　Z 纤维

复合澄清剂
composite defecates
TS202.3
　S 澄清剂
　Z 制剂

复合处理技术
　Y 复合技术

复合袋泡茶
　Y 袋泡茶

复合蛋白酸奶
　Y 酸奶

复合蛋白饮料
compound protein beverage
TS27
　S 蛋白饮料
　　复合饮料
　Z 饮料

复合刀具
combination cutting tool
TG7；TS914
　S 刀具*

复合刀片
　Y 刀片

复合淀粉
　Y 复合变性淀粉

复合调味粉
　Y 复合调味品

复合调味酱
compound flavoring paste
TS264
　S 复合酱
　Z 酱

复合调味料
　Y 复合调味品

复合调味品
compound seasoning
TS202；TS264
　D 复合调味粉
　　复合调味料
　　复合型调味品
　S 调味品*
　F 风味调味料

复合短纤维
composite staple fiber
TQ34；TS102.65
  S 短纤维
    复合纤维
  C 复合反应器 →(9)
    化学复合镀 →(3)
  Z 纤维

复合多糖稳定剂
  Y 复合稳定剂

复合发酵
mixed fermentation
Q93；TS261
  S 发酵*

复合发酵剂
composite starter culture
TS202
  S 发酵剂*

复合发酵饮料
  Y 发酵饮料

复合法
  Y 复合技术

复合方法
  Y 复合技术

复合方式
  Y 复合技术

复合防腐保鲜剂
  Y 防腐保鲜剂

复合防腐剂
compound preservatives
TS202
  D 复合型防腐剂
  S 防腐剂
  F 复合天然防腐剂
  Z 防护剂

复合防水剂
  Y 防水剂

复合纺纱
  Y 纺纱工艺

复合纺丝机
  Y 纺丝设备

复合非织造布
  Y 非织造布

复合风味
compound flavor
TS971.1
  S 风味*

复合高分子絮凝剂
composite macromolecular flocculant
TS202
  S 沉淀剂*

复合灌肠
compound enema
TS251.59
  S 香肠
  Z 肉制品

复合光整加工
  Y 精加工

复合果菜汁
  Y 复合果蔬汁

复合果茶
  Y 果茶

复合果醋
  Y 果醋

复合果酱
compound jam
TS255.43；TS264
  S 复合酱
    果酱
  Z 酱

复合果酒
mixed fruit wine
TS262.7
  S 果酒
  Z 酒

复合果蔬汁
compound fruit and vegetable juice
TS255
  D 复合果菜汁
    复合果蔬汁饮料
    复合蔬菜汁饮料
    果蔬复合汁
    果蔬复合汁饮料
    果蔬混合汁
  S 复合饮料
    果蔬汁
  Z 果蔬制品
    饮料
    汁液

复合果蔬汁饮料
  Y 复合果蔬汁

复合果汁
mixed fruit juice
TS255
  D 混合果汁
  S 复合汁
    果汁
  Z 果蔬制品
    汁液

复合果汁饮料
  Y 混合果汁饮料

复合护色剂
mixed colour fixative
TS202
  S 护色剂
  Z 保护剂
    色剂

复合技术*
recombination
TB4
  D 复合
    复合处理技术
    复合法
    复合方法
    复合方式

    复合加工
    复合加工技术
    搅熔复合
    模拟复合
    内生复合
    强化复合
    填充复合
    涂布复合
    镶嵌复合
  F 无溶剂复合
  C 复合成形 →(1)(3)(4)
    复合处理 →(3)
    复合电路 →(7)

复合加工
  Y 复合技术

复合加工机
  Y 金属加工设备

复合加工技术
  Y 复合技术

复合加脂剂
complex fat liquoring agent
TS52
  D 结合型加脂剂
  S 加脂剂*

复合假捻
  Y 假捻

复合酱
compound sauce
TS264
  S 酱*
  F 复合调味酱
    复合果酱
    花色酱

复合酱油
multi-soy sauce
TS264.21
  S 酱油*

复合结构材料
  Y 复合材料

复合精练剂
composite scouring agents
TS192
  S 精练剂
  Z 助剂

复合抗菌剂
composite antibacterial agent
S；TQ63；TS195.58
  D 复合杀菌剂
  S 杀生剂*

复合抗氧化剂
composite antioxidants
TQ31；TS202
  D 复合抗氧剂
  S 防护剂*

复合抗氧剂
  Y 复合抗氧化剂

复合空心板
composite hollow slabs

TS62
  S 复合人造板
  F 竹木复合空心板
  Z 木材

复合滤棒
  Y 滤棒

复合滤棒成型机
  Y KDF2 滤棒成型机

复合滤嘴
composite filter tip
TS42
  S 滤嘴
  Z 卷烟材料

复合滤嘴棒
  Y 滤棒

复合毛皮
compound fur
S：TS564
  S 毛皮
  Z 动物皮毛

复合面料
composite plus material
TS941.41
  S 面料*

复合膨松剂
mixed leavening agents
TS202.3
  D 复合疏松剂
  S 膨松剂*

复合器
  Y 合成器

复合亲水胶体
composite hydrophilic colloid
TS202.3
  S 胶体*

复合人造板
composite artificial boards
TS62
  D 建筑复合板
    径向竹帘复合板
  S 人造板
  F 复合空心板
    竹木复合板
  Z 木材

复合鞣剂
  Y 复鞣剂

复合乳
compound milk
TS252.59
  S 乳制品*
  F 复合型酸奶
  C 发芽大豆

复合乳化稳定剂
complex emulsifying stabilizers
TS202.39
  S 复合稳定剂
    乳化稳定剂
  Z 稳定剂

复合乳饮料
compound milk beverage
TS275.6
  S 乳饮料
  Z 饮料

复合杀菌剂
  Y 复合抗菌剂

复合纱
composite yarn
TS106.4
  D 复合纱线
  S 纱线*
  F 长丝短纤复合纱
    棉氨复合纱
    网络复合纱

复合纱线
  Y 复合纱

复合生物保鲜剂
composite biological preservatives
TS202
  S 生物保鲜剂
  Z 防护剂

复合食品
compound food
TS219
  S 食品*

复合食品添加剂
composite food additives
TS202
  S 食品添加剂
  Z 添加剂

复合疏松剂
  Y 复合膨松剂

复合蔬菜汁
compound vegetable juice
TS255
  S 复合汁
    蔬菜汁
  Z 果蔬制品
    汁液

复合蔬菜汁饮料
  Y 复合果蔬汁

复合蔬果茶
compound fruit tea
TS27
  S 果茶
  Z 茶

复合薯片
composite potato chips
TS215
  S 薯片
  Z 果蔬制品

复合双罗纹针织物
  Y 纬编织物

复合丝
  Y 复合纤维

复合丝织物

复合糖化剂
  Y 丝混纺织物

复合糖化剂
composite saccharifying agent
TS24
  S 糖化剂
  C 清酒
  Z 化学剂

复合陶瓷刀具
composite ceramic cutting tool
TG7；TS914
  S 陶瓷刀具
  Z 刀具

复合天然防腐剂
compound natural preservative
TS209
  S 复合防腐剂
  Z 防护剂

复合甜味剂
compound sweeteners
TS202；TS245
  D 复配甜味剂
  S 甜味剂
  Z 增效剂

复合涂饰剂
composite coating agents
TS529.1
  S 涂饰剂
  Z 表面处理剂

复合土工布
  Y 复合土工织物

复合土工织物
composite geotechnical fabric
TS106.6
  D 复合土工布
  S 复合织物
    土工织物
  Z 纺织品
    织物

复合网络丝
composite interlaced yarns
TS106.4
  S 网络丝
  C 互穿网络水凝胶 →(9)
  Z 纱线

复合稳定剂
compound stabilizer
TQ0；TS202
  D 复合多糖稳定剂
    复合稳定荆
    复配稳定剂
  S 稳定剂*
  F 复合乳化稳定剂

复合稳定荆
  Y 复合稳定剂

复合硒盐
  Y 硒盐

复合纤维
composite fibers

TQ34；TS102.65
    D PE/PP 复合纤维
      复合丝
    S 多组分纤维
    F ES 纤维
      PBT/PET 复合纤维
      PET/PTT 复合纤维
      T400
      涤锦复合纤维
      多层复合纤维
      复合超细纤维
      复合短纤维
      纳米复合纤维
      皮芯复合纤维
    C 复合纺丝 →(9)
    Z 纤维

复合纤维布
compound fibre cloth
TS106.8
    S 织物*

复合香辛料
    Y 香辛料

复合型调味品
    Y 复合调味品

复合型防腐剂
    Y 复合防腐剂

复合型酸奶
compound yogurt
TS252.59
    S 复合乳
      酸奶
    Z 发酵产品
      乳制品

复合型饮料
    Y 复合饮料

复合压榨
compound press
TS75
    S 压榨*

复合盐
compound salt
TS36
    S 盐*
    F 赖氨酸复合盐

复合饮料
compound beverage
TS27
    D 复合型饮料
      复合汁饮料
    S 饮料*
    F 复合保健饮料
      复合茶饮料
      复合蛋白饮料
      复合果蔬汁

复合营养
composite nutrition
R；TS201
    S 营养*

复合营养粉

compound nutritive powder
TS218
    S 营养粉
    Z 保健品

复合油墨
composite inks
TQ63；TS802.3
    S 油墨*

复合毡
combination mat
TS106.8
    S 毡*
    F 复合针刺毡

复合针刺毡
compound stitch felt
TS106.8
    S 复合毡
      针刺毡
    Z 毡

复合针织物
composite knitted fabric
TS186
    S 针织物*

复合整理
compound finishing
TS195
    S 纺织品整理
    Z 整理

复合汁
mixed juice
TS255
    S 汁液*
    F 复合果汁
      复合蔬菜汁

复合汁饮料
    Y 复合饮料

复合织物
composite fabric
TS106.8
    S 织物*
    F 复合土工织物
    C 多层织物

复合纸板
composite paperboard
TS767
    S 纸板
    Z 纸制品

复合制曲
composite starter-making
TS26
    S 制曲*

复合中密度纤维板
composite medium density fibreboards
TS62
    S 中密度纤维板
    Z 木材

复合组织蛋白
composite textured proteins

Q5；TQ46；TS201.21
    S 组织蛋白
    Z 蛋白质

复火
repeated fire
TS272.4
    S 茶叶加工*

复精梳
double combing
TS104.2
    D 复精梳工艺
    S 精梳准备工艺
    Z 纺纱工艺

复精梳工艺
    Y 复精梳

复卷
rewind
TS802
    S 生产工艺*
    F 自动复卷

复卷分切设备
rewinding and slitting equipments
TS734.7
    S 复卷机
    Z 造纸机械

复卷机
rewinding machine
TS734.7
    S 整饰机
    F 复卷分切设备
      高速复卷机
    Z 造纸机械

复烤
    Y 烟叶烘烤

复烤机
    Y 烘烤机

复烤片烟
    Y 烟叶烘烤

复烤烟叶
redried tobacco leaves
TS42
    D 复烤叶片
    S 烟叶
    Z 卷烟材料

复烤叶片
    Y 复烤烟叶

复面
    Y 贴面工艺

复拈机
    Y 捻线机

复捻机
    Y 捻线机

复配保鲜剂
    Y 食品保鲜剂

复配甜味剂
    Y 复合甜味剂

复配稳定剂
　　Y 复合稳定剂

复配型保鲜剂
　　Y 食品保鲜剂

复配植酸保鲜剂
mixed phytic acid fresh-keeping agent
TS202
　　S 植酸保鲜剂
　　Z 防护剂

复染
redye
TS190；TS193
　　S 染色工艺*

复鞣
retanning
TS543
　　S 鞣制
　　F 铬复鞣
　　　醛复鞣
　　C 复鞣填充
　　Z 制革工艺

复鞣剂
retanning agent
TS529.2
　　D 复合鞣剂
　　　助染复鞣剂
　　S 鞣剂*
　　F 芳香类复鞣剂
　　　加脂复鞣剂
　　　两性复鞣剂
　　　皮革复鞣剂
　　　树脂复鞣剂
　　　中和复鞣剂
　　C 氨基树脂 →(9)
　　　复鞣填充剂
　　　预鞣剂

复鞣加脂
retanning fatliquoring
TS544
　　S 加脂
　　Z 制革工艺

复鞣加脂剂
retanning fatliquoring agents
TS529.1
　　S 加脂剂*

复鞣填充
retanning filling
TS54
　　S 充填*
　　C 复鞣
　　　改性蛋白鞣剂

复鞣填充剂
retanning filling agent
TS529.1
　　S 填充剂
　　C 复鞣剂
　　Z 填料

复缫丝
chambon
TS14

　　S 缫丝工艺
　　Z 纺织工艺

复晒
reconcentrating by solar evaporation
TS36
　　S 滩晒
　　Z 制盐

复式泵
　　Y 泵

复式发酵
compound fermentation
Q93；TS261
　　S 发酵*

复水
rehydration
TS205
　　S 生产工艺*

复水时间
rehydration time
TS205
　　S 时间*

复水特性
　　Y 复水性

复水性
rehydration characteristics
TS205
　　D 复水特性
　　　复水性能
　　S 性能*
　　C 挤压 →(3)(9)

复水性能
　　Y 复水性

复丝
multifilament
TQ34；TS102
　　D POY 丝
　　　POY 纤维
　　　低取向丝
　　　复丝纱
　　　高取向丝
　　　化纤复丝
　　　全拉伸丝
　　　全取向丝
　　　未拉伸丝
　　　预牵伸丝
　　　预取向丝
　　　中取向丝
　　S 工业丝
　　C 变形机
　　　单丝
　　　低弹丝 →(9)
　　　结构导向剂 →(9)
　　　拉伸
　　　拉伸变形 →(1)(9)
　　　拉伸薄膜 →(9)
　　　拉伸吹塑 →(9)
　　　拉伸弹性模量 →(1)
　　　拉伸机 →(3)
　　　拉伸黏度 →(9)
　　　拉伸温度 →(3)

　　　取向度 →(3)
　　　纤维取向 →(9)
　　　预精馏塔 →(9)
　　　原丝 →(9)
　　Z 纤维制品

复丝纱
　　Y 复丝

复洗烘干联合机
　　Y 毛纺机械

复洗机
　　Y 毛纺机械

复舄
　　Y 鞋

复写纸
carbon tissue
TS761.1
　　S 文化用纸
　　F 无碳复写纸
　　Z 办公用品
　　　纸张

复盐
double salt
TS36
　　D 重盐
　　S 盐*
　　F 菲汀
　　　聚硅酸复盐
　　　明矾

复盐共沉淀
　　Y 沉淀

复摇
rereeling
TS104.2
　　S 络纱
　　Z 纺纱工艺

复印*
copy
TS859
　　F 彩色复印
　　　阶调复制
　　　静电复印
　　C 复制 →(1)(7)(8)
　　　墨滴控制 →(8)
　　　墨量控制 →(8)
　　　轻印刷

复印机
duplicator
TS951.47
　　D 彩色复印机
　　　复印机械
　　　静电复印机
　　　模拟复印机
　　　涂布烘烤
　　　阅读复印机
　　　智能复印机
　　　重氮复印机
　　S 印刷机
　　F 数码复印机
　　Z 印刷机械

复印机械
  Y 复印机

复印纸
copying paper
TS761.1
  D 复印纸张
    静电复印纸
  S 文化用纸
  Z 办公用品
    纸张

复印纸张
  Y 复印纸

复原乳
reconstituted milk
TS252.59
  D 还原奶
    还原乳
  S 乳制品*

复原性
recoverability
TS254
  S 性能*
  C 食品保鲜

复杂接头
  Y 接头

复杂矿床
  Y 矿床

复杂形状刀具
complex shaped cutters
TG7；TS914
  S 刀具*

复杂织物
  Y 技术织物

复杂装备
  Y 设备

复杂组织
  Y 织物变化组织

复制系统
dubbing system
TS803
  S 出版系统*

副产
  Y 副产品

副产品*
by-product
F
  D 付产品
    副产
    副产物
  F 茶叶副产品
    工业副产品
    粮食副产品
    酿酒副产品
    肉类副产品
  C 产品

副产物
  Y 副产品

副机
  Y 辅机

副切削刃
  Y 切削刃

副食
  Y 副食品

副食品
subsidiary food
TS219
  D 副食
  S 食品*

副组分
  Y 成分

赋色
  Y 着色

赋香剂
  Y 香精香料

富果糖浆
  Y 高果糖浆

富马酸单甲酯
monomethyl fumarate
TS201.2
  S 有机化合物*
  C 防腐剂
    抑菌活性

富强米
  Y 富硒米

富强纤维
  Y 波里诺西克纤维

富铁面粉
  Y 铁强化面粉

富硒菜籽蛋白肽
selenium-enriched rapeseed protein peptides
TQ93；TS201.2
  S 蛋白肽
  Z 肽

富硒菜籽分离蛋白
selenium-enriched rapeseed protein isolate
Q5；TS201.21
  S 菜籽分离蛋白
  Z 蛋白质

富硒茶
Se-enriched tea
TS272.55
  D 富硒茶叶
  S 特种茶
  F 紫阳富硒茶
  Z 茶

富硒茶叶
  Y 富硒茶

富硒发酵豆奶
  Y 发酵豆奶

富硒米
Se-enriched rice
TS210.2

  D 富强米
  S 功能稻米
  Z 粮食

富硒牛奶
selenium-enriched milk
TS252.59
  S 功能性乳制品
    牛奶
  Z 乳制品

富硒皮蛋
  Y 皮蛋

富硒啤酒
selenium-enriched brewer
TS262.59
  S 保健啤酒
  Z 酒

富硒食品
selenium enriched food
TS218
  S 强化食品
  Z 保健品
    食品

富硒油菜籽
selenium-enriched rapeseed
TS202.1
  S 油菜籽
  Z 植物菜籽

富纤
  Y 波里诺西克纤维

富锌茶
  Y 特种茶

富锌蛋
zinc enriched egg
TS253.2
  D 富锌鸡蛋
  S 鸡蛋
  Z 蛋

富锌鸡蛋
  Y 富锌蛋

富锗豆芽粉
germanium-riched bean powder
TS214
  S 豆粉
  Z 豆制品

腹开
  Y 水产品加工

缚酸剂
acid-binding agent
TQ2；TS190.2
  S 化学剂*

覆板
doubling plate
TS66
  S 型材*

覆面毡
  Y 毡

覆膜机
laminating machine
TS04
　　S 轻工机械*

覆膜胶
laminated adhesive
TS802
　　S 粘接材料*

覆膜竹材人造板
　　Y 竹材人造板

覆砂造型
　　Y 造型

覆塑竹材人造板
　　Y 竹材人造板

馥郁香型
　　Y 馥郁香型白酒

馥郁香型白酒
fragrance flavor liquor
TS262.31
　　D 馥郁香型
　　S 浓香型白酒
　　Z 白酒

咖喱粉
curry
TS255.5；TS264.3
　　S 香辛料
　　Z 调味品

咖喱酱
curry paste
TS264
　　S 风味酱
　　Z 酱

改进剂
　　Y 改良剂

改良剂*
amendment
TQ0
　　D 改进剂
　　F 品质改良剂
　　　食品改良剂
　　C 促进剂

改良硫酸盐法蒸煮
　　Y EMCC 制浆

改良绵羊皮
modified sheepskin
S；TS564
　　S 绵羊皮
　　Z 动物皮毛

改良木
　　Y 原木

改染
　　Y 染色工艺

改色
colour alteration
TS93
　　S 首饰加工

　　F 辐照改色
　　Z 加工

改性*
modification
TQ31
　　D 改性处理
　　　改性法
　　　改性方法
　　　改性工艺
　　　改性过程
　　　改性技术
　　　化学改性法
　　　化学改性技术
　　　加工改性
　　F 淀粉改性
　　　干法改性
　　　挤压改性
　　　酶法改性
　　　生物改性
　　　涂层改性
　　　微波改性
　　　纤维改性
　　　酰化改性
　　　油脂改性
　　　中性改性
　　C 变性
　　　变性淀粉
　　　改性剂
　　　改性胶粉 →(9)
　　　功能特性 →(1)
　　　灌封材料 →(1)
　　　加工稳定剂 →(9)
　　　理化性质
　　　性能

改性菜子油
　　Y 菜籽油

改性处理
　　Y 改性

改性大豆蛋白
modified soybean protein
Q5；TQ46；TS201.21
　　S 大豆蛋白
　　　蛋白质*

改性大豆低聚糖
　　Y 大豆低聚糖

改性大豆油
modified soybean oil
TS22
　　S 油脂*
　　F 大豆酸化油
　　　氢化大豆油

改性蛋白鞣剂
modified protein tanning agent
TS529.2
　　S 鞣剂*
　　C 复鞣填充
　　　胶原蛋白
　　　胶原纤维

改性涤纶
　　Y 改性聚酯纤维

改性涤纶纤维
　　Y 改性聚酯纤维

改性淀粉
　　Y 变性淀粉

改性淀粉废水
　　Y 变性淀粉废水

改性法
　　Y 改性

改性方法
　　Y 改性

改性高黏度淀粉
modified high viscosity starch
TS235
　　S 变性淀粉
　　Z 淀粉

改性工艺
　　Y 改性

改性过程
　　Y 改性

改性技术
　　Y 改性

改性剂*
modifying agent
TQ0；TQ32
　　D 变性剂
　　　加工改性剂
　　F 淀粉改性剂
　　C 改性

改性碱木质素
modified alkali lignin
O6；TS74
　　S 改性木质素
　　C 三次采油 →(2)
　　Z 木质素

改性浆料
modified size
TS103；TS105
　　D CP 浆料
　　　接枝组合浆料
　　S 化学浆料
　　F 接枝淀粉浆料
　　C 淀粉浆料
　　Z 浆料

改性胶原
modified collagen
Q5；TS201.21
　　S 胶原蛋白
　　Z 蛋白质

改性锦纶 66 帘布
modified nylon 66 cords
TS106.6
　　S 锦纶 66 帘布
　　Z 纺织品

改性锦纶 66 帘线
modified nylon 66 cord
TS106.4
　　S 锦纶帘线

Z 股线

改性聚丙烯纤维
modified polypropylene fibre
TS102.526
S 差别化纤维
聚丙烯纤维
F 负离子丙纶纤维
Z 纤维

改性聚葡萄糖
modified polydextrose
TS213
S 碳水化合物*

改性聚酯纤维
modified polyester fiber
TQ34；TS102.522
D 改性涤纶
改性涤纶纤维
酸改性涤纶
S 差别化纤维
聚酯纤维
F 聚酯超细纤维
可染聚酯纤维
阳离子改性涤纶
异形涤纶丝
异形聚酯纤维
竹炭改性涤纶纤维
C 道面合成纤维混凝土 →⑪
Z 纤维

改性棉织物
modification cotton fabric
TS116
D 棉织物改性
S 棉织物
Z 织物

改性木
Y 原木

改性木材
Y 原木

改性木素
Y 改性木质素

改性木屑
modified sawdust
TS69
S 木屑
C 含铬废水处理 →⑬
Z 废屑
副产品

改性木质素
modified lignin
O6；TS74
D 改性木素
S 木质素*
F 改性碱木质素
C 施胶剂
树脂控制剂

改性水解明胶
modified hydrolysis gelatin
TS214
S 胶*

改性纤维
Y 差别化纤维

改性纤维球
modified fiber ball
TS102
S 纤维球
C 污水过滤 →⑬
Z 纤维制品

改性羊毛
modified wool
TS102.31
D 变性羊毛
改性羊毛纤维
S 羊毛
Z 天然纤维

改性羊毛纤维
Y 改性羊毛

改性羽毛
modified feather
S；TS102.31
S 羽毛
Z 动物皮毛

改性玉米淀粉
Y 玉米变性淀粉

改性玉米芯
Y 玉米芯

改正性维护
Y 修复

改正液
Y 涂改液

改质剂
Y 品质改良剂

钙奶
calcium milk
TS252.59
D AD 钙奶
S 功能性乳制品
F 高钙奶
Z 乳制品

钙强化剂
calcium fortifier
TS202.36
D 钙营养强化剂
钙营养添加剂
食品钙强化剂
S 食品强化剂
C 柠檬酸钙
Z 增效剂

钙强化食品
calcium-fortified foods
TS218
S 补钙食品
强化食品
Z 保健品
食品

钙溶解性
solubility of calcium
TS252.4

S 理化性质*

钙吸收促进剂
calcium absorption enhancers
TS202
S 促进剂*

钙盐
calcium salts
TS36
S 固体盐
Z 盐

钙营养强化剂
Y 钙强化剂

钙营养添加剂
Y 钙强化剂

钙皂
calcium soaps
TS72
S 肥皂*

钙质饼干
Y 饼干

盖板
cover plate
TS103.81
S 分梳元件
F 固定齿条盖板
活动盖板
踵趾
C 盖板花
Z 纺纱器材

盖板隔距
cover plate separation
TS104.2
S 隔距*
F 后固定盖板隔距

盖板花
flat strips
TS102.21
D 斩刀棉
S 再用棉
C 盖板
落棉
梳棉工艺
Z 天然纤维

盖板梳理机
Y 梳理机

盖板梳棉机
Y 梳棉机

盖板针布
flat clothing
TS103.82
D JPT 型
JPT 型盖板针布
PT52 型
PT52 型盖板针布
固定盖板针布
S 针布
F 弹性盖板针布
Z 纺纱器材

盖革弥勒计数器
　　Y 计数器

盖格计数器
　　Y 计数器

盖染性
　　Y 染色性能

盖氏计数器
　　Y 计数器

概率纸
　　Y 坐标纸

干白酒
dry white wine
TS262
　　S 干酒
　　Z 酒

干白苹果酒
　　Y 苹果酒

干白葡萄酒
dry grape wine
TS262.61
　　D 北京干白葡萄酒
　　　长城干白葡萄酒
　　　丰收牌干白葡萄酒
　　　风船牌干白葡萄酒
　　S 白葡萄酒
　　Z 葡萄酒

干贝
scallop
TS254.5
　　S 海鲜食品
　　Z 水产品

干冰膨胀烟丝
dry ice expanded tobacco
TS42
　　S 烟丝
　　Z 卷烟材料

干冰清洗
dry ice cleaning
TG1；TS973
　　S 清洗*
　　C 轮胎模具 →(3)(9)

干菜
　　Y 腌制蔬菜

干茶
　　Y 茶

干茶色泽
dry tea colour
TS270.7
　　S 茶叶色泽
　　C 茶
　　Z 色泽

干炒
　　Y 炒制

干除蛹机
　　Y 蚕茧初加工机械

干袋模压制

　　Y 压制

干袋压制
　　Y 压制

干豆腐
　　Y 豆腐干

干发酵香肠
　　Y 发酵香肠

干法备料
dry raw material preparation
TS74
　　S 干湿法备料
　　Z 物料操作

干法变性
　　Y 干热变性

干法成网
dry-laid process
TS174
　　S 成网工艺
　　F 气流成网
　　　梳理成网
　　C 纤维网
　　Z 非织造工艺

干法成网非织造布
　　Y 非织造布

干法成网机
dry-laid machine
TS173
　　D 机械成网机
　　S 非织造布机械*
　　F 气流成网机

干法成网无纺织物
　　Y 非织造布

干法纺丝机
　　Y 纺丝设备

干法改性
dry modification
TS234
　　S 改性*

干法黄化
dry xanthation
TQ34；TS3
　　S 化工工艺*
　　C 湿法改性 →(9)

干法腈纶
dry spinning acrylic fiber
TQ34；TS102.523
　　D 干法腈纶长丝
　　　干法腈纶纤维
　　　干纺腈纶
　　S 腈纶
　　C 丙烯腈废气 →(13)
　　　干法纺丝 →(9)
　　Z 纤维

干法腈纶长丝
　　Y 干法腈纶

干法腈纶纤维

　　Y 干法腈纶

干法清理
dry cleaning
TS21
　　S 清理*

干法清洗
　　Y 干洗

干法热转移印花
　　Y 转移印花

干法贴面
　　Y 贴面工艺

干法涂层
dry coating
TG1；TS19
　　S 涂层*

干法网
　　Y 纤维网

干法纤网
　　Y 纤维网

干法纤维板
dry-process fiberboard
TS62
　　S 纤维板
　　Z 木材

干法消化
dry digestion
TS207
　　S 消化*

干法鱼粉加工
　　Y 鱼品加工

干法造纸
dry method of paper-making
TH16；TS75
　　D 干法造纸技术
　　S 造纸
　　Z 生产

干法造纸技术
　　Y 干法造纸

干法贮存
dry storage
TL94；TS205
　　D 干燥贮存
　　S 存储*

干纺腈纶
　　Y 干法腈纶

干红
　　Y 干红酒

干红果酒
　　Y 果酒

干红酒
red dry wine
TS262
　　D 半干红葡萄酒
　　　半干葡萄酒
　　　凤鸟牌半干红葡萄酒

干红
S 红酒
F 刺梨干红
干红枣酒
Z 酒

干红葡萄酒
dry red wine
TS262.61
S 红葡萄酒
F 赤霞珠干红葡萄酒
干红山葡萄酒
新鲜干红葡萄酒
Z 葡萄酒

干红沙棘果酒
Y 果酒

干红山葡萄酒
dry amur grape wine
TS262.61
S 干红葡萄酒
Z 葡萄酒

干红枣酒
dried red date wine
TS262
S 干红酒
Z 酒

干煎
Y 煎制

干酒
dry wine
TS262
S 酒*
F 干白酒
干啤酒
干邑酒

干酪
cheese
[TS252.52]
S 奶酪
F Mozzarella 干酪
半硬质干酪
豆奶干酪
干酪粉
酶改性干酪
模拟干酪
农家干酪
软质干酪
天然干酪
新鲜干酪
羊奶干酪
硬质干酪
原料干酪
再制干酪
Z 乳制品

干酪成熟
cheese ripening
TS21
S 成熟*

干酪粉
cheese powder
[TS252.52]
S 干酪
Z 乳制品

干酪素
Y 酪蛋白

干毛条
Y 毛条

干面筋
dry gluten
TS211
S 面筋
Z 粮油食品

干面筋含量
dry gluten content
TS211
D 面筋质含量
S 含量*
C 面筋

干啤酒
dry beer
TS262.59
S 干酒
啤酒
Z 酒

干品
Y 干制食品

干品加工
dried products processing
TS205.1
D 干制加工
S 食品加工*

干粕
Y 粕

干粕残油
residual dry oil
TS22
S 粕残油
Z 废液

干葡萄糖浆
Y 高果糖浆

干强剂
dry strength agent
TS72
D 干强剂 PS-110
干增强剂
干增强剂 HDs-5
增干强剂
S 增强剂
F 纸张干强剂
C 造纸
Z 增效剂

干强剂 PS-110
Y 干强剂

干热变性
dry heat denaturation
TS195.4
D 干法变性
S 变性*
热学性能*

干热定形
Y 热定型

干肉制品
Y 肉干

干砂造型
Y 造型

干湿法备料
dry and wet stock preparation
TS74
S 物料操作*
F 干法备料
湿法备料

干湿法纺丝机
Y 纺丝设备

干式锭翼清洗机
dry cleaner of flyer
TS103
D 纺纱辅助设备
S 纺织辅机
Z 辅机

干爽舒适面料
Y 吸湿快干面料

干爽织物
breathable fabric
TS106.8
D 透湿织物
S 功能纺织品*

干丝光
Y 丝光整理

干缩率
dry-shrinkage ratio
TS66；U4
D 干燥收缩率
S 比率*

干缩湿胀
shrinkage and swelling
TS61
S 膨胀*

干缩系数
dry shrinkage coefficient
TS66；TU2
S 系数*
C 木制品
实木地板 →(11)

干毯(烘缸毛毯)
Y 毛毯

干甜面酱
Y 甜面酱

干网
dry screens
TS734
S 网*
C 造纸机干燥部

干洗
dry cleaning
TS973

D 干法清洗
　绿色干洗
S 清洗*
C 清洁生产 →(4)(13)

干洗机
dry cleaner
TM92；TS973
D 干洗设备
S 洗衣机
Z 轻工机械

干洗剂
dry cleaning detergent
TQ64；TS973.1
D 干洗洗涤剂
S 洗衣剂
Z 清洁剂
　生活用品

干洗牢度
fastness to dry-cleaning
TS101.923
S 耐水洗性
Z 防护性能
　纺织品性能
　抗性
　耐性

干洗设备
Y 干洗机

干洗洗涤剂
Y 干洗剂

干型果酒
Y 果酒

干腌法
Y 腌制

干腌火腿
dry cured ham
TS205.2；TS251.59
D 传统干腌火腿
S 火腿
C 西式火腿
　脂肪水解
Z 肉制品
　腌制食品

干腌肉块
Y 干腌肉制品

干腌肉制品
dry-cured meat products
TS205.2；TS251.59
D 干腌肉块
S 腌肉制品
Z 肉制品
　腌制食品

干盐湖
Y 盐湖

干羊肉
Y 肉干

干衣机
clothes dryers
TM92；TS973

D 电动干衣机
　非自动滚筒干衣机
　滚筒式干衣机
　烘衣机
　家用干衣机
　冷凝型滚筒式干衣机
　排气型滚筒干衣机
　燃气干衣机
　微波干衣机
　自动滚筒干衣机
S 洗涤设备
Z 轻工机械

干邑酒
cognac
TS262
S 干酒
Z 酒

干燥*
drying
TQ0
D 干燥法
　干燥方法
　干燥方式
　干燥工艺
　干燥过程
　干燥技术
　干燥阶段
　干燥流程
　干燥行为
　干燥作业
F 低温快干
　风干
　烘干
　晾晒
　木材干燥
　热压干燥
　食品干燥
　脱水干燥
　微波冷冻干燥
　微波真空干燥
　远红外干燥
　真空冷冻干燥
　直接干燥法
　纸页干燥
C 电热玻璃 →(9)
　干强度 →(1)
　干燥剂 →(9)
　干燥介质 →(9)
　干燥速度 →(9)
　干燥条件
　干燥效率 →(9)
　干燥性能 →(9)
　干燥质量
　硅橡胶 →(9)
　颗粒热传递模型 →(9)
　冷凝 →(1)(3)(9)(11)
　木材干燥设备
　逆转点 →(2)
　收缩性能 →(9)

干燥部
Y 造纸机干燥部

干燥成熟
drying and ripening

S；TS205
S 成熟*

干燥法
Y 干燥

干燥方法
Y 干燥

干燥方式
Y 干燥

干燥工艺
Y 干燥

干燥固化
drying curing
TQ63；TS805
S 固化*

干燥滚筒
drying roller
TH13；TS103
D 干燥-搅拌滚筒
　烘干滚筒
　逆流式干燥滚筒
　顺流式干燥滚筒
　卧式烘砂滚筒
　再生干燥滚筒
　再生干燥-搅拌滚筒
S 滚筒*

干燥锅
Y 干燥设备

干燥过程
Y 干燥

干燥机械设备
Y 干燥设备

干燥技术
Y 干燥

干燥-搅拌滚筒
Y 干燥滚筒

干燥阶段
Y 干燥

干燥流程
Y 干燥

干燥木材
Y 木材干燥

干燥设备*
drying equipment
TQ0
D 干燥锅
　干燥机械设备
　干燥装置
　流化床干燥设备
　升华干燥设备
　微波干燥设备
　远红外辐射干燥设备
F 冻干设备
　沸腾干燥床
　干燥室
　烘缸
　烘筒

毛皮干燥机
木材干燥设备
喷雾干燥设备
热泵干燥机
食品烘干机
网带式干燥机
真空冷冻干燥机
C 染整烘燥机
蒸发装置

干燥食品
Y 干制食品

干燥室
drying room
TQ17；TS195；TS203
D 烘房
烘干室
烘燥间
烘燥炉
烘燥区
烘燥室
烘燥转鼓
烘燥转筒
炭化烘焙室
S 干燥设备*
F 木材干燥室
C 烘干温度 →(1)

干燥收缩率
Y 干缩率

干燥条件
drying condition
TQ0；TS205
S 条件*
C 干燥

干燥行为
Y 干燥

干燥质量
drying quality
TS67
S 质量*
C 干燥

干燥贮存
Y 干法贮存

干燥装置
Y 干燥设备

干燥作业
Y 干燥

干增强剂
Y 干强剂

干增强剂 HDs-5
Y 干强剂

干张
Y 豆腐干

干制
dry preparation
TS205.1
D 干制工艺
S 食品加工*

干制工艺
Y 干制

干制加工
Y 干品加工

干制牛肉
Y 牛肉干

干制品
Y 干制食品

干制品肠类
Y 风干香肠

干制食品
dried foods
TS219
D 干品
干燥食品
干制品
S 食品*
F 冻干食品
葡萄干

干制贮藏
dried storage
TS205
S 储藏*
C 食品储藏

甘枸杞
Y 枸杞

甘薯
Y 红薯

甘薯蛋白
sweet potato protein
Q5；TQ46；TS201.21
S 植物蛋白
F 甘薯糖蛋白
马铃薯蛋白
Z 蛋白质

甘薯淀粉
sweet potato starch
TS235.2
D 红薯淀粉
S 薯类淀粉
F 甘薯微孔淀粉
Z 淀粉

甘薯粉
sweet potato flour
TS215
D 红薯粉
S 薯粉
F 甘薯全粉
Z 食用粉

甘薯粉条
sweet potato vermicelli
TS215
S 甘薯食品
Z 果蔬制品

甘薯脯
sweet potato preserve
TS215
S 甘薯食品

Z 果蔬制品

甘薯果丹皮
Y 甘薯果脯

甘薯果脯
preserved sweet potato
TS255
D 甘薯果丹皮
S 果脯
Z 果蔬制品

甘薯果酱
Y 果酱

甘薯加工
sweet potato processing
TS210.4；TS215
D 红薯加工
S 薯类加工
Z 农产品加工

甘薯面包
Y 面包

甘薯片
sweet potato slices
TS215
S 薯片
Z 果蔬制品

甘薯全粉
sweet potato meal
TS215
S 甘薯粉
Z 食用粉

甘薯乳饮料
Y 植物饮料

甘薯食品
sweet potato foods
TS215
D 甘薯制品
S 薯类制品
F 甘薯粉条
甘薯脯
C 薯粉
Z 果蔬制品

甘薯糖蛋白
sweet potato glycoprotein
Q5；TQ46；TS201.21
S 甘薯蛋白
Z 蛋白质

甘薯微孔淀粉
sweet potato microporous starch
TS235.2
S 甘薯淀粉
Z 淀粉

甘薯饮料
sweet potato beverage
TS275.5
S 植物饮料
Z 饮料

甘薯渣
sweet potato residue
TS215

S 薯渣
Z 果蔬制品

甘薯制品
　Y 甘薯食品

甘油发酵液
glycerol fermented broth
TQ92；TS205.5
　S 发酵液
　C 甘油发酵 →(9)
　　甘油合成 →(9)
　　固态发酵反应器
　Z 发酵产品

甘蔗分析
sugar cane analysis
TS24
　D 甘蔗含糖细胞破碎度
　　甘蔗质量
　S 物质分析*
　C 制糖工艺

甘蔗粉糖
　Y 甘蔗制糖

甘蔗含糖细胞破碎度
　Y 甘蔗分析

甘蔗蜡
cane wax
TS249
　D 粗蔗蜡
　　蔗蜡
　S 甘蔗渣
　Z 副产品

甘蔗滤泥
sugar cane filter mud
TS249
　S 甘蔗渣
　　滤泥
　Z 副产品

甘蔗皮
sugarcane skin
TS249
　S 甘蔗渣
　Z 副产品

甘蔗取样机
sugar cane samplers
TS243.1
　S 蔗加工机械
　Z 食品加工设备

甘蔗撕裂机
　Y 蔗加工机械

甘蔗糖
　Y 蔗糖

甘蔗糖厂
cane sugar factory
TS24
　S 糖厂
　Z 工厂

甘蔗糖密
　Y 糖浆

甘蔗糖蜜
　Y 糖浆

甘蔗糖汁
　Y 甘蔗制糖

甘蔗压榨
cane milling
TS244
　D 甘蔗压榨辊
　S 糖厂压榨
　C 制糖工艺
　Z 压榨

甘蔗压榨辊
　Y 甘蔗压榨

甘蔗压榨机
cane press
TS243.1
　S 蔗加工机械
　Z 食品加工设备

甘蔗渣
bagasse
TS249
　D 蔗渣
　S 制糖工业副产品
　F 甘蔗蜡
　　甘蔗滤泥
　　甘蔗皮
　　蔗糠
　C 低聚木糖 →(9)
　　甘蔗渣纤维
　　木聚糖酶
　Z 副产品

甘蔗渣化学浆
bagasse chemical pulp
TS749.6
　D 蔗渣化学浆
　S 蔗渣浆
　F 蔗渣硫酸盐浆
　Z 浆液

甘蔗渣浆
　Y 蔗渣浆

甘蔗渣纤维
bagasse fibre
TS102
　D 蔗渣纤维
　S 秸秆纤维
　F 蔗渣膳食纤维
　C 甘蔗渣
　　绿色复合材料 →(1)
　Z 天然纤维

甘蔗汁
　Y 蔗汁

甘蔗制糖
cane sugar manufacture
TS244
　D 甘蔗粉糖
　　甘蔗糖汁
　S 制糖工艺*
　C 清汁质量

甘蔗质量
　Y 甘蔗分析

苷
　Y 糖苷

泔水油
waste food oil
TS22
　S 餐饮废油
　Z 废液

柑橘工业
　Y 食品工业

柑橘果醋
orange vinegar
TS264；TS27
　S 果醋
　Z 饮料

柑橘果皮
　Y 柑橘皮

柑橘果渣
　Y 柑橘皮渣

柑橘果汁
　Y 柑橘汁

柑橘加工
citrus fruit processing
TS255.36
　S 果品加工
　Z 食品加工

柑橘酒
citrus wine
TS262.7
　S 橘子酒
　Z 酒

柑橘皮
citrus peel
TS255
　D 柑橘果皮
　S 水果果皮*
　F 橙皮
　　柑皮
　　橘皮
　　柚皮

柑橘皮渣
citrus pericarp
TS255
　D 柑橘果渣
　S 果蔬渣
　Z 残渣

柑橘饮料
　Y 植物饮料

柑橘汁
citrus juices
TS255
　D 柑橘果汁
　S 果汁
　Z 果蔬制品
　　汁液

柑橘籽
citrus seeds

TS202.1
　　S 植物菜籽*

柑皮
pericarpium citri
TS255
　　S 柑橘皮
　　F 芦柑皮
　　Z 水果果皮

感观鉴别
senses to identify
TS207
　　S 鉴别*

感观品评
　　Y 感官评价

感观品质
　　Y 感官质量

感观评定
　　Y 感官评价

感观评价
　　Y 感官评价

感观质量
　　Y 感官质量

感官测评
　　Y 感官评价

感官分析
sensory analysis
TS207
　　D 感官分析方法
　　　感官分析技术
　　S 分析方法*

感官分析方法
　　Y 感官分析

感官分析技术
　　Y 感官分析

感官检测
　　Y 感官评价

感官检查
　　Y 感官评价

感官品尝
　　Y 品尝

感官品评
　　Y 感官评价

感官品质
　　Y 感官质量

感官评定
sensory test
TS207
　　S 评定*

感官评分
　　Y 感官审评

感官评估
　　Y 感官审评

感官评价
sensory evaluation
TS207
　　D 感观品评
　　　感观评定
　　　感观评价
　　　感官测评
　　　感官检测
　　　感官检查
　　　感官品评
　　　官能品评
　　S 评价*
　　F 风味评价
　　　感官审评
　　　感官质量评价
　　　品尝
　　　视觉评价
　　　吸味评价

感官评判
　　Y 感官审评

感官评吸指标
sensory evaluation index
TS47
　　D 评吸指标
　　S 指标*

感官审评
organoleptic tasting
TS207
　　D 感官评分
　　　感官评估
　　　感官评判
　　S 感官评价
　　Z 评价

感官特征
　　Y 感官性状

感官性能
　　Y 感官性状

感官性质
　　Y 感官性状

感官性状
sensory properties
TS207
　　D 感官特征
　　　感官性能
　　　感官性质
　　S 性状*

感官质量
sensory quality
TS207
　　D 产品感官质量
　　　感观品质
　　　感观质量
　　　感官品质
　　　观感质量
　　S 质量*
　　F 口感质量
　　C 焦油含量
　　　卷烟
　　　肉松
　　　食品质量
　　　填充值
　　　物理指标　→(1)

感官质量评价
sensory quality evaluation
TS207
　　S 感官评价
　　Z 评价

感光版
light-sensitive plate
TS804
　　S 模版*
　　F PS 版

感光成像油墨
photoimageable inks
TQ63；TS802.3
　　S 油墨*

感光染料
　　Y 光敏染料

感光树脂版制版机
　　Y 制版机

感光印花
photosensitive printing
TS194.43
　　S 特种印花
　　Z 印花

感光纸
photosensitive paper
TS767
　　S 相纸
　　C 感光原理　→(1)
　　Z 纸张
　　　纸制品

感觉*
sensation
Q1；Q4
　　F 接触冷暖感
　　　口感
　　　口味
　　　美味
　　　食味
　　　手感
　　　颜色感觉

感绿染料
green sensitizing dyes
TS193.21
　　S 绿色染料
　　Z 染料

感温元件
　　Y 测温元件

感应灯
induction lamp
TM92；TS956
　　S 灯*
　　F 电磁感应灯
　　　感应台灯
　　　热感应灯

感应式水龙头
　　Y 水龙头

感应水龙头
　　Y 水龙头

感应台灯
induction desk lamp
TM92；TS956
S 感应灯
台灯
Z 灯

橄榄茶
olive tea
TS272.59
S 凉茶
Z 茶

橄榄酒
olive wine
TS262.7
S 果酒
Z 酒

橄榄球
rugby
TS952.3
S 球类器材
Z 体育器材

擀毡
roll mat
TS106.8
S 毡*

赣菜
Jiangxi cuisine
TS972.12
D 赣州菜肴
贵州菜
江西菜
江西菜肴
S 菜系*

赣州菜肴
Y 赣菜

刚度*
stiffness
TB3
D 非刚性
刚度特性
刚度性能
刚度值
刚性
劲性
硬挺度
F 主刚度
C 弹性变形 →(1)(3)
刚度法 →(11)
刚度计算 →(1)(11)
刚性体 →(9)(11)
钢板弹簧 →(4)
加工设备
金属性能 →(1)(2)(3)(9)(12)
抗力 →(1)(2)(3)(4)(11)
空气弹簧 →(4)
力学性能
挠度 →(1)(4)(11)(12)
强度
硬度检测 →(3)(4)
油气悬挂 →(12)
自振频率 →(5)

刚度特性
Y 刚度

刚度性能
Y 刚度

刚度值
Y 刚度

刚柔性
rigid and flexible
TS101.9
S 力学性能*

刚性
Y 刚度

刚性传动机构
Y 传动装置

刚性剑杆
rigid rapiers
TS103.81；TS103.82
S 剑杆
Z 织造器材

刚性剑杆小样织机
rigid rapier sample loom
TS103.33
S 剑杆织机
Z 织造机械

刚性剑杆织机
Y 剑杆织机

刚性自由体不平衡
Y 平衡

钢笔
Y 笔

钢刀
steel knife
TG7；TS914
S 刀具*
F 白钢刀

钢锭模铣床
Y 专用铣床

钢刮刀
Y 刮刀

钢管土钉
steel pipe soil nail
TS914
S 钉子
Z 五金件

钢罐
steel can
TH4；TS29
D 钢瓶
S 金属罐
Z 罐

钢轨轧机
Y 轧机

钢卷夹钳
coil clamp
TG7；TH2；TS914.51
S 夹钳
Z 工具

钢筘
metal reed
TS103.81；TS103.82
S 筘
F 异型钢筘
Z 织造器材

钢领
rings
TS103.82
D 单面钢领
镀铬钢领
粉末冶金钢领
回转钢领
抗锲钢领
平面钢领
双面钢领
细纱钢领
亚光钢领
S 纺纱器材*
F 抛光钢领
新型钢领
轴承钢钢领
锥面钢领
C 钢领板
环锭细纱机
卷绕机构

钢领板
ring plate
TS103.82
S 纺纱器材*
C 钢领

钢木
Y 硬杂木

钢排钉
steel arranging nails
TS914
S 钉子
Z 五金件

钢坯修磨机
Y 修磨机

钢片琴
Y 打击乐器

钢瓶
Y 钢罐

钢琴
piano
TS953.35
S 西乐器
F 击弦机
音板
C 钢琴键盘
Z 乐器

钢琴键盘
piano keyboard
TS953
S 计算机外部设备*
C 钢琴

钢球法
steel ball method
TS101.923
　S 方法*

钢球轧机
　Y 轧机

钢丝车
　Y 梳理机

钢丝帘布
wirecord fabric
TS106.6
　S 帘子布
　Z 纺织品

钢丝帘子布
　Y 帘子布

钢丝起毛
　Y 起毛

钢丝起毛机
wire raising machine
TS190.4
　S 起毛机
　Z 染整机械

钢丝钳
cutting pliers
TG7；TS914
　D 电子钳
　　鹤嘴钳
　S 钳子
　Z 工具

钢丝圈
bead wire
TS103.82
　S 纺纱器材*
　F 镀层钢丝圈
　　六角形钢丝圈
　　普通钢丝圈
　C 加捻卷绕

钢丝针布
　Y 弹性针布

钢丝综
　Y 钢综

钢塑复合挤出
　Y 钢塑共挤

钢塑共挤
steel-plastic coextrusion
TS914
　D 钢塑复合挤出
　S 压力加工*
　C 点浇口　→(9)
　　钢塑复合管　→(3)
　　铝塑复合管　→(1)
　　塑料加工　→(9)

钢铁制品
steel and iron products
TG1；TS914
　D 钢制
　　钢质
　S 金属制品*

　F 不锈钢制品
　　钢线
　　铁制品
　C 钢材　→(1)(2)(3)(4)(11)(12)
　　钢丝　→(2)(3)(4)(9)
　　钢铁件　→(3)(4)(11)

钢线
steel wire
TG3；TS804
　S 钢铁制品
　　金属材料*
　　型材*

钢轧机
　Y 轧机

钢纸
vulcanized fiber
TS76
　S 纸张*
　F 不锈钢衬纸
　　阻燃钢纸

钢制
　Y 钢铁制品

钢质
　Y 钢铁制品

钢综
wire heald
TS103.81；TS103.82
　D 钢丝综
　S 织造器材*

缸*
vat
TH4；TK4
　F 铸铁烘缸
　C 气缸　→(4)(6)

港式粤菜
　Y 粤菜

杠杆式锯
　Y 锯

皋茶
　Y 茶

高 F 值
high F ratio
Q5；TS205
　S F 值
　Z 数值

高宝
　Y 高宝印刷机

高宝印刷机
KBA printing machine
TS803.6
　D 高宝
　S 印刷机
　Z 印刷机械

高倍甜味剂
high intensity sweeteners
TS202；TS245
　D 高甜度甜味剂

　　强力甜味剂
　S 甜味剂
　C 三氯蔗糖
　Z 增效剂

高比例涤棉织物
　Y 棉混纺织物

高变性脱脂豆粕
high-denatured defatted soybean meal
TS209
　S 变性脱脂豆粕
　Z 粕

高产梳棉机
high-production card
TS103.22
　S 梳棉机
　Z 纺织机械

高大毛霉
mucor mucedo
TQ92；TS264
　S 霉*

高弹面料
high elastic fabric
TS941.41
　D 莱卡面料
　S 面料*
　C 弹性织物

高弹性纺织品
　Y 功能纺织品

高弹针织物
　Y 弹性针织物

高蛋白粉
　Y 蛋白粉

高蛋白米粉
high protein rice powder
TS216
　D 奶糕
　S 米粉
　Z 粮油食品

高蛋白面粉
　Y 强化面粉

高蛋白奶
　Y 蛋白奶

高蛋白食品
high-protein food
TS219
　S 食品*

高档半甜苹果酒
　Y 苹果酒

高档宝石
high value gemstone
TS933.21
　S 宝石
　Z 饰品材料

高档薄纸
high-grade tissue paper
TS761.1

S 薄页纸
Z 办公用品
　　纸张

高档牛仔布
high-grade denim
TS106.8
　S 牛仔布
　Z 机织物

高档色织面料
　Y 色织面料

高档西服
　Y 西服

高导湿
high wet permeability
TS101
　S 导湿性
　Z 物理性能

高得率 KP 浆
high yield KP pulp
TS749
　S 高得率浆
　Z 浆液

高得率化学浆
high yield chemical pulp
TS749
　S 高得率浆
　Z 浆液

高得率浆
high yield pulps
TS749
　S 纸浆
　F 超高得率浆
　　高得率 KP 浆
　　高得率化学浆
　Z 浆液

高得率浆废水
high yield pulping effluent
TS74；X7
　S 制浆造纸废水
　Z 废水

高得率制浆
high yield pulping
TS10；TS743
　S 制浆*

高低温盐
high and low temperature salt
TS36
　S 高温盐
　Z 盐

高涤混纺比织物
　Y 化纤织物

高点闭牙机构
high spot closed gripper mechanism
TS803
　S 开闭牙机构
　Z 印刷机机构

高碘鸡蛋
　Y 鸡蛋

高端联网
high-end networking
TS8
　S 联网*

高尔夫球
golf
TS952.3
　S 球类器材
　Z 体育器材

高尔夫球杆
golf club
TS952.3
　S 球类器材
　Z 体育器材

高尔夫球头
golf-club head
TS952.3
　S 球类器材
　Z 体育器材

高发酵度
　Y 发酵度

高方筛
high side multideck screen
TS210
　S 筛*

高沸醇溶剂
high-boiling alcohol solvent
TS72
　S 溶剂*

高沸点组分
　Y 成分

高沸组分
　Y 成分

高分散松香胶
　Y 分散松香胶

高分子多糖
　Y 多聚糖

高分子染料
polymeric dyes
TS193.21
　S 染料*

高分子鞣剂
　Y 聚合物鞣剂

高分子纤维材料
macromolecular fiber materials
TS107；TS941.4
　S 纤维材料
　Z 材料

高分子颜料
　Y 颜料

高附着力
　Y 附着力

高钙火腿肠
　Y 火腿

高钙奶

high calcium milk
TS252.59
　D 高钙牛奶
　S 钙奶
　　牛奶
　C 乳蛋白
　Z 乳制品

高钙牛奶
　Y 高钙奶

高杆灯
high mast lighting system
TM92；TS956
　S 路灯
　Z 灯

高感性纤维
high-sensibility fiber
TQ34；TS102.528
　S 功能纤维
　Z 纤维

高跟鞋
high-heeled shoes
TS943.7
　S 鞋*

高功能纤维
　Y 功能纤维

高固色率
high colour fixation rate
TS193
　S 固色率
　Z 物理比率

高果糖浆
high fructose corn syrup
TS245
　D 富果糖浆
　　干葡萄糖浆
　　果葡糖浆
　S 果糖浆
　F 葡萄糖浆
　Z 糖制品

高含水率单板
high moisture
TS65；TS66
　S 单板
　Z 型材

高红外加热
　Y 加热

高花织物
double-weave fabric
TS106.8
　S 织物*

高回收率
　Y 回收率

高活性膳食纤维
highly active dietary fiber
TS201
　S 膳食纤维
　Z 天然纤维

高级成衣

haute couture
TS941.7
　S 成衣
　Z 服装

高级女装
　Y 高级时装

高级烹调油
　Y 食用油

高级苹果酒
　Y 苹果酒

高级时装
haute couture
TS941.7
　D 高级女装
　S 时装
　Z 服装

高级新闻纸
high-grade newsprint
TS761.2
　S 新闻纸
　Z 纸张

高级印刷纸
　Y 印刷纸

高技术纺织品
　Y 技术纺织品

高技术纤维
　Y 功能纤维

高技术织物
　Y 技术织物

高甲氧基果胶
high methoxyl pectin
TS20
　S 胶*

高架长距离皮带机
elevated long distance belt conveyor
TS73
　S 输送装置*

高剪切纤维离解机
high-shear fibre kneader
TS73；TS732
　S 造纸机械*

高交联
　Y 交联

高交联玉米淀粉
　Y 交联玉米淀粉

高脚杯
goblet
TS972.23
　S 杯子
　Z 厨具

高筋粉
　Y 高筋面粉

高筋面粉
high strength flour
TS211.2

　D 高筋粉
　S 等级粉
　Z 粮食

高紧度织物
　Y 紧密织物

高经密织物
　Y 高密织物

高精度轧机
　Y 轧机

高精面粉
　Y 精粉

高均匀度
　Y 均匀性

高科技纺织品
　Y 技术纺织品

高科技面料
high-tech fabrics
TS941.41
　D 高性能面料
　　功能性服装面料
　　智能面料
　S 功能面料
　Z 面料

高科技丝网印刷
　Y 丝网印刷

高科技玩具
high-tech toys
TS958.28
　S 玩具*
　F 电子玩具
　　机器人玩具
　　遥控玩具
　　智能玩具

高科技纤维
high-tech fibers
TQ34；TS102
　S 纤维*

高科技装备
　Y 设备

高科技作战服
high-tech combat uniform
TJ9；TS941.731
　S 军用防护服
　Z 安全防护用品
　　服装

高链淀粉
　Y 高直链淀粉

高链玉米淀粉
　Y 高直链玉米淀粉

高粱碾米
　Y 碾米

高粱粉
sorghum flour
TS213
　S 食用粉*

高粱酒
kaoliang spirit
TS262.39
　D 高粱糠白酒
　S 白酒*

高粱糠白酒
　Y 高粱酒

高粱米
sorghum rice
TS210.2
　S 成品粮
　Z 粮食

高粱原花青素
sorghum procyanidins
TQ61；TS202.39
　S 原花青素
　Z 色素

高岭土颜料
　Y 颜料

高铝耐火纤维
　Y 功能纤维

高铝耐火纤维毡
high aluminum refractory fiber felt
TS106.8
　D 高铝质隔热耐火砖
　S 纤维毡
　C 高铝浇注料 →(9)
　　高铝质耐火材料 →(9)
　Z 毡

高铝质隔热耐火砖
　Y 高铝耐火纤维毡

高麦芽糖
high maltose
TS24
　S 碳水化合物*

高麦芽糖浆
high maltose syrup
TS245
　D 超高麦芽糖浆
　S 糖浆
　Z 糖制品

高镁卤水
bittern with high mg content
TS39
　S 卤水*

高密弹力织物
　Y 弹性织物

高密度纤维板
high density fiberboard
TS62
　S 纤维板
　F 薄型高密度纤维板
　Z 木材

高密度织物
　Y 高密织物

高密棉织物
　Y 棉织物

高密平纹织物
　Y 高密织物

高密织物
dense texture fabric
TS106.8
　D 高经密织物
　　高密度织物
　　高密平纹织物
　　高支高密织物
　　厚密织物
　　特细高密
　　细号高密
　　细号高密织物
　　细特高密
　S 紧密织物
　Z 织物

高模量碳纤维
high modulus carbon fibers
TQ34；TS102
　S 碳纤维
　　增强纤维
　Z 纤维

高耐热纤维
　Y 耐高温纤维

高能泵
　Y 泵

高黏稠性
high viscosity
TS252.4
　S 物理性能*

高黏度
high-viscosity
TS101.921
　S 黏度*
　C 防粘剂 →(9)

高捻度
　Y 临界捻度

高浓打浆
　Y 高浓磨浆

高浓度发酵
high gravity fermentation
TS261
　D 高浓发酵
　S 发酵*
　F 高浓度酒精发酵

高浓度果汁废水
high-strength syrup wastewater
TS270.9；X7
　S 废水*
　　果汁废水

高浓度酒精发酵
high ethanol fermentation
TS261
　S 高浓度发酵
　　乙醇发酵
　Z 发酵

高浓度培养
　Y 浓缩培养

高浓度啤酒
　Y 高浓啤酒

高浓发酵
　Y 高浓度发酵

高浓浆
　Y 高浓纸浆

高浓浆泵
high consistency stock pump
TS733
　S 纸浆泵
　Z 制浆设备

高浓磨浆
high consistency refining
TS749
　D 高浓打浆
　S 高浓纸浆
　Z 浆液

高浓磨浆机
　Y 高浓盘磨机

高浓酿造
high gravity brewing
TS26
　S 酿造*

高浓盘磨
　Y 高浓盘磨机

高浓盘磨机
high consistency disc refiner
TS73
　D 高浓磨浆机
　　高浓盘磨
　　高浓水力碎浆机
　　高浓碎浆机
　S 盘磨机
　Z 制浆设备

高浓啤酒
high gravity beer
TS262.59
　D 高浓度啤酒
　S 啤酒
　Z 酒

高浓漂白
high consistency bleaching
TS192.5
　S 漂白*

高浓水力碎浆机
　Y 高浓盘磨机

高浓碎浆
high consistency pulping
TS749
　S 高浓纸浆
　Z 浆液

高浓碎浆机
　Y 高浓盘磨机

高浓塔
high consistency tower
TS733
　S 磨浆设备
　Z 制浆设备

高浓纸浆
high consistency pulp
TS749
　D 高浓浆
　S 纸浆
　F 高浓磨浆
　　高浓碎浆
　Z 浆液

高强玻璃纤维
high strength glass fiber
TQ17；TS102
　D 高强度玻璃纤维
　　增强玻璃纤维
　S 玻璃纤维
　　增强纤维
　C 复合材料
　　环氧树脂 →(9)
　Z 纤维

高强玻璃纤维布
high strength glass fiber sheet
TS106.8
　S 玻璃纤维织物
　Z 织物

高强涤纶
high tenacity polyester
TQ34；TS102.522
　S 涤纶
　　增强纤维
　Z 纤维

高强度玻璃纤维
　Y 高强玻璃纤维

高强度高模量纤维
　Y 增强纤维

高强度瓦楞原纸
　Y 高强瓦楞原纸

高强度纤维
　Y 增强纤维

高强高模聚乙烯醇纤维
high strength high modulus polyvinyl alcohol
fiber
TQ34；TS102.524
　S 维纶
　　增强纤维
　C 聚乙烯反应器 →(9)
　Z 纤维

高强高模聚乙烯纤维
high-strength high-modulus polyethylene
fibres
TQ34；TS102.52
　D 高强聚乙烯纤维
　S 高性能聚乙烯纤维
　　增强纤维
　Z 纤维

高强高模纤维
　Y 增强纤维

高强聚乙烯纤维
　Y 高强高模聚乙烯纤维

高强力高模量纤维
  Y 增强纤维

高强力纤维
  Y 增强纤维

高强牛皮箱板纸
  Y 牛皮箱板纸

高强瓦楞原纸
high strength corrugating base board
TS761.9
  D 高强度瓦楞原纸
  S 高强瓦楞纸
    瓦楞原纸
  Z 包装材料
    纸张

高强瓦楞原纸纸机
  Y 高速纸机

高强瓦楞纸
high strength corrugated paper
TS761.9
  S 瓦楞纸
  F 高强瓦楞原纸
  Z 包装材料
    纸张

高强纤维
  Y 增强纤维

高强织物
  Y 功能纺织品

高强紫外卤素灯
  Y 金属卤素灯

高取代度
high molar substitution
TS234
  S 程度*

高取代度阳离子淀粉
cationic starch with high substituted degree
TS235
  S 阳离子淀粉
  Z 淀粉

高取向丝
  Y 复丝

高熔点丙纶短纤维
  Y 聚丙烯纤维

高色价红曲
yeast rice with high pigment value
TS26
  S 红曲
  Z 曲

高山韵
  Y 绿茶

高山族服饰
  Y 民族服饰

高湿模量粘胶纤维
high wet modulus viscose fibre
TQ34；TS102.51
  S 增强纤维
    粘胶纤维

  F 波里诺西克纤维
  Z 纤维

高收率
  Y 收率

高收缩涤纶
high shrinkage polyester fiber
TQ34；TS102.528
  S 高收缩纤维
    功能性涤纶
  C 赛络纱
  Z 纤维

高收缩纤维
high-shrinkage fibre
TQ34；TS102.528
  S 功能纤维
  F 高收缩涤纶
  C 沸水收缩率
    海岛纤维
  Z 纤维

高水分菜籽
high moisture rapeseeds
TS202.1
  S 菜籽
  Z 植物菜籽

高水分大米
  Y 大米

高速包缝机
  Y 包缝机

高速并条机
high speed drawing frame
TS103.22
  S 并条机
  Z 纺织机械

高速单面瓦楞机系统
  Y 高速纸机

高速弹力丝机
high speed stretch yarn machine
TQ34；TS103
  S 高速纺丝机
  Z 纺织机械

高速锭子
high speed spindle
TS103.82
  S 锭子
  Z 纺纱器材

高速对开热敏制版机
  Y 直接制版机

高速纺纱
  Y 纺纱工艺

高速纺丝机
high-speed spinning machine
TQ34；TS103
  D 连续纺丝机
  S 纺丝机
  F 高速弹力丝机
  Z 纺织机械

高速缝纫线
  Y 工业缝纫线

高速复卷机
high speed rewinder
TS734.7
  S 复卷机
  Z 造纸机械

高速钢刀具
high-speed steel tool
TG7；TS914
  S 硬质合金刀具
  Z 刀具

高速剪切设备
  Y 剪切设备

高速剑杆织机
high speed rapier loom
TS103.33
  S 剑杆织机
  Z 织造机械

高速经编机
high speed warp knitting machines
TS183.3
  S 经编机
  Z 织造机械

高速精加工
  Y 精加工

高速精密加工
  Y 精加工

高速锯床
  Y 锯机

高速锯切
  Y 锯切

高速卷接机组
  Y 卷接机

高速卷绕机
  Y 卷绕机

高速卷绕头
high speed winding head
TS103
  S 器材*

高速卷烟机
high speed cigarette machine
TS43
  D 高速卷烟纸机
  S 卷烟机
  Z 制烟机械

高速卷烟纸机
  Y 高速卷烟机

高速宽幅纸机
  Y 高速纸机

高速冷锯
  Y 冷锯机

高速气流纺
high speed rotor spinning
TS104.7
  S 转杯纺纱

Z 纺纱

高速热敏直接制版机
　Y 直接制版机

高速梳理
　Y 梳理

高速梳理机
　Y 梳理机

高速数控带锯床
　Y 带锯机

高速双收缩丝
high speed BSY
TS106.4
　S 异收缩丝
　Z 纱线

高速提花机
high speed jacquard machine
TS103.33
　S 提花机
　Z 织造机械

高速瓦楞辊
　Y 高速纸机

高速卫生纸机
　Y 高速纸机

高速洗浆机
high speed washer
TS733.4
　S 洗浆机
　Z 制浆设备

高速细纱机
　Y 细纱机

高速新闻纸机
　Y 高速纸机

高速印刷机
high-speed press
TS803.6
　S 印刷机
　Z 印刷机械

高速匀浆
high speed homogenating
TS10；TS74
　S 匀浆
　Z 制浆

高速造纸机
　Y 高速纸机

高速整经机
high-speed warping machine
TS103.32
　S 整经机
　Z 织造准备机械

高速纸机
high speed paper machine
TS734
　D 高强瓦楞原纸纸机
　　高速单面瓦楞机系统
　　高速宽幅纸机
　　高速瓦楞辊

高速卫生纸机
高速新闻纸机
高速造纸机
　S 造纸机
　Z 造纸机械

高酸废油脂
high-acid waste oil
TQ64；TS22
　D 高酸值废油脂
　S 废液*
　F 塔罗油

高酸值废油脂
　Y 高酸废油脂

高汤
soup-stock
TS972.122
　S 汤菜
　Z 菜肴

高甜度甜味剂
　Y 高倍甜味剂

高铁肌红蛋白
metmyoglobin
Q5；TS201.21
　S 肉蛋白
　Z 蛋白质

高统袜
　Y 长筒袜

高位制动灯
　Y 刹车灯

高温常压染色
　Y 染色工艺

高温成熟
high-temperature maturating
TS205
　S 成熟*

高温大曲
high temperature yeast
TS26
　S 高温曲
　Z 曲

高温定形
　Y 热定型

高温豆粕
hige temperature soy dregs
TS209
　S 豆粕
　Z 粕

高温堆积发酵
high temperature stacking fermentation
TS21
　S 发酵*

高温高压碱减量
　Y 碱减量整理

高温高压精练
high temperature-pressure scouring
TS192.5

　D 加压精练
　S 精练
　F 高温煮练
　Z 练漂

高温高压染色
high temperature pressure dyeing
TS193
　D 高温染色
　　高压染色
　S 染色工艺*
　C 高温染色机
　　喷射染色机
　　热染

高温高压染色机
　Y 高温染色机

高温花生粕
high temperature peanut meal
TS209
　S 花生粕
　Z 粕

高温加工
high temperature processing
TS205
　S 加工*

高温酵母
　Y 耐高温酵母

高温膨化
　Y 膨化

高温曲
high temperature Daqu starter
TS26
　S 酒曲
　F 高温大曲
　Z 曲

高温染色
　Y 高温高压染色

高温染色机
high temperature dyeing machine
TS193.3
　D 高温高压染色机
　S 织物染色机
　C 高温高压染色
　　经轴染色机
　Z 印染设备

高温杀青
high temperature fixation
TS272.4
　S 杀青
　Z 茶叶加工

高温糖化
　Y 糖化

高温型红曲霉
high-temperature monascus
TS26
　S 红曲霉
　Z 霉

高温压力过氧化氢漂白
high temperature and pressurized hydrogen

peroxide bleaching
TS192.5
　　S 过氧化氢漂白
　　Z 漂白

高温盐
high temperature salt
TS36
　　S 盐*
　　F 高低温盐

高温印染废水
high temperature printing and dyeing
wastewater
TS19；X7
　　S 印染废水
　　Z 废水

高温匀染剂
　　Y 匀染剂

高温蒸气处理
high-temperature steam treatment
TS65
　　S 处理*
　　C 高温风机 →(4)

高温煮练
high temperature steaming
TS192.5
　　S 高温高压精练
　　　 煮练
　　Z 练漂

高物性
high physical properties
TS5
　　S 物理性能*

高吸湿纤维
　　Y 吸湿排汗纤维

高吸收铬鞣
high exhaustion chrome tanning
TS543
　　S 铬鞣
　　Z 制革工艺

高吸水涤纶
　　Y 功能性涤纶

高吸水纤维
　　Y 吸湿排汗纤维

高纤维饼干
　　Y 饼干

高线压辊
high linear press roll
TH13；TS73
　　S 辊*

高香茶
　　Y 茶

高香绿茶
green tea
TS272.51
　　S 绿茶
　　Z 茶

高效泵
　　Y 泵

高效长网洗涤压榨机
　　Y 压榨机

高效灯具
superior efficiency lighting apparatus
TS956.2
　　S 灯具*

高效防水剂
　　Y 防水剂

高效废纸脱墨剂
　　Y 脱墨剂

高效工具
efficient tools
TG7；TS914.5
　　S 工具*

高效工艺
　　Y 纺纱工艺

高效精练剂
high-efficiency scouring agent
TS192
　　S 精练剂
　　Z 助剂

高效冷却
　　Y 冷却

高效率照明器
　　Y 照明设备

高效能精梳机
high-efficient comber
TS103.22
　　S 棉精梳机
　　Z 纺织机械

高效添加剂
　　Y 添加剂

高效吸附剂
　　Y 吸附剂

高新技术纺织品
　　Y 技术纺织品

高性能玻璃纤维
　　Y 玻璃纤维

高性能纺织品
　　Y 功能纺织品

高性能聚乙烯纤维
high performance polyethylene fiber
TQ34；TS102.52
　　S 乙纶
　　F 高强高模聚乙烯纤维
　　Z 纤维

高性能面料
　　Y 高科技面料

高性能碳纤维
　　Y 碳纤维

高性能纤维
　　Y 功能纤维

高性能纤维材料
　　Y 纤维材料

高压锅
autoclave
TS972.21
　　S 压力锅
　　Z 厨具

高压甲铵洗涤器
high pressure ammonium carbamate scrubber
TS04
　　S 高压洗涤器
　　Z 轻工机械

高压均质机
high pressure homogenizer
TS203
　　S 均质机
　　Z 食品加工机械

高压纳灯
　　Y 高压钠灯

高压钠灯
high-pressure sodium lamp
TM92；TS956
　　D 高压纳灯
　　S 钠灯
　　F 双功率高压钠灯
　　Z 灯

高压霓虹灯
high-pressure neon light
TM92；TS956
　　S 霓虹灯
　　Z 灯

高压喷雾加湿
high-pressure spray humidification
TS19
　　S 加湿*

高压清洗机
high pressure cleaner
TH6；TS914
　　S 清洁装置*

高压染色
　　Y 高温高压染色

高压热处理
high-pressure heat treatment
TS65
　　S 热处理*

高压上浆
high-pressure sizing
TS105
　　D 高压上浆工艺
　　S 上浆工艺
　　Z 织造工艺

高压上浆工艺
　　Y 高压上浆

高压水银灯
high pressure mercury lamp
TM92；TS956
　　S 汞灯
　　F 荧光高压汞灯

Z 灯

高压洗涤器
high pressure scrubber
TS04
　S 洗涤器
　F 高压甲铵洗涤器
　C 超高压反应器 →(9)
　　高压分离器 →(9)
　Z 轻工机械

高盐稀发酵
　Y 高盐稀态发酵

高盐稀态发酵
high salt liquid state fermentation
TS264
　D 高盐稀发酵
　S 稀发酵
　Z 发酵

高盐稀态酱醪
　Y 酱醪

高盐制革废水
hypersaline tannery wastewater
TS52；X7
　S 制革废水
　Z 废水

高腰连衣裙
　Y 连衣裙

高腰裙
　Y 裙装

高原棉
　Y 细绒棉

高支
　Y 高支纱

高支高密
high counts and high density
TS107
　S 织物密度
　Z 织物规格

高支高密府绸
　Y 府绸织物

高支高密织物
　Y 高密织物

高支精梳毛纱
　Y 高支毛纱

高支毛纱
high counts wool yarn
TS106.4
　D 高支精梳毛纱
　S 精梳毛纱
　C 高支纱
　Z 纱线

高支棉纱
pure cotton high-count yarns
TS106.4
　D 纯棉高支纱
　　细支棉纱
　S 棉纱

Z 纱线

高支轻薄毛织物
　Y 毛织物

高支轻薄型面料
　Y 薄型面料

高支纱
fine count
TS106.4
　D 高支
　　细支
　　细支纱
　S 纱线*
　F 特细号纱
　C 高支毛纱

高支纱织物
　Y 高支织物

高支羊毛
　Y 细羊毛

高支羊绒纱
　Y 羊绒纱线

高支织物
high count fabric
TS106.8
　D 高支纱织物
　S 薄型织物
　Z 织物

高脂肪食品
high-fat foods
TS219
　S 食品*

高直链淀粉
high amylose starches
TS235
　D 高链淀粉
　S 直链淀粉
　Z 淀粉

高直链玉米淀粉
high-amylose corn starch
TS235.1
　D 高链玉米淀粉
　S 玉米淀粉
　Z 淀粉

高酯果胶
high-ester pectin
TS20
　S 胶*

高质泵
　Y 泵

高阻隔性薄膜
high barrier thin films
TQ32；TS206.4
　S 膜*

羔皮
lambskin
S；TS564
　D 羔羊皮
　S 羊皮

Z 动物皮毛

羔羊毛
lamb's wool
TS102.31
　D 羊仔毛
　S 羊毛
　Z 天然纤维

羔羊皮
　Y 羔皮

糕点*
pastry
TS213.23
　D 点心
　F 茶点
　　西点
　　中式糕点
　C 焙烤食品
　　烘焙质量
　　面制食品
　　食品

糕点加工
　Y 面点制作

糕团
rice cake
TS213.23
　S 中式糕点
　Z 糕点

告警
　Y 报警

告警技术
　Y 报警

锆鞣剂
　Y 多金属鞣剂

仡佬族服饰
　Y 民族服饰

鸽蛋
　Y 禽蛋

鸽肉
　Y 乳鸽肉

鸽肉制品
　Y 乳鸽肉

割圈绒
　Y 割绒

割圈绒织物
　Y 割绒织物

割圈织物
　Y 割绒织物

割绒
velvet pile
TS195
　D 割圈绒
　　剪绒
　S 起绒
　Z 绒毛
　　整理

割绒毛巾
Y 毛巾

割绒织物
cut pile fabrics
TS106.87
D 割圈绒织物
割圈织物
S 绒面织物
C 毯子
Z 织物

革
Y 皮革

革胡
Y 弦乐器

革基布废水
wastewater of synthetic leather substrates
TS54；X7
S 制革废水
Z 废水

革履
Y 鞋

革丝织物
Y 丝绸织物

革屑
Y 皮革屑

格栅灯
grille light
TM92；TS956
S 灯*

格子毯
Y 毯子

搁板
Y 隔板

葛粉
arrowroot
TS255.5
S 食用粉*

葛根淀粉
pueraria lobata ohwi starch
TS235.5
S 植物淀粉
F 太白葛根淀粉
Z 淀粉

葛根饮料
Y 植物饮料

葛根渣
kudzu root residue
TS255
S 果蔬渣
Z 残渣

葛花茶
ge scented tea
TS272.53
S 花茶
Z 茶

葛饮料

Y 植物饮料

蛤
Y 蛤蜊

蛤蜊
clam
TS254.2
D 蛤
蚬子
S 海鲜产品
F 巴非蛤
Z 水产品

隔板
baffle plate
TS66
D 超细玻璃纤维隔板
搁板
中隔板
S 板*

隔板纸
Y 纸板

隔距*
gage
TS104.2
F 除尘刀隔距
盖板隔距
罗拉隔距
落棉隔距
钳口隔距
梳理隔距
梳棉隔距
C 纺织

隔距块
spacing block
TS103.82
S 牵伸器材
F 细纱隔距块
Z 纺纱器材

隔绝式防毒服
Y 防毒服

隔绝式防毒衣
Y 防毒服

隔绝式防护服装
Y 特种防护服

隔离服
isolation clothing
TL7；TS941.731；X9
S 防护服
Z 安全防护用品
服装

隔离盘(纺纱)
Y 阻捻盘

隔离特性
Y 阻隔性

隔离性
Y 阻隔性

隔离纸
release paper

TS761.9
D 离型纸
S 功能纸
F 电池隔膜纸
隔热纸
屏蔽纸
Z 纸张

隔离装置
isolating device
TS3
S 装置*
C 隔离开关 →(5)

隔热值
thermal insulation value
TS941.1
S 数值*
C 服装
暖体假人

隔热纸
thermal insulating paper
TS761.9
S 隔离纸
Z 纸张

个人保护用品
Y 个人防护用品

个人防护器材
Y 个人防护用品

个人防护用品
personal protective equipment
TS941.731；X9
D 防护用品
个人保护用品
个人防护器材
个人防护装备
个体保护用品
个体保护装备
个体防护器材
个体防护器具
个体防护用品
个体防护装备
上肢防护用品
身躯防护用品
下肢防护用品
S 安全防护用品*
F 安全带
安全帽
防尘面具
防毒口罩
防护服
防护手套
防护鞋
防护眼镜
呼吸器
护耳器
护膝
卡头
口罩
盔甲
氧气面罩
C 个体防护 →(6)
人体防护
人员保护装置 →(13)

个人防护装备
 Y 个人防护用品

个人护理
personal care
TS974
 S 护理*
 F 皮肤护理
 身体护理
 头皮护理
 秀发护理

个人护理产品
 Y 个人护理品

个人护理品*
personal care products
TQ65
 D 个人护理产品
 个人护理用品
 个人卫生防护用品
 个人卫生用品
 个人洗护用品
 护理产品
 护理品
 护理用品
 美容品
 F 盥洗用品
 卫生用品
 C 美容
 皮肤护理

个人护理用品
 Y 个人护理品

个人卫生防护用品
 Y 个人护理品

个人卫生用品
 Y 个人护理品

个人洗护用品
 Y 个人护理品

个体保护用品
 Y 个人防护用品

个体保护装备
 Y 个人防护用品

个体防护器材
 Y 个人防护用品

个体防护器具
 Y 个人防护用品

个体防护用品
 Y 个人防护用品

个体防护装备
 Y 个人防护用品

个性化服装
individual apparel
TS941.7
 S 服装*

个性化印刷
personalized printing
TS87
 S 印刷*

 F 按需印刷

个性时尚
 Y 时尚

铬复鞣
chromium retanning
TS543
 S 复鞣
 铬鞣
 Z 制革工艺

铬革废弃物
chromium containing leather wastes
TS59；X7
 S 化学废物*
 制革废弃物
 Z 工业废弃物
 固体废物

铬革屑
chrome shavings
TS59
 D 废铬革屑
 铬鞣废革屑
 铬鞣革屑
 铬鞣碎皮屑
 含铬革屑
 S 皮革屑
 F 含铬废革屑
 C 铬铁鞣剂
 Z 废屑
 副产品

铬革渣
 Y 皮边角料

铬铝鞣剂
chrome-aluminium tanning agent
TS529.2
 S 铬鞣剂
 铝鞣剂
 Z 鞣剂

铬绿帘石
 Y 宝石

铬绿泥石
 Y 宝石

铬媒染料
chrome dye
TS193.21
 D 酸性铬媒染料
 酸性铬染料
 S 酸性媒介染料
 Z 染料

铬鞣
chrome tannage
TS543
 D 铬鞣法
 铬盐鞣
 无铬鞣
 无铬鞣制
 S 鞣制
 F 不浸酸铬鞣
 高吸收铬鞣
 铬复鞣
 铬鞣革

 少铬鞣
 Z 制革工艺

铬鞣法
 Y 铬鞣

铬鞣废革屑
 Y 铬革屑

铬鞣革
chrome tanned leather
TS543
 S 铬鞣
 Z 制革工艺

铬鞣革屑
 Y 铬革屑

铬鞣剂
chrome tanning agents
TS529.2
 D 铬鞣助剂
 S 多金属鞣剂
 F 不浸酸铬鞣剂
 铬铝鞣剂
 铬铁鞣剂
 C 无铬鞣剂
 Z 鞣剂

铬鞣碎皮屑
 Y 铬革屑

铬鞣鞋面革
chrome tanned shoe upper leather
TS563.2；TS943.4
 S 鞋面革
 Z 鞋材

铬鞣液
chrome tanning solution
TS59；X7
 S 皮革废液
 Z 废液

铬鞣制
 Y 铝鞣

铬鞣猪皮
chrome-tanned pigskin
S；TS564
 S 猪皮
 Z 动物皮毛

铬鞣助剂
 Y 铬鞣剂

铬铁鞣剂
Cr-Fe tanning agent
TS529.2
 S 铬鞣剂
 C 铬革屑
 Z 鞣剂

铬-铁-植结合鞣
Cr-Fe-tannin combined tannage
TS543
 S 结合鞣
 Z 制革工艺

铬盐鞣
 Y 铬鞣

铬植结合鞣
chromium planting combination tannage
TS543
S 结合鞣
Z 制革工艺

根雕
root carving
TS932.4
S 木雕
Z 雕刻
工艺品

根段原木
Y 原木

根霉酒曲
Y 根霉曲

根霉曲
rhizopus starter
TS26
D 根霉酒曲
S 酒曲
Z 曲

根艺
Y 雕塑工艺品

羹
thick soup
TS972
D 羹菜
汤羹
S 菜肴*

羹菜
Y 羹

梗处理设备
Y 洗梗机

梗丝
cut stem
TS42
S 烟梗
F 膨胀梗丝
Z 卷烟材料

梗丝分选
Y 烟草生产

梗丝膨胀
cut stem expanding
TS44
D 梗丝膨胀技术
S 烟叶加工*

梗丝膨胀技术
Y 梗丝膨胀

工厂*
manufacturer
TB4
D 产业工厂
生产厂
生产工厂
制造厂
F 茶厂
纺织厂
纺织机械厂
服装厂
家具厂
卷烟厂
木材加工厂
人造板厂
缫丝厂
食品厂
玩具厂
鞋厂
印刷厂
造纸厂
制革厂
C 车间
工厂安全 →(13)
工厂环境 →(13)
工厂节能 →(5)
工厂设计
工厂噪声 →(1)
工厂自动化 →(8)
工业设备 →(1)

工厂垃圾
Y 工业废弃物

工厂设计*
factory design
TU2
F 米厂设计
棉纺厂设计
食品工厂设计
C 工厂

工程*
engineering
TB1
D 工程类型
工程领域
工程形式
合理化工程
F 纺织工程
服装工程
轻化工程
食品工程
C 安全工程 →(2)(5)(8)(11)(12)(13)
电力工程 →(5)
防水工程 →(2)(12)
工程机械
工程试验 →(1)(2)(3)(6)(9)(11)(12)
环境工程 →(6)(11)(12)(13)
建筑工程 →(2)(11)
交通工程 →(4)(5)(6)(11)(12)(13)
矿业工程 →(2)
市政工程 →(11)(13)
水利水电工程 →(11)(12)
信息工程 →(1)(7)(8)
油气工程 →(2)

工程表面
Y 表面

工程材料学
Y 材料科学

工程分析*
engineering analysis
TP3
F 裁剪分析
C 安全分析 →(1)(2)(3)(4)(5)(6)(7)(8)(9)(11)(12)(13)
材料分析 →(1)
测试分析 →(1)(2)(4)(8)(11)
电气分析 →(4)(5)(7)
分析
工程量 →(2)(11)(12)
网络分析 →(5)(7)(8)(11)

工程化设计
Y 工程设计

工程机械*
engineering machinery
TH2；TU7
D 工程机械设备
F 检衡车
开槽机
C 钢筋加工机械 →(11)
工程
工程管理 →(1)(8)(11)(12)(13)
工程规划 →(1)(5)(11)
工程机械制造业 →(4)
化工机械 →(3)(5)(9)
机械
建材机械 →(11)
焦炉机械 →(2)(3)(9)
设备维修 →(1)
升降机械 →(2)(3)(4)(6)(11)(12)
施工机械 →(2)(3)(4)(5)(11)(12)
水利机械 →(4)(5)(11)(12)
铁路机械 →(12)

工程机械设备
Y 工程机械

工程建设施工
Y 建筑施工

工程类型
Y 工程

工程理论*
engineering theories
TB1
F 经典层合板理论
C 理论

工程领域
Y 工程

工程模型*
engineering model
TB2
F 坦克模型
C 电气模型 →(5)(7)(8)(9)
核模型 →(6)
环境模型 →(11)(13)
计算机模型
交通模型 →(3)(4)(8)(11)(12)
模型
通信模型 →(1)(7)(8)
网络模型 →(1)(2)(5)(7)(8)(12)
冶金模型 →(3)
有限厚度 →(1)

工程木材
engineering woods
TS62
D 车辆材

航空用材
造船材
S 木材*

工程木质复合材料
engineering wood composites
TS62
S 木质复合材料
Z 复合材料

工程设计*
engineering design
TB2；TU2
D 工程化设计
工程设计阶段
工程设计学
工程项目设计
工况设计
F 烟包设计
C 工程任务 →(1)
建筑工程设计 →(11)
设计
市政工程设计 →(1)(2)(5)(7)(11)(12)
示范工程 →(13)
水利工程设计 →(11)

工程设计阶段
Y 工程设计

工程设计学
Y 工程设计

工程食品
Y 转基因食品

工程图*
engineering drawing
TB2；TH12
D 工程图样
工程图纸
F 编织图
服装图案
C 视图 →(1)(4)(7)(8)
图
微位移 →(3)(4)(8)
位移检测 →(11)

工程图样
Y 工程图

工程图纸
Y 工程图

工程项目设计
Y 工程设计

工程形式
Y 工程

工夫红茶
congou black tea
TS272.52
D 坦洋工夫红茶
S 红茶
Z 茶

工件硬度
Y 硬度

工具*
tool

TG7；TS914.5
D 加工工具
F 磁性工具
电动工具
电工工具
电钻
辅具
高效工具
化妆工具
机械工具
夹钳
金刚石绳锯
金刚石圆盘锯
锯
模拟工具
配套工具
实用工具
手工具
数字化工具
通用工具
五金工具
移动工具
C 打捞工具 →(2)
电力系统工具箱 →(3)(4)(5)
工具技术 →(3)
工具设计 →(1)(3)(4)(8)
机具 →(3)(4)(11)
机械加工 →(2)(3)(4)(7)(8)(9)(11)
模具
手柄
网络工具 →(7)(8)

工具车间
Y 车间

工具机
Y 机床

工具结构*
tool structural
TG7
F 刀具结构

工具钳
Y 钳子

工具五金
Y 五金件

工具组合
Y 工具组件

工具组件*
tool component
TG7；TH13
D 工具组合
F 换刀装置
退刀装置

工控
Y 工业控制

工况设计
Y 工程设计

工模具
Y 模具

工频试验设备
Y 试验设备

工序
Y 流程

工序衔接
Y 流程

工业*
industry
F
D 海上工业
生产工业
特种工业
物料搬运工业
烟火工业
一般工业
仪表工业
制冷工业
F 纺织机械工业
缝纫机工业
粮油机械工业
造纸机械行业
C 工业电网 →(5)
工业节能 →(5)
工业照明 →(13)
航空航天工业 →(6)
化学工业
轻工业
行业 →(1)(11)

工业表面活性剂
Y 表面活性剂

工业房屋
Y 工业建筑

工业废弃物*
industrial waste
X7
D 产业废弃物
煅烧废物
工厂垃圾
工业废物
工业垃圾
工业三废
F 废丝
废糖蜜
造纸废物
制革废弃物
C 煅烧 →(1)(2)(3)(9)
废弃物
工业废气 →(13)
工业废液 →(13)
固体废物
排污权交易 →(13)

工业废水处理*
industrial wastewater treatment
X7
D 工业废水处理工艺
工业废水集中处理
工业废水治理
工业废水综合治理
工业污水处理
F 淀粉废水处理
毛纺废水处理
印染废水处理
造纸废水处理
制革废水处理

C　废水处理 →(3)(9)(13)
　　工业废物处理 →(13)

工业废水处理工艺
Y　工业废水处理

工业废水集中处理
Y　工业废水处理

工业废水治理
Y　工业废水处理

工业废水综合治理
Y　工业废水处理

工业废物
Y　工业废弃物

工业缝纫机
industrial sewing machine
TS941.562
D　工业用缝纫机
S　缝纫机
Z　服装机械

工业缝纫线
industrial sewing thread
TS941.491
D　高速缝纫线
S　缝纫线
Z　服装辅料

工业副产品
industrial by-products
TS69
S　副产品*
F　木材副产品
　　烟草工业副产品
　　制革副产品
　　制糖工业副产品

工业干酪素
Y　酪蛋白

工业构筑物
Y　工业建筑

工业化设计
Y　产品设计

工业化制备
Y　制备

工业级攻丝头
Y　攻丝机

工业建筑*
industrial building
TU2
D　产业建筑
　　产业类建筑
　　工业房屋
　　工业构筑物
　　工业建筑物
F　锯齿形厂房
C　工程建设 →(1)(11)(12)
　　工业区 →(11)
　　建筑 →(11)(12)

工业建筑物
Y　工业建筑

工业结晶器
Y　结晶器

工业金属
Y　金属材料

工业控制*
industrial control
TP2
D　工控
F　纺织控制
　　印刷控制
　　造纸控制
C　工艺控制 →(1)(2)(3)(4)(5)(8)(9)(11)
　　控制
　　区间控制 →(8)

工业垃圾
Y　工业废弃物

工业流程
Y　流程

工业平缝机
industrial flat bed sewing machine
TS941.562
S　平缝机
Z　服装机械

工业溶剂
Y　溶剂

工业三废
Y　工业废弃物

工业设计
Y　产品设计

工业生产技术
Y　生产工艺

工业丝
industrial yarn
TQ34；TS102
D　工业用丝
S　纤维制品*
F　氨纶丝
　　丙纶丝
　　长丝
　　醋酸丝
　　单丝
　　复丝
　　混纤丝
　　锦纶丝
　　聚酯工业丝
　　全牵伸丝
　　色丝
C　纺丝 →(9)
　　化学纤维
　　纤度
　　纤维集合体

工业塔
Y　塔器

工业污水处理
Y　工业废水处理

工业洗衣机
industrial washing machine
TM92；TS973
S　洗衣机
Z　轻工机械

工业纤维
Y　产业用纺织品

工业橡胶
Y　橡胶

工业盐
industrial salt
TS36
S　盐*
F　THP 盐
　　除冰盐
　　沐浴盐
　　洗涤盐

工业样板
Y　服装工业样板

工业用纺织品
Y　产业用纺织品

工业用缝纫机
Y　工业缝纫机

工业用面粉
Y　专用面粉

工业用呢
Y　产业用纺织品

工业用绒
Y　产业用纺织品

工业用纱线
Y　产业用纺织品

工业用丝
Y　工业丝

工业用纤维
Y　产业用纺织品

工业用毡
Y　毡

工业用针织物
Y　针织物

工业用织物
Y　产业用纺织品

工业用纸
industrial paper
TS761.2
S　纸张*
F　电解电容器纸
　　卷烟纸
　　印刷纸

工业织物
Y　产业用纺织品

工业纸样
industrial patterns
TS941.6
S　纸样*

工业制板
Y　服装工业样板

工艺方法
工艺计算 →(1)
工艺图 →(1)
设计

工艺设计方法
Y 工艺设计

工艺设计过程
Y 工艺设计

工艺设计模式
Y 工艺设计

工艺生产
Y 生产工艺

工艺实验
Y 工艺试验

工艺试验*
process test
TG；TH16
D 处理试验
工艺操作试验
工艺实验
工艺性能试验
工艺性试验
加工试验
F 插销试验
纺纱试验
染色试验
脱色试验
C 工程试验 →(1)(2)(3)(6)(9)(11)(12)
工艺建模 →(8)
试验工艺 →(1)

工艺塑性
Y 工艺性能

工艺特点
Y 工艺性能

工艺特性
Y 工艺性能

工艺特征
Y 工艺性能

工艺卫生
technological hygiene
TS201.6
S 卫生*

工艺温度*
technological temperature
TB9；TH7
F 染色温度
提取温度
C 温度 →(1)(2)(3)(4)(7)(9)(11)(12)

工艺线
Y 生产线

工艺形式
Y 工艺性能

工艺性
Y 工艺性能

工艺性能*
manufacturability

TH16
D 工艺技术特点
工艺灵活性
工艺塑性
工艺特点
工艺特性
工艺特征
工艺形式
工艺性
工艺性质
工艺影响
抗挤性能
F 缝合性能
烘焙特性
挤压特性
胶合性能
胶粘性能
搅打性能
锯切性能
抗碎性
碾米性能
酿造特性
烹煮特性
上浆性能
涂布性能
制粉特性
制浆性能
制麦特性
C 工程性能 →(1)(2)(3)(4)(5)(6)(11)(12)
工艺方法
工艺原理 →(3)(4)
激光焊接 →(3)
金属性能 →(1)(2)(3)(9)(12)
生产工艺

工艺性能试验
Y 工艺试验

工艺性试验
Y 工艺试验

工艺性质
Y 工艺性能

工艺学
Y 工艺方法

工艺要点
Y 工艺方法

工艺影响
Y 工艺性能

工艺制品
Y 工艺品

工艺制作
Y 制作

工艺质量*
technological quality
F；TH16
D 工艺品质
生产质量
F 包装质量
打浆质量
打样质量
打叶质量
缝纫质量

烘焙质量
卷制质量
梳理质量
洗瓶质量
印刷质量
C 产品质量
纺织加工质量
加工
加工精度 →(4)
加工原理 →(3)(4)
馒头
面团品质
配粉
配粉效果
质量

工艺种类
Y 工艺方法

工艺准备
Y 工艺方法

工装裤
Y 裤装

工装模具
Y 模具

工作表面
Y 表面

工作程序
Y 流程

工作服
work clothes
TS941.7
D 洁净工作服
S 职业服装
Z 服装

工作宽度
working width
TS103
S 宽度*

工作流程
Y 流程

工作母机
Y 机床

工作区*
work space
ZT74
D 工作区域
工作域
F 分梳区
C 区域

工作区域
Y 工作区

工作设备
Y 办公设备

工作线
Y 生产线

工作椅
working chairs

TS66；TU2
  S 椅子
  Z 家具

工作域
  Y 工作区

工作直径
  Y 直径

工作装置
  Y 装置

弓锯床
hack sawing machine
TS642
  D 弧线弓锯床
    立柱卧式弓锯床
    卧式弓锯床
    直线弓锯床
  S 锯机
  Z 木工机械

弓弦乐器*
bowed stringed instrument
TS953.23；TS953.33
  F 拨弹乐器
    胡琴
    吉他
    弦乐器

公称导程
  Y 导程

公定回潮率
conventional moisture regain rate
TS102；TS11
  S 回潮率
  Z 比率

公共路灯
public street lamps
TM92；TS956
  D 公用路灯
  S 路灯
  Z 灯

公文包
portfolio
TS951
  S 办公用品*

公用路灯
  Y 公共路灯

公有自然资源
  Y 自然资源

公制支数
  Y 支数

公众营养
community nutrition
R；TS201
  S 营养*

公主裙
  Y 裙装

公主式连衣裙
  Y 连衣裙

功率故障
  Y 电气故障

功能*
function
ZT4
  D 功能构成
  F 保健功能
    除臭功能
    调味功能
    防护功能
    护肤功能
    机器功能
    降血糖功能
    降脂功能
    清洁功能
    食品功能
    舒适功能
    营养功能
  C 功能布局 →(1)
    功能仿真 →(8)
    功能开关 →(5)
    功能设计 →(1)(4)(8)(11)(12)
    软件功能 →(4)(7)(8)
    通信功能 →(7)(8)

功能板
  Y 板

功能测试
  Y 性能测量

功能稻米
functional rice
TS210.2
  D 功能米
    功能性大米
    功能性稻米
  S 大米
  F 保健大米
    低过敏大米
    富硒米
    营养强化大米
  Z 粮食

功能多糖
  Y 功能性糖果

功能防护纺织品
  Y 防护织物

功能纺织品*
functional textiles
TS106.8
  D 保健织物
    变色纺织品
    变色织物
    补强织物
    导电纺织品
    导湿织物
    电光织物
    电子织物
    镀镍织物
    多功能织物
    仿真纺织品
    高弹性纺织品
    高强织物
    高性能纺织品
    功能性纺织品

功能性织物
功能织物
过滤纺织品
恒温织物
军用织物
抗撕裂纺织品
可呼吸织物
可生物降解织物
免烫纺织品
敏化织物
纳米抗菌纺织品
屏蔽织物
亲水性织物
生物降解织物
特种防护织物
特种纺织品
特种织物
透湿防水织物
卫生保健织物
自适应纺织品
  F 保健纺织品
    保暖织物
    导电织物
    发光织物
    反光织物
    芳玻韧布
    芳香织物
    防护织物
    负离子织物
    干爽织物
    免烫织物
    纳米纺织品
    气囊织物
    形状记忆织物
    增强织物
    智能纺织品
  C 纺织品
    功能面料
    功能纤维
    织物

功能高分子纤维
  Y 功能纤维

功能构成
  Y 功能

功能红曲
functional red yeast
TS26
  D 功能性红曲
  S 红曲
  Z 曲

功能化纤维
  Y 功能纤维

功能黄酒
  Y 保健黄酒

功能架构
  Y 功能结构

功能检验
  Y 性能检测

功能酱油
functional soy sauce
TS264.21

S 酱油*
F 保健酱油
　强化酱油

功能结构*
functional architecture
ZT6
　D 功能架构
　　核心功能结构
　F 饮食结构
　C 功能框架 →(8)

功能米
　Y 功能稻米

功能面料
functional fabric
TS941.41
　D 保暖面料
　　发光面料
　　防护服面料
　　防火迷彩面料
　　防火面料
　　防水面料
　　防水透气面料
　　防水透湿面料
　　功能性面料
　　抗静电面料
　　抗菌除臭面料
　　抗菌面料
　　纳米银抗菌面料
　　耐高温面料
　　透湿防水面料
　　阻燃面料
　S 面料*
　F KEG 保温面料
　　高科技面料
　　记忆面料
　　吸湿快干面料
　C 功能纺织品

功能啤酒
functional beer
TS262.59
　D 功能性啤酒
　S 啤酒
　Z 酒

功能染料
functional dyes
TS193.21
　D 功能性染料
　S 染料*
　F 发光染料
　　过敏性染料
　　隐色染料
　　荧光染料
　　阻光染料

功能食品
functional foods
TS218.23
　D 功能型食品
　　功能性食品
　　美容食品
　　农业食品
　　酸性食品
　S 食品*

　F 保健食品
　　长寿食品
　　运动食品

功能食品配料
　Y 功能性食品原料

功能食品添加剂
　Y 功能性食品添加剂

功能食品因子
　Y 食品功能因子

功能食品原料
　Y 功能性食品原料

功能糖
　Y 功能性糖果

功能特点
　Y 性能

功能甜味剂
functional sweetening agents
TS202；TS245
　D 功能性甜味剂
　　功能性甜味料
　S 甜味剂
　Z 增效剂

功能纤维
functional fiber
TQ34；TS102.528
　D 半光纤维
　　半消光纤维
　　保健纤维
　　发泡纤维
　　防起球纤维
　　防污纤维
　　高功能纤维
　　高技术纤维
　　高铝耐火纤维
　　高性能纤维
　　功能高分子纤维
　　功能化纤维
　　功能性纺织纤维
　　功能性高分子纤维
　　功能性化纤
　　功能性聚合物纤维
　　功能性纤维
　　可生物降解纤维
　　泡沫纤维
　　特种合成纤维
　　温敏纤维
　　无光纤维
　　吸附纤维
　　橡胶纤维
　　消光纤维
　　压敏粘合纤维
　S 纤维*
　F 磁性纤维
　　弹性纤维
　　导电纤维
　　调温纤维
　　芳香纤维
　　防护纤维
　　防伪纤维
　　高感性纤维
　　高收缩纤维

　　功能性涤纶
　　耐高温纤维
　　示踪纤维
　　吸波纤维
　　吸湿排汗纤维
　　吸油纤维
　　远红外纤维
　　智能纤维
　C 差别化纤维
　　功能纺织品
　　消光剂

功能型食品
　Y 功能食品

功能型饮料
　Y 保健饮料

功能性白酒
functional liquor
TS262.39
　S 白酒*
　C 保健酒

功能性测试
　Y 性能测量

功能性大豆浓缩蛋白
functional soybean protein concentrate
Q5；TS201.21
　S 大豆浓缩蛋白
　Z 蛋白质

功能性大米
　Y 功能稻米

功能性稻米
　Y 功能稻米

功能性低聚糖
functional oligosaccharide
TS213
　S 碳水化合物*
　F 大豆低聚糖
　　低聚果糖
　　低聚龙胆糖
　　麦芽低聚糖
　　魔芋低聚糖
　　水苏糖
　　纤维低聚糖

功能性涤纶
functional polyester fibres
TQ34；TS102.528
　D 弹性涤纶
　　高吸水涤纶
　　环保型涤纶
　　聚酯导电纤维
　　可染涤纶
　　远红外涤纶
　　阻燃涤纶纤维
　S 涤纶
　　功能纤维
　F 导湿涤纶纤维
　　高收缩涤纶
　　抗菌涤纶
　　抗紫外线涤纶
　Z 纤维

功能性纺织品

Y 功能纺织品

功能性纺织纤维
　　Y 功能纤维

功能性服装
functional clothing
TS941.7
　　D 功能性运动服
　　S 服装*
　　F 变色服装
　　　防寒服
　　　防护服
　　　警示服
　　　绿色服装
　　　特种服装
　　　吸湿快干型服装
　　　雨衣

功能性服装面料
　　Y 高科技面料

功能性复合饮料
　　Y 功能饮料

功能性高分子纤维
　　Y 功能纤维

功能性红曲
　　Y 功能红曲

功能性化纤
　　Y 功能纤维

功能性聚合物纤维
　　Y 功能纤维

功能性面料
　　Y 功能面料

功能性啤酒
　　Y 功能啤酒

功能性染料
　　Y 功能染料

功能性肉制品
functional meat products
TS251.5
　　D 调理肉制品
　　　调制肉制品
　　S 肉制品*

功能性乳制品
functional dairy products
TS252.59
　　D 强化奶
　　S 乳制品*
　　F 富硒牛奶
　　　钙奶
　　　功能性酸奶
　　　营养奶

功能性食品
　　Y 功能食品

功能性食品基料
　　Y 功能性食品原料

功能性食品添加剂
functional food additives
TS202.3

　　D 功能食品添加剂
　　S 食品添加剂
　　Z 添加剂

功能性食品原料
functional food ingredient
TS202.1
　　D 功能食品配料
　　　功能食品原料
　　　功能性食品基料
　　S 食品原料*
　　F 保健食品原料

功能性酸奶
functional yogurt
TS252.59
　　D 营养酸奶
　　S 功能性乳制品
　　　酸奶
　　F 保健酸奶
　　　益生酸奶
　　Z 发酵产品
　　　乳制品

功能性糖果
functional candy
TS246.59
　　D 功能多糖
　　　功能糖
　　　减肥糖果
　　S 糖果
　　F 益寿糖
　　Z 糖制品

功能性甜味剂
　　Y 功能甜味剂

功能性甜味料
　　Y 功能甜味剂

功能性纤维
　　Y 功能纤维

功能性香精
functional flavor
TQ65；TS264.3
　　S 香精
　　F 调理香精
　　　驱蚊香精
　　Z 香精香料

功能性因子
　　Y 功能因子

功能性饮料
　　Y 功能饮料

功能性油脂
functional lipids
TS22
　　D 特种油脂
　　　专用油脂
　　S 油脂*
　　F 保健油脂

功能性原料
functional raw materials
TS2
　　S 原料*

功能性运动服
　　Y 功能性服装

功能性粘胶纤维
functional viscose fibres
TQ34；TS102.51
　　S 粘胶纤维
　　F 抗菌粘胶纤维
　　　远红外粘胶
　　　阻燃粘胶纤维
　　Z 纤维

功能性针织品
　　Y 功能性针织物

功能性针织物
functional knitted fabrics
TS186
　　D 功能性针织品
　　S 针织物*

功能性整理
functional finish
TS195
　　D 多功能整理
　　　功能整理
　　　耐气候整理
　　S 纺织品整理
　　F 保湿整理
　　　防臭整理
　　　防勾丝整理
　　　防缩整理
　　　防污整理
　　　拒水拒油整理
　　　抗起毛起球整理
　　　抗溶胀整理
　　　抗皱免烫整理
　　　耐久整理
　　　舒适性整理
　　　增重整理
　　　织物特种整理
　　Z 整理

功能性整理剂
　　Y 功能整理剂

功能性织物
　　Y 功能纺织品

功能药蛋
　　Y 碘蛋

功能因子
functional factors
TS218
　　D 功能性因子
　　S 因子*
　　F 食品功能因子
　　C 纳豆

功能饮料
functional drinks
TS275.4
　　D 功能性复合饮料
　　　功能性饮料
　　　绞股蓝饮料
　　　维生素饮料
　　　五味子饮料
　　　中药饮料

S 饮料*
F 保健饮料
减肥饮料
金银花饮料
能量饮料

功能整理
Y 功能性整理

功能整理剂
functional finish agent
TS195.2
D 功能性整理剂
S 整理剂*
F 多功能整理剂
防沾色剂
防皱整理剂
防紫外线整理剂
拒水拒油整理剂
抗菌整理剂
抗起毛起球剂
起皱剂
亲水整理剂
柔软剂
手感剂
爽滑剂
硬挺剂
C 抗静电剂

功能织物
Y 功能纺织品

功能纸
functional paper
TS761.9
S 纸张*
F 除臭纸
磁性纸
导电纸
防涂改纸
防伪纸
防锈纸
隔离纸
绝缘纸
抗菌纸
耐磨纸
湿强纸
阻燃纸

攻丝机
tapping machine
TG5；TS64
D 半自动攻丝机
单轴攻丝机
电动攻丝机
多轴攻丝机
二轴攻丝机
法兰螺母攻丝机
防盗螺母攻丝
风动攻丝机头
工业级攻丝头
攻丝头
攻牙机
扩孔攻丝机
立式攻丝机
六角螺母攻丝机
六轴攻丝机
螺母攻丝机

螺纹攻丝机
螺纹攻牙机
盲孔螺母攻丝机
模内攻丝机
气动攻丝机
气动攻丝头
全自动攻丝机
热打螺母攻丝机
手动攻丝机
四轴攻丝机
台式攻丝机
万能攻丝机
液压攻丝机
圆螺母攻丝机
振动攻丝机
自动攻丝机
钻孔攻丝机
S 机床*
C 攻丝 →(3)
攻丝装置 →(3)

攻丝头
Y 攻丝机

攻牙机
Y 攻丝机

供电产品
Y 电气产品

供浆系统
slurry feed system
TS733
S 制浆设备*
F 浆池

供墨量
Y 墨量

供墨系统
Y 喷墨设备

供丝系统
cut tobacco supplying system
TS43
S 上下料装置*

供氧面罩
Y 氧气面罩

供应系统*
supply system
TU99；TV6
F 供纸系统
C 供热系统 →(11)
供应站 →(11)

供纸系统
paper feeding system
TS43
S 供应系统*

宫灯
palace lantern
TM92；TS956
S 文化艺术用灯
Z 灯

汞灯
mercury vapour lamp

TM92；TS956
D 汞气灯
汞汽灯
水银灯
S 灯*
F 超高压汞灯
低压汞灯
高压水银灯
黑光灯
C 汞 →(3)
钠灯

汞气灯
Y 汞灯

汞汽灯
Y 汞灯

汞氙灯
xenon-mercury lamp
TM92；TS956
S 氙灯
Z 灯

共沉淀干酪素
Y 酪蛋白

共轭凸轮引纬机构
conjugate cam weft insertion mechanism
TS103.12
S 引纬机构
Z 纺织机构

共轭纤维
Y 差别化纤维

共纺纤维
Y 共混纤维

共纺纤维（混抽纤维）
Y 共混纤维

共混纺丝
Y 混纺

共混纤维
blend fiber
TQ34；TS102.6
D 共纺纤维
共纺纤维（混抽纤维）
混掺纤维
混抽纤维
混合纤维
混熔纤维
S 多组分纤维
F Formotex 纤维
PET/ECDP/PEG 共混纤维
珍珠共混纤维素纤维
C 共混接枝 →(9)
Z 纤维

共聚丙烯腈
Y 腈纶

共聚浆料
copolymerization sizing agent
TS1
S 化学浆料
Z 浆料

共聚酯纤维

Y 聚酯纤维

共聚组分
Y 成分

共享打印
shared print
TS859
S 打印*
F 网络打印
C 共享 →(4)(7)(8)
共享策略 →(8)
共享冲突 →(8)

贡菜
dried ballonflower
TS255.2
S 蔬菜
Z 果蔬

贡缎织物
tribute fabric
TS106.8
S 缎纹织物
F 直贡织物
Z 机织物

贡丝锦
tribute silk
TS136
S 精纺毛织物
Z 织物

贡丸
Y 鱼丸

贡鱼
Y 梅鱼

勾调
blending
TS261
D 白酒勾调
勾调技术
勾兑
勾兑调制
勾兑工艺
勾兑技术
S 物料调配*
F 白酒勾兑
风味调配
计算机勾兑
香精调配
C 白酒
微量成分

勾调技术
Y 勾调

勾兑
Y 勾调

勾兑调制
Y 勾调

勾兑工艺
Y 勾调

勾兑技术
Y 勾调

勾芡
thicken with cooking starch
TS972.113
D 勾芡技术
S 烹饪工艺*

勾芡技术
Y 勾芡

沟帮子熏鸡
Y 熏鸡

沟槽罗拉
grooved roller
TS103.82
S 罗拉
Z 纺织器材

沟槽人造板
Y 饰面人造板

沟槽纤维
Y 异形纤维

沟流效应
channelling effect
TS102

钩编
crochet knit
TS935
S 编织*
C 针织工艺

钩编机
Y 针织机

钩编织带机
Y 针织机

钩编织物
Y 针织物

钩编组织
Y 针织物组织

钩丝
snag
TS101.97
S 织物疵点
Z 纺织品缺陷

钩虾
gammarid
TS254.2
S 虾类
Z 水产品

钩形扳手
hook spanner
TG7；TS914
S 扳手
Z 工具

钩针
bearded needle
TS183.1
D 弹簧针
S 织针
Z 纺织机构

钩针花边

Y 花边

狗枸杞
Y 枸杞

狗皮
dog fur
S；TS564
S 毛皮
Z 动物皮毛

狗绒
Y 宝丝绒

狗肉
dog-meat
S；TS251.59
S 畜肉
Z 肉

枸杞
lycium chinense
TS255.2
D 地骨皮
甘枸杞
狗枸杞
枸杞子
津枸杞
宁夏枸杞
西枸杞
S 蔬菜
F 枸杞头
C 活性干酵母 →(9)
Z 果蔬

枸杞茶
wolfberry leaf tea
TS272.55
S 保健茶
F 枸杞叶茶
Z 茶

枸杞多糖
wolfberry polysaccharide
Q5；TS24
S 碳水化合物*

枸杞果茶
wolfberry fruit tea
TS27
S 果茶
Z 茶

枸杞酒
wolfberry wine
TS262
D 枸杞浓酒
S 保健药酒
浸泡酒
F 宁夏枸杞酒
Z 酒

枸杞浓酒
Y 枸杞酒

枸杞色素
lycium pigment
TQ61；TS202.39
S 植物色素
Z 色素

枸杞头
lycium Chinese sprouts
TS255.2
S 枸杞
Z 果蔬

枸杞叶茶
lycium chinense mill leaf tea
TS272.55
S 枸杞茶
Z 茶

枸杞籽油
wolfberry seed oil
TS225.19
S 籽油
Z 油脂

枸杞子
Y 枸杞

构架设计
Y 结构设计

构件变形*
deformation of component
O3；TB3
F 面板变形
C 变形
一阶段管 →(9)

构皮
Y 构树皮

构树皮
bark of paper mulberry
TS72
D 构皮
S 树皮*
F 光叶楮白皮

构造
Y 结构

构造层
Y 结构层

构造设计
Y 结构

垢
Y 污垢

垢物
Y 污垢

垢抑制剂
Y 阻垢剂

孤网
Y 联网

菇蒜鲜辣酱
Y 辣酱

古代纺织
Y 服装史

古代纺织品
ancient textile
TS106
D 定陵出土明代纺织品

马王堆汉墓出土纺织品
S 纺织品*

古代服饰
ancient costume
TS941.7
D 古代服装
S 服饰*
F 民国服饰
原始服饰

古代服装
Y 古代服饰

古代家具
Y 古典家具

古代面点
Y 传统面点

古代颜料
Y 颜料

古代造纸
ancient paper-making
TH16；TS76
S 造纸
Z 生产

古代织机
Y 织机

古典家具
ancient furniture
TS66；TU2
D 古代家具
古董家具
古家具
古式家具
S 传统家具
F 明清家具
宋代家具
中国传统家具
Z 家具

古典提琴
Y 弦乐器

古董家具
Y 古典家具

古击乐器
Y 打击乐器

古家具
Y 古典家具

古井贡酒
gong wine
TS262.39
S 中国白酒
Z 白酒

古式家具
Y 古典家具

古斯里琴
Y 弦乐器

古陶瓷
ancient ceramics
TQ17；TS93

S 陶瓷*
F 中国古陶瓷

古提琴
Y 弦乐器

古鞋
Y 鞋

古玉器
ancient jadeware
TS933
S 玉器
Z 饰品

古丈毛尖
Y 古丈毛尖茶

古丈毛尖茶
tippy tea of guzhang
TS272.51
D 古丈毛尖
S 毛尖茶
Z 茶

谷氨酸钠
Y 味精

谷氨酸一钠
Y 味精

谷糙分离
husked rice separation
TS212
S 粮食加工
Z 农产品加工

谷糙分离设备
Y 重力谷糙分离机

谷蛋白
glutenin
Q5；TQ46；TS201.21
D 谷物蛋白
谷物蛋白质
麦谷蛋白
麦谷蛋白大聚合体
麦谷蛋白大聚体
S 植物蛋白
F 大米蛋白
麸皮蛋白
麦胶蛋白
麦糟蛋白
面筋蛋白
胚芽蛋白
荞麦蛋白
小麦蛋白
燕麦蛋白
玉米蛋白
C 麦子
Z 蛋白质

谷类
cereals
TS210.2
S 原粮
F 稻谷
麦子
黍米
小米

薏米
玉米
Z 粮食

谷类淀粉
Y 谷物淀粉

谷类麸皮
grain bran
TS210.9
D 糠麸
S 麸皮
F 麸星
麦麸
米皮
Z 副产品

谷类食品
Y 谷物食品

谷朊粉
vital gluten
TS202；TS211
D 活性谷朊粉
面粉增筋剂
强筋剂
增筋剂
S 制剂*
C 面粉添加剂

谷外糙米
husked rice in peddy
TS210.2
S 糙米
Z 粮食

谷物
Y 稻谷

谷物产品
Y 谷物制品

谷物蛋白
Y 谷蛋白

谷物蛋白质
Y 谷蛋白

谷物淀粉
cereal starches
TS235.1
D 谷类淀粉
食用淀粉
S 淀粉*
F 稻米淀粉
荞麦淀粉
小麦淀粉
玉米淀粉

谷物粉
cereal flour
TS211；TS213
S 稻米食品
F 稻壳粉
麸粉
凉粉
米粉
膨化粉
燕麦粉
玉米粉

C 面粉
食用粉
Z 粮油食品

谷物化学
cereal chemistry
TS210
S 科学*

谷物加工
Y 粮食加工

谷物胚芽奶
cereal germ milk
TS275.7
S 植物蛋白饮料
Z 饮料

谷物食品
cereal products
TS213
D 谷类食品
S 粮食食品
F 稻米食品
粉皮
粉丝
粉条
粉团
麦片
麦仁
米面制品
荞麦食品
小麦制品
燕麦制品
C 谷物制品
Z 粮油食品

谷物水分
grain moisture
TS210.7
D 粮食湿度
S 食品水分
Z 水分

谷物杂粮
Y 杂粮

谷物早餐
Y 早餐食品

谷物早餐食品
Y 早餐食品

谷物制品
cereal products
TS213
D 谷物产品
S 制品*
C 谷物食品

谷芽酒
rice sprout wine
TS262
S 酒*

谷子
Y 小米

股绳
strand

TS106.4
S 绳索*

股线*
folded yarns
TS106.4
F 空心股线
帘子线
平行股线
强捻股线
双股线
C 单纱
捻线
线 →(1)(2)(4)(5)(6)(7)(8)(11)(12)

股线捻度
spinning twist
TS104
S 纱线捻度
Z 指标

骨蛋白
ossein
Q5；TS201.21
S 动物蛋白
Z 蛋白质

骨粉
bone meal
S；TS251.59
S 食用粉*
F 超细骨粉
鱼骨粉

骨架织物
Y 底布

骨泥软糖
Y 软糖

骨肉
Y 肉

骨食品
Y 骨质食品

骨油
bone fat
TS225.2
S 动物油
Z 油脂

骨质食品
bone food
TS219
D 骨食品
S 食品*

鼓
drum
TS953.25
D 板鼓
长鼓
单皮鼓
电子鼓
分鼓
手鼓
书鼓
S 打击乐器
Z 乐器

鼓泡
bubbling
TQ17；TS67
  D 鼓泡法
  S 发泡*

鼓泡法
  Y 鼓泡

鼓式削片机
drum chipper
TS04
  S 削片机
  Z 轻工机械

鼓式压力洗浆机
  Y 鼓式真空洗浆机

鼓式真空洗浆机
drum type vacuum washer
TS733.4
  D 鼓式压力洗浆机
    鼓式重力自吸洗浆机
  S 真空洗浆机
  Z 制浆设备

鼓式重力自吸洗浆机
  Y 鼓式真空洗浆机

固定齿条盖板
fixed rack plate
TS103.81
  S 盖板
  Z 纺纱器材

固定分梳件
  Y 分梳板

固定盖板针布
  Y 盖板针布

固定化污泥
  Y 污泥

固定化细胞流化床发酵器
  Y 发酵反应器

固定剂*
fixing agent
TE3；TS727
  D 固着剂
  F 固色剂
  C 聚合物驱 →(2)
    深部调剖 →(2)

固定式压缩模
  Y 模具

固定式压注模
  Y 模具

固定源废气
  Y 废气

固废
  Y 固体废物

固废物
  Y 固体废物

固化*
curing

TQ32；TQ43
  D 固化处理
    固化处置
    固化法
    固化方法
    固化工艺
    固化过程
    固化技术
    固化体
    固化行为
    固化型
  F 干燥固化
    预固化
  C TiO_2光催化剂 →(9)
    表面处理 →(1)(3)(4)(7)(9)
    催化加氢 →(9)
    催化裂化 →(2)(9)
    催化脱氢 →(9)
    催化重整 →(2)
    电器灌封胶 →(9)
    分层燃烧 →(5)
    固膜 →(9)
    固体废物
    固液分离 →(9)
    光固化粉末涂料 →(9)

固化层
solidifying layer
TS80
  S 结构层*
  F 预固化层
  C 薄膜涂布
    纤维板

固化处理
  Y 固化

固化处置
  Y 固化

固化促进剂
  Y 固化剂

固化法
  Y 固化

固化方法
  Y 固化

固化工艺
  Y 固化

固化过程
  Y 固化

固化技术
  Y 固化

固化剂*
curing agent
TE2；TQ0；TQ33
  D 固化促进剂
    固化物
    固结剂
    凝固剂
    新型固化剂
  F 营养凝胶剂
  C 固化成型 →(9)
    固化时间 →(9)
    缓凝剂 →(2)(9)(11)

流平剂 →(9)

固化设备
curing unit
TS803
  S 化工装置*

固化体
  Y 固化

固化物
  Y 固化剂

固化行为
  Y 固化

固化型
  Y 固化

固化油墨
curable ink
TQ63；TS802.3
  D 辐射固化油墨
    光固化 UV 仿金属皱纹油墨
    光固化油墨
    光固油墨
    红外线固着油墨
    湿固油墨
    湿固着油墨
  S 油墨*
  F UV 固化油墨
    热固化油墨
    水性光固化油墨
  C 红外线干燥 →(9)

固结*
consolidation
TU4
  D 固结方法
    固结技术
    固结形式
  F 预压固结
  C 半透水边界 →(11)
    固结沉降 →(11)
    固结试验 →(1)
    水平渗透系数

固结方法
  Y 固结

固结技术
  Y 固结

固结剂
  Y 固化剂

固结形式
  Y 固结

固溶体染色
  Y 染色工艺

固色
fixation
TS190；TS193
  D 固色方法
    固色工艺
    固色机理
    固色条件
    固色温度
    固色性

固着
固着机理
蒸汽固色
S 色彩工艺*
F 泡沫固色
汽蒸固色
烧碱固着
中性固色
C 固色剂
固色效果

固色处理
Y 固色整理

固色代用碱
Y 固色碱

固色方法
Y 固色

固色工艺
Y 固色

固色机理
Y 固色

固色剂
dye-fixing agent
TS19
D 固色助剂
增深固色剂
中性固色剂
S 固定剂*
色剂*
F 固色碱
无醛固色剂
阳离子固色剂
C 剥色
固色
染色助剂
色牢度

固色碱
fixation alkal
TS19
D 固色代用碱
固色碱 SL
S 固色剂
C 活性染料
Z 固定剂
色剂

固色碱 SL
Y 固色碱

固色率
colour fixing rate
TS193
D 固着率
S 物理比率*
F 高固色率
C 固色效果

固色条件
Y 固色

固色温度
Y 固色

固色效果

fixation result
TS193
S 色彩效果
C 固色
固色率
Z 效果

固色性
Y 固色

固色整理
fixing finish
TS195
D 固色处理
固着整理
S 纺织品整理
Z 整理

固色助剂
Y 固色剂

固态白酒
solid fermentation liquor
TS262.39
D 固态法白酒
S 白酒*
F 粉末酒
固态发酵白酒

固态醋
Y 固态食醋

固态低盐发酵法
Y 低盐固态发酵

固态发酵白酒
solid-state fermentation liquor
TS262.39
S 固态白酒
Z 白酒

固态发酵反应器
solid ferment reactor
TQ92；TS261.3
S 发酵反应器
C 残糖
发酵
发酵条件　→(9)
甘油发酵液
抗生素发酵　→(9)
Z 发酵设备
反应装置

固态法
solid-state
TS261.4
S 方法*

固态法白酒
Y 固态白酒

固态法酿醋
solid vinegar method
TS26
S 酿醋
Z 酿造

固态废弃物
Y 固体废物

固态废物

Y 固体废物

固态计数器
Y 计数器

固态酱油
solidified soy sauce
TS264.21
S 酱油*
F 低盐固态酱油
粉末酱油

固态金属材料
Y 金属材料

固态食醋
solid vinegar
TS264.22
D 固态醋
S 食用醋*

固体保健饮料
Y 天然保健品

固体保鲜缓释剂
solid releasing agent on fresh keeping
TS202.3
S 保鲜剂
Z 防护剂

固体废弃物
Y 固体废物

固体废物*
solid waste
X7
D 粉末状废物
固废
固废物
固态废弃物
固态废物
固体废弃物
F 废次烟叶
废牛奶盒
废弃打印耗材
废弃纺织品
废弃饮料盒
废弃印刷线路板
废丝
废亚麻
废纸
木质废弃物
纸包装废弃物
制革废弃物
C 废弃物
废渣
工业废弃物
固化
固体采样　→(13)
固体废物管理　→(13)
固体废物污染　→(13)
减量化　→(13)
垃圾　→(12)(13)

固体废渣
Y 废渣

固体计数器
Y 计数器

固体浆料
solid size
TS105
　S 浆料*

固体麦芽糖醇
solid maltitol
TS202.3
　S 麦芽糖醇
　Z 糖醇

固体食品
solid food
TS219
　S 食品*
　F 颗粒食品

固体树脂版
solid resin plate
TS8
　S 模版*

固体碳酸饮料
　Y 碳酸饮料

固体填料
　Y 填料

固体通风培养制曲
　Y 通风制曲

固体脱墨剂
　Y 脱墨剂

固体香精
solid fragrance
TQ65；TS264.3
　S 香精
　F 粉末香精
　　乳化香精
　　微胶囊香精
　Z 香精香料

固体消泡剂
solid defoamer
TQ0；TS727.2
　S 消泡剂
　Z 抑制剂

固体盐
solid salt
TS36
　S 盐*
　F 粗盐
　　粉盐
　　钙盐
　　矿物盐
　　小颗粒盐

固体盐湖
　Y 盐湖

固体饮料
solid drink
TS278
　D 含乳固体饮料
　　菊花晶
　　军用固体运动饮料
　S 饮料*
　F 咖啡伴侣

　　颗粒饮料

固体渣
　Y 残渣

固体脂肪含量
solid fat content
TS207
　S 脂肪含量
　Z 含量

固稀发酵
solid and liquid state fermentation
TS264
　S 食品发酵
　Z 发酵

固相多肽
　Y 多肽

固形物
solid substance
TS201.2
　S 形态*

固着
　Y 固色

固着机理
　Y 固色

固着剂
　Y 固定剂

固着率
　Y 固色率

固着整理
　Y 固色整理

故障*
failure
TH17；ZT5
　D 故障机理
　　故障类型
　　故障论断
　　故障特点
　　故障特性
　　故障特征
　　故障现象
　　故障形式
　　故障原因
　F 砂带跑偏
　　印刷故障
　C 波动　→(1)(3)(4)(5)(7)(8)(11)
　　电力系统振荡　→(5)
　　电气故障
　　发动机故障　→(4)(5)(6)(12)
　　故障部位　→(4)
　　故障管理　→(4)(13)
　　故障接线　→(5)
　　故障率　→(1)
　　故障模式　→(1)
　　故障树　→(1)(13)
　　故障预测　→(6)(8)
　　汽车故障　→(12)
　　热工故障　→(2)(5)(6)(9)(12)
　　设备故障　→(2)(3)(4)(5)(6)(7)(8)(9)(11)(12)

故障机理

　Y 故障

故障类型
　Y 故障

故障论断
　Y 故障

故障特点
　Y 故障

故障特性
　Y 故障

故障特征
　Y 故障

故障现象
　Y 故障

故障形式
　Y 故障

故障原因
　Y 故障

故障指示灯
fault-indicating lamp
TM92；TS956
　S 指示灯
　Z 灯

瓜雕
melon carving
TS972.114
　S 食品雕刻
　Z 雕刻

瓜儿胶
guar gum
TS72
　S 胶*

瓜果
　Y 水果

瓜子
melon seed
S；TS255.2
　D 黑瓜子
　　葵花子
　　无壳瓜子
　S 坚果*

刮板造型
　Y 造型

刮刀
spreading knife
TG7；TS914
　D 电动刮刀
　　钢刮刀
　　刮刀机构
　　烘缸刮刀
　　活动刮刀
　　起皱刮刀
　　双刮刀
　　涂布刮刀
　S 刀具*
　　零部件*

刮刀机构

Y 刮刀

刮刀角度
blade angle
TS75

刮刀涂布
blade coating
TS75
　S 造纸涂布
　Z 涂装

刮光刀片
　Y 刀片

刮胡刀
　Y 剃须刀

刮墨刀
doctor blade
TS803.9
　S 喷墨设备
　Z 印刷机械

刮雨器
　Y 雨刷

栝楼籽油
trichosanthes kirilowii seed oil
TS225.19
　S 籽油
　Z 油脂

挂杆复烤机
　Y 烟叶复烤机

挂糊
masking
TS972.113
　D 炮糊
　　制糊
　S 烹饪工艺*

挂黄烟
　Y 烟草生产

挂灰烟
　Y 烟草生产

挂件
pendant
TS934.5
　S 饰品*

挂胶钢丝帘布
　Y 帘子布

挂练
boiling in loop
TS192.5
　D 吊练
　S 精练
　Z 练漂

挂面
vermicelli
TS972.132
　S 面粉制品
　　面食
　F 营养挂面
　　玉米挂面

　Z 粮油食品
　　主食

挂面箱板纸
liner board paper
TS767
　S 箱板纸
　Z 纸制品

挂面自动包装机
　Y 食品包装机械

挂毯
　Y 毯子

挂纬织机
　Y 无梭织机

怪味
　Y 异味

关风器
air seal machinery
TS210.3
　S 粮食机械
　Z 食品加工机械

关机
　Y 停机

关机操作
　Y 停机

关键部位
　Y 部位

关键参数
　Y 参数

关键筛孔
　Y 筛孔

关键限值
critical limit
TS201.6
　S 数值*

关键组分
　Y 成分

观测*
observation
TU19
　F 视觉观测
　C 观测周期 →(11)
　　检测
　　勘察 →(1)(2)(11)(12)

观感质量
　Y 感官质量

观赏石*
ornamental stones
TS933.21
　D 景石
　　赏石
　F 彩石
　　鸡血石
　　灵璧石
　　灵石
　　奇石
　　寿山石

　　松花石
　　太湖石
　　印石
　　雨花石
　C 工艺品

官服
official dress
TS941.7
　D 绂冕
　S 传统服装
　Z 服装

官帽
　Y 帽

官能品评
　Y 感官评价

冠服
TS941.737
　S 传统服装
　Z 服装

琯溪蜜柚皮
Guanxi pomelo peel
TS255
　S 柚皮
　Z 水果果皮

管*
tube
TH13；TQ0；TU8；U1
　D 管类
　　管子
　　流管
　F 吸管
　C 壁厚 →(4)(5)
　　管材 →(3)(12)
　　管接头 →(4)(11)
　　管配件 →(4)(11)
　　管束 →(2)(5)(6)(9)
　　管线设计 →(12)
　　管直径 →(3)(12)
　　结垢堵塞 →(4)

管板厚度
　Y 板厚

管棒材拉拔机
　Y 拉拔设备

管材挤压机
　Y 挤压设备

管道*
pipeline
TE8；U1
　D 管道组对
　　管路
　　管系
　　管线
　F 浆体管道
　　输卤管道
　C 管道工程 →(12)
　　管道基础 →(11)
　　管路特性 →(4)
　　环氧树脂涂层 →(3)(9)
　　进气道 →(5)(6)

管道配棉
- Y 配棉工艺

管道组对
- Y 管道

管乐器
pipe instrument
TS953.22；TS953.32
- D 吹奏乐器
- S 乐器*
- F 笛
  - 木管乐器
  - 铜管乐器

管类
- Y 管

管理*
management
C
- D 综合管理
- F 酵母管理
  - 色彩管理
  - 屠宰管理
  - 印刷质量管理
- C 安全管理 →(1)(2)(5)(6)(7)(8)(9)(11)(12)(13)
  - 产品管理
  - 城市管理 →(11)(13)
  - 电力管理 →(5)(7)(8)(11)
  - 防治 →(1)(2)(3)(4)(11)(12)(13)
  - 工程管理 →(1)(8)(11)(12)(13)
  - 工艺管理 →(1)(4)(8)
  - 环境管理 →(1)(6)(11)(13)
  - 计算机管理 →(7)(8)(11)(13)
  - 监控 →(1)(2)(3)(4)(5)(6)(7)(8)(11)(12)(13)
  - 交通管理 →(12)(13)
  - 控制
  - 矿山管理 →(2)(13)
  - 权力管理 →(1)(7)(8)
  - 软件管理 →(8)
  - 设备管理 →(1)(3)(4)(5)(6)(8)(12)
  - 生产管理 →(1)(13)
  - 水管理 →(11)(12)(13)
  - 水利管理 →(11)(12)
  - 通信管理 →(5)(7)(8)(12)
  - 网络管理 →(4)(7)(8)(12)
  - 信息管理 →(1)(4)(7)(8)
  - 运输管理 →(6)(12)
  - 治理 →(1)(2)(12)(13)
  - 资源管理 →(1)(7)(8)(11)(13)
  - 组织管理 →(1)(11)(12)

管理系统*
management system
C
- D 管理子系统
- F 色彩管理系统
  - 智能门禁系统
- C 封闭系统 →(5)
  - 工程系统 →(1)(6)(8)(11)
  - 管理器 →(8)
  - 管理网络 →(7)
  - 管理系统模型 →(8)
  - 管理系统软件 →(8)
  - 管理信息系统 →(1)(8)(12)
  - 环境管理体系 →(13)
  - 交通管理系统 →(12)

决策系统 →(4)(8)(11)(13)
系统
信息管理系统 →(1)(8)(12)
运输管理系统 →(12)

管理子系统
- Y 管理系统

管路
- Y 管道

管排锯
- Y 锯

管坯锯
- Y 锯

管钳
- Y 管子钳

管纱
tube yarn
TS106.4
- D 纤子
- S 纱线*
- C 精纺
  - 细纱机

管系
- Y 管道

管线
- Y 管道

管状织物
tubular fabric
TS106.8
- D 圆环形织物
- S 织物*
- C 管状组织

管状组织
tubular stitch
TS101
- S 织物变化组织
- C 管状织物
- Z 材料组织

管子
- Y 管

管子扳手
- Y 扳手

管子钳
grip wrench
TG7；TS914
- D 管钳
- S 钳子
- Z 工具

贯孔
- Y 通孔

贯通孔
- Y 通孔

盥洗品
- Y 盥洗用品

盥洗用品
toilet articles

TS974；TS976
- D 盥洗品
  - 沐浴产品
  - 洗浴用品
- S 个人护理品*
  - 清洁用品
- Z 生活用品

灌肠加工
sausage processing
TS251.5
- D 火腿加工
- S 肉品加工
- Z 食品加工

灌肠类肉制品
- Y 肉肠

灌肠肉制品
- Y 肉肠

灌肠制品
- Y 香肠

灌东盐场
- Y 盐湖

灌酒机
bottlers
TS261
- D 装酒机
- S 灌装机械*
- F 啤酒灌装机

灌水猪肉
- Y 猪肉

灌注机
bottler
TS04
- S 灌装机械*

灌装*
filling
TB4；TS29
- D 灌装方式
  - 灌装工艺
  - 灌装技术
  - 罐装
  - 装罐
  - 装罐封口
  - 装罐技术
- F 二次灌装
  - 清洗装罐
  - 热封可揭罐盖技术
  - 热灌装
  - 食品装罐
  - 无菌灌装
  - 饮料灌装
- C 灌装时间
  - 罐头食品

灌装方式
- Y 灌装

灌装工艺
- Y 灌装

灌装机械*
refueling unit

TS04
　D 灌装设备
　　　罐装机
　F 充填机
　　　灌酒机
　　　灌注机
　　　无菌灌装设备
　　　液态物料定量灌装机

灌装技术
　Y 灌装

灌装精度
filling accuracy
TS206
　S 精度*
　C 灌装时间

灌装流水线
　Y 灌装生产线

灌装设备
　Y 灌装机械

灌装生产线
beverage-packaging production line
TS270.3；TS294
　D 灌装流水线
　　　灌装线
　S 食品生产线
　F 瓶装生产线
　Z 生产线

灌装时间
filling time
TS206
　S 时间*
　C 灌装
　　　灌装精度

灌装系统
filling system
TS206
　S 生产系统*

灌装线
　Y 灌装生产线

罐*
pot
TE9；TH4；TQ0
　F 饱充罐
　　　玻璃罐
　　　结晶罐
　　　金属罐
　　　空罐
　　　密封罐
　　　平衡罐
　　　瓶罐
　　　塑料罐
　　　瓦罐
　　　饮料罐
　　　胀罐
　　　锥形罐
　C 储罐　→(1)(2)(4)(9)(11)(13)
　　　罐结构　→(2)(3)(4)(9)
　　　化工容器　→(1)

罐藏
canning

TS205.6
　D 罐藏工艺
　　　罐藏加工
　　　罐头封罐
　　　罐头加工
　　　软罐头加工
　S 食品加工*

罐藏工艺
　Y 罐藏

罐藏加工
　Y 罐藏

罐盖
tank cap
TS29
　D 罐盖板厚
　　　罐盖成型模
　　　罐盖冲床
　　　罐盖打印机
　　　罐盖打印模
　　　罐盖烘干机
　　　罐盖埋头直径
　　　罐盖上胶设备
　　　罐盖印胶机
　　　罐盖印码机
　　　罐盖圆边模
　　　罐盖注胶烘干组合机
　　　罐盖注胶机
　　　罐内径
　　　接缝盖钩完整率
　　　联合制盖机
　　　全自动罐盖冲床
　　　送盖机构
　S 零部件*
　C 制罐设备

罐盖板厚
　Y 罐盖

罐盖成型模
　Y 罐盖

罐盖冲床
　Y 罐盖

罐盖打印机
　Y 罐盖

罐盖打印模
　Y 罐盖

罐盖烘干机
　Y 罐盖

罐盖埋头直径
　Y 罐盖

罐盖上胶设备
　Y 罐盖

罐盖印胶机
　Y 罐盖

罐盖印码机
　Y 罐盖

罐盖圆边模
　Y 罐盖

罐盖注胶烘干组合机
　Y 罐盖

罐盖注胶机
　Y 罐盖

罐内径
　Y 罐盖

罐头
　Y 罐头食品

罐头产品
　Y 罐头食品

罐头厂
packing plant
TS29
　S 食品厂
　Z 工厂

罐头封罐
　Y 罐藏

罐头工业
canning industry
TS29
　S 食品工业
　Z 轻工业

罐头机械
canning machinery
TS203；TS292
　S 食品加工机械*

罐头加工
　Y 罐藏

罐头食品*
canned food
TS29；TS295
　D 罐头
　　　罐头产品
　　　罐装食品
　　　食品罐头
　F 保健罐头
　　　罐装茶
　　　果蔬罐头
　　　肉类罐头
　　　软罐头
　　　水产罐头
　C 灌装
　　　食品
　　　制罐

罐头食品厂废水
　Y 食品厂废水

罐头涂料
　Y 涂料

罐头质量
can food quality
TS297
　S 食品质量*

罐蒸
pressure decatizing
TS195
　S 蒸制
　Z 蒸煮

罐蒸机
decatizer
TS190.4
S 热定型机
Z 成型设备
染整机械

罐装
Y 灌装

罐装茶
canned tea
TS295.6
D 罐装茶水
罐装茶饮料
罐装冷茶
罐装绿茶水
S 罐头食品*

罐装茶水
Y 罐装茶

罐装茶饮料
Y 罐装茶

罐装干酪
Y 罐装牛奶

罐装机
Y 灌装机械

罐装冷茶
Y 罐装茶

罐装绿茶水
Y 罐装茶

罐装奶茶
Y 罐装牛奶

罐装牛奶
can milk
TS252.59
D 罐装干酪
罐装奶茶
炼乳罐头
S 牛奶
Z 乳制品

罐装食品
Y 罐头食品

罐装蟹肉
canned crab meat
TS295.3
S 水产罐头
Z 罐头食品

罐装饮料
canned beverage
TS27；TS972
S 饮料*

光变油墨
Y 特种油墨

光波测量技术
Y 光学测量

光波炉
light wave stove
TS972.26

光波微波炉
D 光波微波炉
S 电灶
Z 厨具
家用电器

光波微波炉
Y 光波炉

光测
Y 光学测量

光测量技术
Y 光学测量

光测量仪器
Y 光学仪器

光测设备
Y 光学仪器

光催化漂白
photocatalytic bleaching
TS192.5
D 光致漂白
S 催化漂白
光化学漂白
Z 漂白

光导纤维
Y 光纤

光电雕刻
photoelectric engraving
TS194
D 传真雕刻
电子自动雕刻
S 雕刻*

光电对花
photoelectric register
TS101；TS194
D 自动对花
S 对花
Z 织造工艺

光电刻线机
Y 雕刻机

光电色选机
photoelectric colour sorter
TS210.3
S 色选机
Z 食品加工机械

光电探纬
photoelectric weft feeling
TS103.12
S 探纬器
Z 纺织机构

光度量
Y 光学测量

光饭煲
guangfan cooker
TM92；TS972.26
S 电热炊具
Z 厨具
家用电器

光分解垃圾袋
Y 垃圾袋

光干涉变色油墨
Y 特种油墨

光干涉原理
light-interference principle
TS8
S 原理*

光固化 UV 仿金属皱纹油墨
Y 固化油墨

光固化油墨
Y 固化油墨

光固油墨
Y 固化油墨

光化学漂白
photochemical bleaching
TS192.5
S 化学漂白
F 光催化漂白
Z 漂白

光灰
Y 粉刷

光茧混茧机
Y 蚕茧初加工机械

光距尺
Y 尺

光控路灯
light-control streetlight
TM92；TS956
S 路灯
Z 灯

光亮液
Y 表面光亮剂

光亮油
Y 表面光亮剂

光密度尺
Y 尺

光面毛革
smooth leather
TS56
S 毛革
Z 皮革

光敏变色染料
photochromic dye
TS193.21
D 光致变色染料
S 光敏染料
Z 染料

光敏变色印花
photosensitive color printing
TS194
S 变色印花
Z 印花

光敏玻璃纤维
Y 玻璃纤维

光敏染料

photosensitive dye
TS193.21
　　D　感光染料
　　S　过敏性染料
　　F　光敏变色染料
　　　　光谱增感染料
　　C　单晶锗表面 →(7)
　　Z　染料

光盘印刷
CD printing
TS851
　　S　特种印刷
　　Z　印刷

光漂白剂
optical bleach
TS192.2；TS727.2
　　S　漂白剂*

光谱配色
　　Y　配色

光谱增感染料
spectral sensitizing dyes
TS193.21
　　S　光敏料
　　Z　染料

光色效应
photochromic effect
TS193
　　S　色效应*

光饰
　　Y　精加工

光饰工艺
　　Y　精加工

光饰清理
　　Y　精加工

光束灯
beam lamp
TM92；TS956
　　S　探照灯
　　F　冷光束灯
　　Z　灯

光梯尺
　　Y　尺

光退色
　　Y　光褪色

光褪色
photofading
O4；TS101
　　D　光退色
　　S　变色*

光稳定化剂
　　Y　光稳定剂

光稳定剂
light stabilizer
TQ42；TS209
　　D　光稳定化剂
　　　　光稳定剂 1084
　　　　光稳定剂 901

　　　　光稳定剂 AM-101
　　　　光稳定剂 VSU
　　S　稳定剂*
　　C　抗氧化剂 →(9)
　　　　紫外线吸收剂 →(9)
　　　　自由基捕获剂 →(9)

光稳定剂 1084
　　Y　光稳定剂

光稳定剂 901
　　Y　光稳定剂

光稳定剂 AM-101
　　Y　光稳定剂

光稳定剂 VSU
　　Y　光稳定剂

光污染防护
　　Y　污染防治

光纤*
optical fiber
TN8；TN92
　　D　导光纤维
　　　　光导纤维
　　　　光纤类型
　　　　光纤维
　　　　光纤余长
　　　　光学纤维
　　F　发光纤维
　　C　层绞式光缆 →(7)
　　　　差动 →(5)
　　　　非屏蔽双绞线 →(5)
　　　　光记录材料 →(8)(9)
　　　　光敏性 →(7)
　　　　光纤光源 →(7)
　　　　光纤开关 →(4)
　　　　光纤松套管 →(7)
　　　　色散位移光纤 →(7)
　　　　双绞线 →(5)
　　　　滞后角 →(5)

光纤断裂
　　Y　纤维断裂

光纤类型
　　Y　光纤

光纤维
　　Y　光纤

光纤余长
　　Y　光纤

光学变色油墨
　　Y　特种油墨

光学玻璃纤维
　　Y　玻璃纤维

光学测量*
optical measurement
TB9；TH7
　　D　光波测量技术
　　　　光测
　　　　光测量技术
　　　　光度量
　　　　光学测量法
　　　　光学测量方法

　　　　光学测量技术
　　　　光学测试
　　　　光学检测
　　　　光学检测技术
　　　　光学检验
　　　　光学量测量
　　　　光学特性测量
　　F　色度测量
　　C　标准光源 →(11)
　　　　测量
　　　　光学技术 →(3)(4)(6)(7)(8)
　　　　显色指数 →(5)

光学测量法
　　Y　光学测量

光学测量方法
　　Y　光学测量

光学测量技术
　　Y　光学测量

光学测量设备
　　Y　光学仪器

光学测量仪
　　Y　光学仪器

光学测量仪表
　　Y　光学仪器

光学测量仪器
　　Y　光学仪器

光学测试
　　Y　光学测量

光学测试仪
　　Y　光学仪器

光学测试仪器
　　Y　光学仪器

光学防伪
optical anti-counterfeiting
TS85
　　S　防伪*
　　F　激光防伪

光学光敏胶
　　Y　胶

光学计
　　Y　光学仪器

光学计量仪
　　Y　光学仪器

光学计量仪器
　　Y　光学仪器

光学加工设备
　　Y　金属加工设备

光学检测
　　Y　光学测量

光学检测技术
　　Y　光学测量

光学检验
　　Y　光学测量

光学胶
　　Y 胶

光学镜*
optical mirror
TH7
　　F 放大镜
　　C 反射镜
　　　镜子
　　　目镜 →(1)(4)
　　　透镜 →(1)(4)

光学可变防伪油墨
　　Y 特种油墨

光学刻尺
　　Y 尺

光学量测量
　　Y 光学测量

光学特性
　　Y 光学性质

光学特性测量
　　Y 光学测量

光学纤维
　　Y 光纤

光学性
　　Y 光学性质

光学性能
　　Y 光学性质

光学性质*
optical properties
O4
　　D 光学特性
　　　光学性
　　　光学性能
　　F 白度
　　　表观色深
　　　倒光
　　　多色性
　　　二色性
　　　泛黄性
　　　黄度
　　　耐黄变性
　　　热变色性
　　　色彩一致性
　　　同色性
　　　透射率
　　　脱色性能
　　　鲜艳度
　　　颜色稳定性
　　C 物理性能
　　　性能

光学眼镜
optical glasses
TS959.6
　　S 眼镜*

光学仪器*
optical instrument
TH7
　　D 光测量仪器
　　　光测设备

光学测量设备
光学测量仪
光学测量仪表
光学测量仪器
光学测试仪
光学测试仪器
光学计
光学计量仪
光学计量仪器
　　F 红外投影仪
　　　幻灯机
　　C 干涉仪 →(1)(4)(5)(6)(7)
　　　观测仪器 →(4)(6)(7)(8)(11)(12)
　　　光学测量系统 →(4)
　　　光学基准 →(1)
　　　光学精密测量 →(1)(4)
　　　光学器件 →(4)
　　　光学系统 →(1)(4)(5)(6)(7)(8)(11)(12)
　　　谱仪 →(1)(4)(5)(6)(8)
　　　仪器 →(4)

光学增白剂
optical brightener
TS195.2
　　S 增白剂
　　Z 整理剂

光叶楮白皮
broussonetia papyrifera white bark
TS72
　　S 构树皮
　　Z 树皮

光油
　　Y 上光油

光诱导返黄
light-induced yellowing
TS75
　　S 返黄
　　Z 变色

光源灯
illuminant light
TM92；TS956
　　S 灯*
　　C 光源 →(1)(5)(6)(7)(11)

光泽*
gloss
ZT4
　　F 印刷光泽
　　　织物光泽
　　C 拉细羊毛
　　　外观

光泽压光
　　Y 光泽压光机

光泽压光机
gloss calender
TS734.7
　　D 光泽压光
　　S 造纸压光机
　　Z 造纸机械

光栅图像处理器
raster image processor
TS8

　　S 处理器*

光整
　　Y 精加工

光整技术
　　Y 精加工

光整加工
　　Y 精加工

光整加工技术
　　Y 精加工

光致变色染料
　　Y 光敏变色染料

光致变色油墨
　　Y 特种油墨

光致泛黄
photoyellowing
TQ63；TS192
　　S 泛黄
　　Z 变色

光致漂白
　　Y 光催化漂白

桄榔淀粉
formasan date palm starch
TS235.5
　　S 植物淀粉
　　Z 淀粉

广东菜
　　Y 粤菜

广东菜系
　　Y 粤菜

广东菜肴
　　Y 粤菜

广东客家菜
　　Y 粤菜

广东名菜
　　Y 粤菜

广告印刷
advertisement printing
TS87
　　S 印刷*

广式腊肠
cantonese sausage
TS251.59
　　S 中式香肠
　　Z 肉制品

广西甜茶
　　Y 甜茶

广义工业设计
　　Y 产品设计

广州菜
　　Y 粤菜

归拔
clothing blocking
TS941.6

D 归拔工艺
归拔后背
归拔领里
归拔领面
归拔前片
S 服装工艺*

归拔工艺
Y 归拔

归拔后背
Y 归拔

归拔领里
Y 归拔

归拔领面
Y 归拔

归拔前片
Y 归拔

归烫
Y 熨烫

龟纹
moire
TS81
S 花纹
Z 纹样

规程
Y 规范

规范*
specification
ZT82
D 标准化规范
规程
F 作业定义格式
C 标准
规范编制 →(1)(11)
准则 →(1)(3)(4)(5)(6)(7)(8)(11)(13)

规格*
specification
ZT72
D 标准规格
F 服装规格
原料规格
C 标准

规划布局
Y 布置

规划布置
Y 布置

规则填料
Y 填料

硅反射镜
Y 反射镜

硅蜡乳液
silicon wax emulsion
TS529.1
S 乳液*

硅-蓝宝石
silicon-on-sapphire
TS933.21

S 蓝宝石
Z 饰品材料

硅镁吸附剂
Si-Mg adsorbent
TS529.1
S 吸附剂*

硅铍石
Y 宝石

硅酸铝短纤维
Y 硅酸铝纤维

硅酸铝纤维
aluminium silicate fibre
TS102.4
D 硅酸铝短纤维
普通硅酸铝纤维
S 硅酸盐纤维
C 耗热指标 →(11)
铝硅合金 →(3)
Z 天然纤维

硅酸铝纤维毡
Y 毡

硅酸盐纤维
silicate fiber
TS102.4
D 白色硅酸盐纤维
绿色硅酸盐纤维
S 矿物纤维
F 硅酸铝纤维
海泡石纤维
Z 天然纤维

硅铁锂钠石
Y 宝石

硅纤维
Y 石英纤维

硅氧烷染料
Y 有机染料

鲑精蛋白
Y 鱼精蛋白

轨迹速度精度
Y 精度

轨迹速度重复精度
Y 精度

轨梁轧机
Y 轧机

柜
Y 柜类家具

柜类
Y 柜类家具

柜类家具
cabinet furnitures
TS66；TU2
D 柜
柜类
S 家具*
F 厨柜
橱柜

大衣柜

贵金属首饰
precious metal jewellery
TS934.3
S 首饰
F 铂首饰
Z 饰品

贵州白酒
Guizhou liquor
TS262.39
S 中国白酒
Z 白酒

贵州菜
Y 赣菜

桂花茶
osmanthus scented tea
TS272.53
S 花茶
Z 茶

桂花针织物
Y 针织物

桂林米粉
Guilin rice noodles
TS213
S 米粉
Z 粮油食品

桂皮
cassia
TS255.5；TS264.3
D 肉桂皮
S 五香
Z 调味品

桂叶油
Y 肉桂油

桂油
Y 肉桂油

桂鱼
mandarin fish
TS254.2
S 鱼
Z 水产品

辊*
roller
TH13
D 辊式
辊型
辊子
滚子
F 高线压辊
胶辊
可控中高辊
模切辊
热拉伸辊
软皮辊
砂辊
饰面辊
水辊
压光辊
压花辊

压紧辊
压榨辊
粘辊
真空辊
纸辊
C 辊型设计 →(3)(4)
　滚子尺寸 →(4)

辊道输送装置
Y 输送装置

辊切饼干机
roller cutting biscuit machine
TS203
S 食品加工机械*

辊式
Y 辊

辊式磨粉机
roller flour mills
TS211
S 磨粉机
F 八辊磨粉机
Z 磨机

辊式磨浆机
roller grinded-paste machine
TS733
S 磨浆机
F 双螺旋辊式磨浆机
Z 制浆设备

辊式砂光机
Y 砂光机

辊式涂油机
Y 辊涂机

辊式压榨机
Y 压榨机

辊筒式洗涤机
Y 洗涤设备

辊筒印花
Y 滚筒印花

辊筒印花机
Y 滚筒印花机

辊涂机
roll coater
TS531
D 辊式涂油机
S 制革机械*

辊型
Y 辊

辊压法烟草薄片
rolling process reconstituted tobacco
TS42
S 烟草薄片
Z 卷烟材料

辊转印
Y 转印

辊状印刷机
roller printing machine
TS803.6

S 印刷机
Z 印刷机械

辊子
Y 辊

滚边
binding
TS941.6
D 涂边
S 服装工艺*

滚槽式杀青机
Y 滚筒杀青机

滚刀皮辊轧花机
Y 轧花机

滚刀式皮辊轧花机
Y 轧花机

滚木屑
Y 木屑

滚揉机
tumbling machine
TS210.3
S 粮食机械
Z 食品加工机械

滚刷
Y 粉刷

滚桶洗衣机
Y 滚筒洗衣机

滚筒*
roller
TH13
F 干燥滚筒
　印版滚筒
　转鼓
C 辊筒 →(4)
　滚筒结构 →(5)
　回转轴线 →(3)
　胶管缠绕机 →(9)
　筒

滚筒衬木
roller liner wood
TS62
D 卷筒衬木
S 衬木
Z 木材

滚筒精选机
cylinder separator
TS210.3
S 粮食机械
Z 食品加工机械

滚筒连续杀青机
rotary continuous fixation machine
TS272.3
S 滚筒杀青机
Z 茶叶机械

滚筒杀青机
rotary fixation machine
TS272.3
D 滚槽式杀青机

　滚筒式杀青机
S 杀青机
F 滚筒连续杀青机
Z 茶叶机械

滚筒式
Y 滚筒洗衣机

滚筒式干衣机
Y 干衣机

滚筒式全自动洗衣机
Y 全自动洗衣机

滚筒式热定形机
Y 热定型机

滚筒式杀青机
Y 滚筒杀青机

滚筒式砂光机
Y 砂光机

滚筒式洗涤机
Y 洗涤设备

滚筒式洗衣机
Y 滚筒洗衣机

滚筒洗衣机
drum washing machine
TM92；TS973
D 滚桶洗衣机
　滚筒式
　滚筒式洗衣机
S 洗衣机
Z 轻工机械

滚筒印花
roller printing
TS194.41
D 辊筒印花
S 机械印花
C 底布
　滚筒印花机
　染整机械
Z 印花

滚筒印花机
roller printing machines
TS194.3
D 辊筒印花机
S 印花机
C 滚筒印花
　染整机械
Z 印染设备

滚筒榨汁机
Y 榨汁机

滚箱式起球仪
pilling box tester
TS103
S 箱式起球仪
Z 仪器仪表

滚珠笔
Y 圆珠笔

滚子
Y 辊

滚字模
　Y 模具

锅
pot
TS972.21
　D 连续蒸煮锅
　　铝锅
　　平底锅
　　炝锅
　　沙锅
　　油锅
　　粘锅
　S 炊具
　F 不粘锅
　　炒锅
　　电热锅
　　砂锅
　　铁锅
　　锌锅
　　压力锅
　Z 厨具

锅铲
slice
TS972.21
　S 炊具
　Z 厨具

锅盖
pan cover
TS972.21
　S 炊具
　Z 厨具

锅烧牛脯
　Y 牛肉脯

国产凹版印刷设备
domestic gravure printing equipments
TS803.6
　S 凹版印刷设备
　Z 印刷机械

国产化配套
　Y 配套

国产烤烟
domestic flue-cured tobacco
TS45
　S 烤烟
　F 湖北烤烟
　　云南烤烟
　Z 烟草制品

国产面包粉
domestic bread flour
TS211.2
　S 面包粉
　Z 粮食

国产面料
domestic fabrics
TS941.41
　S 面料*

国产清梳联
domestic blowing-carding unit
TS103.22
　S 清梳联合机

　Z 纺织机械

国产细羊毛
　Y 羊毛

国产羊毛
　Y 羊毛

国产印报机
domestic newspaper printing machines
TS803.6
　S 报纸印刷机
　Z 印刷机械

国产原毛
domestic greasy wool
TS102.31
　D 国毛
　S 原毛
　Z 天然纤维

国画印刷
　Y 图像印刷

国际单位制
　Y 计量单位

国际粮食
　Y 原粮

国际流行趋势
international fashion trend
TS941.2
　S 趋势*

国家法定计量单位
　Y 计量单位

国窖大曲
national pits Daqu
TS262.39
　S 中国白酒
　Z 白酒

国毛
　Y 国产原毛

国外家具
foreign furniture
TS66；TU2
　S 家具*
　F 欧美家具
　　日本家具
　　西方家具

果菜汁饮料
　Y 果蔬饮料

果茶
nectar
TS272.59
　D 复合果茶
　　果茶饮料
　　果味茶饮料
　　果汁茶饮料
　　柠檬茶
　S 特种茶
　F 草莓果茶
　　复合蔬果茶
　　枸杞果茶
　　花生果茶

　　猕猴桃茶
　　山楂茶
　　西瓜果茶
　C 果汁饮料
　Z 茶

果茶饮料
　Y 果茶

果醋
fruit vinegar
TS264；TS27
　D 复合果醋
　　果醋饮料
　　西瓜醋
　　西瓜皮醋
　S 醋饮料
　F 菠萝果醋
　　番茄醋
　　柑橘果醋
　　胡萝卜醋
　　火棘果醋
　　梨醋
　　莲藕醋
　　芒果果醋
　　梅醋
　　猕猴桃果醋
　　欧李醋
　　枇杷果醋
　　苹果醋
　　葡萄醋
　　桑葚醋
　　沙棘果醋
　　山楂醋
　　柿果醋
　　枣醋
　C 保健醋
　Z 饮料

果醋饮料
　Y 果醋

果袋纸
　Y 育果袋纸

果丹皮
fruit leather
TS255
　S 果脯
　Z 果蔬制品

果冻
fruit jelly
TS255
　D 果冻食品
　　鸡蛋果冻
　S 水果制品
　Z 果蔬制品

果冻粉
jelly powder
TS255.4
　S 果粉
　Z 食用粉

果冻食品
　Y 果冻

果粉

fruit powder
TS255.4
- S 果蔬粉
- F 荸荠粉
  - 菠萝粉
  - 草莓粉
  - 番茄粉
  - 果冻粉
  - 黑莓粉
  - 苹果粉
  - 山楂蜂花粉
  - 香蕉粉
- Z 食用粉

果脯
candied fruits
TS255
- D 果蔬肉脯
- S 果干
- F 低糖果脯
  - 甘薯果脯
  - 果丹皮
  - 南瓜脯
  - 苹果脯
  - 杏脯
- C 果脯加工
  - 蜜饯食品
- Z 果蔬制品

果脯加工
processing of candied fruit
TS255.36
- S 果品加工
- C 果脯
- Z 食品加工

果干
dried fruits
TS255
- D 芒果干
  - 南瓜干
  - 苹果干
  - 枣干
- S 水果制品
- F 果脯
  - 柿饼
- Z 果蔬制品

果浆
fruit pulp
TS255
- S 果汁
- Z 果蔬制品
  - 汁液

果浆酶
pectinase
TS275.5
- S 酶*

果酱
jam
TS255.43；TS264
- D 低糖冬瓜果酱
  - 甘薯果酱
  - 果泥
  - 核桃酱
  - 芒果酱

桑果酱
桑葚酱
山楂酱
柿果酱
水果酱
水果泥
西瓜酱
杏酱
- S 甜酱
- F 草莓酱
  - 低糖果酱
  - 番茄酱
  - 复合果酱
  - 猕猴桃酱
  - 南瓜酱
  - 苹果酱
  - 香蕉酱
- C 水果制品
- Z 酱

果胶废水
pectin wastewater
TS255.4；X7
- S 食品工业废水
- Z 废水

果胶甲酯酶抑制剂
pectin methylesterase inhibitor
TS201.2
- S 酶制剂*
  - 微生物抑制剂
- Z 抑制剂

果胶类物质
- Y 果胶物质

果胶凝胶糖果
- Y 凝胶糖果

果胶软糖
- Y 软糖

果胶物质
pectic substances
S；TS255
- D 果胶类物质
- S 物质*
- C 番茄酱

果胶质含量
- Y 脱胶率

果酒
fruit wine
TS262.7
- D 百果酒
  - 干红果酒
  - 干红沙棘果酒
  - 干型果酒
  - 果露酒
  - 果汁酒
  - 浆果酒
  - 开远牌杂果酒
  - 美蔷薇果酒
  - 蔬果酒
  - 水果酒
  - 银杏酒
  - 银杏露酒
- S 酒*

- F 板栗酒
  - 菠萝果酒
  - 草莓酒
  - 番茄酒
  - 复合果酒
  - 橄榄酒
  - 哈密瓜酒
  - 黑莓干酒
  - 火棘果酒
  - 橘子酒
  - 苦瓜酒
  - 梨酒
  - 荔枝酒
  - 龙葵果酒
  - 龙眼酒
  - 芒果酒
  - 猕猴桃果酒
  - 木瓜果酒
  - 南瓜酒
  - 宁夏千红枸杞果酒
  - 柠檬酒
  - 牛奶果酒
  - 枇杷果酒
  - 苹果酒
  - 青梅果酒
  - 桑葚酒
  - 沙棘果酒
  - 山楂果酒
  - 石榴酒
  - 柿子果酒
  - 树莓酒
  - 水果蒸馏酒
  - 甜橙干酒
  - 无花果酒
  - 西瓜酒
  - 香蕉酒
  - 杨梅果酒
  - 杨桃果酒
  - 樱桃酒
  - 枣酒
  - 榛子果酒
- C 葡萄酒

果酒加工
- Y 果酒酿造

果酒酵母
fruit wine yeast
TQ92；TS26
- S 酿酒酵母
- F 猕猴桃酒酵母
  - 苹果酒酵母
- Z 酵母

果酒酿造
fruit wine processing
TS261.4
- D 果酒加工
  - 果酒生产
- S 酿酒工艺*

果酒生产
- Y 果酒酿造

果粒饮料
- Y 果肉饮料

果露酒

Y 果酒

果奶
fruit milk
TS252.59
　D 果奶饮料
　　果汁奶
　　果汁牛奶
　　排铅果奶
　S 风味奶
　C 果汁饮料
　Z 乳制品

果奶饮料
　Y 果奶

果泥
　Y 果酱

果品加工
fruit processing
TS255.36
　D 果实加工
　　水果加工
　　水果加工工业
　S 果蔬加工
　F 柑橘加工
　　果脯加工
　　苹果加工
　　柿饼加工
　Z 食品加工

果品蔬菜
　Y 果蔬

果品饮料
　Y 果汁饮料

果葡糖
primverose
Q5；TS213；TS24
　D 玉米糖
　S 己糖
　Z 碳水化合物

果葡糖浆
　Y 高果糖浆

果仁
kernel
TS255.6
　S 坚果制品*
　F 板栗仁
　　核桃仁
　　花生米
　　松子仁
　　杏仁

果仁枣酱
　Y 甜酱

果肉
fruit flesh
TS255
　S 水果制品
　F 荔枝肉
　　龙眼肉
　Z 果蔬制品

果肉果汁饮料

Y 果肉饮料

果肉酸奶
yogurt with fruits
TS252.54
　S 酸奶
　Z 发酵产品
　　乳制品

果肉型饮料
　Y 果肉饮料

果肉饮料
fruit nectar
TS275.5
　D 带肉果汁饮料
　　果粒饮料
　　果肉果汁饮料
　　果肉型饮料
　　混合果肉饮料
　S 果汁饮料
　　浊汁饮料
　Z 饮料

果肉汁
　Y 果汁

果实加工
　Y 果品加工

果实色素
　Y 植物色素

果实汁液
　Y 果汁

果蔬*
fruits and vegetables
TS255.2
　D 果品蔬菜
　　果蔬产品
　　果蔬加工品
　　果蔬食品
　　蔬菜水果
　　蔬果
　　水果蔬菜
　F 蔬菜
　　水果
　　速冻果蔬
　　新鲜果蔬
　C 果蔬罐头
　　果蔬饮料

果蔬包装
vegetable and fruit packaging
TS206
　S 食品包装*
　F 蔬菜包装

果蔬保藏
　Y 果蔬保鲜

果蔬保鲜
fruits and vegetables preservation
TS205
　D 果蔬保藏
　　果蔬贮藏保鲜
　S 食品保鲜
　F 草莓保鲜
　　荔枝保鲜

　　葡萄保鲜
　　蔬菜保鲜
　Z 保鲜

果蔬保鲜剂
fruit and vegetable fresh-keeping agent
TS202.3
　S 食品保鲜剂
　F 蔬菜保鲜剂
　　水果保鲜剂
　　天然果蔬保鲜剂
　Z 防护剂

果蔬产品
　Y 果蔬

果蔬储藏
　Y 果蔬贮藏

果蔬脆片
fruit and vegetable crisps
TS255
　S 果蔬制品*

果蔬发酵饮料
　Y 果蔬饮料

果蔬粉
fruit and vegetable powder
TS255
　S 食用粉*
　F 果粉
　　蔬菜粉

果蔬复合饮料
　Y 果蔬饮料

果蔬复合汁
　Y 复合果蔬汁

果蔬复合汁饮料
　Y 复合果蔬汁

果蔬罐头
canned fruits and vegetables
TS295.7
　S 罐头食品*
　F 蔬菜罐头
　　水果罐头
　　糖水罐头
　C 果蔬

果蔬混合汁
　Y 复合果蔬汁

果蔬加工
fruit and vegetable processing
TS255.36
　S 食品加工*
　F 大蒜加工
　　果品加工
　　果蔬汁加工
　　海带加工
　　海藻加工
　　净菜加工
　　蔬菜加工
　C 褐变控制 →(8)

果蔬加工品
　Y 果蔬

果蔬奶茶
Y 奶茶

果蔬气调贮藏
modified atmosphere storage for fruits and vegetables
TS255
S 果蔬贮藏
气调贮藏
Z 储藏

果蔬肉脯
Y 果脯

果蔬食品
Y 果蔬

果蔬饮料
fruit and vegetable drink
TS275.5
D 菠萝饮料
果菜汁饮料
果蔬发酵饮料
果蔬复合饮料
果蔬饮品
果蔬汁饮料
含乳果汁饮料
红枣固体饮料
胡萝卜饮料
葵花籽乳饮料
粒粒橙饮料
粒粒饮料
莲藕双歧因子饮料
莲藕汁饮料
南瓜全肉饮料
南瓜饮料
葡萄饮料
葡萄汁饮料
桑果汁饮料
桑葚果汁饮料
桑葚饮料
森林饮料
山楂汁饮料
蔬菜汁饮料
水果饮料
天然果汁饮料
椰子汁饮料
S 植物饮料
F 果汁饮料
花粉饮料
苦瓜饮料
膳食纤维饮料
原汁饮料
C 果蔬
果蔬汁
Z 饮料

果蔬饮品
Y 果蔬饮料

果蔬原料
fruit and vegetable materials
TS255.2
S 食品原料*
F 蔬菜原料

果蔬渣
fruit and vegetable residue
TS255

D 果渣
皮渣
S 食品残渣
F 菠萝渣
番茄渣
柑橘皮渣
葛根渣
黑加仑果渣
黑莓渣
红薯渣
胡萝卜渣
花生渣
姜渣
辣椒渣
蓝靛果果渣
梨渣
罗汉果渣
玫瑰花渣
南瓜渣
苹果渣
葡萄皮渣
芹菜渣
土豆渣
杏渣
银杏渣
枣渣
Z 残渣

果蔬榨汁机
Y 榨汁机

果蔬汁
fruit and vegetable juices
TS255
S 果蔬制品*
汁液*
F 复合果蔬汁
果汁
蔬菜汁
C 果蔬饮料

果蔬汁加工
fruit and vegetable juice processing
TS255.36
S 果蔬加工
F 果汁加工
Z 食品加工

果蔬汁饮料
Y 果蔬饮料

果蔬纸
Y 蔬菜纸

果蔬制品*
fruit and vegetable products
TS255
F 果蔬脆片
果蔬汁
蔬菜制品
水果制品
C 农产食品
制品

果蔬贮藏
fruit and vegetable storage
TS255
D 果蔬储藏
S 食品储藏

F 板栗贮藏
果蔬气调贮藏
蔬菜储藏
水果贮藏
Z 储藏

果蔬贮藏保鲜
Y 果蔬保鲜

果糖
fructose
O6；TS213；TS24
D 左旋糖
S 己糖
F 低聚果糖
C 食糖
Z 碳水化合物

果糖低聚糖
Y 低聚果糖

果糖浆
fructose syrup
TS245
S 糖浆
F 高果糖浆
Z 糖制品

果味茶饮料
Y 果茶

果味啤酒
fruit beer
TS262.59
S 啤酒
F 草莓啤酒
果汁啤酒
菊花啤酒
Z 酒

果味酸奶
fruity yoghurt
TS252.54
S 酸奶
Z 发酵产品
乳制品

果味饮料
Y 果汁饮料

果香
fruit aroma
TS261；TS27
S 香味
Z 气味

果渣
Y 果蔬渣

果汁
fruit juices
TS255
D 番石榴汁
果肉汁
果实汁液
果汁产品
芒果汁
石榴汁
水果汁
天然果汁

原果汁
  S 果蔬汁
  水果制品
  F 橙汁
  带肉果汁
  复合果汁
  柑橘汁
  果浆
  梨汁
  浓缩果汁
  苹果汁
  葡萄汁
  青梅汁
  桑葚汁
  山楂汁
  桃汁
  西瓜汁
  杏汁
  枣汁
  蔗汁
  C 果汁豆奶
  果汁饮料
  后混浊
  水果
  榨汁
  Z 果蔬制品
  汁液

果汁标准
  Y 食品标准

果汁茶饮料
  Y 果茶

果汁产品
  Y 果汁

果汁澄清
juice clarification
TS255
  S 澄清*
  F 蔗汁澄清

果汁豆奶
juice soy milk
TS214
  S 豆奶
  C 果汁
  Z 豆制品

果汁废水
fruit juice wastewater
TS209；X7
  S 食品工业废水
  F 高浓度果汁废水
  Z 废水

果汁工业
  Y 饮料工业

果汁含量
juice content
TS255.1
  S 含量*

果汁机
  Y 食品加工器

果汁加工
fruit juice processing

TS255.36
  D 果汁生产
  S 果蔬汁加工
  Z 食品加工

果汁酒
  Y 果酒

果汁奶
  Y 果奶

果汁牛奶
  Y 果奶

果汁啤酒
juice beer
TS262.59
  S 果味啤酒
  F 苦瓜啤酒
  芦荟啤酒
  苹果啤酒
  Z 酒

果汁品质
  Y 果汁质量

果汁乳饮料
juice milk beverage
TS275.5
  S 果汁饮料
  乳饮料
  Z 饮料

果汁生产
  Y 果汁加工

果汁型
  Y 果汁饮料

果汁型饮料
  Y 果汁饮料

果汁饮料
fruit drink
TS275.5
  D 果品饮料
  果味饮料
  果汁型
  果汁型饮料
  柿果饮料
  S 果蔬饮料
  F 果肉饮料
  果汁乳饮料
  混合果汁饮料
  沙棘饮料
  C 果茶
  果奶
  果汁
  Z 饮料

果汁质量
juice quality
TS270.7
  D 果汁品质
  S 食品质量*

裹粉
coating flour
TS972.113
  S 烹饪工艺*

过长毛圈
  Y 毛圈

过成熟纤维
  Y 低级棉

过程*
process
ZT5
  D 全过程
  F 泳移

过醋酸漂白
peracetic acid bleaching
TS192.5
  S 氧化漂白
  Z 漂白

过碘酸氧化淀粉
  Y 双醛淀粉

过渡表面
  Y 表面

过渡乳
transitional milk
TS252.59
  S 乳制品*

过孔
  Y 通孔

过冷防护服
supercooled protective clothing
TS941.731；X9
  S 调温服
  Z 安全防护用品
  服装

过滤*
filtration
TQ0
  D 过滤法
  过滤方式
  过滤工序
  过滤工艺
  过滤过程
  过滤技术
  过滤流程
  F 错流膜过滤
  动态滤水
  冷过滤
  麦汁过滤
  无菌过滤
  C 分离
  过滤引擎 →(8)
  滤网 →(9)
  信息过滤 →(1)(7)(8)
  助滤剂 →(3)(9)

过滤槽
filter-tank
TQ0；TS203；X7
  D 过滤罐
  滤罐
  S 过滤装置*
  C 机械分离 →(9)
  机械搅拌反应器 →(9)
  机械造粒 →(3)
  机械振动筛 →(2)

耐热改性　→(9)
熔融共混　→(9)
物理发泡　→(9)

过滤法
　Y 过滤

过滤方式
　Y 过滤

过滤纺织品
　Y 功能纺织品

过滤工序
　Y 过滤

过滤工艺
　Y 过滤

过滤罐
　Y 过滤槽

过滤过程
　Y 过滤

过滤技术
　Y 过滤

过滤流程
　Y 过滤

过滤设备
　Y 过滤装置

过滤式防毒服
　Y 防毒服

过滤式自救器
filter self-rescuer
TD7；TS941.731；X9
　D 一氧化碳过滤式自救器
　S 自救呼吸器
　Z 安全防护用品

过滤纸
　Y 滤纸

过滤装置*
filter plant
TQ0
　D 过滤设备
　F 过滤槽
　　黑液过滤机
　　无滤布真空吸滤机
　　预挂过滤机
　C 过滤设施　→(9)(13)
　　过滤元件　→(1)(4)(5)(7)(9)
　　滤床　→(13)
　　装置

过滤嘴
　Y 滤嘴

过滤嘴香烟
　Y 烟草

过滤嘴装接机
　Y 卷接机

过氯乙烯纤维
　Y 氯纶

过敏性染料
allergic dyestuffs
TS193.21
　S 功能染料
　F 光敏染料
　　热敏染料
　　压敏染料
　Z 染料

过桥传动机构
　Y 传动装置

过试验
　Y 试验

过丝辊
　Y 分丝辊

过氧化氢漂白
hydrogen peroxide bleaching
TS192.5
　D H_2O_2漂白
　　双氧水漂白
　S 过氧化物漂白
　F 高温压力过氧化氢漂白
　Z 漂白

过氧化氢强化
hydrogen peroxide reinforce
TG1；TS74
　D H_2O_2强化
　S 强化*

过氧化氢脱毛
hydrogen peroxide unhairing
TS541
　S 脱毛
　Z 制革工艺

过氧化物漂白
peroxide bleaching
TS192.5
　S 含氧漂白
　　氧化漂白
　F 过氧化氢漂白
　Z 漂白

过氧化作用
peroxidation activity
O6；TS201.6
　S 化学作用*

过油
oil soaking
TS972.113
　S 烹饪工艺*
　F 淋油

哈尔扎克
　Y 弦乐器

哈密瓜酒
Hami melon wine
TS262.7
　S 果酒
　Z 酒

哈尼族服饰
　Y 民族服饰

哈萨克族服饰
　Y 民族服饰

海豹油
seal oil
TS225.24
　S 鱼油
　Z 油脂

海滨风尚
　Y 时尚

海参
sea cucumber
TS254.2
　S 海鲜产品
　F 海刺参
　Z 水产品

海产品
　Y 海鲜产品

海产品加工废水
seafood processing wastewater
TS254.4；X7
　S 食品工业废水
　F 海带加工废水
　Z 废水

海产食品
　Y 海鲜产品

海刺参
stichopus japonicus
TS254.2
　S 海参
　Z 水产品

海带
laminaria japonica
TS254.2
　D 海带丝
　　昆布
　　盐渍海带
　S 海鲜产品
　C 褐藻胶　→(9)
　Z 水产品

海带豆奶
　Y 豆奶

海带多糖
laminarin
Q5；TS24
　S 碳水化合物*

海带废水
　Y 海带加工废水

海带加工
kelp processing
TS255.36
　S 果蔬加工
　Z 食品加工

海带加工废水
wastewater of kelp processing
TS254.4；X7
　D 海带废水
　S 海产品加工废水
　Z 废水

海带丝
　Y 海带

海带饮料
kelp drink
TS275.5
　　S　蔬菜饮料
　　Z　饮料

海岛超细纤维
sea-island super-fine fiber
TQ34；TS102.64
　　D　海岛丝
　　　　海岛型
　　　　海岛型超细短纤维
　　　　海岛型超细纤维
　　　　海岛型纤维
　　S　复合超细纤维
　　　　海岛纤维
　　Z　纤维

海岛棉
　　Y　长绒棉

海岛丝
　　Y　海岛超细纤维

海岛纤维
sea-island composite fiber
TQ34；TS102.65
　　D　海岛型复合纤维
　　S　多层复合纤维
　　F　海岛超细纤维
　　C　超细纤维
　　　　高收缩纤维
　　Z　纤维

海岛型
　　Y　海岛超细纤维

海岛型超细短纤维
　　Y　海岛超细纤维

海岛型超细纤维
　　Y　海岛超细纤维

海岛型复合纤维
　　Y　海岛纤维

海岛型纤维
　　Y　海岛超细纤维

海德堡
　　Y　海德堡印刷机

海德堡印刷机
Heidelberg press
TS803.6
　　D　海德堡
　　S　印刷机
　　Z　印刷机械

海笛
　　Y　打击乐器

海狗油
seal oil
TS225.24
　　S　鱼油
　　Z　油脂

海红
　　Y　海棠果

海红果
malus micromalus makino
TS255.2
　　S　海棠果
　　Z　果蔬

海军服
　　Y　军服

海狸鼠皮
nutria skin
S；TS564
　　S　鼠皮
　　Z　动物皮毛

海蛎子
　　Y　牡蛎

海卤
　　Y　卤水

海螺
conch
TS254.2
　　S　海鲜产品
　　Z　水产品

海米
　　Y　虾仁

海绵蛋糕
sponge cake
TS213.23
　　S　蛋糕
　　Z　糕点

海派川菜
　　Y　川菜

海泡石纤维
sepiolite fiber
TS102.4
　　S　硅酸盐纤维
　　C　活化温度　→(7)(9)
　　Z　天然纤维

海上工业
　　Y　工业

海水
seawater
P7；TQ11；TS3
　　S　水*
　　C　湖水环境　→(13)

海水浓度
sea-water concentration
TS3
　　S　浓度*

海丝活性纤维
　　Y　海藻纤维

海丝纤维
　　Y　海藻纤维

海苔
sea moss
TS254.2
　　S　海鲜产品
　　Z　水产品

海棠果
plum-leaf crab
TS255.2
　　D　海红
　　　　奈子
　　　　楸子
　　S　水果
　　F　海红果
　　Z　果蔬

海味
choice seafood
TS971.1
　　S　气味*

海虾
sea shrimp
TS254.2
　　S　虾类
　　Z　水产品

海鲜
　　Y　海鲜产品

海鲜菜
　　Y　水产菜肴

海鲜菜肴
　　Y　水产菜肴

海鲜产品
seafood products
TS254
　　D　海产品
　　　　海产食品
　　　　海鲜
　　　　海鲜类
　　S　水产品*
　　F　蛤蜊
　　　　海参
　　　　海带
　　　　海螺
　　　　海苔
　　　　牡蛎
　　　　扇贝

海鲜调味料
seafood seasoning
TS264
　　D　海鲜风味料
　　S　水产调味料
　　Z　调味品

海鲜风味
　　Y　水产菜肴

海鲜风味料
　　Y　海鲜调味料

海鲜酱
　　Y　风味酱

海鲜酱油
seafood soy sauce
TS264.21
　　S　酱油*
　　F　烤鳗酱油
　　　　鱼酱油

海鲜类

Y 海鲜产品

海鲜食品
seafood
TS254.5
　S 水产食品
　F 干贝
　　海蜇皮
　Z 水产品

海盐
sea salt
TS36
　S 原盐
　F 淮盐
　Z 盐

海盐场
　Y 盐田

海盐生产
　Y 制盐

海洋生物营养奶
　Y 营养奶

海洋食品安全
marine food safety
TS207
　S 食品安全*

海洋肽
poly peptides
TQ93；TS201.2
　S 肽*

海鱼
sea fish
TS254.2
　S 鱼
　Z 水产品

海藻产品
　Y 藻类食品

海藻碘盐
algae iodate salt
TS264.2；TS36
　S 碘盐
　Z 食盐

海藻加工
seaweed processing
TS255.36
　S 果蔬加工
　C 藻类食品
　Z 食品加工

海藻酒
seaweed wine
TS262
　S 保健药酒
　Z 酒

海藻食品
　Y 食用海藻

海藻酸钙纤维
　Y 海藻纤维

海藻酸纤维

Y 海藻纤维

海藻酸盐纤维
　Y 海藻纤维

海藻糖
trehalose
TS255
　D 漏芦糖
　　蕈糖
　S 碳水化合物*
　C 活性干酵母 →(9)

海藻糖含量
　Y 糖含量

海藻纤维
alginate fibres
TQ34；TS102；TS102.51
　D 海丝活性纤维
　　海丝纤维
　　海藻酸钙纤维
　　海藻酸纤维
　　海藻酸盐纤维
　S 化学纤维
　C 海藻酸钙水凝胶 →(9)
　　相变材料 →(1)
　Z 纤维

海蜇皮
salted jellyfish body
TS254.5
　D 海蜇头
　S 海鲜食品
　Z 水产品

海蜇头
　Y 海蜇皮

含涤织物
　Y 化纤织物

含碘盐
　Y 加碘盐

含氟纤维
　Y 聚四氟乙烯纤维

含氟整理剂
fluorine-contained finishing agent
TS195.2
　S 整理剂*
　C 拒水拒油整理

含铬废革料
chromium-containing leather waste
TS59；X7
　S 皮革废料
　Z 废料

含铬废革屑
chrome-containing leather waste
TS59；X7
　S 铬革屑
　Z 废屑
　　副产品

含铬革屑
　Y 铬革屑

含铬下脚料

chromed residues
TS59
　S 下脚料*

含灰量
　Y 灰分

含碱玻璃纤维
alkali-containing glass fibers
TQ17；TS102
　D 钠钙硅酸盐玻璃纤维
　S 玻璃纤维
　F 中碱玻璃纤维
　Z 纤维

含胶率
rubber content
TQ33；TS12
　S 化学比率*
　C 丙烯酸酯乳液 →(9)
　　聚丁二烯胶乳 →(9)
　　热敏胶乳 →(9)
　　天然橡胶乳液 →(9)

含浸
　Y 浸渍

含酒精饮料
　Y 饮料酒

含量*
content
O6
　D 含有量
　F Vc 含量
　　本底含量
　　蛋白含量
　　干面筋含量
　　果汁含量
　　含绒量
　　甲醇含量
　　焦油含量
　　酒精含量
　　面筋吸水量
　　木素含量
　　丝胶含量
　　糖含量
　　纤维含量
　　油脂含量
　　脂肪含量
　　总酚
　　总黄酮
　　总酸
　C 容量 →(1)(4)(5)(6)(7)(8)(9)(11)(12)(13)

含磷加脂剂
　Y 磷酸酯加脂剂

含磷洗衣粉
phosphorus-containing washing powder
TQ64；TS973.1
　S 洗衣粉
　C 无磷洗衣粉
　Z 清洁剂
　　生活用品

含氯漂白
　Y 氯漂

含氯漂白剂

chlorine bleaches
TS192.2；TS727.2
　S　氧化漂白剂
　C　次氯酸盐漂白
　Z　漂白剂

含气饮料
　Y　碳酸饮料

含绒量
cashmere content
TS941.6
　S　含量*
　F　短绒含量

含乳固体饮料
　Y　固体饮料

含乳果汁饮料
　Y　果蔬饮料

含乳饮料
　Y　乳饮料

含水率控制
moisture content control
TS65
　S　数学控制*
　　水控制*

含炭透气防毒衣
　Y　防毒服

含糖棉
sugar contained cotton
TS102.21
　S　低级棉
　C　防粘剂　→(9)
　Z　天然纤维

含锌皮蛋
　Y　皮蛋

含盐水
　Y　盐水

含氧漂白
oxygen bleaching
TS192.5
　S　化学漂白
　F　过氧化物漂白
　Z　漂白

含氧漂白剂
containing oxygen bleaching agent
TS192.2；TS727.2
　D　氧系漂白剂
　S　氧化漂白剂
　Z　漂白剂

含氧酸盐
oxy salt
TS36
　S　酸式盐
　Z　盐

含油脂率
　Y　含脂率

含有量
　Y　含量

含杂率
trash content
TS101
　S　比率*
　C　棉结

含脂率
fat content
TS13；TS227
　D　含油脂率
　S　比率*

韩国菜
Korean cuisine
TS972
　D　朝鲜菜
　　朝鲜族菜
　　韩国泡菜
　S　亚洲菜肴
　Z　菜肴

韩国泡菜
　Y　韩国菜

汉堡包
hamburg
TS213.21
　S　面包
　Z　糕点

汉堡肉饼
hamburger patty
TS972.132
　S　饼
　Z　主食

汉服
Han clothing
TS941.7
　S　传统服装
　Z　服装

汉麻
　Y　大麻纤维

汉麻纤维
　Y　大麻纤维

汉麻织物
　Y　大麻织物

汉生罐
Hansen pure yeast culture vessel
TQ92；TS261.3
　S　发酵罐
　Z　发酵设备

汉生胶
　Y　黄原胶

汉字打印
Chinese character printing
TS859
　S　打印*

汗布
　Y　针织汗布

汗复合色牢度
　Y　耐汗渍色牢度

汗渍牢度
　Y　耐汗渍色牢度

汗渍色牢度
　Y　耐汗渍色牢度

旱冰鞋
　Y　滑冰鞋

旱獭皮
marmot skin
S；TS564
　S　毛皮
　Z　动物皮毛

旱蒸
　Y　蒸制

焊钉
welding stud
TS914
　S　钉子
　Z　五金件

焊膏喷印
　Y　焊膏印刷

焊膏印刷
solder paste printing
TS87
　D　焊膏喷印
　S　印刷*

焊工眼镜
　Y　焊接护目镜

焊接防护眼镜
　Y　焊接护目镜

焊接护目镜
welding goggles
TS941.731；TS959.6
　D　变光焊接护目镜
　　电焊眼镜
　　焊工眼镜
　　焊接防护眼镜
　　气焊眼镜
　S　护目镜
　C　焊接设备　→(1)(3)
　Z　安全防护用品
　　眼镜

夯击
　Y　压实

行业污染*
industry pollution
X7
　D　产业污染
　F　糖厂污染
　　印染污染
　　制革污染
　C　环境污染
　　污染　→(1)(2)(4)(6)(7)(8)(13)

杭帮菜
Hangzhou dishes
TS972.12
　D　杭州菜
　S　浙菜
　Z　菜系

杭州菜
　Y 杭帮菜

杭州龙井
　Y 龙井茶

杭州双加饭酒
　Y 加饭酒

绗缝
quilting
TS941.63
　S 缝型
　Z 服装工艺

绗缝机
quilter
TS941.562
　D 电脑绗缝机
　　珩缝缝纫机
　　衍缝机
　S 缝纫设备
　Z 服装机械

航道开发
　Y 开发

航海灯
navigation light
TM92；TS956
　S 航行灯
　F 船舶号灯
　C 航海导航 →(7)(12)
　　航行安全 →(12)
　Z 灯

航空灯
aeronautical light
TM92；TS956；V2
　D 航空灯标
　S 航行灯
　F 飞机航行灯
　　航空障碍灯
　　机场灯
　Z 灯

航空灯标
　Y 航空灯

航空防护头盔
　Y 飞行头盔

航空食品
space food
TS219
　D 航天食品
　　航天食品管理
　　航天食谱
　　太空食品
　　太空饮食
　　远航食品
　S 食品*
　C 航天饮食保障 →(6)

航空用材
　Y 工程木材

航空障碍标志灯
　Y 航空障碍灯

航空障碍灯
aviation obstruction beacon
TM92；TS956；V2
　D 航空障碍标志灯
　S 航空灯
　　信号灯
　Z 灯

航天电器
　Y 电器

航天食品
　Y 航空食品

航天食品管理
　Y 航空食品

航天食谱
　Y 航空食品

航天手套
space gloves
TS941.731；X9
　D 飞行手套
　　太空手套
　S 防护手套
　F 舱外活动手套
　C 飞行安全装备 →(6)
　Z 安全防护用品
　　服饰

航天头盔
　Y 飞行头盔

航行灯
navigation lamp
TM92；TS956；V2
　D 导航标灯
　　导航灯
　S 灯*
　F 航海灯
　　航空灯
　　助航灯

蚝煎
　Y 煎制

蚝油
oyster juice
TS225.3；TS264
　S 调味油
　Z 粮油食品

蚝油鲍脯
　Y 肉脯

蚝油甜酱
　Y 甜酱

蚝仔煎
　Y 地方小吃

毫微米材料
　Y 纳米材料

豪特长度
　Y 纤维平均长度

豪猪开棉机
　Y 开棉机

号灯
　Y 信号灯

号型
　Y 服装号型

号型标准
garment size standards
TS107
　S 标准*
　C 型号 →(1)(5)(6)(7)(8)(9)(12)
　　型号规格 →(1)

号型覆盖率
type coverage rate
TS941.6
　S 比率*
　C 型号 →(1)(5)(6)(7)(8)(9)(12)

号型归档
　Y 服装号型

好气性发酵罐
　Y 发酵罐

好氧发酵罐
aerobic fermentation tank
TQ92；TS261.3
　S 发酵罐
　Z 发酵设备

耗损
　Y 损耗

合成*
combination
O6；TQ0
　D 合成法
　　合成工艺
　　合成技术
　　合成新工艺
　　合成制备
　　技术合成
　　系统合成
　F 颜色合成
　C 分割 →(1)(2)(3)(4)(7)(8)
　　化学合成

合成薄木
synthetic veneers
TS62
　S 薄木
　Z 木材

合成法
　Y 合成

合成革
synthetic leather
TS565
　D PVC 人造革
　　合成皮革
　　人工皮革
　　人造革
　　人造皮革
　S 皮革*
　F 超纤皮革
　　聚氨酯合成革
　C 甲醛捕捉剂 →(13)

合成革基布
base-cloth for synthetic leather
TS106

D 皮革基布
　人造革基布
S 底布
F 针刺合成革基布
Z 纺织品

合成工艺
　Y 合成

合成糊料
　Y 糊料

合成技术
　Y 合成

合成加脂剂
synthetic fatliquoring agent
TS529.1
　S 加脂剂*
　F 聚合物加脂剂

合成浆料
　Y 化学浆料

合成路线
　Y 化学合成

合成面料
　Y 面料

合成皮革
　Y 合成革

合成器*
synthesizer
TN7
　D 复合器
　F 电子音响合成器

合成染料
synthetic dyes
TS193.21
　S 染料*
　F 蒽醌染料
　　菁染料
　　偶氮染料
　　若丹明染料
　　酞菁染料

合成麝香
musk ambrette
TQ65；TS264.3
　D 人造麝香 DDHI
　S 合成香料
　　麝香
　F 二甲苯麝香
　　三甲苯麝香
　Z 香精香料

合成施胶剂
　Y 施胶剂

合成食用色素
　Y 食用合成色素

合成甜味剂
synthetic sweetener
TS202；TS245
　D 合成甜味料
　　人工合成甜味剂
　　人工甜味剂

　　甜味化合物
　S 甜味剂
　F 糖精
　Z 增效剂

合成甜味料
　Y 合成甜味剂

合成洗衣粉
　Y 洗衣粉

合成纤维
synthetic fiber
TQ34；TS102.52
　D 合纤
　　塑料纤维
　　有机合成纤维
　　有机纤维
　S 化学纤维
　F 接枝纤维
　　聚合物纤维
　C 聚脲弹性体 →(1)(9)
　　再生纤维 →(9)
　Z 纤维

合成纤维地毯
　Y 地毯

合成纤维染色
　Y 纤维染色

合成纤维织物
　Y 化纤织物

合成香精
　Y 合成香料

合成香料
synthetic perfumes
TQ65；TS264.3
　D 合成香精
　　人工合成香料
　S 香料
　F 合成麝香
　　腈类香料
　　双乙酰
　　酯类香料
　C 香料化合物 →(9)
　Z 香精香料

合成新工艺
　Y 合成

合成增稠剂
synthetic thickening agent
TS190.2；TS195.2
　S 增效剂*

合成织物
　Y 化纤织物

合成纸
synthetic paper
TS76
　S 纸张*

合成制备
　Y 合成

合成着色剂
　Y 食品染色剂

合成钻石
synthetic diamond
TS933.21
　S 钻石
　F 钛酸锶
　Z 饰品材料

合缝
joint close
TS941.6
　D 外底合缝
　　纵向合缝
　S 缝隙*

合缝机
stitching machine
TS941.562
　S 缝纫设备
　F 曲折拼缝机
　Z 服装机械

合股
　Y 并合

合股机
　Y 并纱机

合股无捻粗纱
assembled roving
TS106.4
　S 无捻粗纱
　Z 纱线

合金刀片
alloy blade
TG7；TS914.212
　S 刀片
　F 硬质合金刀片
　Z 工具结构

合理参数
　Y 参数

合理化工程
　Y 工程

合理结构
　Y 结构

合理选配
　Y 选配

合面机
　Y 和面机

合色
　Y 调整色差

合丝
　Y 并合

合体裤
fitted pants
TS941
　S 裤装
　Z 服装

合体性
　Y 服装合体性

合纤
　Y 合成纤维

合纤织物
  Y 化纤织物

合页
hinge
TS914
  S 五金件*

何首乌茶
  Y 凉茶

和服
kimono
TS941.7
  D 吴服
  S 传统服装
  Z 服装

和平烟管
  Y 烟具

和田白玉
Hetian white jade
TS933.21
  S 和田玉
  Z 饰品材料

和田玉
Hetian jade
TS933.21
  S 软玉
  F 和田白玉
    和田玉籽料
    新疆和田玉
  Z 饰品材料

和田玉籽料
Hetian jade seed material
TS933.21
  S 和田玉
  Z 饰品材料

河粉
fried rice noodles
TS213.3
  S 食用粉*
  F 沙河粉

河狸毛
  Y 毛纤维

河狸鼠毛
  Y 毛纤维

河南烟叶
  Y 烟叶

河溪香醋
  Y 香醋

河鲜菜
  Y 水产菜肴

荷包
pouch
TS935；TS941.728
  S 配饰
  Z 服饰

荷花茶
lotus tea

TS272.53
  S 花茶
  Z 茶

荷叶包饭
cooked rice in lotus leaf
TS972.131
  D 荷叶米饭
  S 风味饭
  Z 主食

荷叶茶
lotus leaf tea
TS272.59
  S 凉茶
  Z 茶

荷叶米饭
  Y 荷叶包饭

核仁油
  Y 核桃油

核桃
juglans regia
S；TS255.2
  D 多味核桃
    鲜食核桃
  S 坚果*
  F 山核桃
  C 储藏

核桃蛋白
walnut protein
Q5；TQ46；TS201.21
  S 油料蛋白
  Z 蛋白质

核桃粉
walnut powder
TS255.6
  S 核桃制品
    食用粉*
  Z 坚果制品

核桃酱
  Y 果酱

核桃木
  Y 硬杂木

核桃粕
walnut dregs
TS209
  S 粕*

核桃楸树皮
juglans mandshurica bark
R；TS202
  S 树皮*
  C 胡桃醌 →(9)

核桃仁
semen juglandis
TS255.6
  D 山核桃仁
  S 果仁
  C 核桃油
  Z 坚果制品

核桃仁油

  Y 核桃油

核桃乳
walnut milk
TS275.7
  S 植物蛋白饮料
  Z 饮料

核桃乳饮料
  Y 核桃饮料

核桃软糖
  Y 软糖

核桃酥
  Y 桃酥

核桃酥饼
  Y 桃酥

核桃饮料
walnut beverage
TS275.5
  D 核桃乳饮料
  S 原汁饮料
  Z 饮料

核桃油
walnut oil
TS225.19
  D 核仁油
    核桃仁油
    山核桃油
    桃仁油
    小核桃油
  S 植物种子油
  C 核桃仁
  Z 油脂

核桃制品
walnut products
TS255.6
  S 坚果制品*
  F 核桃粉

核武器开发
  Y 开发

核心部件
core component
TS8
  S 零部件*

核心功能结构
  Y 功能结构

盒
  Y 盒子

盒盖
box cover
TS56
  S 零部件*

盒子*
cassette
TB4
  D 盒
  F 包装盒
    纸盒

貉皮
raccoon fur
S：TS564
　D 毛皮
　Z 动物皮毛

贺卡
greeting card
TS951
　D 电子贺卡
　　动画贺卡
　　多媒体贺卡
　S 办公用品*

荷载
　Y 载荷

荷载历史
　Y 载荷

荷载模式
　Y 载荷

荷载形式
　Y 载荷

荷载压力
　Y 载荷

赫纳昆麻
　Y 麻纤维

赫哲族服饰
　Y 民族服饰

赫兹直径
　Y 直径

褐变
browning
S：TS201
　D 褐变现象
　　抑制褐变
　S 变色*
　C 褐变抑制剂
　　面条色泽

褐变度
browning degree
TS207.3
　S 化合度*

褐变现象
　Y 褐变

褐变抑制剂
browning inhibitor
TS202.3
　S 抑制剂*
　C 褐变
　　褐变控制 →(8)

褐变指数
browning index
TS255
　S 指数*
　C 滤失量 →(2)

褐藻淀粉
algin starch
TS235.5

　S 天然淀粉
　Z 淀粉

鹤嘴钳
　Y 钢丝钳

黑白打印
black-white prints
TS859
　S 打印*

黑白相纸
black and white photographic paper
TS767
　D 黑白照相纸
　S 相纸
　Z 纸张
　　纸制品

黑白像景织物
black-white fabrics
TS106.8
　S 像景织物
　Z 织物

黑白照相纸
　Y 黑白相纸

黑板检测
　Y 条干测试

黑板检验
　Y 条干测试

黑板条干
blackboard or
TS107
　D 纱线黑板
　S 成纱条干
　Z 指标

黑茶
dark green tea
TS272.52
　D 湖南黑茶
　S 茶*
　F 六堡茶
　　普洱茶
　　沱茶

黑茶加工工艺
　Y 茶叶加工

黑瓷（考古）
　Y 瓷制品

黑大豆
　Y 黑豆

黑大豆皮
　Y 黑豆皮

黑大豆油
　Y 豆油

黑淀粉
black potato starch
TS235
　S 淀粉*

黑貂毛
　Y 毛纤维

黑豆
black soybean
TS210.2
　D 黑大豆
　S 豆类
　C 黑豆皮
　　花色苷
　　活性干酵母 →(9)
　Z 粮食

黑豆保健饮料
　Y 天然保健品

黑豆酱油
black bean soy sauce
TS264.21
　S 酱油*

黑豆皮
black beans skin
TS214
　D 黑大豆皮
　S 豆皮
　C 黑豆
　Z 豆制品

黑豆银耳保健酸豆奶
　Y 酸豆奶

黑豆饮料
black beans drinks
TS275.7
　S 豆乳饮料
　Z 饮料

黑瓜子
　Y 瓜子

黑管
　Y 单簧管

黑光灯
black light lamp
TM92；TS956
　D 杀菌灯
　S 汞灯
　Z 灯

黑胡桃
　Y 胡桃木

黑胡桃木
black walnut
TS62
　S 胡桃木
　Z 木材

黑灰咸蛋
　Y 咸蛋

黑加仑果渣
blackcurrant fruit
TS255
　S 果蔬渣
　Z 残渣

黑加仑色素
blackcurrant pigment
TQ61；TS202.39
　S 植物色素
　Z 色素

黑荆树皮
black wattle bark
R；TS202
  S 荆树皮
  Z 树皮

黑镜
dark mirror
TH7；TS959.7
  S 镜子*

黑麦麸皮
Y 麦麸

黑麦仁
Y 麦仁

黑莓残渣
Y 黑莓渣

黑莓粉
blackberry powders
TS255.4
  S 果粉
  Z 食用粉

黑莓干酒
blackberry dry wine
TS262.7
  S 果酒
  Z 酒

黑莓果酱
Y 草莓酱

黑莓渣
blackberry residue
TS255
  D 黑莓残渣
  S 果蔬渣
  Z 残渣

黑米
black rice
TS210.2
  D 黑香米
    乌米
  S 有色稻米
  F 黑糯米
  C 花色苷
  Z 粮食

黑米粉
black rice flour
TS213
  S 米粉
  Z 粮油食品

黑米黄酒
Y 黑米酒

黑米酒
black rice wine
TS262
  D 黑米黄酒
    乌米酒
    珍珠黑米酒
  S 米酒
  F 黑糯米酒
  Z 酒

黑米皮
black rice bran
TS210.9
  D 黑米素
  S 米皮
  Z 副产品

黑米清酒
black rice sake
TS262
  S 清酒
  Z 酒

黑米色素
black rice pigment
TQ61；TS202.39
  S 食用色素
  F 黑糯玉米芯色素
  Z 色素

黑米食品
Y 黑色食品

黑米素
Y 黑米皮

黑米饮料
black rice beverage
TS275.5
  S 植物饮料
  Z 饮料

黑木耳多糖
auricularia auricular polysaccharide
TS24
  D 黑木耳糖
  S 真菌多糖
  Z 碳水化合物

黑木耳糖
Y 黑木耳多糖

黑牛奶
Y 牛奶

黑糯米
black glutinous rice
TS210.2
  D 血糯米
  S 黑米
    糯米
  Z 粮食

黑糯米酒
black husked glutinous rice wine
TS262
  S 黑米酒
    糯米酒
  Z 酒

黑糯玉米
black glutinous maize
TS210.2
  S 黑玉米
  Z 粮食

黑糯玉米芯
black glutinous corncob
TS210.9
  S 玉米芯

  Z 副产品

黑糯玉米芯色素
pigment in black glutinous corncob
TQ61；TS202.39
  S 黑米色素
  Z 色素

黑欧泊
Y 欧泊

黑胚小麦
Y 黑小麦

黑啤酒
brown stout
TS262.59
  S 啤酒
  Z 酒

黑曲
black mold
TS26
  S 酒曲
  Z 曲

黑曲霉
aspergillus niger
TS26
  S 曲霉
  C 产朊假丝酵母 →(9)
  Z 霉

黑色南洋珠
Y 珍珠

黑色喷墨打印墨水
black jet ink
TS951.23
  S 喷墨墨水
  Z 办公用品

黑色染料
black dye
TS193.21
  S 染料*
  F 黑色直接染料

黑色食品
black food
TS218
  D 黑米食品
  S 保健食品
  Z 保健品
    食品

黑色直接染料
black direct dyes
TS193.21
  S 黑色染料
  Z 染料

黑色着色剂
Y 着色剂

黑糖
Y 红糖

黑甜玉米
black sweet corn
TS210.2

S 黑玉米
Z 粮食

黑甜玉米片
Y 玉米食品

黑甜玉米油
black sweet corn oil
TS225.19
S 玉米油
Z 油脂

黑稀金矿
Y 红宝石

黑香米
Y 黑米

黑小麦
triticale
TS210.2
D 黑胚小麦
S 小麦
Z 粮食

黑液
black liquor
TS74；X7
D 黑液废水
脱水改性黑液
造纸黑液
纸浆黑液
制浆黑液
S 制浆废液
F 半化学浆黑液
草浆黑液
棉浆粕黑液
浓黑液
清黑液
蔗渣浆黑液
蒸煮黑液
竹浆黑液
C 草浆碱回收
黑液碱回收
黑液气化
碱木质素 →(9)
绿液
Z 废液

黑液处理
black liquor treatment
TS74；X7
D 草浆黑液处理
黑液治理
造纸黑液处理
S 废物处理*
F 黑液气化
黑液燃烧
黑液提取
黑液预煮
黑液蒸发
C 碱析法

黑液废水
Y 黑液

黑液过滤机
black liquor filters
TS73

S 过滤装置*

黑液碱回收
black liquor alkali recovery
TS74
S 碱回收
C 黑液
Z 回收

黑液碱回收炉
Y 碱回收炉

黑液浓度
black liquor concentration
TS74
S 浓度*
C 串级控制 →(8)

黑液气化
black liquid gasification
TS74；X7
S 黑液处理
C 黑液
Z 废物处理

黑液燃烧
combustion of black liquor
TS74；X7
S 黑液处理
Z 废物处理

黑液提取
black liquor extraction
TS74；X7
S 黑液处理
Z 废物处理

黑液提取率
extraction efficiency of black liquor
TS77
S 提取率
Z 化学比率

黑液污染
black liquor pollution
TS74；X7
D 黑液氧化
S 环境污染*

黑液氧化
Y 黑液污染

黑液预处理
Y 黑液预煮

黑液预煮
black liquor pretreated
TS74；X7
D 黑液预处理
S 黑液处理
Z 废物处理

黑液蒸发
black liquor evaporation
TS74；X7
S 黑液处理
Z 废物处理

黑液治理
Y 黑液处理

黑液资源化
black liquor resource
TS74；X7
S 资源化*

黑衣壮民族服装
Heiyizhuang clothing
TS941.7
S 民族服装
Z 服装

黑釉瓷
black glazed porcelain
TQ17；TS93
S 彩绘瓷
C 黑釉 →(9)
Z 瓷制品

黑玉米
purple corn
TS210.2
D 嫩黑玉米
紫色玉米
紫玉米
S 玉米
F 黑糯玉米
黑甜玉米
Z 粮食

黑玉米粉
black corn flour
TS211
S 玉米粉
Z 粮油食品

黑玉米饮料
Y 玉米饮料

黑糟烟
Y 低次烟叶

黑枣叶茶
Y 凉茶

黑珍珠
black pearl
TS933.2
S 珍珠
Z 饰品材料

黑芝麻色素
black sesame pigment
TQ61；TS202.39
S 植物色素
Z 色素

痕迹*
trace
ZT5
D 表面痕迹
痕迹保留
印迹
F 线迹

痕迹保留
Y 痕迹

恒功耗打浆
constant power consumption beating
TS74

S 打浆
Z 制浆

恒顺香醋
Y 香醋

恒速传动装置
Y 传动装置

恒速驱动装置
Y 传动装置

恒温织物
Y 功能纺织品

恒线速旋切机
constant linear velocity rotary cutters
TS64
S 旋切机
Z 人造板机械

恒张力
constant tension
TG3；TS101
S 张力*

恒张力卷绕
constant tensioned winding
TS101
S 卷绕*

桁缝缝纫机
Y 绗缝机

横包机
Y 卷烟包装机

横编织物
flat knitted fabric
TS186.2
D 横机针织物
S 纬编织物
Z 编织物

横衬档
Y 横条疵点

横挡
Y 横条疵点

横档
Y 横条疵点

横档残
Y 横条疵点

横档疵点
Y 横条疵点

横档稀密路
fabric thick and thin places
TS101.97
S 稀密路
Z 纺织品缺陷

横动装置
Y 横移装置

横机
flat machine
TS183.4
D V 型机
平板机

全自动横机
针织横机
自动横机
S 针织机
F 电脑横机
手摇横机
提花横机
休止横机
Z 织造机械

横机编织
flat knitting machin
TS184
S 编织*

横机针织物
Y 横编织物

横剪机
transverse cutting unit
TG4；TS73
D 横剪机组
横剪线
横切线
横切装置
S 剪切设备*
F 电脑横切机

横剪机组
Y 横剪机

横剪线
Y 横剪机

横截计数器
Y 计数器

横截锯
cross-cut saw
TG7；TS64；TS914.54
S 锯
F 板坯横截锯
Z 工具

横截圆锯机
Y 圆锯机

横开领
neck open
TS941.61
S 领型
Z 服装结构

横楞针织物
Y 针织物

横列式轨梁轧机
Y 轧机

横密
Y 织物密度

横拼机
Y 胶拼机

横切
transect
TS75
S 切割*

横切线

Y 横剪机

横切装置
Y 横剪机

横刃
chisel edge
TG7；TS914.212
S 刀刃
Z 工具结构

横条
horizontal bar
TS101.97
D 横条纹
S 横条疵点
F 隐横条
Z 纺织品缺陷

横条疵点
weft crackines
TS101.97
D 横衬档
横挡
横档
横档残
横档疵点
横向不匀
横影档
横影条
纬档
S 织物疵点
F 横条
开车痕
开关车横档残
稀密路
Z 纺织品缺陷

横条纹
Y 横条

横向不匀
Y 横条疵点

横向调节
Y 纬编工艺

横向定量
cross directional basis weight
TS71
S 定量*

横向开榫机
Y 开榫机

横向螺旋轧机
Y 轧机

横向色差
lateral chromatic aberration
O4；TS193
S 位置色差
Z 色差

横向水分控制
cd moisture control
TS736.2
S 化学控制*
数量控制*
水控制*

横移装置
cross traverse gear
TH11；TH13；TS103
　D 横动装置
　S 装置*

横影档
　Y 横条疵点

横影条
　Y 横条疵点

横轧机
　Y 轧机

衡水老白干酒
Hengshui Laobaigan liquor
TS262.39
　S 中国白酒
　Z 白酒

烘焙
　Y 烘烤

烘焙比
　Y 烘焙特性

烘焙工业
baking industry
TS2
　D 焙烤工业
　S 食品工业
　Z 轻工业

烘焙品质
　Y 烘焙质量

烘焙实验
　Y 烘焙试验

烘焙食品
　Y 焙烤食品

烘焙试验
baking test
TS205
　D 烘焙实验
　　烘烤试验
　S 热工试验*
　C 烘烤

烘焙特性
baking properties
TS201；TS205；TS213
　D 焙烤特性
　　烘焙比
　　烘焙性能
　S 工艺性能*
　C 食品加工

烘焙性能
　Y 烘焙特性

烘焙质量
baking quality
TS205
　D 焙烘品质
　　焙烤品质
　　烘焙品质
　S 工艺质量*
　F 面包烘焙质量

　C 糕点
　　烘烤
　　面团

烘炒
　Y 炒制

烘炒技术
　Y 炒制

烘发器
　Y 电吹风

烘房
　Y 干燥室

烘房热粘合
　Y 热粘合

烘干
oven dry
TQ0；TS205
　D 辐射式烘燥
　　烘干方式
　　烘干工艺
　　烘燥
　　红外线烘燥
　　热风烘燥
　S 干燥*

烘干方式
　Y 烘干

烘干工艺
　Y 烘干

烘干滚筒
　Y 干燥滚筒

烘干室
　Y 干燥室

烘缸
dryer
TS73
　S 干燥设备*
　F 电磁烘缸
　C 烘烤温度　→(1)

烘缸端盖
drying cylinder end cover
TS73
　S 零部件*

烘缸刮刀
　Y 刮刀

烘缸毛毯
　Y 毛毯

烘缸罩
dryer hood
TS73
　S 零部件*

烘缸轴承
drying cylinder bearing
TS73
　S 零部件*
　　轴承*

烘茧

　Y 烘丝

烘茧机
cocoon drying machine
TS142
　D 推进式烘茧机
　S 蚕茧初加工机械
　F 循环式热风烘茧机
　Z 纺织机械

烘烤*
baking
TS205；TS44
　D 焙烘
　　焙烤
　　焙烤工艺
　　焙烤技术
　　烘焙
　　烘烤方法
　　烘烤方式
　　烘烤工艺
　　烘烤机理
　　烘烤技术
　　烘制
　　烤制
　　烤制方法
　　烤制工艺
　　烤制技术
　F 焙焦
　　三段式烘烤
　　烧烤
　　食品烘烤
　　微波烘烤
　　熏烤
　　预焙烘
　　蒸烤
　C 焙烤食品
　　烘焙试验
　　烘焙质量
　　烘烤条件
　　烘烤效果
　　面包
　　染整烘燥机

烘烤方法
　Y 烘烤

烘烤方式
　Y 烘烤

烘烤工艺
　Y 烘烤

烘烤机
roaster
TS04
　D 复烤机
　　烟烘焙机
　S 轻工机械*
　C 烘烤装置

烘烤机理
　Y 烘烤

烘烤技术
　Y 烘烤

烘烤面包
　Y 面包

烘烤器
  Y 烘烤装置

烘烤设备
  Y 烘烤装置

烘烤食品
  Y 焙烤食品

烘烤试验
  Y 烘焙试验

烘烤条件
baking conditions
TS4
  S 条件*
  C 烘烤

烘烤效果
baking effects
TS4
  S 效果*
  C 烘烤

烘烤装置
baking equipment
TS43
  D 白肋烟干燥机
     烘烤器
     烘烤设备
  S 装置*
  C 烘烤机
     蓄热式燃烧 →(5)
     制烟机械

烘毛
  Y 毛纤维初加工

烘丝
cocoon drying
TS14
  D 蚕茧干燥
     烘茧
     微波烘茧
  S 缫丝工艺
  C 烘丝机
  Z 纺织工艺

烘丝机
cut tobacco dryericut-rag dryer
TS142
  S 制丝设备
  C 烘丝
  Z 纺织机械

烘筒
drying can
TS190
  S 干燥设备*
  C 烘烤温度 →(1)

烘箱法
oven method
TS205
  S 方法*

烘烟丝机
  Y 烤烟机

烘衣机
  Y 干衣机

烘燥
  Y 烘干

烘燥机
  Y 染整烘燥机

烘燥间
  Y 干燥室

烘燥炉
  Y 干燥室

烘燥区
  Y 干燥室

烘燥室
  Y 干燥室

烘燥转鼓
  Y 干燥室

烘燥转筒
  Y 干燥室

烘制
  Y 烘烤

红扒全鸡
  Y 鸡肉制品

红帮
  Y 红帮裁缝

红帮裁缝
red group
TS941.6
  D 红帮
  S 服装裁缝
  Z 服装工艺

红帮服装史
history of hong band clothing
TS941.6
  S 中国服装史
  Z 纺织科学

红宝石
ruby
TS933.21
  D 宝石材料
     宝石原料
     黑稀金矿
     文石矿物
     硬玉矿物
     有色宝石
  S 宝石
  Z 饰品材料

红槽
  Y 红曲

红茶
black tea
TS272.52
  D 发酵茶
     名优红茶
     小种红茶
  S 茶*
  F 半发酵茶
     滇红茶
     工夫红茶

祁门红茶

红茶加工
  Y 茶叶加工

红茶加工工艺
  Y 茶叶加工

红茶色素
black tea pigments
TQ61；TS202.39
  S 茶色素
  Z 色素

红茶饮料
black tea drink
TS275.2
  D 泡沫红茶
     速溶红茶
  S 绿茶饮料
  Z 饮料

红肠
red-sausage
TS251.59
  S 香肠
  Z 肉制品

红车
  Y 螺旋榨油机

红大米
  Y 红曲

红豆
red bean
TS210.2
  D 赤豆
  S 豆类
  F 红小豆
  Z 粮食

红豆馅
  Y 豆蓉馅

红方
  Y 腐乳

红腐乳
  Y 腐乳

红果
  Y 山楂

红花郎酒
redflower lang liquor
TS262.39
  S 郎酒
  Z 白酒

红花籽
safflower seeds
TS202.1
  S 植物菜籽*

红花籽粕
safflower seed meal
TS209
  S 粕*

红椒
red pepper

TS255.2
　S 辣椒
　Z 果蔬

红粳米粥
　Y 粥

红酒
claret
TS262
　S 酒*
　F 干红酒

红辣酱
　Y 辣酱

红蓝铅笔
　Y 铅笔

红绿灯
stop-go-sign
TM92；TS956；U4
　S 交通灯
　Z 灯
　　交通设施

红麻
bluish dogbane
TS102.22
　D 红麻纤维
　　红野麻
　S 野生麻
　C 黄麻纤维
　　脱胶
　Z 天然纤维

红麻秆芯
　Y 红麻全秆

红麻茎秆
　Y 红麻全秆

红麻全秆
　Y 红麻全秆

红麻全秆浆
　Y 红麻全秆

红麻全秆
whole stalk kenaf
TS72
　D 红麻秆芯
　　红麻茎秆
　　红麻全秆
　　红麻全秆浆
　　红麻芯秆
　　全秆红麻
　S 茎秆*

红麻纤维
　Y 红麻

红麻芯秆
　Y 红麻全秆

红麦
　Y 小麦

红毛茶
　Y 毛茶

红米

红米
　Y 红曲

红面酱
red noodle sauce
TS264.24
　S 面酱
　Z 酱

红木
red wood
TS62
　D 非洲花梨木
　　红木树种
　　花梨木
　　鸡翅木
　　檀香木
　　紫檀
　　紫檀木
　S 天然木材
　Z 木材

红木家具
redwood furniture
TS66；TU2
　S 木质家具
　F 紫檀家具
　Z 家具

红木树种
　Y 红木

红葡萄酒
red wine
TS262.61
　S 葡萄酒*
　F 干红葡萄酒

红曲
anka
TS26
　D 赤曲
　　丹曲
　　福曲
　　红槽
　　红大米
　　红米
　　红曲米
　S 曲*
　F 高色价红曲
　　功能红曲
　　乌衣红曲
　　酯化红曲

红曲黄酒
red yeast rice wine
TS262.4
　S 黄酒
　F 乌衣红曲黄酒
　Z 酒

红曲酒
red starter wine
TS262.39
　S 曲酒
　Z 白酒

红曲霉
monascus
TS26

　D 红糟
　S 曲霉
　F 高温型红曲霉
　　红色红曲霉
　　紫红曲霉
　Z 霉

红曲米
　Y 红曲

红曲面包
　Y 面包

红圈轧机
　Y 轧机

红色红曲霉
monascus ruber
TS26
　S 红曲霉
　Z 霉

红色染料
orchil
TS193.21
　S 染料*
　F 活性红染料
　　品红

红色指数
red index
TS24
　S 指数*
　C 焦糖
　　焦糖色素　→(9)
　　色率　→(9)
　　色素

红砂咸蛋
　Y 咸蛋

红珊瑚
red coral
TS933.2
　S 珠宝
　Z 饰品材料

红烧狗肉罐头
　Y 肉类罐头

红烧花蛤罐头
　Y 肉类罐头

红烧鸡罐头
　Y 肉类罐头

红烧鲸鱼罐头
　Y 肉类罐头

红烧扣肉罐头
　Y 肉类罐头

红烧鲤鱼罐头
　Y 肉类罐头

红烧牛脯
　Y 牛肉脯

红烧排骨罐头
　Y 肉类罐头

红烧肉

braised pork with brown sauce
TS972.125
　S 猪肉菜肴
　Z 菜肴

红烧元蹄罐头
　Y 肉类罐头

红烧猪肉罐头
　Y 肉类罐头

红烧猪腿罐头
　Y 肉类罐头

红苕
　Y 红薯

红薯
sweet potato
S；TS255.2
　D 地瓜
　　番薯
　　番芋
　　甘薯
　　红苕
　　山芋
　S 薯类
　Z 果蔬

红薯淀粉
　Y 甘薯淀粉

红薯粉
　Y 甘薯粉

红薯加工
　Y 甘薯加工

红薯渣
sweet potato,destarched
TS255
　S 果蔬渣
　Z 残渣

红水
red water
TS74；X7
　S 废水*

红水废液
red waste liquid
TS74；X7
　S 废液*

红松仁油
pine seed oil
TS225
　D 红松子油
　S 食用油
　Z 粮油食品

红松子油
　Y 红松仁油

红碎茶
broken black tea
TS272.59
　D CTC 红碎茶
　S 碎茶
　Z 茶

红糖
brown sugar
TS245
　D 赤砂糖
　　粉糖
　　黑糖
　　黄砂糖
　S 食糖
　F 红糖粉
　Z 糖制品

红糖厂
brown sugar factory
TS24
　S 糖厂
　Z 工厂

红糖粉
brown powdered sugar
TS245
　S 红糖
　Z 糖制品

红外灯
　Y 红外线灯

红外染色
infrared dyeing
TS10
　S 染色工艺*

红外投影仪
infrared projector
TH7；TS951.7
　S 光学仪器*

红外吸收染料
IR absorbing dyes
TS193.21
　S 染料*
　F 近红外吸收料

红外线灯
infrared lamp
TM92；TS956
　D 红外灯
　　红外线灯泡
　　理疗灯
　S 灯*
　F 红外线照射灯
　C 红外摄影 →(1)
　　红外探测仪 →(7)
　　医疗保健仪器 →(4)

红外线灯泡
　Y 红外线灯

红外线固着油墨
　Y 固化油墨

红外线烘燥
　Y 烘干

红外线燃气灶
　Y 燃气灶具

红外线照射灯
infrared radiation light
TM92；TS956
　S 红外线灯

　　投射灯
　Z 灯

红外线煮茧机
　Y 煮茧机

红小豆
small red bean
TS210.2
　S 红豆
　Z 粮食

红心单板
veneer of hearts
TS65；TS66
　S 单板
　Z 型材

红心咸鸭蛋
　Y 咸蛋

红雪兔
　Y 兔肉制品

红野麻
　Y 红麻

红液
red liquor
TS74；X7
　S 制浆废液
　Z 废液

红衣花生奶
red peanut milk
TS275.7
　S 花生乳
　Z 饮料

红油
red oil
TS22
　S 食用油
　Z 粮油食品

红糟
　Y 红曲霉

红枣
red date
TS255.2
　D 乐陵金丝小红枣
　S 大枣
　C 干酵母 →(9)
　Z 果蔬

红枣保健果茶
　Y 天然保健品

红枣醋
　Y 枣醋

红枣多糖
　Y 枣多糖

红枣粉
jujuba powders
TS255.5
　S 枣粉
　Z 食用粉

红枣固体饮料

Y 果蔬饮料

红枣果醋
　　Y 枣醋

红枣果酒
jujube wine
TS262.7
　　D 红枣酒
　　S 枣酒
　　Z 酒

红枣酒
　　Y 红枣果酒

侯帽
　　Y 帽

后帮定型
　　Y 制鞋工艺

后帮脚锤平机
　　Y 制鞋机械

后帮拉伸预成型机
　　Y 制鞋机械

后帮拉线绷帮
　　Y 制鞋工艺

后帮预成型机
　　Y 制鞋机械

后处理废物
　　Y 废弃物

后刀面
rear face
TG7；TS914.212
　　D 侧后刀面
　　S 刀面
　　C 刃磨　→(3)
　　Z 工具结构

后灯
　　Y 车尾灯

后纺工艺
back spinning process
TS104.2
　　S 纺纱工艺*
　　F 并捻工艺
　　　 络纱
　　　 退维工艺
　　　 细纱工艺

后干燥部
after-dryer section
TS734
　　S 造纸机干燥部
　　Z 造纸设备部件

后跟成型机
　　Y 制鞋机械

后固定盖板
　　Y 后罩板

后固定盖板隔距
flat back gauge
TS104.2
　　S 盖板隔距

Z 隔距

后混浊
post turbidity
TS255
　　S 饮料混浊
　　C 果汁
　　Z 变质

后梁
　　Y 经轴

后牵伸
　　Y 后区牵伸

后翘度
rear upwarping degree
TS941.61
　　S 裤装结构
　　Z 服装结构

后区牵伸
back draft
TS104
　　D 后牵伸
　　　 后区牵伸工艺
　　　 牵伸后区
　　S 牵伸*

后区牵伸倍数
back zone drafting multiple
TG3；TS104
　　S 倍数*

后区牵伸变换
back zone drafting transform
TS104
　　S 变换*

后区牵伸工艺
　　Y 后区牵伸

后区压力棒上销
top cradle with press bar in rear section
TS103.82
　　S 压力棒上销
　　Z 纺织器材

后罩板
back stationary plate
TS103.81
　　D 后固定盖板
　　S 罩板
　　Z 纺纱器材

后整理
afterfinish
TS195
　　D 后整理法
　　　 后整理工艺
　　　 织物后整理
　　S 纺织品整理
　　Z 整理

后整理法
　　Y 后整理

后整理工艺
　　Y 后整理

后整理剂

post-finishing agent
TS195.2
　　D 后整理助剂
　　S 染整助剂
　　　 整理剂*
　　F 皂洗剂
　　C 前处理助剂
　　Z 助剂

后整理设备
　　Y 整理机

后整理助剂
　　Y 后整理剂

厚板锯
　　Y 锯

厚壁纤维
　　Y 低级棉

厚层通风制曲
koji-making through heavy layer ventilation
TS26
　　D 酱油厚层通风制曲
　　S 通风制曲
　　Z 制曲

厚单板
thick veneer
TS65
　　S 单板
　　Z 型材

厚度*
thickness
ZT2
　　D 厚度变化
　　F 板厚
　　　 胞壁厚度
　　　 面料厚度
　　　 皮革厚度
　　　 松厚度
　　　 织物厚度
　　　 纸张厚度
　　C 深度
　　　 直径

厚度变化
　　Y 厚度

厚度膨胀
thickness swelling
TS61
　　S 膨胀*

厚浆
thick paste
TQ63；TS194.2
　　D 厚浆型
　　S 浆液*

厚浆型
　　Y 厚浆

厚空间结构板
　　Y 结构人造板

厚密织物
　　Y 高密织物

厚绒布
　　Y 绒织物

厚绒织物
　　Y 绒面织物

厚型织物
　　Y 厚重织物

厚型中密度纤维板
thick type medium density fibreboards
TS62
　　S 中密度纤维板
　　Z 木材

厚重型织物
　　Y 厚重织物

厚重织物
heavy-weight texture
TS106.8
　　D 粗厚织物
　　　厚型织物
　　　厚重型织物
　　S 织物*
　　C 薄型织物

候选方案
　　Y 方案

呼吸保护器
　　Y 呼吸器

呼吸道防护器材
　　Y 呼吸器

呼吸防护器
　　Y 呼吸器

呼吸护具
　　Y 呼吸器

呼吸面罩
　　Y 呼吸器

呼吸器
inhaler
TD7；TH7；TS941.731
　　D 呼吸保护器
　　　呼吸道防护器材
　　　呼吸防护器
　　　呼吸护具
　　　呼吸面罩
　　　呼吸器官防护器材
　　　呼吸器具
　　　呼吸器面具
　　　呼吸仪
　　　空气呼吸器
　　　矿用呼吸保护器
　　　苏生器
　　　吸气器
　　　压风呼吸器
　　　压缩空气呼吸器
　　　应急呼吸器
　　　自动苏生器
　　S 个人防护用品
　　F 氧气吸入器
　　　自救呼吸器
　　C 供氧系统 →(6)
　　　呼吸防护 →(6)(13)

　　Z 安全防护用品

呼吸器官防护器材
　　Y 呼吸器

呼吸器具
　　Y 呼吸器

呼吸器面具
　　Y 呼吸器

呼吸仪
　　Y 呼吸器

忽布
　　Y 啤酒花

狐狸皮
raw fox skin
S；TS564
　　S 狐皮
　　Z 动物皮毛

狐狸绒
arctic fox woo
TS102.31
　　D 北极狐绒毛
　　S 绒纤维
　　Z 天然纤维

狐皮
fox fur
S；TS564
　　S 毛皮
　　F 狐狸皮
　　　蓝狐皮
　　　银狐皮
　　Z 动物皮毛

弧鞍填料
　　Y 填料

弧灯
arc lamps
TM92；TS956
　　D 弧光放电灯
　　S 灯*
　　F 碳弧灯
　　　氙弧灯

弧光放电灯
　　Y 弧灯

弧线弓锯床
　　Y 弓锯床

胡饼
TS972.132
　　S 饼
　　Z 主食

胡服
Hu clothing
TS941.7
　　S 传统服装
　　Z 服装

胡椒粉
pepper
TS255.5；TS264.3
　　S 天然香辛料

　　Z 调味品

胡椒油
　　Y 花椒油

胡萝卜
carrots
S；TS255.2
　　D 丁香萝卜
　　　药性萝卜
　　　野胡萝卜
　　S 蔬菜
　　Z 果蔬

胡萝卜醋
carrot vinegar
TS264；TS27
　　S 果醋
　　Z 饮料

胡萝卜淀粉
carrot starch
TS235.5
　　S 植物淀粉
　　Z 淀粉

胡萝卜粉
carrot powder
TS255.5
　　S 蔬菜粉
　　Z 食用粉

胡萝卜素
carotene
TS255.3
　　S 提取物*
　　F β-胡萝卜素
　　　类胡萝卜素
　　C 海洋红酵母 →(9)
　　　红酵母 →(9)
　　　辣椒红素

胡萝卜饮料
　　Y 果蔬饮料

胡萝卜渣
carrot pomace
TS255
　　S 果蔬渣
　　Z 残渣

胡萝卜汁
carrot juice
TS255
　　S 蔬菜汁
　　Z 果蔬制品
　　　汁液

胡萝卜汁饮料
carrot juice beverage
TS275.5
　　S 蔬菜饮料
　　Z 饮料

胡萝卜纸
　　Y 蔬菜纸

胡麻纤维
　　Y 麻纤维

胡琴

Chinese violin
TS953.23；TS953.33
　　S 弓弦乐器*

胡桃木
walnut
TS62
　　D 黑胡桃
　　S 硬杂木
　　F 黑胡桃木
　　Z 木材

胡柚皮
grapefruit grandis peel
TS255
　　S 柚皮
　　Z 水果果皮

湖北菜
　　Y 鄂菜

湖北烤烟
Hubei flue-cured tobacco
TS45
　　S 国产烤烟
　　Z 烟草制品

湖米
　　Y 大米

湖南菜
　　Y 湘菜

湖南菜系
　　Y 湘菜

湖南黑茶
　　Y 黑茶

湖南名菜
　　Y 湘菜

湖南甜茶
　　Y 甜茶

湖盐
lake salt
TS36
　　S 原盐
　　Z 盐

葫芦丝
bottle gourd silk
TS953.22
　　S 民族乐器
　　Z 乐器

蝴蝶擘酥
　　Y 桃酥

蝴蝶琴
　　Y 弦乐器

蝴蝶裙
　　Y 裙装

蝴蝶酥
　　Y 桃酥

糊
　　Y 糊料

糊粉层

aleurone layer
S；TS210
　　S 结构层*
　　C 脱皮制粉

糊盒机
folder gluer
TS73
　　D 糊壳机
　　S 包装设备*

糊化
gelatinization
TS205
　　D 糊化工艺
　　S 食品加工*
　　F 淀粉糊化
　　　预糊化
　　C 淀粉颗粒

糊化淀粉
gelling starch
TS235
　　D 凝胶淀粉
　　S 淀粉*
　　F 预糊化淀粉

糊化度
degree of gelatinization
TS23
　　D α 度
　　S 糊化特性
　　Z 材料性能
　　　食品特性

糊化工艺
　　Y 糊化

糊化特性
pasting properties
TS23
　　D 糊化性质
　　　糊特性
　　　糊性质
　　S 淀粉特性
　　F 糊化度
　　Z 食品特性

糊化性质
　　Y 糊化特性

糊精
dextrin
Q5；TS23
　　S 糊料*
　　F 白糊精
　　　环糊精
　　　黄糊精
　　　抗性糊精
　　　麦芽糊精
　　C 凝胶温度　→(1)

糊壳机
　　Y 糊盒机

糊料*
printing paste
TS194
　　D SNX 糊料
　　　合成糊料

　　　糊
　　　耐酸糊料
　　　天然糊料
　　F 糊精
　　　混合糊料
　　　糨糊
　　　印花糊料
　　C 色浆

糊特性
　　Y 糊化特性

糊性质
　　Y 糊化特性

虎头罐
　　Y 肉类罐头

虎头帽
tiger head imitation caps
TS941.721
　　S 帽*

琥珀
amber
TS933.2
　　S 珠宝
　　Z 饰品材料

琥珀饰品
　　Y 饰品

琥珀酸发酵液
succinic acid fermentation broth
TQ92；TS205.5
　　S 发酵液
　　Z 发酵产品

互替机床
　　Y 机床

户外家具
outdoor furniture
TS66；TU2
　　D 室外家具
　　S 家具*

护帮
　　Y 护帮板

护帮板
face guard
TS653.3
　　D 护帮
　　S 板*

护唇
　　Y 唇部护理

护耳器
ear protector
TB5；TS941.731；X9
　　D 耳防护器
　　　防护耳罩
　　　护听器
　　S 个人防护用品
　　F 有源耳罩
　　C 防噪　→(1)
　　Z 安全防护用品

护肤

Y 皮肤护理

护肤保养
　　Y 皮肤护理

护肤步骤
　　Y 皮肤护理

护肤程序
　　Y 皮肤护理

护肤法
　　Y 皮肤护理

护肤方案
　　Y 皮肤护理

护肤方法
　　Y 皮肤护理

护肤方式
　　Y 皮肤护理

护肤功能
skin-care functions
TS974
　　S 功能*
　　C 皮肤护理

护肤护理
　　Y 皮肤护理

护肤理念
　　Y 皮肤护理

护肤作用
　　Y 皮肤护理

护经
　　Y 经纱工艺

护理*
nursing
R；TS97
　　F 个人护理
　　　家居护理
　　　皮鞋护理
　　　织物护理

护理产品
　　Y 个人护理品

护理品
　　Y 个人护理品

护理用品
　　Y 个人护理品

护绿保鲜剂
green-keeping preservative
TS202.3
　　S 保鲜剂
　　Z 防护剂

护绿剂
green-preserving agent
TS255.2
　　S 护色剂
　　C 叶绿素
　　Z 保护剂
　　　色剂

护目镜

safety goggles
TS941.731；TS959.6
　　S 防护眼镜
　　F 焊接护目镜
　　　激光防护镜
　　Z 安全防护用品
　　　眼镜

护色
protective coloration
TS201；TS264
　　D 护色处理
　　　护色措施
　　　护色方法
　　　护色工艺
　　　护色技术
　　S 色彩工艺*
　　F 护色保脆
　　　护色保鲜
　　　无硫护色
　　C 护色剂

护色保脆
color and crispy keeping
TS201
　　S 护色
　　Z 色彩工艺

护色保鲜
color protection and fresh-keeping
TS201
　　D 护色保鲜加工
　　S 护色
　　Z 色彩工艺

护色保鲜加工
　　Y 护色保鲜

护色处理
　　Y 护色

护色措施
　　Y 护色

护色方法
　　Y 护色

护色工艺
　　Y 护色

护色技术
　　Y 护色

护色剂
colour fixative
TS251
　　S 保护剂*
　　　色剂*
　　F 复合护色剂
　　　护绿剂
　　　护色液
　　　无硫护色剂
　　C 防变色剂 →(9)
　　　护色

护色液
color fixing solution
TS264
　　S 护色剂
　　Z 保护剂

色剂

护身用纺织品
　　Y 防护织物

护听器
　　Y 护耳器

护膝
knee cap
TS941.731；TS952
　　S 个人防护用品
　　Z 安全防护用品

护眼灯
eye protection lamp
TM92；TS956
　　S 台灯
　　Z 灯

花板
　　Y 纹板

花边
bordering ornament
TS106.7
　　D 棒槌花边
　　　玻璃纱花边
　　　常熟花边
　　　抽纱
　　　抽纱工艺品
　　　抽纱花边
　　　抽纱织物
　　　抽纱制品
　　　雕绣花边
　　　钩针花边
　　　花边织物
　　　机制花边
　　　经编花边
　　　经编花边织物
　　　蕾丝
　　　蕾丝花边
　　　手拿花边
　　　梭子花边
　　　网状花边
　　　针织花边
　　S 装饰用纺织品*
　　C 蕾丝花边机

花边织物
　　Y 花边

花边组织
　　Y 织物组织

花草茶
　　Y 凉茶

花茶
flower tea
TS272.53
　　D 花卉茶
　　　鲜花茶
　　S 茶*
　　F 葛花茶
　　　桂花茶
　　　荷花茶
　　　金银花茶
　　　菊花茶
　　　兰花茶

玫瑰茄
茉莉花茶
水仙茶
银花茶

花茶加工
　Y 茶叶加工

花茶品质
flower tea quality
TS272.7
　S 茶品质
　Z 食品质量

花缎
　Y 缎纹织物

花粉食品
　Y 植物性食品

花粉饮料
pollen drinks
TS275.5
　S 果蔬饮料
　Z 饮料

花岗石砂锯
　Y 锯

花辊
milled steel roller
TH13；TQ33；TS103.82
　S 纺织胶辊
　F 花纹辊
　　压花辊
　Z 纺织器材
　　辊

花果茶
flower tea
TS272.59
　S 特种茶
　Z 茶

花果山牌白葡萄酒
　Y 白葡萄酒

花卉茶
　Y 花茶

花卉食品
　Y 植物性食品

花卉型饮料
　Y 植物饮料

花卉饮料
　Y 植物饮料

花键铣床
　Y 花键轴铣床

花键轴铣床
spline shaft hobbing machines
TG5；TS64
　D 花键铣床
　　万能花键轴铣床
　S 专用铣床
　Z 机床

花椒
zanthoxylum bungeanum

TS255.5；TS264.3
　S 五香
　F 青花椒
　Z 调味品

花椒精油
　Y 花椒油

花椒仁油
　Y 花椒油

花椒油
zanthoxylum oil
TS225.3；TS264
　D 胡椒油
　　花椒精油
　　花椒仁油
　　花椒籽油
　　麻油
　S 调味油
　F 花椒籽仁油
　C 乳化剂
　Z 粮油食品

花椒油树脂
xanthoxylum oleoresin
TQ65；TS264
　S 油树脂
　Z 提取物

花椒籽
Chinese prickly ash seed
TS202.1
　S 植物菜籽*

花椒籽仁油
pepper seed kernel oil
TS225.3；TS264
　S 花椒油
　Z 粮油食品

花椒籽油
　Y 花椒油

花菁染料
　Y 菁染料

花卷
steamed roll
TS972.132
　S 面食
　Z 主食

花梨木
　Y 红木

花蜜酒
nectar wine
TS262
　S 保健酒
　Z 酒

花呢
fancy suiting
TS136
　D 绒面花呢
　S 呢绒织物
　F 精纺粗花呢
　　精纺花呢
　C 哔叽

大衣呢
　Z 织物

花青染料
　Y 菁染料

花青素
anthocyanin
TQ61；TS202.39
　S 花色素
　　色素*
　F 原花青素
　C 花色苷
　　天然抗氧化剂

花色豆腐
colorful tofu
TS214
　S 豆腐
　Z 豆制品

花色苷
anthocyanins
Q5；Q94；TS264
　D 花色素苷
　S 糖苷*
　C 黑豆
　　黑米
　　花青素
　　桑葚
　　天然色素 →(9)
　　紫薯

花色苷色素
　Y 花色素

花色酱
color paste
TS264
　S 复合酱
　Z 酱

花色毛纱
　Y 毛纱

花色牛奶
　Y 牛奶

花色纱
　Y 花式纱线

花色纱线
　Y 花式纱线

花色设计
flower colour design
TS941.2
　S 图案设计
　Z 设计

花色丝
　Y 花式纱线

花色素
anthocyanidin
TQ61；TS202.39
　D 花色苷色素
　S 植物色素
　F 花青素
　　原花色素
　Z 色素

花色素苷
　　Y 花色苷

花色织物
fancy cloth
TS106.8
　　D 花型织物
　　S 色织物
　　C 花型准备系统
　　Z 织物

花色组织
　　Y 织物组织

花生
arachis hypogaea
S；TS255.2
　　D 花生果
　　S 坚果*

花生饼粕
peanut cake dregs
TS209
　　S 饼粕
　　　花生粕
　　Z 粕

花生蛋白
peanut protein
Q5；TQ46；TS201.21
　　D 花生蛋白质
　　S 油料蛋白
　　F 花生分离蛋白
　　　花生水解蛋白
　　Z 蛋白质

花生蛋白粉
peanut protein powder
TS202.1；TS255.6
　　S 蛋白粉*

花生蛋白奶
　　Y 蛋白奶

花生蛋白饮料
　　Y 蛋白饮料

花生蛋白质
　　Y 花生蛋白

花生豆腐
peanut bean curd
TS972
　　S 豆腐菜肴
　　Z 菜肴

花生豆奶
　　Y 豆奶

花生分离蛋白
peanut protein isolate
Q5；TQ46；TS201.21
　　S 蛋白质*
　　　花生蛋白

花生粉
peanut powder
TS255.6
　　S 花生制品
　　　食用粉*
　　F 脱脂花生粉

Z 坚果制品

花生麸
peanut bran
TS210.9
　　S 麸皮
　　Z 副产品

花生果
　　Y 花生

花生果茶
peanut fruit tea
TS27
　　S 果茶
　　Z 茶

花生加工
peanut processing
TS255
　　S 农产品加工*
　　　食品加工*

花生酱
peanut butter
TS264
　　S 甜酱
　　Z 酱

花生壳提取物
peanut shell extract
TS255.1
　　S 提取物*

花生酪
　　Y 花生制品

花生米
groundnut kernels
TS255.6
　　D 花生仁
　　　食用花生
　　S 果仁
　　Z 坚果制品

花生奶
　　Y 花生乳

花生奶酪
　　Y 花生制品

花生粕
groundnut meal
TS209
　　S 粕*
　　F 高温花生粕
　　　花生饼粕
　　　脱脂花生粕

花生仁
　　Y 花生米

花生乳
peanut milk
TS275.7
　　D 花生奶
　　　花生饮料
　　S 植物蛋白饮料
　　F 红衣花生奶
　　　绿茶花生奶
　　Z 饮料

花生水解蛋白
peanut hydrolyzing protein
Q5；TQ46；TS201.21
　　S 花生蛋白
　　　水解植物蛋白
　　Z 蛋白质

花生酸奶
peanut yogurt
TS252.54
　　D 花生酸乳
　　S 酸奶
　　Z 发酵产品
　　　乳制品

花生酸乳
　　Y 花生酸奶

花生饮料
　　Y 花生乳

花生油
peanut oil
TS225.12
　　D 食用花生油
　　S 植物种子油
　　F 浓香花生油
　　C 菜籽油
　　Z 油脂

花生渣
peanut residues
TS255
　　S 果蔬渣
　　Z 残渣

花生制品
peanut product
TS255.6
　　D 花生酪
　　　花生奶酪
　　S 坚果制品*
　　F 花生粉

花生猪尾罐头
　　Y 肉类罐头

花式编带
　　Y 带织物

花式纺纱机
　　Y 纺纱机械

花式经缎织物
　　Y 缎纹织物

花式拈丝机
　　Y 花式捻线机

花式拈线机
　　Y 花式捻线机

花式捻丝机
　　Y 花式捻线机

花式捻线
　　Y 捻线

花式捻线机
novelty twister
TS103.23

D 花式拈丝机
　　花式拈线机
　　花式捻丝机
S 捻线机
F 空心锭花式捻线机
C 捻线
Z 纺织机械

花式绒线
　Y 花式纱线

花式纱
　Y 花式纱线

花式纱罗
fancy leno cloth
TS106.8
　S 纱罗织物
　Z 织物

花式纱线
fancy yarn
TS106.4
　D 波形纱线
　　长丝花式纱
　　短纤维花式纱
　　仿短纤维
　　花色纱
　　花色纱线
　　花色丝
　　花式绒线
　　花式纱
　　花式丝
　　花式线
　　花饰纱
　　花饰纱线
　　花饰线
　　结子花式纱线
　　粒结花式纱线
　　膨化花式纱
　　线圈花式纱
　　雪花纱
　S 纱线*
　F 彩点纱
　　带子纱
　　缎彩纱
　　结子纱
　　捻线
　　圈圈纱
　　雪尼尔纱线
　　竹节花式纱
　C 饰纱超喂

花式纱线织物
　Y 织物

花式丝
　Y 花式纱线

花式线
　Y 花式纱线

花式线织物
　Y 织物

花式针织物
　Y 针织物

花式织物
　Y 织物

花饰纱
　Y 花式纱线

花饰纱线
　Y 花式纱线

花饰线
　Y 花式纱线

花素驼绒
　Y 驼绒

花筒雕刻机
　Y 雕刻机

花筒雕刻设备
　Y 雕刻机

花纬疵点
　Y 纬向疵点

花纹
decorative pattern
J；TS105；TS194
　D 表面花纹
　　花纹类型
　　花纹效应
　　混合花纹
　　配色花纹
　　压花纹
　　装饰花纹
　S 纹样*
　F 龟纹
　　莫尔花纹

花纹辊
patterned roll
TH13；TQ33；TS103.82
　D 花纹轧辊
　S 花辊
　Z 纺织器材
　　辊

花纹胶圈
decorative pattern aprons
TS103.82
　S 纺纱胶圈
　F 内外花纹胶圈
　Z 纺纱器材

花纹类型
　Y 花纹

花纹设计
stripe design
TS105.1；TS194.1
　S 花样设计
　Z 纺织设计

花纹效应
　Y 花纹

花纹轧辊
　Y 花纹辊

花纹针刺法
　Y 针刺工艺

花纹针刺工艺
　Y 针刺工艺

花香绿茶

fragrant green tea
TS272.51
　S 绿茶
　Z 茶

花香型茶
　Y 凉茶

花小麦
　Y 小麦

花型编辑
　Y 花型设计

花型设计
patterning design
TS101
　D 花型编辑
　　花型设计系统
　S 图案设计
　C 花型准备系统
　Z 设计

花型设计系统
　Y 花型设计

花型织物
　Y 花色织物

花型准备系统
pattern preparation system
TS18
　S 系统*
　C 电脑横机
　　花色织物
　　花型设计

花压结子花纹织物
　Y 纹织物

花样设计
pattern design
TS105.1；TS194.1
　S 纺织设计*
　F 花纹设计
　　小提花设计
　　印花设计

花样套结机
　Y 缝纫设备

花釉(复色釉)
　Y 釉

花毡
felt pattern
TS106.8
　S 毡*

华北路山羊皮
goat skin in North China
S；TS564
　S 山羊皮
　Z 动物皮毛

华达呢
gabardine
TS106.8
　S 精纺毛织物
　　斜纹织物
　C 哔叽

Z 机织物
织物

华夫饼干
Y 饼干

华夫格
waffle pattern
TS106.8
S 条格织物
Z 织物

华服
sheen
TS941.7
S 传统服装
Z 服装

华丽曲霉
aspergillus ornatus
TS26
S 曲霉
Z 霉

猾子皮
kid lamb skin
S；TS564
S 毛皮
Z 动物皮毛

滑板泵
Y 泵

滑冰鞋
skate
TS943.74
D 冰刀鞋
旱冰鞋
S 运动鞋
Z 鞋

滑炒
Y 炒制

滑动接头
Y 接头

滑杆式挑线机构
Y 滑杆挑线机构

滑杆挑线机构
sliding lever take-up mechanisms
TS941.569
D 滑杆式挑线机构
S 挑线机构
Z 缝制机械机构

滑溜
Y 溜制

滑轮式拉丝机
pulley drawing machine
TS914
S 拉拔设备*

滑爽
slipperiness
TS207
S 口感
Z 感觉

滑爽剂
slip agent
TS529.1
S 表面处理剂*
F 皮革滑爽剂

滑行道边灯
Y 机场灯

滑行道灯
Y 机场灯

滑行灯
Y 机场灯

滑雪服
anorak
TS941.7
S 防寒服
Z 服装

滑枕升降台铣床
Y 升降台铣床

滑蒸
Y 蒸制

滑座锯
Y 锯机

滑座式锯
Y 锯

化工
Y 化学工业

化工产品*
chemical industrial product
TQ0
F 彩妆产品
蒽油
盐化工产品
C 产品

化工分析
Y 化学分析

化工工艺*
chemical process
TQ0
D 化工过程工艺
化工技术
化工科学技术
化学工程学
化学工艺
化学工艺过程
化学工艺学
化学技术
化学制备工艺
间歇化工过程
F 醇法
干法黄化
硫酸盐法
石灰法
双碱法
悬浮法
亚硫酸法
C 包覆 →(1)(3)(6)(9)
电化学方法 →(9)
反应过程 →(9)

反应器 →(9)
干馏 →(2)(9)
工艺方法
化工生产 →(4)(9)
化学工程 →(9)
化学工业
化学合成
煤化工 →(2)(9)
凝胶法 →(9)
热安全 →(13)
橡胶工艺
蒸馏

化工过程工艺
Y 化工工艺

化工过程装备
Y 化工装置

化工合成
Y 化学合成

化工机器
Y 化工装置

化工技术
Y 化工工艺

化工科学技术
Y 化工工艺

化工领域
Y 化学工业

化工品
Y 化学品

化工溶剂
Y 溶剂

化工设备
Y 化工装置

化工生产设备
Y 化工装置

化工生产装置
Y 化工装置

化工塔器
Y 塔器

化工系数*
chemical coefficients
TQ0
F 饱和点
挥发系数
精馏系数

化工新产品
Y 化学品

化工用槽*
chemical tank
TQ0
F 凝固浴槽
凝聚槽
C 槽

化工专用设备
Y 化工装置

化工装备

Y 化工装置

化工装置*
chemical unit
TQ0
　　D 大型化工装置
　　　化工过程装备
　　　化工机器
　　　化工设备
　　　化工生产设备
　　　化工生产装置
　　　化工专用设备
　　　化工装备
　　　化学工业设备
　　　化学设备
　　F 固化设备
　　　蒸煮设备
　　C 催化装置 →(2)(4)(5)(6)(9)(11)(12)(13)
　　　反应装置
　　　化工机械 →(3)(5)(9)
　　　炼油装置 →(2)(9)(12)
　　　装置

化合度*
degree of chemical combination
O6
　　F 发酵度
　　　分裂度
　　　褐变度
　　　取代度
　　　异形度
　　　油脂酸价
　　　游离度
　　C 程度
　　　化学性质

化机法制浆
　　Y 化学机械法制浆

化机浆
chemimechanical pulp
TS749
　　D APMP 浆
　　　化学机械浆
　　S 化学浆
　　F 化学热磨机械浆
　　　磺化化机浆
　　　挤压法化机浆
　　Z 浆液

化机浆废水
chemimechanical pulping effluent
TS743；X7
　　D CTMP 废水
　　　CTMP 制浆废水
　　　SCMP 废水
　　S 制浆造纸废水
　　F 化机浆混合废水
　　　竹材化机浆废水
　　C 化学机械法制浆
　　Z 废水

化机浆废液
　　Y 化学机械法制浆废液

化机浆混合废水
chemimechanical mixed pulping effluent
TS743；X7
　　S 废水*

化机浆废水

化机磨木浆
chemimechanical ground wood pulps
TS749.1
　　D BCTMP 化学机械浆
　　　BCTMP 浆
　　S 磨木浆
　　Z 浆液

化锯
　　Y 锯切

化纤
　　Y 化学纤维

化纤长丝
　　Y 长丝

化纤地毯
　　Y 地毯

化纤短纤维
chemical short fiber
TQ34；TS102
　　S 短纤维
　　F PET 短纤维
　　　芳纶短纤维
　　　腈纶短纤维
　　　聚丙烯短纤维
　　　聚酯短纤维
　　　尼龙短纤维
　　　维纶短纤维
　　C 化纤浆粕 →(9)
　　Z 纤维

化纤仿毛织物
　　Y 仿毛织物

化纤仿丝织物
　　Y 仿丝绸织物

化纤纺纱
chemical fiber spinning yarn
TS106.4
　　S 纯纺纱
　　F 纯涤纶纱线
　　　腈纶纱
　　Z 纱线

化纤纺织品
　　Y 纺织品

化纤复丝
　　Y 复丝

化纤混纺织物
　　Y 混纺织物

化纤机械
　　Y 纺丝设备

化纤加工机械
　　Y 纺丝设备

化纤加工设备
　　Y 纺丝设备

化纤交织织物
　　Y 化纤织物

化纤面料

Y 面料

化纤呢绒
　　Y 呢绒织物

化纤坯布
　　Y 坯布

化纤器材
　　Y 纺丝设备

化纤设备
　　Y 纺丝设备

化纤生产设备
　　Y 纺丝设备

化纤毯
　　Y 毯子

化纤织物*
chemical fibre fabric
TS156
　　D PET 织物
　　　PTT 织物
　　　变形丝织物
　　　丙纶织物
　　　差别化纤维织物
　　　纯化纤织物
　　　醋酯织物
　　　定长纤维织物
　　　高涤混纺比织物
　　　含涤织物
　　　合成纤维织物
　　　合成织物
　　　合纤织物
　　　化纤交织织物
　　　化学纤维织物
　　　甲壳素纤维织物
　　　锦涤交织物
　　　聚丙烯织物
　　　凯纶织物
　　　耐纶织物
　　　人丝织物
　　　人造丝织物
　　　网络丝织物
　　　细旦丝织物
　　　远红外丙纶织物
　　　粘胶纤维织物
　　　粘纤织物
　　　中长化纤织物
　　　中长纤维织物
　　　中长织物
　　F 长丝织物
　　　涤纶织物
　　　芳砜纶织物
　　　芳纶织物
　　　仿真织物
　　　锦纶织物
　　　腈纶织物
　　C 化学纤维
　　　织物

化纤装置
　　Y 纺丝设备

化学保藏
chemical preservation
S；TS205

S 储藏*

化学比率*

chemical ratio

O6

  F 残胶率

    含胶率

    糖化率

    提取率

    总糖转化率

  C 比率

化学变性淀粉

chemically modified starch

TS235

  S 变性淀粉

  F 接枝变性淀粉

  Z 淀粉

化学测定

  Y 化学分析

化学产品

  Y 化学品

化学沉淀剂

  Y 沉淀剂

化学成份分析

  Y 化学分析

化学处理*

chemical treatment

O6；TQ0

  D 化学处理法

    化学法处理

    化学转化处理

  F 螯合处理

    碱处理

  C 表面防护 →(3)

    处理

    化学热处理 →(3)

    抗静电整理

化学处理法

  Y 化学处理

化学定形

  Y 定形整理

化学发黑

chemical blackening

TG1；TG3；TS82

  S 变色*

化学法*

chemical method

TB9

  F 半化学法

    苯酚-硫酸法

化学法处理

  Y 化学处理

化学法合成

  Y 化学合成

化学法制浆

  Y 化学制浆

化学反应时间

  Y 反应时间

化学防护服

chemical protective clothing

E；TS941.731；X9

  D 防化服

  S 生化防护服

  Z 安全防护用品

    服装

化学防护手套

  Y 防毒手套

化学废弃物

  Y 化学废物

化学废物*

chemical waste

X7

  D 废化学制品

    化学废弃物

    化学性废物

  F 废丝

    铬革废弃物

    油烟废气

  C 氮磷净化 →(13)

    废弃物

    化学污染物 →(13)

    重金属影响 →(13)

化学分析*

chemical analysis

O6

  D 分析(化学)

    化工分析

    化学测定

    化学成份分析

    化学分析方法

    化学组成分析

  F 残留物分析

    色相分析

  C 分析

化学分析方法

  Y 化学分析

化学改性法

  Y 改性

化学改性技术

  Y 改性

化学改性纤维

  Y 差别化纤维

化学工程学

  Y 化工工艺

化学工业*

chemical industry

TQ

  D 化工

    化工领域

    化学加工工业

    现代化工

  F 镁盐工业

    皮革化工

    盐化工

  C 工业

    化工工艺

化学工程 →(9)

化学工业设备

  Y 化工装置

化学工艺

  Y 化工工艺

化学工艺过程

  Y 化工工艺

化学工艺学

  Y 化工工艺

化学合成*

chemical synthesis

TQ0

  D 反应合成

    反应合成法

    合成路线

    化工合成

    化学法合成

    化学合成法

    化学合成方法

  F 纤维素生物合成

  C 材料技术 →(1)

    反应原理 →(9)

    合成

    化工工艺

化学合成法

  Y 化学合成

化学合成方法

  Y 化学合成

化学机械法制浆

chemimechanical pulping

TS10；TS743

  D 化机法制浆

    化学机械制浆

  S 化学制浆

  F 化学热磨机械制浆

  C 化机浆废水

  Z 制浆

化学机械法制浆废液

chemimechanical pulping waste liquor

TS743；X7

  D CTMP 废液

    CTMP 制浆废液

    化机浆废液

  S 制浆废液

  Z 废液

化学机械浆

  Y 化机浆

化学机械制浆

  Y 化学机械法制浆

化学技术

  Y 化工工艺

化学剂*

chemical agent

TQ42

  F 缚酸剂

    碱化剂

    金属螯合剂

    醚化剂

生物降解剂
释酸剂
糖化剂

化学加工*
chemical process
TQ0
　F　树脂整理
　C　化学研磨　→(3)
　　　加工

化学加工工业
　Y　化学工业

化学浆
chemical pulp
TS749
　D　化学纸浆
　S　纸浆*
　F　半化学浆
　　　化机浆
　　　碱性-亚钠蒽醌半化浆
　　　生物化学浆
　Z　浆液

化学浆糊
　Y　糨糊

化学浆料
chemical size
TS105
　D　合成浆料
　S　浆料*
　F　丙烯酸类浆料
　　　改性浆料
　　　共聚浆料
　　　聚丙烯酸类浆料
　　　聚乙烯醇浆料
　　　聚酯浆料

化学浆漂白
　Y　化学漂白

化学酱油
chemical soy sauce
TS264.21
　S　酱油*

化学交联
　Y　交联

化学控制*
chemical control
TQ0
　F　横向水分控制
　C　控制

化学木浆
chemical wood pulp
TS749.1
　S　木浆
　Z　浆液

化学泡沫
　Y　泡沫

化学膨松剂
chemistry leavening agent
TS202.3
　S　膨松剂*

化学漂白
chemical bleaching
TS192.5
　D　化学浆漂白
　S　漂白*
　F　催化漂白
　　　电化学漂白
　　　光化学漂白
　　　含氧漂白
　　　还原漂白
　　　氧化漂白

化学漂白剂
　Y　漂白剂

化学品*
chemical product
O6；TQ0
　D　化工品
　　　化工新产品
　　　化学产品
　F　淀粉化学品
　　　皮革化学品
　　　湿部化学品
　　　食用化学品
　　　脱墨化学品
　C　化学品管理　→(9)
　　　煤基化学品　→(9)

化学染料
　Y　染料

化学染色剂
　Y　着色剂

化学热*
chemico-thermal
O4；TQ0
　F　染色热

化学热磨机械浆
chemithermomechanical pulp
TS749
　D　CTMP 浆
　S　化机浆
　Z　浆液

化学热磨机械制浆
chemithermomechanical pulping
TS10；TS743
　D　CTMP 制浆
　S　化学机械法制浆
　　　机械制浆
　Z　制浆

化学溶剂
　Y　溶剂

化学设备
　Y　化工装置

化学试剂*
chemical reagents
TQ42
　F　磷酸化试剂
　　　阳离子试剂

化学脱胶
chemical degumming
TS10；TS192

　S　脱胶*

化学脱墨
chemical deinking
TS72；TS74
　S　脱墨*

化学脱色
chemical decolorization
TQ61；TS205
　S　脱色
　F　漂白脱色
　Z　脱除

化学脱脂
　Y　脱脂

化学吸收型透气服
　Y　防毒服

化学纤维
chemical fiber
TQ34；TS102.5
　D　化纤
　S　纤维*
　F　海藻纤维
　　　合成纤维
　　　甲壳素纤维
　　　聚乳酸纤维
　　　再生蛋白质纤维
　　　再生纤维素纤维
　C　纺丝　→(9)
　　　工业丝
　　　化纤织物
　　　化纤制品　→(9)
　　　热塑性纤维
　　　天然纤维
　　　粘卷

化学纤维纺
chemical fibre spinning
TS104
　D　纯纺(化学纤维)
　S　纺纱*

化学纤维织物
　Y　化纤织物

化学性废物
　Y　化学废物

化学性能
　Y　化学性质

化学性质*
chemical properties
TQ0
　D　化学性能
　F　产酸性能
　　　蛋白质变性
　　　发酵特性
　　　酒石稳定性
　　　抗氧化活性
　　　酶降解活性
　　　酶热稳定性
　　　耐还原性
　　　耐有机溶剂性
　　　清除自由基活性
　　　氧化稳定性
　　　油脂抗氧化

C 毒性 →(1)(6)(11)(13)
分散性 →(1)(2)(9)(11)
化合度
化学改性 →(3)(9)
理化性质
性能

化学氧化法脱臭
Y 氧化脱臭

化学氧自救器
chemical oxygen self-rescuer
TD7；TS941.731；X9
S 自救呼吸器
Z 安全防护用品

化学硬化砂造型
Y 造型

化学整理
chemical finishing
TS195.5
S 纺织品整理
F 涂层整理
Z 整理

化学整理剂
chemical finishing agent
TS195.2
S 整理剂*

化学纸浆
Y 化学浆

化学制备工艺
Y 化工工艺

化学制浆
chemical pulping
TS10；TS743
D 化学法制浆
化学制浆法
S 制浆*
F 化学机械法制浆
碱法制浆
硫酸盐法制浆
酶法制浆
生物化学制浆
酸法制浆
乙醇制浆
C 造纸制浆

化学制浆法
Y 化学制浆

化学转化处理
Y 化学处理

化学装置
Y 反应装置

化学阻垢剂
Y 阻垢剂

化学组成分析
Y 化学分析

化学作用*
chemical action
O6
F 过氧化作用

抗氧化作用
凝胶作用
C 作用

化妆
make-up
TS974.12
D 底妆
化妆法
化妆方法
化妆技巧
化妆技术
化妆术
面部化妆
脱妆
妆扮方法
S 面部美容
F 彩妆
唇妆
眼妆
C 化妆品 →(9)
化妆设计
Z 美容

化妆法
Y 化妆

化妆方法
Y 化妆

化妆工具
dressing case
TS974
D 粉扑
化妆海绵
化妆盒
吸油面纸
吸油纸
S 工具*
F 化妆刷
睫毛夹
眉刷

化妆海绵
Y 化妆工具

化妆盒
Y 化妆工具

化妆技巧
Y 化妆

化妆技术
Y 化妆

化妆镜
cosmetic mirror
TS959.7
S 镜子*

化妆品废水
cosmetic wastewater
TS974.12；X7
S 废水*

化妆色彩
make-up colour
TS974
S 色彩*

化妆设计
make-up design
TS974
D 妆面设计
S 造型设计*
C 化妆

化妆术
Y 化妆

化妆刷
cosmetic brush
TS974
S 化妆工具
Z 工具

划线
marking off
TG9；TS65
S 工艺方法*
C 钣金展开 →(3)
激光划线 →(3)

划线车
Y 划线机

划线工具
Y 划线机

划线机
marking tool
TS04；U4
D 标线机
道路划线车
划线车
划线工具
划线设备
划线装置
路面划线机
S 轻工机械*

划线设备
Y 划线机

划线下锯
Y 锯切

划线样板
Y 样板

划线装置
Y 划线机

华山松籽
seed of armand pine
TS202.1
S 植物菜籽*

华山松籽油
Hua mountain pine seed oil
TS225
S 食用油
Z 粮油食品

画笔
brush
TS951.19
S 笔
Z 办公用品

画布

canvas for painting

TS106；TS951

　　S 文具

　　Z 办公用品

画毯

　　Y 毯子

画图板

　　Y 图板

桦木

birch

TS62

　　S 硬杂木

　　Z 木材

桦木锯屑

　　Y 木屑

怀山药

yam

S；TS255.2

　　S 山药

　　Z 果蔬

淮安菜

　　Y 淮扬菜

淮盐

Huai salt

TS36

　　S 海盐

　　Z 盐

淮扬菜

Huaiyang cuisines

TS972.12

　　D 淮安菜

　　　淮扬菜系

　　　淮扬菜肴

　　　淮扬名菜

　　　苏州菜

　　　维扬菜系

　　S 苏菜

　　Z 菜系

淮扬菜系

　　Y 淮扬菜

淮扬菜肴

　　Y 淮扬菜

淮扬名菜

　　Y 淮扬菜

槐木

　　Y 硬杂木

坏烟叶

　　Y 低次烟叶

还原靛蓝

　　Y 酞菁铜

还原奶

　　Y 复原乳

还原漂白

reduction bleaching

TS192.5

　　S 化学漂白

　　F 连二亚硫酸钠漂白

　　Z 漂白

还原清洗

reduction clearing

TS193

　　S 清洗*

还原染料

vat dyes

TS193.21

　　S 染料*

　　F 混合硫化还原染料

　　　硫化还原染料

还原染料染色

　　Y 还原染色

还原染色

vat dyeing

TS193

　　D 还原染料染色

　　S 染色工艺*

还原乳

　　Y 复原乳

还原糖

reducing sugar

TS245

　　D 还原性糖

　　　总还原糖

　　S 糖*

还原糖含量

reducing sugar content

TS247

　　S 糖含量

　　Z 含量

还原性糖

　　Y 还原糖

环保餐具

environment protection tableware

TS972.23

　　D 绿色餐具

　　　绿色环保餐具

　　S 餐具

　　F 可降解餐具

　　　一次性环保餐具

　　　植物纤维餐具

　　Z 厨具

环保袋纸

environmental protection bag papers

TS761.7

　　S 纸袋纸

　　Z 纸张

环保纺织品

environment compatible textiles

TS106

　　S 生态纺织品

　　Z 纺织品

环保纺织纤维

　　Y 绿色纤维

环保服装

　　Y 绿色服装

环保家具

　　Y 绿色家具

环保浆料

green sizing material

TS105

　　D 绿色环保浆料

　　　绿色浆料

　　S 浆料*

环保面料

environmental fabric

TS941.41

　　S 面料*

环保染料

　　Y 环保型染料

环保人造板

　　Y 绿色人造板

环保特性

　　Y 环境性能

环保纤维

　　Y 绿色纤维

环保型涤纶

　　Y 功能性涤纶

环保型纺织助剂

　　Y 纺织助剂

环保型染料

environmental protection dye

TS193.21

　　D 环保染料

　　S 染料*

　　F 天然染料

环保型人造板

　　Y 绿色人造板

环保型水性油墨

　　Y 环保油墨

环保型纤维

　　Y 绿色纤维

环保型印染助剂

　　Y 纺织印染助剂

环保型油墨

　　Y 环保油墨

环保型制浆

　　Y 清洁制浆

环保性

　　Y 环境性能

环保性能

　　Y 环境性能

环保印刷

　　Y 绿色印刷

环保油墨

environmental protection inks

TQ63；TS802.3

　　D 环保型水性油墨

　　　环保型油墨

　　　绿色油墨

S 油墨*

环锤
 Y 锤

环锭纺
 Y 环锭精纺

环锭纺纱
 Y 环锭精纺

环锭纺纱工艺
 Y 细纱工艺

环锭纺纱机
 Y 环锭细纱机

环锭纺纱线
 Y 环锭纱

环锭纺细纱机
 Y 环锭细纱机

环锭纺针织物
ring spinning knitted fabrics
TS186
 S 针织物*

环锭精纺
ring spinning
TS104
 D 传统环锭纺
  环锭纺
  环锭纺纱
 S 精纺
 C 环锭纱
  环锭细纱机
 Z 纺纱

环锭精纺机
 Y 环锭细纱机

环锭捻线机
 Y 捻线机

环锭纱
ring spun yarns
TS106.4
 D 环锭纺纱线
 S 纱线*
 C 环锭精纺

环锭细纱机
ring spinning frame
TS103.23
 D 环锭纺纱机
  环锭纺细纱机
  环锭精纺机
 S 细纱机
 C 钢领
  环锭精纺
  罗拉中心对称度
 Z 纺织机械

环糊精
cyclodextrin
Q5；TS23
 D 环状糊精
  三乙酰化环糊精
 S 糊精
 F γ-环状糊精

大环糊精
混合环糊精
麦芽糖基-β-环糊精
羟丙基环糊精
乙二胺-β-环糊精
 Z 糊料

环件轧机
 Y 轧机

环境*
environment
X
 D 环境本质
  环境单元
  环境分类
  环境复合体
  环境概况
  环境概貌
  环境格局
  环境构成
  环境极限
  环境结合
  环境可能论
  环境客观性
  环境类别
  环境类型
  环境实体
  环境综合体
  综合环境原理
  总环境
 F 无菌环境
  印刷环境
  做青环境
 C 工况 →(1)(2)(4)(5)(6)(9)(11)(12)
  航空航天环境 →(6)(13)
  环境仿真 →(8)
  环境经济 →(13)
  环境识别 →(8)
  环境因素 →(13)
  环境应力筛选 →(1)
  计算机环境
  生态 →(1)(11)(13)
  协同工作环境 →(4)(8)
  虚拟环境 →(7)(8)

环境本质
 Y 环境

环境单元
 Y 环境

环境废水
 Y 废水

环境分类
 Y 环境

环境复合体
 Y 环境

环境概况
 Y 环境

环境概貌
 Y 环境

环境格局
 Y 环境

环境构成
 Y 环境

环境极限
 Y 环境

环境结合
 Y 环境

环境可能论
 Y 环境

环境客观性
 Y 环境

环境类别
 Y 环境

环境类型
 Y 环境

环境排放
 Y 排放

环境实体
 Y 环境

环境实验
 Y 环境试验

环境试验*
environmental test
P4；V2
 D 环境实验
 F 蒸煮试验
 C 工程试验 →(1)(2)(3)(6)(9)(11)(12)
  环境仿真 →(8)
  环境试验设备 →(4)(13)
  环境试验室 →(13)

环境特点
 Y 环境性能

环境特性
 Y 环境性能

环境污染*
environmental pollution
X5
 D 环境污染结构
  环境污染因素
  污染标志
  污染方式
  污染过程
  污染机率
  污染结构
  污染历时
  污染全球化
  污染受体
  污染行为
  污染形式
  污染性状
  总污染
 F 服装污染
  黑液污染
  油烟污染
 C 背景值 →(13)
  环境破坏 →(13)
  环境危害 →(13)
  环境污染评价 →(13)
  环境移民 →(13)

肼类燃料　→(6)(9)
煤矿区　→(2)
污染　→(1)(2)(4)(6)(7)(8)(13)
污染环境　→(13)
污染机理　→(13)
污染模型　→(1)(13)
污染生态监测　→(13)
污染事故　→(13)
污染治理　→(13)
行业污染

环境污染防治
　Y　污染防治

环境污染结构
　Y　环境污染

环境污染因素
　Y　环境污染

环境系统*
environmental system
X2
　D　环境系统最优化
　　环境最优化
　F　加湿系统
　C　废物处理系统　→(2)(5)(11)(13)
　　工程系统　→(1)(6)(8)(11)
　　环境影响经济评价　→(13)
　　环境政策　→(13)
　　生态系统　→(5)(11)(12)(13)

环境系统最优化
　Y　环境系统

环境性能*
environmental performance
X8
　D　环保特性
　　环保性
　　环保性能
　　环境特点
　　环境特性
　　环境性质
　　耐环境性能
　F　油墨尘埃度
　C　安全性
　　工程性能　→(1)(2)(3)(4)(5)(6)(11)(12)
　　环保节能产品　→(13)
　　建筑结构　→(1)(2)(4)(5)(6)(7)(8)(9)(11)(12)
　　寿命周期评估　→(1)
　　污染特性　→(5)(9)(11)(13)
　　性能
　　灾害性　→(11)(13)

环境性质
　Y　环境性能

环境烟草烟气
environmental tobacco smoke
TS41
　S　烟气*

环境综合体
　Y　环境

环境最优化
　Y　环境系统

环形件轧机

　Y　轧机

环压强度
ring crush strength
TS76
　S　强度*
　C　裂断长

环压指数
loop-crush index
TS75
　S　指数*
　C　OCC 浆
　　瓦楞原纸
　　纸张增强剂

环氧化猪油
epoxide lard
TS22
　S　油脂*

环氧交联剂
epoxy crosslinking agent
TS19
　S　添加剂*

环氧树脂油墨
epoxy resin inks
TQ63；TS802.3
　S　油墨*

环轧机
　Y　轧机

环状淀粉
　Y　大环糊精

环状糊精
　Y　环糊精

环钻
　Y　电钻

缓弹性变形
　Y　弹性指标

缓慢消化淀粉
　Y　慢消化淀粉

缓染
protracted dyeing
TS193
　S　染色工艺*

缓染剂
retardant
TS19
　S　染色助剂
　C　匀染剂
　Z　助剂

缓蚀
　Y　防腐

缓蚀保护
　Y　防腐

缓蚀行为
　Y　防腐

缓蚀作用
　Y　防腐

缓压性能
ease pressure performance
TS101.9
　S　力学性能*

幻灯插片
　Y　幻灯片

幻灯放映机
　Y　幻灯机

幻灯机
impositor
TH7；TS951.7
　D　幻灯放映机
　S　光学仪器*
　C　放映　→(1)(8)
　　物镜　→(1)(4)

幻灯卷片
　Y　幻灯片

幻灯片
lantern slide
TS951
　D　幻灯插片
　　幻灯卷片
　　透明软片
　　照相幻灯片
　S　载体*
　C　动画　→(7)(8)
　　演示文档　→(8)

换刀装置
tool changing device
TG7；TS190
　S　工具组件*

换热
　Y　传热

换热方式
　Y　传热

换热过程
　Y　传热

换热技术
　Y　传热

换网装置
screen changing device
TS73
　S　装置*

荒轧机
　Y　轧机

皇冠牌伏特加酒
　Y　伏特加

黄白纱
　Y　纱疵

黄冰糖
　Y　冰糖

黄茶
yellow tea
TS272.59
　S　茶*
　F　鹿苑茶

黄茶加工工艺
　　Y 茶叶加工

黄单胞多糖
　　Y 黄原胶

黄灯
yellow lamp
TM92；TS956
　　S 交通灯
　　Z 灯
　　　交通设施

黄豆
　　Y 大豆

黄豆饼粉
soybean cake powders
TS214.9
　　S 豆粉
　　Z 豆制品

黄豆粉
　　Y 豆粉

黄豆酱
　　Y 豆酱

黄豆芽
soybean sprout
TS255.2
　　D 大豆芽
　　S 豆芽
　　C 发芽大豆
　　Z 豆制品
　　　果蔬

黄度
yellowness
TS193
　　S 光学性质*

黄粉虫蛋白
tenebrio molitor protein
Q5；TS201.21
　　S 动物蛋白
　　Z 蛋白质

黄瓜
cucumber
S；TS255.2
　　S 蔬菜
　　Z 果蔬

黄瓜汁
cucumber juice
TS255
　　S 蔬菜汁
　　Z 果蔬制品
　　　汁液

黄红麻纤维
　　Y 麻纤维

黄糊精
yellow dextrin
TS23
　　S 糊精
　　Z 糊料

黄花鱼

黄鱼
　　Y 黄鱼

黄姜淀粉
turmeric starch
TS235.5
　　S 植物淀粉
　　Z 淀粉

黄酱
　　Y 豆酱

黄胶
　　Y 黄原胶

黄金梨干酒
pear dry wine
TS262.7
　　S 梨酒
　　Z 酒

黄金饰品
gold jewelry
TS934.3
　　D 铂金首饰
　　　黄金首饰
　　　黄金制品
　　　金饰品
　　　金首饰
　　S 金银饰品
　　Z 饰品

黄金首饰
　　Y 黄金饰品

黄金制品
　　Y 黄金饰品

黄晶
　　Y 黄玉

黄酒
glutinous rice wine
TS262.4
　　D 中国黄酒
　　S 酒*
　　F 保健黄酒
　　　纯生黄酒
　　　低度黄酒
　　　福建黄酒
　　　红曲黄酒
　　　机械化黄酒
　　　加饭酒
　　　金酒
　　　客家黄酒
　　　朗姆酒
　　　淋饭酒
　　　瓶装黄酒
　　　青稞黄酒
　　　善酿酒
　　　绍兴黄酒
　　　绍兴酒
　　　生黄酒
　　　寿生黄酒
　　　黍米黄酒
　　　特种黄酒
　　　甜型黄酒
　　　香雪酒
　　　玉米黄酒
　　C 白酒

　　　淋饭酒母
　　　酿造酒

黄酒病害
　　Y 黄酒沉淀

黄酒沉淀
precipitate of yellow rice wine
TS261.4
　　D 黄酒病害
　　　黄酒根霉曲
　　　黄酒褐变
　　　黄酒醪酸败
　　S 黄酒酿造
　　Z 酿酒工艺

黄酒干酵母
　　Y 黄酒酵母

黄酒根霉曲
　　Y 黄酒沉淀

黄酒褐变
　　Y 黄酒沉淀

黄酒酵母
yellow rice wine yeast
TQ92；TS26
　　D 黄酒干酵母
　　　黄酒曲药
　　S 酿酒酵母
　　Z 酵母

黄酒醪酸败
　　Y 黄酒沉淀

黄酒酿造
rice wine brewing
TS261.4
　　D 黄酒生产
　　S 酿酒工艺*
　　F 黄酒沉淀

黄酒曲药
　　Y 黄酒酵母

黄酒生产
　　Y 黄酒酿造

黄酒行业
　　Y 黄酒业

黄酒业
yellow rice wine industry
TS261
　　D 黄酒行业
　　S 酿酒工业
　　Z 轻工业

黄酒糟
yellow rice wine lees
TS261.9
　　S 酒糟
　　Z 副产品

黄狼皮
raw weasel skin
S；TS564
　　S 毛皮
　　Z 动物皮毛

黄粒米
　　Y 黍米

黄连木饼粕
pistacia meal
TS209
　　S 饼粕
　　Z 粕

黄连木籽
pistacia chinensis seed
TS202.1
　　S 植物菜籽*

黄麻
　　Y 黄麻纤维

黄麻混纺织物
　　Y 混纺织物

黄麻纱
　　Y 麻纱

黄麻纤维
jute
TS102.22
　　D 垄麻
　　　　长果黄麻
　　　　长果种黄麻
　　　　黄麻
　　　　黄麻油麻
　　　　僵黄麻
　　　　枯黄麻
　　　　络麻
　　　　生黄麻
　　　　熟黄麻（精洗麻）
　　　　圆果黄麻
　　　　圆果种黄麻
　　S 麻纤维
　　　　韧皮纤维
　　C 红麻
　　Z 天然纤维

黄麻线
　　Y 麻纱线

黄麻油麻
　　Y 黄麻纤维

黄麻织物
　　Y 麻织物

黄米
　　Y 黍米

黄棉
　　Y 霜黄棉

黄牛服装革
　　Y 黄牛革

黄牛革
yellow cow leather
TS56
　　D 黄牛服装革
　　　　黄牛皮革
　　S 牛皮革
　　Z 皮革

黄牛皮
yellow cow hide

S：TS564
　　S 牛皮
　　F 云贵路黄牛皮
　　C 鞋面革
　　Z 动物皮毛

黄牛皮革
　　Y 黄牛革

黄牛肉
　　Y 牛肉

黄牛软鞋面革
　　Y 牛皮鞋面革

黄牛鞋面革
　　Y 牛皮鞋面革

黄牛修饰鞋面革
　　Y 牛皮鞋面革

黄清酒
yellow japanese rice wine
TS262
　　S 清酒
　　Z 酒

黄曲霉
aspergillus flavus
TS26
　　S 曲霉
　　F 米曲霉
　　Z 霉

黄曲霉毒素 M1
Aflatoxin M1
Q93；TS207.4
　　S 毒素*

黄色蚕丝
yellow silk
TS102.33
　　S 彩色蚕丝
　　Z 天然纤维
　　　　真丝纤维

黄沙腌蛋
　　Y 咸蛋

黄砂糖
　　Y 红糖

黄山毛峰
yellow mountain maofeng tea
TS272.51
　　D 黄山毛峰茶
　　S 毛峰
　　Z 茶

黄山毛峰茶
　　Y 黄山毛峰

黄鳝罐头
　　Y 肉类罐头

黄酮*
flavones
Q5
　　D 黄酮醇甙
　　　　黄酮类
　　　　黄酮类化合物

　　F 苦荞黄酮
　　　　类黄酮
　　　　麦胚黄酮
　　　　异黄酮
　　C 大孔树脂 →(9)

黄酮醇甙
　　Y 黄酮

黄酮类
　　Y 黄酮

黄酮类化合物
　　Y 黄酮

黄须菜籽油
suaeda sulsa seed oil
TS225.14
　　S 菜籽油
　　Z 油脂

黄鸭
yellow duck
S：TS251.59
　　S 鸭子
　　Z 肉

黄羊皮
raw gazelle skin
S：TS564
　　S 动物皮
　　Z 动物皮毛

黄羊肉
　　Y 羊肉

黄杨木
box wood
TS62
　　S 天然木材
　　Z 木材

黄油
butter
TS225.23
　　S 动物油
　　F 卵黄油
　　　　人造黄油
　　C 奶油
　　Z 油脂

黄鱼
yellow croaker
TS254.2
　　D 黄花鱼
　　S 鱼
　　Z 水产品

黄玉
topaz
TS933.21
　　D 黄晶
　　S 玉
　　Z 饰品材料

黄原胶
xanthan gum
Q5；TS202
　　D 汉生胶
　　　　黄单胞多糖

黄胶
S 凝胶多糖
Z 碳水化合物

黄樟素
Y 黄樟油素

黄樟油素
safrole
TQ64；TS264.3
D 黄樟素
S 动植物油
植物香料
Z 香精香料
油脂

磺化化机浆
sulfonated chemi-mechanical pulps
TS749
D 磺化化学机械浆
S 化机浆
Z 浆液

磺化化学机械浆
Y 磺化化机浆

灰成分
Y 灰分

灰底白板纸
Y 灰底白纸板

灰底白纸板
grey & white board
TS767
D 灰底白板纸
S 白纸板
Z 纸制品

灰度系数
gray coefficients
TS807
S 性能系数*
C 图像质量 →(1)(7)(8)

灰分*
ash content
TQ53
D 含灰量
灰成分
灰分产率
灰份
F 面粉灰分
C 粉煤灰 →(3)(9)(13)
末精煤 →(2)

灰分产率
Y 灰分

灰份
Y 灰分

灰平衡
gray balance
TS801
D 灰色平衡
S 平衡*
C 灰色不确定性 →(13)

灰色差异度
gray dissimilarity degree

O4；TH7；TS193
S 色差*

灰色平衡
Y 灰平衡

灰树花保健饮料
Y 保健饮料

灰梯尺
gray scale
TH7；TS802
S 尺*

灰样制备
Y 制粉

灰羽绒
grey feather
S；TS102.31
S 羽绒
Z 动物皮毛
绒毛

挥发系数
volatilization coefficient
TS261
S 化工系数*

挥发性风味
volatile flavor
TS971.1
S 风味*

挥发性风味物质
volatile flavor substance
TS219
S 风味物质
Z 物质

挥发性油
Y 挥发油

挥发油
volatile oil
TE6；TS22
D 挥发性油
S 油品*
C 超临界流体萃取 →(9)
降膜蒸发 →(9)
酸浴蒸发 →(9)

徽菜
Anhui cuisines
TS972.12
D 安徽菜
安徽菜系
S 八大菜系
Z 菜系

回采技术
Y 开采

回潮率
moisture regain rate
TS101；TS102；TS107
D 标准回潮率
标准平衡回潮率
平衡回潮率
商业回潮率
实测回潮率

S 比率*
F 公定回潮率
C 多孔纤维

回复性
recoverability
TS101.923
D 回复性能
S 折皱性能
F 拉伸弹性回复性
折皱回复性
Z 纺织品性能

回复性能
Y 回复性

回复因子
Y 因子

回归反光织物
regression reflective fabric
TS106.8
D 回归反射织物
S 反光织物
Z 功能纺织品

回归反射织物
Y 回归反光织物

回锅肉罐头
Y 肉类罐头

回花
cotton waste
TS102.21
D 皮辊花
S 再用棉
Z 天然纤维

回酒发酵
liquor returning fermentation
TS261
S 酒发酵
Z 发酵

回毛条
Y 毛条

回溶
redissolution
TG1；TQ2；TS244
S 溶解*

回色
Y 返色

回收*
recovery
X7
D 处理回收
回收处理
回收处理技术
回收处置
回收措施
回收方案
回收方法
回收方式
回收工艺
回收过程
回收技术

回收加工
回收途径
综合回收技术
F 白水回收
蛋白质回收
废纸回收
碱回收
油脂回收
C 废物处理
回收机 →(9)
回收利用 →(13)
回收量 →(13)

回收处理
Y 回收

回收处理技术
Y 回收

回收处理装置
Y 回收装置

回收处置
Y 回收

回收措施
Y 回收

回收方案
Y 回收

回收方法
Y 回收

回收方式
Y 回收

回收工艺
Y 回收

回收过程
Y 回收

回收技术
Y 回收

回收加工
Y 回收

回收碱
Y 碱回收

回收率*
rate of return
TF0；X7
D 高回收率
综合回收率
总回收率
F 蛋白回收率
氮回收率
碱回收率
C 比率
捕收剂
精矿品位 →(2)
收率

回收器
Y 回收装置

回收设备
Y 回收装置

回收途径
Y 回收

回收装置*
recovery device
X5
D 粉矿回收装置
回收处理装置
回收器
回收设备
冷冻回收装置
塑料回收设备
资源回收装置
F 香精回收装置
C 废物回用 →(13)
环保设施 →(2)(3)(4)(5)(8)(11)(13)
回收利用管理 →(13)
回收伞 →(6)
回收系统 →(13)
垃圾处理设施 →(6)(11)(13)
装置

回丝
waste
TS104；TS105
D 浆回丝
浆纱回丝
弃丝
软回丝
S 废料*

回缩率
retraction rate
TS107
S 比率*

回用性能
recycling performance
TS72
S 使用性能*
C 废物回用 →(13)
废液回用 →(13)

回糟
Y 酒糟

回糟酒
Y 酒糟酒

回糟糟醅
refermentative dregs fermented grains
TS26
S 糟醅
Z 醅

回转刀具
Y 可转位刀具

回转盖板
revolving flats
TS103.81
S 活动盖板
Z 纺纱器材

回转钢领
Y 钢领

回综
back heddle draft
TS105
S 经纱工艺
Z 织造工艺

回综弹簧
heald shaft reversing spring
TS103.81；TS103.82
S 弹簧*
织造器材*

回族菜
Y 清真菜

回族服饰
Y 民族服饰

回族织绣
Y 织绣

茴香
fennel
TS255.5；TS264.3
S 五香
Z 调味品

茴香油
fennel oil
TS225.3；TS264
D 茴油
S 调味油
F 八角茴香油
小茴香油
Z 粮油食品

茴油
Y 茴香油

绘图笔
Y 笔

绘图效率
plotting efficiency
TS951
D 作图效率
S 效率*

绘制*
drawing
TP3
D 绘制方法
F 喷绘
C 图像漫游 →(7)

绘制方法
Y 绘制

烩面
stewed noodles
TS972.132
S 面条
Z 主食

烩乌鱼蛋
Y 咸蛋

惠明白茶
huiming tea
TS272.59
D 惠明茶
S 白茶
Z 茶

惠明茶
 Y 惠明白茶

荤菜
meat dish
TS972.125
 D 荤菜类
  肉类菜肴
  五荤
 S 菜肴*
 F 禽肉菜肴
  水产菜肴
  畜类菜肴
  野味菜肴

荤菜类
 Y 荤菜

荤素搭配
perfect pairing
TS971.1
 S 菜肴搭配
 Z 搭配

荤馅
 Y 肉馅

婚礼服
wedding dress
TS941.7
 D 婚礼服饰
  新娘礼服
 S 礼服
 F 婚纱
 Z 服装

婚礼服饰
 Y 婚礼服

婚纱
wedding dress
TS941
 S 婚礼服
 Z 服装

浑浊
 Y 混浊

混浊酱油
muddy soy sauce
TS264.21
 S 酱油*

浑浊稳定性
 Y 混浊稳定性

浑浊型饮料
 Y 浊汁饮料

馄饨
ravioli
TS972.132
 S 面食
 Z 主食

混并
sliver mixing
TS104.2
 D 混条
 S 并条
 Z 纺纱工艺

混掺纤维
 Y 共混纤维

混抽
 Y 混纺

混抽纺丝
 Y 混纺

混抽纤维
 Y 共混纤维

混纺
cospinning
TS104.5
 D 共混纺丝
  混抽
  混抽纺丝
  混纺工艺
  混合纺纱
  混合纺丝
  混纤
  纤维混纺
 S 纺纱*
 F 毛混纺
  棉混纺
 C 混纺纱线
  混纺织物
  拉伸机 →(3)
  细旦涤纶

混纺比
blended ratio of spun
TS104
 D 混纺比例
 S 比*
 C 纺纱工艺
  混纺纱线

混纺比例
 Y 混纺比

混纺布
 Y 混纺织物

混纺产品
blending products
TS10
 D 混纺纺织品
  混纺制品
 S 纺织产品
 Z 轻纺产品

混纺纺织品
 Y 混纺产品

混纺高支纱
 Y 混纺色纱

混纺工艺
 Y 混纺

混纺交织
blending interweaving
TS106.8
 D 混纺交织物
 S 混纺织物*

混纺交织物
 Y 混纺交织

混纺毛纱
 Y 毛混纺纱

混纺毛条
blending top
TS104
 S 毛条
 Z 产品

混纺毛线
 Y 毛混纺纱

混纺面料
fiber blended fabric
TS941.41
 S 面料*
 C 混纺织物

混纺品
 Y 混纺织物

混纺色纱
blended colour yarns
TS106.4
 D 混纺高支纱
  混纺竹节纱
  粘毛混纺纱
 S 混纺纱线
 C 珍珠共混纤维素纤维
 Z 纱线

混纺纱
 Y 混纺纱线

混纺纱线
blended yarn
TS106.4
 D 混纺纱
  混纺线
  混纤纱
 S 纱线*
 F 涤棉混纺纱线
  混纺色纱
  混纺针织纱
  麻混纺纱
  毛混纺纱
  棉混纺纱
  双组分纺纱
 C 变形纱
  混纺
  混纺比
  混纺织物

混纺丝
 Y 混纤丝

混纺线
 Y 混纺纱线

混纺针织纱
blended yarn for knitting
TS106.4
 S 混纺纱线
 Z 纱线

混纺针织物
blended knitted fabrics
TS186
 S 混纺织物*
  针织物*

F 涤棉针织物

混纺织品
　　Y 混纺织物

混纺织物*
blended fabric
TS106.8
　　D 大豆蛋白/棉混纺织物
　　　化纤混纺织物
　　　黄麻混纺织物
　　　混纺布
　　　混纺品
　　　混纺织品
　　　混杂织物
　　　绢麻织物
　　　麻混纺织物
　　　麻棉混纺布
　　　棉麻混纺布
　　　粘麻织物
　　F 涤混纺织物
　　　混纺交织
　　　混纺针织物
　　　毛混纺织物
　　　棉混纺织物
　　　丝混纺织物
　　C 纺织产品
　　　混纺
　　　混纺面料
　　　混纺纱线
　　　织物

混纺制品
　　Y 混纺产品

混纺竹节纱
　　Y 混纺色纱

混合办公废纸
mixed office waste paper
TS724；X7
　　S 废纸
　　Z 固体废物

混合抄片
　　Y 抄片

混合发酵剂
mixed starter culture
TS202
　　D 混合发酵菌剂
　　　酿醋混合发酵剂
　　S 发酵剂*

混合发酵菌剂
　　Y 混合发酵剂

混合纺纱
　　Y 混纺

混合纺丝
　　Y 混纺

混合废气
　　Y 废气

混合废纸
mixed waste paper
TS724；X7
　　S 废纸

Z 固体废物

混合果肉饮料
　　Y 果肉饮料

混合果汁
　　Y 复合果汁

混合果汁饮料
mixed fruit-juice drink
TS275.5
　　D 复合果汁饮料
　　S 果汁饮料
　　　混合饮料
　　Z 饮料

混合糊料
mixed thickener
TS194
　　S 糊料*

混合花纹
　　Y 花纹

混合环糊精
mixed cyclodextrins
TS23
　　S 环糊精
　　Z 糊料

混合磺化还原染料
mixed sulfonated vat dyes
TS193.21
　　S 还原染料
　　Z 染料

混合机
mixer
TF3；TS103.22；TU6
　　D 混合器
　　S 设备*

混合加网
hybrid screening
TS805
　　S 加网
　　Z 印刷工艺

混合浆
mixed stock
TS10
　　D 混合浆料
　　　混合浆液
　　S 浆液*

混合浆料
　　Y 混合浆

混合浆液
　　Y 混合浆

混合菌发酵
　　Y 混菌发酵

混合冷凝器
mixing condenser
TS3
　　S 冷却装置*

混合卤
　　Y 卤水

混合捻
　　Y 捻制

混合漂白
　　Y 组合漂白

混合器
　　Y 混合机

混合曲
multiple-strain culture
TS26
　　S 酒曲
　　Z 曲

混合染料
mixed dye
TS193.21
　　D 拼混染料
　　S 染料*

混合溶剂浸出
mixed-solvent extraction
TS22
　　S 溶剂浸提
　　Z 浸出

混合酸发酵
mixed acid fermentation
TQ92；TS26
　　S 酸发酵
　　Z 发酵

混合糖
sugar mixture
TS246.59
　　S 糖果
　　Z 糖制品

混合纤维
　　Y 共混纤维

混合型卷烟
blend type cigarettes
TS452
　　S 卷烟
　　Z 烟草制品

混合腌
　　Y 盐渍

混合腌制法
　　Y 腌制

混合盐
mixed salts
TS36
　　S 盐*

混合饮料
mixed drink
TS27
　　S 饮料*
　　F 混合果汁饮料

混合营养
mixotrophy
R；TS201
　　S 营养*

混合油

blended oil
TE8；TS225
　D 调合油
　　混油
　S 油品*
　C 成品油管道 →(2)(12)
　　混油段 →(2)
　　混油量 →(2)(5)
　　混油浓度 →(2)
　　顺序输送 →(2)(4)

混合油精炼
miscella refining
TS22
　S 油脂精炼
　Z 精炼

混合蒸煮
mixed cooking
TS74
　S 蒸煮*

混合汁浮渣
mixed juice scum
TS27
　S 渣*

混合制曲
mixed koji making
TS26
　S 制曲*

混茧机
　Y 蚕茧初加工机械

混菌发酵
mixed fermentation
TQ92；TS261.43
　D 多菌种发酵
　　多菌种混合发酵
　　混合菌发酵
　S 发酵*
　C 混槽 →(9)
　　混合罐 →(9)
　　啤酒废弃生物质

混开棉机
　Y 混棉机

混料
　Y 混配料

混料工艺
　Y 混配料

混毛
　Y 和毛工艺

混毛机
mixing willow
TS132
　D 和毛机
　S 毛纺机械
　Z 纺织机械

混棉
cotton blending
TS104.2
　S 混配棉
　F 多仓混棉

　C 和毛工艺
　　混棉机
　　配棉工艺
　Z 纺纱工艺

混棉给棉机
　Y 混棉机

混棉机
cotton blender machine
TS103.22
　D 混开棉机
　　混棉给棉机
　　计量式混棉机
　　棉箱混棉机
　S 开清棉机械
　F 多仓混棉机
　C 混棉
　Z 纺织机械

混凝剂*
coagulant
TQ0
　D 吸附混凝剂
　F 聚硅酸氯化铝铁
　C 混凝沉淀 →(9)
　　混凝脱浊 →(13)
　　絮凝
　　选矿药剂 →(2)

混凝土布料
　Y 土工织物

混凝土锯
　Y 锯

混凝土模袋
concrete mold bag
TS106.6
　S 土工模袋
　Z 纺织品

混凝土增强纤维
　Y 增强纤维

混配酒平衡罐
　Y 平衡罐

混配料*
ingredients
TF1；TQ32；TQ33
　D 混料
　　混料工艺
　　混配物
　　配料
　　配料参数
　　配料方法
　　配料方式
　　配料份数
　　配料工序
　　配料工艺
　　配料技术
　F 配粉
　　原料配料
　C 生料浆 →(3)
　　物料流量 →(9)

混配棉
cotton blending
TS104.2

　S 前纺工艺
　F 混棉
　　配棉工艺
　Z 纺纱工艺

混配物
　Y 混配料

混染
union dyeing
TS190；TS193
　S 染色工艺*

混熔纤维
　Y 共混纤维

混色
blending
TS19
　S 色彩工艺*

混色纱
colour-blend yarn
TS106.4
　S 色纱
　F 麻灰纱
　Z 纱线

混色系统
　Y 配色系统

混色纤维
melange fibre
TS102
　S 有色纤维
　C 配色
　Z 纤维

混条
　Y 混并

混条机
mixing gill
TS103.22
　S 并条机
　Z 纺织机械

混纬
mixed weft
TS105
　S 纬纱工艺
　Z 织造工艺

混纤
　Y 混纺

混纤纱
　Y 混纺纱线

混纤丝
combined filament yarn
TQ34；TS102
　D 混纺丝
　S 工业丝
　C 混杂纤维
　Z 纤维制品

混相颜料
　Y 颜料

混油

Y 混合油

混杂纤维
hybrid fiber
TQ34；TS102.6
D 杂化纤维
S 多组分纤维
C 混纤丝
混杂效应 →(1)
杂化单体 →(9)
杂化乳液 →(9)
Z 纤维

混杂纤维布
hybrid fiber sheet
TS106.8
S 织物*

混杂织物
Y 混纺织物

混制工艺
Y 工艺方法

混浊
turbidity
TS27
D 浑浊
混浊态
S 变质*
F 溶液混浊
饮料混浊

混浊果汁
Y 浊汁饮料

混浊苹果汁
cloudy apple juice
TS255
S 苹果汁
Z 果蔬制品
汁液

混浊态
Y 混浊

混浊稳定性
cloud stability
TS270.7
D 浑浊稳定性
S 稳定性*
物理性能*

混浊型
Y 浊汁饮料

混浊饮料
Y 浊汁饮料

混浊汁饮料
Y 浊汁饮料

活扳手
Y 扳手

活动盖板
removable deck
TS103.81
S 盖板
F 回转盖板
Z 纺纱器材

活动刮刀
Y 刮刀

活动铅笔
Y 铅笔

活动舒适性
activities comfort
TS941.15
D 运动适应性
运动舒适性
S 服装舒适性
机械性能*
适性*
物理性能*
Z 纺织品性能
使用性能

活化处理
activation treatment
TS71
S 处理*

活化疏松剂
active porous agent
TS202.3
S 膨松剂*
C 电位活化 →(9)
活化改性 →(9)
活化机理 →(9)
活化胶粉 →(9)
活化磷肥 →(9)
活化器 →(9)
活化性能 →(9)

活僵
Y 低级棉

活结
slip knot
TS935
S 编结
Z 编织

活菌存活率
bacteria survival rate
TS201.3
S 比率*

活菌数
viable count
TS20
S 数量*

活力
Y 活性

活络扳手
Y 扳手

活塞挤压机
Y 挤压设备

活塞式制冷装置
Y 冷却装置

活套式拉丝机
loop type wire drawing machine
TS914
S 拉拔设备*

活性*
activity
O6；Q5
D 活力
F 存活性
抗氧化活性
酶活性
清除活性
热活性
抑菌活性
C 堆积密度 →(3)
理化性质
性能

活性 RR 系列染料
Y 活性染料

活性 X-3B 红染料
reactive X-3B red dye
TS193.21
S 活性红染料
Z 染料

活性翠蓝染料
reactive turquoise blue
TS193.21
S 活性染料
F 翠蓝
Z 染料

活性大豆粉
vital soyabean powder
TS214
S 活性豆粉
Z 豆制品

活性豆粉
bioactive soybean flour
TS214
S 豆粉
F 活性大豆粉
Z 豆制品

活性多糖
active polysaccharides
TS213
S 碳水化合物*

活性分散染料
reactive disperse dye
TS193.21
S 活性染料
Z 染料

活性谷朊粉
Y 谷朊粉

活性固色染料
Y 活性染料

活性黑
reactive black
TS193.21
D 活性黑染料
S 活性染料
F 活性黑 BES
活性黑 KN-B
Z 染料

活性黑 BES

reactive black BES

TS193.21

  S 活性黑

  Z 染料

活性黑 KN-B

reactive black KN-B

TS193.21

  S 活性黑

  C 活性单体 →(9)

  Z 染料

活性黑染料

  Y 活性黑

活性红

  Y 活性红染料

活性红 2

  Y 活性红染料

活性红 3BS

reactive red 3 BS

TS193.21

  S 活性红染料

  C 硅铁红 →(9)

    活性单体 →(9)

  Z 染料

活性红 4

  Y 活性红染料

活性红 M-3BE

  Y 活性红染料

活性红染料

reactive red

TS193.21

  D 活性红

    活性红 2

    活性红 4

    活性红 M-3BE

    活性红紫 X-2R

  S 红色染料

    活性染料

  F 活性 X-3B 红染料

    活性红 3BS

    活性艳红染料

  Z 染料

活性红紫 X-2R

  Y 活性红染料

活性剂

  Y 表面活性剂

活性蓝

  Y 活性艳蓝

活性面筋粉

active gluten powder

TS211.2

  S 专用面粉

  Z 粮食

活性嫩黄 K-4G

reactive light yellow K-4G

TS193.21

  S 活性染料

  Z 染料

活性偶氮染料

  Y 活性染料

活性染料

reactive dyes

TS193.21

  D EF 型

    EF 型活性染料

    RR 系列

    SN 型

    SN 型活性染料

    反应型染料

    活性 RR 系列染料

    活性固色染料

    活性偶氮染料

    活性染料红 K-2BP

    新型活性染料

    乙烯砜型活性染料

  S 染料*

  F KE 型活性染料

    K 型活性染料

    MegafixB 型活性染料

    M 型活性染料

    分散/活性染料

    活性翠蓝染料

    活性分散染料

    活性黑

    活性红染料

    活性嫩黄 K-4G

    活性染料墨水

    活性艳蓝

    雷马素染料

    毛用活性染料

  C 固色碱

    无醛固色剂

    吸附活性 →(13)

    再生蛋白质纤维

    再生纤维素纤维

活性染料红 K-2BP

  Y 活性染料

活性染料墨水

water-soluble dye ink

TS193.21

  S 活性染料

  Z 染料

活性染料染色

reactive dyeing

TS193

  D 活性染色

  S 染色工艺*

活性染料染色特征值

  Y SEFR 值

活性染料溶液

  Y 染液

活性染料特性值

  Y 染色特征值

活性染料印花

reactive printing

TS194

  S 印花*

活性染色

  Y 活性染料染色

活性乳酸菌饮料

  Y 乳酸菌饮料

活性肽

active peptides

TQ93；TS201.2

  S 肽*

  F 生物活性肽

活性炭布

  Y 活性炭纤维

活性炭过滤纸

activated carbon filter papers

TS761.9

  S 滤纸

  Z 纸张

活性炭纤维

activated carbon fiber

TQ34；TS102

  D 活性炭布

    活性炭纤维布

    活性碳纤维

    活性碳纤维毡

    载银活性炭纤维

  S 碳纤维

  F 活性中空炭纤维

    聚丙烯腈基活性碳纤维

    生物活性炭纤维

    粘胶基活性炭纤维

  C 活性炭 →(9)

    孔隙结构 →(2)

    吸附 →(1)(2)(3)(6)(8)(9)(11)(13)

  Z 纤维

活性炭纤维布

  Y 活性炭纤维

活性碳纤维

  Y 活性炭纤维

活性碳纤维毡

  Y 活性炭纤维

活性污泥性质

  Y 污泥

活性艳红

  Y 活性艳红染料

活性艳红 K-2BP

  Y 活性艳红染料

活性艳红 K-2G

  Y 活性艳红染料

活性艳红 X-3B

  Y 活性艳红染料

活性艳红染料

reactive brilliant red dye

TS193.21

  D 活性艳红

    活性艳红 K-2BP

    活性艳红 K-2G

    活性艳红 X-3B

  S 活性红染料

  Z 染料

活性艳兰
　　Y 活性艳蓝

活性艳兰 KN-R
reactive brilliant blue KN-R
TS193.21
　　S 活性艳蓝
　　Z 染料

活性艳兰 X-BR
reactive brilliant blue X-BR
TS193.21
　　S 活性艳蓝
　　Z 染料

活性艳蓝
reactive brilliant blue
TS193.21
　　D 活性蓝
　　　活性艳兰
　　　活性艳蓝 KN-R
　　　活性艳蓝 X-BR
　　S 活性染料
　　F 活性艳兰 KN-R
　　　活性艳兰 X-BR
　　　活性艳蓝 P-3R
　　C 普鲁士蓝
　　　酞菁铜
　　　亚甲基蓝 →(9)
　　Z 染料

活性艳蓝 KN-R
　　Y 活性艳蓝

活性艳蓝 P-3R
reactive brilliant blue P-3R
TS193.21
　　S 活性艳蓝
　　Z 染料

活性艳蓝 X-BR
　　Y 活性艳蓝

活性中空炭纤维
activated hollow carbon fiber
TQ34；TS102
　　S 活性炭纤维
　　　中空纤维
　　Z 纤维

活蛹缫丝
reeling cocoon alive
TS14
　　S 缫丝工艺
　　Z 纺织工艺

活字*
printing letters
TS802.4
　　D 锡活字
　　　铸字机字模
　　　字模
　　F 金属活字
　　　木活字
　　　泥活字
　　C 活字印刷

活字印刷
movable type printing
TS811

　　D 活字印刷术
　　　泥活字印刷
　　S 印刷*
　　C 活字

活字印刷术
　　Y 活字印刷

火管烤房
　　Y 烤烟房

火锅
chafing dish
TS972.129
　　D 火锅菜
　　　涮羊肉
　　　药膳火锅
　　　鸳鸯火锅
　　S 菜肴*
　　F 四川火锅
　　C 底料
　　　火锅店
　　　火锅调料

火锅菜
　　Y 火锅

火锅底料
　　Y 火锅调料

火锅店
hot pot restaurants
TS97
　　S 餐馆
　　C 火锅
　　Z 场所

火锅调料
chafing dish seasoning
TS264；TS972
　　D 火锅底料
　　S 风味调味料
　　C 火锅
　　Z 调味品

火花塞扳手
　　Y 扳手

火鸡肉
　　Y 鸡肉

火棘果醋
pyracantha vinegar
TS264；TS27
　　S 果醋
　　Z 饮料

火棘果酒
pyracantha fortuneana fruit wine
TS262.7
　　S 果酒
　　Z 酒

火欧泊
　　Y 欧泊

火腿
ham
TS205.2；TS251.59
　　D 低温火腿肠
　　　方火腿

高钙火腿肠
火腿肠
火腿肠产品
火腿肉
鸡肉火腿
驴肉火腿
牛肉火腿
肉糜火腿
野猪火腿
圆火腿
　　S 腌肉制品
　　F 低温火腿
　　　干腌火腿
　　　三文治火腿
　　　西式火腿
　　　西式火腿肠
　　　蒸煮火腿
　　C 火腿风味
　　Z 肉制品
　　　腌制食品

火腿肠
　　Y 火腿

火腿肠产品
　　Y 火腿

火腿蛋罐头
　　Y 肉类罐头

火腿风味
ham flavour
TS971.1
　　S 肉品风味
　　C 火腿
　　Z 风味

火腿风味料
ham flavoring base
TS251
　　S 风味调味料
　　Z 调味品

火腿罐头
canned ham
TS295.1
　　S 肉类罐头
　　Z 罐头食品

火腿加工
　　Y 灌肠加工

火腿切片
sliced ham
TS251.5
　　S 肉品加工
　　Z 食品加工

火腿肉
　　Y 火腿

火焰烧毛
　　Y 烧毛

火焰烧毛机
　　Y 烧毛机

和毛
　　Y 和毛工艺

和毛工艺

wool mixing
TS104.2
　D 和毛
　　混毛
　S 毛纺工艺
　C 混棉
　Z 纺纱工艺

和毛机
　Y 混毛机

和毛油
wool lubricant
TS193
　S 助剂*
　C 粗纺
　　羊绒

和面
knead dough
TS972.132
　D 和面方法
　　冷冻面团法
　　冷冻面团技术
　　面团成形
　　面团调制
　　面团搅拌
　S 面点制作
　Z 食品加工

和面方法
　Y 和面

和面机
dough mixer
TS203
　D 合面机
　S 面类饮食加工机械
　Z 食品加工机械

货车篷布
wagon sheet
TS106.6
　S 篷布
　Z 纺织品

货架期
commercial life
TS205
　S 时期*
　F 长货架期

击乐器
　Y 打击乐器

击实
　Y 压实

击梭
　Y 投梭

击弦机
hammered string instruments
TS953.35
　S 钢琴
　Z 乐器

击弦乐器
　Y 弦乐器

机泵

　Y 泵

机采茶
　Y 机制茶

机采棉加工
machine picked cotton processing
TS11
　S 棉花加工
　Z 纺织加工

机场标志灯
　Y 机场灯

机场场界灯
　Y 机场灯

机场灯
airfield lights
TM92；TS956；V2
　D 导航地灯
　　飞机滑行灯
　　滑行道边灯
　　滑行道灯
　　滑行灯
　　机场标志灯
　　机场场界灯
　　机场跑道灯
　　进场灯
　　进场指示灯
　　停机坪灯
　S 航空灯
　F 机场助航灯
　　着陆灯
　C 探照灯
　Z 灯

机场跑道灯
　Y 机场灯

机场助航灯
airdrome light beacon
TM92；TS956；V2
　S 机场灯
　　助航灯
　Z 灯

机车产品
　Y 车辆

机车前照灯
front lamp of locomotive
TM92；TS956
　S 前照灯
　Z 灯

机床*
machine tool
TG5
　D 成形机床
　　仿形装置
　　工具机
　　工作母机
　　互替机床
　　机床产品
　　机床设备
　　加工机床
　　金刚石机床
　　金属成形机床
　　金属切削机床

　　刻度机床
　　快速成形机床
　　立式机床
　　龙门机床
　　龙门式机床
　　模具加工机床
　　切削工具
　　切削机床
　　切削设备
　　切削装置
　　柔性机床
　　卧式机床
　　铣削机床
　F 搓丝机
　　雕刻机
　　攻丝机
　　激光打孔机
　　扩孔机
　　立式钻床
　　龙门铣床
　　落地镗床
　　刨床
　　平面铣床
　　普通车床
　　升降台铣床
　　数控镗床
　　数控铣齿机
　　数控铣床
　　台式钻床
　　镗铣床
　　万能车床
　　万能铣床
　　卧式镗床
　　摇臂钻床
　　专用镗床
　　专用铣床
　　组合镗床
　　钻镗床
　　钻铣床
　C 刀具
　　机床电器　→(3)
　　机床附件　→(3)
　　机床夹具　→(3)
　　机床结构　→(3)
　　机床控制　→(3)
　　机床数控系统　→(3)(8)
　　机床制造　→(3)(4)
　　机加工设备　→(4)
　　金刚石工具　→(3)
　　金属加工设备
　　气囊抛光　→(3)
　　切削

机床部件
　Y 机床构件

机床产品
　Y 机床

机床构件*
machine tool component
TG5
　D 机床部件
　F 铣头
　C 机床结构　→(3)

机床设备

Y 机床

机动扳手
Y 扳手

机动泵
Y 泵

机动玩具
mechanical toys
TS958.26
D 发条玩具
S 传统玩具
F 变形玩具
Z 玩具

机缝
machine stitching
TS941.63
D 直线缝
S 缝型
Z 服装工艺

机构*
mechanism
TH11
D Bennett 机构
RSSP 机构
Stephenson 机构
变载机构
机构(工程)
机构构型
机构结构
机构特性
F 接糖机构
纠偏机构
清废机构
C 构件 →(1)(2)(3)(4)(5)(6)(11)(12)
机构学 →(4)(8)
机械
机械系统 →(1)(2)(4)(5)(7)(8)(9)(11)
装配结构 →(3)(4)

机构(工程)
Y 机构

机构(机械)
Y 机械机构

机构构型
Y 机构

机构结构
Y 机构

机构精度
Y 精度

机构控制
Y 机械控制

机构特性
Y 机构

机构元件
Y 元件

机构造型
Y 造型

机加工缺陷

Y 制造缺陷

机加工速度
Y 加工速度

机夹刀片
Y 刀片

机具设备
Y 机械

机可洗
Y 可机洗

机可洗羊毛
Y 防缩羊毛

机可洗整理
Y 抗皱免烫整理

机理*
mechanism
ZT0
F 变色机理
成纱机理
防护机理
膨化机理
漂白机理
染色机理
杀菌机理
施胶机理
脱色机理
抑菌机理
助留机理
C 化学机理 →(1)(2)(3)(9)
理论
原理

机木浆
Y 机械浆

机器
Y 机械

机器绷帮
Y 制鞋工艺

机器宠物
Y 宠物玩具

机器功能
machine function
TH11；TS8
S 功能*

机器结构
Y 机械结构

机器控制
Y 机械控制

机器零部件
Y 零部件

机器人玩具
robot toy
TS958.28
S 高科技玩具
Z 玩具

机器运行
Y 设备运行

机器造型
Y 造型

机器振动
Y 设备振动

机洗
machine washing
TS941
S 清洗*

机械*
machinery
TH16
D 机具设备
机器
机械组合
制造装置
装备机械
F 精炼机
舞台机械
制造机械
C 动力机械 →(3)(5)(11)
工程机械
机电设备 →(4)
机构
机械强度 →(4)
机械学 →(4)(7)(8)
机械原理 →(4)
机械运动 →(3)(4)(5)(8)(11)(12)(13)
机组 →(1)(2)(3)(4)(5)(9)(11)(12)
金属加工设备
矿山机械
轻工机械
设备
石油机械 →(2)(4)
数控设备 →(3)(4)
装卸机械 →(2)(3)(4)(12)

机械安全防护装置
Y 安全装置

机械成网
Y 梳理成网

机械成网机
Y 干法成网机

机械成型
mechanical moulding
TG3；TS65
D 零件成形
C 成型

机械传动结构
Y 传动装置

机械防缩
mechanical preshrunk
TS195
D 预缩
S 防缩整理
Z 整理

机械防缩机
Y 预缩机

机械给湿
Y 加湿

机械工具
machine tool
TG7；TS914.5
S 工具*

机械化黄酒
mechanized production of yellow rice wine
TS262.4
S 黄酒
Z 酒

机械机构*
mechanism
TH11；TH13
D 机构（机械）
F 摆动机构
离合压机构
铺料机构
C 机械结构

机械夹持刀片
Y 刀片

机械浆
mechanical pulp
TS749
D 机木浆
S 纸浆
F 机械匀浆
碱性过氧化氢机械浆
马尾松热磨机械浆
热磨机械浆
Z 浆液

机械浆漂白
mechanical pulp bleaching
TS745
S 纸浆漂白
Z 漂白

机械搅拌发酵罐
Y 发酵罐

机械结构*
machine design
TH11；TH12；TH13
D 挡销结构
机器结构
F 齿根
C 机械机构
装置结构

机械控制*
machine control
TH13
D 机构控制
机器控制
机械控制式
F 纸机控制
C 工程控制 →(1)(2)(6)(8)(11)(12)

机械控制式
Y 机械控制

机械蜡染
Y 蜡染

机械量测量仪器
Y 测量仪器

机械零部件
Y 零部件

机械刨床
Y 刨床

机械杀青
Y 杀青

机械式拈接器
mechanical splicer
TS103.11
S 捻结器
Z 纺织机构

机械锁
mechanical locks
TS914
S 锁具
F 弹子锁
Z 五金件

机械特性
Y 机械性能

机械通风制曲
Y 通风制曲

机械脱胶
mechanical delignifying
TS12
S 脱胶*

机械性能*
mechanical properties
TH11
D 材料机械性能
机械特性
机械性质
F 防滑性能
活动舒适性
运动功能性
C 工程性能 →(1)(2)(3)(4)(5)(6)(11)(12)
互换性 →(3)(7)(8)
机械加工性能 →(4)
力学性能
性能

机械性质
Y 机械性能

机械压制
Y 压制

机械液压差动式恒速传动装置
Y 传动装置

机械印花
mechanical printing
TS194.41
D 阳纹花筒印花
阳纹印花
S 印花*
F 滚筒印花
喷射印花
筛网印花
数码印花
丝网印花
C 手工印花

机械匀浆

mechanical homogenate
TS749
S 机械浆
Z 浆液

机械运行
Y 设备运行

机械运转
Y 设备运行

机械造型
Y 造型

机械振动
Y 设备振动

机械震动
Y 设备振动

机械整理
physicomechanical finishing
TS195.4
D 物理机械整理
S 纺织品整理
F 电光整理
轧光整理
轧纹整理
Z 整理

机械制茶
Y 机制茶

机械制浆
mechanical pulping
TS10；TS743
S 制浆*
F 化学热磨机械制浆
生物机械制浆
C 造纸制浆

机械自吸式发酵罐
Y 发酵罐

机械组合
Y 机械

机绣
Y 电脑刺绣

机熏
Y 熏制

机油滤纸
oil filter papers
TS761.9
S 滤纸
Z 纸张

机针
Y 缝纫机针

机织
Y 机织工艺

机织布
Y 机织物

机织产品
Y 机织物

机织地毯
woven carpet

TS106.76
D 机织提花地毯
S 机制地毯
Z 毯子

机织工序
Y 机织工艺

机织工艺
weaving
TS105
D 机织
机织工序
经纱准备工序
前织工序
织部
织造工序
S 织造工艺*
F 表里换层
吊综
二维机织
经纱工艺
纬纱工艺
C 机织物
经纱
提花
纬纱
织机
织造准备
织轴

机织工艺参数
woven process parameter
TS105
S 织造工艺参数*
F 经纬密度
开口动程
开口角
筘幅
筘密
每筘穿入数
上机张力
送经量
梭口
引纬参数
织造速度
综框高度
综平时间

机织化纤模袋
Y 机织模袋

机织机构
weaving mechanism
TS103.12
D 织造机械机构
S 纺织机构*
F 储纬器
打纬机构
多臂机构
假捻器
经轴架
开口机构
筘座机构
送经机构
探纬器
停经架
投梭机构

选纬装置
引纬机构
C 织造机械

机织面料
woven fabric
TS941.41
D 梭织面料
S 面料*
C 机织物

机织模袋
membrane bag
TS106.6
D 机织化纤模袋
机制模袋
S 土工模袋
Z 纺织品

机织纱
weaving yarns
TS106.4
D 机织用纱
S 纱线*
F 经纱
纬纱

机织纱工艺
weaving yarn process
TS104.2
S 细纱工艺
Z 纺纱工艺

机织设备
Y 织造机械

机织提花地毯
Y 机织地毯

机织土工布
Y 机织土工织物

机织土工织物
woven geotextile
TS106.6
D 机织土工布
S 土工织物
Z 纺织品

机织物*
woven fabric
TS106.8
D 大豆纤维机织物
蛋白质纤维织物
机织布
机织产品
机织织物
精密机织物
连续纤维机织物
梭织物
兔羊毛机织物
组合式 3D 机织物
F 缎纹织物
多层机织物
平纹织物
三维正交机织物
斜纹织物
绉织物
C 机织工艺

机织面料
平纹组织
轻纺产品
斜纹组织
织物

机织物结构
Y 机织物组织

机织物密度
Y 经纬密度

机织物组织
structure woven fabric
TS105
D 机织物结构
S 织物组织
F 边组织
三维机织结构
三原组织
C 针织物组织
Z 材料组织

机织用纱
Y 机织纱

机织织物
Y 机织物

机织准备
weaving preparation
TS105；TS18
S 织造准备
Z 准备

机制茶
machine-made tea
TS27
D 机采茶
机械制茶
机制名茶
机制名优茶
S 茶*

机制簇绒地毯
Y 机制地毯

机制地毯
machinery carpets
TS106.76
D 机制簇绒地毯
S 地毯
F 机织地毯
Z 毯子

机制花边
Y 花边

机制名茶
Y 机制茶

机制名优茶
Y 机制茶

机制模袋
Y 机织模袋

机制木炭
mechanism charcoal
TS69
S 木材副产品

Z 副产品

机制曲
machine made koji
TS26
  S 制曲*

肌动球蛋白
actomyosin
Q5；TS201.21
  S 蛋白质*
    肉蛋白

肌肤保养
  Y 皮肤护理

肌肤护理
  Y 皮肤护理

肌肤美白
  Y 皮肤美白

肌肤水分
  Y 皮肤水分

肌苷发酵液
inosine fermentation broth
TQ92；TS205.5
  S 发酵液
  C 肌苷发酵 →(9)
  Z 发酵产品

肌浆蛋白
myosinogen
Q5；TS201.21
  S 肉蛋白
  Z 蛋白质

肌理*
texture
P5；TS6
  F 触觉肌理

肌肉蛋白
muscle proteins
Q5；TS201.21
  D 肌肉蛋白质
  S 肉蛋白
  Z 蛋白质

肌肉蛋白质
  Y 肌肉蛋白

肌肉脂质
  Y 脂质

肌原纤维蛋白
fibrillin
Q5；TS201.21
  S 肉蛋白
  Z 蛋白质

鸡翅
chicken wing
S；TS251.59
  S 鸡肉
  Z 肉

鸡翅木
  Y 红木

鸡脆骨
  Y 鸡肉

鸡蛋
hen eggs
TS253.2
  D 带壳蛋
    带壳鸡蛋
    高碘鸡蛋
    人造鸡蛋
    生鸡蛋
    营养鸡蛋
  S 禽蛋
  F 富锌蛋
    鸡胚蛋
    鲜鸡蛋
  Z 蛋

鸡蛋白
egg protein
Q5；TS201.21
  D 鸡蛋蛋白质
  S 动物蛋白
  F 蛋黄免疫球蛋白
    蛋清蛋白
    卵黄高磷蛋白
    卵转铁蛋白
  Z 蛋白质

鸡蛋保鲜
egg preservation
TS205
  S 食品保鲜
  Z 保鲜

鸡蛋蛋白质
  Y 鸡蛋白

鸡蛋蛋黄
  Y 蛋黄

鸡蛋豆腐
  Y 豆腐

鸡蛋果冻
  Y 果冻

鸡蛋加工
  Y 蛋品加工

鸡蛋奶
  Y 蛋奶

鸡蛋清
egg white
TS253.4
  S 蛋清
  Z 蛋

鸡脯
  Y 鸡胸肉

鸡脯肉
  Y 鸡胸肉

鸡骨
chicken bone
S；TS251.59
  D 鸡骨糊
  S 鸡肉
  F 鸡骨架
    鸡骨明胶
    鸡骨泥
    鸡骨髓
    鸡胸软骨
  Z 肉

鸡骨糊
  Y 鸡骨

鸡骨加工
  Y 肉鸡加工

鸡骨架
chicken skeleton
S；TS251.59
  S 鸡骨
  Z 肉

鸡骨明胶
chicken bone gelatin
S；TS251.59
  S 鸡骨
  Z 肉

鸡骨泥
mashed chicken-bone
S；TS251.59
  S 鸡骨
  Z 肉

鸡骨髓
chicken bone marrow
S；TS251.59
  S 鸡骨
  Z 肉

鸡精
chicken essence
TS264.23
  D 鸡精调味料
    鸡精粉
  S 味精
  Z 调味品

鸡精调味料
  Y 鸡精

鸡精粉
  Y 鸡精

鸡卷
  Y 鸡肉

鸡块
  Y 鸡肉

鸡类菜肴
chicken dishes
TS972.125
  S 禽肉菜肴
  F 扒鸡
    白切鸡
    烤鸡
    泡椒凤爪
    烧鸡
    熏鸡
    炸鸡
  Z 菜肴

鸡毛
chicken feather
S；TS102.31

S 羽毛
Z 动物皮毛

鸡胚蛋
embryonated egg
TS253.2
　　S 鸡蛋
　　Z 蛋

鸡皮
chicken skin
S；TS251.59
　　S 鸡肉
　　Z 肉

鸡皮蛋
　　Y 皮蛋

鸡茸
　　Y 鸡肉

鸡肉
chicken
S；TS251.59
　　D 火鸡肉
　　　鸡脆骨
　　　鸡卷
　　　鸡块
　　　鸡茸
　　　鲜鸡肉
　　S 禽肉
　　F 冻鸡
　　　鸡翅
　　　鸡骨
　　　鸡皮
　　　鸡肉块
　　　鸡腿
　　　鸡胸肉
　　　鸡血
　　　鸡爪
　　　鸡胗
　　C 鸡肉风味
　　Z 肉

鸡肉肠
chicken sausage
TS251.59
　　D 鸡肉香肠
　　S 肉肠
　　Z 肉制品

鸡肉蛋白
chicken protein
Q5；TS201.21
　　S 肉蛋白
　　Z 蛋白质

鸡肉蛋白肽
chicken protein peptide
TQ93；TS201.2
　　S 蛋白肽
　　Z 肽

鸡肉粉
　　Y 鸡肉制品

鸡肉风味
chicken flavor
TS971.1
　　S 肉品风味

C 鸡肉
Z 风味

鸡肉风味剂
　　Y 鸡肉香精

鸡肉干
　　Y 鸡肉制品

鸡肉火腿
　　Y 火腿

鸡肉加工废料
　　Y 食品废料

鸡肉块
chicken pieces
S；TS251.59
　　S 鸡肉
　　Z 肉

鸡肉糜
　　Y 肉糜制品

鸡肉丸
chicken meatball
TS251.55；TS251.67
　　D 鸡肉丸子
　　S 鸡肉制品
　　　肉丸
　　Z 肉制品

鸡肉丸子
　　Y 鸡肉丸

鸡肉味香精
　　Y 鸡肉味香料

鸡肉味香料
chicken flavor essence
TS264.3
　　D 鸡肉味香精
　　S 肉味香料
　　Z 调味品
　　　香精香料

鸡肉香肠
　　Y 鸡肉肠

鸡肉香精
chicken flavoring
TQ65；TS264.3
　　D 鸡肉风味剂
　　　热反应鸡肉香精
　　S 肉类香精
　　C 鸡脂
　　Z 香精香料

鸡肉圆
　　Y 鸡肉制品

鸡肉制品
chicken products
TS251.55
　　D 扒窝鸡
　　　红扒全鸡
　　　鸡肉粉
　　　鸡肉干
　　　鸡肉圆
　　　鸡腿扒海参
　　　鸡腿扒乌参

　　　奶油扒鸡
　　　排酸肉
　　　肉鸡加工制品
　　　肉鸡制品
　　　淘汰鸡肉
　　　五香鸡肉干
　　　西式炸鸡
　　　盐水鸡
　　　禺城扒鸡
　　S 禽肉制品
　　F 扒鸡
　　　风鸡
　　　鸡肉丸
　　　烤鸡
　　　烧鸡
　　　熏鸡
　　Z 肉制品

鸡汤
chicken broth
TS972.122
　　S 汤菜
　　Z 菜肴

鸡腿
chicken leg
S；TS251.59
　　D 鸡腿肉
　　S 鸡肉
　　Z 肉

鸡腿扒海参
　　Y 鸡肉制品

鸡腿扒乌参
　　Y 鸡肉制品

鸡腿菇罐头
　　Y 肉类罐头

鸡腿蘑发酵液
　　Y 肉品发酵剂

鸡腿肉
　　Y 鸡腿

鸡尾酒
cocktail
TS262.8
　　S 配制酒
　　F 彩虹鸡尾酒
　　　基酒
　　Z 酒

鸡心罐
　　Y 肉类罐头

鸡胸脯肉
　　Y 鸡胸肉

鸡胸肉
chicken breast
S；TS251.59
　　D 鸡脯
　　　鸡脯肉
　　　鸡胸脯肉
　　S 鸡肉
　　Z 肉

鸡胸软骨

chick sternal cartilage
S：TS251.59
　　S 鸡骨
　　Z 肉

鸡血
chicken blood
S：TS251.59
　　S 鸡肉
　　Z 肉

鸡血冻
　　Y 鸡血石

鸡血石
heliotrope
TS933.21
　　D 鸡血冻
　　S 观赏石*
　　F 巴林鸡血石

鸡油
chicken oil
TS225.2
　　D 鸡油脂
　　S 动物油
　　Z 油脂

鸡油饼
　　Y 油炸食品

鸡油脂
　　Y 鸡油

鸡脂
chicken fat
TS251
　　D 鸡脂肪
　　S 动植物油脂
　　C 鸡肉香精
　　Z 油脂

鸡脂肪
　　Y 鸡脂

鸡爪
chicken feet
S：TS251.59
　　D 鸡爪筋
　　S 鸡肉
　　Z 肉

鸡爪痕
chicken feet mark
TS101.97
　　S 织物疵点
　　Z 纺织品缺陷

鸡爪筋
　　Y 鸡爪

鸡肫
chicken gizzard
S：TS251.59
　　S 鸡肉
　　Z 肉

积成材
orient strand lumbers
TS62
　　D 竹篾积成板

　　S 木材*
　　F 杉木积成材
　　C 葵花秸

积分式测量仪器
　　Y 测量仪器

积木
building-blocks
TS958.1
　　D 积木块
　　S 玩具*
　　C 遗传算法　→(8)

积木块
　　Y 积木

基本部位
　　Y 部位

基本单位
　　Y 计量单位

基本导程
　　Y 导程

基本方法
　　Y 方法

基本结构
　　Y 结构

基本性能
　　Y 性能

基本纸样
basic patterns
TS941.6
　　S 纸样*

基本组织
　　Y 三原组织

基布
　　Y 底布

基础酒
　　Y 基酒

基础领窝
basic neckline
TS941.61
　　S 领窝
　　Z 服装结构

基础性评价
　　Y 评价

基酒
base liquor
TS262.8
　　D 基础酒
　　S 鸡尾酒
　　Z 酒

基诺族服饰
　　Y 民族服饰

基纱
　　Y 原纱

基围虾
shrimp

TS254.2
　　S 虾类
　　Z 水产品

基因改良食品
　　Y 转基因食品

基因改造食品
　　Y 转基因食品

基因工程食品
　　Y 转基因食品

基因美容
gene beauty
TS974.1
　　S 生物美容
　　Z 美容

基因食品
　　Y 转基因食品

基因重组酵母
　　Y 酵母

基质固相分散
matrix solid-phase dispersion
O6：TS201.6
　　S 分散*

基准刀
reference tool
TG7：TS914
　　S 刀具*

基准灯
　　Y 标准灯

激波测量仪器
　　Y 测量仪器

激光*
laser
TN2
　　D 激射光
　　　莱塞
　　　雷射
　　F 紫激光
　　C 激光冲击　→(7)
　　　激光光源　→(7)
　　　激光焊缝　→(3)
　　　激光器　→(4)(7)
　　　激光束　→(7)
　　　激光线宽　→(7)

激光裁剪
　　Y 裁剪

激光打孔机
laser-beam drilling machine
TG5：TS64
　　S 机床*

激光打印
laser printing
TS859
　　D 激光打印技术
　　S 打印*
　　F 彩色激光打印
　　C 激光笔　→(7)

激光打印废纸
laser printing waste paper
TS724；X7
S 废纸
Z 固体废物

激光打印技术
Y 激光打印

激光打印纸
Y 喷墨打印纸

激光灯
laser lamp
TM92；TS956
S 灯*

激光防护镜
laser goggles
TS941.731；TS959.6
D 防激光眼镜
激光护目镜
S 护目镜
Z 安全防护用品
眼镜

激光防伪
laser restraining false
TS896
D 激光防伪技术
镭射防伪
S 光学防伪
Z 防伪

激光防伪技术
Y 激光防伪

激光护目镜
Y 激光防护镜

激光模切
laser die cutting
TS83
S 模切
Z 剪切

激光修饰
Y 精加工

激光照排
laser phototype setting
TS83
S 成像*

激光照排机
laser typesetter
TS803.2
S 照排机
Z 印刷机械

激光整平
Y 精加工

激光制版
laser plate-making
TS805
S 制版工艺
Z 印刷工艺

激光制网
laser system for network
TS194.3
S 成像*

激励元件
Y 元件

激射光
Y 激光

吉林造纸厂
Y 造纸工业

吉他
guitar
TS953.23；TS953.33
S 弓弦乐器*

级别
Y 等级

即食
Y 方便食品

即食菜肴
ready-to-eat dishes
TS972
S 菜肴*
C 方便食品

即食产品
Y 方便食品

即食方便米饭
Y 方便米饭

即食粉
Y 方便粉

即食海蜇
Y 即食肉制品

即食糊
Y 方便粥

即食腊肠
Y 即食肉制品

即食腊香鹧鸪
Y 即食肉制品

即食米饭
Y 方便米饭

即食米粉
Y 方便米粉

即食品
Y 方便食品

即食肉鸽
Y 即食肉制品

即食肉制品
ready-to-eat meat products
TS217；TS251.6
D 即食海蜇
即食腊肠
即食腊香鹧鸪
即食肉鸽
即食香肠
S 肉制品*

即食食品
Y 方便食品

即食汤料
Y 方便汤料

即食香肠
Y 即食肉制品

即食型
Y 方便食品

即食燕麦片
Y 荞麦食品

即食制品
Y 方便食品

极限样板
Y 样板

急弹性变形
Y 弹性指标

棘轮扳手
Y 扳手

棘轮改锥
Y 螺丝刀

棘轮两用扳手
Y 扳手

集成板
Y 集成材

集成板材
Y 集成材

集成薄木
Y 薄木

集成材
glued laminated timber
TS62
D 集成板
集成板材
胶合木
落叶松集成材
指接集成材
S 木材*
F 非结构集成材
结构集成材
竹集成材
C 胶合木结构 →(11)

集光灯
Y 探照灯

集合纺纱
Y 纺纱工艺

集合器
Y 集束器

集聚纺
Y 紧密纺

集聚纺环锭细纱机
compact spinning ring spinning machines
TS103.23
S 细纱机
Z 纺织机械

集聚纺技术
Y 紧密纺

集聚纺纱
Y 紧密纺

集聚纺纱技术
Y 紧密纺

集聚纺纱线
compact yarn
TS106.4
D 紧密纱
聚集纱
卡摩纱
倚丽纱
S 纱线*
C 紧密纺

集聚纺网圈
Y 网格圈

集聚元件
compact element
TS103.82
S 纺纱器材*
C 紧密纺

集聚装置
compact spinning device
TS103.11
S 紧密纺装置
Z 纺织机构

集棉尘笼
Y 尘笼

集棉器
condensers(textile machinery)
TS103.11
S 纺纱机构
Z 纺织机构

集圈
tuck
TS184
S 针织工艺*
C 纬编集圈组织

集圈型单面花式织物
Y 单面针织物

集圈型双面提花织物
Y 提花织物

集圈针织物
Y 针织物

集圈织物
Y 针织物

集圈组织
tuck stitch
TS18
S 纬编组织
F 畦编组织
纬编集圈组织
Z 材料组织

集束
bundling

TQ34；TS104
S 纺纱*
C 短纤维
纤维束

集束器
constrictors
TS103.82
D 集合器
S 纺织器材*
C 精梳机
牵伸装置

集中静载性能
concentrated loads
TS61
S 电气性能*
物理性能*

几何测量
Y 几何量测量

几何测量法
Y 几何量测量

几何量
Y 几何量测量

几何量测量*
geometric dimensional measurement
TG8；TH7
D 几何测量
几何测量法
几何量
F 细度测量
C 测量

己糖
hexoses
TS24
S 碳水化合物*
F 果葡糖
果糖
葡萄糖
塔格糖

挤出涂布
Y 挤压涂布

挤浆
extrusion pulp
TS10；TS74
S 制浆*

挤浆机
press master
TS733
S 制浆设备*
F 挤压疏解机
挤压撕裂机
螺旋挤浆机
双辊挤浆机
双网挤浆机

挤胶
Y 施胶工艺

挤密
Y 压实

挤密法

Y 压实

挤密土体
Y 压实

挤密作用
Y 压实

挤水机
Y 制革机械

挤水伸展机
Y 毛皮挤水机

挤涂机
Y 涂装设备

挤压法化机浆
extrusion chemi-mechanical pulps
TS749
D 动态挤压法化机浆
动态挤压化学机械制浆法
S 化机浆
Z 浆液

挤压方便米饭
Y 方便米饭

挤压改性
extrusion modification
TS20
S 改性*

挤压机
Y 挤压设备

挤压膨化
extrusion-expansion
TS205
D 挤压膨化技术
S 食品膨化
C 挤压指数 →(3)
Z 膨化

挤压膨化大米
extruded rice
TS210.2
D 膨化大米
S 大米
Z 粮食

挤压膨化技术
Y 挤压膨化

挤压设备
extruders
TG3；TH4；TS203
D 100MN 挤压机
棒材挤压机
冲击挤压机
冲压挤压机
大型铝挤压机
电极挤压机
短行程挤压机
管材挤压机
活塞挤压机
挤压机
挤压中心
间歇挤压机
金属挤压机
静压挤压机

计时/计数器
计数电路
计数系统
计数装置
加减法计数器
晶体计数器
局地闪电计数器
距离计数器
里程计数器
里程记数器
流气式计数管
流气式计数器
匹数计数器
普通计数器
曝光计数器
润滑脉冲计数器
闪电计数器
双向计数器
顺序计数器
望远镜计数器
延迟计数器
运行次数计数器
正反向计数器
自猝灭计数器
纵剖计数器
F 长度计数器

计数系统
　Y 计数器

计数装置
　Y 计数器

计算机程序
　Y 计算机软件

计算机程序系统
　Y 软件系统

计算机处理器
　Y 处理器

计算机存储器
　Y 存储器

计算机存储设备
　Y 存储器

计算机调色
　Y 电脑调色

计算机方法
　Y 计算机技术

计算机辅助方法
　Y 计算机辅助技术

计算机辅助服装设计
　Y 服装 CAD

计算机辅助技术*
computer aided technology
TP3
　D 计算机辅助方法
　F 纺织 CAD
　　服装 CAPP
　C 辅助计算 →(8)
　　辅助软件 →(8)
　　计算机辅助系统 →(8)
　　计算机计算 →(1)(3)(6)(7)(8)

计算机辅助设备
　Y 计算机外部设备

计算机勾兑
computer blending
TS261；TS262
　D 微机勾兑
　S 勾调
　Z 物料调配

计算机环境*
computer environments
TP3
　F 游戏环境
　C 环境
　　计算机模型

计算机技术*
computer technology
TP3
　D 电脑技术
　　计算机方法
　　计算机科学技术
　F 喷墨技术
　C 计算机应用 →(7)(8)
　　容错 →(7)(8)
　　信息处理

计算机科学技术
　Y 计算机技术

计算机模型*
computer model
TP3
　F 水印模型
　C 工程模型
　　计算机 →(4)(6)(7)(8)
　　计算机环境
　　计算机建模 →(8)
　　计算机理论 →(8)
　　软件模型 →(7)(8)

计算机排版
computer composition
TS805
　D 电脑排版
　　电子排版
　　数字排版
　　微机排版
　S 排版
　Z 印刷工艺

计算机排版系统
computer typesetting system
TS80
　D 电脑排版系统
　　电子排版系统
　S 计算机应用系统*
　　排版系统
　Z 出版系统

计算机软件*
software
TP3
　D 程序组
　　电脑程序
　　电脑软件
　　计算机程序
　　软件

软件产品
软件程序
软件注册
软件资产
　F 配色软件
　　印前软件
　C 程序 →(1)(8)
　　软硬件 →(8)

计算机软件系统
　Y 软件系统

计算机设备
　Y 计算机外部设备

计算机外部设备*
computer peripheral equipment
TP3
　D 电脑设备
　　电脑外设
　　计算机辅助设备
　　计算机设备
　　计算机外设
　　计算机外围设备
　　外部设备
　　外设
　　外围设备
　F 钢琴键盘
　C 计算机配件 →(8)
　　计算机音响 →(7)(8)
　　外部接口 →(8)
　　外部设备控制 →(8)
　　外围控制器 →(5)

计算机外设
　Y 计算机外部设备

计算机外围设备
　Y 计算机外部设备

计算机微处理器
　Y 处理器

计算机文件
　Y 文件

计算机应用系统*
computer utility
TP3
　D 应用系统
　F 计算机排版系统
　C 计算机系统 →(1)(4)(6)(7)(8)
　　智能系统
　　专家系统 →(4)(8)(13)
　　专用系统

计算机直接制版
computer to plate
TS805
　D CTP 技术
　　CTP 数码制版机
　　CTP 直接制版机
　　CTP 制版机
　　CTP 制版设备
　　CTP 制版系统
　　计算机直接制版技术
　S 直接制版
　Z 印刷工艺

计算机直接制版机

Y 直接制版机

计算机直接制版技术
Y 计算机直接制版

记号笔
Y 笔

记录笔
register pen
TS951.19
D 仪表笔
S 笔
Z 办公用品

记录纸
recording paper
TS761.1
S 文化用纸
Z 办公用品
纸张

记忆面料
memory fabrics
TS941.41
S 功能面料
Z 面料

记忆体
Y 存储器

记忆眼镜
memory glasses
TS959.6
S 眼镜*

记忆元件
Y 元件

技巧编织法
Y 编织

技术*
technology
TB2
F 标识技术
采制技术
纺织技术
热敏技术
食品生物技术
水印技术
网印技术
栅栏技术
C 能源技术 →(5)
配套
微生物技术 →(13)
印制技术

技术创新点
Y 创新

技术方案*
technical proposal
ZT0
F 铺装方案
C 方案

技术纺织品
technical textiles
TS106
D 高技术纺织品
高科技纺织品
高新技术纺织品
S 纺织品*

技术工艺
Y 工艺方法

技术合成
Y 合成

技术织物
technique fabrics
TS106.8
D 复杂织物
高技术织物
S 织物*

技术制作
Y 制作

技术装备
Y 设备

季铵型阳离子淀粉
quaternary ammonium cationic starch
TS235
S 阳离子淀粉
Z 淀粉

剂型*
formulation
R；TQ45；TQ46
F 保健含片
香精微胶囊
C 药剂 →(6)(9)(11)(13)
制剂

荠菜
capsella bursa-pastoris
TS255.2
S 蔬菜
Z 果蔬

迹线
Y 线迹

祭服
vestment
TS941.7
D 黻冕
S 传统服装
Z 服装

加碘机
salt iodizing machine
TS33
S 制盐设备
Z 轻工机械

加碘食盐
Y 食用碘盐

加碘食用盐
Y 食用碘盐

加碘盐
iodized salt
TS264.2；TS36
D 碘化食盐
含碘盐
S 食用碘盐
Z 食盐

加饭酒
rice wine
TS262.4
D 北京加饭酒
福州双加饭酒
杭州双加饭酒
上海枫泾特加饭酒
绍兴加饭酒
绍兴酸酒
双加饭酒
特加饭酒
S 黄酒
Z 酒

加放量
Y 放松量

加钙盐
calciferous salts
TS264.2；TS365
S 保健盐
Z 食盐

加工*
processing
TG3；TG5；TH16
D 加工策略
加工对象
加工方法
加工方式
加工方向
加工工艺
加工工艺技术
加工工艺流程
加工环节
加工技术
加工季节
加工间隔
加工阶段
加工损失
加工效果
加工效率
加工新技术
加工研究
加工要领
加工要求
加工制度
F 二次加工
辐射加工
高温加工
镜面加工
轻度加工
湿加工
首饰加工
椭圆加工
无菌加工
压纹
造碎
增碎
整饰
综合加工
C 材料加工
操作
电加工 →(3)(4)(7)(9)
工业生产 →(4)

工艺原理 →(3)(4)
工艺质量
工作平面 →(3)
化学加工
机械加工 →(2)(3)(4)(7)(8)(9)(11)
激光加工 →(3)(4)(7)
加工变形 →(1)(3)(4)(9)(11)
加工尺寸 →(1)(4)
加工精度 →(4)
加工温度 →(1)
加工性能 →(3)(4)
加工原理 →(3)(4)
金属加工 →(3)(4)
零件加工 →(3)(4)(5)(9)
农产品加工
燃料生产 →(6)
食品加工
压力加工
制造
制作

加工保藏
　　Y 加工贮藏

加工参数
　　Y 工艺参数

加工策略
　　Y 加工

加工对象
　　Y 加工

加工方法
　　Y 加工

加工方式
　　Y 加工

加工方向
　　Y 加工

加工辅助时间
　　Y 加工时间

加工改性
　　Y 改性

加工改性剂
　　Y 改性剂

加工工具
　　Y 工具

加工工时
　　Y 加工时间

加工工艺
　　Y 加工

加工工艺参数
　　Y 工艺参数

加工工艺技术
　　Y 加工

加工工艺流程
　　Y 加工

加工环节
　　Y 加工

加工机床

　　Y 机床

加工机械
　　Y 加工设备

加工机械设备
　　Y 加工设备

加工技术
　　Y 加工

加工剂
　　Y 制剂

加工季节
　　Y 加工

加工间隔
　　Y 加工

加工阶段
　　Y 加工

加工链
processing chain
TH16；TS21
　　C 工艺决策 →(4)
　　　计算机辅助工艺设计 →(8)
　　　农产品加工

加工粮质量
processeed grain quality
TS210.7
　　S 粮食质量
　　F 大米品质
　　　小麦粉品质
　　Z 产品质量

加工能力
process capability
R；TE9；TS11
　　S 能力*

加工缺陷
　　Y 制造缺陷

加工热处理
　　Y 热处理

加工设备*
production equipment
TB4
　　D 工艺设备
　　　加工机械
　　　加工机械设备
　　　加工装备
　　　生产工艺装备
　　　生产设备
　　　生产线设备
　　　生产装备
　　　生产装置
　　　施工装备
　　　制备装置
　　　作业设备
　　F 家具生产设备
　　　铆接设备
　　　棉花加工设备
　　　纤维生产设备
　　　纸板生产设备
　　C 包装设备
　　　成型设备

　　　锻造设备 →(3)
　　　刚度
　　　管材加工设备 →(3)
　　　焊接设备 →(1)(3)
　　　化工机械 →(3)(5)(9)
　　　金属加工设备
　　　拉拔设备
　　　切割设备 →(3)(4)(7)(8)(9)
　　　上下料装置
　　　设备
　　　卸料装置 →(2)(3)(4)
　　　压力加工设备
　　　轧钢设备 →(3)
　　　制造系统 →(1)(2)(3)(4)(5)(8)(9)(11)
　　　铸造设备 →(2)(3)(9)

加工生产线
　　Y 生产线

加工时间*
processing time
ZT73
　　D 加工辅助时间
　　　加工工时
　　F 发酵时间
　　　加热时间
　　　烹调时间
　　　润麦时间
　　　退维时间
　　　脱色时间
　　　显影时间
　　　蒸煮时间

加工试验
　　Y 工艺试验

加工速度*
production rate
TG5
　　D 机加工速度
　　　生产速度
　　　生产速率
　　F 发酵速度
　　　纺纱速度
　　　纺丝速度
　　　浸出速度
　　　卷绕速度
　　　缫丝速度
　　C 加工原理 →(3)(4)
　　　速度

加工损失
　　Y 加工

加工效果
　　Y 加工

加工效率
　　Y 加工

加工新技术
　　Y 加工

加工研究
　　Y 加工

加工要领
　　Y 加工

加工要求

Y 加工

加工硬度
Y 硬度

加工用原木
Y 原木

加工纸
Y 纸张

加工制度
Y 加工

加工制品
Y 制品

加工制造技术
Y 制造

加工制作
Y 制作

加工贮藏
processing and storage
TS205
　D 加工保藏
　S 储藏*

加工装备
Y 加工设备

加工装置
Y 金属加工设备

加固缝缝纫机
Y 缝纫设备

加磺盐
sulfone salt
TS264.2；TS365
　S 保健盐
　Z 食盐

加剂
Y 添加剂

加减法计数器
Y 计数器

加菌脱胶
adding bacteria to degumming
TS12；TS14
　S 微生物脱胶
　Z 脱胶

加乐麝香
Y 佳乐麝香

加卤
Y 兑卤

加酶洗毛
Y 洗毛

加酶洗衣粉
enzymatic laundry powder
TQ64；TS973.1
　S 洗衣粉
　Z 清洁剂
　　生活用品

加密狗

Y 密码锁

加密锁
Y 密码锁

加拿大标准游离度
Y 游离度

加拿大木浆
canadian wood pulp
TS749.1
　S 进口木浆
　Z 浆液

加拈
Y 加捻原理

加拈杯
Y 纺纱杯

加拈变形纱
Y 变形纱

加拈弹力丝
Y 弹力纱

加拈机构
Y 捻线机

加捻
Y 加捻工艺

加捻杯
Y 纺纱杯

加捻变形纱
Y 变形纱

加捻变形丝
Y 变形纱

加捻参数*
twisting parameters
TS104.2
　D 捻参数
　F 捻比
　　捻幅
　　捻角
　　捻向
　C 纺纱工艺
　　捻系数

加捻弹力丝
Y 弹力纱

加捻工艺
twisting
TS104.2
　D 加捻
　S 纺纱工艺*
　F 搓捻
　　定捻
　　假捻
　　捻接
　　退捻
　　无捻
　　阻捻
　C 粗纺
　　加捻三角区
　　加捻效率
　　捻系数

捻线机
捻向
强捻
纱线捻度

加捻机
Y 捻线机

加捻机构
Y 捻线机

加捻机理
Y 加捻原理

加捻卷绕
twisting and winding
TS104.2
　S 卷绕*
　C 钢丝圈
　　气圈环

加捻毛羽
twisting feather
TS101.97
　S 纱线毛羽
　Z 纺织品缺陷

加捻器
Y 捻线机

加捻三角区
twisting triangular space
TS104
　S 纺纱三角区
　C 加捻工艺
　Z 区域

加捻效率
twisting efficiency
TS104
　S 效率*
　C 加捻工艺

加捻原理
twisting principle
TS104
　D 加拈
　　加捻机理
　　牵伸加捻
　S 纺织原理
　C 纺纱工艺
　　捻线
　　捻线机
　　气圈
　Z 原理

加捻原丝
Y 玻璃纱

加捻装置
Y 捻线机

加氢油
hydrogenated oil
TS22
　D 氢化油
　S 油品*
　F 氢化植物油

加热*
heating

TF0；TG3；TK1；TU8
D 不加热
导电加热
电辅助加热
调功加热
非加热
高红外加热
加热处理
加热法
加热方案
加热方法
加热方式
加热分析
加热工艺
加热规范
加热技术
加热实验
加热制度
加热质量
F 热风加热
食品加热
微波复热
C 采暖供热 →(5)(11)
传导传热 →(5)
电加工 →(3)(4)(7)(9)
复合传热 →(5)
加热温度 →(1)
热处理
热力工程 →(5)
预紧 →(3)(4)

加热板
hot plate
TM92；TS972.26
S 食品加工器
Z 厨具
家用电器

加热处理
Y 加热

加热法
Y 加热

加热方案
Y 加热

加热方法
Y 加热

加热方式
Y 加热

加热分析
Y 加热

加热工艺
Y 加热

加热规范
Y 加热

加热技术
Y 加热

加热浸提
heating extraction
TS205
S 浸出*

加热平台
Y 加热设备

加热期
Y 加热时间

加热设备*
heating equipment
TK1
D 发热器
加热平台
加热台
加热装置
加温设备
F 盐水预热器
C 加热炉 →(2)(3)(5)(7)(9)(11)
加热线圈 →(5)
热安全 →(13)

加热失水沉淀法
Y 沉淀

加热时间
heating time
TG1；TQ0；TS205
D 采暖时间
加热期
受热时间
S 加工时间*

加热实验
Y 加热

加热台
Y 加热设备

加热脱水
heating dehydration
TS205
S 热力脱水
Z 脱除

加热制度
Y 加热

加热质量
Y 加热

加热装置
Y 加热设备

加色
additive colour
TS101
S 色彩工艺*

加湿*
humidification
TS195；TU8
D 给湿
机械给湿
加湿方式
增湿
F 高压喷雾加湿
润湿
C 除湿

加湿方式
Y 加湿

加湿剂
Y 润湿剂

加湿系统
humidification system
TS11
S 环境系统*
专用系统*

加填
filling
TS75
S 生产工艺*

加铁盐
iron salts
TS264.2；TS365
S 保健盐
Z 食盐

加网
screening
TS805
D 加网技术
S 印刷工艺*
F 调幅加网
调频加网
混合加网
数字加网
C 加网线数

加网技术
Y 加网

加网线数
screen line number
TS805
S 印刷参数*
C 加网

加维生素盐
Y 调味盐

加温设备
Y 加热设备

加硒盐
Y 硒盐

加香加料
spiced charging
TS4
S 物料操作*

加锌盐
zinc salt
TS264.2；TS365
S 保健盐
Z 食盐

加压*
pressurization
TB4
D 加压法
加压方式
加压工艺
施压
F 罗拉加压
牵伸加压
C 增压 →(1)(2)(3)(4)(5)(6)(7)(9)(11)(12)

加压法

Y 加压

加压方式
Y 加压

加压工艺
Y 加压

加压供氧面罩
pressure oxygen mask
R：TS941.731；V2
S 氧气面罩
Z 安全防护用品

加压精练
Y 高温高压精练

加压密闭头盔
Y 飞行头盔

加压时间
pressurized time
TS65
S 时间*

加压头盔
Y 飞行头盔

加压摇架
pressurizing cradle
TS101；TS103
S 压力设备*
F 弹簧加压摇架
　　气压加压摇架

加压圆珠笔
Y 圆珠笔

加压蒸馏
distillation under pressure
O6；TE6；TS261
S 蒸馏*

加药
medicate
TQ0；TS20
D 加药方式
　　加药工艺
　　加药技术
　　添加剂注入
　　药剂添加
S 注入*
F 连续加药

加药方式
Y 加药

加药工艺
Y 加药

加药技术
Y 加药

加药系统
Y 自动加药装置

加脂
fat liquoring
TS544
D 分步加脂
　　加脂方法
　　加脂技术

S 皮革整理
F 复鞣加脂
　　皮革加脂
　　染色加脂
C 加脂剂
Z 制革工艺

加脂方法
Y 加脂

加脂复鞣剂
fatliquoring retanning agents
TS52
D 防水加脂复鞣剂
S 复鞣剂
Z 鞣剂

加脂技术
Y 加脂

加脂剂*
fatliquor
TS529.1
D 加脂助剂
　　增润剂
F 多功能加脂剂
　　防水加脂剂
　　复合加脂剂
　　复鞣加脂剂
　　合成加脂剂
　　两性加脂剂
　　磷酸酯加脂剂
　　皮革加脂剂
　　阳离子加脂剂
C 加脂
　　皮革

加脂性能
fat liquoring performance
TS51
S 皮革性能
C 皮革加脂
Z 材料性能

加脂助剂
Y 加脂剂

夹板锯
Y 细木工带锯机

夹层添纱织物
Y 纬编织物

夹层织物
Y 纬编织物

夹持机构
Y 夹紧装置

夹持系统
Y 夹紧装置

夹持装置
Y 夹紧装置

夹花丝
streaking threads
TS101.97
D 生丝疵点
S 纤维疵点
Z 纺织品缺陷

夹紧机构*
Y 夹紧装置

夹紧钳
Y 夹线装置

夹紧系统
Y 夹紧装置

夹紧装置*
clamping arrangement
TG7
D 夹持机构
　　夹持系统
　　夹持装置
　　夹紧机构
　　夹紧系统
　　装夹系统
　　装夹装置
F 夹线装置
C 定位装置　→(2)(3)(4)(6)(7)(8)
　　阀门　→(3)(4)(6)(7)(8)(11)(12)
　　机械装置　→(2)(3)(4)(12)
　　夹持　→(3)(4)
　　夹紧　→(3)
　　夹紧力　→(3)
　　夹具　→(2)(3)(4)(11)
　　紧固件
　　锁紧装置　→(3)(4)(7)(9)
　　装夹　→(3)(4)

夹克
Y 夹克衫

夹克衫
jumper coat
TS941.7
D 夹克
　　茄克
S 外衣
Z 服装

夹扭钳
gripping pliers
TG7；TH2；TS914.51
S 夹钳
Z 工具

夹钳
gripper
TG7；TH2；TS914.51
S 工具*
F 板坯夹钳
　　钢卷夹钳
　　夹扭钳
　　微夹钳
C 吊具　→(4)

夹网薄纸成形器
Y 夹网成形器

夹网成形器
twin-wire former
TS734.5
D 夹网薄纸成形器
　　夹网成型器
S 造纸机械*
F 立式夹网成形器

夹网成型器

Y 夹网成形器

夹网造纸机
twin-wire papermaking machines
TS734
D 夹网纸机
S 造纸机
Z 造纸机械

夹网纸机
Y 夹网造纸机

夹纬梭织机
Y 无梭织机

夹线器
Y 夹线装置

夹线装置
trapping mechanism
TS941.5；TS941.6
D 夹紧钳
夹线器
S 夹紧装置*

夹缬
board-pressing dye
TS194
S 纺织品印花
Z 印花

夹心板
Y 夹芯板

夹心饼干
Y 饼干

夹心胶合板
Y 多层胶合板

夹心藕糖
Y 夹心糖

夹心软糖
Y 软糖

夹心糖
bonbon
TS246.59
D 夹心藕糖
夹心糖果
S 糖果
Z 糖制品

夹心糖果
Y 夹心糖

夹芯板
sandwich panel
TS66；TU5
D 夹心板
夹芯板材
夹芯材料
S 型材*

夹芯板材
Y 夹芯板

夹芯材料
Y 夹芯板

茄克
Y 夹克衫

佳乐麝香
galaxolide
TQ65；TS264.3
D 加乐麝香
S 麝香
C 生态毒理效应 →(13)
Z 香精香料

家蚕丝
Y 桑蚕丝

家常菜
home-style cooking
TS972
S 菜肴*

家常面点
Y 面点

家电
Y 家用电器

家电产品
Y 家用电器

家电电器
Y 家用电器

家电设备
Y 家用电器

家电用器
Y 家用电器

家纺
Y 家用纺织品

家纺产品
Y 家用纺织品

家纺面料
home textile fabric
TS941.41
S 面料*

家纺企业
home textile enterprises
TS108
S 纺织企业
Z 企业

家居布置
home arrangement
TS975
D 居室布置
S 布置*
F 房间布置
家具布置

家居电器
Y 家用电器

家居服
lounge wear
TS941.7
S 服装*
F 睡衣

家居护理
home care
TS975
S 护理*

家居清洁
Y 室内清洁

家居清洁剂
Y 家用洗涤剂

家居饰品
upholstery
TS934.5
D 室内装饰品
S 饰品*

家具*
furniture
TS66；TU2
D 家具产品
家俱
居室家具
F 办公家具
城市家具
厨房家具
传统家具
儿童家具
柜类家具
国外家具
户外家具
老年家具
绿色家具
民间家具
民用家具
软家具
室内家具
现代家具
艺术家具
智能家具
中国家具
竹木家具
桌子
组合家具
坐卧类家具
C 家具包装 →(1)
家具部件
家具设计
家具用材
家具造型
家具装饰

家具摆设
Y 家具布置

家具布置
furniture layout
TS975
D 家具摆设
家具陈设
S 家居布置
Z 布置

家具部件
furniture components
TS66
D 家具零件
S 零部件*
F 抽屉
燕尾榫
C 家具

家具材料
　Y 家具用材

家具产品
　Y 家具

家具产业
　Y 家具工业

家具厂
furniture factories
TS66
　S 工厂*

家具陈设
　Y 家具布置

家具风格
　Y 家具样式

家具封边
furniture sealing
TS65
　D 单板封边
　S 封边
　Z 工艺方法

家具辅料
　Y 家具用材

家具覆盖纺织品
　Y 家用纺织品

家具革
furniture leather
TS563.3
　D 汽车座垫革
　S 生活用革
　C 水牛皮
　Z 皮革

家具工业
furniture industry
TS6
　D 家具产业
　　家具行业
　　家具业
　　家具制造业
　S 轻工业*

家具机械
　Y 木工机械

家具基材
　Y 家具用材

家具结构
furniture construction
TS664.03
　S 结构*
　C 榫槽

家具料
　Y 家具用材

家具零件
　Y 家具部件

家具企业
furniture enterprises
TS6
　S 企业*

家具设计
furniture design
TS66
　D 家具文化
　　现代家具设计
　S 产品设计*
　C 家具

家具设计专业
furniture design
TS6
　S 专业*

家具生产
furniture production
TH16；TS65
　D 家具制造
　S 轻工业生产
　Z 生产

家具生产企业
furniture manufacturing enterprise
TS68
　S 企业*

家具生产设备
furniture manufacturing equipments
TS64
　S 加工设备*

家具史
furniture history
TS664
　S 历史*

家具文化
　Y 家具设计

家具五金
　Y 五金件

家具行业
　Y 家具工业

家具样式
furniture styles
TS66
　D 家具风格
　S 样式*
　F 板式家具
　　美式家具
　　中式家具

家具业
　Y 家具工业

家具用材
furniture wood
TS66
　D 家具材料
　　家具辅料
　　家具基材
　　家具料
　　家具制材
　S 材料*
　F 床垫材料
　C 板材性能
　　家具
　　人造板
　　制板工艺

　　竹材

家具用织物
　Y 家具织物

家具造型
furniture molding
TS66
　S 造型*
　C 家具

家具织物
furniture fabric
TS106.7
　D 家具用织物
　S 家用织物
　Z 织物

家具制材
　Y 家具用材

家具制造
　Y 家具生产

家具制造业
　Y 家具工业

家具装饰
furniture decoration
TS66
　S 装饰*
　　装修*
　C 家具

家俱
　Y 家具

家禽加工
　Y 禽肉加工

家庭安全
family safety
TS975；X9
　D 居住安全
　S 安全*
　C 防治 →(1)(2)(3)(4)(11)(12)(13)

家庭电器
　Y 家用电器

家庭清洁
　Y 室内清洁

家庭日用品
　Y 生活用品

家庭物品
　Y 生活用品

家庭饮食
family diet
TS971.2
　S 饮食*

家庭用品
　Y 生活用品

家庭预算
family budget
TS97

家庭作坊
domestic workship

TS08
S 作坊*

家兔皮
rabbit skin
S；TS564
S 兔皮
Z 动物皮毛

家宴
family dinner
TS971.2
S 宴席*

家用安全装置
Y 安全装置

家用编织机
Y 编织机

家用冰箱
Y 家用电冰箱

家用餐具
household tableware
TS972.23
S 餐具
Z 厨具

家用产品
Y 生活用品

家用厨具
household utensils
TS972.26
S 厨具*
F 砧板

家用灯具
domestic lighting fitting
TS956.2
S 灯具*

家用电冰箱
domestic refrigerator
TM92；TS972.26
D 家用冰箱
S 冰箱*
厨房电器
F 儿童冰箱
Z 厨具
家用电器

家用电烤箱
Y 烤箱

家用电脑绣花机
home computer embroidery machines
TS941.562
S 电脑绣花机
Z 服装机械

家用电器*
household appliances
TM92
D 家电
家电产品
家电电器
家电设备
家电用器
家居电器
家庭电器
家用电器设备
家用电子产品
家用电子电器
日用电气器具
日用电器
F 厨房电器
电水壶
C 冰箱
厨卫产品
电器
热安全 →(13)
用电 →(5)(7)(11)

家用电器设备
Y 家用电器

家用电器罩布
Y 装饰用纺织品

家用电器装饰布
Y 装饰用纺织品

家用电子产品
Y 家用电器

家用电子电器
Y 家用电器

家用电子炉
Y 电磁炉

家用豆浆机
household bean juice maker
TM92；TS972.26
S 豆浆机
Z 厨具
家用电器

家用纺织品
household textile
TS106
D 家纺
家纺产品
家具覆盖纺织品
室内装饰用纺织品
S 纺织品*
F 床用纺织品
巾被

家用缝机
Y 缝纫设备

家用缝纫机
Y 缝纫设备

家用干衣机
Y 干衣机

家用煤气灶
Y 燃气灶具

家用器具
Y 日用器具

家用清洁剂
Y 家用洗涤剂

家用燃气快速热水器
domestic gas instantaneous water heater
TS914
S 家用燃气热水器
燃气快速热水器
Z 热水器

家用燃气热水器
home gas water heater
TS914.252
S 家用热水器
F 家用燃气快速热水器
Z 热水器

家用燃气灶
Y 燃气灶具

家用燃气灶具
Y 燃气灶具

家用热水器
domestic water heater
TS914
S 热水器*
F 家用燃气热水器

家用微波炉
household microwave ovens
TS972.26
S 微波炉
Z 厨具
家用电器

家用物品
Y 生活用品

家用洗涤剂
household detergent
TQ64；TS973.1
D 家居清洁剂
家用清洁剂
民用清洗剂
日化洗涤剂
S 清洁剂*
清洁用品
F 厨房清洗剂
卫生间清洁剂
洗衣剂
Z 生活用品

家用洗碗机
Y 洗碗机

家用织物
house hold fabrics
TS106.7
S 织物*
F 窗帘布
家具织物

家用装饰织物
Y 装饰织物

甲川类染料
methenyl dyes
TS193.21
S 染料*
F 多甲川染料

甲醇测定
methanol determination
TS207
S 测定*

甲醇含量
methanol content
TS261.7
　　S 含量*

甲醇洗
methanol washing
TS973
　　S 清洗*

甲壳胺纤维
　　Y 甲壳素纤维

甲壳低聚糖
chitosan-oligosaccharides
Q5；TS24
　　S 碳水化合物*

甲壳素纤维
chitin fiber
TQ34；TS102.51
　　D 甲壳胺纤维
　　　 甲壳质纤维
　　　 壳聚糖纤维
　　S 化学纤维
　　F 粘胶基甲壳素纤维
　　C 硫化染料
　　Z 纤维

甲壳素纤维织物
　　Y 化纤织物

甲壳质纤维
　　Y 甲壳素纤维

甲醛清除剂
　　Y 甲醛消除剂

甲醛释放
formaldehyde relese
TS66
　　S 释放*
　　C 甲醛释放量 →(13)
　　　 木材加工
　　　 脲醛树脂 →(9)
　　　 人造板

甲醛消除剂
formaldehyde elimination agent
TS72；X5
　　D 除醛剂
　　　 甲醛清除剂
　　S 脱除剂*
　　C 室内空气污染 →(13)

甲烷报警矿灯
　　Y 瓦斯报警矿灯

甲纤含量
　　Y 纤维含量

甲鱼油
soft shelled turtle oil
TS225.24
　　S 鱼油
　　Z 油脂

贾卡
jacquard
TS184.3
　　D 贾卡经编

贾卡经编工艺
　　S 经编工艺
　　Z 针织工艺

贾卡经编
　　Y 贾卡

贾卡经编工艺
　　Y 贾卡

贾卡经编机
jacquard warp-knitting machine
TS183.3
　　S 经编机
　　Z 织造机械

贾卡经编针织物
jacquard warp-knitted fabric
TS186.1
　　D 贾卡提花经编织物
　　　 贾卡提花网孔织物
　　　 经编贾卡浮雕织物
　　S 经编织物
　　Z 编织物

贾卡提花经编织物
　　Y 贾卡经编针织物

贾卡提花网孔织物
　　Y 贾卡经编针织物

贾卡织机
　　Y 提花机

假编变形纱
　　Y 变形纱

假编变形丝
　　Y 变形纱

假发
wig
TS974.2
　　D 人造头发
　　S 美发
　　Z 美容

假酒
adulterated wine
TS262
　　S 酒*

假拈变形机
　　Y 假捻变形机

假拈变形纱
　　Y 变形纱

假拈变形丝
　　Y 变形纱

假拈机
　　Y 假捻变形机

假拈卷曲
　　Y 卷曲

假拈装置
　　Y 假捻器

假捻
false twisting
TS104.2

D 复合假捻
　　S 加捻工艺
　　C 假捻变形 →(9)
　　Z 纺纱工艺

假捻变形机
false twist texturing machine
TQ34；TS103
　　D 假拈变形机
　　　 假拈机
　　　 假捻机
　　S 纺丝设备
　　C 变形机
　　　 假捻变形 →(9)
　　Z 纺织机械

假捻变形纱
　　Y 假捻变形丝

假捻变形丝
false-twist textured yarn
TS106.4
　　D 假捻变形纱
　　S 变形纱
　　Z 纱线

假捻定型变形丝
　　Y 变形纱

假捻机
　　Y 假捻变形机

假捻卷曲
　　Y 卷曲

假捻盘
　　Y 假捻器

假捻器
false twist cap
TS103.12
　　D 假拈装置
　　　 假捻盘
　　S 机织机构
　　Z 纺织机构

假人*
manikin
TS94；V2
　　D 模拟人
　　　 人体模拟装置
　　　 人体模型
　　F 暖体假人
　　C 假人试验 →(6)
　　　 头廓包络线 →(4)

假性棉结
false nep
TS101.97
　　S 棉结
　　Z 纺织品缺陷

架构设计
　　Y 结构设计

架空添纱组织
　　Y 添纱组织

架式大曲
　　Y 酒曲

架式制曲
posture of starter-making
TS26
D 木盘制曲
S 制曲*
F 薄层竹匾制曲
码架培养制曲

架子曲
shelf starter
TS26
S 酒曲
Z 曲

尖嘴钳
Y 钳子

坚果*
nuts
S；TS255.2
F 板栗
榧
瓜子
核桃
花生
开心果
莲子
C 坚果制品

坚果食品
Y 坚果制品

坚果制品*
nut food
TS255.6
D 坚果食品
F 板栗制品
果仁
核桃制品
花生制品
杏仁制品
C 坚果
食品
制品

坚牢度
Y 牢度

间距*
clearance
ZT2
D 间排距
F 须条间距
竹节间距
C 处理深度 →(1)
埋藏深度 →(2)(11)

间排距
Y 间距

肩衬
Y 粘合衬

肩带
shoulder girdle
TS941.728
S 配饰
Z 服饰

肩宽
shoulder breadth
TS941.17；TS941.6
S 宽度*
人体尺寸
C 肩斜度
袖窿
Z 尺寸

肩斜度
shoulder slope
TS941.2
S 程度*
C 肩宽

肩型
shoulder type
TS941.61
S 上衣结构
F 冲肩
Z 服装结构

监测*
monitoring
TB4
D 监测标准方法
监测法
监测方法
监测工作
监测技术
监测手段
F 棉花检验
食品监测
C 测定
环境监测 →(1)(2)(6)(7)(8)(11)(13)
监测方法研究 →(13)

监测标准方法
Y 监测

监测法
Y 监测

监测方法
Y 监测

监测工作
Y 监测

监测技术
Y 监测

监测手段
Y 监测

监视灯
Y 指示灯

兼香型白酒
Chinese spirit of all-aroma style
TS262.39
S 白酒*
F 凤兼浓酒
凤香型白酒

菅履
Y 鞋

煎饼
battercake
TS972.132
D 煎饼馃子
S 饼
Z 主食

煎饼馃子
Y 煎饼

煎茶
sencha
TS272.4
D 烹茶
煮茶
S 茶叶加工*

煎溜
Y 煎制

煎焖
Y 煎制

煎烹
Y 煎制

煎烧
Y 煎制

煎炸
Y 煎制

煎炸食品
Y 油炸食品

煎炸油
frying oil
TS224
D 煎炸油脂
S 食用油
C 羰基值
Z 粮油食品

煎炸油脂
Y 煎炸油

煎制
frying
TS244
D 干煎
蚝煎
煎溜
煎焖
煎烹
煎烧
煎炸
酥煎
油煎
糟煎
S 烹饪工艺*
C 真空油炸

拣清毛
Y 毛纤维初加工

拣选工艺
Y 分选

茧层丝胶
Y 丝胶

茧长
Y 解舒丝长

茧级
Y 净度

茧丝
　　Y 蚕丝

茧丝长
　　Y 解舒丝长

茧丝纤度
size of cocoon filament
TS101.921
　　D 蚕丝纤度
　　S 纤度
　　Z 纤维性能

茧衣
　　Y 绢丝

茧衣绢丝
　　Y 绢丝

检测*
detection
TB4
　　D 检测办法
　　　检测法
　　　检测方式
　　　检测工艺
　　　检测工作
　　　检测实验
　　　检测手段
　　　检定
　　　检定步骤
　　　检定程序
　　　检定法
　　　检定方法
　　　检定工作
　　　检定技术
　　　检定项目
　　F 白酒检测
　　　纺织检测
　　　棉花检测
　　　色差检测
　　　外观检测
　　　玩具检测
　　　微生物检测
　　　烟草检验
　　　印刷质量检测
　　　油墨检测
　　　油脂检测
　　　造纸原料检测
　　　纸张检测
　　　转基因检测
　　C 电气检测　→(1)(3)(4)(5)(7)(8)(11)
　　　工程检测　→(1)(2)(4)(6)(8)(9)(11)(12)(13)
　　　观测
　　　计算机检测　→(1)(7)(8)
　　　监控　→(1)(2)(3)(4)(5)(6)(7)(8)(11)(12)(13)
　　　监控系统　→(1)(2)(4)(5)(6)(7)(8)(11)(12)(13)
　　　检测开关　→(5)
　　　检测试验　→(1)
　　　交通检测　→(6)(8)(9)(11)(12)(13)
　　　理化检测
　　　力学检测　→(1)(2)(3)(4)(7)(8)(11)
　　　设备检测　→(1)(3)(4)(5)(7)(8)(11)
　　　校准　→(1)(3)(4)(5)(6)(7)(8)(11)
　　　信号检测　→(1)(7)(8)(11)
　　　性能检测
　　　验收　→(1)(6)(11)

检测办法
　　Y 检测

检测尺
　　Y 尺

检测法
　　Y 检测

检测方式
　　Y 检测

检测工艺
　　Y 检测

检测工作
　　Y 检测

检测机
　　Y 检测仪器

检测器
　　Y 检测仪器

检测器材
　　Y 检测仪器

检测器件
　　Y 检测仪器

检测实验
　　Y 检测

检测试纸
detecting paper
TS767
　　S 试纸
　　Z 纸制品

检测手段
　　Y 检测

检测仪
　　Y 检测仪器

检测仪表
　　Y 检测仪器

检测仪器*
detecting instrument
TH7
　　D 检测机
　　　检测器
　　　检测器材
　　　检测器件
　　　检测仪
　　　检测仪表
　　　检测仪器仪表
　　　精密检测仪器
　　F 成熟度测定仪
　　　折光检测器
　　C 测量仪器
　　　测量装置　→(1)(4)(5)(6)(7)(8)
　　　监测仪器　→(1)(2)(4)(5)(6)(8)(9)(13)
　　　检测装置　→(1)(4)
　　　气体分析仪　→(4)
　　　探测器　→(1)(4)(5)(6)(7)(8)(11)(12)(13)
　　　仪器　→(4)
　　　最小检测浓度　→(4)

检测仪器仪表
　　Y 检测仪器

检定
　　Y 检测

检定步骤
　　Y 检测

检定程序
　　Y 检测

检定法
　　Y 检测

检定方法
　　Y 检测

检定工作
　　Y 检测

检定技术
　　Y 检测

检定项目
　　Y 检测

检衡车
track scale test car
TH7；TS210；U2
　　S 车辆*
　　　工程机械*

检验*
inspection
TB4
　　D 检验法
　　　检验工艺
　　　检验技术
　　F 生丝检验
　　　食品检验
　　C 测定
　　　检查　→(1)(2)(4)(5)(6)(8)(12)(13)

检验锤
　　Y 锤

检验法
　　Y 检验

检验工艺
　　Y 检验

检验技术
　　Y 检验

减肥
　　Y 瘦身

减肥保健食品
weight-reducing food
TS218.16
　　S 保健食品
　　F 减肥食品
　　Z 保健品
　　　食品

减肥法
　　Y 瘦身

减肥食品
diet food
TS218.16
　　S 减肥保健食品
　　Z 保健品

食品

减肥食谱
weight-loss diets
TS972.12
　S 食谱*

减肥糖果
　Y 功能性糖果

减肥饮料
diet drinks
TS275.4
　S 功能饮料
　Z 饮料

减害降焦
　Y 降焦

减量
　Y 减量整理

减量（织物整理）
　Y 减量整理

减量处理
　Y 减量整理

减量加工
　Y 减量整理

减量率
decrement rate
S；TS42
　D 减重率
　S 比率*

减量整理
decrement
TS195.52
　D 减量
　　减量（织物整理）
　　减量处理
　　减量加工
　S 纺织品整理
　F 碱减量整理
　　酶减量
　　酸减量
　Z 整理

减色
subtraction color
TS19
　S 色彩工艺*
　F 剥色

减湿
　Y 除湿

减压保鲜
hypobaric preservation
TS205
　S 保鲜*

减压浓缩
　Y 真空浓缩

减压贮藏
hypobaric storage
TS205
　D 低压贮藏

　S 储藏*
　F 三阶段减压贮藏

减羽喷嘴
reducing nozzle
TS103
　S 喷嘴*

减重率
　Y 减量率

剪裁
　Y 裁剪

剪床
　Y 剪切设备

剪刀
clipper
TG7；TS914
　D 裁缝剪
　　裁剪刀
　　裁剪工具
　　裁剪剪刀
　　刺绣剪刀
　　刀剪
　　理发剪
　　民用刀剪
　　日用剪刀
　　修剪刀
　　亚铃裁刀
　　园艺修剪刀
　S 日用刀具
　Z 刀具

剪花织物
　Y 织物

剪力钉
shear stud
TS914
　S 钉子
　Z 五金件

剪毛机
cropping machine
TS190.4
　D 剪毛机（织物）
　　剪绒机
　S 整毛绒设备
　F 连续式剪毛机
　Z 染整机械

剪毛机（织物）
　Y 剪毛机

剪毛绒革
　Y 绒面革

剪切*
shear
TG4；TQ34；TS88
　D 裁切
　　剪切工艺
　　剪切过程
　　切断
　　切断工艺
　F 精确剪切
　　静态剪切
　　模切

　C 冲裁 →(3)
　　断裂
　　剪切角 →(3)
　　剪切力 →(3)
　　剪切模 →(3)
　　剪切缺陷 →(3)
　　剪切设备
　　剪切生产线 →(3)
　　剪切速度 →(3)
　　剪切性能 →(1)(3)
　　剪切载荷 →(1)
　　切断刀
　　切断模 →(3)
　　切割
　　印刷工艺

剪切刀片
shear blade
TG7；TS914.212
　D 热剪刀片
　S 刀片
　Z 工具结构

剪切工艺
　Y 剪切

剪切过程
　Y 剪切

剪切加工中心
　Y 剪切设备

剪切精度
shearing precision
TG5；TS88
　S 精度*
　C 飞剪 →(3)

剪切钳
　Y 钳子

剪切设备*
shearing equipment
TG3；TG5
　D 步剪机
　　衬垫裁剪机
　　带模剪联合冲剪机
　　单剪机
　　高速剪切设备
　　剪床
　　剪切加工中心
　　剪切装置
　　精密剪切设备
　　锯切设备
　　圆盘纵剪机
　F 横剪机
　　纵切机
　C 剪切
　　金属加工设备
　　切割设备 →(3)(4)(7)(8)(9)
　　压力加工设备

剪切质量
　Y 裁切质量

剪切装置
　Y 剪切设备

剪刃
shear edge

TG7；TS914.212
　　D 冷剪刃
　　　　热剪刃
　　　　圆盘剪刃
　　S 刀刃
　　C 飞剪 →(3)
　　　　冷剪机 →(3)
　　Z 工具结构

剪绒
　　Y 割绒

剪绒机
　　Y 剪毛机

剪绒羊皮
　　Y 羊剪绒

简纯度
apparent purity
TS207.3
　　S 程度*
　　C 滤泥

简易模袋
simple mold bag
TS106.6
　　S 土工模袋
　　Z 纺织品

简易设计法
　　Y 设计

碱氨蚀刻废液
　　Y 碱性蚀刻废液

碱拔染印花
　　Y 拔染印花

碱处理
alkali treatment
TQ34；TS254；TS74
　　D 碱性处理
　　　　碱性过氧化氢处理
　　　　碱性亚钠法处理
　　S 化学处理*
　　F 碱预处理
　　　　氢氧化钠处理

碱法草浆
alkaline straw pulps
TS749.2
　　S 草浆
　　F 碱法麦草浆
　　　　碱性-亚钠蒽醌稻草浆
　　Z 浆液

碱法草浆中段废水
　　Y 中段废水

碱法稻草浆
soda rice straw pulp
TS749.2
　　S 稻草浆
　　Z 浆液

碱法浆
alkali pulp
TS749
　　S 纸浆
　　F 低硬度 NaOH-AQ 浆

　　Z 浆液

碱法麦草浆
alkaline wheat straw pulp
TS749.2
　　D 碱性麦草浆
　　S 碱法草浆
　　C 碱性催化剂 →(9)
　　　　碱性分子筛 →(9)
　　　　料浆肥料 →(9)
　　　　阴离子交换树脂 →(9)
　　Z 浆液

碱法脱墨
alkaline deinking
TS74
　　S 脱墨*
　　F 常规碱性脱墨
　　　　弱碱性脱墨

碱法纸浆废液
　　Y 制浆废液

碱法制浆
alkaline pulping
TS10；TS743
　　S 化学制浆
　　F 碱-过氧化氢法制浆
　　　　烧碱法制浆
　　　　氧碱制浆
　　Z 制浆

碱-过氧化氢法制浆
alkali-hydrogen peroxide pulping
TS10；TS743
　　S 碱法制浆
　　F P-RC APMP
　　Z 制浆

碱化剂
alkalizer
TS202.3
　　S 化学剂*

碱回收
alkali recovery
TS743；X7
　　D 回收碱
　　　　碱回收法
　　　　碱回收工艺
　　S 回收*
　　F 草浆碱回收
　　　　淡碱回收
　　　　黑液碱回收
　　C 碱性废水 →(13)
　　　　碱渣 →(3)(13)

碱回收白泥
　　Y 造纸白泥

碱回收法
　　Y 碱回收

碱回收工艺
　　Y 碱回收

碱回收锅炉
　　Y 碱回收炉

碱回收炉

alkaline recovery boiler
TS733.9
　　D 黑液碱回收炉
　　　　碱回收锅炉
　　　　碱回收喷射炉
　　S 造纸辅助设备
　　Z 造纸机械

碱回收率
alkali recovery rate
TS75
　　S 回收率*

碱回收喷射炉
　　Y 碱回收炉

碱减量
　　Y 碱减量整理

碱减量处理
　　Y 碱减量整理

碱减量工艺
　　Y 碱减量整理

碱减量率
alkali mass loss rate
TQ34；TS195
　　S 练减率
　　C 碱减量整理
　　Z 比率

碱减量印染废水
alkali-minimization and dyeing wastewater
TS19；X7
　　S 印染废水
　　Z 废水

碱减量整理
base deweighting finishing
TS195.52
　　D 高温高压碱减量
　　　　碱减量
　　　　碱减量处理
　　　　碱减量工艺
　　S 减量整理
　　C 碱减量率
　　Z 整理

碱精练
　　Y 碱煮练

碱练
　　Y 碱煮练

碱锰电池隔膜纸
　　Y 电池隔膜纸

碱膨胀
alkaline swelling
TS5
　　S 膨胀*

碱皮边角废料
alkali leather scraps
TS59；X7
　　S 皮革废料
　　Z 废料

碱热处理
　　Y 碱浴

碱溶性多糖
alkaline soluble polysaccharide
Q5；TS24
　S 碳水化合物*

碱蚀废液
　Y 碱性蚀刻废液

碱蚀液
　Y 碱性蚀刻废液

碱丝光
　Y 丝光整理

碱缩
alkali shrinkage
TS195
　D 碱性缩呢
　　碱性缩绒
　S 收缩*

碱提
alkali extraction
TS205
　S 提取*

碱退浆
alkali desizing
TS192.5
　S 退浆
　Z 练漂

碱析
　Y 碱析法

碱析法
alkali decomposition
TS74；X7
　D 碱析
　S 造纸废水处理
　C 黑液处理
　Z 工业废水处理

碱消度图谱
alkali spending map
TS207
　S 图谱*

碱性 H₂O₂ 机械浆
　Y 碱性过氧化氢机械浆

碱性沉淀法
　Y 沉淀

碱性橙
chrysoidine crystals
TS193.21
　S 碱性染料
　Z 染料

碱性处理
　Y 碱处理

碱性过氧化氢处理
　Y 碱处理

碱性过氧化氢化机浆
　Y 碱性过氧化氢机械浆

碱性过氧化氢机械浆
alkaline peroxide mechanical pulp
TS749
　D 碱性 H₂O₂ 机械浆
　　碱性过氧化氢化机浆
　　碱性过氧化物机械浆
　S 机械浆
　Z 浆液

碱性过氧化氢机械浆废水
alkaline peroxide mechanical pulp effluent
TS745；X7
　D APMP 废水
　　APMP 制浆废水
　S 漂白废水
　Z 废水

碱性过氧化物机械浆
　Y 碱性过氧化氢机械浆

碱性麦草浆
　Y 碱法麦草浆

碱性玫瑰精
basic rhodamine
TS193.21
　S 碱性染料
　Z 染料

碱性染料
basic dyes
TS193.21
　S 染料*
　F 碱性橙
　　碱性玫瑰精

碱性染色
basic dyeing
TS193
　D 碱性染色法
　　碱浴染色
　S 染色工艺*

碱性染色法
　Y 碱性染色

碱性施胶剂
alkaline sizing agents
TS727
　S 施胶剂*
　C 酸性施胶剂

碱性蚀刻废液
alkaline etching waste solution
TS8；X7
　D 碱氨蚀刻废液
　　碱蚀废液
　　碱蚀液
　S 废液*

碱性食品
basic food
TS219
　D 碱性食物
　S 食品*

碱性食物
　Y 碱性食品

碱性缩呢
　Y 碱缩

碱性缩绒
　Y 碱缩

碱性碳酸钠半化学浆
　Y 半化学浆

碱性洗毛
alkaline wash hair
TS13
　S 洗毛
　Z 纺织加工

碱性-亚钠蒽醌半化浆
alkaline sodium sulfite AQ semi chemical pulp
TS749
　D AS-AQ 半化浆
　S 化学浆
　Z 浆液

碱性-亚钠蒽醌稻草浆
alkaline sodium sulfite anthraquinone straw pulp
TS749.2
　D AS-AQ 稻草浆
　S 碱法草浆
　Z 浆液

碱性-亚钠蒽醌麦草浆
alkaline sodium sulfite AQ wheat straw pulp
TS749.2
　D AS-AQ 麦草浆
　S 麦草浆
　Z 浆液

碱性亚钠法处理
　Y 碱处理

碱性印染废水
alkalescent printing and dyeing wastewater
TS19；X7
　S 印染废水
　Z 废水

碱性浴
　Y 碱浴

碱性造纸
　Y 造纸

碱性组分
　Y 成分

碱盐水
　Y 盐水

碱氧练漂
alkali-hydrogen peroxide scouring and bleaching
TS192.5
　S 练漂*

碱氧一浴
　Y 碱氧一浴法

碱氧一浴法
alkali-oxygen one bath
TS192
　D 碱氧一浴
　　碱氧-浴法
　S 一浴法
　Z 浴法

碱氧-浴法

Y 碱氧一浴法

碱液预处理
Y 预处理

碱浴
soda bath
TG1；TS19
D 碱热处理
　碱性浴
S 浴法*

碱浴染色
Y 碱性染色

碱预处理
alkaline pretreatment
TS74
S 碱处理
　预处理*
Z 化学处理

碱值
base number
TE6；TQ0；TS23
D 总碱值
S 数值*
C 清净剂　→(2)

碱煮
alkaline boiling
TS192
S 煮制
Z 蒸煮

碱煮练
alkali boiling off
TS192.5
D 碱精练
　碱练
S 煮练
Z 练漂

间段染色
Y 染色工艺

间断切削刃
Y 切削刃

间伐材
Y 杉木间伐材

间隔染色
Y 染色工艺

间隔印花机
Y 印花机

间隔织物
space fabric
TS186.1
D 经编间隔织物
　针织阻燃三维间隔织物
S 经编织物
Z 编织物

间接凹印
Y 凹版印刷

间接废水
Y 废水

间接膨化
indirect puffing
TS205
S 食品膨化
Z 膨化

间位芳纶
meta aramid
TQ34；TS102.527.
D 芳纶 1313
　芳纶 1313 纤维
　聚间苯二甲酰间苯二胺
　聚间苯二甲酰间苯二胺纤维
S 芳纶
C 对位芳纶
Z 纤维

间歇传动机构
Y 传动装置

间歇化工过程
Y 化工工艺

间歇挤压机
Y 挤压设备

间歇染色
Y 染色工艺

间歇式染色
Y 染色工艺

间歇吸落棉系统
Y 棉网清洁器

建茶
Y 茶

建模*
modeling
TB1
D 建模法
　建模方法
　建模方式
　建模技巧
　建模技术
　建模体系
　建模系统
　模化
　模式构造
　模型构建
　模型化
　模型化处理
　模型建立
F 服装建模
C 辨识模型　→(8)
　建模策略　→(8)
　建模仿真　→(8)
　建模工具　→(8)
　建模环境　→(8)
　建模机制　→(8)
　建模语言　→(8)
　模型框架　→(8)
　统一建模语言　→(8)

建模法
Y 建模

建模方法
Y 建模

建模方式
Y 建模

建模技巧
Y 建模

建模技术
Y 建模

建模体系
Y 建模

建模系统
Y 建模

建设施工
Y 建筑施工

建筑复合板
Y 复合人造板

建筑工艺
Y 建筑施工

建筑施工*
building operation
TU7；TV5
D 工程建设施工
　建设施工
　建筑工艺
　建筑施工技术
F 粉刷
C 盾构法施工　→(12)
　高空作业　→(11)
　公路施工　→(11)(12)
　桥梁施工　→(4)(11)(12)
　施工　→(1)(2)(3)(11)(12)
　水利水电工程施工　→(2)(11)(12)
　隧道施工　→(2)(11)(12)
　塌方　→(11)(12)
　托梁法　→(11)
　压浆　→(11)(12)
　支架法　→(12)

建筑施工技术
Y 建筑施工

建筑石雕
stone carving on architecture
J；TS932.3
S 石雕
Z 雕刻

建筑系统*
building systems
TU3
F 智能门禁系统
C 工程系统　→(1)(6)(8)(11)

建筑用纺织品
construction textiles
TS106.6
D 建筑用织物
S 产业用布
Z 纺织品

建筑用织物
Y 建筑用纺织品

建筑装饰技术
Y 装修

剑带
sword belt
TS103.81；TS103.82
　S 织造器材*

剑杆
rapier
TS103.81；TS103.82
　S 织造器材*
　F 刚性剑杆
　　剑杆带
　　剑杆头
　　挠性剑杆

剑杆带
gripper band
TS103.81；TS103.82
　S 剑杆
　Z 织造器材

剑杆头
gripper head
TS103.81；TS103.82
　D 剑头
　S 剑杆
　Z 织造器材

剑杆引纬
rapier weft insertion
TS105
　D 剑杆织机工艺
　S 引纬
　C 喷水引纬
　Z 织造工艺

剑杆织机
rapier looms
TS103.33
　D 多剑杆织机
　　刚性剑杆织机
　　挠性剑杆织机
　　柔性剑杆织机
　　伸缩剑杆织机
　S 无梭织机
　F GA747 剑杆织机
　　GAMMA 剑杆织机
　　刚性剑杆小样织机
　　高速剑杆织机
　　双剑杆织机
　　智能化剑杆织机
　Z 织造机械

剑杆织机工艺
　Y 剑杆引纬

剑麻
　Y 剑麻纤维

剑麻地毯
　Y 地毯

剑麻纤维
sisal
TS102.23
　D 剑麻
　　龙舌兰麻纤维
　S 麻纤维
　　叶纤维
　Z 天然纤维

剑南春
Jiannanchun
TS262.39
　S 中国白酒
　Z 白酒

剑头
　Y 剑杆头

健康时尚
　Y 时尚

健康食品
　Y 保健食品

健康饮料
　Y 保健饮料

健身酒
　Y 保健酒

健身器材
fitness equipment
TS952.91
　D 健身器械
　S 体育器材*
　F 按摩椅
　　跑步机
　　室内健身器械
　　哑铃

健身器械
　Y 健身器材

舰艇动力传动装置
　Y 传动装置

渐进多焦点镜片
progressive multifocal lens
TH7；TS959.6
　S 镜片*

溅射测量仪
　Y 测量仪器

溅射测量仪器
　Y 测量仪器

溅射计
　Y 测量仪器

鉴别*
identification
ZT0
　D 鉴别法
　　鉴别方法
　F 宝石鉴别
　　感观鉴别
　　酒类鉴别
　　肉眼鉴别
　C 判别　→(1)(2)(4)(5)(8)(11)
　　识别

鉴别法
　Y 鉴别

鉴别方法
　Y 鉴别

鉴定
　Y 评定

键槽铣床
　Y 专用铣床

江蓠琼胶
　Y 琼脂

江米
　Y 糯米

江米酒
fermented glutinous rice
TS262
　S 米酒
　F 江米甜酒
　Z 酒

江米甜酒
sweet fermented glutinous rice
TS262
　S 江米酒
　　甜米酒
　Z 酒

江南黄酒
　Y 绍兴黄酒

江南造纸厂
　Y 造纸工业

江苏菜
　Y 苏菜

江苏菜系
　Y 苏菜

江苏名菜
　Y 苏菜

江西菜
　Y 赣菜

江西菜肴
　Y 赣菜

江浙玫瑰醋
　Y 玫瑰醋

姜茶
　Y 保健饮料

姜粉
　Y 生姜粉

姜黄染料
turmetic dyestuff
TS193.21
　D 姜黄素
　S 天然植物染料
　Z 染料

姜黄素
　Y 姜黄染料

姜黄油
curcuma oil
TS225.3；TS264
　S 生姜油
　Z 粮油食品

姜精油
　Y 生姜油

姜辣素

浆膜
sizing film
TS105
　S 膜*
　C 浆膜性能
　　上浆工艺

浆膜性能
size film performance
TS105
　S 浆料性能
　C 浆膜
　Z 材料性能

浆内染色
pulp dyeing
TS74
　D 纸浆染色
　S 染色工艺*
　C 纸浆

浆内施胶
internal sizing
TS74
　D 内部施胶
　S 施胶工艺
　C 制浆
　Z 工艺方法

浆内施胶剂
internal sizing agent
TS72
　S 施胶剂*

浆粕
pulp sheet
TQ34；TS74
　D 纸浆粕
　S 粕*
　F 棉浆粕
　　木浆粕
　　竹浆粕
　C 纺丝　→(9)
　　混浆包衣　→(4)(9)
　　浆纱工艺
　　浆态相　→(9)
　　浆液
　　再生纤维　→(9)
　　造纸工艺

浆粕气流成网
pulp air-lay process
TS174
　S 气流成网
　Z 非织造工艺

浆染联合工艺
　Y 染整前处理

浆染联合机
　Y 染浆联合机

浆纱
　Y 浆纱工艺

浆纱工艺
sizing technology
TS105.2
　D 浆经
　　浆纱

浆纱技术
浆纱理论
　S 上浆工艺
　F 浆丝
　C 纺织上浆
　　浆粕
　　浆纱机
　　浆纱强力
　　浆纱效果
　　浆纱质量
　　轻工机械
　　上浆率
　　退浆
　　压浆力
　　张力
　　织轴
　Z 织造工艺

浆纱回丝
　Y 回丝

浆纱机
slashers
TS103.32
　D 浆丝机
　S 织造准备机械*
　F 双浆槽浆纱机
　　新型浆纱机
　　整浆联合机
　　祖克浆纱机
　C 浆槽
　　浆纱工艺

浆纱技术
　Y 浆纱工艺

浆纱理论
　Y 浆纱工艺

浆纱毛羽
　Y 浆纱效果

浆纱配方
　Y 浆料配方

浆纱强力
sizing strength
TS105
　S 纱线强力
　C 浆纱工艺
　Z 强力

浆纱试验
　Y 浆纱效果

浆纱效果
effect of sizing
TS105；TS107
　D 浆纱毛羽
　　浆纱试验
　　浆纱性能
　　浆纱质量指标
　　上浆效果
　S 纺织效果
　C 浆纱工艺
　Z 效果

浆纱性能
　Y 浆纱效果

浆纱张力
sizing tension
TS105.2
　S 纱线张力
　Z 张力

浆纱质量
sizing yarn quality
TS101.9
　S 纺织加工质量*
　F 上浆质量
　C 浆纱工艺

浆纱质量指标
　Y 浆纱效果

浆纱助剂
sizing assistant
TS190.2
　S 纺织助剂
　Z 助剂

浆水平衡
water and fiber balance
TS74
　S 平衡*

浆丝
pulp yarn
TS105.2
　S 浆纱工艺
　Z 织造工艺

浆丝机
　Y 浆纱机

浆体
　Y 浆液

浆体管道
slurry pipeline
TS733
　D 输浆管
　S 管道*
　C 注浆管　→(2)(3)(11)(12)

浆网速比
jet-wire velocity ratio
TS73；TS75
　S 比*

浆液*
serum
O3；ZT81
　D 浆
　　浆体
　F 短纤维浆
　　厚浆
　　混合浆
　　冷浆
　　面浆
　　溶解浆
　　色浆
　　商品浆
　　水浆
　　原浆
　　纸浆
　C 调浆
　　浆料
　　浆粕

乳化塔 →(9)
乳化装置 →(9)
糖浆
液体

浆液料
  Y 浆料

浆液黏度
size viscosity
O3；TE6；TS105
  D 浆料黏度
  S 黏度*
  F 纸浆黏度

浆液浓度
size concentration
TS105
  S 浓度*
  F 豆浆浓度
  C 矿浆密度 →(2)

浆液配方
  Y 浆料配方

浆液性能
slurry performance
TS105
  S 浆料性能
  Z 材料性能

浆液循环
slurry circulation
TS105
  S 循环*

浆渣
screenings
TS74
  S 食品残渣
  Z 残渣

浆渣分离
slurry-residue separation
TS205
  S 物质分离*

浆张强度
  Y 纸浆强度

浆纸厂
  Y 纸浆厂

浆质量
  Y 纸浆质量

浆轴
sizing beam
TS103.81；TS103.82
  S 织造器材*

浆轴质量
sizing beams quality
TS103
  S 产品质量*

浆状果汁
  Y 带肉果汁

浆状油墨
  Y 油墨

僵瓣棉
  Y 低级棉

僵瓣棉花
  Y 低级棉

僵黄麻
  Y 黄麻纤维

僵棉
  Y 低级棉

僵丝
ossified filament
TS101.97
  S 纤维疵点
  Z 纺织品缺陷

桨翼式洗涤机
  Y 洗涤设备

糨糊
paste
TQ43；TS88
  D 淀粉浆糊
    化学浆糊
    小麦浆糊
  S 糊料*

降度白酒
  Y 低度白酒

降焦
tar reduction
TS44
  D 减害降焦
    降焦技术
    降焦减害
    降焦效果
  S 烟叶加工*

降焦技术
  Y 降焦

降焦减害
  Y 降焦

降焦效果
  Y 降焦

降解*
degradation
O6；TQ32
  D 降解处理
    降解法
    降解效果
    降解作用
  F 白腐菌降解
    酶降解
    木素降解
    斯特勒克降解
    油脂降解
    脂肪降解
  C 降解剂 →(9)
    降解系数 →(11)(13)
    抗降解剂 →(9)

降解处理
  Y 降解

降解淀粉

降解法
  Y 降解

降解壳聚糖
degraded chitosan
TS19
  S 碳水化合物*

降解效果
  Y 降解

降解作用
  Y 降解

降落导向灯
  Y 着陆灯

降酸
acid reduction
TS261
  S 生产工艺*

降糖奶粉
milk powder of lowering blood sugar
TS252.51
  S 奶粉
  Z 乳制品

降糖食品
hypoglycemic food
TS218.24
  S 保健食品
  Z 保健品
    食品

降温服
cooled clothes
TS941.731；X9
  S 调温服
  Z 安全防护用品
    服装

降血糖功能
hypoglycemic function
R；TS201
  S 功能*

降血压肽
antihypertensive peptides
TQ93；TS201.2
  D 降压肽
  S 肽*

降血脂功能
  Y 降血脂作用

降血脂作用
antihyperlipidemic effect
R；TS201
  D 降血脂功能
  S 作用*

降压肽
  Y 降血压肽

降噪复合非织造布
  Y 非织造布

降脂功能
lipid-lowering function

Y 氧化淀粉

R：TS201
  D 降脂机理
  S 功能*

降脂机理
  Y 降脂功能

降脂米酒
lipid-lowering rice wine
TS262
  S 保健型米酒
  Z 酒

酱*
sauce
TS264
  D 调味酱
    酱料
    酱汁
    酱制品
    营养酱
  F 蛋黄酱
    豆酱
    风味酱
    复合酱
  C 调味品
    酱油
    酱渣
    营养

酱爆肉丁罐头
  Y 肉类罐头

酱菜
pickles
TS255
  D 酱曲醅菜
    瓶装酱菜
    扬州酱菜
  S 蔬菜制品
  F 低盐酱菜
  Z 果蔬制品

酱鸡
  Y 酱肉制品

酱腊鸭
  Y 酱肉制品

酱醪
soy sauce mash
TS209
  D 高盐稀态酱醪
  S 醪糟
  Z 发酵产品

酱醪发酵
soy sauce mash fermentation
TS264
  S 食品发酵
  Z 发酵

酱料
  Y 酱

酱卤
soy sauce stewing
TS972.113
  S 卤制
  Z 烹饪工艺

酱卤类肉制品
  Y 酱卤肉制品

酱卤肉制品
stewed meat in seasoning
TS251.69
  D 酱卤类肉制品
    酱卤制品
  S 熟肉制品
  F 酱肉制品
    卤肉制品
  Z 肉制品

酱卤制品
  Y 酱卤肉制品

酱牛肉
sauced beef
TS251.52
  D 低温牛肉制品
  S 酱肉制品
    牛肉菜肴
    牛肉制品
  Z 菜肴
    肉制品

酱排骨
sauce spareribs
TS972.125
  S 猪肉菜肴
  Z 菜肴

酱醅
sauce fermented grains
TS264
  D 酱油醅
  S 醅*

酱曲
aspergillus sojae
TS26
  D 酱油曲霉
  S 曲*
  F 酱油种曲

酱曲醅菜
  Y 酱菜

酱肉
  Y 酱肉制品

酱肉制品
braised pork products seasoned with soy sauce
TS251.61
  D 风味香酱鹅
    酱鸡
    酱腊鸭
    酱肉
    酱香肉鸽
    酱肘子
    京酱风肉
    六味斋酱肉
    清真酱牛肉
    苏州酱鸭
    天福号酱肘子
    甜酱腿
    吴江酱肉
    五香酱牛肉

    鲜嫩酱鸭
    月盛斋酱牛羊肉
  S 酱卤肉制品
  F 酱牛肉
    酱鸭
    酱猪蹄
  Z 肉制品

酱填鸭罐头
  Y 肉类罐头

酱香
sauce-flavor
TS264
  S 香味
  Z 气味

酱香白酒
  Y 酱香型白酒

酱香肉鸽
  Y 酱肉制品

酱香型
  Y 酱香型白酒

酱香型白酒
Jiang-flavour Chinese spirits
TS262.33
  D 酱香白酒
    酱香型
    酱香型酒
    浓酱结合型白酒
  S 白酒*

酱香型酒
  Y 酱香型白酒

酱鸭
seasoned duck
TS251.55；TS251.68
  S 酱肉制品
    鸭类菜肴
    鸭肉制品
  Z 菜肴
    肉制品

酱腌菜
salted vegetables
TS255.53
  S 腌菜
  C 榨菜
  Z 果蔬制品
    腌制食品

酱油*
soy sauce
TS264.21
  D 生抽酱油
    虾味酱油
  F 白酱油
    低盐酱油
    复合酱油
    功能酱油
    固态酱油
    海鲜酱油
    黑豆酱油
    化学酱油
    混浊酱油
    老抽酱油

母子酱油
酿造酱油
浓酱油
配制酱油
生抽
生酱油
鲜味酱油
营养酱油
原汁酱油
C 成曲质量
调味品
发酵
酱
酱油酿造
酱油渣
制曲

酱油厂
soy sauce factory
TS208
S 食品厂
Z 工厂

酱油发酵
Y 肉品发酵剂

酱油粉
Y 粉末酱油

酱油工业
soy sauce industry
TS26
S 酿造工业
Z 轻工业

酱油厚层通风制曲
Y 厚层通风制曲

酱油加工
Y 酱油酿造

酱油墨鱼罐头
Y 肉类罐头

酱油酿造
soy sauce brewing
TS26
D 酱油加工
酱油酿制
酱油配制
酱油渍工艺
制取酱油
S 酿造*
C 酱油

酱油酿制
Y 酱油酿造

酱油醅
Y 酱醅

酱油配制
Y 酱油酿造

酱油曲霉
Y 酱曲

酱油生产
Y 制酱

酱油渣

soy waste
TS209；TS264.2
S 酱渣
C 酱油
Z 残渣

酱油制曲
koji making of soy sauce
TS26
S 制曲*

酱油质量
soy sauce quality
TS264.21
S 食品质量*

酱油种曲
soy sauce koji
TS26
S 酱曲
Z 曲

酱油渍工艺
Y 酱油酿造

酱渣
sauce residue
TS209；TS264.2
S 食品残渣
F 酱油渣
C 酱
Z 残渣

酱汁
Y 酱

酱汁猪肘
Y 酱猪蹄

酱制
sauce processsing
TS972.113
D 酱制处理
酱制工艺
S 烹饪工艺*

酱制处理
Y 酱制

酱制工艺
Y 酱制

酱制品
Y 酱

酱肘子
Y 酱肉制品

酱猪肉
Y 猪肉菜肴

酱猪蹄
sauced pig elbow
TS251.51
D 酱汁猪肘
S 酱肉制品
猪肉菜肴
猪肉制品
Z 菜肴
肉制品

交叉成网
Y 气流成网

交叉卷绕
cross traverse spooling
TS104
S 卷绕*

交叉铺网
cross-laying
TS174
S 铺网
Z 非织造工艺

交叉铺网机
cross lapping machine
TS173
S 成网机
Z 非织造布机械

交错集圈双罗纹织物
Y 罗纹织物

交错添纱织物
Y 纬编织物

交换添纱织物
Y 纬编织物

交换添纱组织
Y 添纱组织

交联*
crosslinking
O6；TQ32
D 高交联
化学交联
交联处理
交联反应
交联工艺
交联技术
F 潮态交联
低温交联
离子交联
酯化交联
C 非糊化淀粉颗粒
共混改性 →(9)
交联弹性体 →(9)
交联度 →(9)
印染
预辐照 →(9)
自交联乳液 →(9)

交联氨基淀粉
cross linked amino starch
TS235
S 氨基淀粉
交联淀粉
Z 淀粉

交联处理
Y 交联

交联淀粉
crosslinked starch
TS235
S 淀粉*
F 交联氨基淀粉
交联羟丙基淀粉
交联微孔淀粉

交联阳离子淀粉
醚化交联淀粉

交联反应
Y 交联

交联工艺
Y 交联

交联技术
Y 交联

交联羟丙基淀粉
cross linked hydroxypropyl starch
TS235
S 交联淀粉
羟丙基淀粉
Z 淀粉

交联染料
crosslinked dyestuff
TS193.21
S 染料*

交联染色
cross dyeing
TS193
D 交染
S 染色工艺*

交联羧甲基淀粉
cross linked carboxymethyl starch
TS235
D 交联-羧甲基淀粉
S 羧甲基淀粉
Z 淀粉

交联-羧甲基淀粉
Y 交联羧甲基淀粉

交联微孔淀粉
crosslinked microporous starch
TS235
S 交联淀粉
Z 淀粉

交联纤维素纤维
Y 再生纤维素纤维

交联型粘合剂
Y 胶粘剂

交联阳离子淀粉
cross linked cationic starch
TS235
S 交联淀粉
Z 淀粉

交联玉米淀粉
crosslinked corn starch
TS235.1
D 高交联玉米淀粉
羟丙基磷酸交联糯玉米淀粉
S 玉米变性淀粉
Z 淀粉

交联作用
crosslinked action
TS23
S 作用*

交络膨松生丝
interlacing bulk raw silk
TS102.33
S 生丝
Z 真丝纤维

交络纱
interlaced yarn
TS106.4
D 网络纱(交络纱)
S 变形纱
Z 纱线

交络丝
Y 网络丝

交染
Y 交联染色

交通灯
traffic light
TM92；TS956；U4
D 交通信号灯
交通信号灯具
S 交通设施*
信号灯
F 道钉灯
红绿灯
黄灯
太阳能交通信号灯
行人过街信号灯
智能交通灯
C 车流量 →(12)
道路交通安全 →(12)(13)
Z 灯

交通工程设施
Y 交通设施

交通设施*
traffic facilities
U
D 交通工程设施
交通装备
F 交通灯

交通信号灯
Y 交通灯

交通信号灯具
Y 交通灯

交通装备
Y 交通设施

交易单印刷
Y 票据印刷

交织
interweaving
TS105
S 织造*
F 丝麻交织

交织点
Y 组织点

交织府绸
interwoven poplin
TS106.8
S 府绸织物
Z 织物

交织物
Y 交织织物

交织针织物
Y 针织物

交织织物
union cloth
TS106.8
D 交织物
S 织物*

浇注制鞋
Y 制鞋工艺

胶*
glue
TQ43
D 发胶
纺丝胶
光学光敏胶
光学胶
胶芯胶
木材胶
F 低甲氧基果胶
低酯果胶
改性水解明胶
高甲氧基果胶
高酯果胶
瓜儿胶
栲胶
漂白胶
苹果果胶
山楂果胶
食用胶
丝胶
松香胶
酰胺化果胶
香蕉皮果胶
亚麻籽胶
藻胶
C TiO_2气凝胶 →(9)
胶粉 →(9)
胶料 →(9)(11)(12)

胶板纸
Y 纸板

胶版
Y 胶印

胶版单张纸油墨
Y 胶印油墨

胶版卷筒纸油墨
Y 胶印油墨

胶版快固着油墨
Y 胶印油墨

胶版树脂油墨
Y 胶印油墨

胶版四色油墨
Y 胶印油墨

胶版印刷
Y 胶印

胶版印刷机
Y 胶印机

胶版印刷纸
Y 胶版纸

胶版印铁耐蒸油墨
Y 胶印油墨

胶版印铁油墨
Y 胶印油墨

胶版油墨
Y 胶印油墨

胶版纸
offset paper
TS761.2
D 胶版印刷纸
双胶纸
S 印刷纸
F 胶印书刊纸
轻型胶版纸
Z 纸张

胶淀粉
Y 支链淀粉

胶订
glue binding
TS885
D 胶装
S 装订*
F 无线胶订

胶订机
perfect binding machine
TS885
S 胶订设备
F 胶订联动机
Z 装订设备

胶订联动机
adhesive binding machine
TS885
S 胶订机
Z 装订设备

胶订设备
thermobinder
TS885
S 装订设备*
F 胶订机

胶订质量
gum quality
TS77
S 装订质量
Z 工艺质量

胶冻
Y 凝胶

胶刮
squeegee
TS88
S 生产工艺*

胶辊
cots
TH13；TQ33；TS103.82
S 辊*
F 不处理胶辊
丁腈胶辊
纺织胶辊
软胶辊
双层胶辊
印刷胶辊

胶辊砻谷机
rubber roll paddy hullers
TS212.3
D 冲击式砻谷机
离心式砻谷机
S 砻谷机
Z 食品加工机械

胶合
Y 粘接

胶合板
plywood
TS653.3
D 木胶合板
木芯板
芯条板
S 型材*
F 多层胶合板
结构胶合板
落叶松胶合板
杨木胶合板
竹材胶合板
C 横梁 →(11)(12)
建筑模板 →(11)
胶合板机械
脲醛树脂胶粘剂 →(9)
刨花板
脱胶

胶合板工业
Y 人造板工业

胶合板工艺
Y 粘接

胶合板机械
plywood machinery
TS64
D 胶合板生产设备
S 人造板机械*
F 剥皮机
单板刨切机
定心机
胶拼机
卷板机
刻纹机
旋切机
装卸板机
C 胶合板
热压机

胶合板生产设备
Y 胶合板机械

胶合工艺
Y 粘接

胶合剂
Y 胶粘剂

胶合木
Y 集成材

胶合性能
bonding property
TS67
S 工艺性能*

胶基糖
Y 口香糖

胶接
Y 粘接

胶接材料
Y 粘接材料

胶接工艺
Y 粘接

胶接技术
Y 粘接

胶接连接
Y 粘接

胶结
Y 粘接

胶结材料
Y 粘接材料

胶结剂
Y 胶粘剂

胶结体
Y 胶体

胶结作用
Y 粘接

胶联剂
Y 胶粘剂

胶量
glue quantity
TB3；TS805
S 数量*

胶面鞋
Y 胶鞋

胶姆糖
Y 口香糖

胶木电器
Y 电器

胶粘
Y 粘接

胶粘绷帮机
Y 制鞋机械

胶粘材料
Y 粘接材料

胶粘工艺
Y 粘接

胶粘剂*
adhesive
TQ43
D 防水胶粘剂
防水粘合剂

交联型粘合剂
胶合剂
胶结剂
胶联剂
结合剂
耐水胶粘剂
耐水粘合剂
特种粘合剂
新型胶粘剂
新型粘合剂
新型粘结剂
粘合剂
粘合胶
粘剂
粘胶剂
粘接剂
粘接胶
粘结剂
自交联型粘合剂
 F 胶水
  印花粘合剂
  纸塑复合胶粘剂
 C 改性环氧树脂 →(9)
  胶拼机
  树脂
  增黏树脂 →(9)
  粘接
  粘接材料
  粘接条件 →(9)
  粘结强度 →(3)(11)

胶粘剂迁移
binder migration
TQ63；TS753.9
 S 迁移*

胶粘接
 Y 粘接

胶粘纤维
 Y 粘胶纤维

胶粘鞋
 Y 胶鞋

胶粘性能
adhesion property
TS61
 S 工艺性能*
 F 施胶度

胶粘制品
 Y 粘接材料

胶拼
 Y 粘接

胶拼机
glue jointers
TS64
 D 横拼机
  拼缝机
 S 胶合板机械
 C 胶粘剂
 Z 人造板机械

胶圈
 Y 纺纱胶圈

胶乳*

rubber latex
TQ33；TQ43
 D 乳胶
  橡胶胶乳
 F 反相胶乳
 C 保护涂层 →(1)(3)
  分散系数 →(1)
  胶乳粘合剂 →(9)
  沥青 →(2)(11)(12)
  乳化剂
  乳胶改性剂 →(9)
  乳胶手套
  乳胶制品 →(9)
  涂层

胶乳手套
 Y 乳胶手套

胶塞模具
 Y 模具

胶水
mucilage
TS951
 S 胶粘剂*
  文具
 Z 办公用品

胶态分散体
 Y 胶体

胶体*
colloids
TQ42
 D 胶结体
  胶态分散体
  胶质体
 F 保护胶体
  复合亲水胶体
  水解胶体
 C 分散体 →(6)(9)
  分散系数 →(1)
  胶体不稳定指数 →(9)
  凝胶相 →(3)(9)
  乳液

胶体安定性
 Y 稳定性

胶体分散凝胶
 Y 凝胶

胶析
 Y 解胶

胶鞋
rubber shoes
TS943.714
 D 布胶鞋
  布面胶鞋
  胶面鞋
  胶粘鞋
 S 鞋*

胶鞋工业
rubber foot-wear industry
TS943
 S 制鞋业
 Z 轻工业

胶芯胶
 Y 胶

胶压木
 Y 压缩木

胶印
offset printing
TS82
 D 胶版
  胶版印刷
  胶印工艺
  胶印技术
  胶印印刷
  印刷胶版
 S 平版印刷
 F 包装胶印
  轮转胶印
  无水胶印
 C 墨层厚度
 Z 印刷

胶印打样
offset press proofing
TS805
 S 打样*

胶印工艺
 Y 胶印

胶印故障
offset printing trouble
TS805；TS807
 S 印刷故障
 Z 故障

胶印机
offset press
TS803.6
 D 多色胶印轮转机
  胶版印刷机
  胶印轮转机
  胶印设备
  胶印印刷机
  四色胶印机
  无水胶印机
  直接成像胶印机
  自动胶印机
 S 印刷机械*
 F 单张纸胶印机
  小胶印机

胶印技术
 Y 胶印

胶印轮转机
 Y 胶印机

胶印设备
 Y 胶印机

胶印书刊纸
offset book paper
TS761.2
 S 胶版纸
 F 彩色胶印新闻纸
 Z 纸张

胶印四色版油墨
 Y 胶印油墨

胶印新闻纸
offset newsprint
TS761.2
　　S 新闻纸
　　Z 纸张

胶印印刷
　　Y 胶印

胶印印刷机
　　Y 胶印机

胶印油墨
offset printing ink
TQ63；TS802.3
　　D 胶版单张纸油墨
　　　 胶版卷筒纸油墨
　　　 胶版快固着油墨
　　　 胶版树脂油墨
　　　 胶版四色油墨
　　　 胶版印铁耐蒸油墨
　　　 胶版印铁油墨
　　　 胶版油墨
　　　 胶印四色版油墨
　　　 静电复印油墨
　　　 卷纸胶印油墨
　　　 柔版油墨
　　　 柔性版醇溶性油墨
　　　 柔性版印刷油墨
　　　 柔性版油墨
　　　 柔性凸版油墨
　　S 印刷油墨
　　F 无水胶印油墨
　　Z 油墨

胶印制版
　　Y 制版工艺

胶印质量
offset quality
TS77
　　S 印刷质量
　　Z 工艺质量

胶原
　　Y 胶原蛋白

胶原蛋白
collagen protein
Q5；TS201.21
　　D 胶原
　　S 动物蛋白
　　F 改性胶原
　　　 水解胶原蛋白
　　　 天然胶原
　　C 蛋白质变性温度 →(1)(4)
　　　 改性蛋白鞣剂
　　　 胶原纤维
　　　 鱿鱼皮
　　　 鱼皮
　　Z 蛋白质

胶原蛋白含量
　　Y 蛋白含量

胶原多肽
collagen polypeptide
TQ93；TS201.2
　　S 多肽

　　C 罗非鱼鱼皮
　　Z 肽

胶原纤维
collagenous fiber
Q5；TS51
　　S 动物纤维
　　C 改性蛋白鞣剂
　　　 胶原蛋白
　　Z 天然纤维

胶质体
　　Y 胶体

胶装
　　Y 胶订

胶状香料
　　Y 香料

胶着力
　　Y 附着力

焦化车间
　　Y 车间

焦溜
　　Y 溜制

焦糖
burnt sugar
TS245
　　S 糖制品*
　　C 红色指数
　　　 食用色素

焦糖化
caramelization
TS24
　　D 焦糖化反应
　　S 糖化
　　Z 食品加工

焦糖化反应
　　Y 焦糖化

焦油*
tar
TQ52
　　D 焦油型
　　F 松焦油
　　C 沥青 →(2)(11)(12)
　　　 炼焦 →(9)
　　　 石油焦 →(2)
　　　 油品

焦油产率
tar yield
TS41
　　S 比率*

焦油含量
tar content
TS41
　　D 焦油量
　　　 焦油释放量
　　　 烟气焦油量
　　S 含量*
　　C 感官质量
　　　 烟草制品

焦油量
　　Y 焦油含量

焦油释放量
　　Y 焦油含量

焦油型
　　Y 焦油

蕉麻
　　Y 麻纤维

蕉麻纤维
　　Y 麻纤维

角*
angle
O1
　　D 侧洗角
　　F 编织角
　　　 导角
　　　 螺旋角
　　　 前角
　　　 取向角
　　　 送进角
　　　 停歇偏差角
　　　 针尖角
　　C 角度 →(1)(3)(4)(7)(8)(9)

角叉菜胶
　　Y 卡拉胶

角蛋白
keratin protein
Q5；TS201.21
　　D 角蛋白质
　　　 角质蛋白
　　S 动物蛋白
　　F 羊毛角蛋白
　　Z 蛋白质

角蛋白纤维
　　Y 蛋白质纤维

角蛋白质
　　Y 角蛋白

角钉打手
　　Y 打手

角度样板
　　Y 样板

角质蛋白
　　Y 角蛋白

饺子
　　Y 水饺

饺子粉
dumpling flour
TS211.2
　　S 食品专用粉
　　Z 粮食

饺子机
dumpling machines
TS203
　　S 食品加工机械*

饺子馅
　　Y 馅料

绞边机构
leon-selvedge mechanism
TS103.19
D 边剪装置
绞边装置
S 纺织机构*
F 半绞边装置
绳状绞边装置

绞边装置
Y 绞边机构

绞干器
Y 甩干机

绞股兰茶
Y 绞股蓝茶

绞股蓝茶
gynostemma tea
TS272.59
D 绞股兰茶
S 凉茶
Z 茶

绞股蓝饮料
Y 功能饮料

绞花编织
cable stitch fabtic
TS184
D 绞花织物
S 编织*

绞花织物
Y 绞花编织

绞肉机
meat grinder
TS203
S 食品加工机械*

绞纱
skein
TS106.4
D 绞丝
S 纱线*
C 绞纱染色

绞纱断裂强度
Y 纱线强力

绞纱染色
bundle dyeing
TS193
D 绞丝染色
S 纱线染色
C 绞纱
Z 染色工艺

绞纱丝光机
hank dyeing machine
TS190.4
S 丝光机
Z 染整机械

绞纱洗涤机
Y 洗涤设备

绞纱印花
Y 纺织品印花

绞纱印花机
Y 印花机

绞丝
Y 绞纱

绞丝染色
Y 绞纱染色

绞丝印花
Y 纺织品印花

绞缬
Y 传统扎染

脚部护理
foot care
TS974.1
S 身体护理
Z 护理

脚口
Y 裤脚口

脚踏截锯机
Y 圆锯机

脚叶
Y 低次烟叶

搅拌式发酵罐
Y 发酵罐

搅拌酸奶
Y 搅拌型酸奶

搅拌型酸奶
stirred yoghurt
TS252.54
D 搅拌酸奶
搅拌型酸牛奶
S 酸奶
Z 发酵产品
乳制品

搅拌型酸牛奶
Y 搅拌型酸奶

搅打特性
Y 搅打性能

搅打稀奶油
whipping cream
TS22
S 稀奶油
C 搅打性能
Z 粮油食品

搅打性能
whipping properties
TS205
D 搅打特性
S 工艺性能*
C 搅打稀奶油

搅熔复合
Y 复合技术

校平模
Y 模具

校色
Y 颜色校正

校正模
Y 模具

校正刨床
Y 刨床

校正元件
Y 元件

校准组分
Y 成分

轿车地毯
car carpets
TS106.76
S 汽车地毯
Z 毯子

教学用品
Y 办公用品

窖池
fermentation pit
TS261.3
S 池*

窖池糟醅
cellar grains
TS261
S 糟醅
Z 醅

窖泥
pit mud
TS261
D 窖泥保养
窖泥生产
S 泥*
F 人工窖泥
液体窖泥
C 酯化液

窖泥保养
Y 窖泥

窖泥培养
Y 人工窖泥

窖泥生产
Y 窖泥

酵母*
yeast
TQ92
D 发酵酵母
发酵细菌
基因重组酵母
酵母基因工程菌
酵母菌
酵母目
酵母细胞
酵母属
酿酶
F 酿酒活性干酵母
酿造酵母
食用酵母
C 丁酸菌肥料 →(9)
发酵罐
发酵质量 →(9)
酵母提取物

25

醪液
膨松剂
酸奶
糖化酶活性

酵母β-葡聚糖
yeast β-glucan
Q5；TS24
　S　β-葡聚糖
　　　酵母葡聚糖
　Z　碳水化合物

酵母超前絮凝
premature yeast flocculation
TS261.4
　S　絮凝*

酵母抽提物
　Y　酵母精

酵母发酵
yeast fermentation
TQ92；TS205.5
　S　发酵*

酵母粉
yeast powder
TS26
　S　发酵菌粉
　Z　食用粉

酵母粉浓度
　Y　酵母浓度

酵母管理
yeast management
TS261.4
　S　管理*

酵母活力
　Y　酵母活性

酵母活性
yeast viability
TQ92；TS26
　D　发酵活力
　　　酵母活力
　S　酵母性能
　　　生物特征*
　Z　材料性能

酵母基因工程菌
　Y　酵母

酵母酱油
　Y　酿造酱油

酵母浸膏
　Y　酵母精

酵母精
yeast extract
TQ92；TS264
　D　酵母抽提物
　　　酵母浸膏
　S　酵母提取物
　C　啤酒酵母
　　　自溶
　Z　提取物

酵母菌

　Y　酵母

酵母醪液
　Y　醪液

酵母目
　Y　酵母

酵母泥
yeast slurry
TS261.9
　D　啤酒酵母泥
　S　酿酒副产品
　Z　副产品

酵母浓度
yeast concentration
TQ92；TS261.4
　D　酵母粉浓度
　　　酵母细胞浓度
　S　浓度*

酵母葡聚糖
yeast dextran
Q5；TS24
　S　碳水化合物*
　F　酵母β-葡聚糖

酵母全营养
yeast nutrition
R；TS201
　S　营养*

酵母提取物
yeast extract
TS255
　S　提取物*
　F　酵母精
　C　酵母

酵母味素
yeast extract
TS264
　S　天然调味料
　C　低温火腿
　　　啤酒酵母
　Z　调味品

酵母细胞
　Y　酵母

酵母细胞浓度
　Y　酵母浓度

酵母性能
yeast properties
TQ92；TS261.4
　S　材料性能*
　F　酵母活性

酵母属
　Y　酵母

酵母自溶
yeast autolysis
TS261.4
　S　自溶
　Z　溶解

阶调
gradation

TP3；TS801
　S　图像处理*
　F　图像阶调
　C　印刷色彩

阶调复制
tone copy
TS859
　S　复印*

阶调印花
half-toning dot printin
TS194
　S　印花*

阶调再现
　Y　阶调再现性

阶调再现性
tone reproduction
TS801
　D　阶调再现
　S　印刷性能
　C　彩色印刷
　Z　性能

阶梯直径
　Y　直径

阶梯钻
　Y　电钻

接版
stencil joining process
TS805
　S　印刷工艺*

接插件技术
　Y　电器

接触冷感
　Y　接触冷暖感

接触冷暖感
exposure to cold and warm sensation
TS101
　D　接触冷感
　S　感觉*

接触式烧毛
　Y　烧毛

接触舒适性
　Y　触觉舒适性

接缝盖钩完整率
　Y　罐盖

接合面
joint face
TH13；TS934

接结双层织物
stitching double fabric
TS106.8
　S　双层织物
　Z　织物

接结双层组织
　Y　接结组织

接结组织

binding weave
TS105
　D 接结双层组织
　S 多层组织
　Z 材料组织

接经
　Y 穿经

接经机
　Y 穿经机

接水辊
　Y 水辊

接榫机
　Y 木工机械

接糖机构
inarch candy
TS243
　S 机构*

接头*
joints
TG4；TH13
　D Y型接头
　　摆动接头
　　边缘接头
　　变扣接头
　　变形接头
　　标准接头
　　补强接头
　　槽接接头
　　槽接头
　　叉环接头
　　叉式接头
　　叉形接头
　　插管接头
　　插塞接头
　　超强匹配接头
　　承插接头
　　充气接头
　　冲缩接头
　　出油接头
　　磁性接头
　　带电接头
　　刀具接头
　　刀具快换接头
　　导向接头
　　倒扣接头
　　低强匹配接头
　　定向接头
　　丢手接头
　　端接接头
　　方圆接头
　　复杂接头
　　滑动接头
　　接头方法
　　接头盒
　　接头形式
　　接头质量
　　连接头
　　铆接接头
　　母接头
　　配合接头
　　钎接接头
　　人工接头

　　无接头砂带
　　橡胶接头
　　压缩式接头
　　异形接头
　　异种接头
　　锥形接头
　F 内部接头
　　自动接头
　C 触点 →(3)(4)(5)(7)(12)
　　打结
　　焊接接头 →(3)(4)
　　节点 →(1)(4)(5)(7)(8)(11)(12)
　　连接 →(1)(2)(3)(4)(5)(6)(7)(8)(11)(12)
　　连接件 →(1)(3)(4)(11)(12)
　　连接结构 →(4)
　　连接器 →(5)
　　万向节 →(3)(4)
　　钻柱 →(2)

接头方法
　Y 接头

接头盒
　Y 接头

接头形式
　Y 接头

接头质量
　Y 接头

接头装置
piecing device
TS103
　S 装置*
　F 自动接头装置
　C 细纱机

接绪
end attaching
TS14；ZT5
　D 接绪规则
　　理绪
　　索绪
　S 缫丝工艺
　Z 纺织工艺

接绪规则
　Y 接绪

接枝变性淀粉
grafted modified starch
TS235
　D 接枝淀粉
　S 化学变性淀粉
　F 接枝羧基淀粉
　C 接枝反应 →(3)(9)
　Z 淀粉

接枝淀粉
　Y 接枝变性淀粉

接枝淀粉浆料
grafting starch size
TS19
　S 改性浆料
　Z 浆料

接枝剂
grafting agent

TS19
　D 接枝频率
　S 添加剂*
　C 接枝率 →(9)

接枝频率
　Y 接枝剂

接枝染色
　Y 染色工艺

接枝羧基淀粉
carboxyl-containing grafted starch
TS235
　S 接枝变性淀粉
　Z 淀粉

接枝纤维
graft fibre
TS102.61
　S 合成纤维
　F 接枝亚麻纤维
　Z 纤维

接枝亚麻纤维
grafted linen yarn fibre
TS102.61
　S 接枝纤维
　Z 纤维

接枝增重
graft weighting
TS195.52
　S 增重整理
　Z 整理

接枝组合浆料
　Y 改性浆料

接纸机
splicer
TS73
　D 接纸台
　S 造纸机械*

接纸台
　Y 接纸机

接装机
　Y 卷接机

接装纸
tipping papers
TS76
　S 纸张*

接嘴机
　Y 卷接机

秸秆板
　Y 秸秆人造板

秸秆人造板
straw-based board
TS62
　D 秸秆板
　S 人造板
　F 稻秸人造板
　　麦秸板
　　玉米秸秆板
　Z 木材

秸秆纤维
straw fiber
TS102.22
　S 茎纤维
　F 甘蔗渣纤维
　　麦秸纤维
　　玉米秸秆纤维
　Z 天然纤维

揭盖机
cover carriage
TS203
　S 食品加工机械*

街道垃圾桶
　Y 垃圾桶

街道垃圾箱
　Y 垃圾桶

节柴灶
firewood saving stove
TS972.26
　D 省柴节煤灶
　S 节能灶
　Z 厨具

节距精度
　Y 精度

节煤灶
　Y 节能灶

节能路灯
energy saving street lamp
TM92；TS956
　S 路灯
　Z 灯

节能灶
fuelefficientstove
TS972.26
　D 节煤灶
　S 炉灶
　F 节柴灶
　　太阳能灶
　C 节煤 →(5)
　　节能炉 →(5)
　Z 厨具

节拍器
metronome
TS953
　S 乐器*

节日饮食
festival food
TS971.2
　S 饮食*

洁蛋
clean egg
TS253.2
　D 净蛋
　　清洁蛋
　S 鲜蛋
　Z 蛋

洁肤
skin cleaning

TS974
　D 清洁皮肤
　S 清洁*
　F 面部清洁
　　沐浴

洁净布
　Y 擦拭巾

洁净服
clean clothes
TS941.731；X9
　S 防护服
　Z 安全防护用品
　　服装

洁净工作服
　Y 工作服

洁净加工
　Y 精加工

洁牙凝胶
　Y 凝胶

结构*
structure
TB4
　D 典型结构
　　构造
　　构造设计
　　合理结构
　　基本结构
　　结构构成
　　结构构造
　　结构进化
　　结构空间
　　结构类型
　　特殊结构
　　特征构造
　　特征结构
　　特种结构
　　现代结构
　　新结构
　　新型结构
　　新型结构体系
　　总体结构
　F 家具结构
　　皮芯结构
　　烟丝结构
　　组织循环
　C 材料
　　工程结构设计 →(1)(11)
　　构件 →(1)(2)(3)(4)(5)(6)(11)(12)
　　构建 →(7)(8)(11)
　　构型 →(3)(4)(5)(6)(8)
　　构造柱 →(11)
　　接口规格 →(8)
　　结构变形 →(1)
　　结构层
　　结构沉降 →(11)
　　结构工艺 →(4)
　　结构节点 →(2)(4)(11)(12)
　　结构研究 →(1)
　　矿石结构 →(2)
　　框架 →(1)(4)(7)(8)(11)
　　特征结构配置 →(8)
　　原型

　　注册结构工程师 →(11)

结构板
structural panel
TS65
　S 型材*

结构层*
structural layer
TU97；U4
　D 层
　　层式结构
　　构造层
　F 固化层
　　糊粉层
　　鳞片层
　C 表层 →(1)(3)(4)(6)(7)(9)(11)(12)
　　结构
　　配筋 →(11)

结构防伪技术
　Y 防伪

结构构成
　Y 结构

结构构造
　Y 结构

结构集成材
structural glulam
TS62
　D 结构用集成材
　S 集成材
　Z 木材

结构胶合板
structural plywood
TS65
　D 结构用胶合板
　S 胶合板
　Z 型材

结构进化
　Y 结构

结构精度
　Y 精度

结构空间
　Y 结构

结构类型
　Y 结构

结构黏度
structural viscosity
TQ0；TS102
　D 结构黏度指数
　S 黏度*

结构黏度指数
　Y 结构黏度

结构人造板
structural artificial board
TS62
　D 厚空间结构板
　S 人造板
　F 定向结构板
　Z 木材

结构设备
Y 设备

结构设计*
structural design
TB2
D 壁厚设计
构架设计
架构设计
结构设计方法
结构设计技术
结构设计特点
F 服装结构设计
C 分项系数 →(11)
间隔宽度 →(1)
截面宽度 →(11)
载荷

结构设计方法
Y 结构设计

结构设计技术
Y 结构设计

结构设计特点
Y 结构设计

结构识别
Y 识别

结构填料
aggregate filling
TS2
S 填料*

结构线*
construction line
TS941
F 装饰线
C 服装造型
线 →(1)(2)(4)(5)(6)(7)(8)(11)(12)

结构用集成材
Y 结构集成材

结构用胶合板
Y 结构胶合板

结构用竹材人造板
Y 竹材人造板

结构粘接
Y 粘接

结垢物
Y 污垢

结垢物质
Y 污垢

结垢抑制剂
Y 阻垢剂

结合剂
Y 胶粘剂

结合力
Y 附着力

结合料
Y 粘接材料

结合鞣
combination tannage
TS543
D 结合鞣制
S 鞣制
F 铬-铁-植结合鞣
铬植结合鞣
有机结合鞣
植-铝结合鞣
Z 制革工艺

结合鞣制
Y 结合鞣

结合型加脂剂
Y 复合加脂剂

结婚戒
Y 结婚戒指

结婚戒指
wedding ring
TS934.3
D 结婚戒
S 戒指
Z 饰品

结经机
warp tying machine
TS103.32
S 织造准备机械*
F 自动结经机
C 穿经机

结晶罐
crystallizing tank
TS203
S 罐*

结晶果糖
Y 结晶糖

结晶机
Y 结晶器

结晶木糖
Y 结晶糖

结晶葡萄糖
Y 结晶糖

结晶器*
crystallizer
TF3
D 工业结晶器
结晶机
结晶设备
连铸机结晶器
连铸结晶器
F 盐析结晶器
C 保护渣 →(3)
电磁搅拌 →(3)
二次冷却 →(3)
反向凝固 →(3)
连铸 →(3)
连铸坯 →(3)
漏钢 →(3)
漏钢率 →(3)
水模型 →(11)
液面波动 →(3)
液位控制 →(3)(8)
在线调整 →(3)(8)
铸坯质量 →(3)

结晶设备
Y 结晶器

结晶糖
crystal glucose
TS245
D 结晶果糖
结晶木糖
结晶葡萄糖
S 糖制品*

结壳
Y 结皮

结皮
skin formation
TS202
D 结壳
凝固壳
凝固坯壳
凝壳
坯壳
S 表面缺陷*
C 电磁制动 →(4)(12)
凝固理论 →(3)
液面波动 →(3)

结头
Y 打结

结絮作用
Y 絮凝

结杂
Y 棉结

结扎染色
Y 扎染

结子花式纱线
Y 花式纱线

结子花式线
Y 绒线

结子花线
Y 绒线

结子绒线
Y 绒线

结子纱
coloured knops
TS106.4
D 彩色结子纱
结子丝毛纱
结子线
S 花式纱线
C 绒线
Z 纱线

结子丝毛纱
Y 结子纱

结子线
Y 结子纱

睫毛夹
eyelash curler

TS974
　　S 化妆工具
　　Z 工具

截断圆锯机
　　Y 圆锯机

截击
　　Y 拦截

截面*
profile
O1；P5
　　D 断面
　　　断面特征
　　　截面特性
　　　剖面
　　　剖面区域
　　　切断面
　　　切割面
　　　切剖面
　　F 纤维截面
　　C 断面形状 →(1)
　　　工作面 →(2)
　　　面 →(1)(3)(4)(11)

截面特性
　　Y 截面

竭染
exhaustion dyeing
TS193
　　D 竭染法
　　　竭染染色
　　S 染色工艺*

竭染法
　　Y 竭染

竭染率
　　Y 上染性能

竭染染色
　　Y 竭染

解把
　　Y 烟草生产

解冻*
thawing
TS205
　　D 解冻方式
　　　解冻技术
　　F 电解冻
　　　空气解冻
　　　食品解冻
　　　水解冻

解冻方式
　　Y 解冻

解冻技术
　　Y 解冻

解冻时间
thawing time
TS205
　　S 时间*

解胶
peptization

S；TS254
　　D 返元
　　　胶析
　　　凝胶劣化
　　S 生产工艺*

解酒
sober up alcohol
TS971；TS971.22
　　D 醒酒
　　　醒酒草
　　　醒酒池
　　　醒酒石
　　　醒酒鲊
　　S 饮酒*

解酒保健饮料
sobering-up beverage
TS218；TS275.4
　　D 解酒饮料
　　S 保健饮料
　　Z 保健品
　　　饮料

解酒饮料
　　Y 解酒保健饮料

解舒
　　Y 解舒工艺

解舒工艺
reelability
TS14
　　D 解舒
　　S 缫丝工艺
　　C 解舒剂
　　　解舒率
　　　解舒丝长
　　　解舒丝长分布
　　　落绪率
　　Z 纺织工艺

解舒剂
reelability agent
TS193
　　S 煮茧助剂
　　C 解舒工艺
　　Z 助剂

解舒率
unwinding ratio
TS14
　　D 解舒丝量
　　　解丝丝长
　　S 比率*
　　C 解舒工艺

解舒丝长
length of non-broken cocoon filament
TS14
　　D 茧长
　　　茧丝长
　　S 长度*
　　C 解舒工艺
　　　解舒丝长分布

解舒丝长分布
distribution of non-broken filament length of cocoon

TS14
　　S 长度分布
　　C 解舒工艺
　　　解舒丝长
　　Z 分布

解舒丝量
　　Y 解舒率

解丝丝长
　　Y 解舒率

解析
　　Y 分析

解析设计法
　　Y 设计

解纤
　　Y 烟草生产

解絮凝
　　Y 絮凝

戒指
ring
TS934.3
　　S 首饰
　　F 订婚戒指
　　　结婚戒指
　　　指环
　　　钻戒
　　Z 饰品

芥菜
brassica juncea
S；TS255.2
　　S 蔬菜
　　Z 果蔬

芥菜皮
mustard skin
TS255
　　S 水果果皮*

芥辣酱
　　Y 辣酱

芥末酱
mustard sauce
TS264
　　S 风味酱
　　Z 酱

芥末油
mustard oil
TS225.3；TS264
　　S 调味油
　　Z 粮油食品

界面产物
　　Y 表面结构

界面活性剂
　　Y 表面活性剂

界面胶结
　　Y 粘接

界面结构
　　Y 表面结构

界面粘接
Y 粘接

界面粘结
Y 粘接

巾被
toweling coverlet
TS106.73
S 家用纺织品
F 毛巾
毛巾被
浴巾
Z 纺织品

巾类织物
Y 毛圈织物

金箔印花
Y 金粉印花

金典叙府酒
golden classic xufu wine
TS262.39
S 中国白酒
Z 白酒

金粉印花
gold printing
TS194.43
D 金箔印花
S 特种印花
Z 印花

金刚石薄膜涂层刀具
Y 金刚石涂层刀具

金刚石串珠
Y 金刚石链锯

金刚石串珠绳
Y 金刚石链锯

金刚石锉刀
Y 锉

金刚石刀具
diamond cutter
TG7；TS914
D 金刚石刀头
金刚石厚膜刀具
S 刀具*
F 单晶金刚石刀具
废金刚石刀具
金刚石涂层刀具
聚晶金刚石刀具
天然金刚石刀具
C 超硬刀具
金刚石工具 →(3)

金刚石刀头
Y 金刚石刀具

金刚石厚膜刀具
Y 金刚石刀具

金刚石机床
Y 机床

金刚石框架锯
Y 框架锯

金刚石链锯
diamond chain saw
TG7；TS64；TS914.54
D 金刚石串珠
金刚石串珠绳
S 锯
Z 工具

金刚石绳锯
diamond wire saw
TG7；TS64；TS914.54
D 串珠绳
电镀金刚石线锯
金刚石绳锯机
金刚石线锯
S 工具*
绳锯

金刚石绳锯机
Y 金刚石绳锯

金刚石涂层刀具
diamond coated tools
TG7；TS914
D 金刚石薄膜涂层刀具
金刚石涂层工具
S 金刚石刀具
涂层刀具
Z 刀具

金刚石涂层工具
Y 金刚石涂层刀具

金刚石线锯
Y 金刚石绳锯

金刚石圆盘锯
circular diamond sawblade
TG7；TS64；TS914.54
S 工具*
圆锯

金钩
Y 虾仁

金钩蚕豆
Y 蚕豆食品

金合欢木浆
acacia wood pulps
TS749.1
S 木浆
Z 浆液

金酒
aurum
TS262.38
D 杜松子酒
孟买蓝宝石金酒
松子酒
S 黄酒
烈性酒
洋酒
Z 酒

金卡纸
Y 卡纸

金卤灯
Y 金属卤化物灯

金墨印刷
Y 金银墨印刷

金漆木雕
Y 木雕

金器
gold objects
TG1；TS914
S 金制品
Z 金属制品

金钱雀脯
Y 肉脯

金饰品
Y 黄金饰品

金首饰
Y 黄金饰品

金丝牛肉
Y 牛肉干

金丝绒
Y 丝绒织物

金丝枣醋
Y 枣醋

金丝枣酒
date wine
TS262.7
S 枣酒
Z 酒

金舃
Y 鞋

金银花茶
honeysuckle tea
TS272.53
S 花茶
Z 茶

金银花饮料
honeysuckle drink
TS275.4
S 功能饮料
Z 饮料

金银墨印刷
metallic printing
TS859
D 金墨印刷
S 特种印刷
Z 印刷

金银器
Y 金银制品

金银饰品
gold and silver ornament
TS934.3
S 饰品*
F 铂饰品
黄金饰品
银饰

金银制品
gold and silver article
TS914

D 金银器
S 金属制品*
F 金制品
　银制品

金油墨
golden inks
TQ63；TS802.3
S 金属油墨
Z 油墨

金制品
gold products
TG1；TS914
S 金银制品
F 金器
Z 金属制品

金属*
metals
O6；TG1
F 纳米银
C 粗金属　→(3)
　电解金属　→(3)(7)
　非金属　→(1)
　金属材料

金属螯合剂
metal chelating agent
O6；TS190.2
D 金属络合剂
S 化学剂*

金属包装容器
metal packaging containers
TS206
S 容器*
C 金属制品

金属材料*
metal materials
TG1
D 工业金属
　固态金属材料
　金属料
　涂装金属
F 钢线
　马口铁
　烫印箔
C 材料
　超导材料　→(1)(3)(5)(9)
　刀具材料　→(3)
　钢铁　→(3)
　钢铁料　→(3)
　金属
　金属材料学　→(3)
　金属粉末　→(3)
　金属管　→(2)(3)(4)(6)(11)(12)
　金属建筑材料　→(11)
　金属零件　→(3)(4)
　金属纤维　→(9)
　金属性能　→(1)(2)(3)(9)(12)
　原料

金属餐具
metal tableware
TS972.23
S 餐具
F 不锈钢餐具

Z 厨具

金属成形机床
Y 机床

金属齿条
Y 金属针布齿条

金属齿条(纺纱)
Y 金属针布

金属炊具
Y 炊具

金属反射镜
metal mirror
TH7；TS959.7
D 磁钢反射镜
　金属镜面
　铜反射镜
S 反射镜*

金属纺织品
metallic textile
TS106
S 纺织品*

金属工艺品
Y 碧玺

金属罐
metal can
TS91
S 罐*
F 钢罐
　两片罐
　铝罐
　马口铁罐
　三片罐
　易拉罐

金属化织物
Y 金属织物

金属活字
movable metal type
TS802.4
S 活字*
F 铜活字

金属挤压机
Y 挤压设备

金属加工机械
Y 金属加工设备

金属加工缺陷
Y 制造缺陷

金属加工设备*
metal working equipment
TG7；TH16
D 复合加工机
　光学加工设备
　加工装置
　金属加工机械
　强化设备
　热加工设备
　柔性加工设备
F 挤压设备
C 机床

　机械
　加工设备
　剪切设备
　金属加工　→(3)(4)
　拉拔设备
　铆接设备
　切割设备　→(3)(4)(7)(8)(9)
　数控设备　→(3)(4)
　压力加工设备
　轧制设备　→(1)(3)(4)
　制造系统　→(1)(2)(3)(4)(5)(8)(9)(11)
　铸造设备　→(2)(3)(9)

金属件*
metalwork
TG1；TG3；TH13
D 金属制件
F 钣金件

金属精加工
Y 精加工

金属镜面
Y 金属反射镜

金属离子螯合物
chelate of metal ion
O6；TS190
Y 金属材料

金属卤化物灯
metal halide lamp
TM92；TS956
D MH灯
　金卤灯
　金属卤物灯
　卤化物灯
S 灯*
F PAR灯
　镝灯
　碘镓灯
　金属卤素灯
　无汞金属卤化物灯

金属卤素灯
metal halide lamp
TM92；TS956
D 高强紫外卤素灯
S 金属卤化物灯
　卤素灯
F 欧标金卤灯
　陶瓷金卤灯
　小功率金卤灯
Z 灯

金属卤钨灯
metal halogen tungsten lamp
TM92；TS956
S 卤钨灯
Z 灯

金属卤物灯
Y 金属卤化物灯

金属络合剂
Y 金属螯合剂

金属络合染料
metallized dyes
TS193.21

S 媒染染料
Z 染料

金属媒染剂
metal salt mordant
TS19
S 媒染剂
Z 助剂

金属模版
metal matrix
TS89
S 模版*
F 多层金属版

金属配件
Y 五金件

金属器皿
metal wares
TG1；TS914
S 容器*

金属切削工艺
Y 切削

金属切削机床
Y 机床

金属热风炉
metal hot blast stove
TS272.3
S 热风炉*

金属色彩
metal colour
TS8
S 色彩*

金属上销
metallic top cradles
TS103.82
S 上销
Z 纺织器材

金属丝网
Y 金属网

金属陶瓷刀具
Y 陶瓷刀具

金属陶瓷刀片
Y 陶瓷刀片

金属贴面
Y 贴面工艺

金属网
wire mesh
TG1；TS914
D 金属丝网
S 网*
F 不锈钢丝网
窗纱
铜网
C 带钢 →(3)
锚网支护 →(2)

金属纤维织物
Y 金属织物

金属印刷

metal printing
TS851.2
S 特种印刷
F 铝板印刷
铝箔印刷
Z 印刷

金属油墨
metallic printing ink
TQ63；TS802.3
S 油墨*
F 金油墨

金属有机配合物染料
organic metal chelate dye
TS193.21
S 有机染料
Z 染料

金属预处理
Y 预处理

金属针布
metallic clothing
TS103.82
D 金属齿条(纺纱)
S 针布
Z 纺纱器材

金属针布齿条
metallic carding clothing sawtooth
TS103.82
D 多功能针布齿条
金属齿条
金属针布锯齿
梳理齿条
梳理针布
S 针布齿条
Z 纺纱器材

金属针布锯齿
Y 金属针布齿条

金属织物
metal fabric
TS106.8
D 金属化织物
金属纤维织物
S 织物*

金属制件
Y 金属件

金属制品*
metal products
TG1；TS914
F 不锈钢金属丝
钢铁制品
金银制品
铝制品
钼制品
铌制品
冶金制品
C 金属包装容器
金属零件 →(3)(4)
制品

津菜
tianjin cuisine
TS972.12

S 菜系*

津枸杞
Y 枸杞

津门小吃
Y 地方小吃

紧边
tension side
TS101.97
D 边部疵点
布边疵点
S 织物疵点
Z 纺织品缺陷

紧凑压榨洗浆机
compact pressing washer
TS733.4
S 洗浆机
Z 制浆设备

紧度
Y 织物紧度

紧固件*
fastener
TH13
D 单面紧固件
紧固零件
紧固体
紧固装置
F 插销
C 垫片 →(1)(3)(4)(9)(11)
防松 →(4)
夹紧装置
紧固 →(2)(3)(4)(8)(12)
紧固力 →(1)(2)(3)(4)
连接件 →(1)(3)(4)(11)(12)
锌镍合金镀层 →(3)(9)

紧固零件
Y 紧固件

紧固体
Y 紧固件

紧固装置
Y 紧固件

紧经
Y 经向疵点

紧密纺
compact spinning
TS104
D 集聚纺
集聚纺技术
集聚纺纱
集聚纺纱技术
紧密纺技术
紧密纺纱
紧密纺纱技术
聚集纺纱
卡摩纺
密实纺技术
S 纺纱*
F 磁性紧密纺
紧密赛络纺
C 纺纱三角区

集聚纺纱线
集聚元件

紧密纺技术
　Y 紧密纺

紧密纺纱
　Y 紧密纺

紧密纺纱工艺
　Y 细纱工艺

紧密纺纱技术
　Y 紧密纺

紧密纺网圈
　Y 网格圈

紧密纺装置
compact spinning devices
TS103.11
　S 纺纱机构
　F 集聚装置
　Z 纺织机构

紧密赛络纺
compact siro spinning technology
TS104.7
　D 紧密赛络纺纱技术
　S 紧密纺
　　赛络纺
　Z 纺纱

紧密赛络纺纱技术
　Y 紧密赛络纺

紧密纱
　Y 集聚纺纱线

紧密系数
　Y 紧密指数

紧密褶皱
appressed fold
TS941.6
　S 褶皱*

紧密织物
closely woven fabric
TS106.8
　D 高紧度织物
　S 织物*
　F 高密织物

紧密指数
tight coefficient
TS105
　D 紧密系数
　S 指数*
　C 防护织物
　　织物规格

紧身
　Y 紧身服装

紧身服
　Y 紧身服装

紧身服装
tight clothing
TS941.7
　D 紧身

紧身服
紧身型
紧身型服装
紧身衣
紧身原型
　S 服装*
　F 紧身女装

紧身裤
skinny pants
TS941.7
　S 裤装
　Z 服装

紧身女装
sheath dress
TS941.7
　S 紧身服装
　Z 服装

紧身裙
tight skirt
TS941.6；TS941.7
　D 半紧身裙
　S 裙装
　Z 服装

紧身型
　Y 紧身服装

紧身型服装
　Y 紧身服装

紧身胸衣
corset
TS941.7
　S 文胸
　Z 服装

紧身衣
　Y 紧身服装

紧身原型
　Y 紧身服装

紧实
　Y 压实

紧实度
　Y 压实

紧实过程
　Y 压实

紧实率
　Y 压实

紧线
tense line
TS106.4
　S 绳索*

紧压茶
compressed tea
TS272.54
　S 茶*
　F 边茶
　　扁茶
　　饼茶
　　砖茶

紧压罗拉
　Y 罗拉

紧张牵伸
　Y 张力牵伸

紧张热处理机
　Y 热定型机

紧张热定形机
　Y 热定型机

锦
　Y 织锦

锦氨包芯纱
nylon/spandex core-spun yarns
TS106.4
　S 氨纶包芯纱
　Z 纱线

锦涤交织物
　Y 化纤织物

锦缎
　Y 缎纹织物

锦纶
nylon
TQ34；TS102.521
　D 锦纶纤维
　　耐纶
　　尼龙纤维
　S 聚酰胺纤维
　F 尼龙短纤维
　　细旦锦纶
　C 锦纶丝
　　尼龙材料
　Z 纤维

锦纶1010
　Y 尼龙1010

锦纶1010纤维
　Y 尼龙1010

锦纶12
　Y 尼龙1212

锦纶6
　Y 尼龙6

锦纶610
　Y 尼龙610

锦纶612
　Y 尼龙612

锦纶66
　Y 尼龙66

锦纶66帘布
nylon 66 cord
TS106.6
　S 锦纶帘布
　F 改性锦纶66帘布
　Z 纺织品

锦纶包芯纱
polyamide core-spun yarn
TS106.4
　S 包芯纱

Z 纱线

锦纶长丝
nylon filament
TQ34；TS102.521
D 尼龙单丝
S 长丝
锦纶丝
Z 纤维制品

锦纶弹力丝
polyamide stretch filament
TQ34；TS102.521
D 锦纶高弹丝
S 锦纶丝
纤维制品*

锦纶高弹丝
Y 锦纶弹力丝

锦纶浸胶帘子布
Y 帘子布

锦纶帘布
nylon cord
TS106.6
D 尼龙帘布
S 帘子布
F 锦纶 66 帘布
Z 纺织品

锦纶帘线
chinlon cord
TS106.4
S 帘子线
F 改性锦纶 66 帘线
Z 股线

锦纶帘子布
Y 帘子布

锦纶丝
nylon yarn
TQ34；TS102.521
S 工业丝
F 锦纶长丝
锦纶弹力丝
异形锦纶丝
C 锦纶
Z 纤维制品

锦纶毯
Y 毯子

锦纶纤维
Y 锦纶

锦纶织物
nylon fabric
TS156
D 尼龙布
尼龙织物
尼纶织物
尼丝纺
S 化纤织物*
F 超棉纶织物
C 腈纶织物

锦棉混纺迷彩布
Y 棉混纺织物

锦棉交织物
Y 锦棉织物

锦棉织物
nylon and cotton mixture fabric
TS106.8
D 锦棉交织物
S 棉混纺织物
F 棉锦交织物
Z 混纺织物

槿麻
Y 麻纤维

进场灯
Y 机场灯

进场指示灯
Y 机场灯

进出口食品
import and export food
TS219
S 食品*
F 出口食品
进口食品

进出料装置
Y 上下料装置

进给传动机构
Y 传动装置

进化稳定
Y 稳定

进口菜籽
imported rapeseed
TS202.1
S 菜籽
Z 植物菜籽

进口废纸
imported waste paper
TS724；X7
S 废弃物*
废纸
Z 固体废物

进口棉
imported cotton
TS102.21
D 外棉
S 棉纤维
Z 天然纤维

进口木浆
imported wood pulps
TS749.1
S 木浆
F 加拿大木浆
Z 浆液

进口葡萄酒
imported grape wine
TS262.61
S 葡萄酒*
洋酒
Z 酒

进口食品

imported food
TS219
S 进出口食品
Z 食品

进口羊毛
Y 羊毛

进展趋势
Y 趋势

近白肋型烟叶
Y 烟叶

近代女装
modern women's dress
TS941.7
S 女装
Z 服装

近红外染料
near infrared dyes
TS193.21
S 染料*
F 近红外吸收染料

近红外吸收染料
near infrared absorbing dyes
TS193.21
S 红外吸收染料
近红外染料
Z 染料

近视眼镜
myopic lens
TS959.6
S 眼镜*

浸出*
leaching
TF1
D 浸出法
浸出反应
浸出方法
浸出工艺
浸出过程
浸出技术
浸出特性
浸出行为
浸取
浸取工艺
浸取过程
浸溶
浸提
浸提法
浸提方法
浸提工艺
浸渍过程
溶出
溶出工艺
F 超声波浸提
多级浸提
二次浸出
加热浸提
连续逆流浸取
酶法浸提
油脂浸出
C 焙烧 →(3)(9)
赤泥 →(3)

调配　→(1)(2)(5)(11)(12)
钴　→(3)
浸出剂　→(3)(9)
浸渍
硫化锌精矿　→(3)
镍钼矿　→(3)
浓酸熟化　→(3)
湿法炼锌　→(3)
水浸出物
提钒　→(3)
现场加工　→(4)
锌精矿　→(3)
氧化焙烧　→(3)
铟　→(3)
银　→(3)

浸出车间
leaching workshop
TS203
　　S　车间*
　　C　溶剂消耗　→(9)

浸出法
　　Y　浸出

浸出法制油
oil preparation by solvent extraction
TS224
　　D　浸出制油
　　　　浸出制油工艺
　　S　制油
　　Z　农产品加工

浸出反应
　　Y　浸出

浸出方法
　　Y　浸出

浸出工艺
　　Y　浸出

浸出过程
　　Y　浸出

浸出技术
　　Y　浸出

浸出毛油
extracted crude oil
TQ64；TS225
　　S　浸出油
　　　　毛油
　　Z　油品
　　　　油脂

浸出粕
meal from solvent extraction
TS209
　　S　粕*
　　F　一次浸出豆粕

浸出器
soaking extractor
TS203
　　D　浸出设备
　　S　粮食机械
　　F　平转浸出器
　　Z　食品加工机械

浸出设备
　　Y　浸出器

浸出时间
leaching time
TF8；TS205
　　D　浸取时间
　　　　浸提时间
　　　　溶出时间
　　S　冶金参数*
　　C　浸出浓度　→(13)

浸出速度
leaching speed
TS224
　　D　浸取速率
　　S　加工速度*

浸出糖化
　　Y　啤酒糖化

浸出糖化法
　　Y　啤酒糖化

浸出特性
　　Y　浸出

浸出条件
leaching conditions
TS224
　　D　浸提条件
　　S　条件*

浸出行为
　　Y　浸出

浸出油
solvent extracted oil
TS22
　　S　油品*
　　F　浸出毛油

浸出油厂
oil extraction plant
TS228
　　S　粮油加工厂
　　Z　工厂

浸出制油
　　Y　浸出法制油

浸出制油工艺
　　Y　浸出法制油

浸钙
calcium sulfate immersion
TS3
　　S　生产工艺*

浸膏
extractum
R；TQ65；TS264.3
　　D　香料浸膏
　　S　植物香料
　　Z　香精香料

浸梗
stem dipping
TS44
　　S　烟叶加工*

浸灰
liming
TS541
　　D　浸灰处理
　　　　浸灰工艺
　　　　浸灰过程
　　S　制革准备
　　F　保毛浸灰
　　　　不膨胀浸灰
　　C　除灰　→(2)(5)(9)(13)
　　Z　制革工艺

浸灰处理
　　Y　浸灰

浸灰工艺
　　Y　浸灰

浸灰过程
　　Y　浸灰

浸灰剂
　　Y　浸灰助剂

浸灰助剂
auxiliary liming agent
TS529.1
　　D　浸灰剂
　　S　助剂*

浸剂*
infusion
R；TD9
　　D　增浸剂
　　F　浸渍液

浸胶
gumming
TN3；TS65
　　D　浸胶工艺
　　　　浸胶量
　　S　橡胶工艺*
　　C　浸胶帆布

浸胶锭带
　　Y　锭带

浸胶帆布
rubber duck
TS106.8
　　S　帆布
　　C　胶帘布　→(9)
　　　　浸胶
　　Z　织物

浸胶工艺
　　Y　浸胶

浸胶帘子布
dipped cord fabric
TS106.6
　　S　帘子布
　　Z　纺织品

浸胶量
　　Y　浸胶

浸胶液
immerging liquid
TS19
　　S　浸渍液

Z 浸剂

浸渍
dipping
TQ32；TS653.3
  S 生产工艺*

浸卤
  Y 卤制

浸麦工艺
  Y 制麦

浸米
steeped rice
TS212
  S 稻米加工
  Z 农产品加工

浸泡*
steeping
TS224
  D 浸泡处理
     浸泡法
     浸泡方法
     浸泡工艺
     浸制
  F 溶液浸泡
  C 浸泡试验 →(1)(4)
     润湿

浸泡处理
  Y 浸泡

浸泡法
  Y 浸泡

浸泡方法
  Y 浸泡

浸泡工艺
  Y 浸泡

浸泡酒
soaked wine
TS262
  D 灵芝酒
  S 酒*
  F 枸杞酒
     蚂蚁酒
     香菇酒
     异蛇酒

浸泡时间
soak time
TS205
  S 时间*

浸泡条件
soaking conditions
TS205
  D 浸渍条件
  S 条件*

浸泡脱脂
  Y 脱脂

浸泡液
  Y 浸渍液

浸取

Y 浸出

浸取工艺
  Y 浸出

浸取过程
  Y 浸出

浸取时间
  Y 浸出时间

浸取速率
  Y 浸出速度

浸染
exhaust dyeing
TS193
  D 浸染法
     浸染工艺
     浸染染色
     浸轧
     浸轧染色
     浸轧温度
     浸渍染色
     悬浮体浸染
  S 染色工艺*
  F 同浴浸染
     涂料浸染
  C 匹染
     散纤维染色

浸染法
  Y 浸染

浸染工艺
  Y 浸染

浸染染色
  Y 浸染

浸溶
  Y 浸出

浸入式固相微萃取
DI-SPME
TS224
  S 萃取*

浸渗
  Y 浸渍

浸渗处理
  Y 浸渍

浸渗法
  Y 浸渍

浸渗工艺
  Y 浸渍

浸渗技术
  Y 浸渍

浸渗加工
  Y 浸渍

浸渗效益
  Y 浸渍

浸水助剂
soaking auxiliary agents
TS529.1
  S 助剂*

浸酸
pickle
TS541
  D 不浸酸
     软化浸酸
  S 制革准备
  Z 制革工艺

浸糖
saccharify
TS244
  S 制糖工艺*
  F 真空浸糖

浸提
  Y 浸出

浸提次数
extraction times
TS201
  S 冶金参数*

浸提法
  Y 浸出

浸提方法
  Y 浸出

浸提工艺
  Y 浸出

浸提时间
  Y 浸出时间

浸提条件
  Y 浸出条件

浸透
  Y 浸渍

浸透性
  Y 渗透性能

浸油
immersion oil
TS224
  S 制油
  Z 农产品加工

浸轧
  Y 浸染

浸轧焙固染色法
  Y 热染

浸轧–焙烘法
  Y 热染

浸轧机
padder
TS190.4
  D 波纹轧光机
     搥布轧光机
     搥打轧光机
     电光机
     电热轧光机
     电压机
     叠层轧光机
     缎光机
     拷花机
     螺旋揉布机

经编衬经织物
　　Y 经编织物

经编窗纱方网孔织物
　　Y 网眼针织物

经编弹力织物
warp knitted stretch fabric
TS186.8
　　S 弹性针织物
　　Z 针织物
　　　织物

经编灯芯绒织物
　　Y 经编织物

经编短绒
　　Y 绒织物

经编工艺
warp knitting technology
TS184.3
　　D 经编
　　　经编技术
　　S 针织工艺*
　　F 衬经
　　　衬纬
　　　多梳经编工艺
　　　贾卡
　　　拉舍尔经编
　　　双轴向经编
　　C 缝编织物
　　　经编织物
　　　纬编工艺
　　　针织机

经编花边
　　Y 花边

经编花边织物
　　Y 花边

经编机
warp loom
TS183.3
　　D 经编针织机
　　　经编织机
　　S 针织机
　　F KS 经编机
　　　RSJ 经编机
　　　电脑经编机
　　　电子横移
　　　高速经编机
　　　贾卡经编机
　　　拉舍尔经编机
　　　蕾丝花边机
　　　毛圈经编机
　　　双针床经编机
　　　提花经编机
　　C 编织机
　　　缝编机
　　　经编织物
　　　梳栉
　　　送经机构
　　　整经机
　　Z 织造机械

经编机分段整经机
　　Y 整经机

经编集圈组织
　　Y 经编组织

经编技术
　　Y 经编工艺

经编贾卡浮雕织物
　　Y 贾卡经编针织物

经编间隔织物
　　Y 间隔织物

经编结构
　　Y 经编组织

经编拉舍尔毛毯
　　Y 拉舍尔毛毯

经编罗纹织物
　　Y 罗纹织物

经编毛圈
　　Y 经编毛圈织物

经编毛圈织物
fall-plate plush warp knitted fabric
TS186.1
　　D 编链衬纬起圈织物
　　　衬垫经编毛圈
　　　衬垫经编毛圈织物
　　　衬垫型经编毛圈织物
　　　经编超喂型毛圈织物
　　　经编毛圈
　　　经编双面毛圈织物
　　　压纱型经编毛圈织物
　　　织入型经编毛圈织物
　　S 经编织物
　　C 毛圈织物
　　Z 编织物

经编毛毯
　　Y 毛毯

经编面料
　　Y 经编织物

经编圈绒织物
　　Y 经编织物

经编双层平针织物
　　Y 经编织物

经编双层针织物
　　Y 经编织物

经编双反面织物
　　Y 经编织物

经编双面长毛绒织物
　　Y 长毛绒织物

经编双面毛圈织物
　　Y 经编毛圈织物

经编双针床
　　Y 双针床经编机

经编双针床横楞织物
　　Y 经编织物

经编双针床凸纹织物
　　Y 经编织物

经编双轴向
　　Y 经编双轴向织物

经编双轴向织物
bi-axial warp-knitted fabric
TS186.1
　　D 经编双轴向
　　　双轴向经编织物
　　S 多轴向织物
　　Z 织物

经编丝绒织物
　　Y 经编织物

经编毯
　　Y 毯子

经编提花织物
　　Y 经编织物

经编网眼织物
warp knitted eyelet fabric
TS186
　　D 衬纬编链网孔织物
　　　纱罗网孔经编织物
　　S 经编织物
　　　网眼针织物
　　C 衬纬
　　Z 编织物
　　　针织物

经编无结网织物
　　Y 经编织物

经编圆筒织物
　　Y 经编织物

经编针织机
　　Y 经编机

经编针织物
　　Y 经编织物

经编织机
　　Y 经编机

经编织物
warp-knitted fabrics
TS186.1
　　D 变化经编织物
　　　变化经平编链织物
　　　衬纬经编织物
　　　单面经编
　　　单面经编织物
　　　缎光织物
　　　多梳经编织物
　　　经编八锁织物
　　　经编布
　　　经编衬经织物
　　　经编灯芯绒织物
　　　经编面料
　　　经编圈绒织物
　　　经编双层平针织物
　　　经编双层针织物
　　　经编双反面织物
　　　经编双针床横楞织物
　　　经编双针床凸纹织物
　　　经编丝绒织物
　　　经编提花织物
　　　经编无结网织物

经编圆筒织物
经编针织物
经编纵向凹凸条纹织物
经缎针织物
经缎织物
经平绒织物
经平纬平复合织物
经平斜织物
经平织物
经绒平织物
经斜平织物
拉舍尔经编织物
拉舍尔织物
轮流缺垫织物
全幅衬纬经编双反面织物
全幅衬纬经编织物
全幅褶裥经编织物
双面经编
双面经编织物
双针床经编割绒织物
提花经编织物
压纱衬纬经编织物
真丝经编面料
　S　编织物*
　F　衬垫织物
多轴向经编织物
贾卡经编针织物
间隔织物
经编毛圈织物
经编网眼织物
针织轴向织物
　C　缝编织物
经编工艺
经编机
纬编织物
　Z　材料组织

经编柱形网孔织物
　Y　网眼针织物

经编纵向凹凸条纹织物
　Y　经编织物

经编组织
warp sateen stitch
TS106
　D　变化经编组织
变化经缎
变化经缎织物
变化经缎组织
衬纬经编
衬纬经编组织
经编集圈组织
经编结构
经缎
经缎组织
经绒组织
经斜组织
缺垫经编组织
压纱衬纬经编组织
压纱经编组织
压纱型经编组织
重经组织
　S　针织物组织
　C　垫纱
拉舍尔经编
　Z　材料组织

经弹织物
warp elastic fabric
TS106.8
　S　弹力机织物
　Z　织物

经档
warp stripe
TS101.97
　S　经向疵点
　Z　纺织品缺陷

经典层合板理论
classical laminated plate theory
TS61
　S　工程理论*

经典款式
　Y　样式

经缎
　Y　经编组织

经缎垫纱
　Y　垫纱

经缎针织物
　Y　经编织物

经缎织物
　Y　经编织物

经缎组织
　Y　经编组织

经二重组织
warp backed weave
TS105
　D　经重平组织
　S　重组织
　Z　材料组织

经济型数控铣床
　Y　数控铣床

经络美容
meridian beauty
TS974.1
　S　美容*

经密
warp density
TS107
　D　纵密
　S　经纬密
　Z　织物规格

经平绒织物
　Y　经编织物

经平纬平复合织物
　Y　经编织物

经平斜织物
　Y　经编织物

经平织物
　Y　经编织物

经绒平织物
　Y　经编织物

经绒织物

经绒织物
　Y　绒织物

经绒组织
　Y　经编组织

经纱
warp
TS106.4
　D　经丝
　S　机织纱
　C　机织工艺
上浆工艺
纬纱
　Z　纱线

经纱保护
　Y　经纱工艺

经纱动态张力
　Y　纱线动态张力

经纱工艺
warp protection
TS105
　D　电子护经
护经
经纱保护
经向
　S　机织工艺
　F　穿经
回综
开口
送经
停经片下沉
　Z　织造工艺

经纱管
　Y　纱管

经纱排列
warp yarn arrangement
TS105.2
　S　穿经
　C　经纱位置线
　Z　织造工艺

经纱染色
warp dyeing
TS193
　S　纱线染色
　Z　染色工艺

经纱上浆
warp sizing
TS105
　S　纺织上浆
　Z　织造工艺

经纱缩率
　Y　织缩率

经纱提花织物
　Y　提花织物

经纱位置线
position line of warp
TS105
　D　经位置线
　S　位置线*
　C　经纱排列

经纱印花
Y 纺织品印花

经纱印花机
Y 印染机械

经纱张力
warp tension
TS105
D 经丝张力
S 纱线张力
Z 张力

经纱张力检测
warp tension testing
TS105

经纱质量
warp yarn quality
TS101.9
S 纺纱工艺质量
Z 纺织加工质量

经纱准备
warp preparation
TS105
S 织造准备
Z 准备

经纱准备工序
Y 机织工艺

经丝
Y 经纱

经丝张力
Y 经纱张力

经缩
Y 经缩疵点

经缩疵点
shrinked end
TS101.97
D 经缩
S 经向疵点
Z 纺织品缺陷

经停
warp stop
TS105
S 停台
C 织造工艺
Z 停机

经纬浮点
Y 组织点

经纬密
warp and weft density
TS107
S 织物密度
F 经密
纬密
纬向密度
Z 织物规格

经纬密度
thread count
TS105
D 机织物密度

经纬双弹织物
bi-directional elastic fabric
TS106.8
D 经纬双向弹力织物
双弹
双弹布
双弹织物
双向弹力织物
S 弹力机织物
Z 织物

经纬双向弹力织物
Y 经纬双弹织物

经纬向紧度比
Y 织物紧度

经位置线
Y 经纱位置线

经向
Y 经纱工艺

经向疵点
warp fault
TS101.97
D 粗经
吊经疵点
紧经
纵条
S 织物疵点
F 经档
经缩疵点
Z 纺织品缺陷

经向紧度
Y 织物紧度

经斜平织物
Y 经编织物

经斜组织
Y 经编组织

经重平组织
Y 经二重组织

经轴
warp beam
TS103.81；TS103.82
D 后梁
整经轴
S 织造器材*
C 经轴架

经轴架
warp beam creel
TS103.12
S 机织机构
C 经轴
Z 纺织机构

经轴染色
slasher dyeing
TS193
S 染色工艺*

经轴染色机

S 机织工艺参数
Z 织造工艺参数

beam dyer
TS193.3
S 染色机
C 高温染色机
Z 印染设备

经组织点
Y 组织点

荆树皮
wattle bark
TS62
S 树皮*
F 黑荆树皮

荆树皮栲胶
wattle bark extract
TQ94；TS54
S 栲胶
Z 胶

菁染料
cyanine dyes
TS193.21
D 部花菁染料
二碳菁染料
花菁染料
花青染料
S 合成染料
F 半菁染料
方酸菁染料
份菁染料
阴阳离子菁染料
吲哚菁染料
Z 染料

晶体计数器
Y 计数器

晶体味精
Y 味精

腈类香料
nitrile perfume
TQ65；TS264.3
S 合成香料
Z 香精香料

腈氯纶
modacrylic fiber
TQ34；TS102.52
D 腈氯纶纤维
S 聚合物纤维
C 腈纶
氯纶
Z 纤维

腈氯纶纤维
Y 腈氯纶

腈纶
acrylic
TQ34；TS102.523
D PAN 纤维
丙烯腈系纤维
丙烯腈纤维
共聚丙烯腈
腈纶高收缩纤维
腈纶丝
腈纶纤维

聚丙烯腈基纤维
聚丙烯腈系纤维
聚丙烯腈纤维
聚丙烯腈预氧化纤维
新型聚丙烯腈纤维
亚克力
中长腈纶
　S　聚合物纤维
　F　干法腈纶
腈纶短纤维
棉型腈纶
酸性可染腈纶
细旦腈纶
远红外腈纶
　C　苯乙烯-丙烯腈共聚物　→(9)
腈氯纶
聚丙烯腈原丝　→(9)
抗弯韧性　→(3)
尼龙 66
　Z　纤维

腈纶短纤维
acrylic staple fibre
TQ34；TS102.523
　S　化纤短纤维
腈纶
　Z　纤维

腈纶高收缩纤维
　Y　腈纶

腈纶拉舍尔毛毯
　Y　拉舍尔毛毯

腈纶毛毯
　Y　毛毯

腈纶毛条
acrylic top
TS107
　S　毛条
　Z　产品

腈纶膨体纱
acrylic bulked yarn
TS106.4
　S　腈纶纱
　Z　纱线

腈纶纱
acrylic yarn
TS106.4
　S　化纤纺纱
　F　腈纶膨体纱
荧光腈纶纱线
　Z　纱线

腈纶丝
　Y　腈纶

腈纶纤维
　Y　腈纶

腈纶针织物
　Y　针织物

腈纶织物
acrylic fabric
TS106
　S　化纤织物*

　C　涤纶织物
锦纶织物

腈麻高支纱
acrylic linen high count yarns
TS106.4
　S　麻混纺纱
　Z　纱线

粳稻米
　Y　粳米

粳米
japonica rice
TS210.2
　D　粳稻米
粳糯
粳糯米
晚粳米
圆糯米
早粳米
珍珠米
　S　糯米
　Z　粮食

粳糯
　Y　粳米

粳糯米
　Y　粳米

精白米
polished rice
TS210.2
　D　精洁米
精米
精制大米
精制米
　S　大米
　Z　粮食

精白面包
　Y　面包

精白面粉
　Y　精粉

精度*
precision
ZT72
　D　打包精度
动力精度
轨迹速度精度
轨迹速度重复精度
机构精度
节距精度
结构精度
精度特性
精密
精密度
刻划精度
链长精度
路径速度波动量
路径速度精度
路径速度重复精度
路径重复精度
批内精密度
三维高精度
停留精度

转角精度
着陆点精度
着陆精度
综合精度
　F　大米精度
灌装精度
剪切精度
模切精度
套印精度
印刷精度
　C　精度等级　→(1)
精度控制　→(8)
精度试验　→(6)
误差
校准　→(1)(3)(4)(5)(6)(7)(8)(11)

精度加工
　Y　精加工

精度特性
　Y　精度

精纺
worsted
TS104
　D　精梳纺
　S　纺纱*
　F　半精纺
环锭精纺
毛精纺
　C　粗纺
单纱
管纱
精梳纱线

精纺车间
　Y　纺织车间

精纺纯毛织物
wool worsted fabrics
TS136
　S　精纺毛织物
　F　精纺羊毛织物
轻薄毛织物
　Z　织物

精纺粗花呢
worsted tweed
TS136
　S　花呢
精纺呢绒
　Z　织物

精纺高支毛纱
worsted high count wool yarns
TS106.4
　S　精纺毛纱
　Z　纱线

精纺花呢
worsted tweed
TS136
　S　花呢
精纺呢绒
　Z　织物

精纺机
　Y　细纱机

精纺毛涤织物

Y 毛涤混纺织物

精纺毛纱
worsted wool yarns
TS106.4
S 精纺纱
F 纯毛精纺针织绒
精纺高支毛纱
Z 纱线

精纺毛型织物
worsted wool fabrics
TS106.8
D 精毛纺织品
精毛纺织物
毛精纺面料
S 精纺织物
F 羊毛精纺织物
Z 织物

精纺毛织品
Y 精纺毛织物

精纺毛织物
worsted
TS136
D 精纺毛织品
精纺驼丝锦
精梳毛织品
精梳毛织物
精梳面料
精梳织物
凉爽羊毛织物
毛精纺织物
S 毛织物
F 哔叽
薄型精纺毛织物
贡丝锦
华达呢
精纺纯毛织物
Z 织物

精纺面料
Y 精纺织物

精纺呢绒
TS136
D 板丝呢
凡尔丁
凡立丁
凉爽呢
女式呢
派力斯
S 呢绒织物
F 精纺粗花呢
精纺花呢
啥咪呢
Z 织物

精纺拈线联合机
Y 并捻联合机

精纺捻线联合机
Y 并捻联合机

精纺纱
worsted yarns
TS106.4
S 精梳纱线

F 精纺毛纱
精纺细纱
Z 纱线

精纺纱线
Y 精梳纱线

精纺山羊绒
Y 精纺羊绒

精纺梳毛机
worsted card
TS132
S 梳毛机
Z 纺织机械

精纺驼丝锦
Y 精纺毛织物

精纺细纱
worsted spinning yarns
TS106.4
S 精纺纱
Z 纱线

精纺羊毛
Y 羊毛

精纺羊毛织物
worsted wool fabrics
TS136
S 精纺纯毛织物
Z 织物

精纺羊绒
worsted cashmere products
TS13
D 精纺山羊绒
精纺羊绒衫
S 羊绒制品
Z 轻纺产品

精纺羊绒衫
Y 精纺羊绒

精纺织物
worsted fabric
TS106.8
D 精纺面料
S 织物*
F 精纺毛型织物

精粉
refined flour
TS211.2
D 高精面粉
精白面粉
S 等级粉
F 酸性精粉
Z 粮食

精干麻
degummed ramie
TS102.22
D 苎麻精干麻
S 麻纤维
Z 天然纤维

精加工*
precision machining
TG1；TH16

D 超越性加工
磁粒光整加工
磁流变光整加工
复合光整加工
高速精加工
高速精密加工
光饰
光饰工艺
光饰清理
光整
光整技术
光整加工
光整加工技术
激光修饰
激光整平
洁净加工
金属精加工
精度加工
精加工方法
精加工工艺
精加工过程
精加工技术
精密点检
精密工程
精密化
精密机械技术
精密机械加工
精密技术
精密加工
精密加工技术
精确加工
精微加工
精细化处理
精细化加工
旋涡气流光整加工
F 表面整饰
C 表面质量 →(3)
光整机 →(3)
金属加工 →(3)(4)
精密机床 →(3)
精制
形状精度 →(3)(4)

精加工方法
Y 精加工

精加工工艺
Y 精加工

精加工过程
Y 精加工

精加工技术
Y 精加工

精浆机
refiner
TS734.1
D 双盘磨精浆机
S 制浆设备*
F 锥形精浆机

精洁米
Y 精白米

精刻楦机
Y 刻楦机

精练

refining
TS192.5
　D　精练工艺
　S　练漂*
　F　低温精练
　　　高温高压精练
　　　挂练
　　　快速精练
　　　溶剂精练
　　　生物精练
　C　精练机
　　　精练剂

精练（纺织）
　Y　洗呢

精练工艺
　Y　精练

精练机
scouring machines
TS190.4
　D　精练设备
　　　平幅精练机
　　　平幅煮练机
　　　绳状精练机
　　　煮布锅
　　　煮练机
　　　煮练设备
　S　染整机械*
　C　精练
　　　洗呢

精练剂
scouring agent
TS192
　D　精练助剂
　　　煮练剂
　　　煮练助剂
　　　助练剂
　S　练漂助剂
　F　复合精练剂
　　　高效精练剂
　　　精练酶
　　　快速精练剂
　　　煮练酶
　C　精练
　　　精练效果　→(3)
　　　渗透剂
　Z　助剂

精练酶
scouring enzyme
TS192
　S　精练剂
　　　酶制剂*
　C　前处理　→(1)
　Z　助剂

精练漂白
scouring and bleaching
TS192.5
　D　精漂
　S　漂白*

精练设备
　Y　精练机

精练助剂

　Y　精练剂

精炼*
refinement
TE6；TF1
　D　精炼处理
　　　精炼法
　　　精炼方法
　　　精炼工艺
　　　精炼过程
　　　精炼技术
　F　连续精炼
　　　全精炼
　　　生物精炼
　　　物理精炼
　　　油脂精炼
　C　脱气　→(3)

精炼处理
　Y　精炼

精炼法
　Y　精炼

精炼方法
　Y　精炼

精炼工艺
　Y　精炼

精炼过程
　Y　精炼

精炼机
refiner mill
TS103；TS223
　D　精炼机械
　S　机械*　→(9)
　C　炼胶机　→(9)

精炼机械
　Y　精炼机

精炼技术
　Y　精炼

精炼剂
refining agents
TS192
　S　制剂*
　C　熔炼　→(3)(5)

精炼糖
　Y　精糖

精馏系数
distillation coefficient
TS224
　S　化工系数*

精毛纺
　Y　毛精纺

精毛纺面料
　Y　毛纺面料

精毛纺织品
　Y　精纺毛型织物

精毛纺织物
　Y　精纺毛型织物

精米
　Y　精白米

精米厂
polished rice mill
TS212
　D　精米加工厂
　S　米厂
　Z　工厂

精米加工
polished rice processing
TS212
　S　大米加工
　Z　农产品加工

精米加工厂
　Y　精米厂

精米抛光机
rice polisher
TS212.3
　D　精碾米机
　S　碾米机
　Z　食品加工机械

精密
　Y　精度

精密裁板锯
precision panel saw
TS642
　D　推台锯
　S　裁板锯
　Z　木工机械

精密点检
　Y　精加工

精密度
　Y　精度

精密防叠
precision overlap prevention
TS104
　D　筒子防叠
　S　防叠
　C　精密卷绕
　Z　防护

精密工程
　Y　精加工

精密化
　Y　精加工

精密机械技术
　Y　精加工

精密机械加工
　Y　精加工

精密机织物
　Y　机织物

精密技术
　Y　精加工

精密加工
　Y　精加工

精密加工技术

Y 精加工

精密剪切设备
Y 剪切设备

精密检测仪器
Y 检测仪器

精密卷绕
precision winding
TS105
S 卷绕*
C 电子清纱
精密防叠

精密络筒
precision wind
TS104.2
S 络筒
Z 纺纱工艺

精密络筒机
precision winding machine
TS103.23；TS103.32
S 络筒机
Z 纺织机械

精密样板
Y 样板

精磨机
refining mills
TS64
S 磨机*
C 盘磨机
热磨机 →(4)

精碾米机
Y 精米抛光机

精漂
Y 精练漂白

精确加工
Y 精加工

精确剪切
accurate shearing
TG5；TQ34；TS88
S 剪切*

精梳
combing
TS104.2
D 精梳纺纱工艺
精梳工艺
精梳技术
S 前纺工艺
F 半精梳
C 精梳机
连接 →(1)(2)(3)(4)(5)(6)(7)(8)(11)(12)
小卷定量
有效输出长度
粘卷
Z 纺纱工艺

精梳涤棉纱
Y 涤棉混纺纱

精梳涤棉细布
Y 涤棉织物

精梳短绒
Y 棉短绒

精梳短绒率
combing linters rate
TS107
S 短绒率
Z 指标

精梳纺
Y 精纺

精梳纺纱工艺
Y 精纺

精梳工艺
Y 精梳

精梳机
combers
TS103.22
D 精梳设备
精梳系统
S 梳理机
F 毛精梳机
棉精梳机
C 尘笼
顶梳
集束器
精梳
落棉隔距
钳板
圈条盘
锡林
有效输出长度
Z 纺织机械

精梳技术
Y 精梳

精梳落棉
cotton noils
TS104.2；TS109
S 落棉*

精梳毛纺
worsted spinning
TS104.2
S 毛纺工艺
C 半精梳毛纺
粗梳毛纺
Z 纺纱工艺

精梳毛纺织品
Y 毛纺织品

精梳毛纱
worsted yarn
TS106.4
D 精梳毛条
S 精梳纱
F 高支毛纱
C 毛纱
Z 纱线

精梳毛条
Y 精梳毛纱

精梳毛织品
Y 精纺毛织物

精梳毛织物
Y 精纺毛织物

精梳棉
Y 精梳棉纱

精梳棉结
combed cotton knots
TS101.97
S 棉结
Z 纺织品缺陷

精梳棉纱
combed cotton yarn
TS106.4
D 精梳棉
S 棉纱
Z 纱线

精梳棉条
Y 精梳条

精梳棉织物
Y 棉织物

精梳面料
Y 精纺毛织物

精梳纱
combed yarns
TS106.4
S 精梳纱线
F 精梳毛纱
C 粗梳纱
Z 纱线

精梳纱线
combed yarn and thread
TS106.4
D 精纺纱线
S 纱线*
F 半精纺纱线
精纺纱
精纺纱
双精梳
C 精纺

精梳设备
Y 精梳机

精梳条
combed sliver
TS104；TS107；TS11
D 精梳棉条
S 纺纱半成品
Z 产品

精梳锡林
combing cylinder
TS103.81
S 锡林
Z 纺纱器材

精梳系统
Y 精梳机

精梳针织纱
combed knitting yarn
TS106.4
D 精梳针织用纱
S 针织纱

Z 纱线

精梳针织用纱
Y 精梳针织纱

精梳织物
Y 精纺毛织物

精梳质量
combing quality
TS101.9
S 纺纱工艺质量
Z 纺织加工质量

精梳准备工序
Y 精梳准备工艺

精梳准备工艺
combing preparation process
TS104.2
D 精梳准备工序
S 前纺工艺
F 复精梳
Z 纺纱工艺

精糖
refined sugar
TS245
D 精炼糖
　精制糖
S 食糖
Z 糖制品

精微加工
Y 精加工

精细化处理
Y 精加工

精细化加工
Y 精加工

精细抓棉
fine cotton grabbing
TS104.2
S 开清棉
Z 纺纱工艺

精压
pressure-sizing
TG3；TS65
S 压力加工*

精盐
Y 精制盐

精盐水
Y 精制盐水

精制*
fine purification
TQ0
D 产品精制
　精制处理
　精制方法
　精制工艺
　精制过程
　精制技术
F 卤水精制
　脱色精制
　盐水精制

　原料精制
C 精加工
　石油精炼 →(2)
　吸收

精制处理
Y 精制

精制大米
Y 精白米

精制碘盐
refined iodic salt
TS264.2；TS36
S 碘盐
Z 食盐

精制方法
Y 精制

精制工艺
Y 精制

精制过程
Y 精制

精制回收率
Y 精制收率

精制技术
Y 精制

精制米
Y 精白米

精制牛皮纸
refined kraft papers
TS76
S 牛皮纸
Z 纸张

精制日晒盐
Y 精制盐

精制收率
refined recovery rate
TQ0；TS201.1
D 精制回收率
S 收率*

精制糖
Y 精糖

精制盐
refined salt
TS264.2；TS364
D 精盐
　精制日晒盐
　细盐
S 食盐*

精制盐水
refined brine
TS36
D 精盐水
S 盐水*
F 二次精制盐水
　一次精制盐水
C 盐水精制

精制玉米蛋白粉
Y 玉米蛋白粉

精装
hardcover
TS885
S 装订*
F 软精装

井冈红米饭
Y 米饭

井矿盐
Y 井盐

井盐
well salt
TS36
D 井矿盐
S 原盐
F 自贡井盐
Z 盐

颈部保养
Y 颈部护理

颈部护理
neck care
TS974.1
D 颈部保养
S 皮肤护理
Z 护理

颈部直径
Y 直径

景颇族服饰
Y 民族服饰

景石
Y 观赏石

景泰蓝
cloisonne
TS93
S 工艺品*

警报
Y 报警

警示服
warning clothing
TS941.7
S 功能性服装
Z 服装

劲性
Y 刚度

径流洗涤器
radial flow scrubber
TS04
S 洗涤器
Z 轻工机械

径切板
quarter-sawed lumber
TS66
D 半髓心板
　髓心板
S 型材*

径山茶
Jinshan tea

TS272.51
　　S 绿茶
　　Z 茶

径向槽
radial slot
TH13；TS65
　　S 槽*
　　C 圆锯

径向压缩性能
radial compressive property
TS101
　　S 力学性能*

径向竹帘复合板
　　Y 复合人造板

径向竹篾
radial bamboo strip
TS66
　　S 竹篾
　　Z 竹材

净菜加工
clean vegetables processing
TS255.36
　　S 果蔬加工
　　Z 食品加工

净糙米
　　Y 糙米

净蛋
　　Y 洁蛋

净度
clarity
TS14
　　D 茧级
　　S 产品性能*

净化*
purification
TU8；X2；X7
　　D 净化处理
　　　净化处理方法
　　　净化处理技术
　　　净化法
　　　净化方法
　　　净化工序
　　　净化工艺
　　　净化过程
　　　净化机理
　　　净化机制
　　　净化技术
　　　净化利用
　　　净化流程
　　　净化提纯
　　　净化新工艺
　　　净化性能
　　　净化原理
　　　净化作用
　　F 浆料净化
　　　卤水净化
　　C 除杂 →(3)
　　　纯水装置 →(9)
　　　净化功能 →(11)(13)
　　　净化回收 →(11)(13)

净化效果 →(13)
清洗
提纯

净化处理
　　Y 净化

净化处理方法
　　Y 净化

净化处理技术
　　Y 净化

净化处理装置
　　Y 净化装置

净化法
　　Y 净化

净化方法
　　Y 净化

净化工序
　　Y 净化

净化工艺
　　Y 净化

净化过程
　　Y 净化

净化机理
　　Y 净化

净化机制
　　Y 净化

净化技术
　　Y 净化

净化利用
　　Y 净化

净化流程
　　Y 净化

净化设备
　　Y 净化装置

净化提纯
　　Y 净化

净化新工艺
　　Y 净化

净化性能
　　Y 净化

净化原理
　　Y 净化

净化装置*
purification plant
TU8；X2；X7
　　D 除气净化设备
　　　净化处理装置
　　　净化设备
　　F 油烟净化装置
　　C 净化设施 →(11)(13)
　　　装置

净化作用
　　Y 净化

净毛烘燥
　　Y 毛纤维初加工

净洗
　　Y 清洗

竞染现象
　　Y 上染性能

竞染效应
　　Y 上染性能

静电调色油墨
　　Y 特种油墨

静电防护
　　Y 防静电

静电纺
　　Y 静电纺纱

静电纺纱
electrostatic spinning
TS104.7
　　D 静电纺
　　S 新型纺纱
　　Z 纺纱

静电复印
electrostatic copying
TS859
　　D 静电复制
　　S 复印*
　　　静电印刷
　　Z 印刷

静电复印废纸
xerographic waste paper
TS724；X7
　　S 废纸
　　Z 固体废物

静电复印机
　　Y 复印机

静电复印油墨
　　Y 胶印油墨

静电复印纸
　　Y 复印纸

静电复制
　　Y 静电复印

静电故障
electrostatic failure
O4；TM92；TS8
　　S 电气故障*

静电消除剂
　　Y 抗静电剂

静电性能
　　Y 抗静电性

静电性能测试
　　Y 抗静电性

静电印花
electrostatic printing
TS194.43
　　S 特种印花
　　F 数码静电印花

Z 印花

静电印花机
Y 印花机

静电印刷
smoke printing
TS853.1
S 印刷*
F 静电复印

静电照相
electrophotography
TS8
S 拍摄技术*

静电植绒
electrostatic flocking
TS195
D 静电植绒工艺
静电植绒印花
植绒印花
S 植绒
C 静电植绒粘合剂 →(9)
植绒密度
Z 绒毛
整理

静电植绒工艺
Y 静电植绒

静电植绒印花
Y 静电植绒

静电植绒织物
Y 植绒织物

静电制版机
Y 制版机

静动力性能
Y 力学性能

静态发酵
static fermentation
TQ92；TS205.5
S 发酵*

静态剪切
static shear
TG5；TQ34；TS88
S 剪切*

静压挤压机
Y 挤压设备

静液挤压机
Y 挤压设备

镜架
Y 眼镜架

镜框
mirror frame
TS959.6
S 镜子*

镜面*
specular surface
TS959.7
F 纳米镜面
扭转微镜面

拼接镜面
C 镜面加工
面 →(1)(3)(4)(11)

镜面变形
deformation of mirror surface
TS959.7
S 变形*
F 镜面热变形

镜面加工
mirror finishing
TS959.7
S 加工*
C 镜面

镜面热变形
mirror thermal deformation
TS959.7
S 表面缺陷*
镜面变形
Z 变形

镜面效果
mirror effect
TS804
S 效果*

镜片*
eyeglass
TH7；TS959.6
F 变色镜片
渐进多焦点镜片
偏光镜片
树脂镜片
眼镜片
C 相机部件 →(1)

镜子*
mirrors
TS914；TS959.7
F 玻璃镜
超薄镜
黑镜
化妆镜
镜框
魔镜
平面镜
曲面镜
C 光学镜

纠偏机构
partial adjust mechanism
TS73
D 纠偏器
S 机构*

纠偏器
Y 纠偏机构

纠正性维护
Y 修复

鸠尾榫
Y 燕尾榫

九分裤
Y 裤装

九峰白毛茶

Y 白毛茶

韭菜籽
leek seeds
TS202.1
S 植物菜籽*

酒*
wine
R；TS262
D 陈酿
酒剂
酒类
酒类产品
酒醅
老熟
食用酒
F 保健酒
沉缸酒
成品酒
稠酒
低度酒
调味酒
干酒
谷芽酒
果酒
红酒
黄酒
假酒
浸泡酒
酒糟酒
咖啡酒
烈性酒
露酒
米酒
奶酒
年份酒
酿造酒
配制酒
啤酒
瓶装酒
起泡酒
青稞酒
清酒
生料酒
食用酒精
甜酒
尾酒
文化名酒
新酒
洋酒
优质酒
原酒
蒸馏酒
C 白酒
发酵食品
酒包装
葡萄酒
饮酒

酒包装
wine packaging
TS206
D 酒类包装
酒品包装
酒瓶包装
葡萄酒包装

S 液态食品包装
F 啤酒包装
C 酒
Z 食品包装

酒杯流行
Y 饮食时尚

酒厂
distillery
TS261
D 酿酒厂
制酒厂
S 食品厂
F 白酒厂
酒精厂
啤酒厂
葡萄酒厂
Z 工厂

酒厂废水
alcohol-distillery wastewater
TS261.8；X7
D 葡萄酒厂废水
S 食品厂废水
F 啤酒厂废水
Z 废水

酒醋
sake cake vinegar
TS264.22
D 酒糟醋
S 液态醋
Z 食用醋

酒店制服
Y 制服

酒发酵
wine fermentation
TS261；TS262；TS264
S 食品发酵
F 白酒发酵
回酒发酵
苹果酒发酵
C 酿酒工艺
Z 发酵

酒歌
Y 酒曲

酒罐
wine jar
TS203；TS261
D 不锈钢贮酒罐
露天贮酒罐
清酒罐
贮酒罐
S 贮酒容器
F 啤酒罐
Z 容器

酒鬼酒
Jiugui liquor
TS262.39
S 中国白酒
Z 白酒

酒花油
hop oil

酒花制品
hop products
TS261.9
D 啤酒花制品
S 酿酒副产品
F 酒花油
啤酒花
啤酒花浸膏
Z 副产品

酒化力
liquor producing power
TS261
S 能力*

酒机
Y 酿造设备

酒剂
Y 酒

酒窖
cellar
TS261.3
S 酿造设备
Z 食品加工设备

酒酵母
Y 酿酒酵母

酒精产率
Y 出酒率

酒精厂
grain distillery
TS261
S 酒厂
Z 工厂

酒精出率
Y 出酒率

酒精串蒸
alcohol steamed string
TS261
S 蒸制
Z 蒸煮

酒精度
Y 酒精含量

酒精发酵
Y 乙醇发酵

酒精发酵工艺
Y 乙醇发酵

酒精废醪
Y 酒精废液

酒精废醪液
Y 酒精废液

酒精废水
Y 酒精废液

酒精废液
alcohol slops

TS209
D 废槽液
废醪
废醪液
废糟液
酒精废醪
酒精废醪液
酒精废水
酒精废糟液
酒精生产废水
酒精糟液
酒糟废水
酒糟废液
酒糟清液
酒糟水
酿酒废水
酿酒工业废水
乙醇废水
乙醇废液
糟液
制酒废水
S 废液*
醪液
酿造废水
F 白酒废水
木薯酒精废水
啤酒废水
糖蜜酒精废液
玉米酒精糟液
Z 发酵产品
废水

酒精废糟液
Y 酒精废液

酒精含量
alcoholicity
TS262；TS27
D 酒精度
乙醇含量
S 含量*
F 啤酒酒精含量

酒精酵母
distillery yeast
TQ92；TS26
S 酿酒酵母
Z 酵母

酒精浸出
Y 乙醇提取

酒精连续发酵
Y 乙醇连续发酵

酒精耐受性
Y 乙醇耐性

酒精耐性
Y 乙醇耐性

酒精浓醪发酵
Y 浓醪酒精发酵

酒精设备
alcohol equipment
TS261.3
S 酿造设备
Z 食品加工设备

酒精生产
ethanol production
TS261
　　D 酒精生成
　　S 生产*

酒精生产废水
　　Y 酒精废液

酒精生成
　　Y 酒精生产

酒精试验
alcohol test
TS261
　　Y 饮料酒

酒精糟液
　　Y 酒精废液

酒精蒸馏
alcohol distillation
O6；TS261
　　S 蒸馏*

酒精制醋
vinegar production from alcohol
TS26
　　S 酿醋
　　Z 酿造

酒精质量
alcohol quality
TS261.7
　　S 食品质量*

酒具
　　Y 酒器

酒类
　　Y 酒

酒类包装
　　Y 酒包装

酒类产品
　　Y 酒

酒类鉴别
liquor identification
TS262
　　D 白酒鉴别
　　S 鉴别*
　　C 人工嗅觉系统 →(8)
　　　微观形态 →(1)
　　　显微图像 →(8)

酒类酒球菌
oenococcus oeni
TS261
　　S 菌种*

酒类饮料
　　Y 饮料酒

酒醴
　　Y 酒

酒楼
wine house
TS971
　　S 餐馆

Z 场所

酒篓
　　Y 酒器

酒名
　　Y 中国白酒

酒母
　　Y 酿酒酵母

酒酿
fermented glutinous rice
TS972.14
　　D 甜酒酿
　　S 小吃*

酒醅
alcoholic fermentative material
TS261
　　D 糯米酒醅
　　S 醅*

酒盆
　　Y 酒器

酒瓢
　　Y 酒器

酒品包装
　　Y 酒包装

酒瓶
wine bottle
TS972.2
　　S 容器*
　　　贮酒容器
　　F 啤酒瓶

酒瓶包装
　　Y 酒包装

酒器
wine vessels
TS972.23
　　D 酒具
　　　酒篓
　　　酒盆
　　　酒瓢
　　　盛酒瓮
　　　羽觞
　　S 饮食器具
　　F 白酒容器
　　　陶坛
　　Z 厨具

酒曲
distiller's yeast
TS26
　　D 架式大曲
　　　酒歌
　　S 曲*
　　F 白酒曲
　　　高温曲
　　　根霉曲
　　　黑曲
　　　混合曲
　　　架子曲
　　　生料酒曲
　　　生料曲

　　　熟料曲
　　　速酿酒母
　　　太空酒曲
　　　甜酒曲
　　　土曲
　　　液体曲
　　　酯化曲
　　　中温曲
　　　种曲
　　C 大曲酒

酒生产设备
　　Y 酿造设备

酒石稳定性
tartar stability
TS261.4
　　S 化学性质*
　　　稳定性*
　　C 葡萄酒

酒史
　　Y 酿酒史

酒体设计
liquor body design
TS2
　　S 设计*

酒药
　　Y 酿酒酵母

酒业
　　Y 酿酒工业

酒饮料
　　Y 饮料酒

酒用酵母
　　Y 酿酒酵母

酒用酵母菌
　　Y 酿酒酵母

酒用香料
spice for alcoholic beverage
TS264.3
　　S 食用香料
　　C 双乙酰
　　Z 调味品
　　　香精香料

酒糟
vinasse
TS261.9
　　D 回糟
　　　酒渣
　　　米糟
　　　青稞酒糟
　　S 酿酒副产品
　　F 丢糟
　　　黄酒糟
　　　啤酒糟
　　　葡萄酒糟
　　C 醪糟
　　Z 副产品

酒糟醋
　　Y 酒醋

酒糟废水

Y 酒精废液

酒糟废液
Y 酒精废液

酒糟酒
lees wine
TS262
D 回糟酒
S 酒*

酒糟清液
Y 酒精废液

酒糟水
Y 酒精废液

酒渣
Y 酒糟

酒质量
Y 成品酒质量

旧报纸
old newspaper
TS72
S 旧书刊纸
Z 固体废物

旧报纸脱墨
old newspaper deinking
TS74
S 废纸脱墨
Z 脱墨

旧茶
Y 陈茶

旧电器
Y 电器

旧书刊纸
old book papers
TS724；X7
S 废旧书刊纸
F 旧报纸
旧杂志纸
Z 固体废物

旧瓦楞纸箱
Y 瓦楞纸箱

旧新闻纸
Y 废新闻纸

旧杂志纸
old magazine papers
TS72
S 旧书刊纸
Z 固体废物

救生背心
Y 救生衣

救生短上衣
Y 救生衣

救生服
Y 救生衣

救生衣
life jacket
TS941.731；V2；X9

D 救生背心
救生短上衣
救生服
S 防护服
救援设备*
C 海上安全 →⑫
救生艇 →(6)
Z 安全防护用品
服装

救援设备*
rescue equipments
TU99
D 救援装置
F 救生衣

救援装置
Y 救援设备

居室布置
Y 家居布置

居室家具
Y 家具

居住安全
Y 家庭安全

局部造型
local molding
TS941.6
S 造型*

局地闪电计数器
Y 计数器

菊花茶
chrysanthemum tea
TS272.53
S 花茶
Z 茶

菊花晶
Y 固体饮料

菊花酒
chrysanthemum wine
TS262
S 保健酒
Z 酒

菊花脑
chrysanthemum nankingense
TS255.2
S 蔬菜
Z 果蔬

菊花啤酒
chrysanthemum beer
TS262.59
S 果味啤酒
Z 酒

菊花鱼脯
Y 肉脯

菊芋
helianthus tuberosus
TS255.2
S 蔬菜
C 克鲁维酵母 →(9)

Z 果蔬

菊芋粉
jerusalem artichoke powder
TS255.5
S 蔬菜粉
F 菊芋精粉
Z 食用粉

菊芋精粉
jerusalem artichoke fine flours
TS255.5
S 菊芋粉
Z 食用粉

橘皮
orange peel
TS255
D 橘子皮
S 柑橘皮
F 新鲜橘皮
Z 水果果皮

橘子果酒
Y 橘子酒

橘子酒
orange wine
TS262.7
D 橘子果酒
S 果酒
F 柑橘酒
Z 酒

橘子皮
Y 橘皮

咀嚼性
chewiness
TS201
S 食品特性*

矩形工作台式铣床
Y 升降台铣床

矩形网孔织物
Y 网眼织物

拒水
Y 拒水性

拒水剂
Y 防水剂

拒水拒油
Y 拒水拒油整理

拒水拒油整理
water and oil proofing finishing
TS195.57
D 防水防油
防水防油整理
防水拒油易去污整理
拒水拒油
S 功能性整理
F 防水整理
拒油整理
C 含氟整理剂
拒水拒油整理剂
Z 整理

拒水拒油整理剂
anti-water and anti-oil finishing agent
TS195.2
　　S　功能整理剂
　　F　防水整理剂
　　C　拒水拒油整理
　　Z　整理剂

拒水性
water repellency
TS101；TS801
　　D　斥水性
　　　　拒水
　　　　拒水性能
　　S　流体力学性能*
　　C　防水整理
　　　　纺织品性能
　　　　抗水性　→(3)(9)(11)
　　　　土壤含水层处理　→(13)
　　　　憎水剂　→(11)

拒水性能
　　Y　拒水性

拒水性整理
　　Y　防水整理

拒水整理
　　Y　防水整理

拒污整理
　　Y　防污整理

拒油
　　Y　拒油整理

拒油剂
　　Y　防油剂

拒油污整理
　　Y　拒油整理

拒油整理
oil repellent finish
TS195.57
　　D　防油整理
　　　　拒油
　　　　拒油污整理
　　　　抗油
　　　　抗油污整理
　　　　抗油整理
　　S　拒水拒油整理
　　C　防油
　　　　防油剂
　　　　氟树脂　→(9)
　　Z　整理

具体应用
　　Y　应用

距离*
distance
ZT2
　　F　导程
　　　　罗拉中心距
　　　　网距
　　C　尺寸
　　　　射程　→(6)

距离计数器
　　Y　计数器

锯
saw
TG7；TS64；TS914.54
　　D　凹口锯
　　　　摆动式锯
　　　　摆锯
　　　　摆式锯
　　　　摆式热锯
　　　　板锯
　　　　边锯
　　　　粗齿锯
　　　　带形切割锯
　　　　单板锯
　　　　单台排锯
　　　　电动链锯
　　　　电动曲线锯
　　　　杠杆式锯
　　　　管排锯
　　　　管坯锯
　　　　厚板锯
　　　　花岗石砂锯
　　　　滑座式锯
　　　　混凝土锯
　　　　切头锯
　　　　砂轮锯
　　　　拖式圆锯
　　　　往复式锯
　　S　工具*
　　F　锉锯
　　　　带锯
　　　　飞锯
　　　　横截锯
　　　　金刚石链锯
　　　　框架锯
　　　　摩擦锯
　　　　绳锯
　　　　手工锯
　　　　双头切割锯
　　　　推台式精截锯
　　　　往复锯
　　　　线锯
　　　　圆锯
　　C　刀具
　　　　锯机
　　　　锯结构　→(3)

锯板机
board cutting machine
TS642
　　D　带移动工作台锯板机
　　　　带移动工作台木工锯板机
　　　　锯片往复锯板机
　　　　锯片往复木工锯板机
　　　　锯片往复式锯板机
　　　　立式木工锯板机
　　S　锯机
　　Z　木工机械

锯材
sawn timber
TS62
　　S　木材*

锯材原木
　　Y　原木

锯材质量
lumber quality
TS6
　　S　质量*

锯齿刺辊
sawtooth taker-in
TS103.81
　　S　刺辊
　　Z　纺纱器材

锯齿分梳板
toothed carding plate
TS103.81
　　S　分梳板
　　Z　纺纱器材

锯齿活性
　　Y　锯齿振荡

锯齿开棉机
　　Y　开棉机

锯齿罗拉
　　Y　罗拉

锯齿稳定性
　　Y　锯齿振荡

锯齿锡林
saw tooth cylinder
TS103.81
　　D　锯齿整体锡林
　　S　锡林
　　Z　纺纱器材

锯齿效应
　　Y　锯齿振荡

锯齿形厂房
saw-tooth building
TS108
　　D　锯齿型
　　S　工业建筑*

锯齿型
　　Y　锯齿形厂房

锯齿轧花机
　　Y　轧花机

锯齿振荡
sawtooth oscillations
TL6；TS8
　　D　锯齿活性
　　　　锯齿稳定性
　　　　锯齿效应
　　S　振荡*
　　C　仿星器　→(6)
　　　　锯齿翅片　→(1)
　　　　托卡马克　→(6)

锯齿整体锡林
　　Y　锯齿锡林

锯床
　　Y　锯机

锯断机
　　Y　锯切机

锯割

Y 锯切

锯割性能
Y 锯切性能

锯机
sawing machine
TS642
D 摆动式热锯机
锉锯机
带锯锉锯机
电锯
电链锯
高速锯床
滑座锯
锯床
立式框锯机
龙门锯床
磨锯机
排锯机
四连杆式热锯机
伺服飞锯机
炭块锯床
往复锯机
卧式框锯机
线锯机
圆锯锉锯机
圆盘锯床
S 木工机械*
F 裁板锯
带锯机
弓锯床
锯板机
锯切机
框锯机
冷锯机
热锯机
线锯床
圆锯机
圆盘锯机
C 锯
锯切
切割设备 →(3)(4)(7)(8)(9)

锯料角
saw side clearance angle
TS69
D 零锯料角
S 木材副产品
Z 副产品

锯轮
Y 木工锯机

锯末
sawdust
TS69
D 锯屑
S 木材副产品
Z 副产品

锯片往复横截木工圆锯机
Y 圆锯机

锯片往复锯板机
Y 锯板机

锯片往复木工锯板机
Y 锯板机

锯片往复式锯板机
Y 锯板机

锯剖
Y 锯切

锯切
sawing
TG5；TG9；TS65
D 定尺锯切
高速锯切
化锯
划线下锯
锯割
锯剖
锯切工艺
锯切技术
锯切加工
锯制
冷锯切
热锯工艺
热锯切
优化锯切
S 切割*
C 锯机
锯片 →(3)
锯切机
锯切力 →(3)

锯切工艺
Y 锯切

锯切机
sawing machine
TS642
D 锯断机
圆盘锯
S 锯机
C 锯片 →(3)
锯切
Z 木工机械

锯切技术
Y 锯切

锯切加工
Y 锯切

锯切设备
Y 剪切设备

锯切效率
sawing efficiency
TS65
S 效率*

锯切性能
sawing performance
TG4；TS6
D 锯割性能
S 工艺性能*

锯屑
Y 锯末

锯屑板
Y 刨花板

锯制
Y 锯切

聚 2,2'-(间苯撑)-5,5' 双苯并咪唑纤维
Y PBI 纤维

聚 9-氨基壬酸
Y 聚酰胺纤维

聚氨基甲酸酯弹性纤维
Y 氨纶

聚氨基甲酸酯纤维
Y 氨纶

聚氨酯弹性纤维
Y 氨纶

聚氨酯革
Y 聚氨酯合成革

聚氨酯合成革
polyurethane leather
TS565
D PU 革
PU 合成革
聚氨酯革
聚氨酯皮革
聚氨酯人造革
S 合成革
Z 皮革

聚氨酯皮革
Y 聚氨酯合成革

聚氨酯人造革
Y 聚氨酯合成革

聚氨酯涂层剂
Y 涂层胶

聚氨酯涂层胶
Y 涂层胶

聚氨酯涂饰剂
polyurethane coating agents
TS529.5
S 涂饰剂
Z 表面处理剂

聚氨酯纤维
Y 氨纶

聚氨酯鞋底
Y 鞋底

聚苯并咪唑纤维
Y PBI 纤维

聚苯砜对苯二甲酰胺纤维
Y 芳砜纶

聚丙烯单丝
polypropylene monofilaments
TQ34；TS102.526
S 丙纶丝
单丝
Z 纤维制品

聚丙烯短纤维
polypropylene short fiber
TS102.526
S 化纤短纤维
聚丙烯纤维

Z 纤维

聚丙烯纺粘法非织造布
PP spunbonded nonwovens
TS176.2
- D PP 纺粘布
  丙纶纺粘非织造布
- S 纺粘非织造布
  聚丙烯无纺布
- Z 非织造布

聚丙烯非织造布
- Y 聚丙烯无纺布

聚丙烯腈活性炭纤维
- Y PAN 基碳纤维

聚丙烯腈基活性炭纤维
- Y 聚丙烯腈基活性碳纤维

聚丙烯腈基活性碳纤维
polyacrylonitrile-based activated carbon fiber
TQ34；TS102
- D 聚丙烯腈基活性炭纤维
- S 活性炭纤维
- Z 纤维

聚丙烯腈基炭纤维
- Y PAN 基碳纤维

聚丙烯腈基碳纤维
- Y PAN 基碳纤维

聚丙烯腈基纤维
- Y 腈纶

聚丙烯腈系纤维
- Y 腈纶

聚丙烯腈纤维
- Y 腈纶

聚丙烯腈预氧化纤维
- Y 腈纶

聚丙烯滤棒
- Y 丙纤滤棒

聚丙烯滤嘴
- Y 滤嘴

聚丙烯滤嘴应用
- Y 滤嘴

聚丙烯熔喷非织造布
polypropylene melt-blown nonwoven
TS176.9
- D 熔喷聚丙烯非织造布
- S 聚丙烯无纺布
  熔喷非织造布
- Z 非织造布

聚丙烯丝束
- Y 烟用聚丙烯丝束

聚丙烯酸浆料
- Y 聚丙烯酸类浆料

聚丙烯酸类浆料
polyacrylic acid size
TS105
- D 聚丙烯酸浆料
- S 化学浆料

- F 聚丙烯酸酯浆料
- Z 浆料

聚丙烯酸酯浆料
polyacrylate size
TS105
- S 聚丙烯酸类浆料
- Z 浆料

聚丙烯土工布
polypropylene geotextile
TS106.6
- S 土工织物
- Z 纺织品

聚丙烯微纤维
polypropylene tiny fiber
TS102.526
- S 聚丙烯纤维
- Z 纤维

聚丙烯无纺布
polypropylene non-woven fabric
TS176.9
- D 丙纶非织造布
  丙纶无纺布
  聚丙烯非织造布
- S 非织造布*
- F SMS 非织造布
  聚丙烯纺粘法非织造布
  聚丙烯熔喷非织造布
- C 嵌段共聚聚丙烯 →(9)

聚丙烯纤维
polypropylene
TS102.526
- D PP 纤维
  丙纶
  丙纶短纤
  丙纶短纤维
  丙纶纤维
  等规聚丙烯纤维
  高熔点丙纶短纤维
  可染丙纶
- S 聚烯烃纤维
- F 改性聚烯烃纤维
  聚丙烯短纤维
  聚丙烯微纤维
  细旦丙纶
  远红外丙纶
- C 丙纶长丝
  丙纶丝
  聚丙烯切片 →(9)
  聚丙烯纤维网
  齐格勒-纳塔催化剂 →(9)
- Z 纤维

聚丙烯纤维滤嘴
- Y 滤嘴

聚丙烯纤维网
polypropylene fiber mesh
TS102.526；TS106
- S 纤维网
- C 聚丙烯纤维
- Z 纤维制品

聚丙烯织物
- Y 化纤织物

聚丁内酰胺纤维
- Y 聚酰胺纤维

聚对苯撑苯并双噁唑纤维
PBO fiber
TQ34；TS102.527.
- D PBO 纤维
- S PBI 纤维
- Z 纤维

聚对苯二甲酸丙二醇酯纤维
- Y PTT 纤维

聚对苯二甲酸丙二酯纤维
- Y PTT 纤维

聚对苯二甲酸四甲酯纤维
- Y PTT 纤维

聚对苯二甲酸乙二醇纤维
- Y 涤纶

聚对苯二甲酸乙二醇酯纤维
- Y 涤纶

聚对苯二甲酸乙二酯纤维
- Y 涤纶

聚对苯二甲酸乙酯纤维
- Y 涤纶

聚对苯二酰对苯二胺纤维
- Y 对位芳纶

聚对苯二酸四甲酯纤维
- Y PTT 纤维

聚多糖
- Y 多聚糖

聚芳酰胺纤维
- Y 芳纶

聚砜酰胺纤维
- Y 聚酰胺纤维

聚砜中空纤维
polysulfone hollow fibre
TQ34；TS102.63
- S 中空纤维
- Z 纤维

聚庚内酰胺纤维
- Y 聚酰胺纤维

聚光灯
spotlight
TM92；TS956
- D 聚光灯具
- S 探照灯
- C 聚光器 →(4)(7)
- Z 灯

聚光灯具
- Y 聚光灯

聚硅酸复盐
polysilicic acid double salt
TS36
- S 复盐
- Z 盐

聚硅酸氯化铝铁

polysilicate aluminium ferric chloride
TS19；X7
　S 混凝剂*

聚癸二酰癸二胺纤维
　Y 聚酰胺纤维

聚癸二酰己二胺纤维
　Y 聚酰胺纤维

聚合加脂剂
　Y 聚合物加脂剂

聚合物加脂剂
polymer fatliquoring agents
TS529.1
　D 聚合加脂剂
　S 合成加脂剂
　Z 加脂剂

聚合物鞣剂
polymer tanning agent
TS529.2
　D 高分子鞣剂
　S 鞣剂*
　F 丙烯酸类聚合物鞣剂
　　树脂鞣剂

聚合物刷子
polymer brushes
TS95
　S 刷子*
　F 尼龙刷

聚合物纤维
polymer fiber
TS102
　S 合成纤维
　F PBI 纤维
　　氨纶
　　芳香族纤维
　　腈氯纶
　　腈纶
　　聚烯烃纤维
　　聚酰胺纤维
　　聚酯纤维
　　氯纶
　　蜜胺纤维
　　维纶
　C 聚合物性能 →(9)
　Z 纤维

聚集纺纱
　Y 紧密纺

聚集纱
　Y 集聚纺纱线

聚集态结构
aggregate structure
O6；TS101
　D 聚集体结构
　　聚粒结构
　S 物理化学结构*
　F 团聚结构

聚集体结构
　Y 聚集态结构

聚己二酰己二胺

尼龙 66
　Y 尼龙 66

聚己二酰己二胺纤维
　Y 尼龙 66

聚己内酰胺纤维
　Y 尼龙 6

聚间苯二甲酰间苯二胺
　Y 间位芳纶

聚间苯二甲酰间苯二胺纤维
　Y 间位芳纶

聚晶金刚石刀具
polycrystalline diamond tools
TG7；TS914
　D PCD 刀具
　　PDC 刀具
　S 金刚石刀具
　Z 刀具

聚晶立方氮化硼刀具
　Y PCBN 刀具

聚粒结构
　Y 聚集态结构

聚氯乙烯纤维
　Y 氯纶

聚醚酯弹性纤维
　Y 聚醚酯纤维

聚醚酯纤维
polyether ester fiber
TQ34；TS102.522
　D 聚醚酯弹性纤维
　S 聚酯纤维
　Z 纤维

聚偏 1,1-二氯乙烯纤维
　Y 偏氯纶

聚偏氟乙烯中空纤维膜
　Y PVDF 中空纤维膜

聚偏氯乙烯纤维
　Y 偏氯纶

聚葡萄糖苷
　Y 糖苷

聚壬酰胺纤维
　Y 聚酰胺纤维

聚乳酸纤维
PLA fiber
TQ34；TS102.51
　D PLA 纤维
　　PLA 植物纤维
　　聚乳酸酯纤维
　S 化学纤维
　F 玉米纤维
　C 分散染料
　Z 纤维

聚乳酸织物
polylactic acid textiles
TS106.8
　S 织物*

聚乳酸酯纤维

尼龙 66
　Y 聚乳酸纤维

聚三聚氰胺甲醛纤维
　Y 蜜胺纤维

聚三聚氰胺一甲醛纤维
　Y 蜜胺纤维

聚十二酰胺纤维
　Y 聚酰胺纤维

聚十二酰己二胺纤维
　Y 聚酰胺纤维

聚十一酰胺纤维
　Y 聚酰胺纤维

聚四氟乙烯复合膜
polytetrafluoroethylene film
TS101
　S 膜*

聚四氟乙烯纤维
polytetrafluoroethylene fibre
TQ34；TS102.52
　D 含氟纤维
　　特氟纶纤维
　S 聚烯烃纤维
　C 辐照接枝 →(9)
　　聚四氟乙烯微孔薄膜 →(9)
　　耐高温纤维
　　阻燃纤维
　Z 纤维

聚戊糖含量
　Y 糖含量

聚烯烃基弹性纤维
　Y XLA 弹性纤维

聚烯烃纤维
polyolefin fibre
TQ34；TS102.52
　S 聚合物纤维
　F 聚丙烯纤维
　　聚四氟乙烯纤维
　　乙纶
　Z 纤维

聚酰胺 1010 纤维
　Y 尼龙 1010

聚酰胺 66 纤维
　Y 尼龙 66

聚酰胺多胺环氧氯丙烷树脂
　Y PAE 树脂

聚酰胺纤维
polyamide fibres
TQ34；TS102.521
　D PA 纤维
　　Tactel 纤维
　　聚 9-氨基壬酸
　　聚丁内酰胺纤维
　　聚砜酰胺纤维
　　聚庚内酰胺纤维
　　聚癸二酰癸二胺纤维
　　聚癸二酰己二胺纤维
　　聚壬酰胺纤维
　　聚十二酰胺纤维

聚十二酰己二胺纤维
聚十一酰胺纤维
聚辛内酰胺纤维
聚乙酰胺纤维
耐纶纤维
S 聚合物纤维
F Supplex 纤维
芳砜纶
芳纶
锦纶
聚酰亚胺纤维
C 熔融纺丝 →(9)
Z 纤维

聚酰亚胺纤维
polyimide fibres
TQ34；TS102.521
S 聚酰胺纤维
C 耐高温纤维
阻燃纤维
Z 纤维

聚辛内酰胺纤维
Y 聚酰胺纤维

聚乙烯醇浆料
polyvinyl alcohol pulps
TS101
S 化学浆料
Z 浆料

聚乙烯醇缩甲醛化纤维
Y 维纶

聚乙烯醇缩甲醛纤维
Y 维纶

聚乙烯醇纤维
Y 维纶

聚乙烯纤维
Y 乙纶

聚乙酰胺纤维
Y 聚酰胺纤维

聚酯玻纤布
fiberglass-polyester paving mats
TS106.6
S 土工织物
Z 纺织品

聚酯长丝织物
Y 涤纶长丝织物

聚酯超细纤维
polyester superfine fibre
TQ34；TS102.522
D 涤纶超细纤维
S 超细纤维
改性聚酯纤维
Z 纤维

聚酯单丝
polyester monofilament
TQ34；TS102.522
S 单丝
聚酯工业丝
C 原子灰 →(9)
Z 纤维制品

聚酯导电纤维
Y 功能性涤纶

聚酯短纤维
polyester staple fiber
TQ34；TS102.522
S 化纤短纤维
聚酯纤维
F 涤纶短纤维
Z 纤维

聚酯仿真丝绸
Y 涤纶仿真丝织物

聚酯纺粘针刺非织造布
polyester spunbonded needle punched
nonwovens
TS176.2；TS176.3
S 涤纶非织造布
纺粘非织造布
针刺无纺织物
Z 非织造布

聚酯工业丝
polyester industrial filaments
TQ34；TS102.522
S 工业丝
F 涤纶丝
聚酯单丝
Z 纤维制品

聚酯混纺织物
Y 涤混纺织物

聚酯浆料
polyester sizing agent
TS105
S 化学浆料
F 水溶性聚酯浆料
Z 浆料

聚酯类纤维
Y 聚酯纤维

聚酯帘布
polyester cord fabric
TS106.6
S 帘子布
Z 纺织品

聚酯帘线
polyester tire cord
TS106.4
D 涤纶帘子线
聚酯帘子线
S 帘子线
Z 股线

聚酯帘子布
Y 帘子布

聚酯帘子线
Y 聚酯帘线

聚酯微纤维
Y 细旦涤纶

聚酯无纺布
Y 涤纶非织造布

聚酯纤维

polyester fiber
TQ34；TS102.522
D PEN 纤维
PTA 纤维
芳香族聚酯纤维
共聚酯纤维
聚酯类纤维
特丽纶
新型聚酯纤维
S 聚合物纤维
F PET 纤维
PTT 纤维
涤纶
改性聚酯纤维
聚醚酯纤维
聚酯短纤维
C 聚酯催化剂 →(9)
连续纺丝 →(9)
熔融纺丝 →(9)
纤维素酯纤维
原子灰 →(9)
Z 纤维

聚酯纤维布料
Y 涤纶织物

聚酯纤维织物
Y 涤纶织物

聚酯线绳
polyester cord
TS106.4
S 线绳
C 聚酯腻子 →(9)
Z 绳索

聚酯织物
Y 涤纶织物

卷板机
veneer reeling machine
TS64
D 卷板装置
S 胶合板机械
Z 人造板机械

卷板装置
Y 卷板机

卷笔刀
Y 日用刀具

卷布辊
yardage roll
TS103.81；TS103.82
S 织造器材*

卷材涂装机
Y 涂装设备

卷发
Y 发式

卷管机
Y 卷纬机

卷接包设备
Y 卷接机组

卷接机
filter tip attachment

TS43
  D 废滤嘴棒接装机
    高速卷接机组
    过滤嘴装接机
    接装机
    接嘴机
    卷烟滤嘴接装机
    滤嘴接装机
    滤嘴装接机
  S 制烟机械*

卷接机组
cigarette making and plug assembling combination
TS43
  D 卷接包设备
    卷接设备
  S 卷烟机组
  Z 制烟机械

卷接设备
  Y 卷接机组

卷内胚
  Y 烟草生产

卷曲
crispation
TQ34；TS101
  D 假拈卷曲
    假捻卷曲
  S 弯曲*
  F 潜在卷曲
    三维卷曲
    纤维卷曲
  C 动物纤维
    卷曲率

卷曲长度
  Y 纤维长度

卷曲度
  Y 卷曲性能

卷曲恢复率
  Y 卷曲性能

卷曲恢复性
  Y 卷曲性能

卷曲机
crimping machine
TQ34；TS103
  S 纺丝设备
  C 变形机
  Z 纺织机械

卷曲率
crimp rate
TQ32；TQ34；TS101
  D 卷曲收缩率
  S 比率*
  C 卷曲
    卷曲性能

卷曲频率
  Y 卷曲性能

卷曲纱
  Y 变形纱

卷曲收缩
  Y 卷曲性能

卷曲收缩率
  Y 卷曲率

卷曲稳定度
  Y 卷曲性能

卷曲稳定性
  Y 卷曲性能

卷曲形茶
  Y 茶

卷曲性
  Y 卷曲性能

卷曲性能
curling stability
TS101.921
  D 卷曲度
    卷曲恢复率
    卷曲恢复性
    卷曲频率
    卷曲收缩
    卷曲稳定度
    卷曲稳定性
    卷曲性
  S 纤维性能*
  C 卷曲率

卷取
coiling
TG3；TS76
  D 卷取过程
    开卷
  C 带钢 →(3)
    热连轧 →(3)

卷取过程
  Y 卷取

卷取机构
  Y 卷绕机构

卷取轧机
  Y 轧机

卷取张力
take-up tension
O3；TG3；TS104
  D 卷绕张力
    牵拉卷取张力
  S 张力*
  C 缠绕

卷取质量
  Y 卷制质量

卷取装置
  Y 卷绕机构

卷染
jig dyeing
TS190；TS193
  D 卷染道数
    卷染染色
    卷染式
    卷压染
    卷装染色

    卷装染色法
  S 染色工艺*
  C 清洗

卷染道数
  Y 卷染

卷染机
dyejigger
TS193.3
  D 染缸
  S 织物染色机
  C 清洗
  Z 印染设备

卷染染色
  Y 卷染

卷染式
  Y 卷染

卷绕*
wind
TQ33；TS104
  D 绕制
    绕制方法
  F 恒张力卷绕
    加捻卷绕
    交叉卷绕
    精密卷绕
    纱线卷绕
  C 缠绕角 →(9)
    卷绕机构
    卷绕密度
    络纱
    退绕

卷绕成形机构
winding and forming mechanism
TS103.19
  S 卷绕机构
  Z 纺织机构

卷绕机
winder
TS04
  D 高速卷绕机
    卷绕设备
    绕线装置
    绕制机
  S 轻工机械*
  C 长丝
    卷绕速度

卷绕机构
winding mechanism
TS103.19
  D 卷取机构
    卷取装置
    卷绕系统
    卷绕装置
    退绕装置
  S 纺织机构*
  F 卷绕成形机构
    牵拉卷取机构
  C 钢领
    卷绕

卷绕密度

winding density
TS104
 S 密度*
 C 卷绕

卷绕设备
 Y 卷绕机

卷绕速度
take-up velocity
TS104
 S 加工速度*
 C 缠绕角 →(9)
 卷绕机
 卷绕头 →(9)

卷绕系统
 Y 卷绕机构

卷绕张力
 Y 卷取张力

卷绕装置
 Y 卷绕机构

卷筒衬木
 Y 滚筒衬木

卷筒印刷纸
 Y 印刷纸

卷筒纸
roll paper
TS761.6
 D 纸卷
 S 生活用纸
 F 纸带
 Z 纸张

卷筒纸凹印机
web-fed gravure press
TS803.6
 S 凹印机
 Z 印刷机械

卷筒纸平版印刷机
web-fed offset printing press
TS803.6
 S 卷筒纸印刷机
 Z 印刷机械

卷筒纸印刷
web printing
TS851
 S 特种印刷
 Z 印刷

卷筒纸印刷机
web-fed press
TS803.6
 S 印刷机
 F 卷筒纸平版印刷机
 Z 印刷机械

卷外包叶
 Y 烟草生产

卷纬机
weft winder
TS103.32
 D 卷管机

络纬机
 S 织造准备机械*

卷削器
 Y 日用刀具

卷屑槽
 Y 槽

卷压染
 Y 卷染

卷烟
cigarettes
TS452
 D 烟卷
 S 烟草制品*
 F 白肋烟
 低档卷烟
 低危害卷烟
 混合型卷烟
 烤烟
 香烟
 烟包
 烟支
 中式卷烟
 C 醋纤丝束
 低焦油 →(2)
 感官质量
 卷烟烟气
 空头率
 吸味品质
 烟用香料

卷烟包装材料
cigarette packaging materials
TS42
 S 包装材料*
 卷烟材料*

卷烟包装机
cigarette packers
TS43
 D B1 包装机
 B1 包装机组
 BE 包装机
 GDX1 包装机
 GDX1 包装机组
 GDX2 包装机
 GD 包装机
 YB13 型
 YB45 型硬盒包装机
 YJ14 型
 横包机
 软条包装机
 条包机
 条盒包装机
 雪茄卷制机
 雪茄烟全能包卷机
 烟草包装机
 直包机
 S 包装机械
 卷烟机
 Z 包装设备
 制烟机械

卷烟材料*
cigarette material
TS42

 D 卷烟原料
 F 卷烟包装材料
 滤棒
 滤嘴
 烟草
 烟丝
 烟用聚丙烯丝束
 烟纸
 C 材料
 卷烟纸

卷烟厂
cigarette factory
TS48
 D 烟草加工厂
 烟厂
 S 工厂*

卷烟冲烧
 Y 烟草生产

卷烟储存
 Y 烟草生产

卷烟堆码
 Y 烟草生产

卷烟工业
tobacco industry
TS4
 S 烟草工业
 Z 轻工业

卷烟工艺
 Y 烟草生产

卷烟含水量
 Y 烟丝含水率

卷烟含水率
 Y 烟丝含水率

卷烟机
cigarette making machines
TS43
 D MK8 型
 MK9-5
 PASSIM 卷烟机
 YJ19 卷烟机
 卷烟机械
 卷烟设备
 落丝式卷烟机
 吸丝式卷烟机
 S 制烟机械*
 F 高速卷烟机
 卷烟包装机

卷烟机械
 Y 卷烟机

卷烟机组
cigarette unit
TS43
 S 制烟机械*
 F 卷接机组

卷烟加工
 Y 烟草生产

卷烟加香
cigarette flavoring

TS44
  S 烟叶加工*
  C 卷烟添加剂

卷烟检验
  Y 卷烟质量

卷烟滤棒
  Y 滤棒

卷烟滤材
  Y 滤棒

卷烟滤嘴
  Y 滤嘴

卷烟滤嘴成型机
  Y 滤棒成形机

卷烟滤嘴接装机
  Y 卷接机

卷烟配方
cigarette blending
TS41
  S 配方*

卷烟品质
  Y 卷烟质量

卷烟设备
  Y 卷烟机

卷烟生产
  Y 烟草生产

卷烟水分含量
  Y 烟丝含水率

卷烟添加剂
cigarette additive
TS42
  S 添加剂*
  C 卷烟加香
    烟草生产

卷烟香气
  Y 卷烟烟气

卷烟烟气
cigarette smoke
TS41
  D 卷烟香气
    卷烟烟气吃味
    卷烟烟气香味
    卷烟烟气余味
  S 气味*
  C 卷烟

卷烟烟气吃味
  Y 卷烟烟气

卷烟烟气香味
  Y 卷烟烟气

卷烟烟气余味
  Y 卷烟烟气

卷烟原料
  Y 卷烟材料

卷烟纸
cigarette paper

TS761.2
  D 滤咀棒纸
    滤嘴棒纸
    盘纸
    香烟纸
  S 工业用纸
  F 水松纸
  C 卷烟材料
  Z 纸张

卷烟纸生产线
cigarette paper production line
TH16；TQ0；TS43
  S 造纸生产线
  Z 生产线

卷烟质量
cigarettes quality
TS47
  D 卷烟检验
    卷烟品质
    烟支质量
  S 产品质量*
  C 烟丝质量
    烟支重量

卷纸机
winding machine
TS734.7
  S 整饰机
  Z 造纸机械

卷纸胶印油墨
  Y 胶印油墨

卷纸轴
winding shaft
TS734
  S 造纸设备部件*

卷制
rolling
TG3；TS45
  S 生产工艺*

卷制质量
reeling quality
TS452；TS47
  D 卷取质量
  S 工艺质量*

卷轴装
scroll binding
TS885
  S 书刊装订
  Z 装订

卷装
  Y 卷装工艺

卷装工艺
take-up package
TQ32；TS104
  D 卷装
  S 工艺方法*
  F 大卷装

卷装染色
  Y 卷染

卷装染色法
  Y 卷染

绢
spun silk
TS106.8
  S 丝绸织物
  Z 织物

绢纺
  Y 绢纺工艺

绢纺工艺
schappe spinning
TS104.2
  D 绢纺
    绢丝纺
  S 纺纱工艺*
  C 绢纺原料
    绢丝
    丝纺织机械

绢纺机械
  Y 丝纺织机械

绢纺落绵
  Y 绢纺落棉

绢纺落棉
silk spinning noil
TS104.2；TS109
  D 绢纺落绵
  S 落棉*

绢纺纱
schappe silk yarn
TS106.4
  S 纱线*

绢纺设备
  Y 丝纺织机械

绢纺丝
  Y 绢丝

绢纺原料
silk spinning material
TS10
  S 纺织原料
  C 绢纺工艺
  Z 制造原料

绢纺织物
  Y 绢织物

绢麻混纺纱
spun fancy silk
TS106.4
  S 麻混纺纱
  Z 纱线

绢麻织物
  Y 混纺织物

绢丝
spun silk
TS102.33
  D 茧衣
    茧衣绢丝
    绢纺丝
    紬丝

S　真丝纤维*
C　绢纺工艺
　　拉细羊毛
　　丝绸织物
　　织锦

绢丝纺
　　Y　绢纺工艺

绢丝针织物
　　Y　针织物

绢丝织物
　　Y　丝织物

绢网绷板机
　　Y　丝纺织机械

绢网印花
　　Y　筛网印花

绢织物
spun silk fabrics
TS146
　　D　绢纺织物
　　S　丝织物
　　Z　织物

绝对无捻粗纱
　　Y　无捻粗纱

绝缘布
　　Y　防护织物

绝缘服
insulated wear
TS941.731；X9
　　S　防护服
　　F　防静电服装
　　C　触电防护　→(5)
　　Z　安全防护用品
　　　　服装

绝缘工具
insulating tool
TS914.53
　　S　电工工具
　　Z　工具

绝缘胶鞋
　　Y　绝缘鞋

绝缘手套
insulating gloves
TS941.731；X9
　　S　防护手套
　　Z　安全防护用品
　　　　服饰

绝缘套鞋
　　Y　绝缘鞋

绝缘鞋
insulating shoes
TS943.78；X9
　　D　导电鞋
　　　　电绝缘鞋
　　　　防雷鞋
　　　　绝缘胶鞋
　　　　绝缘套鞋
　　S　防护鞋

　　Z　安全防护用品
　　　　鞋

绝缘织物
　　Y　防护织物

绝缘纸
insulating paper
TS761.9
　　D　NOMEX 纸
　　　　上胶绝缘纸
　　　　纤维绝缘纸
　　　　压光绝缘纸
　　S　电工材料*
　　　　功能纸
　　C　油纸绝缘　→(5)
　　Z　纸张

绝缘纸板
insulating paper-boards
TM2；TS76
　　S　板*

蕨菜
bracken
TS255.2
　　S　蔬菜
　　Z　果蔬

蕨根淀粉
fern root starch
TS235.5
　　S　植物淀粉
　　Z　淀粉

军队头盔
　　Y　军盔

军服
military uniforms
TS941.7
　　D　海军服
　　　　均服
　　S　服装*
　　F　军用冬服
　　　　特种军服
　　　　战术背心
　　　　作训服

军盔
military helmet
TS941.731
　　D　军队头盔
　　　　军用头盔
　　S　盔甲
　　Z　安全防护用品

军帽
　　Y　帽

军事模型
military models
TS952
　　S　模型*

军毯
　　Y　毯子

军鞋
　　Y　鞋

军需用纺织品
　　Y　军用纺织品

军用冬服
military winter clothing
TS941.733
　　S　军服
　　Z　服装

军用防弹服
　　Y　防弹衣

军用防护服
military protective clothing
TJ9；TS941.731
　　S　特种防护服
　　F　防弹衣
　　　　高科技作战服
　　Z　安全防护用品
　　　　服装

军用纺织品
textiles for military use
TS106
　　D　军需用纺织品
　　S　纺织品*

军用固体运动饮料
　　Y　固体饮料

军用食品
military foods
TS219
　　S　食品*
　　F　野战食品

军用体能训练服
military physical training clothes
TS941.7
　　S　作训服
　　Z　服装

军用头盔
　　Y　军盔

军用织物
　　Y　功能纺织品

军装元素
military uniform elements
TS941.1
　　S　服饰元素
　　Z　元素

均服
　　Y　军服

均衡压制
　　Y　压制

均衡营养
balanced nutrition
TS201
　　S　营养*

均匀表面
　　Y　表面

均匀程度
　　Y　均匀性

均匀度

Y 均匀性

均匀度仪
evenness detector
TS103
- D 纱线均匀度仪
- S 纱线测试仪
- Z 仪器仪表

均匀染色
uniform dyeing
TS193
- D 匀染
- S 染色工艺*
- C 匀染剂

均匀性*
homogenization
ZT4
- D 分布不均匀度
  分布均匀度
  分布均匀性
  高均匀度
  均匀程度
  均匀度
  均质性
  匀度
  匀质性
- F 染色均匀度
  纱线均匀度
  纸张匀度
  重量不匀
- C 不均匀沉降 →(11)
  不均匀电场 →(5)
  粉末
  性能

均质机
homogenizer
TS203
- D 超声波均质机
  均质设备
  离心式均质机
  喷射式均质机
- S 食品加工机械*
- F 高压均质机
  微射流均质机

均质刨花板
homogeneous particle board
TS62
- S 刨花板
- Z 木材

均质设备
Y 均质机

均质性
Y 均匀性

君山茶
Y 绿茶

菌茶
Y 保健饮料

菌茶饮料
Y 保健饮料

菌类保健茶
Y 保健饮料

菌落计数
Y 菌落总数

菌落特征
colony characteristics
Q93；TS205
- S 生物特征*
- C 菌落总数

菌落总数
aerobic plate count
TS20
- D 菌落计数
  菌数
- S 数量*
- C 菌落特征
  烹饪卫生

菌数
Y 菌落总数

菌丝体发酵
mycelium fermentation
TQ92；TS205.5
- S 发酵*

菌种*
culture
Q；Q93
- F 发酵单胞菌
  发酵菌株
  酒类酒球菌
  木素降解菌
  啤酒有害菌
  食品腐败菌
  食品污染菌
- C 菌株 →(1)(9)

咖啡
coffee
S；TS273
- D 大粒种咖啡
- S 饮料*
- F 咖啡饮料
- C 咖啡渣

咖啡伴侣
coffee mate
TS278
- S 固体饮料
- Z 饮料

咖啡杯
coffee cup
TS972.23
- S 杯子
- Z 厨具

咖啡匙
Y 咖啡壶

咖啡豆
coffee beans
TS210.2
- S 豆类
- Z 粮食

咖啡壶
coffeepot
TM92；TS972.23
- D 咖啡匙
  咖啡器具
- S 饮食器具
- F 电咖啡壶
- Z 厨具

咖啡机
coffee maker
TM92；TS972.26
- S 食品加工器
- Z 厨具
  家用电器

咖啡酒
coffee wine
TS262
- S 酒*

咖啡奶
Y 风味奶

咖啡器具
Y 咖啡壶

咖啡饮料
coffee brew
TS273
- S 咖啡
- Z 饮料

咖啡油
coffee oil
TS225.19
- S 植物种子油
- Z 油脂

咖啡渣
coffee grounds
TS209；TS273
- S 食品残渣
- C 咖啡
- Z 残渣

卡摩纺
Y 紧密纺

卡摩纺针织物
carmo spun knitted fabrics
TS186
- S 针织物*

卡摩纱
Y 集聚纺纱线

卡诺拉油
Y 菜籽油

卡其
Y 卡其织物

卡其布
Y 卡其织物

卡其织物
khaki fabric
TS106.8
- D 单面卡其
  缎纹卡其
  卡其

卡其布
人棉卡其
人字卡其
双面卡其
S 斜纹织物
F 纱卡
Z 机织物

开闭牙机构
open-close gripper mechanism
TS803
S 递纸机构
F 高点闭牙机构
C 开闭牙凸轮 →(4)
Z 印刷机机构

开采*
mining
TD8
D 采掘过程
采掘技术
回采技术
开采法
开采方法
开采工艺
开采过程
开采技术
F 卤水开采
C 采矿
采油区 →(2)
开采试验 →(2)
开挖 →(2)(11)(12)
油气开采 →(2)

开采法
Y 开采

开采方法
Y 开采

开采工艺
Y 开采

开采过程
Y 开采

开采技术
Y 开采

开槽
trenching
TS64；U1
D 开槽法
开槽施工
开槽填补
C 槽
槽宽 →(11)(12)
掏槽 →(2)

开槽刀
Y 切槽刀

开槽法
Y 开槽

开槽机
groove cutting machine
TS914
S 工程机械*
F 印刷开槽机

开槽施工
Y 开槽

开槽填补
Y 开槽

开车档
Y 开车痕

开车痕
starting marks
TS101.97
D 开车档
开车横档
S 横条疵点
Z 纺织品缺陷

开车横档
Y 开车痕

开车稀密路
starting weft crackiness
TS101.97
S 稀密路
Z 纺织品缺陷

开袋缝纫机
Y 缝纫设备

开袋机
Y 缝纫设备

开发*
development
ZT
D 成功开发
待开发
弹性开发
航道开发
核武器开发
开发程度
开发方法
开发方式
开发过程
燃料开发
衰竭式开发
武器开发
系列化开发
F 纺织品开发
食品开发
游戏开发
C 航道管理 →(12)
河道整治 →(11)(12)(13)

开发程度
Y 开发

开发方法
Y 开发

开发方式
Y 开发

开发过程
Y 开发

开菲尔奶
kefir milk
TS252.54
S 酸奶
Z 发酵产品

乳制品

开缝
Y 缝隙

开缝长度
Y 缝制工艺

开缝撕裂性能
Y 撕裂性能

开幅洗涤机
Y 洗涤设备

开关车横档残
setting-on place
TS101.97
S 横条疵点
Z 纺织品缺陷

开化龙顶茶
Y 绿茶

开铗器
Y 染整机械机构

开铗装置
Y 染整机械机构

开茧机
Y 蚕茧初加工机械

开剪机
Y 裁剪机

开胶
Y 脱胶

开卷
Y 卷取

开卷张力
Y 退卷张力

开口
open
TS105
D 开口系统
开口形式
开口运动
S 经纱工艺
Z 织造工艺

开口扳手
Y 扳手

开口动程
opening travel
TS105
S 机织工艺参数
Z 织造工艺参数

开口机构
shedding mechanism
TS103.12
S 机织机构
F 凸轮开口机构
C 多臂机构
织机
Z 纺织机构

开口角
shed angle

TS105
  S 机织工艺参数
  Z 织造工艺参数

开口式染槽
  Y 染整机械机构

开口凸轮
shedding cam
TS103.81；TS103.82
  S 凸轮*
    织造器材*
  C 静置时间 →(1)

开口凸轮机构
  Y 凸轮开口机构

开口系统
  Y 开口

开口形式
  Y 开口

开口运动
  Y 开口

开矿
  Y 采矿

开毛
  Y 开松

开绵
  Y 开松

开绵机
  Y 丝纺织机械

开棉
  Y 开松

开棉打手
  Y 打手

开棉机
opener
TS103.22
  D 豪猪开棉机
    锯齿开棉机
    开松机
    立式开绵机
    立式开棉机
    双轴流开棉机
    轴流开棉机
  S 开清棉机械
  F 单轴流开棉机
  C 尘棒
    打手
    清棉机
  Z 纺织机械

开呢片机
  Y 毛纺机械

开瓶器
bottle opener
TS97
  S 生活用品*

开清
opening and forming
TS104.2

  S 开清棉
  F 开松
  Z 纺纱工艺

开清机械
  Y 开清棉机械

开清联合机
  Y 开清棉机械

开清棉
opening and cleaning
TS104.2
  D 开清棉工艺
    开清棉流程
    开清棉线
  S 前纺工艺
  F 成卷
    精细抓棉
    开清
    开纤工艺
    清棉
  C 打手速度
  Z 纺纱工艺

开清棉工艺
  Y 开清棉

开清棉机
  Y 开清棉机械

开清棉机械
opening and cleaning machine
TS103.22
  D 除杂机
    除杂器
    电气配棉器
    给棉机
    开清机械
    开清联合机
    开清棉机
    开清棉机械机构
    开清棉机组
    开清棉联合机
    开清棉设备
    棉箱给棉机
    凝集器
    配棉器
    配棉头
    气流除杂机
    气流配棉器
    强力除杂机
    清棉自调匀整仪
    天平调节装置
  S 前纺设备
  F 混棉机
    开棉机
    气配棉箱
    清棉机
    清梳联合机
    抓棉机
  C 开松
    棉纺机械
  Z 纺织机械

开清棉机械机构
  Y 开清棉机械

开清棉机组

  Y 开清棉机械

开清棉联合机
  Y 开清棉机械

开清棉流程
  Y 开清棉

开清棉设备
  Y 开清棉机械

开清棉线
  Y 开清棉

开水
  Y 沸水

开水炉
  Y 开水器

开水器
boiling-water heater
TM92；TS972.26
  D 茶水炉
    开水炉
    全自动开水器
  S 厨房电器
  F 电开水器
    电热水瓶
    太阳能开水器
  C 沸水
    热水锅炉 →(5)
  Z 厨具
    家用电器

开司米
  Y 山羊绒

开松
opening picking
TS104.2
  D 打麻
    开毛
    开绵
    开棉
  S 开清
  C 开清棉机械
  Z 纺纱工艺

开松机
  Y 开棉机

开榫机
tenoning machine
TS642
  D 横向开榫机
    木工榫槽机
    梳齿榫开榫机
    榫槽机
    榫孔机
    卧式榫槽机
    圆榫截断机
  S 木工机械*

开纤
  Y 开纤工艺

开纤工艺
opening process
TS104.2
  D 开纤

S 开清棉
　Z 纺纱工艺

开心果
pistachio
S；TS255.2
　S 坚果*

开洋
　Y 虾仁

开远牌白葡萄酒
　Y 白葡萄酒

开远牌杂果酒
　Y 果酒

揩布
wiper
TS973
　D 揩拭布
　S 擦拭巾
　F 超细水刺揩布
　Z 纺织品

揩花
　Y 色花

揩拭布
　Y 揩布

凯芙拉纤维
　Y 芳纶

凯纶织物
　Y 化纤织物

坎肩
　Y 背心

康复纺织品
　Y 卫生用纺织品

康特丝
contus
TQ34；TS102.51
　D 康特丝纤维
　S 再生纤维素纤维
　Z 纤维

康特丝纤维
　Y 康特丝

康砖
Kang brick
TS272.54
　S 砖茶
　Z 茶

糠多糖
rice bran polysaccharides
O6；Q5；TS213
　D 米糠多糖
　S 碳水化合物*

糠麸
　Y 谷类麸皮

糠粞分离器
　Y 分离设备

糠油
bran oil

TS225.19
　S 动植物油
　F 米糠油
　　燕麦麸油
　Z 油脂

抗癌食品
anti-cancer foods
TS218.21
　D 防癌食品
　S 保健食品
　Z 保健品
　　食品

抗变色
　Y 变色

抗病毒烟草
　Y 烟叶

抗电磁辐射织物
　Y 电磁屏蔽织物

抗电性能
　Y 电性能

抗泛黄
　Y 返黄

抗粉化
　Y 制粉

抗粉碎硬度指数
anti-grinded hardness index
TS210
　S 硬度指数
　C 破碎
　　小麦
　　硬度
　　玉米
　Z 指数

抗辐射剂
　Y 辐射防护剂

抗辐射性能
　Y 防辐射性

抗辐射整理
　Y 防辐射整理

抗腐
　Y 防腐

抗腐蚀
　Y 防腐

抗垢剂
　Y 阻垢剂

抗寒服
　Y 防寒服

抗褐变剂
anti browning agents
TS202.3
　D 防褐剂
　S 防护剂*
　C 可食性涂膜

抗滑移性
anti-slipping property

TD1；TH11；TS941.1
　D 止滑性
　S 防滑性能
　Z 防护性能
　　机械性能
　　物理性能

抗黄变
　Y 耐黄变性

抗黄变性
　Y 耐黄变性

抗挤性能
　Y 工艺性能

抗碱玻璃纤维
　Y 耐碱玻璃纤维

抗浸服
antiimmersion suit
TS941.731；X9
　S 防护服
　F 防水服
　Z 安全防护用品
　　服装

抗静电处理
　Y 抗静电整理

抗静电服装
　Y 防静电服装

抗静电剂
antistatic agent
TQ0；TS195.2
　D 防静电剂
　　静电消除剂
　　抗静电添加剂
　　抗静电整理剂
　　去静电剂
　S 防护剂*
　C 功能整理剂
　　化纤油剂　→(9)
　　抗静电机理　→(9)
　　抗静电整理
　　抗静电织物
　　平滑剂
　　去污力　→(9)
　　油剂　→(9)

抗静电面料
　Y 功能面料

抗静电特性
　Y 抗静电性

抗静电添加剂
　Y 抗静电剂

抗静电纤维
antistatic fibre
TQ34；TS102.528
　D 防静电纤维
　S 防护纤维
　C 导电纤维
　　抗静电整理
　Z 纤维

抗静电效果
　Y 抗静电性

抗静电性
antistatic behavior
O4；TS941.7
 D 防静电性能
  静电性能
  静电性能测试
  抗静电特性
  抗静电效果
  抗静电性能
 S 电性能*
 C 抗静电机理 →(9)
  抗静电整理

抗静电性能
 Y 抗静电性

抗静电整理
antistatic finish
TS195
 D 除静电
  防静电整理
  抗静电处理
  屏蔽整理
 S 织物特种整理
 C 防污整理
  化学处理
  抗静电剂
  抗静电纤维
  抗静电性
  屏蔽效能 →(5)
 Z 整理

抗静电整理剂
 Y 抗静电剂

抗静电织物
anti-static fabric
TS106.8
 D 防静电织物
 S 防护织物
 C 抗静电剂
 Z 功能纺织品

抗菌布
 Y 抗菌织物

抗菌产品
antibacterial products
TQ46；TS107
 D 抗菌制品
 S 产品*
 C 抗菌建材 →(11)

抗菌除臭
antibacterial and odor resistant
TS195.58
 D 抗菌防臭
 S 除味
 Z 脱除

抗菌除臭面料
 Y 功能面料

抗菌除臭整理
 Y 抗菌防臭整理

抗菌处理
 Y 抗微生物整理

抗菌涤纶

antibacterial polyester
TQ34；TS102.528
 S 功能性涤纶
  抗菌纤维
 C 抗菌建材 →(11)
 Z 纤维

抗菌防臭
 Y 抗菌除臭

抗菌防臭处理
 Y 抗微生物整理

抗菌防臭纺织品
 Y 抗菌织物

抗菌防臭剂
antibacterial deodorant
TS195.2
 S 除味剂*

抗菌防臭纤维
 Y 抗菌纤维

抗菌防臭整理
antibacterial and deodorizing
TS195
 D 抗菌除臭整理
 S 织物特种整理
 F 抗微生物整理
 Z 整理

抗菌防臭整理剂
 Y 抗菌整理剂

抗菌纺织品
 Y 抗菌织物

抗菌非织造布
 Y 非织造布

抗菌功能
 Y 抗菌性

抗菌面料
 Y 功能面料

抗菌能力
 Y 抗菌性

抗菌纱
 Y 抗菌纱线

抗菌纱线
anti-bacterial yarn
TS106.4
 D 抗菌纱
 S 特种纱线
 Z 纱线

抗菌特性
 Y 抗菌性

抗菌卫生整理剂
 Y 抗菌整理剂

抗菌纤维
anti-bacterial fibre
TQ34；TS102.528
 D 抗菌防臭纤维
  抗菌性纤维
  消臭纤维

 S 防护纤维
 F 抗菌涤纶
  抗菌粘胶纤维
 C 负离子纤维
  抗菌建材 →(11)
  抗菌母粒 →(9)
  抗菌织物
 Z 纤维

抗菌性
antimicrobial activity
TQ46；TS195.2
 D 抗菌功能
  抗菌能力
  抗菌特性
  抗菌性能
  抑菌能力
  抑菌特性
  抑菌性
  抑菌性能
 S 抗性*
  生物特征*
 F 防菌性
 C 银 →(3)

抗菌性能
 Y 抗菌性

抗菌性纤维
 Y 抗菌纤维

抗菌粘胶纤维
antibacterial viscose fibre
TQ34；TS102.528
 S 功能性粘胶纤维
  抗菌纤维
 Z 纤维

抗菌针织纱
antibacterial knitting yarns
TS106.4
 S 针织纱
 Z 纱线

抗菌针织物
 Y 针织物

抗菌整理
 Y 抗微生物整理

抗菌整理剂
antibacterial finishing agents
TS195.2
 D 反应性抗菌整理剂
  防虫剂
  防蛀剂
  防蛀整理剂
  抗菌防臭整理剂
  抗菌卫生整理剂
  卫生整理剂
  织物抗菌剂
 S 功能整理剂
 C 防螨整理
  抗微生物整理
  杀菌剂 →(9)
 Z 整理剂

抗菌整理织物
 Y 抗菌织物

抗菌织物
anti-bacterial fabric
TS106.8
　　D 抗菌布
　　　　抗菌防臭纺织品
　　　　抗菌纺织品
　　　　抗菌整理织物
　　S 防护织物
　　F 防臭织物
　　　　防螨织物
　　C 抗菌纤维
　　Z 功能纺织品

抗菌脂肽
antimicrobial peptides
TQ93；TS201.2
　　S 肽*

抗菌纸
antimicrobial paper
TS761.9
　　S 功能纸
　　Z 纸张

抗菌制品
　　Y 抗菌产品

抗菌中空涤纶纤维
antibacterial hollow polyester fibre
TQ34；TS102.522
　　S 中空涤纶
　　Z 纤维

抗冷冻变性
resistance to freezing denaturation
TS254
　　S 抗性*
　　　　冷冻变性
　　　　热学性能*
　　Z 变性

抗酶解淀粉
　　Y 抗性淀粉

抗霉剂
antifungal
TS202.34
　　D 天然防霉剂
　　S 防护剂*

抗霉菌性
fungus resistance
TS107；TS205
　　S 生物特征*
　　F 防霉性能

抗凝沉能力
anticoagulant capacity
TS201
　　S 能力*

抗凝沉性
anti-precipitability
TS201
　　S 凝沉性
　　Z 食品特性

抗泡剂
　　Y 消泡剂

抗起毛起球
　　Y 起毛起球性

抗起毛起球剂
anti-pilling agent
TS195.2
　　D 防起毛起球剂
　　　　防起毛整理剂
　　　　防起球整理剂
　　S 功能整理剂
　　C 起毛起球性
　　Z 整理剂

抗起毛起球性
　　Y 起毛起球性

抗起毛起球性能
　　Y 起毛起球性

抗起毛起球整理
anti-pilling finishing
TS195
　　D 防起毛起球整理
　　　　防起球
　　　　防起球整理
　　S 功能性整理
　　Z 整理

抗起毛性能
　　Y 起毛起球性

抗起球
　　Y 起毛起球性

抗起球性
　　Y 起毛起球性

抗起球性能
　　Y 起毛起球性

抗锲钢领
　　Y 钢领

抗燃纤维
　　Y 阻燃纤维

抗绕性
anti-entangling property
TS101
　　S 抗性*

抗热保护剂
heat resistant protective agent
TS202.3
　　S 抗湿热保护剂
　　Z 保护剂

抗溶胀整理
anti-swelling finish
TS195
　　D 防溶胀整理
　　S 功能性整理
　　Z 整理

抗渗水性
water penetration resistance
TS107；TS76；TU5
　　D 防渗水性能
　　　　抗透水性
　　S 渗透性能*
　　　　阻隔性*

抗生物处理
　　Y 抗微生物整理

抗生物整理
　　Y 抗微生物整理

抗湿热保护剂
damp and hot resistant protectants
TS202.3
　　S 保护剂*
　　F 抗热保护剂

抗蚀
　　Y 防腐

抗蚀处理
　　Y 防腐

抗蚀防护
　　Y 防腐

抗蚀能力
　　Y 防腐

抗水剂
　　Y 防水剂

抗撕裂
　　Y 撕裂性能

抗撕裂纺织品
　　Y 功能纺织品

抗撕裂强度
　　Y 撕裂性能

抗撕裂性
　　Y 撕裂性能

抗撕裂性能
　　Y 撕裂性能

抗碎性
crush resistance
TS4
　　S 工艺性能*

抗透水性
　　Y 抗渗水性

抗脱色
　　Y 脱色

抗微生物处理
　　Y 抗微生物整理

抗微生物整理
antimicrobial finish
TS195
　　D 防腐整理
　　　　防霉整理
　　　　抗菌处理
　　　　抗菌防臭处理
　　　　抗菌整理
　　　　抗生物处理
　　　　抗生物整理
　　　　抗微生物处理
　　　　卫生整理
　　S 抗菌防臭整理
　　C 抗菌整理剂
　　　　抗微生物性　→(9)
　　　　杀菌剂　→(9)

Z 整理

抗消化蛋白
resistant protein
Q5；TQ46；TS201.21
S 植物蛋白
Z 蛋白质

抗消化淀粉
Y 抗性淀粉

抗消化性能
Y 消化性能

抗性*
resistance
Q94；S
F 防水透湿
抗菌性
抗冷冻变性
抗绕性
抗营养性
耐水洗性
C 性能

抗性淀粉
resistant starch
TS235
D 抗酶解淀粉
抗消化淀粉
难消化淀粉
S 淀粉*
F 颗粒态抗性淀粉
玉米抗性淀粉

抗性糊精
resistant dextrin
TS23
D 难消化糊精
S 糊精
Z 糊料

抗盐胶态分散凝胶
Y 凝胶

抗氧保鲜
antioxidant preservation
TS205
S 保鲜*

抗氧化安定性
Y 氧化稳定性

抗氧化活性
antioxidant activity
TS201.2
D 抗氧化剂活性
抗氧活性
总抗氧化活性
S 化学性质*
活性*
C ACE 抑制活性 →(9)

抗氧化剂活性
Y 抗氧化活性

抗氧化食品
antioxidant food
TS218.15
D 防衰老食品

S 保健食品
Z 保健品
食品

抗氧化稳定性
Y 氧化稳定性

抗氧化物质
antioxidant substances
TS201.2
S 物质*

抗氧化效果
antioxidant effect
R；TS201
S 效果*

抗氧化作用
antioxidant effect
R；TS201
D 抗氧作用
S 化学作用*
C 抗氧化剂 →(9)

抗氧活性
Y 抗氧化活性

抗氧作用
Y 抗氧化作用

抗营养性
anti nutritional
TS201.4
S 抗性*
营养特性
Z 食品特性

抗泳移剂
Y 防泳移剂

抗油
Y 拒油整理

抗油污整理
Y 拒油整理

抗油整理
Y 拒油整理

抗再沉积剂
anti-redeposition agent
TQ42；TS190
S 防护剂*
C 去污力 →(9)

抗毡缩
anti felting
TS195
D 毡缩
S 防缩抗皱*

抗张挺度指数
tensile stiffness index
TS77
S 抗张指数
Z 指数

抗张指数
tensile index
TS77
S 指数*

F 抗张挺度指数
C 纸张质量
纸制品

抗折皱
Y 抗皱性

抗折皱性
Y 抗皱性

抗真菌多肽
antifungal peptide
TQ93；TS201.2
S 多肽
Z 肽

抗皱
Y 抗皱性

抗皱防缩
Y 防缩抗皱

抗皱防缩整理
Y 防缩抗皱

抗皱剂
Y 防皱整理剂

抗皱免烫
Y 抗皱免烫整理

抗皱免烫整理
anti-crease finish
TS195
D 不皱整理
防绉整理
防皱
防皱整理
机可洗整理
抗皱免烫
抗皱折
抗皱整理
S 功能性整理
F 免烫整理
柠檬酸抗皱整理
无甲醛 DP 整理
无醛防皱整理
C 尺寸稳定性
防皱整理剂
抗皱性
树脂整理剂
Z 整理

抗皱纹
Y 祛皱

抗皱效果
Y 抗皱性

抗皱性
resistance to creasing
TS101.923
D 防皱性
抗折皱
抗折皱性
抗皱
抗皱效果
抗皱性能
耐皱性
S 折皱性能

C 抗皱免烫整理
　　洗可穿
Z 纺织品性能

抗皱性能
　Y 抗皱性

抗皱折
　Y 抗皱免烫整理

抗皱整理
　Y 抗皱免烫整理

抗皱整理剂
　Y 防皱整理剂

抗紫外
　Y 防紫外线整理

抗紫外纤维
ultraviolet resistant fiber
TQ34；TS102.528
　D 防紫外线纤维
　　抗紫外线纤维
　S 防辐射纤维
　F 抗紫外线涤纶
　Z 纤维

抗紫外线
　Y 防紫外线整理

抗紫外线涤纶
ultraviolet resistant polyester
TQ34；TS102.528
　S 功能性涤纶
　　抗紫外纤维
　Z 纤维

抗紫外线纺织品
　Y 防紫外线织物

抗紫外线辐射
　Y 防紫外线整理

抗紫外线纤维
　Y 抗紫外纤维

抗紫外线整理
　Y 防紫外线整理

抗紫外线整理剂
　Y 防紫外线整理剂

抗紫外线织物
　Y 防紫外线织物

抗紫外整理
　Y 防紫外线整理

抗紫外整理剂
　Y 防紫外线整理剂

抗紫外织物
　Y 防紫外线织物

钪钠灯
scandium sodium lamp
TM92；TS956
　S 钠灯
　Z 灯

考姆兹
　Y 弦乐器

拷贝片
duplicating film
TB8；TS802
　D 亮室拷贝片
　　明室拷贝片
　　明室片
　S 摄影材料*

拷贝纸
　Y 纸张

拷花
　Y 轧纹整理

拷花大衣呢
　Y 大衣呢

拷花机
　Y 浸轧机

拷花织物
　Y 织物

栲胶
tannin extract
TQ94；TS54
　S 胶*
　F 荆树皮栲胶
　　浅色栲胶
　　塔拉栲胶

烤茶
　Y 茶叶烘焙

烤肠
cevapcici
TS251.59
　D 烤大肠
　　烤香肠
　S 香肠
　Z 肉制品

烤大肠
　Y 烤肠

烤鸡
roasted chicken
TS251.55；TS251.67
　D 电烤鸡
　　五香烤鸡
　S 鸡类菜肴
　　鸡肉制品
　　烧烤肉制品
　　熏烤肉制品
　Z 菜肴
　　肉制品

烤炉
　Y 电烤炉

烤鳗
baked eels
TS254.5
　D 鳗鱼制品
　S 鱼制品
　Z 水产品

烤鳗酱油
baking eel soy sauce
TS264.21
　S 海鲜酱油

　Z 酱油

烤鳗油
roast eel oil
TS225.24
　S 鱼油
　Z 油脂

烤面包机
　Y 面包机

烤面包炉
toaster
TS972.26
　D 多士炉
　S 电烤炉
　Z 厨具
　　家用电器

烤全羊
roast whole lamb
TS972.125
　S 羊肉菜肴
　Z 菜肴

烤肉
grilled meat
TS251
　S 烧烤肉制品
　Z 肉制品

烤肉炉
roaster
TS972.26
　S 电烤炉
　Z 厨具
　　家用电器

烤香肠
　Y 烤肠

烤箱
ovens
TS972.26
　D 电烘箱
　　电烤箱
　　电热烘烤用具
　　家用电烤箱
　　食品烤箱
　S 电灶
　Z 厨具
　　家用电器

烤鸭
roasted duck
TS251.55；TS251.68
　D 北京烤鸭
　S 烧烤肉制品
　　鸭类菜肴
　　鸭肉制品
　Z 菜肴
　　肉制品

烤烟
flue-cured tobacco
TS44
　D 初烤烟
　　初烤烟叶
　S 卷烟
　F 国产烤烟

烤烟型卷烟
　C 品质特性　→(1)
　　评吸品质
　　烟叶烘烤
　Z 烟草制品

烤烟房
flue-cured tobacco chambers
TS43
　D 步进型烤房
　　堆积烤房
　　火管烤房
　　烤烟炕房
　　热风循环烤房
　　太阳能加热烤房
　　太阳能烤房
　　烟烤房
　S 车间*
　F 半堆积式烤房
　　密集烤房
　C 制烟机械

烤烟烘烤
　Y 烟叶烘烤

烤烟机
tobacco dryer
TS43
　D 白肋烟烘焙机
　　薄板式烘丝机
　　烘烟丝机
　　烤烟炉
　S 制烟机械*
　F 烟叶复烤机

烤烟炕房
　Y 烤烟房

烤烟炉
　Y 烤烟机

烤烟型卷烟
flue-cured type cigarettes
TS45
　S 烤烟
　Z 烟草制品

烤羊肉
　Y 羊肉制品

烤羊腿
roast lamb leg
TS972.125
　S 羊肉菜肴
　Z 菜肴

烤鱼片
tereyaki
TS254.5
　D 烧烤鱼片
　S 鱼片
　Z 水产品

烤制
　Y 烘烤

烤制方法
　Y 烘烤

烤制工艺

烤制技术
　Y 烘烤

靠垫
cushion for leaning on
TS106.7
　S 装饰用纺织品*

靠山牌白葡萄酒
　Y 白葡萄酒

苛化度
　Y 苛性比

苛化率
　Y 苛性比

苛性比
caustic ratio
TF8；TS7
　D 苛化度
　　苛化率
　　苛性比值
　S 比率*
　C 沉铝率　→(3)
　　溶出率　→(3)

苛性比值
　Y 苛性比

珂版印刷
　Y 珂罗版印刷

珂罗版
collotype
TS802；TS82
　D 玻璃版
　S 模版*

珂罗版印刷
collotype printing
TS851
　D 玻璃版印刷
　　玻璃印刷
　　珂版印刷
　S 特种印刷
　Z 印刷

柯尔克孜族服饰
　Y 民族服饰

科学*
science
G
　F 宝石学
　　纺织化学
　　谷物化学
　　鞣制化学
　　湿部化学
　　食品化学
　　烟草化学
　　制革工艺学
　C 地质　→(1)(2)(11)
　　航空航天学　→(1)(6)(7)

科学饮酒
　Y 饮酒

颗粒*

grain
ZT2
　D 颗粒态
　　颗粒团
　　颗粒物
　　小颗粒
　F 淀粉颗粒
　C 沉降　→(2)(3)(4)(9)(11)(12)(13)
　　分散
　　分散体　→(6)(9)
　　粉尘　→(2)(3)(6)(7)(12)(13)
　　粉末
　　颗粒特性　→(1)(9)
　　颗粒形貌　→(1)
　　矿粒　→(2)
　　粒度
　　粒度分布　→(1)
　　气溶胶　→(9)(13)
　　筛
　　陶粒　→(4)(9)(11)
　　微粒运移　→(2)
　　吸附　→(1)(2)(3)(6)(8)(9)(11)(13)
　　旋流场　→(9)

颗粒 α 化修饰淀粉
granular-modified starch
TS235
　S 颗粒淀粉
　Z 淀粉

颗粒茶
granulated tea
TS27
　D 颗粒绿茶
　S 茶*

颗粒淀粉
granule-bound starch
TS235
　S 淀粉*
　F 非晶颗粒态淀粉
　　颗粒 α 化修饰淀粉
　　颗粒状冷水可溶淀粉
　　小颗粒淀粉

颗粒度
　Y 粒度

颗粒冷水溶胀淀粉
cold-water swelling starch
TS235
　S 颗粒状冷水可溶淀粉
　Z 淀粉

颗粒粒度
　Y 粒度

颗粒绿茶
　Y 颗粒茶

颗粒粕
　Y 粕

颗粒食品
grain food
TS219
　S 固体食品
　Z 食品

颗粒态

Y 颗粒

颗粒态抗性淀粉
granular resistant starch
TS235
  S 抗性淀粉
  Z 淀粉

颗粒团
  Y 颗粒

颗粒物
  Y 颗粒

颗粒细度
  Y 粒度

颗粒饮料
granular beverage
TS278
  S 固体饮料
  Z 饮料

颗粒状冷水可溶淀粉
granular cold-water-soluble starch
TS235
  S 颗粒淀粉
    冷水可溶淀粉
  F 颗粒冷水溶胀淀粉
  Z 淀粉

壳
  Y 壳体

壳程结构
  Y 壳体

壳聚糖纤维
  Y 甲壳素纤维

壳体*
enclosure
TH13
  D 包套
    壳
    壳程结构
    外壳
    外壳体
  F 麦壳
  C 高效换热器 →(5)(9)
    结构体 →(1)(4)(6)(9)(11)
    壳程强化传热 →(5)
    壳程清洗 →(9)
    纵流壳程换热器 →(5)

壳型造型
  Y 造型

可编性
  Y 可编织性

可编织性
knittability
TS101
  D 可编性
  S 纺织品性能*
  F 可织性

可变数据印刷
variable data printing
TS8

  D 可变印刷
  S 特种印刷
  Z 印刷

可变凸度轧机
  Y 轧机

可变印刷
  Y 可变数据印刷

可擦性圆珠笔
  Y 圆珠笔

可察觉色差
perceptible colour difference
TS8
  S 色差*

可程控测量仪器
  Y 测量仪器

可存活性
  Y 存活性

可调试
  Y 调试

可发酵糖
  Y 可发酵性糖

可发酵性糖
fermentable sugar
TS245
  D 可发酵糖
  S 糖*

可纺性
spinnability
TS101
  D 纺丝性
    纺丝性能
    可纺性能
    适纺性
    适纺性能
  S 纤维性能*
  C 纺纱性能
    纺丝设备

可纺性能
  Y 可纺性

可缝性
stitchability
TS101
  D 缝纫性能
    缝制性
  S 缝合性能
  Z 工艺性能

可呼吸织物
  Y 功能纺织品

可换刀片
  Y 可转位刀片

可回收废物
  Y 废弃物

可机洗
machine washable
TS101.923
  D 机可洗

  S 织物性能
  Z 纺织品性能

可挤压性
  Y 挤压特性

可剪板厚
  Y 板厚

可降解餐具
degradable tableware
TS972.23
  S 环保餐具
  F 一次性可降解餐饮具
  Z 厨具

可降解纤维
  Y 绿色纤维

可靠稳定性
  Y 稳定性

可可
  Y 可可粉

可可豆
cocoa
TS210.2
  S 豆类
  Z 粮食

可可粉
cocoa powder
TS274
  D 可可
  S 饮料*

可可奶
cocoa milk
TS252.59
  S 风味奶
  Z 乳制品

可可脂
cocoa butter
TS224；TS225
  S 动植物油脂
  F 代可可脂
    天然可可脂
    乌桕类可可脂
  C 巧克力
  Z 油脂

可控中高辊
controllable crown roll
TH13；TS73
  S 辊*

可乐
cola
TS275.3
  D 可乐型碳酸饮料
    可乐型饮料
    可乐饮料
  S 碳酸饮料
  Z 饮料

可乐型碳酸饮料
  Y 可乐

可乐型饮料

Y 可乐

可乐饮料
Y 可乐

可逆转换
reversible transformation
TS941
S 转换*

可膨胀
Y 膨胀

可染丙纶
Y 聚丙烯纤维

可染涤纶
Y 功能性涤纶

可染聚酯纤维
dyeable polyester
TQ34；TS102.522
S 改性聚酯纤维
Z 纤维

可染性
dyeability
TS193
D 染色均匀性
S 染色性能*

可溶硫化染料
soluble sulphur dyes
TS193.21
D 可溶性硫化染料
S 硫化染料
F 水溶性硫化染料
Z 染料

可溶性大豆多糖
soluble soybean polysaccharides
TS214
S 大豆多糖
F 水溶性大豆多糖
Z 碳水化合物

可溶性淀粉
soluble starch
TS235
S 淀粉*
F 水溶性淀粉

可溶性多糖
soluble polysaccharide
Q5；TS24
S 碳水化合物*

可溶性硫化染料
Y 可溶硫化染料

可溶性膳食纤维
soluble dietary fiber
TS201
S 膳食纤维
F 水溶性膳食纤维
C 豆渣
Z 天然纤维

可溶性维纶
soluble vinylon
TQ34；TS102.524

S 维纶
Z 纤维

可生物降解纤维
Y 功能纤维

可生物降解织物
Y 功能纺织品

可食包装
Y 可食性包装材料

可食包装膜
Y 可食性包装膜

可食保鲜膜
edible plastic wrap
TS206.4
D 可食性抗菌膜
可食用保鲜膜
S 保鲜膜
可食膜
F 玉米蛋白保鲜膜
Z 包装材料
膜

可食薄膜
Y 可食性包装膜

可食膜
edible film
TS206.4
D 可食性薄膜
S 膜*
F 蛋白膜
可食保鲜膜
可食性包装膜
可食性淀粉膜
可食性涂膜

可食涂膜
Y 可食性涂膜

可食性
edibility
TS201
D 可食用
可食用性
食用
S 食品特性*

可食性包装
Y 可食性包装材料

可食性包装薄膜
Y 可食性包装膜

可食性包装材料
edible package
TS206
D 可食包装
可食性包装
可食用包装
可食用包装材料
S 食品包装材料
F 可食性包装膜
可食性包装纸
Z 包装材料

可食性包装膜
edible packaging film

TS206.4
D 可食包装膜
可食薄膜
可食性包装薄膜
可食性膜
可食性食品包装膜
可食用薄膜
可食用膜
可食用性膜
S 可食膜
可食性包装材料
食品包装膜
Z 包装材料
膜

可食性包装纸
edible wrapping paper
TS761.7
D 可食用纸
可食纸
食用纸
S 可食性包装材料
食品包装纸
Z 包装材料
纸张

可食性薄膜
Y 可食膜

可食性淀粉膜
edible starch film
TS206.4；TS236.9
D 淀粉膜
S 可食膜
Z 膜

可食性抗菌膜
Y 可食保鲜膜

可食性膜
Y 可食性包装膜

可食性食品包装膜
Y 可食性包装膜

可食性涂膜
edible coating
TS206.4
D 可食涂膜
可食性涂膜剂
可食用涂膜
S 可食膜
C 抗褐变剂
Z 膜

可食性涂膜剂
Y 可食性涂膜

可食性小麦蛋白膜
edible wheat protein films
TS201.21
D 可食性小麦面筋蛋白膜
S 小麦蛋白膜
Z 膜

可食性小麦面筋蛋白膜
Y 可食性小麦蛋白膜

可食性油墨
edible inks

TQ63；TS802.3
　　S　油墨*

可食用
　　Y　可食性

可食用包装
　　Y　可食性包装材料

可食用包装材料
　　Y　可食性包装材料

可食用保鲜膜
　　Y　可食保鲜膜

可食用薄膜
　　Y　可食性包装膜

可食用膜
　　Y　可食性包装膜

可食用涂膜
　　Y　可食性涂膜

可食用性
　　Y　可食性

可食用性膜
　　Y　可食性包装膜

可食用纸
　　Y　可食性包装纸

可食纸
　　Y　可食性包装纸

可脱墨性
　　Y　脱墨性能

可压缩橡皮布
compressible blanket
TS802.2
　　D　气垫橡皮布
　　S　橡皮布
　　Z　印刷材料

可再利用废物
　　Y　废弃物

可再生技术
　　Y　再生

可再生性
　　Y　再生

可织性
weavability
TS101
　　S　可编织性
　　C　纺织性能
　　Z　纺织品性能

可贮性
　　Y　贮藏性

可转位刀具
indexable tool
TG7；TS914
　　D　不重磨刀具
　　　　回转刀具
　　　　转位刀具
　　S　刀具*

可转位刀片
indexable inserts
TG7；TS914.212
　　D　可换刀片
　　　　硬质合金可转位刀片
　　S　刀片
　　C　硬质合金　→(3)
　　Z　工具结构

克拉管
　　Y　短笛

克罗值
value of clo
TS941.15
　　S　触觉舒适性
　　Z　纺织品性能
　　　　使用性能
　　　　适性
　　　　性能

刻度工艺
　　Y　工艺方法

刻度机床
　　Y　机床

刻跟机
　　Y　制鞋机械

刻花装饰板
　　Y　饰面人造板

刻划精度
　　Y　精度

刻石刀
　　Y　雕刻机

刻纹机
embossing machine
TS64
　　S　胶合板机械
　　Z　人造板机械

刻线机
　　Y　雕刻机

刻楦机
shoe last carving machine
TS943.5
　　D　精刻楦机
　　　　鞋楦粗刻机
　　　　鞋楦细刻机
　　S　制鞋机械
　　F　数控刻楦机
　　Z　轻工机械

刻字刀
　　Y　雕刻机

客车产品
　　Y　车辆

客家菜
Hakka cuisine
TS972.12
　　S　菜系*

客家服饰
hakka clothing

TS941.7
　　S　民族服饰
　　Z　服饰

客家黄酒
hakka rice wine
TS262.4
　　S　黄酒
　　Z　酒

氪灯
krypton lamp
TM92；TS956
　　S　阴极灯
　　Z　灯

缂丝
silk tapestry with cut designs
TS146
　　S　丝织物
　　Z　织物

缂丝织物
　　Y　丝绸织物

空车灯
empty lights
TM92；TS956
　　S　车灯
　　Z　灯

空调*
air conditioner
TB6
　　D　常规空调
　　　　空调机
　　　　空调机组
　　　　空调器
　　　　空气调节机
　　　　空气调节器
　　　　普通空调
　　F　纺织厂空调
　　C　壁挂式空调　→(5)
　　　　调节器　→(2)(3)(4)(5)(6)(7)(8)(11)(12)
　　　　多联机系统　→(11)
　　　　风机盘管　→(11)
　　　　贯流风机　→(4)
　　　　滚筒干燥机　→(2)(5)
　　　　焓差法　→(1)
　　　　季节能效比　→(1)
　　　　空调控制　→(11)
　　　　空调系统　→(1)(5)(6)(8)(11)
　　　　空调箱　→(11)
　　　　空调制冷剂　→(1)
　　　　空气调节　→(1)
　　　　冷风机　→(4)
　　　　冷却盘管　→(1)
　　　　冷热水机组　→(1)(4)(11)
　　　　人字形翅片　→(1)
　　　　数码涡旋　→(11)
　　　　制冷空调　→(1)
　　　　制冷量　→(1)

空调机
　　Y　空调

空调机组
　　Y　空调

空调器
  Y 空调

空调清洗
air conditioning cleaning
TS973
  S 清洗*

空调式照明器
  Y 照明设备

空调纤维
  Y 调温纤维

空罐
empty can
TQ0；TS29
  S 罐*

空间材料加工
  Y 材料加工

空间位垒效应
space baffle effect
TS252
  S 效应*

空捻器
  Y 空气捻接器

空气
  Y 气体

空气变形纱
  Y 空气变形丝

空气变形丝
air jet textured yarn
TS106.4
  D 空气变形纱
  S 变形纱
  F 喷气变形丝
  Z 纱线

空气层织物
  Y 四平空转织物

空气沉降法造纸
  Y 造纸

空气调节机
  Y 空调

空气调节器
  Y 空调

空气过滤纸
air filter papers
TS761.9
  S 滤纸
  F 玻纤空气滤纸
  Z 纸张

空气呼吸器
  Y 呼吸器

空气解冻
air thawing
S；TS254
  S 解冻*

空气捻接
air splicing

TS104.2
  D 空气捻接技术
  S 捻接
  Z 纺纱工艺

空气捻接技术
  Y 空气捻接

空气捻接器
air splicer
TS103.11
  D 空捻器
    空气捻结器
    气动捻接器
    气流捻接器
  S 捻结器
  Z 纺织机构

空气捻结器
  Y 空气捻接器

空气提升式发酵罐
  Y 发酵罐

空气循环热泵式干衣机
  Y 热泵干燥机

空气预冷器
air precooling system
TS04
  D 空气预冷系统
  S 预冷器
  Z 冷却装置
    轻工机械

空气预冷系统
  Y 空气预冷器

空头率
loose-ends rate
TS43
  S 比率*
  C 卷烟

空心玻璃纤维
  Y 玻璃纤维

空心锭(纺纱)
  Y 空心锭子

空心锭花色拈线机
  Y 空心锭花式捻线机

空心锭花式捻线机
hollow spindle fancy twisting machine
TS103.23
  D 空心锭花色拈线机
  S 花式捻线机
  Z 纺织机械

空心锭子
hollow spindle
TS103.82
  D 空心锭(纺纱)
  S 锭子
  Z 纺纱器材

空心股线
hollow-section strand
TS106.4
  S 股线*

空心挂面
  Y 通心粉

空心纱
  Y 空芯纱

空芯刨花板
howllow particle boards
TS62
  S 刨花板
  Z 木材

空芯纱
tubular yarns
TS106.4
  D 空心纱
  S 纱线*

孔版印刷
  Y 丝网印刷

孔版油墨
  Y 印刷油墨

孔洞*
pore space
U4
  F 喷水孔
    筛孔
    通孔
  C 缝隙
    孔隙 →(2)

孔府菜
confucius food
TS972.12
  S 鲁菜
  Z 菜系

孔加工刀具
hole machining tools
TG7；TS914
  D 扩孔刀
  S 刀具*
  F 深孔刀具
  C 孔加工 →(3)
    钻头 →(2)(3)

孔雀绿染料
malachite green dye
TS193.21
  S 绿色染料
  Z 染料

孔雀石
malachite
TS933.21
  S 宝石
  Z 饰品材料

孔型样板
  Y 样板

控制*
control
TP1
  D 操控方法
    操控方式
    操控技术
    控制办法

控制程度
控制过程
控制技术
控制领域
现代控制技术
F 卫生控制
细节控制
原材料控制
C 跟踪控制 →(4)(5)(6)(8)
工程控制 →(1)(2)(6)(8)(11)(12)
工业控制
管理
过程控制 →(1)(4)(5)(6)(8)(11)
化学控制
监控 →(1)(2)(3)(4)(5)(6)(7)(8)(11)(12)(13)
晶体控制 →(3)(8)(9)
军备控制 →(1)(6)
控制测量 →(1)
力学控制 →(1)(2)(3)(4)(5)(6)(8)(11)(12)
生物控制
数学控制
位置控制 →(3)(4)(6)(8)(11)(12)
物理控制
性能控制 →(1)(3)(4)(6)(8)(11)
抑制 →(1)(6)(8)(9)
直接控制 →(4)(5)(6)(8)
主被动控制 →(1)(4)(5)(6)(8)(11)

控制办法
　Y 控制

控制表面
　Y 表面

控制程度
　Y 控制

控制过程
　Y 控制

控制机
　Y 控制器

控制技术
　Y 控制

控制领域
　Y 控制

控制器*
controller
TM5
　D 控制机
控制器系统
施控系统
　F 彩灯控制器
　C 计算机控制器 →(4)(5)(7)(8)
开关 →(4)(5)(7)(8)
控制电机 →(5)
控制电路 →(4)(5)(6)(7)(8)
控制电器 →(5)
控制设备 →(8)

控制器系统
　Y 控制器

控制热成形
　Y 热成型

控制网点

mesh of control points
TS805
　S 网点
　Z 印刷参数

口袋
pocket
TS941.3
　S 服装附件*

口感
mouthfeel
TS207
　D 滋味
　S 感觉*
　F 滑爽
绵柔
啤酒口感

口感质量
taste quality
TS971
　S 感官质量
　Z 质量

口蘑扒鱼脯
　Y 肉脯

口腔保健品
　Y 保健品

口腔护理产品
　Y 口腔用品

口腔护理用品
　Y 口腔用品

口腔用品
oral product
TS974
　D 口腔护理产品
口腔护理用品
　S 卫生用品
　F 牙刷
　Z 个人护理品

口味
taste
TS971.1
　S 感觉*
　F 苦涩味
辣味
啤酒口味
清淡
糖醋味
甜酸
土腥味
鲜味

口味缺陷
　Y 风味缺陷

口味稳定性
taste stability
TS201
　S 食品稳定性
　Z 食品特性
稳定性

口香糖

chewing gum
TS246.59
　D 胶基糖
胶姆糖
　S 糖果
　Z 糖制品

口罩
breathing mask
TS941.731；X9
　S 个人防护用品
　F 防护口罩
　Z 安全防护用品

口子窖酒
kouzi cellar liquor
TS262.39
　S 中国白酒
　Z 白酒

叩解度
　Y 打浆性能

扣肉
braised pork
TS972.125
　S 猪肉菜肴
　F 梅菜扣肉
　Z 菜肴

扣眼套结机
　Y 缝纫设备

扣子
　Y 钮扣

筘
reed
TS103.81；TS103.82
　D 织筘
　S 织造器材*
　F 钢筘
筘齿
筘片
筘座脚
筘座支座
异形筘
　C 打纬机构

筘齿
dent
TS103.81；TS103.82
　S 筘
　Z 织造器材

筘幅
reed width
TS105
　S 机织工艺参数
　Z 织造工艺参数

筘号
　Y 筘密

筘密
density of reed
TS105
　D 筘号
　S 机织工艺参数
　Z 织造工艺参数

筘片
reed blade
TS103.81；TS103.82
  S 筘
  F 异形筘片
  Z 织造器材

筘座
  Y 筘座脚

筘座机构
sley mechanism
TS103.12
  D 筘座组合体
  S 机织机构
  Z 纺织机构

筘座脚
lathe sword
TS103.81；TS103.82
  D 筘座
  S 筘
  Z 织造器材

筘座支座
sword sley pedestal
TS103.81；TS103.82
  S 筘
  Z 织造器材

筘座组合体
  Y 筘座机构

枯黄麻
  Y 黄麻纤维

枯茗
  Y 孜然

苦丁茶
kudingcha
TS272.59
  S 茶*
  F 小叶苦丁茶

苦丁茶啤酒
Kuding tea beer
TS262.59
  S 保健啤酒
  Z 酒

苦丁茶饮料
bitter butyl tea
TS275.2
  S 茶饮料
  Z 饮料

苦瓜
momordica charantia
S；TS255.2
  D 苦瓜属
  S 蔬菜
  Z 果蔬

苦瓜保健酒
  Y 保健酒

苦瓜茶
bitter tea
TS272.59
  S 凉茶

  Z 茶

苦瓜粉
bitter gourd powders
TS255.5
  S 蔬菜粉
  Z 食用粉

苦瓜酒
momordica charantia liquor
TS262.7
  S 果酒
  Z 酒

苦瓜凉茶
  Y 凉茶

苦瓜啤酒
bitter gourd beer
TS262.59
  S 果汁啤酒
  Z 酒

苦瓜提取物
bitter gourd extract
TS255.1
  D 苦瓜提取液
  S 天然食品提取物
  Z 提取物

苦瓜提取液
  Y 苦瓜提取物

苦瓜饮料
balsam pear beverage
TS275.5
  D 苦瓜汁饮料
  S 果蔬饮料
  Z 饮料

苦瓜汁
balsam pear juice
TS255
  S 蔬菜汁
  Z 果蔬制品
    汁液

苦瓜汁饮料
  Y 苦瓜饮料

苦瓜属
  Y 苦瓜

苦荆茶
kujingcha
TS272.59
  S 凉茶
  Z 茶

苦卤
  Y 制盐母液

苦卤工业
  Y 制盐工业

苦卤水
bittern
TS39
  S 卤水*

苦荞

  Y 苦荞麦

苦荞茶
buckwheat tea
TS275.2
  D 苦荞麦茶
  S 茶饮料
  Z 饮料

苦荞醋
buckwheat vinegar
TS264.22
  S 杂粮醋
  Z 食用醋

苦荞蛋白
  Y 荞麦蛋白

苦荞多肽
buckwheat peptide
TQ93；TS201.2
  S 多肽
  Z 肽

苦荞粉
buckwheat flour
TS211.2
  D 苦荞麦粉
    苦荞面粉
  S 麦粉
  Z 粮食

苦荞麸
  Y 麦麸

苦荞麸皮
  Y 麦麸

苦荞黄酮
buckwheat flavonoids
TS211
  S 黄酮*

苦荞麦
tartary buckwheat
TS210.2
  D 苦荞
    苦养麦
  S 荞麦
  Z 粮食

苦荞麦茶
  Y 苦荞茶

苦荞麦粉
  Y 苦荞粉

苦荞麦壳
bitter buckwheat shell
TS211
  S 荞麦壳
  Z 壳体

苦荞麦食品
  Y 面制食品

苦荞面粉
  Y 苦荞粉

苦涩味
bitter and asperity

TS27
  S 口味
  F 苦味
    涩味
  Z 感觉

苦肽
  Y 苦味肽

苦味
bitterness
TS201
  D 苦味机理
    苦味评价
    苦味值
    苦味质
  S 苦涩味
  C 苦味物质
  Z 感觉

苦味机理
  Y 苦味

苦味评价
  Y 苦味

苦味肽
bitter peptides
TQ93；TS201.2
  D 苦肽
  S 肽*

苦味物质
bitter substances
TS201
  S 风味物质
  C 苦味
  Z 物质

苦味值
  Y 苦味

苦味质
  Y 苦味

苦杏仁
semen armeniacae amarum
TS255.6
  S 杏仁
  Z 坚果制品

苦杏仁油
bitter almond oil
TS225.19
  S 杏仁油
  Z 油脂

苦荞麦
  Y 苦荞麦

裤
  Y 裤装

裤裆
crotch
TS941.61
  D 裆部
  S 裤装结构
  F 裆宽
    裆弯
    立裆

Z 服装结构

裤脚口
leg opening
TS941.61
  D 大裤底
    脚口
    裤脚前后
    裤卷脚
    小裤底
  S 裤装结构
  Z 服装结构

裤脚前后
  Y 裤脚口

裤卷脚
  Y 裤脚口

裤型
trousers style
TS941.61
  S 裤装结构
  Z 服装结构

裤腰
trouser waist
TS941.61
  S 裤装结构
  Z 服装结构

裤装
trousers
TS941.7
  D 半长裤
    背带裤
    长裤
    灯笼裤
    登山裤
    短裤
    工装裤
    九分裤
    裤
    裤子
    阔腿裤
    喇叭裤
    连衣裤
    七分裤
    裙裤
    热裤
    沙滩裤
    五分裤
    下装
    休闲裤
    游泳裤
  S 服装*
  F 合体裤
    紧身裤
    连体裤装
    内裤
    牛仔裤
    女裤
    西裤

裤装结构
trousers construction
TS941.61
  S 服装结构*
  F 后翘度

裤裆
裤脚口
裤型
裤腰

裤子
  Y 裤装

酪蛋白
  Y 酪蛋白

跨距长度
  Y 纤维长度

跨媒体颜色复制
  Y 彩色复印

快餐
fast food
TS971
  S 餐饮*
  F 自助餐

快餐餐具
  Y 快餐具

快餐盒
snack boxes
TS972.23
  D 一次性餐盒
    一次性快餐盒
    纸浆模塑餐盒
    纸质快餐盒
  S 餐盒
    快餐具
  Z 厨具

快餐具
snack tablewares
TS972.23
  D 快餐餐具
  S 餐具
  F 快餐盒
  Z 厨具

快餐食品
snack foods
TS217
  S 方便食品*

快餐粥
  Y 方便粥

快干性
drying capacity
TS195
  S 性能*

快曲
  Y 麸曲

快速成熟
rapid ageing
TS205
  S 成熟*

快速成形机床
  Y 机床

快速估算
  Y 快速计算

快速计算
rapid calculation
TB6；TS801
　D 快速估算
　S 性能计算*

快速精练
rapid scouring
TS192.5
　S 精练
　Z 练漂

快速精练剂
rapid scouring agents
TS192
　S 精练剂
　Z 助剂

快速磨刀器
　Y 生活用品

快速染色
　Y 染色工艺

快速生物脱胶
fast microbial retting
TS12
　S 快速脱胶
　　生物脱胶
　Z 脱胶

快速式热水器
　Y 热水器

快速脱胶
fast degumming process
TS12
　S 脱胶*
　F 快速生物脱胶

快速印刷
rapidprint
TS87
　S 印刷*

快消化淀粉
fast digestion starch
TS235
　S 淀粉*

快印
　Y 印刷复制

筷子
chopsticks
TS972.23
　S 餐具
　F 不锈钢筷子
　　一次性筷子
　　竹筷
　Z 厨具

宽带砂光机
wide belt sander
TS64
　S 砂光机
　Z 轻工机械

宽度*
width
ZT2

　F 工作宽度
　　肩宽
　　试样宽度
　C 高度 →(1)(2)(3)(4)(5)(6)(7)(9)(11)(12)(13)
　　直径

宽幅
broad width
TS107
　S 织物幅宽
　F 特宽幅
　Z 织物规格

宽幅织机
　Y 织机

宽幅织物
　Y 织物

宽紧织物
　Y 弹性织物

宽罗纹织物
　Y 罗纹织物

宽松量
　Y 放松量

宽松式连衣裙
　Y 连衣裙

宽檐帽
wide-brim hats
TS941.721
　S 帽*

宽裕量
　Y 放松量

宽展轧机
　Y 轧机

款式
　Y 样式

款式结构
　Y 服装结构

款式设计
style design
TS941.2
　D 服装款式设计
　S 服装设计
　Z 服饰设计

款式特点
　Y 样式

款式图
　Y 服装款式图

款式造型
style modeling
TS941.6
　S 服装造型
　Z 造型

矿藏开采
　Y 采矿

矿层开采
　Y 采矿

矿产开采
　Y 采矿

矿床*
mineral deposit
P5
　D 复杂矿床
　F 芒硝矿床
　　岩盐矿床
　　盐矿
　C 矿产 →(1)(2)(3)
　　矿山 →(2)
　　矿石 →(1)(2)(3)(9)(11)
　　矿体 →(2)

矿床开采
　Y 采矿

矿床开采技术
　Y 采矿

矿床开发
　Y 采矿

矿灯
cap lamp
TD6；TS956
　D 大灯
　　帽灯
　　头灯
　　新型矿灯
　S 灯*
　F 安全帽灯
　　报警矿灯
　　前照灯
　　酸性矿灯

矿井*
mine
TD2
　D 矿井大气
　　矿井井型
　　矿井空气
　　矿内大气
　　矿内空气
　F 盐井
　C 采区 →(2)
　　井 →(2)(4)(11)(12)
　　实际垂直深度 →(2)

矿井大气
　Y 矿井

矿井井型
　Y 矿井

矿井空气
　Y 矿井

矿卤
mineral halide
TS39
　D 采矿卤水
　S 卤水*
　F 盐矿卤水

矿卤滩晒
　Y 滩晒

矿棉

Y 矿物棉

矿内大气
Y 矿井

矿内空气
Y 矿井

矿区开采
Y 采矿

矿区开发
Y 采矿

矿泉水
mineral water
TS275.1
D 瓶装矿泉水
S 水饮料
F 天然矿泉水
Z 饮料

矿山采矿
Y 采矿

矿山工程机械
Y 矿山机械

矿山机电
Y 矿山机械

矿山机械*
mining machinery
TD4
D 矿山工程机械
矿山机电
矿山机械设备
矿山设备
矿山装备
矿业机械
矿业设备
矿业装备
矿用机械
矿用设备
F 风选机
去石机
选厂设备
C 机械
矿井设备 →(2)
矿用电机 →(5)
钻井设备 →(2)

矿山机械设备
Y 矿山机械

矿山开采
Y 采矿

矿山开发
Y 采矿

矿山设备
Y 矿山机械

矿山系统*
mine system
TD2
F 筛分系统
C 工程系统 →(1)(6)(8)(11)
通风系统 →(2)(11)
钻井系统 →(2)(8)

矿山装备
Y 矿山机械

矿田*
ore field
P5；TD8
F 盐田
C 油气田 →(2)

矿物开采
Y 采矿

矿物棉
mineral wool
TS102；TU5
D 矿棉
矿渣棉
S 材料*
纤维制品*
F 粒状棉
石棉
岩棉
C 保温 →(1)
矿物纤维

矿物染料
mineral dyes
TS193.21
D 石染
朱砂
S 天然染料
C 矿物油 →(2)
Z 染料

矿物鞣料
Y 鞣剂

矿物纤维
mineral fibres
TS102.4
D 矿渣纤维
S 天然纤维*
F 硅酸盐纤维
磷石膏纤维
磷酸钙纤维
麦饭石纤维
莫来石纤维
石棉纤维
钛酸钡纤维
玄武岩纤维
氧化物纤维
玉石纤维
C 矿物棉

矿物盐
mineral salts
TS36
S 固体盐
Z 盐

矿盐
Y 岩盐

矿盐生产
Y 岩盐开采

矿业机械
Y 矿山机械

矿业开采

Y 采矿

矿业设备
Y 矿山机械

矿业装备
Y 矿山机械

矿用安全帽灯
safety cap lamp for mines
TM92；TS956
S 安全帽灯
Z 灯

矿用呼吸保护器
Y 呼吸器

矿用机械
Y 矿山机械

矿用设备
Y 矿山机械

矿渣棉
Y 矿物棉

矿渣纤维
Y 矿物纤维

框架锯
buhl saw
TG7；TS64；TS914.54
D 金刚石框架锯
框锯
S 锯
Z 工具

框架锯机
Y 框锯机

框锯
Y 框架锯

框锯机
sawing machines
TS642
D 框架锯机
S 锯机
Z 木工机械

盔甲
corselet
TS935；TS941.731
S 个人防护用品
F 军盔
头盔
Z 安全防护用品

葵花蛋白
sunflower protein
Q5；TQ46；TS201.21
S 油料蛋白
Z 蛋白质

葵花秆
Y 葵花秸

葵花秸
sunflower straw
TS62
D 葵花秆
S 茎杆*

C 积成材

葵花粕
sunflower meal
TS209
　D 葵花籽粕
　　葵粕
　S 粕*

葵花油
　Y 葵花籽油

葵花籽
sunflower seeds
TS202.1
　D 向日葵籽
　S 植物菜籽*

葵花籽粕
　Y 葵花粕

葵花籽乳饮料
　Y 果蔬饮料

葵花籽油
sunflower oil
TS225.15
　D 葵花油
　　葵花籽油
　　向日葵油
　S 籽油
　Z 油脂

葵花子
　Y 瓜子

葵花籽油
　Y 葵花籽油

葵粕
　Y 葵花粕

魁栗
　Y 板栗

昆布
　Y 海带

昆虫食品
insect food
TS219
　S 动物性食品
　Z 食品

昆虫油脂
insect oils
TS22
　S 动植物油脂
　F 蛹脂
　Z 油脂

醌*
quinone
TQ2
　F 分散蒽醌

扩幅拉幅机
　Y 拉定形机

扩孔刀
　Y 孔加工刀具

扩孔攻丝机
　Y 攻丝机

扩孔机
staving press
TG5；TS64
　S 机床*
　C 冲孔机 →(3)
　　辗扩机 →(3)

扩口模
　Y 模具

扩散常数
　Y 扩散系数

扩散剂
　Y 分散剂

扩散系数*
diffusion coefficients
O4；TQ0
　D 扩散常数
　F 湿扩散系数
　C 系数

扩散性能
diffusibility
TS10；TU5
　S 物理性能*

扩散着色
　Y 着色

阔幅织机
　Y 织机

阔幅织物
　Y 织物

阔腿裤
　Y 裤装

阔叶浆
　Y BHKP

阔叶木浆
hardwood pulp
TS749.1
　S 木浆
　Z 浆液

廓形
profile shape
TG7；TH11；TS943
　D 廓型
　　轮廓形状
　S 轮廓*
　C 成形铣刀 →(3)

廓型
　Y 廓形

垃圾仓
　Y 垃圾桶

垃圾袋
garbage bag
TS976.8
　D 光分解垃圾袋
　　塑料垃圾袋
　S 清洁用具

C 垃圾袋装式收集 →(13)
Z 生活用品

垃圾食品
junk food
TS219
　S 食品*

垃圾桶
trash can
TS976.8
　D 街道垃圾桶
　　街道垃圾箱
　　垃圾仓
　　垃圾箱
　S 废物处理设备*
　　清洁用具
　Z 生活用品

垃圾箱
　Y 垃圾桶

拉拔*
drawing
TG3
　D 拔长
　　拔拉工艺
　　拔制
　　拉制
　F 拉丝

拉拔工具
　Y 拉拔设备

拉拔器
　Y 拉拔设备

拉拔设备*
drawing equipment
TG3
　D 管棒材拉拔机
　　拉拔工具
　　拉拔器
　　拉制设备
　F 滑轮式拉丝机
　　活套式拉丝机
　C 加工设备
　　金属加工设备
　　拉伸模 →(3)
　　制绳机 →(3)

拉边机
edge roller
TS941.562
　S 缝纫设备
　Z 服装机械

拉幅
　Y 拉幅整理

拉幅定形机
stretching stenter
TS190.4
　D 扩幅拉幅机
　　拉幅定型机
　S 染整机械*
　F 定形机
　　拉幅机

拉幅定型机

Y 拉幅定形机

拉幅机
tentering machine
TS190.4
D 单程拉幅机
多层拉幅定形机
热风拉幅机
双层拉幅定形机
双程拉幅机
S 拉幅定形机
C 拉幅整理
Z 染整机械

拉幅热定形联合机
Y 热定型机

拉幅丝光
Y 丝光整理

拉幅烫压机
Y 热定型机

拉幅整理
stenter finishing
TS195
D 定幅
拉幅
S 纺织品整理
C 定形整理
定型 →(1)(4)(6)
拉幅机
丝光整理
整纬
Z 整理

拉祜族服饰
Y 民族服饰

拉开粉
nekal
TS193
S 表面活性剂*

拉链
zip
TS941.3
S 服装附件*
F 闭尾拉链
单开尾拉链
涤纶拉链
双开尾拉链

拉毛
napping
TS195
S 起毛
F 湿拉毛
Z 整理

拉毛机
Y 起毛机

拉毛绒
tensile plush
TS195
S 绒毛*

拉毛绒线
Y 绒线

拉绒织物
Y 绒织物

拉软机
Y 制革机械

拉舌尔机
Y 拉舍尔经编机

拉舌尔经编机
Y 拉舍尔经编机

拉舌尔毛毯
Y 毯子

拉舍尔
Y 拉舍尔经编

拉舍尔单针床经编机
Y 拉舍尔经编机

拉舍尔花边
Y 蕾丝花边机

拉舍尔机
Y 拉舍尔经编机

拉舍尔经编
raschel
TS184.3
D 拉舍尔
S 经编工艺
C 经编组织
Z 针织工艺

拉舍尔经编机
raschel warp knitting machine
TS183.3
D 拉舌尔机
拉舌尔经编机
拉舍尔单针床经编机
拉舍尔机
拉舍尔双针床经编机
S 经编机
F 多梳栉经编机
Z 织造机械

拉舍尔经编织物
Y 经编织物

拉舍尔毛毯
raschel blanket
TS106.76；TS136
D 单层拉舍尔毛毯
经编拉舍尔毛毯
腈纶拉舍尔毛毯
羊绒拉舍尔毛毯
S 毛毯
Z 毯子

拉舍尔棉毯
rashell printing cotton blanket
TS116
D 拉舍尔印花棉毯
S 棉毯
Z 毯子

拉舍尔双针床经编机
Y 拉舍尔经编机

拉舍尔印花棉毯

Y 拉舍尔棉毯

拉舍尔织物
Y 经编织物

拉伸*
tension
TG3；TQ34
D 拉伸方法
拉伸方式
拉伸工艺
拉伸过程
拉伸技术
拉伸加工
拉伸行为
力学拉伸
F 二次拉伸
盘管拉伸
温差拉伸
C 变形
成形
翻边 →(3)
复丝
极限拉深高度 →(3)
拉力 →(1)(2)(3)(4)(5)(7)(11)
拉伸断裂 →(3)
拉伸模 →(3)
屈服变形 →(1)
弯曲
压力加工

拉伸变形机
Y 牵伸变形机

拉伸变形纱
draw textured yarn
TS106.4
S 变形纱
Z 纱线

拉伸变形丝
Y 变形纱

拉伸弹性回复性
tensile elastic recovery
TS101.923
S 回复性
力学性能*
Z 纺织品性能

拉伸断裂强力
tensile breaking force
TS1
S 强力*

拉伸方法
Y 拉伸

拉伸方式
Y 拉伸

拉伸工艺
Y 拉伸

拉伸辊
Y 牵伸辊

拉伸过程
Y 拉伸

拉伸技术

Y 拉伸

拉伸加工
Y 拉伸

拉伸细化
slenderizing
TS131
S 细化处理
Z 处理

拉伸细化羊毛
Y 拉细羊毛

拉伸行为
Y 拉伸

拉伸性质测试仪
Y 拉伸仪

拉伸羊毛
Y 拉细羊毛

拉伸仪
stretching tester
TH7；TS103.6
D 拉伸性质测试仪
S 力学测量仪器*

拉丝
wire drawing
TG3；TS972.1
D 拔丝
拔丝技术
拨丝
拉丝工艺
拉丝技术
S 拉拔*
C 拉丝机 →(3)(11)
拉丝模 →(3)
拉丝性 →(3)
配模 →(3)

拉丝工艺
Y 拉丝

拉丝技术
Y 拉丝

拉哇布
Y 打击乐器

拉细羊毛
stretched fine wool
TS102.31
D Optim 纤维
拉伸细化羊毛
拉伸羊毛
细化羊毛
S 羊毛
C 光泽
绢丝
Z 天然纤维

拉弦乐器
Y 弦乐器

拉制
Y 拉拔

拉制设备
Y 拉拔设备

喇叭裤
Y 裤装

喇叭裙
flare skirt
TS941.7
S 裙装
Z 服装

腊八豆
laba bean
TS214.9
S 大豆发酵食品
Z 豆制品
发酵产品

腊肠
Y 香肠

腊禾花鲤鱼
Y 腌腊鱼

腊鸡腿
Y 低盐腊肉

腊晾肉
Y 低盐腊肉

腊鹿肉
Y 低盐腊肉

腊牛肉
cured beef
TS251.52
S 牛肉制品
Z 肉制品

腊肉
Y 腊肉制品

腊肉制品
cured meat products
TS205.2；TS251.59
D 腊肉
腊制品
腌腊肉制品
腌腊熏肉制品
S 腌肉制品
F 低盐腊肉
C 脂肪降解
Z 肉制品
腌制食品

腊乳猪
Y 低盐腊肉

腊兔
Y 低盐腊肉

腊香鸡
Y 低盐腊肉

腊香兔肉
Y 低盐腊肉

腊羊肉
Y 低盐腊肉

腊鱼
smoked fishes
TS254.5
S 鱼制品
Z 水产品

腊汁肉
Y 低盐腊肉

腊制品
Y 腊肉制品

蜡笔
wax pencil
TS951.18
S 笔
Z 办公用品

蜡防印花
wax resist printing
TS194.45
S 防染印花
Z 印花

蜡防印花布
Y 蜡印布

蜡固着油墨
Y 油墨

蜡染
wax printing
TS193.5
D 彩色蜡染
传统蜡染
机械蜡染
S 染色工艺*
F 蜡缬

蜡染布
Y 蜡印布

蜡染印花机
wax printing machines
TS194.3
S 印花机
Z 印染设备

蜡缬
batik
TS193
S 蜡染
Z 染色工艺

蜡印布
batik fabric
TS106.8
D 蜡防印花布
蜡染布
S 印花织物
Z 织物

蜡质马铃薯
Y 马铃薯

蜡质马铃薯淀粉
waxy potato starch
TS235.2
S 马铃薯淀粉
Z 淀粉

蜡质玉米
waxy corn

TS210.2
　S 玉米
　Z 粮食

蜡质玉米淀粉
　Y 糯玉米淀粉

蜡质玉米粉
waxy corn flour
TS211
　S 玉米粉
　Z 粮油食品

辣度
pungency degree
TS971
　S 程度*

辣酱
hot sauce
TS264
　D 八宝辣酱
　　北方辣酱
　　地木耳辣酱
　　豆瓣辣酱
　　豆香辣酱
　　菇蒜鲜辣酱
　　红辣酱
　　芥辣酱
　　辣椒酱
　　麻辣酱
　　蘑菇麻辣酱
　　蒜蓉辣酱
　　泰式甜辣酱
　S 风味酱
　F 香辣酱
　Z 酱

辣椒
hot pepper
TS255.2
　S 蔬菜
　F 灯笼椒
　　红椒
　　青椒
　Z 果蔬

辣椒调味品
chili seasoning
TS255.5；TS264.3
　S 香辛料
　Z 调味品

辣椒粉
paprika
TS255.5
　S 蔬菜粉
　Z 食用粉

辣椒红色素
paprika red pigment
TQ61；TS202.39
　S 辣椒色素
　　色素*

辣椒红素
capsorubin
TS255.3
　S 提取物*

　C 胡萝卜素

辣椒酱
　Y 辣酱

辣椒皮
capsicum coat
TS255
　S 水果果皮*

辣椒粕
pepper cake
TS209
　S 粕*

辣椒色素
chilli pigment
TQ61；TS202.39
　S 植物色素
　F 辣椒红色素
　Z 色素

辣椒素类物质
capsaicin substances
TS255
　S 物质*

辣椒油
pepper oil
TS225.3；TS264
　S 调味油
　Z 粮油食品

辣椒油树脂
capsicum oleoresin
TQ65；TS264
　S 油树脂
　Z 提取物

辣椒渣
pepper residue
TS255
　S 果蔬渣
　Z 残渣

辣椒制品
chilli products
TS255
　S 蔬菜制品
　Z 果蔬制品

辣椒籽
chilli seed
TS202.1
　S 植物菜籽*
　C 辣椒籽油

辣椒籽提取物
pepper seed extract
TS255.1
　S 天然食品提取物
　Z 提取物

辣椒籽油
capsicum seed oil
TS225.19
　S 籽油
　C 辣椒籽
　Z 油脂

辣木籽

moringa seed
TS202.1
　S 植物菜籽*

辣味
pungency
TS971.1
　S 口味
　F 麻辣味
　　辛辣
　Z 感觉

辣味调料
　Y 调味品

辣味咸蛋
　Y 咸蛋

来纳阴极射线照相制版机
　Y 制版机

莱卡
　Y 氨纶纱

莱卡包芯纱
　Y 氨纶包芯纱

莱卡弹性纤维
　Y 氨纶纱

莱卡面料
　Y 高弹面料

莱卡纤维
　Y 氨纶纱

莱卡织物
　Y 弹性织物

莱塞
　Y 激光

莱赛尔
　Y Lyocell 纤维

莱赛尔纤维
　Y Lyocell 纤维

赖氨酸复合盐
lysine complex salt
TS36
　S 复合盐
　Z 盐

兰宝石
　Y 蓝宝石

兰花茶
orchid tea
TS272.53
　S 花茶
　Z 茶

兰花豆
　Y 蚕豆食品

兰考白葡萄酒
　Y 白葡萄酒

兰纳素染料
lanasol dyes
TS193.21
　S 毛用活性染料

Z 染料

拦击
Y 拦截

拦截*
interception
E：TJ7；TJ86
D 截击
拦击
拦截方法
拦截方式
F 拦污
C 突防 →(6)

拦截方法
Y 拦截

拦截方式
Y 拦截

拦污
drain grating
TL94；TS973；TV6
S 拦截*
C 去污
水电站 →(11)

蓝宝石
sapphire
TS933.21
D 兰宝石
水蓝宝石
S 宝石
F 硅-蓝宝石
坦桑石
Z 饰品材料

蓝点纸病
blue point paper defect
TS77
S 显色纸病
Z 材料缺陷
外观缺陷

蓝靛果果渣
lonicera caerulea residue
TS255
S 果蔬渣
Z 残渣

蓝狐皮
blue fox skin
S：TS564
S 狐皮
Z 动物皮毛

蓝欧泊
Y 欧泊

蓝色染料
blue dyes
TS193.21
S 染料*
F 靛酚蓝
普鲁士蓝

蓝湿革脱铬
dechroming of wet blue leather
TS54

S 除铬
Z 脱除

蓝湿皮
wet blue
S：TS564
S 动物皮
Z 动物皮毛

蓝田玉
Lantian jade
TS933.21
S 玉
Z 饰品材料

篮球
basketball
TS952.3
S 球类器材
Z 体育器材

篮球革
basketball leather
TS56
S 成品革
Z 皮革

篮球鞋
basketball shoes
TS943.7；TS943.745
D 篮球运动鞋
S 运动鞋
Z 鞋

篮球运动鞋
Y 篮球鞋

镧系涂料
Y 涂料

缆绳
Y 绳索

缆索
Y 绳索

缆索结构
Y 绳索

缆索系统
Y 绳索

缆线
cabled yarn
TS106.4
S 特种纱线
Z 纱线

缆型纺
cable spinning
TS104
D 缆型纺纱
S 纺纱*

缆型纺纱
Y 缆型纺

烂边
broken selvedge
TS101.97
S 织物疵点

Z 纺织品缺陷

烂花
Y 烂花织物

烂花加工
Y 烂花印花

烂花手帕
Y 手帕

烂花印花
burnt-out printing
TS194
D 烂花加工
烂花印花法
烂花印花花样
烂绒加工
烂绒印花
S 印花*
C 手帕

烂花印花法
Y 烂花印花

烂花印花花样
Y 烂花印花

烂花织物
burnt-out fabric
TS106.8
D 烂花
S 薄型织物
Z 织物

烂绒加工
Y 烂花印花

烂绒印花
Y 烂花印花

郎酒
ichiro liquor
TS262.39
S 川酒
F 红花郎酒
Z 白酒

狼毒草
Y 草类纤维原料

榔头
Y 锤

朗姆酒
rum
TS262.4
S 黄酒
Z 酒

劳保服
Y 劳动防护服

劳保服装
Y 劳动防护服

劳保手套
Y 劳动防护手套

劳保鞋
Y 劳动防护鞋

劳保靴

劳保用具
Y 劳动防护用品

劳保用品
Y 劳动防护用品

劳动保护服
Y 劳动防护服

劳动保护用品
Y 劳动防护用品

劳动保护装备
Y 劳动防护用品

劳动布
Y 牛仔布

劳动防护服
labour protective clothing
TS941.731；X9
D 劳保服
劳保服装
劳动保护服
劳动防护服装
劳动防护工作服
S 防护服
劳动防护用品
Z 安全防护用品
服装

劳动防护服装
Y 劳动防护服

劳动防护工作服
Y 劳动防护服

劳动防护品
Y 劳动防护用品

劳动防护手套
labour protection gloves
TS941.731；X9
D 劳保手套
S 防护手套
劳动防护用品
Z 安全防护用品
服饰

劳动防护鞋
labour protection shoes
TS943.78；X9
D 劳保鞋
S 防护鞋
劳动防护用品
Z 安全防护用品
鞋

劳动防护用品
labor protection articles
TS941.731；X9
D 劳保用具
劳保用品
劳动保护用品
劳动保护装备
劳动防护品
劳动防护装备
劳防用品
特种劳动防护用品

上面第一行前：
Y 防护鞋

S 安全防护用品*
F 劳动防护服
劳动防护手套
劳动防护鞋
C 毒性控制 →(13)
劳保产品 →(13)

劳动防护装备
Y 劳动防护用品

劳防用品
Y 劳动防护用品

牢度*
fastness
TS107
D 坚牢度
F 附着牢度
氯浸牢度
耐碱牢度
耐磨牢度
热迁移牢度
色牢度
湿处理牢度
印花牢度
C 纺织品性能

牢固度
Y 牢固性

牢固性
firmness
TQ32；TS8
D 牢固度
S 性能*
C 连接强度 →(4)
稳固性 →(1)(2)
粘结强度 →(3)(11)

醪
Y 醪糟

醪垢
Y 醪液

醪液
mash
TS209
D 发酵醪
发酵醪液
酵母醪液
醪垢
S 发酵副产物
F 酒精废液
C 酵母
Z 发酵产品

醪糟
fermented glutinous rice
TQ92；TS205.5
D 醪
S 发酵副产物
F 酱醪
糖化醪
C 酒糟
Z 发酵产品

老陈醋
shanxi super-mature vinegar
TS264.22

D 山西陈醋
山西醋
山西老陈醋
S 陈醋
Z 食用醋

老抽
Y 老抽酱油

老抽酱油
dark soy sauce
TS264.21
D 老抽
老抽王酱油
S 酱油*

老抽王酱油
Y 老抽酱油

老村美孚黎服饰
Y 民族服饰

老村倬黎服饰
Y 民族服饰

老豆腐
Y 豆腐

老花眼镜
presbyopia lenses
TS959.6
S 眼镜*

老化*
aging
TM2
D 陈腐
陈化
陈化方式
陈化条件
老化程度
老化方法
老化过程
老化现象
老化行为
老化性
F 淀粉老化
面包老化
啤酒老化
C 防老剂 →(9)
抗氧化剂 →(9)
老化机理 →(9)
老化试验 →(1)
老化试验机 →(4)
老化性能 →(9)
老化指数 →(1)
人工气候老化 →(9)
物理老化 →(9)

老化程度
Y 老化

老化方法
Y 老化

老化风味
staling flavour
TS971.1
S 风味*

老化过程
Y 老化

老化现象
Y 老化

老化行为
Y 老化

老化性
Y 老化

老窖
old cellar
TS262.39
S 白酒*
F 老窖黄水
武陵酒

老窖黄水
yellow water in aged pits
TS262.39
S 老窖
Z 白酒

老卤
old brine
TS39
S 卤水*

老面发酵
Y 面团发酵

老姆酒
Y 蒸馏酒

老年服装
old-aged clothing
TS941.7
S 中老年服装
Z 服装

老年家具
senile furnitures
TS66；TU2
S 家具*

老年人玩具
elderly toy
TS958.5
S 玩具*

老年食品
old people food
TS219
S 食品*

老年鞋
old-aged shoes
TS943.7
S 鞋*

老熟
Y 酒

老五甑工艺
multiple feedings solid fermentation technology
TS261.4
S 白酒工艺
Z 酿酒工艺

老鹰茶
glede tea
TS272.59
S 茶*

酪蛋白
casein protein
Q5；TS201.21
D 干酪素
工业干酪素
共沉淀干酪素
酷蛋白
酪胶
酪朊
酶法干酪素
乳酪蛋白
食用干酪素
酸法干酪素
S 乳蛋白
F α-酪蛋白
牦牛酪蛋白
牛乳酪蛋白
Z 蛋白质

酪蛋白磷酸肽
casein phosphopeptide
TQ93；TS201.2
S 磷酸肽
Z 肽

酪胶
Y 酪蛋白

酪朊
Y 酪蛋白

乐昌白毛茶
Y 白毛茶

乐昌太白酒
Y 太白酒

乐陵金丝小红枣
Y 红枣

雷管电性能
Y 电性能

雷胡
Y 弦乐器

雷马素染料
remazol dyes
TS193.21
S 活性染料
Z 染料

雷琴
Y 弦乐器

雷射
Y 激光

镭射防伪
Y 激光防伪

垒球
softball
TS952.3
S 球类器材
Z 体育器材

蕾丝
Y 花边

蕾丝花边
Y 花边

蕾丝花边机
raschel lace
TS183.3
D 拉舍尔花边
S 经编机
C 花边
Z 织造机械

累计式测量仪器
Y 测量仪器

肋条
rib strip
TS11
D 肋条排
S 肉*

肋条排
Y 肋条

泪纹纸病
tear lines paper defect
TS77
S 外观纸病
Z 材料缺陷
外观缺陷

类胡萝卜素
carotenoids
TS255.3
S 胡萝卜素
Z 提取物

类黄酮
flavonoids
O6；TS201.2
S 黄酮*

类可可脂
Y 代可可脂

类型*
shape
ZT71
F 五笔字型

冷菜
Y 凉菜

冷藏
Y 冷冻贮藏

冷藏电器
Y 冷却装置

冷藏方法
Y 冷冻贮藏

冷藏柜
Y 冰箱

冷藏货
Y 冷藏设备

冷藏面团
Y 冷冻面团

冷藏肉
　　Y 冷却肉

冷藏设备
cold storage plant
TB6；TS203
　　D 冷藏货
　　　　冷藏系统
　　　　冷藏箱运输
　　　　冷藏装置
　　　　冷冻冷藏装置
　　S 设备*
　　C 低温冷藏柜 →(1)(5)

冷藏食品
　　Y 冷冻食品

冷藏系统
　　Y 冷藏设备

冷藏箱
　　Y 冰箱

冷藏箱运输
　　Y 冷藏设备

冷藏用电器
　　Y 冷却装置

冷藏装置
　　Y 冷藏设备

冷冻
　　Y 制冷

冷冻保藏
　　Y 冷冻贮藏

冷冻保鲜
cryo-preservation
TS205
　　D 冰藏保鲜
　　S 保鲜*
　　F 微冻保鲜

冷冻变性
freeze denaturation
TS254
　　S 变性*
　　F 抗冷冻变性

冷冻产品
　　Y 冷冻品

冷冻储藏
　　Y 冷冻贮藏

冷冻处理
　　Y 制冷

冷冻电器
　　Y 冷却装置

冷冻调理
　　Y 制冷

冷冻调理食品
frozen prepared food
TS219
　　S 调理食品
　　　　冷冻食品*
　　Z 食品

冷冻调配
　　Y 制冷

冷冻法
　　Y 制冷

冷冻粉碎
cryogenic grinding
TS205
　　S 破碎*

冷冻干燥保护剂
　　Y 冻干保护剂

冷冻干燥食品
　　Y 冻干食品

冷冻工艺
　　Y 制冷

冷冻过程
　　Y 制冷

冷冻回收装置
　　Y 回收装置

冷冻鸡肉
　　Y 冷冻肉

冷冻精肉
　　Y 冷冻肉

冷冻冷藏
　　Y 冷冻贮藏

冷冻冷藏装置
　　Y 冷藏设备

冷冻理论
　　Y 制冷

冷冻馒头
frozen steamed bread
TS972.132
　　S 馒头
　　Z 主食

冷冻面团
frozen dough
TS211；TS213
　　D 冷藏面团
　　S 面团
　　Z 粮油食品

冷冻面团法
　　Y 和面

冷冻面团技术
　　Y 和面

冷冻浓缩橙汁
frozen concentrated orange juice
TS277
　　S 冷饮
　　Z 饮料

冷冻品
frozen product
TS205
　　D 冷冻产品
　　S 产品*

冷冻器具

冷却装置

冷冻肉
frozen meat
TS251.5
　　D 冻结肉
　　　　冻肉
　　　　冷冻鸡肉
　　　　冷冻精肉
　　　　冷冻猪肉
　　S 冷冻食品*
　　　　肉*
　　F 冻猪肉
　　　　冷却肉
　　　　冷鲜肉

冷冻设备
　　Y 冷却装置

冷冻食品*
frozen foods
TS205.7
　　D 冰冻食品
　　　　冻结食品
　　　　冷藏食品
　　　　冷却食品
　　　　冷食
　　　　冷食品
　　F 冻干食品
　　　　冷冻调理食品
　　　　冷冻肉
　　　　冷冻水产品
　　　　速冻食品
　　C 调理食品
　　　　食品

冷冻水产品
frozen aquatic products
TS254.2
　　D 冻干水产品
　　S 冷冻食品*
　　　　水产品*
　　F 冻虾
　　　　冻鱼

冷冻速率
　　Y 冻结速率

冷冻酸奶
frozen yoghurt
TS252.54
　　S 酸奶
　　Z 发酵产品
　　　　乳制品

冷冻饮料
cold drinks
TS277
　　S 冷饮
　　Z 饮料

冷冻饮品
　　Y 冷饮

冷冻鱼糜
frozen surimi
TS254.5
　　S 冻鱼
　　　　鱼糜

Z 冷冻食品
　水产品

冷冻鱼片
　Y 冻鱼片

冷冻造型
　Y 造型

冷冻真空干燥
　Y 真空冷冻干燥

冷冻猪肉
　Y 冷冻肉

冷冻贮藏
frozen storage
TS205
　D 冷藏
　　冷藏方法
　　冷冻保藏
　　冷冻储藏
　　冷冻冷藏
　　冷冻贮存
　　食品冷冻冷藏
　S 储藏*
　F 气调冷藏
　　食品冷藏

冷冻贮存
　Y 冷冻贮藏

冷堆工艺
cold pad-batch process
TS190.6
　D 冷堆前处理
　S 染整前处理
　F 冷轧堆法
　Z 染整

冷堆前处理
　Y 冷堆工艺

冷堆染色
　Y 冷轧堆法

冷法
cold process
TD；TQ43；TS801
　S 方法*

冷反光镜
　Y 反射镜

冷反射镜
　Y 反射镜

冷废液
　Y 废液

冷感受
cold feeling
TS941.15
　S 触觉舒适性
　Z 纺织品性能
　　使用性能
　　适性
　　性能

冷光束灯
cold light beam

TM92；TS956
　S 光束灯
　Z 灯

冷柜
　Y 冰箱

冷过滤
cold filtering
TS205
　S 过滤*

冷混浊
chill haze
TS261.7
　S 非生物混浊
　C 啤酒
　Z 变质

冷挤压机
　Y 挤压设备

冷剪刃
　Y 剪刃

冷浆
cold size
TS105
　D 冷上浆
　S 浆液*

冷浆料
cold sizing agents
TS105
　S 浆料*

冷结
　Y 制冷

冷锯
　Y 冷锯机

冷锯机
cold saw
TS642
　D 高速冷锯
　　冷锯
　S 锯机
　Z 木工机械

冷锯切
　Y 锯切

冷库消毒
cold storage disinfection
TS201.6
　S 消毒*

冷链系统
cold chain system
TS205
　S 系统*

冷米抛光
cold rice polishing
TS212
　S 稻米加工
　Z 农产品加工

冷凝型滚筒式干衣机
　Y 干衣机

冷暖感
cold and warm feeling
TS941.15
　S 触觉舒适性
　Z 纺织品性能
　　使用性能
　　适性

冷泡茶
　Y 冷溶茶

冷清洗
　Y 冷洗

冷却*
cooling
TB6
　D 高效冷却
　　冷却处理
　　冷却法
　　冷却方法
　　冷却方式
　　冷却工艺
　　冷却过程
　　冷却技术
　　冷却降温
　　冷却形式
　F 麦汁冷却
　　逆流冷却
　　杀菌冷却
　　食品真空冷却
　　雾化喷淋冷却
　C 珩磨油 →(2)(4)
　　结冰 →(1)(5)(6)(11)
　　冷凝 →(1)(3)(9)(11)
　　冷却喷嘴 →(4)(5)(6)
　　冷却时间 →(1)
　　冶金冷却 →(3)
　　制冷

冷却储存
coolant reservoir
TS205
　S 存储*

冷却处理
　Y 冷却

冷却法
　Y 冷却

冷却方法
　Y 冷却

冷却方式
　Y 冷却

冷却工艺
　Y 冷却

冷却过程
　Y 冷却

冷却技术
　Y 冷却

冷却夹套
　Y 冷却装置

冷却降温
　Y 冷却

冷却净化器
　Y 冷却装置

冷却凝胶
　Y 凝胶

冷却牛肉
chilled beef
TS251.52
　D 牛肉冷却肉
　S 冷却肉
　　牛肉
　Z 冷冻食品
　　肉

冷却排酸肉
　Y 冷却猪肉

冷却肉
chilled meat
TS251.5
　D 冷藏肉
　S 冷冻肉
　F 冷却牛肉
　　冷却羊肉
　　冷却猪肉
　Z 冷冻食品
　　肉

冷却设备
　Y 冷却装置

冷却食品
　Y 冷冻食品

冷却形式
　Y 冷却

冷却羊肉
chilled mutton
TS251.53
　S 冷却肉
　　羊肉
　Z 冷冻食品
　　肉

冷却猪肉
chilled pork
TS251.51
　D 冷却排酸肉
　S 冷却肉
　　猪肉
　Z 冷冻食品
　　肉

冷却装置*
chiller
TB6；TG2
　D 活塞式制冷装置
　　冷藏电器
　　冷藏用电器
　　冷冻电器
　　冷冻器具
　　冷冻设备
　　冷却夹套
　　冷却净化器
　　冷却设备
　　冷源设备
　　螺杆式制冷装置
　　强制冷却装置

竖式冷却器
双盘冷却机
推动算式冷却机
畜冰设备
循环水冷却装置
圆盘冷却机
制冰设备
制冷机械
制冷器具
制冷设备
制冷装置
致冷设备
致冷系统
　F 混合冷凝器
　　速冻机
　　预冷器
　C 冰箱
　　除霜控制　→(8)
　　冷风机　→(4)
　　冷凝液　→(9)
　　冷却系统　→(1)
　　冷却元件　→(1)
　　冷热水机组　→(1)(4)(11)
　　温控装置　→(1)(4)(5)(8)
　　循环液　→(9)
　　制冷
　　制冷剂　→(1)

冷染
　Y 低温染色

冷溶茶
cold soluble tea
TS275.2
　D 冷泡茶
　S 速溶茶
　Z 饮料

冷上浆
　Y 冷浆

冷食
　Y 冷冻食品

冷食品
　Y 冷冻食品

冷水可溶淀粉
cold-water soluble starch
TS235
　S 水溶性淀粉
　F 颗粒状冷水可溶淀粉
　Z 淀粉

冷水可溶性
cold-water-soluble
TS231
　S 理化性质*
　　流体力学性能*
　　热学性能*

冷态
　Y 形态

冷烫金
cold gold stamping
TS194.4；TS859
　S 烫金
　Z 印制技术

冷脱皮
cold dehulling
TS205
　S 脱皮
　Z 剥离

冷弯成型轧机
　Y 轧机

冷洗
cold washing
TG1；TH17；TS973
　D 冷清洗
　S 清洗*

冷鲜肉
cold fresh meat
TS251.59
　D 冷鲜鸭
　S 冷冻肉
　　鲜肉
　Z 冷冻食品
　　肉

冷鲜鸭
　Y 冷鲜肉

冷熏
cold smoking
TS251.43
　S 熏制
　Z 食品加工

冷熏法
　Y 熏制

冷压机
cold press machine
TS64
　S 人造板压机
　Z 人造板机械

冷阴极灯
cold-cathode lamp
TM92；TS956
　S 阴极灯
　Z 灯

冷饮
cold beverage
TS277
　D 冰冻乳制品
　　冰牛奶
　　冰酸乳
　　冷冻饮品
　　冷饮品
　S 饮料*
　F 冰棒
　　冰麦烧
　　冰淇淋
　　冷冻浓缩橙汁
　　冷冻饮料

冷饮机械
cold drink machine
TS203
　D 棒冰机
　　炒冰机
　　冷饮设备
　S 食品加工机械*

F 冰淇淋机
酸奶机
榨汁机

冷饮品
Y 冷饮

冷饮设备
Y 冷饮机械

冷源设备
Y 冷却装置

冷轧堆
Y 冷轧堆法

冷轧堆法
cold pad-batch method
TS190.6
D 冷堆染色
冷轧堆
冷轧堆工艺
冷轧堆染色
S 冷堆工艺
Z 染整

冷轧堆工艺
Y 冷轧堆法

冷轧堆染色
Y 冷轧堆法

冷轧堆设备
Y 染色机

冷榨
cold pressing
TS224.3
D 冷榨法
S 压榨*

冷榨饼
cold pressed peanut cake
TS972.132
D 冷榨花生饼
S 饼
Z 主食

冷榨法
Y 冷榨

冷榨花生饼
Y 冷榨饼

冷榨机
cold-pressing expeller
TS04
S 压榨机
Z 轻工机械

狸子皮
leopard cat skin
S；TS564
S 毛皮
Z 动物皮毛

离合压
on off pressure
TS8
S 压力*

离合压机构

on off pressure mechanism
TS803
S 机械机构*

离体茶鲜叶
excised tea fresh leaves
TS272.59
S 茶*

离心锭精纺机
Y 细纱机

离心筛浆机
centrifugal sereen
TS733.4
D CX 筛
S 筛浆机
Z 制浆设备

离心式纺纱机
Y 细纱机

离心式纺织机
Y 细纱机

离心式均质机
Y 均质机

离心式砻谷机
Y 胶辊砻谷机

离心式榨汁机
Y 榨汁机

离心式纸浆泵
centrifugal paper pulp pump
TH3；TS733
S 泵*

离型纸
Y 隔离纸

离子交换纤维
ion-exchange fibre
TQ34；TS102.6
D 强酸离子交换纤维
弱碱性离子交换纤维
羧酸型离子交换纤维
S 差别化纤维
F 阳离子交换纤维
阴离子交换纤维
C 离子交换 →(3)(6)(9)(13)
吸附 →(1)(2)(3)(6)(8)(9)(11)(13)
Z 纤维

离子交联
ionic crosslinking
O6；TQ33；TS19
S 交联*
C 等离子喷涂 →(3)(9)
聚离子复合膜 →(9)
离子传递 →(9)
离子交换器 →(9)
阳离子交换树脂 →(9)

离子烫
Y 烫发

离子着色
Y 着色

梨
pears
TS255.2
S 水果
F 安梨
刺梨
Z 果蔬

梨醋
pear vinegar
TS264；TS27
D 鸭梨醋
S 果醋
Z 饮料

梨酒
perry
TS262.7
D 梨子酒
腰果梨酒
S 果酒
F 刺梨酒
黄金梨干酒
香梨酒
鸭梨酒
Z 酒

梨渣
pear slag
TS255
S 果蔬渣
Z 残渣

梨汁
pear juice
TS255
S 果汁
F 刺梨汁
Z 果蔬制品
汁液

梨子酒
Y 梨酒

黎族服饰
Y 民族服饰

藜蒿
artemisia selengensis
TS255.2
S 蔬菜
Z 果蔬

礼服
formal attire
TS941.7
D 端冕
S 服装*
F 婚礼服
晚礼服

礼服衬衫
Y 衬衫

礼品包装盒
gift box
TB4；TS206
S 包装盒
Z 包装材料
盒子

李子果醋
 Y 欧李醋

李子皮
 plum peel
 TS255
 S 水果果皮*

里衬
 Y 里料

里程计数器
 Y 计数器

里程记数器
 Y 计数器

里料
 lining material
 TS941.498.
 D 衬里材料
  服装衬
  服装衬布
  服装衬料
  服装里料
  里衬
  里子绸
 S 服装辅料*
 F 衬布
  马尾衬
  配衬
  粘合衬
 C 织物

里子绸
 Y 里料

里组织
 Y 织物组织

理发剪
 Y 剪刀

理化参数*
 physical and chemical parameters
 ZT3
 F 成熟度参数
 C 参数

理化检测
 physical and chemical detection
 TS2
 D 理化检验
  理化性能检验
 C 检测

理化检验
 Y 理化检测

理化试验设备
 Y 试验设备

理化特性
 Y 理化性质

理化性
 Y 理化性质

理化性能
 Y 理化性质

理化性能检验

 Y 理化检测

理化性质*
 physicochemical property
 O6
 D 理化特性
  理化性
  理化性能
  物化特性
  物化性
  物化性能
  物化性质
  物理/化学性质
  物理化学特性
  物理化学性能
 F 蛋白溶解性
  钙溶解性
  冷水可溶性
  乳化性
  速溶性
  脱墨性能
  预固化度
 C 变性
  改性
  化学性质
  活性
  物理性能
  性能

理疗灯
 Y 红外线灯

理论*
 theory
 ZT0
 F 色彩理论
 C 工程理论
  机理
  建筑理论 →(11)
  原理

理漆
 Y 粉刷

理绪
 Y 接绪

理学性能
 Y 力学性能

理纸
 jogging
 TS805
 D 闯纸
 S 印刷工艺*
 F 输纸

鲤鱼钳
 Y 钳子

力*
 force
 O3
 F 附着力
  牵伸力
  梳理力
  提升力
  投梭力
  纬纱牵引力

  握持力
  悬浮力
 C 紧固力 →(1)(2)(3)(4)
  抗力 →(1)(2)(3)(4)(11)
  拉力 →(1)(2)(3)(4)(5)(7)(11)
  内力 →(1)(2)(3)(4)(6)(11)(12)
  强力
  切削力 →(3)(4)
  推力 →(1)(3)(4)(5)(6)(11)(12)
  压力
  应力 →(1)(2)(3)(4)(5)(6)(7)(9)(11)
  预应力 →(1)(2)(11)(12)
  张力
  阻力

力测量仪表
 Y 力学测量仪器

力测量装置
 Y 力学测量仪器

力矩扳手
 Y 扭矩扳手

力矩放大扳手
 Y 扭矩扳手

力特性
 Y 力学性能

力学测量仪表
 Y 力学测量仪器

力学测量仪器*
 mechanical measuring instrument
 TB9；TH7
 D 力测量仪表
  力测量装置
  力学测量仪表
  力学测试仪器
  力学计量仪器
  力学仪器
 F 单纱强力仪
  拉伸仪
  张力仪
 C 测量仪器
  力学测量 →(1)(2)(3)(4)(5)(6)(7)(8)(9)(11)(12)
  仪器 →(4)
  作动器 →(4)(6)(8)

力学测试仪器
 Y 力学测量仪器

力学计量仪器
 Y 力学测量仪器

力学拉伸
 Y 拉伸

力学特性
 Y 力学性能

力学特征
 Y 力学性能

力学性
 Y 力学性能

力学性能*
 mechanical properties

O3
 D 静动力性能
  理学性能
  力特性
  力学特性
  力学特征
  力学性
  力学性态
  力学性质
  力学性状
  力学作用
  性能(力学)
 F 保脆性
  表面耐磨性能
  刚柔性
  缓压性能
  挤压特性
  径向压缩性能
  拉伸弹性回复性
  挠曲性
  皮革弹性
  皮革顶伸性能
  酥脆性
  压力舒适性
  折皱回复性
  织物弹性
 C 变形
  材料科学
  刚度
  机械性能
  机械学 →(4)(7)(8)
  块体材料 →(1)
  流体力学性能
  纳米压痕 →(1)
  破裂机理 →(4)
  强度
  热变形处理 →(3)(4)
  性能
  应变 →(1)(2)(3)(5)(6)
  硬度

力学性态
 Y 力学性能

力学性质
 Y 力学性能

力学性状
 Y 力学性能

力学仪器
 Y 力学测量仪器

力学作用
 Y 力学性能

历史*
history
K；ZT5
 F 家具史
  酿造史
  饮食史

历史名茶
 Y 名优茶

立裁
 Y 立体裁剪

立裆
rise
TS941.61
 S 裤裆
 Z 服装结构

立方氮化硼刀具
 Y PCBN 刀具

立方氮化硼刀片
 Y 刀片

立领
stand collar
TS941.61
 D 竖领
 S 领型
 F 立领结构
  立领设计
 Z 服装结构

立领结构
standing collar structure
TS941.61
 S 立领
 Z 服装结构

立领设计
stand collar design
TS941.61
 S 立领
 Z 服装结构

立绒
 Y 立绒织物

立绒棉毯
velvet cotton blankets
TS116
 S 棉毯
 Z 毯子

立绒织物
upright pile fabric
TS106.87
 D 立绒
  闪金立绒
 S 绒面织物
 Z 织物

立缫机
 Y 缫丝机械

立缫生丝
multi end reeling raw silk
TS102.33
 S 生丝
 Z 真丝纤维

立式冰激凌机
 Y 冰淇淋机

立式带锯床
 Y 带锯机

立式攻丝机
 Y 攻丝机

立式滑枕铣床
 Y 立式铣床

立式机床
 Y 机床

立式挤压机
 Y 挤压设备

立式夹网成形器
vertical twin-wire former
TS734.5
 S 夹网成形器
 Z 造纸机械

立式开绵机
 Y 开棉机

立式开棉机
 Y 开棉机

立式框锯机
 Y 锯机

立式木工锯板机
 Y 锯板机

立式逆向碾米机
 Y 立式碾米机

立式碾米
 Y 碾米

立式碾米机
vertical rice milling machines
TS212.3
 D 立式逆向碾米机
 S 碾米机
 Z 食品加工机械

立式排钻床
 Y 立式钻床

立式平面铣床
 Y 平面铣床

立式缫丝机
 Y 缫丝机械

立式升降台镗铣床
 Y 镗铣床

立式升降台铣床
 Y 升降台铣床

立式数控铣床
 Y 数控铣床

立式台铣床
 Y 立式铣床

立式铣床
vertical milling machines
TG5；TS64
 D 立式滑枕铣床
  立式台铣床
  立铣床
  数控立式铣床
 S 升降台铣床
 Z 机床

立式圆锯床
 Y 圆锯机

立式照明器
 Y 照明设备

立式钻床
vertical drilling machine
TG5；TS64
 D 立式排钻床
  转塔立式钻床
 S 机床*

立体编织
3D braiding
TS184
 S 编织*
 F 三维编织
  四向编织

立体编织物
three-dimensional knit fabric
TS106.8
 S 立体织物
 Z 织物

立体裁剪
three-dimensional cutting
TS941.62
 D 立裁
  立体剪裁
 S 服装裁剪
 Z 裁剪
  服装工艺

立体干花
three-dimensional dried flowers
TS93
 S 工艺品*

立体机织物
three-dimensional woven fabrics
TS106.8
 S 立体织物
 Z 织物

立体剪裁
 Y 立体裁剪

立体塑形
three-dimensional shaping
TS941.6

立体烫金
three-dimensional gold stamping
TS194.4；TS859
 S 烫金
 Z 印制技术

立体填料
 Y 填料

立体眼镜
anaglyph spectacles
TS959.6
 S 眼镜*
 F 3D眼镜

立体印花
 Y 发泡印花

立体印刷
stereoscopic print
TS853.2
 S 特种印刷
 Z 印刷

立体造纸技术
 Y 造纸

立体整烫机
 Y 熨烫机

立体织物
solid fabric
TS106.8
 D 多向立体织物
 S 织物*
 F 立体编织物
  立体机织物

立铣床
 Y 立式铣床

立柱卧式弓锯床
 Y 弓锯床

丽赛纤维
richcel fibre
TQ34；TS102.51
 D Richcel 纤维
 S 再生纤维素纤维
 C 弹力天鹅绒
  玉米纤维
 Z 纤维

丽赛织物
richcel fabrics
TS106.8
 D Lyocell 织物
 S 纤维素纤维织物
 Z 织物

利口酒
liqueur
TS262.39
 S 中国白酒
 Z 白酒

利乐包牛奶
aseptic tetra brik milk
TS252.59
 S 牛奶
 Z 乳制品

利乐包装
tetra pak
TS206
 S 液态食品包装
 Z 食品包装

沥青基炭纤维
 Y 沥青基碳纤维

沥青基碳纤维
pitch-based carbon fiber
TQ34；TS102
 D 沥青基炭纤维
  沥青炭纤维
  沥青碳纤维
  沥青纤维
 S 碳纤维
 F 中间相沥青纤维
 C 沥青 →(2)(11)(12)
 Z 纤维

沥青炭纤维

 Y 沥青基碳纤维

沥青碳纤维
 Y 沥青基碳纤维

沥青纤维
 Y 沥青基碳纤维

隶书体
 Y 字体

荔浦芋淀粉
lipu taro amylum
TS235.5
 S 植物淀粉
 Z 淀粉

荔枝保鲜
litchi preservation
TS205
 S 果蔬保鲜
 Z 保鲜

荔枝罐头
canned litchi
TS295.6
 S 水果罐头
 F 糖水荔枝罐头
 Z 罐头食品

荔枝果酒
 Y 荔枝酒

荔枝果皮
litchi pericarp
TS255
 D 荔枝皮
 S 水果果皮*

荔枝果肉
 Y 荔枝肉

荔枝核淀粉
litchi starch
TS235.5
 S 植物淀粉
 Z 淀粉

荔枝酒
litchi wine
TS262.7
 D 荔枝果酒
 S 果酒
 C 活性干酵母 →(9)
 Z 酒

荔枝皮
 Y 荔枝果皮

荔枝肉
litchi flesh
TS255
 D 荔枝果肉
 S 果肉
 Z 果蔬制品

栗
 Y 板栗

栗粉
chestnut flour

TS255.6
D 板栗粉
S 板栗制品
食用粉*
F 速溶即食板栗粉
Z 坚果制品

粒度*
particle size
ZT2
D 颗粒度
颗粒粒度
颗粒细度
粒度参数
粒度特性
粒子粒度
F 小麦粉粒度
C 大颗粒尿素 →(9)
分散体 →(6)(9)
粉末
粉体流动性 →(1)
颗粒
颗粒堆积 →(1)
颗粒吸附剂 →(9)
粒度分布 →(1)
粒度配比 →(1)(12)
粒径 →(1)(2)(3)(5)(9)(11)(12)(13)
细度
压裂支撑剂 →(2)

粒度参数
Y 粒度

粒度试验
Y 筛分

粒度特性
Y 粒度

粒结花式纱线
Y 花式纱线

粒粒橙饮料
Y 果蔬饮料

粒粒饮料
Y 果蔬饮料

粒状棉
particle cotton
TS102；TU5
S 矿物棉
Z 材料
纤维制品

粒状填料
Y 填料

粒子粒度
Y 粒度

粒子元青染料
particle green dye
TS193.21
S 染料*

傈僳族服饰
Y 民族服饰

连二亚硫酸钠漂白
sodium hyposulphite bleaching

TS192.5
S 还原漂白
Z 漂白

连翻领
turn-down collar
TS941.61
S 翻领
Z 服装结构

连杆式挑线机构
Y 连杆挑线机构

连杆挑线机构
link take-up mechanism
TS941.569
D 连杆式挑线机构
S 挑线机构
Z 缝制机械机构

连缸染色
continuous jig dyeing
TS193
D 联缸染色
S 染色工艺*

连肩袖
raglan sleeve
TS941.61
D 插肩袖
S 连身袖
Z 服装结构

连接料
Y 粘接材料

连接头
Y 接头

连结料
Y 粘接材料

连裤袜
pantistockings
TS941.72
D 袜裤
S 袜子
Z 服饰

连衫裙
Y 连衣裙

连身裙
Y 连衣裙

连身式防毒衣
Y 防毒服

连身袖
kimono sleeve
TS941.61
D 连袖
秃衿小袖
圆袖
圆装袖
织金箭袖
中缝圆袖
S 袖型
F 连肩袖
Z 服装结构

连体裤装
siamese trousers
TS941.7
S 裤装
Z 服装

连袖
Y 连身袖

连续发酵
continuous fermentation
TS26
S 发酵*
F 乙醇连续发酵
C 固定化酵母 →(9)
连续精馏塔 →(9)

连续纺丝机
Y 高速纺丝机

连续缝
Y 连续缝纫性能

连续缝纫性能
continual sewing performance
TS941.5；TS941.6
D 连续缝
S 缝合性能
性能*
Z 工艺性能

连续加药
continuous chemical feeding
TS20
S 加药
Z 注入

连续精炼
continuous refining
TS224.6
S 精炼*
F 油脂连续精炼

连续可变凸度轧机
Y 轧机

连续练漂
continuous scouring and bleaching
TS192.5
S 练漂*

连续练漂机
Y 练漂联合机

连续逆流浸取
continuous counter flow extraction
TS205
S 浸出*

连续喷墨
continuous inkjet
TS853.5
S 喷墨印刷
Z 印刷

连续喷射液化
continuous spray liquefaction
TS205
S 液化*

连续平压机

continuous flat press
TS64
　S 人造板压机
　Z 人造板机械

连续平压热压机
continuous flat hot press
TS64
　S 连续压机
　Z 人造板机械

连续染色
continuous dyeing
TS193
　S 染色工艺*
　F 连续热溶染色
　　连续轧染
　C 热染
　　轧染

连续热溶染色
continuous hot melt dyeing
TS193
　S 连续染色
　Z 染色工艺

连续绳状水洗机
　Y 洗涤设备

连续式剪毛机
continuous cutting machine
TS190.4
　S 剪毛机
　C 洗涤设备
　Z 染整机械

连续式热压干燥
continuous platen drying
TS65
　S 热压干燥
　Z 干燥

连续式压机
　Y 连续压机

连续水洗
continuous water washing
TG1；TS973
　S 水洗
　Z 清洗

连续碳化硅纤维
continuous silicon carbide fibers
TQ34；TS102
　S 碳化硅纤维
　C 连续精馏塔 →(9)
　　连续膜过滤 →(9)
　　脉冲电沉积 →(3)(9)
　　脱碳 →(3)
　Z 耐火材料
　　纤维

连续糖化
　Y 糖化

连续喂棉
continuous feeding
TS104.2
　S 棉纺工艺
　Z 纺纱工艺

连续纤维
continuous fiber
TQ34；TS102
　S 纤维*
　C 拉挤成型 →(3)(9)
　　连续过滤 →(9)

连续纤维机织物
　Y 机织物

连续玄武岩纤维
continuous basalt fiber
TS102.4
　D 玄武岩长丝
　　玄武岩连续纤维
　S 玄武岩纤维
　C 连续膜过滤 →(9)
　Z 天然纤维

连续压机
continuous press
TS64
　D 连续式压机
　S 热压机
　F 连续平压热压机
　Z 人造板机械

连续轧染
continuous tie dyeing
TS193
　S 连续染色
　　轧染
　Z 染色工艺

连续蒸煮
continuous cooking
TS74
　S 蒸煮*
　C 深度脱木素

连续蒸煮锅
　Y 锅

连续蒸煮器
continuous digesters
TS261.3；TS733.2
　S 蒸煮器
　Z 造纸机械

连衣裤
　Y 裤装

连衣裙
dresses
TS941.7
　D 低腰连衣裙
　　高腰连衣裙
　　公主式连衣裙
　　宽松式连衣裙
　　连衫裙
　　连身裙
　　中腰连衣裙
　S 裙装
　Z 服装

连轧坯
　Y 轧坯

连铸机结晶器
　Y 结晶器

连铸结晶器
　Y 结晶器

帘
　Y 窗帘

帘布
　Y 帘子布

帘幕涂饰机
　Y 制革机械

帘式涂布
curtain coating
TS75
　S 造纸涂布
　Z 涂装

帘线
　Y 帘子线

帘子
　Y 窗帘

帘子布
cord fabric
TS106.6
　D 玻璃纤维帘子布
　　玻璃织物
　　涤纶帘子布
　　钢丝帘子布
　　挂胶钢丝帘布
　　锦纶浸胶帘子布
　　锦纶帘子布
　　浸渍帘布
　　聚酯帘子布
　　帘布
　　尼布帘子布
　　尼龙帘子布
　　尼龙帘子线
　S 产业用纺织品
　F 钢丝帘布
　　锦纶帘布
　　浸胶帘子布
　　聚酯帘布
　　轮胎帘子布
　　纤维帘布
　　压延帘布
　C 帘子线
　Z 纺织品

帘子线
tyre cord
TS106.4
　D 帘线
　S 股线*
　F 芳纶帘线
　　锦纶帘线
　　聚酯帘线
　　轮胎帘子线
　　尼龙帘线
　　纤维帘线
　C PET 短纤维
　　聚酯催化剂 →(9)
　　聚酯腻子 →(9)
　　帘子布
　　轮胎性能 →(9)
　　增强纤维

莲藕
lotus
TS255.2
　　S 蔬菜
　　Z 果蔬

莲藕醋
lotus root vinegar
TS264；TS27
　　S 果醋
　　Z 饮料

莲藕淀粉
　　Y 藕淀粉

莲藕切片机
lotus root slicing machine
TS255.35
　　S 分切机
　　Z 食品加工机械

莲藕双歧因子饮料
　　Y 果蔬饮料

莲藕糖酱
　　Y 甜酱

莲藕汁饮料
　　Y 果蔬饮料

莲蓉擘酥角
　　Y 桃酥

莲蓉酥角
　　Y 桃酥

莲纤维
lotus fibre
TQ34；TS102.51
　　S 再生纤维素纤维
　　Z 纤维

莲籽
lotus seeds
TS202.1
　　S 植物菜籽*
　　F 西番莲籽
　　　鲜莲籽

莲子
semen nelumbinis
S；TS255.2
　　S 坚果*

莲子淀粉
lotus seed starch
TS235.5
　　S 植物淀粉
　　Z 淀粉

莲子粉
lotus seed powder
TS255.6
　　S 食用粉*

联缸染色
　　Y 连缸染色

联合剥选机
　　Y 蚕茧初加工机械

联合上浆机

combined sizing machines
TS190.4
　　S 整理机
　　C 联合整理机
　　Z 染整机械

联合整理机
combined finishing machine
TS190.4
　　S 整理机
　　F 洗缩联合机
　　C 联合上浆机
　　Z 染整机械

联合制盖机
　　Y 罐盖

联机上光
on-line glazing
TS8
　　S 上光
　　Z 生产工艺

联机应用
on-line application
TS8
　　S 通信应用*

联锁（保安措施）
　　Y 保险装置

联网*
networking
TP3
　　D 并网
　　　并网操作
　　　并网技术
　　　并网施工
　　　并网型
　　　孤网
　　　联网方法
　　　联网规划
　　　联网技术
　　　联网设计
　　　联网式
　　　联网状态
　　F 高端联网
　　C 并网发电系统 →(5)
　　　并网逆变 →(5)
　　　并网装置 →(5)
　　　联网控制 →(8)

联网方法
　　Y 联网

联网规划
　　Y 联网

联网技术
　　Y 联网

联网设计
　　Y 联网

联网式
　　Y 联网

联网状态
　　Y 联网

联作工艺

　　Y 工艺方法

鲢鱼蛋白
　　Y 鱼蛋白

鲢鱼肌原纤维蛋白
　　Y 鱼蛋白

鲢鱼下脚料
silver carp waste
TS254
　　S 鱼类下脚料
　　Z 下脚料

脸部护理
　　Y 美容护理

脸盆
washbowl
TS97
　　D 面盆
　　　洗脸盆
　　　洗面盆
　　S 卫生器具*

练白
　　Y 漂白

练减
　　Y 练减率

练减率
degumming loss rate
TS13；TS192
　　D 残减率
　　　练减
　　S 比率*
　　F 碱减量率
　　C 残胶率
　　　脱胶
　　　洗呢

练漂*
scouring and bleaching
TS192.5
　　D 练漂工艺
　　　漂练
　　　漂练工艺
　　F 碱氧练漂
　　　精练
　　　连续练漂
　　　平幅练漂
　　　退浆
　　　煮练
　　　煮漂
　　　助漂
　　C 练漂机
　　　练漂助剂
　　　染整
　　　石油精炼 →(2)
　　　丝光整理
　　　煮炼
　　　煮漂一浴法
　　　助漂作用

练漂工艺
　　Y 练漂

练漂机
scouring and bleaching machines

TS190.4
　D　纺织品练漂机
　　　练漂机械
　　　练漂设备
　S　染整机械*
　F　练漂联合机
　　　漂白设备
　C　练漂

练漂机械
　Y　练漂机

练漂联合机
scouring and bleaching combined machine
TS190.4
　D　连续练漂机
　　　平幅退浆联合机
　　　退浆机
　　　退煮漂联合机
　　　煮漂联合机
　S　练漂机
　Z　染整机械

练漂设备
　Y　练漂机

练漂助剂
scouring and bleaching assistant
TS190
　D　丝光助剂
　S　前处理助剂
　F　精练剂
　C　练漂
　Z　助剂

练染
　Y　染色工艺

炼乳
condensed milk
TS252.59
　D　大豆炼乳
　　　淡炼乳
　S　乳制品*

炼乳罐头
　Y　罐装牛奶

链长精度
　Y　精度

链传动机构
　Y　传动装置

链淀粉
　Y　直链淀粉

链缝缝纫机
　Y　缝纫设备

链缝机
　Y　缝纫设备

链铗丝光机
　Y　布铗丝光机

链球
hammer
TS952.3
　S　球类器材
　Z　体育器材

链式横截锯
　Y　木工锯机

链式线迹
chain stitch
TS941.6
　S　线迹
　Z　痕迹

链式纵剖锯
　Y　木工锯机

链条*
chain
TH13
　F　收纸链条
　C　铰链　→(4)

链条锯机
　Y　木工锯机

链状染色
　Y　染色工艺

良性循环处理
　Y　循环

凉拌菜
　Y　凉菜

凉拌菜肴
　Y　凉菜

凉菜
cold dish
TS972
　D　冷菜
　　　凉拌菜
　　　凉拌菜肴
　S　菜肴*

凉茶
herbal tea
TS272.59
　D　八宝茶
　　　保健凉茶
　　　陈皮茶
　　　何首乌茶
　　　黑枣叶茶
　　　花草茶
　　　花香型茶
　　　苦瓜凉茶
　　　柳叶茶
　　　芦荟茶
　　　芦笋茶
　　　沙棘茶
　　　仙人掌茶
　　　香草茶
　　　银耳茶
　　　中药茶
　　　紫笋茶
　S　特种茶
　F　薄荷茶
　　　杜仲茶
　　　橄榄茶
　　　荷叶茶
　　　绞股蓝茶
　　　苦瓜茶
　　　苦荆茶
　　　灵芝茶

　　　牛蒡茶
　　　杞菊茶
　　　人参茶
　　　桑叶茶
　　　柿叶茶
　　　银杏茶
　Z　茶

凉粉
bean jelly
TS214
　S　谷物粉
　Z　粮油食品

凉帽
　Y　帽

凉薯籽
cold potato seed
TS202.1
　S　植物菜籽*

凉爽呢
　Y　精纺呢绒

凉爽纤维
cool fibre
TQ34；TS102.528
　S　调温纤维
　Z　纤维

凉爽性
nice and cool property
TS101
　S　舒适性
　C　服用性能
　　　服装舒适性
　　　清凉剂　→(9)
　　　织物性能
　Z　适性

凉爽羊毛
cool wool
TS102.31
　S　羊毛
　Z　天然纤维

凉爽羊毛织物
　Y　精纺毛织物

凉爽织物
air-cooled fabric
TS106.8
　S　织物*

凉席革
summer sleeping mat leather
TS563
　S　生活用革
　Z　皮革

凉鞋
　Y　鞋

梁脚板
　Y　板

梁肘板
　Y　板

量比关系

quantity relative ratio relation
TS261.4
    C 白酒工艺

量测
    Y 测量

量测方法
    Y 测量

量度
    Y 测量

量体裁衣
act according to actual circumstances
TS941.62
    S 服装裁剪
    Z 裁剪
      服装工艺

量楦仪
    Y 制鞋机械

量质摘酒
liquor taking according to the quality
TS261.4
    S 酿酒工艺*

粮谷
    Y 稻谷

粮机工业
    Y 粮油机械工业

粮食*
grain
TS210.2
    D 粮食品种
    F 成品粮
      原粮

粮食包装
cereals packaging
TS206
    S 食品包装*
    F 大米包装
      面粉包装

粮食标准
grain standards
TS207
    S 食品标准
    F 稻米标准
    C 原粮
    Z 标准

粮食副产品
grain by-products
TS210.9
    S 副产品*
    F 稻谷加工副产品
      粉丝加工副产品
      麸皮
      米糠
      小麦制粉副产品
      玉米副产品

粮食工业
cereal industry
TS21
    D 粮食加工工业

    S 粮油工业
    F 面粉工业
      制粉工业
    C 淀粉工业
    Z 轻工业

粮食机械
grain machinery
TS210.3
    D 粮食加工机械
      粮食加工设备
      粮食设备
      粮油机械
    S 食品加工机械*
    F 打麦机
      关风器
      滚揉机
      滚筒精选机
      浸出器
      面粉加工机械
      碾麦机
      碾米机
      清粮装置
      色选机
      薯类加工机械
      吸粮机
      洗麦机
      小麦剥皮机
      小麦着水机
      重力谷糙分离机
      撞击机

粮食加工
grain processing
TS210
    D 谷物加工
    S 粮油加工
    F 稻米加工
      谷糙分离
      粮食深加工
      面粉加工
      碾皮
      皮仁分离
      薯类加工
      玉米加工
      制麦
    Z 农产品加工

粮食加工厂
grain processing plant
TS208
    S 食品厂
    F 米厂
      面粉厂
    Z 工厂

粮食加工副产品
    Y 粮食食品

粮食加工工业
    Y 粮食工业

粮食加工机械
    Y 粮食机械

粮食加工设备
    Y 粮食机械

粮食检测

grain detection
TS207
    S 粮油检测
    Z 检验

粮食黏度
grain viscosity
TS207
    S 黏度*

粮食品质
    Y 粮食质量

粮食品种
    Y 粮食

粮食设备
    Y 粮食机械

粮食深加工
grain deep processing
TS210
    S 粮食加工
    Z 农产品加工

粮食湿度
    Y 谷物水分

粮食食品
grain foodstuff
TS219
    D 粮食加工副产品
      粮食制品
    S 粮油食品*
    F 谷物食品
      玉米食品
    C 豆制品
      美食
      食品标准

粮食原料
grain raw material
TS210.2
    S 食品原料*
    F 大米原料
      小麦原料
      玉米原料

粮食制品
    Y 粮食食品

粮食质量
grain quality
TS210.7
    D 粮食品质
    S 产品质量*
    F 加工粮质量
      原粮品质

粮食贮藏
storing grain
TS205
    S 食品储藏
    Z 储藏

粮油
    Y 粮油产品

粮油标准
    Y 食品标准

粮油产品
grain and oil products
TS201
　D　粮油
　S　产品*
　C　粮油工业
　　　粮油机械工业
　　　粮油加工
　　　粮油食品
　　　食品标准
　　　食品储藏
　　　原粮

粮油工程
grain and oil project
TS201.1
　S　食品工程
　Z　工程

粮油工业
grain and oil industry
TS2
　D　粮油科技
　S　食品工业
　F　粮食工业
　　　油脂工业
　C　粮油产品
　Z　轻工业

粮油机械
　Y　粮食机械

粮油机械工业
food machine industry
TS203
　D　粮机工业
　S　工业*
　C　粮油产品

粮油加工
grain and oil processing
TS261.4
　D　粮油深加工技术
　　　粮油食品加工
　S　农产品加工*
　F　粮食加工
　　　油脂加工
　　　制油
　C　粮油产品
　　　粮油加工机械

粮油加工厂
grain and oil processing plant
TS228
　S　食品厂
　F　浸出油厂
　　　植物油厂
　Z　工厂

粮油加工机械
grain and oil processing machinery
TS210.3；TS223
　S　食品加工机械*
　C　粮油加工

粮油加工企业
grain and oil processing enterprises
TS208
　S　食品企业

　F　大米加工企业
　Z　企业

粮油检测
grain and oil inspection
TS207.3
　D　粮油检验
　S　食品检验
　F　大米检验
　　　粮食检测
　　　面粉检验
　Z　检验

粮油检验
　Y　粮油检测

粮油科技
　Y　粮油工业

粮油深加工技术
　Y　粮油加工

粮油食品*
cereal and oil foods
TS219
　F　粮食食品
　　　食用油
　C　粮油产品
　　　食品

粮油食品加工
　Y　粮油加工

两步发酵
　Y　二步发酵

两步发酵法
　Y　二步发酵

两步法制浆
two-step pulping
TS10；TS743
　S　制浆*

两步厌氧发酵
　Y　厌氧发酵

两段发酵
　Y　二步发酵

两段发酵法
　Y　二步发酵

两段氧脱木素
two-stage oxygen delignification
TS74
　S　脱木质素
　C　马尾松硫酸盐浆
　Z　脱除

两隔
　Y　层间剥离

两阶段发酵
　Y　二步发酵

两截式防毒衣
　Y　防毒服

两面网眼织物
　Y　网眼织物

两面织物

　Y　双面织物

两片罐
two-piece can
TS206
　D　二片罐
　S　金属罐
　Z　罐

两片袖
two-piece sleeve
TS941.61
　S　袖型
　Z　服装结构

两性淀粉
amphoteric starch
TS235
　S　淀粉*
　F　磷酸酯型两性淀粉

两性复鞣剂
amphoteric retanning agent
TS529.2
　S　复鞣剂
　Z　鞣剂

两性加脂剂
amphoteric fatliquoring agents
TS529.1
　S　加脂剂*
　F　两性皮革加脂剂

两性壳聚糖
amphoteric chitosan
Q5；TS24
　S　碳水化合物*

两性皮革加脂剂
amphoteric leather fatliquor
TS529.1
　S　两性加脂剂
　　　皮革加脂剂
　Z　加脂剂

两用扳手
　Y　扳手

两浴法
　Y　二浴法

两浴法染色
　Y　二浴法

亮光剂
　Y　表面光亮剂

亮室拷贝片
　Y　拷贝片

量值
　Y　数值

晾晒
sun curing
TS205；TS973
　S　干燥*

晾烟
　Y　烟叶晾制

晾衣架

Y 生活用品

晾制
    Y 烟叶晾制

辽菜
Liaoning cuisines
TS972.12
    S 东北菜
    Z 菜系

疗效酒
    Y 保健酒

疗效食品
    Y 保健食品

料浆
    Y 浆料

料浆浓度
    Y 浆料浓度

料浆浓缩
    Y 浆料浓缩

料浆浓缩法
    Y 浆料浓缩

料浆性能
    Y 浆料性能

料酒
cooking wine
TS262
    D 调料酒
    S 调味酒
    Z 酒

料理
    Y 处理

料物调配
    Y 物料调配

料性
    Y 材料性能

料源*
material source
TE1
    D 原料来源
    F 奶源
       糖源

列车自动停车装置
    Y 自动停车装置

劣质
    Y 缺陷

劣质奶粉事件
Inferior milk powder incident
TS201.6
    S 食品安全事件
    Z 事故

烈性酒
ardent spirits
TS262
    S 酒*
    F 金酒

裂断
    Y 断裂

裂断长
fracture length
TS74
    S 长度*
    C 环压强度
       瓦楞原纸

裂离型复合纤维
    Y 多层复合纤维

裂膜成布
    Y 非织造布

裂膜成纤非织造布
    Y 非织造布

裂膜法非织造布
    Y 非织造布

裂膜纤维织物
    Y 长丝织物

裂褶多糖
schizophyllan
Q5；TS24
    D 裂褶菌多糖
    S 碳水化合物*

裂褶菌多糖
    Y 裂褶多糖

林产工业
forest product industry
TS6
    S 木材工业
    Z 轻工业

林浆纸一体化
    Y 林纸一体化

林肯羊毛
    Y 羊毛

林木剩余物
    Y 木材副产品

林蛙肉
wood frog meat
TS254.5
    S 肉*

林蛙油
forest frog oil
TS225.24
    S 鱼油
    Z 油脂

林纸结合
    Y 林纸一体化

林纸一体化
forestry-paper integration
TS7
    D 林浆纸一体化
       林纸结合
    S 一体化*
    C 造纸工艺

临界板厚

Y 板厚

临界捻度
breaking twist
TS107
    D 高捻度
    S 纱线捻度
    Z 指标

临界捻系数
critical twist factors
TS104
    D 拈系数
    S 捻系数
    Z 系数

临界压榨压力
aritical applied pressure
TS205
    S 压力*

临界硬度
    Y 硬度

淋饭酒
lin-fan rice wine
TS262.4
    S 黄酒
    Z 酒

淋饭酒母
lin-fan rice wine starter
TQ92；TS26
    S 酿酒酵母
    C 黄酒
    Z 酵母

淋胶
    Y 施胶工艺

淋胶机
    Y 涂胶机

淋漆机
    Y 木纹印刷机

淋水式杀菌锅
    Y 喷淋杀菌机

淋涂机
    Y 涂装设备

淋油
pour oil
TS972.113
    S 过油
    Z 烹饪工艺

淋浴凝胶
    Y 凝胶

磷光染料
phosphorescence dye
TS193.21
    S 染料*

磷石膏纤维
phosphorus gypsum fibre
TS102.4
    S 矿物纤维
    C 助留剂

Z 天然纤维

磷酸单酯淀粉
phosphate monoester starch
TS235
　　S 酸酯淀粉
　　Z 淀粉

磷酸钙纤维
calcium polyphosphate fiber
TS102.4
　　S 矿物纤维
　　Z 天然纤维

磷酸寡糖
phosphorylated oligosaccharides
Q5；TS24
　　S 碳水化合物*

磷酸化试剂
phosphaticing reagent
TS529
　　S 化学试剂*

磷酸肽
phosphopeptides
TQ93；TS201.2
　　D 磷肽
　　S 肽*
　　F 酪蛋白磷酸肽
　　　卵黄高磷蛋白磷酸肽

磷酸盐颜料
　　Y 颜料

磷酸酯淀粉
starch phosphate
TS235
　　D 磷酸酯化淀粉
　　S 酸酯淀粉
　　Z 淀粉

磷酸酯化淀粉
　　Y 磷酸酯淀粉

磷酸酯加脂剂
phosphate fatliquoring agents
TS529.1
　　D 含磷加脂剂
　　　磷酸酯类加脂剂
　　　磷脂加脂剂
　　S 加脂剂*

磷酸酯类加脂剂
　　Y 磷酸酯加脂剂

磷酸酯型两性淀粉
phosphates amphoteric starch
TS235
　　S 醋酸淀粉
　　　两性淀粉
　　Z 淀粉

磷肽
　　Y 磷酸肽

磷脂加脂剂
　　Y 磷酸酯加脂剂

磷脂质
　　Y 脂质

鳞茎类蔬菜
　　Y 洋葱

鳞片层
scales
TS13
　　S 结构层*
　　C 毛纤维

膦三肽
phosphono-tripeptides
TQ93；TS201.2
　　S 多肽
　　Z 肽

灵璧石
Lingbi stone
TS933.21
　　S 观赏石*

灵石
quick stone
TS933.21
　　S 观赏石*

灵芝保健酒
　　Y 保健酒

灵芝茶
lucid ganoderma tea
TS272.59
　　S 凉茶
　　Z 茶

灵芝多糖
ganoderma lucidum polysaccharides
TS255
　　S 真菌多糖
　　Z 碳水化合物

灵芝功能饮料醋
　　Y 醋饮料

灵芝酒
　　Y 浸泡酒

灵芝啤酒
ganoderma lucidum beer
TS262.59
　　S 保健啤酒
　　Z 酒

灵芝苹果醋
　　Y 醋饮料

灵芝肽
ganoderma lucidum peptides
TQ93；TS201.2
　　S 肽*

灵芝饮料
　　Y 植物饮料

凌乐白毛茶
　　Y 白毛茶

凌云白毛茶
　　Y 白毛茶

菱形锉
　　Y 锉

菱形空气层织物
　　Y 四平空转织物

绫
ghatpot
TS106.8
　　S 丝绸织物
　　Z 织物

绫罗
　　Y 丝绸织物

零部件*
parts and components
TH13
　　D 产品零部件
　　　机器零部件
　　　机械零部件
　　　元部件
　　F 缝纫机零件
　　　刮刀
　　　罐盖
　　　核心部件
　　　盒盖
　　　烘缸端盖
　　　烘缸罩
　　　烘缸轴承
　　　家具部件
　　　牵伸部件
　　　箱盖
　　C 车辆零部件 →(3)(4)(5)(6)(11)(12)
　　　电池部件 →(5)(7)
　　　发动机零部件 →(4)(5)(6)(12)
　　　接插件 →(4)(5)(12)
　　　连接件 →(1)(3)(4)(11)(12)
　　　零部件安装 →(4)(11)
　　　零部件参数 →(4)(7)
　　　零部件厂 →(4)
　　　零部件管理 →(4)
　　　零件加工 →(3)(4)(5)(9)
　　　零件缺陷 →(4)
　　　零件设计 →(4)
　　　零件质量 →(4)
　　　套件
　　　造纸设备部件
　　　钟表零部件 →(4)

零废品
　　Y 废弃物

零件成形
　　Y 机械成型

零锯料角
　　Y 锯料角

岭头单丛茶
lingtou single bush tea
TS272.52
　　S 单丛茶
　　Z 茶

领部
　　Y 衣领

领侧倾角
collarneck lead angle
TS941.61
　　S 衣领结构

　　Z 服装结构

领带

tie

TS941.723

　　D 蝉形领带
　　　绳状领带
　　　西部领带
　　　真丝领带
　　S 配饰
　　Z 服饰

领底线

collar bottom line

TS941.61

　　S 服装结构线
　　Z 服装结构

领口

neckline

TS941.61

　　S 衣领结构
　　Z 服装结构

领口交接曲线

collar transfer curve

TS941.61

　　S 服装结构线
　　Z 服装结构

领里

undercollar

TS941.4

　　S 衣领
　　Z 服装附件

领面

top collar

TS941.4

　　S 衣领
　　Z 服装附件

领圈

neck hole

TS941.61

　　S 衣领结构
　　Z 服装结构

领圈线

neckline

TS941.61

　　S 服装结构线
　　Z 服装结构

领窝

neck line

TS941.61

　　S 衣领结构
　　F 基础领窝
　　Z 服装结构

领型

collar shape

TS941.61

　　S 衣领结构
　　F V 字领
　　　驳领
　　　衬衫领
　　　翻领
　　　横开领

　　　立领
　　　平领
　　　青果领
　　　圆领
　　　直开领
　　Z 服装结构

领型设计

collar shape design

TS941.2

　　S 服装设计
　　Z 服饰设计

领座

collar stand

TS941.61

　　S 衣领结构
　　F 领座高
　　Z 服装结构

领座高

collar band height

TS941.61

　　S 领座
　　Z 服装结构

溜制

saute

TS972.113

　　D 滑溜
　　　焦溜
　　　软溜
　　　糟溜
　　　炸溜
　　S 烹饪工艺*

留胚率

rate of rice germ reserved

TS212

　　S 比率*
　　C 大米加工

留胚米

　　Y 胚芽大米

留声机

　　Y 唱机

留着剂

　　Y 助留剂

留着率

retention rate

TS73；TS75

　　S 比率*
　　F 单程留着率
　　C 滤水速度

流

　　Y 流体流

流程*

procedure

F；ZT5

　　D 步骤
　　　处理步骤
　　　次序
　　　工序
　　　工序衔接
　　　工业流程

　　　工作程序
　　　工作流程
　　　流程参数
　　　流程结构
　　　流程特点
　　　流程组合
　　F 数字化工作流程
　　　卫生标准操作程序
　　　洗涤程序
　　　印刷流程
　　C 程序 →(1)(8)
　　　工序管理 →(4)
　　　工序图 →(4)
　　　工艺方法
　　　流程设计 →(1)(4)
　　　流程图 →(1)(4)

流程参数

　　Y 流程

流程结构

　　Y 流程

流程特点

　　Y 流程

流程组合

　　Y 流程

流出液

　　Y 废液

流道直径

　　Y 直径

流动

　　Y 流体流

流动过程

　　Y 流体流

流动形式

　　Y 流体流

流管

　　Y 管

流滑

　　Y 流体流

流化床干燥设备

　　Y 干燥设备

流激振荡

　　Y 振荡

流浆箱

flow box

TS733

　　S 造纸机械*
　　F 白水稀释流浆箱
　　　流送系统
　　　气垫式流浆箱
　　　水力式流浆箱
　　　匀浆辊

流气式计数管

　　Y 计数器

流气式计数器

　　Y 计数器

流水彩灯
flash color lamp
TM92；TS956
S 彩灯
Z 灯

流送系统
flow approach
TS733
S 流浆箱
Z 造纸机械

流态起酥油
fluid shortening
TS22
S 起酥油
Z 粮油食品

流态砂造型
Y 造型

流态自硬砂造型
Y 造型

流体动力学特性
Y 流体力学性能

流体力学特性
Y 流体力学性能

流体力学性能*
hydrodynamics performance
O3
D 流体动力学特性
流体力学特性
流体力学性质
F 防水透湿
拒水性
冷水可溶性
面团流变学特性
透气性
吸油性
C 动力学性能 →(12)
力学性能
性能

流体力学性质
Y 流体力学性能

流体流*
flow
O3
D 流
流动
流动过程
流动形式
流滑
流体流动
流体运动
整体流动
F 热风对流
主流烟气
C 边界层 →(6)
表观黏度 →(2)
反应堆冷却剂系统 →(6)
分配性能 →(5)(11)
亥姆霍兹不稳定性 →(6)
径流 →(11)
流场显示 →(6)
流化床 →(2)(5)(9)(11)(13)
流量 →(1)(2)(3)(4)(5)(7)(8)(9)(11)(12)(13)
流量测量 →(1)(4)
流线 →(3)(4)(6)(11)(12)
流延 →(7)(9)
人工转捩 →(6)
涡流 →(1)(2)(4)(5)(6)(11)
异常特性 →(1)(7)

流体流动
Y 流体流

流体食品
Y 液态食品

流体系统*
fluid systems
TH13
F 蒸汽冷凝水系统
C 风系统 →(1)(2)(3)(4)(5)(8)(11)(12)(13)
流体动力系统 →(5)
渗透系统 →(9)(11)(13)
循环系统 →(1)(2)(4)(5)(6)(9)(11)(13)
油气系统 →(2)(4)

流体运动
Y 流体流

流行
Y 时尚

流行风格
fashionable styles
TS941.12
S 风格*

流行服饰
Y 时装

流行服装
Y 时装

流行款式
Y 样式

流行面料
Y 时装面料

流行色卡
Y 色卡

流行色预测
fashion color forecast
TS941.12
S 流行预测
Z 预测

流行时尚
Y 时尚

流行要素
Y 流行元素

流行预测
fashion forecast
TS941.12
S 预测*
F 流行色预测
C 服装时尚
流行元素

流行元素
popular key elements
TS941.12
D 流行要素
时尚元素
S 元素*
C 流行预测
时尚

流行织物
Y 织物

琉璃
coloured glaze pattery
TS93
D 琉璃工艺品
色釉陶
S 工艺品*

琉璃工艺品
Y 琉璃

硫灯
Y 微波硫灯

硫化(皮革)
Y 皮革整理

硫化黑
sulfur black
TS193.21
D 硫化黑染料
S 硫化染料
F 液体硫化黑
Z 染料

硫化黑染料
Y 硫化黑

硫化还原蓝 RNX
Y 硫化还原染料

硫化还原染料
sulphur vat dyes
TS193.21
D 硫化还原蓝 RNX
硫化蓝
硫化亮绿
液体硫化染料
S 还原染料
硫化染料
Z 染料

硫化蓝
Y 硫化还原染料

硫化亮绿
Y 硫化还原染料

硫化染料
sulphur dyes
TS193.21
S 染料*
F 可溶硫化染料
硫化黑
硫化还原染料
C 甲壳素纤维

硫化染料染色
Y 染色工艺

硫化染色废水

sulphur dyes wastewater
TS19；X7
　S 染色废水
　Z 废水

硫酸化多糖
sulphated polysaccharide
Q5；TS24
　S 碳水化合物*

硫酸钠型卤水
sodium sulfate type brine
TS39
　D 芒硝型卤水
　　盐硝卤水
　S 硫酸盐型卤水
　Z 卤水

硫酸盐−蒽醌法
　Y 蒽醌硫酸盐法制浆

硫酸盐法
sulfate method
TS74
　S 化工工艺*
　C 制浆

硫酸盐法苇浆
　Y 硫酸盐苇浆

硫酸盐法蒸煮
kraft cooking
TS74
　D 硫酸盐蒸煮
　S 蒸煮*
　C 蒸煮助剂

硫酸盐法制浆
sulfate pulping
TS10；TS743
　D 硫酸盐制浆
　S 化学制浆
　F 蒽醌硫酸盐法制浆
　　马尾松硫酸盐制浆
　C 残余木质素
　Z 制浆

硫酸盐浆
sulfate pulp
TS749
　S 纸浆
　F 硫酸盐麦草浆
　　硫酸盐木浆
　　硫酸盐苇浆
　　硫酸盐针叶木浆
　　硫酸盐竹浆
　　马尾松硫酸盐浆
　　漂白硫酸盐浆
　　漂白针叶木硫酸盐浆
　　三倍体毛白杨硫酸盐浆
　Z 浆液

硫酸盐麦草浆
kraft wheat straw pulps
TS749
　S 硫酸盐浆
　　麦草浆
　Z 浆液

硫酸盐木浆

sulfate wood pulp
TS749.1
　S 硫酸盐浆
　　木浆
　F 杨木硫酸盐浆
　Z 浆液

硫酸盐苇浆
kraft reed pulp
TS749.3
　D 硫酸盐法苇浆
　S 硫酸盐浆
　　苇浆
　Z 浆液

硫酸盐型卤水
sulphate brine
TS39
　S 卤水*
　F 硫酸钠型卤水

硫酸盐针叶木浆
sulfate softwood pulps
TS749
　S 硫酸盐浆
　Z 浆液

硫酸盐蒸煮
　Y 硫酸盐法蒸煮

硫酸盐纸浆废水
　Y 制浆造纸废水

硫酸盐制浆
　Y 硫酸盐法制浆

硫酸盐竹浆
sulfate bamboo pulp
TS749.3
　S 硫酸盐浆
　　竹浆
　Z 浆液

硫熏
sulfitation
TS192.5；TS244
　D 硫熏工艺
　S 烟熏*
　F 二次硫熏

硫熏工艺
　Y 硫熏

硫增感
sulfur sensitization
TQ57；TS19
　S 增感*

馏出物
　Y 馏分

馏分*
fraction
TE6；TQ52
　D 馏出物
　F 油脂脱臭馏出物
　C 减压蒸馏 →(2)(9)
　　冷凝 →(1)(3)(9)(11)

榴莲
durian

TS255.2
　D 榴莲树
　　榴莲属
　　韶子
　S 水果
　Z 果蔬

榴莲树
　Y 榴莲

榴莲属
　Y 榴莲

鎏金
gilding
TS934
　S 首饰加工
　Z 加工

柳编
willow weaving
TS935
　S 编织*

柳叶茶
　Y 凉茶

六堡茶
liu pao tea
TS272.52
　S 黑茶
　Z 茶

六谷粉
　Y 玉米淀粉

六合牛脯
　Y 牛肉脯

六角螺母槽铣床
　Y 专用铣床

六角螺母攻丝机
　Y 攻丝机

六角螺丝刀
　Y 螺丝刀

六角筛
　Y 筛

六角网孔织物
　Y 网眼针织物

六角形钢丝圈
hexagonal steel wire circle
TS103.82
　S 钢丝圈
　Z 纺纱器材

六连杆打纬机构
six beating-up mechanism
TS103.12
　S 打纬机构
　Z 纺织机构

六色凹印机
six-color gravure printing machine
TS803.6
　S 多色凹印机
　Z 印刷机械

六色印刷机
　　Y 彩色印刷机

六通道涤纶纤维
　　Y 异形涤纶丝

六味斋酱肉
　　Y 酱肉制品

六弦琴
　　Y 弦乐器

六轴攻丝机
　　Y 攻丝机

龙阁牌甜白葡萄酒
　　Y 白葡萄酒

龙徽牌白葡萄酒
　　Y 白葡萄酒

龙井
　　Y 龙井茶

龙井茶
longjing green tea
TS272.51
　　D 杭州龙井
　　　 龙井
　　　 西湖龙井
　　　 西湖龙井茶
　　S 绿茶
　　Z 茶

龙葵果酒
solanum nigrum fruit wine
TS262.7
　　S 果酒
　　Z 酒

龙门机床
　　Y 机床

龙门锯床
　　Y 锯机

龙门磨铣床
　　Y 龙门铣床

龙门刨
　　Y 龙门刨床

龙门刨床
planing machine
TG5；TS64
　　D 龙门刨
　　　 龙门铣磨刨床
　　　 龙门铣刨床
　　　 龙刨
　　　 轻型龙门刨床
　　　 双柱铣床
　　S 刨床
　　Z 机床

龙门刨铣床
　　Y 龙门铣床

龙门式机床
　　Y 机床

龙门式铣床
　　Y 龙门铣床

龙门镗铣床
plano-boring and milling machines
TG5；TS64
　　D 龙门铣镗床
　　　 龙门移动式镗铣床
　　　 落地龙门镗铣床
　　S 龙门铣床
　　　 镗铣床
　　F 数控龙门镗铣床
　　Z 机床

龙门铣床
planomiller
TG5；TS64
　　D 龙门磨铣床
　　　 龙门刨铣床
　　　 龙门式铣床
　　S 机床*
　　F 龙门镗铣床
　　　 数控龙门铣床
　　C 龙门铣　→(3)

龙门铣磨刨床
　　Y 龙门刨床

龙门铣刨床
　　Y 龙门刨床

龙门铣镗床
　　Y 龙门镗铣床

龙门移动式镗铣床
　　Y 龙门镗铣床

龙刨
　　Y 龙门刨床

龙舌兰麻纤维
　　Y 剑麻纤维

龙头鱼
bombay duck
TS254.2
　　S 鱼
　　Z 水产品

龙虾
lobsters
TS254.2
　　S 虾类
　　Z 水产品

龙须草浆
Chinese alpine rush pulp
TS749.2
　　S 草浆
　　Z 浆液

龙须草纤维
Chinese alpine rush fiber
TS102.22
　　S 茎纤维
　　Z 天然纤维

龙眼半甜白葡萄酒
　　Y 白葡萄酒

龙眼果酒
　　Y 龙眼酒

龙眼果皮

longan pericarp
TS255
　　S 水果果皮*

龙眼果肉
　　Y 龙眼肉

龙眼酒
longan wine
TS262.7
　　D 龙眼果酒
　　S 果酒
　　Z 酒

龙眼木雕
　　Y 木雕

龙眼肉
longan pulp
TS255
　　D 龙眼果肉
　　S 果肉
　　Z 果蔬制品

砻谷
rice hulling
TS212
　　S 稻米加工
　　Z 农产品加工

砻谷机
dehuller
TS212.3
　　S 碾米机
　　F 胶辊砻谷机
　　Z 食品加工机械

隆凸油墨
　　Y 油墨

楼道灯
stair light
TM92；TS956
　　D 楼梯灯
　　　 楼梯照明灯
　　S 路灯
　　Z 灯

楼梯灯
　　Y 楼道灯

楼梯照明灯
　　Y 楼道灯

镂花织物
　　Y 织物

镂锯机
　　Y 木工锯机

镂铣机
　　Y 数控镂铣机

漏芦糖
　　Y 海藻糖

漏模
　　Y 模具

漏勺
　　Y 汤匙

漏针花纹织物
Y 纬编织物

芦柑皮
citrus skin
TS255
S 柑皮
Z 水果果皮

芦荟
aloe
TS255.2
S 水果
C 芦荟提取物
Z 果蔬

芦荟保健饮料
Y 植物饮料

芦荟茶
Y 凉茶

芦荟产品
Y 芦荟制品

芦荟多糖
aloe polysaccharide
Q5；TS24
S 碳水化合物*

芦荟麻
Y 麻纤维

芦荟凝胶
aloe vera gel
TS202
S 凝胶*

芦荟啤酒
aloe beer
TS262.59
S 果汁啤酒
Z 酒

芦荟提取物
aloe extract
TS255.1
S 天然食品提取物
C 芦荟
Z 提取物

芦荟饮料
Y 植物饮料

芦荟制品
aloe products
TS255
D 芦荟产品
S 蔬菜制品
Z 果蔬制品

芦笙
reed-pipe wind instrument
TS953.22
S 笙
Z 乐器

芦笋
grass
TS255.2
S 蔬菜

Z 果蔬

芦笋茶
Y 凉茶

芦笋罐头
canned asparagus
TS295.7
S 蔬菜罐头
Z 罐头食品

芦笋酒
asparagus wine
TS262
S 保健药酒
Z 酒

芦笋皮
asparagus peel
TS255
S 水果果皮*

芦笋汁饮料
Y 植物饮料

芦苇浆
Y 苇浆

庐山云雾茶
Lushan Yunwu tea
TS272.51
S 云雾茶
Z 茶

炉灶
kitchen range
TS972.26
D 灶
灶具
S 厨具*
F 柴灶
电灶
吊炕
吊炉
多功能灶
节能灶
喷气流灶具
嵌入式灶具
燃气灶具
C 工业炉 →(1)(3)(4)(5)(9)

炉栅纺丝机
Y 纺丝机

泸型白酒
Y 泸型酒

泸型酒
Lu flavor liquor
TS262.39
D 泸型白酒
S 中国白酒
Z 白酒

泸州老窖
old pits
TS262.39
D 泸州老窖大曲
S 中国白酒
Z 白酒

泸州老窖大曲
Y 泸州老窖

卤蛋
spiced egg
TS253.4
S 蛋*

卤粉灯
Y 卤钨灯

卤化物灯
Y 金属卤化物灯

卤井
brine well
TS3
D 采卤井
S 盐井
Z 矿井

卤牛肉
corned beef
TS251.52
S 牛肉
Z 肉

卤肉
curing meat
TS251.59
S 肉*

卤肉制品
braised pork products
TS251.69
S 酱卤肉制品
Z 肉制品

卤水*
brine
TS39
D 海卤
混合卤
盐卤
盐卤水
盐卤资源
F 饱和卤水
地下卤水
高镁卤水
苦卤水
矿卤
老卤
硫酸盐型卤水
天然卤水
盐湖卤水
C 盐水
盐水预热器
盐析剂 →(3)(9)

卤水精制
brine refine
TS36
S 精制*
C 制盐

卤水净化
brine purification
TS3
S 净化*
C 制盐

卤水开采
brine exploitation
TS3
　　D 采卤
　　　采卤工艺
　　　采卤技术
　　　采卤油耗率
　　　采卤指数
　　S 开采*
　　F 深井采卤
　　C 制盐

卤水渗漏
brine leakage
TS3
　　S 渗漏*

卤水蒸发
brine evaporation
TS3
　　S 蒸发*
　　C 制盐

卤素白炽灯
　　Y 卤钨灯

卤素灯
halogen lamp
TM92；TS956
　　D 卤素灯泡
　　S 灯*
　　F 金属卤素灯
　　　卤钨灯

卤素灯泡
　　Y 卤素灯

卤钨灯
tungsten halogen lamp
TM92；TS956
　　D 卤粉灯
　　　卤素白炽灯
　　　卤钨灯泡
　　　石英金卤灯
　　S 卤素灯
　　　钨灯
　　F 低压卤钨灯
　　　金属卤钨灯
　　Z 灯

卤钨灯泡
　　Y 卤钨灯

卤虾
brine shrimp
TS972.125
　　S 虾肴
　　Z 菜肴

卤虾油
brine shrimp sauce
TS225.3；TS264
　　S 虾油
　　Z 粮油食品

卤制
marinating
TS972.113
　　D 臭卤
　　　浸卤

卤煮
　　　汤卤
　　　香卤
　　S 烹饪工艺*
　　F 酱卤
　　　糟卤

卤煮
　　Y 卤制

鲁菜
Shandong cuisine
TS972.12
　　D 鲁菜系
　　S 八大菜系
　　F 孔府菜
　　C 扒鸡
　　Z 菜系

鲁菜系
　　Y 鲁菜

陆稻米
　　Y 大米

陆地棉
　　Y 细绒棉

陆地湿润脱胶
land humid degumming
TS1
　　S 脱胶*

鹿角菜胶
　　Y 卡拉胶

鹿毛
　　Y 毛纤维

鹿皮
buckskin
S；TS564
　　S 毛皮
　　Z 动物皮毛

鹿肉
deer meat
S；TS251.59
　　S 畜肉
　　Z 肉

鹿血酒
deer blood wine
TS262
　　S 保健药酒
　　Z 酒

鹿苑茶
Luyuan tea
TS272.59
　　S 黄茶
　　Z 茶

路灯
street lamp
TM92；TS956
　　D 道路灯具
　　S 灯*
　　F LED 路灯
　　　半夜灯
　　　草坪灯

　　　城市路灯
　　　道钉灯
　　　风光互补路灯
　　　高杆灯
　　　公共路灯
　　　光控路灯
　　　节能路灯
　　　楼道灯
　　　太阳能路灯
　　　庭院灯
　　　智能路灯
　　C 道路照明　→⑿

路径速度波动量
　　Y 精度

路径速度精度
　　Y 精度

路径速度重复精度
　　Y 精度

路径重复精度
　　Y 精度

路面划线机
　　Y 划线机

露酒
alcholic drink mixed with fruit juice
TS262.8
　　S 酒*

露天发酵罐
outdoor fermentation tanks
TQ92；TS261.3
　　S 发酵罐
　　Z 发酵设备

露天贮酒罐
　　Y 酒罐

露天锥形发酵罐
　　Y 发酵罐

驴奶
ass milk
TS252.59
　　S 乳制品*

驴皮
donkey skin
S；TS564
　　S 动物皮
　　Z 动物皮毛

驴肉
donkey meat
S；TS251.59
　　S 畜肉
　　F 五香驴肉
　　Z 肉

驴肉肠
donkey sausage
TS251.59
　　D 驴肉香肠
　　S 肉肠
　　Z 肉制品

驴肉火腿

Y 火腿

驴肉香肠
Y 驴肉肠

驴乳粉
donkey milk powders
TS252.51
S 奶粉
Z 乳制品

旅游纺织品
tourism textile
TS106
S 纺织品*

旅游鞋
Y 鞋

铝板印刷
print from an aluminium plate
TS851.2
S 金属印刷
Z 印刷

铝箔衬纸
aluminum foil backing paper
TS76
S 铝箔纸
Z 纸张

铝箔印刷
aluminium foil printing
TS851.2
D 铝箔纸印刷
S 金属印刷
Z 印刷

铝箔纸
aluminium foil paper
TS76
S 镀铝纸
F 铝箔衬纸
C 表面平整性 →(1)
Z 纸张

铝箔纸印刷
Y 铝箔印刷

铝衬管胶辊
Y 铝衬套胶辊

铝衬胶辊
Y 铝衬套胶辊

铝衬套胶辊
aluminium inserted cot
TH13；TQ33；TS103.82
D 铝衬管胶辊
铝衬胶辊
S 双层胶辊
Z 辊

铝炊具
Y 炊具

铝锭翼
Y 锭翼

铝罐
aluminium can

TG3；TS29
S 金属罐
铝制品
Z 罐
金属制品

铝锅
Y 锅

铝灰纱
aluminium soiled yarn
TS101.97
S 纱疵
Z 纺织品缺陷

铝硼硅酸盐玻璃纤维
Y 玻璃纤维

铝鞣
aluminium tanning
TS543
D 铬鞣制
S 鞣制
Z 制革工艺

铝鞣剂
aluminium tanning agent
TS529.2
S 多金属鞣剂
F 铬铝鞣剂
C 丙烯酸酯树脂 →(9)
Z 鞣剂

铝套管锭子
aluminum casing spindle
TS103.82
S 锭子
Z 纺纱器材

铝型材模具
Y 模具

铝易拉罐
Y 易拉罐

铝制品
aluminum product
TG1；TS914
S 金属制品*
F 铝罐
C 铝材 →(3)
铝件 →(3)(4)

铝铸轧板坯
Y 轧坯

镂花锯
Y 锉

镂纱强力
Y 纱线强力

履
Y 鞋

履带榨汁机
Y 榨汁机

率值
Y 比率

绿茶

green tea
TS272.51
D 炒青茶
陈化绿茶
大叶种绿茶
低档绿茶
高山韵
君山茶
开化龙顶茶
眉茶
名优绿茶
青茶
日照绿茶
松萝茶
特种绿茶
浙江绿茶
S 茶*
F 碧螺春
炒青绿茶
高香绿茶
花香绿茶
径山茶
龙井茶
毛峰
毛尖茶
蒙顶茶
夏秋绿茶
云雾茶
针形绿茶
蒸青绿茶
珠茶
C 绿茶提取物

绿茶茶汤
Y 茶汤

绿茶粉
powdered green tea
TS272
S 茶粉
Z 食用粉

绿茶花生奶
peanut milk with green tea
TS275.7
S 花生乳
Z 饮料

绿茶加工
green tea processing
TS272.4
S 茶叶加工*

绿茶加工工艺
Y 茶叶加工

绿茶品质
green tea quality
TS272.7
S 茶品质
Z 食品质量

绿茶色素
green tea pigment
TQ61；TS202.39
S 茶色素
Z 色素

绿茶提取物

green tea extract
TS272
　D　绿茶提取液
　S　茶叶提取物
　C　绿茶
　Z　提取物

绿茶提取液
　Y　绿茶提取物

绿茶鲜汁
　Y　绿茶饮料

绿茶鲜汁饮料
　Y　绿茶饮料

绿茶饮料
green tea drink
TS275.2
　D　绿茶鲜汁
　　　绿茶鲜汁饮料
　S　茶饮料
　F　红茶饮料
　　　绿茶汁
　　　速溶绿茶
　Z　饮料

绿茶汁
green tea infusion
TS275.2
　S　绿茶饮料
　Z　饮料

绿岛百花脯
　Y　肉脯

绿豆
green bean
TS210.2
　D　青豆
　　　青豆粒
　S　豆类
　C　绿豆皮
　　　绿豆乳
　Z　粮食

绿豆蛋白
mung bean protein
Q5；TQ46；TS201.21
　S　豆蛋白
　F　绿豆分离蛋白
　Z　蛋白质

绿豆淀粉
mung bean starch
TS235.3
　S　豆类淀粉
　Z　淀粉

绿豆多肽
mung bean peptide
TQ93；TS201.2
　S　多肽
　Z　肽

绿豆分离蛋白
mung bean protein isolate
Q5；TQ46；TS201.21
　S　蛋白质*
　　　绿豆蛋白

绿豆酱
　Y　豆酱

绿豆皮
mungbean skin
TS214
　S　豆皮
　C　绿豆
　Z　豆制品

绿豆乳
mung bean milk
TS214
　S　豆奶
　C　绿豆
　Z　豆制品

绿豆乳饮料
　Y　植物饮料

绿豆酸奶粉
　Y　酸奶粉

绿豆芽
green bean sprouts
TS255.2
　S　豆芽
　Z　豆制品
　　　果蔬

绿豆饮料
　Y　植物饮料

绿豆汁
green bean juice
TS275.7
　S　豆乳饮料
　Z　饮料

绿欧泊
　Y　欧泊

绿色板材
　Y　绿色人造板

绿色保健饮料
　Y　天然保健饮料

绿色保健饮品
　Y　天然保健品

绿色保鲜
green fresh-keeping
TS205
　S　保鲜*

绿色彩棉
　Y　天然彩色棉

绿色餐具
　Y　环保餐具

绿色刀具
green cutting tools
TG7；TS914
　S　刀具*

绿色纺织
　Y　生态纺织

绿色纺织品
green textiles

TS106
　D　绿色织物
　S　生态纺织品
　C　绿色纤维
　Z　纺织品

绿色纺织生产
　Y　生态纺织

绿色纺织纤维
　Y　绿色纤维

绿色废物
　Y　废弃物

绿色服装
green clothing
TS941.7
　D　环保服装
　　　生态服装
　S　功能性服装
　Z　服装

绿色干洗
　Y　干洗

绿色硅酸盐纤维
　Y　硅酸盐纤维

绿色环保餐具
　Y　环保餐具

绿色环保浆料
　Y　环保浆料

绿色环保纤维
　Y　绿色纤维

绿色环保型纤维
　Y　绿色纤维

绿色家具
environment-friendly furniture
TS66；TU2
　D　环保家具
　S　家具*

绿色浆料
　Y　环保浆料

绿色模具
　Y　模具

绿色染料
green dyes
TS193.21
　S　染料*
　F　感绿染料
　　　孔雀绿染料

绿色染整
green dyeing and finishing technologies
TS190.6
　D　生态染整
　　　生态染整技术
　S　染整*

绿色人造板
green artificial board
TS62
　D　环保人造板
　　　环保型人造板

绿色板材
  S 人造板
  Z 木材

绿色食品
green food
TS219
  D 生态食品
    天然绿色食品
    天然食品
    无污染食品
  S 食品*

绿色食品包装
green food packaging
TS206
  S 食品包装*

绿色食品标志
green food mark
TS207
  S 标志*

绿色食品标准
green food standard
TS207
  S 食品标准
  Z 标准

绿色食品产地
green food producing area
TS207
  C 绿色产品 →(13)
    无污染产品 →(13)

绿色食品工程
green food project
TS201.1
  S 食品工程
  Z 工程

绿色食品管理
management of green food
TS201.6
  S 食品管理
  Z 产品管理

绿色纤维
green fiber
TQ34；TS102
  D 环保纺织纤维
    环保纤维
    环保型纤维
    可降解纤维
    绿色纺织纤维
    绿色环保纤维
    绿色环保型纤维
    生态纺织纤维
    生态纤维
  S 纤维*
  C 绿色纺织品

绿色烟叶
green tobacco leaves
TS42
  D 无公害烟叶
  S 烟叶
  Z 卷烟材料

绿色饮料

green drink
TS27
  S 饮料*

绿色饮品
  Y 天然饮料

绿色印刷
green printing
TS87
  D 环保印刷
  S 印刷*

绿色油墨
  Y 环保油墨

绿色原料
green raw material
TS97
  S 原料*

绿色造纸
  Y 造纸

绿色织物
  Y 绿色纺织品

绿色植物保健品
  Y 保健品

绿色纸业
  Y 生态纸业

绿色阻垢剂
  Y 阻垢剂

绿丝履
  Y 鞋

绿松石
turquoise
TS933.21
  D 土耳其玉
  S 松石
  Z 饰品材料

绿碎茶
broken green tea
TS272.59
  S 碎茶
  Z 茶

绿氧
  Y 绿氧助剂

绿氧助剂
green oxygen additives
TS74
  D 绿氧
  S 蒸煮助剂
  Z 助剂

绿液
green liquor
TS743；X7
  S 制浆废液
  C 黑液
  Z 废液

绿针茶
  Y 针形茶

绿洲稳定性
  Y 稳定性

氯化钠
  Y 食盐

氯化丝光
  Y 丝光整理

氯浸牢度
color fastness to chlorin
TS107；TS193
  D 耐氯化水色魔牢度
    耐氯浸牢度
  S 牢度*

氯纶
polyvinyl chloride fibre
TQ34；TS102.525
  D 过氯乙烯纤维
    聚氯乙烯纤维
  S 聚合物纤维
  F 偏氯纶
  C 腈氯纶
    聚氯乙烯薄膜 →(9)
  Z 纤维

氯漂
chlorine bleach
TS192.5
  D 含氯漂白
  S 氧化漂白
  F 次氯酸盐–二氧化氯漂白
    次氯酸盐漂白
    二氧化氯漂白
  Z 漂白

氯气管道
  Y 输卤管道

滤棒
filter stick
TS42
  D 波纹滤棒
    复合滤棒
    复合滤嘴棒
    卷烟滤棒
    卷烟滤材
    烟用丝束
    纸滤棒
  S 卷烟材料*
  F 丙纤滤棒
    醋酸滤棒
  C 过滤材料 →(1)

滤棒成形机
filter rod making machine
TS43
  D 卷烟滤嘴成型机
    滤棒成型机
    滤棒成型机组
    滤棒成型设备
    滤嘴机
  S 制烟机械*
  F KDF2滤棒成型机

滤棒成型
  Y 烟草生产

滤棒成型机

Y 滤棒成形机

滤棒成型机组
　　Y 滤棒成形机

滤棒成型设备
　　Y 滤棒成形机

滤棒硬度
filter rod hardness
TS47
　　S 硬度*

滤棒指标
filter stick index
TS47
　　S 指标*

滤罐
　　Y 过滤槽

滤咀棒纸
　　Y 卷烟纸

滤泥
filter cake
TS249
　　S 制糖工业副产品
　　F 甘蔗滤泥
　　C 简纯度
　　Z 副产品

滤清器扳手
　　Y 扳手

滤水速度
drainage rate
TS71
　　D 滤水速率
　　S 速度*
　　C 留着率

滤水速率
　　Y 滤水速度

滤水性
　　Y 滤水性能

滤水性能
drainability
TS74；TS75
　　D 滤水性
　　S 物理性能*
　　C 打浆性能

滤纸
filter paper
TS761.9
　　D 过滤纸
　　S 纸张*
　　F 半胱氨酸滤纸
　　　玻璃纤维滤纸
　　　发动机滤纸
　　　活性炭过滤纸
　　　机油滤纸
　　　浸渍滤纸
　　　空气过滤纸
　　　汽车滤纸

滤嘴
filter tip

TS42
　　D 纯纸质滤嘴
　　　过滤嘴
　　　聚丙烯滤嘴
　　　聚丙烯滤嘴应用
　　　聚丙烯纤维滤嘴
　　　卷烟滤嘴
　　　滤嘴棒
　　　香烟过滤嘴
　　　纸滤嘴
　　S 卷烟材料*
　　F 醋纤滤嘴
　　　复合滤嘴
　　　特殊滤嘴
　　　茶质滤嘴
　　C 过滤材料　→(1)
　　　香烟
　　　烟用聚丙烯丝束

滤嘴棒
　　Y 滤嘴

滤嘴棒纸
　　Y 卷烟纸

滤嘴机
　　Y 滤棒成形机

滤嘴接装机
　　Y 卷接机

滤嘴烟
　　Y 烟草

滤嘴装接机
　　Y 卷接机

卵黄高磷蛋白
phosvitin
Q5；TS201.21
　　S 鸡蛋白
　　Z 蛋白质

卵黄高磷蛋白磷酸肽
phosvitin phosphopeptides
TQ93；TS201.2
　　S 磷酸肽
　　Z 肽

卵黄油
yolk oil
TS225.23
　　S 黄油
　　Z 油脂

卵转铁蛋白
ovotransferrin
Q5；TS201.21
　　S 鸡蛋白
　　Z 蛋白质

轮泵
　　Y 泵

轮箍轧机
　　Y 轧机

轮滑鞋
roller skates
TS943.74
　　S 运动鞋

Z 鞋

轮廓*
outline
O1；TB2
　　F 廓形
　　C 三维重建　→(8)
　　　图像边缘提取　→(7)
　　　图像处理

轮廓形状
　　Y 廓形

轮廓造型
　　Y 造型

轮流缺垫织物
　　Y 经编织物

轮式挑线机构
wheel type take-up mechanisms
TS941.569
　　S 挑线机构
　　Z 缝制机械机构

轮胎扳手
　　Y 扳手

轮胎布
　　Y 轮胎帘子布

轮胎帘线
　　Y 轮胎帘子线

轮胎帘子布
tyre cord fabric
TS106.6
　　D 轮胎布
　　　胎体帘布
　　S 帘子布
　　　装置结构*
　　C 翻胎设备　→(9)
　　　轮胎性能　→(9)
　　Z 纺织品

轮胎帘子线
tyre cord
TS106.4
　　D 轮胎帘线
　　　轮胎内衬层
　　　胎体帘线
　　S 帘子线
　　　装置结构*
　　C 轮碾机　→(3)(9)
　　　轮胎橡胶　→(9)
　　Z 股线

轮胎内衬层
　　Y 轮胎帘子线

轮转凹印机
rotary photogravure press
TS803.6
　　S 凹印机
　　Z 印刷机械

轮转机
　　Y 轮转印刷机

轮转胶印
web offset

TS82
　　S 胶印
　　　轮转印刷
　　Z 印刷

轮转丝网印刷
　　Y 丝网印刷

轮转印刷
rotary printing
TS87
　　S 印刷*
　　F 轮转胶印
　　　商业轮转印刷

轮转印刷机
rotary printing press
TS803.6
　　D 轮转机
　　S 印刷机
　　F 商业轮转印刷机
　　Z 印刷机械

轮转印刷设备
rotary printing equipments
TS803.9
　　S 印刷机械*

罗
　　Y 丝绸织物

罗布麻
apocynum venetum
TS102.22
　　D 罗布麻纤维
　　S 野生麻
　　C 脱胶
　　Z 天然纤维

罗布麻纤维
　　Y 罗布麻

罗布麻织物
apocynum fabric
TS126
　　S 麻织物
　　Z 织物

罗恩轧机
　　Y 轧机

罗非鱼皮
　　Y 罗非鱼鱼皮

罗非鱼下脚料
tilapia waste
TS254
　　S 鱼类下脚料
　　Z 下脚料

罗非鱼鱼皮
tilapia fish skin
S；TS564
　　D 罗非鱼皮
　　S 鱼皮
　　C 胶原多肽
　　Z 动物皮毛

罗汉果
mangosteen
TS255.2

　　S 水果
　　Z 果蔬

罗汉果渣
herbal slag
TS255
　　S 果蔬渣
　　Z 残渣

罗拉
roller
TS103.82
　　D 剥棉打手
　　　剥棉辊
　　　剥棉罗拉
　　　纺织罗拉
　　　紧压罗拉
　　　锯齿罗拉
　　　牵伸罗拉
　　　前罗拉
　　　退卷罗拉
　　　握持罗拉
　　　转移罗拉
　　S 纺织器材*
　　F 凹凸罗拉
　　　分离罗拉
　　　给棉罗拉
　　　沟槽罗拉
　　　上罗拉
　　C 粗纱机
　　　罗拉轴
　　　罗拉轴承
　　　牵伸装置
　　　细纱机

罗拉剥棉
　　Y 剥棉

罗拉隔距
roller gauge
TS104.2
　　S 隔距*

罗拉加压
roller weighting
TS101
　　S 加压*

罗拉牵伸
roller draft
TS104
　　S 牵伸*
　　F 前罗拉钳口
　　　四罗拉牵伸

罗拉梳理机
　　Y 梳理机

罗拉中心对称度
roller center symmetry
TS104
　　S 数学特征*
　　C 安装检测 →(4)
　　　环锭细纱机

罗拉中心距
roller center distance
TS101
　　S 距离*

罗拉轴
roller shaft
TH13；TS103
　　S 轴*
　　C 罗拉

罗拉轴承
roller bearing
TS103
　　S 轴承*
　　C 罗拉

罗姆尼羊毛
　　Y 羊毛

罗纹
　　Y 罗纹织物

罗纹半空气层织物
　　Y 罗纹织物

罗纹菠萝织物
　　Y 罗纹织物

罗纹菠纹织物
　　Y 罗纹织物

罗纹布
　　Y 罗纹织物

罗纹衬纬织物
　　Y 罗纹织物

罗纹机
rib knitting machine
TS183
　　D 单罗纹机
　　　罗纹口机
　　　双罗纹机
　　S 针织圆机
　　C 罗纹织物
　　Z 织造机械

罗纹空气层织物
　　Y 罗纹织物

罗纹空气层组织
　　Y 罗纹织物

罗纹口机
　　Y 罗纹机

罗纹领
rib collar
TS941.4
　　S 衣领
　　Z 服装附件

罗纹毛圈织物
　　Y 罗纹织物

罗纹纱罗织物
　　Y 罗纹织物

罗纹移圈织物
　　Y 罗纹织物

罗纹针织物
　　Y 罗纹织物

罗纹织物
rib fabric
TS186.2

主　表　437

D 半米拉诺罗纹织物
　抽针 1+1 罗纹织物
　单面抽针罗纹织物
　多列集圈提花罗纹织物
　交错集圈双罗纹织物
　经编罗纹织物
　宽罗纹织物
　罗纹
　罗纹半空气层织物
　罗纹菠萝纹织物
　罗纹菠纹织物
　罗纹布
　罗纹衬纬织物
　罗纹空气层织物
　罗纹空气层组织
　罗纹毛圈织物
　罗纹纱罗纹织物
　罗纹移圈织物
　罗纹针织物
　双罗纹浮线织物
　双罗纹横楞织物
　双罗纹集圈织物
　双罗纹交错浮线织物
　双罗纹空气层织物
　双罗纹双列集圈织物
　双罗纹褶裥织物
　双罗纹织物
　添纱罗纹织物
　纬编罗纹织物
　窄罗纹织物
S 纬编织物
C 衬纬
　罗纹机
　罗纹组织
Z 编织物

罗纹组织
rib stitch
TS106
D 1+1 罗纹
　1+1 罗纹针织物
　1+1 罗纹组织
　单罗纹
　罗纹组织(针织)
S 纬编组织
F 双罗纹组织
C 罗纹织物
Z 材料组织

罗纹组织(针织)
Y 罗纹组织

萝卜食品
Y 蔬菜制品

萝卜籽
radish seed
TS202.1
S 植物菜籽*

逻辑造型
Y 造型

锣
gong
TS953.25
D 大锣
　京锣

　小锣
S 打击乐器
Z 乐器

螺杆板式榨汁机
Y 榨汁机

螺杆式并条机
Y 并条机

螺杆式制冷装置
Y 冷却装置

螺杆铣床
Y 专用铣床

螺浆泵
Y 泵

螺母攻丝机
Y 攻丝机

螺丝刀
screw driver
TG7；TS914
D 磁性螺丝刀
　棘轮改锥
　六角螺丝刀
　普通螺丝刀
　起子
　十字螺丝刀
　旋具
S 手工具
F 电动螺丝刀
C 装配 →(1)(2)(3)(4)(6)(7)(8)(11)(12)
Z 工具

螺纹测量仪
Y 测量仪器

螺纹导程
Y 导程

螺纹道钉
screw spike
TS914
S 钉子
Z 五金件

螺纹攻丝机
Y 攻丝机

螺纹攻牙机
Y 攻丝机

螺纹铣床
Y 专用铣床

螺旋槽导程
Y 导程

螺旋传动机构
Y 传动装置

螺旋刀
spiral cutter
TG7；TS914
D 螺旋刀具
　螺旋刃刀具
S 刀具*
C 螺旋 →(4)

螺旋刀具
Y 螺旋刀

螺旋导程
Y 导程

螺旋挤浆机
screw press washer
TS733
S 挤浆机
F 双螺旋挤浆机
Z 制浆设备

螺旋挤压疏解机
screw extruder
TS733
S 挤压疏解机
Z 制浆设备

螺旋角
helix angle
TG7；TS64
D 螺旋升角
S 角*
C 传热效率 →(5)
　刀位 →(3)
　弓形折流板 →(4)
　功耗 →(1)(4)(5)(7)(8)
　螺旋折流板 →(4)

螺旋纳米碳纤维
Y 纳米碳纤维

螺旋清仓机
spiral barn cleaning machine
TS210.3
S 清粮装置
Z 食品加工机械

螺旋刃
helix edge
TG7；TS914.212
D 螺旋刃口
S 刀刃
Z 工具结构

螺旋刃刀具
Y 螺旋刀

螺旋刃口
Y 螺旋刃

螺旋揉布机
Y 浸轧机

螺旋纱
spiral yarns
TS106.4
S 纱线*

螺旋升角
Y 螺旋角

螺旋式速冻机
spiral quick-freeze unit
TS203
S 速冻机
Z 冷却装置

螺旋炭纤维
coiled carbon fibers

TQ34；TS102
    D 螺旋形炭纤维
       螺旋形碳纤维
       微螺旋炭纤维
    S 碳纤维
    C 微结构 →(1)
    Z 纤维

螺旋线导程
    Y 导程

螺旋形炭纤维
    Y 螺旋炭纤维

螺旋形碳纤维
    Y 螺旋炭纤维

螺旋压榨机
screw type press
TS04
    S 压榨机
    Z 轻工机械

螺旋预榨机
    Y 预榨机

螺旋藻粉
spirulina powder
TS218
    S 营养品
    Z 保健品

螺旋藻凝胶
    Y 凝胶

螺旋榨油机
screw oil expeller
TS223.3
    D 红车
       榨油设备
    S 榨油机
    F 双螺杆榨油机
    Z 食品加工设备

螺旋榨汁机
    Y 榨汁机

裸燕麦麸
    Y 燕麦麸

裸燕麦麸皮
    Y 燕麦麸

洛阳脯肉
    Y 肉脯

骆马毛
    Y 驼毛

骆驼毛
    Y 驼毛

骆驼绒
    Y 驼绒

络合分散剂
    Y 螯合分散剂

络麻
    Y 黄麻纤维

络纱
winding

TS104.2
    S 后纺工艺
    F 复摇
       络筒
    C 卷绕
       络纱机
    Z 纺纱工艺

络纱工艺
    Y 络筒

络纱机
winding machine
TS103.32
    D 翻丝机
    S 织造准备机械*
    C 槽筒
       导纱机构
       导纱器
       络纱
       清纱器
       筒子架

络纱速度
    Y 纱线速度

络纱张力
winding tension
TS101
    S 纱线张力
    Z 张力

络丝机
silk winder
TS142
    S 制丝设备
    Z 纺织机械

络筒
spooling
TS104.2
    D 络纱工艺
       络筒工艺
    S 络纱
    F 精密络筒
       松式络筒
       自动络筒
    C 打结
       防叠
    Z 纺纱工艺

络筒疵点
    Y 纱线疵点

络筒工序
    Y 纺织

络筒工艺
    Y 络筒

络筒机
bobbin winder
TS103.23；TS103.32
    D 槽筒机
       槽筒络纱机
    S 纺织机械*
    F 半自动络筒机
       精密络筒机
       松式络筒机
       自动络筒机

    C 槽筒
       导纱器
       纺织机构
       筒子架

络筒速度
    Y 纱线速度

络纬机
    Y 卷纬机

络盐
complex salt
TS36
    S 盐*

珞巴族服饰
    Y 民族服饰

落锤冲击试验设备
    Y 试验设备

落地灯
floor light
TM92；TS956
    D 落地灯具
    S 灯*

落地灯具
    Y 落地灯

落地端面铣床
    Y 平面铣床

落地龙门镗铣床
    Y 龙门镗铣床

落地镗床
floor type boring machines
TG5；TS64
    S 机床*
    C 大型机床 →(3)

落地镗铣床
floor boring & milling machine
TG5；TS64
    D 落地铣镗床
    S 镗铣床
    Z 机床

落地铣镗床
    Y 落地镗铣床

落浆
size shedding
TS105
    S 废料*

落麻
noil of bast
TS104；TS12
    S 废料*

落毛
fallen wool
TS104
    S 废料*

落棉*
noil
TS104.2；TS109
    F 刺辊落棉

精梳落棉
绢纺落棉
清花落棉
C 盖板花
落棉率
前纺工艺

落棉隔距
detaching distance
TS104.2
S 隔距*
C 精梳机

落棉率
fallen cotton rate
TS104；TS11
S 比率*
C 落棉

落丝式卷烟机
Y 卷烟机

落绪率
dropping end rate
TS101
S 比率*
C 解舒工艺

落叶松单板
larch veneer
TS65
S 型材*

落叶松集成材
Y 集成材

落叶松胶合板
larch plywood
TB3；TS65
S 胶合板
Z 型材

落叶松树皮
larch bark
R；TS202
S 松树皮
Z 树皮

摆式热压
Y 热压

麻
Y 麻纤维

麻/棉
Y 棉麻织物

麻袋
Y 麻织物

麻袋布
Y 产业用纺织品

麻涤混纺纱
ramie polyester blended yarns
TS106.4
S 麻混纺纱
Z 纱线

麻涤织物
bast-polyester fabric

TS106.8
D 涤麻混纺织物
涤麻交织织物
涤麻棉织物
涤麻织物
S 涤混纺织物
Z 混纺织物

麻纺
Y 麻纺织

麻纺工艺
hemp process
TS104.2
S 纺纱工艺*
F 配麻
C 麻纺织

麻纺设备
jute spinning equipment
TS132
S 毛纺机械
Z 纺织机械

麻纺细纱机
Y 细纱机

麻纺织
bast fibre manufacturing
TS12
D 麻纺
亚麻纺
亚麻纺纱
亚麻纺纱工艺
亚麻纺织
苎麻纺织
S 纺织*
C 麻纺工艺
麻纱
麻纤维
麻织物
毛纺织
亚麻纱
苎麻纱

麻纺织品
Y 纺织品

麻纺织物
Y 麻织物

麻灰纱
low content duey fiber yarns
TS106.4
S 混色纱
Z 纱线

麻混纺纱
linen and blended yarn
TS106.4
S 混纺纱线
F 腈麻高支纱
绢麻混纺纱
麻涤混纺纱
麻粘混纺纱
丝麻混纺纱
亚麻混纺纱
Z 纱线

麻混纺织物

Y 混纺织物

麻浆
hemp pulp
TS749
S 非木材纸浆
Z 浆液

麻辣
spicy
TS971.1
D 麻辣风味
S 风味*

麻辣风味
Y 麻辣

麻辣酱
Y 辣酱

麻辣味
spicy flavor
TS264；TS971；TS972
S 辣味
Z 感觉

麻类纺织品
Y 纺织品

麻类纤维
Y 麻纤维

麻类织物
Y 麻织物

麻粒
Y 纤维结

麻棉弹力灯芯绒
Y 灯芯绒

麻棉混纺
hemp blended with cotton spinning
TS104.5
S 棉混纺
F 亚麻/棉混纺
亚麻/粘胶
Z 纺纱

麻棉混纺布
Y 混纺织物

麻棉混纺纱
ramie cotton blended yarn
TS106.4
D 麻棉混纺纱线
麻棉纱
苎麻混纺纱
苎麻棉混纺纱
S 棉混纺纱
Z 纱线

麻棉混纺纱线
Y 麻棉混纺纱

麻棉混纺织物
Y 棉麻织物

麻棉交织物
Y 棉麻织物

麻棉纱

Y 麻棉混纺纱

麻棉织物
Y 棉麻织物

麻坯布
Y 坯布

麻婆豆腐
Ma-po's bean curd
TS972
S 豆腐菜肴
Z 菜肴

麻纱
jute yarn
TS106.4
D 纯麻纱
黄麻纱
S 麻纱线
C 麻纺织
麻织
麻织物
Z 纱线

麻纱线
flax
TS106.4
D 黄麻线
麻线
S 纱线*
F 麻纱
亚麻纱线
苎麻纱线

麻纱织物
Y 麻织物

麻纤维
hemp
TS102.22
D 赫纳昆麻
胡麻纤维
黄红麻纤维
蕉麻
蕉麻纤维
槿麻
芦荟麻
麻
麻类纤维
马尼拉麻
切段麻
切根黄麻
生麻
梳成短麻
熟麻
水麻
天然水沤麻
西沙尔麻
原麻
S 植物纤维
F 大麻纤维
黄麻纤维
剑麻纤维
精干麻
圣麻纤维
亚麻纤维
洋麻
野生麻

苎麻纤维
C 麻纺织
脱胶
Z 天然纤维

麻线
Y 麻纱线

麻鞋
Y 鞋

麻油
Y 花椒油

麻粘混纺纱
hemp viscose blended yarn
TS106.4
D 粘混纺纱
S 麻混纺纱
Z 纱线

麻针织物
hemp fabric
TS126；TS186
D 苎麻混纺针织物
S 针织物*
F 亚麻/棉针织物
亚麻针织物

麻织
bast weaving
TS105；TS125
S 织造*
F 丝麻交织
C 麻纱

麻织物
bast fiber fabric
TS126
D 纯麻织物
粗麻布
黄麻织物
麻袋
麻纺织物
麻类织物
麻纱织物
细麻布
苎麻针织品
苎麻针织物
S 天然纤维织物
F 大麻织物
罗布麻织物
闪光麻织物
夏布
亚麻织物
苎麻织物
C 麻纺织
麻纱
亚麻纱
苎麻纱
Z 织物

麻制品
linen piece goods
TS106；TS126
S 纺织品*

马齿苋
portulaca oleracea

TS255.2
S 蔬菜
Z 果蔬

马褂
Y 背心

马哈烟香型烟叶
Y 烟叶

马海毛
mohair
TS102.31
D 安哥拉山羊毛
马海毛纤维
S 山羊毛
Z 天然纤维

马海毛纤维
Y 马海毛

马甲
Y 背心

马鲛鱼
spanish mackerel
TS254.2
S 鱼
Z 水产品

马克隆值
micronaire value
TS101.921
S 数值*

马口铁
tin
TG1；TS29
D 马口铁皮
无锡马口铁
S 金属材料*
型材*

马口铁罐
tin can
TS29
S 金属罐
Z 罐

马口铁皮
Y 马口铁

马来松香胶
Y 松香胶

马林巴琴
Y 弦乐器

马铃薯
potatoes
S；TS255.2
D 地蛋
蜡质马铃薯
土豆
乌洋芋
S 薯类
Z 果蔬

马铃薯变性淀粉
modified potato starch
TS235.2

S 马铃薯淀粉
Z 淀粉

马铃薯脆片
potato crispy chip
TS214；TS215
D 马铃薯香脆片
马铃薯香辣片
S 马铃薯片
Z 果蔬制品

马铃薯蛋白
potato protein
Q5；TQ46；TS201.21
S 甘薯蛋白
Z 蛋白质

马铃薯淀粉
potato starch
TS235.2
D 土豆淀粉
S 薯类淀粉
F 蜡质马铃薯淀粉
马铃薯变性淀粉
马铃薯氧化淀粉
膨化马铃薯α淀粉
羧甲基马铃薯淀粉
Z 淀粉

马铃薯淀粉废水
potato starch wastewater
TS209；X7
D 马铃薯加工废水
土豆淀粉废水
S 淀粉废水
Z 废水

马铃薯粉
potato powder
TS215
S 薯粉
F 马铃薯全粉
脱水马铃薯粉
Z 食用粉

马铃薯干粉
potato dry powder
TS215
D 土豆粉
S 马铃薯食品
Z 果蔬制品

马铃薯加工废水
Y 马铃薯淀粉废水

马铃薯颗粒全粉
potato granules powder
TS215
S 马铃薯全粉
Z 食用粉

马铃薯片
potato chips
TS214；TS215
D 马铃薯条
土豆片
S 马铃薯食品
薯片
F 马铃薯脆片

油炸马铃薯片
Z 果蔬制品

马铃薯全粉
mashed potato
TS215
S 马铃薯粉
F 马铃薯颗粒全粉
Z 食用粉

马铃薯食品
potato foods
TS215
D 马铃薯制品
土豆食品
S 薯类制品
F 马铃薯干粉
马铃薯片
Z 果蔬制品

马铃薯条
Y 马铃薯片

马铃薯香脆片
Y 马铃薯脆片

马铃薯香辣片
Y 马铃薯脆片

马铃薯氧化淀粉
oxidized potato starch
TS235.2
D 氧化马铃薯淀粉
S 马铃薯淀粉
Z 淀粉

马铃薯渣
Y 土豆渣

马铃薯制品
Y 马铃薯食品

马毛
Y 毛纤维

马奶
mare milk
TS252.59
S 乳制品*

马奶酒
koumiss
TS262
S 奶酒
F 酸马奶酒
Z 酒

马尼拉麻
Y 麻纤维

马皮
horse skin
S；TS564
S 动物皮
Z 动物皮毛

马鲭鱼
Y 竹荚鱼

马球
polo

TS952.3
S 球类器材
Z 体育器材

马肉
horse meat
S；TS251.59
S 畜肉
F 马蹄
Z 肉

马肉制品
horse meat products
TS251
D 马蹄粉
马蹄脯
马蹄螺
马蹄爽
S 畜肉制品
Z 肉制品

马氏硬度
Y 硬度

马蹄
horseshoe
S；TS251.59
S 马肉
Z 肉

马蹄粉
Y 马肉制品

马蹄脯
Y 马肉制品

马蹄糕
water chestnut cakes
TS213.23
S 中式糕点
Z 糕点

马蹄螺
Y 马肉制品

马蹄皮
Y 荸荠皮

马蹄爽
Y 马肉制品

马桶圈
Y 生活用品

马桶刷
Y 生活用品

马王堆汉墓出土纺织品
Y 古代纺织品

马尾衬
horse hair cloth
TS941.498.
S 里料
Z 服装辅料

马尾毛
Y 毛纤维

马尾松材
Y 天然木材

马尾松硫酸盐浆
masson pine kraft pulp
TS749
　S 硫酸盐浆
　C 两段氧脱木素
　Z 浆液

马尾松硫酸盐制浆
masson pine kraft pulping
TS10；TS743
　S 硫酸盐法制浆
　Z 制浆

马尾松磨石磨木浆
masson pine stone ground wood pulps
TS749.1
　S 磨木浆
　Z 浆液

马尾松热磨机械浆
masson pine thermomechanical pulp
TS749.1
　S 机械浆
　　木浆
　Z 浆液

马尾松树皮
masson pine bark
R；TS202
　S 松树皮
　Z 树皮

玛瑙
agate
TS933.2
　D 碧玉玛瑙
　　眼玛瑙
　S 珠宝
　Z 饰品材料

码
　Y 代码

码布机
　Y 折布机

码长
　Y 代码

码架培养制曲
code training starter-making
TS26
　S 架式制曲
　Z 制曲

码型
　Y 代码

码制
　Y 代码

蚂蚁酒
ants wine
TS262
　D 蚁酒
　S 保健药酒
　　浸泡酒
　Z 酒

麦草 NaOH-AQ 浆
Wheat straw NaOH-AQ pulp

TS749.2
　S 麦草浆
　Z 浆液

麦草半化学浆
wheat straw semi-chemical pulps
TS749.2
　S 麦草浆
　Z 浆液

麦草化机浆
wheat straw chemimechanical pulps
TS74
　S 麦草浆
　Z 浆液

麦草化学机械浆
wheat straw chemimechanical pulps
TS749.2
　S 麦草化学浆
　Z 浆液

麦草化学浆
wheat straw chemical pulp
TS749.2
　S 麦草浆
　F 麦草化学机械浆
　Z 浆液

麦草碱木素
wheat straw alkaline lignin
TS74
　D 麦草碱木质素
　S 木质素*

麦草碱木质素
　Y 麦草碱木素

麦草浆
wheat straw pulp
TS749.2
　S 草浆
　F Soda-AQ 麦草浆
　　碱性-亚钠蒽醌麦草浆
　　硫酸盐麦草浆
　　麦草 NaOH-AQ 浆
　　麦草半化学浆
　　麦草化机浆
　　麦草化学浆
　　麦草烧碱浆
　　麦草生物化机浆
　　漂白麦草浆
　Z 浆液

麦草浆黑液
wheat straw pulping black liquor
TS79；X7
　S 草浆黑液
　Z 废液

麦草浆造纸
　Y 草浆造纸

麦草浆中段废水
　Y 中段废水

麦草烧碱浆
wheat straw caustic soda pulp
TS749.2
　S 麦草浆

　Z 浆液

麦草生物化机浆
wheat straw bio-chemimechanical pulps
TS74
　S 麦草浆
　Z 浆液

麦草制浆
wheat straw pulping
TS743
　S 草类制浆
　Z 制浆

麦草制浆废水
　Y 草浆造纸废水

麦草制浆造纸
　Y 草浆造纸

麦饭石纤维
maifan stone fiber
TS102.4
　S 矿物纤维
　Z 天然纤维

麦粉
wheat flour
TS211.2
　S 面粉
　F 大麦粉
　　苦荞粉
　　荞麦粉
　　软麦粉
　　小麦粉
　Z 粮食

麦麸
wheat bran
TS210.9
　D 大麦麸
　　大麦麸皮
　　黑麦麸皮
　　苦荞麸
　　苦荞麸皮
　　麦皮
　S 谷类麸皮
　F 小麦麸
　　燕麦麸
　C 麦麸膳食纤维
　Z 副产品

麦麸膳食纤维
wheat bran dietary fiber
TS210.1
　D 麸皮膳食纤维
　　麸皮纤维
　　麦麸纤维
　　食用麸皮纤维
　S 膳食纤维
　C 低聚果糖
　　麦麸
　　面包
　Z 天然纤维

麦麸纤维
　Y 麦麸膳食纤维

麦秆刨花板
　Y 麦秸刨花板

麦谷蛋白
　　Y　谷蛋白

麦谷蛋白大聚合体
　　Y　谷蛋白

麦谷蛋白大聚体
　　Y　谷蛋白

麦胶蛋白
gliadin
Q5；TQ46；TS201.21
　　S　谷蛋白
　　Z　蛋白质

麦秸板
wheat straw board
TS62
　　D　麦秸人造板
　　S　秸秆人造板
　　F　麦秸均质板
　　　　轻质麦秸板
　　Z　木材

麦秸定向刨花板
wheat straw oriented shaving board
TS62
　　S　麦秸刨花板
　　Z　木材

麦秸均质板
wheat straw homogeneous board
TS62
　　S　麦秸板
　　Z　木材

麦秸刨花板
wheat straw particleboard
TS62
　　D　麦秆刨花板
　　S　刨花板
　　F　麦秸定向刨花板
　　Z　木材

麦秸人造板
　　Y　麦秸板

麦秸纤维
wheat straw fiber
TS102.22
　　S　秸秆纤维
　　Z　天然纤维

麦壳
wheat husk
TS21；TS224
　　S　壳体*
　　F　荞麦壳
　　C　麦子

麦绿素
wheat verdazulene
TS218
　　S　营养品
　　Z　保健品

麦胚蛋白
wheat germ protein
Q5；TQ46；TS201.21
　　D　麦芽蛋白

　　S　胚芽蛋白
　　F　小麦胚芽蛋白
　　Z　蛋白质

麦胚黄酮
wheat germ flavonoids
TS213
　　S　黄酮*

麦胚油
　　Y　小麦胚芽油

麦皮
　　Y　麦麸

麦片
wheat flakes
TS213
　　D　速溶营养麦片
　　S　谷物食品
　　Z　粮油食品

麦曲
wheat qu
TS26
　　S　曲*
　　F　麸曲
　　　　生麦曲
　　　　熟麦曲

麦仁
barley kernel
TS213
　　D　黑麦仁
　　S　谷物食品
　　Z　粮油食品

麦芽蛋白
　　Y　麦胚蛋白

麦芽低聚糖
malto-oligosaccharide
Q5；TS24
　　D　麦芽寡糖
　　S　功能性低聚糖
　　F　低聚异麦芽糖
　　Z　碳水化合物

麦芽粉
malt meal
TS211.2
　　S　小麦粉
　　Z　粮食

麦芽寡糖
　　Y　麦芽低聚糖

麦芽糊精
maltodextrin
TS23
　　D　麦芽糖糊精
　　　　液体麦芽糊精
　　S　糊精
　　F　大米麦芽糊精
　　　　低 DE 值麦芽糊精
　　Z　糊料

麦芽三糖
maltotriose
Q5；TS24

　　S　碳水化合物*
　　F　异麦芽三糖

麦芽四糖
maltotetraose
Q5；TS24
　　S　碳水化合物*

麦芽糖醇
maltol
TS202.3
　　S　糖醇*
　　F　固体麦芽糖醇

麦芽糖糊精
　　Y　麦芽糊精

麦芽糖基（α-1→6）β-环糊精
　　Y　麦芽糖基-β-环糊精

麦芽糖基-β-环糊精
maltosyl-β-cyclodextrin
TS23
　　D　麦芽糖基（α-1→6）β-环糊精
　　S　环糊精
　　Z　糊料

麦芽糖浆
maltose syrup
TS245
　　D　饴糖
　　S　糖浆
　　Z　糖制品

麦芽提取物
malt extract
TS201
　　S　天然食品提取物
　　Z　提取物

麦芽汁
mash
TS261.2
　　S　汁液*
　　C　发酵
　　　　啤酒

麦芽质量
malt quality
TS207.7
　　S　食品质量*

麦糟蛋白
protein of brewers grain
Q5；TQ46；TS201.21
　　S　谷蛋白
　　Z　蛋白质

麦汁
　　Y　麦汁饮料

麦汁薄板冷却器
　　Y　麦汁冷却器

麦汁成分
　　Y　麦汁组成

麦汁澄清
wort clarification
TS261
　　S　澄清*

C 麦汁制备

麦汁澄清剂
wort clarificant
TS202.3；TS270.2
S 澄清剂
C 啤酒添加剂
Z 制剂

麦汁处理
Y 麦汁制备

麦汁发酵饮料
Y 发酵饮料

麦汁过滤
wort filtration
TS270.4
S 过滤*
C 麦汁制备

麦汁过滤槽
Y 麦汁过滤机

麦汁过滤机
wort filter
TS261.3
D 麦汁过滤槽
麦汁压滤机
S 啤酒设备
Z 食品加工设备

麦汁还原力
wort reducing activities
TS270.1
S 麦汁理化指标
Z 性能指标

麦汁冷却
wort cooling
TS213
S 冷却*
C 麦汁制备

麦汁冷却器
wort cooler
TS261.3
D 麦汁薄板冷却器
麦汁冷却系统
麦汁喷淋冷却器
S 啤酒设备
Z 食品加工设备

麦汁冷却系统
Y 麦汁冷却器

麦汁理化指标
physi-chemical index of wort
TS270.1
D 麦汁指标
S 性能指标*
F 麦汁还原力
麦汁浓度
麦汁浊度

麦汁浓度
wort concentration
TS270.1
S 麦汁理化指标
Z 性能指标

麦汁喷淋冷却器
Y 麦汁冷却器

麦汁生产
Y 麦汁制备

麦汁收得率
wort yield
TS213
S 收率*
C 麦汁饮料

麦汁压滤机
Y 麦汁过滤机

麦汁饮料
wort beverage
TS275.5
D 麦汁
S 原汁饮料
C 麦汁收得率
麦汁质量
麦汁组成
原麦汁浓度
Z 饮料

麦汁指标
Y 麦汁理化指标

麦汁制备
wort preparation
TS27
D 麦汁处理
麦汁生产
S 制汁工艺
C 麦汁澄清
麦汁过滤
麦汁冷却
啤酒工艺
Z 食品加工

麦汁质量
wort quality
TS270.7
S 食品质量*
C 麦汁饮料

麦汁煮沸
wheat juice boil
TS270.4
S 煮沸
Z 蒸煮

麦汁煮沸锅
wort boiling system
TS261.3
D 麦汁煮沸系统
S 啤酒设备
Z 食品加工设备

麦汁煮沸系统
Y 麦汁煮沸锅

麦汁浊度
wort turbidity
TS270.1
S 麦汁理化指标
Z 性能指标

麦汁组成
wort composition
TS213
D 麦汁成分
S 食品成分
C 麦汁饮料
Z 成分

麦子
wheat
TS210.2
S 谷类
F 大麦
荞麦
小麦
芽麦
硬麦
C 谷蛋白
麦壳
Z 粮食

脉冲氙灯
pulse xenon lamps
TM92；TS956
S 氙灯
Z 灯

脉动式活动铅笔
Y 铅笔

馒头
steamed bread
TS972.132
S 面食
F 低蛋白馒头
低筋粉馒头
方形馒头
冷冻馒头
蒸烤馒头
C 发酵面食
工艺质量
Z 主食

馒头粉
steamed bread flour
TS211.2
D 馒头专用粉
S 食品专用粉
Z 粮食

馒头品质
steamed bread quality
TS211.7
D 馒头质量
S 面制品质量
Z 食品质量

馒头质量
Y 馒头品质

馒头专用粉
Y 馒头粉

鳗骨油
eel's bone oil
TS225.24
S 鱼油
Z 油脂

鳗鱼骨
Y 鱼骨

鳗鱼油
eel oil
TS225.24
　S 鱼油
　Z 油脂

鳗鱼制品
　Y 烤鳗

满地印花辊筒
　Y 印花滚筒

满族服饰
　Y 民族服饰

曼多林
　Y 弦乐器

曼陀林
　Y 弦乐器

慢跑鞋
jogging shoes
TS943.741
　S 跑鞋
　Z 鞋

慢消化淀粉
slowly digestible starch
TS235
　D 缓慢消化淀粉
　　慢消化性淀粉
　S 淀粉*

慢消化性淀粉
　Y 慢消化淀粉

芒杆
　Y 芒秆

芒秆
awn stem
TS72
　D 芒杆
　S 茎秆*

芒果
mangoes
TS255.2
　S 水果
　Z 果蔬

芒果醋
　Y 芒果果醋

芒果干
　Y 果干

芒果果醋
mango vinegar
TS264；TS27
　D 芒果醋
　S 果醋
　Z 饮料

芒果酱
　Y 果酱

芒果酒
mango wine
TS262.7
　S 果酒

乙 酒

芒果皮
mango peel
TS255
　S 水果果皮*

芒果汁
　Y 果汁

芒硝矿床
mirabilite deposit
TS3
　S 矿床*

芒硝型卤水
　Y 硫酸钠型卤水

盲孔螺母攻丝机
　Y 攻丝机

盲文印刷
braille printing
TS859
　S 特种印刷
　Z 印刷

盲文印刷油墨
　Y 印刷油墨

猫皮
cat skin
S；TS564
　S 毛皮
　Z 动物皮毛

毛
　Y 毛纤维

毛/涤织物
wool polyester fabrics
TS106.8
　S 毛涤混纺织物
　Z 混纺织物

毛氨包芯纱
wool spandex core yarns
TS106.4
　S 氨纶包芯纱
　Z 纱线

毛被
　Y 羊毛

毛边
fuzzy edge
TS101.97
　S 织物疵点
　Z 纺织品缺陷

毛边纸
　Y 手工纸

毛布
　Y 造纸毛毯

毛菜籽油
　Y 菜籽毛油

毛茶
semi-made tea
TS272.59

　D 红毛茶
　S 原料茶
　F 白毛茶
　　晒青毛茶
　Z 茶

毛茶加工
　Y 茶叶加工

毛丛强度
staple strength
TS101
　S 强度*

毛粗纺
woolen spinning
TS104.2
　D 粗毛纺
　S 毛纺工艺
　Z 纺纱工艺

毛涤混纺纱
wool/polyester blended yarn
TS106.4
　D 毛涤纱
　S 毛混纺纱
　Z 纱线

毛涤混纺织物
polyester/wool blended fabric
TS106.8
　D 涤毛混纺织物
　　精纺毛涤织物
　　毛涤精纺织物
　　毛涤织物
　S 涤毛织物
　　毛混纺织物
　F 毛/涤织物
　Z 混纺织物

毛涤精纺织物
　Y 毛涤混纺织物

毛涤纱
　Y 毛涤混纺纱

毛涤同浴染色
wool/polyester one-bath dyeing
TS193
　S 多组分纤维染色
　Z 染色工艺

毛涤粘混纺
wool/polyester/viscose blended yarn
TS104.5
　S 毛混纺
　Z 纺纱
　　纺纱工艺

毛涤织物
　Y 毛涤混纺织物

毛发纤维
　Y 毛纤维

毛方推拨器
　Y 轻工机械

毛纺
　Y 毛纺织

毛纺产品
  Y 纺织产品

毛纺厂
woolen mill
TS108
  D 毛纺织厂
  S 纺织厂
  Z 工厂

毛纺粗纱机
  Y 粗纱机

毛纺废水
wool spinning wastewater
TS19；X7
  D 毛纺织工业废水
    毛毯废水
  S 废水*

毛纺废水处理
wool spinning wastewater treatment
TS19；X7
  S 工业废水处理*

毛纺工业
  Y 毛纺织工业

毛纺工艺
wool spinning process
TS104.2
  D 毛纺生产
  S 纺纱工艺*
  F 半精梳毛纺
    粗梳毛纺
    仿毛
    和毛工艺
    精梳毛纺
    毛粗纺
    毛混纺
    毛精纺

毛纺机械
wool spinning machinery
TS132
  D 复洗烘干联合机
    复洗机
    开呢片机
    毛纺设备
    毛线合股机
    散毛碳化联合机
    羊毛脂分离机
    真空蒸纱机
  S 纺纱机械
  F 混毛机
    麻纺设备
    喂毛机
    洗毛机
  C 毛纺织
  Z 纺织机械

毛纺技术
  Y 纺纱工艺

毛纺精梳机
  Y 毛精梳机

毛纺面料
wool fabric
TS136；TS941.41

  D 精毛纺面料
    毛纺织面料
    羊毛面料
  S 面料*

毛纺企业
wool textile enterprises
TS108
  S 纺织企业
  Z 企业

毛纺设备
  Y 毛纺机械

毛纺生产
  Y 毛纺工艺

毛纺细纱机
  Y 细纱机

毛纺行业
  Y 毛纺织工业

毛纺油剂
wool oil
TS13
  S 纺纱助剂
  C 毛纺织
  Z 助剂

毛纺原料
raw material of wool spinning
TS10
  S 纺织原料
  Z 制造原料

毛纺织
wool manufacturing
TS13
  D 毛纺
  S 纺织*
  C 麻纺织
    毛纺机械
    毛纺油剂
    毛纺织工业
    毛纱
    毛纤维
    毛纤维初加工
    毛织
    毛织物
    圆梳
    制条

毛纺织产品
  Y 毛纺织品

毛纺织厂
  Y 毛纺厂

毛纺织工业
wool textile industry
TS13
  D 毛纺工业
    毛纺行业
  S 纺织工业
  C 毛纺织
    毛织
  Z 轻工业

毛纺织工业废水

  Y 毛纺废水

毛纺织面料
  Y 毛纺面料

毛纺织品
wool textiles
TS106；TS136
  D 精梳毛纺织品
    毛纺织产品
    毛料
    毛制品
    羊毛纺织品
  S 纺织品*
  F 羊毛制品

毛纺织物
  Y 毛织物

毛纺织物染整
dyeing and finishing of wool textile
TS190.6
  S 纺织染整
  Z 染整

毛峰
maofeng tea
TS272.51
  D 毛峰茶
  S 绿茶
  F 黄山毛峰
  Z 茶

毛峰茶
  Y 毛峰

毛革
double faced leather
TS56
  D 毛革一体
  S 皮革*
  F 光面毛革

毛革两用毛皮
  Y 制革原料

毛革一体
  Y 毛革

毛混纺
wool mixed
TS104.5
  S 混纺
    毛纺工艺
  F 毛涤粘混纺
    毛麻混纺
  Z 纺纱
    纺纱工艺

毛混纺纱
wool blended yarn
TS106.4
  D 混纺毛纱
    混纺毛线
  S 混纺纱线
  F 毛涤混纺纱
    毛腈混纺纱
    毛棉混纺纱
    毛粘混纺纱
    丝毛混纺纱

Z 纱线

毛混纺织物
wool blended fabric
TS106.8
　D 毛锦混纺织物
　　毛腈混纺织物
　　毛麻混纺织物
　　毛丝混纺织物
　　毛粘混纺织物
　　毛粘织物
　S 混纺织物*
　F PET/毛混纺织物
　　PTT/毛混纺织物
　　PTT/毛织物
　　毛涤混纺织物
　　毛腈织物
　　毛棉混纺织物

毛混针织物
　Y 针织物

毛尖
　Y 毛尖茶

毛尖茶
tippy tea
TS272.51
　D 毛尖
　S 绿茶
　F 都匀毛尖
　　古丈毛尖茶
　　沩山毛尖
　　信阳毛尖
　Z 茶

毛尖染色
tippy dyeing
TS193
　S 羊毛染色
　Z 染色工艺

毛茧混茧机
　Y 蚕茧初加工机械

毛巾
wash cloth
TS106.73
　D 纯棉毛巾
　　缎档毛巾
　　割绒毛巾
　　去污毛巾
　　双面毛巾布
　　双面印花毛巾
　　提花毛巾
　　无捻色织提花双层毛巾
　　无捻纱提花割绒毛巾
　　竹质毛巾
　S 巾被
　C 双面印花
　Z 纺织品

毛巾被
towel blanket
TS106.73
　S 巾被
　Z 纺织品

毛巾产品

　Y 纺织产品

毛巾剑杆织机
　Y 毛巾织机

毛巾毯
　Y 毯子

毛巾织机
terry cloth looms
TS103.33
　D 毛巾剑杆织机
　　毛圈织机
　S 织机
　Z 织造机械

毛巾织物
　Y 毛圈织物

毛巾组织
　Y 织物变化组织

毛锦混纺织物
　Y 毛混纺织物

毛腈混纺纱
blended wool acrylic yarns
TS106.4
　S 毛混纺纱
　Z 纱线

毛腈混纺织物
　Y 毛混纺织物

毛腈织物
wool acrylic fabrics
TS106.8
　S 毛混纺织物
　Z 混纺织物

毛精纺
wool worsted
TS104.2
　D 精毛纺
　S 精纺
　　毛纺工艺
　F 半精纺毛纺
　Z 纺纱
　　纺纱工艺

毛精纺面料
　Y 精纺毛型织物

毛精纺织物
　Y 精纺毛织物

毛精梳机
wool combers
TS132
　D 毛纺精梳机
　S 精梳机
　Z 纺织机械

毛粒
wool neps
TS101.97
　S 纤维结
　Z 纺织品缺陷

毛料
　Y 毛纺织品

毛麻混纺
wool hemp blending
TS104.5
　S 毛混纺
　Z 纺纱

毛麻混纺织物
　Y 毛混纺织物

毛麻织物
　Y 毛棉混纺织物

毛棉包芯纱
wool cotton covered yarns
TS106.4
　S 毛棉混纺纱
　Z 纱线

毛棉混纺纱
wool cotton blended yarn
TS106.4
　S 毛混纺纱
　F 毛棉包芯纱
　Z 纱线

毛棉混纺织物
wool cotton blended fabric
TS106.8
　D 毛麻织物
　　棉毛混纺织物
　S 毛混纺织物
　Z 混纺织物

毛棉籽
　Y 棉籽

毛坯布
　Y 坯布

毛皮
fur
S：TS564
　D 裘皮
　S 动物皮毛*
　F 貂皮
　　鹅裘皮
　　复合毛皮
　　狗皮
　　旱獭皮
　　貉皮
　　狐皮
　　猾子皮
　　黄狼皮
　　狸子皮
　　鹿皮
　　猫皮
　　鼠皮
　　兔皮
　　鸵鸟皮
　　羊剪绒

毛皮产品
　Y 纺织产品

毛皮辅助机械设备
　Y 制革机械

毛皮干燥机
fur drying machine
TS532

D 毛皮挂晾干燥机
　毛皮滚转干燥机
　喷浆干燥机
S 干燥设备*
　毛皮加工设备
Z 制革机械

毛皮工艺
　Y 皮革整理

毛皮挂晾干燥机
　Y 毛皮干燥机

毛皮滚转干燥机
　Y 毛皮干燥机

毛皮机械
　Y 制革机械

毛皮机械设备
　Y 制革机械

毛皮挤水机
fur wringing machine
TS532
　D 挤水伸展机
　　毛皮平展挤水机
　S 毛皮加工设备
　Z 制革机械

毛皮加工
　Y 皮革整理

毛皮加工设备
fur processing equipments
TS532
　D 皮革加工设备
　　制革设备
　S 制革机械*
　F 毛皮干燥机
　　毛皮挤水机
　　毛皮转鼓

毛皮平展挤水机
　Y 毛皮挤水机

毛皮普追转鼓
　Y 毛皮转鼓

毛皮倾斜转鼓
　Y 毛皮转鼓

毛皮染料
　Y 皮革染料

毛皮染色
　Y 皮革染色

毛皮鞣制
　Y 鞣制

毛皮转鼓
drum for fur
TS532
　D 毛皮普追转鼓
　　毛皮倾斜转鼓
　　木转鼓
　　真空转鼓
　S 毛皮加工设备
　Z 制革机械

毛圈

terry loop
TS18
　D 过长毛圈
　　毛圈高度
　　毛圈混色
　　毛圈漏针
　　平布起毛圈
　　缺毛圈
　　提花毛圈
　　异面毛圈
　S 线圈结构
　Z 材料组织

毛圈高度
　Y 毛圈

毛圈混色
　Y 毛圈

毛圈机
pile knitting machine
TS183
　S 针织机
　F 提花毛圈机
　Z 织造机械

毛圈经编机
terry warp knitting machine
TS183.3
　S 经编机
　C 毛圈织物
　Z 织造机械

毛圈漏针
　Y 毛圈

毛圈线
　Y 圈圈纱

毛圈型缝编法
　Y 缝编法

毛圈针织物
　Y 针织物

毛圈织机
　Y 毛巾织机

毛圈织物
terry cloth
TS106.8
　D 巾类织物
　　毛巾织物
　S 织物*
　C 经编毛圈织物
　　毛圈经编机

毛圈组织
　Y 织物变化组织

毛绒类纤维
　Y 毛纤维

毛绒玩具
　Y 布绒玩具

毛绒纤维
　Y 毛纤维

毛绒织物
　Y 绒织物

毛纱
wool yarn
TS106.4
　D 倍捻毛纱
　　粗毛纱
　　粗毛线
　　粗梳毛纱
　　粗梳毛线
　　花色毛纱
　　羊绒纱
　S 纱线*
　F 羊毛纱线
　　羊绒纱线
　C 精梳毛纱
　　毛纺织
　　毛织物
　　绒线

毛纱上浆
wool yarn sizing
TS13
　S 纺织上浆
　Z 织造工艺

毛纱条
　Y 毛条

毛纱质量
wool yarn quality
TS107.2
　S 纱线质量
　Z 产品质量

毛衫
　Y 羊毛衫

毛衫设计
sweater design
TS941.2
　S 成衣设计
　Z 服饰设计

毛刷
hair brush
TS95
　S 刷子*

毛刷式锯齿轧花机
　Y 轧花机

毛丝
fuzz
TS101.97
　S 纤维疵点
　C 粘胶长丝
　Z 纺织品缺陷

毛丝混纺织物
　Y 毛混纺织物

毛毯
wool blanket
TS106.76；TS136
　D 缝编毛毯
　　干毯(烘缸毛毯)
　　烘缸毛毯
　　经编毛毯
　　腈纶毛毯
　　呢面毛毯
　　双毛毯

提花毛毯
羊毛毯
一层半底网浆板毛毯
针刺毛毯
针织毛毯
S 毯子*
F 拉舍尔毛毯
压榨毛毯
造纸毛毯

毛毯包边机
Y 地毯机械

毛毯废水
Y 毛纺废水

毛条
wool top
TS104；TS107；TS13
D 澳毛条
半精梳毛条
粗毛条
干毛条
回毛条
毛纱条
水溶维纶毛条
丝光毛条
羊毛毛条
羊毛条
S 纺纱半成品
F 混纺毛条
腈纶毛条
膨体毛条
牵切毛条
Z 产品

毛条复洗机
Y 洗涤设备

毛条加工
wool processing
TS13
S 纺织加工*

毛条染色
top dyeing
TS193
D 毛团染色
S 羊毛染色
C 纤维束
Z 染色工艺

毛条印花
Y 纺织品印花

毛条印花机
Y 印花机

毛条印花纱
Y 纺织品印花

毛条质量
top quality
TS107.3
S 纺线半成品质量
Z 产品质量

毛头板
Y 木材加工

毛团染色
Y 毛条染色

毛虾
acetes
TS254.2
S 虾类
Z 水产品

毛纤维
wool
TS102.31
D 纯毛
貂毛
动物毛
动物尾毛
河狸毛
河狸鼠毛
黑貂毛
鹿毛
马毛
马尾毛
毛
毛发纤维
毛绒类纤维
毛绒纤维
兽毛
水貂毛
特种动物毛
驯鹿毛
鬃毛
S 动物纤维
F 牛毛
绒纤维
丝光毛
兔毛
驼毛
洗净毛
羊毛
原毛
C 动物皮
鳞片层
毛纺织
Z 天然纤维

毛纤维初加工
wool fibre primary process
TS13
D 烘毛
拣清毛
净毛烘燥
S 纺织加工*
F 烧毛
洗毛
C 毛纺织

毛线
Y 绒线

毛线合股机
Y 毛纺机械

毛效测试仪
Y 毛羽测试仪

毛型整理
Y 风格整理

毛型织物

wool-like fabrics
TS106.8
S 仿毛织物
Z 化纤织物

毛衣
Y 羊毛衫

毛衣编织机
Y 编织机

毛用活性染料
reactive dyes for wool
TS193.21
S 活性染料
F 兰纳素染料
Z 染料

毛油
crude oil
TQ64；TS225
S 生物油
F 浸出毛油
预榨毛油
Z 油脂

毛羽
Y 纱线毛羽

毛羽测试仪
capillometer
TS103
D 毛效测试仪
毛羽检测仪
毛羽仪
S 纱线测试仪
Z 仪器仪表

毛羽减少装置
hairiness reducing set
TS103.11
S 纺纱机构
Z 纺织机构

毛羽检测仪
Y 毛羽测试仪

毛羽控制
yarn hairiness control
TS101
S 纺织控制
Z 工业控制

毛羽仪
Y 毛羽测试仪

毛羽值
Y 毛羽指数

毛羽指标
Y 毛羽指数

毛羽指数
hairiness index
TS107
D 毛羽值
毛羽指标
S 服装材料物理指标
Z 指标

毛毡

felt
TS106.8
S 毡*
F 羊毛毡

毛粘混纺纱
wool viscose blended yarns
TS106.4
D 毛粘纱
S 毛混纺纱
Z 纱线

毛粘混纺织物
Y 毛混纺织物

毛粘纱
Y 毛粘混纺纱

毛粘织物
Y 毛混纺织物

毛针织服装
Y 羊毛衫

毛针织品
Y 毛针织物

毛针织物
wool knit fabric
TS136；TS186
D 毛针织品
羊毛针织品
羊毛针织物
S 毛织物
针织物*
C 羊毛
羊毛衫
Z 织物

毛织
wool weaving
TS105
S 织造*
C 毛纺织
毛纺织工业

毛织品
Y 毛织物

毛织物
wool fabric
TS136
D 薄型毛织物
纯毛织物
高支轻薄毛织物
毛纺织物
毛织品
呢面织物
呢绒
全毛
全毛织物
羊毛织品
印花薄型毛织物
S 天然纤维织物
F 弹力毛织物
精纺毛织物
毛针织物
兔毛织物
羊毛织物
C 毛纺织

毛纱
呢绒织物
毯子
毡缩性
Z 织物

毛制品
Y 毛纺织品

茅台大曲
Maotai Daqu
TS262.39
D 茅台酒大曲
S 茅台酒
Z 白酒

茅台酒
Maotai chiew
TS262.39
S 中国白酒
F 茅台大曲
Z 白酒

茅台酒大曲
Y 茅台大曲

牦牛酪蛋白
yak casein
Q5；TS201.21
S 酪蛋白
Z 蛋白质

牦牛毛
Y 牦牛绒

牦牛奶
yak milk
TS252.59
S 牛奶
Z 乳制品

牦牛皮
yak skin
S；TS564
S 牛皮
C 制革工艺
Z 动物皮毛

牦牛绒
yak wool
S；TS102；TS13
D 牦牛毛
S 羊毛衫
Z 服装

牦牛绒衫
Y 羊毛衫

牦牛肉
yak meat
TS251.52
S 牛肉
Z 肉

锚管土钉
anchor-pipe nails
TS914
S 钉子
Z 五金件

铆钉枪

Y 铆枪

铆接工具
Y 铆接设备

铆接机
riveting machine
TH13；TS914
S 铆接设备
C 铆接 →(4)
Z 加工设备

铆接接头
Y 接头

铆接设备
riveting equipment
TH13；TS914
D 铆接工具
S 加工设备*
F 电铆机
铆接机
铆枪
C 金属加工设备

铆枪
riveter
TG4；TS914
D 电磁铆枪
电动铆钉枪
风动铆钉枪
铆钉枪
气动铆枪
S 铆接设备
Z 加工设备

帽*
cap
TS941.721
D 草帽
顶戴花翎
官帽
侯帽
军帽
凉帽
帽子
F 安全帽
棒球帽
防雨帽
虎头帽
宽檐帽
牛仔帽
太阳帽
童帽
鸭舌帽
针织帽

帽灯
Y 矿灯

帽锭精纺机
Y 细纱机

帽式吹发器
Y 电吹风

帽饰
hat pendant
TS934.5
S 饰品*

帽子
　　Y 帽

玫瑰板兔
　　Y 板兔

玫瑰醋
rose vinegar
TS264；TS27
　　D 江浙玫瑰醋
　　　玫瑰米醋
　　　浙江玫瑰醋
　　S 醋饮料
　　Z 饮料

玫瑰红
　　Y 天然植物染料

玫瑰红色素
rose red pigment
TQ61；TS202.39
　　D 玫瑰花红色素
　　　玫瑰茄红色素
　　S 玫瑰色素
　　　色素*

玫瑰花茶
　　Y 玫瑰茄

玫瑰花红色素
　　Y 玫瑰红色素

玫瑰花渣
rose dregs
TS255
　　S 果蔬渣
　　Z 残渣

玫瑰酒
rose wine
TS262.31
　　S 浓香型白酒
　　Z 白酒

玫瑰米醋
　　Y 玫瑰醋

玫瑰茄
roselle
TS272.53
　　D 玫瑰花茶
　　S 花茶
　　Z 茶

玫瑰茄红色素
　　Y 玫瑰红色素

玫瑰茄籽
roselle seed
TS202.1
　　S 植物菜籽*

玫瑰色素
rose pigment
TQ61；TS202.39
　　S 植物色素
　　F 玫瑰红色素
　　　野玫瑰色素
　　Z 色素

玫瑰香精

rose perfume
TQ65；TS264.3
　　S 香精
　　Z 香精香料

眉茶
　　Y 绿茶

眉刷
eyebrow brush
TS974
　　S 化妆工具
　　Z 工具

梅白鱼
　　Y 梅鱼

梅鲌鱼
　　Y 梅鱼

梅菜扣肉
preserved vegetable and pork
TS972.125
　　S 扣肉
　　Z 菜肴

梅醋
plum vinegar
TS264；TS27
　　S 果醋
　　Z 饮料

梅花扳手
　　Y 扳手

梅花结
　　Y 装饰结

梅酒
　　Y 杨梅果酒

梅鱼
collichthys
TS254.2
　　D 鲌鱼
　　　贡鱼
　　　梅白鱼
　　　梅鲌鱼
　　S 鱼
　　Z 水产品

媒介黑
mordant black
TS193.21
　　S 媒染染料
　　Z 染料

媒介染料
　　Y 媒染染料

媒介染料染色
　　Y 染色工艺

媒染
mordant dyeing
TS193
　　D 媒染染色
　　S 染色工艺*
　　F 同媒
　　C 直接印花

媒染剂
mordant
TS19
　　D 天然媒染剂
　　S 染色助剂
　　F 金属媒染剂
　　　有机酸媒染剂
　　Z 助剂

媒染染料
mordant dyes
TS193.21
　　D 媒介染料
　　S 染料*
　　F 金属络合染料
　　　媒介黑

媒染染料染色
　　Y 染色工艺

媒染染色
　　Y 媒染

煤灰纱
coal-dust stained yarn
TS101.97
　　S 纱疵
　　Z 纺织品缺陷

煤气灶
　　Y 燃气灶具

酶*
enzymes
Q5
　　F 5'-磷酸二酯酶
　　　Protamex 蛋白酶
　　　纯木聚糖酶
　　　果浆酶
　　　木素酶
　　　乳糖酶
　　C 酶制剂

酶处理
enzymatic treatment
TQ92；TS19
　　D 酶处理技术
　　　酶化学技术
　　　酶技术
　　S 处理*
　　F 蛋白酶处理
　　　木聚糖酶处理
　　　生物酶处理
　　　纤维素酶处理

酶处理技术
　　Y 酶处理

酶促打浆
enzymatic beating
TS74
　　S 打浆
　　Z 制浆

酶促脱墨
　　Y 酶法脱墨

酶法
enzymatic method
TS201.3

D 酶法加工
　酶法食品加工
S 食品加工*
F 全酶法
　双酶法

酶法澄清
enzymic clarification
TS255
　S 澄清*

酶法改性
enzymatic modification
TS201.2
　D 酶改性
　　酶解改性
　S 改性*

酶法干酪素
　Y 酪蛋白

酶法加工
　Y 酶法

酶法降解
　Y 酶降解

酶法浸提
enzymatic extraction
TS201.2
　S 浸出*

酶法精练
　Y 酶精练

酶法食品加工
　Y 酶法

酶法糖化
enzymatic saccharification
TS24
　S 糖化
　Z 食品加工

酶法提油
enzymatic oil extraction
TS224
　S 制油
　Z 农产品加工

酶法脱胶
enzymatic degumming
TS12；TS19
　D 酶脱胶
　　生物酶脱胶
　S 生物脱胶
　Z 脱胶

酶法脱毛
　Y 酶脱毛

酶法脱墨
enzymatic deinking
TS74
　D 酶促脱墨
　　酶脱墨
　　生物酶脱墨
　S 生物脱墨
　Z 脱墨

酶法液化

enzymatic liquifaction
TS201.2
　S 液化*

酶法制浆
enzymatical pulping
TS10；TS743
　S 化学制浆
　Z 制浆

酶法制糖
　Y 制糖工艺

酶反应器
enzyme reactor
TQ0；TS203
　S 反应装置*

酶改性
　Y 酶法改性

酶改性淀粉
enzymatically modified starch
TS235
　S 变性淀粉
　Z 淀粉

酶改性干酪
enzyme modified cheese
[TS252.52]
　S 干酪
　Z 乳制品

酶化学技术
　Y 酶处理

酶活
　Y 酶活性

酶活力
　Y 酶活性

酶活性
enzyme activity
Q93；TS261
　D 酶活
　　酶活力
　S 活性*
　　生物特征*
　F TTC-脱氢酶活性
　　淀粉酶活力
　　酶降解活性
　　尿素酶活性
　　糖化酶活性

酶技术
　Y 酶处理

酶剂
　Y 酶制剂

酶减量
enzyme reduction
TS195.52
　D 酶减量加工
　S 减量整理
　Z 整理

酶减量加工
　Y 酶减量

酶降解
enzymatic degradation
TQ46；TQ92；TS19
　D 酶法降解
　　酶降解法
　S 降解*
　C 海藻糖酶抑制剂 →(9)
　　酶催化剂 →(9)
　　酶法合成 →(9)
　　生物降解膜 →(9)

酶降解法
　Y 酶降解

酶降解活性
degradation enzyme activity
TS201.3
　S 化学性质*
　　酶活性
　C 淀粉
　Z 活性
　　生物特征

酶解改性
　Y 酶法改性

酶解时间
enzymolysis time
TS205
　S 反应时间*

酶解条件
enzymatic hydrolysis conditions
TS205
　S 反应条件*

酶解小麦面筋蛋白
　Y 小麦面筋蛋白

酶精练
enzymatic scouring
TS192.5
　D 酶法精练
　　生物酶精练
　S 生物精练
　Z 练漂

酶热稳定性
enzymatic thermostability
TS205
　S 化学性质*
　　热学性能*
　　生物特征*
　　稳定性*

酶溶胶原
　Y 酶溶性胶原蛋白

酶溶性胶原蛋白
pepsin-soluble collagen
Q5；TS201.21
　D 酶溶胶原
　S 蛋白质*
　　天然胶原

酶软化
enzyme bating
TS54
　S 生物软化
　Z 软化

酶提纯
enzyme purification
TS205
　S　提纯*

酶退浆
enzymatic desizing
TS192.5
　S　退浆
　Z　练漂

酶脱胶
　Y　酶法脱胶

酶脱毛
enzymatic unhairing
TS541
　D　酶法脱毛
　S　脱毛
　Z　制革工艺

酶脱墨
　Y　酶法脱墨

酶洗
enzyme washing
TS19
　D　酶洗工艺
　　　酶洗整理
　　　生物酶洗
　　　生物酶洗工艺
　　　生物酶整理
　S　清洗*
　C　牛仔布
　　　染色工艺
　　　一浴法

酶洗工艺
　Y　酶洗

酶洗整理
　Y　酶洗

酶预处理
enzymatic pretreatment
TS75
　S　预处理*

酶制剂*
enzyme preparations
TQ92
　D　酶剂
　　　新型酶制剂
　F　蛋白酶 A 抑制剂
　　　果胶甲酯酶抑制剂
　　　精练酶
　　　纤维素酶制剂
　　　脂肪酶抑制剂
　　　煮练酶
　C　酶
　　　面包改良剂
　　　面粉改良剂

酶煮练
scouring enzyme
TS192.5
　S　煮练
　Z　练漂

霉*

mold
Q93
　F　高大毛霉
　　　曲霉

霉变
moulding
R；TS207
　D　发霉
　S　腐败变质
　Z　变质

每筘穿入数
each reed penetration number
TS105
　S　机织工艺参数
　Z　织造工艺参数

美白
　Y　皮肤美白

美白方法
　Y　皮肤美白

美白功效
　Y　皮肤美白

美白技巧
　Y　皮肤美白

美白效果
　Y　皮肤美白

美白作用
　Y　皮肤美白

美发
hairdressing
TS974.2
　D　美发方法
　　　美发技巧
　　　美发技术
　　　头发护理
　　　专业美发
　S　美容*
　F　编发
　　　发式
　　　假发
　　　染发
　　　润发
　　　烫发
　　　乌发
　　　养发

美发方法
　Y　美发

美发技巧
　Y　美发

美发技术
　Y　美发

美感系数
aesthetic coefficient
TS106
　S　系数*

美工刀
　Y　日用刀具

美观性
esthetics
TS94
　S　性能*

美国棉花
american cotton
TS102.21
　D　美棉
　S　棉纤维
　Z　天然纤维

美甲
nail cosmetics
TS974；TS974.15
　D　美甲方法
　　　美甲技术
　　　美甲油
　　　水晶指甲
　　　指甲美容
　S　美容*

美甲方法
　Y　美甲

美甲技术
　Y　美甲

美甲油
　Y　美甲

美利奴羊毛
merino wool
TS102.31
　D　澳大利亚羊毛
　S　细羊毛
　Z　天然纤维

美棉
　Y　美国棉花

美蔷薇果酒
　Y　果酒

美容*
cosmetology
TS974.1
　D　美容法
　　　美容方法
　　　美容方式
　F　经络美容
　　　美发
　　　美甲
　　　美体
　　　面部美容
　　　皮肤美白
　　　全息美疗
　　　生物美容
　　　饮食美容
　　　饮水美容
　C　个人护理品

美容安全
cosmetic security
TS974.1
　S　安全*

美容保健酒
　Y　保健酒

美容保健品
Y 保健品

美容刀
Y 日用刀具

美容法
Y 美容

美容方法
Y 美容

美容方式
Y 美容

美容服务
beauty service
TS974.1
S 服务*

美容护理
aesthetic nursing
TS974.1
D 脸部护理
S 皮肤护理
F 唇部护理
眼睛保养
Z 护理

美容品
Y 个人护理品

美容食品
Y 功能食品

美食
delicacy
TS219
D 美食节
美食学
民间美食
S 食品*
C 粮食食品

美食节
Y 美食

美食学
Y 美食

美式
Y 美式家具

美式风格
Y 美式家具

美式家具
American style furniture
TS66
D 美式
美式风格
S 家具样式
Z 样式

美式西餐
Y 西式菜

美术瓷
Y 装饰瓷

美术纸
art paper

TS761.1
S 文化用纸
F 书画用纸
Z 办公用品
纸张

美素驼绒
Y 驼绒

美体
bodybuilding
TS974.14
D 香薰疗法
S 美容*
F 美胸
瘦身
塑身
腿部美容

美体内衣
Y 塑身内衣

美腿方法
Y 腿部美容

美味
palatability
TS971.1
S 感觉*

美纹纸
masking paper
TS761.1
S 装饰纸
Z 纸张
纸制品

美胸
breast care
TS974.14
S 美体
Z 美容

美学*
aesthetics
J
F 服饰美学
烹饪美学
饮食美学
印刷美学

美颜
Y 面部美容

美洲驼毛
Y 驼毛

美洲驼绒
Y 驼绒

镁盐工业
magnesium salt industry
TS3
S 化学工业*

门巴族服饰
Y 民族服饰

门泵
Y 泵

门窗*
doors and windows
TU2
D 边框
窗框
底框
门窗产品
门窗框
门体
F 翻门
木门
欧式木窗
C 玻璃钢板 →(1)(11)
底部框架结构 →(11)
门窗保温 →(11)
门窗材料 →(11)

门窗产品
Y 门窗

门窗框
Y 门窗

门幅
Y 织物幅宽

门幅控制
cloth width control
TS105
S 纺织控制
C 织物幅宽
Z 工业控制

门襟
Y 衣襟

门禁产品
access control products
TS91
S 电子产品*

门体
Y 门窗

焖制
stew
TS972.113
S 烹饪工艺*

萌发玉米淀粉
Y 玉米淀粉

萌发玉米粉
germinated corn flour
TS211
S 玉米粉
Z 粮油食品

萌芽糙米
Y 发芽糙米

蒙顶茶
mengding tea
TS272.51
D 蒙山茶
S 绿茶
Z 茶

蒙古炒米
Y 炒米

蒙古族服饰
mongolian costumes
TS941.7
　　S 民族服饰
　　Z 服饰

蒙乃尔铆钉
monel rivet
TS914
　　S 钉子
　　Z 五金件

蒙山茶
　　Y 蒙顶茶

朦胧印花
haziness printing
TS194
　　S 印花*

孟买蓝宝石金酒
　　Y 金酒

迷彩系列纺织品
　　Y 纺织品

迷彩印花
camouflage printing
TS194.43
　　S 特种印花
　　Z 印花

迷彩织物
camouflage fabric
TS106.8
　　S 织物*

迷你裙
　　Y 裙装

猕猴桃
actinidia
TS255.2
　　D 猕猴桃树
　　　水晶猕猴桃
　　　中华猕猴桃
　　S 水果
　　Z 果蔬

猕猴桃茶
kiwi fruit tea
TS27
　　S 果茶
　　Z 茶

猕猴桃醋
　　Y 猕猴桃果醋

猕猴桃干酒
kiwi dry wine
TS262.7
　　S 猕猴桃果酒
　　Z 酒

猕猴桃果醋
kiwifruit vinegar
TS264；TS27
　　D 猕猴桃醋
　　S 果醋
　　Z 饮料

猕猴桃果酱
　　Y 猕猴桃酱

猕猴桃果酒
kiwi fruit wine
TS262.7
　　D 猕猴桃酒
　　S 果酒
　　F 猕猴桃干酒
　　Z 酒

猕猴桃果籽
kiwi fruit seed
TS202.1
　　S 植物菜籽*

猕猴桃酱
kiwi jam
TS255.43；TS264
　　D 猕猴桃果酱
　　S 果酱
　　Z 酱

猕猴桃酒
　　Y 猕猴桃果酒

猕猴桃酒酵母
kiwi wine yeast
TQ92；TS26
　　S 果酒酵母
　　Z 酵母

猕猴桃树
　　Y 猕猴桃

猕猴桃籽油
kiwi fruit seed oil
TS225.19
　　S 籽油
　　Z 油脂

醚化淀粉
etherified starch
TS235
　　S 淀粉*
　　F 醚化交联淀粉
　　C 醚化剂

醚化剂
etherifying agent
TS727
　　S 化学剂*
　　F 阳离子醚化剂
　　C 醚化淀粉
　　　醚化度　→(9)
　　　阳离子淀粉

醚化交联淀粉
etherified crosslinked starch
TS235
　　D 醚交联淀粉
　　　酯交联淀粉
　　S 交联淀粉
　　　醚化淀粉
　　Z 淀粉

醚交联淀粉
　　Y 醚化交联淀粉

糜米

　　Y 碎大米

米饼
rice cakes
TS972.132
　　S 饼
　　Z 主食

米厂
rice factory
TS210
　　D 大米加工厂
　　　稻谷加工厂
　　S 粮食加工厂
　　F 精米厂
　　　米粉厂
　　　碾米厂
　　Z 工厂

米厂设计
rice mill design
TS210.8
　　S 工厂设计*

米醋
rice vinegar
TS264.22
　　D 白米醋
　　S 液态醋
　　Z 食用醋

米醋葡萄汁
　　Y 葡萄醋

米蛋白
　　Y 大米蛋白

米淀粉
　　Y 稻米淀粉

米发糕
rice steamed sponge cake
TS213.23
　　S 中式糕点
　　Z 糕点

米饭
cooked rice
TS972.131
　　D 井冈红米饭
　　S 米食
　　F 乌饭
　　　无菌米饭
　　C 品质特性　→(1)
　　Z 主食

米饭品质
rice quality
TS207.7
　　S 食品质量*

米粉
rice flour
TS213
　　D 大米粉
　　S 谷物粉
　　F 糙米粉
　　　发酵米粉
　　　高蛋白米粉
　　　桂林米粉

黑米粉
糯米粉
膨化米粉
水磨米粉
籼米粉
鲜湿米粉
营养米粉
C 面粉
Z 粮油食品

米粉厂
rice noodle factory
TS210
　S 米厂
　Z 工厂

米粉丝
　Y 米粉条

米粉条
rice-flour noodles
TS213
　D 米粉丝
　S 粉条
　F 湿米粉条
　Z 粮油食品

米果
rice crackers
TS213
　S 稻米食品
　Z 粮油食品

米糊
rice paste
TS972.137
　D 膨化米糊
　S 粥
　Z 主食

米酒
Chinese rice wine
TS262
　D 中华大米酒
　S 酒*
　F 保健型米酒
　　豉香型米酒
　　黑米酒
　　江米酒
　　糯米酒
　　台湾米酒
　　甜米酒
　　小曲米酒
　　孝感米酒
　　药用米酒
　C 干酵母 →(9)

米糠
rice bran
TS210.9
　S 粮食副产品
　F 脱脂米糠
　　稳定化米糠
　C 大米
　　稻谷
　　米糠食品
　　米糠提取物
　　米糠油
　Z 副产品

米糠蛋白
rice bran protein
Q5；TQ46；TS201.21
　S 大米蛋白
　F 米糠可溶性蛋白
　Z 蛋白质

米糠多糖
　Y 糠多糖

米糠可溶性蛋白
rice bran soluble proteins
Q5；TQ46；TS201.21
　S 蛋白质*
　　米糠蛋白

米糠粕
rice bran meal
TS209
　S 粕*

米糠食品
rice bran food
TS213
　D 米糠营养食品
　S 稻米食品
　C 米糠
　Z 粮油食品

米糠肽
rice bran peptide
TQ93；TS201.2
　S 肽*

米糠提取物
rice bran extract
TS210.9
　S 天然食品提取物
　C 米糠
　Z 提取物

米糠营养食品
　Y 米糠食品

米糠油
rice bran oil
TS225.19
　S 糠油
　C 米糠
　Z 油脂

米糠油精炼
rice bran oil refining
TS213
　S 油脂精炼
　Z 精炼

米兰尼斯针织物
　Y 针织物

米粒
　Y 大米

米面制品
rice and flour products
TS21
　S 谷物食品
　F 面粉制品
　Z 粮油食品

米皮

silverskin
TS210.9
　S 谷类麸皮
　F 黑米皮
　Z 副产品

米曲
rice-koji
TS26
　D 白曲
　S 曲*

米曲霉
aspergillus oryzae
TS26
　S 黄曲霉
　Z 霉

米乳
rice milk
TS27
　D 米乳汁
　S 大米饮料
　Z 饮料

米乳饮料
rice milk beverage
TS275.7
　S 植物蛋白饮料
　Z 饮料

米乳汁
　Y 米乳

米筛
rice huller screen
TS212
　S 筛*

米食
rice diet
TS972.131
　S 主食*
　F 风味饭
　　米饭

米糖
rice sugar
TS246.59
　S 糖果
　Z 糖制品

米甜酒
　Y 甜米酒

米通织物
mitong fabrics
TS106.8
　S 平纹织物
　Z 机织物

米线
rice vermicelli
TS213
　S 稻米食品
　F 玉米米线
　Z 粮油食品

米香型
　Y 米香型白酒

米香型白酒
rice-flavour Chinese spirits
TS262.34
D 米香型
S 白酒*
F 小曲米香型白酒

米油
crude production
TS225.19
S 植物种子油
Z 油脂

米糟
Y 酒糟

米渣
rice residue
TS210.9
D 大米渣
S 食品残渣
F 水解米渣
Z 残渣

米渣蛋白
protein from rice residue
Q5；TQ46；TS201.21
S 大米蛋白
Z 蛋白质

米制品
Y 稻米食品

米制食品
Y 稻米食品

米猪肉
Y 猪肉

密闭
Y 封闭

密闭容器
well-closed container
TP2；TS203
D 密封容器
S 容器*

密闭头盔
Y 飞行头盔

密度*
density
O4
F 板材密度
卷绕密度
剖面密度
色密度
实地密度
网点密度
线迹密度
线密度
烟丝密度
烟支密度
针刺密度
植绒密度
C 密度测量 →(3)
密度等级 →(11)
密度法 →(3)
密度计
密度计量 →(1)
增重剂

密度测定仪
Y 密度计

密度计*
densitometer
TH7
D 密度测定仪
密度计量器具
密度仪
F 彩色密度计
C 磁力仪 →(4)(5)
密度
密度测量 →(3)

密度计量器具
Y 密度计

密度仪
Y 密度计

密封罐
sealable tank
TS29
S 罐*

密封容器
Y 密闭容器

密封直径
Y 直径

密封贮存
sealed storage
TS205
S 存储*

密集烤房
bulk curing barn
TS44；TS48
D 密集式烤房
S 烤烟房
Z 车间

密集式烤房
Y 密集烤房

密路
heavy streak
TS101.97
D 双纬
S 纬向疵点
Z 纺织品缺陷

密码锁
password-lock
TN91；TP3；TS914
D 电子密码锁
加密狗
加密锁
软件狗
软件加密狗
数字密码锁
S 电子锁
Z 五金件

密实
Y 压实

密实纺技术
Y 紧密纺

密丝绒
Y 丝绒织物

幂律油墨
power-law printing inks
TQ63；TS802.3
S 印刷油墨
Z 油墨

蜜胺纤维
melamine fiber
TQ34；TS102.528
D 聚三聚氰胺甲醛纤维
聚三聚氰胺一甲醛纤维
S 聚合物纤维
Z 纤维

蜜茶
Y 甜茶

蜜果
Y 无花果

蜜环菌保健饮料
Y 保健饮料

蜜饯
candy
TS219
S 传统食品
Z 食品

蜜饯食品
preserved sweets
TS972.134
S 甜食
C 果脯
Z 主食

绵白糖
soft white sugar
TS245
S 白糖
Z 糖制品

绵柔
soft continous
TS971.22
S 口感
Z 感觉

绵柔型白酒
soft style liquor
TS262.39
S 白酒*

绵羊板皮
Y 绵羊皮

绵羊服装革
sheep garment leather
TS563.1；TS941.46
D 绵羊革
S 服装革
Z 面料
皮革

绵羊革

Y 绵羊服装革

绵羊毛
sheep wool
TS102.31
S 羊毛
F 绵羊绒
细绵羊毛
C 山羊绒
Z 天然纤维

绵羊毛革两用皮
sheep wool leather and leather
S；TS564
S 绵羊皮
Z 动物皮毛

绵羊毛皮
Y 绵羊皮

绵羊奶
Y 羊奶

绵羊皮
sheepskin
S；TS564
D 绵羊板皮
绵羊毛皮
S 羊皮
F 改良绵羊皮
绵羊毛革两用皮
滩羊皮
小湖羊皮
C 软鞋面革
山羊皮
Z 动物皮毛

绵羊皮革
Y 羊皮革

绵羊绒
sheep cashmere
TS102.31
S 绵羊毛
羊绒
Z 天然纤维

绵羊绒纱
Y 羊绒纱线

绵羊肉
sheep meat
TS251.53
S 羊肉
Z 肉

绵羊细毛
Y 细绵羊毛

绵织物
Y 棉织物

绵竹大曲
Y 大曲酒

绵竹爽面料
mianzhu cool fabrics
TS941.41
S 面料*

棉

Y 棉纤维

棉氨包芯纱
Y 棉氨纶包芯纱

棉氨弹力织物
Y 棉氨织物

棉氨复合纱
cotton spandex composite yarns
TS106.4
S 弹力纱
复合纱
Z 纱线

棉氨纶包芯本色纱
Y 棉氨纶包芯纱

棉氨纶包芯纱
cotton spandex core spun yarns
TS106.4
D 氨棉包芯纱
棉氨包芯纱
棉氨纶包芯本色纱
S 氨纶包芯纱
Z 纱线

棉氨针织物
cotton polyurethane knitted fabric
TS186
S 针织物*

棉氨织物
cotton polyurethane fabric
TS106.8
D 棉氨弹力织物
S 氨纶弹力织物
Z 织物

棉包
cotton bale
TS10
S 纺织原料
C 排包方式
Z 制造原料

棉本色纱线
grey cotton yarn
TS106.4
D 本色棉纱线
S 棉纱线
Z 纱线

棉布
Y 棉织物

棉涤
Y 涤棉织物

棉涤包芯纱
Y 涤棉混纺纱

棉涤混纺纱
cotton polyester blend
TS106.4
S 棉混纺纱
Z 纱线

棉涤混纺织物
Y 涤棉织物

棉涤交织物
cotton polyester mixture fabrics
TS106.8
S 涤棉织物
Z 混纺织物

棉涤织物
Y 棉混纺织物

棉短绒
cotton linter
TS102；TS104
D 精梳短绒
S 短绒
C 再用棉
Z 绒毛

棉短绒浆
Y 棉浆粕

棉帆布
cotton duck
TS106.8
S 帆布
Z 织物

棉纺
cotton spinning
TS114
S 纯纺
C 剥棉
棉纺机械
棉纺织
棉花加工
棉纱
棉纤维
Z 纺纱

棉纺厂
Y 棉纺织厂

棉纺厂设计
designing of cotton spinning mill
TS108
S 工厂设计*

棉纺锭子
cotton spinning spindle
TS103.82
D 纺纱装置
S 锭子
Z 纺纱器材

棉纺工艺
cotton spinning
TS104.2
S 纺纱工艺*
F 超喂
连续喂棉

棉纺机
Y 棉纺机械

棉纺机械
cotton spinning machinery
TS103
D 棉纺机
棉纺设备
S 棉纺织机械
C 开清棉机械

棉纺
  Z 纺织机械

棉纺设备
  Y 棉纺机械

棉纺细纱机
cotton spinning machines
TS103.23
  S 细纱机
  Z 纺织机械

棉纺学
  Y 纺纱学

棉纺织
cotton manufacturing
TS104；TS11
  D 棉纺织技术
  S 纺织*
  C 棉纺
    棉织

棉纺织产品
  Y 棉纺织品

棉纺织厂
cotton mill
TS108
  D 棉纺厂
  S 纺织厂
  Z 工厂

棉纺织工业
cotton textiles industry
TS11
  S 纺织工业
  Z 轻工业

棉纺织机械
cotton textile machinery
TS103
  D 棉纺织设备
  S 纺织机械*
  F 棉纺机械
    棉织机械

棉纺织技术
  Y 棉纺织

棉纺织品
cotton textiles
TS106；TS116
  D 纯棉
    纯棉纺织品
    棉纺织产品
    棉制品
  S 纺织品*

棉纺织设备
  Y 棉纺织机械

棉纺织物
  Y 棉织物

棉盖丙织物
  Y 棉混纺织物

棉秆皮浆
  Y 棉浆粕

棉秆
cotton stalk
TS72
  D 全棉秆
  S 茎秆*
  C 瓦楞原纸

棉秆重组材
cotton stalk scrimber
TS66
  S 材料*

棉花
  Y 棉纤维

棉花标准
cotton standard
TS107
  D 棉花标准含水率
    棉花标准含杂率
    棉花长度
    棉花分级
    棉花分级标准
    棉花公定回潮率
    棉花含水率
    棉花含杂率
    棉花品级（皮棉品级）
    棉花品级检验
    棉花品级实物标准
    棉花品级条件
    棉花色泽类型
    棉花手扯长度
  S 标准*
  C 棉花质量

棉花标准含水率
  Y 棉花标准

棉花标准含杂率
  Y 棉花标准

棉花长度
  Y 棉花标准

棉花打包机
cotton press
TS11
  S 打包机
  C 纺织机械
  Z 包装设备

棉花分级
  Y 棉花标准

棉花分级标准
  Y 棉花标准

棉花公定回潮率
  Y 棉花标准

棉花含水率
  Y 棉花标准

棉花含杂率
  Y 棉花标准

棉花加工
cotton processing
TS11
  S 纺织加工*
  F 机采棉加工

  C 棉纺
    棉纤维

棉花加工企业
cotton processing enterprise
TS108
  S 纺织企业
  Z 企业

棉花加工设备
cotton process equipments
TS103
  S 加工设备*

棉花加工质量
  Y 棉花质量

棉花检测
cotton testing
TS113
  S 检测*

棉花检验
cotton inspection
TS11
  S 监测*

棉花检验仪器
cotton test instruments
TS103
  S 纤维测试仪器
  F 棉纤维光电长度仪
    棉纤维气流仪
  Z 仪器仪表

棉花品级
  Y 棉花质量

棉花品级（皮棉品级）
  Y 棉花标准

棉花品级检验
  Y 棉花标准

棉花品级实物标准
  Y 棉花标准

棉花品级条件
  Y 棉花标准

棉花色泽
cotton color
TS107.2
  S 色泽*
  C 棉纤维

棉花色泽类型
  Y 棉花标准

棉花手扯长度
  Y 棉花标准

棉花颜色
  Y 棉花质量

棉花质量
cotton quality
TS107
  D 棉花加工质量
    棉花品级
    棉花颜色
    皮棉加工质量

皮棉质量
原棉品质
S 产品质量*
C 棉花标准

棉花质量检验师
cotton quality laboratorians
TS107
S 人员*
C 纺织品质量

棉混纺
cotton blending
TS104.5
S 混纺
F 涤棉混纺
麻棉混纺
Z 纺纱

棉混纺纱
cotton blending yarn
TS106.4
S 混纺纱线
F 麻棉混纺纱
棉涤混纺纱
棉麻混纺纱
棉毛混纺纱
棉维混纺纱
木棉棉混纺纱
丝棉混纺纱
竹棉混纺纱
Z 纱线

棉混纺织物
cotton blended fabric
TS106.8
D 氟棉织物
高比例涤棉织物
锦棉混纺迷彩布
棉涤织物
棉盖丙织物
棉锦织物
棉型织物
维棉织物
阳离子化棉织物
粘棉混纺织物
粘棉织物
S 混纺织物*
F 涤棉织物
锦棉织物
棉麻织物
竹/棉混纺织物

棉机
cotton machine
TS103
S 纺织机械*

棉机设备
Y 棉毛机

棉机织物
cotton woven fabric
TS116
D 纯棉府绸织物
纯棉高支高密织物
纯棉机织物
纯棉细号高密织物
纯棉细特高密织物
纯棉斜纹织物
S 棉织物
F 纯棉色织物
Z 织物

棉浆
Y 棉浆粕

棉浆泊黑液
Y 棉浆粕黑液

棉浆粕
cotton pulp
TS74
D 棉短绒浆
棉杆皮浆
棉浆
双液相棉粕
S 浆粕
Z 粕

棉浆粕黑液
cotton pulp black liquor
TS79；X7
D 棉浆泊黑液
S 黑液
Z 废液

棉结
nep
TS101.97
D 结杂
棉结杂质
棉杂
原棉异物
S 纤维结
F 成纱棉结
带籽屑棉结
假性棉结
精梳棉结
C 低级棉
含杂率
棉纤维
弯钩纤维
原棉
杂质 →(1)(2)(9)(13)
Z 纺织品缺陷

棉结杂质
Y 棉结

棉锦交织物
cotton chinlon union fabrics
TS106.8
S 锦棉织物
Z 混纺织物

棉锦织物
Y 棉混纺织物

棉经平绒
Y 平绒织物

棉精梳机
cotton comber
TS103.22
S 精梳机
F 高效能精梳机
新型精梳机
Z 纺织机械

棉卷
cotton roll
TS104；TS11
D 棉卷回潮率
棉卷均匀度
棉卷密度
棉卷粘连
棉卷质量
S 纱条
Z 产品

棉卷回潮率
Y 棉卷

棉卷均匀度
Y 棉卷

棉卷密度
Y 棉卷

棉卷粘连
Y 棉卷

棉卷质量
Y 棉卷

棉麻混纺布
Y 混纺织物

棉麻混纺纱
linen and cotton blended yarns
TS106.4
S 棉混纺纱
Z 纱线

棉麻混纺织物
Y 棉麻织物

棉麻交织物
Y 棉麻织物

棉麻织物
cotton ramie fabric
TS106.8
D 麻/棉
麻棉混纺织物
麻棉交织物
麻棉织物
棉麻混纺织物
棉麻交织物
粘麻混纺织物
苎麻/棉混纺织物
S 棉混纺织物
F 亚麻/棉混纺织物
Z 混纺织物

棉毛混纺纱
cotton wool blended yarns
TS106.4
S 棉混纺纱
Z 纱线

棉毛混纺织物
Y 毛棉混纺织物

棉毛机
interlock machines
TS183.4
D 棉机设备
S 纬编机
Z 织造机械

棉毛织物
  Y 针织物

棉仁蛋白
  Y 棉籽蛋白

棉绒
lint
TS102.21
  S 棉纤维
  Z 天然纤维

棉色纺纱
  Y 纯棉色纺纱

棉色织布
  Y 纯棉色织物

棉纱
spun cotton
TS106.4
  D 纯棉纱
    纯棉纱线
    线(纺织品)
  S 棉纱线
  F 长绒棉细支纱
    纯棉竹节纱
    高支棉纱
    精梳棉纱
    普梳
    强捻棉纱
    无捻棉纱
  C 棉纺
  Z 纱线

棉纱黑板
  Y 棉纱条干

棉纱条干
cotton yarn seriplane
TS107
  D 棉纱黑板
  S 成纱条干
  Z 指标

棉纱线
cotton yarn thread
TS106.4
  S 纱线*
  F 棉本色纱线
    棉纱
    棉线

棉纱线标准干重
  Y 棉纱质量

棉纱线标准重量
  Y 棉纱质量

棉纱线等级
  Y 棉纱质量

棉纱线品等指标
  Y 棉纱质量

棉纱线品级指标
  Y 棉纱质量

棉纱质量
cotton yarn quality
TS107.2

棉纱线标准干重
  D 棉纱线标准干重
    棉纱线标准重量
    棉纱线等级
    棉纱线品等指标
    棉纱线品级指标
  S 纱线质量
  Z 产品质量

棉束
  Y 短绒

棉胎
batt
TS106.3
  S 絮棉制品
  C 床垫
  Z 纤维制品

棉毯
cotton blanket
TS116
  D 缝编棉毯
  S 毯子*
  F 拉舍尔棉毯
    立绒棉毯

棉条
cotton sliver
TS104
  S 纺纱半成品
  F 生条
    熟条
  C 棉条均匀度
  Z 产品

棉条均匀度
sliver uniformity
TS101.921
  S 纱条均匀度
  C 棉条
  Z 纺织品性能
    均匀性
    指标

棉条质量
quality of cotton sliver
TS107.3
  S 纺线半成品质量
  Z 产品质量

棉网
web
TS102.21；TS106
  S 纤维网
  C 前纺工艺
    梳棉机
  Z 纤维制品

棉网清洁器
web purifier
TS103.11
  D 道夫防轧装置
    间歇吸落棉系统
    梳棉机机构
  S 纺纱机构
  Z 纺织机构

棉网质量
web quality

棉条质量
TS107.3
  S 纺线半成品质量
  Z 产品质量

棉维混纺纱
polyvinyl alcohol cotton blended yarn
TS106.4
  S 棉混纺纱
  Z 纱线

棉纤维
cotton fiber
TS102.21
  D 棉
    棉花
    全棉
  S 种子纤维
  F 埃及棉
    白棉
    长绒棉
    低级棉
    进口棉
    美国棉花
    棉绒
    皮辊棉
    色棉
    脱脂棉
    西非棉
    细绒棉
    新疆棉
    印度棉
    有机棉
    原棉
    再用棉
    中绒棉
    籽棉
  C 纺织原料
    棉纺
    棉花加工
    棉花色泽
    棉结
    棉蜡 →(9)
    竹纤维
  Z 天然纤维

棉纤维长度
cotton staple
TS102
  D 手扯长度
  S 纤维长度
  Z 长度

棉纤维光电长度仪
photo-electric cotton fibre length tester
TS103
  S 棉花检验仪器
  F Y146 型棉纺纤维光电长度仪
  Z 仪器仪表

棉纤维气流仪
test method for micronaire of cotton fiber
TS103
  S 棉花检验仪器
  Z 仪器仪表

棉纤维强力
cotton fiber strength
TS101；TS11

S 纤维强力
C 成熟度 →(1)
　成熟度比
Z 强力

棉纤维性能
Y 原棉性能

棉纤维织物
Y 棉织物

棉线
cotton thread
TS106.4
S 棉纱线
Z 纱线

棉箱
hopper
TS103.11
S 纺纱机构
F 振动棉箱
Z 纺织机构

棉箱给棉机
Y 开清棉机械

棉箱混棉机
Y 混棉机

棉型腈纶
cotton-spun acrylic fiber
TQ34；TS102.523
S 腈纶
Z 纤维

棉型织物
Y 棉混纺织物

棉休闲服装面料
cotton leisure fabric
TS116；TS941.41
S 休闲面料
Z 面料

棉衣
Y 冬装

棉杂
Y 棉结

棉针织布
Y 棉针织物

棉针织面料
Y 针织面料

棉针织内衣
cotton knitted underwear
TS941.7
S 针织内衣
Z 服装

棉针织品
Y 棉针织物

棉针织物
cotton knit fabric
TS116；TS186
D 纯棉针织品
　纯棉针织物
　棉针织布

棉针织品
S 棉织物
Z 织物

棉织
cotton weaving
TS105；TS115
D 织布
S 织造*
C 棉纺织

棉织机械
cotton weaving machinery
TS103
D 棉织设备
S 棉纺织机械
Z 纺织机械

棉织品
Y 棉织物

棉织设备
Y 棉织机械

棉织物
cotton fabric
TS116
D 半精梳棉织物
　纯绵织物
　纯棉布
　纯棉弹力织物
　纯棉缎格织物
　纯棉高支织物
　纯棉厚织物
　纯棉面料
　纯棉织物
　高密棉织物
　精梳棉织物
　绵织物
　棉布
　棉纺织物
　棉纤维织物
　棉织品
　全棉织物
　梳棉织物
　阻燃棉织物
S 天然纤维织物
　纤维素纤维织物
F 彩棉织物
　改性棉织物
　棉机织物
　棉针织物
　染色棉织物
　丝光棉
C 煮练酶
Z 织物

棉织物改性
Y 改性棉织物

棉制品
Y 棉纺织品

棉籽
cottonseed
TS202.1
D 低酚棉籽
　毛棉籽
　木棉籽

无腺体棉籽
S 植物菜籽*
C 棉籽油 →(9)

棉籽蛋白
cottonseed proteins
Q5；TQ46；TS201.21
D 棉仁蛋白
S 油料蛋白
F 低酚棉籽蛋白
Z 蛋白质

棉籽加工
Y 籽棉加工

棉籽粕
cotton seed meal
TS209
S 粕*

棉籽糖
raffinose
Q5；TS24
D 棉子糖
S 碳水化合物*

棉子糖
Y 棉籽糖

免浸酸鞣制
Y 不浸酸铬鞣

免清洗
no-cleaning
TS101
D 免洗
S 清洗*
F 免水洗
C 助焊剂 →(3)

免水洗
washing-free
TS195
S 免清洗
Z 清洗

免烫
Y 免烫整理

免烫处理
Y 免烫整理

免烫纺织品
Y 功能纺织品

免烫加工
Y 免烫整理

免烫性
Y 洗可穿

免烫整理
easy care treatment
TS195
D 免烫
　免烫处理
　免烫加工
S 抗皱免烫整理
F 无甲醛免烫整理
C 洗可穿
Z 整理

免烫整理剂
　Y　防皱整理剂

免烫织物
self-smoothing fabrics
TS106.8
　D　耐压烫织物
　S　功能纺织品*

免淘米
washing-free rice
TS210.2
　D　不淘米
　　　不淘洗米
　　　免淘洗米
　　　清洁米
　S　大米
　Z　粮食

免淘洗米
　Y　免淘米

免洗
　Y　免清洗

免熨衬衫
　Y　衬衫

面板
faceplate
TS653.3
　D　面板结构

面板变形
deformation of face
TS653.3
　S　构件变形*

面板结构
　Y　面板

面包
bread
TS213.21
　D　刺梨蛋糕
　　　大豆面包
　　　麸皮面包
　　　甘薯面包
　　　烘烤面包
　　　红曲面包
　　　精白面包
　　　热狗
　　　软质面包
　　　土豆面包
　　　西式面包
　　　主食面包
　S　西点
　F　保健面包
　　　汉堡包
　　　三明治
　　　营养面包
　C　发酵面食
　　　烘烤
　　　麦麸膳食纤维
　　　面食
　　　食品加工
　Z　糕点

面包刀
　Y　日用刀具

面包发酵
bread fermentation
TS211
　S　食品发酵
　Z　发酵

面包房
bake house
TS208；TS211
　S　房间*

面包粉
bread flour
TS211.2
　D　面包专用粉
　S　食品专用粉
　F　国产面包粉
　Z　粮食

面包改良剂
bread improvers
TS211
　D　面包品质改良剂
　S　食品改良剂
　C　酶制剂
　Z　改良剂

面包烘焙品质
　Y　面包烘焙质量

面包烘焙质量
breadmaking quality
TS211
　D　面包烘焙品质
　S　烘焙质量
　　　面包质量
　Z　工艺质量
　　　食品质量

面包机
toaster
TM92；TS972.26
　D　烤面包机
　S　食品加工器
　F　自动面包机
　Z　厨具
　　　家用电器

面包加工
bread processing
TS972.132
　D　面包生产
　　　面包生产工艺
　S　面点制作
　Z　食品加工

面包酵母
baker's yeast
TQ92；TS201.3
　S　食用酵母
　Z　酵母

面包老化
bread staling
TS213.21
　S　老化*

面包品质
　Y　面包质量

面包品质改良剂
　Y　面包改良剂

面包品质性状
　Y　面包质量

面包生产
　Y　面包加工

面包生产工艺
　Y　面包加工

面包体积
loaf volume
TS213.21

面包制作
loaf making
TS972.132
　S　面点制作
　C　制曲
　Z　食品加工

面包质量
bread quality
TS211.7
　D　蛋糕品质
　　　面包品质
　　　面包品质性状
　S　面制品质量
　F　面包烘焙质量
　Z　食品质量

面包专用粉
　Y　面包粉

面部防护
face protection
TS97；X9
　S　人体防护
　C　防护面具　→(2)(13)
　Z　防护

面部化妆
　Y　化妆

面部美容
facial cosmetology
TS974.13
　D　美颜
　S　美容*
　F　除斑
　　　化妆
　　　祛痘
　　　祛皱
　　　去角质
　　　瘦脸

面部清洁
face cleansing
TS974
　S　洁肤
　Z　清洁

面层材料
floor finishing
TS764；U4
　S　材料*
　C　沥青混合料　→(11)(12)

面茶

seasoned millet mush

TS972.14

  S 小吃*

面点

pastry

TS972.132

  D 风味面点

    家常面点

    面点食品

    蔬菜面点

    甜面点

    艺术面点

  S 面粉制品

    面食

  F 传统面点

    西式糕点

    中式面点

  Z 粮油食品

    主食

面点食品

  Y 面点

面点食谱

pastry recipes

TS972.12

  S 食谱*

面点制作

pasta making

TS972.132

  D 糕点加工

  S 食品加工*

  F 蛋糕制作

    和面

    面包加工

    面包制作

    面条加工

  C 面制食品

    配粉效果

面雕

flour sculpture

TS972.114

  S 食品雕刻

  Z 雕刻

面粉

flour

TS211.2

  S 成品粮

  F 保健面粉

    等级粉

    麦粉

    强化面粉

    专用面粉

  C 谷物粉

    米粉

    面粉粗细度

    面粉改良剂

    面粉增白剂

  Z 粮食

面粉包装

flour packaging

TS206

  S 粮食包装

  Z 食品包装

面粉包装机

  Y 食品包装机械

面粉厂

flourmill

TS211

  D 面粉加工厂

    面粉加工企业

    面粉加工行业

    面粉加工业

    面粉企业

    面粉行业

  S 粮食加工厂

  C 除尘风网

  Z 工厂

面粉处理剂

  Y 面粉添加剂

面粉粗细度

flour size degrees

TS211.7

  S 细度*

  C 面粉

面粉等级

  Y 等级粉

面粉粉质

  Y 面粉品质

面粉改良

flour improvement

TS211.4

  S 面粉加工

  F 面粉强化

  Z 农产品加工

面粉改良剂

flour improvers

TS211

  D 面粉品质改良剂

  S 食品改良剂

  C 酶制剂

    面粉

    面粉品质

    面粉添加剂

  Z 改良剂

面粉工业

flour milling industry

TS211

  S 粮食工业

  Z 轻工业

面粉含砂

  Y 面粉检验

面粉灰分

flour ash

TS211

  S 灰分*

面粉机械

  Y 面粉加工机械

面粉加工

flour processing

TS211.4

  D 面粉生产

    面粉制造

    制粉技术

  S 粮食加工

  F 剥皮制粉

    等级粉生产

    粉路

    面粉改良

    小麦研磨

    醒发

  C 面制食品

  Z 农产品加工

面粉加工厂

  Y 面粉厂

面粉加工机械

flouring machinery

TS211.3

  D 面粉机械

    面粉加工设备

    面粉设备

  S 粮食机械

  F 打麸机

    刷麸机

  Z 食品加工机械

面粉加工企业

  Y 面粉厂

面粉加工设备

  Y 面粉加工机械

面粉加工行业

  Y 面粉厂

面粉加工业

  Y 面粉厂

面粉检验

flour test

TS211

  D 面粉含砂

    面粉理化指标

    面粉粒度

  S 粮油检测

  Z 检验

面粉精度

flour processing degree

TS211.7

  S 面粉品质

  Z 食品质量

面粉冷却系统

  Y 小麦粉品质

面粉理化指标

  Y 面粉检验

面粉粒度

  Y 面粉检验

面粉面筋

  Y 面筋

面粉漂白剂

  Y 漂白剂

面粉品质

flour quality

TS211.7

D 面粉粉质
　　面粉质量
S 面制品质量
F 面粉精度
C 粉质仪
　　面粉改良剂
Z 食品质量

面粉品质改良剂
Y 面粉改良剂

面粉企业
Y 面粉厂

面粉强化
flour fortification
TS211.4
S 面粉改良
Z 农产品加工

面粉设备
Y 面粉加工机械

面粉生产
Y 面粉加工

面粉生产线
flour producing line
TH16；TQ0；TS211
S 食品生产线
Z 生产线

面粉食品
Y 面食

面粉添加剂
flour additive
TS211
D 面粉处理剂
S 食品添加剂
C 谷朊粉
　　面粉改良剂
　　面粉增白剂
Z 添加剂

面粉行业
Y 面粉厂

面粉增白剂
bleaching agent for flour
TS195.2
S 增白剂
C 面粉
　　面粉添加剂
Z 整理剂

面粉增筋剂
Y 谷朊粉

面粉制品
flour products
TS211
S 米面制品
F 发酵面食
　　挂面
　　面点
　　面糊
　　面筋
　　面片
　　面团

Z 粮油食品

面粉制食品
Y 面食

面粉制造
Y 面粉加工

面粉质量
Y 面粉品质

面辅料
Y 服装辅料

面糕曲
flour cake leaven
TS26
S 曲*

面糊
panada
TS213
S 面粉制品
Z 粮油食品

面浆
surface layer pulp
TS56
S 浆液*

面酱
noodles sauce
TS264.24
D 巴山面酱
S 风味酱
F 红面酱
　　甜面酱
Z 酱

面巾纸
face tissue
TS761.6
D 纸面
　　纸面巾
S 餐巾纸
F 湿纸巾
Z 纸张

面筋
gluten
TS211；TS23；TS972.1
D 面粉面筋
　　小麦面筋
S 面粉制品
F 干面筋
　　湿面筋
　　油面筋
C 干面筋含量
　　面筋出率
　　面筋吸水量
　　面筋指数
Z 粮油食品

面筋出率
gluten rate
TS211
S 比率*
C 面筋

面筋蛋白

mucedin
Q5；TQ46；TS201.21
S 谷蛋白
F 湿面筋蛋白
　　小麦面筋蛋白
Z 蛋白质

面筋蛋白组分
mucedin component
TS211
S 成分*

面筋含量
Y 面筋质量

面筋品质
Y 面筋质量

面筋吸水量
water absorption of gluten
TS211
D 面筋吸水率
S 含量*
C 面筋

面筋吸水率
Y 面筋吸水量

面筋指数
gluten index
TS211
S 指数*
C 面筋

面筋质
Y 面筋质量

面筋质含量
Y 干面筋含量

面筋质量
gluten quality
TS207.7
D 面筋含量
　　面筋品质
　　面筋质
S 食品质量*

面类
Y 面制食品

面类食品
Y 面制食品

面类饮食加工机械
flour diet processing machine
TS203
S 食品加工机械*
F 和面机
　　面条机
　　压面机

面料*
shell fabric
TS941.41
D 合成面料
　　化纤面料
　　皮革面料
　　全棉面料
　　丝绒面料
　　天然面料

条格面料
涂层面料
F 薄型面料
仿真面料
纺织面料
服装革
服装面料
复合面料
高弹面料
功能面料
国产面料
环保面料
混纺面料
机织面料
家纺面料
毛纺面料
绵竹爽面料
色织面料
沙发套面料
新型面料
休闲面料
印花面料
针织面料
C 服用性能
服装材料
服装辅料
面料方向性
面料风格
面料厚度
面料开发
褶皱
织物

面料创新
fabric innovation
TS941.1
S 创新*

面料二次处理
fabric two times process
TS101；TS107；TS941.4
D 面料再创造
面料再造
S 处理*

面料方向性
fabric directions
TS107；TS941.4
S 方向性*
C 面料

面料风格
style of fabrics
TS101；TS941
S 服装风格
C 面料
Z 样式

面料厚度
fabrics thickness
TS107；TS941.4
S 厚度*
C 面料

面料肌理
Y 织物纹理

面料开发
fabric developer

TS101；TS941
S 纺织品开发
C 面料
Z 开发

面料力学性能
Y 织物力学性能

面料设计
Y 织物设计

面料特性
Y 织物性能

面料性能
Y 织物性能

面料再创造
Y 面料二次处理

面料再造
Y 面料二次处理

面料质地
Y 织物性能

面料质量
Y 织物性能

面盆
Y 脸盆

面片
dough sheet
TS972.132
S 面粉制品
面食
Z 粮油食品
主食

面片色泽
Y 面条色泽

面食
cooked wheaten food
TS972.132
D 面粉食品
面粉制食品
面食品种
S 主食*
F 包子
饼
春卷
发酵面食
挂面
花卷
馄饨
馒头
面点
面片
面条
水饺
C 面包

面食品
Y 面制食品

面食品种
Y 面食

面食制品

Y 面制食品

面条
noodles
TS972.132
D 手工挂面
手工拉面
手工面条
汤饼
意大利面条
意式面条
S 面食
F 烩面
湿面条
酥面
通心粉
鱼面
C 面条色泽
Z 主食

面条粉
noodle flour
TS211.2
S 食品专用粉
Z 粮食

面条改良剂
noodle improver
TS211
S 食品改良剂
Z 改良剂

面条机
noodle machine
TS203
S 面类饮食加工机械
Z 食品加工机械

面条加工
noodles processing
TS972.132
S 面点制作
Z 食品加工

面条烹煮品质
Y 面条蒸煮品质

面条品质
noodle quality
TS211.7
S 面制品质量
F 面条蒸煮品质
C 淀粉特性
Z 食品质量

面条色泽
noodles colour and lustre
TS211.7
D 面片色泽
S 色泽*
C 褐变
面条

面条蒸煮品质
noodle cooking properties
TS207.7
D 面条烹煮品质
S 面条品质
蒸煮品质

Z 食品质量

面团
dough
TS213
　S 面粉制品
　F 保鲜面团
　　发酵面团
　　冷冻面团
　　酸面团
　C 烘焙质量
　　面团结构
　Z 粮油食品

面团成形
　Y 和面

面团弹性
　Y 面团品质

面团调制
　Y 和面

面团发酵
dough fermentation
TS211
　D 老面发酵
　S 食品发酵
　Z 发酵

面团改良剂
dough improver
TS211
　S 食品改良剂
　C 面团品质
　Z 改良剂

面团搅拌
　Y 和面

面团结构
dough structure
TS211
　S 材料结构*
　F 面团微结构
　C 面团

面团筋力
　Y 面团品质

面团可塑性
　Y 面团品质

面团流变
　Y 面团流变学特性

面团流变特性
　Y 面团流变学特性

面团流变性
　Y 面团流变学特性

面团流变学
　Y 面团流变学特性

面团流变学特性
dough rheological properties
TS211.7
　D 面团流变
　　面团流变特性
　　面团流变性

面团流变学
　S 变性*
　　流体力学性能*
　　面团特性
　C 粘结性能 →(9)(11)
　Z 食品特性

面团品质
dough quality
TS211.7
　D 面团弹性
　　面团筋力
　　面团可塑性
　　面团韧性
　　面团体系
　　面团形成时间
　　面团性能
　　面团性质
　　面团延伸性
　S 面制品质量
　C 工艺质量
　　面团改良剂
　Z 食品质量

面团韧性
　Y 面团品质

面团特性
dough characters
TS211.7
　S 食品特性*
　F 面团流变学特性

面团体系
　Y 面团品质

面团微结构
dough microstructure
TS211
　S 面团结构
　Z 材料结构

面团形成时间
　Y 面团品质

面团性能
　Y 面团品质

面团性质
　Y 面团品质

面团延伸性
　Y 面团品质

面向车间
　Y 车间

面制品
　Y 面制食品

面制品品质
　Y 面制品质量

面制品质量
flour products quality
TS211.7
　D 面制品品质
　S 食品质量*
　F 包子品质
　　饼干品质
　　馒头品质

面包质量
面粉品质
面条品质
面团品质
　C 面制食品

面制食品
flour food
TS219
　D 苦荞麦食品
　　面类
　　面类食品
　　面食品
　　面食制品
　　面制品
　S 淀粉类食品
　C 糕点
　　面点制作
　　面粉加工
　　面制品质量
　Z 食品

苗族服饰
miao dress
TS941.7
　S 民族服饰
　Z 服饰

描图笔
　Y 笔

灭菌保藏
sterilization preservation
TS205
　S 储藏*

灭菌机理
　Y 杀菌机理

灭菌奶
　Y 超高温灭菌乳

灭菌牛奶
　Y 牛奶

灭菌乳
sterilized milk
TS252.59
　D 二次灭菌奶
　　无菌奶
　　消毒奶
　　消毒牛奶
　　消毒乳
　S 牛奶
　F 巴氏杀菌乳
　　超高温灭菌乳
　C 杀菌机
　Z 乳制品

灭菌效率
sterilization efficiency
TS201.6
　S 效率*

灭菌原理
　Y 杀菌机理

灭酶
enzyme denaturing
TS205

S 无菌工艺
F 微波灭酶
Z 工艺方法

灭蚊灯
mosquito eradication lamp
TM92；TS956
D 电子灭蚊灯
驱蚊灯
S 卫生用灯
Z 灯

民国服饰
China apparel
TS941.7
S 古代服饰
Z 服饰

民间服饰
folk costume
TS941.7
S 服饰*
F 民俗服饰

民间家具
folk furniture
TS66；TU2
S 家具*

民间美食
Y 美食

民权白葡萄酒
Y 白葡萄酒

民俗服饰
folk-custom costume
TS941.7
S 民间服饰
Z 服饰

民用刀剪
Y 剪刀

民用家具
home furniture
TS66；TU2
S 家具*

民用清洗剂
Y 家用洗涤剂

民族餐饮
ethnic restaurant
TS971
S 餐饮*

民族传统服装
Y 民族服装

民族传统食品
Y 传统食品

民族服饰
national dressing
TS941.7
D 阿昌族服饰
白族服饰
布朗族服饰
布依族服饰
藏族服饰

朝鲜族服饰
傣族服饰
德昂族服饰
东乡族服饰
洞工珞巴族服饰
独龙族服饰
俄罗斯族服饰
鄂伦春族服饰
鄂温克族服饰
番阳黎族服饰
高山族服饰
哈尼族服饰
哈萨克族服饰
赫哲族服饰
回族服饰
基诺族服饰
京族服饰
景颇族服饰
柯尔克孜族服饰
拉祜族服饰
老村美孚黎服饰
老村侾黎服饰
黎族服饰
傈僳族服饰
珞巴族服饰
满族服饰
门巴族服饰
仫佬族服饰
纳西族服饰
怒族服饰
普米族服饰
羌族服饰
撒拉族服饰
水族服饰
塔吉克族服饰
塔塔尔族服饰
土家族服饰
土族服饰
佤族服饰
维吾尔族服饰
锡伯族服饰
瑶族服饰
亿佬族服饰
裕固族服饰
壮族服饰
S 服饰*
F 侗族服饰
客家服饰
蒙古族服饰
苗族服饰
闽南服饰
畲族服饰
彝族服饰
C 民族服装

民族服饰面料
national clothing fabrics
TS941.41
D 民族面料
瑶斑布
瑶族蓝靛布
S 服装面料
Z 面料

民族服装
national costume
TS941.7
D 民族传统服装
民族盛装
S 服装*
F 凤凰装
黑衣壮民族服装
C 民族服饰

民族管乐器
Y 民族乐器

民族击乐器
Y 民族乐器

民族乐器
national musical instruments
TS953.2
D 民族管乐器
民族击乐器
S 乐器*
F 洞箫
葫芦丝
笙
唢呐
埙

民族美食
Y 民族食品

民族面料
Y 民族服饰面料

民族盛装
Y 民族服装

民族食品
ethnic foods
TS219
D 民族美食
S 食品*

民族靴鞋
national boots and shoes
TS943.76
S 鞋*
F 云云鞋

闽北乌龙茶
Y 乌龙茶

闽菜
Fujian dish
TS972.12
D 福建菜系
S 八大菜系
Z 菜系

闽茶
Y 茶

闽南服饰
southern Fujian clothing
TS941.7
S 民族服饰
Z 服饰

闽南蚝仔煎
Y 地方小吃

闽南乌龙茶
Y 乌龙茶

敏化织物
　　Y 功能纺织品

名菜
haute cuisine
TS972
　　S 菜肴*

名茶
　　Y 名优茶

名茶加工
　　Y 茶叶加工

名茶铁观音
　　Y 铁观音

名酒
　　Y 中国白酒

名酒率
famous liquor rate
TS261
　　S 比率*

名片
calling card
TS951
　　D 商业卡片
　　S 办公用品*

名优白酒
　　Y 白酒

名优茶
famous tea
TS272.59
　　D 地方名茶
　　　　历史名茶
　　　　名茶
　　S 茶*

名优红茶
　　Y 红茶

名优绿茶
　　Y 绿茶

明代家具
Ming dynasty furniture
TS66；TU2
　　S 明清家具
　　Z 家具

明度值
lightness value
TS101
　　S 色值
　　Z 数值

明矾
alum
TS36
　　S 复盐
　　C 澄清剂
　　Z 盐

明胶软糖
gelatin jelly
TS246.56
　　S 软糖

Z 糖制品

明开襟
Ming cardigan
TS941.6
　　S 服装工艺*

明清家具
Ming and Qing dynasty furniture
TS66；TU2
　　S 古典家具
　　F 明代家具
　　Z 家具

明式
　　Y 明式家具

明式家具
Ming-style furniture
TS66
　　D 明式
　　S 中式家具
　　C 清式家具
　　Z 样式

明室拷贝片
　　Y 拷贝片

明室片
　　Y 拷贝片

明虾
　　Y 对虾

明线
open line
TM7；TS94
　　C 暗线

茗具
　　Y 茶具

楑楂
　　Y 木瓜

模版*
stencil
TS8
　　D 印刷模版
　　F 感光版
　　　　固体树脂版
　　　　金属模版
　　　　珂罗版
　　　　模切版
　　　　拼版
　　　　热敏版
　　　　柔性版
　　　　书版
　　　　网版

模版制作
　　Y 模板制作

模糊洗衣机
　　Y 全自动洗衣机

模化
　　Y 建模

模拟
　　Y 仿真

模拟打样
analog proofing
TS804
　　S 打样*

模拟方式
　　Y 仿真

模拟仿真
　　Y 仿真

模拟复合
　　Y 复合技术

模拟复印机
　　Y 复印机

模拟干酪
cheese analogue
[TS252.52]
　　S 干酪
　　Z 乳制品

模拟工具
simulation tool
TG7；TS914.5
　　S 工具*

模拟过程
　　Y 仿真

模拟人
　　Y 假人

模拟食品
　　Y 人造食品

模拟物*
phantom
TJ0
　　F 食品模拟物
　　　　油脂模拟物
　　C 物体　→(1)(3)(6)

模拟印染废水
simulated printing and dyeing wastewater
TS19；X7
　　S 印染废水
　　Z 废水

模式构造
　　Y 建模

模特
model
TS955
　　D 电子模特
　　　　模特儿
　　　　男模特
　　　　实物模特
　　　　艺用人体
　　　　职业模特
　　S 人员*
　　F 超模
　　　　摩托车模特
　　　　汽车模特
　　　　时装模特
　　　　网模
　　C 模特大赛
　　　　人台
　　　　人体包装　→(1)

演艺设备 →(7)

模特大赛
model contest
TS942
- S 比赛*
- C 模特

模特儿
- Y 模特

模型*
model
O1
- D 模型系统
- F 定标模型
  - 仿真车
  - 军事模型
  - 玩具模型
  - 织物模型
- C 安全模型 →(1)(8)(12)(13)
  - 产品模型 →(1)(4)
  - 地质模型 →(1)(11)
  - 工程模型
  - 管理模型 →(1)(2)(5)(8)(11)
  - 化学模型 →(1)(9)(13)
  - 力学模型 →(1)(2)(3)(4)(5)(6)(8)(9)(11)
  - 模型辨识 →(8)
  - 模型管理 →(8)
  - 模型试验 →(1)(3)(4)(6)(11)(12)
  - 生物模型 →(1)(7)(8)(13)
  - 数学模型 →(1)(5)(6)(7)(8)(11)
  - 物理模型
  - 信息模型 →(1)(4)(5)(7)(8)(11)
  - 原型

模型构建
- Y 建模

模型化
- Y 建模

模型化处理
- Y 建模

模型建立
- Y 建模

模型玩具
model toys
TS958.1
- S 玩具*

模型系统
- Y 模型

模型制作
modelling
TS951.7；TS958
- S 制作*

膜*
films
TB4
- D 表面膜
  - 层膜
  - 膜层
  - 膜层质量
  - 膜产品
- F PVC 保鲜膜

PVDF 中空纤维膜
  - 包装膜
  - 镀铝膜
  - 高阻隔性薄膜
  - 浆膜
  - 聚四氟乙烯复合膜
  - 可食膜
  - 丝素膜
  - 预涂膜
- C 包膜 →(1)(3)(4)(9)
  - 表层 →(1)(3)(4)(6)(7)(9)(11)(12)
  - 吹塑 →(9)
  - 镀膜 →(3)
  - 高分子材料 →(1)(4)(5)(9)(11)
  - 膜材料 →(1)
  - 涂膜 →(3)

膜层
- Y 膜

膜层质量
- Y 膜

膜产品
- Y 膜

膜反洗水
membrane backwash water
TS19
- S 水*

膜分离浓缩
- Y 膜浓缩

膜裂成网
- Y 非织造布

膜裂法非织造布
- Y 非织造布

膜浓缩
membrane-concentration
TQ0；TS205.4
- D 膜分离浓缩
- S 浓缩*

膜片泵
- Y 泵

膜吸附剂
membrane adsorber
TS19
- S 吸附剂*

膜状食品
membrane-like food
TS219
- S 食品*

摩擦*
friction
O3；TH11
- D 非摩擦
  - 摩擦运动
  - 无摩擦
- F 湿摩擦
- C 打滑 →(4)
  - 防磨 →(3)(4)
  - 冷焊 →(3)
  - 摩擦试验 →(1)(3)(4)

摩擦温升 →(5)

摩擦纺
friction spinning
TS104.7
- D DREF 摩擦纺
  - DREF 型
  - DREF 型摩擦纺
  - 尘笼纺
  - 尘笼纺纱
  - 摩擦纺纱
- S 新型纺纱
- Z 纺纱

摩擦纺包芯纱
friction spinning core-spun yarns
TS106.4
- S 包芯纱
- C 热收缩性能
- Z 纱线

摩擦纺纱
- Y 摩擦纺

摩擦纺纱机
friction spinning machine
TS103.27
- S 新型纺纱机
- Z 纺织机械

摩擦锯
friction saw
TG7；TS64；TS914.54
- S 锯
- Z 工具

摩擦牢度
- Y 耐摩擦色牢度

摩擦色牢度
- Y 耐摩擦色牢度

摩擦形变效应
friction and deformation effects
TS74
- S 效应*

摩擦运动
- Y 摩擦

摩擦轧光
- Y 轧光整理

摩擦轧光机
- Y 浸轧机

摩擦轧光整理
- Y 轧光整理

摩力克
molik
TS106.8
- S 仿毛织物
- Z 化纤织物

摩诺硬度
- Y 硬度

摩托车模特
motorcycle model
TS95

S 模特
Z 人员

磨版
grinding
TS8
S 生产工艺*
C 研磨机 →(3)

磨刀机
knife grinder
TS04
D 万能磨刀机
S 轻工机械*
C 木工机械

磨粉
grinding
TQ17；TS211
D 粉磨
　粉磨方法
　粉磨方式
　粉磨工艺
　粉磨过程
　粉磨机理
　粉磨技术
　粉磨加工
　粉磨作业
S 生产工艺*
C 磨粉机
　磨削参数 →(3)
　助磨剂 →(9)

磨粉机
grinding mill
TD4；TQ17；TS211.3
D 粉磨机
　粉磨机械
　粉磨机械设备
　粉磨设备
　粉磨装置
　磨粉设备
　磨碎机
　研磨机(磨粉)
S 磨机*
F 辊式磨粉机
　盘式磨粉机
　气压磨粉机
　实验磨粉机
C 混合粉磨 →(2)
　磨粉
　湿法粉磨 →(9)
　水泥粉磨系统 →(9)

磨粉设备
Y 磨粉机

磨革
buffing
TS54
S 制革工艺*

磨革机
Y 制革机械

磨光机
Y 打磨机

磨合表面

Y 表面

磨糊
Y 磨浆

磨机*
mill
TD4；TQ0
D 磨碎设备
F 精磨机
　磨粉机
C 破碎机 →(2)(3)(4)(9)(11)(12)
　研磨机 →(3)

磨浆
jordaning
TS10；TS74
D 磨糊
S 制浆*
C 豆腐加工
　磨浆强度
　磨浆效果

磨浆机
paste mills
TS733
S 磨浆设备
F 辊式磨浆机
　盘式磨浆机
　双螺杆磨浆机
　圆柱式磨浆机
　中浓磨浆机
　锥形磨浆机
Z 制浆设备

磨浆能耗
refining energy consumption
TS733
S 消耗*

磨浆强度
defibrination strength
TS74
S 强度*
C 磨浆

磨浆设备
defibrination equipment
TS733
S 制浆设备*
F 多盘式真空过滤机
　多圆盘过滤机
　高浓塔
　磨浆机
　磨木机
　盘磨机

磨浆效果
refining effect
TS71
S 效果*
C 磨浆

磨浆质量
Y 浆料质量

磨锯机
Y 锯机

磨毛

sanding
TS195
D 搓呢
　搓绒
　磨毛工艺
S 起毛
Z 整理

磨毛工艺
Y 磨毛

磨毛辊
sanding roll
TS190.4
S 磨毛机
Z 染整机械

磨毛机
napping machine
TS190.4
D 搓呢机
　磨绒机
S 整毛绒设备
F 磨毛辊
Z 染整机械

磨毛织物
Y 绒毛织物

磨木机
grinder
TS733
S 磨浆设备
Z 制浆设备

磨木浆
groundwood pulp
TS749.1
S 木浆
F 化机磨木浆
　马尾松磨石磨木浆
　磨石磨木浆
Z 浆液

磨绒
napping
TS195
S 起绒
Z 整理

磨绒机
Y 磨毛机

磨绒织物
sanded fabric
TS106.87
S 绒面织物
Z 织物

磨砂鞋面革
Y 鞋面革

磨砂压花摔纹鞋面革
Y 鞋面革

磨石磨木浆
stone ground wood pulp
TS749.1
S 磨木浆
Z 浆液

磨碎机
　　Y 磨粉机

磨碎设备
　　Y 磨机

磨削工具
　　Y 磨削设备

磨削机械
　　Y 磨削设备

磨削设备*
grinding equipment
TG5
　　D 磨削工具
　　　磨削机械
　　　磨削装置
　　F 打磨机
　　　砂轮机
　　　修磨机
　　C 机加工设备 →(4)

磨削装置
　　Y 磨削设备

磨针机
needle grinding machine
TS103
　　S 纺织辅机
　　Z 辅机

蘑菇罐头
canned mushroom
TS295.7
　　S 蔬菜罐头
　　Z 罐头食品

蘑菇麻辣酱
　　Y 辣酱

魔镜
magic mirror
TH7；TS959.7
　　S 镜子*

魔芋
konjac
S；TS255.2
　　S 蔬菜
　　Z 果蔬

魔芋低聚糖
konjac oligosaccharide
Q5；TS24
　　S 功能性低聚糖
　　　魔芋聚糖
　　Z 碳水化合物

魔芋豆腐
　　Y 豆腐菜肴

魔芋飞粉
konjac flying powders
TS255.5
　　S 魔芋粉
　　Z 食用粉

魔芋粉
konjaku flour
TS255.5

　　S 蔬菜粉
　　F 魔芋飞粉
　　　魔芋精粉
　　　魔芋微粉
　　Z 食用粉

魔芋甘露聚糖
konjacmannan
Q5；TS24
　　S 魔芋聚糖
　　Z 碳水化合物

魔芋胶
konjak gum
TS213
　　S 食用胶
　　Z 胶

魔芋精粉
fine konjak powder
TS255.5
　　S 魔芋粉
　　Z 食用粉

魔芋聚糖
konjac polysaccharide
TS24
　　S 碳水化合物*
　　F 魔芋低聚糖
　　　魔芋甘露聚糖
　　　魔芋葡甘聚糖

魔芋凝胶
　　Y 凝胶

魔芋葡甘聚糖
konjac glucomannan
Q5；TS24
　　D 魔芋葡甘露聚糖
　　　魔芋葡苷聚糖
　　　魔芋葡萄甘露聚糖
　　S 魔芋聚糖
　　Z 碳水化合物

魔芋葡甘露聚糖
　　Y 魔芋葡甘聚糖

魔芋葡苷聚糖
　　Y 魔芋葡甘聚糖

魔芋葡萄甘露聚糖
　　Y 魔芋葡甘聚糖

魔芋食品
konjac food
TS219
　　S 淀粉类食品
　　Z 食品

魔芋微粉
micro-konjac flour
TS255.5
　　S 魔芋粉
　　Z 食用粉

魔芋制品
konjac products
TS255
　　S 蔬菜制品
　　Z 果蔬制品

茉莉花茶
jasmine scented tea
TS272.53
　　D 福建茉莉花茶
　　S 花茶
　　Z 茶

茉莉香米
　　Y 香米

莫代尔
　　Y Modal 纤维

莫代尔纤维
　　Y Modal 纤维

莫尔花纹
Moire stripe
TS19
　　S 花纹
　　Z 纹样

莫来石短纤维
　　Y 莫来石纤维

莫来石纤维
mullite fiber
TS102.4
　　D 多晶莫来石纤维
　　　莫来石短纤维
　　　莫莱石短纤维
　　S 矿物纤维
　　C 保温隔热材料 →(1)(3)(5)(6)(9)(11)
　　　莫来石耐火材料 →(9)
　　Z 天然纤维

莫莱石短纤维
　　Y 莫来石纤维

墨层厚度
ink thickness
TS805
　　D 油墨层
　　　油墨层厚度
　　S 印刷参数*
　　C 胶印

墨滴
ink droplet
TS80

墨点保真度
ink dot fidelity
TS805
　　S 印刷参数*
　　C 喷墨印刷

墨斗
ink fountain
TS803.9
　　S 喷墨设备
　　Z 印刷机械

墨斗辊
ink fountain roller
TH13；TS803.9
　　S 墨辊
　　Z 辊
　　　印刷机械

墨粉

ink powder

TB4；TS802

　S 粉末*

墨辊

ink roller

TH13；TS803.9

　D 印刷墨辊

　　着墨辊

　S 喷墨设备

　　印刷胶辊

　F 传墨辊

　　串墨辊

　　墨斗辊

　Z 辊

　　印刷机械

墨盒

　Y 砚

墨控

　Y 墨量

墨量

total inks

TP3；TS805

　D 给墨量

　　供墨量

　　墨控

　　油墨总量

　S 数量*

墨路

ink route

TS803.9

　S 喷墨设备

　Z 印刷机械

墨皮

　Y 印刷故障

墨色

mass colour

TS802

　S 墨性

　Z 材料性能

墨水

prepared Chinese ink

TS951.23

　D 彩色墨水

　　醇溶性墨水

　　墨汁

　　纳米墨水

　　喷印墨水

　　普通墨水

　　油溶性墨水

　　中性笔墨水

　　中性墨水

　S 文具

　F 白板笔墨水

　　电子墨

　　喷墨墨水

　　水性墨水

　　碳素墨水

　　陶瓷墨水

　　颜料墨水

　C 印刷材料

　Z 办公用品

墨水笔

　Y 笔

墨水圆珠笔

　Y 圆珠笔

墨水质量

prepared Chinese ink quality

TS951.23

　S 产品质量*

墨性

properties of ink

TQ63；TS8

　S 材料性能*

　F 墨色

　　油墨性能

墨汁

　Y 墨水

磨*

mill

TS914；TS972

　F 碾磨

　　盘磨

　　砂磨

　　石磨

　　双辊磨

　C 珩磨 →(3)

　　研磨 →(3)

模

　Y 模具

模板制作

template execution

TS805

　D 模版制作

　S 制作*

模袋

　Y 土工模袋

模具*

pattern

TG7

　D 弹性模具

　　二手模具

　　粉末冶金模

　　工模具

　　工装模具

　　固定式压缩模

　　固定式压注模

　　滚字模

　　胶塞模具

　　扩口模

　　漏模

　　铝型材模具

　　绿色模具

　　模

　　模具产品

　　偏心模

　　偏心模具

　　平面模

　　柔性模

　　柔性模具

　　软质模具

　　三板式模具

　　数控模

　　双分型面模具

　　水冷模

　　胎具

　　套模

　　通用模

　　通用模具

　　同构模具

　　校平模

　　校正模

　　型模

　　旋转模具

　　压合模具

　　压模装置

　　压制模

　　异型模

　　硬模

　　圆滚模

　　圆角模

　　圆锥模

　　窄缝模具

　　胀口模具

　　整体模

　　整体式模

　　直冷模

　　锥模

　　锥型电杆模

　　自定位模

　　自动模

　F 鞋模

　C 波形套 →(3)

　　充填长度 →(2)(3)

　　大锥角 →(4)

　　定型剂 →(1)

　　分型线 →(3)

　　复杂型面 →(3)

　　工具

　　模具操作 →(3)

　　模具成形 →(3)(4)

　　模具管理 →(3)

　　模具结构 →(3)(6)

　　双工位 →(3)

　　脱模斜度 →(3)(9)

　　造型

　　铸模 →(3)(9)

　　铸造 →(1)(3)(4)

模具产品

　Y 模具

模具加工机床

　Y 机床

模具清洗

mold cleaning

TG1；TH17；TS973

　S 清洗*

模内标签

in-mould label

TS896

　S 贴标

　Z 印刷品

模内攻丝机

　Y 攻丝机

模切

die cutting
TS88
  S 剪切*
  F 激光模切

模切版
die cutting plates
TS8
  S 模版*

模切刀
die-cutting rule
TG7；TS914
  S 刀具*

模切辊
mould-cutting roller
TH13；TS803
  S 辊*

模切机
die cutter
TS803.9
  D 模切设备
  S 印后设备
  F 模切烫金自动机
    自动平压模切机
  C 模切精度
  Z 印刷机械

模切精度
die-cutting precision
TG5；TS88
  S 精度*
  C 模切机
    模切质量 →(3)

模切设备
  Y 模切机

模切烫金自动机
die-cutting stamping automaton
TS803.9
  S 模切机
  Z 印刷机械

模切压痕
die-cutting indentation
TS8
  S 表面缺陷*

模切压力
die-cutting pressure
TS8
  S 压力*

模塑餐具
  Y 塑料餐具

模压压机
moulding presses
TS64
  S 人造板压机
  Z 人造板机械

模压制鞋
  Y 制鞋工艺

模样
  Y 外观

模样变形
  Y 变形

模造纸
  Y 造纸

母带
master tape
TS914
  S 存储器*

母发酵剂
  Y 发酵剂

母接头
  Y 接头

母猪肉
  Y 猪肉

母子酱油
muzi soy sauce
TS264.21
  S 酱油*

牡丹籽
penoy seed
TS202.1
  S 植物菜籽*

牡蛎
oysters
TS254.2
  D 海蛎子
    沙井蚝
    生蚝
  S 海鲜产品
  Z 水产品

牡蛎蛋白
oyster protein
Q5；TS201.21
  S 动物蛋白
  Z 蛋白质

牡蛎肉
oyster meat
TS254.5
  S 肉*

木
  Y 木材

木材*
wood
TS62
  D 木
    木料
    木质材料
  F 薄木
    层积材
    衬木
    工程木材
    积成材
    集成材
    锯材
    热处理木材
    人造木材
    软木材
    天然木材
    弯曲木
    薪材
    压缩木
    原木
    指接材
  C 材料
    出板率
    出材率
    固体燃料 →(9)
    木材干燥设备
    木材资源
    木质复合材料
    木质素
    竹材
    组合材料 →(1)

木材采运工业
  Y 木材工业

木材测湿仪
wood moisture meter
TH7；TS64
  S 测量仪器*

木材厂
  Y 木材加工厂

木材废料
  Y 木质废料

木材废物
  Y 木质废弃物

木材副产品
wood by-product
TS69
  D 林木剩余物
    木材加工剩余物
  S 工业副产品
  F 机制木炭
    锯料角
    锯末
    木屑
    刨花
  C 木质废料
  Z 副产品

木材干燥
wood drying
TQ0；TS65
  D 干燥木材
    木材干燥技术
  S 干燥*
  F 单板干燥
    热板干燥
  C 木材工业

木材干燥基准
  Y 木材含水率

木材干燥技术
  Y 木材干燥

木材干燥设备
timber dryer
TS64
  S 干燥设备*
  F 木材干燥室
  C 干燥
    木材

木材干燥室
wood drying kiln
TS64
　　S　干燥室
　　　　木材干燥设备
　　Z　干燥设备

木材工业
wood industry
TS6
　　D　木材采运工业
　　　　木材加工工业
　　　　木材加工业
　　　　木材行业
　　　　细木工工业
　　S　轻工业*
　　F　林产工业
　　　　人造板工业
　　C　木材干燥

木材工业企业
wood industry enterprises
TS6
　　S　企业*
　　F　人造板企业

木材含水量
　　Y　木材含水率

木材含水率
wood moisture content rate
TS67
　　D　木材干燥基准
　　　　木材含水量
　　S　比率*

木材加工
wood processing
TS65
　　D　毛头板
　　　　木材加工工艺
　　　　木材加工技术
　　　　木材深加工
　　　　木工
　　　　木工工艺
　　　　木制品加工
　　　　手工分等
　　　　手工分选
　　　　手工木工
　　　　制材
　　　　制材工艺
　　S　材料加工*
　　F　木材切削
　　　　木材染色
　　　　刨切
　　　　梳解加工
　　　　原木加工
　　C　甲醛释放
　　　　热磨
　　　　涂装
　　　　制材学

木材加工厂
wood-working factory
TS68
　　D　木材厂
　　S　工厂*

木材加工工具

木工机械

木材加工工业
　　Y　木材工业

木材加工工艺
　　Y　木材加工

木材加工机床
　　Y　木工机床

木材加工机具
　　Y　木工机械

木材加工机械
　　Y　木工机械

木材加工技术
　　Y　木材加工

木材加工设备
　　Y　木工机械

木材加工剩余物
　　Y　木材副产品

木材加工业
　　Y　木材工业

木材加工装置
　　Y　木工机械

木材胶
　　Y　胶

木材接合
　　Y　木材粘接

木材金属复合材料
wood-metal composite
TB3；TS62
　　D　木材-金属复合材料
　　S　复合材料*

木材-金属复合材料
　　Y　木材金属复合材料

木材利用率
timber utilization rate
TS61
　　S　比率*

木材刨花
　　Y　木刨花

木材漂白
wood bleaching
TS65
　　S　漂白*

木材切削
wood cutting
TS65
　　D　无锯屑切削
　　S　木材加工
　　C　木工机械
　　Z　材料加工

木材燃料
　　Y　薪材

木材染色
wood staining

木材加工
TS65
　　S　木材加工
　　C　计算机配色　→(9)
　　Z　材料加工

木材深加工
　　Y　木材加工

木材渗透性
wood permeability
TS61
　　S　渗透性能*

木材脱脂
　　Y　脱脂

木材纤维
　　Y　木纤维

木材纤维原料
　　Y　木材原料

木材削片机
　　Y　削片机

木材行业
　　Y　木材工业

木材原料
wood raw material
TS72
　　D　木材纤维原料
　　　　木质纤维原料
　　　　木质原料
　　S　原料*
　　F　速生材
　　　　枝桠材

木材粘接
wood bonding
TQ35；TS65
　　D　木材接合
　　S　非金属粘接
　　Z　粘接

木材纸浆
　　Y　木浆

木材制浆
wood pulping
TS743
　　D　木材制浆模式
　　S　造纸制浆
　　Z　制浆

木材制浆模式
　　Y　木材制浆

木材制品
　　Y　木制品

木材资源
timber source
P9；TS62
　　S　自然资源*
　　C　木材

木材资源利用
wood resource utilization
TS6
　　S　资源利用*

　　F 木材综合利用

木材综合利用
wood comprehensive utilization
TS6
　　S 木材资源利用
　　　综合利用*
　　Z 资源利用

木槌
　　Y 锤

木锤
　　Y 锤

木锉
　　Y 锉

木单板
wood veneer
TS65；TS66
　　S 单板
　　Z 型材

木地板机械
　　Y 木工机械

木雕
wood carving
TS932.4
　　D 金漆木雕
　　　龙眼木雕
　　S 雕刻*
　　　工艺品*
　　F 东阳木雕
　　　根雕

木锭子
　　Y 锭子

木豆淀粉
pigeon pea starch
TS235.3
　　S 豆类淀粉
　　Z 淀粉

木废料
　　Y 废旧木材

木粉
wood flour
TB4；TS69
　　S 粉末*
　　F 纳米木粉
　　C 化学发泡 →(9)
　　　膨化硝铵炸药 →(9)

木工
　　Y 木材加工

木工锤
　　Y 锤

木工带锯机
　　Y 带锯机

木工刀具
wood cutter
TG7；TS643
　　D 木工刀刃具
　　S 刀具*

　　F 木工刨刀
　　　排刀
　　C 木工机械

木工刀刃具
　　Y 木工刀具

木工工具
　　Y 木工机械

木工工艺
　　Y 木材加工

木工机床
wood working machine tool
TS642
　　D 多用木工机床
　　　木材加工机床
　　　木工用机床
　　　台式木工多用机床
　　　万能木工机床
　　　自动木工机床
　　S 木工机械*
　　F 木工锯机
　　　木工刨床
　　　木工铣床
　　　刨切机
　　　劈木机
　　　数控镂铣机
　　　数控木工机床

木工机床安全
safety of woodworking machine tool
TS6；X9
　　S 安全*

木工机具
　　Y 木工机械

木工机械*
woodworking machine
TS64
　　D 家具机械
　　　接榫机
　　　木材加工工具
　　　木材加工机具
　　　木材加工机械
　　　木材加工设备
　　　木材加工装置
　　　木地板机械
　　　木工工具
　　　木工机具
　　　木工机械设备
　　　木工设备
　　F 锯机
　　　开榫机
　　　木工机床
　　C 建材机械 →(11)
　　　磨刀机
　　　木材切削
　　　木工刀具

木工机械设备
　　Y 木工机械

木工锯机
woodworking sawing machines
TS642
　　D 锯轮

　　　链式横截锯
　　　链式纵剖锯
　　　链条锯机
　　　镂锯机
　　　剖料锯
　　　移动链式横截锯
　　　主锯机
　　S 木工机床
　　Z 木工机械

木工宽带砂光机
wide belt sander for woodworking
TS64
　　S 砂光机
　　Z 轻工机械

木工刨床
woodworking planer
TS642
　　D 刨板机
　　　平压双面木工刨床
　　　双工作台单面木工压刨床
　　S 木工机床
　　F 木工平刨床
　　　四面木工刨床
　　Z 木工机械

木工刨刀
woodworking plane edge
TG7；TS643
　　S 木工刀具
　　Z 刀具

木工平刨床
woodworking surface planer
TS642
　　S 木工刨床
　　Z 木工机械

木工设备
　　Y 木工机械

木工榫槽机
　　Y 开榫机

木工铣床
woodworking milling machine
TS642
　　S 木工机床
　　Z 木工机械

木工用机床
　　Y 木工机床

木工圆锯
　　Y 圆锯机

木工圆锯机
　　Y 圆锯机

木瓜
papaya
TS255.2
　　D 榠楂
　　　木李
　　S 水果
　　Z 果蔬

木瓜果酒
papaya wine

TS262.7
　D　木瓜酒
　S　果酒
　F　宣木瓜酒
　Z　酒

木瓜酒
　Y　木瓜果酒

木管乐器
woodwind instruments
TS953.32
　S　管乐器
　Z　乐器

木活字
wood type
TS802.4
　S　活字*

木基复合材料
wood matrix composites
TS62
　S　木质复合材料
　Z　复合材料

木家具
　Y　木质家具

木浆
wood pulp
TS749.1
　D　木材纸浆
　S　纸浆
　F　桉木浆
　　本色木浆
　　化学木浆
　　金合欢木浆
　　进口木浆
　　阔叶木浆
　　硫酸盐木浆
　　马尾松热磨机械浆
　　磨木浆
　　漂白木浆
　　桑皮浆
　　杉木绒毛浆
　　商品木浆
　　杨木浆
　Z　浆液

木浆粕
wood pulp
TS74
　S　浆粕
　Z　粕

木浆纤维
wood pulp fiber
TQ34；TS102.51
　D　木质纤维素纤维
　S　再生纤维素纤维
　F　Formotex 纤维
　　Taly 纤维
　　维劳夫特纤维
　Z　纤维

木浆造纸
wood pulp paper making
TH16；TS71

　S　造纸
　Z　生产

木浆纸
wood pulp paper
TS76
　S　纸张*
　F　软木纸

木胶合板
　Y　胶合板

木聚糖酶
xylanase
TS213
　S　糖醇*
　C　甘蔗渣
　　玉米膳食纤维

木聚糖酶处理
xylanase treatment
TS71
　D　木聚糖酶预处理
　S　酶处理
　C　木聚糖酶助漂
　Z　处理

木聚糖酶预处理
　Y　木聚糖酶处理

木聚糖酶助漂
xylanase aid-bleaching
TS192.5
　S　助漂
　C　木聚糖酶处理
　Z　练漂

木李
　Y　木瓜

木料
　Y　木材

木履
　Y　鞋

木门
wood door
TS66；TU2
　D　木质门
　S　门窗*
　F　实木门

木棉
　Y　木棉纤维

木棉棉混纺纱
kapok cotton blended yarn
TS106.4
　S　棉混纺纱
　Z　纱线

木棉纤维
kapok fiber
TS102.21
　D　木棉
　S　种子纤维
　C　热学性能
　Z　天然纤维

木棉籽

　Y　棉籽

木盘制曲
　Y　架式制曲

木刨花
wood shavings
TS69
　D　长条薄片刨花
　　木材刨花
　　微米长刨花
　　再生刨花
　S　刨花
　Z　副产品

木片
wood chips
TS66
　D　工艺木片
　S　木制品
　Z　制品

木片破碎机
　Y　轻工机械

木片洗涤
wood chip washing
TS73
　D　木片洗涤系统
　S　洗涤
　Z　清洗

木片洗涤系统
　Y　木片洗涤

木器
wood products
TS65
　S　木制品
　Z　制品

木器家具
　Y　木质家具

木琴
　Y　打击乐器

木纱管
　Y　纱管

木薯变性淀粉
acetylated tapioca starch
TS235.2
　S　木薯淀粉
　Z　淀粉

木薯淀粉
manioc
TS235.2
　S　薯类淀粉
　F　木薯变性淀粉
　　木薯微孔淀粉
　Z　淀粉

木薯淀粉废水
cassava starch wastewater
TS23；X7
　S　淀粉废水
　Z　废水

木薯粉

cassava starch
TS215
  S 薯粉
  Z 食用粉

木薯干
dried cassava
TS215
  S 薯类制品
  Z 果蔬制品

木薯酒精
cassava ethanol
TS262
  S 薯类制品
  Z 果蔬制品

木薯酒精废水
cassava distiller's grain wastewater
TS209
  D 木薯酒精废液
    木薯酒糟废水
  S 酒精废液
  Z 发酵产品
    废水
    废液

木薯酒精废液
  Y 木薯酒精废水

木薯酒糟废水
  Y 木薯酒精废水

木薯片
  Y 木薯原料

木薯微孔淀粉
cassava microporous starch
TS235.2
  S 木薯淀粉
  Z 淀粉

木薯原料
cassava materials
TS202.1
  D 木薯片
  S 食品原料*

木丝板
wood-wool slab
TS62
  S 人造板
  F 水泥木丝板
  Z 木材

木丝机
  Y 轻工机械

木素
  Y 木质素

木素含量
lignin content
TS71
  S 含量*
  C 木质素

木素降解
lignin degradation
Q1；TS7
  D 木质纤维素降解

  S 降解*

木素降解菌
lignin degrading bacteria
TS74
  S 菌种*

木素结构
lignin structure
TS71
  S 材料结构*
  C 木质素

木素酶
lignin enzymes
TS74
  S 酶*

木素脱出率
  Y 木素脱除率

木素脱除率
lignin removal rate
TS74
  D 木素脱出率
  S 比率*
  C 造纸工艺

木塑复合刨花板
wood-plastic composite particleboard
TS62
  S 刨花板
  Z 木材

木炭笔
  Y 铅笔

木糖醇发酵
xylitol fermentation
TS26
  S 食品发酵
  Z 发酵

木糖醇母液
xylitol mother liquor
TS26
  S 糖醇*

木糖废水
xylose wastewater
TS24；X7
  D 木糖生产废水
  S 调味品废水
  Z 废水

木糖生产废水
  Y 木糖废水

木纹印刷机
wood grain printing machine
TS803.6
  D 淋漆机
    涂胶装置
    涂漆机
    涂饰设备
  S 印刷机
  Z 印刷机械

木纤维
wood fiber
TS72

  D 木材纤维
    木质纤维
    硬木纤维
  S 植物纤维
  F 微米木纤维
  C 木质素
    纤维素 →(9)
    造纸工艺
  Z 天然纤维

木屑
wood sawdust
TS69
  D 废木屑
    滚木屑
    桦木锯屑
  S 废屑*
    木材副产品
  F 改性木屑
    杨木屑
  Z 副产品

木屑分离器
  Y 分离设备

木芯板
  Y 胶合板

木椅
wood chair
TS66；TU2
  S 椅子
  Z 家具

木鱼
wooden fish
TS953.25
  S 打击乐器
  Z 乐器

木制
  Y 木质

木制产品
  Y 木制品

木制家具
  Y 木质家具

木制品
wood products
TS66
  D 木材制品
    木制产品
    木质产品
  S 制品*
  F 木片
    木器
    软木制品
  C 干缩系数

木制品加工
  Y 木材加工

木制玩具
wooden toy
TS958；TS958.43
  S 传统玩具
  Z 玩具

木质
wood
TS6
　D 木制
　S 材质*

木质材料
　Y 木材

木质层压板
　Y 木质人造板

木质产品
　Y 木制品

木质废料
wood waste
TS6；X7
　D 废木料
　　废弃木质材料
　　木材废料
　S 废料*
　C 木材副产品
　　木质废弃物

木质废弃物
wood wastes
TS69；X7
　D 木材废物
　S 废弃物*
　　固体废物*
　F 废旧木材
　　废旧木纤维
　C 木质废料

木质蜂窝板
　Y 木质人造板

木质复合材料
wood composites
TS62
　S 复合材料*
　F 稻壳-木材复合材料
　　工程木质复合材料
　　木基复合材料
　　竹木复合材料
　C 木材

木质家具
wooden furniture
TS66；TU2
　D 木家具
　　木器家具
　　木制家具
　　实木家具
　　原木家具
　S 竹木家具
　F 红木家具
　　曲木家具
　　松木家具
　　杨木家具
　　硬木家具
　Z 家具

木质门
　Y 木门

木质人造板
wood-based panel
TS62

　D 木质层压板
　　木质蜂窝板
　　木质人造板材
　　木质石膏板
　　木质水泥板
　　木质塑料板
　S 人造板
　Z 木材

木质人造板材
　Y 木质人造板

木质石膏板
　Y 木质人造板

木质水泥板
　Y 木质人造板

木质素*
lignin
TQ35
　D 木素
　F 残余木质素
　　改性木质素
　　麦草碱木素
　C 半纤维素　→(9)
　　卡伯值
　　木材
　　木素含量
　　木素结构
　　木纤维
　　树皮
　　水煤浆添加剂　→(9)
　　纤维素　→(9)
　　纸浆
　　苎麻纤维

木质塑料板
　Y 木质人造板

木质卫生筷
wooden chopsticks
TS972.23
　S 一次性筷子
　Z 厨具

木质纹理
　Y 板材纹理

木质纤维
　Y 木纤维

木质纤维材料
lignocellulosic material
TS72
　D 木质纤维素原料
　S 纤维材料
　Z 材料

木质纤维素降解
　Y 木素降解

木质纤维素纤维
　Y 木浆纤维

木质纤维素原料
　Y 木质纤维材料

木质纤维原料
　Y 木材原料

木质原料
　Y 木材原料

木竹复合层积材
　Y 竹木复合层积材

木竹复合重组材
　Y 木竹重组材

木竹重组材
wood-bamboo scrimber
TS66
　D 木竹复合重组材
　　竹木复合重组材
　　竹木重组材
　S 材料*
　F 重组木
　　重组竹

木转鼓
　Y 毛皮转鼓

目标导程
　Y 导程

目力鉴别
　Y 肉眼鉴别

目视着陆斜度指示灯
　Y 着陆灯

仫佬族服饰
　Y 民族服饰

沐浴
bathing
TS974
　S 洁肤
　Z 清洁

沐浴产品
　Y 盥洗用品

沐浴盐
bath salt
TS36
　S 工业盐
　Z 盐

牧区酸奶
　Y 酸奶

钼蓝比色法
molybdenum blue method
TS207.3
　S 比色法*

钼制品
molybdenum product
TG1；TS914
　S 金属制品*
　C 钼材　→(3)

幕布
curtain
TS106.7
　S 装饰织物
　Z 织物

纳巴鞋面革
nappa upper leather
TS563.2；TS943.4

S 鞋面革
Z 鞋材

纳灯
Y 钠灯

纳豆
natto
TS210.2
S 豆类
C 功能因子
Z 粮食

纳豆酱
Y 豆酱

纳夫妥染料
Y 偶氮染料

纳米/亚微米纤维
Y 纳米纤维

纳米 Ag
Y 纳米银

纳米冰箱
Y 冰箱

纳米材料*
nanomaterials
TB3
D 毫微米材料
纳米尺度物质
纳米级材料
纳米物质
纳米相材料
纳米新材料
微米材料
微纳米材料
F 纳米导电纤维
C 材料
纳米结构 →(7)
纳米纤维
微结构 →(1)

纳米尺度物质
Y 纳米材料

纳米导电纤维
nanometer conductive fiber
TQ34；TS102.528
S 导电纤维
电子材料*
纳米材料*
纳米纤维
C 纳米复合镀层 →(3)(9)
纳米碳管技术 →(9)
Z 纤维

纳米电器
Y 电器

纳米纺织品
nano textiles
TS106.8
D 纳米功能纺织品
S 功能纺织品*

纳米复合鞣剂
nano-composite tanning agent
TS529.2

S 鞣剂*

纳米复合纤维
nano-composite fiber
TQ34；TS102.65
S 复合纤维
纳米纤维
Z 纤维

纳米功能纺织品
Y 纳米纺织品

纳米活性炭纤维
Y 纳米碳纤维

纳米活性碳纤维
Y 纳米碳纤维

纳米级材料
Y 纳米材料

纳米级设计
Y 设计

纳米级纤维
Y 纳米纤维

纳米级油墨
Y 纳米油墨

纳米浆料
nanometer pastes
TS105
S 浆料*

纳米结构银
Y 纳米银

纳米镜面
nano mirror surface
TS959.7
S 镜面*

纳米抗菌纺织品
Y 功能纺织品

纳米墨水
Y 墨水

纳米木粉
nano wood powder
TB4；TS69
S 木粉
Z 粉末

纳米尼龙 6
Y 尼龙 6

纳米食品
nanometer food
TS219
S 食品*

纳米炭纤维
Y 纳米碳纤维

纳米碳纤维
carbon nanofibers
TQ34；TS102
D 螺旋纳米碳纤维
纳米活性炭纤维
纳米活性碳纤维
纳米炭纤维

碳纳米纤维
S 纳米纤维
碳纤维
C 储氢 →(5)
红外消光 →(7)
纳米碳 →(1)
碳纳米管 →(1)
Z 纤维

纳米物质
Y 纳米材料

纳米纤维
nanofibre
TS102.6
D 纳米/亚微米纤维
纳米级纤维
纳微米纤维
亚微米纤维
S 差别化纤维
F 纳米导电纤维
纳米复合纤维
纳米碳纤维
C 静电纺丝 →(9)
纳米材料
Z 纤维

纳米纤维毡
nano-fiber mats
TS106.8
S 纤维毡
Z 毡

纳米相材料
Y 纳米材料

纳米新材料
Y 纳米材料

纳米压印
nano-imprint lithography
TS194.4；TS859
S 压印
C 微接触印刷
Z 印制技术

纳米银
nano-silver
R；TS19
D 纳米 Ag
纳米结构银
S 金属*
C 银系抗菌剂

纳米银抗菌剂
Y 银系抗菌剂

纳米银抗菌面料
Y 功能面料

纳米油墨
nano printing inks
TQ63；TS802.3
D 纳米级油墨
S 油墨*

纳米粘胶织物
Y 粘胶织物

纳米组分

Y 成分

纳微米纤维
Y 纳米纤维

纳西族服饰
Y 民族服饰

钠灯
sodium lamp
TM92；TS956
D 纳灯
钠气灯
钠蒸汽灯
S 灯*
F 低压钠灯
高压钠灯
铊钠灯
C 汞灯

钠钙硅酸盐玻璃纤维
Y 含碱玻璃纤维

钠锂大隅石
Y 宝石

钠气灯
Y 钠灯

钠蒸汽灯
Y 钠灯

奶茶
milk tea
TS275.6
D 蛋白奶茶
果蔬奶茶
速溶奶茶
S 乳饮料
速溶饮料
Z 饮料

奶茶粉
milk-tea powder
TS252.51
S 奶粉
Z 乳制品

奶茶饮料
Y 茶饮料

奶产品
Y 乳制品

奶蛋白
Y 乳蛋白

奶豆腐
dried milk cake
TS214
S 豆腐
F 牛奶豆腐
Z 豆制品

奶粉
dried milk
TS252.51
D 调味驴乳粉
乳粉
乳精粉
S 乳制品*

F 初乳粉
低乳糖奶粉
豆奶粉
降糖奶粉
驴乳粉
奶茶粉
配方奶粉
全脂乳粉
乳清粉
酸奶粉
脱脂奶粉
婴幼儿奶粉
C 蛋白质
钙　→(3)

奶粉厂
Y 乳品厂

奶粉生产企业
milk production enterprise
TS252.8
S 食品企业
Z 企业

奶糕
Y 高蛋白米粉

奶酒
milk wine
TS262
D 乳酒
S 酒*
F 马奶酒
牛奶酒
乳清酒

奶酪
cheese
[TS252.52]
D 乳酪
S 乳制品*
F 大豆奶酪
干酪

奶类食品
Y 乳制品

奶牛酪蛋白
Y 牛乳酪蛋白

奶啤饮料
milk-beer beverage
TS261；TS27
S 饮料酒
Z 饮料

奶酥饼干
Y 饼干

奶糖
milk sugar
TS246.59
S 乳制品*
糖果
Z 糖制品

奶头锤
Y 锤

奶味茶饮料
Y 茶饮料

奶味香精
milk flavor
TQ65；TS264.3
S 香精
Z 香精香料

奶饮料
Y 乳饮料

奶油
cream
TS22
S 食用油
F 人造奶油
酸奶油
稀奶油
鲜奶油
植脂奶油
C 黄油
乳制品
Z 粮油食品

奶油扒鸡
Y 鸡肉制品

奶油香精
butter flavour
TQ65；TS264.3
S 食品香精
Z 香精香料

奶源
milk sources
TS252
S 料源*
C 农产品加工

奶制品
Y 乳制品

氖灯
neon lamp
TM92；TS956
S 灯*

柰
Y 苹果

柰子
Y 海棠果

耐擦
Y 耐擦洗性

耐擦伤性
Y 耐擦洗性

耐擦洗
Y 耐擦洗性

耐擦洗性
scrubbing resistance
TS101.923
D 耐擦
耐擦伤性
耐擦洗
S 耐洗性
Z 纺织品性能
耐性

耐沸水色牢度
　　Y 耐洗性

耐沸煮牢度
　　Y 耐洗性

耐沸煮色牢度
　　Y 耐洗性

耐辐射纤维
　　Y 防辐射纤维

耐干热性
dry heat resistance
TS107；TS57
　　S 耐性*
　　　热学性能*

耐干洗牢度
　　Y 耐洗性

耐干洗色牢度
　　Y 耐洗性

耐干洗性
　　Y 耐洗性

耐高温酵母
thermophilic yeast
TQ92；TS26
　　D 高温酵母
　　S 酿造酵母
　　C 筛选
　　　乙醇发酵
　　Z 酵母

耐高温面料
　　Y 功能面料

耐高温纤维
high temperature resistance fibre
TQ34；TS102.528
　　D 高耐热纤维
　　　耐热纤维
　　S 功能纤维
　　C PBI 纤维
　　　芳砜纶
　　　芳纶
　　　酚醛纤维 →(9)
　　　聚四氟乙烯纤维
　　　聚酰亚胺纤维
　　　碳纤维
　　　阻燃纤维
　　Z 纤维

耐光汗复合色牢度
　　Y 耐日晒色牢度

耐光牢度
　　Y 耐日晒色牢度

耐光色牢度
　　Y 耐日晒色牢度

耐寒性
　　Y 保暖性

耐汗性
perspiration resistance
TS107；TS94
　　S 耐性*

耐汗渍
　　Y 耐汗渍色牢度

耐汗渍牢度
　　Y 耐汗渍色牢度

耐汗渍色牢度
colour fastness to perspiration
TS107；TS193
　　D 汗复合色牢度
　　　汗渍牢度
　　　汗渍色牢度
　　　耐汗渍
　　　耐汗渍牢度
　　S 色牢度
　　Z 牢度

耐还原性
reducing resistance
TS202.3
　　S 化学性质*
　　　耐性*

耐环境性能
　　Y 环境性能

耐黄变
　　Y 耐黄变性

耐黄变性
yellowing resistance
TQ32；TQ63；TS107
　　D 泛黄防止
　　　防泛黄
　　　防黄变
　　　抗黄变
　　　抗黄变性
　　　耐黄变
　　　耐黄变性能
　　S 变性*
　　　光学性质*
　　　耐性*

耐黄变性能
　　Y 耐黄变性

耐火材料*
refractories
TB3
　　D 耐火原料
　　F 石墨纤维
　　　陶瓷纤维
　　C 材料
　　　石棉
　　　石棉纤维
　　　阻燃材料 →(1)

耐火纤维制品
refractory fibre products
TS106.6
　　S 纤维制品*
　　C 耐火纤维 →(9)

耐火原料
　　Y 耐火材料

耐碱斑牢度
　　Y 耐碱牢度

耐碱玻璃纤维
alkali resistance glass fiber
TQ17；TS102
　　D 抗碱玻璃纤维
　　S 玻璃纤维
　　Z 纤维

耐碱玻纤网格布
alkali resistant glass fibre open weave cloth
TS106.6
　　D 耐碱网布
　　　耐碱网格布
　　S 网格布
　　Z 纺织品

耐碱滴牢度
　　Y 耐碱牢度

耐碱牢度
alkali-resistance fastness
TS193；TS801
　　D 耐碱斑牢度
　　　耐碱滴牢度
　　　耐碱色牢度
　　　耐碱性汗渍牢度
　　　耐碱性缩绒牢度
　　　耐碱皂牢度
　　S 牢度*

耐碱色牢度
　　Y 耐碱牢度

耐碱网布
　　Y 耐碱玻纤网格布

耐碱网格布
　　Y 耐碱玻纤网格布

耐碱性汗渍牢度
　　Y 耐碱牢度

耐碱性缩绒牢度
　　Y 耐碱牢度

耐碱皂牢度
　　Y 耐碱牢度

耐久定形
　　Y 耐久定形整理

耐久定形整理
permanent setting finish
TS195；TS941.67
　　D 耐久定形
　　　耐久定型整理
　　　耐久性定形
　　S 定形整理
　　　耐久整理
　　F 无甲醛耐久定形整理
　　C 耐久压烫整理
　　Z 整理

耐久定型整理
　　Y 耐久定形整理

耐久性定形
　　Y 耐久定形整理

耐久性记号笔
　　Y 笔

耐久性整理

Y 耐久整理

耐久压烫
　　Y 耐久压烫整理

耐久压烫整理
durable press finish
TS195
　D dp 整理
　　P・P 整理
　　pp 整理
　　耐久压烫
　　洗可穿整理
　　压热
　　压热处理
　　压热法
　　压烫整理
　S 耐久整理
　F 无甲醛 DP 整理
　C 防皱整理剂
　　耐久定形整理
　Z 整理

耐久整理
permanent finish
TS195
　D 耐久性整理
　S 功能性整理
　F 防老化整理
　　耐久定形整理
　　耐久压烫整理
　　耐久阻燃整理
　Z 整理

耐久阻燃整理
permanent flame-retardant finishin
TS195
　S 耐久整理
　　阻燃整理
　Z 整理

耐氯化水色魔牢度
　　Y 氯浸牢度

耐氯浸牢度
　　Y 氯浸牢度

耐氯漂牢度
　　Y 耐氯色牢度

耐氯色牢度
colour chlorine fastness
TS193
　D 耐氯漂牢度
　　耐氯水牢度
　　耐氯酸牢度
　S 色牢度
　Z 牢度

耐氯水牢度
　　Y 耐氯色牢度

耐氯酸牢度
　　Y 耐氯色牢度

耐纶
　　Y 锦纶

耐纶 1010
　　Y 尼龙 1010

耐纶 12
　　Y 尼龙 1212

耐纶 6
　　Y 尼龙 6

耐纶 610
　　Y 尼龙 610

耐纶 612
　　Y 尼龙 612

耐纶 66
　　Y 尼龙 66

耐纶纤维
　　Y 聚酰胺纤维

耐纶织物
　　Y 化纤织物

耐摩擦色牢度
colour fastness to rubbing
TS107；TS193
　D 摩擦牢度
　　摩擦色牢度
　　颜色摩擦牢度
　S 色牢度
　Z 牢度

耐磨度
　　Y 耐磨牢度

耐磨牢度
crocking fastness
TS107
　D 耐磨度
　S 牢度*
　F 湿摩擦牢度

耐磨纸
abrasion resistant papers
TS761.9
　S 功能纸
　F 表层耐磨纸
　Z 纸张

耐破指数
burst index
TS77
　S 指数*

耐气候色牢度
　　Y 色牢度

耐气候整理
　　Y 功能性整理

耐汽蒸色牢度
　　Y 色牢度

耐燃纤维
　　Y 阻燃纤维

耐热尼龙 6
　　Y 尼龙 6

耐热色牢度
　　Y 色牢度

耐热纤维
　　Y 耐高温纤维

耐日晒色牢度
colour fastness to sunlight
TS107；TS193
　D 耐光汗复合色牢度
　　耐光牢度
　　耐光色牢度
　　耐晒牢度
　　日晒牢度
　S 色牢度
　Z 牢度

耐晒牢度
　　Y 耐日晒色牢度

耐湿擦性
wet rub resistance
TS57
　S 物理性能*

耐蚀
　　Y 防腐

耐蚀能力
　　Y 防腐

耐刷洗牢度
　　Y 耐洗性

耐刷洗色牢度
　　Y 耐洗性

耐水胶粘剂
　　Y 胶粘剂

耐水浸色牢度
　　Y 色牢度

耐水色牢度
　　Y 水洗色牢度

耐水洗
　　Y 耐水洗性

耐水洗牢度
　　Y 耐水洗性

耐水洗性
washability
TS101.923
　D 耐水洗
　　耐水洗牢度
　　耐洗牢度
　　水洗牢度
　S 防护性能*
　　抗性*
　　耐洗性
　F 干洗牢度
　　耐洗色牢度
　　水洗色牢度
　　皂洗牢度
　Z 纺织品性能
　　耐性

耐水粘合剂
　　Y 胶粘剂

耐丝光色牢度
　　Y 色牢度

耐酸糊料
　　Y 糊料

耐缩绒色牢度
　Y 色牢度

耐特龙网
　Y 土工网

耐特笼
　Y 土工网

耐洗
　Y 耐洗性

耐洗涤性
　Y 耐洗性

耐洗牢度
　Y 耐水洗性

耐洗色牢度
colour fastness to washing
TS101.923
　S 耐水洗性
　　色牢度
　C 染色试验
　Z 防护性能
　　纺织品性能
　　抗性
　　牢度
　　耐性

耐洗刷性
wet scrub resistance
TS101.923
　D 耐洗刷性能
　S 耐洗性
　C 复合刷镀 →(9)
　Z 纺织品性能
　　耐性

耐洗刷性能
　Y 耐洗刷性

耐洗烫油墨
　Y 油墨

耐洗性
washing fastness
TS101.923
　D 耐沸水色牢度
　　耐沸煮牢度
　　耐沸煮色牢度
　　耐干洗牢度
　　耐干洗色牢度
　　耐干洗性
　　耐刷洗牢度
　　耐刷洗色牢度
　　耐洗
　　耐洗涤性
　　耐洗性能
　　刷洗牢度
　S 耐性*
　　洗涤性能
　F 耐擦洗性
　　耐水洗性
　　耐洗刷性
　Z 纺织品性能

耐洗性能
　Y 耐洗性

耐性*
resistance
ZT4
　F 耐干热性
　　耐汗性
　　耐还原性
　　耐黄变性
　　耐洗性
　　耐增塑剂性
　　乙醇耐性
　C 性能

耐压烫织物
　Y 免烫织物

耐烟褪色牢度
　Y 色牢度

耐盐酵母
salt-tolerant yeast
TQ92；TS26
　S 酿造酵母
　Z 酵母

耐印力
press run
TS805
　S 印刷参数*
　F PS版耐印力
　C 承印材料

耐用型非织造布
　Y 非织造布

耐油鞋
　Y 防护鞋

耐油脂油墨
　Y 油墨

耐有机溶剂
　Y 耐有机溶剂性

耐有机溶剂性
resistance to organic solvent
TQ63；TS80
　D 耐有机溶剂
　S 化学性质*

耐熨烫色牢度
　Y 色牢度

耐皂洗牢度
　Y 皂洗牢度

耐皂洗色牢度
　Y 皂洗牢度

耐增塑剂性
plasticizer resistance
TS80
　S 耐性*
　C 增塑性 →(9)

耐折度
folding endurance
TS77
　S 指标*
　C 纸张质量

耐皱性

　Y 抗皱性

萘酚绿
naphthol green
TS193.21
　S 有机染料
　Z 染料

萘压榨机
　Y 压榨机

男衬衫
men's shirt
TS941.7
　D 男式衬衫
　　男装衬衫
　S 衬衫
　　男装
　Z 服装

男模特
　Y 模特

男士西装
　Y 男西装

男式衬衫
　Y 男衬衫

男式西服
　Y 男西装

男西服
　Y 男西装

男西装
men's suit
TS941.7
　D 男士西装
　　男式西服
　　男西服
　S 西服
　Z 服装

男装
men's clothing
TS941.7
　D 秋冬男装
　　商务休闲男装
　　少男服装
　S 服装*
　F 男衬衫

男装衬衫
　Y 男衬衫

男装面料
menswear fabrics
TS941.41
　S 服装面料
　Z 面料

男装设计
men's wear design
TS941.2
　S 成衣设计
　Z 服饰设计

南安板鸭
Nanan salted duck
TS251.55

S 板鸭
Z 菜肴
肉制品

南瓜
cucurbita
TS255.2
D 番瓜
饭瓜
南瓜产品
倭瓜
窝瓜
中国南瓜
S 蔬菜
Z 果蔬

南瓜产品
Y 南瓜

南瓜淀粉
pumpkin starch
TS235.5
S 植物淀粉
Z 淀粉

南瓜多糖
pumpkin polysaccharides
Q5；TS24
S 碳水化合物*

南瓜粉
pumpkin powder
TS255.5
S 蔬菜粉
F 超细南瓜粉
南瓜全粉
Z 食用粉

南瓜脯
preserved pumpkin
TS255
S 果脯
Z 果蔬制品

南瓜干
Y 果干

南瓜甘薯全营养粉
pumpkin sweet potato nutrition powders
TS218
S 营养粉
Z 保健品

南瓜果酱
Y 南瓜酱

南瓜酱
pumpkin sauce
TS255.43；TS264
D 南瓜果酱
S 果酱
Z 酱

南瓜酒
pumpkin wine
TS262.7
S 果酒
Z 酒

南瓜皮

pumpkin peel
TS255
S 水果果皮*

南瓜全粉
pumpkin raw powder
TS255.5
S 南瓜粉
Z 食用粉

南瓜全肉饮料
Y 果蔬饮料

南瓜饮料
Y 果蔬饮料

南瓜渣
pumpkin slag
TS255
S 果蔬渣
Z 残渣

南瓜籽
pumpkin seeds
TS202.1
S 植物菜籽*
C 南瓜籽油

南瓜籽油
pumpkin seed oil
TS225.19
S 籽油
C 南瓜籽
Z 油脂

南京鸭肫
Y 野鸭肫

南京盐水鸭
Y 盐水鸭

南京云锦
Nanjing brocade
TS106.8
S 云锦
Z 机织物

南昆山白毛茶
Y 白毛茶

南山白毛茶
Y 白毛茶

南通蓝印花布
Nantong blue calico
TS106.8
S 印花织物
Z 织物

南洋养珠
Y 珍珠

南洋珍珠
Y 珍珠

南洋珠
Y 珍珠

难燃纤维
Y 阻燃纤维

难消化淀粉

Y 抗性淀粉

难消化糊精
Y 抗性糊精

馕
crusty pancake
TS972.14
S 小吃*

挠曲性
flexibility
TQ33；TS65
D 挠曲性能
S 力学性能*

挠曲性能
Y 挠曲性

挠性剑杆
flexible rapier
TS103.81；TS103.82
S 剑杆
Z 织造器材

挠性剑杆织机
Y 剑杆织机

铙钹
Y 打击乐器

脑黄金鲜牛奶
Y 鲜奶

脑素肽
brain peptide
TQ93；TS201.2
S 肽*

内不匀率
Y 不匀率

内部接头
internal connection
TS45
S 接头*

内部施胶
Y 浆内施胶

内层单板
inner veneer
TS65
S 单板
F 芯板
Z 型材

内衬设计
lining-design
TS941.2
S 服装设计
Z 服饰设计

内底
inner bottom
TS943.4
S 鞋底
Z 鞋材

内底开槽机
Y 制鞋机械

内底起埂
  Y 制鞋工艺

内底粘埂
  Y 制鞋工艺

内钉跟机
  Y 制鞋机械

内花纹胶圈
  Y 纺纱胶圈

内结合强度
internal bond strength
TS65
  S 强度*
  F 层间结合强度

内孔表面
  Y 表面

内裤
under drawers
TS941.7
  D 女内裤
  S 裤装
  Z 服装

内流式网前筛
  Y 网前筛

内六角扳手
inner hexagon spanner
TG7；TS914
  S 扳手
  Z 工具

内生复合
  Y 复合技术

内饰材料
interior material
TS06；U4
  D 内装饰材料
  S 装修装饰材料*

内饰织物
  Y 装饰织物

内四方扳手
within four wrench
TG7；TS914
  S 扳手
  Z 工具

内涂料
internal coating
TS29
  S 涂料*

内外花纹胶圈
hypocycloid and epicyloid rubber-covered roller
TS103.82
  S 花纹胶圈
  Z 纺纱器材

内循环通风防毒衣
  Y 防毒服

内衣
underwear

TS941.7
  S 服装*
  F 保健内衣
    保暖内衣
    肚兜
    儿童内衣
    女性内衣
    束裤
    塑身内衣
    贴身内衣
    文胸
    无缝内衣
    运动内衣
    针织内衣
  C 外衣

内衣面料
underwear fabric
TS941.41
  S 服装面料
  Z 面料

内衣模特
  Y 时装模特

内衣设计
underwear design
TS941.2
  S 成衣设计
  Z 服饰设计

内圆刀片
  Y 圆刀片

内酯豆腐
lactone bean curd
TS214
  S 豆腐
  Z 豆制品

内置筛网
built-in screen mesh
TS73
  S 装置结构*

内装饰材料
  Y 内饰材料

内装饰纺织品
ornamental textile
TS106
  S 装饰用纺织品*
  F 室内纺织品

嫩度
tenderness
TS207
  S 程度*
  F 肉嫩度

嫩黑玉米
  Y 黑玉米

嫩化方法
tenderizer method
TS205
  S 方法*

嫩化剂
  Y 嫩肉粉

嫩化牛肉
tenderized beef
TS251.52
  S 牛肉
  Z 肉

嫩牛肉
  Y 牛肉

嫩肉粉
tenderizer
TS251
  D 嫩化剂
    肉类嫩化剂
  S 肉制品添加剂
  Z 添加剂

能力*
ability
G；TP1
  D 潜力
  F 加工能力
    酒化力
    抗凝沉能力
    清除能力
    吸油能力
    酯化力

能量稳定
  Y 稳定

能量饮料
energy drink
TS275.4
  S 功能饮料
  Z 饮料

尼布帘子布
  Y 帘子布

尼巾绡
  Y 丝巾

尼龙
  Y 尼龙材料

尼龙 1010
nylon 1010
TQ34；TS102
  D 锦纶 1010
    锦纶 1010 纤维
    聚酰胺 1010 纤维
    耐纶 1010
    尼龙-1010
    尼龙 1010/6
    尼龙 1010/66
  S 尼龙材料*

尼龙-1010
  Y 尼龙 1010

尼龙 1010/6
  Y 尼龙 1010

尼龙 1010/66
  Y 尼龙 1010

尼龙 11
nylon 11
TQ34；TS102
  D 尼龙-11

尼龙 11 纤维
　S 尼龙材料*
　C 超韧性 →(1)(3)

尼龙-11
　Y 尼龙 11

尼龙 11 纤维
　Y 尼龙 11

尼龙 12
　Y 尼龙 1212

尼龙 1212
nylon 1212
TQ34；TS102
　D 锦纶 12
　　耐纶 12
　　尼龙 12
　　尼龙 1212 树脂
　　尼龙 12 纤维
　S 尼龙材料*

尼龙 1212 树脂
　Y 尼龙 1212

尼龙 12 纤维
　Y 尼龙 1212

尼龙 6
nylon-6
TQ34；TS102
　D PA6
　　锦纶 6
　　聚己内酰胺纤维
　　纳米尼龙 6
　　耐纶 6
　　耐热尼龙 6
　　尼龙-6
　　尼龙 66 纤维
　S 尼龙材料*
　C 聚己内酰胺切片 →(9)
　　耐热改性 →(9)
　　耐热胶料 →(9)
　　压洗

尼龙-6
　Y 尼龙 6

尼龙 610
nylon 610
TQ34；TS102
　D 锦纶 610
　　耐纶 610
　　尼龙-610
　　尼龙 610 纤维
　S 尼龙材料*

尼龙-610
　Y 尼龙 610

尼龙 610 纤维
　Y 尼龙 610

尼龙 612
nylon 612
TQ34；TS102
　D 锦纶 612
　　耐纶 612
　　尼龙-612

尼龙 612 纤维
　S 尼龙材料*

尼龙-612
　Y 尼龙 612

尼龙 612 纤维
　Y 尼龙 612

尼龙 66
nylon 66
TQ34；TS102
　D PA66
　　锦纶 66
　　聚己二酰己二胺
　　聚己二酰己二胺纤维
　　聚酰胺 66 纤维
　　耐纶 66
　　尼龙-66
　　尼龙 66
　S 尼龙材料*
　C 芳纶
　　腈纶

尼龙-66
　Y 尼龙 66

尼龙 66 纤维
　Y 尼龙 6

尼龙 69
nylon 69
TQ34；TS102
　S 尼龙材料*

尼龙布
　Y 锦纶织物

尼龙材料*
nylon material
TB3
　D 尼龙
　F 尼龙 1010
　　尼龙 11
　　尼龙 1212
　　尼龙 6
　　尼龙 610
　　尼龙 612
　　尼龙 66
　　尼龙 69
　C 材料
　　锦纶
　　尼龙合金 →(9)
　　尼龙树脂 →(9)

尼龙单丝
　Y 锦纶长丝

尼龙弹性上销
nylon elastic top cradles
TS103.82
　S 尼龙上销
　Z 纺织器材

尼龙短纤维
nylon short fibre
TQ34；TS102.521
　S 化纤短纤维
　　锦纶
　C 胎面胶 →(9)

Z 纤维

尼龙帘布
　Y 锦纶帘布

尼龙帘线
nylon cord
TS106.4
　S 帘子线
　Z 股线

尼龙帘子布
　Y 帘子布

尼龙帘子线
　Y 帘子布

尼龙上销
nylon top cradles
TS103.82
　S 上销
　F 尼龙弹性上销
　Z 纺织器材

尼龙刷
nylon brush
TS95
　S 聚合物刷子
　Z 刷子

尼龙纤维
　Y 锦纶

尼龙织物
　Y 锦纶织物

尼纶 66
　Y 尼龙 66

尼纶织物
　Y 锦纶织物

尼丝纺
　Y 锦纶织物

呢面毛毯
　Y 毛毯

呢面织物
　Y 毛织物

呢绒
　Y 毛织物

呢绒产品
　Y 呢绒织物

呢绒织物
woolen fabrics
TS136
　D 化纤呢绒
　　呢绒产品
　S 绒面织物
　F 粗纺呢绒
　　大衣呢
　　花呢
　　精纺呢绒
　C 毛织物
　Z 织物

泥*
sludge

TE2；TV1
  F 窖泥

泥活字
clay type
TS802.4
  S 活字*

泥活字印刷
  Y 活字印刷

泥浆制备
  Y 浆料制备

泥鳅蛋白
loach protein
Q5；TS201.21
  S 动物蛋白
  Z 蛋白质

泥瓦工具
  Y 手工具

铌制品
Niobium products
TG1；TS914
  S 金属制品*

霓红灯
  Y 霓虹灯

霓虹灯
neon
TM92；TS956
  D 霓红灯
    霓虹灯管
  S 灯*
  F 长寿命霓虹灯
    电子霓虹灯
    高压霓虹灯
  C 霓虹灯控制器 →(5)

霓虹灯管
  Y 霓虹灯

逆流冷却
counterflow cooling
TH4；TS205
  S 冷却*

逆流式干燥滚筒
  Y 干燥滚筒

逆向反射镜
  Y 反射镜

逆转法
reversal process
TS801
  S 方法*
  C 印刷工艺

拈接器
  Y 捻结器

拈系数
  Y 临界捻系数

拈线
  Y 捻线

拈线锭子

  Y 锭子

拈线机
  Y 捻线机

拈向
  Y 捻向

年份酒
years aged wine
TS262
  D 十年陈酒
  S 酒*

年糕
new year cake
TS213.23
  D 年糕片
  S 中式糕点
  Z 糕点

年糕片
  Y 年糕

年画印刷
  Y 图像印刷

粘衬
  Y 粘合衬

粘钉绷中后帮机
  Y 制鞋机械

粘附力
  Y 附着力

粘辊
roll coating
TH13；TS74；TS76
  S 辊*

粘锅
  Y 锅

粘合
  Y 粘接

粘合衬
adhesive interlining
TS941.498.
  D 衬领
    肩衬
    粘衬
  S 里料
  F 热熔粘合衬
  Z 服装辅料

粘合衬布
fusible interlining
TS176.7
  S 非织造衬布
  Z 非织造布

粘合促进剂
  Y 粘接材料

粘合法
spray bonding
TS174
  D 喷洒粘合法
    热粘合法
    热粘合网

  S 非织造工艺*
  F 热粘合

粘合法非织造布
  Y 非织造布

粘合法非织造织物
  Y 非织造布

粘合机
gluing machine
TS941.563
  S 服装机械*

粘合技术
  Y 粘接

粘合剂
  Y 胶粘剂

粘合胶
  Y 胶粘剂

粘合理论
  Y 粘接

粘合力
  Y 附着力

粘合料
  Y 粘接材料

粘合纤维
  Y 粘胶纤维

粘合效果
adhesive effect
TS941.6
  S 效果*

粘剂
  Y 胶粘剂

粘胶
  Y 粘胶纤维

粘胶长丝
rayon filament
TQ34；TS102.51
  D 人丝
    人造丝
    粘胶丝
  S 长丝
  C 连续纺丝 →(9)
    毛丝
    纤维素 →(9)
    粘胶纤维
  Z 纤维制品

粘胶长丝纺丝机
spinning machine for viscose filament yarn
TQ34；TS103
  S 纺丝机
  Z 纺织机械

粘胶短纤
  Y 粘胶短纤维

粘胶短纤维
rayon staple
TQ34；TS102.51
  D 粘胶短纤

S 纤维素短纤维
　粘胶纤维
Z 纤维

粘胶短纤维纺丝机
viscose staple fibre spinning machines
TQ34；TS103
S 纺丝机
Z 纺织机械

粘胶基活性炭纤维
viscose-based activated carbon fiber
TQ34；TS102
D 粘胶基活性碳纤维
S 活性炭纤维
　粘胶基碳纤维
Z 纤维

粘胶基活性碳纤维
Y 粘胶基活性炭纤维

粘胶基甲壳素纤维
visco chitin fibre
TQ34；TS102.51
S 甲壳素纤维
Z 纤维

粘胶基炭纤维
Y 粘胶基碳纤维

粘胶基碳纤维
viscose-based carbon fibre
TQ34；TS102
D 粘胶基炭纤维
S 碳纤维
F 粘胶基活性炭纤维
Z 纤维

粘胶剂
Y 胶粘剂

粘胶纱
viscose yarn
TS106.4
D 纯粘胶纱
　人棉纱
S 纯纺纱
Z 纱线

粘胶丝
Y 粘胶长丝

粘胶纤维
viscose
TQ34；TS102.51
D 胶粘纤维
　普通粘胶纤维
　人造棉花
　粘合纤维
　粘胶
　粘纤
S 再生纤维素纤维
F Visil 纤维
　高湿模量粘胶纤维
　功能性粘胶纤维
　细旦粘胶纤维
　粘胶短纤维
　竹粘胶纤维
C 醋酸纤维
　化纤浆粕 →(9)

　压洗
　粘胶长丝
　粘胶过滤 →(9)
Z 纤维

粘胶纤维织物
Y 化纤织物

粘胶织物
viscose fabric
TS106.8
D 纳米粘胶织物
　人造棉
　人造棉织物
S 纤维素纤维织物
F 人棉织物
C 人造麂皮
Z 织物

粘胶竹纤维
Y 竹粘胶纤维

粘接*
adhesion
TG4
D 胶合
　胶合板工艺
　胶合工艺
　胶接
　胶接工艺
　胶接技术
　胶接连接
　胶结
　胶结作用
　胶拼
　胶粘
　胶粘工艺
　胶粘接
　结构粘接
　界面胶结
　界面粘接
　界面粘结
　粘合
　粘合技术
　粘合理论
　粘接方法
　粘接工艺
　粘接技术
　粘接理论
　粘接连接
　粘结
　粘结法
　粘结型
　粘结作用
　粘着
F 非金属粘接
　无胶胶合
C 焊接 →(1)(3)(9)(11)(12)
　胶层厚度 →(3)
　胶粘剂
　密封 →(1)(2)(3)(4)(5)(7)(9)(11)
　粘接材料
　粘接条件 →(9)

粘接材料*
cementing material
TQ43；TU5
D 胶接材料

　胶结材料
　胶粘材料
　胶粘制品
　结合料
　连接料
　连结料
　石膏胶结料
　树脂粘接剂
　粘合促进剂
　粘合料
　粘结材料
　粘结料
　粘料
F PUR 胶
　不干胶
　覆膜胶
C 胶料 →(9)(11)(12)
　胶粘剂
　粘接
　粘结衰减 →(11)

粘接方法
Y 粘接

粘接工艺
Y 粘接

粘接技术
Y 粘接

粘接剂
Y 胶粘剂

粘接胶
Y 胶粘剂

粘接理论
Y 粘接

粘接连接
Y 粘接

粘结
Y 粘接

粘结材料
Y 粘接材料

粘结法
Y 粘接

粘结剂
Y 胶粘剂

粘结力
Y 附着力

粘结料
Y 粘接材料

粘结型
Y 粘接

粘结作用
Y 粘接

粘聚力
Y 附着力

粘卷
sticky lap
TS104

S 缺陷*
C 成卷
化纤生产 →(9)
化学纤维
精梳

粘料
Y 粘接材料

粘麻混纺纱
Y 麻粘混纺纱

粘麻混纺织物
Y 棉麻织物

粘麻织物
Y 混纺织物

粘毛混纺纱
Y 混纺色纱

粘棉混纺织物
Y 棉混纺织物

粘棉织物
Y 棉混纺织物

粘片
sticking
TS952
S 生产工艺*
C 化纤生产 →(9)

粘贴碳纤维布
pasting carbon fiber sheet
TS106.8
S 碳纤维布
Z 织物

粘纤
Y 粘胶纤维

粘纤织物
Y 化纤织物

粘滞度
Y 黏度

粘滞系数
Y 黏度

粘着
Y 粘接

粘着力
Y 附着力

粘着转印
Y 转印

黏稠度
Y 黏度

黏度*
viscosity
O3；TQ0
D 黏稠度
黏度指数
黏性系数
粘滞度
粘滞系数
F 高黏度
浆液黏度
结构黏度
粮食黏度
油墨黏度
C 表面接触角 →(3)
毛细效应 →(11)
黏度测量 →(1)(3)
黏温性能 →(2)
润滑油 →(2)(4)
淤浆法 →(9)
增稠剂 →(9)

黏度曲线
viscosity curve
TS207
S 曲线*
C 黏度参数 →(2)

黏度指数
Y 黏度

黏性系数
Y 黏度

捻比
twist ratio
TS104.2
S 加捻参数*

捻不匀
Y 捻度不匀

捻参数
Y 加捻参数

捻度
Y 纱线捻度

捻度不匀
twist irregularity
TS101.97
D 捻不匀
捻度传递长度
捻度偏差率
S 纱线不匀
Z 纺织品缺陷

捻度不匀率
yarn twist unevenness
TS107
S 不匀率
Z 比率

捻度测定
Y 捻度测试

捻度测试
twist test
TS107
D 捻度测定
S 性能测量*

捻度传递
Y 捻度分布

捻度传递长度
Y 捻度不匀

捻度方向
Y 捻向

捻度分布
twist distribution
TS101
D 捻度传递
S 分布*
C 纱线捻度

捻度偏差率
Y 捻度不匀

捻幅
twist-amplitude
TS104.2
S 加捻参数*

捻股
Y 捻制

捻角
twist angle
TS104.2
S 加捻参数*

捻接
splice
TS104.2
D 捻接质量
S 加捻工艺
F 空气捻接
Z 纺纱工艺

捻接强度
Y 捻接强力

捻接强力
splice strength
TS101
D 捻接强度
S 强力*

捻接质量
Y 捻接

捻结器
splicer
TS103.11
D 拈接器
S 纺纱机构
F 机械式拈接器
空气捻接器
Z 纺织机构

捻距
Y 捻制

捻伸
Y 纱线捻度

捻丝机
Y 捻线机

捻缩
Y 纱线捻度

捻系数
coefficient of twist
TS101
S 系数*
F 粗纱捻系数
临界捻系数
C 加捻参数
加捻工艺

纱线捻度

捻线
twisted thread
TS106.4
- D 倍拈捻线
  - 倍捻捻线
  - 花式捻线
  - 拈线
  - 有捻
- S 花式纱线
- F 长丝加捻线
- C 股线
  - 花式捻线机
  - 加捻原理
- Z 纱线

捻线锭子
- Y 锭子

捻线机
twister
TS103.23
- D 玻璃丝拈线机
  - 玻璃丝捻线机
  - 复拈机
  - 复捻机
  - 环锭捻线机
  - 加拈机构
  - 加捻机
  - 加捻机构
  - 加捻器
  - 加捻装置
  - 拈线机
  - 捻丝机
  - 新型捻线机
- S 纺织机械*
- F 倍捻机
  - 并捻联合机
  - 花式捻线机
  - 三倍加捻机
- C 加捻工艺
  - 加捻原理
  - 细纱机

捻线联合机
- Y 并捻联合机

捻向
direction of twist
TS104.2
- D 拈向
  - 捻度方向
- S 加捻参数*
- F S捻
  - Z捻
- C 加捻工艺
  - 纱线捻度

捻制
lay pitch
TG3；TH16；TS104
- D 混合捻
  - 捻股
  - 捻距
  - 捻制工艺
  - 捻制损失
  - 捻制系数

捻制质量
平行捻
平行捻股
同向捻
右向捻
- S 制造工艺*
- C 捻股机 →(3)

捻制工艺
- Y 捻制

捻制损失
- Y 捻制

捻制系数
- Y 捻制

捻制质量
- Y 捻制

碾辊
whitening cylinder
TS212.3
- D 铁辊
- S 碾米机
- F 碾米砂辊
- Z 食品加工机械

碾减率
milling degree
TS212
- S 碾米性能
- Z 工艺性能

碾麦机
wheat grinding machine
TS211.3
- S 粮食机械
- Z 食品加工机械

碾米
rice milling
TS212
- D 高粱碾米
  - 立式碾米
  - 碾米工艺
  - 碾米工艺流程图
  - 碾米加工
  - 碾米流程
  - 喷风碾米
  - 喷湿碾米
  - 粟碾米
  - 杂粮碾米
  - 制米
  - 着水碾米
- S 稻米加工
- Z 农产品加工

碾米厂
rice mill
TS212
- D 碾米工厂
- S 米厂
- Z 工厂

碾米工厂
- Y 碾米厂

碾米工艺
- Y 碾米

碾米工艺流程图
- Y 碾米

碾米工艺性能
milling process performance
TS212
- S 碾米性能
- Z 工艺性能

碾米机
rice mills
TS212.3
- D 成套组合碾米机
  - 碾米机械
  - 碾米设备
  - 制米机
- S 粮食机械
- F 精米抛光机
  - 立式碾米机
  - 砻谷机
  - 碾辊
  - 砂辊碾米机
- Z 食品加工机械

碾米机械
- Y 碾米机

碾米加工
- Y 碾米

碾米流程
- Y 碾米

碾米砂辊
rice milling sand roller
TS212.3
- S 碾辊
- Z 食品加工机械

碾米设备
- Y 碾米机

碾米性能
rice milling performance
TS212
- S 工艺性能*
- F 碾减率
  - 碾米工艺性能
  - 碾米质量

碾米质量
milling quality
TS212
- S 碾米性能
- F 碎米率
- Z 工艺性能

碾磨
milling
TS212
- S 磨*

碾皮
debranning
TS210；TS212
- D 碾皮技术
- S 粮食加工
- Z 农产品加工

碾皮机

Y 大米色选机

碾皮技术
Y 碾皮

碾皮制粉
Y 剥皮制粉

酿醋
vinegar production
TS26
D 前液后固
食醋生产
液态酿醋工艺
制醋
制醋工艺
S 酿造*
F 固态法酿醋
酒精制醋
生料制醋
食醋酿造

酿醋混合发酵剂
Y 混合发酵剂

酿酒
Y 酿酒工艺

酿酒厂
Y 酒厂

酿酒废水
Y 酒精废液

酿酒副产品
brewer's by-product
TS261.9
D 酿酒副产物
啤酒冷凝固物
S 副产品*
F 酵母泥
酒花制品
酒糟
C 酿造

酿酒副产物
Y 酿酒副产品

酿酒高活性干酵母
Y 酿酒活性干酵母

酿酒工业
wine industry
TS261
D 编辑工业
酒业
酿酒业
消防工业
信息图像工业
沿海工业
S 酿造工业
F 白酒工业
黄酒业
啤酒工业
葡萄酒产业
Z 轻工业

酿酒工业废水
Y 酒精废液

酿酒工艺*

vinification
TS261.4
D 酿酒
酿酒技术
酿酒科技
制酒工艺
F 白酒工艺
果酒酿造
黄酒酿造
量质摘酒
葡萄酒酿造
生料酿酒
速酿
微氧技术
贮酒
转排
C 白酒
工艺方法
酒发酵
酿酒原料
酿造
啤酒工业
啤酒工艺
入窖酸度

酿酒活性干酵母
high activity alcohol-fermentation dry yeast
TQ92；TS26
D 酿酒高活性干酵母
S 酵母*
酿酒酵母
F 啤酒活性干酵母
葡萄酒活性干酵母

酿酒机械
Y 酿造设备

酿酒技术
Y 酿酒工艺

酿酒酵母
saccharomyces cerevisiae
TQ92；TS26
D 酒酵母
酒母
酒药
酒用酵母
酒用酵母菌
酿酒酵母菌
S 酿造酵母
F 果酒酵母
黄酒酵母
酒精酵母
淋饭酒母
酿酒活性干酵母
啤酒酵母
葡萄酒酵母
清酒酵母
威士忌酵母
C 白酒
Z 酵母

酿酒酵母菌
Y 酿酒酵母

酿酒科技
Y 酿酒工艺

酿酒品质

brewing quality
TS261.7
S 食品质量*
F 曲药质量
原酒质量

酿酒企业
brewing industry
TS208；TS261
D 酿造企业
酿造业
S 食品企业
F 白酒企业
啤酒企业
Z 企业

酿酒设备
Y 酿造设备

酿酒史
liquor-making history
TS261
D 酒史
S 酿造史
F 白酒史
Z 历史

酿酒特性
vinification characteristics
TS261
S 酿造特性
Z 工艺性能

酿酒业
Y 酿酒工业

酿酒原料
wine stock
TS261.2
S 酿造原料
F 调酒液
啤酒辅料
啤酒原料
C 酿酒工艺
Z 食品原料

酿酶
Y 酵母

酿造*
brewing
TS26
D 酿造方法
酿造工艺
酿造过程
酿造技术
酿造品生产
酿制
酿制方法
酿制工艺
酿制技术
F 传统酿造
高浓酿造
酱油酿造
酿醋
食品酿造
C 出酒率
调味品加工
酿酒副产品

酿酒工艺
酿造酵母
酿造特性
葡萄酒
曲
制造

酿造白醋
brewing white vinegar
TS264.22
　S 白醋
　　酿造食醋
　Z 食用醋

酿造醋
　Y 酿造食醋

酿造调味品
　Y 调味品

酿造方法
　Y 酿造

酿造废水
brewing process waste water
TS26；X7
　S 食品工业废水
　F 酒精废液
　Z 废水

酿造工业
brewing industry
TS26
　S 食品工业
　F 酱油工业
　　酿酒工业
　　食醋工业
　Z 轻工业

酿造工艺
　Y 酿造

酿造过程
　Y 酿造

酿造技术
　Y 酿造

酿造酱油
fermented soy sauce
TS264.21
　D 发酵酱油
　　酵母酱油
　　天然酱油
　　天然酿造酱油
　S 酱油*
　C 天然生物防腐剂

酿造酵母
brewer's yeasts
TQ92；TS26
　S 酵母*
　F 耐高温酵母
　　耐盐酵母
　　酿酒酵母
　　生香酵母
　C 酿造

酿造酒
brewed wine

TS262
　D 发酵酒
　S 酒*
　C 黄酒
　　啤酒
　　葡萄酒

酿造品生产
　Y 酿造

酿造企业
　Y 酿酒企业

酿造设备
brewing equipments
TS26
　D 酒机
　　酒生产设备
　　酿酒机械
　　酿酒设备
　　制酒设备
　S 食品加工设备*
　F 白酒净化器
　　酒窖
　　酒精设备
　　啤酒设备
　C 白酒
　　发酵设备
　　啤酒
　　葡萄酒

酿造食醋
fermented vinegar
TS264.22
　D 酿造醋
　S 食用醋*
　F 酿造白醋

酿造史
history of brewing
TS26
　S 历史*
　F 酿酒史

酿造特性
brewing characteristics
TS26
　S 工艺性能*
　F 酿酒特性
　C 酿造

酿造业
　Y 酿酒企业

酿造原料
brewing raw materials
TS26
　S 食品原料*
　F 酿酒原料
　　制曲原料

酿制
　Y 酿造

酿制方法
　Y 酿造

酿制工艺
　Y 酿造

酿制技术
　Y 酿造

尿素酶活性
urease activity
TS201.3
　S 酶活性
　C 大豆
　　豆粕
　Z 活性
　　生物特征

尿素蒸发洗涤器
urea evaporation scrubber
TS04
　S 洗涤器
　C 尿素 →(9)
　Z 轻工机械

镍基气凝胶
　Y 凝胶

宁波菜
Ningbo cuisines
TS972.12
　S 浙菜
　Z 菜系

宁式家具
Ning style furniture
TS66
　S 中式家具
　Z 样式

宁夏枸杞
　Y 枸杞

宁夏枸杞酒
Ningxia wolfberry wine
TS262
　S 枸杞酒
　F 宁夏千红枸杞果酒
　Z 酒

宁夏千红枸杞果酒
Ningxia Qianhong wolfberry fruit wine
TS262.7
　S 果酒
　　宁夏枸杞酒
　Z 酒

柠檬茶
　Y 果茶

柠檬酒
lemon wine
TS262.7
　S 果酒
　Z 酒

柠檬皮
lemon peel
TS255
　S 水果果皮*

柠檬酸发酵液
citric acid fermented medium
TQ92；TS205.5
　S 发酵液
　C 柠檬酸发酵 →(9)

柠檬酸钠 →(9)
　Z 发酵产品

柠檬酸钙
calcium citrate
TS213
　S 食品强化剂
　C 钙强化剂
　Z 增效剂

柠檬酸抗皱整理
crease resist finish with citric acid
TS195
　S 抗皱免烫整理
　Z 整理

柠檬酸酯淀粉
citrate starch
TS235
　S 酸酯淀粉
　Z 淀粉

凝沉特性
　Y 凝沉性

凝沉稳定性
condensate composed of qualitative
TS201
　S 凝沉性
　Z 食品特性

凝沉性
its retrogradation
TS201
　D 凝沉特性
　　凝沉性质
　S 食品特性*
　F 抗凝沉性
　　凝沉稳定性

凝沉性质
　Y 凝沉性

凝固剂
　Y 固化剂

凝固壳
　Y 结皮

凝固坯壳
　Y 结皮

凝固酸奶
　Y 凝固型酸奶

凝固型酸豆奶
　Y 酸豆奶

凝固型酸奶
set yogurt
TS252.54
　D 凝固酸奶
　　凝固型酸牛乳
　　凝固型酸乳
　S 酸奶
　Z 发酵产品
　　乳制品

凝固型酸牛乳
　Y 凝固型酸奶

凝固型酸乳
　Y 凝固型酸奶

凝固浴槽
coagulating tank
TS103
　S 化工用槽*
　C 化学纤维器材 →(9)
　　凝固浴 →(9)

凝集器
　Y 开清棉机械

凝集性
compendency
TS20
　S 生物特征*

凝胶*
gel
O6
　D 杯凝胶
　　滴珠凝胶
　　冻胶
　　发用凝胶
　　防晒凝胶
　　胶冻
　　胶体分散凝胶
　　洁牙凝胶
　　抗盐胶态分散凝胶
　　冷却凝胶
　　淋浴凝胶
　　螺旋藻凝胶
　　魔芋凝胶
　　镍基气凝胶
　　凝胶过程
　　凝胶结构
　　湿凝胶
　　羧甲基壳聚糖水凝胶
　　炭黑凝胶
　　炭质凝胶
　　条状凝胶
　　透明凝胶
　　微粒凝胶
　　浴用凝胶
　　预交联颗粒凝胶
　　早凝胶
　　增塑凝胶
　F 淀粉凝胶
　　豆腐凝胶
　　芦荟凝胶
　　水凝胶
　　丝素凝胶
　　酸奶凝胶
　　酸性凝胶
　　预凝胶
　C 电场敏感性 →(9)
　　分散体 →(6)(9)
　　凝胶萃取 →(9)
　　凝胶剂 →(9)
　　凝胶条件
　　凝胶温度 →(1)
　　热凝胶发酵 →(9)
　　有机凝胶法 →(9)
　　鱼糜

凝胶淀粉
　Y 糊化淀粉

凝胶多糖
curdlan
Q5；TS24
　S 碳水化合物*
　F 黄原胶

凝胶过程
　Y 凝胶

凝胶结构
　Y 凝胶

凝胶劣化
　Y 解胶

凝胶浓缩液
gel concentrate
TS201；TS27
　S 液体*

凝胶染色
gel dyeing
TS193
　S 染色工艺*

凝胶软糖
galatine jellies
TS246.56
　S 软糖
　Z 糖制品

凝胶酸奶
　Y 凝胶型酸奶

凝胶糖果
gelatinized confections
TS246.59
　D 果胶凝胶糖果
　　琼脂凝胶糖果
　S 糖果
　Z 糖制品

凝胶条件
gelating condition
TQ43；TS12；TS14
　D 脱胶条件
　S 条件*
　C 凝胶
　　凝胶萃取 →(9)
　　脱胶

凝胶型酸奶
gel yogurt
TS252.54
　D 凝胶酸奶
　S 酸奶
　Z 发酵产品
　　乳制品

凝胶作用
gelation
O6；TS254.4
　S 化学作用*

凝聚槽
collection surface
TS103
　S 化工用槽*

凝壳
　Y 结皮

凝乳特性
rennin character
TS201
　　S 食品特性*

凝乳效果
curded effect
TS252.4
　　S 效果*

牛蒡茶
burdock tea
TS272.59
　　S 凉茶
　　Z 茶

牛初乳
bovine colostrum
TS252.59
　　D 牛初乳 IGF-I
　　　牛初乳 IgG
　　S 牛初乳制品
　　C 保健功能
　　　乳铁蛋白
　　Z 乳制品

牛初乳 IGF-I
　　Y 牛初乳

牛初乳 IgG
　　Y 牛初乳

牛初乳蛋白
bovine colostrum protein
Q5；TS201.21
　　S 牛乳蛋白
　　Z 蛋白质

牛初乳冻干粉
bovine colostrum frozen powder
TS252.51
　　S 牛初乳粉
　　Z 乳制品

牛初乳粉
bovine colostrum flour
TS252.51
　　S 初乳粉
　　F 牛初乳冻干粉
　　Z 乳制品

牛初乳制品
bovine coloctrum products
TS252.59
　　S 乳制品*
　　F 初乳粉
　　　牛初乳

牛二层
splits from cattle hide
TS56
　　S 牛皮革
　　Z 皮革

牛干巴
　　Y 牛肉干

牛津布
Oxford cloth
TS106.8

　　S 平纹织物
　　Z 机织物

牛津纺
Oxford spinning
TS106.8
　　S 平纹织物
　　Z 机织物

牛津纺织物
　　Y 牛仔布

牛筋
beef tendon
TS251.52
　　S 牛肉
　　Z 肉

牛毛
cattle hair
TS102.31
　　S 毛纤维
　　Z 天然纤维

牛面革
　　Y 牛皮革

牛奶
milk
TS252.59
　　D 超高温牛奶
　　　黑牛奶
　　　花色牛奶
　　　灭菌牛奶
　　　牛奶制品
　　　牛乳
　　　全脂牛奶
　　S 乳制品*
　　F 纯牛奶
　　　富硒牛奶
　　　高钙奶
　　　罐装牛奶
　　　利乐包牛奶
　　　牦牛奶
　　　灭菌乳
　　　去乳糖牛奶
　　　水牛奶
　　　酸牛奶
　　　脱脂牛奶
　　　鲜奶
　　C 牛奶豆腐

牛奶包装
milk packaging
TS206
　　S 乳品包装
　　Z 食品包装

牛奶饼干
　　Y 饼干

牛奶蛋白
　　Y 牛乳蛋白

牛奶蛋白纤维
milk protein fibre
TQ34；TS102.51
　　D 牛奶蛋白质纤维
　　　牛奶纤维
　　　牛奶再生蛋白纤维

　　　牛奶再生蛋白质纤维
　　　维纶基牛奶蛋白纤维
　　S 再生蛋白质纤维
　　Z 纤维

牛奶蛋白质
　　Y 牛乳蛋白

牛奶蛋白质纤维
　　Y 牛奶蛋白纤维

牛奶豆腐
milk tofu
TS214
　　S 奶豆腐
　　C 牛奶
　　Z 豆制品

牛奶果酒
milk fruit wine
TS262.7
　　S 果酒
　　Z 酒

牛奶加工
milk proccessing
TS252.4
　　S 乳品加工
　　Z 食品加工

牛奶酒
milk liquor
TS262
　　S 奶酒
　　F 牛乳酒
　　Z 酒

牛奶酪蛋白
　　Y 牛乳酪蛋白

牛奶无菌软包装机
　　Y 无菌包装机

牛奶纤维
　　Y 牛奶蛋白纤维

牛奶消毒
sterilization of milk
TS201.6
　　S 消毒*

牛奶饮料
milk drink
TS275.6
　　S 乳饮料
　　Z 饮料

牛奶再生蛋白纤维
　　Y 牛奶蛋白纤维

牛奶再生蛋白质纤维
　　Y 牛奶蛋白纤维

牛奶制品
　　Y 牛奶

牛腩
　　Y 牛肉

牛排
beef steak
TS251.52

S 牛肉
Z 肉

牛皮
cowhide
S；TS564
　　S 动物皮
　　F 黄牛皮
　　　牦牛皮
　　　生牛皮
　　　水牛皮
　　　小牛皮
　　Z 动物皮毛

牛皮革
neat leather
TS56
　　D 牛面革
　　S 天然皮革
　　F 黄牛革
　　　牛二层
　　　水牛革
　　　新生杂里巴牛犊皮
　　Z 皮革

牛皮挂面箱板纸
　　Y 牛皮箱板纸

牛皮辊
　　Y 皮辊

牛皮浆
　　Y KP 浆

牛皮箱板纸
kraft board paper
TS767
　　D 高强牛皮箱板纸
　　　牛皮挂面箱板纸
　　S 箱板纸
　　Z 纸制品

牛皮箱纸板
kraft liner boards
TS767
　　S 箱纸板
　　Z 包装材料
　　　纸制品

牛皮鞋面革
cow upper shoe leather
TS563.2；TS943.4
　　D 黄牛软鞋面革
　　　黄牛鞋面革
　　　黄牛修饰鞋面革
　　　牛鞋面革
　　S 鞋面革
　　Z 鞋材

牛皮纸
kraft
TS76
　　S 皮纸
　　F 精制牛皮纸
　　Z 纸张

牛肉
beef
TS251.52
　　D 丞相牛肉

　　　冻牛肉
　　　黄牛肉
　　　嫩牛肉
　　　牛腩
　　　瘦牛肉
　　　水牛肉
　　　无公害牛肉
　　S 牛羊肉
　　F 犊牛肉
　　　冷却牛肉
　　　卤牛肉
　　　牦牛肉
　　　嫩化牛肉
　　　牛筋
　　　牛排
　　　牛头
　　　牛尾
　　　鲜牛肉
　　Z 肉

牛肉棒
　　Y 牛肉脯

牛肉焙片
　　Y 牛肉脯

牛肉菜肴
beef dishes
TS972.125
　　S 畜类菜肴
　　F 酱牛肉
　　Z 菜肴

牛肉产品
　　Y 牛肉制品

牛肉肠
beef sausage
TS251.59
　　D 牛肉香肠
　　S 肉肠
　　Z 肉制品

牛肉蛋白
beef protein
Q5；TS201.21
　　S 肉蛋白
　　Z 蛋白质

牛肉分级
beef grading
TS251
　　S 食品分级
　　C 牛肉加工
　　Z 分级

牛肉风味肽
beef flavor peptide
TQ93；TS201.2
　　S 肽*

牛肉脯
dried beef slice
TS251.52
　　D 当归牛脯
　　　锅烧牛脯
　　　红烧牛脯
　　　六合牛脯
　　　牛肉棒

　　　牛肉焙片
　　　牛肉卷
　　　牛肉片
　　S 牛肉制品
　　　肉脯
　　Z 肉制品

牛肉干
beef jerky
TS251.52
　　D 传统牛肉干
　　　传统牛肉制品
　　　多味牛肉干
　　　干制牛肉
　　　金丝牛肉
　　　牛干巴
　　　五香辣味牛肉干
　　S 牛肉制品
　　　肉干
　　Z 肉制品

牛肉火腿
　　Y 火腿

牛肉加工
beef processing
TS251.5
　　D 牛肉酱
　　S 肉品加工
　　C 牛肉分级
　　Z 食品加工

牛肉酱
　　Y 牛肉加工

牛肉卷
　　Y 牛肉脯

牛肉冷却肉
　　Y 冷却牛肉

牛肉片
　　Y 牛肉脯

牛肉食品
　　Y 牛肉制品

牛肉松
dried beef floss
TS251.63
　　S 牛肉制品
　　　肉松
　　Z 肉制品

牛肉汤
beef soup
TS972.122
　　D 牛肉汁
　　S 汤菜
　　Z 菜肴

牛肉丸
beef ball
TS251.52
　　S 牛肉制品
　　　肉丸
　　Z 肉制品

牛肉香肠
　　Y 牛肉肠

牛肉香精
beef flavor
TQ65；TS264.3
　　D 牛肉香料
　　　 牛肉香味
　　S 肉类香精
　　Z 香精香料

牛肉香料
　　Y 牛肉香精

牛肉香味
　　Y 牛肉香精

牛肉汁
　　Y 牛肉汤

牛肉制品
beef products
TS251.52
　　D 牛肉产品
　　　 牛肉食品
　　S 畜肉制品
　　F 酱牛肉
　　　 腊牛肉
　　　 牛肉脯
　　　 牛肉干
　　　 牛肉松
　　　 牛肉丸
　　Z 肉制品

牛肉质量
beef quality
TS251.7
　　S 肉品质量
　　Z 食品质量

牛乳
　　Y 牛奶

牛乳蛋白
cow's milk protein
Q5；TS201.21
　　D 牛奶蛋白
　　　 牛奶蛋白质
　　　 牛乳蛋白质
　　S 乳蛋白
　　F 牛初乳蛋白
　　　 牛乳酪蛋白
　　Z 蛋白质

牛乳蛋白质
　　Y 牛乳蛋白

牛乳房
　　Y 无花果

牛乳酒
kumyss
TS262
　　S 牛奶酒
　　Z 酒

牛乳酪蛋白
bovine casein
Q5；TS201.21
　　D 奶牛酪蛋白
　　　 牛奶酪蛋白
　　S 酪蛋白
　　　 牛乳蛋白

　　Z 蛋白质

牛乳乳糖
milk lactose
Q5；TS24
　　S 乳糖
　　Z 碳水化合物

牛乳饮料
　　Y 乳饮料

牛头
cow head
TS251.52
　　S 牛肉
　　Z 肉

牛头刨床
shaping machine
TG5；TS64
　　D 仿形牛头刨床
　　S 刨床
　　Z 机床

牛尾
ox tail
TS251.52
　　S 牛肉
　　Z 肉

牛鞋面革
　　Y 牛皮鞋面革

牛羊肉
red meat
TS251.52；TS251.53
　　D 清真牛羊肉
　　S 畜禽肉
　　F 牛肉
　　　 牛羊蹄
　　　 羊肉
　　Z 肉

牛羊肉午餐肉罐头
　　Y 肉类罐头

牛羊蹄
cattle hoof
TS251.52；TS251.53
　　S 牛羊肉
　　Z 肉

牛羊油
tallow oil
TS225.22
　　S 动物油
　　F 牛油
　　Z 油脂

牛油
beef tallow
TS225.22
　　D 牛脂
　　　 牛脂肪
　　S 牛羊油
　　C 起酥油
　　Z 油脂

牛源性成分
bovine-derived materials

TS251
　　S 成分*

牛脂
　　Y 牛油

牛脂肪
　　Y 牛油

牛仔布
denim
TS106.8
　　D 劳动布
　　　 牛津纺织物
　　　 牛仔服面料
　　　 牛仔面料
　　　 牛仔织物
　　　 提花牛仔布
　　　 重磅牛仔布
　　　 竹节牛仔布
　　S 斜纹织物
　　F 弹力牛仔布
　　　 靛蓝牛仔布
　　　 高档牛仔布
　　　 牛仔绸
　　　 针织牛仔布
　　C 酶洗
　　　 水洗
　　Z 机织物

牛仔绸
silk oxford
TS106.8
　　D 真丝牛仔绸
　　S 牛仔布
　　Z 机织物

牛仔服
　　Y 牛仔服装

牛仔服面料
　　Y 牛仔布

牛仔服装
jeans wear
TS941.7
　　D 牛仔服
　　　 牛仔装
　　S 服装*

牛仔裤
jeans
TS941.7
　　S 裤装
　　Z 服装

牛仔帽
cowboy hat
TS941.721
　　S 帽*

牛仔面料
　　Y 牛仔布

牛仔裙
　　Y 裙装

牛仔织物
　　Y 牛仔布

牛仔装

Y 牛仔服装

扭辫热分析
TBA method
TS207
　　D TBA 法
　　S 物理分析*

扭矩扳手
torque wrench
TG7；TS914
　　D 定扭矩扳手
　　　 力矩扳手
　　　 力矩放大扳手
　　　 扭力扳手
　　　 数显扳手
　　S 扳手
　　Z 工具

扭矩测量仪
　　Y 测量仪器

扭力扳手
　　Y 扭矩扳手

扭曲
twist
TB3；TS272
　　D 扭曲现象
　　S 变形*

扭曲现象
　　Y 扭曲

扭转微镜面
torsion micromirror
TS959.7
　　S 镜面*

钮扣
　　Y 纽扣

纽扣
fastener
TS941.498.
　　D 包扣
　　　 包钮
　　　 扣子
　　　 钮扣
　　S 服装附件*

农产品加工*
agricultural products processing
TS1；TS21
　　F 花生加工
　　　 粮油加工
　　　 水产品加工
　　　 籽棉加工
　　C 加工
　　　 加工链
　　　 奶源
　　　 糖源

农产食品
agri-food
TS219
　　S 食品*
　　C 果蔬制品

农家干酪

cottage cheese
[TS252.52]
　　S 干酪
　　Z 乳制品

农药残留
pesticide residue
TS201.6
　　S 残留*
　　C 哒螨灵 →(9)
　　　 滴滴涕 →(9)
　　　 定虫隆 →(9)
　　　 啶虫脒 →(9)
　　　 毒死蜱 →(9)
　　　 环保型杀虫剂 →(9)
　　　 硫丹 →(9)
　　　 六六六 →(9)
　　　 氯丹 →(9)
　　　 农药 →(9)
　　　 农药残留标准 →(13)
　　　 农药残留毒性 →(9)
　　　 农药残留量分析 →(13)

农药残留量测定
pesticide residues determination
TS201.6；TS207
　　S 测定*

农药残留物
pesticide residues
TS201.6
　　D 低毒硫磷
　　　 农药残留物质
　　S 残留物*
　　C 残留量测定 →(9)(13)
　　　 农药污染 →(13)
　　　 农药污染物 →(13)

农药残留物质
　　Y 农药残留物

农业地面覆盖纸
　　Y 育苗纸

农业技术用纸
　　Y 农业用纸

农业食品
　　Y 功能食品

农业用纺织品
textiles of agricultural application
TS106.6
　　D 农用纺织品
　　　 农用织物
　　S 产业用纺织品
　　Z 纺织品

农业用纸
agricultural papers
TS761.3
　　D 农业技术用纸
　　S 纸张*
　　F 育果袋纸
　　　 育苗纸

农用纺织品
　　Y 农业用纺织品

农用非织造布

agricultural nonwovens
TS176.5
　　S 非织造布*

农用温床纸
　　Y 育苗纸

农用织物
　　Y 农业用纺织品

浓度*
concentration(composition)
O6
　　F 白水浓度
　　　 残余油墨浓度
　　　 淀粉浓度
　　　 海水浓度
　　　 黑液浓度
　　　 浆料浓度
　　　 浆液浓度
　　　 酵母浓度
　　　 油烟浓度
　　　 原麦汁浓度
　　C 溶解

浓黑液
concentrated black liquid
TS79；X7
　　S 黑液
　　Z 废液

浓酱兼香型白酒
　　Y 浓香型白酒

浓酱结合型白酒
　　Y 酱香型白酒

浓酱油
concentrated soy sauce
TS264.21
　　D 浓口酱油
　　S 酱油*

浓口酱油
　　Y 浓酱油

浓醪酒精发酵
high-gravity alcohol fermentation
Q93；TS262
　　D 酒精浓醪发酵
　　S 食品发酵
　　　 乙醇发酵
　　Z 发酵

浓密设备
　　Y 浓缩设备

浓缩*
concentration
O6；TQ0；TS205.4
　　D 浓缩处理
　　　 浓缩法
　　　 浓缩工艺
　　　 浓缩过程
　　　 浓缩化
　　　 浓缩技术
　　　 提浓
　　F 低温浓缩
　　　 浆料浓缩
　　　 膜浓缩

真空浓缩
C 固液分离 →(9)
浓缩釜 →(9)
浓缩设备
浓缩效率 →(9)

浓缩茶汁
concentrated tea juice
TS272.4
S 液体*

浓缩处理
Y 浓缩

浓缩大豆蛋白
Y 大豆浓缩蛋白

浓缩发酵剂
concentrated starter culture
TS202
D 浓缩型乳酸菌发酵剂
S 发酵剂*

浓缩法
Y 浓缩

浓缩工艺
Y 浓缩

浓缩果汁
concentrated fruit juice
TS255
S 果汁
F 苹果浓缩汁
Z 果蔬制品
汁液

浓缩过程
Y 浓缩

浓缩化
Y 浓缩

浓缩技术
Y 浓缩

浓缩培养
concentrating culture
TS201
D 高浓度培养
S 培养*

浓缩苹果清汁
concentrated apple clear juice
TS255
S 苹果浓缩汁
Z 果蔬制品
汁液

浓缩乳清蛋白
Y 乳清浓缩蛋白

浓缩设备*
concentration unit
TQ0
D 浓密设备
浓缩装置
F 圆网浓缩机
重力盘式浓缩机
C 浓缩

浓缩洗衣粉
concentrated detergent powder
TQ64；TS973.1
S 洗衣粉
Z 清洁剂
生活用品

浓缩型乳酸菌发酵剂
Y 浓缩发酵剂

浓缩鱼蛋白
concentrated fish protein
Q5；TS201.21
S 鱼蛋白
Z 蛋白质

浓缩装置
Y 浓缩设备

浓香
Y 浓香型白酒

浓香白酒
Y 浓香型白酒

浓香大曲酒
Y 浓香型大曲酒

浓香花生油
fragrant peanut oil
TS225.12
S 花生油
Z 油脂

浓香曲酒
Y 浓香型曲酒

浓香型
Y 浓香型白酒

浓香型白酒
strong-flavour Chinese spirits
TS262.31
D 浓酱兼香型白酒
浓香
浓香白酒
浓香型
浓香型酒
香型白酒
S 白酒*
F 低度浓香型白酒
馥郁香型白酒
玫瑰酒

浓香型大曲
Y 浓香型大曲酒

浓香型大曲白酒
Y 浓香型大曲酒

浓香型大曲酒
strong-flavour Chinese Daqu spirits
TS262.31
D 浓香大曲酒
浓香型大曲
浓香型大曲白酒
S 大曲酒
F 新工艺浓香型曲酒
Z 白酒

浓香型低度白酒

Y 低度浓香型白酒

浓香型调味酒
Luzhou-flavor blending liquor
TS262
S 调味酒
Z 酒

浓香型酒
Y 浓香型白酒

浓香型曲酒
Luzhou-flavor liquor
TS262.31
D 浓香曲酒
S 曲酒
Z 白酒

浓汁牛肉罐头
Y 肉类罐头

怒族服饰
Y 民族服饰

女服
Y 女装

女裤
panties
TS941
S 裤装
Z 服装

女内裤
Y 内裤

女内衣
Y 女性内衣

女裙
jupe
TS941.7
S 裙装
Z 服装

女士内衣
Y 女性内衣

女式内衣
Y 女性内衣

女式呢
Y 精纺呢绒

女西装
women's suit
TS941.7
S 西服
Z 服装

女夏装
female summer clothing
TS941.7
S 女装
Z 服装

女鞋设计
women's shoes design
TS943.2
S 鞋类设计
Z 服饰设计

女性服饰
female dress adornment
TS941.7
　　D 女性妆饰
　　　女子服饰
　　S 服饰*
　　F 妇女头饰

女性服装
　　Y 女装

女性内衣
women's underwear
TS941.7
　　D 女内衣
　　　女士内衣
　　　女式内衣
　　S 内衣
　　Z 服装

女性人体
　　Y 女子体型

女性体型
　　Y 女子体型

女性形体
　　Y 女子体型

女性妆饰
　　Y 女性服饰

女胸衣
　　Y 文胸

女装
women's clothing
TS941.7
　　D 女服
　　　女性服装
　　　女子服装
　　S 服装*
　　F 近代女装
　　　女夏装
　　　女子盛装
　　　欧洲女装
　　　旗袍
　　　襦裙服
　　　少女装
　　　唐代女装
　　　孕妇装
　　　职业女装

女装面料
suit-dress fabric
TS941.41
　　S 服装面料
　　Z 面料

女装设计
women's wear design
TS941.2
　　S 成衣设计
　　Z 服饰设计

女装新原型
　　Y 女装原型

女装原型
women's dress prototype

TS941.1
　　D 女装新原型
　　S 女装造型
　　Z 造型

女装造型
feminine dress modelling
TS941.1
　　S 服装造型
　　F 女装原型
　　Z 造型

女子服饰
　　Y 女性服饰

女子服装
　　Y 女装

女子盛装
modern women formal dress
TS941.7
　　S 女装
　　Z 服装

女子体型
women's figure
TS941.1
　　D 女性人体
　　　女性体型
　　　女性形体
　　S 人体体型
　　Z 体型

暖体假人
thermal manikin
TS941.1；V2
　　S 假人*
　　C 隔热值

糯米
glutinous rice
TS210.2
　　D 江米
　　S 大米
　　F 黑糯米
　　　粳米
　　　籼糯米
　　C 支链淀粉
　　Z 粮食

糯米稠酒
glutinous thick wine
TS262
　　S 稠酒
　　　糯米酒
　　Z 酒

糯米淀粉
glutinous rice starch
TS235.1
　　S 稻米淀粉
　　Z 淀粉

糯米粉
glutinous rice powder
TS213
　　D 水磨糯米粉
　　S 米粉
　　Z 粮油食品

糯米酒
glutinous rice wine
TS262
　　S 米酒
　　F 八宝糯米酒
　　　黑糯米酒
　　　糯米稠酒
　　　糯米甜酒
　　Z 酒

糯米酒醅
　　Y 酒醅

糯米甜酒
glutinous rice sweet wine
TS262
　　S 糯米酒
　　　甜米酒
　　Z 酒

糯米汁
glutinous rice liquor
TS27
　　S 大米饮料
　　Z 饮料

糯小麦淀粉
waxy wheat starch
TS235.1
　　S 小麦淀粉
　　Z 淀粉

糯小麦粉
waxy wheat flour
TS211.2
　　S 小麦粉
　　Z 粮食

糯玉米淀粉
waxy maize starch
TS235.1
　　D 蜡质玉米淀粉
　　S 玉米淀粉
　　Z 淀粉

糯玉米粉
waxy corn flour
TS213
　　S 玉米粉
　　Z 粮油食品

糯玉米饮料
　　Y 玉米饮料

欧巴
　　Y 双簧管

欧标金卤灯
European standard metal halide lamp
TM92；TS956
　　S 金属卤素灯
　　Z 灯

欧泊
opal
TS933.2
　　D 黑欧泊
　　　火欧泊
　　　蓝欧泊
　　　绿欧泊

乳欧泊
闪光欧泊
水欧泊
樱红欧泊
珠欧泊
S 珠宝
Z 饰品材料

欧李醋
prunus humilis vinegar
TS264；TS27
D 李子果醋
S 果醋
Z 饮料

欧美家具
European-American style furniture
TS66；TU2
S 国外家具
Z 家具

欧美杨
Y 意大利杨木

欧式抽油烟机
Y 吸油烟机

欧式木窗
European style wood windows
TS66
S 门窗*

欧式吸油烟机
Y 吸油烟机

欧式油烟机
Y 吸油烟机

欧松板
Y 定向刨花板

欧洲女装
European women's suit
TS941.7
S 女装
Z 服装

偶氮苯染料
azobenzene dyes
TS193.21
S 偶氮染料
Z 染料

偶氮分散染料
Y 分散染料

偶氮类染料
Y 偶氮染料

偶氮染料
azo dyes
TS193.21
D 纳夫妥染料
偶氮类染料
偶氮系颜料
偶氮颜料
S 合成染料
F 不溶性偶氮染料
禁用偶氮染料
偶氮苯染料
三偶氮染料

双偶氮染料
C 光敏性 →(7)
生物降解活性 →(9)
Z 染料

偶氮系颜料
Y 偶氮染料

偶氮颜料
Y 偶氮染料

偶发性纱疵
accidental yarns faults
TS101.97
S 纱疵
Z 纺织品缺陷

偶合染色
Y 染色工艺

偶联型阳离子固色剂
coupled cationic fixing agent
TS19
S 阳离子固色剂
Z 固定剂
色剂

耦合*
coupling
O4；TN7
D 耦合过程
耦合技术
耦联
F 热湿耦合
C 耦合变压器 →(5)
耦合传热 →(5)
耦合结构 →(11)
耦合器 →(1)(4)(5)(7)

耦合过程
Y 耦合

耦合技术
Y 耦合

耦联
Y 耦合

藕淀粉
lotus starch
TS235.5
D 莲藕淀粉
S 植物淀粉
Z 淀粉

藕粉
lotus powder
TS255.5
S 蔬菜粉
Z 食用粉

沤麻
retting
Q93；TS123
S 亚麻脱胶
苎麻脱胶
F 温水沤麻
Z 脱胶

沤麻工艺
Y 温水沤麻

扒鸡
braised chicken
TS251.55；TS251.67
S 鸡类菜肴
鸡肉制品
C 鲁菜
Z 菜肴
肉制品

扒窝鸡
Y 鸡肉制品

爬行动物皮
reptile skin
S；TS564
S 动物皮
F 鳄鱼皮
蛇皮
Z 动物皮毛

耙式洗涤机
Y 洗涤设备

帕尔玛火腿
Y 西式火腿

帕拉金糖
Y 异麦芽酮糖

帕拉伊巴碧玺
Y 碧玺

拍板（乐器）
Y 打击乐器

拍摄
Y 拍摄技术

拍摄法
Y 拍摄技术

拍摄方法
Y 拍摄技术

拍摄方式
Y 拍摄技术

拍摄技法
Y 拍摄技术

拍摄技术*
photographic technique
TB8
D 拍摄
拍摄法
拍摄方法
拍摄方式
拍摄技法
摄影技法
摄影技术
摄影术
F 静电照相
C 场曲 →(1)(4)
构图元素 →(1)
弥散圆 →(1)
全息术 →(1)
摄影设备 →(1)
图像模糊 →(1)(7)
芯片级封装 →(1)(7)
照片 →(1)(6)(8)
照相功能 →(1)

排版
typesetting
TS805
 D 排版技术
  排字
 S 印刷工艺*
 F 表格排版
  计算机排版
  排版格式
  排版设计
  拼大版
  照排
  装版

排版格式
typesetting formats
TS805
 S 排版
 Z 印刷工艺

排版技术
 Y 排版

排版设备
 Y 轻工机械

排版设计
typographical design
TS805
 S 排版
 Z 印刷工艺

排版系统
typesetting systems
TS80；TS803.2
 S 出版系统*
 F 计算机排版系统
  照排系统

排版质量
typesetting quality
TS80
 S 印刷质量
 Z 工艺质量

排包方式
arrangement bale manner
TS104
 S 方法*
 C 棉包

排出液
 Y 废液

排刀
gang tool
TG7；TS643
 S 木工刀具
 Z 刀具

排放*
exhaust
X5
 D 槽式排放
  底流排放
  地面排放
  二次排放
  环境排放
  计划外排放
  排放方式

排放技术
排放水平
排放特点
排放特性
排放特征
排放现状
排放性
排放性能
排放状况
特殊排放
推进剂排放
易散性排放
意外排放
意外倾卸
意外释放
蒸发性排放
 F 油烟排放
 C 柴油质量 →(2)
  车用发动机 →(5)
  缸内直喷 →(5)
  国际排放贸易 →(13)
  排放管理 →(13)
  排放量 →(2)(11)(13)
  排放浓度 →(13)
  排放物 →(6)(13)
  燃油喷射 →(5)
  压燃式发动机 →(5)

排放方式
 Y 排放

排放技术
 Y 排放

排放水平
 Y 排放

排放特点
 Y 排放

排放特性
 Y 排放

排放特征
 Y 排放

排放现状
 Y 排放

排放性
 Y 排放

排放性能
 Y 排放

排放状况
 Y 排放

排骨
spare-ribs
TS251.59
 S 肉*

排锯机
 Y 锯机

排料
material discharging
TS941.6
 S 物料操作*
 C 服装裁剪

排气型滚筒干衣机
 Y 干衣机

排铅果奶
 Y 果奶

排球
volleyball
TS952.3
 S 球类器材
 Z 体育器材

排湿
 Y 除湿

排酸
 Y 脱酸

排酸肉
 Y 鸡肉制品

排盐
 Y 脱盐

排油烟机
 Y 吸油烟机

排钟
 Y 打击乐器

排字
 Y 排版

派力斯
 Y 精纺呢绒

盘*
tray
TH13
 D 盘件
  盘类工件
  盘形件
 F 油盘
 C 盘子
  配油盘 →(4)
  填料盘 →(4)

盘长结
 Y 装饰结

盘管拉伸
coil tube drawing
TG3；TQ34；TS101
 S 拉伸*

盘件
 Y 盘

盘类工件
 Y 盘

盘磨
millstone mill
TS73
 S 磨*
 F 双盘磨

盘磨机
disc mill
TS733
 S 磨浆设备
 F 高浓盘磨机

C 精磨机
热磨机 →(4)
Z 制浆设备

盘式传动机构
Y 传动装置

盘式磨粉机
disk mill
TS211
S 磨粉机
Z 磨机

盘式磨浆机
disc pulping machine
TS733
D 圆盘磨浆机
S 磨浆机
F ZDPM 盘磨机
Z 制浆设备

盘式砂光机
Y 砂光机

盘头
pan head
TS103.81；TS103.82
D 整经盘头
织轴盘头
S 织造器材*

盘形件
Y 盘

盘型切刀
Y 切断刀

盘纸
Y 卷烟纸

盘子
plate
TS972.23
D 碟子
S 餐具
C 盘
Z 厨具

胖花组织
Y 针织物组织

抛光表面
Y 表面

抛光钢领
polishing ring
TS103.82
S 钢领
Z 纺纱器材

抛光机（电动工具）
Y 打磨机

抛光整理
polishing process
TS195
S 纺织品整理
Z 整理

抛木机
Y 轻工机械

抛木器
Y 轻工机械

抛木装置
Y 轻工机械

抛砂造型
Y 造型

泡桐单板
paulownia veneer
TS66
S 型材*

袍
Y 袍服

袍服
gown
TS941.7
D 袍
S 传统服装
F 清代龙袍
Z 服装

跑步机
treadmill
TS952.91
S 健身器材
F 电动跑步机
Z 体育器材

跑步鞋
Y 跑鞋

跑车带锯
Y 细木工带锯机

跑车带锯机
Y 细木工带锯机

跑车木工带锯机
Y 细木工带锯机

跑鞋
running shoes
TS943.741
D 跑步鞋
S 运动鞋
F 慢跑鞋
Z 鞋

泡菜
kraut
TS255
D 什锦泡菜
S 蔬菜制品
Z 果蔬制品

泡菜盐
pickling salt
TS264.2；TS36
S 食盐*

泡打粉
baking powder
TS202.3
S 食品膨松剂
Z 膨松剂

泡凤爪
Y 泡椒凤爪

泡芙
puff
TS213.23
S 西点
Z 糕点

泡椒凤爪
pickle chicken feet
TS972.125
D 泡凤爪
S 鸡类菜肴
Z 菜肴

泡沫*
yeast
O6；TQ32
D 化学泡沫
泡沫产品
泡沫化
泡沫化过程
泡沫结构
泡沫制品
F 啤酒泡沫
C 泵
发泡
发泡成型 →(3)(9)(11)
发泡剂 →(2)(9)(11)
鼓泡塔 →(9)
泡沫分离 →(9)
泡沫密度 →(9)
泡沫稳定剂 →(9)
泡罩包装 →(1)
消泡
消泡剂

泡沫茶
Y 茶饮料

泡沫产品
Y 泡沫

泡沫发射器
Y 泡沫发生器

泡沫发生器
foam maker
TD4；TS194
D 发泡器
泡沫发射器
S 发生器*
C 发泡印花
泡沫灭火剂 →(9)
选矿辅助设备 →(2)

泡沫固色
foam fixation
TS71
S 固色
Z 色彩工艺

泡沫红茶
Y 红茶饮料

泡沫化
Y 泡沫

泡沫化过程
Y 泡沫

泡沫结构
　Y 泡沫

泡沫去污
　Y 去污

泡沫染色
　Y 染色工艺

泡沫染整
foam dyeing and finishing
TS190.6
　S 染整*

泡沫染整机
　Y 染色机

泡沫石棉
litaflex
TS102；TU5
　S 石棉
　Z 材料
　　纤维制品

泡沫稳定性
foam stability
TQ42；TS190
　D 气泡稳定性
　　稳泡性
　S 材料性能*
　　稳定性*
　　物理性能*
　C 起泡能力 →(9)

泡沫纤维
　Y 功能纤维

泡沫消除
foam elimination
TS8
　S 消除*

泡沫粘合法非织造布
　Y 非织造布

泡沫整理
foam finishing
TS195
　D 泡沫整理工艺
　S 纺织品整理
　Z 整理

泡沫整理工艺
　Y 泡沫整理

泡沫制品
　Y 泡沫

泡泡纱印花
　Y 纺织品印花

泡泡纱印制
　Y 纺织品印花

泡泡纱织物
plisse fabric
TS106.8
　D 泡泡织物
　　泡绉织物
　　泡皱织物
　S 织物*

泡泡袖
bishop sleeve
TS941.61
　S 袖型
　Z 服装结构

泡泡织物
　Y 泡泡纱织物

泡洗
foam washing
TG1；TS973
　S 清洗*

泡制
infusion
TS27
　D 泡制方法
　S 生产工艺*

泡制方法
　Y 泡制

泡绉织物
　Y 泡泡纱织物

泡皱织物
　Y 泡泡纱织物

胚芽大米
rice with remained germ
TS210.2
　D 留胚米
　　胚芽精米
　　胚芽米
　　人造谷胚大米
　S 大米
　Z 粮食

胚芽蛋白
germ protein
Q5；TQ46；TS201.21
　S 谷蛋白
　F 麦胚蛋白
　　玉米胚芽蛋白
　Z 蛋白质

胚芽精米
　Y 胚芽大米

胚芽米
　Y 胚芽大米

胚芽油
germ oil
TS225.19
　S 植物种子油
　F 大豆胚芽油
　　小麦胚芽油
　　玉米胚芽油
　Z 油脂

醅*
solid fermented material
TS26
　D 发酵醅
　　甜醅
　F 醋醅
　　酱醅
　　酒醅

香醅
糟醅

培菌糖化
　Y 糖化

培养*
education
TB4
　F 纯种培养
　　发酵罐培养
　　浓缩培养
　　种曲培养

配比系统
proportioning system
TS264
　S 生产系统*
　　输配系统*

配餐
compound food
TS971
　S 餐饮*

配衬
costume
TS941.498.
　S 里料
　Z 服装辅料

配搭
　Y 配膳

配方*
formula
TU5；TU7
　D 成分配方
　　配方体系
　　组成配方
　F 浆料配方
　　卷烟配方
　　染料配方
　　染色配方
　　食品配方
　　涂饰配方
　　叶组配方
　　油墨配方
　　原料配方
　C 蛋黄酱
　　釉面质量 →(9)

配方参数
formulation parameter
TS264
　S 工艺参数*

配方奶粉
formula milk powders
TS252.51
　D 配方乳粉
　　强化乳粉
　S 奶粉
　F 婴儿配方奶粉
　Z 乳制品

配方乳粉
　Y 配方奶粉

配方实验

S 烹饪工艺*

配饰
matching accessories
TS941.728
　　D 饰件
　　S 服饰*
　　F 荷包
　　　肩带
　　　领带
　　　披肩
　　　皮带扣
　　　手帕
　　　围巾

配糖体
　　Y 糖苷

配套*
complement
ZT5
　　D 成套
　　　地面配套工艺
　　　国产化配套
　　　配套工艺
　　　配套工艺技术
　　　配套技术
　　　配套优化
　　F 针布配套
　　C 技术
　　　配件 →(4)
　　　配套工具

配套辅机
　　Y 辅机

配套工具
matching tools
TG7；TS914.5
　　S 工具*
　　C 配套

配套工艺
　　Y 配套

配套工艺技术
　　Y 配套

配套技术
　　Y 配套

配套选型
complete selection
TH12；TH13；TS264
　　D 匹配选型

配套优化
　　Y 配套

配伍剂
　　Y 配伍性

配伍性
compatibility
R；TS193
　　D 处理剂配伍性
　　　配伍剂
　　　配伍性能
　　　配伍因子
　　　配伍值

　　　染料配伍性
　　　压裂液配伍性
　　　注入水配伍性
　　S 材料性能*

配伍性能
　　Y 配伍性

配伍因子
　　Y 配伍性

配伍值
　　Y 配伍性

配袖
sleeve matching
TS941.6
　　S 袖子工艺
　　Z 服装工艺

配叶
　　Y 烟草生产

配制醋
　　Y 配制食醋

配制酱油
confecting soy sauce
TS264.21
　　S 酱油*

配制酒
mixed liquor
TS262.8
　　S 酒*
　　F 鸡尾酒

配制米
　　Y 配米

配制食醋
preparation of vinegar
TS264.22
　　D 配制醋
　　S 食用醋*

配制型酸乳饮料
　　Y 酸乳饮料

喷风碾米
　　Y 碾米

喷绘
spray paint
TS805
　　S 绘制*
　　F 数码喷绘

喷绘机
inkjet printer
TS803.9
　　D 喷绘设备
　　S 印刷机械*

喷绘设备
　　Y 喷绘机

喷浆干燥机
　　Y 毛皮干燥机

喷浆干燥联合机
　　Y 制革机械

喷胶
glue spray
TS65；TS75
　　S 施胶工艺
　　Z 工艺方法

喷胶机
　　Y 涂胶机

喷胶棉
spray-bonded cotton
TQ34；TS102
　　S 纤维集合体
　　C 非织造布
　　Z 纤维制品

喷咀
　　Y 喷嘴

喷淋清洗
spray cleaning
TG1；TH17；TS973
　　S 清洗*

喷淋杀菌机
flooding type autoclaves
TS04
　　D 淋水式杀菌锅
　　S 杀菌机
　　Z 轻工机械

喷淋脱脂
　　Y 脱脂

喷淋洗涤
spray washing
TS192.5
　　S 洗涤
　　Z 清洗

喷码技术
　　Y 数码喷绘

喷墨
　　Y 喷墨印刷

喷墨成像
　　Y 喷墨打印

喷墨打样
ink-jet proofing
TS805
　　S 打样*

喷墨打样机
ink-jet proof printer
TS04
　　S 打样机
　　Z 轻工机械

喷墨打印
ink jet printing(printers)
TS859
　　D 喷墨成像
　　　喷印
　　S 打印*
　　F 彩色喷墨打印
　　C 喷墨印刷

喷墨打印墨水
　　Y 喷墨墨水

喷墨打印相纸
　Y 喷墨相纸

喷墨打印油墨
inkjet printing ink
TQ63；TS802.3
　D 喷射印刷油墨
　S 喷墨油墨
　　喷印油墨
　Z 油墨

喷墨打印纸
ink-jet printing paper
TS761.1
　D 彩喷纸
　　彩色打字纸
　　彩色喷墨打印纸
　　彩色喷墨纸
　　激光打印纸
　　喷墨用纸
　　喷墨纸
　S 打印纸
　C 微孔型二氧化硅　→(1)
　　阳离子添加剂　→(9)
　Z 办公用品
　　纸张

喷墨方式
　Y 喷墨印刷

喷墨技术
ink-jet technology
TS8
　S 计算机技术*
　C 喷墨绘图仪　→(8)

喷墨墨水
jet ink
TS951.23
　D 喷墨打印墨水
　S 墨水
　F 黑色喷墨打印墨水
　　水溶性蓝色喷印墨水
　Z 办公用品

喷墨设备
ink supply system
TS803.9
　D 供墨系统
　　喷印设备
　　输墨系统
　S 印刷机械*
　F 串墨机构
　　刮墨刀
　　墨斗
　　墨辊
　　墨路
　　输墨装置
　　网纹辊

喷墨系统
　Y 喷墨印刷

喷墨相纸
ink-jet photo paper
TS767
　D 彩色喷墨打印相纸
　　喷墨打印相纸
　S 相纸

　Z 纸张
　　纸制品

喷墨印花
inkjet printing
TS194.41
　D 喷墨印花技术
　S 喷射印花
　F 数码喷墨印花
　Z 印花

喷墨印花机
inkjet printing machine
TS194.3
　D 平板喷墨印花机
　　数码喷墨印花机
　S 喷射印花机
　Z 印染设备

喷墨印花技术
　Y 喷墨印花

喷墨印花系统
　Y 喷射印花机

喷墨印刷
ink jet printing
TS853.5
　D 喷墨
　　喷墨方式
　　喷墨系统
　　喷墨印刷技术
　S 印刷*
　F 连续喷墨
　　热喷墨
　　数字喷墨印刷
　C 墨点保真度
　　喷墨打印

喷墨印刷机
ink jet printing machines
TS803.6
　D 喷印机
　　水墨印刷机
　S 印刷机
　Z 印刷机械

喷墨印刷技术
　Y 喷墨印刷

喷墨印刷油墨
　Y 喷墨油墨

喷墨用纸
　Y 喷墨打印纸

喷墨油墨
ink-jet ink
TQ63；TS802.3
　D 喷墨印刷油墨
　S 油墨*
　F 喷墨打印油墨

喷墨纸
　Y 喷墨打印纸

喷气变形机
air textured machine
TQ34；TS103
　S 纺丝设备

　C 变形机
　Z 纺织机械

喷气变形纱
air-textured yarn
TS106.4
　D 喷气变形丝
　S 空气变形丝
　Z 纱线

喷气变形丝
　Y 喷气变形纱

喷气纺纱
jet spinning
TS104.7
　S 新型纺纱
　F 喷气涡流纺
　Z 纺纱

喷气纺纱机
jet spinning machine
TS103.27
　S 新型纺纱机
　Z 纺织机械

喷气流灶具
jet flow cookers
TS972.26
　S 炉灶
　Z 厨具

喷气纱
jet-spun yarn
TS106.4
　D MJS 纱
　S 纱线*
　F 多组分喷气涡流纱

喷气涡流纺
air jet vortex spinning
TS104.7
　S 喷气纺纱
　　涡流纺
　Z 纺纱

喷气引纬
air jet weft insertion
TS105
　D 喷气织造工艺
　　气流引纬
　S 引纬
　Z 织造工艺

喷气织机
jet looms
TS103.33
　D PAT 喷气织机
　　ZAX 喷气布机
　　ZAX 喷气织机
　　喷射织机
　　喷嘴引纬织机
　　双喷平绒织机
　　双喷织机
　S 无梭织机
　C 喷水织机
　Z 织造机械

喷气织造
air-jet weaving

TS105.4
　S 喷射织造
　Z 织造

喷气织造工艺
　Y 喷气引纬

喷汽调温熨斗
　Y 熨斗

喷染
　Y 皮革染色

喷洒粘合法
　Y 粘合法

喷洒粘合法非织造布
　Y 非织造布

喷色印花
　Y 喷射印花

喷色印花机
　Y 喷射印花机

喷色印花设备
　Y 喷射印花机

喷射*
spraying
TK4
　D 喷射法
　　喷射方式
　　喷射工艺
　　喷射过程
　　喷射技术
　F 压力喷雾
　C 节流装置 →(4)
　　射流 →(2)(3)(5)(6)(8)(11)
　　无机纤维 →(9)
　　制冷

喷射法
　Y 喷射

喷射方式
　Y 喷射

喷射工艺
　Y 喷射

喷射过程
　Y 喷射

喷射机
　Y 喷射器

喷射技术
　Y 喷射

喷射器*
ejector
TB6；TK0
　D 喷射机
　　喷射设备
　　引射器
　F 蒸汽喷射器
　C 变工况性能 →(5)
　　节流装置 →(4)
　　喷管流 →(6)
　　喷射系数 →(4)
　　喷射制冷 →(1)

射流泵 →(4)
天线波束 →(7)
引射 →(1)

喷射染色
jet dyeing
TS193
　D 喷雾染色
　S 染色工艺*

喷射染色机
jet dyeing machine
TS193.3
　D 喷射式染色机
　　气流喷射染色机
　S 织物染色机
　C 高温高压染色
　　染色机
　　染整机械机构
　Z 印染设备

喷射纱
　Y 纱线

喷射设备
　Y 喷射器

喷射式桨翼染整机
　Y 染色机

喷射式均质机
　Y 均质机

喷射式染色机
　Y 喷射染色机

喷射式绳状染槽
　Y 染整机械机构

喷射头
　Y 喷嘴

喷射液化
　Y 喷水引纬

喷射溢流染色
　Y 溢流喷射染色

喷射溢流染色机
jet overflow dyeing machine
TS193.3
　D 溢流喷射染色机
　S 溢流染色机
　Z 印染设备

喷射引纬
　Y 喷水引纬

喷射印花
jet printing
TS194.41
　D 喷色印花
　　喷雾印花
　　喷液印花
　　气泡喷射印花
　S 机械印花
　F 喷墨印花
　　数码喷射印花
　Z 印花

喷射印花机

jet printing machine
TS194.3
　D 喷墨印花系统
　　喷色印花机
　　喷色印花设备
　　喷射印花装置
　　喷雾印花机
　　喷雾印花设备
　　喷液印花机
　S 印花机
　F 喷墨印花机
　Z 印染设备

喷射印花装置
　Y 喷射印花机

喷射印刷油墨
　Y 喷墨打印油墨

喷射织机
　Y 喷气织机

喷射织造
jet weaving
TS105.4
　S 无梭织布
　F 喷气织造
　　喷水织造
　Z 织造

喷射自吸式发酵罐
　Y 发酵罐

喷湿碾米
　Y 碾米

喷水孔
spout
TS105
　S 孔洞*
　C 喷水引纬

喷水速度
water-jet velocity
TS105
　S 速度*

喷水引纬
water jet weft insertion
TS105
　D 喷射液化
　　喷射引纬
　S 引纬
　C 剑杆引纬
　　喷水孔
　Z 织造工艺

喷水织机
water jet looms
TS103.33
　S 无梭织机
　C 喷气织机
　　预置长度
　Z 织造机械

喷水织物
water-spraying fabric
TS106.8
　S 织物*

喷水织造
water-jet weaving
TS105.4
　　S 喷射织造
　　Z 织造

喷丝板
spinneret plate
TQ34；TS103.19
　　S 纺织机构*
　　F 异形喷丝板

喷丝孔
orifice of spinneret
TQ34；TS103.19
　　S 异形喷丝板
　　C 异形纤维
　　Z 纺织机构

喷丝帽
　　Y 喷丝头

喷丝头
spinning nozzle
TS103.19
　　D 喷丝帽
　　S 纺织机构*

喷头
　　Y 喷嘴

喷头工作压力
sprinkler operating pressure
TS101
　　D 喷头压力
　　　喷嘴气压
　　　喷嘴压力
　　S 压力*

喷头类型
　　Y 喷嘴

喷头体
　　Y 喷嘴

喷头形式
　　Y 喷嘴

喷头压力
　　Y 喷头工作压力

喷头组合型式
　　Y 喷嘴

喷雾淀粉
spraying starch
TS235
　　S 淀粉*
　　F 层间喷雾淀粉

喷雾干燥设备
spray drying equipment
TS252
　　S 干燥设备*

喷雾染色
　　Y 喷射染色

喷雾式涂布
　　Y 涂布

喷雾印花

　　Y 喷射印花

喷雾印花机
　　Y 喷射印花机

喷雾印花设备
　　Y 喷射印花机

喷雾着水
　　Y 雾化着水

喷液印花
　　Y 喷射印花

喷液印花机
　　Y 喷射印花机

喷印
　　Y 喷墨打印

喷印机
　　Y 喷墨印刷机

喷印墨水
　　Y 墨水

喷印设备
　　Y 喷墨设备

喷印油墨
jet printing inks
TQ63；TS802.3
　　S 印刷油墨
　　F 喷墨打印油墨
　　Z 油墨

喷印质量
inkjet printing quality
TS101.9
　　S 印花质量
　　Z 纺织加工质量

喷粘法非织造布
　　Y 纺粘非织造布

喷蒸热压
steam-injection hot pressing
TS65
　　S 热压
　　F 喷蒸真空热压
　　Z 压力加工

喷蒸真空热压
steam injection vacuum pressing
TG3；TS65
　　D 喷蒸-真空热压
　　S 喷蒸热压
　　Z 压力加工

喷蒸-真空热压
　　Y 喷蒸真空热压

喷嘴*
nozzle
TH13；TK2；V2
　　D 喷咀
　　　喷射头
　　　喷头
　　　喷头类型
　　　喷头体
　　　喷头形式
　　　喷头组合型式

　　　喷嘴组
　　　喷嘴组合
　　F 减羽喷嘴
　　C 泵零件 →(4)
　　　点火器 →(6)
　　　高压水射流 →(8)
　　　焊枪 →(3)
　　　进气角度 →(5)
　　　喷灌机 →(11)
　　　喷枪 →(3)
　　　喷水强度 →(11)
　　　喷头设计 →(1)(4)
　　　喷嘴挡板阀 →(4)
　　　喷嘴堵塞 →(2)
　　　喷嘴宽度 →(8)
　　　物料泄漏 →(1)
　　　消防 →(11)(12)
　　　浴室设备 →(11)
　　　增压设施 →(11)
　　　转炉 →(3)

喷嘴气压
　　Y 喷头工作压力

喷嘴压力
　　Y 喷头工作压力

喷嘴引纬织机
　　Y 喷气织机

喷嘴组
　　Y 喷嘴

喷嘴组合
　　Y 喷嘴

烹茶
　　Y 煎茶

烹调
　　Y 烹饪工艺

烹调法
　　Y 烹饪工艺

烹调方法
　　Y 烹饪工艺

烹调方式
　　Y 烹饪工艺

烹调工艺
　　Y 烹饪工艺

烹调技法
　　Y 烹饪工艺

烹调技巧
　　Y 烹饪工艺

烹调技术
　　Y 烹饪工艺

烹调技艺
　　Y 烹饪工艺

烹调加工
　　Y 烹饪工艺

烹调加热
cooking and heating
TS2

S 食品加热
Z 加热

烹调师
cooking technician
TS972.3
D 烹饪大师
特级烹饪大师
S 厨师
F 中式烹调师
Z 人员

烹调时间
cooking time
TS972.1
S 加工时间*
F 醒发时间
腌制时间
油炸时间

烹调术
Y 烹饪工艺

烹调油
Y 食用油

烹调原料
Y 烹饪原料

烹饪
Y 烹饪工艺

烹饪创新
Y 菜肴创新

烹饪大师
Y 烹调师

烹饪法
Y 烹饪工艺

烹饪方法
Y 烹饪工艺

烹饪辅料
Y 烹饪原料

烹饪工艺*
cooking method
TS972.113
D 烹调
烹调法
烹调方法
烹调方式
烹调工艺
烹调技法
烹调技巧
烹调技术
烹调技艺
烹调加工
烹调术
烹饪
烹饪法
烹饪方法
烹饪技法
烹饪技术
烹饪技艺
烹饪加工
烹制
烹制法

烹制方法
烹制工艺
烹制机理
烹制技法
烹制技巧
烹制技术
烹制技艺
烹制食品
烹制特点
烹制用火
烹制原则
食品加工工艺
F 熬制
菜肴制作
炒制
醋渍
调香调味
勾芡
挂糊
裹粉
过油
煎制
酱制
溜制
卤制
焖制
配膳
糖制
微波烹调
煨制
腌制
油浸
油炸
糟烧
醉制
C 炊具
风味物质
工艺方法
烹饪化学
烹饪史
烹饪原料
食品雕刻

烹饪化学
cuisine chemistry
TS201.2
S 食品化学
C 烹饪工艺
Z 科学
食品科学

烹饪基础化学
Y 烹饪科学

烹饪技法
Y 烹饪工艺

烹饪技术
Y 烹饪工艺

烹饪技艺
Y 烹饪工艺

烹饪加工
Y 烹饪工艺

烹饪科学
cookery
TS971

D 烹饪基础化学
烹饪理论
烹饪学
烹饪原料学
S 食品科学*
F 烹饪卫生学

烹饪理论
Y 烹饪科学

烹饪美学
culinary aesthetics
TS972.3
S 美学*

烹饪器具
Y 炊具

烹饪设备
Y 炊具

烹饪史
cuisine history
TS971
S 饮食史
C 烹饪工艺
Z 历史

烹饪卫生
cooking hygiene
TS972.1
S 卫生*
C 菌落总数

烹饪卫生学
culinary hygiene
TS201.6
S 烹饪科学
Z 食品科学

烹饪学
Y 烹饪科学

烹饪油
Y 食用油

烹饪原料
cooking materials
TS972.111
D 烹调原料
烹饪辅料
S 食品原料*
F 菜肴原料
馅料
C 菜肴
烹饪工艺

烹饪原料学
Y 烹饪科学

烹制
Y 烹饪工艺

烹制法
Y 烹饪工艺

烹制方法
Y 烹饪工艺

烹制工艺
Y 烹饪工艺

烹制机理
　　Y 烹饪工艺

烹制技法
　　Y 烹饪工艺

烹制技巧
　　Y 烹饪工艺

烹制技术
　　Y 烹饪工艺

烹制技艺
　　Y 烹饪工艺

烹制食品
　　Y 烹饪工艺

烹制特点
　　Y 烹饪工艺

烹制用火
　　Y 烹饪工艺

烹制原则
　　Y 烹饪工艺

烹煮
　　Y 煮制

烹煮方法
　　Y 煮制

烹煮品质
cooking quality
TS207.7
　　S 食品质量*
　　C 蒸煮

烹煮特性
cooking properties
TS972.1
　　S 工艺性能*
　　F 蒸煮特性

朋克
punk
TS941.3
　　S 服装风格
　　Z 样式

蓬帆布
　　Y 篷布

蓬蓬裙
　　Y 裙装

蓬松度
　　Y 蓬松性

蓬松型非织造布
　　Y 非织造布

蓬松性
bulkiness
TS101
　　D 蓬松度
　　　膨松
　　　膨松度
　　　膨松性
　　S 性能*
　　C 纺织品性能
　　　食品特性

硼锂镀矿
　　Y 宝石

硼铍铝铯石
　　Y 宝石

硼纤维
boron fiber
TQ34；TS102
　　S 纤维*
　　F 氮化硼纤维

篷布
tarpaulin
TS106.6
　　D 蓬帆布
　　　篷盖布
　　　铁路篷布
　　S 产业用纺织品
　　F 货车篷布
　　Z 纺织品

篷盖布
　　Y 篷布

篷盖材料
canopy cover materials
TS107
　　S 材料*

膨化*
puffing
TS205
　　D 二次膨化
　　　高温膨化
　　　膨化倍率
　　　膨化处理
　　　膨化工艺
　　　膨化技术
　　　助膨化
　　F 食品膨化
　　C 膨化度
　　　膨化干燥　→(9)
　　　膨化机理
　　　膨化率
　　　膨化温度　→(1)
　　　膨化效果

膨化倍率
　　Y 膨化

膨化处理
　　Y 膨化

膨化大米
　　Y 挤压膨化大米

膨化度
expansion ratio
TS205
　　S 程度*
　　C 膨化

膨化粉
puffed powder
TS209
　　S 谷物粉
　　F 膨化米粉
　　　膨化玉米粉
　　Z 粮油食品

膨化工艺
　　Y 膨化

膨化花式纱
　　Y 花式纱线

膨化机
bulking machine
TS203
　　S 食品加工机械*
　　F 双螺杆挤压膨化机

膨化机理
swelling mechanism
TS203
　　S 机理*
　　C 膨化

膨化技术
　　Y 膨化

膨化浸出
expansion extraction
TS22
　　S 油脂浸出
　　Z 浸出

膨化率
puffing rate
TS205
　　S 比率*
　　C 膨化

膨化马铃薯 α 淀粉
extruded potato α-starch
TS235.2
　　S 马铃薯淀粉
　　Z 淀粉

膨化米粉
puffing rice flour
TS213
　　S 米粉
　　　膨化粉
　　Z 粮油食品

膨化米糊
　　Y 米糊

膨化食品
puffed food
TS219
　　S 食品*
　　F 爆米花
　　　油炸膨化食品

膨化脱墨
explosion deinking
TS74
　　S 脱墨*

膨化效果
puffing effect
TQ56；TS205
　　S 效果*
　　C 膨化

膨化玉米淀粉
　　Y 玉米变性淀粉

膨化玉米粉

puffing corn flour
TS211
S 膨化粉
玉米粉
Z 粮油食品

膨松
Y 蓬松性

膨松度
Y 蓬松性

膨松剂*
swelling agent
TS202.3
D 疏松剂
F 复合膨松剂
化学膨松剂
活化疏松剂
生物膨松剂
食品膨松剂
无铝膨松剂
C 酵母
膨胀剂 →(2)(9)(11)

膨松面粉
Y 专用面粉

膨松纱
Y 膨体纱

膨松性
Y 蓬松性

膨体长丝
Y 膨体纱

膨体弹力真丝
bulk stretch silk
TS102.33
S 弹力真丝
Z 真丝纤维

膨体连续长丝
Y 膨体纱

膨体毛条
bulk top
TS13
S 毛条
C 膨体纱
Z 产品

膨体纱
bulky yarn
TS106.4
D 膨松纱
膨体长丝
膨体连续长丝
S 变形纱
C 膨体毛条
Z 纱线

膨胀*
expansion
O4
D 非膨胀
可膨胀
膨胀法
膨胀方法

膨胀过程
膨胀式
F 干缩湿胀
厚度膨胀
碱膨胀
烟草膨胀
在线膨胀
C 膨胀涡轮 →(6)
膨胀仪 →(4)

膨胀法
Y 膨胀

膨胀方法
Y 膨胀

膨胀梗丝
expanded stem
TS42
S 梗丝
Z 卷烟材料

膨胀工艺
Y 工艺方法

膨胀过程
Y 膨胀

膨胀式
Y 膨胀

膨胀烟丝
expanded cut tobacco
TS42
D 膨胀烟丝应用
S 烟丝
C 膨胀叶丝
Z 卷烟材料

膨胀烟丝应用
Y 膨胀烟丝

膨胀叶丝
expansion tobacco
TS42
S 叶丝
C 膨胀烟丝
Z 卷烟材料

碰铃
Y 打击乐器

批量打印
bulk print
TS859
S 打印*

批量色差
batch chromatism
O4；TS193
S 色差*

批内精密度
Y 精度

纰裂
stitch slipping
TS101.97
D 纰裂性能
S 织物疵点
Z 纺织品缺陷

纰裂性能
Y 纰裂

坯
Y 坯料

坯布
gray fabric
TS106.8
D 化纤坯布
麻坯布
毛坯布
坯绸
S 织物*
F 针织坯布

坯布疵点
Y 织物疵点

坯布质量
grey quality
TS107
S 纺织品质量
Z 产品质量

坯绸
Y 坯布

坯革
crust leather
TS56
S 皮革*

坯件
Y 坯料

坯壳
Y 结皮

坯料*
billet
TG3
D 电渣坯料
坯
坯件
坯体
F 薄板坯
茶坯
鸭坯
轧坯

坯体
Y 坯料

披肩
cape
TS941.722
D 前后披肩
外披
S 配饰
F 羊皮披肩
Z 服饰

劈木机
splitting machine
TS642
S 木工机床
Z 木工机械

皮板
Y 皮革

皮板质量
　Y 皮革质量

皮边角料
leftover and scraps wastes
TS59
　D 铬革渣
　　皮革废渣
　　皮革下脚料
　　制革废料
　　制革下脚料
　S 皮革废料
　　下脚料*
　　制革副产品
　Z 废料
　　副产品

皮草
　Y 天然皮革

皮带扣
belt hook
TS941.728
　S 配饰
　Z 服饰

皮蛋
pidan
TS253.4
　D 变蛋
　　陈皮蛋
　　富硒皮蛋
　　含锌皮蛋
　　鸡皮蛋
　　人造变蛋
　　人造皮蛋
　　水晶皮蛋
　　松花蛋
　　松花皮蛋
　　溏心皮蛋
　　无泥松花蛋
　　五香皮蛋
　　益阳松花皮蛋
　　纸包皮蛋
　S 蛋*
　F 鹌鹑皮蛋
　　无铅皮蛋

皮蛋加工
lime preserved egg processing
TS253.4
　S 蛋品加工
　Z 食品加工

皮肤保健
　Y 皮肤护理

皮肤保养
　Y 皮肤护理

皮肤护理
skin care
TS974.1
　D 护肤
　　护肤保养
　　护肤步骤
　　护肤程序
　　护肤法
　　护肤方案

　　护肤方法
　　护肤方式
　　护肤护理
　　护肤理念
　　护肤作用
　　肌肤保养
　　肌肤护理
　　皮肤保健
　　皮肤保养
　S 个人护理
　F 防晒护理
　　肤色调理
　　颈部护理
　　美容护理
　　晒后护理
　　深层护理
　　手部护理
　C 个人护理品
　　护肤功能
　　洗手液 →(9)
　Z 护理

皮肤美白
skin whitening
TS974；TS974.11
　D 肌肤美白
　　美白
　　美白方法
　　美白功效
　　美白技巧
　　美白效果
　　美白作用
　S 美容*
　C 沙棘油

皮肤水分
skin moisture
TS974
　D 肌肤水分
　S 水分*

皮肤脂质
　Y 脂质

皮革*
leather
TS56
　D 革
　　皮板
　　皮张
　F 成品革
　　仿皮
　　合成革
　　毛革
　　坯革
　　轻革
　　软革
　　生活用革
　　天然皮革
　　油鞣革
　　再生革
　　重革
　C 计算机配色 →(9)
　　加脂剂
　　皮革加脂剂
　　鞣剂
　　鞣制

　　手感剂
　　鞋材
　　压纹
　　整饰

皮革保养剂
leather maintenance agents
TS529.1
　D 皮革护理剂
　S 制剂*
　F 皮革滑爽剂
　　皮革涂饰剂

皮革材料
　Y 制革原料

皮革裁剪
leather cutting
TS544
　D 裁制
　S 皮革整理
　Z 制革工艺

皮革厂
　Y 制革厂

皮革处理
　Y 皮革整理

皮革弹性
leather elasticity
TS57
　S 力学性能*
　　皮革性能
　Z 材料性能

皮革顶伸性能
leather lastometering properties
TS57
　S 力学性能*
　　皮革性能
　Z 材料性能

皮革废料
leather waste
TS59；X7
　D 废皮革
　S 废料*
　F 含铬废革料
　　碱皮边角废料
　　皮边角料

皮革废弃物
　Y 制革废弃物

皮革废水
　Y 制革废水

皮革废液
leather-making effluent
TS59；X7
　D 制革废液
　S 废液*
　F 铬鞣液

皮革废渣
　Y 皮边角料

皮革服装
leather garment
TS941.7

　　S 服装*
　　F 裘皮服装

皮革复鞣剂
leather retanning agents
TS529.2
　　S 复鞣剂
　　Z 鞣剂

皮革工业
　　Y 制革工业

皮革固体废弃物
solid leather wastes
TS59；X7
　　S 制革废弃物
　　Z 工业废弃物
　　　固体废物

皮革光亮剂
leather brightening agent
TS529.1
　　S 表面光亮剂
　　　皮革涂饰剂
　　Z 表面处理剂
　　　制剂

皮革厚度
leather thickness
TS57
　　S 厚度*

皮革护理剂
　　Y 皮革保养剂

皮革滑爽剂
smoothing agent for leather
TS529.1
　　S 滑爽剂
　　　皮革保养剂
　　Z 表面处理剂
　　　制剂

皮革化工
leather chemical engineerig
TS513
　　S 化学工业*

皮革化学
　　Y 鞣制化学

皮革化学品
leather chemicals
TS513
　　S 化学品*
　　C 制革工艺

皮革机械
　　Y 制革机械

皮革基布
　　Y 合成革基布

皮革加工
　　Y 皮革整理

皮革加工机械
　　Y 制革机械

皮革加工器
　　Y 制革机械

皮革加工设备
　　Y 毛皮加工设备

皮革加脂
leather greasing
TS544
　　S 加脂
　　C 加脂性能
　　Z 制革工艺

皮革加脂剂
leather fatliquoring agents
TS529.1
　　S 加脂剂*
　　F 两性皮革加脂剂
　　C 皮革

皮革面料
　　Y 面料

皮革染料
leather dye
TS193.21
　　D 毛皮染料
　　　皮革专用染料
　　S 染料*

皮革染色
leather dyeing
TS54
　　D 毛皮染色
　　　喷染
　　　染色(毛皮)
　　S 染色工艺*

皮革鞣剂
　　Y 鞣剂

皮革鞣制
　　Y 鞣制

皮革鞣制工艺
　　Y 鞣制

皮革生产
　　Y 皮革整理

皮革湿加工
leather wet processing
TS544
　　D 皮革真空湿加工
　　S 皮革整理
　　Z 制革工艺

皮革手感剂
　　Y 手感剂

皮革手套
　　Y 手套

皮革填充剂
leather filler
TS529.1
　　S 填充剂
　　Z 填料

皮革涂饰
leather finish
TS544
　　D 制革涂饰
　　S 皮革整理

　　C 皮革涂饰剂
　　　羊皮
　　Z 制革工艺

皮革涂饰材料
leather finishing materials
TS56
　　S 装修装饰材料*
　　C 皮革涂饰剂

皮革涂饰剂
leather finishing agent
TS529.1
　　S 皮革保养剂
　　　涂饰剂
　　F 皮革光亮剂
　　　鞋油
　　C 皮革涂饰
　　　皮革涂饰材料
　　Z 表面处理剂
　　　制剂

皮革五金
　　Y 五金件

皮革下脚料
　　Y 皮边角料

皮革屑
leather scrap
TS59
　　D 废革屑
　　　废皮屑
　　　革屑
　　　皮屑
　　S 废屑*
　　　制革副产品
　　F 铬革屑
　　　脱铬革屑
　　Z 副产品

皮革行业
　　Y 制革工业

皮革性能
leather performance
TS57
　　D 皮革性质
　　S 材料性能*
　　F 成革性能
　　　加脂性能
　　　皮革弹性
　　　皮革顶伸性能
　　　鞣性

皮革性质
　　Y 皮革性能

皮革学
　　Y 制革工艺学

皮革业
　　Y 制革工业

皮革原料
　　Y 制革原料

皮革真空湿加工
　　Y 皮革湿加工

皮革整理

leather finishing
TS544
　　D 硫化（皮革）
　　　毛皮工艺
　　　毛皮加工
　　　皮革处理
　　　皮革加工
　　　皮革生产
　　　皮革制造
　　S 制革工艺*
　　F 加脂
　　　皮革裁剪
　　　皮革湿加工
　　　皮革涂饰
　　C 鞣制
　　　上光

皮革制造
　　Y 皮革整理

皮革质量
leather quality
TS57
　　D 皮板质量
　　　皮张质量
　　S 产品质量*

皮革助剂
　　Y 制革助剂

皮革专用染料
　　Y 皮革染料

皮辊
leather roller
TH13；TQ33；TS103.82
　　D 牛皮辊
　　S 纺织胶辊
　　F 软皮辊
　　Z 纺织器材
　　　辊

皮辊花
　　Y 回花

皮辊棉
roller ginned cotton
TS102.21
　　D 皮棉
　　S 棉纤维
　　Z 天然纤维

皮辊轧花机
　　Y 轧花机

皮辊轧棉机
　　Y 轧花机

皮化材料
leather chemical materials
TS59
　　S 制革副产品
　　Z 副产品

皮胶原
　　Y 皮胶原蛋白

皮胶原蛋白
skin collagen
Q5；TS201.21

　　D 皮胶原
　　S 天然胶原
　　F 鱼皮胶原蛋白
　　　猪皮胶原
　　Z 蛋白质

皮毛工业
　　Y 制革工业

皮毛业
　　Y 制革工业

皮棉
　　Y 皮辊棉

皮棉加工质量
　　Y 棉花质量

皮棉质量
　　Y 棉花质量

皮磨
shelling
TS211.4
　　S 小麦研磨
　　Z 农产品加工

皮圈
　　Y 纺纱胶圈

皮圈牵伸
apron draft
TS104.2
　　S 牵伸*

皮圈牵伸粗纺机
　　Y 粗纱机

皮圈销
apron pin
TS103.82
　　S 纺织销
　　F 平销
　　　上销
　　　下销
　　Z 纺织器材

皮仁分离
dehuller and separating
TS205
　　S 粮食加工
　　Z 农产品加工

皮套
leather sheath
TS56
　　S 套件*

皮鞋
leather shoes
TS943.7；TS943.712
　　S 鞋*

皮鞋帮样
　　Y 鞋样

皮鞋翻新
　　Y 制鞋工艺

皮鞋护理
leather shoes care
TS943

　　S 护理*

皮鞋机械
　　Y 制鞋机械

皮鞋设计
leather shoes design
TS943.2
　　S 鞋类设计
　　Z 服饰设计

皮鞋楦
leather shoe tree
TS943.4
　　S 鞋楦
　　Z 模具

皮屑
　　Y 皮革屑

皮芯
　　Y 皮芯复合纤维

皮芯复合纤维
sheath-core composite fibers
TQ34；TS102.65
　　D 皮芯
　　　皮芯纤维
　　S 复合纤维
　　Z 纤维

皮芯结构
skin-core structure
O6；TS101
　　S 结构*
　　C 结构改性 →(9)
　　　芯部 →(6)

皮芯纤维
　　Y 皮芯复合纤维

皮芯型复合纤维
　　Y 多层复合纤维

皮渣
　　Y 果蔬渣

皮张
　　Y 皮革

皮张质量
　　Y 皮革质量

皮纸
pergamyn paper
TS76
　　D 羊皮纸
　　　真羊皮纸
　　　植物羊皮纸
　　　植物用羊皮纸
　　S 纸张*
　　F 牛皮纸
　　　桑皮纸

枇杷果醋
loquat vinegar
TS264；TS27
　　S 果醋
　　Z 饮料

枇杷果酒

loquat fruit wine

TS262.7

　D 枇杷酒

　S 果酒

　Z 酒

枇杷核淀粉

loquat kernel starch

TS235.5

　S 植物淀粉

　Z 淀粉

枇杷酒

　Y 枇杷果酒

啤酒

beer

TS262.59

　S 酒*

　F 白啤酒

　　保健啤酒

　　冰啤

　　大豆啤酒

　　淡爽型啤酒

　　低醇啤酒

　　低浓啤酒

　　废啤酒

　　干啤酒

　　高浓啤酒

　　功能啤酒

　　果味啤酒

　　黑啤酒

　　瓶装啤酒

　　生啤酒

　　微型啤酒

　　小麦啤酒

　　中国啤酒

　　自酿啤酒

　C 冷混浊

　　麦芽汁

　　酿造酒

　　酿造设备

　　泡沫质量　→(2)

　　啤酒包装

　　啤酒蛋白

　　啤酒分析

　　啤酒风味

　　啤酒辅料

　　啤酒工艺

　　啤酒酵母

　　啤酒泡沫

　　啤酒色泽

　　啤酒稳定性

　　嘌呤类物质

啤酒包装

beer packaging

TS206

　S 酒包装

　C 啤酒

　Z 食品包装

啤酒包装机械

　Y 啤酒灌装机

啤酒产量

beer production

TS262.5

　S 轻工产品产量

　Z 产量

啤酒产业

　Y 啤酒工业

啤酒厂

brewhouse

TS261

　S 酒厂

　Z 工厂

啤酒厂废水

brewery plant wastewater

TS261；X7

　S 酒厂废水

　C 啤酒废水

　Z 废水

啤酒澄清

beer clarification

TS261

　S 澄清*

　C 啤酒工艺

啤酒澄清剂

beer clarifying agent

TS202.3；TS261.2

　S 澄清剂

　C 啤酒添加剂

　Z 制剂

啤酒醋

alegar

TS264；TS27

　D 啤酒风味醋

　S 醋饮料

　Z 饮料

啤酒蛋白

beer protein

Q5；TS201.21

　D 啤酒蛋白质

　S 蛋白质*

　C 啤酒

啤酒蛋白质

　Y 啤酒蛋白

啤酒发酵

beer fermentation

TS261.43

　S 啤酒工艺*

啤酒发酵罐

beer ferment jar

TQ92；TS261.3

　D 啤酒发酵容器

　S 发酵罐

　　啤酒设备

　Z 发酵设备

　　食品加工设备

啤酒发酵容器

　Y 啤酒发酵罐

啤酒非生物混浊

　Y 啤酒混浊

啤酒废弃生物质

beer residual biomass

TS261；X7

　S 废弃物*

　　有机质*

　F 啤酒废糟渣

　C 混菌发酵

啤酒废水

brewery wastewater

TS209

　D 啤酒工业废水

　　啤酒混合废水

　　啤酒生产废水

　　啤酒污水

　　啤酒业废水

　S 酒精废液

　C 啤酒厂废水

　Z 发酵产品

　　废水

　　废液

啤酒废糟渣

beer waste slag

TS261；X7

　S 啤酒废弃生物质

　Z 废弃物

　　有机质

啤酒分析

beer analysis

TS261；TS262

　D 啤酒感官品评

　　啤酒检测

　S 物质分析*

　C 啤酒

啤酒分析仪

beer analyzer

TS261.3

　S 分析仪*

啤酒风味

beer flavor

TS971.1

　D 啤酒风味物质

　S 风味*

　C 啤酒

啤酒风味醋

　Y 啤酒醋

啤酒风味稳定性

beer flavor stability

TS261.7

　S 风味稳定性

　　啤酒稳定性

　Z 食品特性

　　稳定性

啤酒风味物质

　Y 啤酒风味

啤酒辅料

beer adjuncts

TS261.2

　D 啤酒副产物

　S 酿酒原料

　C 啤酒

　Z 食品原料

啤酒腐败菌

beer spoilage bacteria
TS261
　　S 食品腐败菌
　　Z 菌种

啤酒副产物
　　Y 啤酒辅料

啤酒感官品评
　　Y 啤酒分析

啤酒工业
beer industry
TS262.5
　　D 啤酒产业
　　　啤酒行业
　　S 酿酒工业
　　C 酿酒工艺
　　Z 轻工业

啤酒工业废水
　　Y 啤酒废水

啤酒工艺*
beer technology
TS261.4
　　D 啤酒酿造
　　　啤酒酿造工艺
　　　啤酒生产
　　F 啤酒发酵
　　　啤酒灌装
　　　啤酒过滤
　　　啤酒老化
　　　啤酒糖化
　　　啤酒氧化
　　C 麦汁制备
　　　酿酒工艺
　　　啤酒
　　　啤酒澄清
　　　啤酒有害菌

啤酒灌瓶机
　　Y 啤酒灌装机

啤酒灌装
beer filling
TS261.48
　　D 啤酒灌装线
　　S 啤酒工艺*
　　F 桶装

啤酒灌装机
beer filling machine
TS261
　　D 啤酒包装机械
　　　啤酒灌瓶机
　　　啤酒灌装设备
　　　啤酒灌装压盖机
　　　啤酒贴标机
　　　啤酒桶装线机械
　　S 灌酒机
　　　啤酒设备
　　Z 灌装机械
　　　食品加工设备

啤酒灌装设备
　　Y 啤酒灌装机

啤酒灌装生产线
　　Y 啤酒生产线

啤酒灌装线
　　Y 啤酒灌装

啤酒灌装压盖机
　　Y 啤酒灌装机

啤酒罐
beer tank
TS261
　　S 酒罐
　　Z 容器

啤酒过滤
beer filtration
TS261.4
　　S 啤酒工艺*

啤酒花
humulus lupulus
TS261.9
　　D 忽布
　　S 酒花制品
　　Z 副产品

啤酒花浸膏
hop extracts
TS261.9
　　S 酒花制品
　　Z 副产品

啤酒花制品
　　Y 酒花制品

啤酒混合废水
　　Y 啤酒废水

啤酒混合饮料
　　Y 啤酒饮料

啤酒混浊
beer hazes
TS262
　　D 啤酒非生物混浊
　　　啤酒生物混浊
　　S 饮料混浊
　　Z 变质

啤酒活性干酵母
beer active dry yeast
TQ92；TS26
　　S 酿酒活性干酵母
　　　啤酒酵母
　　Z 酵母

啤酒机械
　　Y 啤酒设备

啤酒检测
　　Y 啤酒分析

啤酒胶体稳定性
beer colloid stability
TS261.7
　　S 材料性能*
　　　啤酒稳定性
　　　稳定性*
　　Z 食品特性

啤酒酵母
beer yeast
TQ92；TS26

　　D 啤酒酵母工程菌
　　　啤酒酵母菌种
　　S 酿酒酵母
　　F 啤酒活性干酵母
　　C 酵母精
　　　酵母味素
　　　啤酒
　　　双乙酰
　　　中试　→(1)
　　　自溶
　　Z 酵母

啤酒酵母工程菌
　　Y 啤酒酵母

啤酒酵母菌种
　　Y 啤酒酵母

啤酒酵母泥
　　Y 酵母泥

啤酒精
　　Y 啤酒酒精含量

啤酒酒精含量
alcohol content of beer
TS261；TS262
　　D 啤酒精
　　S 酒精含量
　　Z 含量

啤酒口感
beer tasting
TS261
　　S 口感
　　Z 感觉

啤酒口味
beer taste
TS261
　　S 口味
　　Z 感觉

啤酒老化
beer aging
TS261.4
　　S 老化*
　　　啤酒工艺*
　　F 风味老化

啤酒冷凝固物
　　Y 酿酒副产品

啤酒麦糟
　　Y 啤酒糟

啤酒酿造
　　Y 啤酒工艺

啤酒酿造工艺
　　Y 啤酒工艺

啤酒泡沫
beer foam
TS262
　　S 泡沫*
　　C 啤酒

啤酒品质
　　Y 啤酒质量

啤酒瓶
beer bottle
TS261
　S 酒瓶
　Z 容器

啤酒企业
beer enterprise
TS262.5
　S 酿酒企业
　Z 企业

啤酒色
　Y 啤酒色泽

啤酒色度
　Y 啤酒色泽

啤酒色泽
beer color
TS261.7
　D 啤酒色
　　啤酒色度
　S 色泽*
　C 啤酒

啤酒设备
beer brewing equipment
TS261.3
　D 啤酒机械
　　啤酒生产设备
　　啤酒通用机械
　　啤酒饮料设备
　　微型啤酒设备
　S 酿造设备
　F 麦汁过滤机
　　麦汁冷却器
　　麦汁煮沸锅
　　啤酒发酵罐
　　啤酒灌装机
　　糖化锅
　Z 食品加工设备

啤酒生产
　Y 啤酒工艺

啤酒生产废水
　Y 啤酒废水

啤酒生产企业
beer brewery enterprises
TS261.8
　S 食品企业
　Z 企业

啤酒生产设备
　Y 啤酒设备

啤酒生产线
beer production line
TS20
　D 纯生啤酒生产线
　　啤酒灌装生产线
　S 饮料生产线
　Z 生产线

啤酒生物混浊
　Y 啤酒混浊

啤酒糖化

beer saccharification
TS261.43
　D 浸出糖化
　　浸出糖化法
　S 啤酒工艺*

啤酒糖浆
syrup for brewing
TS245
　D 啤酒用糖浆
　　啤酒专用糖浆
　S 糖浆
　Z 糖制品

啤酒添加剂
beer additives
TS261
　S 食品添加剂
　C 麦汁澄清剂
　　啤酒澄清剂
　Z 添加剂

啤酒贴标机
　Y 啤酒灌装机

啤酒通用机械
　Y 啤酒设备

啤酒桶装线机械
　Y 啤酒灌装机

啤酒稳定性
beer stability
TS261.7
　S 食品稳定性
　F 啤酒风味稳定性
　　啤酒胶体稳定性
　C 啤酒
　Z 食品特性
　　稳定性

啤酒污染菌
　Y 啤酒有害菌

啤酒污水
　Y 啤酒废水

啤酒下脚料
beer waste
TS261
　S 下脚料*

啤酒行业
　Y 啤酒工业

啤酒氧化
beer oxidation
TS261.4
　S 啤酒工艺*

啤酒业废水
　Y 啤酒废水

啤酒饮料
beer beverage
TS261；TS27
　D 啤酒混合饮料
　S 饮料酒
　Z 饮料

啤酒饮料设备

　Y 啤酒设备

啤酒用糖浆
　Y 啤酒糖浆

啤酒有害菌
beer harmful bacteria
TS261
　D 啤酒污染菌
　　啤酒有害细菌
　S 菌种*
　C 啤酒工艺

啤酒有害细菌
　Y 啤酒有害菌

啤酒原料
beer material
TS261.2
　S 酿酒原料
　Z 食品原料

啤酒糟
beer lees
TS261.9
　D 啤酒麦糟
　S 酒糟
　Z 副产品

啤酒质量
quality of beer
TS261.7
　D 啤酒品质
　S 原酒质量
　Z 食品质量

啤酒专用糖浆
　Y 啤酒糖浆

琵琶腊鸡
　Y 低盐腊肉

匹配选型
　Y 配套选型

匹染
piece dyeing
TS193
　D 布匹染色
　S 染色工艺*
　C 浸染

匹数计数器
　Y 计数器

偏摆测量仪
　Y 测量仪器

偏差
　Y 误差

偏差值
　Y 误差

偏光镜片
polarized lens
TH7；TS959.6
　S 镜片*

偏光太阳镜
polarized sunglasses
TS941.731；TS959.6

S 太阳镜
Z 安全防护用品
　　眼镜

偏氯纶
polyvinylidene chloride
TQ34；TS102.525
D 聚偏 1,1-二氯乙烯纤维
　　聚偏氯乙烯纤维
S 氯纶
Z 纤维

偏心模
Y 模具

偏心模具
Y 模具

偏置表面
Y 表面

片纱张力
multiple yarn tension
TS105
S 整经张力
Z 张力

片梭织机
gripper-shuttle loom
TS103.33
S 有梭织机
F P7100 片梭织机
Z 织造机械

片烟
flue-cured tobacco lamina
TS44
S 烟叶加工*

片烟复烤机
Y 烟叶复烤机

片猪肉
Y 猪肉

片状颜料
Y 颜料

瓢琴
Y 弦乐器

漂白*
bleaching
TS192.2；TS745
D 练白
　　漂白处理
　　漂白方法
　　漂白工艺
　　漂白技术
　　漂色
　　洗白
F 超声波漂白
　　低温漂白
　　多段漂白
　　高浓漂白
　　化学漂白
　　精练漂白
　　木材漂白
　　轻度漂白
　　清洁漂白

　　少氯漂白
　　生物漂白
　　脱胶漂白
　　无污染漂白
　　一浴漂白
　　纸浆漂白
　　置换漂白
　　中浓漂白
　　组合漂白
C 漂白机理
　　漂白剂
　　漂白脱色
　　漂白效率
　　漂白性能
　　漂白原理
　　漂洗
　　脱木素
　　助漂作用

漂白桉木硫酸盐浆
Y BHKP

漂白残液
Y 染色废液

漂白草浆
bleached straw pulps
TS749.2
S 稻草浆
F 漂白稻草浆
Z 浆液

漂白处理
Y 漂白

漂白稻草浆
bleached rice straw pulps
TS749.2
S 漂白草浆
Z 浆液

漂白方法
Y 漂白

漂白废水
bleaching effluent
TS745；X7
S 废水*
F 碱性过氧化氢机械浆废水
　　漂白化学机械磨木浆废水
　　纸浆漂白废水
　　制浆漂白废水
C 染色废液

漂白废液
Y 染色废液

漂白废纸脱墨浆
bleached waste paper deinking pulps
TS749.7
S 废纸脱墨浆
Z 浆液

漂白粉
Y 漂白剂

漂白工艺
Y 漂白

漂白化机浆

bleached chemimechanical pulps
TS749
D 漂白化学机械浆
S 漂白浆
Z 浆液

漂白化学机械浆
Y 漂白化机浆

漂白化学机械磨木浆废水
bleached chemical mechanical pulp
wastewater
TS745；X7
D BCTMP 废水
　　BCTMP 制浆废水
S 漂白废水
Z 废水

漂白化学木浆
bleached chemical wood pulps
TS749.1
S 漂白木浆
Z 浆液

漂白化学热磨机械浆
bleached chemithermomechanical pulp
TS749
S 漂白机械浆
Z 浆液

漂白机
Y 漂白设备

漂白机理
bleaching mechanism
TS192；TS74
S 机理*
C 漂白
　　漂白原理

漂白机械浆
bleached mechanical pulps
TS749
S 漂白浆
F 漂白化学热磨机械浆
Z 浆液

漂白技术
Y 漂白

漂白剂*
bleaching agent
TS192.2；TS727.2
D 化学漂白剂
　　面粉漂白剂
　　漂白粉
　　食品用漂白剂
F 光漂白剂
　　漂粉精
　　氧化漂白剂
　　纸浆漂白剂
C 漂白
　　漂白稳定剂
　　漂白液
　　杀菌消毒剂 →(9)

漂白浆
bleached pulp
TS749
S 纸浆

F 漂白化机浆
漂白机械浆
漂白硫酸盐浆
漂白麦草浆
漂白木浆
漂白苇浆
漂白蔗渣浆
漂白竹浆
Z 浆液

漂白胶
bleached glue
TS205
S 胶*

漂白联合机
Y 漂白设备

漂白硫酸盐浆
bleached kraft pulp
TS749
S 硫酸盐浆
漂白浆
Z 浆液

漂白麦草浆
bleached wheat straw pulp
TS749
S 麦草浆
漂白浆
Z 浆液

漂白木浆
bleached wood pulp
TS749.1
S 木浆
漂白浆
F 漂白化学木浆
漂白针叶木浆
Z 浆液

漂白设备 ·
bleaching apparatus
TS190.4
D 漂白机
漂白联合机
漂白装置
S 练漂机
Z 染整机械

漂白时间
Y 漂烫时间

漂白塔
bleaching tower
TS73
S 塔器*

漂白特性
Y 漂白性能

漂白脱色
bleaching and decoloration
TS192；TS74
S 化学脱色
C 漂白
Z 脱除

漂白苇浆
bleached reed pulps

TS749.3
S 漂白浆
苇浆
Z 浆液

漂白稳定剂
bleaching stibilizer
TS195.2
S 稳定剂*
F 氧漂稳定剂
C 漂白剂

漂白效率
bleaching efficiency
TS74
S 效率*
C 漂白

漂白性能
bleaching properties
TS193
D 漂白特性
S 染色性能*
F 增白性能
C 漂白

漂白液
bleaching solution
TS192；TS727.2
D 漂白助剂
S 漂液
C 漂白剂
Z 液体

漂白原理
bleaching principle
TS192；TS74
S 原理*
C 漂白
漂白机理

漂白蔗渣浆
bleaching bagasse pulp
TS749.6
S 漂白浆
蔗渣浆
Z 浆液

漂白针叶木浆
bleached softwood pulps
TS749.1
S 漂白木浆
F 漂白针叶木硫酸盐浆
Z 浆液

漂白针叶木硫酸盐浆
bleached softwood kraft pulps
TS749.1
S 硫酸盐浆
漂白针叶木浆
Z 浆液

漂白纸浆废水
Y 造纸漂白废水

漂白竹浆
bleached bamboo pulp
TS749.3
S 漂白浆
竹浆

Z 浆液

漂白助剂
Y 漂白液

漂白装置
Y 漂白设备

漂粉精
high test bleaching powder
TS192.2；TS727.2
S 漂白剂*

漂剂
Y 漂液

漂练
Y 练漂

漂练工艺
Y 练漂

漂染
bleach and dye
TS193
S 染色工艺*

漂染废水
bleaching and dyeing wastewater
TS19；X7
D 漂染污水
S 印染废水
Z 废水

漂染污泥
Y 印染污泥

漂染污水
Y 漂染废水

漂色
Y 漂白

漂烫
blanching
TS255.36
D 漂烫处理
漂烫工艺
热烫
热烫处理
烫漂
S 食品加工*
F 热烫护绿

漂烫处理
Y 漂烫

漂烫工艺
Y 漂烫

漂烫时间
blanching time
TS255.36
D 漂白时间
漂洗时间
烫漂时间
S 时间*

漂洗
poaching
TS205；TS254
D 漂洗工艺

S 清洗*
C 漂白
　脱色
　鱼糜

漂洗槽
rinse tank
TH13；TS19
D 清洗槽
　水洗槽
　预清洗槽
S 槽*
C 清洗

漂洗工艺
Y 漂洗

漂洗时间
Y 漂烫时间

漂液
bleaching liquor
TS192
D 漂剂
S 液体*
F 漂白液

缥青瓷
Y 青花瓷

票据打印
Y 票据印刷

票据防伪
discriminate bill
TS89
D 票证防伪
S 防伪*
　信息安全技术*
C 打印

票据印刷
note printing
TS87
D 交易单印刷
　票据打印
　票证印刷
S 印刷*
F 商业票据印刷

票据印刷设备
note printing equipments
TS803.6
D 商业票据印刷设备
S 印刷机
Z 印刷机械

票证防伪
Y 票据防伪

票证印刷
Y 票据印刷

嘌呤类物质
purine compounds
TS201.2
S 物质*
C 啤酒

拼白效果
whiteness pitching effect

TS193
S 色彩效果
Z 效果

拼板
jointed board
TS65
S 型材*

拼版
imposition
TS805
S 模版*
F 手工拼版
　数字化拼版
　整页拼版

拼大版
patch-up
TS805
S 排版
Z 印刷工艺

拼大版打样
patch-up proofing
TS805
S 打样*

拼缝机
Y 胶拼机

拼混染料
Y 混合染料

拼混染色
Y 拼色

拼接缝
butted seam
TS941.63
S 缝型
Z 服装工艺

拼接镜面
segmented mirror plane
TS959.7
S 镜面*

拼染
combination dyeing
TS193
S 染色工艺*

拼色
compound shade
TS193
D 拼混染色
　拼色染色
S 色彩工艺*

拼色染色
Y 拼色

拼书版
Y 书版

拼颜色
Y 调整色差

频闪灯
stroboscopic lamp

TM92；TS956
S 闪光灯
Z 灯

品尝
tasting
TS207
D 感官品尝
S 感官评价
Z 评价

品红
rosein
TS193.21
S 红色染料
Z 染料

品酒
wine-tasting
TS971.22
D 饮酒环境
S 饮酒*

品牌服装
brand clothing
TS941.7
S 服装*

品牌服装设计
brand clothing design
TS941.2
S 成衣设计
Z 服饰设计

品质
Y 质量

品质变化
Y 性能变化

品质长度
upper half meanlength
TS102
S 长度*

品质改良剂
quality improver
TG2；TS202
D 改质剂
S 改良剂*
C 品质改良 →(1)

乒乓球
ping-pong
TS952.3
S 球类器材
Z 体育器材

乒乓球拍
table tennis bat
TS952.3
S 球拍
Z 体育器材

平板搓丝机
Y 搓丝机

平板机
Y 横机

平板喷墨印花机

Y 喷墨印花机

平板熨平机
Y 熨平机

平板纸
Y 纸板

平板状食品
slab shape food
TS219
S 食品*

平版印刷
lithographic printing
TS82
D 无网照相平印
S 印刷*
F 胶印

平版印刷机
lithographic press
TS803.6
D 圆压平印刷机
S 印刷机
F 小型平版印刷机
Z 印刷机械

平版印刷油墨
Y 印刷油墨

平版印刷纸
Y 印刷纸

平版油墨
Y 印刷油墨

平版制版
lithographic platemaking
TS805
S 制版工艺
Z 印刷工艺

平布起毛圈
Y 毛圈

平锉
Y 锉

平袋开袋机
Y 缝纫设备

平底锅
Y 锅

平底鞋
Y 鞋

平地茶
Y 茶

平订
Y 平装

平缝机
flat-seaming machines
TS941.562.
S 缝纫设备
F 工业平缝机
Z 服装机械

平缝锁眼机
Y 锁眼机

平缝线迹
plain stitch
TS941.6
S 线迹
Z 痕迹

平幅精练机
Y 精练机

平幅练漂
open-width scouring-bleaching
TS192.5
S 练漂*

平幅水洗机
Y 洗涤设备

平幅退浆联合机
Y 练漂联合机

平幅洗涤机
Y 洗涤设备

平幅煮练机
Y 精练机

平菇风味芝麻酱
Y 芝麻酱

平菇干
Y 脱水蔬菜

平菇软糖
Y 软糖

平光油墨
Y 油墨

平衡*
equilibrium
O3；ZT5
D 比不平衡
不平衡
残留不平衡
差分不平衡
初始不平衡
低速平衡
刚性自由体不平衡
平衡段
平衡方法
平衡方式
平衡率
平衡态
平衡图
平衡状态
热致不平衡
生产流程平衡
剩余不平衡
允许残留不平衡
转位不平衡
准静不平衡
F 灰平衡
浆碱平衡
浆水平衡
上染平衡
水墨平衡
衣身结构平衡
整机动平衡
C 不平衡补偿 →(5)
平衡传输 →(7)

稳定性
振动 →(1)(2)(3)(4)(6)(11)(12)
转子不平衡 →(4)

平衡段
Y 平衡

平衡发酵剂
balance of fermentation agent
TS202
S 发酵剂*

平衡方法
Y 平衡

平衡方式
Y 平衡

平衡罐
balance tank
TS203；TS261
D 混配酒平衡罐
S 罐*

平衡回潮率
Y 回潮率

平衡健身盐
Y 保健盐

平衡率
Y 平衡

平衡态
Y 平衡

平衡图
Y 平衡

平衡直径
Y 直径

平衡纸
balance paper
TS761.1
S 装饰纸
Z 纸张
纸制品

平衡状态
Y 平衡

平厚大衣呢
Y 大衣呢

平滑剂
smoothing agent
TS195.2
D 整平剂
S 整理剂*
C 抗静电剂

平滑整理
smoothness finishing
TS195
S 外观整理
F 有机硅整理
Z 整理

平结
Y 打结

平均效率

Y 效率

平均有效度
　Y 效率

平领
flat collar
TS941.61
　S 领型
　Z 服装结构

平面裁剪
planar cutting
TS941.62
　S 裁剪*

平面裁料机
　Y 制鞋机械

平面测量仪
　Y 测量仪器

平面阀洗浆机
flat valve pulp washer
TS733.4
　S 洗浆机
　Z 制浆设备

平面钢领
　Y 钢领

平面镜
flat mirror
TH7；TS959.7
　S 镜子*
　F 大口径平面镜
　　双平面镜

平面模
　Y 模具

平面砂光机
　Y 砂光机

平面设计师
graphic designers
TS82
　S 人员*

平面铣床
surface milling machine
TG5；TS64
　D 单柱平面铣床
　　端面铣床
　　二面铣床
　　立式平面铣床
　　落地端面铣床
　　三面铣床
　　双端面铣床
　　双面铣床
　　双柱平面铣床
　　四面铣床
　S 机床*

平面造型
planar design
TS941.2
　S 造型*

平面织物
flat fabric

TS106.8
　D 三向平面织物
　S 织物*

平面纸样
flat pattern
TS941.6
　S 纸样*

平刨床
surface planing machine
TS64
　D 裁口木工平刨床
　　平压两用刨床
　S 刨床
　Z 机床

平切机
horizontal cutting machines
TS735；TS88
　D 切纸设备
　S 切纸机
　Z 造纸机械

平绒
　Y 平绒织物

平绒织机
velveteen loom
TS103.33
　S 织机
　Z 织造机械

平绒织物
plain velvet fabric
TS106.87
　D 变化经平绒
　　棉经平绒
　　平绒
　S 绒面织物
　Z 织物

平绒组织
　Y 织物组织

平顺度
　Y 平整度

平台式
　Y 平台式人台

平台式人台
platform type mannequin
TS941.2
　D 平台式
　S 人台*

平坦度
　Y 平整度

平头锁眼机
　Y 锁眼机

平网板筛印花
　Y 平网印花

平网板筛印花机
　Y 平网印花机

平网印花
flat screen printing
TS194.41
　D 平网板筛印花
　S 筛网印花
　C 平网印花机
　Z 印花

平网印花机
square screen printing machine
TS194.3
　D 平网板筛印花机
　　台板平网印花机
　S 筛网印花机
　C 平网印花
　Z 印染设备

平网印染
　Y 印染

平纹
　Y 平纹组织

平纹编织
plain weave
TS184
　S 编织*

平纹布
　Y 平纹织物

平纹防羽布
plain down-proof fabrics
TS106.8
　S 防羽布
　Z 织物

平纹机织物
　Y 平纹织物

平纹细布
　Y 细平布

平纹织物
plain cloth
TS106.8
　D 平纹布
　　平纹机织物
　S 机织物*
　F 巴厘纱
　　府绸
　　米通织物
　　牛津布
　　牛津纺
　　塔夫绸
　　细平布

平纹组织
calico weave
TS101；TS105
　D 平纹
　S 三原组织
　C 机织物
　Z 材料组织

平销
plain pin
TS103.82
　S 皮圈销
　Z 纺织器材

平行成网
- Y 纤维网

平行纺
parallel spinning
TS104.7
- D 平行纺纱
- S 新型纺纱
- Z 纺纱

平行纺纱
- Y 平行纺

平行股线
parallel plied yarn
TS106.4
- S 股线*

平行捻
- Y 捻制

平行捻股
- Y 捻制

平行排列
- Y 纤维网

平行纤网
- Y 纤维网

平压两用刨床
- Y 平刨床

平压双面木工刨床
- Y 木工刨床

平针衬垫毛圈织物
- Y 纬编织物

平针衬垫织物
- Y 衬垫织物

平针织物
plain knitted fabric
TS186
- S 针织物*
- F 纬平针织物

平针组织
- Y 纬平组织

平整度
flatness
TS77；U4
- D 表观平滑度
  表观平整度
  表面不平度
  表面平整度
  表面清洁性
  不平度
  不平整度
  不平直度
  平顺度
  平坦度
  平整性
  平直度
  整平性
- S 表面性质*
  程度*
- F 缝纫平整度
- C 板形 →(3)

糙率 →(11)
粗糙度 →(3)(4)
粗糙度仪 →(3)(4)
钢轨 →(3)
混凝土地面 →(11)

平整度等级
wrinkle grade
TS101
- S 等级*
- C 模糊 C 均值聚类 →(8)

平整性
- Y 平整度

平整轧机
- Y 轧机

平直度
- Y 平整度

平转浸出器
rotocel extractor
TS203
- S 浸出器
- Z 食品加工机械

平装
paper-cover
TS885
- D 平订
- S 装订*

平装机械
- Y 装订设备

评定*
evaluation
TB4；TU7
- D 鉴定
  评定办法
  评定法
  评估鉴定
  评选办法
- F 感官评定
- C 评测 →(1)(7)(8)

评定办法
- Y 评定

评定法
- Y 评定

评估
- Y 评价

评估鉴定
- Y 评定

评价*
evaluation
ZT0
- D 基础性评价
  评估
  评判方法
  评议估计
- F 服装评价
  感官评价
  色差评价
  生理学评价
  食品安全评价

营养评价
织物风格评价
珠宝评估
- C 论证 →(1)(6)(11)(12)(13)
  评测 →(1)(7)(8)

评价员
assessor
TS207；ZT88
- S 人员*

评酒
wine-tasting
TS971.22
- S 饮酒*

评判方法
- Y 评价

评吸
- Y 吸味评价

评吸方法
- Y 吸味评价

评吸卷烟法
- Y 吸味评价

评吸品质
smoking quality
TS47
- D 评吸质量
- S 质量*
- F 吸食品质
  吸味品质
- C 烤烟

评吸指标
- Y 感官评吸指标

评吸质量
- Y 评吸品质

评选办法
- Y 评定

评议估计
- Y 评价

苹果
apples
TS255.2
- D 柰
  苹果树
  西洋苹果
- S 水果
- C 苹果酒
  山楂
- Z 果蔬

苹果白酒
- Y 苹果酒

苹果半甜起泡酒
- Y 苹果酒

苹果醋
cider vinegar
TS264；TS27
- D 苹果醋饮料
- S 果醋

Z 饮料

苹果醋饮料
　Y 苹果醋

苹果多酚提取物
apple polyphenol extracts
TS255
　S 多酚提取物
　Z 提取物

苹果粉
aplona
TS255.4
　S 果粉
　Z 食用粉

苹果脯
preserved apples
TS255
　S 果脯
　Z 果蔬制品

苹果干
　Y 果干

苹果果胶
apple pectin
TS20
　S 胶*

苹果果酒
　Y 苹果酒

苹果加工
apple processing
TS255.36
　S 果品加工
　Z 食品加工

苹果酱
apple pulp
TS255.43；TS264
　S 果酱
　Z 酱

苹果酒
apple wine
TS262.7
　D 半甜苹果酒
　　干白苹果酒
　　高档半甜苹果酒
　　高级苹果酒
　　苹果白酒
　　苹果半甜起泡酒
　　苹果果酒
　　苹果蒸馏酒
　　熊岳苹果酒
　S 果酒
　C 苹果
　Z 酒

苹果酒发酵
cider fermentation
TS261
　S 酒发酵
　Z 发酵

苹果酒酵母
apple wine yeast

TQ92；TS26
　S 果酒酵母
　Z 酵母

苹果浓缩汁
apple juice concentrate
TS255
　S 浓缩果汁
　　苹果汁
　F 浓缩苹果清汁
　Z 果蔬制品
　　汁液

苹果皮
apple peel
TS255
　S 水果果皮*

苹果皮渣
　Y 苹果渣

苹果啤酒
apple beer
TS262.59
　S 果汁啤酒
　Z 酒

苹果树
　Y 苹果

苹果酸乳酸发酵
malolactic fermentation
Q93；TS261
　D 苹果酸-乳酸发酵
　S 酸发酵
　Z 发酵

苹果酸-乳酸发酵
　Y 苹果酸乳酸发酵

苹果套袋纸
　Y 育果袋纸

苹果原汁
　Y 苹果汁

苹果渣
apple pomace
TS255
　D 苹果皮渣
　S 果蔬渣
　Z 残渣

苹果蒸馏酒
　Y 苹果酒

苹果汁
apple juice
TS255
　D 苹果原汁
　S 果汁
　F 混浊苹果汁
　　苹果浓缩汁
　Z 果蔬制品
　　汁液

苹果籽
apple seed
TS202.1
　S 植物菜籽*
　C 苹果籽油

苹果籽油
apple seed oil
TS225.19
　S 籽油
　C 苹果籽
　Z 油脂

屏蔽包装食品
metallically packed food
TS219
　S 包装食品
　Z 食品

屏蔽剂
sequester
TS19
　S 制剂*
　F 紫外线屏蔽剂

屏蔽整理
　Y 抗静电整理

屏蔽织物
　Y 功能纺织品

屏蔽纸
shielding papers
TS761.9
　S 隔离纸
　Z 纸张

屏幕打样
on-screen proofing
TS801；TS805
　D 屏幕软打样
　S 打样*

屏幕软打样
　Y 屏幕打样

瓶罐
bottles and cans
TS206
　S 罐*
　F 饮料瓶罐

瓶装白酒
bottled liquors
TS262.39
　S 白酒*
　　瓶装酒
　Z 酒

瓶装黄酒
bottled rice wine
TS262.4
　S 黄酒
　　瓶装酒
　Z 酒

瓶装酱菜
　Y 酱菜

瓶装酒
bottle wine
TS262
　S 酒*
　F 瓶装白酒
　　瓶装黄酒
　　瓶装啤酒

瓶装矿泉水
　　Y 矿泉水

瓶装啤酒
　　bottled beer
　　TS262.59
　　S 啤酒
　　　瓶装酒
　　F 白瓶啤酒
　　Z 酒

瓶装生产线
　　bottled production line
　　TS04
　　S 灌装生产线
　　Z 生产线

瓶装水饮料
　　Y 水饮料

瓶装酸奶
　　Y 酸奶

瓶装饮料
　　bottled beverage
　　TS27
　　S 饮料*

瓶装饮用纯净水
　　Y 纯净水

坡跟鞋
　　Y 鞋

破壁方法
　　wall breaking method
　　TS205
　　S 方法*

破洞
　　pinholing
　　TS101.97
　　S 织物疵点
　　F 缝纫针洞
　　Z 纺织品缺陷

破断
　　Y 断裂

破裂
　　Y 断裂

破裂极限
　　Y 断裂

破裂现象
　　Y 断裂

破裂形态
　　Y 断裂

破碎*
　　fragmentation
　　TD9
　　D 粉碎
　　　粉碎法
　　　粉碎方法
　　　粉碎方式
　　　粉碎工艺
　　　粉碎过程
　　　粉碎技术

粉碎加工
破碎法
破碎方法
破碎方式
破碎工艺
破碎过程
破碎作业
　　F 超细粉碎
　　　冷冻粉碎
　　　水射流粉碎
　　　细胞破碎
　　C 抗粉碎硬度指数
　　　块煤　→(2)(9)
　　　破碎机　→(2)(3)(4)(9)(11)(12)
　　　破碎站　→(2)
　　　细碎　→(2)

破碎法
　　Y 破碎

破碎方法
　　Y 破碎

破碎方式
　　Y 破碎

破碎工艺
　　Y 破碎

破碎过程
　　Y 破碎

破碎作业
　　Y 破碎

破损淀粉
　　damaged starch
　　TS235
　　D 损伤淀粉
　　S 淀粉*

粕*
　　seed meal
　　TQ34；TS209
　　D 干粕
　　　颗粒粕
　　F 饼粕
　　　菜籽粕
　　　豆粕
　　　废粕
　　　核桃粕
　　　红花籽粕
　　　花生粕
　　　浆粕
　　　浸出粕
　　　葵花粕
　　　辣椒粕
　　　米糠粕
　　　棉籽粕
　　　湿粕
　　　水飞蓟粕
　　　糖粕
　　　脱脂粕
　　　亚麻籽粕
　　　油粕
　　　植物糟粕

粕残油
　　residual oil

TS229
　　S 残油
　　F 干粕残油
　　Z 废液

剖层机
　　splitting machine
　　TS531
　　S 制革机械*

剖料锯
　　Y 木工锯机

剖面
　　Y 截面

剖面密度
　　profile density
　　TS61
　　D 断面密度
　　　断面密度分布
　　S 密度*
　　C 热压
　　　人造板

剖面区域
　　Y 截面

剖析
　　Y 分析

铺层工艺
　　Y 工艺方法

铺底网
　　Y 铺网

铺顶网
　　Y 铺网

铺料机
　　Y 铺料机构

铺料机构
　　paving stock mechanism
　　TS941
　　D 铺料机
　　　铺料台
　　S 机械机构*

铺料台
　　Y 铺料机构

铺网
　　lapping
　　TS174
　　D 铺底网
　　　铺顶网
　　　铺网方式
　　S 非织造工艺*
　　F 交叉铺网

铺网方式
　　Y 铺网

铺网机
　　Y 成网机

铺装方案
　　paving schemes
　　TS653.5；U4
　　S 技术方案*

铺装机
spreading machines
TS64
　　S 刨花板机械
　　F 分级式铺装机
　　　刨花铺装机
　　　气流铺装机
　　　移动式机械铺装机
　　Z 人造板机械

葡甘聚糖
glucomannan
Q5；TS24
　　D 葡甘露聚糖
　　　葡萄甘露聚糖
　　　葡萄糖甘露聚糖
　　S 碳水化合物*
　　F 羧甲基葡甘聚糖

葡甘露聚糖
　　Y 葡甘聚糖

葡果酒
　　Y 葡萄酒

葡萄保鲜
grape fresh keeping
TS205
　　S 果蔬保鲜
　　Z 保鲜

葡萄醋
grape vinegar
TS264；TS27
　　D 米醋葡萄汁
　　　山葡萄醋
　　S 果醋
　　Z 饮料

葡萄干
raisins
TS219
　　S 干制食品
　　Z 食品

葡萄甘露聚糖
　　Y 葡甘聚糖

葡萄果皮
　　Y 葡萄皮

葡萄酒*
wine
TS262.61
　　D 半甜葡萄酒
　　　半汁葡萄酒
　　　葡果酒
　　F 白兰地
　　　白葡萄酒
　　　冰葡萄酒
　　　低醇葡萄酒
　　　红葡萄酒
　　　进口葡萄酒
　　　起泡葡萄酒
　　　山葡萄酒
　　　桃红葡萄酒
　　　无醇葡萄酒
　　　新鲜葡萄酒
　　　中国葡萄酒

　　C 白酒
　　　果酒
　　　酒
　　　酒石稳定性
　　　酿造
　　　酿造酒
　　　酿造设备

葡萄酒包装
　　Y 酒包装

葡萄酒产区
　　Y 葡萄酒产业

葡萄酒产业
wine industry
TS261
　　D 葡萄酒产区
　　　葡萄酒工业
　　　葡萄酒市场
　　　葡萄酒行业
　　　葡萄酒业
　　S 酿酒工业
　　Z 轻工业

葡萄酒厂
winery
TS261
　　S 酒厂
　　Z 工厂

葡萄酒厂废水
　　Y 酒厂废水

葡萄酒感官品评
　　Y 葡萄酒质量

葡萄酒工业
　　Y 葡萄酒产业

葡萄酒活性干酵母
wine active dry yeast
TQ92；TS26
　　S 酿酒活性干酵母
　　　葡萄酒酵母
　　Z 酵母

葡萄酒酵母
wine yeast
TQ92；TS26
　　D 葡萄酒相关酵母
　　S 酿酒酵母
　　F 葡萄酒活性干酵母
　　Z 酵母

葡萄酒酿造
winemaking
TS261.4
　　D 葡萄酒生产
　　S 酿酒工艺*

葡萄酒品质
　　Y 葡萄酒质量

葡萄酒生产
　　Y 葡萄酒酿造

葡萄酒市场
　　Y 葡萄酒产业

葡萄酒稳定性

　　Y 葡萄酒质量

葡萄酒相关酵母
　　Y 葡萄酒酵母

葡萄酒行业
　　Y 葡萄酒产业

葡萄酒业
　　Y 葡萄酒产业

葡萄酒糟
wine brewer's grains
TS261.9
　　D 葡萄酒渣
　　S 酒糟
　　Z 副产品

葡萄酒渣
　　Y 葡萄酒糟

葡萄酒质量
wine quality
TS261.7
　　D 葡萄酒感官品评
　　　葡萄酒品质
　　　葡萄酒稳定性
　　　优质白葡萄酒感官质量标准
　　S 原酒质量
　　Z 食品质量

葡萄皮
grape skin
TS255
　　D 葡萄果皮
　　S 水果果皮*
　　F 山葡萄皮

葡萄皮色素
grape skin pigment
TQ61；TS202.39
　　S 植物色素
　　F 刺葡萄皮色素
　　Z 色素

葡萄皮渣
grape pomace
TS255
　　D 葡萄渣
　　S 果蔬渣
　　Z 残渣

葡萄糖
glucose
Q5；TS24
　　S 己糖
　　F 液体葡萄糖
　　Z 碳水化合物

葡萄糖饼干
　　Y 饼干

葡萄糖甘露聚糖
　　Y 葡甘聚糖

葡萄糖苷
　　Y 糖苷

葡萄糖检测
glucose measurement
R；TS245.4

S 食品检验
Z 检验

葡萄糖浆
glucose syrup
TS245
　　S 高果糖浆
　　Z 糖制品

葡萄饮料
　　Y 果蔬饮料

葡萄油
　　Y 葡萄籽油

葡萄渣
　　Y 葡萄皮渣

葡萄汁
grape juice
TS255
　　S 果汁
　　Z 果蔬制品
　　　汁液

葡萄汁饮料
　　Y 果蔬饮料

葡萄种子油
　　Y 葡萄籽油

葡萄籽
grape seeds
TS202.1
　　S 植物菜籽*
　　F 葡萄籽提取物
　　　脱脂葡萄籽
　　C 多酚类物质
　　　葡萄籽油

葡萄籽提取物
grape seed extract
TS202.1
　　S 葡萄籽
　　Z 植物菜籽

葡萄籽油
grape-kernel oil
TS225.19
　　D 葡萄油
　　　葡萄种子油
　　　葡萄子油
　　　山葡萄籽油
　　S 籽油
　　C 葡萄籽
　　　原花青素
　　Z 油脂

葡萄子油
　　Y 葡萄籽油

蒲菜
cattail
TS255.2
　　D 香蒲
　　S 蔬菜
　　Z 果蔬

蒲公英饮料
　　Y 植物饮料

普洱茶
pu-erh tea
TS272.52
　　D 普洱紧压茶
　　　普洱散茶
　　　现代普洱茶
　　S 黑茶
　　　散茶
　　F 云南普洱茶
　　Z 茶

普洱紧压茶
　　Y 普洱茶

普洱散茶
　　Y 普洱茶

普鲁兰
　　Y 短梗霉多糖

普鲁兰多糖
　　Y 短梗霉多糖

普鲁兰糖
　　Y 短梗霉多糖

普鲁蓝糖
　　Y 短梗霉多糖

普鲁士蓝
prussian blue
TS193.21
　　D 铁蓝
　　S 蓝色染料
　　C 活性艳蓝
　　Z 染料

普米族服饰
　　Y 民族服饰

普梳
carded
TS106.4
　　S 棉纱
　　Z 纱线

普通保温瓶
　　Y 生活用品

普通玻璃纤维布
TS106.8
　　S 玻璃纤维织物
　　Z 织物

普通车床
center lathe
TG5；TS64
　　S 机床*

普通锭子
　　Y 锭子

普通钢丝圈
general ring
TS103.82
　　S 钢丝圈
　　Z 纺纱器材

普通硅酸铝纤维
　　Y 硅酸铝纤维

普通计数器

　　Y 计数器

普通空调
　　Y 空调

普通螺丝刀
　　Y 螺丝刀

普通墨水
　　Y 墨水

普通木工带锯机
　　Y 细木工带锯机

普通乳液
　　Y 乳液

普通润湿液
　　Y 润湿剂

普通食品
bread and cheese
TS219
　　S 食品*

普通轧光机
　　Y 浸轧机

普通粘胶纤维
　　Y 粘胶纤维

普通照明灯泡
　　Y 灯

普通织物
　　Y 织物

七层瓦楞纸板
　　Y 瓦楞原纸

七分裤
　　Y 裤装

七头冰激凌机
　　Y 冰淇淋机

栖土曲霉
aspergillus terricola
TS26
　　S 曲霉
　　Z 霉

期刊印刷
periodical printing
TS87
　　S 书刊印刷
　　Z 印刷

齐边机
　　Y 轻工机械

齐边锯
　　Y 轻工机械

祁红
　　Y 祁门红茶

祁红茶
　　Y 祁门红茶

祁门红茶
Keemum black tea
TS272.52
　　D 祁红

祁红茶
S 红茶
Z 茶

奇石
wonder stone
TS933.21
S 观赏石*

脐橙皮
navel orange peel
TS255
S 橙皮
Z 水果果皮

畦编
Y 针织物

畦编扳花织物
Y 针织物

畦编织物
Y 针织物

畦编组织
cardigan stitch
TS18
S 集圈组织
F 半畦编组织
Z 材料组织

骑马订
saddle stitching
TS885
S 装订*

骑马订书机
saddle stitching machine
TS885
S 装订机
Z 装订设备

骑马装订联动机
adhesive saddle stitching machines
TS885
S 装订机
Z 装订设备

旗袍
Chinese gown
TS941.7
S 女装
F 无省合体旗袍
Z 服装

旗袍裙
Y 裙装

旗装
Manchurian costume
TS941.7
S 传统服装
Z 服装

企业*
enterprise
F
F 纺织企业
家具企业
家具生产企业
木材工业企业

食品企业
屠宰企业
眼镜企业
印刷企业
造纸企业
制鞋企业
制盐企业
C 石油化工厂 →(2)

杞菊茶
medlar chrysanthemum tea
TS272.59
S 凉茶
Z 茶

起钉锤
Y 锤

起毛
napping
TS195
D 刺果起毛
钢丝起毛
S 绒面整理
F 拉毛
磨毛
C 起毛机
绒织物
Z 整理

起毛机
raising machine
TS190.4
D 拉毛机
起毛机构
S 整毛绒设备
F 钢丝起毛机
起绒机
C 起毛
绒织物
Z 染整机械

起毛机构
Y 起毛机

起毛起球
Y 起毛起球性

起毛起球性
pilling property
TS101
D 抗起毛起球
抗起毛起球性
抗起毛起球性能
抗起毛性能
抗起球
抗起球性
抗起球性能
起毛起球
起毛起球性能
起球
起球性
起球性能
织物起球
S 纺织性能
C 抗起毛起球剂
纱线毛羽
Z 纺织品性能

起毛起球性能
Y 起毛起球性

起毛织物
nap fabric
TS106.87
S 绒毛织物
F 人造毛皮织物
Z 织物

起毛组织
Y 织物组织

起泡酒
sparkling wine
TS262
D 发泡酒
汽酒
S 酒*
F 香槟

起泡葡萄酒
sparkling wine
TS262.61
S 葡萄酒*
F 香槟

起翘
jut out
TS941.6
S 服装工艺*
C 壁纸
挠度 →(1)(4)(11)(12)
起翘量

起翘量
jut-out value
TS941.6
S 数量*
C 起翘

起球
Y 起毛起球性

起球性
Y 起毛起球性

起球性能
Y 起毛起球性

起球织物
pilling fabric
TS106.8
S 织物*

起绒
napping
TS195
D 起绒工艺
起绒整理
S 绒面整理
F 割绒
磨绒
植绒
C 绒毛
Z 整理

起绒布
Y 绒织物

起绒工艺

Y 起绒

起绒机
napping machine
TS190.4
　S 起毛机
　Z 染整机械

起绒纱
　Y 纱线

起绒针织布
　Y 针织绒布

起绒整理
　Y 起绒

起绒织物
napped fabric
TS106.87
　D 全幅衬纬双经缎起绒织物
　　绒类织物
　　纬起绒织物
　S 绒面织物
　Z 织物

起绒装置
　Y 染整机械机构

起绒组织
　Y 针织物组织

起酥油
shortening oil
TS213
　S 食用油
　F 流态起酥油
　C 牛油
　　人造奶油
　Z 粮油食品

起蔗机
　Y 蔗加工机械

起绉程度
　Y 绉效应

起绉织物
　Y 绉织物

起皱
wrinkling
TG2；TG3；TS76
　D 表面起皱
　　表面皱皮
　　起皱现象
　　皱皮
　　皱皮缺陷
　S 表面缺陷*

起皱刮刀
　Y 刮刀

起皱剂
wrinkling agent
TS195.2
　S 功能整理剂
　Z 整理剂

起皱现象
　Y 起皱

起皱织物
　Y 织物

起子
　Y 螺丝刀

气测渗透率
　Y 透气率

气刀涂布
air doctor coating
TS75
　S 造纸涂布
　Z 涂装

气垫式流浆箱
air-cushion type flowbox
TS733
　S 流浆箱
　Z 造纸机械

气垫围裙
hover-skirt
TS941.72
　S 围裙
　Z 服饰

气垫橡皮布
　Y 可压缩橡皮布

气垫鞋
　Y 鞋

气调保藏
　Y 气调贮藏

气调保鲜
modified atmosphere preservation
TS205
　S 保鲜*

气调保鲜包装
modified atmosphere packing
TS206
　D 置换气体包装
　S 保鲜包装
　Z 食品包装

气调机
air conditioning machine
TS203
　S 食品加工机械*

气调冷藏
CA cold storage
TS205
　S 冷冻贮藏
　Z 储藏

气调贮藏
controlled atmosphere storage
S；TS205
　D CA 贮藏
　　气调保藏
　　限气贮藏
　S 储藏*
　F 果蔬气调贮藏

气动飞锯
　Y 飞锯

气动攻丝机
　Y 攻丝机

气动攻丝头
　Y 攻丝机

气动铆枪
　Y 铆枪

气动捻接器
　Y 空气捻接器

气动砂轮机
　Y 砂轮机

气动摇架
pneumatic weighting cradle
TS103.82
　D 气加压摇架
　S 摇架
　Z 纺织器材

气焊眼镜
　Y 焊接护目镜

气加压摇架
　Y 气动摇架

气力压运
　Y 气力压运系统

气力压运系统
gas pressure convey system
TS211
　D 气力压运
　S 输配系统*

气流成网
air lay
TS174
　D 成网
　　交叉成网
　　气流成网工艺
　　射流喷网法
　S 干法成网
　F 纺丝成网
　　浆粕气流成网
　C 非织造布机械
　　射流喷嘴 →(4)(5)(6)
　Z 非织造工艺

气流成网非织造布
　Y 非织造布

气流成网工艺
　Y 气流成网

气流成网机
air-lay machine
TS173
　S 干法成网机
　Z 非织造布机械

气流除杂机
　Y 开清棉机械

气流纺
　Y 转杯纺纱

气流纺纱
　Y 转杯纺纱

气流纺纱机
open-end spinning frames
TS103.27
S 转杯纺纱机
C 纺纱杯
分梳辊
Z 纺织机械

气流搅拌式发酵设备
Y 发酵设备

气流捻接器
Y 空气捻接器

气流配棉
Y 配棉工艺

气流配棉器
Y 开清棉机械

气流喷射染色机
Y 喷射染色机

气流膨化
air expanding
TS205
S 食品膨化
Z 膨化

气流铺装机
air-felting machine
TS64
S 铺装机
Z 人造板机械

气流牵伸
air draught
TS104
S 牵伸*

气流染色
airflow dyeing
TS101
S 染色工艺*

气流纱
Y 转杯纱

气流式锯齿轧花机
Y 轧花机

气流网
Y 纤维网

气流纤网
Y 纤维网

气流引纬
Y 喷气引纬

气门传动机构
Y 传动装置

气密供氧面罩
Y 氧气面罩

气囊织物
gas cell fabric
TS106.8
D 充气袋织物
S 功能纺织品*

气泡喷射印花
Y 喷射印花

气泡稳定性
Y 泡沫稳定性

气配棉箱
pneumatic distributor
TS103.22
D 气压棉箱
S 开清棉机械
Z 纺织机械

气圈
aerospere
TS104.2
S 细纱工艺
F 自由脱开气圈
C 加捻原理
Z 纺纱工艺

气圈环
anti-ballooning ring
TS103.82
D 气圈控制环
气圈控制器
S 纺纱器材*
C 加捻卷绕

气圈控制环
Y 气圈环

气圈控制器
Y 气圈环

气圈张力
balloon tension
TS104
S 张力*

气溶胶废物
Y 废气

气渗性能
Y 透气性

气升式发酵罐
airlift fermentor
TQ92；TS261.3
S 发酵罐
Z 发酵设备

气态废物
Y 废气

气体*
gas
O3；TQ11
D 空气
F 超临界气体
C 分散体 →(6)(9)
气体过滤 →(9)
气体开关 →(5)
燃气 →(1)(2)(3)(5)(9)⑪
危险气体 →(9)⑬

气体放电前照灯
gas discharge headlamps
TM92；TS956
D HID 前照灯
S 放电型前照灯
Z 灯

气体废物
Y 废气

气体工艺
Y 工艺方法

气体燃料取暖炉
Y 燃气取暖炉

气体烧毛
Y 烧毛

气体烧毛机
Y 烧毛机

气体渗透率
Y 透气率

气体渗透性
Y 透气性

气体渗透性能
Y 透气性

气体透过性
Y 透气性

气体透过性能
Y 透气性

气体洗涤器
Y 洗涤器

气味*
flavour
TS207；TS251；TS264
F 豆腥味
海味
卷烟烟气
香味
异味

气相防锈纸
volatile rust preventive paper
TS761.9
S 防锈纸
Z 纸张

气相生长炭纤维
Y 气相生长碳纤维

气相生长碳纤维
vapor grown carbon fiber
TQ34；TS102
D 气相生长炭纤维
S 碳纤维
C 生长调节活性 →(9)
Z 纤维

气相转移印花
vapour phase transfer printing
TS194
S 转移印花
Z 印花

气压加压摇架
pneumatic pressure cradle
TS103
S 加压摇架
Z 压力设备

气压棉箱

Y 气配棉箱

气压磨粉机
pneumatic flour mill
TS211
　S 磨粉机
　Z 磨机

气压榨汁机
　Y 榨汁机

气载废物
　Y 废气

弃丝
　Y 回丝

汽茶饮料
　Y 茶饮料

汽车车灯
automobile lamps
TM92；TS956
　D 汽车灯
　　汽车灯具
　S 车灯
　F 汽车金卤灯
　　汽车尾灯
　Z 灯

汽车灯
　Y 汽车车灯

汽车灯具
　Y 汽车车灯

汽车地毯
automobile carpet
TS106.76
　S 地毯
　F 轿车地毯
　Z 毯子

汽车纺织品
　Y 汽车用纺织品

汽车革
automotive leather
TS106.7
　D 汽车内饰革
　　汽车皮革
　　汽车坐垫革
　　汽车座套革
　S 汽车用纺织品
　Z 装饰用纺织品

汽车工业滤纸
　Y 汽车滤纸

汽车金卤灯
automobile metal halide lamp
TM92；TS956
　D 汽车金属卤化物灯
　S 汽车车灯
　Z 灯

汽车金属卤化物灯
　Y 汽车金卤灯

汽车滤纸
automobile filter paper

TS761.9
　D 汽车工业滤纸
　　汽车用滤纸
　S 滤纸
　Z 纸张

汽车模特
car model
TS95
　S 模特
　Z 人员

汽车内饰纺织品
　Y 汽车用纺织品

汽车内饰革
　Y 汽车革

汽车内饰面料
automobile inner-decorative fabric
TS106.7
　D 汽车装饰面料
　S 汽车用纺织品
　F 汽车坐椅面料
　Z 装饰用纺织品

汽车内饰织物
　Y 汽车用纺织品

汽车皮革
　Y 汽车革

汽车前灯
　Y 前照灯

汽车前照灯
　Y 前照灯

汽车头灯
　Y 前照灯

汽车玩具
　Y 玩具汽车

汽车尾灯
automobile tail light
TM92；TS956
　S 车尾灯
　　汽车车灯
　Z 灯

汽车用纺织品
textiles for automobile
TS106.7
　D 车用纺织品
　　汽车纺织品
　　汽车内饰纺织品
　　汽车内饰织物
　　汽车用织物
　S 装饰用纺织品*
　F 汽车革
　　汽车内饰面料

汽车用滤纸
　Y 汽车滤纸

汽车用织物
　Y 汽车用纺织品

汽车装饰面料
　Y 汽车内饰面料

汽车坐垫革
　Y 汽车革

汽车坐椅面料
car seat fabrics
TS106.7
　S 汽车内饰面料
　Z 装饰用纺织品

汽车座垫革
　Y 家具革

汽车座套革
　Y 汽车革

汽化工艺
　Y 工艺方法

汽酒
　Y 起泡酒

汽热杀青
　Y 蒸汽杀青

汽水
soda water
TS275.3
　S 碳酸饮料
　Z 饮料

汽油车间
　Y 车间

汽蒸
steaming
TS194
　D 蒸化
　S 生产工艺*
　C 定形整理
　　汽蒸机

汽蒸定型
　Y 蒸汽定形

汽蒸固色
steaming fixation
TS101
　S 固色
　Z 色彩工艺

汽蒸机
decatizer
TS190.4
　D 蒸化机
　　蒸箱
　S 预缩机
　C 汽蒸
　Z 染整机械

器材*
equipment
TH7
　F 纺丝板
　　纺丝模头
　　高速卷绕头
　C 纺纱器材
　　纺织器材
　　体育器材
　　织造器材

器材装备

drafting weighting
TS101；TS104
  S 加压*
  C 牵伸

牵伸胶辊
  Y 牵伸辊

牵伸理论
  Y 牵伸机理

牵伸力
draft strength
TS101；TS104
  S 力*
  C 握持力

牵伸罗拉
  Y 罗拉

牵伸器材
drawing element
TS103.82
  D 牵伸元件
    牵伸专件
  S 纺纱器材*
  F 隔距块
    牵伸辊
    牵伸摇架
    压力棒
  C 牵伸
    牵伸部件

牵伸区
drafting zone
TS104
  S 区域*
  C 牵伸

牵伸系统
  Y 牵伸装置

牵伸效率
drafting efficiency
TS101；TS104
  S 效率*
  C 牵伸

牵伸形式
  Y 牵伸

牵伸摇架
drawing cradle
TS103.82
  S 牵伸器材
  Z 纺纱器材

牵伸元件
  Y 牵伸器材

牵伸专件
  Y 牵伸器材

牵伸装置
drafting device
TS103
  D 牵伸机构
    牵伸系统
  S 装置*
  C 粗纱机
    集束器

    罗拉
    牵伸辊
    牵引
    梳理机
    细纱机

牵条
  Y 嵌条

牵引
traction
TH11；TS104；U2
  D 牵引方式
  C 并条
    牵伸
    牵伸装置
    牵引变频器 →(7)
    牵引试验 →⑫
    牵引重量 →(4)

牵引方式
  Y 牵引

铅笔
pencil
TS951
  D 红蓝铅笔
    活动铅笔
    脉动式活动铅笔
    木炭笔
    撳动式活动铅笔
    石墨铅笔
    塑料铅笔
    旋转式活动铅笔
    纸杆铅笔
    纸制铅笔
    坠芯式活动铅笔
    自动补偿式活动铅笔
    自动铅笔
  S 笔
  Z 办公用品

铅笔刀
  Y 日用刀具

铅球
shot
TS952.3
  S 球类器材
  Z 体育器材

签字笔
sign pen
TS951.19
  D 微孔笔头墨水笔
  S 笔
  Z 办公用品

前帮起弯机
  Y 制鞋机械

前表面反射镜
  Y 反射镜

前处理剂
pre-treatment agent
TS190.2；TS727
  D 预处理剂
  S 制剂*

前处理助剂
pretreating auxiliaries
TS190
  S 染整助剂
  F 练漂助剂
  C 后整理剂
  Z 助剂

前萃
forward extraction
TS207
  S 萃取*

前刀面
rake face
TG7；TS914.212
  D 曲面型前刀面
    凸曲前刀面
  S 刀面
  C 刃磨 →(3)
  Z 工具结构

前纺
  Y 前纺工艺

前纺工序
  Y 前纺工艺

前纺工艺
spinning processing parameter
TS104.2
  D 前纺
    前纺工序
  S 纺纱工艺*
  F 并合
    并条
    粗纱工艺
    给棉工艺
    混配棉
    精梳
    精梳准备工艺
    开清棉
    清梳联
    梳理
    条混工艺
    退卷
  C 落棉
    棉网
    前纺重定量
    须条间距
    针布配套

前纺设备
fore-spinning equipments
TS103.22
  S 纺织机械*
  F 并卷机
    并条机
    粗纱机
    开清棉机械
    梳理机
    条并卷联合机
    条卷机

前纺油剂
  Y 纺纱助剂

前纺重定量
big ration in fore-spinning section

TS104
　　S 重定量
　　C 前纺工艺
　　Z 定量

前干燥部
pre-dryer section
TS734
　　D 预热干燥部
　　S 造纸机干燥部
　　Z 造纸设备部件

前后披肩
　　Y 披肩

前角
front angle
TG5；TG7；TS64
　　S 角*
　　C 后角 →(3)

前罗拉
　　Y 罗拉

前罗拉钳口
front roller nip
TS104
　　D 钳口握持力
　　S 罗拉牵伸
　　Z 牵伸

前牵伸
front draft zone
TS104
　　D 前牵伸区
　　S 牵伸*

前牵伸区
　　Y 前牵伸

前跷
toe spring
TS943.3
　　S 鞋结构*

前涂反光镜
　　Y 反射镜

前液后固
　　Y 酿醋

前照灯
headlight
TM92；TS956
　　D 车前灯
　　　车头灯
　　　汽车前灯
　　　汽车前照灯
　　　汽车头灯
　　S 车灯
　　　矿灯
　　F 放电型前照灯
　　　机车前照灯
　　　雾灯
　　C 灯用附件 →(5)(12)
　　　前照灯检测仪 →(12)
　　Z 灯

前织工序
　　Y 机织工艺

前织工艺
weaving process parameter
TS105.2
　　D 织前工艺
　　S 织造工艺*
　　F 分绞
　　　上浆工艺
　　　整经
　　C 浆料

钳
　　Y 钳子

钳扳
　　Y 钳板

钳板
nippers
TS103.82
　　D 钳扳
　　　钳板机构
　　　上钳板
　　S 纺纱器材*
　　F 下钳板
　　C 精梳机
　　　钳板传动机构

钳板闭合
　　Y 钳板运动

钳板传动机构
nipper drive mechanism
TS104
　　S 传动装置*
　　C 钳板

钳板机构
　　Y 钳板

钳板运动
clamped plate motion
TS104
　　D 钳板闭合
　　S 运动*

钳臂
　　Y 钳子

钳杆
　　Y 钳子

钳工锤
　　Y 锤

钳工锉
　　Y 锉

钳口隔距
nip gauge
TS104.2
　　S 隔距*

钳口握持力
　　Y 前罗拉钳口

钳头
　　Y 钳子

钳爪
　　Y 钳子

钳子
forceps
TG7；TS914
　　D 扁嘴钳
　　　剥线钳
　　　打孔钳
　　　大铁钳
　　　挡圈钳
　　　工具钳
　　　尖嘴钳
　　　剪切钳
　　　卡簧钳
　　　鲤鱼钳
　　　钳
　　　钳臂
　　　钳杆
　　　钳头
　　　钳爪
　　　热剥线钳
　　　手铆钳
　　　水泵钳
　　　四爪吊钳
　　　弯咀钳
　　　斜嘴钳
　　　修剪钳
　　　修口钳
　　　针嘴钳
　　S 手工具
　　F 钢丝钳
　　　管子钳
　　Z 工具

潜力
　　Y 能力

潜水服
diving dress
P7；TS941.731；X9
　　S 特种防护服
　　Z 安全防护用品
　　　服装

潜在卷曲
potential crimping
TQ34；TS102
　　S 卷曲
　　Z 弯曲

黔菜
Guizhou dishes
TS972.12
　　D 山东菜
　　　山东菜肴
　　　山东风味家常菜
　　S 菜系*

浅浮雕织物
　　Y 织物

浅色栲胶
light tannin extracts
TS54
　　S 栲胶
　　Z 胶

浅色晾烟
　　Y 烟草生产

浅析
　　Y 分析

欠平衡水平钻井
   Y 水平钻井

纤绳
   Y 绳索

茜草
alizarin
TS193.21
   D 茜素
   S 染料*

茜素
   Y 茜草

嵌花织物
   Y 织物

嵌入式燃气灶
built-in gas stove
TS972.26
   S 嵌入式灶具
      燃气灶具
   Z 厨具
      器具

嵌入式灶具
embedded cookers
TS972.26
   S 炉灶
   F 嵌入式燃气灶
   Z 厨具

嵌条
insertion strip
TS941.6
   D 牵条
   S 生产工艺*
   C 服装工艺
      装修

嵌线
inserting coil
TS941.7
   D 嵌线工艺
   S 装饰线
   Z 结构线

嵌线工艺
   Y 嵌线

嵌线机构
winding mechanism
TS941.569
   S 缝制机械机构*

嵌织
mosaic texture
TS105
   D 嵌织式
   S 织造*

嵌织式
   Y 嵌织

嵌装式照明器
   Y 照明设备

羌族服饰
   Y 民族服饰

强度
   Y 强度

强度*
strength
TB2
   D 强度
      强度特性
      强度特征
      强度性能
      强度性质
      强度值
   F 发酵强度
      环压强度
      毛丛强度
      磨浆强度
      内结合强度
      色强度
      杀菌强度
      印刷表面强度
      蒸发强度
      纸浆强度
      纸张强度
   C 刚度
      抗力 →(1)(2)(3)(4)(11)
      力学性能
      强度比 →(1)
      强度标准值 →(11)
      强度补偿 →(7)
      强度参数 →(11)
      强度测试 →(4)
      强度测试仪 →(4)
      强度等级 →(1)
      强度分析 →(1)
      强度检测 →(11)
      强度理论 →(3)(4)
      强度试验 →(1)(6)
      强度条件 →(11)

强度保持率
strength retention
TS102
   D 强力保持率
      强力保留率
   S 比率*

强度特性
   Y 强度

强度特征
   Y 强度

强度性能
   Y 强度

强度性质
   Y 强度

强度值
   Y 强度

强化*
strengthening
TG1；TN3
   D 强化处理
      强化方法
      强化方式
      强化工艺
      强化技术

      强化行为
      强化作用
   F 大米强化
      过氧化氢强化
      食品强化
      营养强化
   C 表面改性 →(3)(9)
      激光表面强化处理 →(3)
      强化机理 →(3)
      强化试验 →(1)(4)
      韧化 →(3)

强化处理
   Y 强化

强化大米
   Y 营养强化大米

强化大曲
strengthened Daqu
TS262.39
   S 曲酒
   Z 白酒

强化定向粒片板
   Y 定向结构板

强化方法
   Y 强化

强化方式
   Y 强化

强化复合
   Y 复合技术

强化工艺
   Y 强化

强化技术
   Y 强化

强化剂
   Y 增强剂

强化酱油
fortified soy sauce
TS264.21
   S 功能酱油
   F 铁强化酱油
   Z 酱油

强化米
   Y 营养强化大米

强化面粉
enriched flour
TS211.2
   D 高蛋白面粉
      强化锌面粉
      营养面粉
   S 面粉
   F 铁强化面粉
      营养强化面粉
   Z 粮食

强化奶
   Y 功能性乳制品

强化乳粉
   Y 配方奶粉

强化设备
　　Y 金属加工设备

强化食品
fortified food
TS218
　　S 保健食品
　　F 富硒食品
　　　钙强化食品
　　　营养强化食品
　　Z 保健品
　　　食品

强化食用香精
　　Y 食品香精

强化食用油
　　Y 保健食用油

强化松香胶
　　Y 松香胶

强化锌面粉
　　Y 强化面粉

强化行为
　　Y 强化

强化营养米
　　Y 营养强化大米

强化营养面粉
　　Y 营养强化面粉

强化营养盐
　　Y 调味盐

强化作用
　　Y 强化

强筋剂
　　Y 谷朊粉

强力*
brute force
TS102；TS914
　　F 剥离强力
　　　动态强力
　　　拉伸断裂强力
　　　捻接强力
　　　纱线强力
　　　撕破强力
　　　纤维强力
　　C 力

强力保持率
　　Y 强度保持率

强力保留率
　　Y 强度保持率

强力不匀率
strength irregularity
TS102
　　S 不匀率
　　Z 比率

强力测试仪
　　Y 电子强力仪

强力除杂机
　　Y 开清棉机械

强力试验仪
strength tester
TH7；TS103
　　S 试验设备*
　　F 电子强力仪

强力甜味剂
　　Y 高倍甜味剂

强拈纱
　　Y 强捻纱

强捻
hard twist
TS107
　　S 纱线捻度
　　C 加捻工艺
　　Z 指标

强捻股线
hard twist ply yarn
TS106.4
　　S 股线*

强捻毛纱
heavy-twist wool yarn
TS106.4
　　S 强捻纱
　　Z 纱线

强捻棉纱
hard twist cotton yarn
TS106.4
　　S 棉纱
　　Z 纱线

强捻纱
overtwisted yarn
TS106.4
　　D 强拈纱
　　S 纱线*
　　F 强捻毛纱

强捻织物
　　Y 织物

强排式燃气热水器
gas water heater with mechanical exhaust
TS914
　　S 热水器*

强酸离子交换纤维
　　Y 离子交换纤维

强制冷却装置
　　Y 冷却装置

强制通风防毒衣
　　Y 防毒服

墙壁纸
　　Y 壁纸

墙布
wall covering
TS106；TS106.74
　　S 室内纺织品
　　Z 装饰用纺织品

墙纸
　　Y 壁纸

蔷薇科
　　Y 山楂

羟丙基淀粉
hydroxypropyl starch
TS235
　　S 淀粉*
　　F 交联羟丙基淀粉

羟丙基环糊精
hydroxypropyl cyclodextrin
TS23
　　S 环糊精
　　Z 糊料

羟丙基磷酸交联糯玉米淀粉
　　Y 交联玉米淀粉

羟丙基玉米淀粉
hydroxypropyl cornstarch
TS235.1
　　S 玉米变性淀粉
　　Z 淀粉

炝锅
　　Y 锅

炝蟹
　　Y 蟹类菜肴

敲击扳手
　　Y 扳手

乔其绒
　　Y 丝绒织物

乔其丝绒
　　Y 丝绒织物

乔绒
　　Y 丝绒织物

乔赛针织物
　　Y 针织物

荞麦
buckwheat
TS210.2
　　D 荞麦米
　　S 麦子
　　F 苦荞麦
　　Z 粮食

荞麦保健豆奶
　　Y 天然保健品

荞麦蛋白
buckwheat protein
Q5；TQ46；TS201.21
　　D 苦荞蛋白
　　S 谷蛋白
　　Z 蛋白质

荞麦淀粉
buckwheat starch
TS235.1
　　S 谷物淀粉
　　Z 淀粉

荞麦方便面
　　Y 方便面

荞麦粉
buckwheat flour
TS211.2
　D 养麦粉
　S 麦粉
　Z 粮食

荞麦加工
buckwheat processing
TS210.4
　S 制麦
　Z 农产品加工

荞麦壳
buckwheat husk
TS213
　S 麦壳
　F 苦荞麦壳
　Z 壳体

荞麦米
　Y 荞麦

荞麦食品
buckwheat foods
TS213
　D 大麦食品
　　即食燕麦片
　　燕麦食品
　S 谷物食品
　Z 粮油食品

荞麦制品
　Y 燕麦制品

翘曲
warping
TG1；TS943.6
　D 翘曲现象
　　曲跷
　S 弯曲*
　C 板凸度 →(3)

翘曲现象
　Y 翘曲

巧克力
chocolate
TS246.57
　D 巧克力糖
　　巧克力制品
　　无糖巧克力
　S 糖果
　C 可可脂
　　巧克力风味
　Z 糖制品

巧克力饼干
chocolate biscuit
TS213.22
　S 饼干
　Z 糕点

巧克力豆奶
　Y 豆奶

巧克力风味
chocolate flavour
TS971.1
　S 风味*

　C 巧克力

巧克力牛奶
chocolate milk
TS252.59
　S 风味奶
　Z 乳制品

巧克力糖
　Y 巧克力

巧克力制品
　Y 巧克力

切包叶
　Y 烟草生产

切槽刀
slotting cutters
TG7；TS914
　D 槽刀
　　槽形铣刀
　　开槽刀
　　挖槽刀
　　铣槽刀
　S 刀具*

切丁
　Y 切条

切段麻
　Y 麻纤维

切断
　Y 剪切

切断长度
　Y 纤维长度

切断刀
cutting-off cutter
TG7；TS914
　D 弹簧垫圈圆切刀
　　断刀
　　盘型切刀
　　切断刀具
　　切粒刀
　S 刀具*
　C 剪切
　　锯片 →(3)
　　切割角 →(3)

切断刀具
　Y 切断刀

切断刀片
　Y 刀片

切断工艺
　Y 剪切

切断面
　Y 截面

切分工艺
　Y 工艺方法

切割*
cutting
TG4
　D 切割法
　　切割方法

　　切割方式
　　切割工艺
　　切割技术
　　切割加工
　F 定位切槽
　　横切
　　锯切
　C 剪切
　　截割 →(2)
　　切割精度 →(3)
　　切割设备 →(3)(4)(7)(8)(9)
　　切割深度 →(3)
　　切割试验 →(1)(3)
　　切割速度 →(3)
　　切削参数 →(3)
　　切削深度 →(3)

切割刀具
　Y 刀具

切割法
　Y 切割

切割方法
　Y 切割

切割方式
　Y 切割

切割工艺
　Y 切割

切割技术
　Y 切割

切割加工
　Y 切割

切割面
　Y 截面

切根黄麻
　Y 麻纤维

切尖打叶
　Y 烟草生产

切茧机
　Y 蚕茧初加工机械

切块
　Y 切条

切粒刀
　Y 切断刀

切绵机
　Y 丝纺织机械

切剖面
　Y 截面

切丝
shred
TS205
　D 切丝宽度
　S 食品加工*

切丝机
tobacco cutting machine
TS04
　D RC4 切丝机

切烟丝机
　　S 轻工机械*

切丝宽度
　　Y 切丝

切条
slitting
TS205
　　D 切丁
　　　切块
　　S 食品加工*

切头锯
　　Y 锯

切削*
cutting
TG5
　　D 材料切削
　　　车削单元
　　　金属切削工艺
　　　切削法
　　　切削方法
　　　切削方式
　　　切削工艺
　　　切削过程
　　　切削机理
　　　切削技术
　　　切削加工
　　　切削加工工艺
　　　切削加工过程
　　　切削加工技术
　　　切削理论
　　　切削原理
　　　通用切削
　　F 热磨
　　C 齿轮加工 →(3)
　　　刀具
　　　刮削 →(3)
　　　机床
　　　加工余量 →(3)(4)
　　　进给 →(3)(4)
　　　切削参数 →(3)
　　　切削功率 →(3)
　　　切削精度 →(3)
　　　切削力 →(3)(4)
　　　切削缺陷 →(3)
　　　切削性能 →(3)
　　　切削液 →(2)(3)
　　　切屑 →(3)

切削刀片
cutting tip
TG7；TS914.212
　　D 车刀片
　　　车削刀片
　　S 刀片
　　F 铣刀片
　　Z 工具结构

切削法
　　Y 切削

切削方法
　　Y 切削

切削方式
　　Y 切削

切削工具
　　Y 机床

切削工艺
　　Y 切削

切削过程
　　Y 切削

切削机床
　　Y 机床

切削机理
　　Y 切削

切削技术
　　Y 切削

切削加工
　　Y 切削

切削加工工艺
　　Y 切削

切削加工过程
　　Y 切削

切削加工技术
　　Y 切削

切削理论
　　Y 切削

切削刃
cutting edge
TG7；TS914.212
　　D 倒圆切削刃
　　　副切削刃
　　　间断切削刃
　　　主切削刃
　　S 刀刃
　　C 位置精度 →(3)
　　Z 工具结构

切削设备
　　Y 机床

切削原理
　　Y 切削

切削装置
　　Y 机床

切烟丝机
　　Y 切丝机

切展
　　Y 切展法

切展法
cutting spread method
TS941.6
　　D 切展
　　S 方法*
　　C 服装结构设计

切蔗机
cane cutting machines
TS243.1
　　S 蔗加工机械
　　Z 食品加工设备

切纸

paper-cutting
TS805
　　S 印刷工艺*
　　　造纸工艺*

切纸长度控制
paper cutting length control
TS75
　　S 数学控制*
　　　造纸控制
　　Z 工业控制

切纸刀
paper knife
TG7；TS914
　　S 日用刀具
　　Z 刀具

切纸机
slitter
TS735；TS88
　　D 数控切纸机
　　S 造纸机械*
　　F 单刀切纸机
　　　平切机
　　C 裁切质量

切纸设备
　　Y 平切机

切纸生产线
paper cutting production line
TS75
　　S 造纸生产线
　　Z 生产线

茄子皮
eggplant peel
TS255
　　S 水果果皮*

侵入直径
　　Y 直径

亲水蛋白膜
hydrophilic protein membranes
TS201.21
　　S 蛋白膜
　　Z 膜

亲水性整理
　　Y 亲水整理

亲水性织物
　　Y 功能纺织品

亲水整理
hydrophilic finish
TS195
　　D 亲水性整理
　　S 纺织品整理
　　Z 整理

亲水整理剂
hydrophilic finishing agent
TS195.2
　　S 功能整理剂
　　Z 整理剂

芹菜
celery leaves

TS255.2
　D 芹菜叶
　S 蔬菜
　Z 果蔬

芹菜粉
celery powders
TS255.5
　S 蔬菜粉
　Z 食用粉

芹菜提取物
celery extract
TS255.1
　S 天然食品提取物
　Z 提取物

芹菜叶
　Y 芹菜

芹菜渣
celery residues
TS255
　S 果蔬渣
　Z 残渣

芹菜汁
celery juice
TS255
　S 蔬菜汁
　Z 果蔬制品
　　汁液

芹菜籽油
celery seed oil
TS225.19
　S 籽油
　Z 油脂

秦琴
　Y 弦乐器

禽产品加工
　Y 禽肉加工

禽蛋
egg
TS253.2
　D 鸽蛋
　　鸵鸟蛋
　S 蛋*
　F 鹌鹑蛋
　　鸡蛋
　　鸭蛋

禽蛋加工
　Y 蛋品加工

禽蛋制品
　Y 蛋

禽蛋质量
egg quality
TS253.7
　S 食品质量*

禽类罐头
　Y 肉类罐头

禽肉
poultry meat

S；TS251.59
　S 畜禽肉
　F 鹅肉
　　鸡肉
　　乳鸽肉
　　鸭肉
　Z 肉

禽肉菜肴
poultry meat dishes
TS972.125
　S 荤菜
　F 鹅类菜肴
　　鸡类菜肴
　　鸭类菜肴
　Z 菜肴

禽肉加工
poultry processing
TS251.5
　D 家禽加工
　　禽产品加工
　S 肉品加工
　F 肉鸡加工
　Z 食品加工

禽肉制品
poultry products
TS251.55
　D 肉禽制品
　S 肉制品*
　F 鹅肉制品
　　鸡肉制品
　　鸭肉制品

寝用品
　Y 生活用品

揿动式活动铅笔
　Y 铅笔

青茶
　Y 绿茶

青茶加工工艺
　Y 茶叶加工

青瓷
　Y 青花瓷

青瓷釉
　Y 青釉

青豆
　Y 绿豆

青豆粒
　Y 绿豆

青方腐乳
　Y 青腐乳

青腐乳
green fermented bean curd
TS214
　D 青方腐乳
　S 腐乳
　Z 豆制品

青果领
shawl collar

TS941.61
　S 领型
　Z 服装结构

青花瓷
blue-and-white porcelain
TQ17；TS93
　D 缥青瓷
　　青瓷
　　青花玲珑瓷
　S 瓷制品*
　F 元青花瓷

青花瓷（考古）
　Y 元青花瓷

青花瓷盘
blue and white porcelain plate
TQ17；TS93
　S 陶瓷作品*

青花椒
green pepper
TS255.5；TS264.3
　S 花椒
　Z 调味品

青花玲珑瓷
　Y 青花瓷

青花色料
Blue and white color
TS932
　S 色料*

青椒
green chilli
TS255.2
　D 青椒果实
　S 辣椒
　Z 果蔬

青椒果实
　Y 青椒

青金石
lazurite
TS933.21
　S 宝石
　Z 饰品材料

青精饭
　Y 乌饭

青稞黄酒
highland barley yellow rice wine
TS262.4
　S 黄酒
　　青稞酒
　Z 酒

青稞酒
highland barley wine
TS262
　S 酒*
　F 青稞黄酒
　　咂酒

青稞酒糟
　Y 酒糟

青鳞鱼
scaled sardine
TS254.2
　　S 鱼
　　Z 水产品

青梅
greengage
TS255.2
　　S 水果
　　Z 果蔬

青梅果酒
green plum fruit wine
TS262.7
　　S 果酒
　　Z 酒

青梅酒
　　Y 杨梅果酒

青梅汁
green plum juice
TS255
　　S 果汁
　　Z 果蔬制品
　　　 汁液

青檀皮
whinghackberry bark
TS72
　　S 檀皮
　　Z 树皮

青田石
Qingtian stone
TS933.21
　　S 印石
　　Z 观赏石

青釉
celadon glaze
TQ17；TS932
　　D 青瓷釉
　　S 釉*

轻薄产品
light and thin product
TS101；TS107
　　D 轻薄化
　　　 轻薄型
　　S 产品*

轻薄化
　　Y 轻薄产品

轻薄毛织物
wool sheer
TS136
　　S 精纺纯毛织物
　　Z 织物

轻薄面料
　　Y 轻薄型面料

轻薄型
　　Y 轻薄产品

轻薄型面料
thin and light fabrics
TS941.41

　　D 轻薄面料
　　S 薄型面料
　　Z 面料

轻薄型织物
　　Y 织物

轻薄织物
light-thin textile fabric
TS106.8
　　S 织物*
　　F 府绸织物
　　　 纱罗织物
　　　 丝绸织物
　　　 稀薄织物
　　　 细布
　　C 薄型面料

轻定量涂布纸
　　Y 轻量涂布纸

轻度加工
lightly processed
TS255.36
　　S 加工*

轻度漂白
light bleaching
TS192.5
　　S 漂白*

轻纺产品*
light textiles goods
TS10
　　F 纺织产品
　　　 染整产品
　　　 羊绒制品
　　　 羽绒制品
　　C 产品
　　　 机织物
　　　 食品
　　　 印刷品

轻革
light leathers
TS56
　　D 猪轻革
　　S 皮革*

轻工产品产量
light industrial product outputs
TS
　　S 产量*
　　F 啤酒产量
　　　 糖产量
　　　 羊毛产量
　　　 纸浆产量

轻工机械*
light industrial machinery
TS04
　　D 裁边锯
　　　 调浆设备
　　　 调浆桶
　　　 翻木机
　　　 封边机
　　　 毛方推拨器
　　　 木片破碎机
　　　 木丝机

　　　 排版设备
　　　 抛木机
　　　 抛木器
　　　 抛木装置
　　　 齐边机
　　　 齐边锯
　　　 碎木机
　　　 踢木机
　　　 踢木器
　　　 削边机
　　　 削方机
　　　 削片锯解机
　　　 削片制材机
　　　 原木翻楞器
　　　 原木翻转器
　　　 原木上车装置
　　　 原木整形机
　　　 制材机械
　　　 制材设备
　　　 制材削片联合机
　　　 竹材加工机械
　　　 竹工机械
　　　 煮浆桶
　　　 自动进料装置
　　F 包伞机
　　　 变形机
　　　 玻璃机械
　　　 打号机
　　　 打样机
　　　 覆膜机
　　　 烘烤机
　　　 划线机
　　　 卷绕机
　　　 磨刀机
　　　 切丝机
　　　 热合机
　　　 杀菌设备
　　　 砂光机
　　　 洗涤设备
　　　 削片机
　　　 压榨机
　　　 眼镜机械
　　　 游戏机
　　　 预处理机
　　　 真空回潮机
　　　 制灯机械
　　　 制钉机
　　　 制罐设备
　　　 制鞋机械
　　　 制盐设备
　　C 茶叶机械
　　　 纺纱机构
　　　 纺织机构
　　　 纺织机械
　　　 服装机械
　　　 机械
　　　 浆纱工艺
　　　 轻工业
　　　 染整机械
　　　 食品加工机械
　　　 印刷机械
　　　 造纸机械
　　　 织造机械
　　　 制革机械
　　　 制烟机械

轻工生产
  Y 轻工业生产

轻工行业
  Y 轻工业

轻工业*
light industry
TS
  D 轻工行业
  F 纺织工业
    缝纫机工业
    家具工业
    木材工业
    食品工业
    五金工业
    烟草工业
    印刷业
    造纸工业
    制笔行业
    制革工业
    制盐工业
  C 工业
    轻工机械

轻工业生产
light industrial manufacture
TH16；TS
  D 轻工生产
  S 生产*
  F 家具生产
    烟草生产
    造纸
    纸板生产

轻化工程
light chemical engineering
TQ；TS
  S 工程*

轻化工程专业
light chemical engineering specialty
TS01
  S 专业*
  F 纺织专业
    服装专业
    食品专业
    印刷专业

轻量涂布纸
light weight coated paper
TS762.2
  D LWC 纸
    低定量涂布纸
    轻定量涂布纸
    轻涂纸
  S 涂布纸
  F 低定量涂布原纸
  Z 纸张

轻松织物
  Y 织物

轻涂纸
  Y 轻量涂布纸

轻型防毒衣
  Y 防毒服

轻型胶版纸

light offset papers
TS761.2
  S 胶版纸
  Z 纸张

轻型龙门刨床
  Y 龙门刨床

轻型印刷纸
light printing papers
TS761.2
  D 轻质印刷纸
  S 印刷纸
  Z 纸张

轻型纸
  Y 薄页纸

轻盐腌
  Y 盐渍

轻印刷
quick print
TS859
  D 办公印刷
  S 印刷*
  C 打印
    复印

轻印刷系统
  Y 桌面出版系统

轻质除渣器
light slag separators
TS733
  S 除渣器
  Z 造纸机械

轻质麦秸板
light straw board
TS62
  S 麦秸板
  Z 木材

轻质刨花板
light shaving board
TS62
  S 刨花板
  Z 木材

轻质印刷纸
  Y 轻型印刷纸

氢化大豆油
hydrogenated soybean oil
TS214
  S 改性大豆油
    氢化植物油
  Z 油品
    油脂

氢化松节油
hydroterpins
TS22
  S 氢化植物油
  Z 油品

氢化油
  Y 加氢油

氢化植物油

hydrogenated vegetable oil
TS22
  S 加氢油
  F 氢化大豆油
    氢化松节油
  Z 油品

氢氧化铵法制浆
  Y 亚铵法制浆

氢氧化钠处理
NaOH treatment
TS192
  S 碱处理
  C 锅炉水处理 →(5)
  Z 化学处理

倾摆机构
  Y 摆动机构

倾动机构
  Y 摆动机构

倾向
  Y 趋势

清茶
  Y 茶

清除*
clearance
TG1；ZT5
  D 清除方法
    自清除
    钻屑清除
  F 去污
    自由基清除
  C 除尘 →(2)(3)(9)(11)(13)
    清理
    清洗
    脱除

清除方法
  Y 清除

清除活性
scavenging activity
R；TS201
  S 活性*
  F 清除自由基活性
  C 自由基清除

清除剂
  Y 脱除剂

清除率
clearance rate
Q4；TS201.6
  S 比率*

清除能力
scavenging capacity
R；TS201
  S 能力*
  C 板栗壳色素
    清除作用
    脱除剂

清除设备
  Y 清除装置

清除污染
　Y 去污

清除装置*
removal device
ZT81
　D 清除设备
　　去除装置
　　脱除装置
　F 扁袋式除尘器
　　除杂装置
　　蜂窝式除尘机组
　　文氏栅洗涤器
　　渣斗
　C 清洁装置

清除自由基
　Y 自由基清除

清除自由基活性
radical scavenging activity
TS205
　S 化学性质*
　　清除活性
　F DPPH 清除活性
　Z 活性

清除作用
scavenging action
R；TS201
　S 作用*
　C 清除能力
　　脱除剂

清代龙袍
Qing dynasty imperial robe
TS941.7
　S 袍服
　Z 服装

清淡
wateriness
TS27
　S 口味
　Z 感觉

清蛋糕
plain cake
TS213.23
　S 蛋糕
　Z 糕点

清废机构
trash-cleaning mechanism
TH13；TS8
　S 机构*

清粉机
flour purifier
TS210.3
　D 清粉系统
　S 清粮装置
　Z 食品加工机械

清粉系统
　Y 清粉机

清钢联
　Y 清梳联

清钢联合机
　Y 清梳联合机

清钢联设备
　Y 清梳联合机

清谷机
　Y 清粮装置

清黑液
clear black liquor
TS79；X7
　S 黑液
　Z 废液

清花
　Y 清棉

清花成卷机
single beater lap machine
TS103.22
　D 单打手成卷机
　S 清棉机
　Z 纺织机械

清花工艺
　Y 清棉

清花机
　Y 清棉机

清花落棉
blowing system
TS104.2；TS109
　S 落棉*

清花设备
　Y 清棉机

清灰剂
deslagging agent
TS529.1
　D 脱灰剂
　S 脱除剂*
　C 除渣　→(3)
　　加热炉　→(2)(3)(5)(7)(9)(11)

清洁*
cleaning
ZT5
　F 洁肤
　　室内清洁
　C 清理

清洁布
　Y 擦拭巾

清洁产品
　Y 清洁用品

清洁蛋
　Y 洁蛋

清洁功能
cleaning function
TM92；TS97
　S 功能*

清洁刮刀
cleaning doctor
TS734
　S 造纸刮刀

　Z 造纸设备部件

清洁化制革
clean leather-making
TS54
　D 清洁制革
　　清洁制革工艺
　S 制革工艺*

清洁剂*
detergent
TQ42；TQ64
　F 家用洗涤剂
　　洗瓶剂
　　洗衣粉
　　洗衣液
　　油墨清洗剂
　　织物洗涤剂
　C 化学清洗　→(3)(5)(7)

清洁米
　Y 免淘米

清洁皮肤
　Y 洁肤

清洁漂白
clean bleaching
TS192.5
　D 清洁漂白技术
　S 漂白*

清洁漂白技术
　Y 清洁漂白

清洁球
cleaning ball
TS973；TS974；TS975
　S 清洁装置*

清洁设备
　Y 清洁装置

清洁系统
　Y 清洁装置

清洁用具
cleaning appliance
TS976.8
　S 生活用品*
　F 簸箕
　　搓板
　　垃圾袋
　　垃圾桶
　　拖把

清洁用品
cleaning product
TS976
　D 清洁产品
　S 生活用品*
　F 盥洗用品
　　家用洗涤剂
　C 清洁装置

清洁制革
　Y 清洁化制革

清洁制革工艺
　Y 清洁化制革

清洁制浆
clean pulping
TS10；TS743
　D　环保型制浆
　　　无污染制浆
　S　制浆*

清洁装置*
cleaning apparatus
TH6
　D　清洁设备
　　　清洁系统
　F　高压清洗机
　　　清洁球
　C　清除装置
　　　清洁用品
　　　装置

清净效率
lustration efficiency
TS244
　S　效率*
　C　澄清效果

清酒
sake
TS262
　S　酒*
　F　黑米清酒
　　　黄清酒
　　　日本清酒
　C　复合糖化剂

清酒罐
　Y　酒罐

清酒酵母
sake yeast
TQ92；TS26
　S　酿酒酵母
　Z　酵母

清理*
cleanup
TH16；ZT5
　D　清理方法
　　　清理流程
　F　干法清理
　　　湿法清理
　C　清除
　　　清洁

清理方法
　Y　清理

清理流程
　Y　清理

清理筛
cleaning sieve
TS210.3
　S　清粮装置
　　　筛*
　F　振动清理筛
　Z　食品加工机械

清凉保健饮料
　Y　保健饮料

清凉化合物

cooling compounds
TS202
　Y　软饮料

清粮装置
cleaning mechanisms
TS210.3
　D　清谷机
　S　粮食机械
　F　比重复式清粮机
　　　螺旋清仓机
　　　清粉机
　　　清理筛
　Z　食品加工机械

清棉
scutch
TS104.2
　D　清花
　　　清花工艺
　S　开清棉
　C　清棉机
　Z　纺纱工艺

清棉成卷机
　Y　清棉机

清棉机
cotton cleaner
TS103.22
　D　成卷机
　　　冲击式清花机
　　　刺钉滚筒清花机
　　　单程清棉机
　　　清花机
　　　清花设备
　　　清棉成卷机
　　　清棉机组
　　　清棉设备
　　　三辊筒清棉机
　　　双程式清棉机
　S　开清棉机械
　F　清花成卷机
　　　预清棉机
　C　尘棒
　　　打手
　　　开棉机
　　　清棉
　　　清梳联合机
　Z　纺织机械

清棉机组
　Y　清棉机

清棉技术
　Y　纺纱工艺

清棉设备
　Y　清棉机

清棉自调匀整仪
　Y　开清棉机械

清纱
　Y　清纱工艺

清纱工艺
clearing yarn
TS104.2
　D　清纱

　S　纺纱工艺*
　F　电子清纱

清纱机构
　Y　清纱器

清纱监测装置
　Y　清纱器

清纱器
yarn cleaners
TS103.11
　D　清纱机构
　　　清纱监测装置
　　　清纱装置
　S　纺纱机构
　F　电子清纱器
　C　络纱机
　Z　纺织机构

清纱装置
　Y　清纱器

清式家具
Qing style furniture
TS66
　S　中式家具
　C　明式家具
　Z　样式

清梳联
blowing carding technology
TS104.2
　D　清钢联
　　　清梳联工艺
　　　清梳联技术
　S　前纺工艺
　Z　纺纱工艺

清梳联工艺
　Y　清梳联

清梳联合机
blowing-carding-drawing units
TS103.22
　D　清钢联合机
　　　清钢联设备
　　　清梳联联合机
　　　清梳联设备
　S　开清棉机械
　F　国产清梳联
　C　清棉机
　Z　纺织机械

清梳联技术
　Y　清梳联

清梳联联合机
　Y　清梳联合机

清梳联设备
　Y　清梳联合机

清梳联生产线
blowing-carding production line
TS103
　S　纺织生产线
　Z　生产线

清水冲洗
　Y　水冲洗

清污
　　Y 去污

清洗*
cleaning down
TB4
　　D 净洗
　　　清洗保养
　　　清洗法
　　　清洗方法
　　　清洗方式
　　　清洗工艺
　　　清洗过程
　　　清洗机理
　　　清洗技术
　　　清洗流程
　　　洗涤次数
　　　洗涤方法
　　F 擦洗
　　　干冰清洗
　　　干洗
　　　还原清洗
　　　机洗
　　　甲醇洗
　　　空调清洗
　　　冷洗
　　　酶洗
　　　免清洗
　　　模具清洗
　　　泡洗
　　　喷淋清洗
　　　漂洗
　　　砂洗
　　　石磨洗
　　　手洗
　　　水洗
　　　淘洗
　　　紊流酸洗
　　　洗涤
　　　洗呢
　　　洗刷
　　　压洗
　　　预碱洗
　　　预洗
　　　在线冲洗
　　　在线水洗
　　　皂洗
　　C 除垢 →(3)
　　　除杂 →(3)
　　　分离
　　　净化
　　　卷染
　　　卷染机
　　　漂洗槽
　　　清除
　　　清洗设备 →(4)
　　　吸收

清洗保养
　　Y 清洗

清洗槽
　　Y 漂洗槽

清洗法
　　Y 清洗

清洗方法

　　Y 清洗

清洗方式
　　Y 清洗

清洗工艺
　　Y 清洗

清洗过程
　　Y 清洗

清洗机理
　　Y 清洗

清洗技术
　　Y 清洗

清洗流程
　　Y 清洗

清洗装罐
cleaning tinning
TB4；TS29
　　S 灌装*

清香型
　　Y 清香型白酒

清香型白酒
mild-flavour Chinese spirits
TS262.32
　　D 清香型
　　S 白酒*

清香型大曲酒
Fen-flavor Daqu liquor
TS262.32
　　S 大曲酒
　　Z 白酒

清香型小曲酒
Fen-flavor Xiaoqu liquor
TS262.36
　　S 小曲白酒
　　Z 白酒

清香型烟叶
　　Y 烟叶

清油饼
　　Y 油炸食品

清油提取率
oil extraction yield
TS22
　　S 提油率
　　Z 化学比率

清真菜
Muslim food
TS972.12
　　D 回族菜
　　S 菜系*

清真风味小吃
　　Y 清真小吃

清真酱牛肉
　　Y 酱肉制品

清真牛羊肉
　　Y 牛羊肉

清真食品
halal food
TS219
　　S 食品*
　　F 传统清真食品

清真小吃
Muslim snacks
TS972.14
　　D 清真风味小吃
　　S 小吃*

清真饮食
Muslim diet
TS971.2
　　S 饮食*

清蒸
steamed in clear soup
TS20；TS971；TS972
　　S 蒸制
　　Z 蒸煮

清蒸混入
distilling raw and fermented material apart
and then fermenting together
TS261.4
　　S 白酒工艺
　　Z 酿酒工艺

清汁
clear juice
TS255；TS270.2
　　D 澄清果汁
　　S 汁液*

清汁饮料
clear juice drink
TS27
　　S 饮料*

清汁质量
clear juice quality
TS270.7
　　S 食品质量*
　　C 甘蔗制糖
　　　固液分离 →(9)

鲭鱼
mackerel
TS254.2
　　S 鱼
　　Z 水产品

情报处理
　　Y 信息处理

情报处理系统
　　Y 信息处理系统

情报处置系统
　　Y 信息处理系统

情侣装
couples dress
TS941
　　S 服装*

晴雨伞
　　Y 伞

琼胶
Y 琼脂

琼胶素
Y 琼胶糖

琼胶糖
agarose
TS254
D 琼胶素
琼脂糖
S 碳水化合物*

琼脂
agar
TS202.3
D 冻粉
江蓠琼胶
琼胶
洋菜
营养基
S 藻胶
Z 胶

琼脂凝胶糖果
Y 凝胶糖果

琼脂软糖
Y 软糖

琼脂糖
Y 琼胶糖

秋材
Y 原木

秋茶
Y 夏秋茶

秋冬男装
Y 男装

秋季转排
Y 转排

楸子
Y 海棠果

球板
Y 球拍

球类器材
ball equipment
TS952.3
S 体育器材*
F 板球
棒球
保龄球
橄榄球
高尔夫球
高尔夫球杆
高尔夫球头
篮球
垒球
链球
马球
排球
乒乓球
铅球
球拍
手球
水球
体操球
网球
羽毛球
足球

球拍
bat
TS952.3
D 板球拍
球板
S 球类器材
F 乒乓球拍
网球拍
羽毛球拍
Z 体育器材

球头刀
ball-end cutter
TG7；TS914
S 刀具*

球鞋
Y 鞋

球鞋设计
Y 鞋类设计

球形刀
spherical cutter
TG7；TS914
S 刀具*

球型回转式蒸煮锅
Y 蒸煮器

球压试验
ball pressure test
TS914
Y 试验设备

球直径
Y 直径

裘皮
Y 毛皮

裘皮服
Y 裘皮服装

裘皮服装
fur garment
TS56；TS941.6；TS941.7
D 裘皮服
裘皮时装
S 皮革服装
Z 服装

裘皮时装
Y 裘皮服装

区
Y 区域

区段
Y 区域

区位码
region-position code
TS801
S 代码*

区域*
region
ZT74
D 区
区段
区域类型
位置区域
F 纺纱三角区
牵伸区
压区
C 城区 →(11)
地理区域 →(1)(11)(12)
地区 →(1)(11)(12)(13)
地质构造区域 →(1)(2)(11)
工作区
居住区 →(7)(11)(13)
空域 →(6)(12)
矿区 →(2)(12)
流域 →(1)(11)
路域 →(12)
水功能区 →(11)(13)
水域 →(2)(11)(12)(13)
图形区域 →(1)(7)(8)(9)(11)
物理区域 →(1)(2)(3)(5)(6)(7)(8)(9)(11)(13)
异常区 →(1)(2)(3)(5)(11)(12)

区域类型
Y 区域

曲*
koji
TS26
F 红曲
酱曲
酒曲
麦曲
米曲
面糕曲
糖化曲
药曲
C 酿造

曲柄式机械挤压机
Y 挤压设备

曲酒
yeasty liquor
TS262.3
S 白酒*
F 大曲酒
麸曲白酒
红曲酒
浓香型曲酒
强化大曲
小曲白酒

曲率测量仪器
Y 测量仪器

曲霉
aspergillus
TS26
S 霉*
F 黑曲霉
红曲霉
华丽曲霉
黄曲霉
栖土曲霉

烟束曲霉

曲面镜
curved mirrors
TH7；TS959.7
　S　镜子*

曲面型前刀面
　Y　前刀面

曲木家具
bentwood furniture
TS66；TU2
　D　弯曲木家具
　S　木质家具
　Z　家具

曲跷
　Y　翘曲

曲桥式机械挤压机
　Y　挤压设备

曲线*
curves
O1
　D　曲线形式
　F　黏度曲线
　　　上染曲线
　　　吸湿曲线
　C　曲率　→(6)
　　　曲面　→(1)(3)(4)(8)(11)(12)

曲线锯
　Y　线锯

曲线牵伸
curvilinear drafting
TS104
　S　牵伸*

曲线刃
curve-edged
TG7；TS914.212
　S　刀刃
　C　滚刀　→(3)
　Z　工具结构

曲线形式
　Y　曲线

曲药
　Y　药曲

曲药质量
koji quality
TS261.7
　S　酿酒品质
　Z　食品质量

曲折拼缝机
zigzag sewing machine
TS941.562
　S　合缝机
　Z　服装机械

曲轴铣床
crankshaft milling machine
TG5；TS64
　S　专用铣床
　C　曲轴车床　→(3)

Z　机床

驱蚊灯
　Y　灭蚊灯

驱蚊香精
repellent flavors
TQ65；TS264.3
　S　功能性香精
　Z　香精香料

祛斑法
　Y　除斑

祛斑方法
　Y　除斑

祛痘
anti-acne
TS974.13
　D　除痘
　S　面部美容
　Z　美容

祛皱
anti-wrinkle
TS974.13
　D　除皱方法
　　　除皱纹
　　　防皱纹
　　　抗皱纹
　　　去皱方法
　S　面部美容
　Z　美容

趋势*
trend
ZT86
　D　进展趋势
　　　倾向
　F　国际流行趋势
　C　动态　→(1)(2)(5)(6)(7)(8)(9)(11)(12)

曲奇
　Y　曲奇饼

曲奇饼
cookie
TS213.22
　D　曲奇
　S　饼干
　Z　糕点

曲奇饼干
　Y　饼干

取代度
degree of substitution
TS237
　S　化合度*

取粉率
flour extraction rate
TS205
　S　比率*

取皮
extraction of skin
TS541
　S　制革准备
　Z　制革工艺

取套工艺
　Y　工艺方法

取向角
angle of orientation
TS101
　S　角*

取向因子
orientation factor
TS102
　S　因子*

去除
　Y　脱除

去除法
　Y　脱除

去除方法
　Y　脱除

去除工艺
　Y　脱除

去除技术
　Y　脱除

去除装置
　Y　清除装置

去蛋白
　Y　脱蛋白

去核榨汁机
　Y　榨汁机

去角质
exfoliator
TS974.13
　S　面部美容
　Z　美容

去静电剂
　Y　抗静电剂

去壳
　Y　脱壳

去苦
　Y　脱苦

去沫剂
　Y　消泡剂

去泡剂
　Y　消泡剂

去皮
decortication
TS205
　D　剥皮
　　　剥皮方法
　　　剥皮工艺
　　　去皮方法
　S　食品加工*

去皮方法
　Y　去皮

去皮机
　Y　脱壳机

去肉机
  Y 制革机械

去乳糖牛奶
lactose free milk
TS252.59
  S 牛奶
  Z 乳制品

去色
  Y 脱色

去石机
stone extractor
TS203
  S 矿山机械*

去污
decontamination
TL94；TS973；X5
  D 除污
    除污机理
    除污染
    泡沫去污
    清除污染
    清污
    去污方法
    去污工艺
    去污机理
    去污技术
    脱污
    污染清除
    污染物分离
    污染物去除
    污染消除
    污物清除
    消除污染
  S 清除*
  C 保护涂层 →(1)(3)
    表面污染 →(13)
    补救措施 →(6)
    进水口 →(11)
    拦污
    冷却剂净化系统 →(6)
    喷淋强度 →(6)
    去污因子 →(6)(13)
    洗涤剂 →(9)
    洗消 →(6)
    沾染 →(6)

去污方法
  Y 去污

去污废物
  Y 废弃物

去污工艺
  Y 去污

去污机理
  Y 去污

去污技术
  Y 去污

去污毛巾
  Y 毛巾

去腥
  Y 脱腥

去脂机
  Y 脱脂机

去皱方法
  Y 祛皱

圈长
loop length
TS105；TS184
  D 线圈长度
  S 纱线长度
  Z 织造工艺参数

圈圈绒线
  Y 绒线

圈圈纱
loop yarn
TS106.4
  D 毛圈线
  S 花式纱线
  Z 纱线

圈绒
loop pile
TS105；TS195
  S 绒毛*

圈条盘
head plate
TS103.81
  S 纺纱器材*
  C 并条机
    精梳机
    梳棉机

圈条器
coiler head
TS103.11
  S 纺纱机构
  Z 纺织机构

圈椅
round-backed armchair
TS66；TU2
  S 椅子
  Z 家具

全绷帮
  Y 制鞋工艺

全成形针织物
  Y 成形针织物

全弹牛仔布
  Y 弹力牛仔布

全蛋粉
dried whole egg
TS253.4
  S 蛋粉
  Z 蛋

全豆
whole bean
TS210.2
  S 豆类
  Z 粮食

全豆酸奶
  Y 酸奶

全幅衬纬经编双反面织物
  Y 经编织物

全幅衬纬经编织物
  Y 经编织物

全幅衬纬双经缎起绒织物
  Y 起绒织物

全幅褶裥经编织物
  Y 经编织物

全秆红麻
  Y 红麻全秆

全果榨汁机
  Y 榨汁机

全过程
  Y 过程

全僵
  Y 低级棉

全绞纱织物
  Y 织物

全精炼
full refining
TS22
  S 精炼*

全拉伸丝
  Y 复丝

全麦粉
wholemeal
TS211.2
  S 小麦粉
  Z 粮食

全毛
  Y 毛织物

全毛绒线
  Y 绒线

全毛织物
  Y 毛织物

全酶法
fully enzymatic method
TS201.3
  S 酶法
  Z 食品加工

全棉
  Y 棉纤维

全棉秆
  Y 棉秆

全棉面料
  Y 面料

全棉色织布
  Y 纯棉色织物

全棉针织物
knitted pure cotton cloth
TS116；TS186
  S 针织物*

全棉织物

Y 棉织物

全牵伸丝
full-drawn yarn
TQ34；TS102
　S 工业丝
　Z 纤维制品

全球资源信息数据库
　Y 资源化

全取向丝
　Y 复丝

全苇浆
　Y 苇浆

全无氯漂白
　Y 无氯漂白

全息防伪
holographic anti-counterfeiting
TS85
　S 防伪*

全息美疗
holographic beauty therapy
TS974.1
　S 美容*

全息涂料
holographic coatings
TS802
　S 涂料*

全息印刷
holographic printing
TS853；TS853.6
　S 特种印刷
　Z 印刷

全消光
complete extinction
TQ63；TS195.53
　S 消光*

全悬浮
full suspended
O3；O6；TH4；TS27
　S 悬浮*

全叶打叶
　Y 烟草生产

全液态法白酒工艺
　Y 白酒工艺

全脂奶粉
　Y 全脂乳粉

全脂牛奶
　Y 牛奶

全脂乳粉
full cream milk powder
TS252.51
　D 全脂奶粉
　S 奶粉
　Z 乳制品

全自动波轮洗衣机
　Y 全自动洗衣机

全自动豆浆机
full automatic soybean milk machine
TM92；TS972.26
　D 全自动家用豆浆机
　S 豆浆机
　Z 厨具
　　家用电器

全自动发酵罐
　Y 发酵罐

全自动攻丝机
　Y 攻丝机

全自动罐盖冲床
　Y 罐盖

全自动滚筒洗衣机
　Y 全自动洗衣机

全自动横机
　Y 横机

全自动家用豆浆机
　Y 全自动豆浆机

全自动家用面包机
　Y 自动面包机

全自动开水器
　Y 开水器

全自动络筒机
　Y 自动络筒机

全自动手套机
full automatic glove knitting machines
TS183.6
　S 手套机
　Z 织造机械

全自动洗碗机
　Y 洗碗机

全自动洗衣机
full-automatic washing machine
TM92；TS973
　D 波轮全自动洗衣机
　　波轮式全自动洗衣机
　　电脑全自动洗衣机
　　电脑洗衣机
　　仿生搓洗式全自动洗衣机
　　滚筒式全自动洗衣机
　　模糊洗衣机
　　全自动波轮洗衣机
　　全自动滚筒洗衣机
　　全自动型洗衣机
　　套桶洗衣机
　　智能洗衣机
　　智能型洗衣机
　　自动洗衣机
　S 洗衣机
　Z 轻工机械

全自动型洗衣机
　Y 全自动洗衣机

全自动装订机
automatic binding machine
TS885
　S 装订机

Z 装订设备

醛复鞣
aldehyde retanning
TS543
　S 复鞣
　Z 制革工艺

醛鞣
aldehyde tanning
TS543
　S 有机鞣法
　Z 制革工艺

醛酸纤维素
　Y 醋酸纤维

缺垫经编组织
　Y 经编组织

缺口样板
　Y 样板

缺毛圈
　Y 毛圈

缺欠
　Y 缺陷

缺纬
filling run out
TS101.97
　D 脱纬
　　稀路
　S 纬向疵点
　Z 纺织品缺陷

缺陷*
defects
ZT5
　D 疵病
　　劣质
　　缺欠
　　缺陷程度
　　缺陷定性
　　缺陷分类
　　缺陷类型
　　缺陷形式
　　缺陷性质
　　缺陷种类
　　弱点
　　通病
　　无缺陷
　F 掉浆
　　掉毛掉粉
　　风味缺陷
　　粘卷
　C 材料结构
　　材料缺陷
　　齿轮缺陷 →(4)
　　纺织品缺陷
　　腐蚀缺陷 →(1)(3)
　　焊接缺陷 →(3)
　　缺陷表征 →(3)(4)
　　缺陷管理 →(8)
　　缺陷检测 →(4)
　　损伤
　　外观缺陷
　　制造缺陷

缺陷程度
 Y 缺陷

缺陷定性
 Y 缺陷

缺陷分类
 Y 缺陷

缺陷扣尺
defect deduction
TH7；TS67
 S 原木检尺
 C 原木
 Z 尺

缺陷类型
 Y 缺陷

缺陷形式
 Y 缺陷

缺陷性质
 Y 缺陷

缺陷种类
 Y 缺陷

缺压弹性网孔织物
 Y 网眼针织物

缺压集圈织物
 Y 纬编织物

缺压经编组织
 Y 缺压组织

缺压组织
miss-press warp-knit weave
TS18
 D 缺压经编组织
 S 针织物组织
 Z 材料组织

雀头履
 Y 鞋

确保安全
 Y 安全

裙
 Y 裙装

裙摆
flare
TS941.61
 S 下摆
 Z 服装结构

裙裤
 Y 裤装

裙装
skirt
TS941.6；TS941.7
 D 背带裙
  侗裙
  高腰裙
  公主裙
  蝴蝶裙
  迷你裙
  牛仔裙

  蓬蓬裙
  旗袍裙
  裙
  裙子
  碎褶裙
  筒裙
  西服裙
  鱼鳞裙
  窄裙
  直裙
  直筒裙
 S 襦裙服
 F 长裙
  短裙
  紧身裙
  喇叭裙
  连衣裙
  女裙
  斜裙
  褶裙
 Z 服装

裙装结构
skirt structures
TS941.61
 D 伞裙结构
 S 服装结构*

裙装造型
skirt modelling
TS941.2
 S 服装造型
 Z 造型

裙子
 Y 裙装

群青
 Y 色素

燃料*
fuel
TK1；TQ51
 D 燃料资源
  新燃料
  有机燃料
 F 低硫燃料油
  天然气凝析油
 C 燃料发动机 →⑫
  燃料控制系统 →(5)
  燃料炉 →(5)
  燃料喷射系统 →(5)
  燃料试验 →(1)(5)
  重油 →(2)(9)

燃料开发
 Y 开发

燃料资源
 Y 燃料

燃煤热气炉
coal-fired hot-air furnace
TS203；TS952
 S 燃气取暖炉
 Z 器具

燃气干衣机
 Y 干衣机

燃气红外线辐射器
gas-fired infrared radiator
TS914
 S 仪器仪表*

燃气快速热水器
gas instantaneous water heater
TS914.252
 S 热水器*
 F 家用燃气快速热水器

燃气炉灶
 Y 燃气灶具

燃气取暖炉
liquid fuel space heater
TS203；TS914
 D 气体燃料取暖炉
  燃气取暖器
  液体燃料取暖炉
 S 器具*
 F 燃煤热气炉

燃气取暖器
 Y 燃气取暖炉

燃气热水炉
gas-fired hot water heater
TS914
 S 器具*
  卫生器具*

燃气灶
 Y 燃气灶具

燃气灶具
gas cooker
TS972.26
 D 红外线燃气灶
  家用煤气灶
  家用燃气灶
  家用燃气灶具
  煤气灶
  燃气炉灶
  燃气灶
 S 炉灶
  器具*
 F 嵌入式燃气灶
 C 熄火保护装置 →(5)
 Z 厨具

燃烧合成-热压
 Y 热压

燃烧装置*
burning installation
TK1
 F 打火机
 C 装置

染槽
 Y 染整机械机构

染疵
dyeing defect
TS101.97
 D 染色病疵
  染色疵点
  染整疵点
  印染疵点

S 纺织品缺陷*
　F 白星
　　色疵
　　条花
　C 织物疵点

染发
hair coloring
TS974.2
　D 染发方法
　S 美发
　Z 美容

染发方法
　Y 染发

染缸
　Y 卷染机

染化废水
　Y 染色废水

染浆联合机
dyeing-sizing machine
TS193.3
　D 浆染联合机
　S 染色机
　Z 印染设备

染料*
dyes
TS193.21
　D 常用染料
　　调色染料
　　化学染料
　F 醇溶染料
　　靛系染料
　　纺织染料
　　分散染料
　　高分子染料
　　功能染料
　　合成染料
　　黑色染料
　　红色染料
　　红外吸收染料
　　还原染料
　　环保型染料
　　混合染料
　　活性染料
　　甲川类染料
　　碱性染料
　　交联染料
　　近红外染料
　　禁用染料
　　蓝色染料
　　粒子元青染料
　　磷光染料
　　硫化染料
　　绿色染料
　　媒染染料
　　皮革染料
　　茜草
　　溶剂染料
　　生态染料
　　生物染料
　　水解染料
　　水溶性染料
　　酸性染料

　　特种染料
　　通用染料
　　微胶囊染料
　　无色染料
　　稀土染料
　　阳离子染料
　　液体染料
　　阴离子染料
　　油溶染料
　　有机染料
　　原色染料
　　增感染料
　　直接染料
　　致癌染料
　　中性染料
　C 调色
　　纺织印染助剂
　　分散细度　→(9)
　　染料化学　→(9)
　　色素
　　着色剂

染料废液
　Y 染色废液

染料结合法
dye binding method
TS190.1
　S 染色工艺*

染料配方
dye formulations
TS190.1
　S 配方*

染料配伍性
　Y 配伍性

染料染色
　Y 染色工艺

染料选择
dyestuff selection
TS190.9
　S 选择*

染色
　Y 染色工艺

染色(纺织品)
　Y 染色工艺

染色(毛皮)
　Y 皮革染色

染色饱和值
dye uptake
TS193
　S 染色特征值
　C 上染率
　Z 数值

染色病疵
　Y 疵

染色薄木
　Y 染色单板

染色差异
　Y 染色色差

染色疵点
　Y 染疵

染色单板
dyed veneer
TS66
　D 染色薄木
　S 单板
　Z 型材

染色动力学
　Y 染色学

染色法
　Y 染色工艺

染色方法
　Y 染色工艺

染色纺织品
　Y 有色纺织品

染色废水
dyeing wastewater
TS19；X7
　D 染化废水
　　染色污水
　S 染整废水
　F 硫化染色废水
　Z 废水

染色废液
dyeing waste water
TS19；X7
　D 漂白残液
　　漂白废液
　　染料废液
　S 废液*
　C 漂白废水

染色工序
　Y 染色工艺

染色工艺*
dyeing
TS193
　D 斑点染色
　　斑玷染色
　　差异染色
　　磁性染色
　　翠蓝染色
　　对比染色
　　对染
　　多色染色
　　非水溶剂染色
　　沸染
　　分段升温法
　　分段升温染色法
　　改染
　　高温常压染色
　　固溶体染色
　　间段染色
　　间隔染色
　　间歇染色
　　间歇式染色
　　接枝染色
　　快速染色
　　练染
　　链状染色

硫化染料染色
媒介染料染色
媒染染料染色
偶合染色
泡沫染色
染料染色
染色
染色(纺织品)
染色法
染色方法
染色工序
染色技术
染色加工
热固着染色
溶剂染色
溶剂助染
溶剂助染法
熔态金属染色
熔态金属染色法
乳化液染色
闪色染色
酸性染料染色
同步染色
微泡沫染色
微泡染色
吸尽染色
吸尽染色法
稀土染色
星形架染色
续染
阳离子染色
轧卷染色
真空染色
直接染色
中性染色
转移染色
自然染色
F 鞭毛染色
表面染色
常规染色
超临界染色
超声波染色
单板染色
低温染色
低盐染色
电化学染色
靛蓝染色
段染
反应性染色
防染
仿生染色
纺织品染色
分散染色
复染
高温高压染色
红外染色
还原染色
缓染
混染
活性染料染色
碱性染色
浆内染色
交联染色
竭染
浸染
经轴染色

卷染
均匀染色
蜡染
连缸染色
连续染色
媒染
凝胶染色
喷射染色
皮革染色
匹染
漂染
拼染
气流染色
染料结合法
热染
深色染色
生态染色
绳状染色
湿短蒸染色
受控染色
套染
同色染色
涂料染色
微波染色
微悬浮体染色
无水染色
无盐染色
移染
异步染色
溢流染色
浴法染色
载体染色
增溶染色
扎染
轧染
植物染色
纸张染色
助染
C 纺织工艺
计算机配色 →(9)
酶洗
前处理 →(1)
染色工艺设计
染色均匀度
染色热
染色深度
染色时间
染色纤维
染色重现性
染液
染整
色彩工艺
色牢度
上染率
上染平衡
套色
脱色
印花
泳移
浴比
浴法
轧卷染色机

染色工艺设计
dyeing process design
TS193

S 工艺设计*
C 染色工艺

染色机
dyeing machines
TS193.3
D AME-LZ120
AME-LZ120 冷轧堆设备
Q113 常温染色机
Q113 型
堆置反应机
冷轧堆设备
泡沫染整机
喷射式浆翼染整机
散毛染色机
散纤维染色机
S 染色设备
F 经轴染色机
染浆联合机
染样机
筒子染色机
织物染色机
C 喷射染色机
Z 印染设备

染色机理
dyeing mechanism
TS193
D 补色原理
染色科学技术
染色理论
染色席位
染色原理
S 机理*
C 彩色显示 →(7)
分色
染色深度

染色机械
Y 染色设备

染色技术
Y 染色工艺

染色剂
Y 着色剂

染色加工
Y 染色工艺

染色加脂
dyeing fatliquoring
TS544
S 加脂
Z 制革工艺

染色坚牢度
Y 色牢度

染色经纱
Y 印染产品

染色经轴
Y 染整机械机构

染色均匀度
dye leveling
TS193
D 匀染性能
S 均匀性*

染色性能*
C 染色工艺

染色均匀性
Y 可染性

染色科学技术
Y 染色机理

染色牢度
Y 色牢度

染色牢度指标
Y 色牢度

染色理论
Y 染色机理

染色棉
dyed cotton fiber
TS102.21
D 染色棉纤维
S 色棉
C 色纱
Z 天然纤维

染色棉纤维
Y 染色棉

染色棉织物
dyeing of cotton fabric
TS116
S 棉织物
C 2D 树脂 →(9)
Z 织物

染色配方
dyeing formula
TS19
S 配方*

染色亲和力
dyeing affinity
TS193
D 直接性
S 染色性能*

染色热
dyeing heat
TS19
S 化学热*
C 染色工艺

染色热力学
Y 染色学

染色色差
dyeing colour difference
O4；TH7；TS105
D 染色差异
S 色差*
C 染色质量

染色纱
dyed yarn
TS106.4
S 色纱
Z 纱线

染色设备
dyeing equipment

TS193.3
D 染色机械
S 印染设备*
F 染色机

染色深度
dye depth
TS193
D 得色深度
S 深度*
C 染色工艺
染色机理

染色时间
dyeing time
TS193
S 时间*
F 半染时间
C 染色工艺

染色实验
Y 染色试验

染色试验
dye test
TS190
D 染色实验
S 工艺试验*
C 纺织品整理
耐洗色牢度

染色速率
Y 上染率

染色特性
Y 染色性能

染色特征值
dye characteristics value
TS193
D 活性染料特性值
S 数值*
F IOB 值
PVI 值
SEFR 值
染色饱和值
吸色速率

染色条件
dyeing coefficient
TS193
D 染色系数
S 条件*

染色筒子
dyeing chease
TS106.4
S 筒子纱
Z 纱线

染色温度
dyeing temperature
TS193
S 工艺温度*

染色污水
Y 染色废水

染色物质
Y 着色剂

染色席位
Y 染色机理

染色系数
Y 染色条件

染色系统
Y 染整机械

染色纤维
dyed fiber
TS102
S 有色纤维
C 染色工艺
Z 纤维

染色效果
dyeing effects
TS107
S 纺织效果
F 匀染效果
Z 效果

染色性
Y 染色性能

染色性能*
dyeing properties
TS193
D 盖染性
染色特性
染色性
染色性质
F 可染性
漂白性能
染色均匀度
染色亲和力
染色重现性
染深性
染透性
上染性能
移染性
匀染性
沾色性
助染性
C 工程性能 →(1)(2)(3)(4)(5)(6)(11)(12)
染料性能 →(9)
性能
重现性 →(1)

染色性质
Y 染色性能

染色学
dyeing kinetics
TS19
D 染色动力学
染色热力学
S 染整学
Z 纺织科学

染色印花
Y 涂料印花

染色原理
Y 染色机理

染色载体
Y 促染剂

染色织物
- Y 色织物

染色质量
dyeing quality
TS101.9
- S 印染质量
- C 染色色差
- Z 纺织加工质量

染色重现性
dyeing reproducibility
TS193
- S 染色性能*
-   性能*
- C 染色工艺

染色助剂
dyeing assistant
TS19
- S 印染助剂
- F 促染剂
-   缓染剂
-   媒染剂
-   阳离子染色助剂
-   匀染剂
-   助色剂
- C 固色剂
- Z 助剂

染色转化固色反应锅
- Y 染整机械机构

染深性
deep dyeing property
TS193
- D 深染性
- S 染色性能*

染透性
dye penetrability
TS193
- D 透染性
- S 染色性能*

染缬
- Y 扎染

染样机
sample dyeing machine
TS193.3
- S 染色机
- Z 印染设备

染液
dye liquor
TS19；X7
- D 活性染料溶液
-   轧染液
- S 液体*
- C 染色工艺

染整*
dyeing and finishing
TS190.6
- D 染整工序
-   染整工艺
-   染整技术
-   染整加工
-   染整生产

- F 低给液染整
-   纺织染整
-   绿色染整
-   泡沫染整
-   染整前处理
-   染整一步法
-   溶剂染整
-   生物打光
-   艺术染整
-   印染
- C 螯合分散剂
-   纺织品整理
-   练漂
-   染色工艺
-   染整机械
-   乳化 →(1)(2)(5)(9)
-   印花
-   增深
-   整理剂

染整产品
dyed and finished products
TS19
- S 轻纺产品*
- F 印染产品

染整疵点
- Y 染疵

染整短流程前处理
dyeing and finishing short process pretreatment
TS190.6
- S 染整前处理
- Z 染整

染整废水
dyeing and finishing wastewater
TS19；X7
- D 纺织染整废水
-   染整污水
-   染整废水
-   针织印染废水
- S 废水*
- F 蒽醌染整废水
-   染色废水
-   织染废水

染整工程
dyeing and finishing engineering
TS19
- S 纺织工程
- Z 工程

染整工序
- Y 染整

染整工业
dyeing and finishing industry
TS19
- D 纺织印染工业
-   染整行业
- S 纺织工业
- F 印染工业
- Z 轻工业

染整工艺
- Y 染整

染整烘燥机
dyeing and baking machine
TS190.4
- D 焙烘机
-   烘燥机
-   热风打底焙烘机
-   热风式循环烘燥机
-   印花烘燥机
- S 染整机械*
- C 干燥设备
-   烘烤

染整化学
dyeing and finishing of chemical
TS190.1
- S 纺织化学
-   染整学
- Z 纺织科学

染整机械*
dyeing and finishing machinery
TS190.4
- D 染色系统
-   染整设备
- F 浸轧机
-   精练机
-   拉幅定形机
-   练漂机
-   染整烘燥机
-   染整机械机构
-   烧毛机
-   丝光机
-   印染机械
-   整理机
- C 纺织机械
-   滚筒印花
-   滚筒印花机
-   轻工机械
-   染整
-   双面印花
-   颜色系统
-   制版工艺
-   煮呢

染整机械机构
dye vat
TS190.4
- D 幅宽指示器
-   开铗器
-   开铗装置
-   开口式染槽
-   喷射式绳状染槽
-   起绒装置
-   染槽
-   染色经轴
-   染色转化固色反应锅
-   染整机械零部件
-   染整装置
-   上铗装置
-   下铗装置
-   溢流染槽
-   印染导带
-   轧花辊
-   轧花辊筒
-   轧纹辊筒
- S 染整机械*
- F 布铗

C 喷射染色机
　　溢流染色

染整机械零部件
　Y 染整机械机构

染整技术
　Y 染整

染整加工
　Y 染整

染整企业
dyeing and finishing enterprises
TS108
　S 纺织企业
　Z 企业

染整前处理
dyeing and finishing pretreatment
TS190.6
　D 浆染联合工艺
　S 染整*
　F 冷堆工艺
　　染整短流程前处理

染整设备
　Y 染整机械

染整生产
　Y 染整

染整污水
　Y 染整废水

染整行业
　Y 染整工业

染整学
dyeing and finishing science
TS19
　S 纺织科学*
　F 染色学
　　染整化学

染整一步法
simultaneous dyeing and finishing
TS190.6
　D 退煮漂一步法
　S 染整*

染整织物
　Y 色织物

染整质量
dyeing and finishing quality
TS101.9
　S 纺织加工质量*
　F 定形质量
　　烧毛质量
　　印染质量

染整助剂
dyeing and finishing auxiliaries
TS190.2
　S 纺织印染助剂
　F 后整理剂
　　前处理助剂
　　印染助剂
　C 整理剂
　Z 助剂

染整装置
　Y 染整机械机构

染织废水
　Y 染整废水

染纸
paper coloration
TS761.1
　S 彩纸
　Z 纸张

让刀装置
　Y 退刀装置

扰流棒
turbulence bars
TS734
　S 造纸烘缸
　Z 造纸设备部件

绕经编织
tight end knitting
TS184
　D 绕经织物
　S 编织*

绕经织物
　Y 绕经编织

绕线装置
　Y 卷绕机

绕制
　Y 卷绕

绕制方法
　Y 卷绕

绕制机
　Y 卷绕机

热板干燥
hot plate drying
TS65
　S 木材干燥
　Z 干燥

热保温
　Y 保暖性

热泵除湿
heat pump dehumidification
TS65
　S 除湿*

热泵干衣机
　Y 热泵干燥机

热泵干燥机
heat pump dryer
TM92；TS64
　D 空气循环热泵式干衣机
　　热泵干燥机
　　热泵干燥器
　　热泵式干衣机
　S 干燥设备*

热泵干燥器
　Y 热泵干燥机

热泵式干衣机

热泵干燥机
　Y 热泵干燥机

热变电阻
　Y 热阻

热变色性
thermochromism property
TQ32；TS104；TS17
　S 变性*
　　光学性质*
　　热学性能*

热变性米蛋白
thermo-denatured rice protein
Q5；TS201.21
　S 大米蛋白
　Z 蛋白质

热剥线钳
　Y 钳子

热炒
　Y 炒制

热沉降脱水
thermal settling dehydration
TE6；TS205
　S 沉降脱水
　　热力脱水
　Z 脱除

热沉试验
　Y 热工试验

热成形
　Y 热成型

热成形工艺
　Y 热成型

热成型
thermoforming
TG3；TH16；TS195
　D 控制热成形
　　热成形
　　热成形工艺
　　热成型技术
　　热塑成型
　　温热成形
　S 成型*
　C 热定型
　　热固性树脂　→(9)
　　热固性塑料　→(9)

热成型机
　Y 热定型机

热成型技术
　Y 热成型

热处理*
heat treatment
TG1
　D 材料热处理
　　加工热处理
　　热处理操作
　　热处理法
　　热处理方法
　　热处理工序
　　热处理工艺
　　热处理过程

热处理技术
　热处理加工
　热处理生产
　热处理质量
F 高压热处理
　蒸汽处理
C 处理
　处理温度 →(1)
　加热
　金属加工 →(3)(4)
　弥散强化 →(1)(3)
　热处理缺陷 →(3)
　热处理设备 →(3)(4)(5)
　热处理生产线 →(4)
　时效 →(2)(3)(4)
　弯曲性能 →(1)

热处理操作
　Y 热处理

热处理法
　Y 热处理

热处理方法
　Y 热处理

热处理工序
　Y 热处理

热处理工艺
　Y 热处理

热处理过程
　Y 热处理

热处理技术
　Y 热处理

热处理加工
　Y 热处理

热处理木材
heat-treated wood
TS62
　S 木材*

热处理生产
　Y 热处理

热处理试验
　Y 热工试验

热处理质量
　Y 热处理

热传导
　Y 传热

热传递
　Y 传热

热传输
　Y 传热

热打螺母攻丝机
　Y 攻丝机

热带车间
　Y 车间

热定形
　Y 热定型

热定形机
　Y 热定型机

热定型
heat setting
TS195；TS941.67
　D 沸水定形
　　干热定形
　　高温定形
　　热定形
　S 定形整理
　F 蒸汽定形
　C 高温固化 →(9)
　　热成型
　　热定型机
　Z 整理

热定型机
heat setting machine
TS190.4
　D 沸水定形机
　　辐射式热定形机
　　滚筒式热定形机
　　紧张热处理机
　　紧张热定形机
　　浸渍式热定形机
　　拉幅热定形联合机
　　拉幅烫压机
　　热成型机
　　热定形机
　　热风式热定形机
　　松弛热处理机
　　松弛热定形机
　　张力热定形机
　　蒸汽定形机
　S 成型设备*
　　定形机
　F 罐蒸机
　C 热定型
　Z 染整机械

热动力试验
　Y 热工试验

热镀锌锅
hot-dip galvanized pot
TS972.21
　S 镀锌锅
　Z 厨具

热法脱水
　Y 热力脱水

热反应鸡肉香精
　Y 鸡肉香精

热反应肉味香精
　Y 肉类香精

热反应肉香风味调味料
　Y 肉香风味调味料

热反应香精
thermal reaction chicken flavoring
TQ65；TS264.3
　S 香精
　Z 香精香料

热返黄
thermal yellowing
TS75
　S 返黄
　Z 变色

热防护服
thermal protective clothing
TS941.731；X9
　D 防热服
　S 调温服
　C 热防护性能
　Z 安全防护用品
　　服装

热防护性能
thermal protective performance
TS941.1
　S 防护性能*
　　热学性能*
　C 热防护服

热防护织物
thermal protective fabric
TS106.8
　S 防护织物
　F 阻燃织物
　Z 功能纺织品

热废液
　Y 废液

热风打底焙烘机
　Y 染整烘燥机

热风对流
hot air convection
TS65
　S 流体流*

热风非织造布
air thermal bonded nonwovens
TS176.9
　S 非织造布*

热风烘燥
　Y 烘干

热风加热
hot air heating
TS65
　S 加热*

热风拉幅机
　Y 拉幅机

热风炉*
hot-air furnaces
TF5
　D 新型热风炉
　F 金属热风炉
　C 风温 →(1)
　　工业炉 →(1)(3)(4)(5)(9)
　　陶瓷燃烧器 →(5)
　　蓄热室 →(3)(5)

热风式烘茧机
　Y 循环式热风烘茧机

热风式热定形机
　Y 热定型机

热风式循环烘燥机

Y 染整烘燥机

热风脱水
hot air dehydration
TD9；TS205
S 热力脱水
Z 脱除

热风循环烤房
Y 烤烟房

热封可揭罐盖技术
peel seam lid
TB4；TS29
S 灌装*

热感应灯
thermal light
TM92；TS956
S 感应灯
自控灯
Z 灯

热工况试验
Y 热工试验

热工实验
Y 热工试验

热工试验*
thermal strength test
TK3；TU1
D 负温差试验
热沉试验
热处理试验
热动力试验
热工况试验
热工实验
热工性能试验
热强度试验
热性能试验
热学试验
热应力试验
F 烘焙试验
C 热工测量 →(4)(5)
热工性能 →(3)(5)
热工学 →(5)
热工仪表 →(1)(2)(4)(5)(7)(9)

热工性能试验
Y 热工试验

热狗
Y 面包

热固化油墨
heat-set ink
TQ63；TS802.3
D 热固油墨
热固着油墨
S 固化油墨
Z 油墨

热固油墨
Y 热固化油墨

热固着染色
Y 染色工艺

热固着油墨
Y 热固化油墨

热灌装
hot bottling
TS29
D 热灌装工艺
热灌装技术
热罐装
S 灌装*
C 塑料瓶 →(9)

热灌装工艺
Y 热灌装

热灌装技术
Y 热灌装

热罐装
Y 热灌装

热合机
heat-sealing machine
TS04
S 轻工机械*

热活性
thermal activity
TS101
S 活性*
热学性能*
物理性能*

热加工缺陷
Y 制造缺陷

热加工设备
Y 金属加工设备

热加工食品
heated foods
TS219
S 食品*
F 焙烤食品
微波食品

热加固
Y 热粘合

热剪刀片
Y 剪切刀片

热剪刀
Y 剪刀

热碱丝光
Y 丝光整理

热交换
Y 传热

热锯
Y 热锯机

热锯工艺
Y 锯切

热锯机
hot-metal sawing machine
TS642
D 热锯
S 锯机
Z 木工机械

热锯切

Y 锯切

热裤
Y 裤装

热拉伸辊
hot godet
TH13；TS103.82
D 热牵伸辊
S 辊*

热力脱水
thermodynamic dehydration
TD9；TS205
D 热法脱水
S 脱除*
F 加热脱水
热沉降脱水
热风脱水

热量传递
Y 传热

热量交换
Y 传热

热敏 CTP
Y 热敏 CTP 版材

热敏 CTP 版
Y 热敏 CTP 版材

热敏 CTP 版材
thermal-sensitive CTP plates
TS802.2
D CTP 版
CTP 印版
CTP 制版
热敏 CTP
热敏 CTP 版
热敏阳图 CTP 版
阳图热敏 CTP 版
阳图型热敏 CTP 版
S 版材
C 热敏版
紫激光
Z 印刷材料

热敏版
thermal sensitive plate
TS85
D 热敏版材
热敏印版
S 模版*
C 热敏 CTP 版材

热敏版材
Y 热敏版

热敏版纸
Y 热敏原纸

热敏变色印花
thermosensitive colour-changing printing
TS194
S 变色印花
Z 印花

热敏成像
thermo-sensitive imaging
TS85

S 成像*
C 热敏技术

热敏打印
thermal printing
TS859
D 热升华打印
热转移打印
S 打印*

热敏电脑直接制版机
Y 直接制版机

热敏记录纸
Y 热敏原纸

热敏技术
thermosensitive technology
TS85
S 技术*
C 热敏成像
热致变色 →(1)

热敏染料
heat sensitive dye
TS193.21
S 过敏性染料
F 热压敏染料
Z 染料

热敏阳图 CTP 版
Y 热敏 CTP 版材

热敏印版
Y 热敏版

热敏原纸
heat-sensitive paper
TS76
D 热敏版纸
热敏记录纸
热敏纸
S 原纸
Z 纸张

热敏纸
Y 热敏原纸

热膜转印
hot film transfer printing
TS194.4；TS859
S 热转印
Z 印制技术

热磨
defibrator process
TS65
S 切削*
C 木材加工

热磨机械浆
thermomechanical pulp
TS749
S 机械浆
Z 浆液

热喷墨
thermal inkjet
TS853.5
S 喷墨印刷
Z 印刷

热迁移
thermophoresis
TK1；TP3；TS190.1
S 迁移*

热迁移牢度
thermal migration fastness
TS101
S 牢度*

热牵伸辊
Y 热拉伸辊

热强度试验
Y 热工试验

热染
heat tinting
TS193
D 浸轧焙固染色法
浸轧-焙烘法
热溶染色
热熔染色
S 染色工艺*
C 高温高压染色
连续染色

热-热贴面工艺
Y 贴面工艺

热溶染色
Y 热染

热溶染色机
thermo dyeing machine
TS193.3
D 热熔染色机
S 织物染色机
Z 印染设备

热熔浆料
hot melting sizing
TS19
S 浆料*

热熔染色
Y 热染

热熔染色机
Y 热溶染色机

热熔油墨
Y 油墨

热熔粘合
Y 热粘合

热熔粘合衬
thermofusible adhesive lining
TS941.498.
S 粘合衬
Z 服装辅料

热熔粘合法非织造布
Y 非织造布

热升华打印
Y 热敏打印

热声不稳定
Y 稳定

热湿
Y 热湿处理

热湿处理
conditioning treatmeat
TS61
D 调湿处理
热湿
S 湿处理
Z 处理

热湿传递
heat and moisture transfer
TS101；TU8
D 热湿交换
S 传热*
F 湿传递
C 集总参数模型 →(8)

热湿传递性
moisture-heat transmission properties
TS101
D 热湿传递性能
S 热学性能*
湿传递性能
F 热湿耦合
热湿平衡
C 纺织品性能
热湿舒适性
Z 物理性能

热湿传递性能
Y 热湿传递性

热湿交换
Y 热湿传递

热湿耦合
coupled heat and moisture
TS101；TU1
D 湿热耦合
S 耦合*
热湿传递性
Z 热学性能

热湿平衡
heat and humidity balance
TS101
S 热湿传递性
性能*
Z 热学性能
物理性能

热湿舒适性
heat-moisture comfort
TS941.17
D 热湿舒适性能
湿热舒适性
S 热学性能*
舒适性
F 动态热湿舒适性
C 热湿传递性
Z 适性

热湿舒适性能
Y 热湿舒适性

热收缩率
heat shrinkage rate
TQ32；TQ34；TS101

D 热缩率
S 比率*
　热收缩性能
C 冷却时间　→(1)
　烧成收缩率　→(9)
Z 热学性能

热收缩性
Y 热收缩性能

热收缩性能
heat shrinkability
TS101
D 热收缩性
S 热学性能*
　物理性能*
F 热收缩率
C 包覆　→(1)(3)(6)(9)
　断裂长度　→(1)
　摩擦纺包芯纱

热舒适
Y 热舒适性

热舒适度
Y 热舒适性

热舒适性
thermal comfort
TS941.1；TU1
D 热舒适
　热舒适度
　热舒适性能
S 热学性能*
C 湿度控制　→(11)

热舒适性能
Y 热舒适性

热水加热器
Y 热水器

热水器*
water heater
TM92
D 板式快速加热器
　板式快速水加热器
　半即热式水加热器
　波纹板式快速加热器
　波纹板式快速水加热器
　单管束容积式水加热器
　弹性管束型半即热式水加热器
　弹性管束性半容积式水加热器
　导流型半容积式水加热器
　导流型容积式水加热器
　浮动盘管半即热式水加热器
　浮动盘管型半容积式水加热器
　快速式热水器
　热水加热器
　容积式热水器
　容积式水加热器
　水加热器
F 家用热水器
　强排式燃气热水器
　燃气快速热水器
C 出水温度　→(1)
　真空集热管　→(5)

热水提取

hot water extraction
TS205
S 溶剂提取
Z 提取

热丝光
Y 丝光整理

热塑成型
Y 热成型

热塑复合材料
thermoplastic composite material
TS107
S 复合材料*

热塑性淀粉
thermoplastic starch
TS235
D 热塑性淀粉材料
S 淀粉*

热塑性淀粉材料
Y 热塑性淀粉

热塑性树脂纤维
Y 热塑性纤维

热塑性纤维
thermoplastic fibre
TQ34；TS102
D 热塑性树脂纤维
S 纤维*
C 化学纤维

热缩率
Y 热收缩率

热烫
Y 漂烫

热烫处理
Y 漂烫

热烫护绿
blanching and green protecting
TS255.36
S 漂烫
Z 食品加工

热烫印
Y 烫印

热特性
Y 热学性能

热通量密度
Y 热学性能

热脱皮
hot dehulling
TS205
S 脱皮
Z 剥离

热脱脂
thermal degreasing
TS205
S 脱脂
Z 脱除

热瓦甫

Y 弦乐器

热瓦普
Y 弦乐器

热物性能
Y 热学性能

热物性质
Y 热学性能

热鲜肉
warm fresh meat
TS251.59
S 鲜肉
Z 肉

热协同高压
heating combined high pressure
TS205
Y 试验设备

热性能
Y 热学性能

热性能试验
Y 热工试验

热性质
Y 热学性能

热学试验
Y 热工试验

热学特性
Y 热学性能

热学性能*
thermal properties
TB9；TK1
D 热特性
　热通量密度
　热物性能
　热物性质
　热性能
　热性质
　热学特性
　实际热值
　释热
　自发热
F 保暖性
　蛋白质冷冻变性
　干热变性
　抗冷冻变性
　冷水可溶性
　酶热稳定性
　耐干热性
　热变色性
　热防护性能
　热活性
　热湿传递性
　热湿舒适性
　热收缩性能
　热舒适性
C 木棉纤维
　热辐射系数　→(5)
　物理性能
　吸收系数　→(8)
　性能

热熏法
　Y 熏制

热压
hot pressing
TG3；TS65
　D 常规热压
　　摆式热压
　　燃烧合成-热压
　　热压参数
　　热压处理
　　热压定型
　　热压工艺
　　热压技术
　　热压曲线
　　热压时间
　　热压温度
　　热压压力
　　热压制
　　热压质量
　　热压周期
　　无垫板热压
　S 压力加工*
　F 喷蒸热压
　C 粉末成型 →(3)
　　机械球磨 →(3)
　　挤压 →(3)(9)
　　剖面密度
　　中和面 →(11)

热压板
hot platens
TS65
　S 型材*
　C 热压机
　　压缩木

热压参数
　Y 热压

热压处理
　Y 热压

热压定型
　Y 热压

热压干燥
hot press drying
TS65
　S 干燥*
　F 连续式热压干燥

热压工艺
　Y 热压

热压机
hot press
TS64
　S 人造板压机
　F 层积压机
　　单层压机
　　多层热压机
　　连续压机
　　人造板热压机
　　预压机
　　自动装卸板热压机
　C 胶合板机械
　　热压板
　Z 人造板机械

热压技术
　Y 热压

热压敏染料
thermal-pressure sensitive dye
TS193.21
　S 热敏染料
　　压敏染料
　Z 染料

热压曲线
　Y 热压

热压时间
　Y 热压

热压温度
　Y 热压

热压压力
　Y 热压

热压印
hot stamping
TS194.4；TS859
　S 压印
　Z 印制技术

热压制
　Y 热压

热压质量
　Y 热压

热压周期
　Y 热压

热阴极灯
hot-cathode lamp
TM92；TS956
　S 阴极灯
　Z 灯

热饮料
hot beverage
TS27
　S 饮料*

热应力试验
　Y 热工试验

热硬度
　Y 硬度

热轧点粘合法非织造布
　Y 非织造布

热轧坯
　Y 轧坯

热轧坯料
　Y 轧坯

热轧粘合
hot calendering bonding
TS174
　S 热粘合
　Z 非织造工艺

热轧粘合法非织造布
　Y 非织造布

热榨

hot pressing
TS224.3
　S 压榨*

热粘合
hot cement
TS174
　D 烘房热粘合
　　热加固
　　热熔粘合
　S 粘合法
　F 热轧粘合
　C 非织造布
　Z 非织造工艺

热粘合法
　Y 粘合法

热粘合网
　Y 粘合法

热质交换
　Y 传热

热致不平衡
　Y 平衡

热转移打印
　Y 热敏打印

热转移率
　Y 传热速率

热转移印花
heat transfer printing
TS194
　S 转移印花
　C 热转印机
　Z 印花

热转移印花机
　Y 热转印机

热转移印刷
　Y 热转印

热转移油墨
　Y 油墨

热转印
heat transfer
TS194.4；TS859
　D 热转移印刷
　　热转印技术
　S 转印
　F 热膜转印
　C 脱模剂 →(3)(9)(11)
　Z 印制技术

热转印机
thermal transfer printing machine
TS194.3
　D 热转移印花机
　　转移印花机
　S 印花机
　C 热转移印花
　Z 印染设备

热转印技术
　Y 热转印

热转印油墨
heat transfer printing ink
TQ63；TS802.3
　　S 印刷油墨
　　Z 油墨

热转印纸
heat transfer paper
TS76
　　S 转印纸
　　Z 纸张

热阻*
thermal resistance
TK1
　　D 热变电阻
　　F 服装热阻
　　C 热变电阻器 →(5)
　　　散热系统 →(5)
　　　余热 →(5)
　　　制冷

人参茶
ginseng tea
TS272.59
　　S 凉茶
　　Z 茶

人参天麻药酒
ginseng gastrodia elata medicinal liquor
TS262
　　S 保健药酒
　　Z 酒

人工宝石
　　Y 宝石

人工催陈
　　Y 催陈

人工芳香剂
　　Y 香精香料

人工汗液
synthetic perspiration
TS941.79
　　D 人体出汗
　　S 试剂*

人工合成甜味剂
　　Y 合成甜味剂

人工合成香料
　　Y 合成香料

人工窖泥
artificial cellar mud
TS261
　　D 窖泥培养
　　S 窖泥
　　F 人工老窖泥
　　Z 泥

人工接头
　　Y 接头

人工老窖泥
artificial aged pits mud
TS261
　　S 人工窖泥
　　Z 泥

人工林杉木
plantation Chinese fir
TS62
　　S 杉木
　　Z 木材

人工林杨木
plantation poplar
TS62
　　S 杨木
　　Z 木材

人工皮革
　　Y 合成革

人工缫丝机
　　Y 缫丝机械

人工太阳灯
　　Y 紫外线灯

人工甜味剂
　　Y 合成甜味剂

人类食品
　　Y 食品

人类营养
human nutrition
R；TS201
　　S 营养*

人棉
　　Y 人棉织物

人棉卡其
　　Y 卡其织物

人棉纱
　　Y 粘胶纱

人棉织物
rayon fabrics
TS106.8
　　D 人棉
　　S 粘胶织物
　　Z 织物

人乳脂替代品
human milk fat substitute
TS252.5
　　S 替代品*

人丝
　　Y 粘胶长丝

人丝织物
　　Y 化纤织物

人台*
model form
TS941.2
　　F 参数化人台
　　　服装人台
　　　平台式人台
　　　三维人台
　　C 模特

人体测量
anthropometry
Q98；TS941.7
　　S 测量*

　　F 三维人体测量
　　C 人体扫描
　　　人体数据
　　　三维人体模型
　　　臀围

人体尺寸
human body dimension
TB1；TS941.17
　　D 人体尺度
　　S 尺寸*
　　F 肩宽
　　　臀围
　　　围度
　　　胸部尺寸

人体尺度
　　Y 人体尺寸

人体出汗
　　Y 人工汗液

人体防护
physical protection
TS941
　　S 防护*
　　F 面部防护
　　C 个人防护用品

人体胶原蛋白
human collagen
Q5；TS201.21
　　S 天然胶原
　　Z 蛋白质

人体模拟装置
　　Y 假人

人体模型
　　Y 假人

人体三维模型
　　Y 三维人体模型

人体散热
body heat dissipation
O4；TS941.1
　　S 散热*

人体扫描
body scanning
TS941.17
　　S 扫描*
　　F 三维人体扫描
　　C 人体测量

人体舒适性
human comfort
TS101；TS941.1
　　S 舒适性
　　C 行车舒适性 →(6)⑫
　　Z 适性

人体数据
somatic data
TS941.17
　　S 数据*
　　F 三维人体数据
　　C 人体测量

人体特征

physical features
TS941.1
D 人体特征点
S 生物特征*
F 丰满性

人体特征点
Y 人体特征

人体体型
human body shape
TS941.1
S 体型*
F 女子体型
凸臀体
消瘦体型
中老年体型

人体图像
human body image
TS941.1
S 图像*

人头马
Remy Martin
TS262.61
S 白兰地
Z 酒
葡萄酒

人物属性
character properties
TS952.8
S 属性*

人员*
personnel
ZT88
F 厨师
挡车工
服装买手
服装设计师
棉花质量检验师
模特
平面设计师
评价员
营养学家

人造板
wood-based panel
TS62
D 人造板材
人造板产品
S 人造木材
F 非木质人造板
复合人造板
秸秆人造板
结构人造板
绿色人造板
木丝板
木质人造板
刨花板
饰面人造板
纤维板
竹材人造板
阻燃人造板
C 板材性能
家具用材
甲醛捕捉剂 →(13)
甲醛释放
甲醛释放量 →(13)
剖面密度
人造板机械
异氰酸酯胶粘剂 →(9)
制板工艺
Z 木材

人造板材
Y 人造板

人造板产品
Y 人造板

人造板厂
artificial board factory
TS68
D 人造板工厂
S 工厂*

人造板工厂
Y 人造板厂

人造板工业
artificial board industry
TS6
D 胶合板工业
刨花板工业
人造板业
纤维板工业
S 木材工业
Z 轻工业

人造板工艺
Y 制板工艺

人造板机械*
wood based panel manufacturing machinery
TS64
D 人造板设备
人造板生产设备
纤维板机械
F 胶合板机械
刨花板机械
人造板压机
C 人造板

人造板企业
wood-based panel enterprises
TS68
S 木材工业企业
Z 企业

人造板热压机
wood-based panel hot presses
TS64
S 热压机
Z 人造板机械

人造板设备
Y 人造板机械

人造板生产
artificial board manufacture
TH16；TS65
D 地板生产
S 生产*
F 刨花板生产
纤维板生产

人造板生产设备
Y 人造板机械

人造板生产线
Y 中纤板生产线

人造板压机
artificial panel press
TS64
S 人造板机械*
F 冷压机
连续平压机
模压压机
刨花板压机
热压机

人造板业
Y 人造板工业

人造宝石
Y 宝石

人造变蛋
Y 皮蛋

人造薄木
artificial veneer
TS62
D 人造装饰单板
S 薄木
Z 木材

人造草坪
artificial lawn
S；TS106
Y 再生蛋白质纤维

人造蛋白质纤维
Y 再生蛋白质纤维

人造革
Y 合成革

人造革基布
Y 合成革基布

人造谷胚大米
Y 胚芽大米

人造核桃木板
Y 非木质人造板

人造黄油
margarine
TS225.23
S 黄油
Z 油脂

人造鸡蛋
Y 鸡蛋

人造麂皮
artificial suede
TS106.8
S 超细纤维织物
C 粘胶织物
Z 化纤织物

人造立方氮化硼刀具
Y PCBN 刀具

人造毛皮

Y 人造毛皮织物

人造毛皮编织机
Y 编织机

人造毛皮机
Y 人造毛皮针织机

人造毛皮针织机
artificial wool knitting machine
TS183.4
D 人造毛皮机
S 纬编机
Z 织造机械

人造毛皮织物
artificial fur fabrics
TS106.86
D 长毛绒
人造毛皮
S 起毛织物
F 长毛绒织物
针织人造毛皮
C 动物皮毛
羊绒
Z 织物

人造米
artificial rice
TS219
S 成品粮
人造食品
Z 粮食
食品

人造绵羊绒
Y 仿羊绒织物

人造棉
Y 粘胶织物

人造棉花
Y 粘胶纤维

人造棉织物
Y 粘胶织物

人造木
Y 人造木材

人造木材
artificial wood
TS62
D 人造木
S 木材*
F 人造板

人造奶油
margarine
TS213
S 奶油
C 起酥油
Z 粮油食品

人造皮蛋
Y 皮蛋

人造皮革
Y 合成革

人造麝香 DDHI

Y 合成麝香

人造食品
man-made food
TS219
D 仿生模拟食品
模拟食品
人造蟹肉
S 食品*
F 人造米

人造丝
Y 粘胶长丝

人造丝织物
Y 化纤织物

人造头发
Y 假发

人造纤维素纤维
Y 再生纤维素纤维

人造蟹肉
Y 人造食品

人造装饰单板
Y 人造薄木

人造钻石
Y 钻石

人字卡其
Y 卡其织物

仁壳分离
separation of hull and kernel
TS205
D 仁皮分离
S 物质分离*
C 食品加工

仁皮分离
Y 仁壳分离

刃具
Y 刀具

刃口
Y 刀刃

刃形
Y 刀刃

认证*
certification
C；TP3
D 认证方法
F 水印认证
C 验证 →(1)(7)(8)(9)

认证方法
Y 认证

任意投梭
Y 投梭

韧皮纤维
bast fiber
TS102.22
S 植物纤维
F 大麻纤维
黄麻纤维

桑皮纤维
亚麻纤维
竹纤维
苎麻纤维
Z 天然纤维

韧性饼干
Y 饼干

日本菜
Japanese cuisine
TS972
D 日本菜肴
日本风味
日本料理
S 亚洲菜肴
F 寿司
Z 菜肴

日本菜肴
Y 日本菜

日本风味
Y 日本菜

日本家具
Japanese furnitures
TS66；TU2
S 国外家具
Z 家具

日本料理
Y 日本菜

日本清酒
japanese sake
TS262
S 清酒
洋酒
Z 酒

日常生活用纸
Y 生活用纸

日常用品
Y 生活用品

日光激发变色油墨
Y 特种油墨

日化洗涤剂
Y 家用洗涤剂

日化香精
Y 日用香精

日晒牢度
Y 耐日晒色牢度

日晒盐
solar salt
TS264.2；TS36
D 晒盐
S 食盐*

日用产品
Y 生活用品

日用刀具
stationery knife
TG7；TS914
D 裁纸刀

厨刀
剔骨刀
卷笔刀
卷削器
美工刀
美容刀
面包刀
铅笔刀
水果刀
甜菜切丝刀
屠宰刀具
文具刀
削笔机
修脚刀
S 刀具*
F 裁刀
菜刀
餐刀
剪刀
切纸刀
剃须刀
折刀
指甲钳

日用电气器具
Y 家用电器

日用电器
Y 家用电器

日用剪刀
Y 剪刀

日用品
Y 生活用品

日用器具
household implements
TS95
D 家用器具
S 器具*

日用炻瓷
daily stonewares
TQ17；TS95
S 瓷制品*

日用五金
Y 五金件

日用香精
daily flavors
TQ65；TS264.3
D 日化香精
S 香精
Z 香精香料

日用香料
daily spice
TQ65；TS264.3
S 香料
Z 香精香料

日照绿茶
Y 绿茶

绒布
Y 绒织物

绒类织物

Y 起绒织物

绒毛*
fuzz
TS102
F 短绒
拉毛绒
圈绒
羽绒
C 起绒
绒织物

绒毛浆
fluff pulp
TS749
S 纸浆
F 杉木绒毛浆
Z 浆液

绒毛织物
villus fabric
TS106.8
D 磨毛织物
S 绒织物
F 起毛织物
Z 织物

绒面服装革
garment suede leather
TS563.1；TS941.46
S 服装革
F 反绒服装革
Z 面料
皮革

绒面革
suede leathers
TS56
D 彩色绒面革
剪毛绒革
S 成品革
F 血筋绒面毛革
Z 皮革

绒面花呢
Y 花呢

绒面整理
nap finish
TS195
S 纺织品整理
F 起毛
起绒
Z 整理

绒面织物
velour
TS106.8
D 簇绒织物
短绒织物
法兰绒
厚绒织物
裁绒织物
S 绒织物
F 灯芯绒
割绒织物
麂皮绒织物
立绒织物
磨绒织物

呢绒织物
平绒织物
起绒织物
双面起绒织物
丝绒织物
桃皮绒织物
天鹅绒
植绒织物
Z 织物

绒毯
pile blanket
TS106.76
D 长毛绒毯
长绒毯
簇绒毯
短绒毯
S 毯子*
C 簇绒地毯

绒头织物
Y 绒织物

绒纬组织
weft velveteen weave
TS101；TS18
D 纬平绒组织
S 纬编组织
Z 材料组织

绒纤维
villous fibre
TS102.31
S 毛纤维
F 宝丝绒
狐狸绒
兔绒
脱色绒
驼绒
羊绒
Z 天然纤维

绒线
knitting wool
TS106.4
D 波形绒线
彩点毛线
彩点绒线
彩虹绒线
彩色绒线
彩帷绒
彩帷绒线
纯毛毛线
纯毛绒线
粗绒线
仿马海毛绒线
结子花式线
结子花线
结子绒线
拉毛绒线
毛线
圈圈绒线
全毛绒线
丝光防缩绒线
细绒线
雪尼尔绒线
羊毛绒线
针织绒线

中粗绒线
竹节绒线
S 纱线*
F 粗纺针织绒
C 结子纱
毛纱
针织纱

绒线衫
Y 羊毛衫

绒织机
Y 织机

绒织物
pile fabrics
TS106.8
D 薄绒布
厚绒布
经编短绒
经绒织物
卡丹绒
拉绒织物
毛绒织物
起绒布
绒布
绒头织物
水洗绒
提花绒
亚麻绒
摇粒绒
针织呢绒
针织绒
珍珠绒
S 织物*
F 绒毛织物
绒面织物
针织绒布
C 地毯
起毛
起毛机
绒毛
羊绒制品

容积式热水器
Y 热水器

容积式水加热器
Y 热水器

容器*
container
TB4；TH13
F 保温瓶
保温容器
金属包装容器
金属器皿
酒瓶
密闭容器
食品容器
纸盒
贮存容器
C 封头 →(4)
容量 →(1)(4)(5)(6)(7)(8)(9)(11)(12)(13)

溶出
Y 浸出

溶出工艺

Y 浸出

溶出器
Y 蒸煮器

溶出时间
Y 浸出时间

溶出物*
stripping materials
TQ0
F 水浸出物

溶剂*
solvent
TQ41
D 工业溶剂
化工溶剂
化学溶剂
溶剂介质
新溶剂
新型溶剂
F 高沸醇溶剂
C 浸出温度 →(1)
溶剂质量 →(9)
溶解

溶剂法脱墨
solvent deinking
TS74
S 脱墨*

溶剂法纤维素纤维
solvent cellulose fiber
TQ34；TS102.51
S 再生纤维素纤维
C 溶剂沉淀法 →(9)
溶剂热压方法 →(9)
Z 纤维

溶剂法制浆
Y 溶剂制浆

溶剂基油墨
Y 溶剂型油墨

溶剂介质
Y 溶剂

溶剂浸出
Y 溶剂浸提

溶剂浸取
Y 溶剂浸提

溶剂浸提
solvent extraction
TQ65；TS224
D 溶剂浸出
溶剂浸取
S 油脂浸出
F 混合溶剂浸出
双相溶剂浸出
Z 浸出

溶剂精练
solution scouring
TS192.5
S 精练
Z 练漂

溶剂染料
solvent dyes
TS193.21
S 染料*

溶剂染色
Y 染色工艺

溶剂染整
solvent dyeing and finishing
TS190.6
D 溶剂整理
S 染整*

溶剂提取
solvent extraction
TS201
D 溶剂提取法
S 提取*
F 热水提取
有机溶剂提取

溶剂提取法
Y 溶剂提取

溶剂退浆
Y 退浆

溶剂脱脂
solvent degreasing
TS205
S 脱脂
Z 脱除

溶剂洗毛
Y 洗毛

溶剂型油墨
solvent-based ink
TQ63；TS802.3
D 溶剂基油墨
S 油墨*

溶剂预处理
Y 预处理

溶剂整理
Y 溶剂染整

溶剂制浆
solvent pulping
TS10；TS743
D 溶剂法制浆
S 制浆*
C 脱木素

溶剂助染
Y 染色工艺

溶剂助染法
Y 染色工艺

溶解*
dissolution
O6
F 回溶
自溶
C 饱和点
浓度
热效应 →(1)(3)(5)(9)
溶剂

嗜热酶溶解 →(13)
阳极溶解 →(3)

溶解浆
dissolving pulp
TS74
  S 浆液*

溶解盐
dissolved salt
TS36
  S 液体盐
  Z 盐

溶液纺丝机
  Y 纺丝设备

溶液混浊
solution turbidity
TS27
  S 混浊
  Z 变质

溶液浸泡
solution immersion
TS205
  S 浸泡*

溶胀速率
hydrated rate
TS205
  S 速率*

熔喷
melt blowing
TS17
  S 生产工艺*

熔喷布
  Y 熔喷非织造布

熔喷成网
melt blown webbing
TS174
  D 熔喷法
    湿法非织造技术
  S 成网工艺
  Z 非织造工艺

熔喷成网非织造布
  Y 熔喷非织造布

熔喷法
  Y 熔喷成网

熔喷法非织造布
  Y 熔喷非织造布

熔喷非织造布
melt blown non woven fabric
TS176.9
  D 熔喷布
    熔喷成网非织造布
    熔喷法非织造布
    熔喷纤网非织造布
  S 非织造布*
  F PBT熔喷非织造布
    聚丙烯熔喷非织造布

熔喷聚丙烯非织造布
  Y 聚丙烯熔喷非织造布

熔喷网
  Y 纤维网

熔喷纤网
meltblown web
TS106；TS174
  S 纤维网
  Z 纤维制品

熔喷纤网非织造布
  Y 熔喷非织造布

熔融*
fusion
TQ0
  D 熔融处理
    熔融过程
    熔融技术
    熔融行为
    熔制
    熔制过程
  F 多重熔融
  C 成形
    碱熔分解 →(9)
    尿素 →(9)
    熔点 →(1)(4)
    熔融插层法 →(9)
    熔融接枝 →(9)
    熔融特性 →(3)
    熔融物性 →(3)
    熔融状态 →(9)
    重熔 →(3)(5)

熔融处理
  Y 熔融

熔融纺丝机
  Y 纺丝设备

熔融过程
  Y 熔融

熔融技术
  Y 熔融

熔融行为
  Y 熔融

熔融盐
  Y 熔盐

熔融转移印花
  Y 转移印花

熔态金属染色
  Y 染色工艺

熔态金属染色法
  Y 染色工艺

熔盐
molten salt
TS36
  D 熔融盐
  S 盐*
  C 熔融浸渍 →(9)

熔粘布
melt glue cloth
TS176.7
  S 非织造衬布

  Z 非织造布

熔制
  Y 熔融

熔制过程
  Y 熔融

融化率
melting rate
TS205
  S 物理比率*
  C 膨胀率 →(1)

融化特性
  Y 融化性

融化性
deliquescence
TS205
  D 融化特性
  S 物理性能*

融雪盐
  Y 除冰盐

柔版水墨印刷
flexible ink printing
TS81
  S 柔版印刷
    水墨印刷
  Z 印刷

柔版印刷
flexography
TS81
  D 苯胺印刷
    柔性版印刷
    柔印
    柔印技术
  S 凸版印刷
  F 柔版水墨印刷
  Z 印刷

柔版印刷机
  Y 柔性版印刷机

柔版油墨
  Y 胶印油墨

柔软处理
  Y 柔软整理

柔软剂
softening agent
TS195.23
  D 柔软整理剂
    柔顺剂
  S 功能整理剂
  F 阳离子柔软剂
    有机硅柔软剂
    浴中柔软剂
    织物柔软剂
    纸张柔软剂
  C 氨基硅油 →(2)
    柔软整理
  Z 整理剂

柔软加工
  Y 柔软整理

柔软整理
soft finish
TS195
 D 超级柔软整理
  超柔软整理
  柔软处理
  柔软加工
  手感加工
 S 纺织品整理
 F 有机硅整理
 C 柔软剂
  硬挺整理
 Z 整理

柔软整理剂
 Y 柔软剂

柔顺剂
 Y 柔软剂

柔顺性
plasticity
TS71
 S 性能*

柔性版
flexographic plate
TS802；TS804；TS81
 D 柔性印版
  柔性印刷版
  赛丽版
 S 模版*

柔性版醇溶性油墨
 Y 胶印油墨

柔性版印刷
 Y 柔版印刷

柔性版印刷机
flexographic press
TS803.6
 D 柔版印刷机
  柔性印刷机
 S 印刷机
 Z 印刷机械

柔性版印刷油墨
 Y 胶印油墨

柔性版油墨
 Y 胶印油墨

柔性版制版机
 Y 制版机

柔性感光树脂版
 Y 版材

柔性机床
 Y 机床

柔性加工设备
 Y 金属加工设备

柔性剑杆织机
 Y 剑杆织机

柔性模
 Y 模具

柔性模具

 Y 模具

柔性试验设备
 Y 试验设备

柔性凸版油墨
 Y 胶印油墨

柔性纤维
flexible fibers
TQ34；TS102
 S 纤维*

柔性印版
 Y 柔性版

柔性印刷版
 Y 柔性版

柔性印刷机
 Y 柔性版印刷机

柔印
 Y 柔版印刷

柔印机
flexo printing machine
TS194.3；TS803.9
 S 印花设备
 Z 印染设备

柔印技术
 Y 柔版印刷

柔印油墨
flexo printing inks
TQ63；TS802.3
 S 印刷油墨
 F UV 柔印油墨
 Z 油墨

柔印质量
flexo printing quality
TS77
 S 印刷质量
 Z 工艺质量

揉混仪
mixograph
TS203
 S 食品加工机械*

揉捻机
rolling machine
TS272.3
 S 茶叶机械*

鞣法
 Y 鞣制

鞣革机理
 Y 鞣制

鞣革剂
 Y 鞣剂

鞣剂*
tanning agent
TQ94
 D 矿物鞣料
  皮革鞣剂
  鞣革剂

  鞣料
  鞣制材料
  鞣制剂
 F 多金属鞣剂
  芳香族合成鞣剂
  复鞣剂
  改性蛋白鞣剂
  聚合物鞣剂
  纳米复合鞣剂
  无铬鞣剂
  预鞣剂
 C 皮革
  鞣制
  制革工艺
  助鞣剂

鞣料
 Y 鞣剂

鞣性
tanning property
TS543
 S 皮革性能
 Z 材料性能

鞣制
tanning
TS543
 D 毛皮鞣制
  皮革鞣制
  皮革鞣制工艺
  鞣法
  鞣革机理
  鞣制方法
  鞣制工艺
  鞣制机理
  鞣制技术
  鞣制加工
  鞣制性能
 S 制革工艺*
 F 复鞣
  铬鞣
  结合鞣
  铝鞣
  钛鞣
  无金属鞣制
  有机鞣法
  预鞣
  真空鞣制
  助鞣
 C 皮革
  皮革整理
  鞣剂

鞣制材料
 Y 鞣剂

鞣制方法
 Y 鞣制

鞣制工艺
 Y 鞣制

鞣制化学
tanning chemistry
TS543
 D 皮革化学
  制革化学
 S 科学*

鞣制机理
  Y 鞣制

鞣制技术
  Y 鞣制

鞣制剂
  Y 鞣剂

鞣制加工
  Y 鞣制

鞣制性能
  Y 鞣制

肉*
meat
S；TS251.5
  D 肥肉
    骨肉
    肉类
  F 蚌肉
    分割肉
    肋条
    冷冻肉
    林蛙肉
    卤肉
    牡蛎肉
    排骨
    蛇肉
    生肉
    酸肉
    田螺肉
    文蛤肉
    虾肉
    鲜肉
    蟹肉
    畜禽肉
    腌肉
    鱼肉
    原料肉
  C 肉类提取物
    肉品加工
    肉制品

肉肠
sausage
TS251.59
  D 肠类肉制品
    灌肠类肉制品
    灌肠肉制品
    斩拌型肉肠
  S 香肠
  F 鸡肉肠
    驴肉肠
    牛肉肠
    兔肉肠
    鱼香肠
    猪肉肠
  Z 肉制品

肉蛋白
meat protein
Q5；TS201.21
  D 肉蛋白质
  S 动物蛋白
  F 高铁肌红蛋白
    肌动球蛋白
    肌浆蛋白

    肌肉蛋白
    肌原纤维蛋白
    鸡肉蛋白
    牛肉蛋白
    氧合肌红蛋白
    猪肉蛋白质
  Z 蛋白质

肉蛋白质
  Y 肉蛋白

肉冻
  Y 肉品加工

肉鹅食品
  Y 鹅肉制品

肉脯
dried meat slice
TS251.59
  D 东坡脯
    蚝油鲍脯
    金钱雀脯
    菊花鱼脯
    口蘑扒鱼脯
    绿岛百花脯
    洛阳脯肉
    千里脯
    肉糜肉脯
    四鲜肉脯
    蒜子瑶柱脯
    五味脯肉
    羊肉脯
  S 熟肉制品
  F 牛肉脯
    兔肉脯
    猪肉脯
  Z 肉制品

肉脯加工
dried meat flake processing
TS251.5
  D 肥肝加工
  S 肉品加工
  Z 食品加工

肉干
dried meat
TS251.59
  D 干肉制品
    干羊肉
    肉干制品
    肉类干制品
    肉食干制品
  S 熟肉制品
  F 鹅肉干
    牛肉干
    兔肉干
    羊肉干
  Z 肉制品

肉干制品
  Y 肉干

肉灌制品
meat filling products
TS251.59
  S 肉制品*
  F 香肠

    香肚
  C 肠衣

肉罐头
  Y 肉类罐头

肉桂精油
  Y 肉桂油

肉桂皮
  Y 桂皮

肉桂油
cinnamon oil
TS225.3；TS264
  D 桂叶油
    桂油
    肉桂精油
  S 调味油
  Z 粮油食品

肉鸡加工
chicken processing
TS251.5
  D 鸡骨加工
    肉鸡屠宰
  S 禽肉加工
  Z 食品加工

肉鸡加工制品
  Y 鸡肉制品

肉鸡屠宰
  Y 肉鸡加工

肉鸡制品
  Y 鸡肉制品

肉类
  Y 肉

肉类包装
  Y 肉制品包装

肉类保鲜
  Y 肉品保鲜

肉类保鲜剂
meat antistaling agents
TS202.3
  S 食品保鲜剂
  C 肉制品添加剂
  Z 防护剂

肉类菜肴
  Y 荤菜

肉类发酵剂
  Y 肉品发酵剂

肉类风味
  Y 肉品风味

肉类副产品
meat by-product
TS251.9
  S 副产品*
  F 猪副产品

肉类干制品
  Y 肉干

肉类工业

meat industry
TS251
 D 肉类加工企业
  肉类食品行业
  肉类行业
  肉联厂
  肉品工业
  屠宰工业
  畜禽加工业
 S 食品工业
 F 鲜肉保鲜工业
 Z 轻工业

肉类灌制品
 Y 肉类罐头

肉类罐头
canned meat
TS295.1；TS295.2
 D 红烧狗肉罐头
  红烧花蛤罐头
  红烧鸡罐头
  红烧鲸鱼罐头
  红烧扣肉罐头
  红烧鲤鱼罐头
  红烧排骨罐头
  红烧元蹄罐头
  红烧猪肉罐头
  红烧猪腿罐头
  虎头罐
  花生猪尾罐头
  黄鳝罐头
  回锅肉罐头
  火腿蛋罐头
  鸡腿菇罐头
  鸡心罐
  酱爆肉丁罐头
  酱填鸭罐头
  酱油墨鱼罐头
  牛羊肉午餐肉罐头
  浓汁牛肉罐头
  禽类罐头
  肉罐头
  肉类灌制品
  兔肉罐头
 S 罐头食品*
 F 火腿罐头
  肉类软罐头
  午餐肉罐头
 C 肉制品

肉类加工
 Y 肉品加工

肉类加工厂
meat processing plant
TS251
 D 肉食品加工厂
 S 食品厂
 Z 工厂

肉类加工厂废水
 Y 食品厂废水

肉类加工废水
meat processing wastewater
TS251.4；X7
 S 食品工业废水

 F 肠衣废水
 Z 废水

肉类加工工业
 Y 肉品加工

肉类加工企业
 Y 肉类工业

肉类加工设备
meat processing equipment
TS251
 S 食品加工设备*

肉类加工业
 Y 肉品加工

肉类检测
 Y 肉品检测

肉类嫩化
 Y 肉嫩化

肉类嫩化剂
 Y 嫩肉粉

肉类配料
 Y 肉味香料

肉类品质
 Y 肉品质量

肉类软罐头
soft canned meat
TS295.1；TS295.2
 S 肉类罐头
  软罐头
 Z 罐头食品

肉类食品
 Y 肉制品

肉类食品安全
meat food safety
TS207
 D 肉食安全
 S 食品安全*
 F 食鱼安全

肉类食品加工
 Y 肉品加工

肉类食品行业
 Y 肉类工业

肉类提取物
meat extract
TS251
 S 提取物*
 C 肉

肉类香精
meat flavor
TQ65；TS264.3
 D 热反应肉味香精
  肉味香精
  肉用香精
 S 食品香精
 F 鸡肉香精
  牛肉香精
  羊肉香精
  猪肉香精

 C 肉制品添加剂
  增味剂
 Z 香精香料

肉类香味料
 Y 肉味香料

肉类香味物质
 Y 肉味香料

肉类行业
 Y 肉类工业

肉类制品
 Y 肉制品

肉联厂
 Y 肉类工业

肉糜
 Y 肉糜制品

肉糜火腿
 Y 火腿

肉糜流水线
 Y 肉糜制品

肉糜肉脯
 Y 肉脯

肉糜制品
meat emulsion
TS251.59
 D 鸡肉糜
  肉糜
  肉糜流水线
 S 肉制品*
 F 肉丸
  猪肉糜

肉嫩度
meat tenderness
TS251.7
 S 嫩度
 Z 程度

肉嫩化
meat tenderization
TS251.5
 D 肉类嫩化
  肉品嫩度
 S 肉品加工
 Z 食品加工

肉品
 Y 肉制品

肉品保鲜
meat preservation
TS205
 D 肉类保鲜
 S 食品保鲜
 F 鲜肉保鲜
  猪肉保鲜
 C 肉品加工
 Z 保鲜

肉品发酵剂
meat starter cultures
TS251

D 鸡腿蘑发酵液
　酱油发酵
　肉类发酵剂
　肉用发酵剂
　肉制品发酵剂
S 发酵剂*
C 肉制品添加剂

肉品风味
meat flavour
TS971.1
D 肉类风味
　肉香风味
S 风味*
F 火腿风味
　鸡肉风味
　羊肉风味

肉品工业
Y 肉类工业

肉品加工
meat processing
TS251.5
D 肉冻
　肉类加工
　肉类加工工业
　肉类加工业
　肉类食品加工
　肉品加工业
　肉食加工
　肉食品加工
　肉制品加工
S 食品加工*
F 分割肉加工
　灌肠加工
　火腿切片
　牛肉加工
　禽肉加工
　肉脯加工
　肉嫩化
　兔肉加工
　熏制
　羊肉加工
　猪肉加工
C 肉
　肉品保鲜
　肉制品
　屠宰加工

肉品加工业
Y 肉品加工

肉品检测
meat inspection
TS251
D 肉类检测
　肉品检验
S 食品检验
Z 检验

肉品检验
Y 肉品检测

肉品嫩度
Y 肉嫩化

肉品卫生
meat hygiene

TS251
S 卫生*

肉品新鲜度
meat freshness
TS251
S 新鲜度
F 猪肉新鲜度
C 肉品污染　→⑬
Z 产品性能

肉品质量
meat quality
TS251.7
D 肉类品质
S 食品质量*
F 牛肉质量
　肉制品质量
　猪肉质量

肉禽制品
Y 禽肉制品

肉色稳定性
fleshcolor stability
TS251
S 颜色稳定性
Z 光学性质

肉食
Y 肉制品

肉食安全
Y 肉类食品安全

肉食干制品
Y 肉干

肉食加工
Y 肉品加工

肉食品
Y 肉制品

肉食品加工
Y 肉品加工

肉食品加工厂
Y 肉类加工厂

肉食兔肉
Y 兔肉　→⑬

肉松
dried meat floss
TS251.63
D 太仓肉松
　香菇肉松
S 熟肉制品
F 鹅肉松
　牛肉松
　兔肉松
　羊肉松
　鱼肉松
　猪肉松
C 感官质量
Z 肉制品

肉汤圆
Y 汤圆

肉兔皮
meat rabbit skin
S：TS564
S 兔皮
Z 动物皮毛

肉丸
meatball
TS251.59
S 肉糜制品
F 鸡肉丸
　牛肉丸
　羊肉丸
　猪肉丸
Z 肉制品

肉味香精
Y 肉类香精

肉味香料
meat flavoring
TS264.3
D 肉类配料
　肉类香味料
　肉类香味物质
S 食用香料
F 鸡肉味香料
　天然肉味香料
Z 调味品
　香精香料

肉馅
chopped meat
TS972.111
D 荤馅
S 馅料
Z 食品原料

肉馅汤圆
Y 汤圆

肉香
meat-flavor
TS251.5
S 香味
Z 气味

肉香风味
Y 肉品风味

肉香风味调味料
meat flavourings
TS264
D 热反应肉香风味调味料
S 风味调味料
Z 调味品

肉眼鉴别
visual recognition
TS93；TU19
D 目力鉴别
S 鉴别*

肉用发酵剂
Y 肉品发酵剂

肉用香精
Y 肉类香精

肉脂特性

meat and lipid characteristics

TS201

　　S　食品特性*

肉制品*

meat products

TS251.5

　　D　肉类食品

　　　　肉类制品

　　　　肉品

　　　　肉食

　　　　肉食品

　　　　生肉制品

　　　　油炸肉制品

　　　　糟肉制品

　　F　传统肉制品

　　　　低温肉制品

　　　　低脂肉制品

　　　　发酵肉制品

　　　　仿肉制品

　　　　功能性肉制品

　　　　即食肉制品

　　　　禽肉制品

　　　　肉灌制品

　　　　肉糜制品

　　　　熟肉制品

　　　　西式肉制品

　　　　畜肉制品

　　　　腌肉制品

　　　　中式肉制品

　　C　动物性食品

　　　　肉

　　　　肉类罐头

　　　　肉品加工

　　　　食品

　　　　鱼制品

　　　　制品

肉制品包装

meat packing

TS206

　　D　肉类包装

　　S　食品包装*

肉制品发酵剂

　　Y　肉品发酵剂

肉制品加工

　　Y　肉品加工

肉制品添加剂

meat additives

TS251

　　S　食品添加剂

　　F　嫩肉粉

　　C　肉类保鲜剂

　　　　肉类香精

　　　　肉品发酵剂

　　Z　添加剂

肉制品质量

meat product quality

TS251.7

　　S　肉品质量

　　Z　食品质量

肉粥

meat porridge

TS972.137

　　S　粥

　　Z　主食

襦裙服

ruqun dress

TS941.7

　　S　女装

　　F　裙装

　　Z　服装

乳

　　Y　乳制品

乳产品

　　Y　乳制品

乳蛋白

milk protein

Q5；TS201.21

　　D　奶蛋白

　　　　乳蛋白质

　　　　乳源蛋白

　　S　动物蛋白

　　F　酪蛋白

　　　　牛乳蛋白

　　　　乳碱性蛋白

　　　　乳清蛋白

　　　　乳铁蛋白

　　C　高钙奶

　　Z　蛋白质

乳蛋白粉

　　Y　蛋白粉

乳蛋白质

　　Y　乳蛋白

乳粉

　　Y　奶粉

乳鸽肉

pigeon meat

S；TS251.59

　　D　鸽肉

　　　　鸽肉制品

　　S　禽肉

　　Z　肉

乳果糖

　　Y　乳酮糖

乳化安定性

　　Y　稳定性

乳化肠

　　Y　乳化香肠

乳化剂*

emulsifier

TQ42

　　D　乳化煤油

　　　　乳化药剂

　　　　乳化助剂

　　　　助乳化剂

　　F　食品乳化剂

　　C　表面活性剂

　　　　花椒油

　　　　胶乳

　　　　破乳剂　→(2)

　　　　乳化　→(1)(2)(5)(9)

乳化柴油　→(2)(9)

乳化性

乳化油　→(2)

乳液

乳化煤油

　　Y　乳化剂

乳化特性

　　Y　乳化性

乳化稳定剂

emulsion stabilizer

TS202.39

　　S　稳定剂*

　　F　复合乳化稳定剂

　　C　冰淇淋

　　　　乳化　→(1)(2)(5)(9)

乳化洗毛

　　Y　洗毛

乳化香肠

emulsification sausage

TS251.59

　　D　乳化肠

　　　　乳化型香肠

　　S　香肠

　　Z　肉制品

乳化香精

emulsion flavor

TQ65；TS264.3

　　S　固体香精

　　Z　香精香料

乳化型香肠

　　Y　乳化香肠

乳化性

emulsifying property

O6；TQ33；TS252

　　D　乳化特性

　　　　乳化性能

　　　　乳化性质

　　　　乳液性能

　　　　乳液性质

　　S　理化性质*

　　C　苯丙乳液　→(9)

　　　　醋丙乳液　→(9)

　　　　大豆分离蛋白

　　　　氟碳乳液　→(9)

　　　　共聚乳液　→(9)

　　　　环氧树脂乳液　→(9)

　　　　聚丙烯酸酯乳液　→(9)

　　　　乳化剂

　　　　乳制品

乳化性能

　　Y　乳化性

乳化性质

　　Y　乳化性

乳化药剂

　　Y　乳化剂

乳化液染色

　　Y　染色工艺

乳化猪皮

emulsifying pigskin
S：TS564
  S 猪皮
  Z 动物皮毛

乳化助剂
  Y 乳化剂

乳剂
  Y 乳液

乳碱性蛋白
milk basic protein
Q5；TS201.21
  S 乳蛋白
  Z 蛋白质

乳胶
  Y 胶乳

乳胶手套
latex glove
TS941.724
  D 胶乳手套
    橡皮手套
  S 手套
  F 天然胶乳手套
  C 胶乳
    乳胶制品 →(9)
    橡胶手套 →(9)
  Z 服饰

乳胶液
  Y 乳液

乳精粉
  Y 奶粉

乳酒
  Y 奶酒

乳酪
  Y 奶酪

乳酪蛋白
  Y 酪蛋白

乳类食品
  Y 乳制品

乳类饮料
  Y 乳饮料

乳欧泊
  Y 欧泊

乳品
  Y 乳制品

乳品安全
dairy safety
TS207
  D 乳制品安全
  S 食品安全*

乳品包装
dairy packaging
TS206
  D 乳制品包装
  S 食品包装*
  F 牛奶包装
    鲜奶包装

乳品包装机械
  Y 食品包装机械

乳品厂
dairy factories
TS252
  D 奶粉厂
    乳品加工厂
    乳制品工厂
    乳制品加工企业
  S 食品厂
  Z 工厂

乳品发酵剂
dairy starter cultures
TS252
  D 乳制品发酵剂
  S 发酵剂*
  F 酸奶发酵剂
  C 乳制品添加剂

乳品工业
dairy industry
TS252
  D 乳品加工工业
    乳品加工业
    乳业
    乳制品工业
    中国乳品工业
  S 食品工业
  Z 轻工业

乳品工艺
  Y 乳品加工

乳品加工
dairy processing
TS252.4
  D 乳品工艺
    乳品生产
    乳制品加工
  S 食品加工*
  F 牛奶加工
  C 乳制品

乳品加工厂
  Y 乳品厂

乳品加工工业
  Y 乳品工业

乳品加工设备
dairy equipment
TS252.3
  S 食品加工设备*

乳品加工业
  Y 乳品工业

乳品生产
  Y 乳品加工

乳品生产企业
milk manufacturing enterprise
TS252.8
  S 食品企业
  Z 企业

乳品饮料
  Y 乳饮料

乳品质量
quality of milk products
TS252.7
  S 食品质量*
  F 生奶质量
    酸奶品质

乳清
serum
TS252.59
  S 乳制品*
  F 大豆乳清

乳清蛋白
whey protein
Q5；TS201.21
  S 乳蛋白
  F 乳清分离蛋白
    乳清浓缩蛋白
  C 氮溶解指数
  Z 蛋白质

乳清多肽酒
whey peptides wine
TS262
  S 乳清酒
  Z 酒

乳清分离蛋白
whey protein isolate
Q5；TS201.21
  S 蛋白质*
    乳清蛋白
  F α-乳白蛋白

乳清粉
dried whey
TS252.51
  S 奶粉
  Z 乳制品

乳清酒
milone
TS262
  S 奶酒
  F 乳清多肽酒
  Z 酒

乳清浓缩蛋白
whey protein concentrate
Q5；TS201.21
  D 浓缩乳清蛋白
  S 蛋白质*
    乳清蛋白

乳清饮料
  Y 乳饮料

乳酸豆奶饮料
  Y 酸豆奶

乳酸发酵
  Y 乳酸菌发酵

乳酸发酵残渣
lactic acid fermentation residue
TS252.42；X7
  S 发酵残渣
  Z 残渣

乳酸发酵液
lactic acid fermentation broth
TQ92；TS205.5
　S　发酵液
　C　聚乳酸树脂　→(9)
　Z　发酵产品

乳酸发酵饮料
　Y　发酵饮料

乳酸菌胞外多糖
lactic acid bacteria exopolysaccharides
Q5；TS24
　S　碳水化合物*

乳酸菌发酵
lactic acid fermentation
S；TS252
　D　乳酸发酵
　S　食品发酵
　C　产酸性能
　　　酸奶
　Z　发酵

乳酸菌饮料
lactic acid bacteria drink
TS27
　D　发酵乳饮料
　　　活性乳酸菌饮料
　　　乳酸饮料
　　　双蛋白活性乳酸菌饮料
　S　发酵饮料
　　　乳饮料
　C　酸奶
　Z　饮料

乳酸饮料
　Y　乳酸菌饮料

乳糖
lactose
Q5；TS24
　S　碳水化合物*
　F　低乳糖
　　　牛乳乳糖
　　　氧化乳糖
　C　食糖

乳糖酶
lactase
TS213
　D　β半乳糖苷酶
　S　酶*

乳铁传递蛋白
　Y　乳铁蛋白

乳铁蛋白
lactoferrin
Q5；TS201.21
　D　乳铁传递蛋白
　S　乳蛋白
　C　牛初乳
　Z　蛋白质

乳酮糖
lactulose
Q5；TS24
　D　乳果糖
　　　异构化乳糖

　S　碳水化合物*

乳脱脂
　Y　脱脂

乳性饮料
　Y　乳饮料

乳业
　Y　乳品工业

乳液*
emulsion
O6；TQ42
　D　普通乳液
　　　乳剂
　　　乳胶液
　　　乳油制剂
　　　乳状液
　　　乳浊剂
　　　乳浊液
　　　油乳化液
　　　油水乳化液
　　　油水乳状液
　F　硅蜡乳液
　　　石蜡乳液
　　　松香乳液
　　　烷基烯酮二聚体乳液
　　　阳离子乳液
　C　充油橡胶　→(9)
　　　复合橡胶　→(9)
　　　硅橡胶　→(9)
　　　胶体
　　　金属加工液　→(2)(3)(4)(9)
　　　聚硫橡胶　→(9)
　　　乳化　→(1)(2)(5)(9)
　　　乳化分散　→(9)
　　　乳化剂
　　　乳化塔　→(9)
　　　乳化性单体　→(9)
　　　水驱　→(2)
　　　液体

乳液施胶剂
emulsion sizing agent
TS72
　S　施胶剂*

乳液松香胶
　Y　松香胶

乳液性能
　Y　乳化性

乳液性质
　Y　乳化性

乳饮料
milk beverage
TS275.6
　D　含乳饮料
　　　奶饮料
　　　牛乳饮料
　　　乳类饮料
　　　乳品饮料
　　　乳清饮料
　　　乳性饮料
　S　蛋白饮料
　F　仿乳饮料

　　　复合乳饮料
　　　果汁乳饮料
　　　奶茶
　　　牛奶饮料
　　　乳酸菌饮料
　　　酸乳饮料
　　　中性乳饮料
　C　脱氢乙酸
　Z　饮料

乳油制剂
　Y　乳液

乳源蛋白
　Y　乳蛋白

乳蔗糖
　Y　低聚乳果糖

乳制品*
dairy products
TS252
　D　奶产品
　　　奶类食品
　　　奶制品
　　　乳
　　　乳产品
　　　乳类食品
　　　乳品
　　　双皮奶
　　　无抗奶
　F　传统乳制品
　　　蛋白奶
　　　蛋奶
　　　低乳糖奶
　　　发酵乳制品
　　　风味奶
　　　复合乳
　　　复原乳
　　　功能性乳制品
　　　过渡乳
　　　炼乳
　　　驴奶
　　　马奶
　　　奶粉
　　　奶酪
　　　奶糖
　　　牛初乳制品
　　　牛奶
　　　乳清
　　　学生奶
　　　羊奶
　　　液态奶
　　　有机乳制品
　　　原料奶
　C　奶油
　　　乳化率　→(9)
　　　乳化性
　　　乳品加工
　　　食品
　　　微乳化　→(9)
　　　制品

乳制品安全
　Y　乳品安全

乳制品包装
　Y　乳品包装

乳制品发酵剂
Y 乳品发酵剂

乳制品工厂
Y 乳品厂

乳制品工业
Y 乳品工业

乳制品加工
Y 乳品加工

乳制品加工企业
Y 乳品厂

乳制品添加剂
dairy additives
TS252
  S 食品添加剂
  C 乳品发酵剂
  Z 添加剂

乳状分散松香胶
Y 松香胶

乳状液
Y 乳液

乳浊剂
Y 乳液

乳浊液
Y 乳液

乳浊液脱脂
Y 脱脂

入窖酸度
acidity of entry pit
TS26
  S 程度*
  C 酿酒工艺

入射表面
Y 表面

入纬率
Y 引纬参数

褥单
Y 床单

褥具
Y 床用纺织品

软包材
flexible packaging material
TS89
  S 包装材料*

软包装
Y 食品软包装

软包装罐头
Y 软罐头

软包装食品
soft packing foods
TS219
  D 软袋包装食品
  S 包装食品
  Z 食品

软包装印刷
flexible packaging printing
TS851.6
  S 包装印刷
  Z 印刷

软冰激凌机
Y 冰淇淋机

软冰淇淋机
Y 冰淇淋机

软炒
Y 炒制

软打样
soft proofing
TS805
  S 打样*

软袋包装食品
Y 软包装食品

软弹胶辊
Y 软胶辊

软弹皮辊
Y 软皮辊

软弹性胶辊
Y 软胶辊

软底地毯
Y 地毯

软底鞋
Y 鞋

软缎
Y 缎纹织物

软革
soft leather
TS56
  S 皮革*

软管滚涂油墨
Y 油墨

软管油墨
Y 油墨

软罐头
flexible can
TS295.6
  D 软包装罐头
     软罐头食品
  S 罐头食品*
  F 肉类软罐头

软罐头加工
Y 罐藏

软罐头食品
Y 软罐头

软辊压光机
Y 软压光机

软化*
melt
TG1；TQ42；TU99
  D 软化处理

     软化工艺
     软化现象
  F 生物软化
  C 固化时间 →(9)
     塑炼 →(9)
     性能变化

软化处理
Y 软化

软化工艺
Y 软化

软化浸酸
Y 浸酸

软化现象
Y 软化

软回丝
Y 回丝

软家具
soft furniture
TS66；TU2
  D 软体家具
  S 家具*

软煎蚝
Y 地方小吃

软件
Y 计算机软件

软件产品
Y 计算机软件

软件程序
Y 计算机软件

软件狗
Y 密码锁

软件加密狗
Y 密码锁

软件系统*
software system
TP3
  D 程序系统
     计算机程序系统
     计算机软件系统
  F 彩色桌面系统
  C 分布式系统 →(1)(4)(5)(6)(7)(8)
     计算机系统 →(1)(4)(6)(7)(8)

软件注册
Y 计算机软件

软件资产
Y 计算机软件

软胶辊
soft rubber-covered roller
TH13；TQ33；TS103.82
  D 低硬度胶辊
     软弹胶辊
     软弹性胶辊
  S 胶辊
  Z 辊

软精装

soft hardcover
TS885
　S　精装
　Z　装订

软溜
　Y　溜制

软麦粉
soft wheat flour
TS211.2
　S　麦粉
　Z　粮食

软木
　Y　软木材

软木板
cork slab
TS66
　S　型材*

软木材
softwood
TS62
　D　软木
　S　木材*
　C　树皮

软木纸
cork sheet
TS76
　S　木浆纸
　Z　纸张

软木制品
cork article
TS66
　S　木制品
　Z　制品

软皮辊
soft leather rollers
TH13；TQ33；TS103.82
　D　软弹皮辊
　S　辊*
　　　皮辊
　Z　纺织器材

软式传动机构
　Y　传动装置

软糖
soft pan goods
TS246.56
　D　骨泥软糖
　　　果胶软糖
　　　核桃软糖
　　　夹心软糖
　　　平菇软糖
　　　琼脂软糖
　　　橡皮糖
　S　糖果
　F　保健软糖
　　　明胶软糖
　　　凝胶软糖
　Z　糖制品

软糖包装机
　Y　食品包装机械

软糖粉
soft candy powder
TB4；TS24
　S　糖粉
　Z　粉末

软体家具
　Y　软家具

软条包装机
　Y　卷烟包装机

软鞋面革
soft upper leather
TS563.2；TS943.4
　S　鞋面革
　F　软鞋面蓝湿革
　　　软正鞋面革
　C　绵羊皮
　Z　鞋材

软鞋面蓝湿革
soft upper wet blue leather
TS563.2；TS943.4
　S　软鞋面革
　Z　鞋材

软压光
soft calendering
TS75
　S　生产工艺*

软压光辊
soft calender roll
TH13；TS73
　S　压光辊
　Z　辊

软压光机
soft calender
TS734.7
　D　软辊压光机
　S　造纸压光机
　Z　造纸机械

软饮料
soft drinks
TS275
　D　清凉饮料
　　　无醇饮料
　S　饮料*

软饮料包装
　Y　饮料包装

软玉
kidney stone
TS933.21
　S　玉
　F　和田玉
　Z　饰品材料

软正鞋面革
soft shoe upper leather
TS563.2；TS943.4
　S　软鞋面革
　Z　鞋材

软质防弹衣
　Y　防弹衣

软质干酪
soft cheese
[TS252.52]
　S　干酪
　Z　乳制品

软质面包
　Y　面包

软质模具
　Y　模具

软质纤维板
　Y　纸板

软质小麦
soft wheat
TS210.2
　S　小麦
　Z　粮食

瑞彩打样机
　Y　彩色打样机

瑞士点纹织物
　Y　点纹织物

润版药水
　Y　润版液添加剂

润版液
fountain solution
TS802.3
　S　印刷材料*
　F　润版液添加剂

润版液添加剂
fountain solution additives
TS802.3
　D　润版药水
　S　润版液
　Z　印刷材料

润版装置
fountain devices
TS803.1
　S　印前设备
　Z　印刷机械

润发
moistening hair
TS974.2
　S　美发
　Z　美容

润梗
　Y　烟草生产

润滑脉冲计数器
　Y　计数器

润麦
　Y　制麦

润麦工艺
　Y　制麦

润麦技术
　Y　制麦

润麦时间
wheat wetting time

TS213
  S 加工时间*
  C 制麦

润湿
wetting
O6；TS190
  D 湿润
    增湿作用
  S 加湿*
  C 表层 →(1)(3)(4)(6)(7)(9)(11)(12)
    浸泡
    润湿性 →(1)

润湿剂
wetting agent
TQ42；TQ65；TS802
  D 保润剂
    保湿剂
    加湿剂
    普通润湿液
    润湿液
    湿润剂
    增强型浸润剂
  S 助剂*
  C 护肤品 →(9)
    润湿力 →(9)
    憎水剂 →(11)

润湿液
  Y 润湿剂

润湿装置
dampening device
TS803
  S 装置*

润叶
leaf wetting
TS44
  S 烟叶加工*

润叶机
moistened tobacco leaves
TS43
  S 制烟机械*

若丹明染料
rhodamine dye
TS193.21
  S 合成染料
  Z 染料

弱点
  Y 缺陷

弱环
weak link
TS101.97
  S 纱线疵点
  Z 纺织品缺陷

弱碱性离子交换纤维
  Y 离子交换纤维

弱碱性脱墨
weakly alkaline deinking
TS74
  S 碱法脱墨
  Z 脱墨

弱节
weak-link
TS101.97
  S 纤维疵点
  Z 纺织品缺陷

弱拈纱
  Y 纱线

弱捻纱
soft spun yarn
TS101.97
  S 纱疵
  Z 纺织品缺陷

弱酸性染料
weak acid dyes
TS193.21
  S 酸性染料
  F MF 染料
  Z 染料

弱酸性阳离子交换纤维
  Y 阳离子交换纤维

撒粉气流成网机
  Y 成网机

撒拉族服饰
  Y 民族服饰

撒料
spillage of material
TH2；TS210
  S 操作*

撒盐法
  Y 腌制

萨巴伊
  Y 打击乐器

萨克管
  Y 铜管乐器

萨克号
  Y 铜管乐器

萨氏条干
saco-lowell evenness
TS107
  S 成纱条干
  Z 指标

萨它尔
  Y 弦乐器

塞迪斯纤维
sirtis fiber
TQ34；TS102.528
  S 吸湿排汗纤维
  Z 纤维

赛丽版
  Y 柔性版

赛罗纺纱
  Y 赛络纺

赛洛纺纱
  Y 赛络纺

赛络纺

siro spinning
TS104.7
  D Sirofil 纺
    Sirofil 纺纱
    Sirospun 纺
    Siro 纺
    Solospun 纺纱技术
    赛罗纺纱
    赛洛纺纱
    赛络纺技术
    赛络纺纱
    赛络纺纱技术
    赛络菲尔
    赛络菲尔纺
    赛络菲尔纺纱
    赛络菲尔纺纱技术
  S 新型纺纱
  F 紧密赛络纺
  C 赛络纱
  Z 纺纱

赛络纺包芯纱
  Y 赛络纱

赛络纺技术
  Y 赛络纺

赛络纺纱
  Y 赛络纺

赛络纺纱技术
  Y 赛络纺

赛络菲尔
  Y 赛络纺

赛络菲尔纺
  Y 赛络纺

赛络菲尔纺纱
  Y 赛络纺

赛络菲尔纺纱技术
  Y 赛络纺

赛络菲尔纱
sirofil yarns
TS106.4
  D sirofil 复合纱
    Sirofil 纱
    Sirofil 纱线
  S 纱线*

赛络复合纱
  Y 赛络纱

赛络纱
siro core-spun yarns
TS106.4
  D Solospun 纱线
    赛络纺包芯纱
    赛络复合纱
  S 纱线*
  C 高收缩涤纶
    赛络纺

三板式模具
  Y 模具

三倍加捻
  Y 三倍捻

三倍加捻机
tripling twisting machines
TS103.23
　　D 三捻机
　　S 捻线机
　　Z 纺织机械

三倍捻
three times to twist
TS104.2
　　D 三倍加捻
　　S 倍捻
　　Z 纺纱工艺

三倍体毛白杨 KP 浆
triploid Chinese white poplar KP pulp
TS749.1
　　S KP 浆
　　　杨木浆
　　Z 浆液

三倍体毛白杨硫酸盐浆
triploid Chinese white poplar kraft pulp
TS749.1
　　S 硫酸盐浆
　　　杨木浆
　　Z 浆液

三层成形网
three layer forming fabric
TS734
　　S 造纸成形网
　　Z 造纸设备部件

三层织物
　　Y 多层织物

三叉扳手
　　Y 扳手

三次污泥
　　Y 污泥

三醋酸纤维
triacetate fiber
TQ34；TS102.51
　　D 三醋酸纤维素
　　S 醋酸纤维
　　C 纳滤膜 →(9)
　　Z 纤维

三醋酸纤维素
　　Y 三醋酸纤维

三醋纤
　　Y 醋酸纤维

三醋酯纤维
　　Y 醋酸纤维

三段漂白
three stage bleaching
TS192.5
　　S 多段漂白
　　Z 漂白

三段式烘烤
three-phase-drying
TS45
　　D 三段式烘烤工艺
　　S 烘烤*

　　C 三段传热 →(5)

三段式烘烤工艺
　　Y 三段式烘烤

三废
　　Y 废弃物

三废处理
　　Y 废物处理

三废处理装置
　　Y 废物处理设备

三废防治
　　Y 废物处理

三废治理
　　Y 废物处理

三辊筒清棉机
　　Y 清棉机

三甲苯麝香
musk tibetene
TQ65；TS264.3
　　S 合成麝香
　　Z 香精香料

三角尘棒
　　Y 尘棒

三角锉
　　Y 锉

三角涤纶
triangle polyester
TQ34；TS102.522
　　D 三角形涤纶
　　　三角形涤纶纤维
　　S 三角形纤维
　　　异形涤纶丝
　　Z 纤维

三角铁
　　Y 打击乐器

三角铁（乐器）
　　Y 打击乐器

三角芯纤维
　　Y 三角形纤维

三角形涤纶
　　Y 三角涤纶

三角形涤纶纤维
　　Y 三角涤纶

三角形纤维
triangular fiber
TQ34；TS102.63
　　D 三角芯纤维
　　S 异形纤维
　　F 三角涤纶
　　Z 纤维

三阶段减压贮藏
three-stage hypobaric storage
TS205
　　S 减压贮藏
　　Z 储藏

三连轧机
　　Y 轧机

三联梳毛机
　　Y 梳毛机

三联轧机
　　Y 轧机

三氯半乳糖
　　Y 三氯蔗糖

三氯蔗糖
sucrose trichloride
TS245
　　D 三氯半乳糖
　　　蔗糖晶
　　　蔗糖素
　　S 甜味剂
　　C 高倍甜味剂
　　Z 增效剂

三面木工刨床
　　Y 四面木工刨床

三面铣床
　　Y 平面铣床

三明治
sandwich
TS213.21
　　D 三文治
　　S 面包
　　Z 糕点

三明治火腿
　　Y 三文治火腿

三明治炉
sandwich oven
TS972.26
　　S 电灶
　　Z 厨具
　　　家用电器

三捻机
　　Y 三倍加捻机

三偶氮染料
trisazo dye
TS193.21
　　S 偶氮染料
　　Z 染料

三片罐
three piece can
TS29
　　S 金属罐
　　Z 罐

三色版油墨
　　Y 印刷油墨

三色冰淇淋机
　　Y 冰淇淋机

三头冰激凌机
　　Y 冰淇淋机

三维编织
three dimensional braiding
TS184

D 三维编织技术
　三维机织
　三维机织物
　三维立体织物
S 立体编织
F 三维多向编织
C 三维编织复合材料 →(1)
　三维正交机织物
Z 编织

三维编织机
Y 编织机

三维编织技术
Y 三维编织

三维编织碳纤维
three dimensional braided carbon fiber
TQ34；TS102
D 三维编织纤维
S 碳纤维
Z 纤维

三维编织物
Y 三维织物

三维编织纤维
Y 三维编织碳纤维

三维成形针织物
Y 成形针织物

三维打印
three dimensional printing
TS859
S 打印*
　三维技术*
C 三维打印机 →(8)

三维多向编织
3D multi-directional braided
TS184
S 三维编织
F 三维六向编织
　三维五向编织
Z 编织

三维服装
three dimensional garment
TS941.7
S 服装*

三维服装 CAD
3D garment CAD
TP3；TS941.2
S 服装 CAD
Z 计算机辅助技术

三维服装仿真
3D garment simulation
TS941.2
S 仿真*
　三维技术*

三维高精度
Y 精度

三维机织
Y 三维编织

三维机织结构

three dimensional woven structures
TB3；TS105
D 三维机织物结构
S 机织物组织
Z 材料组织

三维机织热塑复合材料
3D woven thermoplastic composites
TS107
S 复合材料*

三维机织物
Y 三维编织

三维机织物结构
Y 三维机织结构

三维技术∗
3D technology
TP3
D 3D 技术
F 三维打印
　三维服装仿真
C 三维存储 →(8)
　三维模型 →(8)
　三维设计 →(1)(4)(7)(8)(11)
　四维技术 →(8)

三维卷曲
three dimensional crimp
TS102
S 卷曲
C 三维吹塑 →(9)
Z 弯曲

三维卷曲涤纶短纤维
three dimensional crimp polyester staple fibers
TQ34；TS102.522
S 涤纶短纤维
　三维卷曲纤维
Z 纤维

三维卷曲纤维
three dimentional crimped fiber
TQ34；TS102.63
S 纤维*
F 三维卷曲涤纶短纤维
　三维卷曲中空纤维
　弯钩纤维

三维卷曲中空纤维
three dimensional crimp hollow fiber
TQ34；TS102.63
S 三维卷曲纤维
　中空纤维
Z 纤维

三维立体眼镜
Y 3D 眼镜

三维立体织物
Y 三维编织

三维六向编织
3D six-direction braiding
TS184
S 三维多向编织
Z 编织

三维人台
3D mannequin
TS941.2
S 人台*

三维人体
Y 三维人体模型

三维人体测量
three dimensional body measurement
Q98；TS941.2
S 人体测量
C 细部尺寸
Z 测量

三维人体模型
3D human body model
TN2；TS941.2
D 人体三维模型
　三维人体
C 人体测量
　人体动画 →(8)
　人体识别 →(8)

三维人体扫描
3D body scanning
TS941.2
S 人体扫描
Z 扫描

三维人体扫描仪
3D body scanner
TS941.5
S 扫描设备*

三维人体数据
3D anthropometric data
TS941.17
S 人体数据
Z 数据

三维试衣
three dimensional fitting
TS941.6
S 试衣*

三维碳纤维编织体
3D carbon fiber braids
TS186
S 编织物*
C 三维织物
　碳纤维

三维土工网
Y 三维土工网垫

三维土工网垫
three dimensional earthwork mat
TS106.6
D 三维土工网
S 土工网
C 开口尺寸 →(1)
Z 纺织品

三维五向
Y 三维五向编织

三维五向编织
three dimensional five directional braided
TS184

D 三维五向
　S 三维多向编织
　Z 编织

三维衣片
three dimensional piece
TS941.4
　S 衣片
　Z 服装附件

三维映射
3D mapping
TS941.2
　S 映射*

三维针刺
three dimensional needled
TS174
　S 针刺工艺
　Z 非织造工艺

三维针织物
　Y 成形针织物

三维正交机织物
three dimensional orthogonal woven fabrics
TS106.8
　S 机织物*
　　三维织物
　C 三维编织

三维织物
three dimensional fabric
TS106.8
　D 三维编织物
　　三向织物
　　三轴向织物
　S 织物*
　F 三维正交机织物
　C 三维碳纤维编织体

三维织造
3D weaving
TS105
　S 织造*

三文鱼
salmon
TS254.2
　S 鱼
　Z 水产品

三文治
　Y 三明治

三文治火腿
ham sandwich
TS205.2；TS251.59
　D 三明治火腿
　S 火腿
　Z 肉制品
　　腌制食品

三线包缝机
　Y 包缝机

三相故障
　Y 电气故障

三向平面织物
　Y 平面织物

三向色性
　Y 多色性

三向织机
　Y 织机

三向织物
　Y 三维织物

三向轴织机
　Y 织机

三乙酸酯纤维
　Y 醋酸纤维

三乙酰化环糊精
　Y 环糊精

三翼打手
　Y 打手

三原色染料
　Y 原色染料

三原色油墨
　Y 油墨

三原组织
three-elementary weave
TS101；TS105
　D 基本组织
　　原组织
　S 机织物组织
　F 缎纹组织
　　平纹组织
　　斜纹组织
　Z 材料组织

三轴气浮台
triaxial air-bearing testbed
TS955
　S 试验设备*

三轴数控铣床
　Y 数控铣床

三轴向织机
　Y 织机

三轴向织物
　Y 三维织物

三轴织物
　Y 多轴向织物

伞*
umbrella
TS959.5
　D 晴雨伞
　F 太阳伞
　　雨伞
　　折叠伞
　C 生活用品

伞裙结构
　Y 裙装结构

伞褶裙
　Y 褶裙

散茶
loose tea
TS272.59

　S 茶*
　F 普洱茶

散光灯
　Y 探照灯

散光眼镜
astigmatism glasses
TS959.6
　S 眼镜*

散浆机
pulping machine
TS733
　S 制浆设备*

散毛染色
　Y 羊毛染色

散毛染色机
　Y 染色机

散毛碳化联合机
　Y 毛纺机械

散透比
scattered light to transmitted light ratio
TS221；TS252
　S 比*

散纤维
loose fiber
TS102
　S 纤维*

散纤维染色
loose-stock dyeing
TS193
　S 纤维染色
　C 浸染
　Z 染色工艺

散纤维染色机
　Y 染色机

散烟叶
　Y 散叶

散叶
loose tobacco
TS42
　D 散烟叶
　S 烟叶
　Z 卷烟材料

散布
　Y 分布

散热*
heat dissipation
TK1
　D 散热方式
　　散热特性
　　散热效能
　　散热性
　　散热性能
　F 人体散热

散热方式
　Y 散热

散热特性

Y 散热

散热效能
Y 散热

散热性
Y 散热

散热性能
Y 散热

散湿
Y 除湿

桑蚕膨松丝
bulk silk
TS102.33
S 桑蚕丝
Z 天然纤维
真丝纤维

桑蚕双宫丝
mulberry doupion silk
TS102.33
S 桑蚕丝
双宫丝
Z 天然纤维
真丝纤维

桑蚕丝
mulberry silkworm
TS102.33
D 家蚕丝
桑蚕丝纤维
S 蚕丝
F 桑蚕膨松丝
桑蚕双宫丝
脱胶桑蚕丝
C 桑蚕丝织物
柞蚕丝
Z 天然纤维
真丝纤维

桑蚕丝绸
Y 桑蚕丝织物

桑蚕丝蛋白
mulberry silk protein
Q5；TS201.21
S 蚕丝蛋白
Z 蛋白质

桑蚕丝素蛋白
bombyx mori silk fibroin
Q5；TS201.21
S 蚕丝素蛋白
Z 蛋白质

桑蚕丝纤维
Y 桑蚕丝

桑蚕丝织物
mulberry silk fabric
TS146
D 桑蚕丝绸
S 蚕丝织物
C 桑蚕丝
丝织物
Z 织物

桑蚕脱胶丝

Y 脱胶桑蚕丝

桑茶
Y 桑叶茶

桑绸丝
Y 脱胶桑蚕丝

桑果醋
Y 桑葚醋

桑果酱
Y 果酱

桑果酒
Y 桑葚酒

桑果汁
Y 桑葚汁

桑果汁饮料
Y 果蔬饮料

桑皮
mulberry bark
R；TS202
S 树皮*

桑皮浆
mulberry bark pulp
TS749.1
S 木浆
Z 浆液

桑皮纤维
mulberry fibre
TS102.22
S 韧皮纤维
C 脱胶
Z 天然纤维

桑皮纸
mulberry bark paper
TS76
S 皮纸
Z 纸张

桑椹酒
Y 桑葚酒

桑葚
mulberry
TS255.2
S 水果
C 花色苷
Z 果蔬

桑葚醋
mulberry vinegar
TS264；TS27
D 桑果醋
S 果醋
Z 饮料

桑葚果酒
Y 桑葚酒

桑葚果汁饮料
Y 果蔬饮料

桑葚红色素
mulberry red pigment

TQ61；TS202.39
S 桑葚色素
色素*

桑葚酱
Y 果酱

桑葚酒
mulberry wine
TS262.7
D 桑果酒
桑椹酒
桑葚果酒
S 果酒
F 蜂蜜桑葚酒
Z 酒

桑葚色素
mulberry pigment
TQ61；TS202.39
S 植物色素
F 桑葚红色素
Z 色素

桑葚饮料
Y 果蔬饮料

桑葚汁
mulberry juice
TS255
D 桑果汁
S 果汁
Z 果蔬制品
汁液

桑葚籽
mulberry seeds
TS202.1
S 植物菜籽*

桑葚籽油
mulberry seed oil
TS225.19
S 籽油
Z 油脂

桑树枝
mulberry branches
TS72
S 枝桠材
Z 原料

桑叶保健茶
Y 桑叶茶

桑叶茶
mulberry leaf tea
TS272.59
D 桑茶
桑叶保健茶
S 凉茶
Z 茶

桑叶多糖
mulberry leaves polysaccharide
Q5；TS24
S 碳水化合物*

缫丝
Y 缫丝工艺

缫丝厂
silk mill
TS108
　　S 工厂*

缫丝工艺
silk reeling process
TS14
　　D 配茧缫丝法
　　　　缫丝
　　S 纺织工艺*
　　F 定粒缫丝
　　　　复缫丝
　　　　烘丝
　　　　活蛹缫丝
　　　　接绪
　　　　解舒工艺
　　　　直接缫丝
　　　　制丝工艺
　　　　煮茧工艺
　　　　自动缫丝
　　C 缫丝机械
　　　　缫丝速度
　　　　缫折
　　　　丝饼

缫丝机
　　Y 缫丝机械

缫丝机械
silk reeling machine
TS142
　　D 长吐机
　　　　电缫机
　　　　立缫机
　　　　立式缫丝机
　　　　人工缫丝机
　　　　缫丝机
　　　　缫丝设备
　　　　缫丝装置
　　　　双宫缫丝机
　　　　水缫机
　　　　筒子缫丝机
　　　　柞茧干缫机
　　S 丝纺织机械
　　F 制丝设备
　　　　煮茧机
　　　　自动缫丝机
　　C 缫丝工艺
　　Z 纺织机械

缫丝设备
　　Y 缫丝机械

缫丝速度
silk reeling velocity
TS14
　　S 加工速度*
　　C 缫丝工艺

缫丝蛹油
silk reeling pupa oil
TS225.2
　　S 蚕蛹油
　　F 柞蚕雄蛾油
　　Z 油脂

缫丝用剂
　　Y 煮茧助剂

缫丝助剂
　　Y 煮茧助剂

缫丝装置
　　Y 缫丝机械

缫折
yield in reeling
TS14
　　S 比率*
　　C 蚕丝标准
　　　　缫丝工艺

扫描*
scanning
TH7；TN8；TN99
　　D 扫描法
　　　　扫描技术
　　F 人体扫描
　　C 监视 →(6)(7)(8)
　　　　扫描体 →(8)
　　　　搜索 →(1)(7)(8)(12)

扫描法
　　Y 扫描

扫描机
　　Y 扫描设备

扫描技术
　　Y 扫描

扫描器
　　Y 扫描设备

扫描设备*
scanner
TN8
　　D 二维扫描系统
　　　　扫描机
　　　　扫描器
　　　　扫描输入器
　　　　扫描系统
　　　　扫描仪
　　F 三维人体扫描仪
　　C 光学字符识别 →(8)
　　　　扫描电路 →(7)
　　　　扫描模式 →(7)
　　　　扫描软件 →(8)
　　　　扫描头 →(3)

扫描输入器
　　Y 扫描设备

扫描系统
　　Y 扫描设备

扫描仪
　　Y 扫描设备

色变
　　Y 变色

色标
　　Y 颜色标准

色彩*
color
J；TU1
　　D 色彩理念
　　　　色彩趋势

　　　　色彩特点
　　　　颜色
　　　　寓意色彩
　　　　照明色彩
　　F 服饰色彩
　　　　服装色彩
　　　　化妆色彩
　　　　金属色彩
　　　　图案色彩
　　　　印刷色彩
　　　　自然色彩
　　C 色彩搭配
　　　　色彩理论
　　　　色彩效果
　　　　颜料
　　　　照明艺术 →(11)

色彩变化
　　Y 变色

色彩变换
　　Y 变色

色彩标准
　　Y 颜色标准

色彩采样技术
　　Y 色彩工艺

色彩测定
　　Y 色彩测量

色彩测量
color measurement
J；TS193；TS801
　　D 测色
　　　　测色技术
　　　　色彩测定
　　　　色彩度量
　　　　色彩基准
　　　　色彩检测
　　S 色度测量
　　C 比色法
　　　　配色
　　Z 光学测量

色彩处理
　　Y 色彩工艺

色彩处理技术
　　Y 色彩工艺

色彩传达
　　Y 色彩理论

色彩搭配
color arrangement
TS801；TS941.1；TU1
　　D 色彩配置
　　　　色彩组合
　　　　颜色搭配
　　S 搭配*
　　C 色彩

色彩打样
　　Y 彩色打样

色彩调配
color conditioning
TS974

S 色彩工艺*
F 调色
配色

色彩定位
colour orientation
TS941.2；TU2
S 定位*

色彩度量
Y 色彩测量

色彩复制
Y 彩色复印

色彩工艺*
color technology
TH7；TS193；TS801
D 彩色处理
色彩采样技术
色彩处理
色彩处理技术
色彩技术
色度控制
F 保色
呈色
串色
对色
返色
分色
固色
护色
混色
加色
减色
拼色
色彩调配
套色
沾色
着色
C 工艺方法
染色工艺
色彩对比度 →(1)(7)
色彩聚类 →(8)
色彩理论
色彩增强 →(7)
颜色分割 →(7)

色彩管理
color management
TS19；TS805
D 彩色管理
色彩管理技术
色彩特性文件
颜色管理
颜色特性文件
S 管理*
C 颜色再现

色彩管理技术
Y 色彩管理

色彩管理系统
color management system
TS19
D 彩色管理系统
颜色管理系统
S 管理系统*
颜色系统*

色彩合成
Y 颜色合成

色彩基准
Y 色彩测量

色彩技术
Y 色彩工艺

色彩检测
Y 色彩测量

色彩理论
theory of colours
J；O4；TS193
D 色彩传达
色彩知识
S 理论*
C 变色机理
色彩
色彩工艺
色彩特性 →(11)
色效应
颜色描述

色彩理念
Y 色彩

色彩配置
Y 色彩搭配

色彩匹配
Y 配色

色彩偏差
Y 色彩误差

色彩趋势
Y 色彩

色彩深度
color depth
TB8；TS193
D 颜色深度
S 深度*

色彩识别
color identification
TS101
S 识别*

色彩特点
Y 色彩

色彩特性文件
Y 色彩管理

色彩稳定
Y 颜色稳定性

色彩稳定性
Y 颜色稳定性

色彩误差
colour cast
TB8；TS801
D 色彩偏差
色度偏差
色偏
S 误差*

色彩效果

color effect
TS801
S 效果*
F 呈色效果
固色效果
拼白效果
颜色再现
C 色彩

色彩校正
Y 颜色校正

色彩校准
Y 颜色校正

色彩修正
Y 颜色校正

色彩选配
color selecting and matching
TB8；TS941.2
S 选配*

色彩一致性
color consistency
TS801
S 光学性质*

色彩预测
colour prediction
TS801
S 预测*

色彩元素
color elements
TS93
S 元素*

色彩再现
Y 颜色再现

色彩再现性
Y 颜色再现

色彩知识
Y 色彩理论

色彩转换
color conversion
TS801
D 颜色转换
S 转换*

色彩装饰
colour decoration
TS941.1
S 装饰*
装修*

色彩组合
Y 色彩搭配

色差*
chromatic aberration
O4；TS193
D 色度差
颜色色差
F 边中色差
布端色差
灰色差异度
可察觉色差

批量色差
染色色差
丝色差异
头梢色差
外观色差
位置色差
印刷色差
允许色差
纸张色差
　C 标准光源 →(11)
　　计算机配色 →(9)
　　均匀颜色空间 →(8)
　　色差信号 →(7)
　　色度测量
　　色空间

色差测定
　Y 色度测量

色差公式
color difference formula
TS801

色差检测
colour difference detection
TS101
　S 检测*
　C 色差控制

色差控制
color difference control
TS101
　S 物理控制*
　C 色差检测

色差评定
　Y 色差评价

色差评估
　Y 色差评价

色差评价
color-difference evaluation
TS101；TS801
　D 色差评定
　　色差评估
　S 评价*

色差值
value of chromatism
O4；TS193
　S 色值
　Z 数值

色疵
surface stain
TS101.97
　S 染疵
　F 浮色
　　色档
　　色点
　　色花
　Z 纺织品缺陷

色带
chromatape
TS934
　S 材料*
　C 针式打印机 →(7)(8)

色档
colour bar
TS101.97
　S 色疵
　Z 纺织品缺陷

色稻米
　Y 有色稻米

色底织物
　Y 色织物

色点
color dot
TS101.97
　S 色疵
　Z 纺织品缺陷

色调变化
　Y 变色

色度标准
　Y 色度测量

色度测定
　Y 色度测量

色度测量
colorimetric measurement
O4；TS801
　D 色差测定
　　色度标准
　　色度测定
　　色度测量法
　　色度测量方法
　　色度测试
　　色度法
　　色度检测
　S 光学测量*
　F 色彩测量
　C 色差

色度测量法
　Y 色度测量

色度测量方法
　Y 色度测量

色度测试
　Y 色度测量

色度差
　Y 色差

色度法
　Y 色度测量

色度计算
chromaticity computation
TS801
　S 性能计算*

色度检测
　Y 色度测量

色度控制
　Y 色彩工艺

色度偏差
　Y 色彩误差

色度图

chromaticity diagram
O4；TS801
　S 图*

色度学分析
color analysis
TS101
　S 物理分析*

色度值
chromaticity value
TS801
　D 同色异谱指数
　S 色值
　C 色空间
　Z 数值

色纺
　Y 色纺工艺

色纺工艺
color spun technology
TS104.2
　D 色纺
　S 纺纱工艺*

色纺纱
coloured spun yarn
TS106.4
　S 色纱
　F 纯棉色纺纱
　Z 纱线

色纺纤维
　Y 有色纤维

色纺织物
colour fabrics
TS106.8
　S 色织物
　Z 织物

色号
colour number
TS193.1
　S 颜色描述*
　C 成色剂 →(9)

色花
mottled appearance
TS101.97
　D 发花
　　揩花
　　颜色刷花
　　颜色咬花
　S 色疵
　Z 纺织品缺陷

色级
gradation of tone
O4；TS193
　S 颜色描述*

色剂*
colourant
TQ57；TQ61
　F 固色剂
　　护色剂
　　显色剂
　　着色剂

色浆
color paste
TQ63；TS194.2
  D 通用色浆
    颜料浆
  S 浆液*
  F 水性色浆
    涂料色浆
    印花色浆
  C 糊料
    三相淤浆床 →(9)
    颜料
    颜料工业 →(9)

色浆研磨
colour paste grinding
TS10；TS74
  S 碎浆
  Z 制浆

色觉
  Y 颜色感觉

色卡
colour chart
O4；TQ62；TS193
  D 彩色样卡
    流行色卡
  S 信息卡*
  F 标准色卡

色空间
color space
TQ61；TS801
  D HIS 彩色空间
    HIS 空间
    HIS 颜色空间
    HSI 彩色空间
    HSI 空间
    颜色空间
  C 彩色图像分割 →(8)
    色差
    色度值
    色域
    颜色量化 →(8)

色块
colour area
TS801
  S 颜色描述*

色拉调味料
  Y 风味调味料

色拉酱
  Y 沙拉酱

色拉油
salad oil
TS213；TS225
  S 食用油
  F 菜籽色拉油
    大豆色拉油
  C 沙拉酱
  Z 粮油食品

色牢度
colour fastness
TS107；TS193
  D 耐气候色牢度
    耐汽蒸色牢度
    耐热色牢度
    耐水浸色牢度
    耐丝光色牢度
    耐缩绒色牢度
    耐烟褪色牢度
    耐熨烫色牢度
    染色坚牢度
    染色牢度
    染色牢度指标
    色牢度指标
    颜色坚牢度
    颜色牢度
  S 牢度*
  F 耐汗渍色牢度
    耐氯色牢度
    耐摩擦色牢度
    耐日晒色牢度
    耐洗色牢度
    水洗色牢度
    沾色牢度
  C 固色剂
    染色工艺
    织物性能

色牢度指标
  Y 色牢度

色立体
colour solid
TS193
  S 颜色描述*

色料*
colouring matter
TQ32
  D 色母料
  F 青花色料
  C 颜料

色貌模型
color appearance model
TS801
  S 物理模型*

色米
  Y 有色稻米

色密度
colour density
TS801
  D 彩色密度
  S 密度*

色棉
colour-cotton
TS102.21
  S 棉纤维
  F 彩色棉
    染色棉
  Z 天然纤维

色母料
  Y 色料

色偏
  Y 色彩误差

色品指数

色迁移
  Y 颜色迁移

色强度
colour intensity
TS801
  D 色泽强度
  S 强度*

色纱
dyed yarn
TS106.4
  S 纱线*
  F 混色纱
    染色纱
    色纺纱
  C 染色棉

色丝
colour filament
TQ34；TS102
  S 工业丝
  C 有色纤维
  Z 纤维制品

色素*
colouring matter
TQ61
  D 群青
    色素分类
    色素物质
    色素组成
  F 草莓红色素
    茶黄素
    花青素
    辣椒红色素
    玫瑰红色素
    桑葚红色素
    食用色素
    植物色素
  C 红色指数
    染料

色素分类
  Y 色素

色素分离
pigment seperation
TQ62；TS193
  S 分离*

色素提取
pigment extraction
TS205
  S 提取*

色素稳定性
pigment stability
TQ62；TS193
  S 颜色稳定性
  Z 光学性质

色素物质
  Y 色素

色素组成
  Y 色素

Y 指数

色条
colour sliver
TS105
　S 颜色描述*

色稳定性
　Y 颜色稳定性

色相
colour hue
J；O4；TS193
　S 颜色描述*

色相分析
hue analysis
TS801
　S 化学分析*
　　物理分析*

色效应*
color effect
TQ62；TS193
　F 光色效应
　　深色效应
　　双色效应
　　颜色效应
　C 色彩理论

色修正
　Y 颜色校正

色序
color order
TS801
　S 颜色描述*
　F 印刷色序
　C 彩色印刷

色选
color separation
TS21
　D 色选工艺
　　色选精度
　　色选质量
　S 分选*

色选工艺
　Y 色选

色选机
color selection machine
TS210.3
　S 粮食机械
　F 大米色选机
　　光电色选机
　Z 食品加工机械

色选精度
　Y 色选

色选质量
　Y 色选

色样
　Y 样板

色样卡
　Y 标准色卡

色釉陶
　Y 琉璃

色域
color gamut
O4；TS193
　S 颜色描述*
　F 印刷色域
　C 色空间
　　色域边界

色域边界
color gamut boundaries
TS801
　C 彩色复印
　　色域

色域映射
color gamut mapping
TS801
　D 色域映射算法
　S 映射*

色域映射算法
　Y 色域映射

色泽*
tinct
ZT4
　F 茶叶色泽
　　棉花色泽
　　面条色泽
　　啤酒色泽
　　烟叶色泽
　　油脂色泽
　C 发色剂 →(9)

色泽变化
　Y 变色

色泽测定
color determination
TS197；TS77
　S 测定*

色泽品质
　Y 食味品质

色泽强度
　Y 色强度

色泽稳定性
　Y 颜色稳定性

色泽鲜艳度
　Y 鲜艳度

色织
　Y 色织工艺

色织布
　Y 色织物

色织产品
　Y 色织工艺

色织涤棉产品
　Y 涤棉织物

色织府绸
　Y 府绸织物

色织工艺
colour weave
TS105

　D 色织
　　色织产品
　　色织技术
　S 织造工艺*

色织横机领
yarn-dyed collar knitting machine
TS941.4
　S 衣领
　Z 服装附件

色织技术
　Y 色织工艺

色织棉布
　Y 纯棉色织物

色织面料
colored weaving fabric
TS941.41
　D 高档色织面料
　S 面料*
　C 色织物

色织提花织物
　Y 提花织物

色织物
yarn-dyed fabric
TS106.8
　D 染色织物
　　染整织物
　　色底织物
　　色织布
　　色织织物
　　深色纺织物
　　深色织物
　S 织物*
　F 靛蓝染色织物
　　花色织物
　　色纺织物
　C 色织面料

色织织物
　Y 色织物

色值
colour value
TS801
　S 数值*
　F 明度值
　　色差值
　　色度值

色质
chromaticness
O4；TS193
　S 颜色描述*

涩味
acerbity
TS971.1
　S 苦涩味
　Z 感觉

森林防火服
　Y 消防服

森林饮料
　Y 果蔬饮料

僧衣
　　Y 深衣

杀菌保鲜
　　Y 杀菌防腐

杀菌灯
　　Y 黑光灯

杀菌防腐
sterilization and preservation mechanism
TS205
　　D 杀菌保鲜
　　　 杀菌防腐机理
　　S 杀菌机理
　　Z 机理

杀菌防腐机理
　　Y 杀菌防腐

杀菌釜
sterilize kettle
TQ0；TS203
　　S 反应装置*

杀菌机
sterilization machine
TS04
　　D 巴氏杀菌机
　　　 杀菌器
　　S 杀菌设备
　　F 喷淋杀菌机
　　C 灭菌乳
　　Z 轻工机械

杀菌机理
bactericidal mechanism
R；TS201.6
　　D 灭菌机理
　　　 灭菌原理
　　　 杀菌条件
　　S 机理*
　　F 杀菌防腐
　　C 灭菌温度 →(1)

杀菌冷却
sterile cooling
TS205
　　S 冷却*

杀菌器
　　Y 杀菌机

杀菌强度
sterilization intensity
TS201.3；TS201.6
　　S 强度*

杀菌设备
sterilization equipments
TS04
　　S 轻工机械*
　　F 杀菌机

杀菌时间
sterilizing time
TS201.6；TS205
　　S 时间*

杀菌酸奶
　　Y 酸奶

杀菌条件
　　Y 杀菌机理

杀青
de-enzyme
TS272.4
　　D 茶叶杀青
　　　 机械杀青
　　　 杀青方法
　　　 杀青工艺
　　　 杀青技术
　　　 杀青叶
　　S 茶叶加工*
　　F 炒青
　　　 高温杀青
　　　 晒青
　　　 微波杀青
　　　 蒸汽杀青
　　C 杀青条件
　　　 杀青效果

杀青方法
　　Y 杀青

杀青工艺
　　Y 杀青

杀青机
fixation machine
TS272.3
　　D 茶叶杀青机
　　　 杀青机械
　　S 茶叶机械*
　　F 滚筒杀青机
　　　 蒸汽杀青机

杀青机械
　　Y 杀青机

杀青技术
　　Y 杀青

杀青炉灶
cooking range for deactivation of enzymes
TS272.3
　　S 茶叶机械*

杀青时间
　　Y 杀青条件

杀青条件
blanching condition
TS20
　　D 杀青时间
　　　 杀青温度
　　S 条件*
　　C 杀青

杀青温度
　　Y 杀青条件

杀青效果
fixation effect
TS255
　　D 杀青质量
　　S 效果*
　　C 杀青

杀青叶
　　Y 杀青

杀青质量
　　Y 杀青效果

杀生剂*
biocide
TQ45
　　D 杀生物剂
　　　 生物杀灭剂
　　　 生物杀伤剂
　　F 复合抗菌剂
　　　 食品抗菌剂
　　　 天然抗菌剂
　　　 银系抗菌剂
　　C 生物促生剂 →(13)

杀生物剂
　　Y 杀生剂

沙槌
　　Y 打击乐器

沙锤
　　Y 打击乐器

沙葱
　　Y 洋葱

沙丁鱼
sardine
TS254.2
　　S 鱼
　　Z 水产品

沙发
sofa
TS66；TU2
　　S 坐具
　　F 包木沙发
　　　 布艺沙发
　　　 单人沙发
　　　 真皮沙发
　　C 体压分布 →(1)
　　　 坐姿舒适性 →(1)
　　Z 家具

沙发床
sofa bed
TS66；TU2
　　S 床*

沙发革
sofa leather
TS563
　　D 座垫革
　　　 座套革
　　S 生活用革
　　C 水牛皮
　　Z 皮革

沙发套面料
sofa-cover fabric
TS941.41
　　D 座椅面料
　　S 面料*

沙锅
　　Y 锅

沙蒿油
　　Y 沙蒿籽油

沙蒿籽
wormwood seeds
TS202.1
　　S 植物菜籽*

沙蒿籽油
artemisia oil
TS225.19
　　D 沙蒿油
　　S 籽油
　　Z 油脂

沙河粉
shahe fen
TS213.3
　　S 河粉
　　Z 食用粉

沙湖咸蛋
　　Y 咸蛋

沙棘茶
　　Y 凉茶

沙棘醋
　　Y 沙棘果醋

沙棘多糖
seabuckthorn polysaccharide
Q5；TS24
　　S 碳水化合物*

沙棘果醋
sea-buckthorn fruit vinegar
TS264；TS27
　　D 沙棘醋
　　S 果醋
　　Z 饮料

沙棘果酒
sea buckthorns fruit wine
TS262.7
　　D 沙棘酒
　　S 果酒
　　Z 酒

沙棘酒
　　Y 沙棘果酒

沙棘全果油
　　Y 沙棘油

沙棘饮料
seabuckthorn beverage
TS275.5
　　S 果汁饮料
　　Z 饮料

沙棘油
sea buckthorn oil
TS225.19
　　D 沙棘全果油
　　S 植物种子油
　　C 防晒剂　→(9)
　　　皮肤美白
　　Z 油脂

沙棘籽
seabuckthorn seeds
TS202.1
　　S 植物菜籽*

沙井蚝
　　Y 牡蛎

沙拉
salad
TS972.1
　　D 蔬菜沙拉
　　　水果沙拉
　　S 西式菜
　　Z 菜肴

沙拉酱
salad dressing
TS264
　　D 色拉酱
　　S 风味酱
　　C 色拉油
　　Z 酱

沙拉油
salad oil
TS213；TS225
　　S 食用油
　　Z 粮油食品

沙盘模型
sand table model
TS95
　　S 物理模型*

沙司
sauce
TS264
　　D 少司
　　S 风味酱
　　Z 酱

沙滩裤
　　Y 裤装

沙滩排球服
beach volleyball sportswear
TS941.7
　　S 运动服装
　　Z 服装

沙田柚皮
citrus grandis peel
TS255
　　S 柚皮
　　Z 水果果皮

沙耶
　　Y 打击乐器

杉木
Chinese fir
TS62
　　S 天然木材
　　F 人工林杉木
　　　杉木间伐材
　　　速生杉木
　　Z 木材

杉木积成材
fir orient strand lumber
TS62
　　S 积成材
　　Z 木材

杉木间伐材
Chinese fir thinning wood
TS62
　　D 间伐材
　　S 杉木
　　Z 木材

杉木绒毛浆
Chinese fir fluff pulp
TS749.1
　　S 木浆
　　　绒毛浆
　　Z 浆液

杉木小径材
Chinese fir submarginal log
TS62
　　S 小径材
　　Z 木材

纱
　　Y 纱线

纱衬带
yarn lining belts
TS941.498.
　　S 绳带
　　Z 服装附件

纱疵
yarn faults
TS101.97
　　D 成纱疵点
　　　黄白纱
　　　千米纱疵数
　　　纱疵率
　　S 纱线疵点
　　F 常发性纱疵
　　　粗细节
　　　铝灰纱
　　　煤灰纱
　　　偶发性纱疵
　　　弱捻纱
　　　突发性纱疵
　　Z 纺织品缺陷

纱疵分级试验仪
　　Y 纱疵仪

纱疵分级仪
　　Y 纱疵仪

纱疵率
　　Y 纱疵

纱疵仪
yarn faults instrument
TS103
　　D 纱疵分级试验仪
　　　纱疵分级仪
　　S 纱线测试仪
　　Z 仪器仪表

纱锭
　　Y 锭子

纱管
flyer bobbins
TS103.82
　　D 粗纱管

经纱管
木纱管
塑料纱管
网眼纱管
纬纱管
细纱管
S 纺织器材*

纱架
creel
TS103.11
S 纺纱机构
Z 纺织机构

纱卡
khaki drills
TS106.8
S 卡其织物
Z 机织物

纱罗
Y 纱罗织物

纱罗网孔经编织物
Y 经编网眼织物

纱罗织物
leno
TS106.8
D 纱罗
S 轻薄织物
F 花式纱罗
Z 织物

纱罗组织
leno weave
TS105；TS18
D 半纱罗组织
S 织物变化组织
Z 材料组织

纱条
sliver
TS101；TS104
S 纺纱半成品
F 棉卷
C 纱条均匀度
纱线
Z 产品

纱条不匀
yarn unevenness
TS101.97
S 纱线不匀
Z 纺织品缺陷

纱条均匀度
yarn uniformity
TS101.921
D 纱条重量不匀率
S 纱线均匀度
F 棉条均匀度
C 纱条
Z 纺织品性能
均匀性
指标

纱条条干
Y 成纱条干

纱条质量
yarn quality
TS107.3
S 纺线半成品质量
Z 产品质量

纱条重量不匀率
Y 纱条均匀度

纱线*
yarn
TS106.4
D AB 纱
S 捻纱
反手纱
纺织纱线
废纺纱
喷射纱
起绒纱
牵切纱
弱拈纱
纱
顺手纱
纬管纱
涡流纱
纡子
F 包缠纱
包芯纱
变形纱
玻璃纱
超细特纱
纯纺纱
粗纱
粗梳纱
单纱
弹力纱
低捻纱
地毯纱
短纤纱
弗莱特纱
复合纱
高支纱
管纱
花式纱线
环锭纱
混纺纱线
机织纱
集聚纺纱线
绞纱
精梳纱线
绢纺纱
空芯纱
螺旋纱
麻纱线
毛纱
棉纱线
喷气纱
强捻纱
绒线
赛络菲尔纱
赛络纱
色纱
特种纱线
筒子纱
无结纱
无捻纱
细纱
新型纱线
原纱
针织纱
竹节纱
竹原纤维纱线
转杯纱
阻水纱
C 纺织材料
纺织品
纺织纤维
服装
交叉角 →(12)
金属丝 →(3)
卷装硬度 →(9)
纱条
纱线均匀度
纱线线密度
纤维
线 →(1)(2)(4)(5)(6)(7)(8)(11)(12)
织物
装饰线

纱线不匀
yarn unevenness
TS101.97
S 纱线疵点
F 捻度不匀
纱条不匀
条干不匀
C 不匀率
Z 纺织品缺陷

纱线测试仪
tester of yarns
TS103
D 纱线测试仪器
S 纺织检测仪器
F 均匀度仪
毛羽测试仪
纱疵仪
纱线拉伸仪
纱线强力仪
纤维强伸仪
Z 仪器仪表

纱线测试仪器
Y 纱线测试仪

纱线长度
yarn length
TS105；TS184
S 织造工艺参数*
F 浮长
圈长

纱线疵点
yarn faults
TS101.97
D 络筒疵点
筒子疵点
S 纺织品缺陷*
F 弱环
纱疵
纱线不匀
纱线毛羽
C 织物疵点

纱线动态张力

warp dynamic tension
TS104
　D 经纱动态张力
　　纬纱动态张力
　S 动态张力
　　纱线张力
　Z 张力

纱线黑板
　Y 黑板条干

纱线滑移
yarn slippage
TS101；TS104
　C 纺纱工艺

纱线结构
yarn structure
TS104
　D 成纱结构
　S 材料结构*
　C 纺纱工艺
　　纱线性能

纱线卷绕
yarn winding
TS104.2
　S 卷绕*
　C 纺纱工艺

纱线均匀度
yarn evenness
TS101.921
　D 条干均匀度
　S 均匀性*
　　纱线条干
　　纱线性能
　F 纱条均匀度
　　生丝匀度
　C 并合
　　纱线
　Z 纺织品性能
　　指标

纱线均匀度仪
　Y 均匀度仪

纱线拉伸试验仪
　Y 纱线拉伸仪

纱线拉伸仪
yarn tensile strength tester
TS103
　D 纱线拉伸试验仪
　S 纱线测试仪
　Z 仪器仪表

纱线毛羽
yarn hairiness
TS101.97
　D 成纱毛羽
　　毛羽
　S 纱线疵点
　F 加捻毛羽
　C 纺纱三角区
　　起毛起球性
　Z 纺织品缺陷

纱线密度
　Y 纱线线密度

纱线捻度
yarn twist
TS107
　D 捻度
　　捻伸
　　捻缩
　S 服装材料物理指标
　F 单纱捻度
　　附加捻度
　　股线捻度
　　临界捻度
　　强捻
　C 加捻工艺
　　捻度分布
　　捻系数
　　捻向
　Z 指标

纱线品质
　Y 纱线质量

纱线强度
　Y 纱线强力

纱线强力
yarn strength
TS107
　D 成纱强度
　　成纱强力
　　绞纱断裂强度
　　缕纱强力
　　纱线强度
　　原纱强力
　S 强力*
　F 单纱强力
　　浆纱强力

纱线强力仪
yarn strength tester
TS103
　S 纱线测试仪
　Z 仪器仪表

纱线染色
yarn-dyed
TS193
　S 纺织品染色
　F 绞纱染色
　　经纱染色
　　筒子染色
　Z 染色工艺

纱线烧毛机
　Y 烧毛机

纱线速度
yarn speed
TS10
　D 络纱速度
　　络筒速度
　S 速度*
　C 纺纱速度

纱线特数
yarn count
TS101.921
　D Tex 数
　　特克斯制
　　特数

　　特数制
　S 纱线细度
　C 纤度
　　支数
　Z 细度
　　指标

纱线特性
　Y 纱线性能

纱线条干
yarn-evenness
TS107
　S 服装材料物理指标
　F 成纱条干
　　纱线均匀度
　Z 指标

纱线细度
yarn fineness
TS101.921
　S 服装材料物理指标
　　细度*
　F 纱线特数
　C 成纱质量
　　纤维细度
　Z 指标

纱线细度指标
　Y 纱线线密度

纱线线密度
yarn density
TS107
　D 纱线密度
　　纱线细度指标
　S 线密度
　C 纱线
　Z 密度

纱线型缝编
　Y 缝编法

纱线型缝编法
　Y 缝编法

纱线性能
yarn properties
TS101.921
　D 纺纱特性
　　纱线特性
　　纱线性质
　S 纺织品性能*
　F 纱线均匀度
　C 不匀率
　　纺纱
　　纱线结构

纱线性质
　Y 纱线性能

纱线印花
　Y 纺织品印花

纱线张力
yarn tension
TS104
　D 纺纱张力
　　给纱张力
　　纱张力

丝线张力
喂纱张力
S 张力*
F 粗纱张力
浆纱张力
经纱张力
络纱张力
纱线动态张力
纬纱张力
芯纱张力
C 纺丝 →(9)

纱线支数
Y 支数

纱线直径
yarn diameter
TS104
S 直径*

纱线质量
yarn quality
TS107.2
D 纱线品质
纱质量
S 纺织品质量
F 毛纱质量
棉纱质量
筒纱质量
纬纱质量
原纱质量
Z 产品质量

纱绽
Y 锭子

纱张力
Y 纱线张力

纱支
Y 支数

纱质量
Y 纱线质量

刹车灯
stop light
TM92；TS956
D 高位制动灯
停车灯
制动灯
S 车尾灯
Z 灯

砂带跑偏
sand belt deviation
TS64
S 故障*

砂袋
sandbag
TS106.6
D 大砂袋
砂土模袋
S 土工模袋
Z 纺织品

砂光机
sander
TS64；TS914

D 带式砂光机
辊式砂光机
滚筒式砂光机
盘式砂光机
平面砂光机
四头宽带砂光机
圆盘式砂光机
S 轻工机械*
F 宽带砂光机
木工宽带砂光机

砂辊
emery roll
TH13；TS212
S 辊*

砂辊碾米机
emery roll rice polisher
TS212.3
D 速度型碾米机
研削式碾米机
S 碾米机
Z 食品加工机械

砂锅
marmite
TS972.21
S 锅
Z 厨具

砂轮机
grinders
TG5；TS64
D 气动砂轮机
悬挂式砂轮机
S 磨削设备*
C 砂轮 →(3)

砂轮锯
Y 锯

砂磨
sand milling
TS19
S 磨*

砂目
Y 砂眼

砂糖
sand sugar
TS245
S 食糖
Z 糖制品

砂土模袋
Y 砂袋

砂洗
sand washing
TS195
D 砂洗加工
砂洗整理
S 清洗*

砂洗加工
Y 砂洗

砂洗整理
Y 砂洗

砂洗织物
Y 织物

砂箱造型
Y 造型

砂眼
blowhole
TG2；TS82
D 砂目
S 制造缺陷*

鲨鱼皮
sharkskin
S；TS564
S 鱼皮
Z 动物皮毛

鲨鱼肉
shark meat
TS254.5
S 鱼肉
Z 肉
水产品

啥味呢
twill coating
TS136
S 精纺呢绒
Z 织物

筛*
sifter
TD4；TS210
D 吊悬筛
六角筛
旋回筛
F 缝筛
麸粉筛
高方筛
米筛
清理筛
纤维分级筛
压力筛
C 颗粒
筛分机 →(2)(11)

筛分*
screening
TD9
D 粒度试验
筛分法
筛分方法
筛分分级
筛分工艺
筛分过程
筛分技术
筛分结果
筛分析
筛析法
F 纤维筛分
C 分选
粉末处理 →(3)
干法选煤 →(2)
垃圾分类 →(11)(13)
煤尘污染 →(2)(13)
筛分机 →(2)(11)
筛面倾角 →(2)
外在水分 →(2)

筛分法
　Y 筛分

筛分方法
　Y 筛分

筛分分级
　Y 筛分

筛分工艺
　Y 筛分

筛分过程
　Y 筛分

筛分技术
　Y 筛分

筛分结果
　Y 筛分

筛分析
　Y 筛分

筛分系统
screening system
TD4；TS7
　D 筛选系统
　S 矿山系统*

筛缝
screen cut
TS210.3
　S 装置结构*

筛格
sieve mesh
TS210.3
　S 装置结构*

筛鼓
screen cylinder
TS73
　S 装置结构*

筛茧机
　Y 蚕茧初加工机械

筛浆机
pulp screen
TS733.4
　S 制浆设备*
　F 离心筛浆机

筛孔
mesh
TD4；TS210
　D 关键筛孔
　S 孔洞*
　C 筛面　→(5)
　　通过率　→(13)

筛路
sifting scheme
TS210.3
　S 装置结构*

筛外分级
classifying outside screen
TS211
　S 食品分级
　Z 分级

筛网花筒
　Y 筛网印花

筛网花纹版
　Y 筛网印花

筛网类纺织品
　Y 纺织品

筛网印花
screen printing
TS194.41
　D 绢网印花
　　筛网花筒
　　筛网花纹版
　S 机械印花
　F 平网印花
　　圆网印花
　C 筛网印花机
　Z 印花

筛网印花机
screen printing machines
TS194.3
　D 筛网印花框机
　　台式印花机
　　印花台板
　S 印花机
　F 平网印花机
　　丝网印花机
　　圆网印花机
　C 筛网印花
　Z 印染设备

筛网印花框机
　Y 筛网印花机

筛网制版
　Y 丝网制版

筛析法
　Y 筛分

筛选*
screening
ZT5
　D 筛选(致畸剂)
　F 封闭筛选
　C 耐高温酵母
　　评价因子　→(11)(13)

筛选(致畸剂)
　Y 筛选

筛选系统
　Y 筛分系统

晒版
　Y 地图制版

晒版机
plate copying apparatus
TS803.1
　S 印前设备
　Z 印刷机械

晒版质量
printing down quality
TS77
　S 印刷质量
　Z 工艺质量

晒红烟
　Y 烟叶晒制

晒后护理
after-sun care
TS974.1
　S 皮肤护理
　Z 护理

晒黄烟
　Y 烟叶晒制

晒青
sun drying
TS272.4
　S 杀青
　Z 茶叶加工

晒青毛茶
pu-erh crude tea
TS272.59
　S 毛茶
　Z 茶

晒熟
　Y 水产品加工

晒图灯
copying lamp
TM92；TS956
　S 灯*

晒图纸
blueprint paper
TS761.1
　S 文化用纸
　Z 办公用品
　　纸张

晒烟
　Y 烟叶晒制

晒盐
　Y 日晒盐

晒盐场
　Y 盐场

山苍籽油
　Y 山苍子油

山苍子核仁油
　Y 山苍子油

山苍子精油
　Y 山苍子油

山苍子油
cubeba oil
TS225.3；TS264
　D 山苍籽油
　　山苍子核仁油
　　山苍子精油
　S 调味油
　Z 粮油食品

山茶油
　Y 茶籽油

山东菜
　Y 黔菜

山东菜肴
Y 黔菜

山东风味家常菜
Y 黔菜

山核
Y 山核桃

山核桃
carya cathayensis
S；TS255.2
D 山核
山蟹
小核桃
S 核桃
Z 坚果

山核桃木
Y 硬杂木

山核桃仁
Y 核桃仁

山核桃外果皮
pecan epicarp
TS255
S 水果果皮*

山核桃油
Y 核桃油

山里红
Y 山楂

山毛榉
beech
TS62
S 硬杂木
Z 木材

山葡萄醋
Y 葡萄醋

山葡萄酒
wild grape wine
TS262.61
D 野生山葡萄酒
S 葡萄酒*

山葡萄皮
amur grape skin
TS255
S 葡萄皮
Z 水果果皮

山葡萄籽油
Y 葡萄籽油

山薯
Y 山药

山西陈醋
Y 老陈醋

山西醋
Y 老陈醋

山西大枣
Y 大枣

山西老陈醋
Y 老陈醋

山蟹
Y 山核桃

山羊板皮
Y 山羊皮

山羊打光鞋面革
glazed goatskin shoe upper leather
TS563.2；TS943.4
S 山羊鞋面革
Z 鞋材

山羊服装革
goat garment leather
TS563.1；TS941.46
S 服装革
Z 面料
皮革

山羊毛
goat hair
TS102.31
S 羊毛
F 马海毛
山羊绒
Z 天然纤维

山羊奶
Y 羊奶

山羊皮
goat skin
S；TS564
D 山羊板皮
S 羊皮
F 澳洲山羊皮
华北路山羊皮
济宁路山羊皮
云贵路山羊皮
C 绵羊皮
Z 动物皮毛

山羊绒
goat cashmere
TS102.31
D 安哥拉绒
开司米
山羊绒纤维
山羊原绒
S 山羊毛
羊绒
C 绵羊毛
Z 天然纤维

山羊绒纤维
Y 山羊绒

山羊绒针织物
Y 羊绒针织物

山羊绒制品
Y 羊绒制品

山羊肉
goat meat
TS251.53
S 羊肉
Z 肉

山羊鞋面革

goat upper leather
TS563.2；TS943.4
S 鞋面革
F 山羊打光鞋面革
Z 鞋材

山羊原绒
Y 山羊绒

山药
yam
S；TS255.2
D 山薯
薯蓣
S 蔬菜
F 怀山药
Z 果蔬

山药淀粉
yam starch
TS235.5
S 植物淀粉
Z 淀粉

山药多糖
Chinese yam polysaccharides
Q5；TS24
S 碳水化合物*

山药酸奶
yam yogurt
TS252.54
S 酸奶
Z 发酵产品
乳制品

山野菜
mountain wild vegetable
TS255.2
S 蔬菜
Z 果蔬

山野茶
Y 茶

山芋
Y 红薯

山楂
hawthorn
TS255.2
D 红果
蔷薇科
山里红
山楂树
S 水果
C 干酵母 →(9)
苹果
山楂汁
Z 果蔬

山楂茶
hawthorn tea
TS27
D 山楂果茶
S 果茶
Z 茶

山楂醋
hawthorn vinegar

TS264；TS27
D 山楂果醋
　山楂果维醋
S 果醋
Z 饮料

山楂蜂花粉
hawthorn bee pollen
TS255.4
S 果粉
Z 食用粉

山楂干酒
hawthorn dry wine
TS262.7
S 山楂果酒
Z 酒

山楂果茶
Y 山楂茶

山楂果醋
Y 山楂醋

山楂果胶
howthorn pectin
TS20
S 胶*

山楂果酒
haw wine
TS262.7
D 山楂酒
S 果酒
F 山楂干酒
Z 酒

山楂果维醋
Y 山楂醋

山楂酱
Y 果酱

山楂酒
Y 山楂果酒

山楂树
Y 山楂

山楂汁
haw juice
TS255
S 果汁
C 山楂
Z 果蔬制品
　汁液

山楂汁饮料
Y 果蔬饮料

山茱萸保健酒
dogwood health wine
TS262
S 保健药酒
Z 酒

山竹果皮
garcinia mangostana l pericarp
TS255
S 水果果皮*

闪灯
Y 闪光灯

闪电计数器
Y 计数器

闪纺成网非织造布
Y 非织造布

闪纺纤网
Y 纤维网

闪光灯
flashlight
TM92；TS956
D 闪灯
　闪光管
S 灯*
F 低压闪光灯
　电子闪光灯
　频闪灯
　氙闪光灯

闪光管
Y 闪光灯

闪光麻织物
sparkling hemp fabrics
TS126
S 麻织物
　闪光织物
Z 织物

闪光欧泊
Y 欧泊

闪光效果
flash effect
TS941.1
S 效果*

闪光织物
sparkling fabric
TS106.8
D 闪色织物
S 织物*
F 闪光麻织物

闪金立绒
Y 立绒织物

闪色染色
Y 染色工艺

闪色织物
Y 闪光织物

闪蒸脱气
flash degassing
TS205
S 脱除*

陕西大枣
Y 大枣

扇贝
scallop
TS254.2
S 海鲜产品
Z 水产品

扇面琴

Y 弦乐器

扇子*
fan
TS959.5
F 羽毛扇
　折扇

善酿酒
superior ripe wine
TS262.4
S 黄酒
Z 酒

膳食补充剂
dietary supplements
TS201
S 食品强化剂
Z 增效剂

膳食纤维
dietary fiber
TS201
D 膳食纤维粉
　膳食纤维溶液
　膳食纤维素
　食物纤维
　食用纤维
　纤维食品
S 植物纤维
F 高活性膳食纤维
　可溶性膳食纤维
　麦麸膳食纤维
　水不溶性膳食纤维
　燕麦膳食纤维
　玉米膳食纤维
　蔗渣膳食纤维
C 膳食纤维饮料
　植物性食品
Z 天然纤维

膳食纤维粉
Y 膳食纤维

膳食纤维溶液
Y 膳食纤维

膳食纤维素
Y 膳食纤维

膳食纤维饮料
diet fibre beverage
TS275.5
S 果蔬饮料
C 膳食纤维
Z 饮料

伤损
Y 损伤

商标印刷
trade mark printing
TS87
S 标签印刷
F 不干胶商标印刷
Z 印刷

商标印刷机
Y 标签印刷机

商标用纸
  Y 商标纸

商标纸
label paper
TS761.4
  D 商标用纸
    商业商标纸
  S 商业用纸
  Z 纸张

商品浆
market pulp
TS74
  S 浆液*

商品木浆
commercial wood pulp
TS749.1
  S 木浆
  Z 浆液

商品条码印刷
commodity bar code printing
TS87
  S 条形码印刷
  Z 印刷

商务休闲男装
  Y 男装

商业表格印刷机
business forms printing press
TS803.6
  D 商用表格印刷机
  S 印刷机
  Z 印刷机械

商业回潮率
  Y 回潮率

商业卡片
  Y 名片

商业轮转印刷
commercial web printing
TS87
  S 轮转印刷
  Z 印刷

商业轮转印刷机
business web printing machines
TS803.6
  S 轮转印刷机
  Z 印刷机械

商业票据印刷
commercial note printing
TS87
  S 票据印刷
  Z 印刷

商业票据印刷设备
  Y 票据印刷设备

商业商标纸
  Y 商标纸

商业印刷
  Y 印刷

商业用纸
business paper
TS761.4
  S 纸张*
  F 商标纸

商用表格印刷机
  Y 商业表格印刷机

商用厨具
commercial kitchen
TS972.26
  S 厨具*

商用大豆分离蛋白
commercial soybean protein isolate
Q5；TS201.21
  S 大豆分离蛋白
  Z 蛋白质

赏石
  Y 观赏石

上光
glaze
TS195.5
  D 上光方式
    上光工艺
    上光技术
  S 生产工艺*
  F 联机上光
    紫外线上光
  C 皮革整理
    印刷工艺

上光方式
  Y 上光

上光工艺
  Y 上光

上光机
glazing machine
TS803.9
  S 印刷机械*

上光技术
  Y 上光

上光涂料
glazing coatings
TS88
  S 涂料*

上光油
oil polish
TS802.3
  D 光油
  S 印刷材料*
  F UV 上光油
    水性上光油

上光质量
glazing quality
TS77
  S 印刷质量
  Z 工艺质量

上海枫泾特加饭酒
  Y 加饭酒

上机编织工艺
  Y 编织

上机调试
working on computer debugging
TS105
  S 调试*

上机工艺
  Y 布机织造

上机张力
setting tension
TS105
  S 机织工艺参数
  Z 织造工艺参数

上机织造
  Y 布机织造

上铗装置
  Y 染整机械机构

上浆
  Y 上浆工艺

上浆工艺
dressing
TS105；TS75
  D 单丝上浆
    上浆
    上浆实践
    上浆新工艺
    上浆整理
    拖浆
    轧浆
    重浆
  S 前织工艺
  F 调浆
    纺织上浆
    高压上浆
    浆纱工艺
    双浸双压上浆
    预湿上浆
  C 纺织
    浆料配方
    浆膜
    经纱
    上浆率
    造纸
  Z 织造工艺

上浆辊
sizing roller
TS103.81；TS103.82
  S 织造器材*

上浆机理
  Y 上浆性能

上浆剂
sizing agent
TS195.2
  S 整理剂*
  C 退浆剂

上浆率
percentage size pickup
TS105
  S 比率*

C 浆纱工艺
　　上浆工艺
　　上浆性能

上浆配方
　Y 浆料配方

上浆实践
　Y 上浆工艺

上浆系统
sizing system
TS734.8；TS75
　S 造纸机械*

上浆效果
　Y 浆纱效果

上浆新工艺
　Y 上浆工艺

上浆性能
sizing properties
TS105
　D 上浆机理
　S 工艺性能*
　C 浆料性能
　　上浆率

上浆整理
　Y 上浆工艺

上浆质量
sizing quality
TS101.9
　S 浆纱质量
　Z 纺织加工质量

上胶
sizing treatment
TS8
　S 生产工艺*

上胶机
size machine
TS88
　S 电子设备*
　C 印制电路板工艺 →(7)

上胶剂
　Y 施胶剂

上胶绝缘纸
　Y 绝缘纸

上胶量
gluing quantity
TS65
　S 数量*

上胶圈
apron
TS103.82
　S 纺纱胶圈
　Z 纺纱器材

上罗拉
upper-rollers
TS103.82
　S 罗拉
　Z 纺织器材

上钳板
　Y 钳板

上染
　Y 上染性能

上染百分率
　Y 上染率

上染度
　Y 上染率

上染固着率
　Y 上染率

上染力
　Y 上染性能

上染率
dyeing rate
TS193
　D 得色率
　　染色速率
　　上染百分率
　　上染度
　　上染固着率
　　上染速度
　　上染速率
　　上色百分率
　　上色率
　S 比率*
　C 染色饱和值
　　染色工艺
　　上染性能
　　酸性可染腈纶

上染平衡
dyeing balance
TS19
　S 平衡*
　C 染色工艺

上染曲线
exhaustion curves
TS19
　D 上染速率曲线
　S 曲线*

上染速度
　Y 上染率

上染速率
　Y 上染率

上染速率曲线
　Y 上染曲线

上染性能
dyeing performance
TS193
　D 竭染率
　　竞染现象
　　竞染效应
　　上染
　　上染力
　S 染色性能*
　F 直接上染性
　C 上染率

上色
　Y 着色

上色百分率
　Y 上染率

上色率
　Y 上染率

上升(温度)
　Y 温升

上投梭机构
top picking mechanism
TS103.12
　S 投梭机构
　Z 纺织机构

上下料机构
　Y 上下料装置

上下料装置*
loader and unloader
TG5
　D 进出料装置
　　上下料机构
　　装出料机
　　装卸料机构
　　装卸料设备
　　自动上下料
　F 供丝系统
　C 机械装置 →(2)(3)(4)(12)
　　加工设备
　　加料 →(9)
　　设备
　　运输设备 →(2)(4)(12)
　　装卸机械 →(2)(3)(4)(12)

上销
top cradles
TS103.82
　S 皮圈销
　F 金属上销
　　尼龙上销
　　碳纤上销
　Z 纺织器材

上衣
　Y 上装

上衣结构
bodice structure
TS941.61
　S 服装结构*
　F 肩型
　　下摆
　　衣袖结构

上油率
oil pickup
TS102
　S 比率*

上肢防护用品
　Y 个人防护用品

上装
coat
TS941.7
　D 上衣
　S 服装*

绱明门襟

Shang Ming front fly
TS941.4
S 衣襟
Z 服装附件

绡袖机
Y 服装机械

烧饼
baked sesame-seed cake
TS972.132
S 饼
Z 主食

烧鸡
roast chicken
TS251.55；TS251.67
D 百乐烧鸡
百香烧鸡
S 鸡类菜肴
鸡肉制品
烧烤肉制品
Z 菜肴
肉制品

烧碱法
caustic soda method
TS74
S 方法*

烧碱法制浆
soda pulping
TS10；TS743
S 碱法制浆
F 烧碱-双氧水制浆
Z 制浆

烧碱固着
caustic fixation
TS19
S 固色
Z 色彩工艺

烧碱-双氧水制浆
soda-hydrogen peroxide pulping
TS10；TS743
D NaOH-H₂O₂制浆
S 烧碱法制浆
Z 制浆

烧酒
Y 白酒

烧烤
barbecue
TS972.1
D 烧烤工艺
烧烤技术
S 烘烤*

烧烤工艺
Y 烧烤

烧烤技术
Y 烧烤

烧烤肉制品
BBQ meat
TS251
S 熟肉制品

F 烤鸡
烤肉
烤鸭
烧鸡
Z 肉制品

烧烤鱼片
Y 烤鱼片

烧毛
singeing
TS192
D 板式烧毛
火焰烧毛
接触式烧毛
气体烧毛
双烧毛
铜板烧毛
圆筒烧毛
S 毛纤维初加工
C 烧毛机
Z 纺织加工

烧毛机
singer
TS190.4
D 火焰烧毛机
气体烧毛机
纱线烧毛机
烧毛联合机
铜板烧毛机
S 染整机械*
C 烧毛

烧毛联合机
Y 烧毛机

烧毛土工布
singeing geotextile
TS106.6
S 土工织物
Z 纺织品

烧毛质量
singeing quality
TS101.9
S 染整质量
Z 纺织加工质量

烧鸭
roast duck
S；TS251.59
S 鸭子
Z 肉

梢段原木
Y 原木

勺
Y 汤匙

勺子
Y 汤匙

韶子
Y 榴莲

少废料
Y 废料

少铬鞣

less-chrome tanning
TS543
D 少铬鞣制
S 铬鞣
Z 制革工艺

少铬鞣制
Y 少铬鞣

少氯漂白
less chlorine bleaching
TS192.5
S 漂白*

少无废料
Y 废料

少男服装
Y 男装

少女服装
Y 少女装

少女文胸
girls bra
TS941.7
S 少女装
Z 服装

少女装
dirndl
TS941.7
D 少女服装
S 女装
F 少女文胸
Z 服装

少司
Y 沙司

绍兴菜
Shaoxing cuisines
TS972.12
S 浙菜
Z 菜系

绍兴黄酒
Shaoxing yellow rice wine
TS262.4
D 江南黄酒
S 黄酒
Z 酒

绍兴加饭酒
Y 加饭酒

绍兴酒
Shao-Hsing rice wine
TS262.4
S 黄酒
Z 酒

绍兴酸酒
Y 加饭酒

潲水油
hogwash oil
TS22
S 餐饮废油
Z 废液

畲族服饰
Shes clothing
TS941.7
S 民族服饰
C 凤凰装
Z 服饰

蛇皮
snake skin
S；TS564
D 蛇皮革
S 爬行动物皮
Z 动物皮毛

蛇皮革
Y 蛇皮

蛇肉
snake meat
TS251.59
S 肉*

设备*
apparatus
TH
D 常规设备
常规装备
复杂装备
高科技装备
技术装备
结构设备
器材装备
设备分级
设备分类
设备类型
设备器材
设备仪器
使用设备
系列设备
系统装备
现代装备
新技术装备
选用设备
装备
装备现况
装备现状
F 办公设备
裁剪设备
放大机
混合机
冷藏设备
照明设备
制粉设备
制条机
C 采油设备 →(2)
电气设备 →(2)(3)(4)(5)(6)(8)(9)(11)(12)
辅具
环保设备 →(13)
环境监测设备 →(1)(2)(4)(6)(8)(9)(13)
机械
加工设备
检测设备 →(1)(4)(6)(8)(12)(13)
能源设备 →(3)(4)(5)(8)(12)
上下料装置
设备工艺 →(1)
设备基础 →(11)
设备接地 →(11)
视听设备
试验设备
水下设备 →(1)(4)(7)(8)(11)(12)
医疗设备 →(1)(4)(8)
支架 →(1)(2)(4)(5)(9)(11)(12)
装置

设备分级
Y 设备

设备分类
Y 设备

设备结构
Y 装置结构

设备结构特点
Y 装置结构

设备类型
Y 设备

设备器材
Y 设备

设备特性文件
equipment characteristic file
TS8
S 文件*

设备仪器
Y 设备

设备运行*
equipment operation
TH11；TH17
D 机器运行
机械运行
机械运转
设备运转
装置运行
F 纸机运行
C 运行 →(1)(2)(4)(5)(6)(8)(11)(12)(13)

设备运转
Y 设备运行

设备振动*
equipment vibration
O3；TH17
D 机器振动
机械振动
机械震动
F 织机振动
C 振动 →(1)(2)(3)(4)(6)(11)(12)

设备装置
Y 装置

设计*
design
TB2；TH12；TS941.2
D 变异设计
动态设计方法
简易设计法
解析设计法
纳米级设计
设计处理
设计法
设计法则
设计方法
设计方法论
设计方法学
设计分类
设计感
设计关键
设计过程
设计环节
设计计算方法
设计技法
设计技术
设计技术方法
设计阶段
设计进程
设计进展
设计实践
设计实现
设计手段
设计手法
设计说明
设计探讨
设计体系
设计问题
设计系数法
设计选材
设计学
设计研发
设计要点
设计要领
设计余量
设计知识
特殊设计
先进设计
先进设计技术
现代化设计
现代设计法
现代设计方法
现代设计方法学
现代设计技术
预设计
预先设计
专业化设计
F 定位设计
二次设计
酒体设计
手工设计
图案设计
卫生设计
味觉设计
详细设计
宴席设计
样板设计
游戏设计
C 布置
材料设计 →(1)(3)(4)(6)(11)(12)
产品设计
场地设计 →(2)(4)(5)(6)(8)(11)(12)
车辆设计 →(4)(12)
城市设计 →(1)(11)(12)
程序设计 →(1)(3)(4)(6)(7)(8)
船舶设计 →(12)
电气设计 →(1)(5)(11)
电子设计 →(1)(4)(5)(7)(8)(11)
纺织设计
服饰设计
工程结构设计 →(1)(11)
工程设计

工具设计 →(1)(3)(4)(8)
工业建筑设计 →⑪
工艺模型 →(1)(4)
工艺设计
功能设计 →(1)(4)(8)⑪⑫
管线设计 →⑫
规划设计 →(1)⑪⑫
化工设计 →(1)(4)(9)
环境设计 →(1)(4)⑪⑬
机械设计 →(1)(2)(3)(4)(5)(6)(7)⑪⑫
基础设计 →(1)
计算机辅助设计 →(8)
计算机设计 →(1)(6)(7)(8)
加固设计 →(2)(4)⑪
建筑设计 →(1)(2)(4)(5)(8)⑪⑫
交通设计 →(1)(4)(6)⑪⑫⑬
景观设计 →⑪⑫
矿山设计 →(2)
模具设计 →(3)
桥涵设计 →(8)⑪⑫
三维设计 →(1)(4)(7)(8)⑪
设计规范 →(1)⑪
设计计算 →(4)
设计精度 →(4)
设计系统 →(1)(3)(4)(8)⑫
设计原理 →(1)
市政工程设计 →(1)(2)(5)(7)⑪⑫
试验设计 →(1)(4)(6)
水利工程设计 →⑪
系统设计 →(1)(3)(4)(7)(8)⑪
线路设计 →(2)(5)(7)⑪⑫
性能设计
印刷设计

设计比赛
design competition
TB2；TS93
  D 设计大赛
    设计竞赛
  S 比赛*
  F 首饰设计比赛

设计布局
  Y 布置

设计布置
  Y 布置

设计产品
  Y 产品设计

设计潮流
  Y 时尚

设计处理
  Y 设计

设计打样
  Y 打样

设计大赛
  Y 设计比赛

设计法
  Y 设计

设计法则
  Y 设计

设计方法

设计方法论
  Y 设计

设计方法学
  Y 设计

设计分类
  Y 设计

设计感
  Y 设计

设计关键
  Y 设计

设计过程
  Y 设计

设计环节
  Y 设计

设计计算方法
  Y 设计

设计技法
  Y 设计

设计技术
  Y 设计

设计技术方法
  Y 设计

设计阶段
  Y 设计

设计进程
  Y 设计

设计进展
  Y 设计

设计竞赛
  Y 设计比赛

设计实践
  Y 设计

设计实现
  Y 设计

设计手段
  Y 设计

设计手法
  Y 设计

设计说明
  Y 设计

设计探讨
  Y 设计

设计体系
  Y 设计

设计问题
  Y 设计

设计系数法
  Y 设计

设计选材

设计学
  Y 设计

设计研发
  Y 设计

设计要点
  Y 设计

设计要领
  Y 设计

设计要素
design factor
TS93；TU2
  D 设计因素
    设计元素
  S 要素*

设计因素
  Y 设计要素

设计余量
  Y 设计

设计元素
  Y 设计要素

设计造型
design modeling
J；TS941.2
  S 造型*

设计知识
  Y 设计

设施*
facility
ZT
  D 设施配套
  F 食堂

设施配套
  Y 设施

设置*
setup
ZT5
  D 设置方式
  F 油墨预置

设置方式
  Y 设置

射钉枪
nail gun
TG7；TS914
  S 手工具
  F 电动钉枪
  Z 工具

射流法非织造布
jet nonwoven fabric
TS176.9
  D 射流喷网无纺布
  S 非织造布*
  C 非织造布机械

射流搅拌发酵罐
jet stirring fermenter

TQ92；TS261.3
  S 发酵罐
  Z 发酵设备

射流喷网成布机
  Y 非织造布机械

射流喷网成布机械
  Y 非织造布机械

射流喷网法
  Y 气流成网

射流喷网无纺布
  Y 射流法非织造布

摄影材料*
photographic materials
TB8
  D 照相材料
  F 拷贝片
  C 材料
    光记录材料 →(8)(9)
    声级计 →(1)(4)
    噪点 →(1)
    照明光学系统 →(1)(4)(7)
    准直光学系统 →(1)(4)(7)

摄影灯
photoflood lamp
TM92；TS956
  S 文化艺术用灯
  F 影室灯
    造型灯
  Z 灯

摄影技法
  Y 拍摄技术

摄影技术
  Y 拍摄技术

摄影术
  Y 拍摄技术

摄影眼镜
photographic lenses
TS959.6
  S 眼镜*

麝鼠皮
musquash
S；TS564
  S 鼠皮
  Z 动物皮毛

歙石
  Y 歙砚

歙砚
she inkstone
TS951.28
  D 歙石
  S 松花石砚
  Z 办公用品

麝香
musk
R；TQ65；TS264.3
  D 当门子
  S 动物香料

  F 合成麝香
    佳乐麝香
  Z 香精香料

伸长
  Y 伸长变形

伸长变形
extensional defromation
TB3；TS101
  D 伸长
  S 变形*
  C 抗拉强度 →(1)(3)

伸长度
  Y 伸长量

伸长量
degree of elongation
TS101
  D 伸长度
    相对伸长量
  S 数量*

伸缩剑杆织机
  Y 剑杆织机

伸缩筘
expansion reed
TS103.32
  S 整经机
  Z 织造准备机械

伸展蛋白
extensin
Q5；TQ46；TS201.21
  S 植物蛋白
  Z 蛋白质

伸展机
  Y 制革机械

伸直长度
  Y 纤维平均长度

身躯防护用品
  Y 个人防护用品

身体护理
body care
TS974.1
  S 个人护理
  F SPA 护理
    背部护理
    脚部护理
    腿部护理
  Z 护理

参茸补血酒
ginseng antler blood tonic wine
TS262
  S 保健药酒
  Z 酒

深层发酵
submerged fermentation
TS205.5
  D 深度发酵
  S 食品发酵
  F 液体深层发酵
  Z 发酵

深层护理
deep care
TS974.1
  S 皮肤护理
  Z 护理

深层液体发酵
  Y 液体深层发酵

深度*
depth
TB9；ZT2
  D 当量深度
  F 染色深度
    色彩深度
    弯纱深度
    油墨渗透深度
    针刺深度
  C 高度 →(1)(2)(3)(4)(5)(6)(7)(9)(11)(12)(13)
    焊缝熔深 →(3)
    厚度
    深度测量 →(8)

深度发酵
  Y 深层发酵

深度脱木素
extended delignification
TS74
  S 脱木素
  C 连续蒸煮
  Z 脱除

深海鱼油
deep sea fish oil
TS225.24
  S 鱼油
  Z 油脂

深化设计
  Y 详细设计

深井采卤
deep well mining
TS3
  S 卤水开采
  Z 开采

深孔刀具
deep hole cutting tools
TG7；TS914
  D 深孔加工刀具
  S 孔加工刀具
  Z 刀具

深孔加工刀具
  Y 深孔刀具

深孔镗床
deep hole boring machine
TG5；TS64
  D 深孔钻镗床
  S 钻镗床
  C 深孔钻床 →(3)
  Z 机床

深孔钻镗床
  Y 深孔镗床

深冷分离装置

Y 分离设备

深染性
Y 染深性

深色纺织物
Y 色织物

深色加工
Y 深色染色

深色晾烟
Y 烟叶晾制

深色皮革
dark leather
TS56
S 成品革
Z 皮革

深色染色
deep colour dyeing
TS19
D 深色加工
S 染色工艺*

深色纤维
Y 有色纤维

深色效应
hyperchromic effect
TS193
S 色效应*

深色油墨
Y 油墨

深色织物
Y 色织物

深型吸油烟机
Y 吸油烟机

深衣
ancient robe
TS941.7
D 僧衣
S 传统服装
Z 服装

渗花
bleeding
TS194
D 洇色
S 印花*

渗漏*
seepage
TU5；TV6
D 渗漏缺陷
渗漏问题
渗漏系统
渗漏现象
无渗漏
F 卤水渗漏
C UPVC 排水管 →(1)
防渗 →(2)(11)
刚性防水层 →(1)
漏失压力 →(2)
渗流 →(2)(11)
渗流监测 →(11)

渗漏污染 →(13)
渗透变形 →(11)
泄漏分析 →(2)(9)
泄漏量 →(2)(4)(6)

渗漏缺陷
Y 渗漏

渗漏问题
Y 渗漏

渗漏系统
Y 渗漏

渗漏现象
Y 渗漏

渗糖
sugar infusion
TS244
S 制糖工艺*
F 真空渗糖

渗透*
osmosis
O4；O7
D 非渗透
渗透过程
渗透行为
渗透型
渗透作用
无渗透
F 真空渗透
自由渗透
C 扩散 →(1)(3)(4)(5)(6)(7)(9)(11)
渗流 →(2)(11)
渗滤 →(9)
渗透率 →(2)
渗透试验 →(11)

渗透过程
Y 渗透

渗透剂
penetrant
TG1；TS190.2
D 促渗透剂
催渗剂
增渗剂
S 制剂*
C 精练剂

渗透能力
Y 渗透性能

渗透特性
Y 渗透性能

渗透行为
Y 渗透

渗透型
Y 渗透

渗透性
Y 渗透性能

渗透性能*
permeability
O4；TQ32
D 浸透性

渗透能力
渗透特性
渗透性
F 抗渗水性
木材渗透性
透气性
透水性
油墨渗透
C 渗透率 →(2)
性能

渗透助染剂
penetrant dyeing assistant
TS19
S 促染剂
C 植物染色
Z 助剂

渗透作用
Y 渗透

升华表面
Y 表面

升华干燥设备
Y 干燥设备

升华转移印花
Y 转移印花

升降台式铣床
Y 升降台铣床

升降台铣床
knee type milling machine
TG5；TS64
D 床台式铣床
滑枕升降台铣床
矩形工作台式铣床
立式升降台铣床
升降台式铣床
台式铣床
万能滑枕升降台铣床
万能升降台铣床
万能升降台铣床
卧式滑枕升降台铣床
卧式升降台铣床
圆工作台式铣床
转塔升降台铣床
S 机床*
F 立式铣床
卧式铣床
C 万能铣床

升降桌
lifting tables
TS66；TU2
S 桌子
Z 家具

升温
Y 温升

生茶
fresh tea
TS272.59
D 鲜茶
S 原料茶
Z 茶

组合生产线
作业线
F 板材生产线
纺织生产线
配料生产线
食品生产线
印染生产线
造纸生产线
制粉生产线
制丝生产线
C 化工生产线 →(4)(9)
生产自动化 →(8)

生产线设备
Y 加工设备

生产新工艺
Y 生产工艺

生产新技术
Y 生产工艺

生产纸样
Y 纸样

生产制备
Y 制备

生产质量
Y 工艺质量

生产装备
Y 加工设备

生产装置
Y 加工设备

生产作业线
Y 生产线

生成器
Y 发生器

生抽
thin soy
TS264.21
S 酱油*

生抽酱油
Y 酱油

生淀粉
raw starch
TS235
S 淀粉*

生粉蒸
Y 蒸制

生干
Y 水产品加工

生光蒸
Y 蒸制

生蚝
Y 牡蛎

生滑蒸
Y 蒸制

生化保鲜剂
Y 生物保鲜剂

生化变化
biochemical changes
TS207
S 变化*

生化法制浆
Y 生物化学制浆

生化防护服
biochemical protective clothing
TJ9；TS941.731
S 特种防护服
F 防核生化服
化学防护服
Z 安全防护用品
服装

生黄酒
raw rice wine
TS262.4
S 黄酒
Z 酒

生黄麻
Y 黄麻纤维

生活理念*
living idea
TS97
F 饮食理念

生活卫生用纸
Y 卫生纸

生活用革
leather for daily life
TS563
S 皮革*
F 地板革
家具革
凉席革
沙发革

生活用具
Y 生活用品

生活用品*
commodity
TS97
D 窗式晒衣机
家庭日用品
家庭物品
家庭用品
家用产品
家用物品
快速磨刀器
晾衣架
马桶圈
马桶刷
普通保温瓶
寝用品
日常用品
日用产品
日用品
生活用具
F 开瓶器
清洁用具
清洁用品
C 炊具

瓷制品
伞
五金件

生活用纸
household paper
TS761.6
D 杯垫纸
日常生活用纸
纸抹布
S 纸张*
F 餐巾纸
卷筒纸
卫生纸
C 纸尿裤

生活用纸企业
domestic paper enterprise
TS78
S 造纸企业
Z 企业

生鸡蛋
Y 鸡蛋

生姜
ginger
TS255.5；TS264.3
D 姜片
S 天然香辛料
C 姜辣素
生姜提取物
生姜油
Z 调味品

生姜粉
ginger powder
TS255.5
D 姜粉
S 蔬菜粉
Z 食用粉

生姜精油
Y 生姜油

生姜净油
Y 生姜油

生姜提取物
ginger extract
TS255.1
S 天然食品提取物
C 生姜
Z 提取物

生姜油
ginger oil
TS225.3；TS264
D 姜精油
姜油
生姜精油
生姜净油
S 调味油
F 姜黄油
C 姜辣素
姜油树脂
生姜
Z 粮油食品

生姜油树脂

ginger oleoresin
TQ65；TS264
　　S 油树脂
　　Z 提取物

生酱油
raw soy sauce
TS264.21
　　S 酱油*

生理保健功能
physiological health functions
TS218
　　S 保健功能
　　Z 功能
　　　生物特征

生理舒适性
physiological comfort
TS941.17
　　S 生物特征*
　　　舒适性
　　Z 适性

生理学评价
physiology evaluation
TS941.1
　　S 评价*

生料发酵
uncooked materials fermentation
TQ92；TS205
　　S 发酵*

生料酒
raw cooking wine
TS262
　　S 酒*

生料酒曲
uncooked starchy materials
TS26
　　S 酒曲
　　Z 曲

生料酿酒
uncooked material wine
TS261.4
　　S 酿酒工艺*

生料曲
raw material koji
TS26
　　S 酒曲
　　Z 曲

生料糖化
　　Y 糖化

生料细度
　　Y 细度

生料制醋
vinegar production with raw ingredient
TS26
　　S 酿醋
　　Z 酿造

生料制曲
raw koji
TS26

　　S 制曲*

生麻
　　Y 麻纤维

生麦曲
raw wheat koji
TS26
　　S 麦曲
　　Z 曲

生米
　　Y 糙米

生奶
　　Y 鲜奶

生奶质量
quality of raw milk
TS252.7
　　S 乳品质量
　　Z 食品质量

生牛奶
　　Y 鲜奶

生牛皮
greenhide
S；TS564
　　S 牛皮
　　　生皮
　　Z 动物皮毛

生牛乳
　　Y 鲜奶

生皮
raw hide
S；TS564
　　D 原皮
　　S 动物皮
　　F 生牛皮
　　　生兔皮
　　C 制革工艺
　　Z 动物皮毛

生皮浸水
rawhide soaking
TS54
　　S 浸渍*

生啤
　　Y 生啤酒

生啤酒
draught beer
TS262.59
　　D 纯生啤酒
　　　生啤
　　　生鲜啤酒
　　　鲜啤酒
　　　扎啤
　　S 啤酒
　　Z 酒

生氰糖苷
cyanogenic glycosides
TS24
　　S 糖苷*
　　C 亚麻籽

生肉
uncooked meat
TS251.59
　　S 肉*

生肉制品
　　Y 肉制品

生乳
　　Y 鲜奶

生色
　　Y 着色

生丝
raw silk
TS102.33
　　D 厂丝
　　S 真丝纤维*
　　F 白厂丝
　　　出口生丝
　　　脆弱生丝
　　　交络膨松生丝
　　　立缫生丝
　　　筒装生丝
　　C 蚕丝
　　　蚕丝标准

生丝标准
　　Y 蚕丝标准

生丝疵点
　　Y 夹花丝

生丝等级
　　Y 蚕丝标准

生丝公量
　　Y 生丝质量

生丝检测
raw silk testing
TS107
　　S 纺织品检测
　　Z 检测

生丝检验
silk inspection and testing
TS107
　　S 检验*

生丝洁净
　　Y 生丝质量

生丝品质
　　Y 生丝质量

生丝细度
raw silk fineness
TS101.921
　　S 细度*

生丝纤度
raw silk count
TS101.921
　　S 纤度
　　Z 纤维性能

生丝匀度
raw silk evenness
TS101.921

S 纱线均匀度
Z 纺织品性能
均匀性
指标

生丝质量
raw-silk quality
TS107.2
D 生丝公量
生丝洁净
生丝品质
S 纤维质量
C 蚕茧质量
蚕丝标准
Z 产品质量

生态纺织
ecological textile industry
TS10
D 绿色纺织
绿色纺织生产
S 纺织*

生态纺织品
ecological textiles
TS106
S 纺织品*
F 环保纺织品
绿色纺织品
有机纺织品

生态纺织纤维
Y 绿色纤维

生态服装
Y 绿色服装

生态皮革
ecological leather
TS56
S 成品革
Z 皮革

生态染料
environmental friendly dyes
TS193.21
S 染料*

生态染色
ecological dyeing
TS19
D 天然染料染色
S 染色工艺*

生态染整
Y 绿色染整

生态染整技术
Y 绿色染整

生态食品
Y 绿色食品

生态纤维
Y 绿色纤维

生态印花
ecological printing
TS194
S 印花*

生态纸业
eco-paper industry
TS7
D 绿色纸业
S 造纸企业
Z 企业

生态着色
biological colouring
TS19
S 着色
Z 色彩工艺

生条
card sliver
TS104
S 棉条
Z 产品

生条定量
linear weight of card sliver
TS104
D 生条重量
S 纺织定量
C 并条
Z 定量

生条短绒
short fibre of card sliver
TS102；TS104
D 生条短绒率
S 短绒
Z 绒毛

生条短绒率
Y 生条短绒

生条结杂
nep and impurity of sliver
TS101.97
S 纤维疵点
Z 纺织品缺陷

生条条干
Y 成纱条干

生条质量
carding sliver quality
TS101.9
S 纺纱工艺质量
Z 纺织加工质量

生条重不匀
Y 重量不匀

生条重量
Y 生条定量

生兔皮
raw rabbit skin
S：TS564
S 生皮
兔皮
F 初宰生兔皮
Z 动物皮毛

生物保鲜
biological preservation
TS205
S 保鲜*

生物保鲜剂
biological antistaling agent
TS202.3
D 生化保鲜剂
S 保鲜剂
F 复合生物保鲜剂
Z 防护剂

生物催解剂
Y 生物降解剂

生物打光
biological polishing
TS190.6
D 生物抛光
S 染整*

生物发酵液
solution of biological fermentation
TQ92；TS205.5
S 发酵液
Z 发酵产品

生物法脱墨
Y 生物脱墨

生物法制浆
Y 生物制浆

生物防伪技术
Y 防伪

生物改性
biological modification
Q；TS75
S 改性*
C 生物特征

生物化学浆
biochemical pulp
TS749
S 化学浆
Z 浆液

生物化学联合脱胶
biological and chemical degumming
TS19
S 脱胶*

生物化学制浆
biochemical pulping
TS10；TS743
D 生化法制浆
生物-化学制浆
S 化学制浆
Z 制浆

生物-化学制浆
Y 生物化学制浆

生物活性肽
bioactive peptides
TQ93；TS201.2
S 活性肽
Z 肽

生物活性炭纤维
biological activated carbon fiber
TQ34；TS102
S 活性炭纤维
C 砂滤 →(11)

Z 纤维

生物活性纤维
biological fiber
TS102
D 生物纤维
S 纤维*
F 生物降解纤维

生物活性纤维素纤维
Y 再生纤维素纤维

生物机械法制浆
Y 生物机械制浆

生物机械制浆
biomechanical pulping
TS10；TS743
D 生物机械法制浆
生物-机械制浆
S 机械制浆
生物制浆
Z 制浆

生物-机械制浆
Y 生物机械制浆

生物降解剂
biological degradation agents
TQ32；TS727
D 生物催解剂
S 化学剂*

生物降解纤维
biodegradable fibers
TS102
S 生物活性纤维
Z 纤维

生物降解织物
Y 功能纺织品

生物精练
microbiological degumming
TS192.5
D 生物煮练
微生物精练
微生物精练法
S 精练
F 酶精练
Z 练漂

生物精炼
bio-refining
TS224.6；TS74
S 精炼*

生物聚肽
biological polypeptide
TQ93；TS201.2
S 肽*

生物控制*
biological control
Q；X3
F 无菌控制
C 控制

生物酶处理
biological enzyme treatment
TS19；TS201.2

D 生物酶解
S 酶处理
C 生物酶催化 →(9)
Z 处理

生物酶解
Y 生物酶处理

生物酶精练
Y 酶精练

生物酶脱胶
Y 酶法脱胶

生物酶脱墨
Y 酶法脱墨

生物酶洗
Y 酶洗

生物酶洗工艺
Y 酶洗

生物酶整理
Y 酶洗

生物美容
biological beauty
TS974.1
S 美容*
F 基因美容
植物美容

生物抛光
Y 生物打光

生物膨松剂
biological leavening agent
TS202.3
S 膨松剂*

生物漂白
bio-bleaching
TS192.5
S 漂白*

生物前处理
Y 生物预处理

生物染料
biological stain
TS193.21
D 生物染色剂
S 染料*

生物染色剂
Y 生物染料

生物软化
biological softening
TS19
S 软化*
F 酶软化

生物杀灭剂
Y 杀生剂

生物杀伤剂
Y 杀生剂

生物食品
biofood
TS219

S 食品*

生物酸奶
Y 酸奶

生物特征*
biological properties
Q1；Q-3；R
D 生物性能
生物性质
F 保健功能
动物性
酵母活性
菌落特征
抗菌性
抗霉菌性
酶活性
酶热稳定性
凝集性
人体特征
生理舒适性
食品生物安全性
体型特征
消化性能
抑菌活性
C 毒性 →(1)(6)(11)(13)
生物改性
性能
性状

生物脱胶
bio-degumming
TS12
S 脱胶*
F 快速生物脱胶
酶法脱胶
微生物脱胶

生物脱墨
bio-deinking
Q81；TS74
D 生物法脱墨
S 脱墨*
F 酶法脱墨

生物物料
bio-material
TS
S 物料*
F 淀粉物料

生物洗涤器
bioscrubber
TS04
S 洗涤器
Z 轻工机械

生物纤维
Y 生物活性纤维

生物香料
bioflavours
TS264.3
S 香料
Z 香精香料

生物性能
Y 生物特征

生物性质

Y 生物特征

生物营养
biological nutrition
R：TS201
    S 营养*

生物油
bio-oil
TQ64；TS225
    S 油脂*
    F 动植物油
      毛油
      微生物油
    C 生物质 →(5)
      油品

生物油墨
Y 油墨

生物预处理
biological pretreatment
TS19；TU99
    D 生物前处理
    S 处理*

生物整理
bio-finishing
TS195
    S 整理*

生物制浆
biopulping
TS10；TS743
    D 生物法制浆
      生物制浆法
      生物制浆技术
      微生物制浆
    S 制浆*
    F 生物机械制浆

生物制浆法
Y 生物制浆

生物制浆技术
Y 生物制浆

生物质纤维基复合材料
biomass fiber composites
TS62
    S 复合材料*

生物煮练
Y 生物精练

生鲜奶
Y 鲜奶

生鲜牛奶
Y 鲜奶

生鲜牛乳
Y 鲜奶

生鲜啤酒
Y 生啤酒

生鲜肉
uncooked fresh meat
TS251.59
    S 鲜肉

    Z 肉

生鲜猪肉
uncooked fresh pork
TS251.51
    S 猪肉
    Z 肉

生香酵母
aroma-producing yeast
TQ92；TS26
    D 产香酵母
      产酯酵母
      增香酵母
    S 酿造酵母
    Z 酵母

生熏肠
Y 熏煮香肠

生熏香肠
Y 熏煮香肠

生鱼片
sashimi
TS254.5
    S 鱼片
    Z 水产品

生猪加工
Y 生猪屠宰加工

生猪屠宰点
pig slaughter place
TS251.8
    S 食品厂
    Z 工厂

生猪屠宰加工
pig slaughtering processing
TS251.4
    D 生猪加工
    S 屠宰加工
    Z 食品加工

声波制冷冰箱
Y 冰箱

声呐传动机构
Y 传动装置

声像设备
Y 视听设备

声效合成器
sound synthesizer
TN91；TS953
    S 电子音响合成器
    Z 合成器
      视听设备

笙
Sheng
TS953.22
    S 民族乐器
    F 芦笙
    Z 乐器

绳
Y 绳索

绳带
rope belt
TS941.498
    S 服装附件*
    F 背带
      弹性织带
      吊裤带
      纱衬带

绳结
twine knot
TS935
    S 编结
    F 中国结艺
      装饰结
    Z 编织

绳锯
rope saw
TG7；TS64；TS914.54
    S 锯
    F 串珠绳锯
      金刚石绳锯
    Z 工具

绳索*
cable
TS106.5
    D 缆绳
      缆索
      缆索结构
      缆索系统
      绳
      索
      纤绳
    F 玻璃纤维绳
      迪尼玛绳
      股绳
      紧线
      碳纤维索
      线绳
      引张线
    C 弹性悬链线 →(12)
      绞线 →(2)(3)(5)(7)(11)(12)
      桥梁施工 →(4)(11)(12)
      索结构 →(11)

绳状绞边装置
rope selvedge binder mechanism
TS103.19
    S 绞边机构
    Z 纺织机构

绳状精练机
Y 精练机

绳状领带
Y 领带

绳状染色
spiral dyeing
TS193
    S 染色工艺*

绳状水洗机
Y 洗涤设备

绳状洗涤机
Y 洗涤设备

绳状织物
　　Y 织物

省柴节煤灶
　　Y 节柴灶

省道设计
dart design
TS941.2
　　S 服装设计
　　Z 服饰设计

省道转移
dart transfer
TS941.61
　　S 服装结构线
　　Z 服装结构

省电性能
　　Y 电性能

省缝
dart seam
TS941.63
　　S 缝型
　　Z 服装工艺

圣麻
　　Y 圣麻纤维

圣麻纤维
sheng-bast fiber
TS102.22
　　D 圣麻
　　S 麻纤维
　　Z 天然纤维

剩余不平衡
　　Y 平衡

失光
　　Y 倒光

施工装备
　　Y 加工设备

施胶
　　Y 施胶工艺

施胶沉淀剂
sizing precipitant
TS72
　　S 沉淀剂*
　　C 施胶工艺

施胶度
sizing degree
TS75
　　D 施胶性能
　　S 程度*
　　　　胶粘性能
　　C 施胶工艺
　　Z 工艺性能

施胶方式
　　Y 施胶工艺

施胶工艺
sizing process
TS753.9
　　D 拌胶

　　　　挤胶
　　　　淋胶
　　　　施胶
　　　　施胶方式
　　S 工艺方法*
　　F 表面施胶
　　　　调施胶
　　　　浆内施胶
　　　　喷胶
　　　　纸张施胶
　　　　中性施胶
　　C 施胶沉淀剂
　　　　施胶度
　　　　施胶剂
　　　　施胶量
　　　　施胶效果
　　　　施胶增效
　　　　施胶增效剂
　　　　造纸工艺

施胶机
　　Y 涂胶机

施胶机理
sizing mechanism
TS71
　　S 机理*

施胶剂*
sizing agent
TS105；TS17；TS72
　　D ER65
　　　　ER65 废纸浆专用施胶剂
　　　　RAM 两性离子增强施胶剂
　　　　合成施胶剂
　　　　上胶剂
　　　　石蜡施胶剂
　　　　有机氟施胶剂
　　F 表面施胶剂
　　　　碱性施胶剂
　　　　浆内施胶剂
　　　　乳液施胶剂
　　　　石油树脂施胶剂
　　　　酸性施胶剂
　　　　阳离子施胶剂
　　　　造纸施胶剂
　　　　中性施胶剂
　　C C9 石油树脂 →(9)
　　　　改性木质素
　　　　施胶工艺
　　　　树脂控制剂
　　　　助留剂

施胶量
glue spread
TS65
　　D 涂胶量
　　S 数量*
　　C 施胶工艺

施胶效果
sizing effect
TS75
　　S 效果*
　　C 施胶工艺

施胶效率
sizing efficiency

TS75
　　S 效率*

施胶性能
　　Y 施胶度

施胶压榨
size press
TS75
　　S 压榨*
　　F 计量施胶压榨

施胶增效
sizing enhancement
S；TS753.9
　　S 增效*
　　C 施胶工艺

施胶增效剂
sizing potentiating agent
TS72
　　S 增效剂*
　　C 施胶工艺

施控系统
　　Y 控制器

施氏鲟鱼
amur sturgeon
TS254.2
　　S 鱼
　　Z 水产品

施特克尔轧机
　　Y 轧机

施压
　　Y 加压

湿薄木贴面
　　Y 贴面工艺

湿部
　　Y 纸机湿部

湿部化学
wet end chemistry
TS71
　　D 湿端化学
　　S 科学*

湿部化学品
wet-end chemicals
TS727
　　S 化学品*
　　C 造纸

湿部添加剂
　　Y 湿部助剂

湿部助剂
wet-end additive
TQ0；TS727
　　D 湿部添加剂
　　S 助剂*

湿处理
wet treatment
TS105
　　S 处理*
　　F 热湿处理

湿处理牢度
wet fastness
TS19
　　D 湿牢度
　　S 牢度*

湿传递
wet transmission
TS101
　　S 热湿传递
　　Z 传热

湿传递性
　　Y 湿传递性能

湿传递性能
moisture transmitting properties
TS101
　　D 湿传递性
　　S 物理性能*
　　F 热湿传递性
　　C 织物性能

湿袋等静压制
wet-bag isostatic pressing
TG3；TS65
　　S 压制
　　Z 压力加工

湿袋模压制
　　Y 压制

湿袋压制
　　Y 压制

湿单板
　　Y 单板

湿定形
　　Y 湿蒸

湿度梯度
moisture gradients
TS101
　　Y 湿部化学

湿短蒸
　　Y 湿蒸

湿短蒸染色
shortened dyeing and wet steaming process
TS101；TS193
　　S 染色工艺*

湿法备料
wet feed preparation
TS74
　　S 干湿法备料
　　Z 物料操作

湿法超微粉碎
wet ultrafine grinding
TS205
　　D 湿法超细粉碎
　　S 超细粉碎
　　Z 破碎

湿法超细粉碎
　　Y 湿法超微粉碎

湿法成网

wet-laying
TS174
　　S 成网工艺
　　Z 非织造工艺

湿法成网非织造布
　　Y 非织造布

湿法成网机
　　Y 成网机

湿法成网无纺织物
　　Y 湿法非织造布

湿法单层卫生纸原纸
　　Y 卫生纸

湿法纺丝机
　　Y 纺丝设备

湿法非织造布
wet non-woven fabric
TS176.9
　　D 湿法成网无纺织物
　　　湿法无纺布
　　S 非织造布*

湿法非织造技术
　　Y 熔喷成网

湿法加工
　　Y 湿加工

湿法精纺机
　　Y 细纱机

湿法清理
wet blasting
TS210.4
　　S 清理*

湿法提取
wet processing extraction
TS205
　　S 提取*

湿法贴面
　　Y 贴面工艺

湿法涂层
wet-process coating
TG1；TS101；TS19
　　S 涂层*

湿法网
　　Y 纤维网

湿法无纺布
　　Y 湿法非织造布

湿法纤网
　　Y 纤维网

湿法纤维板
wet-process fiberboard
TS62
　　S 纤维板
　　Z 木材

湿法造纸
wet papermaking
TH16；TS75
　　S 造纸

　　Z 生产

湿法毡
　　Y 毡

湿分绞
wet split
TS105.2
　　S 分绞
　　Z 织造工艺

湿分绞棒
　　Y 分绞棒

湿分绞装置
　　Y 分绞棒

湿分纱装置
　　Y 分绞棒

湿固油墨
　　Y 固化油墨

湿固着油墨
　　Y 固化油墨

湿加工
wet processing
TS10；TS205；TS54
　　D 湿法加工
　　　湿加工工艺
　　S 加工*

湿加工工艺
　　Y 湿加工

湿巾
　　Y 湿纸巾

湿巾产品
　　Y 湿纸巾

湿扩散系数
moisture diffusivity
TS101；TS19
　　S 扩散系数*

湿拉毛
wet picking
TS195
　　S 拉毛
　　　湿整理
　　Z 整理

湿牢度
　　Y 湿处理牢度

湿冷贮藏
humidicool storage
TS205
　　S 储藏*

湿米粉
　　Y 湿米粉条

湿米粉条
fresh rice vermicelli
TS213
　　D 保鲜方便米粉
　　　保鲜米粉
　　　保鲜湿米粉
　　　湿米粉

S 米粉条
Z 粮油食品

湿面
Y 湿面条

湿面筋
wet gluten
TS213
S 面筋
Z 粮油食品

湿面筋蛋白
wet gluten
Q5；TQ46；TS201.21
S 面筋蛋白
Z 蛋白质

湿面条
fresh noodle
TS972.132
D 湿面
鲜面条
鲜切面
S 面条
F 保鲜湿面
鲜湿面
Z 主食

湿摩擦
wet friction
TS101；TS19
S 摩擦*

湿摩擦牢度
wet rubbing fastness
TS19
D 湿摩擦牢度提升剂
湿摩擦牢度增进剂 N-SZ
S 耐磨牢度
Z 牢度

湿摩擦牢度提升剂
Y 湿摩擦牢度

湿摩擦牢度增进剂 N-SZ
Y 湿摩擦牢度

湿凝胶
Y 凝胶

湿粕
wet meal
TS209
S 粕*

湿强剂
wet strength agent
TS72
D 湿增强剂
暂时性湿强剂
增湿强剂
S 增强剂
F 纸张湿强剂
C 聚酰胺环氧氯丙烷树脂 →(9)
Z 增效剂

湿强纸
wet strength paper
TS761.9
S 功能纸
Z 纸张

湿热耦合
Y 热湿耦合

湿热试验设备
Y 试验设备

湿热舒适性
Y 热湿舒适性

湿热条件
hygrothermal conditions
TS101；TS19
S 条件*

湿润
Y 润湿

湿润剂
Y 润湿剂

湿式方便米线
Y 方便米线

湿舒适性
moisture comfort
TS101；TS19
S 物理性能*

湿贴
wet combining
TS65
D 湿贴工艺
S 贴面工艺
Z 工艺方法

湿贴工艺
Y 湿贴

湿压榨
wet pressing
TS75
S 压榨*

湿腌法
Y 腌制

湿增强剂
Y 湿强剂

湿蒸
damp steaming
TS19
D 湿定形
湿短蒸
S 蒸制
Z 蒸煮

湿整理
wet finishing
TS195
S 纺织品整理
F 湿拉毛
Z 整理

湿纸幅
Y 纸幅

湿纸巾
hygienic towelette
TS761.6
D 湿巾
湿巾产品
S 面巾纸
Z 纸张

十年陈酒
Y 年份酒

十全玉兔
Y 兔肉菜肴

十三棱
Y 玳瑁

十字扳手
Y 扳手

十字螺丝刀
Y 螺丝刀

十字绣
cross-stitch embroidery
TS941.6
S 刺绣
Z 工艺品

什锦锉
Y 锉

什锦泡菜
Y 泡菜

石材雕刻
Y 石雕

石雕
stone carving
J；TS932.3
D 石材雕刻
S 雕刻*
F 宝石雕刻
建筑石雕

石膏胶结料
Y 粘接材料

石膏刨花板
gypsum particleboard
TS62
S 刨花板
Z 木材

石膏微纤
Y 石膏微纤维

石膏微纤维
plaster tiny fiber
TS72
D 石膏微纤
S 微纤维
Z 纤维

石膏纤维板
gypsum fiber board
TS62
S 纤维板
Z 木材

石膏型造型
Y 造型

石工锤
Y 锤

石工工具
Y 手工具

石花大曲
Y 大曲酒

石灰法
lime-base process
TS24；TS74
S 化工工艺*
C 尿素 →(9)
石灰浆液 →(13)

石蜡溶剂型涂料
Y 涂料

石蜡乳液
wax emulsion
TS62
S 乳液*

石蜡施胶剂
Y 施胶剂

石蜡松香胶
Y 松香胶

石榴果酒
Y 石榴酒

石榴果皮
pomegranate peel
TS255
S 水果果皮*

石榴酒
pomegranate wine
TS262.7
D 石榴果酒
S 果酒
Z 酒

石榴汁
Y 果汁

石榴籽油
pomegranate seed oil
TS225.19
S 籽油
Z 油脂

石棉
asbestos
TS102；TU5
D 非石棉材料
石棉绒
S 矿物棉
F 泡沫石棉
C 保温隔热材料 →(1)(3)(5)(6)(9)(11)
隔膜 →(5)(9)
耐火材料
石棉纤维
Z 材料
纤维制品

石棉垫板
Y 板

石棉绒
Y 石棉

石棉无纺布
Y 非织造布

石棉纤维
asbestos fiber
TS102.4
D 非石棉纤维
S 矿物纤维
C 保温隔热材料 →(1)(3)(5)(6)(9)(11)
耐火材料
石棉
石棉制品 →(9)
岩棉
Z 天然纤维

石磨
stone grinder
TS195
S 磨*

石磨水洗
Y 石磨洗

石磨洗
stone washing
TS19
D 石磨水洗
石洗
S 清洗*

石墨化碳纤维
Y 石墨纤维

石墨化纤维
Y 石墨纤维

石墨铅笔
Y 铅笔

石墨纤维
graphite fibers
TQ34；TS102
D 石墨化碳纤维
石墨化纤维
S 耐火材料*
碳纤维
C 玻璃光纤 →(7)(9)
纺丝设备
石墨层间化合物 →(9)
Z 纤维

石染
Y 矿物染料

石髓
Y 玉髓

石洗
Y 石磨洗

石砚
Y 松花石砚

石印油墨
Y 印刷油墨

石英灯
quartz lights

TM92；TS956
S 灯*

石英金卤灯
Y 卤钨灯

石英纤维
silica fiber
TS102.4
D 硅纤维
S 氧化物纤维
C 玻璃纤维
石英材料 →(1)
纤维缠绕
Z 天然纤维

石英纤维织物
quartz textile
TS106.8
S 织物*

石英柱体反射镜
Y 反射镜

石油醚提取物
petroleum ether extract
TS4
S 提取物*

石油树脂施胶剂
petroleum resin sizing agents
TS72
S 施胶剂*
C 石油树脂 →(9)

石油着色剂
Y 着色剂

石质
lithic
TS93
S 材质*
C 珠宝评估

时代首饰
era jewelry
TS934.3
S 首饰
F 现代首饰
Z 饰品

时间*
time
P1；ZT73
D 时刻
F 变质时间
冲泡时间
复水时间
灌装时间
加压时间
解冻时间
浸泡时间
漂烫时间
染色时间
杀菌时间
提取时间
吸水时间
洗涤时间
C 反应时间
计时 →(4)

时差 →(1)
时间法 →(5)
实时 →(7)(8)
寿命

时刻
Y 时间

时髦
Y 时尚

时期*
period
ZT73
F 保鲜期
保质期
货架期
预压期
C 周期

时尚*
fashion
G；TS94
D 个性时尚
海滨风尚
健康时尚
流行
流行时尚
设计潮流
时髦
时尚化
时尚化设计
时尚流行
时尚设计
时尚性
F 服装时尚
现代时尚
饮食时尚
运动时尚
造型时尚
C 服饰元素
流行元素

时尚服装
Y 时装

时尚化
Y 时尚

时尚化设计
Y 时尚

时尚流行
Y 时尚

时尚设计
Y 时尚

时尚饰品
Y 饰品

时尚鞋
Y 鞋

时尚性
Y 时尚

时尚元素
Y 流行元素

时尚织物

Y 织物

时装
fashion
TS941.7
D 服饰流行
流行服饰
流行服装
时尚服装
S 服装*
F 高级时装
针织时装

时装风格
fashion style
TS94
S 服装风格
F 时装化
Z 样式

时装化
fashionalization
TS941
S 时装风格
Z 样式

时装画
fashion pictures
TS941
S 服装图案
Z 工程图

时装绘画
Y 服装图案

时装流行
Y 服装时尚

时装面料
fashion fabric
TS941.41
D 流行面料
S 服装面料
F 中国流行面料
Z 面料

时装模特
fashion model
TS942
D 服装模特
内衣模特
职业时装模特
S 模特
Z 人员

时装设计
Y 服装设计

时装设计师
Y 服装设计师

时装效果图
fashion drawing
TS941
S 服装效果图
Z 工程图

时装鞋
Y 鞋

时装业

Y 服装业

识别*
recognition
TP1；TP3
D 结构识别
识别方法
F 色彩识别
纤维识别
C 计算机识别 →(4)(8)
鉴别
目标识别 →(1)(6)(7)(8)(12)
判别 →(1)(2)(4)(5)(8)(11)
信息识别 →(1)(4)(7)(8)(12)

识别方法
Y 识别

实测回潮率
Y 回潮率

实测直径
Y 直径

实地密度
TS8
S 密度*
C 网点扩大特性

实地印刷
spot printing
TS87
S 印刷*

实际表面
Y 表面

实际废水
Y 废水

实际热值
Y 热学性能

实际应用
Y 应用

实例词
ZT

实木
solid wood
TS62
S 原木
Z 木材

实木复合门
solid wood composite doors
TS66
S 实木门
Z 门窗

实木家具
Y 木质家具

实木门
all-wood door
TS66
S 木门
F 实木复合门
Z 门窗

实时打印

real-time print
TS859
  S 打印*

实物模特
  Y 模特

实物模型
  Y 物理模型

实物造型
  Y 造型

实验*
experiment
TB4
  D 实验研究
  F 纺织实验
    配方实验
    纸样实验
  C 试验

实验磨粉机
experimental mill
TS203
  S 磨粉机
  Z 磨机

实验室*
laboratory
TU2
  D 试验室
  F 纺织实验室
  C 恒温培养箱 →(4)
    科学建筑 →(11)
    试验电源 →(7)

实验研究
  Y 实验

实验装备
  Y 试验设备

实验装置
  Y 试验设备

实用分析方法
  Y 分析方法

实用工具
utility tool
TG7；TS914.5
  S 工具*

实用稳定
  Y 稳定

实质等同性原则
substantial equivalence principle
TS201.6
  S 原则*

食材
  Y 食品原料

食醋
  Y 食用醋

食醋工业
vinegar industry
TS264.22
  S 酿造工业

  Z 轻工业

食醋工艺
  Y 食醋酿造

食醋酿造
vinegar fermentation
TS26
  D 食醋工艺
  S 酿醋
  C 出醋率
  Z 酿造

食醋生产
  Y 酿醋

食醋自吸式发酵罐
  Y 发酵罐

食雕
  Y 食品雕刻

食雕艺术
  Y 食品雕刻

食法
  Y 食用方法

食具消毒柜
disinfecting tableware cabinet
TM92；TS972.26
  S 消毒柜
  Z 厨具
    家用电器

食品*
food
TS219
  D 人类食品
    食物
    食用品
  F 安全食品
    半干食品
    半球状食品
    包装食品
    变质食品
    餐桌食品
    茶制食品
    宠物食品
    传统食品
    大众食品
    低胆固醇食品
    低过敏食品
    低热量食品
    低盐食物
    低脂食品
    调理食品
    动物性食品
    儿童食品
    风味食品
    辐射食品
    辅助食品
    复合食品
    副食品
    干制食品
    高蛋白食品
    高脂肪食品
    功能食品
    骨质食品

    固体食品
    航空食品
    碱性食品
    进出口食品
    军用食品
    垃圾食品
    老年食品
    绿色食品
    美食
    民族食品
    膜状食品
    纳米食品
    农产食品
    配方食品
    膨化食品
    平板状食品
    普通食品
    清真食品
    热加工食品
    人造食品
    生物食品
    熟食
    特色食品
    脱水食品
    无糖食品
    系列食品
    辛辣食品
    新鲜食品
    新型食品
    休闲食品
    液态食品
    优质食品
    油炸食品
    有机食品
    早餐食品
    蒸煮食品
    植物性食品
    转基因食品
  C 蛋
    豆制品
    发酵食品
    方便食品
    糕点
    罐头食品
    坚果制品
    冷冻食品
    粮油食品
    轻纺产品
    肉制品
    乳制品
    食品残渣
    食品加工
    食品物性
    食品营养
    食品质量
    食用香料
    天然食品提取物
    腌制食品
    饮食
    主食

食品安全*
food safety
TS207
  D 安全食用
    食品安全风险

食品安全工作
食品安全卫生
食品安全问题
食品健康
食品质量安全
食物安全
食用安全
食用安全性
中国食品安全
F 茶叶安全
海洋食品安全
肉类食品安全
乳品安全
食品包装安全
食用农产品安全
饮用安全
C 安全
食品安全保障
食品安全管理
食品安全目标
食品安全评价
食品安全体系
食品安全危机
食品安全预警
食品标签
危害分析控制点
有害性 →(1)
质量安全 →(13)

食品安全保障
food safety support
TS201.6
S 保障*
C 食品安全
食品安全管理

食品安全标志
Y 食品标签

食品安全标准
food safety standards
TS207
S 食品标准
C 食品安全管理
食品安全评价
Z 标准

食品安全标准体系
food safety standard system
TS207
S 食品安全体系
Z 安全体系

食品安全法
food safety law
TS207
D 食品安全法规
S 食品法规
Z 法律法规

食品安全法规
Y 食品安全法

食品安全风险
Y 食品安全

食品安全工作
Y 食品安全

食品安全管理
food safety management
TS201.6
D 食品安全监管
食品安全检测
食品安全控制
食品安全控制体系
食品安全信用
食品安全信用体系
S 食品管理
C 食品安全
食品安全保障
食品安全标准
Z 产品管理

食品安全管理体系
food safety management system
TS207
S 体系*

食品安全监管
Y 食品安全管理

食品安全检测
Y 食品安全管理

食品安全控制
Y 食品安全管理

食品安全控制体系
Y 食品安全管理

食品安全目标
food safety objectives
TS207
C 食品安全

食品安全评价
food safety evaluation
TS207
D 食品安全性评价
食用安全评价
S 评价*
C 食品安全
食品安全标准

食品安全生产
safe food production
TS207
S 生产*

食品安全事件
food safety incidents
TS207
S 事故*
F 劣质奶粉事件

食品安全体系
food safety system
TS207
S 安全体系*
F 食品安全标准体系
C 食品安全

食品安全危害
food safety hazard
TS207
S 危害*

食品安全危机
food safety crisis
TS203
S 危机*
C 食品安全

食品安全卫生
Y 食品安全

食品安全问题
Y 食品安全

食品安全信息
food safety information
TS207
D 食物安全信息
S 信息*

食品安全信用
Y 食品安全管理

食品安全信用体系
Y 食品安全管理

食品安全性
food safety
TS201.6
S 安全性*
食品特性*
F 食品生物安全性
营养安全性

食品安全性评价
Y 食品安全评价

食品安全学
food safety science
TS201.6
S 食品科学*

食品安全预警
food safety warning
R; TS20
S 报警*
C 食品安全

食品包馅机
food encrusting machine
TS203
S 食品加工机械*

食品包装*
food packaging
TS206
D 食品包装技术
食品包装学
F 保鲜包装
茶叶包装
果蔬包装
粮食包装
绿色食品包装
肉制品包装
乳品包装
食品软包装
糖果包装
微波食品包装
液态食品包装
月饼包装
C 包装 →(1)
食品包装材料
食品工程

食品包装安全
food packaging safety
TS207
  S 食品安全*

食品包装薄膜
  Y 食品包装膜

食品包装材料
food packaging materials
TS206
  S 包装材料*
  F 可食性包装材料
    食品包装膜
    食品包装纸
  C 食品包装
    食品包装机械

食品包装袋
food pack
TS203；TS206
  D 食品袋
  S 包装袋
  F 塑料食品袋
  Z 包装材料

食品包装机
  Y 食品包装机械

食品包装机械
food packaging machinery
TS203；TS206.5
  D 包装食品机械
    挂面自动包装机
    面粉包装机
    乳品包装机械
    软糖包装机
    食品包装机
    食品包装设备
  S 包装机械
    食品加工机械*
  C 食品包装材料
  Z 包装设备

食品包装技术
  Y 食品包装

食品包装膜
food packaging film
TS206
  D 食品包装薄膜
  S 包装膜
    食品包装材料
  F 保鲜膜
    可食性包装膜
  C 开口性 →(9)
  Z 包装材料
    膜

食品包装容器
  Y 食品容器

食品包装设备
  Y 食品包装机械

食品包装学
  Y 食品包装

食品包装印刷
food packaging printing

TS851.6
  S 包装印刷
  Z 印刷

食品包装用纸
  Y 食品包装纸

食品包装纸
food wrapping paper
TS761.7
  D 食品包装用纸
    食品羊皮纸
    食品纸包装
    食品专用包装纸
    食用包装纸
  S 包装纸
    食品包装材料
  F 保鲜纸
    可食性包装纸
    食品保温包装纸
  Z 包装材料
    纸张

食品保藏
  Y 食品储藏

食品保存
  Y 食品储藏

食品保温包装纸
insulation food wrap paper
TS761.7
  D 食品保鲜包装
  S 食品包装纸
  Z 包装材料
    纸张

食品保鲜
food fresh keeping
TS205
  D 食品保鲜技术
    食物保鲜
  S 保鲜*
  F 果蔬保鲜
    鸡蛋保鲜
    肉品保鲜
  C 复原性

食品保鲜包装
  Y 食品保温包装纸

食品保鲜技术
  Y 食品保鲜

食品保鲜剂
food preservative agent
TS202；TS264
  D 复配保鲜剂
    复配型保鲜剂
    天然食品保鲜剂
    涂膜保鲜剂
    中草药保鲜剂
  S 保鲜剂
  F 果蔬保鲜剂
    肉类保鲜剂
    食品抗氧保鲜剂
  C 食品添加剂
  Z 防护剂

食品保鲜膜

食品保鲜膜
food fresh-keeping films
TQ32；TS206.4
  S 保鲜膜
  Z 包装材料
    膜

食品保鲜期
  Y 保鲜期

食品保鲜贮藏
food preservation storage
TS205
  S 食品储藏
  F 食品冷藏
    盐渍贮藏
  C 保藏性
    水分活度
  Z 储藏

食品变质
  Y 食物变质

食品标签
food labelling
TS207
  D 食品安全标志
    食品标识
  S 标签*
  C 食品安全
    食品卫生安全制度

食品标签标准
food labelling standard
TS207
  S 标签标准
    食品标准
  Z 标准

食品标签法规
food labelling regulations
TS207
  S 食品法规
  Z 法律法规

食品标识
  Y 食品标签

食品标准
food standards
TS207
  D 果汁标准
    粮油标准
    食品标准体系
  S 标准*
  F 粮食标准
    绿色食品标准
    食品安全标准
    食品标签标准
    食品卫生标准
    食用油质量
  C 粮食食品
    粮油产品

食品标准体系
  Y 食品标准

食品冰冻浓缩
food freeze concentration
TS205.4
  S 低温浓缩

Z 浓缩

食品材料
Y 食品原料

食品残渣
food residue

TS209；X7

S 残渣*

F 茶渣
　醋渣
　豆渣
　果蔬渣
　浆渣
　酱渣
　咖啡渣
　米渣
　油脚
　油渣

C 豆粕
　食品

食品测定
Y 食品检验

食品厂
food products factory

TS208

D 食品工厂
　食品加工厂

S 工厂*

F 豆制品厂
　罐头厂
　酱油厂
　酒厂
　粮食加工厂
　粮油加工厂
　肉类加工厂
　乳品厂
　生猪屠宰点
　糖厂
　味精厂
　盐场
　饮料厂

食品厂废水
food factory wastewater

TS209；X7

D 淀粉厂废水
　罐头食品厂废水
　肉类加工厂废水

S 废水*

F 酒厂废水

食品成分
food composition

TS201

D 食品组分

S 成分*

F 麦汁组成
　糖组分

C 营养成分

食品储藏
food storage

TS205

D 食品保藏
　食品保存
　食品贮藏

食品贮存
食物贮藏

S 储藏*

F 果蔬贮藏
　粮食贮藏
　食品保鲜贮藏

C 保藏性
　保鲜储藏
　干制贮藏
　结块性　→(9)
　粮油产品
　食品防腐剂

食品储存
Y 食物储存

食品储运
food storage and transportation

TS20

S 储运*

食品袋
Y 食品包装袋

食品蛋白
Y 食用蛋白

食品蛋白质
Y 食用蛋白

食品电烤炉
Y 电烤炉

食品雕刻
food carving

TS972.114

D 食雕
　食雕艺术
　食品雕塑
　食物雕刻

S 雕刻*

F 瓜雕
　面雕

C 烹饪工艺

食品雕塑
Y 食品雕刻

食品调料
Y 调味品

食品调味剂
Y 增味剂

食品调味料
Y 调味品

食品冻藏
Y 食品冷藏

食品冻结
food freezing

TS205.7

S 冻结*
　食品冷加工

Z 食品加工

食品发酵
food fermentation

TS205.5

S 发酵*

F 大米发酵
　固稀发酵
　酱醪发酵
　酒发酵
　面包发酵
　面团发酵
　木糖醇发酵
　浓醪酒精发酵
　乳酸菌发酵
　深层发酵
　糖发酵
　稀发酵
　制曲发酵

食品发酵工业
food fermentative industry

TS26

S 食品工业

Z 轻工业

食品法规
codex alimentarius

TS207

S 法律法规*

F 食品安全法
　食品标签法规
　食品卫生法规

食品防腐
food antisepsis

TS201

D 食品防护

S 防腐*

F 保鲜防腐

食品防腐剂
food antiseptics

TS202

D 食品防霉剂
　食用防腐剂

S 防腐剂

F 苯甲酸钠
　天然食品防腐剂

C 食品储藏
　食品添加剂

Z 防护剂

食品防护
Y 食品防腐

食品防霉剂
Y 食品防腐剂

食品废料
food waste materials

TS209；X7

D 鸡肉加工废料
　食物废料

S 废料*

食品废水
Y 食品工业废水

食品分级
food classification

TS207

S 分级*

F 白米分级
　胴体分级

牛肉分级
筛外分级

食品分析
food analysis
TS207；TS262
　D 白酒分析
　　食品研究
　S 物质分析*
　F 糖品分析
　　油脂分析

食品分析检测
　Y 食品检验

食品风味
　Y 风味

食品风味剂
　Y 增味剂

食品风味强化剂
　Y 增味剂

食品风味物质
　Y 食品原料

食品辐照
food irradiation
TS205
　S 辐照*
　C 辐射贮藏 →(6)

食品腐败
　Y 食物变质

食品腐败变质
　Y 食物变质

食品腐败菌
food spoilage microorganisms
TS201.2
　S 菌种*
　F 啤酒腐败菌

食品附加剂
　Y 食品添加剂

食品改良剂
food improvement agents
TS202
　S 改良剂*
　F 面包改良剂
　　面粉改良剂
　　面条改良剂
　　面团改良剂
　C 食品添加剂

食品钙强化剂
　Y 钙强化剂

食品干燥
food drying
TS205
　S 干燥*
　F 食品冷冻干燥

食品工厂
　Y 食品厂

食品工厂设计
food factory design

TS2
　S 工厂设计*

食品工程
food engineering
TS2
　S 工程*
　F 粮油工程
　　绿色食品工程
　C 食品包装
　　食品容器
　　食品质量

食品工程专业
　Y 食品专业

食品工业
food industry
TS2
　D 柑橘工业
　　食品工业应用
　　食品加工工业
　　食品行业
　　现代食品工业
　　植物蛋白工业
　S 轻工业*
　F 保健食品工业
　　淀粉工业
　　调味品工业
　　罐头工业
　　烘焙工业
　　粮油工业
　　酿造工业
　　肉类工业
　　乳品工业
　　食品发酵工业
　　食品添加剂工业
　　水产加工工业
　　速冻食品工业
　　饮料工业
　　制糖工业

食品工业废水
food industry wastewater
TS209；X7
　D 食品废水
　　食品加工废水
　　食品生产废水
　S 废水*
　F 冰淇淋废水
　　茶多酚废水
　　淀粉废水
　　淀粉制糖废水
　　调味品废水
　　豆制品废水
　　果胶废水
　　果汁废水
　　海产品加工废水
　　酿造废水
　　肉类加工废水
　　榨菜废水
　　植物油废水
　　制罐废水
　　制盐废水

食品工业应用
　Y 食品工业

食品工艺
　Y 食品加工

食品工艺学
food technology
TS201.1
　S 食品科学*

食品功能
food function
TS201
　S 功能*
　C 食品功能因子

食品功能因子
functional food factors
TS201
　D 功能食品因子
　S 功能因子
　C 食品功能
　Z 因子

食品供应链管理
food supply chain management
TS201.6
　S 食品管理
　Z 产品管理

食品管理
food control
TS201.6
　D 食品监管
　S 产品管理*
　F HACCP 管理
　　绿色食品管理
　　食品安全管理
　　食品供应链管理

食品罐
　Y 食品容器

食品罐头
　Y 罐头食品

食品烘干机
foodstuff dryer
TS203
　S 干燥设备*

食品烘烤
food baking
TS205
　S 烘烤*

食品化学
food chemistry
TS201.2
　D 食品化学分析
　S 科学*
　　食品科学*
　F 风味化学
　　烹饪化学
　　食品生物化学

食品化学分析
　Y 食品化学

食品机械
　Y 食品加工机械

食品机械设备

Y 食品加工机械

食品基料
food matrix
TS202.1
D 食品基质
S 食品物料
F 饮料主剂
Z 物料

食品基质
Y 食品基料

食品级
food-grade
TS201
S 等级*

食品级白油
food grade white oil
TS22
S 食用油
Z 粮油食品

食品技术
Y 食品加工

食品加工*
food processing
TS205
D 食品工艺
食品技术
食品加工方法
食品加工技术
食品生产
食品生产技术
食品新技术
食品制作
食品制作方法
食物加工
F 大豆加工
蛋品加工
淀粉加工
调味品加工
豆腐加工
返鲜加工
粉丝加工
干品加工
干制
罐藏
果蔬加工
糊化
花生加工
浸汁
酶法
面点制作
漂烫
切丝
切条
去皮
肉品加工
乳品加工
食品冷加工
食品脱水
食用菌加工
熟制
糖化
提汁

屠宰加工
脱苦
饮料加工
鱼品加工
增香
制汁工艺
做形
C 干燥温度 →(1)
烘焙特性
加工
面包
仁壳分离
食品
食品生物技术
食品真空冷却
脱腥
造碎
增碎
贮藏期 →(1)

食品加工厂
Y 食品厂

食品加工方法
Y 食品加工

食品加工废水
Y 食品工业废水

食品加工工业
Y 食品工业

食品加工工艺
Y 烹饪工艺

食品加工机
Y 食品加工器

食品加工机械*
food processing machinery
TS203
D 食品机械
食品机械设备
饮食机械
榨泥机
F 炒制机
吹泡仪
豆制品机械
分切机
粉条机
罐头机械
辊切饼干机
绞肉机
饺子机
揭盖机
均质机
冷饮机械
粮食机械
粮油加工机械
面类饮食加工机械
膨化机
气调机
揉混仪
食品包馅机
食品包装机械
速酿塔
脱壳机
脱溶机
洗油机

C 炼油装置 →(2)(9)(12)
轻工机械
压榨机

食品加工技术
Y 食品加工

食品加工器
food processor
TM92；TS972.26
D 果汁机
食品加工机
食品搅拌机
食物加温器
食物搅拌机
S 厨房电器
F 豆浆机
加热板
咖啡机
面包机
煮蛋器
Z 厨具
家用电器

食品加工设备*
food processing equipment
TS203；TS972.2
D 食品设备
饮食设备
F 淀粉加工设备
酿造设备
肉类加工设备
乳品加工设备
屠宰加工设备
饮料设备
油炸设备
制糖设备
制油设备

食品加热
microwave heating
TS2
D 食物加热
S 加热*
F 烹调加热

食品监测
food monitoring
TS207；X8
S 监测*

食品监管
Y 食品管理

食品检测
Y 食品检验

食品检测技术
Y 食品检验

食品检验
food inspection
TS207；X8
D 食品测定
食品分析检测
食品检测
食品检测技术
S 检验*
F 粮油检测

葡萄糖检测
肉品检测
食品微生物检验
C 食品科学
食品污染 →⑬
食物垃圾 →⑬

食品健康
Y 食品安全

食品胶
Y 食用胶

食品搅拌机
Y 食品加工器

食品解冻
food defrosting
TS205
S 解冻*

食品开发
food exploitation
TS205
S 开发*

食品抗菌剂
food antibacterial agent
TS202.3
D 食品抗菌添加剂
S 杀生剂*
C 防腐剂
食品添加剂

食品抗菌添加剂
Y 食品抗菌剂

食品抗氧保鲜剂
antioxidant food preservative
TS202.3
S 食品保鲜剂
Z 防护剂

食品抗氧化剂
food antioxidant
TS202.3
D 食品抗氧剂
S 防护剂*
F 天然食品抗氧化剂
C 食品添加剂

食品抗氧剂
Y 食品抗氧化剂

食品烤箱
Y 烤箱

食品科学*
food science
TS201
D 食品学
F 烹饪科学
食品安全学
食品工艺学
食品化学
食品微生物学
食品营养学
饮食人类学
C 保健食品
食品检验
食品质量

食品冷藏
food cold storage
TS205.7
D 食品冻藏
食品冷冻
S 冷冻贮藏
食品保鲜贮藏
F 食品速冻
C 制冷
Z 储藏

食品冷冻
Y 食品冷藏

食品冷冻干燥
food freeze drying
TS205
S 食品干燥
Z 干燥

食品冷冻冷藏
Y 冷冻贮藏

食品冷加工
food cold processing
TS205.7
S 食品加工*
F 食品冻结
速冻加工

食品模拟物
food simulants
TS201
S 模拟物*

食品酿造
food brewing
TS26
S 酿造*

食品配方
food formula
TS201
S 配方*
F 调味液配方
饮料配方
婴儿配方

食品配料
food ingredients
TS202.1
S 食品原料*

食品膨化
food expanding
TS201；TS205
S 膨化*
F 挤压膨化
间接膨化
气流膨化
微波真空膨化
直接膨化

食品膨松剂
food leavening agents
TS202.3
S 膨松剂*
F 泡打粉
C 食品添加剂

食品品质
Y 食品质量

食品企业
food companies
TS208
D 食品生产加工企业
食品生产企业
S 企业*
F 粮油加工企业
奶粉生产企业
酿酒企业
啤酒生产企业
乳品生产企业
食品添加剂企业
饮料生产企业
制糖企业

食品强化
food fortification
TS201；TS205
D 食物强化
S 强化*

食品强化剂
food enrichment
TS202.36
D 食品营养强化剂
S 增强剂
F 钙强化剂
柠檬酸钙
膳食补充剂
铁强化剂
锌强化剂
C 食品添加剂
Z 增效剂

食品染色剂
synthetic colorant
TS202.3
D 合成着色剂
S 着色剂
Z 色剂

食品容器
food containers
TS206
D 食品包装容器
食品罐
S 容器*
F 易拉罐
饮料瓶
贮酒容器
C 食品工程

食品乳化剂
food emulsifiers
TQ42；TS202
D 蛋糕乳化剂
食用乳化剂
营养乳化剂
S 乳化剂*
C 食品添加剂

食品软包装
flexible food packaging
TS206

食品鲜味剂
  Y 增味剂

食品香精
food flavour
TQ65；TS264.3
  D 强化食用香精
    食品用香精
    食用香精
    天然食用香精
    烟熏食用香精
    饮料用香精
  S 香精
  F 调味香精
    奶油香精
    肉类香精
    天然食品香精
    甜玉米香精
    西瓜香精
    鱼味香精
    脂肪香精
  C 食用香料
  Z 香精香料

食品香精香料
  Y 食用香料

食品香料
  Y 食用香料

食品香味
  Y 食用香料

食品香味剂
  Y 增味剂

食品新技术
  Y 食品加工

食品新资源
  Y 食品原料

食品行业
  Y 食品工业

食品性质
  Y 食品特性

食品学
  Y 食品科学

食品研究
  Y 食品分析

食品羊皮纸
  Y 食品包装纸

食品饮料
  Y 饮料

食品应用
food application
TS2
  S 应用*

食品营养
food nutrition
TS201
  S 营养*
  C 食品

食品营养强化剂

  Y 食品强化剂

食品营养学
food nutriology
TS201.4
  S 食品科学*

食品用面粉
  Y 食品专用粉

食品用漂白剂
  Y 漂白剂

食品用香精
  Y 食品香精

食品油脂
  Y 食用油

食品原材料
  Y 食品原料

食品原辅料
  Y 食品原料

食品原料*
food materials
TS202.1
  D 非食品原料
    食材
    食品材料
    食品风味物质
    食品新资源
    食品原材料
    食品原辅料
    食品源
    食品资源
    食物原料
    饮食原料
  F 淀粉原料
    功能性食品原料
    果蔬原料
    粮食原料
    木薯原料
    酿造原料
    烹饪原料
    食品配料
    蒸料
    制糖原料
  C 食品添加剂
    原料

食品源
  Y 食品原料

食品增补剂
food supplements
TS202.3
  S 制剂*
  C 食品添加剂

食品增稠剂
food thickener
TS202；TS972
  S 增效剂*
  C 食品添加剂

食品增鲜剂
  Y 增味剂

食品增香剂

  Y 增味剂

食品召回
  Y 食品召回制度

食品召回制度
food recall
TS201.6
  D 食品召回
  S 制度*

食品真空冷却
foods vacuum cooling
TS205
  S 冷却*
  C 食品加工

食品纸包装
  Y 食品包装纸

食品制作
  Y 食品加工

食品制作方法
  Y 食品加工

食品质量*
food quality
TS207.7
  D 食品品质
    食物质量
    食用品质
    食用质量
  F 白糖质量
    饼粕质量
    菜肴质量
    茶品质
    蛋白质质量
    淀粉质量
    豆腐质量
    豆粕质量
    腐乳质量
    罐头质量
    果汁质量
    酱油质量
    酒精质量
    麦芽质量
    麦汁质量
    米饭品质
    面筋质量
    面制品质量
    酿酒品质
    烹煮品质
    禽蛋质量
    清汁质量
    肉品质量
    乳品质量
    食糖质量
    食味品质
    糖液质量
    味精质量
    盐质
    蒸煮品质
  C 产品质量
    感官质量
    食品
    食品工程
    食品科学
    食品污染 →⑬

质量

食品质量安全
　Y 食品安全

食品质量控制
food quality control
TS207.7
　S 质量控制*

食品贮藏
　Y 食品储藏

食品贮存
　Y 食品储藏

食品专业
food speciality
TS2
　D 食品工程专业
　S 轻化工程专业
　F 餐饮管理专业
　Z 专业

食品专用包装纸
　Y 食品包装纸

食品专用粉
food wheat flour
TS211.2
　D 食品用面粉
　S 专用面粉
　F 饼干专用粉
　　蛋糕粉
　　发泡粉
　　饺子粉
　　馒头粉
　　面包粉
　　面条粉
　Z 粮食

食品装罐
food canning
TB4；TS29
　S 灌装*

食品着色剂
　Y 食用色素

食品资源
　Y 食品原料

食品组分
　Y 食品成分

食谱*
dietary
TS972.12
　D 餐谱
　　席谱
　F 保健食谱
　　菜谱
　　点心食谱
　　儿童食谱
　　减肥食谱
　　面点食谱
　　水产食谱
　　微波食谱
　　学校食谱
　C 菜系

菜肴
谱 →(1)(3)(4)(5)(6)(7)(8)(9)(11)(12)

食器
　Y 饮食器具

食堂
mess
TS97；TU2
　D 小食堂
　S 设施*
　C 餐馆

食糖
table sugar
TS245
　S 糖制品*
　F 白糖
　　冰糖
　　红糖
　　精糖
　　砂糖
　　甜菜糖
　C 果糖
　　乳糖
　　蔗糖

食糖质量
sugar quality
TS247
　S 食品质量*

食味
edible quality
TS264
　S 感觉*
　F 大米食味

食味品质
eating quality
TS201；TS218；TS264
　D 色泽品质
　　香气品质
　　香味品质
　　滋味品质
　S 食品质量*

食物
　Y 食品

食物安全
　Y 食品安全

食物安全信息
　Y 食品安全信息

食物保鲜
　Y 食品保鲜

食物变质
food spoilage
TS201.6
　D 食品变质
　　食品腐败
　　食品腐败变质
　S 腐败变质
　F 饮料混浊
　　油脂酸败
　Z 变质

食物储存
food storage
TS205
　D 食品储存
　S 存储*

食物搭配
food combination
TS971.1
　S 饮食搭配
　F 菜肴搭配
　Z 搭配

食物蛋白
　Y 食用蛋白

食物蛋白质
　Y 食用蛋白

食物雕刻
　Y 食品雕刻

食物废料
　Y 食品废料

食物加工
　Y 食品加工

食物加热
　Y 食品加热

食物加温器
　Y 食品加工器

食物搅拌机
　Y 食品加工器

食物强化
　Y 食品强化

食物添加剂
　Y 食品添加剂

食物纤维
　Y 膳食纤维

食物油
　Y 食用油

食物原料
　Y 食品原料

食物质量
　Y 食品质量

食物贮藏
　Y 食品储藏

食盐*
sodium chloride
TS264.2；TS36
　D 氯化钠
　　食用盐
　F 保健盐
　　肠衣盐
　　碘盐
　　调味盐
　　精制盐
　　泡菜盐
　　日晒盐
　　腌制盐
　　鱼籽盐

再制盐

食盐生产
　Y 制盐

食用
　Y 可食性

食用安全
　Y 食品安全

食用安全评价
　Y 食品安全评价

食用安全性
　Y 食品安全

食用包装纸
　Y 食品包装纸

食用变性淀粉
modified food starch
TS235
　S 变性淀粉
　Z 淀粉

食用菜油
edible rape seed oil
TS22
　S 食用油
　Z 粮油食品

食用糙米
　Y 糙米

食用纯水
　Y 纯净水

食用醋*
vinegar
TS264.22
　D 醋
　　食醋
　F 固态食醋
　　酿造食醋
　　配制食醋
　　液态醋
　　竹醋
　C 醋饮料
　　调味品

食用蛋白
edible protein
Q5；TS201.21
　D 食品蛋白
　　食品蛋白质
　　食物蛋白
　　食物蛋白质
　S 蛋白质*

食用碘盐
edible iodized salt
TS264.2；TS36
　D 加碘食盐
　　加碘食用盐
　　食用加碘盐
　S 碘盐
　F 碘酸钾碘盐
　　加碘盐
　Z 食盐

食用淀粉
　Y 谷物淀粉

食用调和油
edible blended oil
TS224
　D 调和油
　S 食用油
　F 大豆混合油
　C 定标模型
　Z 粮油食品

食用调料
　Y 调味品

食用调味品
　Y 调味品加工

食用法
　Y 食用方法

食用方法
edible method
TS97
　D 食法
　　食用法
　S 方法*
　F 饮食方法
　　饮用方法

食用防腐剂
　Y 食品防腐剂

食用粉*
edible powders
TS202.1
　F 蚕粉
　　茶粉
　　蛋清粉
　　发酵菌粉
　　蜂蜜粉
　　高粱粉
　　葛粉
　　骨粉
　　果蔬粉
　　河粉
　　核桃粉
　　花生粉
　　栗粉
　　莲子粉
　　薯粉
　　枣粉
　　猪血粉
　C 谷物粉

食用麸皮
　Y 麸皮

食用麸皮纤维
　Y 麦麸膳食纤维

食用干酪素
　Y 酪蛋白

食用海藻
edible seaweeds
TS254.58
　D 海藻食品
　S 藻类食品
　Z 水产品

食用合成色素
synthetic food colorants
TQ61；TS202.39
　D 合成食用色素
　S 食用色素
　Z 色素

食用花生
　Y 花生米

食用花生油
　Y 花生油

食用化学品
food chemicals
TS202
　S 化学品*

食用加碘盐
　Y 食用碘盐

食用胶
edible glue
TS202
　D 食品胶
　S 胶*
　F 魔芋胶
　　食用明胶

食用酵母
food yeast
TQ92；TS201.3
　S 酵母*
　F 面包酵母

食用酒
　Y 酒

食用酒精
edible alcohol
TS262
　D 食用乙醇
　S 酒*

食用菌保健饮料
　Y 保健饮料

食用菌多糖
edible fungi polysaccharide
Q5；TS24
　S 真菌多糖
　Z 碳水化合物

食用菌加工
edible mushroom processing
TS205
　S 食品加工*

食用明胶
edible gelatine
TS213
　S 食用胶
　F 鱼明胶
　Z 胶

食用农产品安全
edible farm produce safety
TS207
　S 食品安全*

食用品

食品
Y 食品

食用品质
Y 食品质量

食用乳化剂
Y 食品乳化剂

食用色素
food color
TQ61；TS202.39
D 食品色素
食品着色剂
食用着色剂
S 色素*
F 黑米色素
食用合成色素
天然食用色素
紫薯色素
紫玉米色素
C 焦糖
食品添加剂

食用天然色素
Y 天然食用色素

食用添加剂
Y 食品添加剂

食用甜味剂
Y 甜味剂

食用味精
Y 味精

食用纤维
Y 膳食纤维

食用香精
Y 食品香精

食用香料
flavouring
TS264.3
D 调味香料
食品香精香料
食品香料
食品香味
S 调味品*
香料
F 酒用香料
肉味香料
咸味香料
C 食品
食品香精
Z 香精香料

食用性能
edible characteristics
TS201
S 食品特性*

食用盐
Y 食盐

食用乙醇
Y 食用酒精

食用油
edible oils
TS22

D 高级烹调油
烹调油
烹饪油
食品油脂
食物油
食用油脂
食油
油脂食品
S 粮油食品*
F 保健食用油
蛋糕油
蛋黄油
调味油
红松仁油
红油
华山松籽油
煎炸油
奶油
起酥油
色拉油
沙拉油
食品级白油
食用菜油
食用调和油
酥油
C 动物油
香精油 →(9)
油料
植物油 →(9)

食用油标准
Y 食用油质量

食用油脂
Y 食用油

食用油脂工业
edible oil industry
TS22
S 油脂工业
Z 轻工业

食用油质量
edible oil quality
TS227
D 食用油标准
油脂检验
油脂质量
油质量
S 食品标准
Z 标准

食用纸
Y 可食性包装纸

食用质量
Y 食品质量

食用着色剂
Y 食用色素

食油
Y 食用油

食鱼安全
fish product safety
TS207
S 肉类食品安全
Z 食品安全

矢车菊色素
cyanidin
TQ61；TS202.39
S 植物色素
Z 色素

使用
Y 应用

使用领域
Y 应用

使用设备
Y 设备

使用寿命期
Y 寿命

使用特性
Y 使用性能

使用稳定性
Y 稳定性

使用性
Y 使用性能

使用性能*
service performance
ZT4
D 使用特性
使用性
使用性质
应用性能
F 服用性能
回用性能
C 产品性能
工程寿命 →(1)
性能

使用性质
Y 使用性能

示宽灯
Y 侧灯

示踪纤维
tracer fibre
TQ34；TS102.528
S 功能纤维
Z 纤维

世界蒸馏酒
world distilled liquor
TS262.39
S 蒸馏酒
Z 白酒
酒

势切安定性
Y 稳定性

事故*
accident
X9
D 常见事故
事故发生
事故分类
事故经过
事故类别
事故类型

事故特点
事故现象
事故种类
灾害事故
灾害事件
灾难事故
灾难性事故
F 食品安全事件
C 车辆事故 →(2)(12)(13)
承灾体 →(13)
航空航天事故 →(6)(12)
核事故 →(6)(13)
交通运输事故 →(6)(12)(13)
矿山事故 →(2)(4)(12)(13)
事故地点 →(12)(13)
事故分析 →(13)
事故原因分析 →(13)
事件 →(1)(2)(4)(8)
冶金事故 →(3)
钻井事故 →(2)(13)
钻具事故 →(2)(3)(13)

事故发生
Y 事故

事故分类
Y 事故

事故经过
Y 事故

事故类别
Y 事故

事故类型
Y 事故

事故特点
Y 事故

事故现象
Y 事故

事故照明器
Y 照明设备

事故种类
Y 事故

饰件
Y 配饰

饰面辊
dandy roll
TH13；TS73
D 修面辊
S 辊*

饰面人造板
decorative faced wood-based panel
TS62
D 保丽板
薄膜贴面人造板
单饰面人造板
沟槽人造板
浸渍胶膜纸饰面人造板
浸渍纸饰面
浸渍纸饰面板
刻花装饰板
双饰面人造板

塑料贴面板
贴面人造板
涂饰人造板
装饰纸贴面人造板
S 人造板
装修装饰材料*
Z 木材

饰品*
ornamentation
TS934.5
D DTC 饰品
宝石饰品
镀金饰品
仿金饰品
琥珀饰品
时尚饰品
饰物
水晶饰品
珠宝饰品
珠宝饰物
装饰品
钻石饰品
F 玳瑁
灯饰
发髻
翡翠饰品
挂件
家居饰品
金银饰品
帽饰
首饰
首饰盒
玉器
珍珠饰品
C 饰品材料

饰品材料*
jewelry materials
TS934
D 首饰用材料
F 宝玉石
象牙
珠宝
C 材料
贵金属材料 →(3)
饰品

饰纱超喂
decoration yarn over feeding
TS104
S 超喂
C 花式纱线
Z 纺纱工艺

饰物
Y 饰品

试纺
spinning trial
TS104.2
S 纺纱工艺*
F 单唛试纺

试剂*
agents
O6；TQ42
F 人工汗液

试验*
trial
TB4
D 过试验
试验操作
试验成果
试验工程
试验结果
试验施工
试验性
综合试验
F 保鲜试验
穿着试验
脱壳试验
C 测试
测试工况 →(1)
调试
工程试验 →(1)(2)(3)(6)(9)(11)(12)
化学试验 →(1)(3)(4)(9)
力学试验 →(1)(3)(4)(5)(6)(11)(12)
模型试验 →(1)(3)(4)(6)(11)(12)
实验
试验炉 →(5)
试验条件 →(1)(6)(11)
试制 →(4)
武器试验 →(1)(6)(7)(9)
物理试验 →(1)(6)
性能试验 →(1)(2)(3)(4)(5)(6)(9)(11)(12)

试验操作
Y 试验

试验成果
Y 试验

试验法*
experimental method
TU4
F 百度试验法
预压排水固结法

试验工程
Y 试验

试验结果
Y 试验

试验器
Y 试验设备

试验设备*
trial equipment
TB4
D 摆锤冲击试验设备
参试设备
串联谐振试验设备
带电作业检测试验设备
弹簧冲击试验设备
发动机试验设备
防滴试验设备
防溅试验设备
防喷试验设备
工频试验设备
理化试验设备
落锤冲击试验设备
球压试验设备
热心轴试验设备
柔性试验设备
湿热试验设备

实验装备
实验装置
试验器
试验装备
试验装置
性能试验系统
性能试验装置
压力试验设备
液压试验设备
自动试验设备
  F 强力试验仪
三轴气浮台
  C 测量装置 →(1)(4)(5)(6)(7)(8)
测试系统 →(4)(8)
设备
试验炉 →(5)
探测器 →(1)(4)(5)(6)(7)(8)(11)(12)(13)
探针 →(7)(8)
液压测试系统 →(4)

试验施工
  Y 试验

试验室
  Y 实验室

试验性
  Y 试验

试验轧机
  Y 轧机

试验装备
  Y 试验设备

试验装置
  Y 试验设备

试样长度
specimen length
TS101
  S 长度*

试样宽度
specimen width
TS101
  S 宽度*

试衣*
fitting
TS941.6
  F 三维试衣

试织
trial weaving
TS105
  S 织造*
  F 织样

试纸
test paper
TS767
  D 反应纸
  S 纸制品*
  F pH 试纸
检测试纸

视觉风格
visual style
TS941.1

  S 风格*
  C 视觉传感 →(8)
视觉仿真 →(8)
视觉特效 →(8)

视觉观测
visual attention
TS805
  D 视觉注意
  S 观测*
  C 显著区域 →(8)

视觉评价
visual evaluation
TS805
  S 感官评价
  Z 评价

视觉注意
  Y 视觉观测

视听
  Y 视听设备

视听设备*
audio-visual aids
TN94
  D AV 器材
AV 设备
电影电视设备
声像设备
视听
视听系统
视音频设备
视音频系统
音视频设备
音像设备
影视设备
影音器材
影音设备
  F 唱机
电子音响合成器
  C 电视设备 →(7)
电视制作设备 →(7)
设备
视频技术 →(7)
视频驱动 →(8)
视频系统 →(1)(7)(8)
视音频服务器 →(8)
音视频产品 →(7)
音视频技术 →(1)(7)(8)

视听系统
  Y 视听设备

视像眼镜
video glasses
TS959.6
  S 眼镜*

视音频设备
  Y 视听设备

视音频系统
  Y 视听设备

适纺性
  Y 可纺性

适纺性能

  Y 可纺性

适性*
appropriateness
TS8；ZT4
  F 活动舒适性
舒适性
印刷适性
原料适应性
  C 性能

适印性
  Y 印刷适性

适张
  Y 适张度

适张度
tensioning level
TS64
  D 适张
  S 张力*

柿饼
persimmon cake
TS255
  S 果干
  Z 果蔬制品

柿饼加工
dried persimmon processing
TS255.36
  S 果品加工
  Z 食品加工

柿醋
  Y 柿果醋

柿果醋
persimmon vinegar
TS264；TS27
  D 柿醋
柿子醋
  S 果醋
  Z 饮料

柿果酱
  Y 果酱

柿果饮料
  Y 果汁饮料

柿酱
  Y 番茄酱

柿叶茶
persimmon leaf tea
TS272.59
  S 凉茶
  Z 茶

柿叶茶酒
persimmon liquor
TS262
  S 茶酒
  Z 酒

柿叶饮料
  Y 植物饮料

柿子醋

　　Y 柿果醋

柿子果酒
persimmon fruit wine
TS262.7
　　D 柿子酒
　　S 果酒
　　Z 酒

柿子酒
　　Y 柿子果酒

柿子皮
persimmon peel
TS255
　　S 水果果皮*

室内大地毯
　　Y 地毯

室内纺织品
household textile
TS106
　　D 室内用纺织品
　　S 内装饰纺织品
　　F 墙布
　　Z 装饰用纺织品

室内家具
indoor furnitures
TS66；TU2
　　S 家具*

室内健身器材
　　Y 室内健身器械

室内健身器械
indoor fitness equipments
TS952.91
　　D 室内健身器材
　　S 健身器材
　　Z 体育器材

室内清洁
household cleaning
TS975
　　D 地毯清洁
　　　家居清洁
　　　家庭清洁
　　S 清洁*

室内卫生设备
　　Y 卫生器具

室内用纺织品
　　Y 室内纺织品

室内织物设计
interior fabric design
TS105.1
　　S 织物设计
　　Z 纺织设计

室内装饰品
　　Y 家居饰品

室内装饰用纺织品
　　Y 家用纺织品

室内装饰织物
　　Y 装饰织物

室外灯具
external fitting
TS956.2
　　S 灯具*

室外家具
　　Y 户外家具

室外型中密度纤维板
exterior medium density fiberboard
TS62
　　S 中密度纤维板
　　Z 木材

室温贮存
　　Y 常温贮存

释放*
liberation
ZT5
　　D 释放方式
　　F 甲醛释放
　　C 酸雨 →⑪⑬
　　　吸附 →(1)(2)(3)(6)(8)(9)⑪⑬

释放方式
　　Y 释放

释热
　　Y 热学性能

释酸剂
acid-releasing agent
TS190
　　S 化学剂*
　　C 酸性染料

嗜好性
preference
S；TS971.1
　　S 性能*
　　C 饮食习性

收藏方法
　　Y 储藏

收得率
　　Y 收率

收放针
fashioning
TS184
　　D 放针方法
　　　收放针搭配
　　S 针织工艺*
　　F 四针技术

收放针搭配
　　Y 收放针

收卷
rolling
TS75
　　D 收卷控制
　　S 生产工艺*

收卷控制
　　Y 收卷

收率*
yield percentage

O6
　　D 产率
　　　产品产率
　　　产品收率
　　　产物收率
　　　得率
　　　高收率
　　　收得率
　　　综合产率
　　　总产率
　　　总收率
　　F 产糖率
　　　出酒率
　　　粗浆得率
　　　精制收率
　　　麦汁收得率
　　　纸浆得率
　　C 比率
　　　产量
　　　回收率
　　　吸收率 →(1)(5)(7)

收缩*
shrinkage
O4
　　D 收缩现象
　　　体积收缩
　　F 碱缩
　　　缩绒
　　C 烧成收缩率 →(9)

收缩标签
shrink label
TS896
　　S 贴标
　　Z 印刷品

收缩现象
　　Y 收缩

收纸链条
delivery chain
TS803
　　S 链条*

手柄
hand grip
TH13；TS97
　　D 把手
　　　柄
　　　柄部
　　C 工具

手部保养
　　Y 手部护理

手部防护用品
　　Y 防护手套

手部护理
hand care
TS974.1
　　D 手部保养
　　S 皮肤护理
　　Z 护理

手扯长度
　　Y 棉纤维长度

手持工具

Y 手工具

手持式电钻
Y 电钻

手电筒
flashlight
TS956.2
D 电筒
S 灯具*

手电钻
Y 电钻

手动扳手
Y 扳手

手动钉鞋眼机
Y 制鞋机械

手动仿形雕刻机
Y 雕刻机

手动工具
Y 手工具

手动攻丝机
Y 攻丝机

手动横机
Y 手摇横机

手动进给木工圆锯机
Y 圆锯机

手动进给圆锯机
Y 圆锯机

手动离合式扭矩扳手
Y 扳手

手感
hand touch
TS101
D 手感性能
S 感觉*

手感剂
feeling agents
TS195.2
D 皮革手感剂
S 功能整理剂
C 硅油 →(2)(9)
皮革
Z 整理剂

手感加工
Y 柔软整理

手感性能
Y 手感

手感值
handle value
TS101
S 数值*

手工编结
knotting by hand
TS18
S 编结
Z 编织

手工编织
hand knitting
TS184
S 编织*

手工地毯
Y 地毯

手工分等
Y 木材加工

手工分选
Y 木材加工

手工工具
Y 手工具

手工挂面
Y 面条

手工具
hand tool
TG7；TS914
D 泥瓦工具
石工工具
手持工具
手动工具
手工工具
S 工具*
F 扳手
锉
螺丝刀
钳子
射钉枪
手工锯
C 刀具
手动装置 →(3)(4)
五金件

手工锯
frame saw
TG7；TS64
S 锯
手工具
Z 工具

手工拉面
Y 面条

手工面条
Y 面条

手工木工
Y 木材加工

手工拼版
manual typesetting
TS804
S 拼版
Z 模版

手工设计
manual design
TS95
D 手绘设计
S 设计*

手工丝网印刷
Y 丝网印刷

手工艺

Y 工艺品

手工印花
hand printing
TS194.42
S 印花*
C 机械印花

手工栽绒地毯
Y 地毯

手工造型
Y 造型

手工造纸
handcraft paper-making
TH16；TS76
S 造纸
Z 生产

手工织造
handle weaving
TS105
S 织造*

手工纸
handmade paper
TS761.1；TS766
D 毛边纸
S 纸张*
F 藏纸
工艺编织纸
宣纸

手工制作
hand making
TS95
S 制作*

手工作坊
Manual workshop
TS08
S 作坊*

手鼓
Y 鼓

手绘设计
Y 手工设计

手巾
Y 手帕

手链
bracelet
TS934.3
S 首饰
Z 饰品

手铆钳
Y 钳子

手拿花边
Y 花边

手帕
mocket
TS941.3
D 烂花手帕
手巾
双面提花手帕

印花手帕
装饰手帕
S 配饰
C 烂花印花
提花织物
Z 服饰

手球
handball
TS952.3
S 球类器材
Z 体育器材

手术服
Y 手术衣

手术衣
operating coat
TS941.731；X9
D 手术服
外科手术服
S 医用防护服
Z 安全防护用品
服装

手套
gloves
TS941.724
D 皮革手套
手型手套
针织手套
直型手套
S 服饰*
F 防护手套
乳胶手套
C 手套机

手套编织机
Y 手套机

手套革
glove leather
TS563.1；TS941.46
S 成品革
Z 皮革

手套横机
Y 手套机

手套机
glove knitting machine
TS183.6
D 手套编织机
手套横机
S 针织机
F 全自动手套机
C 手套
Z 织造机械

手提式压铆机
Y 电铆机

手提压铆机
Y 电铆机

手洗
hand washing
TG1；TS973
S 清洗*

手型手套
Y 手套

手摇横机
hand-operated flat knitting machines
TS183.4
D 手动横机
S 横机
Z 织造机械

手针工艺
Y 服饰手工艺

手织机
Y 织机

手抓饭
Y 抓饭

首服
head ornaments
TS941.7
S 服饰*

首饰
jewellery
TS934.3
D 首饰品
S 饰品*
F 凤冠
贵金属首饰
戒指
时代首饰
手链
陶瓷首饰
王冠
镶嵌首饰
项链
珠宝首饰

首饰材料
jewellery materials
TS93
S 材料*

首饰盒
jewel case
TS934.5
S 饰品*

首饰加工
ornament processing
TS93
D 首饰制造
首饰制作
S 加工*
F 宝石加工
改色
鎏金
增光
珍珠加工
钻石加工
C 含金量 →(3)

首饰款式
jewelry style
TS93
S 样式*

首饰品

Y 首饰

首饰设计
jewellery design
TS934.3
D 现代首饰设计
S 珠宝首饰设计
Z 产品设计

首饰设计比赛
jewelry design competition
TS93
S 设计比赛
Z 比赛

首饰用材料
Y 饰品材料

首饰制造
Y 首饰加工

首饰制作
Y 首饰加工

寿命*
lifespan
Q4；ZT73
D 使用寿命期
寿命期
寿命时间
F 延寿
C 长寿技术 →(3)
破坏分析 →(1)
时间
衰变 →(6)

寿命期
Y 寿命

寿命时间
Y 寿命

寿命延长
Y 延寿

寿山
Y 寿山石

寿山石
agalmatolite
TS933.21
D 寿山
S 观赏石*

寿生黄酒
Shousheng rice wine
TS262.4
S 黄酒
Z 酒

寿司
sushi
TS972
S 日本菜
Z 菜肴

受控染色
controled-dye process
TS19
S 染色工艺*

受热时间
　Y 加热时间

受损
　Y 损伤

受污染水
　Y 废水

兽毛
　Y 毛纤维

兽皮
　Y 动物皮

瘦脸
takeweight off face
TS974.13
　S 面部美容
　Z 美容

瘦牛肉
　Y 牛肉

瘦身
weight loss
TS974.14
　D 减肥
　　减肥法
　　瘦身方法
　S 美体
　Z 美容

瘦身方法
　Y 瘦身

瘦猪肉
　Y 猪肉

书板
　Y 打击乐器

书版
printing plate
TS8
　D 拼书版
　S 模版*
　F 方正书版

书法字体
calligraphy fonts
TS8
　S 字体*

书鼓
　Y 鼓

书画用纸
painting paper
TS761.1
　D 书画纸
　S 美术纸
　F 宣纸
　Z 办公用品
　　纸张

书画纸
　Y 书画用纸

书籍设计*
book design
TS801

　D 书脊设计
　F 标签设计
　　封面设计
　　印前设计
　　印刷设计
　　原稿设计
　　装帧设计

书籍印刷
book printing
TS87
　D 图书印刷
　S 书刊印刷
　Z 印刷

书籍装订
bookbinding
TS885
　S 书刊装订
　Z 装订

书籍装帧
　Y 装帧

书籍装帧设计
book binding design
TS801
　D 书装设计
　S 装帧设计
　C 书刊
　Z 书籍设计

书脊设计
　Y 书籍设计

书刊
books and periodicals
TS891
　S 印刷品*
　F 书帖
　　书芯
　C 书籍装帧设计
　　书刊印后

书刊印后
publication post-press
TS859
　S 印后加工
　C 书刊
　Z 印制技术

书刊印刷
books and periodicals printing
TS87
　S 出版印刷
　F 期刊印刷
　　书籍印刷
　Z 印刷

书刊装订
books and periodicals binding
TS885
　S 装订*
　F 卷轴装
　　书籍装订

书刊装订设备
books and periodicals binding equipment
TS803.9
　S 印后装订设备

　Z 印刷机械

书皮纸
　Y 纸张

书帖
signatures
TS891
　S 书刊
　Z 印刷品

书写笔
　Y 笔

书写性能
writing performance
TS77；TS951.1
　S 信息特征*
　C 文具

书写纸
writing paper
TS761.1
　D 条纹书写纸
　S 文化用纸
　Z 办公用品
　　纸张

书芯
bookblock
TS891
　S 书刊
　Z 印刷品

书装设计
　Y 书籍装帧设计

梳成短麻
　Y 麻纤维

梳齿榫开榫机
　Y 开榫机

梳解加工
combing processing
TS65
　S 木材加工
　Z 材料加工

梳理
carding
TS104.2
　D 分梳
　　分梳工艺
　　高速梳理
　　梳理工艺
　　梳理技术
　　梳理速度
　　梳理运动
　S 前纺工艺
　F 梳理度
　　梳棉工艺
　　双梳
　　锡林梳理
　C 分梳元件
　　梳理隔距
　　梳理力
　　梳理效能
　　梳理质量
　Z 纺纱工艺

梳理成网
carding web
TS174
　D 机械成网
　　梳理成网法
　S 干法成网
　Z 非织造工艺

梳理成网法
　Y 梳理成网

梳理成网非织造布
　Y 非织造布

梳理齿条
　Y 金属针布齿条

梳理度
carding degree
TS104.2
　S 梳理
　Z 纺纱工艺

梳理隔距
carding isolation distance
TS104.2
　S 隔距*
　C 梳理

梳理工艺
　Y 梳理

梳理机
carding engine
TS103.22
　D 分梳机
　　盖板梳理机
　　钢丝车
　　高速梳理机
　　罗拉梳理机
　　针梳机
　S 前纺设备
　F 精梳机
　　梳毛机
　　梳棉机
　　羊绒梳理机
　C 牵伸装置
　　梳理机构
　　梳棉隔距
　　针板
　Z 纺织机械

梳理机构
carding mechanism
TS103.11
　S 纺纱机构
　C 梳理机
　　弯钩纤维
　Z 纺织机构

梳理技术
　Y 梳理

梳理力
carding force
O3；TS104
　S 力*
　C 短绒
　　梳理

梳理速度
　Y 梳理

梳理效果
combing effect
TS107
　S 纺织效果
　Z 效果

梳理效能
carding efficiency
TS104
　D 分梳能力
　S 效能*
　C 梳理

梳理性
　Y 梳理性能

梳理性能
carding property
TS101
　D 梳理性
　S 纺织性能
　Z 纺织品性能

梳理元件
　Y 分梳元件

梳理原理
carding principle
TS104
　S 纺织原理
　Z 原理

梳理运动
　Y 梳理

梳理针布
　Y 金属针布齿条

梳理针刺法
　Y 针刺工艺

梳理质量
carding quality
TS104
　D 分梳质量
　S 工艺质量*
　C 梳理

梳毛机
wool comber
TS132
　D KYC2500 型
　　KYC2500 型梳毛机
　　半精纺梳毛机
　　分条梳毛机
　　三联梳毛机
　　双联梳毛机
　S 梳理机
　F 粗纺梳毛机
　　精纺梳毛机
　C 分梳区
　　纤维长度
　Z 纺织机械

梳绵
　Y 梳棉工艺

梳绵工艺

梳绵机
　Y 丝纺织机械

梳棉
　Y 梳棉工艺

梳棉隔距
cotton carding gauge
TS104.2
　S 隔距*
　C 梳理机

梳棉工艺
cotton carding technology
TS104.2
　D 梳绵
　　梳绵工艺
　　梳棉
　S 梳理
　C 道夫转移率
　　盖板花
　　原棉
　Z 纺纱工艺

梳棉机
cotton carding machine
TS103.22
　D A186 系列梳棉机
　　A186 型
　　A186 型梳棉机
　　C4 梳棉机
　　C4 型
　　C4 型梳棉机
　　DK 型
　　DK 型梳棉机
　　FA 型梳棉机
　　盖板梳棉机
　　双联梳棉机
　S 梳理机
　F C60 型梳棉机
　　TC03 梳棉机
　　高产梳棉机
　C 尘棒
　　除尘刀
　　刺辊
　　道夫
　　分梳板
　　给棉板
　　棉网
　　圈条盘
　　锡林
　　小漏底
　　罩板
　Z 纺织机械

梳棉机机构
　Y 棉网清洁器

梳棉机针布
　Y 针布

梳棉速度
carding speed
TS104.2
　S 纺纱速度
　F 刺辊速度
　　道夫速度

锡林速度
　Z　加工速度

梳棉针布
　Y　针布

梳棉织物
　Y　棉织物

梳针
carding needle
TS103.82
　D　扁钢针
　S　针布
　C　织针
　Z　纺纱器材

梳针板
　Y　分梳板

梳针刺辊
comb ticker-in
TS103.81
　S　刺辊
　Z　纺纱器材

梳针打手
　Y　打手

梳针分梳板
pin carding plate
TS103.81
　S　分梳板
　Z　纺纱器材

梳栉
guide bar
TS183.1
　S　针织机构
　F　梳栉横移机构
　C　导纱器
　　　经编机
　Z　纺织机构

梳栉横移机构
shogging mechanism
TS183.1
　S　梳栉
　Z　纺织机构

梳妆台
dressing tables
TS66；TU2
　S　卧室家具
　Z　家具

舒适度指标
comfort index
TS941.17
　D　舒适性指标
　S　性能指标*

舒适功能
comfortable functions
TS941.1
　S　功能*

舒适性
comfort
TS101；TS941.1
　D　舒适性能

　S　适性*
　F　服装舒适性
　　　凉爽性
　　　热湿舒适性
　　　人体舒适性
　　　生理舒适性
　　　压力舒适性

舒适性能
　Y　舒适性

舒适性设计
comfort design
TS941.2
　S　性能设计*

舒适性整理
comfortableness finishing
TS195
　S　功能性整理
　F　吸湿排汗整理
　Z　整理

舒适性指标
　Y　舒适度指标

疏编织
sparse weaving
TS184
　S　编织*

疏密纬织物
density weft fabric
TS106.8
　S　织物*

疏散标志灯
　Y　应急标志灯

疏散导向照明器
　Y　照明设备

疏散指示灯
evacuation indicator
TM92；TS956
　S　指示灯
　Z　灯

疏水缔合阳离子淀粉
hydrophobically associated cationic starch
TS235
　S　阳离子淀粉
　Z　淀粉

疏水整理
hydeophobicity finish
TS195
　S　纺织品整理
　C　排水系统　→(11)
　Z　整理

疏松剂
　Y　膨松剂

输出*
output
TB4
　D　输出形式
　F　印前输出
　C　出口带宽　→(7)
　　　输出电路　→(7)

　　　输出开关　→(5)
　　　输出模式　→(8)
　　　输出状态　→(8)
　　　输入　→(1)(3)(7)(8)(11)

输出系统
output system
TH7；TS8
　S　信息处理系统*

输出形式
　Y　输出

输电性能
　Y　电性能

输浆管
　Y　浆体管道

输卤
brine transportation
TS36
　D　采输卤
　S　制盐*

输卤管
　Y　输卤管道

输卤管道
brine transportation pipeline
TQ11；TS33
　D　氯气管道
　　　输卤管
　S　管道*

输墨系统
　Y　喷墨设备

输墨装置
inking unit
TS803.9
　S　喷墨设备
　Z　印刷机械

输配系统*
transmission and distribution system
TU99
　F　配比系统
　　　气力压运系统
　C　工程系统　→(1)(6)(8)(11)
　　　供配电系统　→(5)
　　　管道系统　→(2)(4)(5)(11)(12)
　　　生产系统
　　　输配电系统　→(5)
　　　运输系统　→(12)

输送*
deliver
TH2；U1
　D　输送方法
　　　输送方式
　　　输送工艺
　F　风力输送

输送方法
　Y　输送

输送方式
　Y　输送

输送工艺

Y 输送

输送装置*
delivery mechanism
TH2
　　D 传输装置
　　　传送机构
　　　传送设备
　　　传送装置
　　　辊道输送装置
　　　推送输送机构
　　　线材输送装置
　　　重力输送装置
　　F 递纸吸嘴
　　　高架长距离皮带机
　　C 传动装置
　　　辊道电机 →(5)
　　　机械装置 →(2)(3)(4)(12)
　　　输送机 →(2)(4)
　　　输送设备 →(2)(4)(9)(12)
　　　输送系统 →(2)

输蔗机
　　Y 蔗加工机械

输纸
paper transport
TS805
　　S 理纸
　　F 变速输纸
　　Z 印刷工艺

输纸故障
paper feed trouble
TS805；TS807
　　D 走纸故障
　　S 印刷故障
　　F 断纸
　　　卡纸故障
　　Z 故障

输纸机
　　Y 递纸机构

输纸机构
　　Y 递纸机构

输纸器
　　Y 递纸机构

输纸系统
　　Y 递纸机构

输纸装置
　　Y 递纸机构

蔬菜
vegetables
TS255.2
　　D 蔬菜食品
　　S 果蔬*
　　F 艾蒿
　　　豆芽
　　　贡菜
　　　枸杞
　　　胡萝卜
　　　黄瓜
　　　芥菜
　　　菊花脑
　　　菊芋

　　　蕨菜
　　　苦瓜
　　　辣椒
　　　藜蒿
　　　莲藕
　　　芦笋
　　　马齿苋
　　　魔芋
　　　南瓜
　　　蒲菜
　　　荠菜
　　　芹菜
　　　山药
　　　山野菜
　　　薯类
　　　乌桕叶
　　　西红柿
　　　洋葱
　　　洋刀豆
　　　油冬菜
　　　油豆角
　　　竹笋
　　　孜然
　　　紫苏
　　C Vc含量

蔬菜包装
vegetable packaging
TS206
　　S 果蔬包装
　　Z 食品包装

蔬菜保鲜
vegetable fresh keeping
TS255.3
　　S 果蔬保鲜
　　Z 保鲜

蔬菜保鲜剂
vegetable antistaling agents
TS202.3
　　S 果蔬保鲜剂
　　Z 防护剂

蔬菜储藏
vegetable storage
TS255.3
　　D 蔬菜贮藏
　　S 果蔬贮藏
　　F 番茄贮藏
　　Z 储藏

蔬菜粉
vegetable powder
TS255.5
　　S 果蔬粉
　　F 大麦麦苗粉
　　　胡萝卜粉
　　　菊芋粉
　　　苦瓜粉
　　　辣椒粉
　　　魔芋粉
　　　南瓜粉
　　　藕粉
　　　芹菜粉
　　　生姜粉
　　Z 食用粉

蔬菜罐头
vegetable cans
TS295.7
　　S 果蔬罐头
　　F 芦笋罐头
　　　蘑菇罐头
　　　水煮笋罐头
　　Z 罐头食品

蔬菜加工
vegetable processing
TS255.36
　　S 果蔬加工
　　F 番茄加工
　　　蔬菜深加工
　　　鲜切加工
　　　香菇加工
　　　竹笋加工
　　Z 食品加工

蔬菜加工食品
　　Y 蔬菜制品

蔬菜面点
　　Y 面点

蔬菜沙拉
　　Y 沙拉

蔬菜深加工
vegetables deep processing
TS255.36
　　S 蔬菜加工
　　Z 食品加工

蔬菜食品
　　Y 蔬菜

蔬菜水果
　　Y 果蔬

蔬菜脱水
vegetable dehydration
TS205.1；TS255.3
　　S 脱除*

蔬菜饮料
vegetable beverage
TS275.5
　　S 原汁饮料
　　F 番茄饮料
　　　海带饮料
　　　胡萝卜汁饮料
　　C 蔬菜汁
　　Z 饮料

蔬菜原料
vegetable raw materials
TS255
　　S 果蔬原料
　　Z 食品原料

蔬菜汁
vegetable juices
TS255
　　D 菜汁
　　S 果蔬汁
　　　蔬菜制品
　　F 复合蔬菜汁
　　　胡萝卜汁

黄瓜汁
苦瓜汁
芹菜汁
C 蔬菜饮料
Z 果蔬制品
汁液

蔬菜汁饮料
Y 果蔬饮料

蔬菜纸
vegetable paper
TS255
D 果蔬纸
胡萝卜纸
纸菜
纸型保鲜蔬菜
S 蔬菜制品
Z 果蔬制品

蔬菜制品
vegetable products
TS255
D 萝卜食品
蔬菜加工食品
S 果蔬制品*
F 大蒜制品
酱菜
辣椒制品
芦荟制品
魔芋制品
泡菜
蔬菜汁
蔬菜纸
薯类制品
速冻蔬菜
脱水蔬菜
腌制蔬菜

蔬菜贮藏
Y 蔬菜储藏

蔬果
Y 果蔬

蔬果酒
Y 果酒

熟黄麻(精洗麻)
Y 黄麻纤维

熟料发酵
cooked material fermentation
TS261
S 发酵*

熟料曲
cooked material koji
TS26
S 酒曲
Z 曲

熟料制曲
clinker koji
TS26
D 蚕豆熟料制曲
S 制曲*

熟麻
Y 麻纤维

熟麦曲
cooked wheat koji
TS26
S 麦曲
Z 曲

熟肉
Y 熟肉制品

熟肉食品
cooked meat
TS251.6
S 熟食
Z 食品

熟肉制品
cooked meat product
TS251；TS251.6
D 成肉
成熟肉
熟肉
熟制禽肉
S 肉制品*
F 酱卤肉制品
肉脯
肉干
肉松
烧烤肉制品
熏烤肉制品

熟食
cooked food
TS972
D 熟食品
S 食品*
F 熟肉食品

熟食品
Y 熟食

熟条
drawing sliver
TS104
S 棉条
Z 产品

熟制
cropping system
TS205
S 食品加工*

熟制禽肉
Y 熟肉制品

黍米
milled glutinous broomcorn millet
TS210.2
D 黄粒米
黄米
S 谷类
Z 粮食

黍米黄酒
millet rice wine
TS262.4
S 黄酒
Z 酒

属性*
attribution

ZT4
D 属性论
F 人物属性
C 性能
属性窗口 →(8)
属性设置 →(8)

属性论
Y 属性

蜀锦
sichuan brocade
TS106.8
S 织锦
C 云锦
Z 机织物

鼠皮
rat skin
S；TS564
S 毛皮
F 海狸鼠皮
麝鼠皮
银星竹鼠皮
Z 动物皮毛

薯饼
Y 薯类制品

薯豆磨浆机
potato bean refiner
TS210.3
S 薯类加工机械
Z 食品加工机械

薯粉
sweet potato noodles
TS215
S 食用粉*
F 甘薯粉
马铃薯粉
木薯粉
C 甘薯食品

薯脯
Y 薯类制品

薯干
Y 薯类制品

薯类
tubers
S；TS255.2
S 蔬菜
F 红薯
马铃薯
鲜薯
紫薯
Z 果蔬

薯类淀粉
yam starch
TS235.2
D 薯芋类淀粉
S 淀粉*
F 甘薯淀粉
马铃薯淀粉
木薯淀粉

薯类加工

potato processing
TS210.4；TS215
 S 粮食加工
 F 甘薯加工
 C 薯类制品
 Z 农产品加工

薯类加工机械
potato processing machinery
TS210.3
 S 粮食机械
 F 薯豆磨浆机
  薯类制粉机
 Z 食品加工机械

薯类食品
 Y 薯类制品

薯类原料
 Y 薯类制品

薯类制粉机
potato flour machine
TS210.3
 S 薯类加工机械
  制粉设备
 Z 食品加工机械

薯类制品
potato products
TS215
 D 薯饼
  薯脯
  薯干
  薯类食品
  薯类原料
  薯类制食品
  薯香酥片
 S 蔬菜制品
 F 甘薯食品
  马铃薯食品
  木薯干
  木薯酒精
  薯片
  薯条
  薯渣
 C 薯类加工
 Z 果蔬制品

薯类制食品
 Y 薯类制品

薯片
potato chips
TS215
 S 薯类制品
 F 复合薯片
  甘薯片
  马铃薯片
 Z 果蔬制品

薯条
potato fries
TS215
 S 薯类制品
 Z 果蔬制品

薯香酥片
 Y 薯类制品

薯芋类淀粉
 Y 薯类淀粉

薯蓣
 Y 山药

薯渣
tubers dregs
TS215
 S 薯类制品
 F 甘薯渣
 Z 果蔬制品

束裤
girdle
TS941.7
 S 内衣
 Z 服装

束纤维
 Y 纤维束

树胶
 Y 树脂

树莓果酱
 Y 草莓酱

树莓酒
bramble wine
TS262.7
 S 果酒
 Z 酒

树皮*
bark
R；TS62
 F 构树皮
  核桃楸树皮
  荆树皮
  桑皮
  松树皮
  檀皮
 C 木质素
  软木材
  造纸原料

树叶食品
 Y 植物性食品

树脂*
resin
TQ32
 D 树胶
  树脂材料
  树脂体系
 F PAE 树脂
  番茄红素油树脂
  姜油树脂
 C 单体 →(1)(9)
  胶粘剂
  树脂切片 →(9)
  塑料 →(1)(5)(6)(9)(11)(13)

树脂材料
 Y 树脂

树脂产品
 Y 塑胶制品

树脂复鞣剂

resin retanning agent
TS529.2
 S 复鞣剂
  树脂鞣剂
 Z 鞣剂

树脂镜片
resin lens
TH7；TS959.6
 D 塑料镜片
 S 镜片*

树脂控制剂
pitch-control agents
TS727
 S 制剂*
 F 树脂障碍控制剂
 C 改性木质素
  施胶剂

树脂鞣剂
resin tanning agent
TS529.2
 S 聚合物鞣剂
 F 氨基树脂鞣剂
  树脂复鞣剂
 Z 鞣剂

树脂体系
 Y 树脂

树脂粘接剂
 Y 粘接材料

树脂障碍控制剂
pitch control agents
TS727
 S 树脂控制剂
 Z 制剂

树脂整理
resin finishing
TS195
 D 树酯整理
 S 纺织品整理
  化学加工*
 F 无甲醛整理
 C 树脂整理机
  树脂整理剂
 Z 整理

树脂整理定形机
 Y 树脂整理机

树脂整理机
resin finishing ranges
TS190.4
 D 树脂整理定形机
  树脂整理联合机
 S 整理机
 C 树脂整理
 Z 染整机械

树脂整理剂
resin finishing agent
TS195.2
 S 整理剂*
 C 防皱整理剂
  交联剂 →(9)
  抗皱免烫整理

树脂整理

树脂整理联合机
  Y 树脂整理机

树脂制品
  Y 塑胶制品

树脂质
  Y 脂质

树酯整理
  Y 树脂整理

树皱弹力织物
  Y 弹性织物

竖领
  Y 立领

竖式冷却器
  Y 冷却装置

数据*
data
TP3
  D 数据类型
  F 人体数据
  C 数据分类 →(8)
    数据类型转换 →(8)
    图像比对 →(7)

数据操作
  Y 数据处理

数据处理*
data processing
TP2
  D 数据操作
    数据处理技术
  F 数据打印
  C 处理
    数据备份 →(8)
    数据处理功能 →(8)
    数据处理软件 →(8)
    数据处理系统 →(8)
    数据特性 →(7)(8)

数据处理技术
  Y 数据处理

数据打印
data printing
TS859
  D 打印数据
  S 打印*
    数据处理*
  C 打印格式 →(7)
    打印机驱动程序 →(8)

数据类型
  Y 数据

数控刀片
numerical control blade
TG7；TS914.212
  S 刀片
  Z 工具结构

数控飞锯
  Y 飞锯

数控滚轧机
  Y 轧机

数控键槽铣床
  Y 专用铣床

数控刻楦机
numerical controlled last carving machine
TS943.5
  S 刻楦机
  Z 轻工机械

数控立式铣床
  Y 立式铣床

数控龙门镗铣床
numerical control gate boring-milling machine
TG5；TS64
  S 龙门镗铣床
  Z 机床

数控龙门铣床
NC planer type milling machine
TG5；TS64
  S 龙门铣床
    数控铣床
  Z 机床

数控镂铣机
numerically-controlled router
TS642
  D 镂铣机
  S 木工机床
  Z 木工机械

数控落地铣镗床
CNC boring and milling machine
TG5；TS64
  S 数控镗铣床
  Z 机床

数控模
  Y 模具

数控木工机床
numerical control woodworking machines
TS642
  S 木工机床
  Z 木工机械

数控刨床
numerical-controlled planer
TG5；TS64
  S 刨床
  Z 机床

数控切纸机
  Y 切纸机

数控镗床
numerical control borer
TG5；TS64
  S 机床*

数控镗铣床
numeral control boring tools and milling machine
TG5；TS64
  D 数控卧式铣镗床
    数控铣镗床

  S 数控铣床
    镗铣床
  F 数控落地铣镗床
  Z 机床

数控凸轮铣床
  Y 专用铣床

数控卧式铣床
  Y 卧式铣床

数控卧式铣镗床
  Y 数控镗铣床

数控铣齿机
CNC gear milling machine
TG5；TS64
  S 机床*

数控铣床
CNC milling machine
TG5；TS64
  D 程序控制铣床
    经济型数控铣床
    立式数控铣床
    三轴数控铣床
    数字控制铣床
    五轴数控铣床
  S 机床*
  F 数控龙门铣床
    数控镗铣床
    数控钻铣床
  C 数控铣削 →(3)

数控铣镗床
  Y 数控镗铣床

数控铣钻床
  Y 数控钻铣床

数控钻铣床
CNC milling machine drilling
TG5；TS64
  D 数控铣钻床
  S 数控铣床
    钻铣床
  Z 机床

数量*
quantity
O1；TB9；ZT3
  D 数字量
  F 包装量
    保暖量
    得色量
    放缝量
    活菌数
    胶量
    菌落总数
    墨量
    起翘量
    上胶量
    伸长量
    施胶量
    提取量
    透气量
    吸湿量
    游离甲醛释放量
  C 尺寸

当量 →(1)(3)(6)(13)
服装号型
面积 →(1)(2)(3)(4)(5)(7)(9)(11)(12)
数值
缩尺模型 →(6)
体积 →(1)(2)(3)(9)

数量控制*
quantity control
O；TP1
  F 横向水分控制
  C 流量控制 →(1)(2)(3)(4)(5)(7)(8)(11)
    数学控制
    增量控制 →(5)(7)(8)

数码成像
  Y 数字成像

数码成像系统
  Y 数字成像

数码打样
digital proof
TS801；TS805
  D 数码打样技术
  S 打样*
  F 数码合同打样
    桌面数码打样

数码打样机
digital proofing machine
TS04
  S 打样机
  Z 轻工机械

数码打样技术
  Y 数码打样

数码打样设备
digital printing equipments
TS8
  S 网络通信设备*

数码打印
digit marking
TS859
  D 数字打印
  S 打印*
    数字印刷
  F 照片打印
  C 数字输出 →(7)
  Z 印刷

数码防伪
digital-code anti-counterfeiting
TS80
  D 数字防伪
  S 防伪*

数码纺织
  Y 数码织造

数码纺织技术
  Y 数码织造

数码复印机
digital duplicating machine
TS951.47
  D 数字化多功能复印机
    数字式复印机

数字式一体化速印机
  S 复印机
  Z 印刷机械

数码合同打样
digital contract proofing
TS801；TS805
  S 数码打样
  Z 打样

数码静电印花
digital electrostatic printing
TS194.43
  S 静电印花
    数码印花
  Z 印花

数码喷绘
digital inkjet
TS80；TS85
  D 喷码技术
  S 喷绘
  Z 绘制

数码喷墨
  Y 数字喷墨印刷

数码喷墨印花
digital ink-jet printing
TS194.41
  D 数码喷墨印花技术
    数字喷墨印花
    数字喷墨印花技术
  S 喷墨印花
    数码印花
  Z 印花

数码喷墨印花机
  Y 喷墨印花机

数码喷墨印花技术
  Y 数码喷墨印花

数码喷射印花
digital jet printing
TS194.41
  D 数码喷射印花技术
  S 喷射印花
    数码印花
  Z 印花

数码喷射印花技术
  Y 数码喷射印花

数码相纸
digital photo paper
TS767
  D 数字胶卷
    数字相纸
  S 相纸
  Z 纸张
    纸制品

数码印花
digital print
TS194.41
  D 数码印花技术
    数字化印花
    数字印花
    数字印花技术

    S 机械印花
    F 数码静电印花
      数码喷墨印花
      数码喷射印花
    Z 印花

数码印花机
digital decorating machine
TS194.3
  D 数字印花机
  S 印花机
  Z 印染设备

数码印花技术
  Y 数码印花

数码印刷
  Y 数字印刷

数码印刷机
  Y 数字印刷机

数码印刷技术
  Y 数字印刷

数码印刷设备
  Y 数字印刷机

数码印刷系统
digital printing systems
TS803
  S 印刷系统
  Z 出版系统

数码照片打印
  Y 照片打印

数码织造
digital textile application
TS105
  D 数码纺织
    数码纺织技术
  S 织造*

数码制版
digital plate making
TS805
  S 制版工艺
  Z 印刷工艺

数显扳手
  Y 扭矩扳手

数学控制*
mathematic controlled
TP1
  F 含水率控制
    切纸长度控制
  C 比例控制 →(4)(5)(6)(8)
    参数控制 →(1)(4)(5)(6)(7)(8)(11)(13)
    控制
    模糊控制 →(5)(8)(12)
    模型控制 →(5)(6)(8)
    矢量控制 →(5)(6)(8)
    数量控制
    预测控制 →(1)(5)(8)(11)

数学特征*
mathematical characteristics
O1
  F 尺寸稳定性

罗拉中心对称度

数值*
numerical values
O1；TB9；ZT3
- D 量值
  值
- F F值
  K/S值
  ＴＢＡ值
  白度值
  保水值
  隔热值
  关键限值
  碱值
  卡伯值
  马克隆值
  染色特征值
  色值
  手感值
  羧基值
  填充值
  油墨除去值
  允许值
  脂肪酸值
- C 数量

数字彩色打样
digital colour proofing
TS805
- S 彩色打样
  数字打样
- Z 打样

数字彩色印刷机
- Y 彩色印刷机

数字成像
digital imaging
TB8；TS80
- D 数码成像
  数码成像系统
  数字成像技术
  数字影像技术
- S 成像*

数字成像技术
- Y 数字成像

数字打样
digital proofing
TS801；TS805
- D 数字打样技术
  数字化打样
  数字式打样
- S 打样*
- F 数字彩色打样
  虚拟打样

数字打样技术
- Y 数字打样

数字打印
- Y 数码打印

数字电脑灯
digital scanner
TM92；TS956
- S 电脑灯

Z 灯

数字防伪
- Y 数码防伪

数字工作流程
- Y 数字化工作流程

数字化打样
- Y 数字打样

数字化多功能复印机
- Y 数码复印机

数字化服装
digital dress
TS941.7
- S 智能服装
- Z 服装

数字化工具
digital tools
TG7；TS914.5
- S 工具*

数字化工作流程
digital workflow
TB4；TS8
- D 数字工作流程
  数字化流程
  数字流程
- S 流程*

数字化技术
- Y 数字技术

数字化流程
- Y 数字化工作流程

数字化拼版
digital imposition
TS80
- S 拼版
- Z 模版

数字化印花
- Y 数码印花

数字化印前
- Y 数字印前

数字化印前系统
digital pre-press system
TS803.1
- D 电子印前系统
  数字印前系统
- S 电子出版系统
  印前系统
- Z 出版系统
  电子系统

数字化印刷
- Y 数字印刷

数字化印刷流程
digital printing processes
TH16；TS8
- S 印刷流程
- Z 流程

数字化印刷设备
- Y 数字印刷机

数字技术*
digital techniques
TP3
- D 数字化技术
  数字相关技术
- F 印刷数字化
- C 数字处理　→(8)
  数字存储器　→(8)
  数字化产品开发　→(8)
  数字化管理　→(8)
  数字化平台　→(7)
  数字交换机　→(7)
  数字录音机　→(7)

数字加网
digital screening
TS805
- S 加网
- Z 印刷工艺

数字加网图像
digital screening images
TS80
- S 图像*

数字胶卷
- Y 数码相纸

数字控制铣床
- Y 数控铣床

数字量
- Y 数量

数字流程
- Y 数字化工作流程

数字密码锁
- Y 密码锁

数字排版
- Y 计算机排版

数字喷墨印花
- Y 数码喷墨印花

数字喷墨印花技术
- Y 数码喷墨印花

数字喷墨印刷
digital ink jet printing
TS853.5
- D 数码喷墨
- S 喷墨印刷
  数字印刷
- Z 印刷

数字式测量仪器
- Y 测量仪器

数字式打样
- Y 数字打样

数字式复印机
- Y 数码复印机

数字式一体化速印机
- Y 数码复印机

数字式印刷
- Y 数字印刷

数字图像水印技术
digital image watermarking technology
TS80
　　S 图像处理*

数字相关技术
　　Y 数字技术

数字相纸
　　Y 数码相纸

数字印花
　　Y 数码印花

数字印花机
　　Y 数码印花机

数字印花技术
　　Y 数码印花

数字印前
digital prepress
TS194.4；TS859
　　D 电子印前技术
　　　数字化印前
　　　数字印前技术
　　S 印前工艺
　　Z 印制技术

数字印前技术
　　Y 数字印前

数字印前系统
　　Y 数字化印前系统

数字印刷
digital printing
TS87
　　D 数码印刷
　　　数码印刷技术
　　　数字化印刷
　　　数字式印刷
　　　数字印刷技术
　　S 印刷*
　　F 数码打印
　　　数字喷墨印刷

数字印刷机
digital printer
TS803.6
　　D 数码印刷机
　　　数码印刷设备
　　　数字化印刷设备
　　　数字印刷设备
　　　数字印刷系统
　　S 印刷机
　　Z 印刷机械

数字印刷技术
　　Y 数字印刷

数字印刷设备
　　Y 数字印刷机

数字印刷系统
　　Y 数字印刷机

数字影像技术
　　Y 数字成像

数字纸张

digital paper
TS76
　　S 纸张*

刷麸机
bran duster
TS211.3
　　S 面粉加工机械
　　Z 食品加工机械

刷漆
　　Y 粉刷

刷涂
　　Y 粉刷

刷涂法
　　Y 粉刷

刷洗
　　Y 擦洗

刷洗牢度
　　Y 耐洗性

刷子*
brushes
TS95
　　F 盾尾刷
　　　聚合物刷子
　　　毛刷
　　　雨刷
　　　转刷

衰竭式开发
　　Y 开发

甩干机
laundry extractor
TM92；TS973
　　D 绞干器
　　　脱水机(洗衣)
　　　脱水桶
　　S 洗涤设备
　　Z 轻工机械

栓皮贴面
　　Y 贴面工艺

涮羊肉
　　Y 火锅

双壁瓦楞纸板
　　Y 瓦楞原纸

双变性淀粉
double modified starch
TS235
　　S 变性淀粉
　　Z 淀粉

双层锭脚
double bolster
TS103.82
　　S 锭子
　　Z 纺纱器材

双层复合纤维
　　Y 多层复合纤维

双层胶管
double rubber tube

TS103
　　S 塑胶制品*

双层胶辊
double rubber-covered roller
TH13；TQ33；TS103.82
　　S 胶辊
　　F 铝衬套胶辊
　　Z 辊

双层拉幅定形机
　　Y 拉幅机

双层粘合织物
　　Y 多层织物

双层绒头地毯
　　Y 地毯

双层提花织物
　　Y 多层织物

双层瓦楞纸板
　　Y 瓦楞原纸

双层针织物
　　Y 针织物

双层织机
　　Y 织机

双层织物
double cloth
TS106.8
　　S 多层织物
　　F 接结双层织物
　　Z 织物

双层组织
double weave
TS105
　　S 多层组织
　　F 表里换层组织
　　Z 材料组织

双层组织织物
　　Y 多层织物

双成分纤维
　　Y 双组分纤维

双程拉幅机
　　Y 拉幅机

双程式清棉机
　　Y 清棉机

双弹
　　Y 经纬双弹织物

双弹布
　　Y 经纬双弹织物

双弹织物
　　Y 经纬双弹织物

双蛋白活性乳酸菌饮料
　　Y 乳酸菌饮料

双低菜籽
　　Y 双低油菜籽

双低菜籽分离蛋白

double-low rapeseed protein isolate
Q5；TS201.21
　　S 菜籽分离蛋白
　　Z 蛋白质

双低菜籽油
double-low rapeseeds oil
TS225.14
　　S 菜籽油
　　Z 油脂

双低油菜籽
double-low rape seed
TS202.1
　　D 低芥酸低硫甙油菜籽
　　　双低菜籽
　　S 油菜籽
　　Z 植物菜籽

双调光蘑菇灯
dimming dual mushroom lamp
TM92；TS956
　　S 调光台灯
　　Z 灯

双蝶织物
　　Y 织物

双钉鞋眼机
　　Y 制鞋机械

双动挤压机
　　Y 挤压设备

双动铜挤压机
　　Y 挤压设备

双端面铣床
　　Y 平面铣床

双反面纱罗织物
　　Y 纬编织物

双反面添纱织物
　　Y 纬编织物

双分型面模具
　　Y 模具

双幅织物
　　Y 织物

双缸洗衣机
　　Y 洗衣机

双工作台单面木工压刨床
　　Y 木工刨床

双功率高压钠灯
double power high-pressure sodium lamp
TM92；TS956
　　S 高压钠灯
　　C 功率变压器　→(5)
　　Z 灯

双功率流传动装置
　　Y 传动装置

双宫缲丝机
　　Y 缲丝机械

双宫丝
doupion silk

TS102.33
　　S 蚕丝
　　F 桑蚕双宫丝
　　C 中心纤度
　　Z 天然纤维
　　　真丝纤维

双宫丝自动缲丝机
　　Y 自动缲丝机

双股线
twin wire
TS106.4
　　S 股线*

双鼓轮刨片机
　　Y 刨切机

双刮刀
　　Y 刮刀

双官能活性染料
　　Y 双活性基染料

双辊挤浆机
double roll press
TS733
　　S 挤浆机
　　Z 制浆设备

双辊磨
two-roller mill
TS73
　　S 磨*

双簧管
oboe
TS953.32
　　D 欧巴
　　S 铜管乐器
　　Z 乐器

双活性
　　Y 双活性基染料

双活性基活性染料
　　Y 双活性基染料

双活性基染料
bifunctional reactive dyes
TS193.21
　　D 双官能活性染料
　　　双活性
　　　双活性基活性染料
　　S M型活性染料
　　Z 染料

双机架轧机
　　Y 轧机

双加饭酒
　　Y 加饭酒

双碱法
double alkali method
TQ11；TS743
　　S 化工工艺*

双剑杆织机
double rapier loom
TS103.33

　　S 剑杆织机
　　Z 织造机械

双浆槽
double size boxes
TS103.81；TS103.82
　　S 浆槽
　　Z 织造器材

双浆槽浆纱机
double size boxes sizing machine
TS103.32
　　S 浆纱机
　　Z 织造准备机械

双胶纸
　　Y 胶版纸

双浸双压
　　Y 双浸双压上浆

双浸双压上浆
double dipping double pressure sizing
TS105
　　D 双浸双压
　　S 上浆工艺
　　Z 织造工艺

双经单纬织物
　　Y 织物

双经缎织物
　　Y 缎纹织物

双经平织物
　　Y 双面针织物

双经绒织物
　　Y 双面针织物

双精梳
double combing
TS106.4
　　S 精梳纱线
　　Z 纱线

双菌制曲
two-strain koji making
TS26
　　D 双菌种制曲
　　S 多菌种制曲
　　Z 制曲

双菌种制曲
　　Y 双菌制曲

双开尾拉链
double open end zipper
TS941.3
　　S 拉链
　　Z 服装附件

双联梳毛机
　　Y 梳毛机

双联梳棉机
　　Y 梳棉机

双联圆锯机
　　Y 圆锯机

双罗纹衬垫织物

Y　衬垫织物

双罗纹浮线织物
　　Y　罗纹织物

双罗纹横楞织物
　　Y　罗纹织物

双罗纹机
　　Y　罗纹机

双罗纹集圈织物
　　Y　罗纹织物

双罗纹交错浮线织物
　　Y　罗纹织物

双罗纹空气层织物
　　Y　罗纹织物

双罗纹双列集圈织物
　　Y　罗纹织物

双罗纹褶裥织物
　　Y　罗纹织物

双罗纹针织物
　　Y　纬编织物

双罗纹织物
　　Y　罗纹织物

双罗纹组织
interlock stitch
TS18
　　S　罗纹组织
　　Z　材料组织

双螺杆挤压
twin-screw extruding
TS205
　　S　压力加工*

双螺杆挤压机
twin-screw extruder
TS203
　　S　挤压设备
　　Z　金属加工设备
　　　　压力加工设备

双螺杆挤压膨化机
twin screw extrusion bulking machine
TS203
　　S　膨化机
　　C　品质特性　→(1)
　　Z　食品加工机械

双螺杆磨浆机
twin screw refiner
TS733
　　S　磨浆机
　　Z　制浆设备

双螺杆榨油机
twin-screw oil mill
TS223.3
　　S　螺旋榨油机
　　Z　食品加工设备

双螺旋辊式磨浆机
double spiral roller grinded-paste machine
TS733

　　S　辊式磨浆机
　　Z　制浆设备

双螺旋挤浆机
double spiral pulp machine
TS733
　　S　螺旋挤浆机
　　Z　制浆设备

双毛毯
　　Y　毛毯

双梅花扳手
　　Y　扳手

双酶法
double-enzyme method
TS201.3
　　S　酶法
　　Z　食品加工

双酶法制糖
　　Y　制糖工艺

双面打印
duplex print
TS859
　　S　打印*

双面大圆机
double circle machine
TS183
　　S　双面圆机
　　Z　织造机械

双面弹力牛仔布
　　Y　弹力牛仔布

双面钢领
　　Y　钢领

双面经编
　　Y　经编织物

双面经编织物
　　Y　经编织物

双面卡其
　　Y　卡其织物

双面毛巾布
　　Y　毛巾

双面起绒织物
double face raised fabric
TS106.87
　　D　双面绒
　　S　绒面织物
　　Z　织物

双面绒
　　Y　双面起绒织物

双面提花
　　Y　提花织物

双面提花手帕
　　Y　手帕

双面提花圆机
double jacquard circular knitting machine
TS183
　　S　双面圆机

Z　织造机械

双面提花织物
　　Y　提花织物

双面涂覆织物
　　Y　织物

双面瓦楞纸板
　　Y　瓦楞原纸

双面网眼织物
　　Y　网眼织物

双面纬编
　　Y　纬编工艺

双面纬编织物
　　Y　双面针织物

双面铣床
　　Y　平面铣床

双面异色织物
　　Y　织物

双面印花
register print
TS194
　　S　印花*
　　C　毛巾
　　　　染整机械

双面印花机
　　Y　印花机

双面印花毛巾
　　Y　毛巾

双面印刷
double-side printing
TS87
　　D　单张纸双面印刷
　　S　印刷*

双面印刷机
perfecting press
TS803.6
　　S　印刷机
　　Z　印刷机械

双面圆机
double knit circular knitting machine
TS183
　　S　针织圆机
　　F　双面大圆机
　　　　双面提花圆机
　　Z　织造机械

双面圆纬机
double knit circular knitting machine
TS183.4
　　D　双面圆型针织机
　　S　圆纬机
　　Z　织造机械

双面圆型针织机
　　Y　双面圆纬机

双面针织物
double jersey
TS186

D 双经平织物
　双经绒织物
　双面纬编织物
S 针织物*
C 单面针织物

双面织物
double faced fabric
TS106.8
　D 两面织物
　S 织物*

双面组织
　Y 针织物组织

双模头
double head
TS173
　S 非织造布机械零部件*

双偶氮染料
disazo dyes
TS193.21
　D 双偶氮颜料
　S 偶氮染料
　Z 染料

双偶氮颜料
　Y 双偶氮染料

双盘冷却机
　Y 冷却装置

双盘磨
double disc refiner
TS73
　D 双圆盘磨浆机
　S 盘磨
　Z 磨

双盘磨打浆机
double disc refiner beating machine
TS734.1
　S 打浆机
　Z 制浆设备

双盘磨精浆机
　Y 精浆机

双胖织物
　Y 针织物

双喷平绒织机
　Y 喷气织机

双喷织机
　Y 喷气织机

双皮奶
　Y 乳制品

双平面镜
bimirror
TH7；TS959.7
　S 平面镜
　Z 镜子

双歧杆菌酸奶
bifidus-yoghurt
TS252.54
　S 双歧酸奶

Z 发酵产品
　乳制品

双歧酸奶
bifidus yogurt
TS252.54
　S 酸奶
　F 双歧杆菌酸奶
　　双歧因子酸奶
　Z 发酵产品
　　乳制品

双歧因子酸奶
bifidus promoter yogurt
TS252.54
　S 双歧酸奶
　Z 发酵产品
　　乳制品

双醛淀粉
dialdehyde starch
TS235
　D 过碘酸氧化淀粉
　S 淀粉*

双色碧玺
　Y 碧玺

双色镜
dichroic mirror
TS959.6
　S 眼镜*

双色效应
bicolour effect
TS193
　S 色效应*

双色印刷机
　Y 彩色印刷机

双烧毛
　Y 烧毛

双饰面人造板
　Y 饰面人造板

双收缩变形纱
　Y 变形纱

双收缩变形丝
　Y 变形纱

双梳
double comb
TS104.2
　S 梳理
　Z 纺纱工艺

双丝光
two mercerization
TS195.51
　D 双丝光工艺
　S 丝光整理
　Z 整理

双丝光工艺
　Y 双丝光

双速电钻
　Y 电钻

双桶洗衣机
　Y 洗衣机

双头呆扳手
open-end double-head engineers wrench
TG7；TS914
　D 单头呆扳手
　S 扳手
　Z 工具

双头切割锯
twin-head cutting saw
TG7；TS64；TS914.54
　S 锯
　Z 工具

双网挤浆机
double net pulp extruder
TS733
　S 挤浆机
　Z 制浆设备

双网洗浆机
double net pulp washing machine
TS733.4
　S 洗浆机
　Z 制浆设备

双网压榨机
　Y 压榨机

双纬
　Y 密路

双纬布
　Y 双纬织物

双纬织物
double-filled fabric
TS106.8
　D 双纬布
　S 织物*

双纹锉
　Y 锉

双线包缝机
　Y 包缝机

双相溶剂浸出
two phase solvent extraction
TS22
　S 溶剂浸提
　Z 浸出

双向衬垫织物
　Y 衬垫织物

双向弹力织物
　Y 经纬双弹织物

双向计数器
　Y 计数器

双向拉伸载荷
biaxial tensile loading
TS101
　S 载荷*

双氧水漂白
　Y 过氧化氢漂白

双氧水稳定剂
hydrogen peroxide stabilizer
TS195.2
　S　稳定剂*

双液相棉粕
　Y　棉浆粕

双乙酰
diacetyl
TS264.3；TS971
　S　合成香料
　C　酒用香料
　　　啤酒酵母
　Z　香精香料

双引纬
double weft
TS105
　S　引纬
　Z　织造工艺

双圆锯裁边机
　Y　圆锯机

双圆盘磨浆机
　Y　双盘磨

双灶电磁炉
　Y　电磁炉

双针床
two-needle bar
TS183.1
　S　针床
　Z　纺织机构

双针床衬衣网孔织物
　Y　网眼针织物

双针床经编割绒织物
　Y　经编织物

双针床经编机
double warp knitting machine
TS183.3
　D　经编双针床
　S　经编机
　Z　织造机械

双针床经编网孔织物
　Y　网眼针织物

双织轴
double loom beam
TS103.81；TS103.82
　S　织轴
　Z　织造器材

双重糖化
double saccharification
TS24
　S　糖化
　Z　食品加工

双重组织
　Y　重组织

双轴流开棉机
　Y　开棉机

双轴向

双轴向织物
　Y　双轴向织物

双轴向经编
biaxial warp knitting
TS184.3
　S　经编工艺
　Z　针织工艺

双轴向经编织物
　Y　经编双轴向织物

双轴向纬编织物
　Y　纬编织物

双轴向织物
biaxial fabric
TS106.8
　D　双轴向
　S　多轴向织物
　Z　织物

双轴织机
　Y　织机

双绉
elephant crepe
TS106.8
　S　绉织物
　Z　机织物

双绉织物
　Y　绉织物

双柱平面铣床
　Y　平面铣床

双柱铣床
　Y　龙门刨床

双组分变形纱
　Y　变形纱

双组分变形丝
　Y　变形纱

双组分纺纱
double component spinning
TS106.4
　S　混纺纱线
　Z　纱线

双组分纺粘法非织造布
　Y　双组分非织造布

双组分非织造布
bicomponent non-woven fabric
TS176.9
　D　双组分纺粘法非织造布
　S　非织造布*

双组分纤维
bicomponent fibers
TQ34；TS102.6
　D　二组分纤维
　　　双成分纤维
　　　双组份纤维
　S　多组分纤维
　C　非织造布
　Z　纤维

双组份纤维
　Y　双组分纤维

霜花灯芯绒
　Y　灯芯绒

霜黄棉
yellow stained cotton
TS102.21
　D　黄棉
　S　低级棉
　Z　天然纤维

爽滑剂
slipping agent
TS195.2
　S　功能整理剂
　Z　整理剂

爽口片
oral care strips
TS219
　S　休闲食品
　Z　食品

水*
water
O6；P5；TQ12；TU99；TV21
　F　沸水
　　　海水
　　　膜反洗水
　　　造纸尾水
　C　地下水　→(2)(11)
　　　调水　→(11)
　　　防水　→(2)(11)(12)(13)
　　　防治水　→(2)(11)
　　　废水
　　　给排水　→(2)(5)(11)(12)(13)
　　　工程降水　→(11)
　　　供水　→(2)(11)
　　　洪水　→(11)
　　　降水　→(1)(11)
　　　进水　→(5)(11)(13)
　　　净水　→(1)(11)
　　　矿山水　→(2)(3)(11)(13)
　　　矿山治水　→(2)
　　　冷却水　→(9)(11)
　　　淋水　→(2)
　　　慢化剂　→(6)
　　　泌水　→(11)
　　　配水　→(2)(3)(11)(13)
　　　取水　→(5)(11)
　　　洒水　→(2)(11)
　　　输水　→(11)(13)
　　　水分
　　　水蒸气　→(5)
　　　水质　→(2)(5)(11)(13)
　　　突水　→(2)(12)
　　　污水　→(2)(11)(13)
　　　蓄水　→(11)
　　　盐水
　　　涌水　→(2)(11)
　　　用水
　　　油田水　→(2)(11)(13)
　　　预制件下水　→(12)
　　　注水　→(2)
　　　着水

水泵钳
　Y　钳子

水玻璃砂造型
　　Y 造型

水不溶戊聚糖
water insoluble pentosan
Q5；TS24
　　D 非水溶性戊聚糖
　　　　水不溶性戊聚糖
　　S 戊聚糖
　　Z 碳水化合物

水不溶性膳食纤维
water-insoluble dietary fiber
TS201
　　S 膳食纤维
　　Z 天然纤维

水不溶性戊聚糖
　　Y 水不溶戊聚糖

水彩笔
　　Y 笔

水产菜肴
sea food dish
TS972.125
　　D 海鲜菜
　　　　海鲜菜肴
　　　　海鲜风味
　　　　河鲜菜
　　S 荤菜
　　F 虾肴
　　　　蟹类菜肴
　　　　鱼肴
　　　　醉泥螺
　　Z 菜肴

水产调味料
aquatic seasoning
TS264
　　S 风味调味料
　　F 海鲜调味料
　　Z 调味品

水产动物油
　　Y 鱼油

水产副产品
　　Y 水产品

水产罐头
canned aquatic products
TS29
　　S 罐头食品*
　　F 罐装蟹肉
　　　　鱼罐头

水产加工工业
fish processing industry
TS254
　　S 食品工业
　　C 水产品
　　Z 轻工业

水产加工品
　　Y 水产品

水产胶原蛋白
fish collagen
Q5；TS201.21

　　S 天然胶原
　　F 鱼胶原蛋白
　　Z 蛋白质

水产品*
aquatic products
TS254
　　D 水产副产品
　　　　水产加工品
　　　　水产制品
　　　　渔业产品
　　F 低值水产品
　　　　海鲜产品
　　　　冷冻水产品
　　　　水产食品
　　　　虾类
　　　　鱼类产品
　　C 产品
　　　　水产加工工业
　　　　水产品加工
　　　　新鲜度

水产品干制
　　Y 水产品加工

水产品加工
aquatic product processing
TS254.4
　　D 赤变
　　　　单冻
　　　　淡干
　　　　腹开
　　　　晒熟
　　　　生干
　　　　水产品干制
　　　　水产品加工流程
　　　　水产食品加工
　　　　水产腌制品加工
　　　　脱盘
　　　　洗鱼
　　　　盐干
　　　　盐干水产品
　　　　罨蒸
　　S 农产品加工*
　　F 鱼品加工
　　C 水产品

水产品加工废弃物
　　Y 水产品加工下脚料

水产品加工流程
　　Y 水产品加工

水产品加工下脚料
fish processing waste
TS254
　　D 水产品加工废弃物
　　S 下脚料*
　　F 鱼类下脚料

水产食品
aquatic food
TS254.5
　　S 水产品*
　　F 海鲜食品
　　　　虾制品
　　　　鱼制品
　　　　藻类食品

水产食品加工
　　Y 水产品加工

水产食谱
seafood recipes
TS972.12
　　S 食谱*

水产腌制品加工
　　Y 水产品加工

水产制品
　　Y 水产品

水池*
water basin
TU99
　　F 调节池
　　C 池
　　　　试验水池　→(12)

水冲洗
water washing
TG1；TS973；TU8
　　D 清水冲洗
　　　　水力冲洗
　　S 水洗
　　C 供热管网　→(11)
　　　　积灰　→(5)
　　　　中继泵　→(4)
　　Z 清洗

水处理*
water treatment
TU99；X7
　　D 水处理方案
　　　　水处理方法
　　　　水处理方式
　　　　水处理工艺
　　　　水处理工艺流程
　　　　水处理设计
　　F 动态滤水
　　C 臭氧预处理　→(11)
　　　　处理
　　　　加药控制　→(8)
　　　　控制水平　→(8)
　　　　滤层　→(11)
　　　　强化混凝　→(11)
　　　　生物活性炭　→(13)
　　　　水厂　→(11)
　　　　水处理反应器　→(13)
　　　　水处理剂　→(9)(11)(13)
　　　　水处理设施　→(11)
　　　　水处理装置　→(2)(4)(5)(9)(11)(13)
　　　　水系统　→(11)
　　　　天然高分子絮凝剂　→(9)
　　　　微孔陶瓷　→(9)
　　　　微量有机污染物　→(13)
　　　　微氧技术
　　　　饮用水　→(11)
　　　　油田污水处理　→(13)
　　　　致突变活性　→(11)

水处理方案
　　Y 水处理

水处理方法
　　Y 水处理

水处理方式
　　Y 水处理

水处理工艺
　　Y 水处理

水处理工艺流程
　　Y 水处理

水处理设计
　　Y 水处理

水床
water bed
TS66；TU2
　　S 床*

水刺
　　Y 水刺工艺

水刺布
　　Y 水刺非织造布

水刺法
　　Y 水刺工艺

水刺法非织造布
　　Y 水刺非织造布

水刺法无纺布
　　Y 水刺非织造布

水刺非织造布
spunlaced nonwoven
TS176.9
　　D 水刺布
　　　水刺法非织造布
　　　水刺法无纺布
　　　水刺无纺布
　　S 非织造布*
　　F 超细水刺揩布
　　C 水刺工艺

水刺工艺
water jet process
TS174
　　D 水刺
　　　水刺法
　　　水刺技术
　　　水刺加工
　　S 非织造工艺*
　　C 水刺非织造布

水刺机
spunlace equipments
TS173
　　D 水刺设备
　　S 非织造布机械*
　　C 水刺生产线

水刺技术
　　Y 水刺工艺

水刺加工
　　Y 水刺工艺

水刺设备
　　Y 水刺机

水刺生产线
spunlace production line
TS17

　　S 纺织生产线
　　C 水刺机
　　Z 生产线

水刺头
water stabs head
TS173
　　S 非织造布机械零部件*

水刺托网
spunlace netting
TS173
　　S 非织造布机械零部件*

水刺无纺布
　　Y 水刺非织造布

水刺织物
　　Y 织物

水萃取液
water extract
TS19
　　S 液体*

水刀
water cutting machine
TG7；TS914
　　S 专用刀具
　　F 超高压水刀
　　Z 刀具

水电站照明器
　　Y 照明设备

水貂毛
　　Y 毛纤维

水貂皮
mink
S；TS564
　　S 貂皮
　　Z 动物皮毛

水豆豉
natto
TS214.9
　　S 豆豉
　　Z 豆制品
　　　发酵产品

水豆腐
soft beancurd
TS214
　　S 豆腐
　　Z 豆制品

水豆蓉馅
　　Y 豆蓉馅

水豆沙馅
　　Y 豆蓉馅

水飞蓟粕
milk thistle meal
TS209
　　S 粕*

水分*
water
P4

　　D 水份
　　F 皮肤水分
　　　食品水分
　　　纸张水分
　　C 含水量 →(9)
　　　湿度 →(1)(3)(5)(11)
　　　水

水分调节
moisture conditioning
TS205
　　D 水份调节
　　S 调节*

水分活度
water activity
S；TS201
　　D 水分活性
　　　水份活度
　　　水活性
　　C 保水性 →(9)
　　　食品保鲜贮藏

水分活性
　　Y 水分活度

水分移动
moisture migration
TS61
　　S 移动*

水粉
liquid powder
TS951
　　S 颜料*

水份
　　Y 水分

水份调节
　　Y 水分调节

水份活度
　　Y 水分活度

水氟珊石
　　Y 宝石

水柜
　　Y 水箱

水辊
damping roller
TH13；TS73
　　D 传水辊
　　　接水辊
　　S 辊*

水果
fruits
TS255.2
　　D 瓜果
　　　鲜果
　　S 果蔬*
　　F 芭蕉
　　　菠萝
　　　草莓
　　　橙子
　　　大枣
　　　海棠果

梨
榴莲
芦荟
罗汉果
芒果
猕猴桃
木瓜
苹果
青梅
桑葚
山楂
桃子
无花果
香蕉
樱桃
柚皮苷
余甘子
　C　Vc 含量
　　储存品质
　　果汁

水果白兰地
fruit brandies
TS262.61
　S　白兰地
　Z　酒
　　葡萄酒

水果保藏
　Y　水果贮藏

水果保鲜剂
fruit fresh protection agent
TS202.3
　S　果蔬保鲜剂
　Z　防护剂

水果饼干
　Y　饼干

水果刀
　Y　日用刀具

水果罐头
fruit cans
TS295.6
　D　草莓罐头
　　西瓜罐头
　S　果蔬罐头
　F　荔枝罐头
　Z　罐头食品

水果果皮*
skin of fruits
TS255
　F　板栗内皮
　　荸荠皮
　　菠萝皮
　　番茄皮
　　柑橘皮
　　芥菜皮
　　辣椒皮
　　李子皮
　　荔枝果皮
　　龙眼果皮
　　芦笋皮
　　芒果皮
　　南瓜皮
　　柠檬皮

苹果皮
葡萄皮
茄子皮
山核桃外果皮
山竹果皮
石榴果皮
柿子皮
西番莲果皮
西瓜皮
西梅果皮
香蕉皮

水果加工
　Y　果品加工

水果加工工业
　Y　果品加工

水果加工食品
　Y　水果制品

水果酱
　Y　果酱

水果酒
　Y　果酒

水果美容
fruit cosmetology
TS974.1
　S　饮食美容
　　植物美容
　Z　美容

水果泥
　Y　果酱

水果沙拉
　Y　沙拉

水果生长保护纸
　Y　育果袋纸

水果食品
　Y　水果制品

水果蔬菜
　Y　果蔬

水果套袋纸
　Y　育果袋纸

水果饮料
　Y　果蔬饮料

水果蒸馏酒
fruit distilled wine
TS262.7
　S　果酒
　　蒸馏酒
　Z　白酒
　　酒

水果汁
　Y　果汁

水果制品
fruit products
TS255
　D　水果加工食品
　　水果食品
　S　果蔬制品*

　F　番茄制品
　　果冻
　　果干
　　果肉
　　果汁
　C　果酱

水果贮藏
fruits-storage
TS255.3
　D　水果保藏
　S　果蔬贮藏
　Z　储藏

水壶
water bottle
TS914；TS972.23
　S　茶具
　F　电水壶
　Z　厨具

水化脱胶
hydrated degumming
TS224
　S　脱胶*

水化油脚
hydrated oil residue
TQ64；TS229
　S　油脚
　Z　残渣

水活性
　Y　水分活度

水基凝胶
　Y　水凝胶

水基清洗
　Y　水洗

水基油墨
　Y　水性油墨

水剂法
water extraction
TS224
　D　水提法
　S　方法*

水加热器
　Y　热水器

水浆
water slurry
TQ62；TQ63；TS190.2
　D　水性浆料
　S　浆液*

水饺
dumpling
TS972.132
　D　饺子
　S　面食
　F　速冻水饺
　　蒸饺
　Z　主食

水解*
hydrolysis
O6；TQ0

D 水解程度
水解法
水解方法
水解技术
F 脂肪酶水解
脂肪水解
C 沉淀
氮溶解指数
水化 →(9)
水解催化剂 →(9)
水解剂 →(9)
水解聚马来酸酐 →(9)
水解明胶 →(9)
水解温度 →(4)
水解纤维素 →(9)
水解效率 →(9)
水解抑制剂 →(9)

水解程度
Y 水解

水解蛋白粉
hydrolyzed protein powder
TS202.1
D 风味水解蛋白粉
S 蛋白粉*

水解淀粉
hydrolysed starches
TS235
S 淀粉*

水解动物蛋白
hydrolyzed animal protein
Q5；TS201.21
D 动物水解蛋白
S 动物蛋白
F 水解胶原蛋白
水解鱼蛋白
Z 蛋白质

水解冻
water thawing
S；TS205
S 解冻*

水解法
Y 水解

水解方法
Y 水解

水解技术
Y 水解

水解胶体
hydrocolloid
TS202
S 胶体*

水解胶原
Y 水解胶原蛋白

水解胶原蛋白
collagen hydrolysate
Q5；TS201.21
D 动物胶原水解蛋白
水解胶原
S 胶原蛋白
水解动物蛋白

Z 蛋白质

水解米渣
hydrolyzed rice residue
TS210.9
S 米渣
Z 残渣

水解染料
hydrolised dye
TS193.21
S 染料*

水解鱼蛋白
fish protein hydrolysate
Q5；TS201.21
D 鱼蛋白水解液
S 水解动物蛋白
鱼蛋白
Z 蛋白质

水解植物蛋白
hydrolyzed plant protein
Q5；TQ46；TS201.21
D 植物水解蛋白
S 植物蛋白
F 大豆水解蛋白
花生水解蛋白
Z 蛋白质

水浸出物
water extractives
TS205
S 溶出物*
C 浸出

水晶
rock crystal
TS933.2
D 水晶石
S 珠宝
F 芙蓉石
天然水晶
C 养晶时间
Z 饰品材料

水晶猕猴桃
Y 猕猴桃

水晶米
Y 大米

水晶皮蛋
Y 皮蛋

水晶石
Y 水晶

水晶饰品
Y 饰品

水晶无铅皮蛋
Y 无铅皮蛋

水晶鞋
crystal shoes
TS943.7
S 鞋*

水晶眼镜
crystal spectacles

TS959.6
S 眼镜*

水晶指甲
Y 美甲

水晶制品
crystal products
TS93
S 制品*

水井坊
swellfun
TS262.39
S 川酒
Z 白酒

水井钻井
Y 水平钻井

水控制*
water control
TP1；TV1
F 含水率控制
横向水分控制
C 流体控制 →(1)(2)(3)(4)(5)(6)(8)(11)(13)

水蓝宝石
Y 蓝宝石

水类饮料
Y 水饮料

水冷服
Y 液冷服

水冷模
Y 模具

水力冲洗
Y 水冲洗

水力式流浆箱
hydraulic head box
TS733
S 流浆箱
Z 造纸机械

水力碎浆机
hydrapulpers
TS733
S 碎浆机
Z 制浆设备

水量*
quantity of water
TV21
D 用水计量
F 掺水量
C 水位 →(11)
水资源 →(11)
水资源质量 →(11)
用水量 →(9)(11)(13)

水龙头
tap
TS914
D 感应式水龙头
感应水龙头
S 五金件*

水铝氟石
　Y 宝石

水麻
　Y 麻纤维

水酶法
aqueous enzymatic extraction
TS201.3
　S 方法*

水酶法提取
aqueous enzymatic extraction
TS224
　S 提取*

水蜜桃
juicy peach
TS255.2
　S 桃子
　Z 果蔬

水磨粉
　Y 水磨米粉

水磨米粉
grind grain with water
TS213
　D 水磨粉
　S 米粉
　Z 粮油食品

水磨糯米粉
　Y 糯米粉

水墨平衡
ink-water balance
TS82
　S 平衡*
　C 印刷工艺

水墨印刷
ink-water printing
TS859
　S 特种印刷
　F 柔版水墨印刷
　Z 印刷

水墨印刷机
　Y 喷墨印刷机

水泥木丝板
wood wool cement board
TS62
　S 木丝板
　Z 木材

水泥刨花板
cemented chip board
TS62
　S 刨花板
　Z 木材

水凝胶
hydrogel
TQ42；TS202
　D 水基凝胶
　S 凝胶*
　C 透氧性
　　药物控制释放　→(9)

水牛革
buffalo leather
TS56
　S 牛皮革
　F 水牛家具革
　　水牛沙发革
　Z 皮革

水牛家具革
buffalo furniture leather
TS56
　S 水牛革
　Z 皮革

水牛奶
buffalo milk
TS252.59
　D 水牛乳
　S 牛奶
　Z 乳制品

水牛皮
buffalo hide
S；TS564
　S 牛皮
　C 家具革
　　沙发革
　Z 动物皮毛

水牛肉
　Y 牛肉

水牛乳
　Y 水牛奶

水牛沙发革
buffalo hide sofa leather
TS56
　S 水牛革
　Z 皮革

水欧泊
　Y 欧泊

水平井钻井
　Y 水平钻井

水平井钻井技术
　Y 水平钻井

水平渗透系数
horizontal hydraulic conductivity
TS107；TU4
　S 系数*
　C 垂直渗透系数
　　复合地基　→(11)
　　固结
　　混凝土　→(11)(12)

水平旋转刀轴刨床
　Y 刨床

水平轧机
　Y 轧机

水平钻井
horizontal drilling
P5；TE2；TS3
　D 短半径钻井
　　欠平衡水平钻井
　　水井钻井

　　水平井钻井
　　水平井钻井技术
　　水平钻井技术
　S 钻井*
　C 水平井　→(2)
　　水平井测井　→(2)

水平钻井技术
　Y 水平钻井

水汽渗透性
　Y 透水汽性

水清洗
　Y 水洗

水球
water polo ball
TS952.3
　S 球类器材
　Z 体育器材

水溶采盐
solution mining salt
TS3
　D 水溶法采盐
　　水溶开采法
　S 水溶开采
　F 分效排盐
　　顺流排盐
　　岩盐水溶开采
　Z 采矿

水溶多糖
　Y 水溶性多糖

水溶法采盐
　Y 水溶采盐

水溶开采
solution mining
TS3
　S 盐矿开采
　F 水溶采盐
　Z 采矿

水溶开采法
　Y 水溶采盐

水溶维纶毛条
　Y 毛条

水溶戊聚糖
water soluble pentosan
Q5；TS24
　D 水溶性戊聚糖
　S 戊聚糖
　Z 碳水化合物

水溶性大豆多糖
water-soluble soybean polysaccharides
TS214；TS24
　D 大豆水溶性多糖
　S 可溶性大豆多糖
　Z 碳水化合物

水溶性淀粉
water-solubility starch
TS235
　S 可溶性淀粉
　F 冷水可溶淀粉

Z 淀粉

水溶性多糖
water-soluble polysaccharides
Q5；TS24
D 水溶多糖
S 碳水化合物*

水溶性非织造布
Y 非织造布

水溶性聚酯浆料
water soluble polyester sizing agent
TS19
S 聚酯浆料
Z 浆料

水溶性抗氧化剂
water-soluble antioxidants
TS202.3
S 防护剂*

水溶性蓝色喷印墨水
water-soluble blue jet printing ink
TS951.23
S 喷墨墨水
Z 办公用品

水溶性硫化蓝
soluble sulphur blue
TS193.21
S 水溶性硫化染料
Z 染料

水溶性硫化染料
water-soluble sulfur dye
TS193.21
S 可溶硫化染料
F 水溶性硫化蓝
Z 染料

水溶性染料
water-soluble dye
TS193.21
S 染料*

水溶性膳食纤维
water-soluble dietary fibre
TS201
S 可溶性膳食纤维
Z 天然纤维

水溶性糖
water soluble sugar
TS245
D 水溶性总糖
S 糖*

水溶性戊聚糖
Y 水溶戊聚糖

水溶性纤维
water soluble fiber
TS102
S 纤维*

水溶性纸
water soluble paper
TS76
S 纸张*

水溶性总糖
Y 水溶性糖

水缫机
Y 缫丝机械

水上运动器材
Y 水上运动器械

水上运动器械
aquatic sports equipment
TS952.6
D 水上运动器材
　水下运动器材
S 体育器材*

水射流粉碎
water jet comminuting
TQ0；TS3
S 破碎*

水松原纸
tipping base paper
TS76
S 原纸
Z 纸张

水松纸
China cypress paper
TS761.2
S 卷烟纸
Z 纸张

水松纸凹版印刷
tipping paper gravure printing
TS83
S 凹版印刷
Z 印刷

水苏糖
stachyose
Q5；TS24
S 功能性低聚糖
Z 碳水化合物

水提法
Y 水剂法

水纹提花毯
Y 毯子

水吸收
Y 吸水

水洗
water washing
TS19；TS941.6
D 水基清洗
　水清洗
　水洗处理
　水洗涤
　水洗工艺
　水洗过程
　洗水工艺
S 清洗*
F 连续水洗
　水冲洗
　中和水洗
C 牛仔布

水洗槽

水洗槽
Y 漂洗槽

水洗处理
Y 水洗

水洗涤
Y 水洗

水洗梗
Y 烟草生产

水洗工艺
Y 水洗

水洗过程
Y 水洗

水洗机
Y 洗涤设备

水洗牢度
Y 耐水洗性

水洗毛
Y 洗毛

水洗绒
Y 绒织物

水洗色牢度
washing color fastness
TS101.923
D 耐水色牢度
S 耐水洗性
　色牢度
Z 防护性能
　纺织品性能
　抗性
　牢度
　耐性

水洗缩率
washing shrinkage rate
TS107
S 比率*

水洗羽绒
washed down
S；TS102.31
S 羽绒
Z 动物皮毛
　绒毛

水洗织物
Y 织物

水下运动器材
Y 水上运动器械

水仙茶
narcissus tea
TS272.53
S 花茶
Z 茶

水相沉淀
Y 沉淀

水箱*
water box
TU8
D 水柜

F 保温水箱
C 箱
　　蓄水 →(11)
　　液位控制系统 →(4)(8)

水性 UV 油墨
　Y UV 油墨

水性凹印油墨
aqueous gravure ink
TQ63；TS802.3
　S 凹印油墨
　　水性油墨
　Z 油墨

水性豆沙馅料
　Y 豆蓉馅

水性光固化油墨
water-based UV-curable printing inks
TQ63；TS802.3
　S 固化油墨
　　水性油墨
　Z 油墨

水性光油
　Y 水性上光油

水性浆料
　Y 水浆

水性墨
　Y 水性油墨

水性墨水
water-based ink
TS951.23
　S 墨水
　Z 办公用品

水性色浆
water-based colour paste
TQ63；TS194.2
　S 色浆
　Z 浆液

水性上光油
water-based glazing oil
TS802.3
　D 水性光油
　S 上光油
　Z 印刷材料

水性颜料
　Y 颜料

水性油墨
water-based ink
TQ63；TS802.3
　D 水基油墨
　　水性墨
　S 油墨*
　F 水性凹印油墨
　　水性光固化油墨

水烟管
　Y 烟具

水银灯
　Y 汞灯

水饮料
water drink
TS275.1
　D 瓶装水饮料
　　水类饮料
　S 饮料*
　F 纯净水
　　矿泉水

水印*
watermark
TP3；TS85
　F 电子水印
　C 水印检测 →(1)
　　水印嵌入 →(8)
　　水印提取
　　印刷防伪

水印辊
dandy roll
TH13；TS73
　S 印刷胶辊
　Z 辊

水印技术
watermarking technology
TP3；TS85
　S 技术*

水印模型
watermarking models
TS85
　S 计算机模型*

水印认证
watermarking authentication
TS85
　S 认证*
　C 水印验证 →(8)

水印提取
watermark extraction
TS85
　C 水印

水印图像
watermarking images
TS85
　S 图像*

水印原理
　Y 水转印

水浴
water-bath
TS205
　S 浴法*
　F 沸水浴

水针板
water needle plate
TS173
　S 针板
　Z 非织造布机械零部件

水蒸气透过率
water vapor permeability
TS206
　S 透气率
　Z 比率

水中软化点
underwater softening point
O4；TH7；TS15
　S 转变温度*

水煮
water cooking
TS14
　S 煮制
　C 煮茧机
　Z 蒸煮

水煮法
water-boiling method
TS205
　S 方法*

水煮笋罐头
canned boiled bamboo shoots
TS295.7
　S 蔬菜罐头
　Z 罐头食品

水煮煮茧机
　Y 煮茧机

水转印
water transfer
TS194.4；TS859
　D 水印原理
　S 转印
　Z 印制技术

水转印纸
water transfer printing papers
TS76
　S 转印纸
　Z 纸张

水族服饰
　Y 民族服饰

睡床
　Y 床

睡袋
　Y 睡衣

睡袍
　Y 睡衣

睡衣
pajamas
TS941.7
　D 睡袋
　　睡袍
　　睡衣裤
　　睡衣套
　S 家居服
　Z 服装

睡衣裤
　Y 睡衣

睡衣套
　Y 睡衣

顺德菜
　Y 粤菜

顺流排盐

forward discharging salt
TS3
 S 水溶采盐
 Z 采矿

顺流式干燥滚筒
 Y 干燥滚筒

顺毛大衣呢
woollen overcoating
TS136
 S 大衣呢
 Z 织物

顺手捻
 Y Z 捻

顺手纱
 Y 纱线

顺序计数器
 Y 计数器

顺纡织物
 Y 织物

顺纡绉
crepon
TS106.8
 S 绉织物
 Z 机织物

瞬变振荡
 Y 振荡

瞬时弹性变形
 Y 弹性指标

丝
 Y 真丝纤维

丝/麻交织物
silk/linen interwoven fabrics
TS106.84
 D 丝麻混纺织物
  丝麻交织物
  丝麻织物
 S 丝混纺织物
 Z 混纺织物

丝/毛混纺织物
 Y 丝毛混纺织物

丝饼
spinning cake
TS104
 C 交叉角 →⑫
  缫丝工艺

丝厂废水
silk factory wastewater
TS19；X7
 S 废水*

丝绸
 Y 丝织物

丝绸材料
 Y 丝织物

丝绸产品
 Y 丝织物

丝绸厂
 Y 丝织厂

丝绸废水
silk wastewater
TS19；X7
 D 丝绸工业废水
  丝织工业废水
 S 废水*

丝绸服饰
silk dress
TS941.7
 S 服饰*

丝绸服装
silk garments
TS941.7
 D 丝绸衣服
 S 服装*
 F 真丝服装

丝绸工业废水
 Y 丝绸废水

丝绸机械
 Y 丝纺织机械

丝绸技术
silk technology
TS14
 D 丝绸科技
 S 纺织技术
 Z 技术

丝绸科技
 Y 丝绸技术

丝绸面料
 Y 丝绸织物

丝绸品种
 Y 丝织物

丝绸染色
 Y 纺织品染色

丝绸衣服
 Y 丝绸服装

丝绸织物
silk apparel fabric
TS106.8
 D 革丝织物
  绰丝织物
  绫罗
  罗
  丝绸面料
 S 轻薄织物
 F 绢
  绫
 C 绢丝
 Z 织物

丝稠
 Y 丝织物

丝带
ribbon
TS106.77
 S 带织物

Z 织物

丝蛋白
fibroin
Q5；TS201.21
 D 丝蛋白纤维
  丝蛋白质
 S 动物蛋白
 F 蚕丝蛋白
  丝胶蛋白
  丝素蛋白
 Z 蛋白质

丝蛋白纤维
 Y 丝蛋白

丝蛋白质
 Y 丝蛋白

丝纺机
 Y 纺纱机械

丝纺机械
 Y 纺纱机械

丝纺设备
 Y 煮茧机

丝纺织机械
silk machinery
TS142
 D 大切绵机
  绢纺机械
  绢纺设备
  绢网绷板机
  开绵机
  切绵机
  梳绵机
  丝绸机械
  丝纺织设备
  制绵设备
  中切绵机
 S 纺织机械*
 F 蚕茧初加工机械
  缫丝机械
  丝绵机
  丝织机
 C 绢纺工艺

丝纺织品
 Y 纺织品

丝纺织设备
 Y 丝纺织机械

丝纺织物
 Y 丝织物

丝盖棉织物
 Y 丝混纺织物

丝杠铣床
 Y 专用铣床

丝杠轧机
 Y 轧机

丝光
 Y 丝光整理

丝光处理

Y 丝光整理

丝光防缩绒线
Y 绒线

丝光防缩整理
mercerized shrink-proof finishing
TS195.51
S 防缩整理
丝光整理
Z 整理

丝光工艺
Y 丝光整理

丝光机
mercerizing machines
TS190.4
D 松堆丝光机
液氨丝光机
轧卷丝光机
S 染整机械*
F 布铗丝光机
绞纱丝光机
直辊丝光机
C 丝光整理

丝光毛
mercerized fur
TS102.31
S 毛纤维
F 丝光羊毛
Z 天然纤维

丝光毛条
Y 毛条

丝光棉
mercerized cotton
TS116
D 丝光织物
S 棉织物
Z 织物

丝光绒
Y 丝绒织物

丝光羊毛
mercerized wool fibers
TS102.31
S 丝光毛
羊毛
C 羊毛保护剂
Z 天然纤维

丝光整理
mercerization
TS195.51
D 干丝光
碱丝光
拉幅丝光
氯化丝光
热碱丝光
热丝光
丝光
丝光处理
丝光工艺
酸式丝光
酸丝光
S 纺织品整理

F 布铗丝光
双丝光
丝光防缩整理
松堆丝光
松式丝光
透芯丝光
液氨丝光
原纱丝光
C 拉幅整理
练漂
丝光机
Z 整理

丝光织物
Y 丝光棉

丝光助剂
Y 练漂助剂

丝混纺织物
silk blend fabric
TS106.84
D 复合丝织物
丝盖棉织物
丝交织物
丝毛交织物
S 混纺织物*
F 丝/麻交织物
丝毛混纺织物

丝交织物
Y 丝混纺织物

丝胶
sericin
TS101；TS14
D 茧层丝胶
S 胶*
C 丝素
真丝纤维

丝胶蛋白
sericin protein
Q5；TS201.21
D 丝胶蛋白质
S 丝蛋白
Z 蛋白质

丝胶蛋白质
Y 丝胶蛋白

丝胶含量
sericin content
TS14
S 含量*
C 丝素

丝胶肽
Y 丝素蛋白

丝巾
silk scarf
TS941.722
D 爱马仕丝巾
尼巾绡
丝巾扣
S 围巾
Z 服饰

丝巾扣

Y 丝巾

丝麻绸
Y 丝麻交织

丝麻混纺纱
silk-ramie yarn blending
TS106.4
S 麻混纺纱
Z 纱线

丝麻混纺织物
Y 丝/麻交织物

丝麻交织
silk-ramie interwoven
TS105
D 丝麻绸
S 交织
麻织
Z 织造

丝麻交织物
Y 丝/麻交织物

丝麻织物
Y 丝/麻交织物

丝毛混纺纱
silk wool blended yarn
TS106.4
S 毛混纺纱
Z 纱线

丝毛混纺织物
silk/wool blended fabric
TS106.84
D 丝/毛混纺织物
丝毛织物
S 丝混纺织物
Z 混纺织物

丝毛交织物
Y 丝混纺织物

丝毛织物
Y 丝毛混纺织物

丝绵
silk cotton
TS106.8
S 织锦
Z 机织物

丝绵被
silk wadding quilt
TS106.72
S 被子
Z 纺织品

丝绵机
silk floss machine
TS142
S 丝纺织机械
Z 纺织机械

丝棉混纺纱
silk-cotton mixed yarn
TS106.4
S 棉混纺纱
Z 纱线

丝绒
Y 丝绒织物

丝绒大提花织物
Y 丝绒织物

丝绒面料
Y 面料

丝绒印花机
Y 印花机

丝绒轧花机
Y 印花机

丝绒织机
Y 织机

丝绒织物
velveting
TS106.87
D 金丝绒
密丝绒
乔其绒
乔其丝绒
乔绒
丝光绒
丝绒
丝绒大提花织物
S 绒面织物
Z 织物

丝朊
Y 丝素

丝朊纤维
Y 真丝纤维

丝色不匀
Y 丝色差异

丝色差异
silk colour deviation
TS14
D 丝色不匀
S 色差*

丝束
Y 纤维束

丝素*
fibroin
TS141
D 丝朊
F 蚕丝丝素
柞蚕丝素
C 蚕丝
丝胶
丝胶含量
丝素凝胶

丝素蛋白
silk fibroin
Q5；TS201.21
D 丝胶肽
丝素蛋白肽
丝素蛋白纤维
S 丝蛋白
F 蚕丝素蛋白
再生丝素蛋白
C 生物涂层 →(1)
Z 蛋白质

丝素蛋白肽
Y 丝素蛋白

丝素蛋白纤维
Y 丝素蛋白

丝素粉
fibroin powder
TS202
D 蚕丝粉
丝素粉体
S 粉末*
F 柞蚕丝素粉

丝素粉体
Y 丝素粉

丝素膜
silk fibroin membrane
TS14
S 膜*

丝素凝胶
silk fibroin gel
TS14
S 凝胶*
C 丝素

丝素肽
silk peptide
TQ93；TS201.2
S 肽*
F 蚕茧丝素肽
柞蚕丝素肽
C 真丝纤维

丝素纤维
silk fiber
TS102.33
S 真丝纤维*

丝素整理剂
fibroin finishing agents
TS195.2
S 整理剂*

丝毯
silk carpet
TS106.76；TS146
D 波斯丝毯
S 毯子*

丝条
strand silk
TS14
D 并丝条
S 纺纱半成品
Z 产品

丝袜
silk stockings
TS941.72
S 袜子
Z 服饰

丝网
wire mesh
TS805
S 纤维网
C 网版
Z 纤维制品

丝网版
Y 丝网制版

丝网模版
screen stencil
TS803
S 网版
Z 模版

丝网印版
Y 丝网制版

丝网印花
silk screen printing
TS194.41
S 机械印花
Z 印花

丝网印花机
silk screen printing machine
TS194.3
S 筛网印花机
Z 印染设备

丝网印染
silk screen printing and dyeing
TS190.6
S 印染
Z 染整

丝网印刷
screen printing
TS871.1
D 半色调丝网印刷
彩色丝网印刷
彩色网版印刷
大幅面丝网印刷
多色丝网印刷
高科技丝网印刷
孔版印刷
轮转丝网印刷
手工丝网印刷
丝网印刷工艺
丝印
网版印刷
网版印刷技术
网印
S 印刷*
C 网印技术

丝网印刷工艺
Y 丝网印刷

丝网印刷机
silk screen printing machine
TS803.6
D 丝印机
S 印刷机
Z 印刷机械

丝网印刷设备
Y 网印设备

丝网印刷油墨
Y 网印油墨

丝网油墨

Y 网印油墨

丝网制版
screen plate making
TS805
　D 筛网制版
　　丝网版
　　丝网印版
　S 制版工艺
　Z 印刷工艺

丝纤维
　Y 真丝纤维

丝线张力
　Y 纱线张力

丝羊绒
woollen velvet
TS13
　S 羊绒制品
　Z 轻纺产品

丝印
　Y 丝网印刷

丝印机
　Y 丝网印刷机

丝印油墨
　Y 印刷油墨

丝针织面料
　Y 针织面料

丝针织物
　Y 针织物

丝织
silk weaving
TS105；TS145
　D 丝织工艺
　　丝织生产
　S 织造*

丝织产品
　Y 丝织物

丝织厂
silk weaving mills
TS14
　D 丝绸厂
　S 纺织厂
　Z 工厂

丝织工业废水
　Y 丝绸废水

丝织工艺
　Y 丝织

丝织机
silk loom
TS142
　D K251 型
　　K251 型丝织机
　　丝织机械
　　丝织设备
　S 丝纺织机械
　Z 纺织机械

丝织机械

Y 丝织机

丝织品
　Y 丝织物

丝织设备
　Y 丝织机

丝织生产
　Y 丝织

丝织物
silk fabrics
TS146
　D 绢丝织物
　　丝绸
　　丝绸材料
　　丝绸产品
　　丝绸品种
　　丝稠
　　丝纺织物
　　丝织产品
　　丝织品
　　真丝产品
　　真丝绸面料
　　真丝绸织物
　　真丝面料
　　真丝织物
　S 天然纤维织物
　F 蚕丝织物
　　绢织物
　　缂丝
　　香云纱
　　真丝绸
　　真丝弹力织物
　　真丝重磅织物
　　柞蚕丝织物
　C 桑蚕丝织物
　　无甲醛整理剂
　　织锦
　　柞蚕丝
　Z 织物

丝织原料
silk materials
TS10
　D 真丝材料
　　真丝线
　　真丝新材料
　　真丝原料
　S 纺织原料
　Z 制造原料

思茅茶
　Y 茶

斯蒂菲尔轧机
　Y 轧机

斯蒂格尔轧机
　Y 轧机

斯蒂文思式园网造纸机
　Y 圆网纸机

斯特勒克降解
Strecker degradation
TS201.2
　S 降解*

撕裂度
tear strength
TS174；TS76
　S 程度*
　　撕裂性能
　Z 性能

撕裂力
　Y 撕破强力

撕裂强力
　Y 撕破强力

撕裂性能
tear resistance
O3；TS77；TS941.6
　D 开缝撕裂性能
　　抗撕裂
　　抗撕裂强度
　　抗撕裂性
　　抗撕裂性能
　S 性能*
　F 撕裂度
　C 缝制工艺

撕裂指数
tear index
TS77
　S 指数*
　C 纸制品

撕破力
　Y 撕破强力

撕破强度
　Y 撕破强力

撕破强力
tearing force
TS101
　D 撕裂力
　　撕裂强力
　　撕破力
　　撕破强度
　S 强力*
　F 梯形撕裂强力

死僵
　Y 低级棉

四步法编织
four step braiding
TS184
　S 编织*

四层织物
four layer fabrics
TS106.8
　S 多层织物
　Z 织物

四川白酒
　Y 川酒

四川菜
　Y 川菜

四川菜系
　Y 川菜

四川风鸭

Sichuan air drying duck
S；TS251.59
  S 鸭子
  Z 肉

四川火锅
Sichuan hotpot
TS972.129.
  D 川味火锅
    四川毛肚火锅
    重庆火锅
  S 火锅
  Z 菜肴

四川毛肚火锅
  Y 四川火锅

四川名菜
  Y 川菜

四氟涂料
  Y 涂料

四辊轧钢机
  Y 轧机

四合面饼干
  Y 饼干

四棱尺
  Y 尺

四连杆式热锯机
  Y 锯机

四罗拉牵伸
four roller drafting
TS104
  S 罗拉牵伸
  Z 牵伸

四面木工刨床
4-side woodworking thickness planer
TS642
  D 二、三、四面刨床
    二面刨床
    三面木工刨床
    压刨、侧面刨二面木工刨床
    直角二面木工刨床
  S 木工刨床
  Z 木工机械

四面铣床
  Y 平面铣床

四平空转织物
siping idle fabrics
TS186.2
  D 空气层织物
    菱形空气层织物
  S 纬编织物
  Z 编织物

四色胶印机
  Y 胶印机

四色套印
four-colour overprinting
TS194.4；TS859
  S 套印
  Z 印制技术

四色印刷
  Y 彩色印刷

四色印刷机
  Y 彩色印刷机

四特酒
si te wine
TS262.39
  S 中国白酒
  Z 白酒

四头宽带砂光机
  Y 砂光机

四鲜肉脯
  Y 肉脯

四线包缝机
  Y 包缝机

四向编织
four-directional braided
TS184
  S 立体编织
  Z 编织

四针技术
four-needle technique
TS184
  S 收放针
  Z 针织工艺

四轴攻丝机
  Y 攻丝机

四爪吊钳
  Y 钳子

伺服飞锯机
  Y 锯机

似晶石
  Y 宝石

似烤烟型烟叶
  Y 烟叶

饲料蛋白粉
  Y 蛋白粉

松柏醇-β-D-葡萄糖苷
  Y 松柏醇葡萄糖苷

松柏醇葡萄糖苷
coniferin
TS743
  D 松柏醇-β-D-葡萄糖苷
  S 糖苷*
  C 造纸废水

松边
low selvage
TS101.97
  S 织物疵点
  Z 纺织品缺陷

松弛热处理机
  Y 热定型机

松弛热定形机
  Y 热定型机

松度
  Y 放松量

松堆布铗丝光
pine pile of clip mercerizing
TS195.51
  S 布铗丝光
    松堆丝光
  Z 整理

松堆丝光
slack pile mercerizing
TS195.51
  S 丝光整理
  F 松堆布铗丝光
  Z 整理

松堆丝光机
  Y 丝光机

松厚度
bulk
TS76；TS77
  S 厚度*
  C 纸制品

松花蛋
  Y 皮蛋

松花皮蛋
  Y 皮蛋

松花石
Songhua Stone
TS933.21
  S 观赏石*

松花石砚
songhua inkstone
TS951.28
  D 石砚
  S 砚
  F 歙砚
  Z 办公用品

松焦油
pine tar oil
TQ35；TS952
  S 焦油*

松紧带
elastic tape
TS106.77
  S 带织物
  Z 织物

松紧档
thin and thick mark
TS101.97
  S 织物疵点
  Z 纺织品缺陷

松紧度
tightness degree
TS941.6；ZT72
  S 程度*
  C 编织物

松量
  Y 放松量

松萝茶
　　Y 绿茶

松木单板
　　Y 天然薄木

松木家具
pine furniture
TS66；TU2
　　S 木质家具
　　Z 家具

松片回潮
loose piece of moisture regain
TS45
　　S 吸湿
　　Z 吸收

松仁蛋白
pine kernel protein
Q5；TQ46；TS201.21
　　S 油料蛋白
　　Z 蛋白质

松散回潮
loosening and conditioning
TS45
　　S 吸湿
　　Z 吸收

松石
rammel
TS933.21
　　S 宝玉石
　　F 绿松石
　　Z 饰品材料

松式络筒
slack winding
TS104.2
　　S 络筒
　　Z 纺纱工艺

松式络筒机
slack winder
TS103.23；TS103.32
　　S 络筒机
　　Z 纺织机械

松式丝光
slack mercerization
TS195.51
　　D 缩碱
　　S 丝光整理
　　　 松式整理
　　Z 整理

松式整理
loose finish
TS195
　　S 风格整理
　　F 松式丝光
　　Z 整理

松树皮
pine bark
R；TS202
　　S 树皮*
　　F 落叶松树皮
　　　 马尾松树皮

云南松树皮

松香胶
rosin size
TS72
　　D 白色松香胶
　　　 马来松香胶
　　　 强化松香胶
　　　 乳液松香胶
　　　 乳状分散松香胶
　　　 石蜡松香胶
　　　 松香胶施胶剂
　　　 松香施胶
　　　 松香施胶剂
　　　 皂化松香胶
　　S 胶*
　　F 分散松香胶
　　　 阳离子松香胶
　　　 阴离子松香胶
　　　 中性松香胶

松香胶施胶剂
　　Y 松香胶

松香乳液
rosin emulsion
TQ42；TS72
　　S 乳液*

松香施胶
　　Y 松香胶

松香施胶剂
　　Y 松香胶

松香中性施胶
neutral rosin sizing
TS72
　　S 中性施胶剂
　　F 阳离子松香中性施胶剂
　　C 改性松香 →(9)
　　Z 施胶剂

松针饮料
　　Y 植物饮料

松籽油
pine-seed oil
TS225.19
　　D 松子油
　　S 籽油
　　Z 油脂

松子
　　Y 松子仁

松子酒
　　Y 金酒

松子仁
pinenut
TS255.6
　　D 松子
　　S 果仁
　　Z 坚果制品

松子油
　　Y 松籽油

宋代家具
Song dynasty furnitures

TS66；TU2
　　S 古典家具
　　Z 家具

宋锦
sung brocade
TS106.8
　　S 织锦
　　Z 机织物

送布机构
deliver cloth mechanism
TS941.569
　　S 缝制机械机构*
　　F 差动式送布机构
　　　 单牙送布机构
　　　 针牙送布机构

送盖机构
　　Y 罐盖

送进角
feed angle
TG3；TH16；TS104
　　S 角*
　　C 顶头 →(3)

送经
letting-off
TS105
　　S 经纱工艺
　　F 电子送经
　　C 电子送经机构
　　Z 织造工艺

送经比
　　Y 送纱量

送经机构
let-off motion
TS103.12
　　D 送经系统
　　　 送经装置
　　S 机织机构
　　F 电子送经机构
　　C 经编机
　　Z 纺织机构

送经量
warp run-in
TS105
　　S 机织工艺参数
　　Z 织造工艺参数

送经系统
　　Y 送经机构

送经装置
　　Y 送经机构

送纱量
let-off ratio
TS105；TS184
　　D 送经比
　　S 织造工艺参数*

送纱装置
yarn feeding equipment
TS103.11
　　S 纺纱机构

送纸
　Y 走纸

苏菜
Jiangsu style dishes
TS972.12
　D 江苏菜
　　江苏菜系
　　江苏名菜
　　苏菜系
　S 八大菜系
　F 淮扬菜
　　无锡菜
　　扬州菜
　Z 菜系

苏菜系
　Y 苏菜

苏打饼干
　Y 饼干

苏生器
　Y 呼吸器

苏式腊肠
　Y 香肠

苏州菜
　Y 淮扬菜

苏州酱鸭
　Y 酱肉制品

苏籽油
　Y 苏子油

苏子油
perilla oil
TS225.19
　D 苏籽油
　S 植物种子油
　Z 油脂

酥脆饼干
　Y 饼干

酥脆薯油饼
　Y 油炸食品

酥脆性
crispness
TS201
　S 力学性能*

酥煎
　Y 煎制

酥面
crispy noodles
TS972.132
　S 面条
　Z 主食

酥兔肉
　Y 兔肉菜肴

酥性饼干
crisp biscuit
TS213.22

饼干
　S 饼干
　Z 糕点

酥油
ghee
TS213
　S 食用油
　Z 粮油食品

酥油茶
butter tea
TS275.2
　S 茶饮料
　Z 饮料

素菜
vegetarian diet
TS972
　D 素食
　S 菜肴*
　F 豆腐菜肴

素炒
　Y 炒制

素色双反面提花织物
　Y 织物

素食
　Y 素菜

素毯
　Y 毯子

素织物
　Y 织物

素绉缎
crepe satin plain
TS106.8
　S 绉织物
　Z 机织物

速冻
quick-freeze
S；TS205
　S 制冷*

速冻保鲜
quick-frozen preservation
TS205
　S 保鲜*

速冻方便食品
quick-frozen convenience food
TS205.7；TS217
　S 方便食品*
　　速冻食品
　Z 冷冻食品

速冻工艺
　Y 速冻加工

速冻果蔬
frozen fruits and vegetables
TS255.2
　S 果蔬*

速冻机
quick freezing plant
TB6；TS203
　D 速冻设备
　S 冷却装置*
　F 螺旋式速冻机

速冻加工
quick freezing processing
TS205.7
　D 速冻工艺
　S 食品冷加工
　Z 食品加工

速冻饺子
　Y 速冻水饺

速冻设备
　Y 速冻机

速冻食品
quick-frozen foods
TS205.7
　S 冷冻食品*
　F 速冻方便食品

速冻食品工业
quick-frozen food industry
TS2
　D 冻干食品工业
　S 食品工业
　Z 轻工业

速冻蔬菜
frozen vegetables
TS255
　S 蔬菜制品
　Z 果蔬制品

速冻水饺
deep-frozen dumpling
TS972.132
　D 速冻饺子
　S 水饺
　Z 主食

速冻汤圆
　Y 汤圆

速度*
velocity
TB9
　F 滤水速度
　　喷水速度
　　纱线速度
　　转杯速度
　C 比转速 →(4)
　　测速仪 →(1)(4)
　　车速 →(12)
　　调速 →(1)(2)(3)(4)(5)(8)(12)
　　风速 →(2)(5)
　　加工速度
　　流速 →(1)(5)(9)(11)
　　失速 →(6)
　　速比 →(4)
　　速度标定 →(1)
　　速度表 →(4)
　　速度测量 →(1)(3)
　　速度计量 →(1)
　　速度控制 →(4)(5)(6)(7)(8)(12)
　　速率
　　转速 →(4)

速度型碾米机
　　Y 砂辊碾米机

速发面粉
　　Y 专用面粉

速干性
　　Y 吸湿

速滑冰刀
speed skate bladed
TS952.6
　　S 雪上运动器材
　　Z 体育器材

速率*
rate of speed
TB9
　　F 传热速率
　　　　冻结速率
　　　　放湿速率
　　　　溶胀速率
　　　　压缩速率
　　C 比率
　　　　传输速率 →(7)
　　　　反应速率 →(1)(9)(13)
　　　　速度
　　　　速率分配 →(7)
　　　　速率控制 →(7)
　　　　速率偏频技术 →(6)
　　　　速率自适应 →(8)
　　　　物理比率

速酿
quick brewing
TS261.4
　　D 速酿工艺
　　S 酿酒工艺*

速酿工艺
　　Y 速酿

速酿酒母
rapid fermenting yeast
TS26
　　S 酒曲
　　Z 曲

速酿塔
speedy brew tower
TS261.3
　　S 食品加工机械*

速溶保健茶
　　Y 保健茶

速溶茶
instant tea
TS275.2
　　D 速溶茶粉
　　S 茶饮料
　　　　速溶饮料
　　F 冷溶茶
　　　　速溶绿茶
　　Z 饮料

速溶茶粉
　　Y 速溶茶

速溶茶加工
　　Y 茶叶加工

速溶豆粉
instant soybean powder
TS214
　　S 豆粉
　　Z 豆制品

速溶粉
instant powder
TB4；TS201
　　S 粉末*

速溶红茶
　　Y 红茶饮料

速溶即食板栗粉
fast-dissolving instant Chinese chestnut powder
TS255.6
　　S 栗粉
　　Z 坚果制品
　　　　食用粉

速溶绿茶
instant green tea
TS275.2
　　S 绿茶饮料
　　　　速溶茶
　　Z 饮料

速溶奶茶
　　Y 奶茶

速溶性
instantly soluble
TQ0；TS201
　　S 理化性质*

速溶饮料
instant beverage
TS27
　　S 饮料*
　　F 奶茶
　　　　速溶茶

速溶营养麦片
　　Y 麦片

速溶枣粉
instant jujube powder
TS255.5
　　S 枣粉
　　Z 食用粉

速生材
fast-growing conifers
TS721
　　S 木材原料
　　C 制浆造纸性能
　　Z 原料

速生杉木
fast-growing Chinese fir
TS62
　　S 杉木
　　Z 木材

速生针叶材
　　Y 天然木材

速食
　　Y 方便食品

速食面
　　Y 方便面

速食品
　　Y 方便食品

速食食品
　　Y 方便食品

速食粥
　　Y 方便粥

速食煮面
　　Y 方便面

粟米
millet
TS210.2
　　S 小米
　　Z 粮食

粟碾米
　　Y 碾米

塑封机
plastic-envelop machines
TS04
　　S 包装设备*

塑胶产品
　　Y 塑胶制品

塑胶油墨
　　Y 塑料凹版水性油墨

塑胶制品*
plastics and rubber product
TQ32；TQ33
　　D 树脂产品
　　　　树脂制品
　　　　塑胶产品
　　　　橡塑制品
　　F 双层胶管
　　　　塑料袋
　　　　塑料吸管
　　C 吹塑 →(9)
　　　　胶带 →(2)(9)
　　　　韧脆转变温度 →(4)
　　　　树脂污染 →(9)(13)
　　　　制品

塑炼设备
　　Y 塑料机械

塑料安全帽
plastic safety helmet
TS941.721；TS941.731；X9
　　S 安全帽
　　Z 安全防护用品
　　　　帽

塑料凹版水性油墨
plastic water-based gravure inks
TQ63；TS802.3
　　D 塑胶油墨
　　　　塑料凹印油墨
　　S 凹印油墨
　　Z 油墨

塑料凹版印刷
plastic gravure printing
TS83
　S 凹版印刷
　Z 印刷

塑料凹印油墨
　Y 塑料凹版水性油墨

塑料包装袋
plastic packaging bag
TS09
　D 塑料袋包装
　S 包装袋
　F 塑料食品袋
　Z 包装材料

塑料保鲜膜
plastic preservative films
TQ32；TS206.4
　S 包装膜
　　保鲜膜
　F PVC 保鲜膜
　Z 包装材料
　　膜

塑料标牌
　Y 塑料覆膜

塑料餐具
plastic tableware
TQ32；TS972.23
　D 模塑餐具
　S 餐具
　F 发泡塑料餐具
　　一次性塑料餐具
　Z 厨具

塑料袋
plastic bag
TQ32；TS206
　D 废弃购物塑料袋
　S 塑胶制品*
　C 热物性 →(1)

塑料袋包装
　Y 塑料包装袋

塑料覆膜
plastic card
TS802
　D 塑料标牌
　　塑料卡
　　透明塑料材料
　S 贴膜*

塑料罐
plastic can
TS206
　S 罐*

塑料回收设备
　Y 回收装置

塑料机械*
plastics machinery
TQ31；TQ33
　D 塑炼设备
　　塑料加工机械
　　塑料加工设备

塑料设备
　F 塑料圆织机
　　盐水注射机
　C 塑料制品 →(9)

塑料加工机械
　Y 塑料机械

塑料加工设备
　Y 塑料机械

塑料镜片
　Y 树脂镜片

塑料卡
　Y 塑料覆膜

塑料垃圾袋
　Y 垃圾袋

塑料铅笔
　Y 铅笔

塑料纱管
　Y 纱管

塑料设备
　Y 塑料机械

塑料食品包装袋
　Y 塑料食品袋

塑料食品袋
food-packaging bags
TS206
　D 塑料食品包装袋
　S 食品包装袋
　　塑料包装袋
　Z 包装材料

塑料梭
　Y 塑料梭子

塑料梭子
moulded plastic shuttle
TS103.81；TS103.82
　D 塑料梭
　S 梭子
　Z 织造器材

塑料贴面板
　Y 饰面人造板

塑料娃娃
plastic dolls
TS958.44
　S 塑料玩具
　　玩偶
　Z 玩具

塑料玩具
plastic toy
TS958.44
　S 玩具*
　F 塑料娃娃

塑料吸管
plastic straw
TS27
　S 塑胶制品*
　　吸管
　Z 管

塑料纤维
　Y 合成纤维

塑料线烫订
plastic thread sealing
TS885
　S 装订*

塑料鞋
　Y 鞋

塑料眼镜
plastic glasses
TS959.6
　S 眼镜*

塑料印刷
Plastic printing
TS851
　S 印刷*

塑料印刷油墨
　Y 印刷油墨

塑料油墨
　Y 油墨

塑料圆织机
plastics circular loom
TS103.33
　S 塑料机械*

塑苫
salt crystallizing with plastic film
TS36
　D 塑苫结晶
　S 制盐*

塑苫结晶
　Y 塑苫

塑身
body shaping
TS974.14
　D 纤体
　S 美体
　Z 美容

塑身内衣
shapewear
TS941.7
　D 调整型内衣
　　美体内衣
　　整形内衣
　S 内衣
　Z 服装

塑性变形率
index of plastic deformation
TS101
　S 比率*
　　变形参数*

塑性传动机构
　Y 传动装置

酸变性
acid denaturation
TQ0；TS201
　S 变性*

酸变性淀粉

acid-modified starch

TS235

  D 稀沸淀粉

  S 变性淀粉

  Z 淀粉

酸菜

Chinese sauerkraut

TS255.5

  S 腌菜

  C 榨菜

  Z 果蔬制品

    腌制食品

酸豆奶

sour bean milk

TS214

  D 发酵酸豆奶

    黑豆银耳保健酸豆奶

    凝固型酸豆奶

    乳酸豆奶饮料

    酸豆乳

    酸性豆乳

  S 豆奶

  Z 豆制品

酸豆乳

  Y 酸豆奶

酸发酵

acid fermentation

TQ92；TS26

  D 有机酸发酵

  S 发酵*

  F 醋酸发酵

    混合酸发酵

    苹果酸乳酸发酵

酸法

acid process

TS743

  S 方法*

酸法干酪素

  Y 酪蛋白

酸法工艺

acid technological process

TQ62；TS205

  D 酸渍

  S 工艺方法*

酸法提取

acidolysis extraction

TS205

  S 提取*

酸法制浆

acid polishing

TS10；TS743

  S 化学制浆

  F 醋酸法制浆

  Z 制浆

酸改性涤纶

  Y 改性聚酯纤维

酸化稻壳灰

acid-treated rice husk ash

TS205

酸化油

acidifying oil

TS22

  S 油品*

  F 大豆酸化油

  C 碳酸化塔 →(9)

酸化预处理

  Y 酸预处理

酸价测定

acid value determination

TQ0；TS201

  D pH 值测定

    酸值测定

  S 测定*

  C 酸度计 →(4)

酸减量

acid loss

TS195.52

  D 酸减量整理

  S 减量整理

  Z 整理

酸减量整理

  Y 酸减量

酸浆籽

physalis seeds

TS202.1

  S 植物菜籽*

酸解淀粉

acid-hydrolyzed starch

TS235

  S 淀粉*

酸解玉米淀粉

acid-hydrolyzed corn starch

TS235.1

  S 玉米变性淀粉

  Z 淀粉

酸马奶

mongolian mare milk

TS252.54

  S 酸奶

  Z 发酵产品

    乳制品

酸马奶酒

acid kumiss

TS262

  S 马奶酒

  Z 酒

酸牦牛奶

fermented yak milk

TS252.59

  S 酸牛奶

  Z 发酵产品

    乳制品

酸面团

sour dough

TS211

  S 面团

  Z 粮油食品

酸奶

yoghurt

TS252.54

  D 豆乳酸奶

    发酵奶

    发酵乳

    发酵酸奶

    发酵型酸奶

    风味酸奶

    复合蛋白酸奶

    牧区酸奶

    瓶装酸奶

    全豆酸奶

    杀菌酸奶

    生物酸奶

    酸奶制品

    酸乳

    酸乳制品

    脱脂酸奶

    无糖酸奶

    自发酵酸奶

  S 发酵乳制品

  F 草莓酸奶

    大豆酸奶

    低乳糖酸奶

    调配型酸乳

    分层酸奶

    复合型酸奶

    功能性酸奶

    果肉酸奶

    果味酸奶

    花生酸奶

    搅拌型酸奶

    开菲尔奶

    冷冻酸奶

    凝固型酸奶

    凝胶型酸奶

    山药酸奶

    双歧酸奶

    酸马奶

    酸牛奶

    酸羊奶

    玉米酸奶

  C 发酵

    酵母

    乳酸菌发酵

    乳酸菌饮料

  Z 发酵产品

    乳制品

酸奶冰淇淋

yoghurt ice cream

TS252.5；TS277

  S 冰淇淋

  Z 饮料

酸奶发酵剂

yoghurt starter culture

TS202；TS252

  S 乳品发酵剂

  F 直投式酸奶发酵剂

  Z 发酵剂

酸奶粉

mung bean yoghurt powder

TS252.51
  D 绿豆酸奶粉
  S 奶粉
  Z 乳制品

酸奶机
yogurt machine
TS203
  D 智能型酸奶机
  S 冷饮机械
  Z 食品加工机械

酸奶凝胶
yogurt gel
TS202
  S 凝胶*

酸奶品质
yogurt quality
TS252.7
  S 乳品质量
  Z 食品质量

酸奶饮料
  Y 酸乳饮料

酸奶油
cultured cream
TS22
  S 奶油
  Z 粮油食品

酸奶制品
  Y 酸奶

酸牛奶
sour milk
TS252.59
  D 酸牛乳
  S 牛奶
    酸奶
  F 酸牦牛奶
  Z 发酵产品
    乳制品

酸牛乳
  Y 酸牛奶

酸溶胶原蛋白
acid-soluble collagen
Q5；TS201.21
  S 天然胶原
  Z 蛋白质

酸肉
sour meat
TS251.59
  S 肉*

酸乳
  Y 酸奶

酸乳饮料
sour milk beverage
TS275.6
  D 配制型酸乳饮料
    酸奶饮料
    酸性含乳饮料
    纤维酸乳饮料
  S 乳饮料

  Z 饮料

酸乳制品
  Y 酸奶

酸山羊奶
  Y 酸羊奶

酸式丝光
  Y 丝光整理

酸式盐
acidic salt
TS36
  S 盐*
  F 胆酸盐
    含氧酸盐
    亚氯酸盐
    植酸盐

酸丝光
  Y 丝光整理

酸味
sour taste
TS207
  S 甜酸
  Z 感觉

酸味剂
acidity agent
TS202.3
  S 增效剂*

酸洗槽
pickling bath
TG1；TS190
  S 槽*
  C 玻璃纤维增强塑料 →(1)(9)

酸洗液
pickle liquor
TG1；TS934
  S 液体*

酸性沉淀法
  Y 沉淀

酸性橙 II
acid orange II
TS193.21
  S 酸性染料
  Z 染料

酸性橙 7
acid orange 7
TS193.21
  S 酸性染料
  Z 染料

酸性大红
acid scarlet
TS193.21
  D 酸性大红染料
  S 酸性染料
  F 酸性大红 3R
    酸性大红 GR
    酸性红 B
  Z 染料

酸性大红 3R

acid brilliant scarlet 3R
TS193.21
  S 酸性大红
  Z 染料

酸性大红 GR
acid brilliant scarlet GR
TS193.21
  S 酸性大红
  Z 染料

酸性大红染料
  Y 酸性大红

酸性蛋白饮料
  Y 蛋白饮料

酸性豆乳
  Y 酸豆奶

酸性铬媒染料
  Y 铬媒染料

酸性铬染料
  Y 铬媒染料

酸性含媒染料
  Y 酸性媒介染料

酸性含乳饮料
  Y 酸乳饮料

酸性红 B
acid red B
TS193.21
  S 酸性大红
  Z 染料

酸性黄染料
acid yellow dye
TS193.21
  S 酸性染料
  Z 染料

酸性精粉
acid flavor powders
TS211.2
  S 精粉
  Z 粮食

酸性可染腈纶
acid dye dyeable acrylic fiber
TQ34；TS102.523
  S 腈纶
  C 上染率
    酸性染料
  Z 纤维

酸性矿灯
acidic miner's lamp
TD6；TS956
  S 矿灯
  Z 灯

酸性蓝
acid blue
TS193.21
  S 酸性染料
  Z 染料

酸性络合染料

acidic complex dyes
TS193.21
- S 酸性染料
- Z 染料

酸性媒介染料
acid mordant dye
TS193.21
- D 酸性含媒染料
  酸性媒介桃红 3BM
  酸性媒介棕 RH
  酸性媒染染料
- S 酸性染料
- F 铬媒染料
- Z 染料

酸性媒介桃红 3BM
- Y 酸性媒介染料

酸性媒介棕 RH
- Y 酸性媒介染料

酸性媒染染料
- Y 酸性媒介染料

酸性凝胶
acid gel
TS202
- S 凝胶*

酸性染料
acid dyes
TS193.21
- S 染料*
- F 弱酸性染料
  酸性橙 II
  酸性橙 7
  酸性大红
  酸性黄染料
  酸性蓝
  酸性络合染料
  酸性媒介染料
- C 释酸剂
  酸性可染腈纶

酸性染料染色
- Y 染色工艺

酸性乳饮料
acidic milk drink
TS27
- D 大豆乳酸发酵饮料
  发酵型酸性乳饮料
- S 酸性饮料
- Z 饮料

酸性施胶剂
acidic sizing agents
TS105；TS17；TS72
- S 施胶剂*
- C 碱性施胶剂

酸性食品
- Y 功能食品

酸性饮料
acid beverages
TS27
- S 饮料*
- F 酸性乳饮料

碳酸饮料

酸性再生剂
acid regenerative agent
TS31
- S 再生剂*

酸性造纸
- Y 造纸

酸羊奶
fermented goat milk
TS252.54
- D 酸山羊奶
  羊奶酸奶
- S 酸奶
- Z 发酵产品
  乳制品

酸预处理
acid pretreatment
TE3；TS74
- D 酸化预处理
- S 预处理*

酸枣酒
acid jujube wine
TS262.7
- S 枣酒
- Z 酒

酸值测定
- Y 酸价测定

酸酯淀粉
acid ester starch
TS235
- S 淀粉*
- F 氨基甲酸酯淀粉
  醋酸酯淀粉
  磷酸单酯淀粉
  磷酸酯淀粉
  柠檬酸酯淀粉
  辛烯基琥珀酸酯化淀粉

酸渍
- Y 酸法工艺

酸渍菜
- Y 咸菜

蒜
- Y 大蒜

蒜粉
onion powder
TS255.5；TS264.3
- D 蒜蓉调味品
  洋葱粉
- S 大蒜
- Z 调味品

蒜粒
- Y 大蒜

蒜皮
garlic skin
TS255.5；TS264.3
- S 大蒜
- Z 调味品

蒜片
- Y 脱水蒜片

蒜蓉
mashed garlic
TS255.5；TS264.3
- S 大蒜
- Z 调味品

蒜蓉调味品
- Y 蒜粉

蒜蓉辣酱
- Y 辣酱

蒜油
- Y 大蒜油

蒜渣
garlic residues
TS255.5；TS264.3
- S 大蒜
- Z 调味品

蒜子瑶柱脯
- Y 肉脯

随机宽度单板
- Y 单板

髓心板
- Y 径切板

碎茶
baikhovi tea
TS272.59
- D 粉茶
  粉末茶
  碎末茶
- S 茶*
- F 红碎茶
  绿碎茶

碎大米
broken rice
TS210.2
- D 糜米
  碎米
- S 大米
- Z 粮食

碎单板
crushed veneer
TS65；TS66
- S 单板
- Z 型材

碎浆
pulping
TS10；TS74
- S 制浆*
- F 色浆研磨

碎浆机
pulper
TS733
- D 碎浆系统
- S 制浆设备*
- F 水力碎浆机
  损纸碎浆机
  转鼓碎浆机

碎浆系统
  Y 碎浆机

碎料
crushed aggregates
TS6
  S 物料*

碎料板
  Y 刨花板

碎米
  Y 碎大米

碎米率
broken rice rates
TS213
  S 碾米质量
  Z 工艺性能

碎末茶
  Y 碎茶

碎木机
  Y 轻工机械

碎丝率
broken cut rate
TS42
  S 比率*

碎烟片
  Y 烟片

碎褶裙
  Y 裙装

隧道灯
tunnel light
TM92；TS956
  S 灯*

损耗*
depletion
TH11；ZT5
  D 耗损
    损失消耗
  F 纤维损耗
  C 功耗 →(1)(4)(5)(7)(8)
    机械效率 →(4)
    磨损 →(1)(2)(3)(4)(5)(9)(12)
    能耗 →(5)
    配电变压器 →(5)
    损伤

损伤*
injury
ZT5
  D 伤损
    受损
    损伤缺陷
  F 纤维损伤
  C 磨损 →(1)(2)(3)(4)(5)(9)(12)
    疲劳断裂 →(1)(3)
    缺陷
    损耗
    损失

损伤淀粉
  Y 破损淀粉

损伤缺陷
  Y 损伤

损失*
losses
ZT5
  F 碘损失
    营养损失
    蒸煮损失
  C 开采损失 →(2)
    损伤

损失消耗
  Y 损耗

损纸碎浆机
broke pulper
TS733
  S 碎浆机
  Z 制浆设备

笋
  Y 竹笋

榫槽
mortise
TH13；TS64
  S 槽*
  C 家具结构

榫槽机
  Y 开榫机

榫孔机
  Y 开榫机

梭缝线迹
shuttle stitch
TS941.6
  S 线迹
  Z 痕迹

梭口
shed
TS105
  D 梭口形式
  S 机织工艺参数
  F 小双层梭口
  Z 织造工艺参数

梭口形式
  Y 梭口

梭式绣花机
  Y 绣花机

梭芯
shuttle peg
TS103.81；TS103.82
  S 缝纫机零件
    梭子
  Z 零部件
    织造器材

梭织机
  Y 有梭织机

梭织面料
  Y 机织面料

梭织物

  Y 机织物

梭子
shuttle
TS103.81；TS103.82
  S 织造器材*
  F 塑料梭子
    梭芯
  C 引纬机构

梭子调配
shuttle allocation
TS105
  S 纬纱工艺
  Z 织造工艺

梭子花边
  Y 花边

羧化壳聚糖
carboxyl-chitosan
TS15
  S 碳水化合物*
  F 羧甲基壳聚糖

羧甲基淀粉
carboxymethyl starch
TS235
  S 淀粉*
  F 交联羧甲基淀粉

羧甲基壳聚糖
carboxy methyl chitosan
Q5；TS24
  S 羧化壳聚糖
  F N,0-羧甲基壳聚糖
    0-羧甲基壳聚糖
  Z 碳水化合物

羧甲基壳聚糖水凝胶
  Y 凝胶

羧甲基马铃薯淀粉
carboxymethyl potato starch
TS235.2
  S 马铃薯淀粉
  Z 淀粉

羧甲基葡甘聚糖
carboxyl methyl glucomannan
Q5；TS24
  S 葡甘聚糖
  Z 碳水化合物

羧甲基玉米淀粉
ethyloic corn starch
TS235.1
  S 玉米变性淀粉
  Z 淀粉

羧酸型离子交换纤维
  Y 离子交换纤维

缩碱
  Y 松式丝光

缩呢
  Y 缩绒

缩绒
full

TS195
　D 缩呢
　　缩绒工艺
　　缩绒性能
　S 收缩*
　C 纺织品整理
　　缩绒性

缩绒工艺
　Y 缩绒

缩绒性
feltability
TS101.921
　S 羊毛性能
　C 缩绒
　Z 纤维性能

缩绒性能
　Y 缩绒

缩水
shrinking
TS19
　S 材料缺陷*

缩水变形
shrinking deformation
TS101.2
　S 变形*

缩水规律
　Y 缩水率

缩水率
water shrinkage
TS107
　D 缩水规律
　　缩水性
　S 纺织品质量指标
　Z 指标

缩水性
　Y 缩水率

缩纬
　Y 纬缩

索
　Y 绳索

索氏抽提
　Y 索氏提取

索氏抽提法
　Y 索氏提取

索氏法
　Y 索氏提取

索氏提取
soxhlet extraction
TS205
　D 索氏抽提
　　索氏抽提法
　　索氏法
　S 提取*

索绪
　Y 接绪

唢呐

Suona
TS953.22
　S 民族乐器
　Z 乐器

锁
　Y 锁具

锁边
lockrand
TS941.63
　S 缝型
　Z 服装工艺

锁具
locks
TS914.211
　D 锁
　S 五金件*
　F 电子锁
　　防盗锁
　　防盗锁具
　　机械锁
　　锁芯
　　钥匙
　　智能门锁

锁扣眼机
　Y 锁眼机

锁钮孔缝纫
　Y 锁眼机

锁钮孔机
　Y 锁眼机

锁式线迹
lockstitch
TS941.6
　S 线迹
　Z 痕迹

锁线订
thread stitching
TS885
　S 装订*

锁芯
key cylinder
TS914
　S 锁具
　Z 五金件

锁眼缝纫机
　Y 锁眼机

锁眼机
buttonhole machine
TS941.562
　D 平缝锁眼机
　　平头锁眼机
　　锁扣眼机
　　锁钮孔缝纫
　　锁钮孔机
　　锁眼缝纫机
　　圆头锁眼机
　　自动锁眼机
　S 缝纫设备
　Z 服装机械

塔尔油
　Y 塔罗油

塔夫绸
taffeta
TS106.8
　S 平纹织物
　Z 机织物

塔格糖
tagatose
Q5；TS24
　D D-塔格糖
　S 己糖
　Z 碳水化合物

塔吉克族服饰
　Y 民族服饰

塔拉栲胶
Tara extract
TS5
　S 栲胶
　Z 胶

塔类设备
　Y 塔器

塔罗油
tall oil
TS74
　D 塔尔油
　　妥尔油
　S 高酸废油脂
　Z 废液

塔器*
columns
TQ0
　D 工业塔
　　化工塔器
　　塔类设备
　　塔设备
　F 漂白塔
　　脱臭塔
　C 塔 →(4)(5)(6)(9)(11)(12)
　　脱硫塔 →(13)

塔设备
　Y 塔器

塔式发酵罐
　Y 发酵罐

塔式轮转印刷机
tower type rotary printing machine
TS803.6
　S 印刷机
　Z 印刷机械

塔塔尔族服饰
　Y 民族服饰

獭兔毛皮
　Y 獭兔皮

獭兔皮
beaver rabbit skin
S；TS564
　D 獭兔毛皮
　　獭兔裘皮

S 兔皮
Z 动物皮毛

獭兔装皮
Y 獭兔皮

獭兔肉
rex rabbit meat
S；TS251.59
S 兔肉
Z 肉

踏盘
tappet
TS103.81；TS103.82
S 织造器材*

踏盘织机
Y 织机

胎具
Y 模具

胎盘提取液
placenta extract
R；TS20
S 提取液
Z 提取物

胎体材料*
matrix material
TQ16
F 玻纤网格布
C 材料
轮胎 →(9)

胎体帘布
Y 轮胎帘子布

胎体帘线
Y 轮胎帘子线

台板平网印花机
Y 平网印花机

台布
table cloth
TS106.72
S 装饰用纺织品*

台灯
table lamp
TM92；TS956
D 桌灯
S 灯*
F 床头灯
调光台灯
感应台灯
护眼灯

台式冰激凌机
Y 冰淇淋机

台式出版
Y 桌面出版系统

台式出版系统
Y 桌面出版系统

台式带锯
Y 细木工带锯机

台式单面木工压刨床
Y 刨床

台式攻丝机
Y 攻丝机

台式木工带锯机
Y 细木工带锯机

台式木工多用机床
Y 木工机床

台式排钻床
Y 台式钻床

台式乌龙茶
Y 乌龙茶

台式铣床
Y 升降台铣床

台式铣钻床
Y 钻铣床

台式印花机
Y 筛网印花机

台式圆锯机
Y 圆锯机

台式钻床
bench drilling machine
TG5；TS64
D 台式排钻床
S 机床*

台湾菜
Taiwanese food
TS972.12
S 菜系*

台湾米酒
Taiwan rice wine
TS262
S 米酒
Z 酒

台湾铁观音
Y 铁观音

台湾乌龙茶
Y 乌龙茶

台钻
Y 电钻

太白葛根淀粉
Taibai kudzu starch
TS235.5
S 葛根淀粉
Z 淀粉

太白酒
Taibai liquor
TS262.39
D 乐昌太白酒
S 中国白酒
F 凤兼复合型太白酒
Z 白酒

太仓肉松
Y 肉松

太湖石
Lake Taihu stone
TS933.21
S 观赏石*

太空竞赛
Y 比赛

太空竞争
Y 比赛

太空酒曲
space koji
TS26
S 酒曲
Z 曲

太空食品
Y 航空食品

太空手套
Y 航天手套

太空饮食
Y 航空食品

太阳灯
Y 紫外线灯

太阳镜
sunglasses
TS941.731；TS959.6
D 太阳眼镜
遮阳镜
S 防护眼镜
F 偏光太阳镜
Z 安全防护用品
眼镜

太阳帽
sun hat
TS941.721
S 帽*

太阳能灯
solar lamp
TM92；TS956
D 太阳能灯具
太阳能照明灯
S 灯*
F 太阳能交通信号灯
太阳能路灯
C 太阳能路灯系统 →(5)

太阳能灯具
Y 太阳能灯

太阳能加热烤房
Y 烤烟房

太阳能交通信号灯
solar traffic lights
TM92；TS956
S 交通灯
太阳能灯
Z 灯
交通设施

太阳能开水器
solar water boiler
TM92；TS972.26

S 开水器
Z 厨具
　家用电器

太阳能烤房
Y 烤烟房

太阳能路灯
solar street lamps
TM92；TS956
S 路灯
　太阳能灯
Z 灯

太阳能灶
solar cooker
TS972.26
D 太阳灶
S 节能灶
F 箱式太阳灶
Z 厨具

太阳能照明灯
Y 太阳能灯

太阳伞
beach umbrella
TS959.5
D 防紫外线伞
　遮阳伞
S 伞*
C 防紫外线功能 →(6)

太阳眼镜
Y 太阳镜

太阳灶
Y 太阳能灶

汏颜色
Y 调整色差

肽*
peptides
TQ93；TS201.2
D 肽化合物
F 大豆肽粉
　大米肽
　蛋白肽
　多肽
　鹅肌肽
　海洋肽
　活性肽
　降血压肽
　抗菌脂肽
　苦味肽
　磷酸肽
　灵芝肽
　米糠肽
　脑素肽
　牛肉风味肽
　生物聚肽
　丝素肽
　酰化肽
　小麦肽
　玉米肽

肽化合物
Y 肽

肽类防腐剂
peptide preservatives
TS205
S 防腐剂
C 鱼精蛋白
Z 防护剂

肽类抑菌物质
peptide bacteriostatic substances
TS201
S 抑菌物质
Z 物质

钛醇盐
titanium alkoxide
TS36
S 有机盐
Z 盐

钛鞣
titanium tannage
TS543
S 鞣制
Z 制革工艺

钛鞣剂
Y 多金属鞣剂

钛酸钡纤维
barium titanate fiber
TS102.4
S 矿物纤维
Z 天然纤维

钛酸锶
strontium titanate
TS933.21
S 电工材料*
　电子材料*
　合成钻石
　陶瓷*
Z 饰品材料

泰国菜
Thailand cuisine
TS972
S 亚洲菜肴
Z 菜肴

泰山特曲
Taishan Tequ liquor
TS262.39
S 中国白酒
Z 白酒

泰式甜辣酱
Y 辣酱

酞菁蓝
Y 酞菁铜

酞菁蓝颜料
Y 酞菁铜

酞菁绿
phthalocyanine green
TS193.21
S 酞菁染料
Z 染料

酞菁染料
phthalocyanine
TS193.21
D 酞菁颜料
S 合成染料
F 酞菁绿
　酞菁铜
Z 染料

酞菁铜
phthalocyanines
TS193.21
D 还原靛蓝
　酞菁蓝
　酞菁蓝颜料
S 酞菁染料
C 活性艳蓝
Z 染料

酞菁颜料
Y 酞菁染料

滩晒
solarization
TS36
D 矿卤滩晒
　滩晒工艺
　滩晒制盐
　滩田法
　蒸发制盐
S 制盐*
F 复晒

滩晒工艺
Y 滩晒

滩晒制盐
Y 滩晒

滩田
Y 盐田

滩田法
Y 滩晒

滩羊皮
Tibet lamb skin
S；TS564
S 绵羊皮
Z 动物皮毛

滩羊肉
Y 羊肉制品

弹拨儿
Y 弦乐器

弹拨尔
Y 弦乐器

弹簧*
spring
TH13
F 回综弹簧
C 弹簧储能 →(5)
　弹簧件 →(4)
　弹簧喷嘴 →(4)(5)(6)
　弹簧特性 →(4)
　自由长度 →(1)

弹簧冲击试验设备
Y 试验设备

弹簧垫圈圆切刀
　Y 切断刀

弹簧加压摇架
spring pressurizing cradle
TS103
　D 弹簧摇架
　S 加压摇架
　Z 压力设备

弹簧鞋楦
　Y 鞋楦

弹簧鞋植
　Y 鞋楦

弹簧楦链式铣槽机
　Y 制鞋机械

弹簧楦体
　Y 鞋楦

弹簧楦制作设备
　Y 制鞋机械

弹簧楦装套筒机
　Y 制鞋机械

弹簧楦装销机
　Y 制鞋机械

弹簧摇架
　Y 弹簧加压摇架

弹簧针
　Y 钩针

弹力布
　Y 弹性织物

弹力灯芯绒
　Y 灯芯绒

弹力机织物
elastic woven fabric
TS106.8
　D 弹性机织物
　S 弹性织物
　F 氨纶弹力机织物
　　弹力天鹅绒
　　经弹织物
　　经纬双弹织物
　　纬弹织物
　　亚麻弹力织物
　　真丝弹力织物
　Z 织物

弹力精纺毛织物
stretch worsted cloth
TS136
　S 弹力毛织物
　Z 织物

弹力六角网孔织物
　Y 网眼针织物

弹力毛纱
elastic wool yarns
TS106.4
　S 弹力纱
　Z 纱线

弹力毛织物
elastic wool fabrics
TS136
　S 弹性织物
　　毛织物
　F 弹力精纺毛织物
　Z 织物

弹力面料
　Y 弹性织物

弹力牛仔布
stretch denim
TS106.8
　D 弹力竹节牛仔布
　　全弹牛仔布
　　双面弹力牛仔布
　　纬弹牛仔布
　S 牛仔布
　Z 机织物

弹力泡泡绉
　Y 弹性织物

弹力平绒
　Y 弹性织物

弹力纱
stretch yarn
TS106.4
　D 弹力纱线
　　弹性纱
　　弹性纱线
　　加拈弹力丝
　　加捻弹力丝
　S 纱线*
　F 氨纶纱
　　弹力毛纱
　　弹力纬纱
　　弹力竹节纱
　　棉氨复合纱
　C 弹性丝　→(9)
　　弹性纤维
　　弹性织物

弹力纱线
　Y 弹力纱

弹力天鹅绒
stretch velvet
TS106.8
　S 弹力机织物
　C 丽赛纤维
　Z 织物

弹力网眼圆筒织物
　Y 网眼针织物

弹力纬纱
elastic weft
TS106.4
　S 弹力纱
　Z 纱线

弹力针织物
　Y 弹性针织物

弹力真丝
elastic silk yarn
TS102.33
　S 真丝纤维*
　F 膨体弹力真丝

弹力织物
　Y 弹性织物

弹力竹节牛仔布
　Y 弹力牛仔布

弹力竹节纱
elastic slub yarn
TS106.4
　D 弹性长丝
　S 弹力纱
　Z 纱线

弹性包芯纱
　Y 氨纶包芯纱

弹性长丝
　Y 弹力竹节纱

弹性尘棒
　Y 尘棒

弹性传动机构
　Y 传动装置

弹性涤纶
　Y 功能性涤纶

弹性非织造布
　Y 非织造布

弹性盖板针布
fillet flat clothing
TS103.82
　S 盖板针布
　Z 纺纱器材

弹性管束型半即热式水加热器
　Y 热水器

弹性管束性半容积式水加热器
　Y 热水器

弹性机织物
　Y 弹力机织物

弹性开发
　Y 开发

弹性面料
　Y 弹性织物

弹性模具
　Y 模具

弹性纱
　Y 弹力纱

弹性纱线
　Y 弹力纱

弹性伸长率
elastic elongation ratio
TS101
　S 弹性指标
　Z 性能指标

弹性体纤维
　Y 弹性纤维

弹性网

Y 床垫材料

弹性纤维
elastic fibers
TQ34；TS102.528
D 弹性体纤维
新型弹性纤维
S 功能纤维
F T400
XLA 弹性纤维
C 氨纶
弹力纱
弹力丝 →(9)
弹性体 →(1)(9)
Z 纤维

弹性压缩率
elastic compression rate
TS101
S 弹性指标
Z 性能指标

弹性针布
fillet clothing
TS103.82
D 半硬性针布
钢丝针布
S 针布
Z 纺纱器材

弹性针织面料
Y 弹性针织物

弹性针织物
elastic knitted fabrics
TS186.8
D 弹力针织物
弹性针织面料
高弹针织物
S 弹性织物
针织物*
F 涤氨弹力针织物
经编弹力织物
C 变形纱
Z 织物

弹性整理
elastic finish
TS195
S 纺织品整理
Z 整理

弹性织带
elastic webbing
TS941.498
S 绳带
Z 服装附件

弹性织物
elastic fabric
TS106.8
D 氨纶织物
抽条弹力布
弹力布
弹力面料
弹力泡泡绉
弹力平绒
弹力织物
弹性面料

高密弹力织物
宽紧织物
莱卡织物
树皱弹力织物
S 织物*
F 氨纶弹力织物
弹力机织物
弹力毛织物
弹性针织物
C 弹力纱
高弹面料

弹性指标
elastic index
TS101
D 缓弹性变形
急弹性变形
瞬时弹性变形
S 性能指标*
F 弹性伸长率
弹性压缩率

檀板
Y 打击乐器

檀皮
wingceltis bark
S；TS72
S 树皮*
F 青檀皮

檀皮蒸煮黑液
wingceltis skin cooking black liquor
TS74；X7
S 蒸煮黑液
Z 废液

檀香木
Y 红木

坦克传动机构
Y 传动装置

坦克传动装置
Y 传动装置

坦克模型
tank model
TJ81；TS958
D 战车模型
S 工程模型*

坦皮科大麻
Y 大麻纤维

坦塞尔
Y Lyocell 纤维

坦桑石
zoisite
TS933.21
D 黝帘石
S 蓝宝石
Z 饰品材料

坦洋工夫红茶
Y 工夫红茶

毯子*
rug
TS106.76

D 壁毯
床毯
防爆毯
仿兽皮毯
格子毯
挂毯
化纤毯
画毯
锦纶毯
经编毯
军毯
拉舌尔毛毯
毛巾毯
水纹提花毯
素毯
提花毯
天鹅绒毯
线毯
艺术挂毯
印花毯
F 单层毯
地毯
毛毯
棉毯
绒毯
丝毯
橡胶毯
羊绒毯
造纸毯
C 割绒织物
毛织物

炭布
Y 碳纤维布

炭黑凝胶
Y 凝胶

炭化烘焙室
Y 干燥室

炭块锯床
Y 锯机

炭素纤维
Y 碳纤维

炭纤维
Y 碳纤维

炭毡
Y 碳毡

炭质凝胶
Y 凝胶

探纬机构
Y 探纬器

探纬器
feeler motion
TS103.12
D 探纬机构
探纬装置
S 机织机构
F 光电探纬
Z 纺织机构

探纬装置
Y 探纬器

探照灯

floodlight

TM92；TS956

- D 泛光灯
  集光灯
  散光灯
  投光灯
  投光灯具
- S 灯*
- F 光束灯
  聚光灯
  投射灯
- C 机场灯

碳布

Y 碳纤维布

碳弧灯

carbon arc lamp

TM92；TS956

- S 弧灯
- Z 灯

碳化硅纤维

silicon carbide fiber

TQ34；TS102

- D SiC 纤维
- S 陶瓷纤维
- F 短切 SiC 纤维
  连续碳化硅纤维
- C 聚碳硅烷纤维 →(9)
  碳化机理 →(9)
  吸波纤维
- Z 耐火材料
  纤维

碳化物刀具

Y 硬质合金刀具

碳纳米纤维

Y 纳米碳纤维

碳氢表面活性剂

Y 表面活性剂

碳水化合物*

carbohydrates

Q5

- F β-葡聚糖
  阿拉伯木聚糖
  阿拉伯糖
  半乳甘露聚糖
  半乳聚糖
  不溶性壳聚糖
  茶叶多糖
  粗多糖
  大豆多糖
  大蒜多糖
  淀粉糖
  短梗霉多糖
  多聚糖
  改性聚葡萄糖
  高麦芽糖
  功能性低聚糖
  枸杞多糖
  海带多糖
  海藻糖
  活性多糖
  己糖

甲壳低聚糖
碱溶性多糖
降解壳聚糖
酵母葡聚糖
糠多糖
可溶性多糖
两性壳聚糖
裂褶多糖
磷酸寡糖
硫酸化多糖
芦荟多糖
麦芽三糖
麦芽四糖
棉籽糖
魔芋聚糖
南瓜多糖
凝胶多糖
葡甘聚糖
琼胶糖
乳酸菌胞外多糖
乳糖
乳酮糖
桑叶多糖
沙棘多糖
山药多糖
水溶性多糖
羧化壳聚糖
戊聚糖
硒多糖
仙人掌多糖
阳离子壳聚糖
乙酰氨基葡萄糖
异麦芽糖
异麦芽酮糖
异蔗糖
玉米芯木聚糖
枣多糖
蔗糖
真菌多糖

- C 化合物 →(1)(9)
  营养成分

碳素墨水

carbon ink

TS951.23

- S 墨水
- Z 办公用品

碳素纤维

Y 碳纤维

碳素纤维布

Y 碳纤维布

碳素纤维材料

Y 碳纤维

碳酸茶饮料

Y 茶饮料

碳酸法

Y 碳酸法制糖

碳酸法制糖

carbonation method refine sugar

TS244

- D 碳酸法
- S 制糖工艺*

碳酸饮料

carbonated beverages

TS275.3

- D 非碳酸饮料
  固体碳酸饮料
  含气饮料
- S 酸性饮料
- F 可乐
  汽水
- Z 饮料

碳纤复合丝

Y 碳纤维

碳纤上销

carbonized fiber top cradles

TS103.82

- S 上销
- Z 纺织器材

碳纤维

carbon fiber

TQ34；TS102

- D 高性能碳纤维
  炭素纤维
  炭纤维
  碳素纤维
  碳素纤维材料
  碳纤复合丝
  碳纤维系纤维
  中空多孔碳纤维
- S 纤维*
- F PAN 基碳纤维
  高模量碳纤维
  活性炭纤维
  沥青基碳纤维
  螺旋炭纤维
  纳米碳纤维
  气相生长碳纤维
  三维编织碳纤维
  石墨纤维
  外贴碳素纤维
  预应力碳纤维
  粘胶基碳纤维
- C 环氧树脂复合材料 →(1)(9)
  加固结构 →(11)
  铝锆碳材料 →(3)
  耐高温纤维
  三维碳纤维编织体
  石墨化处理 →(3)(5)
  碳纤维复合材料 →(1)
  碳纤维原丝 →(9)
  吸波纤维
  玄武岩纤维
  乙烯基酯树脂 →(9)
  预氧化纤维

碳纤维布

carbon cloth

TS106.8

- D CFRP 布
  炭布
  碳布
  碳素纤维布
  碳纤维织物
- S 织物*
- F 碳毡

预应力碳纤维布
粘贴碳纤维布
C 放大倍数 →(7)

碳纤维非织造布
Y 非织造布

碳纤维拉索
Y 碳纤维索

碳纤维索
carbon fiber composite cable
TS106.4
D 碳纤维拉索
S 绳索*

碳纤维系纤维
Y 碳纤维

碳纤维织物
Y 碳纤维布

碳纤维纸
carbon fiber paper
TB3；TM91；TS761
S 纤维纸
C 质子交换膜燃料电池 →(5)
Z 纸张

碳毡
carbon felt
TS106.8
D 炭毡
S 碳纤维布
Z 织物

汤
Y 汤菜

汤饼
Y 面条

汤菜
soup
TS972.122
D 汤
汤品
S 菜肴*
F 高汤
鸡汤
牛肉汤

汤匙
spoon
TS972.23
D 餐勺
饭勺
漏勺
勺
勺子
S 餐具
Z 厨具

汤羹
Y 羹

汤料
soup sticks
TS264.2
D 调味汤料
汤料包

S 调味品*

汤料包
Y 汤料

汤卤
Y 卤制

汤品
Y 汤菜

汤圆
glue pudding
TS972.14
D 肉汤圆
肉馅汤圆
速冻汤圆
S 小吃*

羰基值
carbonyl value
TS207
S 数值*
C 过氧化值 →(9)
煎炸油

唐代服装
Y 唐装

唐代女装
the tang dynasty women's clothing
TS941.7
S 女装
Z 服装

唐装
Chinese style suit
TS941.7
D 唐代服装
S 传统服装
Z 服装

溏心皮蛋
Y 皮蛋

镗铣床
boring-milling machine
TG5；TS64
D 立式升降台镗铣床
铣镗床
悬臂镗铣床
S 机床*
F 龙门镗铣床
落地镗铣床
数控镗铣床
C 镗削 →(3)

糖*
sugar
TS245
D 糖类
糖类物质
F 残糖
还原糖
可发酵性糖
水溶性糖
稀有糖
原糖
中性糖
转化糖

总糖
C 糖产量
糖度
糖果
糖化率
糖酸比
糖源
糖组分
总糖测定

糖产量
sugar output
Q5；TS24
S 轻工产品产量
C 糖
Z 产量

糖厂
sugar house
TS24
S 食品厂
F 粗糖厂
甘蔗糖厂
红糖厂
蔗糖厂
Z 工厂

糖厂污染
sugar plant pollution
TS248；X7
S 行业污染*

糖厂压榨
grinding cane in sugar-refinery
TS244
S 压榨*
F 甘蔗压榨

糖醇*
furfuryl alcohol
Q5
F 麦芽糖醇
木聚糖酶
木糖醇母液
异麦芽糖醇

糖醇工业
Y 制糖工业

糖醋
sugar vinegar
TS264.22
S 液态醋
Z 食用醋

糖醋肉鸭
Y 鸭肉制品

糖醋味
sweet sour flavor
TS264；TS971；TS972
S 口味
Z 感觉

糖度
sweetness
Q5；TS241
D 糖浓度
甜度
相对甜度

总糖度
S 程度*
C 糖
糖含量

糖发酵
sugar fermentation
TS24
S 食品发酵
Z 发酵

糖粉
icing sugar
TB4；TS213
S 粉末*
F 软糖粉

糖苷*
glycosides
O6；Q5；Q94
D 苷
聚葡萄糖苷
配糖体
葡萄糖苷
F 花色苷
生氰糖苷
松柏醇葡萄糖苷

糖苷型大豆异黄酮
soybean isoflavones glycoside
Q5；TS24
S 大豆异黄酮
糖苷型异黄酮
Z 黄酮

糖苷型异黄酮
isoflavones glycoside
Q5；TS24
S 异黄酮
F 糖苷型大豆异黄酮
Z 黄酮

糖膏
fillmass
TS245
S 糖制品*

糖膏搅拌机
Y 制糖设备

糖果
sweet
Q5；TS24
D 糖果类
S 糖制品*
F 冰片糖
功能性糖果
混合糖
夹心糖
口香糖
米糖
奶糖
凝胶糖果
巧克力
软糖
无糖糖果
硬糖
C 糖

糖果包装
candy packaging
TS206
S 食品包装*

糖果包装机
candy wrapping machine
TS243.5
D 糖果机械
糖果加工设备
糖果设备
糖糊混合机
S 制糖设备
Z 食品加工设备

糖果工业
Y 制糖工业

糖果机械
Y 糖果包装机

糖果加工设备
Y 糖果包装机

糖果类
Y 糖果

糖果设备
Y 糖果包装机

糖含量
sugar content
TS24
D 海藻糖含量
聚戊糖含量
S 含量*
F β-葡聚糖含量
多糖含量
还原糖含量
总糖含量
C 糖度

糖糊混合机
Y 糖果包装机

糖化
glycation
Q5；TS20
D 并堆培养糖化
二次糖化
高温糖化
连续糖化
培菌糖化
生料糖化
糖化工艺
糖化过程
糖化技术
糖化时间
糖化室
糖化用水
液化糖化法
S 食品加工*
F 淀粉糖化
焦糖化
酶法糖化
双重糖化
C 糖化剂
糖化酵母 →(9)
糖化曲

糖化温度 →(1)

糖化发酵
diastatic fermentation
TS24
S 发酵*

糖化发酵剂
sacchariferous and fermentative agent
TS262
S 发酵剂*

糖化工艺
Y 糖化

糖化工艺参数
saccharification process parameters
TS24
S 工艺参数*

糖化锅
brew kettle
TS261.3
S 啤酒设备
Z 食品加工设备

糖化过程
Y 糖化

糖化技术
Y 糖化

糖化剂
saccharifying agent
TS261.2
S 化学剂*
F 复合糖化剂
C 糖化
糖化率

糖化醪
wort
TS209
S 醪糟
Z 发酵产品

糖化力
Y 糖化率

糖化率
saccharification rate
TS23；TS261
D 糖化力
S 化学比率*
C 糖
糖化剂

糖化酶活力
Y 糖化酶活性

糖化酶活性
activity of glucoamylase
TS24
D 糖化酶活力
S 酶活性
C 酵母
Z 活性
生物特征

糖化曲
glycosylated koji

TS26
S 曲*
F 糖化增香曲
C 糖化

糖化设备
Y 制糖设备

糖化时间
Y 糖化

糖化室
Y 糖化

糖化液
Y 糖液

糖化用水
Y 糖化

糖化增香曲
glycosylated aroma koji
TS26
S 糖化曲
Z 曲

糖碱比
sugar-nicotine ratio
TS41
S 比*

糖浆
molasses
TS245
D 甘蔗糖密
　甘蔗糖蜜
　原糖浆
S 糖制品*
F 大麦糖浆
　淀粉糖浆
　高麦芽糖浆
　果糖浆
　麦芽糖浆
　啤酒糖浆
　玉米糖浆
　转化糖浆
C 富铁酵母 →(9)
　浆液

糖浆脱色
Y 糖液脱色

糖精
saccharin
TS202；TS245
D 糖精钠
S 合成甜味剂
C 阿斯巴甜
Z 增效剂

糖精钠
Y 糖精

糖类
Y 糖

糖类物质
Y 糖

糖蜜
molasses

TS249
S 制糖工业副产品
Z 副产品

糖蜜酒精
molasses alcohol
TS262.2
S 发酵酒精
Z 发酵产品

糖蜜酒精废水
Y 糖蜜酒精废液

糖蜜酒精废液
molasses alcohol slops
TS209
D 糖蜜酒精废水
S 调味品废水
　酒精废液
Z 发酵产品
　废水
　废液

糖蜜原料
Y 制糖原料

糖浓度
Y 糖度

糖品
Y 糖制品

糖品分析
sugar analysis
Q5；TS24
S 食品分析
Z 物质分析

糖粕
syrup dregs
TS209
S 粕*
F 甜菜粕

糖溶液
Y 糖液

糖水
sweet water
TS245
S 糖液
Z 糖制品

糖水罐头
canned syrup
TS29
S 果蔬罐头
F 糖水荔枝罐头
Z 罐头食品

糖水荔枝罐头
canned litchi in syrup
TS295.6
S 荔枝罐头
　糖水罐头
Z 罐头食品

糖酸比
brix to acid ratio
TS20
S 比*

C 糖

糖稀
syrup
TS245
S 糖液
Z 糖制品

糖业
Y 制糖工业

糖液
sugar solution
TS245
D 糖化液
　糖溶液
S 糖制品*
F 糖水
　糖稀
　糖汁

糖液脱色
liquid sugar decolorization
TS205
D 糖浆脱色
S 脱色
Z 脱除

糖液质量
sugar liquid quality
TS247
S 食品质量*

糖原料
Y 制糖原料

糖源
carbohydrate source
Q5；TS24
S 料源*
C 农产品加工
　糖

糖糟
sugar-free grains
TS249
S 制糖工业副产品
Z 副产品

糖汁
sugar juice
TS245
S 糖液
Z 糖制品

糖汁澄清
sugar juice defecation
TS244
S 制糖工艺*

糖制
sugar processing
TS972.113
S 烹饪工艺*
F 糖渍

糖制品*
sugar products
Q5；TS24
D 成品糖

糖品
 F 方糖
  焦糖
  结晶糖
  食糖
  糖膏
  糖果
  糖浆
  糖液
 C 制品

糖质原料
 Y 制糖原料

糖煮
sugar cooking
Q5；TS24
 S 煮制
 Z 蒸煮

糖渍
sugaring
TS972.113
 S 糖制
 Z 烹饪工艺

糖渍食品
sugar curing foods
TS972.134
 S 甜食
 Z 主食

糖组分
sugar components
Q5；TS24
 S 食品成分
 C 糖
 Z 成分

躺椅
chaise longue
TS66；TU2
 S 椅子
 Z 家具

烫发
permanent
TS974.2
 D 负离子直发
  离子烫
  陶瓷烫
 S 美发
 Z 美容

烫金
hot stamping
TS194.4；TS859
 D 烫钻
  贴金
 S 烫印
 F 冷烫金
  立体烫金
 Z 印制技术

烫金机
bronzing machine
TS194.3；TS803.9
 S 印花设备
  印刷机械*

烫金设备
stamping equipment
TS803.9
 S 印后设备
 Z 印刷机械

烫金纸
 Y 纸张

烫金质量
 Y 烫印质量

烫漂
 Y 漂烫

烫漂时间
 Y 漂烫时间

烫压
 Y 熨烫

烫印
hot stamping
TS194.4；TS859
 D 热烫印
  烫印技术
 S 印制技术*
 F 电化铝烫印
  烫金
 C 箔材 →(3)

烫印箔
stamping foil
TG1；TS88
 S 金属材料*
  型材*

烫印机
thermoprinting machine
TS803.9
 D 烫印设备
 S 印刷机械*

烫印技术
 Y 烫印

烫印设备
 Y 烫印机

烫印质量
thermoprinting quality
TS805
 D 烫金质量
 S 印刷质量
 Z 工艺质量

烫钻
 Y 烫金

绦纶织物
 Y 涤纶织物

洮河砚
 Y 砚

洮砚
 Y 砚

桃红葡萄酒
rose wine carignan
TS262.61
 S 葡萄酒*

桃木
mahogany
TS62
 S 天然木材
 Z 木材

桃皮绒
 Y 桃皮绒织物

桃皮绒织物
peachskin
TS106.87
 D 超细桃皮绒
  涤纶仿桃皮绒
  仿桃皮绒
  桃皮绒
 S 绒面织物
 Z 织物

桃仁油
 Y 核桃油

桃酥
walnut cake
TS213.23
 D 凤尾酥
  凤尾酥
  核桃酥
  核桃酥饼
  蝴蝶擘酥
  蝴蝶酥
  莲蓉擘酥角
  莲蓉酥角
  香辣酥
  香辣酥饼
 S 中式糕点
 Z 糕点

桃汁
peach juice
TS255
 S 果汁
 Z 果蔬制品
  汁液

桃子
peach
TS255.2
 S 水果
 F 水蜜桃
 Z 果蔬

陶瓷*
ceramics
TB3；TQ17
 D 陶瓷材料
  先进陶瓷
  现代陶瓷
  新型陶瓷
 F 古陶瓷
  钛酸锶
 C 超导材料 →(1)(3)(5)(9)
  瓷制品
  过渡液相扩散连接 →(3)
  泥浆细度 →(9)
  烧制温度 →(1)

施主掺杂 →(5)(7)
水泥基复合材料 →(1)
陶瓷管壳 →(7)(9)
陶瓷浆料 →(9)
陶瓷喷嘴 →(4)(5)(6)
陶瓷色料 →(9)
陶瓷制品 →(4)(7)(9)(11)
陶粒 →(4)(9)(11)
预烧温度 →(1)

陶瓷材料
Y 陶瓷

陶瓷彩喷墨水
ceramic colour ceramic inkjet inks
TS951.23
S 陶瓷墨水
Z 办公用品

陶瓷餐具
ceramic tableware
TS972.23
D 瓷餐具
陶瓷饮食器具
S 餐具
Z 厨具

陶瓷茶具
ceramic utensil
TQ17；TS972.23
S 陶瓷作品*

陶瓷刀
Y 陶瓷刀具

陶瓷刀具
ceramic tool
TG7；TS914
D 金属陶瓷刀具
陶瓷刀
S 超硬刀具
F 氮化硅陶瓷刀具
复合陶瓷刀具
C 梯度功能 →(3)
Z 刀具

陶瓷刀片
ceramic tip
TG7；TS914.212
D 金属陶瓷刀片
S 刀片
Z 工具结构

陶瓷灯具
porcelain fitting
TS956.2
S 灯具*

陶瓷刮刀
ceramic blade
TS734
S 造纸刮刀
Z 造纸设备部件

陶瓷金卤灯
ceramic metal halide lamp
TM92；TS956
D 陶瓷金属卤化物灯
S 金属卤素灯
Z 灯

陶瓷金属卤化物灯
Y 陶瓷金卤灯

陶瓷墨水
ceramic ink
TS951.23
S 墨水
F 陶瓷彩喷墨水
Z 办公用品

陶瓷首饰
ceramic jewelry
TS934.3
S 首饰
Z 饰品

陶瓷烫
Y 烫发

陶瓷网纹辊
ceramic anilox rollers
TS803.9
S 网纹辊
Z 印刷机械

陶瓷纤维
ceramic fiber
TQ17；TQ34；TS102
S 耐火材料*
纤维*
F 碳化硅纤维
C 铝合金活塞 →(4)
陶瓷复合材料 →(1)
陶瓷浆料 →(9)

陶瓷饮食器具
Y 陶瓷餐具

陶瓷作品*
ceramic works
TQ17
F 青花瓷盘
陶瓷茶具

陶坛
ceramic jar
TS262；TS972.23
S 酒器
Z 厨具

陶埙
pottery xun
TS953.22
S 埙
Z 乐器

淘汰鸡肉
Y 鸡肉制品

淘洗
elutriation
TS3
S 清洗*

套餐
set meal
TS971
S 餐饮*

套差胶辊
Y 微套差胶辊

套打
sets of printing
TS859
S 打印*

套袋纸
Y 育果袋纸

套合
shrinking on
TS885
S 装订*
C 过盈配合 →(3)

套件*
external member
TH13
F 皮套
C 工件 →(3)(4)
构件 →(1)(2)(3)(4)(5)(6)(11)(12)
零部件

套胶辊机
pulling on machine
TS103
D 套皮辊机
S 纺织辅机
Z 辅机

套结机
Y 缝纫设备

套刻
registration photoetching
TS951.3
D 篆刻制品
S 雕刻*

套口机
Y 织袜机

套模
Y 模具

套皮辊机
Y 套胶辊机

套染
over dyeing
TS193
S 染色工艺*

套色
topping printing
TS193
D 多套色
套色印花
S 色彩工艺*
F 自动套色
C 染色工艺

套色印花
Y 套色

套色印花机
four-color printing-machine
TS194.3
S 印花机
Z 印染设备

套色植绒

Y 植绒织物

套色植绒织物
Y 植绒织物

套桶洗衣机
Y 全自动洗衣机

套筒式印版滚筒
Y 印版滚筒

套印
overprinting
TS194.4；TS859
S 印制技术*
F 多色套印
四色套印
陷印
C 套印精度
套印误差 →(3)(4)
套准
印刷色序

套印不准故障
misregister faults
TS805；TS807
S 套印故障
Z 故障

套印故障
register trouble
TS805；TS807
S 印刷故障
F 套印不准故障
Z 故障

套印精度
registration precision
TS82
D 套准精度
S 精度*
C 套印

套印质量
overprint quality
TS807
S 印刷质量
Z 工艺质量

套准
registering
TS805；TS82
S 生产工艺*
F 自动套准
C 套印

套准精度
Y 套印精度

特点
Y 性能

特点性能
Y 性能

特氟纶纤维
Y 聚四氟乙烯纤维

特级烹饪大师
Y 烹调师

特加饭酒
Y 加饭酒

特克斯制
Y 纱线特数

特宽幅
esp. broad width
TS101；TS107
S 宽幅
Z 织物规格

特朗斯瓦尔轧机
Y 轧机

特丽纶
Y 聚酯纤维

特色茶
Y 特种茶

特色豆腐
Y 豆腐

特色食品
characteristic food
TS219
S 食品*

特色甜米酱
Y 甜酱

特色小吃
Y 小吃

特色饮食
Specia diet
TS971.2
S 饮食*

特殊场所
Y 场所

特殊废物
Y 废弃物

特殊缝纫机
Y 缝纫设备

特殊结构
Y 结构

特殊滤嘴
special cigarette filters
TS42
S 滤嘴
Z 卷烟材料

特殊排放
Y 排放

特殊设计
Y 设计

特殊体型
special bodily form
TS941.1
D 特体
S 体型*

特殊土*
special soil
TU4；TU5

D 特殊性土
特殊性岩土
特种土
F 废白土

特殊性能
Y 性能

特殊性土
Y 特殊土

特殊性岩土
Y 特殊土

特殊印花
Y 特种印花

特殊轧机
Y 轧机

特数
Y 纱线特数

特数制
Y 纱线特数

特体
Y 特殊体型

特体服装
special measurement clothes
TS941.7
S 特种服装
Z 服装

特细高密
Y 高密织物

特细号纱
super fine count yarn
TS106.4
D 特细纱
S 高支纱
Z 纱线

特细号纱线
Y 细特纱

特细纱
Y 特细号纱

特细纱线
Y 细特纱

特细特纱
Y 超细特纱

特细条灯芯绒
Y 灯芯绒

特形茶
Y 特种茶

特性
Y 性能

特性参数
Y 参数

特性测量
Y 性能测量

特性测试
Y 性能测量

特性计算
　Y 性能计算

特性设计
　Y 性能设计

特一粉
special grade No.1 flour
TS211.2
　S 等级粉
　Z 粮食

特异性能
　Y 性能

特征
　Y 性能

特征参数
　Y 参数

特征测度
　Y 性能测量

特征测量
　Y 性能测量

特征构造
　Y 结构

特征结构
　Y 结构

特征设计
　Y 性能设计

特征香气
characteristic odor
TS264
　D 特征香气成分
　S 香味
　Z 气味

特征香气成分
　Y 特征香气

特征指标
　Y 参数

特制玉米粉
special corn flour
TS211
　S 玉米粉
　Z 粮油食品

特种包装纸
　Y 包装纸

特种表面活性剂
　Y 表面活性剂

特种茶
specialty tea
TS272.59
　D 富锌茶
　　特色茶
　　特形茶
　S 茶*
　F 保健茶
　　虫茶
　　富硒茶
　　果茶

花果茶
凉茶

特种锉
　Y 锉

特种动物毛
　Y 毛纤维

特种动物纤维
　Y 动物纤维

特种防护服
special protective garment
TS941.731；X9
　D 隔绝式防护服装
　　透气式防护服
　S 防护服
　F 军用防护服
　　潜水服
　　生化防护服
　　消防服
　　医用防护服
　Z 安全防护用品
　　服装

特种防护织物
　Y 功能纺织品

特种纺织品
　Y 功能纺织品

特种缝纫机
　Y 缝纫设备

特种服装
special garments
TS941.7
　S 功能性服装
　F 特体服装
　　杂技服装
　Z 服装

特种工业
　Y 工业

特种合成纤维
　Y 功能纤维

特种黄酒
special type rice wine
TS262.4
　S 黄酒
　Z 酒

特种结构
　Y 结构

特种军服
special uniforms
TS941.7
　D 隐身军服
　　智能军服
　S 军服
　Z 服装

特种劳动防护用品
　Y 劳动防护用品

特种绿茶
　Y 绿茶

特种染料
special dye
TS193.21
　S 染料*

特种纱线
specialty yarn
TS106.4
　S 纱线*
　F 导电纱线
　　抗菌纱线
　　缆线

特种涂料印花
　Y 涂料印花

特种土
　Y 特殊土

特种纤维
　Y 纤维

特种性能
　Y 性能

特种盐
　Y 调味盐

特种印花
particular printing
TS194.43
　D 特殊印花
　S 印花*
　F 感光印花
　　金粉印花
　　静电印花
　　迷彩印花
　　透明印花
　　夜光印花
　　荧光印花
　　珠光印花
　　钻石印花

特种印刷
special printing
TS85
　S 印刷*
　F UV 印刷
　　磁性印刷
　　电子印刷
　　防伪印刷
　　光盘印刷
　　金银墨印刷
　　金属印刷
　　卷筒纸印刷
　　珂罗版印刷
　　可变数据印刷
　　立体印刷
　　盲文印刷
　　全息印刷
　　水墨印刷
　　微接触印刷

特种印刷油墨
　Y 印刷油墨

特种油料
special oil plants
TS202.1
　S 植物菜籽*

特种油墨
special ink
TQ63；TS802.3
D 光变油墨
光干涉变色油墨
光学变色油墨
光学可变防伪油墨
光致变色油墨
静电调色油墨
日光激发变色油墨
S 油墨*

特种油脂
Y 功能性油脂

特种轧机
Y 轧机

特种粘合剂
Y 胶粘剂

特种织机
Y 织机

特种织物
Y 功能纺织品

特种纸
specialty paper
TS76
D 特种纸张
S 纸张*

特种纸张
Y 特种纸

藤编
rattan plaited articles
TS935
S 编织*

藤编家具
Y 藤家具

藤茶
vine tea
TS272.59
S 茶*

藤家具
rattan furniture
TS66；TU2
D 藤编家具
藤艺家具
藤制家具
S 竹藤家具
Z 家具

藤艺家具
Y 藤家具

藤制家具
Y 藤家具

梯形法
trapezoidal method
TS103
S 方法*

梯形撕裂强力
trapezoidal tearing strength
TS101
S 撕破强力
Z 强力

踢木机
Y 轻工机械

踢木器
Y 轻工机械

提纯*
refinement
TQ0
D 产品纯化
纯化
纯化处理
纯化工艺
纯化过程
提纯处理
提纯法
提纯方法
提纯工艺
提纯技术
F 酶提纯
C 纯化装置 →(9)
分离
富集 →(2)(3)(9)(13)
海水提铀 →(9)
净化
冷却剂净化系统 →(6)
石油精炼 →(2)
提取
蒸馏塔 →(9)

提纯处理
Y 提纯

提纯法
Y 提纯

提纯方法
Y 提纯

提纯工艺
Y 提纯

提纯技术
Y 提纯

提花
jacquard weaving
TS105
D 提花织造
纹织
小提花
S 织造工艺*
F 电子提花
C 机织工艺
提花机
提花控制
纹织实验

提花编织机
jacquard knitting machines
TS183
S 编织机
Z 织造机械

提花产品
Y 提花织物

提花横机
jacquard flat knitting machine
TS183.4
S 横机
F 电子提花横机
Z 织造机械

提花机
jacquard machine
TS103.33
D 贾卡织机
提花织机
提花装置
S 织机
F 电脑提花机
电子提花机
高速提花机
C 单面圆纬机
提花
提花机构
提花织物
Z 织造机械

提花机构
jacquard mechanism
TS103.19
D 提花配件
S 纺织机构*
F 电子提花机构
提花轮
提花片
C 提花机

提花经编机
jaquard warp knitter
TS183.3
S 经编机
Z 织造机械

提花经编织物
Y 经编织物

提花控制
jacquard control
TS101
S 纺织控制
C 提花
Z 工业控制

提花轮
pattern wheel
TS103.19
S 提花机构
Z 纺织机构

提花毛巾
Y 毛巾

提花毛圈
Y 毛圈

提花毛圈机
jacquard terry knitting machine
TS183
S 毛圈机
F 电脑提花毛圈机
Z 织造机械

提花毛毯
Y 毛毯

提花面料
　　Y 提花织物

提花牛仔布
　　Y 牛仔布

提花配件
　　Y 提花机构

提花片
pattern bit
TS103.19
　　S 提花机构
　　Z 纺织机构

提花绒
　　Y 绒织物

提花沙发布
　　Y 提花织物

提花毯
　　Y 毯子

提花袜机
jacquard hosiery machine
TS183.5
　　S 织袜机
　　Z 织造机械

提花浴巾
　　Y 浴巾

提花圆机
　　Y 圆纬机

提花织机
　　Y 提花机

提花织物
jacquard fabrics
TS106.8
　　D 大提花
　　　大提花织物
　　　大提花装饰布
　　　单面提花织物
　　　反面线圈提花织物
　　　集圈型双面提花织物
　　　经纱提花织物
　　　色织提花织物
　　　双面提花
　　　双面提花织物
　　　提花产品
　　　提花面料
　　　提花沙发布
　　S 织物*
　　F 多臂织物
　　　小提花织物
　　C 手帕
　　　提花机

提花织造
　　Y 提花

提花装置
　　Y 提花机

提花组织
jacquard weaves
TS103；TS105
　　D 多臂组织

纹组织
　　S 织物变化组织
　　Z 材料组织

提浓
　　Y 浓缩

提琴
　　Y 弦乐器

提取*
extraction
TQ46；TS205
　　D 抽取
　　　提取法
　　　提取方法
　　　提取工艺
　　　提取机理
　　　提取技术
　　　提取精制
　　　提取效果
　　　提取制备
　　F 碱提
　　　溶剂提取
　　　色素提取
　　　湿法提取
　　　水酶法提取
　　　酸法提取
　　　索氏提取
　　　微波提取
　　　油脂提取
　　　综合提取
　　C 萃取
　　　分离
　　　提纯
　　　提取率
　　　提取条件
　　　提取物
　　　信息提取　→(1)(7)(8)

提取得率
　　Y 提取率

提取法
　　Y 提取

提取方法
　　Y 提取

提取分离
　　Y 萃取

提取分析
extraction and analysis
TQ46；TS205
　　S 分析*

提取工艺
　　Y 提取

提取工艺条件
　　Y 提取条件

提取工艺优化
　　Y 提取条件

提取机理
　　Y 提取

提取技术
　　Y 提取

提取精制
　　Y 提取

提取量
extraction amount
TQ46；TS205
　　S 数量*
　　C 提取率

提取率
extraction yield
TQ46；TS205
　　D 提取得率
　　S 化学比率*
　　F 黑液提取率
　　　提油率
　　C 提取
　　　提取量

提取器
extraction apparatus
S；TS972.23
　　S 茶具
　　Z 厨具

提取时间
extraction time
TQ46；TS205
　　S 时间*

提取条件
extraction conditions
TQ46；TS205
　　D 提取工艺条件
　　　提取工艺优化
　　S 条件*
　　F 最佳提取条件
　　C 提取

提取温度
extract temperature
TQ46；TS205
　　S 工艺温度*

提取物*
extracts
R；ZT81
　　F 多酚提取物
　　　胡萝卜素
　　　花生壳提取物
　　　姜辣素
　　　酵母提取物
　　　辣椒红素
　　　肉类提取物
　　　石油醚提取物
　　　提取液
　　　天然食品提取物
　　　虾红素
　　　虾青素
　　　香辛料提取物
　　　烟草提取物
　　　柚皮提取物
　　　芝麻素
　　　竹叶提取物
　　C 提取

提取效果
　　Y 提取

提取液
extracting solution
TQ46；TS205
  S 提取物*
  F 大豆提取液
    胎盘提取液
    乙醇提取液

提取制备
  Y 提取

提神眼镜
refreshing glasses
TS959.6
  S 眼镜*

提升安全装置
  Y 安全装置

提升力
hoisting force
O3；TH11；TS193
  D 提升力指标
  S 力*
  C 提升 →(2)(4)

提升力指标
  Y 提升力

提升率
build up rate
TQ61；TS193
  S 比率*

提硝
extractions of glauber's salt
TS36
  S 制盐*

提油
  Y 制油

提油工艺
  Y 制油

提油率
oil extraction rate
TS22
  S 提取率
  F 清油提取率
  Z 化学比率

提汁
juicing
TS205
  S 食品加工*
  C 制糖工艺

提汁工艺
  Y 制汁工艺

提综图
  Y 纹板图

体操球
gymnastics ball
TS952.3
  S 球类器材
  Z 体育器材

体鸿乐器

Y 打击乐器

体积收缩
  Y 收缩

体系*
system
ZT6
  D 体系特点
  F HACCP 质量管理体系
    食品安全管理体系
    助留体系
  C 安全体系
    化学体系 →(2)(3)(9)
    体制 →(1)(7)(11)(12)(13)
    系统
    坐标系 →(1)(3)(5)(8)

体系特点
  Y 体系

体型*
body size
TS941.1
  F 标准体型
    人体体型
    特殊体型
  C 体型分析
    体型特征

体型分析
bodily form analysis
TS941.1
  S 分析*
  C 体型

体型特征
physical characteristic
TS941.1
  S 生物特征*
  C 体型

体育器材*
sports equipment
TS952
  D 体育器械
    体育仪器
    体育用具
    体育装具
    运动器具
    运动器械
    运动设备
    运动装备
  F 电动滑板车
    健身器材
    球类器材
    水上运动器械
    雪上运动器材
  C 器材

体育器械
  Y 体育器材

体育仪器
  Y 体育器材

体育用具
  Y 体育器材

体育装具

Y 体育器材

体质颜料
  Y 颜料

剃须刀
shaver
TG7；TS914
  D 刮胡刀
  S 日用刀具
  Z 刀具

替代工艺
  Y 工艺方法

替代品*
substitute
F
  D 代替品
    替代物
  F 人乳脂替代品
    油脂替代品

替代物
  Y 替代品

天蚕丝
yamamai silk
TS102.33
  S 蚕丝
  Z 天然纤维
    真丝纤维

天冬糖
  Y 甜味剂

天鹅绒
velour
TS106.87
  D 彩条天鹅绒
  S 绒面织物
  Z 织物

天鹅绒毯
  Y 毯子

天鹅绒针织物
  Y 针织绒布

天福号酱肘子
  Y 酱肉制品

天目釉
  Y 瓷制品

天平调节装置
  Y 开清棉机械

天然宝石
natural gem
TS933.21
  S 宝石
  Z 饰品材料

天然保健品
natural health products
R；TS218
  D 固体保健饮料
    黑豆保健饮料
    红枣保健果茶
    绿色保健饮品

荞麦保健豆奶
　天然保健食品
　天然保健饮品
S　保健品*
F　天然保健饮料

天然保健食品
Y　天然保健品

天然保健饮料
natural health drinks
TS218；TS275.4
D　绿色保健饮料
S　保健饮料
　天然保健品
Z　保健品
　饮料

天然保健饮品
Y　天然保健品

天然保鲜剂
natural preservatives
TS264
D　天然保鲜液
S　保鲜剂
F　天然果蔬保鲜剂
Z　防护剂

天然保鲜液
Y　天然保鲜剂

天然薄木
natural veneer
TS62
D　松木单板
S　薄木
Z　木材

天然彩棉
Y　天然彩色棉

天然彩棉织物
natural colored cotton fabrics
TS106.8
D　天然彩色棉织物
S　彩棉织物
Z　织物

天然彩色棉
naturally colored cotton
TS102.21
D　绿色彩棉
　天然彩棉
　天然彩色棉花
　天然彩色棉纤维
S　彩色棉
F　棕色彩棉
Z　天然纤维

天然彩色棉花
Y　天然彩色棉

天然彩色棉纤维
Y　天然彩色棉

天然彩色棉织物
Y　天然彩棉织物

天然彩色丝
Y　彩色蚕丝

天然彩色纤维
Y　有色纤维

天然蚕丝
Y　蚕丝

天然大豆蛋白
natural soybean protein
Q5；TS201.21
S　大豆蛋白
Z　蛋白质

天然淀粉
native starch
TS235.5
S　淀粉*
F　褐藻淀粉
　植物淀粉

天然靛蓝
Y　靛蓝

天然调味剂
Y　天然调味料

天然调味料
natural flavouring
TS264.2
D　天然调味剂
　天然调味品
　香辛料调味品
S　调味品*
F　酵母味素

天然调味品
Y　天然调味料

天然多功能食品添加剂
Y　天然食品添加剂

天然防腐剂
natural preservatives
TS202.33
D　天然防腐物质
S　防腐剂
F　天然食品防腐剂
C　化学防腐剂　→(9)
　抑菌机理
Z　防护剂

天然防腐物质
Y　天然防腐剂

天然防霉剂
Y　抗霉剂

天然风味
Y　小吃

天然干酪
natural cheese
[TS252.52]
S　干酪
Z　乳制品

天然干燥
Y　风干

天然革
Y　天然皮革

天然果蔬保鲜剂

natural fruit and vegetable antistaling agents
TS202.3
S　果蔬保鲜剂
　天然保鲜剂
Z　防护剂

天然果汁
Y　果汁

天然果汁饮料
Y　果蔬饮料

天然红心鸭蛋
natural red yolk duck eggs
TS253.2
S　鸭蛋
Z　蛋

天然糊料
Y　糊料

天然浆料
natural size
TS105
S　浆料*
F　淀粉浆料
　番茄浆料

天然酱油
Y　酿造酱油

天然胶乳手套
natural rubber latex gloves
TS941.724
S　乳胶手套
Z　服饰

天然胶原
natural collagen
Q5；TS201.21
S　胶原蛋白
F　酶溶性胶原蛋白
　皮胶原蛋白
　人体胶原蛋白
　水产胶原蛋白
　酸溶胶原蛋白
Z　蛋白质

天然金刚石刀具
natural diamond cutting tool
TG7；TS914
S　金刚石刀具
Z　刀具

天然抗菌剂
natural antibacterial agent
TS264
S　杀生剂*

天然抗氧化剂
natural antioxidant
TS264
D　天然抗氧剂
S　防护剂*
F　天然食品抗氧化剂
　植物抗氧化剂
C　花青素

天然抗氧剂
Y　天然抗氧化剂

天然可可脂
natural cocoa butter
TS264
 S 可可脂
 Z 油脂

天然矿泉水
natural mineral water
TS275.1
 D 饮用天然矿泉水
 S 矿泉水
 Z 饮料

天然卤水
natural brine
TS39
 D 原卤
 S 卤水*

天然绿色食品
 Y 绿色食品

天然媒染剂
 Y 媒染剂

天然面料
 Y 面料

天然木材
natural timbers
TS62
 D 纯木材
  马尾松材
  速生针叶材
  杨树木材
 S 木材*
 F 红木
  黄杨木
  杉木
  桃木
  橡木
  杨木
  樱桃木
  硬杂木

天然酿造酱油
 Y 酿造酱油

天然皮革
natural leather
TS56
 D 皮草
  天然革
  真皮革
 S 皮革*
 F 牛皮革
  羊皮革
  猪皮革
 C 动物皮

天然苹果香精
 Y 天然食品香精

天然气凝析油
gas condensate
TE6；TQ51；TS22
 S 燃料*
  油品*

天然染料

natural dyes
TS193.21
 S 环保型染料
 F 动物染料
  矿物染料
  植物染料
 Z 染料

天然染料染色
 Y 生态染色

天然肉味香料
natural meat flavor
TS264.3
 S 肉味香料
 Z 调味品
  香精香料

天然生物防腐剂
natural biologic preservatives
TS264
 S 防腐剂
 C 酿造酱油
 Z 防护剂

天然生育酚
 Y 天然维生素 E

天然食品
 Y 绿色食品

天然食品保鲜剂
 Y 食品保鲜剂

天然食品防腐剂
natural food preservative
TS202.33
 D 食品天然防腐剂
 S 食品防腐剂
  天然防腐剂
 C 鱼精蛋白
 Z 防护剂

天然食品抗氧化剂
natural food antioxidant
TS264
 S 食品抗氧化剂
  天然抗氧化剂
 Z 防护剂

天然食品色素
 Y 天然食用色素

天然食品提取物
natural extracts
TS201
 D 天然提取物
  天然植物提取液
 S 提取物*
 F 荸荠皮提取物
  茶叶提取物
  大麦提取物
  大蒜提取物
  苦瓜提取物
  辣椒籽提取物
  芦荟提取物
  麦芽提取物
  米糠提取物
  芹菜提取物
  生姜提取物

  玉米提取物
  紫苏提取物
 C 食品

天然食品添加剂
natural food additives
TS264
 D 非合成食品添加剂
  天然多功能食品添加剂
 S 食品添加剂
  天然添加剂
 Z 添加剂

天然食品香精
natural food essence
TQ65；TS264.3
 D 天然苹果香精
 S 食品香精
  天然香精
 Z 香精香料

天然食用色素
natural food colour
TQ61；TS202.39
 D 食用天然色素
  天然食品色素
 S 食用色素
 F 叶绿素铜钠盐
 Z 色素

天然食用香精
 Y 食品香精

天然水晶
mineral crystal
TS933.2
 S 水晶
 Z 饰品材料

天然水沤麻
 Y 麻纤维

天然丝
 Y 真丝纤维

天然丝纤维
 Y 真丝纤维

天然提取物
 Y 天然食品提取物

天然添加剂
natural additive
TS264
 S 添加剂*
 F 天然食品添加剂
 C 化学添加剂 →(9)

天然甜味剂
natural sweetener
TS202；TS245
 D 有机甜味剂
 S 甜味剂
 Z 增效剂

天然维生素 E
natural vitamin E
TQ46；TS201
 D 天然生育酚
 S 维生素*

天然纤维*
natural fiber
TQ34；TS102
  F 动物纤维
    矿物纤维
    植物纤维
  C 化学纤维
    天然纤维织物
    纤维

天然纤维织物
natural fibre fabrics
TS106.5
  D 贝壳织物
  S 织物*
  F 麻织物
    毛织物
    棉织物
    丝织物
  C 天然纤维

天然香精
natural essence
TQ65；TS264.3
  S 香精
  F 天然食品香精
  Z 香精香料

天然香料
Natural perfume materials
TQ65；TS264.3
  S 香料
  F 动物香料
    植物香料
  Z 香精香料

天然香辛料
natural spice
TS255.5；TS264.3
  S 香辛料
  F 葱
    大蒜
    胡椒粉
    生姜
    五香
    香叶
  Z 调味品

天然亚麻纤维
  Y 亚麻纤维

天然饮料
natural beverage
TS27
  D 绿色饮品
    天然饮品
  S 饮料*
  F 植物饮料

天然饮品
  Y 天然饮料

天然原料
natural raw material
TS264
  S 原料*

天然源
  Y 自然资源

天然植物染料
natural plant dyestuffs
TS193.21
  D 玫瑰红
  S 植物染料
  F 大黄染料
    姜黄染料
  Z 染料

天然植物提取液
  Y 天然食品提取物

天然植物纤维
  Y 植物纤维

天然植物饮料
  Y 植物饮料

天然制曲
natural koji making
TS26
  S 制曲*

天然竹纤维
  Y 竹原纤维

天然钻石
natural diamond
TS933.21
  S 钻石
  Z 饰品材料

天丝
  Y Lyocell 纤维

天丝纤维
  Y Lyocell 纤维

天丝织物
tencel fabrics
TS106.8
  D Tencel 纤维织物
    Tencel 织物
  S 纤维素纤维织物
  F 天丝苎麻织物
  Z 织物

天丝苎麻织物
tencel hemp fabrics
TS106.8
  S 天丝织物
  Z 织物

天竹
  Y 竹纤维

天竹纤维
  Y 竹纤维

添加剂*
additives
TQ0
  D 高效添加剂
    加剂
    添加助剂
    新型添加剂
  F 环氧交联剂
    接枝剂
    卷烟添加剂
    食品添加剂
    天然添加剂

    无甲醛交联剂
    纤维添加剂
  C 表面活性剂
    催化剂 →(3)(9)(13)
    敏化 →(2)(3)(5)(7)(9)
    助剂

添加剂注入
  Y 加药

添加助剂
  Y 添加剂

添纱
plating stitch
TS184
  D 添纱工艺
  S 针织工艺*

添纱编织
plated work
TS184
  S 编织*

添纱衬垫毛圈织物
  Y 纬编织物

添纱衬垫毛圈组织
  Y 添纱组织

添纱衬垫织物
  Y 衬垫织物

添纱工艺
  Y 添纱

添纱花纹
  Y 添纱组织

添纱罗纹织物
  Y 罗纹织物

添纱纬编织物
  Y 纬编织物

添纱织物
  Y 纬编织物

添纱组织
plated stitch
TS105；TS18
  D 浮线添纱组织
    架空添纱组织
    交换添纱组织
    添纱衬垫毛圈组织
    添纱花纹
    网眼添纱组织
    纬编单面添纱组织
    纬编花色组织
  S 纬编组织
  Z 材料组织

田黄
  Y 田黄石

田黄冻
  Y 田黄石

田黄石
field-yellow stone
TS933.21
  D 田黄

田黄冻
S 印石
Z 观赏石

田螺肉
viviparus meat
TS254.5
　　S 肉*

甜菜废粕
sugar beet pulp
TS209
　　S 废粕
　　　甜菜粕
　　Z 粕

甜菜颗粒粕
beet pellet
TS209
　　S 甜菜粕
　　Z 粕

甜菜粕
beet pulp
TS209
　　S 糖粕
　　F 甜菜废粕
　　　甜菜颗粒粕
　　Z 粕

甜菜切丝刀
　　Y 日用刀具

甜菜糖
beet sugar
TS245.2
　　S 食糖
　　Z 糖制品

甜菜糖厂
　　Y 制糖工业

甜菜制糖
beet sugar production
TS244
　　S 制糖工艺*

甜菜制糖工业
　　Y 制糖工业

甜茶
sweet tea
TS275.2
　　D 广西甜茶
　　　湖南甜茶
　　　蜜茶
　　　甜茶饮料
　　　香茶
　　S 茶饮料
　　Z 饮料

甜茶提取物
　　Y 茶叶提取物

甜茶叶
sweet tea leaf
TS272.59
　　S 茶*

甜茶饮料
　　Y 甜茶

甜橙干酒
orange dry wine
TS262.7
　　S 果酒
　　Z 酒

甜点
　　Y 甜食

甜度
　　Y 糖度

甜高粱茎秆
　　Y 甜高粱茎秆

甜高粱秸秆
　　Y 甜高粱茎秆

甜高粱秸秆汁
　　Y 甜高粱汁

甜高粱茎秆
sweet sorghum stalks
TS213
　　D 甜高粱茎秆
　　　甜高粱秸秆
　　S 茎秆*
　　C 固态发酵　→(9)
　　　乙醇汽油　→⑫

甜高粱汁
sweet sorghum juice
TS255
　　D 甜高粱秸秆汁
　　S 汁液*

甜黄酒
　　Y 甜型黄酒

甜酱
sweet sauces
TS264.24
　　D 草莓红薯酱
　　　多维枣酱
　　　果仁枣酱
　　　蚝油甜酱
　　　莲藕糖酱
　　　特色甜米酱
　　S 风味酱
　　F 果酱
　　　花生酱
　　　甜面酱
　　　稀甜酱
　　　芝麻酱
　　Z 酱

甜酱腿
　　Y 酱肉制品

甜酒
sweet wine
TS262
　　S 酒*
　　F 香槟

甜酒酿
　　Y 酒酿

甜酒曲
sweet wine koji
TS26

　　S 酒曲
　　Z 曲

甜米酒
sweet rice wine
TS262
　　D 米甜酒
　　S 米酒
　　F 江米甜酒
　　　糯米甜酒
　　Z 酒

甜密素
　　Y 甜味剂

甜蜜素
　　Y 甜味剂

甜面点
　　Y 面点

甜面酱
sweet brown sauce
TS264.24
　　D 稠甜面酱
　　　干甜面酱
　　S 面酱
　　　甜酱
　　Z 酱

甜醅
　　Y 醅

甜品
　　Y 甜食

甜食
sweet food
TS972.134
　　D 甜点
　　　甜品
　　　甜味食品
　　S 主食*
　　F 蜜饯食品
　　　糖渍食品

甜酸
sweet and sour
TS264
　　S 口味
　　F 酸味
　　　甜味
　　Z 感觉

甜味
sweet taste
TS207；TS264
　　D 甜味机理
　　　甜味理论
　　　甜型
　　S 甜酸
　　Z 感觉

甜味化合物
　　Y 合成甜味剂

甜味机理
　　Y 甜味

甜味剂
sweeteners

TS202；TS245
　　D 食品甜味剂
　　　食用甜味剂
　　　天冬糖
　　　甜密素
　　　甜蜜素
　　　甜味料
　　　甜味素
　　　甜味物质
　　　新型甜味剂
　　S 增效剂*
　　F 阿力甜
　　　阿斯巴甜
　　　低热甜味剂
　　　二肽甜味剂
　　　复合甜味剂
　　　高倍甜味剂
　　　功能甜味剂
　　　合成甜味剂
　　　三氯蔗糖
　　　天然甜味剂
　　　填充型甜味剂
　　　紫苏糖
　　C 蔗糖

甜味剂盐
sweetener salts
TS264.2；TS36
　　S 调味盐
　　Z 食盐

甜味理论
　　Y 甜味

甜味料
　　Y 甜味剂

甜味食品
　　Y 甜食

甜味素
　　Y 甜味剂

甜味物质
　　Y 甜味剂

甜味抑制剂
sweetness substance
TS264
　　S 抑制剂*

甜型
　　Y 甜味

甜型黄酒
sweet yellow rice wine
TS262.4
　　D 甜黄酒
　　S 黄酒
　　Z 酒

甜杏仁
sweet almond
TS255.6
　　S 杏仁
　　Z 坚果制品

甜杏仁油
sweet almond oil
TS225.19

　　S 杏仁油
　　Z 油脂

甜玉米乳饮料
　　Y 甜玉米汁

甜玉米香精
sweet corn flavor
TQ65；TS264.3
　　S 食品香精
　　Z 香精香料

甜玉米饮料
　　Y 甜玉米汁

甜玉米汁
sweet corn juice
TS275.5
　　D 甜玉米乳饮料
　　　甜玉米饮料
　　S 玉米汁
　　Z 饮料

填充
　　Y 充填

填充补强剂
filling reinforcing agent
TQ33；TS209；TS727
　　S 补强剂
　　Z 增效剂

填充材料
　　Y 填料

填充袋
filling baggy fabrics
TS106.6
　　S 产业用纺织品
　　Z 纺织品

填充方法
　　Y 充填

填充复合
　　Y 复合技术

填充过程
　　Y 充填

填充剂
filler
TQ33；TS529
　　S 填料*
　　F 复鞣填充剂
　　　皮革填充剂

填充料
　　Y 填料

填充体系
　　Y 充填

填充物
　　Y 填料

填充型甜味剂
adding sweetener
TS202；TS245
　　S 甜味剂
　　Z 增效剂

填充值
filling value
TS41
　　S 数值*
　　C 感官质量

填加剂
　　Y 填料

填料*
packing material
TS753.9；TU5
　　D 鞍型填料
　　　充填材料
　　　充填料
　　　充填物料
　　　充填原料
　　　多孔形填料
　　　固体填料
　　　规则填料
　　　弧鞍填料
　　　立体填料
　　　粒状填料
　　　填充材料
　　　填充料
　　　填充物
　　　填加剂
　　　填料形式
　　　网状填料
　　F 结构填料
　　　填充剂
　　　造纸填料
　　　织物填料
　　　组合填料
　　C 膨胀土　→(9)(11)
　　　陶粒　→(4)(9)(11)
　　　填充改性　→(9)
　　　填料因子　→(9)
　　　尾砂充填　→(2)

填料形式
　　Y 填料

填塞箱法变形纱
　　Y 变形纱

条包机
　　Y 卷烟包装机

条并卷机
strip ribbon lap machines
TS103.22
　　S 并条机
　　Z 纺织机械

条并卷联合机
draw frame and lap machine combined
TS103.22
　　S 前纺设备
　　Z 纺织机械

条层积材
　　Y 层积材

条干
　　Y 成纱条干

条干 CV
　　Y 乌斯特条干

条干 CV%
　Y 乌斯特条干

条干 CV%值
　Y 乌斯特条干

条干 CV 值
　Y 乌斯特条干

条干不均
　Y 条干不匀

条干不匀
unevenness of textile strands
TS101.97
　D 条干不均
　S 纱线不匀
　Z 纺织品缺陷

条干测试
evenness test
TS107
　D 黑板检测
　　黑板检验
　S 纺织品测试
　C 成纱条干
　Z 测试

条干均匀度
　Y 纱线均匀度

条干均匀度测试仪
　Y 条干仪

条干均匀度仪
　Y 条干仪

条干纱疵
　Y 粗细节

条干仪
evenness meter
TS103
　D 条干均匀度测试仪
　　条干均匀度仪
　S 纺织检测仪器
　F 乌斯特仪
　Z 仪器仪表

条干质量
evenness quality
TS107.3
　S 纺线半成品质量
　C 单纱条干不匀率
　Z 产品质量

条杠
　Y 印刷故障

条格面料
　Y 面料

条格织物
gingham
TS106.8
　D 彩横条织物
　　隐格织物
　S 织物*
　F 方格织物
　　华夫格

条盒包装机
　Y 卷烟包装机

条花
streak
TS101.97
　S 染疵
　Z 纺织品缺陷

条花疵点
strea
TS101.97
　S 织物疵点
　Z 纺织品缺陷

条混
　Y 条混工艺

条混工艺
drawing blending
TS104.2
　D 条混
　　条子混合
　S 前纺工艺
　Z 纺纱工艺

条件*
condition
ZT84
　F 包装条件
　　纺丝条件
　　干燥条件
　　烘烤条件
　　浸出条件
　　浸泡条件
　　凝胶条件
　　染色条件
　　杀青条件
　　湿热条件
　　提取条件
　　预压条件
　　蒸煮条件
　　自溶条件

条卷机
sliver lap machines
TS103.22
　S 前纺设备
　F JWF1342 型条卷机
　Z 纺织机械

条染
sliver dyeing
TS193
　D 条染工艺
　S 纺织品染色
　Z 染色工艺

条染产品
　Y 印染产品

条染工艺
　Y 条染

条纹书写纸
　Y 书写纸

条形茶
　Y 茶

条形码印刷
bar code printing
TS87
　S 标签印刷
　F 商品条码印刷
　Z 印刷

条状凝胶
　Y 凝胶

条子混合
　Y 条混工艺

调幅度测量仪
　Y 测量仪器

调幅加网
amplitude modulation screening
TS805
　D 调幅网点
　S 加网
　Z 印刷工艺

调幅网点
　Y 调幅加网

调功加热
　Y 加热

调光灯
light-change lamp
TM92；TS956
　S 灯*
　F 调光台灯
　C 调光技术 →(7)

调光台灯
dimmer desk lamp
TM92；TS956
　D 电子调光台灯
　S 调光灯
　　台灯
　F 触摸调光灯
　　双调光蘑菇灯
　Z 灯

调合工艺
　Y 工艺方法

调合油
　Y 混合油

调和油
　Y 食用调和油

调浆
size mixing
TS10；TS74
　D 调浆工艺
　　调浆系统
　S 上浆工艺
　　制浆*
　C 浆液
　Z 织造工艺

调浆工艺
　Y 调浆

调浆设备
　Y 轻工机械

调浆桶
Y 轻工机械

调浆系统
Y 调浆

调胶
glue mixing
TQ43；TS65
D 调施胶技术
S 调施胶
Z 工艺方法

调校
Y 调试

调校方法
Y 调试

调节*
conditioning
ZT5
D 调节方式
调整
调整方法
调整方式
F 水分调节
C 调节级喷嘴 →(4)(5)(6)
调节计算 →(11)
调速电动机 →(5)
调蓄 →(11)
机械调节 →(3)(4)(5)(8)

调节池
conditioning tank
TS3；TU99；TV7
D 调节水池
调蓄池
S 水池*

调节方式
Y 调节

调节水池
Y 调节池

调酒液
liquor-blending liquid
TS261.2
S 酿酒原料
Z 食品原料

调理剂
Y 整理剂

调理肉制品
Y 功能性肉制品

调理食品
adjusted food
TS219
S 食品*
F 冷冻调理食品
C 冷冻食品

调理香精
flavor regulation
TQ65；TS264.3
S 功能性香精
Z 香精香料

调料
Y 调味品

调料酒
Y 料酒

调料汁
seasoning sauce
TS264.2
S 调味品*
F 味淋

调配型酸乳
mixed acid milk
TS252.54
D 调配型酸乳饮料
调配型酸性乳饮料
S 酸奶
Z 发酵产品
乳制品

调配型酸乳饮料
Y 调配型酸乳

调配型酸性乳饮料
Y 调配型酸乳

调频加网
frequency modulation screening
TS805
S 加网
Z 印刷工艺

调频网点
FM dots
TS805
S 网点
Z 印刷参数

调色
color adjustment
TQ62；TS193
D 调色方法
调色工艺
调色技术
调色原理
自动调色
S 色彩调配
F 电脑调色
调整色差
C 染料
Z 色彩工艺

调色方法
Y 调色

调色工艺
Y 调色

调色技术
Y 调色

调色染料
Y 染料

调色原理
Y 调色

调施胶
glue blending and spreading
TS65
S 施胶工艺
F 调胶
Z 工艺方法

调施胶技术
Y 调胶

调湿处理
Y 热湿处理

调试*
debugging
TH17；TP3
D 调试法
调试方法
调试方式
调试工艺
调试过程
调试技巧
调试模式
调校
调校方法
可调试
F 上机调试
C 试验

调试法
Y 调试

调试方法
Y 调试

调试方式
Y 调试

调试工艺
Y 调试

调试过程
Y 调试

调试技巧
Y 调试

调试模式
Y 调试

调味
seasoning
TS972.113
D 调味法
调味方法
调味力
S 调香调味
C 调味功能
调味品
Z 烹饪工艺

调味法
Y 调味

调味方便食品
seasoning convenience food
TS217
D 方便调味酱
方便面酱料
S 方便食品*

调味方法
Y 调味

调味粉
ground spices
TS264.2
  S 调味品*

调味功能
flavouring function
TS264
  S 功能*
  C 调味

调味基料
seasoning base
TS264.2
  D 粉末调味料
    粉状调味料
  S 调味品*

调味剂
  Y 调味品

调味酱
  Y 酱

调味酒
flavouring liquor
TS262
  S 酒*
  F 料酒
    浓香型调味酒

调味力
  Y 调味

调味料
  Y 调味品

调味驴乳粉
  Y 奶粉

调味品*
flavor
TS202；TS264
  D 调料
    调味剂
    调味料
    调味食品
    调味原料
    辣味调料
    酿造调味品
    食品调料
    食品调味料
    食用调料
    佐料
  F 保健调味品
    调料汁
    调味粉
    调味基料
    发酵调味品
    复合调味品
    食用香料
    汤料
    天然调味料
    味噌
    味精
    香辛料
    增味剂
  C 菜肴
    调味

调味品加工
  酱
  酱油
  食用醋

调味品废水
condiment wastewater
TS264；X7
  S 食品工业废水
  F 木糖废水
    糖蜜酒精废液
    香兰素废水
  Z 废水

调味品工业
condiment industry
TS264
  S 食品工业
  F 味精工业
  Z 轻工业

调味品加工
flavouring processing
TS264
  D 食用调味品
  S 食品加工*
  F 味精加工
    制酱
  C 调味品
    酿造

调味乳
  Y 风味奶

调味食品
  Y 调味品

调味汤料
  Y 汤料

调味香精
seasoning flavor
TQ65；TS264.3
  S 食品香精
  F 咸味香精
  Z 香精香料

调味香料
  Y 食用香料

调味型烟叶
  Y 烟叶

调味盐
flavoring salt
TS264.2；TS36
  D 加维生素盐
    强化营养盐
    特种盐
  S 食盐*
  F 甜味剂盐

调味液配方
formulation of flavoring liquid
TS264
  S 食品配方
  Z 配方

调味油
flavouring oil

TS225.3；TS264
  D 香辛料精油
  S 食用油
  F 八角精油
    大蒜油
    蚝油
    花椒油
    茴香油
    芥末油
    辣椒油
    肉桂油
    山苍子油
    生姜油
    虾油
    洋葱油
  C 香辛料
  Z 粮油食品

调味原料
  Y 调味品

调温服
thermoregulation suits
TS941.731；X9
  S 防护服
  F 过冷防护服
    降温服
    热防护服
    液冷服
  Z 安全防护用品
    服装

调温服装
temperature-regulating clothing
TS941.7
  S 保暖服
  Z 服装

调温纤维
temperature regulating fiber
TQ34；TS102.528
  D 空调纤维
  S 功能纤维
  F Outlast 纤维
    保暖纤维
    凉爽纤维
    相变纤维
  Z 纤维

调温熨斗
  Y 熨斗

调香
aromatization
TS972.113
  S 调香调味
  Z 烹饪工艺

调香调味
flavor and savory creation
TS972.113
  S 烹饪工艺*
  F 调味
    调香

调蓄池
  Y 调节池

调音器

organ stop
TS953
　S 乐器*

调整
　Y 调节

调整方法
　Y 调节

调整方式
　Y 调节

调整色差
colour matching
TS66
　D 合色
　　拼颜色
　　汰颜色
　　修色
　　执色
　S 调色
　Z 色彩工艺

调整型内衣
　Y 塑身内衣

调制不稳定
　Y 稳定

调制肉制品
　Y 功能性肉制品

挑窖
pit-picking
TS261.4
　S 白酒工艺
　Z 酿酒工艺

挑线机构
thread-taking-up mechanism
TS941.569
　S 缝制机械机构*
　F 滑杆挑线机构
　　连杆挑线机构
　　轮式挑线机构
　　旋转挑线机构
　C 电脑刺绣
　　针织机

跳纱
flush
TS101.97
　S 织物疵点
　Z 纺织品缺陷

跳针
bouncing pin
TS941.63
　D 服装成品缺陷
　　服装次品
　　袖口起绉
　S 缝制工艺
　Z 服装工艺

贴标
labelling
TS896
　D 贴标技术
　S 印刷品*

　F 模内标签
　　收缩标签

贴标机
brander
TS261；TS29
　D 贴条封箱机
　S 包装设备*

贴标技术
　Y 贴标

贴衬织物
　Y 织物

贴花印刷
　Y 图像印刷

贴花纸
decal paper
TS76
　S 纸张*
　F 小膜花纸

贴金
　Y 烫金

贴面
　Y 贴面工艺

贴面材料
veneer material
TS62
　S 装修装饰材料*

贴面工艺
veneer technology
TS65；TU7
　D 薄木贴面
　　单板贴面
　　二次贴面
　　复面
　　干法贴面
　　金属贴面
　　热-热贴面工艺
　　湿薄木贴面
　　湿法贴面
　　栓皮贴面
　　贴面
　　贴面技术
　　贴面加工
　　涂层贴面
　　微薄木贴面
　　竹材类贴面
　　装饰贴面
　S 工艺方法*
　F 湿贴
　C 涂层导体 →(5)
　　装饰板 →(II)

贴面技术
　Y 贴面工艺

贴面加工
　Y 贴面工艺

贴面人造板
　Y 饰面人造板

贴膜*
membrana tectoria

TB4
　D 贴膜技术
　　贴膜生产技术
　F 塑料覆膜
　C 薄膜 →(1)

贴膜革
transfer coating leather
TS56
　S 成品革
　Z 皮革

贴膜技术
　Y 贴膜

贴膜生产技术
　Y 贴膜

贴墙布
　Y 壁纸

贴身内衣
undershirt
TS941.7
　S 内衣
　Z 服装

贴条封箱机
　Y 贴标机

贴楦设计
　Y 鞋类设计

铁背板
iron lagging board
TS653.3
　S 复合背板
　Z 板

铁观音
tieguanyin tea
TS272.52
　D 名茶铁观音
　　台湾铁观音
　　铁观音茶
　　铁观音茶叶
　S 乌龙茶
　F 安溪铁观音
　Z 茶

铁观音茶
　Y 铁观音

铁观音茶叶
　Y 铁观音

铁罐
iron can
TS29
　S 铁制品
　Z 金属制品

铁辊
　Y 碾辊

铁锅
iron pan
TS972.21
　S 锅
　Z 厨具

铁基制品
　　Y 铁制品

铁蓝
　　Y 普鲁士蓝

铁路篷布
　　Y 篷布

铁木织机
　　Y 织机

铁器
iron ware
TG1；TS914
　　S 铁制品
　　Z 金属制品

铁强化剂
ferrous-fortifier
TS202.3
　　D 铁营养强化剂
　　S 食品强化剂
　　Z 增效剂

铁强化酱油
iron fortified soy sauce
TS264.21
　　S 强化酱油
　　Z 酱油

铁强化面粉
iron-fortified flour
TS211.2
　　D 富铁面粉
　　S 强化面粉
　　Z 粮食

铁强化营养盐
　　Y 保健盐

铁丝装订
wire stabbing
TS885
　　S 装订*

铁纤维非织造布
　　Y 非织造布

铁屑置换器
　　Y 分离设备

铁营养强化剂
　　Y 铁强化剂

铁砧
　　Y 砧板

铁制炊具
　　Y 炊具

铁制品
ironwork
TG1；TS914
　　D 铁基制品
　　S 钢铁制品
　　F 铁罐
　　　 铁器
　　C 烙铁头 →(5)
　　Z 金属制品

庭院灯

yard light
TM92；TS956
　　S 路灯
　　Z 灯

停车灯
　　Y 刹车灯

停机*
shutdown
TM3
　　D 保护关机
　　　 关机
　　　 关机操作
　　F 停台
　　C 级间分离 →(6)
　　　 计算机操作 →(1)(4)(7)(8)
　　　 开机 →(4)(8)

停机坪灯
　　Y 机场灯

停经架
stopping frame
TS103.12
　　S 机织机构
　　Z 纺织机构

停经片下沉
drop-wire sinking
TS105
　　S 经纱工艺
　　Z 织造工艺

停留精度
　　Y 精度

停台
stop
TS105
　　S 停机*
　　F 经停
　　　 纬向停台

停歇偏差角
intermittent angle difference
TS105
　　S 角*

挺度
stiffness
TS101.923
　　S 织物力学性能
　　Z 纺织品性能

通病
　　Y 缺陷

通风发酵罐
　　Y 发酵罐

通风头盔
　　Y 飞行头盔

通风制曲
aerated koji making
TS26
　　D 固体通风培养制曲
　　　 机械通风制曲
　　S 制曲*
　　F 厚层通风制曲

通孔
through hole
TH16；TN4；TS64
　　D 贯孔
　　　 贯通孔
　　　 过孔
　　S 孔洞*
　　C 垂直互连 →(7)
　　　 高密度互连 →(7)
　　　 盲孔 →(3)
　　　 微波多芯片组件 →(7)

通水性
　　Y 透水性

通心粉
spaghetti
TS972.132
　　D 空心挂面
　　　 通心面
　　S 面条
　　Z 主食

通心面
　　Y 通心粉

通信应用*
communication applications
TN91
　　D 电信应用
　　F 联机应用
　　C 应用

通用工具
general utility tool
TG7；TS914.5
　　D 万能工具
　　S 工具*

通用检测设备
　　Y 测试装置

通用模
　　Y 模具

通用模具
　　Y 模具

通用切削
　　Y 切削

通用染料
universal dyes
TS193.21
　　S 染料*

通用色浆
　　Y 色浆

通用轴承
　　Y 轴承

通用助剂
　　Y 助剂

同步染色
　　Y 染色工艺

同构模具
　　Y 模具

同媒

isomesical
TS19
S 媒染
Z 染色工艺

同色
Y 同色性

同色染色
tone-on-tone dyeing
TS193
D 单色染色
同色性染色
S 染色工艺*

同色性
homochromatism
J；O4；TS101
D 同色
S 光学性质*

同色性染色
Y 同色染色

同色异谱
metamerism
TS8
Y 色度值

同时闭合
simultaneous closing
TS65
S 闭合*

同位素组分
Y 成分

同向捻
Y 捻制

同浴
Y 同浴染色

同浴法
Y 同浴染色

同浴浸染
one bath dyeing
TS19
S 浸染
Z 染色工艺

同浴染色
one bath dyeing
TS193
D 同浴
同浴法
一浴法染色
一浴染色
S 浴法染色
Z 染色工艺

同轴度测量仪
Y 测量仪器

桐叶
Y 低次烟叶

铜氨纤
Y 铜氨纤维

铜氨纤维

copper ammonia fiber
TQ34；TS102.51
D 铜氨纤
铜氨纤维(铜铵纤维)
铜铵纤维
S 再生纤维素纤维
C 中空纤维
Z 纤维

铜氨纤维(铜铵纤维)
Y 铜氨纤维

铜铵纤维
Y 铜氨纤维

铜板烧毛
Y 烧毛

铜板烧毛机
Y 烧毛机

铜板纸
Y 铜版纸

铜版原纸
art base paper
TS761.2
S 铜版纸
原纸
Z 纸张

铜版纸
art printing paper
TS761.2
D 铜板纸
S 印刷纸
F 防水铜版纸
铜版原纸
亚光铜版纸
Z 纸张

铜反射镜
Y 金属反射镜

铜管乐器
brass wind instruments
TS953.32
D 倍低音号
大号
低音号
短号
萨克管
萨克号
圆号
中音号
S 管乐器
F 单簧管
双簧管
Z 乐器

铜活字
bronze metal type
TS802.4
S 金属活字
Z 活字

铜丝琴
Y 弦乐器

铜网

copper mesh
TS73
S 金属网
Z 网

铜锌版制版机
Y 制版机

铜制炊具
Y 炊具

童凉鞋
Y 童鞋

童帽
beanie
TS941.721
D 白族童帽
S 帽*

童鞋
children's shoes
TS943.723
D 宝宝鞋
儿童皮鞋
儿童鞋
童凉鞋
婴幼儿鞋
S 鞋*

童装
children's wear
TS941.7
D 儿童服
儿童服装
S 服装*
F 儿童内衣
儿童外衣

童装设计
children's wear design
TS941.2
S 成衣设计
Z 服饰设计

桶装
can filling
TS261.48
D 整装
S 啤酒灌装
Z 啤酒工艺

筒*
vessel
TH13
F 纸筒
竹筒
C 滚筒
套筒 →(2)(3)(4)(l1)
圆筒 →(1)(2)(3)(4)

筒灯
tube light
TM92；TS956
S 灯*

筒管
bobbin
TS103.82
D 有边筒管

S 纺织器材*

筒裙
Y 裙装

筒染
Y 筒子染色

筒染机
Y 筒子染色机

筒纱
Y 筒子纱

筒纱染色
Y 筒子染色

筒纱质量
cheese quality
TS107.2
S 纱线质量
Z 产品质量

筒装生丝
cone winded raw silk
TS102.33
S 生丝
Z 真丝纤维

筒状棉针织物
Y 针织物

筒状平针织物
Y 纬编织物

筒子
Y 筒子纱

筒子疵点
Y 纱线疵点

筒子防叠
Y 精密防叠

筒子架
bobbin cradle
TS103.32
D 881 型
881 型筒子架
LR-100
LR-100 型筒子架
S 整经机
C 络纱机
络筒机
Z 织造准备机械

筒子结
Y 打结

筒子染色
cheese dyeing
TS193
D 筒染
筒纱染色
筒子纱染色
S 纱线染色
Z 染色工艺

筒子染色机
cone dyeing machine
TS193.3
D 筒染机

筒子纱染色机
S 染色机
Z 印染设备

筒子缫丝机
Y 缫丝机械

筒子纱
yarn on cones
TS106.4
D 扁形筒子
菠萝筒子
筒纱
筒子
S 纱线*
F 染色筒子
锥形筒子

筒子纱染色
Y 筒子染色

筒子纱染色机
Y 筒子染色机

筒子纱印花机
Y 印花机

筒子外观
bobbin appearance
TS103.81；TS190.63
S 外观*

头部防护用品
Y 安全帽

头灯
Y 矿灯

头发护理
Y 美发

头盔
helmet
TS941.731；X9
D 安全头盔
保护头盔
防护头盔
防原子头盔
飞行帽
S 盔甲
F 防弹头盔
飞行头盔
C 飞行服 →(6)
Z 安全防护用品

头皮护理
scalp care
TS974.2
S 个人护理
Z 护理

头梢色差
tailing
TS193；TS194
S 色差*

投光灯
Y 探照灯

投光灯具
Y 探照灯

投射灯
delineascope
TM92；TS956
S 探照灯
F 红外线照射灯
C 投射装置 →(6)
Z 灯

投梭
shooting-in
TS105
D 击梭
任意投梭
S 织造工艺*
F 飞梭
C 打纬
打纬机构
投梭力

投梭棒
Y 打梭棒

投梭动程
Y 投梭力

投梭机构
picking motion
TS103.12
S 机织机构
F 上投梭机构
下投梭机构
中投梭机构
Z 纺织机构

投梭力
picking force
O3；TS105
D 投梭动程
S 力*
C 投梭

投影灯
Y 放映灯

透孔组织
Y 网眼组织

透明底
Y 鞋底

透明凝胶
Y 凝胶

透明软片
Y 幻灯片

透明塑料材料
Y 塑料覆膜

透明涂饰
transparent finish coating
TQ63；TS5；TS65
S 涂饰
Z 装饰

透明鞋底
Y 鞋底

透明印花
transparent printing
TS194.43

S 特种印花
Z 印花

透明纸
transparent paper
TS76
　　D 小盒透明纸
　　S 纸张*
　　F 半透明纸
　　　玻璃纸

透气
　　Y 透气性

透气度
　　Y 透气性

透气防毒服
　　Y 防毒服

透气量
gas permeation flux
TS101
　　S 数量*

透气率
gas permeability
O4；TE3；TS107
　　D 气测渗透率
　　　气体渗透率
　　S 比率*
　　F 水蒸气透过率

透气式防毒服
　　Y 防毒服

透气式防毒衣
　　Y 防毒服

透气式防护服
　　Y 特种防护服

透气透湿性
air and moisture permeability
TS101.9
　　S 透气性
　　　透湿性
　　Z 流体力学性能
　　　渗透性能
　　　物理性能

透气性
gas permeability
TS101.9
　　D 气渗性能
　　　气体渗透性
　　　气体渗透性能
　　　气体透过性
　　　气体透过性能
　　　透气
　　　透气度
　　　透气性能
　　　透汽性
　　S 流体力学性能*
　　　渗透性能*
　　　物理性能*
　　F 透气透湿性
　　　透氧性
　　　吸湿透气性
　　C 保暖性

　　　服用性能
　　　金属多孔材料 →(1)(3)

透气性能
　　Y 透气性

透汽性
　　Y 透气性

透染性
　　Y 染透性

透射率
transmissivity
O4；TS801
　　S 比率*
　　　光学性质*

透湿
　　Y 透湿性

透湿防水面料
　　Y 功能面料

透湿防水织物
　　Y 功能纺织品

透湿量
　　Y 透湿性

透湿速率
　　Y 透湿性

透湿性
water vapour permeability
TS101
　　D 透湿
　　　透湿量
　　　透湿速率
　　　透湿性能
　　　透温性
　　S 物理性能*
　　F 防水透湿
　　　透气透湿性
　　C 保暖性
　　　防水整理
　　　外墙外保温 →(11)

透湿性能
　　Y 透湿性

透湿织物
　　Y 干爽织物

透湿指标
watet-vapour permeabillty lndex
TS101
　　D 透湿指数
　　S 性能指标*

透湿指数
　　Y 透湿指标

透水气性
　　Y 透水汽性

透水汽性
water vapor permeability
TS94
　　D 水汽渗透性
　　　透水气性
　　S 透水性

　　C 气体渗透系数 →(9)(11)
　　　渗透萃取 →(9)
　　　渗透汽化分离 →(9)
　　　渗析 →(9)
　　Z 渗透性能

透水性
water permeability
P5；TS107；TU5
　　D 通水性
　　　透水性能
　　S 渗透性能*
　　F 透水汽性
　　C 开级配 →(11)

透水性能
　　Y 透水性

透水阻力
permeability resistance
TS101
　　S 阻力*

透温性
　　Y 透湿性

透芯丝光
core mercerization
TS195.51
　　S 丝光整理
　　Z 整理

透氧性
oxygen permeability
TQ31；TS206.4
　　D 透氧性能
　　S 透气性
　　C 水凝胶
　　Z 渗透性能

透氧性能
　　Y 透氧性

透印
　　Y 印刷透印

凸版
　　Y 凸版印刷

凸版印刷
cameo printing
TS81
　　D 凹凸印刷
　　　凸版
　　　凸印
　　　压凸印刷
　　S 印刷*
　　F 柔版印刷

凸轮*
cam
TH11；TH13
　　F 开口凸轮
　　C 基圆半径 →(4)
　　　理论廓面 →(4)
　　　凸轮发动机 →(5)
　　　凸轮机构
　　　凸轮加工 →(3)(4)
　　　凸轮型面 →(4)
　　　压力角 →(4)

凸轮传动机构
Y 传动装置

凸轮传动装置
Y 传动装置

凸轮机构*
cam mechanism
TH13
D 凸轮机械
凸轮系统
F 凸轮开口机构
C 传动装置
凸轮
凸轮轮廓 →(4)

凸轮机械
Y 凸轮机构

凸轮开口机构
cam shedding mechanism
TS103.12
D 开口凸轮机构
S 开口机构
凸轮机构*
Z 纺织机构

凸轮铣床
Y 专用铣床

凸轮系统
Y 凸轮机构

凸曲前刀面
Y 前刀面

凸条织物
Y 凹凸织物

凸条组织
Y 织物组织

凸臀体
highlight hip body
TS941.6
S 人体体型
Z 体型

凸印
Y 凸版印刷

秃衿小袖
Y 连身袖

突发性纱疵
abruptly happened yarn faults
TS101.97
S 纱疵
Z 纺织品缺陷

图*
graph
O1
D 图样
图纸
F 垫纱运动图
色度图
阳图
组织图
C 工程图
绘图 →(1)

机械图 →(3)(4)(12)
图表处理 →(8)
图表分析 →(1)
图表绘制 →(8)
图表设计 →(8)
图表制作 →(8)
图档管理 →(8)
图像结构 →(7)

图案色彩
pattern colours
TS194
S 色彩*

图案设计
pattern layout
TB2；TS941
D 图文设计
图样设计
S 设计*
F 纺织品图案设计
服饰图案设计
花色设计
花型设计
纹样设计
纹织设计

图案纹样
Y 纹样

图案造型
pattern modelling
TS194
S 造型*
C 服装美学

图案装饰
patterning
J；TS194.1；TU2
S 装饰*
装修*

图板
map board
TP3；TS951.8
D 画图板
S 板*

图枚举
Y 图像

图片
Y 图像

图谱*
map
G；O1；Q3；TH11
F 碱消度图谱
C 谱 →(1)(3)(4)(5)(6)(7)(8)(9)(11)(12)
特征视图 →(8)
图像分类 →(1)(8)

图书印刷
Y 书籍印刷

图书装帧
Y 装帧

图文处理
image and word processing

TS89
S 制作*

图文覆盖率
graphics-text coverage rate
TS89
S 比率*

图文设计
Y 图案设计

图像*
image
TP3
D 图枚举
图片
图像细节
图像形式
影象
映像
F 人体图像
数字加网图像
水印图像
印刷图像
C 成像
镜像 →(7)(8)
图像补偿 →(7)
图像功能 →(7)
影像 →(1)(8)
映像寄存器 →(8)

图像处理*
image processing
TN91
D 图像处理法
图像处理方法
图像处理功能
图像处理技术
图像技术
F 阶调
数字图像水印技术
图像输入
颜色校正
C 不变特性 →(8)
处理
等级判别 →(1)
对齐度 →(8)
分割精度 →(8)
卡尔指数 →(9)
轮廓
数控雕刻 →(3)(4)
图像处理能力 →(7)
图像处理器 →(8)
图像处理软件 →(8)
图像分析 →(1)(5)(7)(8)
图像特征点 →(7)
微小尺寸 →(1)

图像处理法
Y 图像处理

图像处理方法
Y 图像处理

图像处理功能
Y 图像处理

图像处理技术
Y 图像处理

图像打印
image printing
TS859
- S 打印*
- F 图形打印
  照片打印
- C 图像印刷

图像技术
- Y 图像处理

图像阶调
image halftoning
TS89
- S 阶调
- Z 图像处理

图像输入
graphic input
TS89
- S 图像处理*

图像细节
- Y 图像

图像形式
- Y 图像

图像印刷
graphic printing
TS87
- D 国画印刷
  年画印刷
  贴花印刷
- S 印刷*
- C 图像打印

图形打印
graph printing
TS859
- S 图像打印
- C 图形菜单 →(8)
  图形存取 →(7)
- Z 打印

图样
- Y 图

图样设计
- Y 图案设计

图纸
- Y 图

荼质滤嘴
tea quality filter
TS42
- S 滤嘴
- Z 卷烟材料

涂边
- Y 滚边

涂布
coating
TG1；TS73
- D 表面涂布
  喷雾式涂布
  涂布方法
  涂布方式
  涂布工艺

涂布技术
涂布加工
涂布量
拖刀涂布
- S 涂装*
- F 造纸涂布
- C 涂布粘合剂 →(9)
  涂覆 →(3)
  印刷工艺

涂布白板纸
- Y 涂布白纸板

涂布白卡纸
coated ivory board
TS762.2
- S 涂布卡纸
- Z 办公用品
  纸张

涂布白纸板
coated white board
TS767
- D 涂布白板纸
- S 白纸板
  涂布纸板
- Z 纸制品

涂布白纸板机
coated white paperboard machine
TS735.7
- S 纸板机
- Z 造纸机械

涂布板纸
- Y 涂布纸板

涂布法
coating process
TS75
- S 方法*

涂布方法
- Y 涂布

涂布方式
- Y 涂布

涂布复合
- Y 复合技术

涂布工艺
- Y 涂布

涂布刮刀
- Y 刮刀

涂布烘烤
- Y 复印机

涂布机
spreading machine
TS735.1
- D 涂布器
  涂布设备
  涂布装置
- S 造纸机械*
- F 丁基胶涂布机

涂布技术
- Y 涂布

涂布加工
- Y 涂布

涂布加工纸
- Y 涂布纸

涂布卡纸
coated cardboards
TS762.2
- S 卡纸
  涂布纸
- F 涂布白卡纸
  涂布牛皮卡纸
- Z 办公用品
  纸张

涂布量
- Y 涂布

涂布牛卡纸
- Y 涂布牛皮卡纸

涂布牛皮卡纸
coated kraft liner board
TS762.2
- D 涂布牛卡纸
- S 涂布卡纸
- Z 办公用品
  纸张

涂布器
- Y 涂布机

涂布设备
- Y 涂布机

涂布箱板纸
coated boxboard
TS767
- S 箱板纸
- Z 纸制品

涂布性能
coating performance
TS75
- S 工艺性能*

涂布液
coating solution
TS75
- S 液体*

涂布原纸
coating base paper
TS76
- S 原纸
- Z 纸张

涂布纸
coated paper
TS762.2
- D 涂布加工纸
  印刷涂布纸
  印刷涂料纸
- S 纸张*
- F 轻量涂布纸
  涂布卡纸
  无光泽涂布纸
  颜料涂布纸

涂布纸板

coated board
TS767
　D 涂布板纸
　S 纸板
　F 涂布白纸板
　Z 纸制品

涂布纸涂料
　Y 纸张涂料

涂布纸性能
coated paper properties
TS75
　S 纸张性能
　Z 材料性能

涂布装置
　Y 涂布机

涂层*
coating
TG1；TQ63
　D 涂层体系
　　涂敷层
　　涂覆层
　F 表面涂层
　　干法涂层
　　湿法涂层
　　织物涂层
　　转移涂层
　C 表层 →(1)(3)(4)(6)(7)(9)(11)(12)
　　防水 →(2)(11)(12)(13)
　　胶乳
　　金属载体 →(9)
　　漏油 →(2)(13)
　　涂料

涂层刀具
coated tool
TG7；TS914
　S 专用刀具
　F 金刚石涂层刀具
　Z 刀具

涂层刀片
coated chip
TG7；TS914.212
　D 硬质合金涂层刀片
　S 刀片
　Z 工具结构

涂层底布
　Y 底布

涂层非织造布
　Y 底布

涂层改性
coating modification
TG1；TS19
　S 改性*

涂层机
coating machine
TS190.4
　S 整理机
　F 粉点涂层机
　　浆点涂层机
　Z 染整机械

涂层基布
　Y 底布

涂层剂
coating agent
TS19
　S 制剂*
　F 涂层胶
　　纸张涂层剂
　C 防水透湿
　　涂层整理
　　涂层织物

涂层浆
　Y 涂层胶

涂层胶
coating latex
TS19
　D 聚氨酯涂层剂
　　聚氨酯涂层胶
　　涂层浆
　S 涂层剂
　Z 制剂

涂层面料
　Y 面料

涂层设备
　Y 涂装设备

涂层体系
　Y 涂层

涂层贴面
　Y 贴面工艺

涂层硬质合金刀具
　Y 硬质合金刀具

涂层整理
coating finish
TS195.5
　S 化学整理
　C 抗水性 →(3)(9)(11)
　　涂层剂
　Z 整理

涂层整理剂
coating finishing agent
TS195.2
　S 整理剂*

涂层织物
coated fabrics
TS106.85
　S 织物*
　F 多功能涂层织物
　C 防水透湿
　　涂层剂

涂敷层
　Y 涂层

涂覆层
　Y 涂层

涂改液
correction fluid
TS951
　D 改正液

修改液
修正液
　S 文具
　Z 办公用品

涂胶锭带
　Y 锭带

涂胶机
gumming machine
TS64
　D 滴胶机
　　点胶机
　　淋胶机
　　喷胶机
　　施胶机
　S 涂装设备*
　F 圆网涂胶机

涂胶量
　Y 施胶量

涂胶装置
　Y 木纹印刷机

涂料*
coatings
TQ63
　D 二氧化钛涂料
　　罐头涂料
　　镧系涂料
　　石蜡溶剂型涂料
　　四氟涂料
　　无铬涂料
　　新型涂料
　　液体涂料
　F 超细涂料
　　内涂料
　　全息涂料
　　上光涂料
　　纸张涂料
　C 喷涂 →(3)(9)(11)
　　漆 →(3)(5)(9)(11)(12)
　　涂层
　　涂层玻璃 →(9)
　　涂料流变性 →(9)
　　涂料树脂 →(9)
　　稀料 →(9)

涂料防印
　Y 防染印花

涂料浸染
pigment exhauxt dyeing
TS19
　S 浸染
　Z 染色工艺

涂料泡沫印花
　Y 涂料印花

涂料染色
pigment dyeing
TS193
　D 碧纹染色
　　涂料轧染
　S 染色工艺*

涂料色浆
pigment printing paste

TS19
　S 色浆
　Z 浆液

涂料设备
　Y 涂装设备

涂料印花
pigment printing
TS194
　D 染色印花
　　特种涂料印花
　　涂料泡沫印花
　　涂料罩印印花
　　涂料转移印花
　　涂料着色
　S 印花*
　F 油墨喷射印花
　C 涂料印花粘合剂

涂料印花浆
calico-printing paste
TS194
　D 涂料印花色浆
　S 印花色浆
　Z 浆液

涂料印花色浆
　Y 涂料印花浆

涂料印花增稠剂
　Y 印花增稠剂

涂料印花粘合剂
pigment printing binders
TS194.2
　S 印花粘合剂
　C 涂料印花
　Z 胶粘剂

涂料轧染
　Y 涂料染色

涂料罩印印花
　Y 涂料印花

涂料转移印花
　Y 涂料印花

涂料着色
　Y 涂料印花

涂膜保鲜
coating preservation
TS205
　D 涂膜保鲜技术
　S 保鲜*

涂膜保鲜技术
　Y 涂膜保鲜

涂膜保鲜剂
　Y 食品保鲜剂

涂抹型再制干酪
　Y 再制干酪

涂漆机
　Y 木纹印刷机

涂饰
finishing

TQ63；TS65
　D 涂饰方法
　　涂饰工艺
　　涂饰技术
　S 装饰*
　F 表面涂饰
　　透明涂饰
　C 涂层技术 →(3)

涂饰方法
　Y 涂饰

涂饰工艺
　Y 涂饰

涂饰技术
　Y 涂饰

涂饰剂
coating agent
TS529.1
　D 表面涂饰剂
　S 表面处理剂*
　F 复合涂饰剂
　　聚氨酯涂饰剂
　　皮革涂饰剂

涂饰配方
finishing fomulation
TQ63；TS65
　S 配方*

涂饰人造板
　Y 饰面人造板

涂饰设备
　Y 木纹印刷机

涂刷
　Y 粉刷

涂塑纸
PVC-based binding material
TQ57；TS88
　D PVC 装帧材料
　S 纸张*

涂鸦风格
graffiti styles
TS941.1；TS943.1
　S 风格*

涂装*
painting
TG1；TQ63
　D 涂装方案
　　涂装方法
　　涂装方式
　　涂装工艺
　　涂装技术
　F 涂布
　C 表面防护 →(3)
　　流化床 →(2)(5)(9)(11)(13)
　　磨光 →(3)
　　木材加工
　　喷涂 →(3)(9)(11)
　　涂覆 →(3)
　　涂装环境 →(9)(13)
　　涂装施工 →(9)
　　装饰

涂装方案
　Y 涂装

涂装方法
　Y 涂装

涂装方式
　Y 涂装

涂装工艺
　Y 涂装

涂装技术
　Y 涂装

涂装金属
　Y 金属材料

涂装设备*
painting equipment
TQ63
　D 挤涂机
　　卷材涂装机
　　淋涂机
　　涂层设备
　　涂料设备
　　涂装体系
　　涂装系统
　　涂装装置
　F 涂胶机
　C 涂镀设备 →(3)

涂装体系
　Y 涂装设备

涂装系统
　Y 涂装设备

涂装装置
　Y 涂装设备

屠宰
　Y 屠宰加工

屠宰场
abattoirs
TS251.8
　S 场所*

屠宰刀具
　Y 日用刀具

屠宰工业
　Y 肉类工业

屠宰工艺
　Y 屠宰加工

屠宰管理
slaughtering management
TS251
　S 管理*

屠宰加工
slaughter
TS251.41
　D 屠宰
　　屠宰工艺
　S 食品加工*
　F 定点屠宰
　　生猪屠宰加工
　　羊屠宰加工

C 肉品加工

屠宰加工设备
slaughtering equipment
TS251.3
D 屠宰设备
S 食品加工设备*

屠宰企业
meat producing plant
TS251.8
S 企业*

屠宰设备
Y 屠宰加工设备

土袋
Y 土工模袋

土豆
Y 马铃薯

土豆淀粉
Y 马铃薯淀粉

土豆淀粉废水
Y 马铃薯淀粉废水

土豆粉
Y 马铃薯干粉

土豆粉丝
Y 粉丝

土豆面包
Y 面包

土豆片
Y 马铃薯片

土豆食品
Y 马铃薯食品

土豆渣
potato pulp
TS255
D 马铃薯渣
S 果蔬渣
Z 残渣

土耳其玉
Y 绿松石

土法甜菜制糖
Y 制糖工艺

土法造纸
Y 造纸

土方压实
Y 压实

土工编织袋
fabriform
TS106.6
D 土工织物袋
S 土工织物
F 土工管袋
土工模袋
Z 纺织品

土工编织物
Y 土工织物

土工布
Y 土工织物

土工布袋
Y 土工模袋

土工袋
Y 土工模袋

土工格网
Y 土工网

土工管袋
geotechnical tube bag
TS106.6
S 土工编织袋
F 充泥管袋
Z 纺织品

土工模袋
geotechnical fabric bag
TS106.6
D 模袋
土袋
土工布袋
土工袋
土工膜袋
S 土工编织袋
F 混凝土模袋
机织模袋
简易模袋
砂袋
Z 纺织品

土工膜袋
Y 土工模袋

土工网
geonet
TS106.6
D 耐特龙网
耐特笼
土工格网
土工网格
土工网络
S 土工织物
F 三维土工网垫
无纺土工布
Z 纺织品

土工网格
Y 土工网

土工网络
Y 土工网

土工无纺布
Y 无纺土工布

土工织物
geotextile
TS106.6
D 混凝土布料
土工编织物
土工布
土建织物
S 产业用布
F 复合土工织物
机织土工织物
聚丙烯土工布
聚酯玻纤布
烧毛土工布
土工编织袋
土工网
C 建筑材料 →(11)(12)
水力坡降 →(11)
Z 纺织品

土工织物袋
Y 土工编织袋

土基压实
Y 压实

土家族服饰
Y 民族服饰

土建织物
Y 土工织物

土料压实
Y 压实

土曲
traditional distiller's yeast
TS26
S 酒曲
Z 曲

土石料压实
Y 压实

土特尔
Y 打击乐器

土体压实
Y 压实

土腥味
earthy taste
TS201
S 口味
Z 感觉

土压实
Y 压实

土族服饰
Y 民族服饰

吐氏酸废母液
Y 废母液

兔骨骼肌
rabbit skeletal muscle
S；TS251.59
S 兔肉
Z 肉

兔毛
rabbit hair
TS102.31
D 安哥拉兔毛
彩色兔毛
次兔毛
兔毛纤维
S 毛纤维
F 兔绒
C 掉毛
兔毛织物
Z 天然纤维

兔毛衫
Y 羊毛衫

兔毛纤维
Y 兔毛

兔毛针织物
Y 针织物

兔毛织物
rabbit hair fabric
TS136
S 毛织物
C 兔毛
Z 织物

兔皮
cony
S；TS564
S 毛皮
F 家兔皮
肉兔皮
生兔皮
獭兔皮
Z 动物皮毛

兔绒
rabbit fuzz
TS102.31
S 绒纤维
兔毛
Z 天然纤维

兔肉
rabbit meat
S；TS251.59
D 肉食兔肉
S 畜肉
F 冻兔肉
獭兔肉
兔骨骼肌
Z 肉

兔肉菜肴
rabbit meat dishes
TS972.125
D 缠丝兔
十全玉兔
酥兔肉
香酥兔
S 畜类菜肴
F 五香兔肉
Z 菜肴

兔肉肠
rabbit sausage
TS251.59
D 兔肉香肠
S 肉肠
Z 肉制品

兔肉脯
preserved rabbit meat
TS251.54
D 五香兔脯
S 肉脯
兔肉制品
Z 肉制品

兔肉干
dried rabbit meat
TS251.54
S 肉干
兔肉制品
Z 肉制品

兔肉罐头
Y 肉类罐头

兔肉加工
rabbit flesh processing
TS251.5
S 肉品加工
Z 食品加工

兔肉松
dried rabbit meet floss
TS251.63
S 肉松
兔肉制品
Z 肉制品

兔肉系列食品
Y 兔肉制品

兔肉香肠
Y 兔肉肠

兔肉制品
rabbit meat products
TS251.54
D 红雪兔
兔肉系列食品
S 畜肉制品
F 板兔
兔肉脯
兔肉干
兔肉松
五香兔肉
Z 肉制品

兔羊毛机织物
Y 机织物

团聚结构
flocculent texture
O6；TS101
S 聚集态结构
C 团聚 →(2)(3)(9)(13)
Z 物理化学结构

推档
grade
TS941.6
S 服装工艺*

推动算式冷却机
Y 冷却装置

推进剂排放
Y 排放

推进式烘茧机
Y 烘茧机

推排式并条机
Y 并条机

推送输送机构
Y 输送装置

推台锯
Y 精密裁板锯

推台式精截锯
push desktop fine cutting saws
TG7；TS64；TS914.54
S 锯
Z 工具

腿部护理
leg care
TS974.1
S 身体护理
Z 护理

腿部美容
leg beauty
TS974.14
D 美腿方法
S 美体
Z 美容

退刀机构
Y 退刀装置

退刀装置
tool retracting device
TG5；TG7；TS190
D 让刀装置
退刀机构
自动退刀装置
S 工具组件*
C 自动车床 →(3)

退浆
desizing
TS192.5
D 溶剂退浆
退浆法
退浆工艺
氧化退浆
S 练漂*
F 碱退浆
酶退浆
C 浆料
浆纱工艺
退浆剂
浴法

退浆法
Y 退浆

退浆废水
desizing waste water
TS192.5；X7
S 印染废水
Z 废水

退浆工艺
Y 退浆

退浆机
Y 练漂联合机

退浆剂
desizing agent
TS195.2
D R-100
R-100 退浆剂
退浆酶

氧化退浆剂
S 整理剂*
C 浆料
上浆剂
退浆

退浆率
desizing percentage
TS192
S 比率*

退浆酶
Y 退浆剂

退卷
unroll
TS104.2
S 前纺工艺
Z 纺纱工艺

退卷罗拉
Y 罗拉

退卷张力
open-winding tension
TG3；TS75
D 开卷张力
S 张力*
F 退绕张力

退捻
untwisting
TS104.2
S 加捻工艺
Z 纺纱工艺

退捻效果
untwisting effect
TS107
S 纺纱效果
Z 效果

退绕
unwind
TS104
S 生产工艺*
C 卷绕

退绕性能
unwinding performance
TS101
S 纺织性能
Z 纺织品性能

退绕张力
unwinding tension
TS104
S 退卷张力
Z 张力

退绕装置
Y 卷绕机构

退色
Y 变色

退维
Y 退维工艺

退维工艺
vinylon dissolution process
TS104.2
D 退维
S 后纺工艺
C 退维时间
Z 纺纱工艺

退维时间
vinylon dissolution time
TS11
S 加工时间*
C 退维工艺

退纸架
unreeling stand
TS734
D 退纸装置
S 造纸设备部件*

退纸装置
Y 退纸架

退煮漂联合机
Y 练漂联合机

退煮漂一步法
Y 染整一步法

褪色
Y 变色

褪色笔
Y 笔

褪色现象
Y 变色

臀围
hip circumference
TS941.17
S 服装尺寸
人体尺寸
C 人体测量
Z 尺寸

拖把
mop
TS976.8
S 清洁用具
Z 生活用品

拖刀涂布
Y 涂布

拖动
Y 传动

拖动方式
Y 传动

拖浆
Y 上浆工艺

拖式圆锯
Y 锯

拖鞋
slippers
TS943.727
S 鞋*

脱层
Y 剥离

脱臭塔
deodorization tower
TS223
S 塔器*

脱除*
removal
TQ0；ZT5
D 除去
除去方法
去除
去除法
去除方法
去除工艺
去除技术
脱除法
脱除方法
脱除工艺
脱除技术
F 沉降脱水
除铬
除味
电脱水
热力脱水
闪蒸脱气
蔬菜脱水
脱蛋白
脱氯
脱木素
脱木质素
脱色
脱酸
脱糖
脱盐
脱脂
微波脱水
洗脱
消泡
盐脱水
液相脱水
真空渗透脱水
C 废物处理
清除
脱除剂
污染治理 →(13)

脱除法
Y 脱除

脱除方法
Y 脱除

脱除工艺
Y 脱除

脱除技术
Y 脱除

脱除剂*
removal agents
R；TQ31；TS202.3
D 清除剂
F 甲醛消除剂
清灰剂
食品脱氧剂
脱胶剂
脱毛剂
脱墨剂

脱脂剂
乙烯脱除剂
C 清除能力
清除作用
脱除
吸收剂

脱除装置
Y 清除装置

脱蛋白
deproteinization
Q5；TS201
D 除蛋白
蛋白质脱除
去蛋白
脱蛋白质
S 脱除*

脱蛋白质
Y 脱蛋白

脱铬
Y 除铬

脱铬革屑
dechromed shavings
TS59
S 皮革屑
Z 废屑
副产品

脱灰剂
Y 清灰剂

脱机打印
off-line printing
TS859
S 打印*

脱胶*
degelatinize
TQ43；TS123
D 开胶
脱胶方法
脱胶工艺
脱粘
F 常压脱胶
二次脱胶
化学脱胶
机械脱胶
快速脱胶
陆地湿润脱胶
生物化学联合脱胶
生物脱胶
水化脱胶
完全脱胶
亚麻脱胶
苎麻脱胶
C 包覆层 →(3)
红麻
胶合板
练减率
罗布麻
麻纤维
凝胶条件
桑皮纤维
脱胶率
脱胶漂白

运动鞋

脱胶方法
Y 脱胶

脱胶工艺
Y 脱胶

脱胶剂
degumming agent
TS192；TS72
D 除胶剂
除胶粘物
脱胶助剂
S 脱除剂*

脱胶菌株
degumming strains
TS12；TS14

脱胶率
degumming percentage
TS19
D 果胶质含量
脱胶制成率
S 比率*
C 脱胶

脱胶漂白
degumming and bleaching
TS192.5
S 漂白*
C 脱胶

脱胶桑蚕丝
degumming silk
TS102.33
D 桑蚕脱胶丝
桑绸丝
S 桑蚕丝
Z 天然纤维
真丝纤维

脱胶条件
Y 凝胶条件

脱胶效果
degumming effect
TS107
S 效果*

脱胶制成率
Y 脱胶率

脱胶质量
degumming quility
TS101.9
S 纺织加工质量*

脱胶助剂
Y 脱胶剂

脱壳
husking
TS205
D 去壳
脱壳工艺
S 剥离*
C 脱壳率
脱壳试验
脱皮

脱壳废液
Y 废液

脱壳工艺
Y 脱壳

脱壳机
shellers
TS203
D 去皮机
脱皮机
S 食品加工机械*

脱壳率
decorticating rate
TS212
S 比率*
C 脱壳

脱壳设备
shelling equipments
TS210.3
S 分离设备*

脱壳试验
dehulling test
TS205
S 试验*
C 脱壳

脱苦
debittering
TS205
D 去苦
脱苦方法
脱苦技术
脱苦涩
S 食品加工*
F 脱苦脱腥

脱苦方法
Y 脱苦

脱苦技术
Y 脱苦

脱苦涩
Y 脱苦

脱苦脱腥
debittering and deodoring
TS205
S 脱苦
Z 食品加工

脱氯
dechlorination
TS192；X7
D 除氯
脱氯反应
脱氯工艺
脱氯技术
S 脱除*
C 脱氯剂 →(2)

脱氯反应
Y 脱氯

脱氯工艺
Y 脱氯

脱氯技术
　Y 脱氯

脱毛
dehairing
TS541
　D 脱毛方法
　S 制革准备
　F 保毛脱毛
　　过氧化氢脱毛
　　酶脱毛
　　氧化脱毛
　Z 制革工艺

脱毛方法
　Y 脱毛

脱毛剂
depilatory
TS529.1
　S 脱除剂*

脱墨*
deinking
TS75；TS82
　D 脱墨方法
　　脱墨工艺
　　脱墨技术
　F 超声波脱墨
　　低温脱墨
　　废纸脱墨
　　浮选脱墨
　　化学脱墨
　　碱法脱墨
　　膨化脱墨
　　溶剂法脱墨
　　生物脱墨
　　洗涤法脱墨
　　协同脱墨
　　中性脱墨
　C 脱墨剂
　　脱墨效率
　　脱墨性能

脱墨方法
　Y 脱墨

脱墨废纸浆
　Y 废纸脱墨浆

脱墨工艺
　Y 脱墨

脱墨化学品
deinking chemicals
TS74
　S 化学品*

脱墨机
　Y 脱墨设备

脱墨技术
　Y 脱墨

脱墨剂
deinking agent
TS72
　D 废纸脱墨剂
　　高效废纸脱墨剂
　　固体脱墨剂

脱墨药剂
脱墨助剂
　S 脱除剂*
　F 中性脱墨剂
　C 废纸
　　废纸脱墨
　　脱墨

脱墨浆
　Y 废纸脱墨浆

脱墨浆漂白
deinking pulp bleaching
TS745
　S 纸浆漂白
　Z 漂白

脱墨浆生产线
deinking pulp production line
TS74
　S 纸浆生产线
　Z 生产线

脱墨浆系统
　Y 脱墨设备

脱墨浆性能
　Y 脱墨性能

脱墨设备
deinking equipment
TS732
　D 脱墨机
　　脱墨浆系统
　　脱墨系统
　　脱墨装置
　S 造纸机械*
　F 浮选脱墨槽

脱墨生产线
deinking production line
TS74
　S 造纸生产线
　F 废纸脱墨生产线
　Z 生产线

脱墨污泥
deinking sludge
TS74；X7
　D 造纸脱墨污泥
　S 造纸污泥
　Z 污泥

脱墨系统
　Y 脱墨设备

脱墨效果
deinking effect
TS7
　S 效果*

脱墨效率
deinking efficiency
TS7
　S 效率*
　C 脱墨

脱墨性能
deinking properties
TS72

　D 可脱墨性
　　脱墨浆性能
　S 理化性质*
　F 油墨可脱除性
　C 脱墨

脱墨药剂
　Y 脱墨剂

脱墨纸浆
　Y 废纸脱墨浆

脱墨助剂
　Y 脱墨剂

脱墨装置
　Y 脱墨设备

脱木素
delignification
TS74
　S 脱除*
　F 深度脱木素
　C 漂白
　　溶剂制浆
　　纸浆漂白

脱木素选择性
delignification selectivity
TS7
　S 性能*

脱木质素
delignification
O6；TS74
　S 脱除*
　F H_2O_2强化氧脱木素
　　两段氧脱木素
　C 仿酶催化 →(9)

脱排油烟机
　Y 吸油烟机

脱排油烟器
　Y 吸油烟机

脱盘
　Y 水产品加工

脱泡剂
　Y 消泡剂

脱胚玉米
maize without germ
TS210.2
　S 玉米
　Z 粮食

脱皮
dehulling
TS205；TS65
　D 脱皮工艺
　S 剥离*
　F 大豆脱皮
　　冷脱皮
　　热脱皮
　C 脱壳
　　脱皮率
　　脱皮制粉

脱皮豆粕

peeling soybean meal
TS209
　S 豆粕
　Z 粕

脱皮工艺
　Y 脱皮

脱皮机
　Y 脱壳机

脱皮率
peeling rate
TS205；TS65
　S 比率*
　C 脱皮

脱皮双低菜籽粕
dehulled double-low rapeseed meal
TS209
　S 菜籽粕
　Z 粕

脱皮制粉
de-bran milling
TS205
　D 脱皮制粉工艺
　S 制粉*
　C 糊粉层
　　脱皮

脱皮制粉工艺
　Y 脱皮制粉

脱氢乙酸
dehydroacetic acid
O6；TS205
　S 脱酸
　C 乳饮料
　Z 脱除

脱圈
knocking over
TS184
　S 针织工艺*

脱溶
exsolution
TS205
　D 脱溶技术
　S 生产工艺*
　F 预脱溶
　C Ｇ Ｐ 区 →(3)

脱溶机
desolventizing machine
TS203
　S 食品加工机械*

脱溶技术
　Y 脱溶

脱散性
raveling property
TS101.923
　S 织物性能
　Z 纺织品性能

脱色
decolorization
TS205；X7

　D 除色
　　抗脱色
　　去色
　　脱色处理
　　脱色方法
　　脱色工艺
　　脱色过程
　　脱色技术
　　脱色研究
　S 脱除*
　F 化学脱色
　　糖液脱色
　　吸附脱色
　　油脂脱色
　C 活性白土 →(6)
　　活性炭 →(9)
　　两性絮凝剂 →(9)
　　漂洗
　　染色工艺
　　脱色机理
　　脱色剂 →(9)(13)
　　脱色力 →(9)
　　脱色试验
　　吸附树脂 →(9)(13)
　　月见草油 →(9)
　　紫羊绒

脱色处理
　Y 脱色

脱色方法
　Y 脱色

脱色工艺
　Y 脱色

脱色过程
　Y 脱色

脱色机理
decolorizing mechanism
TS10；X7
　S 机理*
　C 脱色

脱色技术
　Y 脱色

脱色精制
refined decolorizing
TS205
　S 精制*

脱色率
decoloration rate
TS205；X7
　D 脱色能力
　S 比率*

脱色能力
　Y 脱色率

脱色绒
purple cashmere
TS102.31
　S 绒纤维
　Z 天然纤维

脱色时间
decoloring time

TS205；X7
　S 加工时间*

脱色实验
　Y 脱色试验

脱色试验
decolorizing test
TS205；X7
　D 脱色实验
　S 工艺试验*
　C 脱色

脱色特性
　Y 脱色性能

脱色性能
decoloring character
TQ61；TS205
　D 脱色特性
　S 光学性质*

脱色研究
　Y 脱色

脱色作用
　Y 变色

脱膻
deodouring
TS205
　S 除味
　Z 脱除

脱水菜
　Y 腌制蔬菜

脱水改性黑液
　Y 黑液

脱水干燥
dewatering and drying
TQ0；TS205
　S 干燥*

脱水机(洗衣)
　Y 甩干机

脱水马铃薯粉
dehydrated potato powder
TS215
　S 马铃薯粉
　Z 食用粉

脱水食品
dehydrated foods
TS219
　S 食品*

脱水蔬菜
evaporated vegetable
TS255
　D 平菇干
　S 蔬菜制品
　Z 果蔬制品

脱水蒜片
dehydrated garlic slice
TS255.5；TS264.3
　D 蒜片
　S 大蒜

Z 调味品

脱水桶
Y 甩干机

脱水元件
dewater element
TS7
S 元件*

脱酸
deacidification
TS205
D 除酸
排酸
S 脱除*
F 脱氢乙酸
C 碱性吸附剂 →(9)
脱酸剂 →(2)

脱糖
desugarizing
Q5；TS24
S 脱除*

脱纬
Y 缺纬

脱污
Y 去污

脱箱造型
Y 造型

脱腥
de-odoring
TS205
D 去腥
脱腥方法
S 除味
C 食品加工
Z 脱除

脱腥方法
Y 脱腥

脱楦
Y 制鞋工艺

脱盐
desalination
P7；TF8；TS205
D 除盐
排盐
脱盐作用
S 脱除*
C 方便食品
防渗 →(2)(11)
离子交换 →(3)(6)(9)(13)
渗透探伤 →(4)
水处理装置 →(2)(4)(5)(9)(11)(13)
盐效萃取 →(9)
蒸馏

脱盐作用
Y 脱盐

脱氧包装
Y 保鲜包装

脱羽率

pile retention
TS107
S 纺织品质量指标
Z 指标

脱粘
Y 脱胶

脱脂
degreasing
TS205；TS54；TS55
D 超声波脱脂
超声脱脂
非循环脱脂
化学脱脂
浸泡脱脂
木材脱脂
喷淋脱脂
乳脱脂
乳浊液脱脂
脱脂方法
脱脂工艺
脱脂效果
脱酯
循环脱脂
有机溶剂脱脂
S 脱除*
F 催化脱脂
低温脱脂
热脱脂
溶剂脱脂
C 喷淋 →(1)(2)(3)(5)(11)
脱脂大豆
脱脂豆粉
脱脂剂
制革准备

脱脂饼粕
defatted rapeseed meal
TS209
D 脱脂菜籽饼粕
S 饼粕
脱脂粕
Z 粕

脱脂菜籽饼粕
Y 脱脂饼粕

脱脂菜籽粕
defatted rapeseed meal
TS209
S 脱脂粕
Z 粕

脱脂大豆
defatted soybean
TS210.2
S 大豆
C 脱脂
Z 粮食

脱脂大豆粉
defatted soy flour
TS214
S 大豆粉
脱脂豆粉
Z 豆制品

脱脂大豆粕

Y 脱脂豆粕

脱脂豆粉
degreased bean powder
TS214
S 豆粉
F 低温脱脂豆粉
脱脂大豆粉
C 脱脂
Z 豆制品

脱脂豆粕
defatted soybean meal
TS209
D 脱脂大豆粕
S 豆粕
脱脂粕
F 变性脱脂豆粕
Z 粕

脱脂方法
Y 脱脂

脱脂工艺
Y 脱脂

脱脂花生粉
defatted peanut powder
TS255.6
S 花生粉
Z 坚果制品
食用粉

脱脂花生粕
defatted peanut cake
TS209
S 花生粕
脱脂粕
Z 粕

脱脂机
degreasing machine
TS531
D 去脂机
S 制革机械*

脱脂挤压米糠
defatted extruded rice bran
TS210.9
S 脱脂米糠
Z 副产品

脱脂剂
degreasant
TS190
S 脱除剂*
C 除油 →(13)
脱脂

脱脂麦胚蛋白粉
Y 蛋白粉

脱脂米糠
defatted rice bran
TS210.9
S 米糠
F 脱脂挤压米糠
Z 副产品

脱脂棉

absorbent cotton
TS102.21
　S　棉纤维
　Z　天然纤维

脱脂奶
　Y　脱脂牛奶

脱脂奶粉
dried skim milk
TS252.51
　D　脱脂乳粉
　S　奶粉
　Z　乳制品

脱脂牛奶
skim milk
TS252.59
　D　脱脂奶
　S　牛奶
　Z　乳制品

脱脂粕
defatted meal
TS209
　S　粕*
　F　脱脂饼粕
　　　脱脂菜籽粕
　　　脱脂豆粕
　　　脱脂花生粕

脱脂葡萄籽
defatted grape seed
TS202.1
　S　葡萄籽
　Z　植物菜籽

脱脂乳粉
　Y　脱脂奶粉

脱脂酸奶
　Y　酸奶

脱脂效果
　Y　脱脂

脱脂玉米胚
degrease corn germ
TS210.9
　S　玉米胚
　Z　副产品

脱酯
　Y　脱脂

脱妆
　Y　化妆

沱茶
tuo tea
TS272.52
　S　黑茶
　F　云南沱茶
　Z　茶

沱牌曲酒
Tuo liquor
TS262.39
　D　沱牌射洪曲酒
　S　川酒
　Z　白酒

沱牌射洪曲酒
　Y　沱牌曲酒

驼毛
camel hair
TS102.31
　D　骆马毛
　　　骆驼毛
　　　美洲驼毛
　　　羊驼纤维
　　　原驼毛
　S　毛纤维
　F　驼绒
　　　羊驼毛
　Z　天然纤维

驼鸟皮
　Y　鸵鸟皮

驼绒
camel hair
TS102.31
　D　花素驼绒
　　　骆驼绒
　　　美素驼绒
　　　美洲驼绒
　　　驼绒纤维
　　　驼羊绒
　　　羊驼绒
　　　羊驼绒毛
　　　原驼绒
　S　绒纤维
　　　驼毛
　Z　天然纤维

驼绒衫
　Y　羊毛衫

驼绒纤维
　Y　驼绒

驼绒针织物
　Y　针织物

驼羊毛
　Y　羊驼毛

驼羊绒
　Y　驼绒

舵鸟皮
　Y　鸵鸟皮

鸵鸟蛋
　Y　禽蛋

鸵鸟皮
ostrich skin
S；TS564
　D　舵鸟皮
　　　驼鸟皮
　S　毛皮
　F　非洲鸵鸟皮
　　　鸵鸟腿皮
　Z　动物皮毛

鸵鸟腿皮
ostrich-foot skin
S；TS564
　S　鸵鸟皮

　Z　动物皮毛

妥尔油
　Y　塔罗油

椭圆加工
process of ellipse
TG5；TH16；TS65
　S　加工*

椭圆形洗涤机
　Y　洗涤设备

挖槽刀
　Y　切槽刀

挖花织机
　Y　织机

瓦罐
pottery jar
TS97
　S　罐*

瓦楞
　Y　瓦楞纸

瓦楞辊机构
corrugated roller mechanism
TS735.7
　S　瓦楞机
　Z　造纸机械

瓦楞机
corrugating machine
TS735.7
　S　造纸机械*
　F　瓦楞辊机构

瓦楞生产线
　Y　瓦楞纸生产线

瓦楞原纸
fluting medium
TS761.9
　D　E 型瓦楞纸板
　　　单壁瓦楞纸板
　　　单面瓦楞纸板
　　　多层瓦楞纸板
　　　七层瓦楞纸板
　　　双壁瓦楞纸板
　　　双层瓦楞纸板
　　　双面瓦楞纸板
　　　细瓦楞纸板
　S　瓦楞纸
　F　高强瓦楞原纸
　C　环压指数
　　　裂断长
　　　棉秆
　Z　包装材料
　　　纸张

瓦楞原纸纸机
corrugated board machine
TS734
　D　瓦楞纸板机
　　　瓦楞纸板生产设备
　　　瓦楞纸机
　S　造纸机
　Z　造纸机械

瓦楞纸
corrugated paper
TS761.9
　D 瓦楞
　　瓦楞纸板
　　瓦楞纸板
　S 包装纸
　F 高强瓦楞纸
　　瓦楞原纸
　C 瓦楞纸箱
　Z 包装材料
　　纸张

瓦楞纸板
　Y 瓦楞纸

瓦楞纸板机
　Y 瓦楞原纸纸机

瓦楞纸板生产设备
　Y 瓦楞原纸纸机

瓦楞纸机
　Y 瓦楞原纸纸机

瓦楞纸生产线
corrugated paper production line
TS73
　D 瓦楞生产线
　S 造纸生产线
　Z 生产线

瓦楞纸箱
corrugated box
TS767
　D 旧瓦楞纸箱
　　瓦楞纸箱
　S 纸箱
　C 瓦楞纸
　Z 纸制品

瓦楞纸箱印刷
Corrugated board printing
TS851
　D 瓦楞纸印刷
　S 印刷*

瓦楞纸印刷
　Y 瓦楞纸箱印刷

瓦楞纸板
　Y 瓦楞纸

瓦楞纸箱
　Y 瓦楞纸箱

瓦斯报警矿灯
gas warning head lamp
TD6；TS956
　D 甲烷报警矿灯
　S 报警矿灯
　Z 灯

佤族服饰
　Y 民族服饰

袜
　Y 袜子

袜机
　Y 织袜机

袜裤
　Y 连裤袜

袜品
　Y 袜子

袜子
hose
TS941.72
　D 袜
　　袜品
　S 服饰*
　F 长筒袜
　　短袜
　　连裤袜
　　丝袜
　C 织袜机

外不匀率
　Y 不匀率

外部检测
　Y 外观检测

外部设备
　Y 计算机外部设备

外底合缝
　Y 合缝

外底刷胶机
　Y 制鞋机械

外钉跟机
　Y 制鞋机械

外挂*
external hanging
TH13
　D 外挂系统
　　外挂装置
　F 游戏外挂
　C 飞机挂架 →(6)
　　外挂物 →(6)
　　悬挂装置 →(2)(4)(5)(6)(11)(12)

外挂系统
　Y 外挂

外挂装置
　Y 外挂

外观*
model
ZT5
　D 模样
　　外观形式
　F 服饰外观
　　筒子外观
　　织物外观
　C 镀锌 →(3)
　　光泽

外观检测
appearance test
TS101
　D 外部检测
　　外观检验
　S 检测*

外观检验

外观检测
　Y 外观检测

外观缺陷*
open defect
ZT4
　D 外观质量缺陷
　F 外观纸病
　　纸张变形
　C 表面缺陷
　　缺陷

外观色差
appearance chromatic difference
TS193
　S 色差*

外观效果
appearance effect
TS101
　D 外观效应
　S 效果*
　C 织物

外观效应
　Y 外观效果

外观形式
　Y 外观

外观形态
appearance shape
TS101
　S 形态*

外观造型设计
　Y 造型设计

外观整理
appearance finishing
TS195
　D 表观整理
　S 纺织品整理
　F 平滑整理
　　硬挺整理
　Z 整理

外观纸病
appearance paper defect
TS77
　S 外观缺陷*
　　纸病
　F 泪纹纸病
　　显色纸病
　Z 材料缺陷

外观质量缺陷
　Y 外观缺陷

外国白酒
　Y 洋酒

外环流式发酵罐
external cireumtluent fermentor
TQ92；TS261.3
　S 发酵罐
　Z 发酵设备

外科手术服
　Y 手术衣

外壳

外壳体
　　Y 壳体

外来废物
　　Y 废弃物

外棉
　　Y 进口棉

外披
　　Y 披肩

外设
　　Y 计算机外部设备

外套
　　Y 外衣

外贴碳素纤维
externally bonded carbon fiber
TQ34；TS102
　　S 碳纤维
　　Z 纤维

外围设备
　　Y 计算机外部设备

外衣
outerwear
TS941.7
　　D 外套
　　　外装
　　S 服装*
　　F 大衣
　　　儿童外衣
　　　夹克衫
　　C 内衣

外衣面料
outerwear fabrics
TS941.41
　　S 服装面料
　　Z 面料

外装
　　Y 外衣

弯刀
machete
G；TS914
　　S 武术刀
　　Z 刀具

弯钩纤维
hooked fibres
TS102
　　D 纤维弯钩
　　S 三维卷曲纤维
　　C 棉结
　　　牵伸
　　　梳理机构
　　Z 纤维

弯咀钳
　　Y 钳子

弯曲*
bending
O3；TB1；TG3

　　D 弯曲工艺
　　　弯曲加工
　　　弯曲现象
　　　弯制工艺
　　F 卷曲
　　　翘曲
　　C 结构应变 →(1)
　　　金属加工 →(3)(4)
　　　拉伸
　　　弯矩 →(1)
　　　弯曲机 →(3)
　　　弯曲件 →(4)
　　　弯曲角 →(3)
　　　弯曲力 →(4)
　　　弯曲裂纹 →(1)(3)
　　　弯曲模 →(3)
　　　弯曲试验 →(1)(3)
　　　弯曲性能 →(1)
　　　展开长度 →(3)

弯曲工艺
　　Y 弯曲

弯曲加工
　　Y 弯曲

弯曲木
bending-woood
TS62
　　S 木材*
　　F 压缩弯曲木

弯曲木家具
　　Y 曲木家具

弯曲现象
　　Y 弯曲

弯曲原木
　　Y 原木

弯纱
　　Y 弯纱深度

弯纱深度
kinking depth
TS18
　　D 弯纱
　　S 深度*
　　C 针织工艺

弯针
bending needle
TS183.1
　　S 织针
　　Z 纺织机构

弯针机构
cranked needle mechanism
TS941.569
　　D 不带线弯针机构
　　　带线弯针机构
　　S 缝制机械机构*

弯制工艺
　　Y 弯曲

豌豆蛋白
pea protein
Q5；TQ46；TS201.21

　　D 豌豆蛋白质
　　S 豆蛋白
　　Z 蛋白质

豌豆蛋白质
　　Y 豌豆蛋白

豌豆淀粉
pea starch
TS235.3
　　S 豆类淀粉
　　Z 淀粉

丸子
balls
TS972.14
　　D 圆子
　　S 小吃*

完全光滑表面
　　Y 表面

完全脱胶
completely degumming
TS101.3；TS224
　　S 脱胶*

玩具*
toys
TS958
　　D 娱乐玩具
　　F 布绒玩具
　　　宠物玩具
　　　传统玩具
　　　儿童玩具
　　　高科技玩具
　　　积木
　　　老年人玩具
　　　模型玩具
　　　塑料玩具
　　　玩具车
　　　玩偶
　　　游戏玩具
　　　组合玩具

玩具安全
toy safety
TS958；X9
　　S 安全*

玩具厂
toy factory
TS958
　　S 工厂*

玩具车
toy car
TS958.1
　　S 玩具*
　　F 玩具火车
　　　玩具汽车
　　　遥控玩具车

玩具火车
toy train
TS958.1
　　S 玩具车
　　Z 玩具

玩具检测

toy inspection
TS958
 S 检测*

玩具模型
toy model
TS951.7；TS958
 S 模型*

玩具汽车
toy automobile
TS958.1
 D 汽车玩具
 S 玩具车
 Z 玩具

玩具设计
toy design
TS958
 S 产品设计*

玩具娃娃
 Y 玩偶

玩具熊
teddy bear
TS958.1
 S 动物玩具
 Z 玩具

玩偶
doll
TS958
 D 玩具娃娃
  形象玩具
 S 玩具*
 F 塑料娃娃
  洋娃娃

烷基烯酮二聚体乳液
alkyl ketene dimer emulsion
TQ42；TS72
 S 乳液*

晚材
 Y 原木

晚粳米
 Y 粳米

晚礼服
evening dress
TS941.7
 D 夜礼服
 S 礼服
 Z 服装

晚籼米
late long-grain rice
TS210.2
 D 优质晚籼稻
 S 籼米
 Z 粮食

晚阉猪肉
 Y 猪肉

碗
bowl
TS972.23
 S 餐具

 F 纸碗
 Z 厨具

碗筷消毒
bowls and chopsticks disinfection
TS201.6
 S 消毒*

万能车床
universal lathe
TG5；TS64
 D 多用车床
 S 机床*

万能钉跟机
 Y 制鞋机械

万能钢梁轧机
 Y 轧机

万能工具
 Y 通用工具

万能攻丝机
 Y 攻丝机

万能花键轴铣床
 Y 花键轴铣床

万能滑枕升降台铣床
 Y 升降台铣床

万能回转头铣床
 Y 万能铣床

万能螺纹铣床
 Y 专用铣床

万能磨刀机
 Y 磨刀机

万能木工机床
 Y 木工机床

万能木工圆锯机
 Y 圆锯机

万能升降台式铣床
 Y 升降台铣床

万能升降台铣床
 Y 升降台铣床

万能式轨梁轧机
 Y 轧机

万能铣床
universal mill
TG5；TS64
 D 万能回转头铣床
  万能摇臂铣床
 S 机床*
 C 升降台铣床

万能铣头
universal milling head
TG5；TS64
 S 铣头
 Z 机床构件

万能摇臂铣床
 Y 万能铣床

万能圆锯
 Y 圆锯机

万向摇臂钻床
 Y 摇臂钻床

王冠
diadem
TS934.3
 S 首饰
 Z 饰品

网*
net
TS106
 F 除尘风网
  干网
  金属网
  纤维编织网
 C 网络 →(1)(2)(4)(5)(6)(7)(8)(9)(11)(12)(13)

网版
screen
TS804；TS805
 D 网版（印刷）
  网屏
 S 模版*
 F 丝网模版
  印花网版
 C 丝网

网版（印刷）
 Y 网版

网版印刷
 Y 丝网印刷

网版印刷机
screen printing machine
TS803.6
 S 印刷机
 Z 印刷机械

网版印刷技术
 Y 丝网印刷

网版质量
screen printing quality
TS80
 S 印刷质量
 Z 工艺质量

网部
 Y 造纸网

网槽
vat
TS734
 S 造纸设备部件*

网带干燥机
 Y 网带式干燥机

网带式干燥机
wire belt dryer
TS64
 D 网带干燥机
 S 干燥设备*

网点
lattice point

TS805
 S　印刷参数*
 F　调频网点
  控制网点
  印刷网点
 C　网点扩大特性
  网点密度
  网点面积
  网点形状
  网距

网点变形
dot deformation
TS805
 S　变形*

网点扩大
 Y　网点扩大特性

网点扩大率
 Y　网点扩大特性

网点扩大曲线
 Y　网点扩大特性

网点扩大特性
dot enlargement characteristics
TS81
 D　网点扩大
  网点扩大率
  网点扩大曲线
  网点扩大值
  网点增大
  网点增大值
 S　印刷性能
 C　实地密度
  网点
 Z　性能

网点扩大值
 Y　网点扩大特性

网点密度
density of lattice point
TS81
 S　密度*
 C　网点

网点面积
dot area
TS81
 C　网点

网点面积率
dot area percentage
TS81
 S　比率*

网点形状
screen dot shape
TS81
 S　形状*
 C　网点

网点增大
 Y　网点扩大特性

网点增大值
 Y　网点扩大特性

网格布

network cloth
TS106.6
 S　产业用布
 F　玻纤网格布
  耐碱玻纤网格布
 Z　纺织品

网格圈
lattice aprons
TS103.82
 D　集聚纺网圈
  紧密纺网圈
  网圈
 S　纺纱胶圈
 Z　纺纱器材

网格织物
 Y　网眼织物

网距
off-contact distance
TS871
 S　距离*
 C　网点

网笼
cylinder mould
TS734
 S　造纸设备部件*

网络打印
network printing
TS859
 S　共享打印
 C　网络打印机　→(8)
 Z　打印

网络复合纱
network-combination yarn
TS106.4
 S　复合纱
 Z　纱线

网络纱
 Y　网络丝

网络纱（交络纱）
 Y　交络纱

网络丝
network yarn
TS106.4
 D　交络丝
  网络纱
 S　变形纱
 F　复合网络丝
 Z　纱线

网络丝织物
 Y　化纤织物

网络通信设备*
network communication device
TN91
 F　数码打样设备

网模
network model
TS941
 S　模特

 Z　人员

网目组织
 Y　网眼组织

网屏
 Y　网版

网前筛
internal flow type before-net sieve
TS734
 D　内流式网前筛
 S　造纸设备部件*

网球
tennis
TS952.3
 S　球类器材
 Z　体育器材

网球拍
tennis racket
TS952.3
 S　球拍
 Z　体育器材

网圈
 Y　网格圈

网毯
 Y　造纸机网毯

网纹辊
anilox roller
TS803.9
 S　喷墨设备
 F　陶瓷网纹辊
 Z　印刷机械

网眼
 Y　网眼织物

网眼布
 Y　网眼织物

网眼横列
 Y　菠萝组织

网眼纱管
 Y　纱管

网眼添纱组织
 Y　添纱组织

网眼针织物
lacework
TS186
 D　半穿双经缎网孔织物
  半穿双经线网眼织物
  菠萝网眼织物
  弹力六角网孔织物
  弹力网眼圆筒织物
  经编窗纱方网孔织物
  经编柱形网孔织物
  六角网孔织物
  缺压弹性网孔织物
  双针床衬衣网孔织物
  双针床经编网孔织物
 S　针织物*
 F　经编网眼织物
 C　多孔织物

网眼织物
meshwork
TS106.8
  D 矩形网孔织物
    两面网眼织物
    双面网眼织物
    网格织物
    网眼
    网眼布
    网织物
    网状织物
    正反两面网眼织物
  S 织物*

网眼组织
lace stitch
TS101；TS105；TS18
  D 透孔组织
    网目组织
  S 织物变化组织
  Z 材料组织

网移印刷
  Y 转印

网印
  Y 丝网印刷

网印 UV 油墨
  Y UV 油墨

网印机
  Y 凹印机

网印技术
fabrography
TS8
  S 技术*
  C 丝网印刷
    印制电路板 →(7)

网印设备
screen printing equipments
TS803.9
  D 丝网印刷设备
  S 印刷机械*

网印油墨
screen printing ink
TQ63；TS802.3
  D 丝网印刷油墨
    丝网油墨
  S 印刷油墨
  Z 油墨

网织物
  Y 网眼织物

网状花边
  Y 花边

网状填料
  Y 填料

网状织物
  Y 网眼织物

往复锯
reciprocal saw
TG7；TS64；TS914.54
  S 锯

  Z 工具

往复锯机
  Y 锯机

往复式锯
  Y 锯

往复式抓棉机
  Y 抓棉机

往复抓棉机
  Y 抓棉机

望远镜计数器
  Y 计数器

危害*
hazard
ZT84
  D 危害度
  F 食品安全危害
  C 隐患 →(5)(11)(13)

危害度
  Y 危害

危害分析关键控制点
  Y 危害分析控制点

危害分析控制点
hazard analysis and critical control point
TS201.6
  D 危害分析关键控制点
  S 点*
  C 食品安全

危机*
crisis
ZT5
  F 食品安全危机

威化饼干
  Y 饼干

威士忌
whisky
TS262.38
  D 威士忌酒
  S 洋酒
  Z 酒

威士忌酵母
whiskey yeast
TQ92；TS26
  S 酿酒酵母
  Z 酵母

威士忌酒
  Y 威士忌

微波保鲜
microwave preservation
TS205
  S 保鲜*

微波变性
  Y 微波改性

微波测湿
humidity measurement by microwave
TS101

  S 性能测量*

微波-超声波提取
microwave-ultrasonic extraction
TS205
  S 微波提取
  Z 提取

微波法提取
  Y 微波提取

微波辐射提取
microwave radiation extraction
TS205
  S 微波提取
  Z 提取

微波复热
microwave re-heating
TS972.11
  S 加热*

微波改性
microwave modification
O4；O6；TS205
  D 微波变性
  S 改性*
  C 微波吸收特性 →(5)
  Z 物理性能

微波干衣机
  Y 干衣机

微波干燥设备
  Y 干燥设备

微波烘焙
  Y 微波烘烤

微波烘茧
  Y 烘丝

微波烘烤
microwave roast
TS205
  D 微波烘焙
  S 烘烤*

微波冷冻干燥
microwave-freeze drying
TQ0；TS205
  S 干燥*

微波硫灯
microwave sulfur lamp
TM92；TS956
  D 硫灯
  S 灯*

微波炉
microwave oven
TS972.26
  D 变频微波炉
    微波灶
    智能微波炉
    转波微波炉
  S 电灶
  F 家用微波炉
  Z 厨具
    家用电器

微波炉菜谱
　Y　微波食谱

微波灭酶
microwave enzyme inactivation
TS205
　S　灭酶
　Z　工艺方法

微波烹调
microwave cooking
TS972.113
　S　烹饪工艺*

微波染色
microwave dyeing
TS193
　S　染色工艺*

微波杀青
microwave fixation
TS272.4
　S　杀青
　Z　茶叶加工

微波渗糖
microwave permeability of sugar
TS244
　S　真空渗糖
　Z　制糖工艺

微波食品
microwaveable food
TS219
　S　热加工食品
　Z　食品

微波食品包装
microwave food packaging
TS206
　S　食品包装*

微波食谱
microwave recipes
TS972.12
　D　微波炉菜谱
　S　食谱*

微波提取
microwave extraction
TS205
　D　微波法提取
　　　微波提取法
　S　提取*
　F　微波-超声波提取
　　　微波辐射提取

微波提取法
　Y　微波提取

微波脱水
microwave dehydration
TS205.1
　S　脱除*

微波无极紫外灯
microwave ultraviolet lamp
TM92；TS956
　S　紫外线灯
　Z　灯

微波-压差膨化
　Y　微波真空膨化

微波灶
　Y　微波炉

微波真空干燥
vacuum microwave drying
TQ0；TS205
　D　真空微波干燥
　S　干燥*

微波真空膨化
microwave vacuum popping
TS205
　D　微波-压差膨化
　S　食品膨化
　Z　膨化

微薄木
micro veneer
TS62
　S　薄木
　Z　木材

微薄木贴面
　Y　贴面工艺

微旦纤维
　Y　微纤维

微冻
partial freezing
TS201
　S　冻结*

微冻保鲜
partial freezing preservation
TS205
　S　冷冻保鲜
　Z　保鲜

微机勾兑
　Y　计算机勾兑

微机排版
　Y　计算机排版

微夹钳
micro gripper
TG7；TH2；TS914.51
　S　夹钳
　Z　工具

微僵
　Y　低级棉

微胶囊染料
micro-capsule dyes
TS193.21
　S　染料*

微胶囊香精
microencapsulated flavor
TQ65；TS264.3
　S　固体香精
　Z　香精香料

微接触印刷
micro contact printing
TS85

　S　特种印刷
　C　纳米压印
　Z　印刷

微晶淀粉
　Y　微细化淀粉

微坑法
micro-hole method
TS19
　D　微孔穴
　　　微溶解
　S　生产工艺*

微孔笔头墨水笔
　Y　签字笔

微孔底
　Y　鞋底

微孔淀粉
micro-porous starch
TS235
　D　微孔性淀粉
　S　多孔淀粉
　F　小麦微孔淀粉
　C　功能性物质　→(1)
　　　吸油能力
　Z　淀粉

微孔鞋底
　Y　鞋底

微孔性淀粉
　Y　微孔淀粉

微孔穴
　Y　微坑法

微粒凝胶
　Y　凝胶

微粒体系
　Y　微粒助留体系

微粒助留
　Y　微粒助留剂

微粒助留技术
　Y　微粒助留剂

微粒助留剂
microparticle retention aids
TQ0；TS75
　D　微粒助留
　　　微粒助留技术
　　　微粒助留效果
　　　微粒助留助滤
　　　微粒助留作用
　　　微粒子助留助滤
　　　阳离子微粒助留体系
　　　阳离子助留剂
　　　有机微粒助留系统
　S　助留剂
　C　阳离子微粒　→(1)
　Z　助剂

微粒助留体系
microparticle retention system
TS71
　D　微粒体系

微粒助留系统
微粒助留助滤体系
微粒助留助滤系统
微粒子系统
S 助留体系
Z 体系

微粒助留系统
Y 微粒助留体系

微粒助留效果
Y 微粒助留剂

微粒助留助滤
Y 微粒助留剂

微粒助留助滤剂
microparticle retention and drainage aids
TQ0；TS72
S 助留助滤剂
Z 助剂

微粒助留助滤体系
Y 微粒助留体系

微粒助留助滤系统
Y 微粒助留体系

微粒助留作用
Y 微粒助留剂

微粒子系统
Y 微粒助留体系

微粒子助留助滤
Y 微粒助留剂

微量成分
microconstituents
P5；TS201.4；TS207.3
D 微量成份
微量组分
微组分
C 白酒
勾调

微量成份
Y 微量成分

微量碘
trace iodine
TS3
S 微量元素*

微量涂布
slightly coating
TS75
S 造纸涂布
Z 涂装

微量元素*
trace elements
O6；Q94；TS971
F 微量碘
C 分析测定 →(1)
富铁酵母 →(9)
化学元素 →(1)(3)(6)(9)(13)
维生素

微量组分
Y 微量成分

微螺旋炭纤维
Y 螺旋炭纤维

微米材料
Y 纳米材料

微米长刨花
Y 木刨花

微米木纤维
micron wood fiber
TS72
S 木纤维
Z 天然纤维

微纳米材料
Y 纳米材料

微泡沫染色
Y 染色工艺

微泡染色
Y 染色工艺

微刃
Y 刀刃

微溶解
Y 微坑法

微射流均质机
micro-jet homogenizer
TS203
S 均质机
Z 食品加工机械

微生物发酵剂
microbial starter culture
TS202
S 发酵剂*

微生物监测
Y 微生物检测

微生物检测
microbial detection
Q93；TS207.4；X8
D 微生物监测
微生物检定
微型生物监测
S 检测*
C 生物环境 →(13)
微生物污染 →(13)

微生物检定
Y 微生物检测

微生物精练
Y 生物精练

微生物精练法
Y 生物精练

微生物脱胶
microbe degumming
TS12；TS19
D 微生物脱胶技术
S 生物脱胶
F 加菌脱胶
细菌脱胶
Z 脱胶

微生物脱胶技术
Y 微生物脱胶

微生物抑制剂
microbial depressant
TS202.3
S 抑制剂*
F 蛋白酶 A 抑制剂
果胶甲酯酶抑制剂
脂肪酶抑制剂

微生物油
microorganism oil
TQ64；TS225
S 生物油
微生物油脂
Z 油脂

微生物油脂
microbial oil
TQ64；TS22
S 油脂*
F 微生物油
真菌油脂
C 发酵

微生物制浆
Y 生物制浆

微生物作用
microbial action
Q93；TS201.3
S 作用*

微套差胶辊
little inserting allowance cots
TH13；TQ33；TS103.82
D 套差胶辊
S 纺织胶辊
Z 纺织器材
辊

微细旦涤纶
Y 细旦涤纶

微细旦涤纶线
Y 细特涤纶纱

微细化
Y 细化处理

微细化淀粉
micronized starch
TS235
D 超微淀粉
微晶淀粉
S 淀粉*

微细纤维
Y 微纤维

微纤化
Y 原纤化

微纤维
microfiber
TS102
D 微旦纤维
微细纤维
S 纤维*
F 石膏微纤维

C 高性能混凝土 →⑪

微型灯
microminiature lamp
TM92；TS956
　D 袖珍灯
　S 灯*

微型电子游戏机
　Y 游戏机

微型啤酒
minitype beer
TS262.59
　S 啤酒
　Z 酒

微型啤酒设备
　Y 啤酒设备

微型生物监测
　Y 微生物检测

微型元件
　Y 元件

微型轧机
　Y 轧机

微型钻
　Y 微钻

微悬浮体染色
micro suspension dyeing
TS19
　S 染色工艺*

微氧技术
micro-oxygenation technique
TS261.4
　S 酿酒工艺*
　C 水处理

微震压实
　Y 压实

微震压实造型
　Y 造型

微组分
　Y 微量成分

微钻
micro-drill
TG7；TS914.5
　D 微型钻
　S 电钻
　Z 工具

煨制
roasting processing
TS972.113
　S 烹饪工艺*

围脖
　Y 围巾

围度
measurement
TS941.17
　D 围度曲线
　S 人体尺寸

Z 尺寸

围度曲线
　Y 围度

围巾
muffler
TS941.722
　D 围脖
　　围巾箍
　　扎巾盔
　S 配饰
　F 丝巾
　　羊绒围巾
　Z 服饰

围巾箍
　Y 围巾

围裙
apron
TS941.72
　S 服饰*
　F 气垫围裙

沩山毛尖
Weishan maojian tea
TS272.51
　S 毛尖茶
　Z 茶

帷幔
　Y 窗帘

维 C 含量
　Y Vc 含量

维卡纤维
vicat fiber
TS102.51
　S 竹浆纤维
　Z 天然纤维

维劳夫特纤维
viloft fiber
TQ34；TS102.51
　D Viloft(R) 纤维
　　VILOFT 纤维
　S 木浆纤维
　C 中空涤纶
　Z 纤维

维氯纶
　Y 维纶

维纶
vinylon
TQ34；TS102.524
　D (乙烯醇/氯乙烯) 纤维
　　PVA 纤维
　　聚乙烯醇缩甲醛化纤维
　　聚乙烯醇缩甲醛纤维
　　聚乙烯醇纤维
　　维氯纶
　　维纶纤维
　　维尼纶
　　维尼纶纤维
　S 聚合物纤维
　F 高强高模聚乙烯醇纤维
　　可溶性维纶

　　维纶短纤维
　C 聚烯烃弹性体 →⑼
　　聚乙烯醇共聚物 →⑼
　Z 纤维

维纶伴纺
carrier water-soluble vinylon
TS104
　S 伴纺
　Z 纺纱

维纶短纤维
vinylon short fibre
TQ34；TS102.524
　S 化纤短纤维
　　维纶
　Z 纤维

维纶基牛奶蛋白纤维
　Y 牛奶蛋白纤维

维纶纤维
　Y 维纶

维棉织物
　Y 棉混纺织物

维尼纶
　Y 维纶

维尼纶纤维
　Y 维纶

维生素*
vitamins
TQ46
　D 维生素衍生物
　　维他命
　F 天然维生素 E
　C 微量元素
　　营养成分

维生素 C 含量
　Y Vc 含量

维生素饼干
　Y 饼干

维生素衍生物
　Y 维生素

维生素饮料
　Y 功能饮料

维他命
　Y 维生素

维吾尔族服饰
　Y 民族服饰

维扬菜系
　Y 淮扬菜

苇浆
reed pulp
TS749.3
　D 芦苇浆
　　全苇浆
　S 非木材纸浆
　F 硫酸盐苇浆
　　漂白苇浆
　Z 浆液

尾灯
tail light
TM92；TS956
  S 灯*
  F 车尾灯

尾钉
tail pin
TS914
  S 钉子
  Z 五金件

尾桨传动机构
  Y 传动装置

尾酒
tail alcohol
TS262
  S 酒*

尾刷
  Y 盾尾刷

纬编
  Y 纬编工艺

纬编衬线织物
  Y 纬编织物

纬编单面添纱组织
  Y 添纱组织

纬编工艺
weft knitting process
TS184.4
  D 单吃线
    单面纬编
    横向调节
    双面纬编
    纬编
    纬编集圈悬弧
    纬编技术
    纬编针织
  S 针织工艺*
  F 无缝针织技术
  C 经编工艺
    纬编机
    纬编织物

纬编花色组织
  Y 添纱组织

纬编机
weft-knitting machines
TS183.4
  D 纬编针织机
  S 针织机
  F 单面机
    电子提花针织机
    棉毛机
    人造毛皮针织机
    圆纬机
  C 编织机
    单面圆纬机
    纬编工艺
  Z 织造机械

纬编集圈悬弧
  Y 纬编工艺

纬编集圈组织
weft tuck stitch
TS18
  S 集圈组织
  C 集圈
  Z 材料组织

纬编技术
  Y 纬编工艺

纬编间隔织物
weft-knitted spacer fabric
TS186.2
  S 纬编织物
  Z 编织物

纬编结构
  Y 纬编组织

纬编理论
  Y 纬编组织

纬编罗纹织物
  Y 罗纹织物

纬编毛圈织物
  Y 纬编织物

纬编坯布
  Y 针织坯布

纬编乔其纱针织物
  Y 纬编织物

纬编纱罗织物
  Y 纬编织物

纬编双层织物
  Y 纬编织物

纬编双反面织物
  Y 纬编织物

纬编双面毛圈织物
  Y 纬编织物

纬编双轴向多层衬纱织物
weft knitted biaxial multilayer liner yarn fabric
TS186.2
  S 纬编双轴向织物
  Z 编织物

纬编双轴向织物
weft-knitted biaxial fabric
TS186.2
  S 纬编织物
  F 纬编双轴向多层衬纱织物
  Z 编织物

纬编锁编织物
  Y 纬编织物

纬编线圈
  Y 纬编组织

纬编针织
  Y 纬编工艺

纬编针织机
  Y 纬编机

纬编针织物
  Y 纬编织物

纬编织物
weft knitted fabric
TS186.2
  D 单面添纱织物
    单面纬编针织物
    单面纬平针织物
    单胖织物
    浮线添纱织物
    复合双罗纹针织物
    夹层添纱织物
    夹层织物
    交错添纱织物
    交换添纱织物
    漏针花纹织物
    平针衬垫毛圈织物
    缺压集圈织物
    双反面纱罗织物
    双反面添纱织物
    双罗纹针织物
    双轴向纬编织物
    添纱衬垫毛圈织物
    添纱纬编织物
    添纱织物
    筒状平针织物
    纬编衬线织物
    纬编毛圈织物
    纬编乔其纱针织物
    纬编纱罗织物
    纬编双层织物
    纬编双反面织物
    纬编双面毛圈织物
    纬编锁编织物
    纬编针织物
    圆机织物
    真丝纬编织物
  S 编织物*
  F 横编织物
    罗纹织物
    四平空转织物
    纬编间隔织物
    纬编双轴向织物
  C 经编织物
    纬编工艺
    纬平组织

纬编组织
weft-knitted stitch
TS18
  D 纬编结构
    纬编理论
    纬编线圈
  S 针织物组织
  F 菠萝组织
    衬纬组织
    集圈组织
    罗纹组织
    绒纬组织
    添纱组织
    纬平组织
  Z 材料组织

纬长丝织物
weft filament mixed fabric
TS156
  S 长丝织物

Z 化纤织物

纬弹牛仔布
Y 弹力牛仔布

纬弹织物
weft-elastic fabric
TS106.8
D 纯棉纬弹织物
S 弹力机织物
Z 织物

纬档
Y 横条疵点

纬二重组织
weft backed weave
TS105
D 重纬组织
S 重组织
Z 材料组织

纬浮点
Y 组织点

纬管纱
Y 纱线

纬密
density of weft
TS101；TS107
S 经纬密
Z 织物规格

纬平绒组织
Y 绒纬组织

纬平针
Y 纬平组织

纬平针织物
weft plain knit fabric
TS186
D 1+1 变化纬平针织物
2+2 变化纬平针织物
S 平针织物
Z 针织物

纬平针组织
Y 纬平组织

纬平组织
weft plain weave
TS18
D 平针组织
纬平针
纬平针组织
S 纬编组织
C 纬编织物
Z 材料组织

纬起绒织物
Y 起绒织物

纬纱
weft yarn
TS106.4
D 纬丝
S 机织纱
C 机织工艺
经纱

Z 纱线

纬纱动态张力
Y 纱线动态张力

纬纱工艺
weft yarn process
TS105
D 纬向
S 机织工艺
F 打纬
混纬
梭子调配
纬纱排列
纬纱配色循环
选纬
引纬
整纬
Z 织造工艺

纬纱管
Y 纱管

纬纱密度
Y 纬向密度

纬纱排列
weft yarn arrangement
TS105.2
S 纬纱工艺
Z 织造工艺

纬纱配色循环
weft colour cycle
TS105.2
S 纬纱工艺
Z 织造工艺

纬纱牵引力
weft yarn traction
TS105
S 力*

纬纱缩率
Y 织缩率

纬纱张力
weft tension
TS105
S 纱线张力
Z 张力

纬纱质量
weft quality
TS107.2
S 纱线质量
Z 产品质量

纬丝
Y 纬纱

纬缩
weft kinks
TS101.97
D 缩纬
纬缩疵点
纬缩织疵
S 纬向疵点
Z 纺织品缺陷

纬缩疵点

Y 纬缩

纬缩织疵
Y 纬缩

纬停
Y 纬向停台

纬弯
weft bending
TS101.97
S 纬向疵点
Z 纺织品缺陷

纬向
Y 纬纱工艺

纬向疵点
weft direction defects
TS101.97
D 错纬
花纬疵点
云织
S 织物疵点
F 密路
缺纬
纬缩
纬弯
纬斜
Z 纺织品缺陷

纬向故障
Y 纬向停台

纬向紧度
Y 织物紧度

纬向密度
weft density
TS101；TS107
D 纬纱密度
S 经纬密
Z 织物规格

纬向色差
zonal chromatic aberration
TS193
S 位置色差
Z 色差

纬向停台
weft stop
TS105
D 纬停
纬向故障
S 停台
C 织造工艺
Z 停机

纬向织缩率
zonal woven shrinkage rate
TS105
S 织缩率
Z 比率

纬斜
bias filling
TS101.97
S 纬向疵点
Z 纺织品缺陷

纬组织点
　Y 组织点

卫生*
health
R
　F 工艺卫生
　　烹饪卫生
　　肉品卫生
　C 清洁度 →(1)

卫生保健织物
　Y 功能纺织品

卫生标准操作程序
sanitation standard operation procedure
TS207
　S 流程*

卫生产品
hygiene products
TS97
　S 产品*

卫生间清洁剂
toilet cleaner
TQ64；TS973.1
　D 厕所清洁剂
　　厕所清洗剂
　S 家用洗涤剂
　Z 清洁剂
　　生活用品

卫生监控
　Y 卫生控制

卫生巾
sanitary napkin
TS10
　D 超薄卫生巾
　　妇女卫生巾
　S 妇女卫生用品
　C 降解性 →(13)
　Z 个人护理品

卫生控制
health monitoring
TS207
　D 卫生监控
　S 控制*

卫生筷
　Y 一次性筷子

卫生筷子
　Y 一次性筷子

卫生器具*
sanitary fixture
TU8；TU99
　D 室内卫生设备
　　卫生设备
　F 电吹风
　　脸盆
　　燃气热水炉
　C 盥洗室 →(11)
　　器具

卫生设备
　Y 卫生器具

卫生设计
health design
TS207
　S 设计*

卫生要求
sanitary requirements
TS207
　S 要求*

卫生用灯
medical lamps
TM92；TS956
　D 医疗用灯
　S 灯*
　F 灭蚊灯
　　无影灯
　　消毒灯

卫生用纺织品
textiles to hygiene
TS106
　D 康复纺织品
　S 纺织品*

卫生用品
hygienic products
TS107
　S 个人护理品*
　F 妇女卫生用品
　　口腔用品
　　卫生纸
　　香薰
　　纸尿裤
　C 肥皂

卫生用纸
　Y 卫生纸

卫生整理
　Y 抗微生物整理

卫生整理剂
　Y 抗菌整理剂

卫生纸
toilet paper
TS761.6
　D 草纸
　　厕用卫生纸
　　妇女卫生纸
　　生活卫生用纸
　　湿法单层卫生纸原纸
　　卫生用纸
　　卫生纸产品
　　卫生纸品
　　卫生纸原纸
　　卫生纸纸层
　　卫生纸制品
　S 生活用纸
　　卫生用品
　F 皱纹卫生纸
　Z 个人护理品
　　纸张

卫生纸产品
　Y 卫生纸

卫生纸机
toilet paper machine

TS734
　S 造纸机
　Z 造纸机械

卫生纸品
　Y 卫生纸

卫生纸原纸
　Y 卫生纸

卫生纸纸层
　Y 卫生纸

卫生纸制品
　Y 卫生纸

卫星测试设备
　Y 测试装置

卫星传版
　Y 远程传版

卫星传版系统
　Y 远程传版

卫星专用测试设备
　Y 测试装置

卫星总测设备
　Y 测试装置

未拉伸丝
　Y 复丝

位置测量仪
　Y 测量仪器

位置区域
　Y 区域

位置色差
chromatic aberration of position
O4；TS193
　S 色差*
　F 垂轴色差
　　横向色差
　　纬向色差
　　轴向色差
　　纵向色差
　　左中右色差

位置线*
line of position
U6
　F 经纱位置线
　C 线 →(1)(2)(4)(5)(6)(7)(8)(11)(12)

位置样板
　Y 样板

味噌
miso
TS264.2
　S 调味品*

味精
glutamate
TS264.23
　D 谷氨酸钠
　　谷氨酸一钠
　　晶体味精
　　食用味精

S 调味品*
F 鸡精

味精厂
gourmet powder factory
TS264
S 食品厂
Z 工厂

味精工业
monosodium glutamate industry
TS264
S 调味品工业
Z 轻工业

味精加工
monosodium glutamate processing
TS264
D 味精清洁生产
味精生产
S 调味品加工
Z 食品加工

味精清洁生产
Y 味精加工

味精生产
Y 味精加工

味精质量
MSG quality
TS264
S 食品质量*

味觉设计
taste design
TS201
S 设计*

味淋
mirin
TS264.2
S 调料汁
Z 调味品

喂毛机
feeder for wool
TS132
S 毛纺机械
Z 纺织机械

喂纱张力
Y 纱线张力

温差拉伸
thermal differential stretching
TS104.2
S 拉伸*

温度湿度控制
Y 温湿度控制

温度探针
Y 测温元件

温度元件
Y 测温元件

温敏纤维
Y 功能纤维

温热成形

Y 热成型

温升*
temperature rise
TM3
D 上升(温度)
升温
F 压致升温
C 燃烧　→(1)(2)(3)(5)(6)(9)(11)(13)
升温速率　→(1)
温度自动控制系统　→(8)

温湿度控制*
temperature and humidity control
TP1
D 温度湿度控制
温湿控制
F 低温控制
C 单点控制　→(8)
物理控制
新风系统　→(11)

温湿控制
Y 温湿度控制

温水沤麻
warm water retting
TS12
D 沤麻工艺
S 沤麻
Z 脱胶

温水亚麻
Y 亚麻纤维

温熏法
Y 熏制

温州菜
Wenzhou dishes
TS972.12
S 浙菜
Z 菜系

文本打印
Y 文档打印

文档
Y 文件

文档打印
document printing
TS859
D 文本打印
文件打印
S 打印*

文蛤肉
clam meat
TS254.5
S 肉*

文化名酒
famous wine
TS262
S 酒*

文化衫
singlet
TS941.7
S 针织衫

Z 服装

文化式原型
cultural pattern prototype
TS941.6
S 服装原型
Z 原型

文化艺术用灯
culture art lamp
TM92；TS956
S 灯*
F 变色灯
彩灯
灯笼
放映灯
宫灯
摄影灯
舞台灯

文化用品
Y 办公用品

文化用纸
culture paper
TS761.1
D 文化纸
S 办公用品*
纸张*
F 薄页纸
打印纸
档案纸
复写纸
复印纸
记录纸
卡纸
美术纸
晒图纸
书写纸
坐标纸

文化纸
Y 文化用纸

文化纸机
culture paper machines
TS734
S 造纸机
Z 造纸机械

文件*
paper
TP3
D 电脑文件
计算机文件
文档
文件形式
F ICC 特性文件
设备特性文件
C 分页　→(8)
文件系统　→(7)(8)
文件型病毒　→(8)

文件打印
Y 文档打印

文件形式
Y 文件

文教用品

Y 办公用品

文具
stationery
TS951
- D 文具用品
  文娱用品
- S 办公用品*
- F 笔
  笔筒
  画布
  胶水
  墨水
  涂改液
  橡皮
  印章
  原子印油
- C 书写性能

文具刀
Y 日用刀具

文具用品
Y 文具

文石矿物
Y 红宝石

文氏栅洗涤器
venturi grid scrubber
TS04
- S 清除装置*
  洗涤器
- Z 轻工机械

文胸
brassiere
TS941.7
- D 女胸衣
  胸衣
  胸罩
- S 内衣
- F 紧身胸衣
  运动胸衣
  罩杯
  组合胸衬
- C 细部尺寸
- Z 服装

文胸设计
bra design
TS941.2
- S 成衣设计
- Z 服饰设计

文胸造型
bra modelling
TS941.6
- S 服装造型
- Z 造型

文胸纸样
bra pattern
TS941.6
- S 服装纸样
- Z 纸样

文娱用品
Y 文具

纹板
pattern card
TS103.81；TS103.82
- D 花板
  纹钉
- S 织造器材*
- F 电子纹板

纹板图
chain draft
TS105
- D 提综图
- S 织物组织图
- Z 工程图

纹钉
Y 纹板

纹理*
texture
ZT6
- F 板材纹理
  织物纹理
- C 纹理编码 →(7)
  纹理图像分割 →(8)

纹理结构
texture structure
TS101
- S 表面形态结构
- C 特征提取 →(8)
  指纹识别 →(8)
- Z 表面结构

纹路
Y 纹样

纹样*
dermatoglyphic pattern
TS105；TS194；TS93
- D 图案纹样
  纹路
- F 版纹
  刺绣纹样
  花纹
- C 配色
  纹样风格
  印花
  织物

纹样风格
pattern style
TS101
- S 风格*
- C 纹样

纹样设计
pattern design
TS101
- S 图案设计
- Z 设计

纹织
Y 提花

纹织 CAD
jacquard weaving CAD software
TP3；TS101
- S 织物 CAD
- Z 计算机辅助技术

纹织设计
fabric pattern design
TS941.2
- S 图案设计
- Z 设计

纹织实验
jacquard weaving testing
TS941.6
- S 纺织实验
- C 提花
- Z 实验

纹织物
figured fabric
TS106.8
- D 浮纹织物
  花压结子花纹织物
  席纹织物
  轧纹织物
  装饰纹织物
- S 织物*
- F 波纹织物
  点纹织物

纹组织
Y 提花组织

紊流酸洗
turbulence pickling
TG1；TS973
- S 清洗*

稳定*
stabilization
TU3
- D 调制不稳定
  多摆稳定
  非稳定
  分散稳定
  进化稳定
  能量稳定
  热声不稳定
  实用稳定
  稳定程度
  稳定方式
  稳固
- F 形态稳定
- C 紧固 →(2)(3)(4)(8)⑿

稳定程度
Y 稳定

稳定度
Y 稳定性

稳定方式
Y 稳定

稳定化米糠
stabilized rice bran
TS210.9
- S 米糠
- Z 副产品

稳定剂*
stabilizing agent
TQ0
- D 安定剂
  助稳定剂

F 非硅稳定剂
　复合稳定剂
　光稳定剂
　漂白稳定剂
　乳化稳定剂
　双氧水稳定剂
C 活化剂 →(9)
　稳定化 →(1)

稳定特性
　Y 稳定性

稳定性*
stability
ZT4
D 安定性
　安定性能
　表面安定性
　玻璃稳定性
　步态稳定性
　步行稳定性
　存储稳定性
　独立稳定性
　多项式稳定性
　胶体安定性
　可靠稳定性
　绿洲稳定性
　乳化安定性
　使用稳定性
　势切安定性
　稳定度
　稳定特性
　稳定性能
　稳性
　物理安定性
　行走稳定性
　形貌稳定性
　形稳性
　压蒸安定性
F 尺寸稳定性
　冻藏稳定性
　发酵稳定性
　混浊稳定性
　酒石稳定性
　酶热稳定性
　泡沫稳定性
　啤酒胶体稳定性
　食品稳定性
　氧化稳定性
C 保险机构 →(6)
　不稳定状态 →(11)
　船宽 →(12)
　临界车速 →(12)
　平衡
　失稳 →(2)(3)(4)(5)(6)(11)
　稳定安全系数 →(13)
　稳定化 →(1)
　稳定性分析 →(2)(8)
　稳固性 →(1)(2)
　系统性能 →(1)(2)(3)(4)(5)(6)(7)(8)
　压重 →(4)

稳定性能
　Y 稳定性

稳固
　Y 稳定

稳泡性
　Y 泡沫稳定性

稳性
　Y 稳定性

问题废物
　Y 废弃物

倭瓜
　Y 南瓜

涡流纺
air vortex spinning
TS104.7
D 涡流纺纱
S 新型纺纱
F 喷气涡流纺
Z 纺纱

涡流纺纱
　Y 涡流纺

涡流纺纱机
　Y 新型纺纱机

涡流纱
　Y 纱线

窝瓜
　Y 南瓜

蜗杆珩轮修磨机
　Y 修磨机

蜗杆铣床
　Y 专用铣床

蜗轮飞刀
worm wheel with flying cutter
TG7；TS914.212
S 飞刀
Z 工具结构

卧房家具
　Y 卧室家具

卧具
　Y 床用纺织品

卧式带锯床
　Y 带锯机

卧式弓锯床
　Y 弓锯床

卧式烘砂滚筒
　Y 干燥滚筒

卧式滑枕升降台铣床
　Y 升降台铣床

卧式滑枕铣床
　Y 卧式铣床

卧式机床
　Y 机床

卧式挤压机
　Y 挤压设备

卧式框锯机
　Y 锯机

卧式木工带锯机
　Y 细木工带锯机

卧式升降台铣床
　Y 升降台铣床

卧式榫槽机
　Y 开榫机

卧式台铣床
　Y 卧式铣床

卧式镗床
horizontal borer
TG5；TS64
D 卧式镗铣床
　卧式铣镗床
　卧式制动鼓镗床
S 机床*

卧式镗铣床
　Y 卧式镗床

卧式铣床
horizontal milling machines
TG5；TS64
D 数控卧式铣床
　卧式滑枕铣床
　卧式台铣床
S 升降台铣床
Z 机床

卧式铣镗床
　Y 卧式镗床

卧式圆锯床
　Y 圆锯机

卧式制动鼓镗床
　Y 卧式镗床

卧室家具
bedroom furniture
TS66；TU2
D 卧房家具
S 坐卧类家具
F 床垫
　梳妆台
Z 家具

握持力
durable grip
TH11；TS104
S 力*
C 牵伸力

握持罗拉
　Y 罗拉

握裹力
　Y 附着力

渥堆
pile fermentation
TS272.4
S 茶叶加工*

乌发
hair-blacking
TS974.2
S 美发

Z 美容

乌饭
cranberry
TS972.131
D 青精饭
S 米饭
Z 主食

乌桕类可可脂
CTCBE
TS22
D 乌桕脂
S 可可脂
C 乌桕梓油 →(9)
Z 油脂

乌桕叶
Chinese tallow leaf
TS255.2
S 蔬菜
Z 果蔬

乌桕脂
Y 乌桕类可可脂

乌桕籽
tallow tree seed
TS202.1
S 植物菜籽*

乌拉圭羊毛
uruguay wool
TS102.31
S 羊毛
Z 天然纤维

乌龙茶
oolong tea
TS272.52
D 冻顶乌龙茶
福建乌龙茶
闽北乌龙茶
闽南乌龙茶
台式乌龙茶
台湾乌龙茶
有机乌龙茶
S 半发酵茶
F 白芽奇兰茶
单丛茶
铁观音
岩茶
Z 茶

乌龙茶饮料
Y 茶饮料

乌米
Y 黑米

乌米酒
Y 黑米酒

乌斯特
Y 乌斯特条干

乌斯特测试仪
Y 乌斯特仪

乌斯特条干
unevenness cv

TS107
D CV%值
CV 值
条干 CV
条干 CV%
条干 CV%值
条干 CV 值
乌斯特
乌斯特统计值
S 成纱条干
Z 指标

乌斯特条干仪
Y 乌斯特仪

乌斯特统计值
Y 乌斯特条干

乌斯特仪
uster tester
TS103
D 电容式条干仪
乌斯特测试仪
乌斯特条干仪
S 条干仪
Z 仪器仪表

乌洋芋
Y 马铃薯

乌衣红曲
black-skin-red-koji
TS26
S 红曲
Z 曲

乌衣红曲黄酒
black-skin-red-koji yellow rice wine
TS262.4
S 红曲黄酒
Z 酒

污斑
Y 污渍

污点
Y 污渍

污废水
Y 废水

污垢*
fouling
TG1
D 底部沉垢
垢
垢物
结垢物
结垢物质
污垢特性
淤垢
F 茶垢
污渍
烟垢
油垢
油污
C 除垢 →(3)
防垢 →(4)
结垢性 →(2)
在线清洗 →(5)

阻垢剂

污垢特性
Y 污垢

污垢抑制剂
Y 阻垢剂

污迹
Y 污渍

污泥*
sludge
X7
D 初级污泥
二次污泥
固定化污泥
活性污泥性质
三次污泥
污泥分布
污泥工艺
污泥特性
污泥形态
污泥性能
污泥性质
污泥性状
污泥组分
一次污泥
原污泥
F 印染污泥
造纸污泥
制革污泥
C 废液
疏浚物 →(13)
土壤污染 →(13)
污泥参数 →(13)
污泥处理 →(2)(11)(13)
污泥床 →(13)
污泥灰 →(13)
污泥资源化 →(13)

污泥分布
Y 污泥

污泥工艺
Y 污泥

污泥特性
Y 污泥

污泥形态
Y 污泥

污泥性能
Y 污泥

污泥性质
Y 污泥

污泥性状
Y 污泥

污泥组分
Y 污泥

污染标志
Y 环境污染

污染方式
Y 环境污染

污染防范
　Y 污染防治

污染防护
　Y 污染防治

污染防止
　Y 污染防治

污染防制
　Y 污染防治

污染防治*
pollution prevention and control
X5
　D 防污
　　防污技术
　　防污染
　　防污染技术
　　防污设计
　　防污治污
　　防治污染
　　光污染防护
　　环境污染防治
　　污染防范
　　污染防护
　　污染防止
　　污染防制
　　污染防治方法
　　污染防治技术
　F 油烟治理
　C 防治　→(1)(2)(3)(4)(11)(12)(13)
　　环境修复　→(11)(13)
　　清洁能源　→(13)
　　生物农药　→(9)
　　污染分析　→(13)
　　污染控制　→(13)

污染防治方法
　Y 污染防治

污染防治技术
　Y 污染防治

污染过程
　Y 环境污染

污染机率
　Y 环境污染

污染结构
　Y 环境污染

污染历时
　Y 环境污染

污染清除
　Y 去污

污染全球化
　Y 环境污染

污染受体
　Y 环境污染

污染物分离
　Y 去污

污染物去除
　Y 去污

污染消除

污染行为
　Y 环境污染

污染形式
　Y 环境污染

污染性状
　Y 环境污染

污染源废气
　Y 废气

污水溶液
　Y 废液

污水特性
　Y 废水

污物清除
　Y 去污

污渣
　Y 废渣

污渍
stain
TS807；TS941
　D 斑渍
　　污斑
　　污点
　　污迹
　　脏点
　　脏污
　S 污垢*

钨带灯
tungsten strip lamp
TM92；TS956
　S 钨灯
　F 标准钨带灯
　Z 灯

钨灯
tungsten lamp
TM92；TS956
　D 钨丝灯
　　钨丝灯泡
　S 白炽灯
　F 碘钨灯
　　卤钨灯
　　钨带灯
　C 钨灯丝　→(3)
　Z 灯

钨丝灯
　Y 钨灯

钨丝灯泡
　Y 钨灯

无变形
　Y 变形

无柄烟叶
　Y 烟叶

无尘纸
dust-free paper
TS76
　S 纸张*

　C 物理性质指标　→(1)

无醇啤酒
alcohol-free beer
TS262.59
　S 低醇啤酒
　Z 酒

无醇葡萄酒
alcohol-free wine
TS262.61
　S 葡萄酒*

无醇饮料
　Y 软饮料

无电极灯
　Y 无极灯

无电极灯泡
　Y 无极灯

无垫板热压
　Y 热压

无定位
　Y 定位

无定向成网
　Y 成网工艺

无定向成网非织造布
　Y 非织造布

无定向成网机
　Y 成网机

无定向纤网
　Y 纤维网

无矾粉丝
non-alum vermicelli
TS215
　S 粉丝
　Z 粮油食品

无反射镜
　Y 反射镜

无纺布
　Y 非织造布

无纺土工布
non-woven geotextile
TS106.6
　D 非织造土工布
　　非织造土工织物
　　土工无纺布
　　无纺土工织物
　S 非织造布*
　　土工网
　Z 纺织品

无纺土工织物
　Y 无纺土工布

无纺织布
　Y 非织造布

无纺织物
　Y 非织造布

无废料

Y 废料

无缝技术
　　Y 无缝针织技术

无缝内衣
seamless underwear
TS941.7
　　D 无缝针织内衣
　　S 内衣
　　Z 服装

无缝针织
seamless knitting
TS941.63
　　S 无接缝
　　Z 服装工艺

无缝针织机
　　Y 无针针织机

无缝针织技术
seamless knitting technology
TS184.4
　　D 无缝技术
　　　针织无缝合
　　S 纬编工艺
　　Z 针织工艺

无缝针织内衣
　　Y 无缝内衣

无铬鞣
　　Y 铬鞣

无铬鞣剂
chrome-free tanning agent
TS529.2
　　S 鞣剂*
　　C 铬鞣剂

无铬鞣制
　　Y 铬鞣

无铬鞣猪皮服装革
chrome-free tanned pigskin garment leather
TS56
　　S 猪服装革
　　Z 皮革

无铬涂料
　　Y 涂料

无公害牛肉
　　Y 牛肉

无公害烟叶
　　Y 绿色烟叶

无汞金属卤化物灯
mercury free metal halide lamps
TM92；TS956
　　S 金属卤化物灯
　　Z 灯

无光涂布纸
　　Y 无光泽涂布纸

无光纤维
　　Y 功能纤维

无光泽涂布纸

matt coated paper
TS762.2
　　D 无光涂布纸
　　S 涂布纸
　　Z 纸张

无花果
ficus carica
TS255.2
　　D 底珍树
　　　蜜果
　　　牛乳房
　　S 水果
　　Z 果蔬

无花果酒
fig wine
TS262.7
　　S 果酒
　　Z 酒

无机调理剂
inorganic conditioner
TS195.2
　　S 整理剂*

无机营养元素
inorganic nutrition elements
TS201
　　S 营养要素
　　Z 要素

无机质
inorganic matter
TS201.2
　　S 物质*
　　C 有机质

无极灯
electrodeless lamp
TM92；TS956
　　D 无电极灯
　　　无电极灯泡
　　S 灯*

无甲醛 DP 整理
non-formaldehyde DP finishing
TS195
　　S 抗皱免烫整理
　　　耐久压烫整理
　　　无甲醛整理
　　Z 化学加工
　　　整理

无甲醛防皱整理剂
　　Y 无甲醛整理剂

无甲醛固色剂
formaldehyde-free color-fixing agent
TS19
　　S 无醛固色剂
　　Z 固定剂
　　　色剂

无甲醛交联剂
formaldehyde-free crosslinking agent
TS190
　　S 添加剂*

无甲醛抗皱整理剂

Y 无甲醛整理剂

无甲醛免烫整理
formaldehyde-free non-iron finishing
TS195
　　S 免烫整理
　　　无甲醛整理
　　Z 化学加工
　　　整理

无甲醛耐久定形整理
formaldehyde-free durable setting finishing
TS195；TS941.67
　　S 耐久定形整理
　　　无甲醛整理
　　Z 化学加工
　　　整理

无甲醛树脂整理
　　Y 无甲醛整理

无甲醛整理
formaldehyde free finishing
TS195
　　D 无甲醛树脂整理
　　S 树脂整理
　　F 无甲醛 DP 整理
　　　无甲醛免烫整理
　　　无甲醛耐久定形整理
　　Z 化学加工
　　　整理

无甲醛整理剂
formaldehyde-free finishing agent
TS195.2
　　D 无甲醛防皱整理剂
　　　无甲醛抗皱整理剂
　　　无醛整理剂
　　S 整理剂*
　　F 低甲醛整理剂
　　C 丝织物

无碱玻璃纤维
alkali-free glass fibers
TQ17；TS102
　　D 无碱玻纤
　　S 玻璃纤维
　　C 玻璃纤维增强塑料 →(1)(9)
　　　玻璃纤维毡
　　Z 纤维

无碱玻纤
　　Y 无碱玻璃纤维

无胶胶合
binderless bonding
TS65
　　S 粘接*

无胶纤维板
binderless fibreboard
TS62
　　S 纤维板
　　Z 木材

无接缝
seamless
TS941.63
　　S 缝型
　　F 无缝针织

Z 服装工艺

无接头纱
　Y 无结纱

无接头砂带
　Y 接头

无结纱
knotless yarn
TS106.4
　D 无接头纱
　　无结头纱
　S 纱线*

无结头纱
　Y 无结纱

无金属鞣制
metal-free tanning
TS543
　S 鞣制
　Z 制革工艺

无锯屑切削
　Y 木材切削

无菌包装机
sterile packaging machine
TS203
　D 牛奶无菌软包装机
　S 包装机械
　　无菌包装设备
　Z 包装设备

无菌包装设备
aseptic packaging equipment
TS203
　S 包装设备*
　F 无菌包装机

无菌保鲜包装
　Y 保鲜包装

无菌充填
aseptic filling
TS205
　S 充填*

无菌处理
asepsis
TS205
　S 处理*

无菌工艺
aseptic technology
TS205
　S 工艺方法*
　F 灭酶

无菌灌装
sterile filling
TS29
　D 无菌灌装技术
　　无菌灌装系统
　　无菌灌装线
　　无菌罐系统
　S 灌装*
　F 无菌冷灌装

无菌灌装技术

Y 无菌灌装

无菌灌装设备
aseptic filling equipment
TS04
　S 灌装机械*

无菌灌装系统
　Y 无菌灌装

无菌灌装线
　Y 无菌灌装

无菌罐系统
　Y 无菌灌装

无菌过滤
sterile filtration
TS20
　S 过滤*
　C 无菌加工

无菌环境
sterile environment
TQ46；TS205
　S 环境*

无菌加工
aseptic processing
TS205
　S 加工*
　C 无菌过滤

无菌控制
asepsis control
TQ46；TS205
　S 生物控制*

无菌冷灌装
cold-aseptic filling
TS29
　D 无菌冷灌装工艺
　　无菌冷灌装技术
　S 无菌灌装
　Z 灌装

无菌冷灌装工艺
　Y 无菌冷灌装

无菌冷灌装技术
　Y 无菌冷灌装

无菌米饭
aseptic cooked rice
TS972.131
　S 米饭
　Z 主食

无菌奶
　Y 灭菌乳

无菌纸盒
　Y 纸盒

无卡轴旋切机
rotary trunk-layer stripping machine without
clamper
TS64
　S 旋切机
　Z 人造板机械

无抗奶

Y 乳制品

无壳瓜子
　Y 瓜子

无框眼镜
rimless glasses
TS959.6
　S 眼镜*

无链铁丝光机
　Y 直辊丝光机

无磷洗衣粉
phosphate-free laundry detergent powder
TQ64；TS973.1
　S 洗衣粉
　C 含磷洗衣粉
　Z 清洁剂
　　生活用品

无硫护色
sulfur free colour control
TS205
　D 非硫护色
　S 护色
　Z 色彩工艺

无硫护色剂
sulfur-free color fixatives
TS202.3
　S 护色剂
　Z 保护剂
　　色剂

无卤素油墨
　Y 油墨

无滤布真空吸滤机
cloth free vacuum filter
TS203
　S 过滤装置*

无铝膨松剂
bulking agent without aluminum
TS202.3
　S 膨松剂*

无氯漂白
chlorine free bleaching
TS745
　D ECF 漂白
　　TCF 漂白
　　全无氯漂白
　　无元素氯漂白
　S 纸浆漂白
　C 非木材纤维
　Z 漂白

无摩擦
　Y 摩擦

无泥松花蛋
　Y 皮蛋

无拈粗纱机
　Y 粗纱机

无拈纱
　Y 无捻纱

无捻
non-twist
TS104.2
　S 加捻工艺
　Z 纺纱工艺

无捻粗纱
twistless roving
TS106.4
　D 绝对无捻粗纱
　　中碱无捻粗纱
　S 粗纱
　F 合股无捻粗纱
　　直接无捻粗纱
　Z 纱线

无捻粗纱粗纺机
　Y 粗纱机

无捻粗纱机
　Y 粗纱机

无捻棉纱
non-twist cotton yarn
TS106.4
　S 棉纱
　Z 纱线

无捻色织提花双层毛巾
　Y 毛巾

无捻纱
zero-twist yarn
TS106.4
　D 无拈纱
　S 纱线*
　F 纯棉无捻纱

无捻纱提花割绒毛巾
　Y 毛巾

无扭轧机
　Y 轧机

无硼玻璃纤维
　Y 玻璃纤维

无铅鹌鹑皮蛋
　Y 无铅皮蛋

无铅皮蛋
lead-free preserved duck egg
TS253.4
　D 水晶无铅皮蛋
　　无铅鹌鹑皮蛋
　　无铅双黄皮蛋
　　无铅松花蛋
　　无铅松花皮蛋
　　无铅溏心鹌鹑皮蛋
　　无铅溏心皮蛋
　　无铅涂膜皮蛋
　S 皮蛋
　Z 蛋

无铅双黄皮蛋
　Y 无铅皮蛋

无铅松花蛋
　Y 无铅皮蛋

无铅松花皮蛋

无铅溏心鹌鹑皮蛋
　Y 无铅皮蛋

无铅溏心皮蛋
　Y 无铅皮蛋

无铅涂膜皮蛋
　Y 无铅皮蛋

无醛防皱整理
formaldehyde-free crease-resistant finishing
TS195
　S 抗皱免烫整理
　Z 整理

无醛固色剂
formaldehyde free color fixing agent
TS19
　S 固色剂
　F 无甲醛固色剂
　C 活性染料
　Z 固定剂
　　色剂

无醛整理剂
　Y 无甲醛整理剂

无缺陷
　Y 缺陷

无溶剂复合
non-solvent lamination
TB4；TS206.6
　D 反应型复合
　S 复合技术*

无色酱油
　Y 白酱油

无色染料
colourless dyes
TS193.21
　S 染料*

无渗漏
　Y 渗漏

无渗透
　Y 渗透

无绳电热水壶
cordless electrothermal kettle
TM92；TS972.23
　S 电水壶
　Z 厨具
　　家用电器

无省合体旗袍
right size qipao without dart
TS941.7
　S 旗袍
　Z 服装

无水胶印
waterless offset printing
TS82
　D 无水胶印技术
　S 胶印
　Z 印刷

无水胶印机
　Y 胶印机

无水胶印技术
　Y 无水胶印

无水胶印油墨
waterless offset ink
TQ63；TS802.3
　S 胶印油墨
　Z 油墨

无水染色
waterless dyeing
TS107
　S 染色工艺*

无梭织布
shuttleless weaving
TS105.4
　S 织造*
　F 喷射织造

无梭织机
pirnless loom
TS103.33
　D 挂纬织机
　　夹纬梭织机
　S 织机
　F 剑杆织机
　　喷气织机
　　喷水织机
　Z 织造机械

无梭织物
shuttless fabric
TS106.8
　S 织物*

无毯痕造纸毛毯
　Y 造纸毛毯

无碳复写表格纸
　Y 无碳复写纸

无碳复写原纸
carbonless copy base papers
TS761.1
　D 无碳复写纸原纸
　　无碳纸
　S 无碳复写纸
　Z 办公用品
　　纸张

无碳复写纸
carbonless copy paper
TS761.1
　D 无碳复写表格纸
　S 复写纸
　F 无碳复写原纸
　Z 办公用品
　　纸张

无碳复写纸原纸
　Y 无碳复写原纸

无碳纸
　Y 无碳复写原纸

无糖
　Y 无糖食品

无糖巧克力
　Y 巧克力

无糖食品
sugar free food
TS219
　D 无糖
　S 食品*

无糖酸奶
　Y 酸奶

无糖糖果
sugar-free candy
TS246.59
　S 糖果
　Z 糖制品

无网造纸
　Y 造纸

无网照相平印
　Y 平版印刷

无污染电子香烟
　Y 电子香烟

无污染漂白
non-pollution bleaching
TS192.5
　S 漂白*

无污染食品
　Y 绿色食品

无污染制浆
　Y 清洁制浆

无锡菜
Wuxi food
TS972.12
　S 苏菜
　Z 菜系

无锡马口铁
　Y 马口铁

无线打印
Printershare
TS859
　S 打印*

无线电设备
　Y 电子设备

无线电装置
　Y 电子设备

无线胶订
perfect binding
TS885
　D 无线装订
　S 胶订
　Z 装订

无线设备
　Y 电子设备

无线装订
　Y 无线胶订

无线装置
　Y 电子设备

无腺体棉籽
　Y 棉籽

无箱造型
　Y 造型

无盐染色
salt-free dyeing
TS19
　S 染色工艺*

无影灯
astral light
TM92；TS956
　S 卫生用灯
　Z 灯

无元素氯漂白
　Y 无氯漂白

无渣豆腐
dreg-free tofu
TS214
　S 豆腐
　Z 豆制品

无针针织机
needleless knitting machine
TS183
　D 无缝针织机
　S 针织机
　Z 织造机械

无蒸煮
no cooking
TS205
　D 无蒸煮工艺
　S 蒸煮*

无蒸煮工艺
　Y 无蒸煮

无致癌性
non carcinogenicity
TS201.6
　Y 洗可穿

吴服
　Y 和服

吴江酱肉
　Y 酱肉制品

吴山酥油饼
　Y 油炸食品

五倍子油
gallnut oil
TS225.19
　S 植物种子油
　Z 油脂

五笔字型
Five-stroke Chinese character code
TP3；TS801
　S 类型*

五彩瓷
five-colored ceramic
TQ17；TS93
　D 硬彩

　S 彩绘瓷
　Z 瓷制品

五彩米
　Y 有色稻米

五分裤
　Y 裤装

五花肉
　Y 五花猪肉

五花猪肉
streaky pork
TS251.51
　D 五花肉
　　猪五花肉
　S 猪肉
　Z 肉

五荤
　Y 荤菜

五加皮保健酒
cortex periplocae health wine
TS262
　S 保健药酒
　Z 酒

五金
　Y 五金件

五金材质
hardware materials
TS912
　S 材质*

五金辅件
　Y 五金件

五金工件
　Y 五金件

五金工具
hardware tools
TG7；TS914.5
　S 工具*

五金工业
hardware industry
TS91
　S 轻工业*

五金加工
　Y 五金件

五金件*
hardware
TS914；TU5
　D 工具五金
　　家具五金
　　金属配件
　　皮革五金
　　日用五金
　　五金
　　五金辅件
　　五金工件
　　五金加工
　　五金配件
　　五金制品
　　小五金

装潢五金
　F 钉子
　　合页
　　水龙头
　　锁具
　　易熔片
　C 电动工具
　　配件　→(4)
　　生活用品
　　手工具

五金配件
　Y 五金件

五金制品
　Y 五金件

五味脯肉
　Y 肉脯

五味子饮料
　Y 功能饮料

五线包缝机
　Y 包缝机

五香
spiced
TS255.5；TS264.3
　D 五香粉
　S 天然香辛料
　F 八角
　　丁香
　　桂皮
　　花椒
　　茴香
　Z 调味品

五香粉
　Y 五香

五香鸡肉干
　Y 鸡肉制品

五香酱牛肉
　Y 酱肉制品

五香烤鸡
　Y 烤鸡

五香腊鸡腿
　Y 低盐腊肉

五香辣味牛肉干
　Y 牛肉干

五香驴肉
spiced donkey meat
S；TS251.59
　S 驴肉
　Z 肉

五香皮蛋
　Y 皮蛋

五香兔脯
　Y 兔肉脯

五香兔肉
spicy sliced hare
TS251.54
　S 兔肉菜肴

兔肉制品
　Z 菜肴
　　肉制品

五香咸蛋
　Y 咸蛋

五香羊肉
spiced lamb
TS972.125
　S 羊肉菜肴
　Z 菜肴

五香猪肉
　Y 猪肉菜肴

五轴数控铣床
　Y 数控铣床

午餐肉
luncheon meat
TS972.125
　S 猪肉菜肴
　Z 菜肴

午餐肉罐头
canned luncheon meat
TS295.1
　D 猪肉罐头
　S 肉类罐头
　Z 罐头食品

武陵酒
Wuling liquor
TS262.39
　S 老窖
　Z 白酒

武器开发
　Y 开发

武术刀
martial knife
G；TS914
　S 专用刀具
　F 大刀
　　弯刀
　Z 刀具

武夷茶
　Y 武夷岩茶

武夷岩茶
Wuyiyan tea
TS272.52
　D 武夷茶
　S 岩茶
　Z 茶

捂晒烟
　Y 烟叶晒制

舞台灯
stage illumination lamps
TM92；TS956
　D 舞台灯具
　S 文化艺术用灯
　F 舞台电脑灯
　　摇头灯
　Z 灯

舞台灯具
　Y 舞台灯

舞台电脑灯
stage computer lamps
TM92；TS956
　S 电脑灯
　　舞台灯
　Z 灯

舞台机械
stage machinery
TH；TS941
　D 舞台机械设备
　　展示设备
　S 机械*
　C 参展设备　→(4)

舞台机械设备
　Y 舞台机械

舞鞋
　Y 鞋

乌拉草纤维
carex meyeriana fiber
TS102.22
　S 茎纤维
　Z 天然纤维

戊聚糖
pentosan
Q5；TS24
　S 碳水化合物*
　F 水不溶戊聚糖
　　水溶戊聚糖

物化特性
　Y 理化性质

物化性
　Y 理化性质

物化性能
　Y 理化性质

物化性质
　Y 理化性质

物理/化学性质
　Y 理化性质

物理安定性
　Y 稳定性

物理保鲜
physical preservation
TS205
　S 保鲜*

物理比率*
physical ratio
O4
　F 保暖率
　　固色率
　　融化率
　　吸水厚度膨胀率
　　荧光反射率
　C 比率
　　分辨率　→(1)(2)(4)(6)(7)(8)
　　功率　→(1)(3)(4)(5)(6)(7)(9)(11)(12)

频率　→(1)(2)(5)(7)(12)
速率
吸收率　→(1)(5)(7)

物理分析*
physical analysis
O6
F 扭辫热分析
色度学分析
色相分析
C 分析
谱分析　→(2)(3)(4)(5)(6)(7)(9)(11)(13)
时间分析　→(1)(7)(8)(11)

物理改性淀粉
physical modified starch
TS235
S 变性淀粉
Z 淀粉

物理化学结构*
physical-chemical structure
O6；TQ0
F 聚集态结构

物理化学特性
Y 理化性质

物理化学性能
Y 理化性质

物理机械整理
Y 机械整理

物理精炼
physical refining
TS22
S 精炼*

物理控制*
physical control
O4
F 色差控制
印前色彩控制
C 波控制　→(1)(3)(5)(7)(8)
控制
脉冲控制　→(5)(7)(8)
模态控制　→(1)(5)(6)(7)(8)
频率控制　→(5)(6)(7)(8)(11)
温湿度控制

物理模型*
physical model
O4
D 实物模型
F 色貌模型
沙盘模型
C 模型
热模型　→(1)(3)(4)(5)(6)(7)
物理模型试验　→(1)

物理特性
Y 物理性能

物理吸附型透气服
Y 防毒服

物理吸收型透气服
Y 防毒服

物理性能*

physical properties
O4
D 物理特性
物理性质
F 表面吸水性
导湿性
动静态悬垂性
防辐射性
防滑性能
放湿性
辐射变性
附着牢度
高黏稠性
高物性
混浊稳定性
活动舒适性
集中静载性能
扩散性能
滤水性能
耐湿擦性
泡沫稳定性
热活性
热收缩性能
融化性
湿传递性能
湿舒适性
食品物性
透气性
透湿性
吸湿速干性能
纤维物理性能
芯吸性
运动功能性
纸张物理性能
C 不确定性　→(1)(3)(4)(5)(8)(13)
磁性质　→(1)(3)(5)(7)
电性能
电子性能　→(1)(7)(13)
分散性　→(1)(2)(9)(11)
各向异性　→(1)(2)(3)(5)(11)
光学性质
理化性质
迁移特性　→(9)
热学性能
声学特性　→(1)(4)(7)(11)(12)(13)
物理改性　→(9)
性能

物理性质
Y 物理性能

物料*
supplies
TH2
D 生产物料
F 纺织辅助物料
生物物料
食品物料
碎料
油料
造纸辅助物料
主料
C 冶金物料　→(2)(3)

物料搬运工业
Y 工业

物料操作*
Materials handling
TD5
F 干湿法备料
加香加料
排料
轴向进料

物料调配*
material allocation
TV5
D 料物调配
F 勾调
油墨调配

物料分离
Y 物质分离

物质*
matter
ZT81
F 呈味物质
促生长物质
淀粉水解物
多酚类物质
风味物质
果胶物质
抗氧化物质
辣椒素类物质
嘌呤类物质
无机质
盐类物质
抑菌物质
总粒相物
C 导电物质　→(1)(9)
放射性物质　→(2)(6)(13)
生物质　→(5)
危险物质　→(2)(5)(6)(9)(11)(12)(13)
物体　→(1)(3)(6)
游离化学物质　→(1)(9)

物质分离*
material separation
TQ0
D 产品分离
物料分离
F 淀粉分离
浆渣分离
仁壳分离
纤维分离
C 分离
物质混合　→(2)(3)(5)(6)(9)(11)

物质分析*
substance analysis
O6
F 甘蔗分析
啤酒分析
食品分析
纤维分析
香气分析
烟草分析
织物分析
C 分析
性能分析　→(1)(2)(3)(4)(5)(6)(7)(8)(9)(11)

误差*
error

O1；TG8
  D 偏差
    偏差值
    误差均化
    误差均化原理
    误差均化作用
    误差值
  F 百米重量偏差
    色彩误差
    纤度偏差
  C 防偏 →(2)
    精度
    误差辨识 →(3)(4)
    误差标定 →(4)
    误差补偿 →(6)
    误差参数 →(1)(3)(4)
    误差测量 →(3)(4)
    误差处理 →(1)(3)(4)(5)(6)(8)(12)
    误差计算 →(3)(4)
    误差控制 →(7)(8)
    误差率 →(7)
    误差系数 →(3)
    误差校准 →(1)

误差均化
  Y 误差

误差均化原理
  Y 误差

误差均化作用
  Y 误差

误差值
  Y 误差

误废
  Y 废弃物

雾灯
fog light
TM92；TS956
  S 前照灯
  C 雾中航行 →(12)
  Z 灯

雾化喷淋冷却
atomizing spray cooling
TS205
  S 冷却*

雾化着水
spray damping
TS210.4
  D 喷雾着水
  S 着水*

西安腊牛羊肉
  Y 低盐腊肉

西班牙草
  Y 草类纤维原料

西部领带
  Y 领带

西餐
  Y 西式菜

西餐菜肴
  Y 西式菜

西藏地毯
  Y 地毯

西点
western pastry
TS213.23
  D 西式点心
  S 糕点*
  F 饼干
    蛋糕
    面包
    泡芙

西番莲果皮
passionflower peel
TS255
  S 水果果皮*

西番莲籽
seed of passionflower
TS202.1
  S 莲籽
  Z 植物菜籽

西方服装
  Y 西服

西方家具
western furniture
TS66；TU2
  S 国外家具
  Z 家具

西非棉
west african cotton
TS102.21
  D 非洲棉
  S 棉纤维
  Z 天然纤维

西凤酒
Xifeng wine
TS262.39
  S 中国白酒
  Z 白酒

西服
western-style clothes
TS941.7
  D 高档西服
    西方服装
    西装
  S 服装*
  F 男西装
    女西装
    休闲西服

西服服装革
  Y 西服革

西服革
suit leather
TS563.1；TS941.46
  D 西服服装革
  S 服装革
  Z 面料
    皮革

西服面料
suit fabrics
TS941.41
  S 服装面料
  Z 面料

西服裙
  Y 裙装

西服袖
suit sleeve
TS941.61
  S 袖型
  Z 服装结构

西服业
western suit industry
TS941
  S 服装业
  Z 轻工业

西枸杞
  Y 枸杞

西瓜碧玺
  Y 碧玺

西瓜醋
  Y 果醋

西瓜罐头
  Y 水果罐头

西瓜果茶
watermelon nectars
TS27
  S 果茶
  Z 茶

西瓜酱
  Y 果酱

西瓜酒
watermelon wine
TS262.7
  S 果酒
  F 西瓜汽酒
  Z 酒

西瓜皮
watermelon peel
TS255
  S 水果果皮*

西瓜皮醋
  Y 果醋

西瓜汽酒
watermelon wine
TS262.7
  S 西瓜酒
  Z 酒

西瓜香精
watermelon flavour
TQ65；TS264.3
  S 食品香精
  Z 香精香料

西瓜饮料
  Y 西瓜汁饮料

西瓜汁
watermelon juice

TS255
　S 果汁
　Z 果蔬制品
　　汁液

西瓜汁饮料
watermelon juice drink
TS275.5
　D 西瓜饮料
　S 原汁饮料
　Z 饮料

西管乐器
　Y 西乐器

西红柿
tomatoes
TS255.2
　S 蔬菜
　Z 果蔬

西红柿酱
　Y 番茄酱

西湖龙井
　Y 龙井茶

西湖龙井茶
　Y 龙井茶

西裤
western style trousers
TS941.7
　S 裤装
　Z 服装

西乐器
western musical instruments
TS953.3
　D 西管乐器
　S 乐器*
　F 钢琴
　C 打击乐器

西梅果皮
prune fruit peel
TS255
　S 水果果皮*

西沙尔麻
　Y 麻纤维

西式菜
western-style cuisine
TS972
　D 美式西餐
　　西餐
　　西餐菜肴
　　西式菜点
　　西式菜肴
　　西式套餐
　　西味菜肴
　S 菜肴*
　F 俄罗斯菜
　　法国菜
　　沙拉
　　意大利菜

西式菜点
　Y 西式菜

西式菜肴
　Y 西式菜

西式肠类
　Y 西式香肠

西式点心
　Y 西点

西式糕点
foreign pastry
TS972.132
　S 面点
　Z 粮油食品
　　主食

西式灌肠
　Y 西式香肠

西式火腿
western-style ham
TS251.59
　D 巴马火腿
　　帕尔玛火腿
　　伊比利亚火腿
　S 火腿
　　西式肉制品
　C 干腌火腿
　Z 肉制品
　　腌制食品

西式火腿肠
sausage
TS251.59
　D 盐水火腿
　S 火腿
　　西式香肠
　Z 肉制品
　　腌制食品

西式面包
　Y 面包

西式肉制品
western style meat products
TS251.59
　S 肉制品*
　F 西式火腿
　　西式香肠

西式套餐
　Y 西式菜

西式香肠
western-style sausages
TS251.59
　D 西式肠类
　　西式灌肠
　S 西式肉制品
　　香肠
　F 西式火腿肠
　Z 肉制品

西式炸鸡
　Y 鸡肉制品

西味菜肴
　Y 西式菜

西洋苹果
　Y 苹果

西装
　Y 西服

吸白剂
　Y 拔染剂

吸波纤维
wave absorbing fibre
TQ34；TS102.528
　S 功能纤维
　C 碳化硅纤维
　　碳纤维
　Z 纤维

吸潮
　Y 吸湿

吸顶灯
ceiling lamp
TM92；TS956
　D 吸顶灯灯具
　S 灯*

吸顶灯灯具
　Y 吸顶灯

吸放湿能力
　Y 吸放湿性能

吸放湿性能
moisture absorption and liberation properties
TS101
　D 吸放湿能力
　　吸湿导湿性
　S 放湿性
　　吸收性*
　Z 物理性能

吸附电钻
　Y 电钻

吸附-固体发酵反应器
　Y 发酵反应器

吸附混凝剂
　Y 混凝剂

吸附剂*
adsorbent
TQ42
　D 高效吸附剂
　　吸附体
　F 硅镁吸附剂
　　膜吸附剂
　C 脱附剂 →(3)
　　吸附 →(1)(2)(3)(6)(8)(9)(11)(13)
　　吸收剂

吸附体
　Y 吸附剂

吸附脱色
adsorption bleaching
TS224.6；X7
　S 脱色
　Z 脱除

吸附纤维
　Y 功能纤维

吸管

suction pipe
TH13；TS06
　D 吸入管
　S 管*
　F 塑料吸管

吸尽染色
　Y 染色工艺

吸尽染色法
　Y 染色工艺

吸粮机
grain elevator
TS210.3
　S 粮食机械
　Z 食品加工机械

吸棉管
cotton suction duct
TS103.81
　S 纺纱器材*

吸墨性
ink absorption
TS77；TS801
　D 吸墨性能
　S 吸收性*
　F 油墨吸收性
　　纸张吸墨性

吸墨性能
　Y 吸墨性

吸纳废物
　Y 废弃物

吸排油烟机
　Y 吸油烟机

吸气器
　Y 呼吸器

吸入管
　Y 吸管

吸色速率
colour absorption rate
TS19
　S 染色特征值
　Z 数值

吸声无纺布
　Y 非织造布

吸湿
moisture absorption
O6；TS105
　D 速干性
　　吸潮
　　吸湿快干
　　吸湿排汗
　　吸湿排汗功能
　　吸湿速干
　S 吸水
　F 松片回潮
　　松散回潮
　　真空回潮
　Z 吸收

吸湿导湿性

　Y 吸放湿性能

吸湿快干
　Y 吸湿

吸湿快干面料
hygroscopic quick-drying fabrics
TS941.41
　D 干爽舒适面料
　　吸湿针织面料
　S 功能面料
　C 异形涤纶丝
　Z 面料

吸湿快干型服装
hygroscopic quick-drying clothes
TS941.7
　S 功能性服装
　Z 服装

吸湿量
hygroscopic capacity
TS101
　S 数量*

吸湿排汗
　Y 吸湿

吸湿排汗功能
　Y 吸湿

吸湿排汗纤维
moisture absorption and sweat discharge fiber
TQ34；TS102.528
　D 超吸水纤维
　　导湿纤维
　　导水纤维
　　高吸湿纤维
　　高吸水纤维
　　吸水纤维
　S 功能纤维
　F 导湿涤纶纤维
　　塞迪斯纤维
　C 衬衣面料
　　抗水性 →(3)(9)(11)
　　吸湿排汗整理
　　吸水
　　吸水倍率 →(9)
　Z 纤维

吸湿排汗整理
moisture absorption and perspiration finishing
TS195
　S 舒适性整理
　C 吸湿排汗纤维
　Z 整理

吸湿曲线
moisture adsorption curve
TS101
　S 曲线*
　C 吸湿率 →(1)

吸湿速干
　Y 吸湿

吸湿速干性能
moisture quick-drying properties

TS101.923
　D 导热排汗
　　导热排汗性
　S 服用性能
　　物理性能*
　　吸收性*
　F 洗可穿
　Z 纺织品性能
　　使用性能

吸湿透气
　Y 吸湿透气性

吸湿透气性
moisture permeability
TS101；TS941.1
　D 吸湿透气
　S 透气性
　　吸收性*
　Z 渗透性能

吸湿针织面料
　Y 吸湿快干面料

吸食品质
smoking quality
TS41
　S 评吸品质
　C 烟草
　Z 质量

吸收*
absorption
O4；O6；TQ0
　D 吸收过程
　　吸收技术
　F 吸水
　C 精制
　　硫 →(9)
　　清洗
　　吸收剂
　　吸收装置 →(9)

吸收过程
　Y 吸收

吸收技术
　Y 吸收

吸收剂*
absorbent
TB3；TQ42
　D 吸收体
　　吸收质
　　吸着剂
　F 吸氧剂
　C 脱除剂
　　吸波涂层 →(1)(3)
　　吸附剂
　　吸收
　　吸收装置 →(9)

吸收体
　Y 吸收剂

吸收效能
　Y 吸收性

吸收性*
absorptivity

O6
D 吸收效能
吸收性能
吸液能力
F 表面吸水性
超吸水性
吸放湿性能
吸墨性
吸湿速干性能
吸湿透气性
芯吸性
C 性能

吸收性能
Y 吸收性

吸收质
Y 吸收剂

吸水
water absorption
O6；TS105
D 水吸收
S 吸收*
F 吸湿
C 保湿 →(11)
除湿
吸湿排汗纤维
异形截面 →(3)

吸水厚度膨胀率
water absorbent thickness expansion rate
TS61
S 物理比率*

吸水时间
absorbing time
P5；TS19
S 时间*

吸水纤维
Y 吸湿排汗纤维

吸丝式卷烟机
Y 卷烟机

吸味品质
smoking quality
TS41
S 评吸品质
C 卷烟
Z 质量

吸味评价
smoke panel tests
TS41；TS47
D 评吸
评吸方法
评吸卷烟法
烟草感官鉴定
S 感官评价
Z 评价

吸烟机
smoking machines
TS43
S 制烟机械*

吸氧剂
oxygen absorbent
TS202.3
S 吸收剂*

吸氧器
Y 氧气吸入器

吸液能力
Y 吸收性

吸油率
oil absorptivity
TS22
S 比率*
C 吸油能力

吸油面纸
Y 化妆工具

吸油能力
oil absorption capacity
TS22
S 能力*
C 微孔淀粉
吸油率
吸油纤维
油气分离器 →(2)(4)

吸油特性
Y 吸油性

吸油纤维
oil absorbent fiber
TQ34；TS102.528
S 功能纤维
C 吸油能力
Z 纤维

吸油性
oil absorption
TQ32；TS22
D 吸油特性
吸油性能
S 流体力学性能*
C 吸油材料 →(13)

吸油性能
Y 吸油性

吸油烟机
range hood
TM92；TS972.26
D 抽油烟机
欧式抽油烟机
欧式吸油烟机
欧式油烟机
排油烟机
深型吸油烟机
脱排油烟机
脱排油烟器
吸排油烟机
油烟机
自动抽油烟机
S 厨房电器
Z 厨具
家用电器

吸油毡
Y 毡

吸油纸
Y 化妆工具

吸着剂
Y 吸收剂

吸阻
resistance to suction
TS47
S 阻力*
F 烟支吸阻

析盐
salting-out
TS36
D 蒸发析盐
S 制盐*

硒碘盐
selenium-iodine salt
TS264.2；TS365
S 硒盐
Z 食盐

硒多糖
selenium polysaccharides
Q5；TS24
S 碳水化合物*
F 硒酸酯多糖

硒酸酯多糖
kappa-selenocarrageenan
Q5；TS24
S 硒多糖
Z 碳水化合物

硒盐
selenium salts
TS264.2；TS365
D 复合硒盐
加硒盐
S 保健盐
F 硒碘盐
Z 食盐

稀薄织物
thin light fabric
TS106.8
D 细薄织物
S 轻薄织物
Z 织物

稀发酵
watery fermentation
TS264
S 食品发酵
F 高盐稀态发酵
Z 发酵

稀沸淀粉
Y 酸变性淀粉

稀路
Y 缺纬

稀密路
weft crackiness
TS101.97
D 稀密路疵点
S 横条疵点
F 横档稀密路

开车稀密路
　Z 纺织品缺陷

稀密路疵点
　Y 稀密路

稀奶油
single cream
TS213
　S 奶油
　F 搅打稀奶油
　Z 粮油食品

稀甜酱
thin sweet sauce
TS264.24
　S 甜酱
　Z 酱

稀土染料
rare earth dyes
TS193.21
　S 染料*

稀土染色
　Y 染色工艺

稀有糖
rare sugar
TS245
　S 糖*

锡伯族服饰
　Y 民族服饰

锡活字
　Y 活字

锡林
cylinder
TS103.81
　D 锡林盖板
　　锡林滚筒
　　锡林轴
　S 分梳元件
　F 精梳锡林
　　锯齿锡林
　　整体锡林
　　植针锡林
　C 精梳机
　　平均长度 →(1)
　　梳棉机
　Z 纺纱器材

锡林齿条
　Y 锡林针布

锡林盖板
　Y 锡林

锡林滚筒
　Y 锡林

锡林梳理
cylinder carding
TS104.2
　S 梳理
　Z 纺纱工艺

锡林速度
cylinder speed

TS104.2
　S 梳棉速度
　Z 加工速度

锡林针布
cylinder card cloth
TS103.82
　D 锡林齿条
　S 针布
　Z 纺纱器材

锡林轴
　Y 锡林

熄火烟叶
　Y 烟叶

席谱
　Y 食谱

席纹织物
　Y 纹织物

席纹组织
　Y 织物变化组织

洗白
　Y 漂白

洗涤
washing
TS973
　D 洗涤法
　　洗涤方式
　　洗涤工艺
　　洗涤过程
　　洗涤技术
　　洗涤模式
　　洗衣方式
　　洗衣模式
　S 清洗*
　F 木片洗涤
　　喷淋洗涤
　　纸浆洗涤
　C 洗涤程序
　　洗涤功能 →(5)
　　洗涤剂 →(9)

洗涤程序
washing procedure
TS973
　D 洗衣程序
　S 流程*
　C 洗涤

洗涤次数
　Y 清洗

洗涤法
　Y 洗涤

洗涤法脱墨
washing deinking
TS74
　S 脱墨*

洗涤方法
　Y 清洗

洗涤方式
　Y 洗涤

洗涤工艺
　Y 洗涤

洗涤过程
　Y 洗涤

洗涤机
　Y 洗涤设备

洗涤技术
　Y 洗涤

洗涤剂助剂
　Y 洗涤助剂

洗涤模式
　Y 洗涤

洗涤器
washing apparatus
TS04
　D 废气洗涤器
　　气体洗涤器
　　重力喷雾洗涤器
　S 洗涤设备
　F 高压洗涤器
　　径流洗涤器
　　尿素蒸发洗涤器
　　生物洗涤器
　　文氏栅洗涤器
　C 气体过滤 →(9)
　Z 轻工机械

洗涤设备
washing machine
TS04
　D SR186-180 型
　　SR186-180 型绳状水洗机
　　叉式洗涤机
　　带输送带洗涤机
　　辊筒式洗涤机
　　滚筒式洗涤机
　　桨翼式洗涤机
　　绞纱洗涤机
　　开幅洗涤机
　　连续绳状水洗机
　　毛条复洗机
　　耙式洗涤机
　　平幅水洗机
　　平幅洗涤机
　　绳状水洗机
　　绳状洗涤机
　　水洗机
　　椭圆形洗涤机
　　洗涤机
　　洗涤装置
　　圆网水洗机
　　皂洗机
　　中和水洗机
　　转筒洗涤机
　S 轻工机械*
　F 干衣机
　　甩干机
　　洗涤器
　　洗衣机
　C 连续式剪毛机
　　皂洗

洗涤时间

washing time
TM0；TS19
　S 时间*
　C 冲洗时间 →(1)

洗涤效果
cleaning effect
TS973；TU99
　D 冲洗效果
　S 效果*

洗涤性
　Y 洗涤性能

洗涤性能
scourability
TS101.923
　D 洗涤性
　S 织物性能
　F 耐洗性
　　洗可穿性
　　洗脱性能
　　助洗性能
　Z 纺织品性能

洗涤盐
washing salt
TS36
　S 工业盐
　Z 盐

洗涤整理
washing arrangement
TS195
　S 纺织品整理
　Z 整理

洗涤助剂
detergent builder
TQ64；TS190
　D 洗涤剂助剂
　　助洗剂
　S 助剂*
　C 洗涤用品 →(9)

洗涤装置
　Y 洗涤设备

洗碟机
　Y 洗碗机

洗梗机
tobacco stem washing machines
TS43
　D 梗处理设备
　　压梗机
　S 制烟机械*

洗浆
　Y 纸浆洗涤

洗浆池
　Y 洗浆设备

洗浆机
pulp washer
TS733.4
　D 长网洗浆机
　　带式洗浆机
　　置换洗浆机

　S 洗浆设备
　F 高速洗浆机
　　紧凑压榨洗浆机
　　平面阀洗浆机
　　双网洗浆机
　　真空洗浆机
　Z 制浆设备

洗浆设备
pulp washing equipment
TS733.4
　D 洗浆池
　　洗浆系统
　　压力洗浆机
　S 制浆设备*
　F 洗浆机

洗浆系统
　Y 洗浆设备

洗洁精
　Y 餐具洗涤剂

洗净比
　Y 洗净率

洗净度
　Y 洗净率

洗净率
cleaning rate
TS13；TS973
　D 洗净比
　　洗净度
　S 比率*

洗净毛
scoured wool
TS102.31
　S 毛纤维
　C 羊毛脂
　Z 天然纤维

洗可穿
wash and wear
TS101.923
　D 免烫性
　　无皱免熨
　S 吸湿速干性能
　C 抗皱性
　　免烫整理
　Z 纺织品性能
　　使用性能
　　物理性能
　　吸收性

洗可穿性
wash and wear
TS101.923
　S 洗涤性能
　Z 纺织品性能

洗可穿整理
　Y 耐久压烫整理

洗脸盆
　Y 脸盆

洗麦机
wheat washer

TS210.3
　S 粮食机械
　Z 食品加工机械

洗毛
wool scouring
TS104；TS13
　D 胺碱洗毛
　　加酶洗毛
　　溶剂洗毛
　　乳化洗毛
　　水洗毛
　　洗毛工艺
　S 毛纤维初加工
　F 碱性洗毛
　　中性洗毛
　C 洗毛废水
　Z 纺织加工

洗毛废水
wool-scouring effluent
TS139；X7
　D 洗毛工业废水
　　洗毛污水
　S 废水*
　C 洗毛

洗毛工业废水
　Y 洗毛废水

洗毛工艺
　Y 洗毛

洗毛机
wool washing machine
TS132
　S 毛纺机械
　Z 纺织机械

洗毛污水
　Y 洗毛废水

洗面盆
　Y 脸盆

洗呢
braying
TS192
　D 精练(纺织)
　S 清洗*
　C 精练机
　　练减率

洗瓶剂
bottle washing agent
TS206
　S 清洁剂*

洗瓶质量
washing-vial quality
TS206
　S 工艺质量*

洗染废水
washing and dyeing wastewater
TS19；X7
　S 印染废水
　Z 废水

洗刷

scrub
TS959.2
　S 清洗*

洗水工艺
　Y 水洗

洗缩联合机
washing-shrinking combine machine
TS190.4
　S 联合整理机
　Z 染整机械

洗提
　Y 洗脱

洗脱
elution
O6；TS192
　D 洗提
　S 脱除*

洗脱性能
elution performance
TS101.923
　S 洗涤性能
　Z 纺织品性能

洗碗机
dishwasher
TM92；TS972.26
　D 超声波洗碗机
　　家用洗碗机
　　全自动洗碗机
　　洗碟机
　　叶轮式洗碗机
　　自动洗碗机
　S 厨房电器
　Z 厨具
　　家用电器

洗盐
salt-leaching
TS36
　D 洗盐工艺
　S 制盐*

洗盐工艺
　Y 洗盐

洗盐器
　Y 制盐设备

洗衣程序
　Y 洗涤程序

洗衣方式
　Y 洗涤

洗衣粉
washing powder
TQ64；TS973.1
　D 粉状洗涤剂
　　合成洗衣粉
　　洗衣膏
　　衣物洗涤剂
　　衣用洗涤剂
　S 清洁剂*
　　洗衣剂
　F 含磷洗衣粉

　　加酶洗衣粉
　　浓缩洗衣粉
　　无磷洗衣粉
　C 肥皂
　　去污力 →(9)
　　织物白度
　Z 生活用品

洗衣膏
　Y 洗衣粉

洗衣机
washing machines
TM92；TS973
　D 波轮
　　波轮式
　　单桶洗衣机
　　双缸洗衣机
　　双桶洗衣机
　　银离子洗衣机
　S 洗涤设备
　F 变频洗衣机
　　干洗机
　　工业洗衣机
　　滚筒洗衣机
　　全自动洗衣机
　Z 轻工机械

洗衣剂
laundry detergent
TQ64；TS973.1
　S 家用洗涤剂
　　织物洗涤剂
　F 干洗剂
　　洗衣粉
　　洗衣液
　Z 清洁剂
　　生活用品

洗衣模式
　Y 洗涤

洗衣液
liquid laundry detergent
TQ64；TS973.1
　D 液体洗衣剂
　　衣用液体洗涤剂
　S 清洁剂*
　　洗衣剂
　Z 生活用品

洗油机
oil washer
TS203
　S 食品加工机械*

洗鱼
　Y 水产品加工

洗浴用品
　Y 盥洗用品

铣槽刀
　Y 切槽刀

铣刀片
milling insert
TG7；TS914.212
　D 波形刃铣刀片
　S 切削刀片

　C 槽型 →(1)(2)(3)(4)(11)
　　三维复杂槽型 →(3)
　Z 工具结构

铣镗床
　Y 镗铣床

铣头
milling head
TG5；TS64
　D 铣削头
　S 机床构件*
　F 万能铣头

铣削机床
　Y 机床

铣削头
　Y 铣头

铣钻床
　Y 钻铣床

戏曲服装款式
　Y 戏装

戏装
stage costume
TS941
　D 戏曲服装款式
　S 服装*
　F 影视服装

系列化开发
　Y 开发

系列设备
　Y 设备

系列食品
series food
TS219
　S 食品*

系数*
modulus
O1
　F 垂直渗透系数
　　干缩系数
　　美感系数
　　捻系数
　　水平渗透系数
　　纤度变异系数
　　悬垂系数
　　质量系数
　C 安全系数 →(1)(2)(3)(4)(11)(12)(13)
　　电气系数 →(5)
　　扩散系数
　　力学系数 →(1)(2)(3)(4)(9)(11)(12)
　　性能系数

系统*
system
TP3
　D 系统核心
　　系统类型
　　系统形式
　　系统组合
　F 花型准备系统
　　冷链系统

C 粒度
细度测量
细观尺度 →(11)
细羊毛

细度(纤维)
Y 纤度

细度不匀率
Y 不匀率

细度测量
measurement of fineness
TS101
D 细度测试
细度检验
S 几何量测量*
C 细度

细度测试
Y 细度测量

细度检验
Y 细度测量

细号涤纶
Y 细旦涤纶

细号高密
Y 高密织物

细号高密织物
Y 高密织物

细号纱
Y 细特纱

细化*
refine
TN91
F 羊毛细化

细化处理
refining treatment
TH16；TS201
D 超细化工艺
微细化
细化工艺
细化能力
S 处理*
F 拉伸细化

细化工艺
Y 细化处理

细化能力
Y 细化处理

细化羊毛
Y 拉细羊毛

细节
thin place
TS101.97
S 粗细节
F 粗纱细节
C 细节控制
Z 纺织品缺陷

细节控制
thin pick control
TS101
S 控制*
C 工程管理 →(1)(8)(11)(12)(13)
细节

细节设计
Y 详细设计

细菌发酵
bacterial fermentation
TQ92；TS26
D 细菌发酵工艺
S 发酵*

细菌发酵工艺
Y 细菌发酵

细菌脱胶
bacterial degumming
TS12；TS19
S 微生物脱胶
Z 脱胶

细菌型豆豉
bacteria lobster sauce
TS214.9
S 豆豉
Z 豆制品
发酵产品

细菌型腐乳
bacteroidal preserved beancurd
TS214
S 腐乳
Z 豆制品

细麻布
Y 麻织物

细毛羊皮
fine shearling
S；TS564
S 羊皮
Z 动物皮毛

细绵羊毛
wool fine yarn
TS102.31
D 绵羊细毛
细支绵羊毛
S 绵羊毛
细羊毛
Z 天然纤维

细木工板
block board
TS66；TU5
D 大芯板
S 型材*

细木工带锯机
wood serrulate band saw
TS642
D 板皮带锯机
大带锯
大型带锯
带锯跑车
辅助小带锯
夹板锯
跑车带锯
跑车带锯机
跑车木工带锯机
普通木工带锯机
台式带锯
台式木工带锯机
卧式木工带锯机
小带锯
原木带锯机
再剖带锯机
自动进给木工带锯机
S 带锯机
Z 木工机械

细木工工业
Y 木材工业

细平布
muslin
TS106.8
D 平纹细布
S 平纹织物
Z 机织物

细绒棉
upland cotton
TS102.21
D 高原棉
陆地棉
S 棉纤维
F 新疆细绒棉
C 长绒棉
细特纱
Z 天然纤维

细绒线
Y 绒线

细绒鞋面革
Y 鞋面革

细纱
spun yarn
TS106.4
S 纱线*
F 细特纱
C 粗纱

细纱车间
spun yarn workshop
TS104
S 纺织车间
Z 车间

细纱大牵伸
Y 细纱牵伸

细纱锭子
spun yarn spindle
TS103.82
S 锭子
细纱专件
Z 纺纱器材

细纱断头
yarn breakage
TS104
S 纺织断头
C 细纱断头率
Z 断头

细纱断头率

spun yarn end breakage rate

TS104
- S 断头率
- C 细纱断头
- Z 比率

细纱钢领
- Y 钢领

细纱隔距块

yarn spacing block

TS103.82
- S 隔距块
- Z 纺纱器材

细纱工序
- Y 细纱工艺

细纱工艺

spinning process

TS104.2
- D 环锭纺纱工艺
  - 紧密纺纱工艺
  - 细纱工序
- S 后纺工艺
- F 机织纱工艺
  - 气圈
  - 针织纱工艺
- Z 纺纱工艺

细纱管
- Y 纱管

细纱机

spinning frames

TS103.23
- D 包缠纺纱机
  - 包覆纺纱机
  - 包芯纺纱机
  - 吊锭精纺机
  - 高速细纱机
  - 精纺机
  - 离心锭精纺机
  - 离心式纺纱机
  - 离心式纺织机
  - 麻纺细纱机
  - 毛纺细纱机
  - 帽锭精纺机
  - 湿法精纺机
  - 翼锭纺纱机
  - 翼锭精纺机
  - 翼锭细纱机
  - 针圈式精纺机
  - 走锭纺纱机
  - 走锭精纺机
  - 走锭细纱机
- S 纺织机械*
- F 环锭细纱机
  - 集聚纺环锭细纱机
  - 棉纺细纱机
  - 雪尼尔纺纱机
- C 并捻联合机
  - 纺纱胶辊
  - 管纱
  - 接头装置
  - 罗拉
  - 捻线机
  - 牵伸装置

细纱专件
- Y 细纱专件

细纱机部件
- Y 细纱专件

细纱集合器

spinning collector

TS103.82
- S 细纱专件
- Z 纺纱器材

细纱胶辊

spinning top roller

TS103.82
- D 细纱皮辊
- S 细纱专件
- Z 纺纱器材

细纱胶圈

spinning aprons

TS103.82
- S 纺纱胶圈
  - 细纱专件
- Z 纺纱器材

细纱捻线联合机
- Y 并捻联合机

细纱皮辊
- Y 细纱胶辊

细纱皮圈
- Y 纺纱胶圈

细纱牵伸

spinning draft

TS104
- D 细纱大牵伸
- S 牵伸*

细纱条干
- Y 成纱条干

细纱质量
- Y 原纱质量

细纱专件

spinning special parts

TS103.82
- D 细纱机部件
- S 纺纱器材*
- F 细纱锭子
  - 细纱集合器
  - 细纱胶辊
  - 细纱胶圈
- C 细纱机

细特涤纶
- Y 细旦涤纶

细特涤纶纱

fine polyester yarn

TS106.4
- D 微细旦涤纶线
  - 细旦涤纶短纤纱
- S 涤纶纱
- Z 纱线

细特涤纶纤维
- Y 细旦涤纶

细特高密
- Y 高密织物

细特纱

extra fine yarn

TS106.4
- D 特细号纱线
  - 特细纱线
  - 细旦纱
  - 细旦纤维纱
  - 细号纱
- S 细纱
- C 细绒棉
- Z 纱线

细特纤维
- Y 细旦纤维

细条灯芯绒
- Y 灯芯绒

细瓦楞纸板
- Y 瓦楞原纸

细纤维
- Y 细旦纤维

细小纤维

fiber fines

TS72
- S 纤维*
- C 纸张性能

细盐
- Y 精制盐

细羊毛

fine wool

TS102.31
- D 超细羊毛
  - 高支羊毛
  - 细支羊毛
- S 羊毛
- F 美利奴羊毛
  - 细绵羊毛
  - 新疆细羊毛
- C 半细羊毛
  - 细度
- Z 天然纤维

细支
- Y 高支纱

细支绵羊毛
- Y 细绵羊毛

细支棉纱
- Y 高支棉纱

细支纱
- Y 高支纱

细支羊毛
- Y 细羊毛

虾
- Y 虾类

虾干

dried shrimps

TS254.5

S 虾制品
Z 水产品

虾红素
astacin
TS254.4
S 提取物*

虾黄酱
Y 虾酱

虾酱
shrimp paste
TS264
D 对虾头酱
  虾黄酱
  虾酱豆
  虾酱制品
  虾脑酱
  虾头酱
S 风味酱
Z 酱

虾酱豆
Y 虾酱

虾酱制品
Y 虾酱

虾壳
shrimp shell
TS254.5
S 虾制品
Z 水产品

虾类
shrimp roe
TS254.2
D 虾
  虾子
S 水产品*
F 鳌虾
  白虾
  大虾
  对虾
  钩虾
  海虾
  基围虾
  龙虾
  毛虾

虾米
Y 虾仁

虾脑酱
Y 虾酱

虾片
prawn cracker
TS254.5
S 虾制品
Z 水产品

虾青素
astaxanthin
TS254.4
S 提取物*
C 海洋红酵母 →(9)
  红发夫酵母 →(9)

虾仁
shelled shrimp
TS254.5
D 海米
  金钩
  开洋
  虾米
S 虾制品
Z 水产品

虾肉
shrimp flesh
TS254.5
S 肉*
  虾制品
Z 水产品

虾头
shrimp head
TS254.5
S 虾制品
Z 水产品

虾头酱
Y 虾酱

虾味酱油
Y 酱油

虾肴
shrimp dish
TS972.125
S 水产菜肴
F 卤虾
  醉虾
Z 菜肴

虾油
shrimp sauce
TS225.3；TS264
S 调味油
F 卤虾油
Z 粮油食品

虾制品
shrimp products
TS254.5
S 水产食品
F 虾干
  虾壳
  虾片
  虾仁
  虾肉
  虾头
Z 水产品

虾子
Y 虾类

狭义工业设计
Y 产品设计

下摆
hem
TS941.61
S 上衣结构
F 裙摆
Z 服装结构

下铗装置

Y 染整机械机构

下胶澄清
fining clarificant
TS20
S 澄清*

下胶圈
the apron
TS103.82
S 纺纱胶圈
Z 纺纱器材

下脚
Y 下脚料

下脚料*
scrap
X7
D 下脚
  下脚原料
F 含铬下脚料
  皮边角料
  啤酒下脚料
  水产品加工下脚料
  烟草下脚料
C 材料

下脚鱼
Y 低值鱼

下脚原料
Y 下脚料

下钳板
cushion plate
TS103.82
S 钳板
Z 纺纱器材

下投梭机构
underpick mechanism
TS103.12
S 投梭机构
Z 纺织机构

下销
under-pin
TS103.82
S 皮圈销
Z 纺织器材

下肢防护用品
Y 个人防护用品

下装
Y 裤装

夏布
grass linen
TS126
S 麻织物
Z 织物

夏季掉排
Y 转排

夏季服装
Y 夏装

夏秋茶

summer and autumn tea
TS272.59
　D　秋茶
　S　茶*
　F　夏秋绿茶

夏秋绿茶
summer-autumn green tea
TS272.51
　S　绿茶
　　　夏秋茶
　Z　茶

夏装
summer clothing
TS941.7
　D　夏季服装
　S　服装*

仙人掌茶
　Y　凉茶

仙人掌多糖
cactus polysaccharide
Q5；TS24
　S　碳水化合物*

仙人掌饮料
　Y　植物饮料

先进设计
　Y　设计

先进设计技术
　Y　设计

先进陶瓷
　Y　陶瓷

纤度
fineness
TS101.921
　D　单丝纤度
　　　旦数
　　　细度(纤维)
　S　纤维性能*
　F　茧丝纤度
　　　生丝纤度
　　　异纤度
　　　中心纤度
　C　工业丝
　　　纱线特数
　　　纤度变异系数
　　　纤度偏差

纤度变异系数
coefficient of fineness variation
TS101
　S　系数*
　C　纤度

纤度偏差
titer deviation
TS107
　D　纤度最大偏差
　S　误差*
　C　纤度

纤度偏差率
　Y　不匀率

纤度最大偏差
　Y　纤度偏差

纤丝
　Y　纤维

纤体
　Y　塑身

纤网
　Y　纤维网

纤网型缝编法
　Y　缝编法

纤网质量
web quality
TS107.2
　S　纤维质量
　Z　产品质量

纤维*
fiber
TS102
　D　超级纤维
　　　特种纤维
　　　纤丝
　　　纤维品种
　　　纤维种类
　F　玻璃纤维
　　　差别化纤维
　　　单纤维
　　　蛋白质纤维
　　　低熔点纤维
　　　短纤维
　　　纺织纤维
　　　非木材纤维
　　　高科技纤维
　　　功能纤维
　　　化学纤维
　　　连续纤维
　　　绿色纤维
　　　硼纤维
　　　热塑性纤维
　　　柔性纤维
　　　三维卷曲纤维
　　　散纤维
　　　生物活性纤维
　　　水溶性纤维
　　　碳纤维
　　　陶瓷纤维
　　　微纤维
　　　细旦纤维
　　　细小纤维
　　　纤维素纤维
　　　有色纤维
　　　增强纤维
　　　中长纤维
　　　转基因纤维
　C　纺织品
　　　纱线
　　　天然纤维
　　　纤维长度
　　　纤维分布
　　　纤维集合体
　　　纤维取向　→(9)
　　　纤维伸直度
　　　纤维线密度

纤维直径
纤维制品

纤维板
fiberboard
TS62
　D　硬质纤维板
　　　有孔纤维板
　S　人造板
　F　低密度纤维板
　　　干法纤维板
　　　高密度纤维板
　　　湿法纤维板
　　　石膏纤维板
　　　无胶纤维板
　　　中密度纤维板
　C　固化层
　Z　木材

纤维板工业
　Y　人造板工业

纤维板机械
　Y　人造板机械

纤维板生产
fiber board production
TH16；TS68
　S　人造板生产
　Z　生产

纤维板生产线
　Y　中纤板生产线

纤维编织
fiber weaving
TS184
　S　编织*
　C　纤维缠绕
　　　纤维取向　→(9)
　　　纤维形态

纤维编织网
woven fibre net
TS186
　D　编织网
　S　编织物*
　　　网*

纤维布
　Y　织物

纤维材料
fibrous material
TS102
　D　高性能纤维材料
　S　材料*
　F　高分子纤维材料
　　　木质纤维材料
　C　直径

纤维参数
fiber parameters
TQ34；TS102
　S　参数*
　C　纤维伸直度
　　　异纤度

纤维测试仪
　Y　纤维测试仪器

纤维测试仪器
fibre tester
TS103
　D 纤维测试仪
　S 纺织检测仪器
　F 大容量纤维测试仪
　　棉花检验仪器
　　纤维长度分析仪
　　纤维强伸仪
　　纤维细度仪
　　纤维照影机
　　纤维质量分析仪
　Z 仪器仪表

纤维层
fibrous coat
TQ34；TS102
　S 纤维集合体
　Z 纤维制品

纤维缠绕
filament winding
TS104.1
　D 纤维缠绕工艺
　S 缠绕*
　F 长纤维缠绕工艺
　　多向纤维缠绕
　C 纺织
　　非测地线 →(1)
　　石英纤维
　　纤维编织
　　纤维活性炭 →(9)
　　纤维棉
　　纤维素 →(9)

纤维缠绕工艺
　Y 纤维缠绕

纤维缠绕机
fiber winding machine
TQ34；TS103
　S 纺丝机
　C 胶管缠绕机 →(9)
　Z 纺织机械

纤维长度
staple length
TS102
　D 卷曲长度
　　跨距长度
　　切断长度
　　纤维长度指标
　S 长度*
　F 棉纤维长度
　　纤维平均长度
　　主体长度
　C 短绒率
　　梳毛机
　　纤维
　　纤维长度不匀率
　　纤维含量
　　纤维直径

纤维长度不匀率
fiber length irregularity
TS102
　D 长度不匀率
　　长度差异率

　　长度偏差
　S 不匀率
　C 纤维长度
　Z 比率

纤维长度测定仪
　Y 纤维长度分析仪

纤维长度分布
fibre length distribution
TS101
　S 长度分布
　Z 分布

纤维长度分析仪
fibre diagram machine
TS103
　D 纤维长度测定仪
　　纤维长度试验器
　S 纤维测试仪器
　Z 仪器仪表

纤维长度试验器
　Y 纤维长度分析仪

纤维长度指标
　Y 纤维长度

纤维成分含量
　Y 纤维含量

纤维疵点
fibre defect
TS101.97
　S 纺织品缺陷*
　F 成纱结杂
　　带纤维籽屑
　　夹花丝
　　僵丝
　　毛丝
　　弱节
　　生条结杂
　　纤维结
　C 织物疵点

纤维粗度
　Y 纤维直径

纤维低聚糖
csllooligosaccharides
Q5；TS24
　S 功能性低聚糖
　Z 碳水化合物

纤维断裂
fibre breakage
O3；TS102
　D 光纤断裂
　　纤维压裂
　　纤维状断口
　S 断裂*
　C 纤维性能

纤维废弃物
　Y 废丝

纤维分布
fiber distribution
TS101
　S 分布*

　C 纤维
　　转移指数

纤维分级筛
fiber fractionating screen
TS73
　S 筛*

纤维分离
fiber separation
TS65
　S 物质分离*

纤维分离点
fiber separation point
TS74
　S 点*

纤维分散
　Y 纤维分散剂

纤维分散剂
fiber dispersant
TQ42；TS727
　D 纤维分散
　　纤维分散体
　S 分散剂*
　C 纤维添加剂

纤维分散体
　Y 纤维分散剂

纤维分析
fiber analysis
TS101
　S 物质分析*

纤维改性
fibre modification
TS101.921
　S 改性*
　F 玻纤改性
　　羊毛改性

纤维规格
　Y 纤维形态

纤维含量
fibre content
TQ34；TS102
　D 甲纤含量
　　纤维成分含量
　　纤维率
　S 含量*
　C 纤维长度

纤维横截面
cross section of fiber
TS101
　S 纤维截面
　Z 截面

纤维混纺
　Y 混纺

纤维基材
fiber based material
TS101

纤维集合体
fibrous assemblies

TQ34；TS102
- D 纤维集合体结构
- S 纤维制品*
- F 喷胶棉
  - 纤维层
  - 纤维棉
  - 纤维束
  - 纤维网
- C 工业丝
  - 纤维

纤维集合体结构
- Y 纤维集合体

纤维检测
- Y 纤维检验

纤维检验
fibre test
TS101
- D 纤维检测
- S 纺织品检测
- Z 检测

纤维鉴别
- Y 纤维识别

纤维结
fiber knot
TS101.97
- D 麻粒
- S 纤维疵点
- F 毛粒
  - 棉结
- Z 纺织品缺陷

纤维结构
fibre texture
TS101
- S 材料结构*
- F 纤维形态结构
  - 纤维原料结构
- C 纤维截面
  - 异纤度
  - 原纤化

纤维截面
fibre section
TS101
- S 截面*
- F 纤维横截面
- C 纤维结构

纤维卷曲
staple crimp
TS101
- S 卷曲
- Z 弯曲

纤维绝缘纸
- Y 绝缘纸

纤维类废弃物
- Y 废丝

纤维帘布
fibrecord
TS106.6
- S 帘子布
- Z 纺织品

纤维帘线
fibre cord
TS106.4
- S 帘子线
- Z 股线

纤维率
- Y 纤维含量

纤维棉
cellucotton
TQ34；TS102
- S 纤维集合体
- C 涤纶
  - 纤维缠绕
- Z 纤维制品

纤维排列
fibre array
TS101
- Y 纤维

纤维平均长度
mean fibre length
TS102
- D hauteur 长度
  - 巴布长度
  - 豪特长度
  - 伸直长度
  - 重量加权平均长度
  - 自然长度
- S 纤维长度
- Z 长度

纤维强力
strength of fibre
TS101
- S 强力*
- F 单纤维强力
  - 棉纤维强力
- C 纤维性能

纤维强伸仪
fiber tensile tester
TS103
- S 纱线测试仪
  - 纤维测试仪器
- Z 仪器仪表

纤维球
fibrous globule
TS102
- S 纤维制品*
- F 改性纤维球

纤维染色
fiber dyeing
TS101；TS193
- D 醋酯纤维染色
  - 蛋白质纤维染色
  - 合成纤维染色
  - 纤维素纤维染色
- S 纺织品染色
- F 涤纶染色
  - 多组分纤维染色
  - 散纤维染色
  - 羊毛染色
- Z 染色工艺

纤维筛分
fibre fractionation
TS75
- S 筛分*

纤维伸直度
fiber straightness
TS101.921
- S 程度*
  - 纤维性能*
- C 纤维
  - 纤维参数

纤维生产
fibre production
TH16；TS101
- S 生产*

纤维生产设备
fiber production equipment
TQ34；TS103
- S 加工设备*

纤维识别
fibre identification
TS101
- D 纤维鉴别
- S 识别*

纤维食品
- Y 膳食纤维

纤维束
fiber bundle
TQ34；TS102
- D 束纤维
  - 丝束
  - 纤维丝束
- S 纤维集合体
- F 醋纤丝束
  - 烟用聚丙烯丝束
- C 醋酸纤维
  - 单纤维
  - 短纤维
  - 集束
  - 毛条染色
- Z 纤维制品

纤维丝束
- Y 纤维束

纤维素短纤维
cellulose short fiber
TQ34；TS102.51
- S 短纤维
  - 再生纤维素纤维
- F 粘胶短纤维
- Z 纤维

纤维素酶处理
cellulase treatment
TS19
- D 纤维素酶整理
- S 酶处理
- Z 处理

纤维素酶促进剂
cellulase promoter
TS19
- S 纤维素酶制剂

  Z 酶制剂

纤维素酶整理
  Y 纤维素酶处理

纤维素酶制剂
cellulase preparation
TS19
  S 酶制剂*
  F 纤维素酶促进剂
  C 纤维素酶解 →(9)

纤维素生物合成
cellulose biosynthesis
TS101
  S 化学合成*

纤维素纤维
cellulose fiber
TQ34；TS102
  S 纤维*
  C 再生纤维素纤维

纤维素纤维染色
  Y 纤维染色

纤维素纤维用染料
dyes for dyeing cellulosic fiber
TS193.21
  S 纺织染料
  Z 染料

纤维素纤维织物
cellulose textile
TS106.8
  D 纤维素织物
  S 织物*
  F 丽赛织物
   棉织物
   天丝织物
   粘胶织物
   竹纤维织物

纤维素织物
  Y 纤维素纤维织物

纤维素酯纤维
cellulose ester fibres
TQ34；TS102
  S 再生纤维素纤维
  C 聚酯纤维
  Z 纤维

纤维酸乳饮料
  Y 酸乳饮料

纤维损耗
fibre loss
TS102
  S 损耗*

纤维损伤
fibre damage
TS104
  S 损伤*
  C 纺纱工艺

纤维特性
  Y 纤维性能

纤维特征

  Y 纤维性能

纤维添加剂
fibre additive
TS202.3
  S 添加剂*
  C 纤维分散剂
   纤维稳定剂 →(9)
   纤维增强剂 →(9)

纤维填料
  Y 织物填料

纤维弯钩
  Y 弯钩纤维

纤维网
fibre web
TQ34；TS102
  D 定向网
   定向纤网
   纺丝网
   纺丝纤网
   非定向排列
   非定向网
   干法网
   干法纤网
   平行成网
   平行排列
   平行纤网
   气流网
   气流纤网
   熔喷网
   闪纺纤网
   湿法网
   湿法纤网
   无定向纤网
   纤网
  S 纤维集合体
  F 聚丙烯纤维网
   棉网
   熔喷纤网
   丝网
  C 非织造布
   缝编法
   干法成网
   纤维混凝土 →(11)
  Z 纤维制品

纤维物理性能
fiber physical properties
TS101.921
  S 物理性能*
   纤维性能*

纤维细度
fiber fineness
TS101.921
  D 蚕丝细度
   纤维纤度
  S 细度*
   纤维性能*
  C 纱线细度
   纤维线密度

纤维细度测定仪
  Y 纤维细度仪

纤维细度仪

fibre fineness tester
TS103
  D 纤维细度测定仪
  S 纤维测试仪器
  Z 仪器仪表

纤维纤度
  Y 纤维细度

纤维线密度
fiber linear density
TS101
  S 线密度
  C 纤维
   纤维细度
  Z 密度

纤维形貌
  Y 纤维形态

纤维形态
fibre morphology
TS101；TS102
  D 纤维规格
   纤维形貌
  S 形态*
  C 纤维编织
   纤维除雾器 →(13)
   纤维增强 →(1)(11)

纤维形态结构
fibre configuration
TS101
  S 纤维结构
  Z 材料结构

纤维性能*
fibre properties
TS101.921
  D 纤维特性
   纤维特征
   纤维性质
  F 抱合性
   成纤性
   卷曲性能
   可纺性
   纤度
   纤维伸直度
   纤维物理性能
   纤维细度
   羊毛性能
   原棉性能
  C 纤维断裂
   纤维强力

纤维性能试验
  Y 纺织品测试

纤维性质
  Y 纤维性能

纤维压裂
  Y 纤维断裂

纤维异形度
  Y 异纤度

纤维原料
  Y 造纸纤维原料

纤维原料结构
fiber raw material structure
TS71
　　S 纤维结构
　　Z 材料结构

纤维运动
fiber movement
TS101
　　S 运动*
　　F 纤维转移

纤维毡
fibrofelt
TS106.8
　　S 毡*
　　F 玻璃纤维毡
　　　 高铝耐火纤维毡
　　　 纳米纤维毡

纤维照影机
fibrograph
TS103
　　S 纤维测试仪器
　　Z 仪器仪表

纤维织物
　　Y 织物

纤维直径
fiber diameter
TS102
　　D 纤维粗度
　　S 直径*
　　C 纤维
　　　 纤维长度

纤维纸
fiber paper
TS76
　　D 纸纤维
　　S 纸张*
　　F 玻璃纤维纸
　　　 碳纤维纸

纤维制品*
fibre product
TQ34；TS106
　　F 玻璃纤维制品
　　　 涤纶低弹丝
　　　 工业丝
　　　 锦纶弹力丝
　　　 矿物棉
　　　 耐火纤维制品
　　　 纤维集合体
　　　 纤维球
　　　 絮用纤维制品
　　C 纺织品
　　　 纤维
　　　 制品

纤维制品染色
　　Y 纺织品染色

纤维制品印花
　　Y 纺织品印花

纤维制品质量
　　Y 纤维质量

纤维质量
fiber quality
TS107.2
　　D 纤维制品质量
　　S 纺织品质量
　　F 生丝质量
　　　 纤网质量
　　C 短绒
　　Z 产品质量

纤维质量分析仪
fiber quality analyzer
TS103
　　S 纤维测试仪器
　　Z 仪器仪表

纤维种类
　　Y 纤维

纤维转移
fibre migration
TS104
　　S 纤维运动
　　Z 运动

纤维状断口
　　Y 纤维断裂

纤维资源
　　Y 造纸纤维原料

纤子
　　Y 管纱

氙灯
xenon lamp
TM92；TS956
　　D 氙气灯
　　S 灯*
　　F 放映氙灯
　　　 汞氙灯
　　　 脉冲氙灯
　　　 氙弧灯

氙弧灯
xenon-arc lamp
TM92；TS956
　　S 弧灯
　　　 氙灯
　　F 短弧氙灯
　　　 风冷式长弧氙灯
　　Z 灯

氙气灯
　　Y 氙灯

氙气闪光灯
　　Y 氙闪光灯

氙闪光灯
xenon flash lamp
TM92；TS956
　　D 氙气闪光灯
　　S 闪光灯
　　Z 灯

籼稻米
　　Y 籼米

籼米
long-shaped rice

TS210.2
　　D 籼稻米
　　S 大米
　　F 晚籼米
　　　 籼糯米
　　　 早籼米
　　Z 粮食

籼米淀粉
indica rice starch
TS235.1
　　S 稻米淀粉
　　Z 淀粉

籼米粉
long rice flour
TS212；TS213
　　S 米粉
　　Z 粮油食品

籼糯
　　Y 籼糯米

籼糯米
long-grain glutinous rice
TS210.2
　　D 长糯米
　　　 籼糯
　　S 糯米
　　　 籼米
　　Z 粮食

酰胺化果胶
amidated pectin
TS20
　　S 胶*

酰化改性
acylation modification
TS201.2
　　S 改性*
　　F 乙酰化改性
　　C 酰化剂 →(9)

酰化肽
acylated peptide
TQ93；TS201.2
　　S 肽*

鲜茶
　　Y 生茶

鲜蛋
fresh eggs
TS253.2
　　S 蛋*
　　F 洁蛋
　　　 鲜鸡蛋

鲜度
　　Y 新鲜度

鲜甘薯
fresh sweet potato
S；TS255.2
　　S 鲜薯
　　Z 果蔬

鲜果
　　Y 水果

鲜花茶
Y 花茶

鲜花食品
Y 植物性食品

鲜鸡蛋
fresh hen eggs
TS253.2
S 鸡蛋
　鲜蛋
Z 蛋

鲜鸡肉
Y 鸡肉

鲜莲籽
fresh lotus seed
TS202.1
S 莲籽
Z 植物菜籽

鲜米粉
fresh rice flour
TS212；TS213
S 鲜湿米粉
Z 粮油食品

鲜面条
Y 湿面条

鲜奶
fresh milk
TS252.59
D 保鲜奶
　纯鲜牛奶
　脑黄金鲜牛奶
　生奶
　生牛奶
　生牛乳
　生乳
　生鲜奶
　生鲜牛奶
　生鲜牛乳
　鲜牛奶
　鲜牛乳
　新鲜牛奶
　炸脆皮鲜奶
　炸鲜奶
S 牛奶
F 鲜羊奶
Z 乳制品

鲜奶包装
fresh milk packaging
TS206
S 乳品包装
Z 食品包装

鲜奶油
fresh butter
TS225.23
S 奶油
Z 粮油食品

鲜嫩酱鸭
Y 酱肉制品

鲜牛奶
Y 鲜奶

鲜牛肉
fresh beef
TS251.52
S 牛肉
Z 肉

鲜牛乳
Y 鲜奶

鲜啤酒
Y 生啤酒

鲜切甘蓝
Y 鲜切果蔬

鲜切果蔬
fresh-cut fruits and vegetable
TS255.2
D 鲜切甘蓝
　鲜切马铃薯
S 新鲜果蔬
Z 果蔬

鲜切加工
fresh cut processing
TS255.36
S 蔬菜加工
Z 食品加工

鲜切马铃薯
Y 鲜切果蔬

鲜切面
Y 湿面条

鲜肉
fresh meat
TS251.59
S 肉*
F 冷鲜肉
　热鲜肉
　生鲜肉

鲜肉保鲜
fresh meat preservation
TS205
S 肉品保鲜
Z 保鲜

鲜肉保鲜工业
fresh meat preservation industry
TS251
S 肉类工业
Z 轻工业

鲜湿米粉
fresh and wet rice line
TS213
S 米粉
F 鲜米粉
Z 粮油食品

鲜湿面
fresh and wet noodle
TS972.132
S 湿面条
Z 主食

鲜食核桃
Y 核桃

鲜食玉米穗
fresh corn ear
TS210.9
S 玉米副产品
Z 副产品

鲜蔬菜
Y 新鲜蔬菜

鲜薯
fresh potato
S：TS255.2
S 薯类
F 鲜甘薯
Z 果蔬

鲜味
delicate flavour
TS264；TS971；TS972
D 咸鲜味
S 口味
Z 感觉

鲜味剂
Y 增味剂

鲜味酱油
fresh soy sauce
TS264.21
S 酱油*

鲜味物质
umami substance
TS219
S 呈味物质
Z 物质

鲜艳度
brightness
TS19
D 色泽鲜艳度
S 光学性质*

鲜羊奶
fresh goat's milk
TS252.59
S 鲜奶
　羊奶
Z 乳制品

鲜羊肉
fresh mutton
TS251.53
S 羊肉
Z 肉

鲜叶原料
leaf material
TS202.1
S 原料*

鲜鱼加工
Y 鱼品加工

鲜玉米
fresh corn
TS210.2
S 玉米
Z 粮食

鲜猪皮

fresh pigskin

S：TS564

　　S　猪皮

　　Z　动物皮毛

鲜猪肉

fresh pork

TS251.51

　　D　新鲜猪肉

　　S　猪肉

　　Z　肉

弦乐器

stringed instrument

TS953.23；TS953.33

　　D　艾捷克

　　　　八音琴

　　　　巴拉莱卡琴

　　　　班卓

　　　　倍大提琴

　　　　拨弦乐器

　　　　拨奏弦鸣乐器

　　　　擦奏弦鸣乐器

　　　　打琴

　　　　大雷

　　　　弹拨儿

　　　　弹拨尔

　　　　低音胡琴

　　　　低音提琴

　　　　东不拉

　　　　冬布拉

　　　　都他尔

　　　　独塔尔

　　　　独弦琴

　　　　革胡

　　　　古典提琴

　　　　古斯里琴

　　　　古提琴

　　　　哈尔扎克

　　　　蝴蝶琴

　　　　击弦乐器

　　　　卡龙

　　　　考姆兹

　　　　拉弦乐器

　　　　雷胡

　　　　雷琴

　　　　六弦琴

　　　　马林巴琴

　　　　曼多林

　　　　曼陀林

　　　　瓢琴

　　　　秦琴

　　　　热瓦甫

　　　　热瓦普

　　　　萨它尔

　　　　扇面琴

　　　　提琴

　　　　铜丝琴

　　　　扬琴

　　　　洋琴

　　　　椰胡

　　　　尤克利利

　　　　圆五弦琴

　　　　札木聂

　　　　竹琴

　　　　坠胡

　　S　弓弦乐器*

咸菜

brined vegetable

TS255.53

　　D　酸渍菜

　　　　渍菜

　　S　腌制蔬菜

　　Z　果蔬制品

　　　　腌制食品

咸蛋

salted egg

TS253.4

　　D　黑灰咸蛋

　　　　红砂咸蛋

　　　　红心咸鸭蛋

　　　　黄沙腌蛋

　　　　烩乌鱼蛋

　　　　辣味咸蛋

　　　　沙湖咸蛋

　　　　五香咸蛋

　　　　腌蛋

　　　　盐蛋

　　S　蛋*

　　　　腌制食品*

　　F　咸鸭蛋

咸干鱼

　　Y　咸鱼

咸水

　　Y　盐水

咸水湖

　　Y　盐湖

咸味香精

savory flavoring

TQ65；TS264.3

　　S　调味香精

　　Z　香精香料

咸味香料

salty flavor

TS264.3

　　S　食用香料

　　Z　调味品

　　　　香精香料

咸鲜味

　　Y　鲜味

咸鸭蛋

salted duck egg

TS253.4

　　S　咸蛋

　　C　蛋黄指数

　　Z　蛋

　　　　腌制食品

咸鱼

salted fish

TS254.5

　　D　咸干鱼

　　S　鱼制品

　　Z　水产品

显色剂

color reagents

TQ57；TS193

　　D　呈色剂

　　　　显色溶液

　　　　显色液

　　S　色剂*

显色溶液

　　Y　显色剂

显色液

　　Y　显色剂

显色纸病

adverse color display problem

TS193

　　S　外观纸病

　　F　蓝点纸病

　　Z　材料缺陷

　　　　外观缺陷

显示颜色

　　Y　颜色描述

显微镜反射镜

　　Y　反射镜

显像眼镜

imaging lens

TS959.6

　　S　眼镜*

显影时间

developing time

TB8；TS85

　　D　显影效应

　　S　加工时间*

　　C　显影　→(1)

显影效应

　　Y　显影时间

蚬子

　　Y　蛤蜊

苋菜籽

amaranth seeds

TS202.1

　　S　菜籽

　　Z　植物菜籽

现场

　　Y　场所

现代板式家具

modern panel furniture

TS66；TU2

　　S　现代家具

　　Z　家具

现代服饰

modern dress

TS941.7

　　S　服饰*

现代服装

modern garment

TS941.7

　　S　服装*

现代服装设计

modern garment design

TS941.2

　　S　成衣设计

Z 服饰设计

现代化工
  Y 化学工业

现代化设计
  Y 设计

现代家具
modern furniture
TS66；TU2
  S 家具*
  F 现代板式家具
     现代中式家具

现代家具设计
  Y 家具设计

现代结构
  Y 结构

现代控制技术
  Y 控制

现代普洱茶
  Y 普洱茶

现代设计法
  Y 设计

现代设计方法
  Y 设计

现代设计方法学
  Y 设计

现代设计技术
  Y 设计

现代时尚
modern fashion
TS941.12
  S 时尚*

现代食品工业
  Y 食品工业

现代首饰
modern jewelry
TS934.3
  S 时代首饰
  Z 饰品

现代首饰设计
  Y 首饰设计

现代陶瓷
  Y 陶瓷

现代制革技术
  Y 制革工艺

现代中式家具
modern Chinese-style furniture
TS66；TU2
  S 现代家具
     中国家具
  F 新中式家具
  Z 家具

现代装备
  Y 设备

限量标准
limit standard
TS207
  D 限值标准
  S 标准*

限量指标
limited amount index
TS20
  S 指标*

限气贮藏
  Y 气调贮藏

限值标准
  Y 限量标准

线（纺织品）
  Y 棉纱

线材输送装置
  Y 输送装置

线缝制鞋
  Y 制鞋工艺

线迹
traces of line
TG3；TG5；TS941.6
  D 迹线
     线纹
  S 痕迹*
  F 缝纫线迹
     链式线迹
     平缝线迹
     梭缝线迹
     锁式线迹
     压痕线

线迹过松
loose stitch
TS101.97
  D 浮线
  S 缝疵
  Z 纺织品缺陷

线迹密度
stitch density
TS941.6
  D 针缝密度
     针迹密度
  S 密度*
  C 缝纫线迹

线锯
fret-saw
TG7；TS64；TS914.54
  D 曲线锯
  S 锯
  Z 工具

线锯床
scroll sawing machine
TS642
  S 锯机
  Z 木工机械

线锯机
  Y 锯机

线密度

linear density
O6；TS104；TS15
  S 密度*
  F 纱线线密度
     纤维线密度

线圈长度
  Y 圈长

线圈花式纱
  Y 花式纱线

线圈结构
loop construction
TS18
  D 线圈模型
     线圈形态
     线圈形状
  S 针织物组织
  F 毛圈
  C 绕组结构 →(5)
     线圈绝缘 →(5)
  Z 材料组织

线圈密度
stitch density
TS101；TS107
  S 织物密度
  Z 织物规格

线圈模型
  Y 线圈结构

线圈形态
  Y 线圈结构

线圈形状
  Y 线圈结构

线绳
thread rope
TS106.4
  S 绳索*
  F 芳纶线绳
     聚酯线绳

线毯
  Y 毯子

线纹
  Y 线迹

陷印
trapping
TS194.4；TS859
  S 套印
  Z 印制技术

馅料
stuff
TS972.111
  D 菜馅
     饺子馅
     馅心
  S 烹饪原料
  F 豆蓉馅
     肉馅
  Z 食品原料

馅心
  Y 馅料

相对伸长量
　　Y 伸长量

相对甜度
　　Y 糖度

相关标准
　　Y 标准

香槟
champagne
TS262.65
　　D 大香槟酒
　　　香槟酒
　　S 起泡酒
　　　起泡葡萄酒
　　　甜酒
　　　洋酒
　　Z 葡萄酒

香槟酒
　　Y 香槟

香草茶
　　Y 凉茶

香茶
　　Y 甜茶

香肠
sausages
TS251.59
　　D 肠类制品
　　　灌肠制品
　　　腊肠
　　　苏式腊肠
　　　香肠制品
　　S 肉灌制品
　　F 保健香肠
　　　发酵香肠
　　　风干香肠
　　　复合灌肠
　　　红肠
　　　烤肠
　　　肉肠
　　　乳化香肠
　　　西式香肠
　　　熏煮香肠
　　　中式香肠
　　C 保油性 →(2)
　　Z 肉制品

香肠制品
　　Y 香肠

香成分
　　Y 致香成分

香椿酱
toona sinensis sauce
TS255.5；TS264
　　S 菜酱
　　Z 酱

香醋
spiced vinegar
TS264.22
　　D 河溪香醋
　　　恒顺香醋
　　　镇江香醋

　　S 液态醋
　　Z 食用醋

香肚
sausage in bladder skin
TS251.59
　　S 肉灌制品
　　Z 肉制品

香榧
　　Y 榧

香根鸢尾
　　Y 致香成分

香菇保健饮料
　　Y 保健饮料

香菇多糖
lentinan
TS255
　　S 真菌多糖
　　Z 碳水化合物

香菇加工
lentinus edodes processing
TS255.36
　　S 蔬菜加工
　　Z 食品加工

香菇酒
lentinula edodes wine
TS262
　　S 保健酒
　　　浸泡酒
　　Z 酒

香菇肉松
　　Y 肉松

香菇饮料
　　Y 保健饮料

香蕉
bananas
TS255.2
　　S 水果
　　Z 果蔬

香蕉淀粉
banana starch
TS235.5
　　S 植物淀粉
　　Z 淀粉

香蕉粉
banana flour
TS255.4
　　S 果粉
　　Z 食用粉

香蕉果酱
　　Y 香蕉酱

香蕉花生酱
　　Y 香蕉酱

香蕉酱
banana jam
TS255.43；TS264
　　D 香蕉果酱

香蕉花生酱
　　S 果酱
　　Z 酱

香蕉酒
banana wine
TS262.7
　　S 果酒
　　Z 酒

香蕉皮
banana peel
TS255
　　S 水果果皮*

香蕉皮果胶
banana peel pectin
TS20
　　S 胶*

香蕉纤维
banana fiber
TS102.22
　　S 茎纤维
　　C 菠萝叶纤维
　　Z 天然纤维

香蕉饮料
banana beverage
TS275.5
　　S 植物饮料
　　Z 饮料

香精
essence
TQ65；TS264.3
　　D 香科
　　S 香精香料*
　　F 功能性香精
　　　固体香精
　　　玫瑰香精
　　　奶味香精
　　　热反应香精
　　　日用香精
　　　食品香精
　　　天然香精
　　　液体香精

香精调配
essence mixing
TS264
　　S 勾调
　　Z 物料调配

香精回收装置
essence recovery equipment
TS264
　　S 回收装置*

香精微胶囊
essence microcapsule
TS195
　　D 芳香微胶囊
　　S 剂型*

香精香料*
aromatic
TQ65；TS264.3
　　D 芳香剂
　　　赋香剂

人工芳香剂
香料香精
F 香精
香料

香科
Y 香精

香辣豆酱
Y 豆酱

香辣酱
hot&spicy sauce
TS264
S 辣酱
Z 酱

香辣酥
Y 桃酥

香辣酥饼
Y 桃酥

香兰素废水
vanillin wastewater
TS264.3；X7
S 调味品废水
Z 废水

香梨酒
bergamot pear wine
TS262.7
S 梨酒
Z 酒

香料
aromatizer
TQ65；TS264.3
D 胶状香料
香味料
S 香精香料*
F 单体香料
反应型香料
合成香料
日用香料
生物香料
食用香料
天然香料
烟用香料
C 香料化合物 →(9)
香味物质 →(9)

香料单体
Y 单体香料

香料浸膏
Y 浸膏

香料香精
Y 香精香料

香料型烟叶
Y 烟叶

香料烟
oriental tobacco
TS44
S 香烟
Z 烟草制品

香料烟叶

Y 烟叶

香卤
Y 卤制

香米
scented rice
TS210.2
D 茉莉香米
增香米
竹香米
S 大米
Z 粮食

香醅
flavoring fermented grains
TS262
S 醅*

香蒲
Y 蒲菜

香气
Y 香味

香气成分
Y 致香成分

香气成分分析
Y 香气分析

香气分析
aroma analysis
TQ65；TS201
D 香气成分分析
香味分析
S 物质分析*

香气品质
Y 食味品质

香气特征
aroma characteristics
TQ65；TS201
D 香味特征
S 材料性能*
C 化妆品 →(9)

香气组成
Y 致香成分

香气组分
Y 致香成分

香酥鹅
Y 鹅肉制品

香酥兔
Y 兔肉菜肴

香酥鸭
crispy fried duck
TS251.55；TS251.68
S 鸭类菜肴
鸭肉制品
Z 菜肴
肉制品

香味

aroma
TS202.3；TS972
D 芳香
芳香味
香气
香型
S 气味*
F 果香
酱香
肉香
特征香气
鱼香味
芝麻香
酯香

香味成分
Y 风味物质

香味成份
Y 致香成分

香味纺织品
Y 芳香织物

香味分析
Y 香气分析

香味剂
Y 增味剂

香味料
Y 香料

香味品质
Y 食味品质

香味特征
Y 香气特征

香味增效剂
Y 增味剂

香味组分
Y 致香成分

香辛调料
Y 香辛料

香辛料
spices
TS264.3
D 复合香辛料
香辛调料
辛香料
S 调味品*
F 咖喱粉
辣椒调味品
天然香辛料
孜然
C 调味油

香辛料调味品
Y 天然调味料

香辛料精油
Y 调味油

香辛料提取物
spice extract
TS264
D 辛香料提取物

Y 照片打印

相纸
photographic paper
TS767
  D 照相纸
  S 纸张*
    纸制品*
  F 彩色相纸
    感光纸
    黑白相纸
    喷墨相纸
    数码相纸

象牙
ivory
TS933.2
  S 饰品材料*

象牙雕刻工艺品
  Y 雕塑工艺品

像景织物
photographic tapestry
TS106.8
  D 彩色像景织物
  S 织物*
  F 黑白像景织物

橡胶*
rubber
TQ33
  D 工业橡胶
    橡胶(弹性体)
    橡胶材料
    橡胶树脂
    有机橡胶
  F 烟片
  C 弹性体 →(1)(9)
    环化度 →(9)
    混炼 →(9)
    抗冲改性剂 →(9)
    耐燃油性 →(9)
    塑解剂 →(9)
    橡胶弹性 →(9)
    橡胶机械 →(4)(9)
    橡胶生产 →(4)(9)
    橡胶制品 →(9)
    鞋材

橡胶(弹性体)
  Y 橡胶

橡胶材料
  Y 橡胶

橡胶锤
  Y 锤

橡胶工艺*
rubber process
TQ33
  D 橡胶技术
    橡胶加工
  F 浸胶
  C 化工工艺

橡胶技术
  Y 橡胶工艺

橡胶加工
  Y 橡胶工艺

橡胶胶乳
  Y 胶乳

橡胶接头
  Y 接头

橡胶树脂
  Y 橡胶

橡胶毯
rubber blanket
TQ33；TS106.76
  D 橡毯
    印花胶毯
  S 毯子*

橡胶纤维
  Y 功能纤维

橡胶鞋底
  Y 鞋底

橡木
oak
TS62
  S 天然木材
  Z 木材

橡木桶
oak barrel
TS261
  S 贮酒容器
  Z 容器

橡皮
eraser
TS951
  D 擦字橡皮
  S 文具
  Z 办公用品

橡皮布
rubber insulation
TS802.2
  S 承印材料
  F 可压缩橡皮布
  Z 印刷材料

橡皮布滚筒
  Y 橡皮滚筒

橡皮滚筒
blanket cylinder
TH13；TS803
  D 橡皮布滚筒
    转印滚筒
  S 印版滚筒
  Z 滚筒

橡皮手套
  Y 乳胶手套

橡皮糖
  Y 软糖

橡实淀粉
acorn starch
TS235.5
  D 橡籽淀粉
    橡子淀粉
  S 植物淀粉
  Z 淀粉

橡塑微孔鞋底
  Y 鞋底

橡塑鞋
rubber-plastic shoes
TS943.713
  S 鞋*

橡塑制品
  Y 塑胶制品

橡毯
  Y 橡胶毯

橡籽淀粉
  Y 橡实淀粉

橡子淀粉
  Y 橡实淀粉

削笔机
  Y 日用刀具

削边机
  Y 轻工机械

削方机
  Y 轻工机械

削片机
chipping machine
TS04
  D 木材削片机
  S 轻工机械*
  F 鼓式削片机

削片锯解机
  Y 轻工机械

削片制材机
  Y 轻工机械

削匀机
shaving machine for leather
TS531
  S 制革机械*

消臭纤维
  Y 抗菌纤维

消臭整理
  Y 防臭整理

消除*
elimination
ZT5
  F 泡沫消除
    荧光消除
  C 噪声抑制 →(1)

消除污染
  Y 去污

消毒*
disinfection
R；TU99
  D 消毒工艺
    消毒技术

F 巴氏消毒
冷库消毒
牛奶消毒
碗筷消毒
蒸汽消毒

消毒灯
disinfection lamp
TM92；TS956
S 卫生用灯
Z 灯

消毒工艺
Y 消毒

消毒柜
sterilizing cabinet
TM92；TS972.26
D 电子消毒柜
电子消毒碗柜
消毒碗柜
S 厨房电器
F 食具消毒柜
Z 厨具
家用电器

消毒技术
Y 消毒

消毒奶
Y 灭菌乳

消毒牛奶
Y 灭菌乳

消毒乳
Y 灭菌乳

消毒碗柜
Y 消毒柜

消防灯
Y 消防应急灯

消防服
fire-fighting suit
TS941.731；X9
D 防火服
防火衣
森林防火服
消防服装
消防战斗服
阻燃防护服
S 特种防护服
Z 安全防护用品
服装

消防服装
Y 消防服

消防工业
Y 酿酒工业

消防应急标志灯
Y 消防应急灯

消防应急灯
emergency light appliance
TM92；TS956；TU99
D 消防灯
消防应急标志灯
消防应急灯具
S 应急灯
F 消防应急照明灯
C 消防 →(11)(12)
消防器材 →(11)
Z 灯

消防应急灯具
Y 消防应急灯

消防应急照明灯
fire emergency lamp
TM92；TS956
S 消防应急灯
C 消防应急照明 →(11)
消防用电 →(7)
Z 灯

消防战斗服
Y 消防服

消光*
extinction
TQ63；TS195.53
D 消光(化学纤维)
消光作用
赝消光
F 全消光
系统消光
C 辐射合成法 →(9)
散射损耗 →(7)
消光剂

消光(化学纤维)
Y 消光

消光革
dull-finished leather
TS56
S 成品革
Z 皮革

消光剂
dulling agent
TQ0；TQ31；TQ63；TS190.2
S 制剂*
F 补伤消光剂
荧光消除剂
C 功能纤维
消光

消光纤维
Y 功能纤维

消光作用
Y 消光

消耗*
consumption
ZT5
F 磨浆能耗

消和机
Y 制糖设备

消化*
digestion
Q4；TU99
F 干法消化

消化性能
digestibility
TS201
D 抗消化性能
S 生物特征*

消沫剂
Y 消泡剂

消泡
antifoam
TD9；TE8；TS190
S 脱除*
C 发泡
泡沫
消泡剂

消泡剂
defoaming agent
TQ0；TS727.2
D 除泡剂
抗泡剂
去沫剂
去泡剂
脱泡剂
消沫剂
抑泡剂
S 抑制剂*
F 固体消泡剂
C 发泡剂 →(2)(9)(11)
硅油 →(2)(9)
流平剂 →(9)
泡沫
泡沫调整剂 →(2)
泡沫控制剂 →(9)
消泡
消泡机理 →(9)

消瘦体型
thin somatotype
TS941.6
S 人体体型
Z 体型

消息处理
Y 信息处理

销钉
dowel
TS914
S 钉子
Z 五金件

小白杏
little white apricot
TS255.6
S 杏仁
C 饮料
Z 坚果制品

小白杏杏仁油
Y 杏仁油

小菜
side dish
TS972
S 菜肴*

小炒
Y 炒制

小吃*
snack
TS972.14
- D 风味小吃
  特色小吃
  天然风味
  小吃食品
- F 粑
  饽饽
  肠粉
  蛋卷
  地方小吃
  豆腐脑
  酒酿
  面茶
  馕
  清真小吃
  汤圆
  丸子
  燕皮
  元宵
  粽子

小吃食品
- Y 小吃

小带锯
- Y 细木工带锯机

小端直径
- Y 直径

小幅面胶印机
- Y 小胶印机

小功率金卤灯
super small power metal halide lamp
TM92；TS956
- D 超小功率金卤灯
  小功率金属卤化物灯
- S 金属卤素灯
- Z 灯

小功率金属卤化物灯
- Y 小功率金卤灯

小规格材
- Y 小径材

小核桃
- Y 山核桃

小核桃油
- Y 核桃油

小盒透明纸
- Y 透明纸

小湖羊皮
lakelet sheepskin
S；TS564
- S 绵羊皮
- Z 动物皮毛

小茴香油
small fennel oil
TS225.3；TS264
- S 茴香油
- Z 粮油食品

小胶印机

small offset press
TS803.6
- D 小幅面胶印机
  小型胶印机
- S 胶印机
- Z 印刷机械

小径材
submarginal log
TS62
- D 小规格材
  小径木
  小径木材
  小径原木
- S 原木
- F 杉木小径材
- Z 木材

小径木
- Y 小径材

小径木材
- Y 小径材

小径原木
- Y 小径材

小卷定量
small volume quantitative
TS104
- S 纺织定量
- C 精梳
- Z 定量

小颗粒
- Y 颗粒

小颗粒淀粉
granulum starch
TS235
- S 颗粒淀粉
- Z 淀粉

小颗粒盐
small particle salt
TS36
- S 固体盐
- Z 盐

小裤底
- Y 裤脚口

小漏底
licker-in screen
TS103.81
- S 纺纱器材*
- C 除杂 →(3)
  梳棉机

小锣
- Y 锣

小麦
wheat
TS210.2
- D 白麦
  杜伦小麦
  红麦
  花小麦
  硬质白小麦

硬质红小麦
- S 麦子
- F 黑小麦
  软质小麦
- C 抗粉碎硬度指数
  小麦硬度
  硬度指数
- Z 粮食

小麦 B 淀粉
wheat B-starch
TS235.1
- S 小麦淀粉
- Z 淀粉

小麦剥皮机
wheat debranning machines
TS210.3
- S 粮食机械
- Z 食品加工机械

小麦醇溶蛋白
wheat gliadin
Q5；TQ46；TS201.21
- S 小麦蛋白
- Z 蛋白质

小麦搭配
wheat blending
TS210.4
- S 小麦加工
- Z 农产品加工

小麦蛋白
wheat protein
TS201.21
- D 淀粉粒蛋白
  小麦蛋白质
- S 谷蛋白
- F 小麦醇溶蛋白
  小麦麸皮蛋白
  小麦面筋蛋白
  小麦胚芽蛋白
- C 小麦麸
- Z 蛋白质

小麦蛋白粉
- Y 蛋白粉

小麦蛋白膜
wheat protein film
TS201.21
- S 蛋白膜
- F 可食性小麦蛋白膜
- Z 膜

小麦蛋白制品
- Y 小麦制品

小麦蛋白质
- Y 小麦蛋白

小麦淀粉
wheat starch
TS235.1
- D 小麦淀粉生产
- S 谷物淀粉
- F 糯小麦淀粉
  小麦 B 淀粉
- Z 淀粉

小麦淀粉生产
　　Y　小麦淀粉

小麦粉
wheat flour
TS211.2
　　D　小麦面粉
　　S　麦粉
　　F　法国小麦粉
　　　　麦芽粉
　　　　糯小麦粉
　　　　全麦粉
　　　　小麦谷朊粉
　　　　营养强化小麦粉
　　　　专用小麦粉
　　Z　粮食

小麦粉白度
　　Y　小麦粉品质

小麦粉标准体系
　　Y　小麦粉品质

小麦粉粒度
wheat flour particle size
TS213
　　S　粒度*

小麦粉品质
wheat flour quality
TS210.7
　　D　面粉冷却系统
　　　　小麦粉白度
　　　　小麦粉标准体系
　　S　加工粮质量
　　Z　产品质量

小麦粉制品
　　Y　小麦制品

小麦麸
wheat bran
TS210.9
　　D　小麦麸皮
　　S　麦麸
　　C　小麦蛋白
　　Z　副产品

小麦麸皮
　　Y　小麦麸

小麦麸皮蛋白
vital wheat gluten
Q5；TQ46；TS201.21
　　S　麸皮蛋白
　　　　小麦蛋白
　　Z　蛋白质

小麦谷朊粉
wheat gluten
TS211.2
　　S　小麦粉
　　Z　粮食

小麦加工
wheat processing
TS210.4
　　S　制麦
　　F　配麦
　　　　小麦搭配

　　　　小麦碾皮
　　　　小麦清理
　　　　小麦深加工
　　Z　农产品加工

小麦浆糊
　　Y　糨糊

小麦面粉
　　Y　小麦粉

小麦面筋
　　Y　面筋

小麦面筋蛋白
wheat gluten
Q5；TQ46；TS201.21
　　D　酶解小麦面筋蛋白
　　S　面筋蛋白
　　　　小麦蛋白
　　Z　蛋白质

小麦碾皮
wheat debranning
TS210.4
　　D　小麦碾皮制粉
　　S　小麦加工
　　Z　农产品加工

小麦碾皮制粉
　　Y　小麦碾皮

小麦胚蛋白
　　Y　小麦胚芽蛋白

小麦胚乳
wheat endosperm
TS210.9
　　S　小麦制粉副产品
　　Z　副产品

小麦胚芽蛋白
germ wheat protein
Q5；TQ46；TS201.21
　　D　小麦胚蛋白
　　S　麦胚蛋白
　　　　小麦蛋白
　　Z　蛋白质

小麦胚芽油
wheat germ oil
TS225.19
　　D　麦胚油
　　　　小麦胚油
　　S　胚芽油
　　C　维生素E　→(9)
　　Z　油脂

小麦胚油
　　Y　小麦胚芽油

小麦啤酒
wheat beer
TS262.59
　　S　啤酒
　　Z　酒

小麦品质
wheat quality
TS210.7

　　D　小麦质量
　　S　原粮品质
　　Z　产品质量

小麦清理
wheat cleaning
TS210.4
　　S　小麦加工
　　Z　农产品加工

小麦深加工
wheat deep processing
TS210.4
　　S　小麦加工
　　Z　农产品加工

小麦食品
　　Y　小麦制品

小麦肽
wheat peptide
TQ93；TS201.2
　　S　肽*

小麦微孔淀粉
wheat micro-porous starch
TS235
　　S　微孔淀粉
　　Z　淀粉

小麦研磨
wheat flour milling
TS211.4
　　D　小麦制粉
　　S　面粉加工
　　F　分层碾磨
　　　　皮磨
　　　　心磨
　　　　渣磨
　　Z　农产品加工

小麦硬度
wheat hardness
TS213
　　S　硬度*
　　C　小麦
　　　　小麦硬度指数

小麦硬度指数
wheat hardness index
TS213
　　S　硬度指数
　　C　小麦硬度
　　Z　指数

小麦原料
wheat material
TS210.2
　　S　粮食原料
　　Z　食品原料

小麦制粉
　　Y　小麦研磨

小麦制粉副产品
by-product of wheat flour
TS210.9
　　S　粮食副产品
　　F　小麦胚乳
　　Z　副产品

小麦制品
wheat products
TS21
  D 小麦蛋白制品
    小麦粉制品
    小麦食品
  S 谷物食品
  Z 粮油食品

小麦质量
  Y 小麦品质

小麦专用粉
  Y 专用小麦粉

小麦着水
wheat dampening
TS210.4
  S 着水*

小麦着水机
wheat dampener
TS210.3
  S 粮食机械
  Z 食品加工机械

小麦籽实
wheat seeds
TS202.1
  S 植物菜籽*

小米
millet
TS210.2
  D 谷子
    珍珠小米
  S 谷类
  F 粟米
  Z 粮食

小米饼干
  Y 饼干

小米粥
millet porridge
TS972.137
  S 粥
  Z 主食

小膜花纸
small film decal
TS76
  S 贴花纸
  Z 纸张

小磨香油
refined sesame seed oil
TS225.11
  D 小磨芝麻香油
  S 芝麻油
  Z 油脂

小磨香油法
  Y 植物油加工

小磨芝麻香油
  Y 小磨香油

小牛皮
calfskin
S；TS564

  D 犊牛皮
  S 牛皮
  Z 动物皮毛

小批量印刷
small batch printing
TS87
  D 短版印刷
  S 印刷*

小片化指数
fragmentation index
TS251
  S 指数*
  C 猪肉

小曲
  Y 小曲白酒

小曲白酒
xiaoqu liquor
TS262.36
  D 小曲
    小曲酒
    枝江牌枝江小曲酒
  S 曲酒
  F 川法小曲酒
    清香型小曲酒
    云南小曲白酒
  Z 白酒

小曲酒
  Y 小曲白酒

小曲米酒
Xiaoqu rice wine
TS262
  S 米酒
  Z 酒

小曲米香型白酒
small rice wine
TS262.34
  S 米香型白酒
  Z 白酒

小烧白酒
xiaoqu liquor
TS262.39
  S 白酒*

小食品
  Y 休闲食品

小食堂
  Y 食堂

小双层梭口
small double shed
TS105
  S 梭口
  Z 织造工艺参数

小提花
  Y 提花

小提花设计
small jacquard design
TS105.1；TS194.1
  S 花样设计
  Z 纺织设计

小提花织物
small jacquard fabric
TS106.8
  S 提花织物
  Z 织物

小五金
  Y 五金件

小型胶印机
  Y 小胶印机

小型平版印刷机
small offset printing machines
TS803.6
  S 平版印刷机
  Z 印刷机械

小型造纸厂
  Y 造纸工业

小样
hand sample
TS41
  S 样品*

小样机
hand sample machine
TS103
  S 纺织机械*

小样试织
random weaving
TS105
  S 织样
  Z 织造

小样整经机
  Y 样品整经机

小样织机
small sample loom
TS103.33
  S 织机
  Z 织造机械

小叶苦丁茶
small-leaved kuding tea
TS272.59
  S 苦丁茶
  Z 茶

小夜灯
small night light
TM92；TS956
  S 夜光灯
  Z 灯

小鱼
tiddler
TS254.2
  S 鱼
  Z 水产品

小浴比
  Y 小浴比染色

小浴比染色
short liquor dyeing
TS193
  D 超小浴比

低浴比
小浴比
S 浴法染色
Z 染色工艺

小蒸笼
Y 蒸笼

小种红茶
Y 红茶

小作坊
Y 作坊

孝感米酒
Xiaogan rice wine
TS262
S 米酒
Z 酒

校服
school uniforms
TS941.732.
S 学生装
Z 服装

效果*
effect
ZT84
F 保鲜效果
澄清效果
防腐效果
纺织效果
烘烤效果
镜面效果
抗氧化效果
磨浆效果
凝乳效果
配粉效果
膨化效果
色彩效果
杀青效果
闪光效果
施胶效果
脱胶效果
脱墨效果
外观效果
洗涤效果
抑菌效果
音色效果
造型效果
增白效果
粘合效果
质量效果
贮藏效果
C 结果 →(1)(8)
效率
药剂 →(6)(9)(11)(13)

效率*
efficiency
ZT84
D 平均效率
平均有效度
轴系传动装置效率
轴系效率
F 除杂效率
除渣效率
发酵效率

绘图效率
加捻效率
锯切效率
灭菌效率
漂白效率
牵伸效率
清净效率
施胶效率
脱墨效率
印刷效率
织造效率
纸机效率
C 榄杆 →(12)
效果
效能
性能系数
应用研究 →(1)

效能*
efficiency
ZT84
D 效用
F 梳理效能
C 效率

效应*
influence
ZT84
D 作用效应
F 差动效应
定向摩擦效应
空间位垒效应
摩擦形变效应
抑菌效应
绉效应
珠光效应
C 爆炸效应 →(1)(2)(6)
辐射效应 →(1)(6)(7)
光效应 →(1)(5)(6)(7)
化学效应 →(1)(9)
环境效应 →(5)(6)(7)(11)(13)
金属效应 →(1)(3)(9)
气动效应 →(3)(6)(11)(13)
热效应 →(1)(3)(5)(9)
武器效应 →(6)
物理效应 →(1)(2)(3)(5)(7)(9)(11)

效用
Y 效能

楔传动机构
Y 传动装置

协同脱墨
cooperative deinking
TS74
S 脱墨*

协同增稠
synergistic thickening
TS205
S 性能变化*

斜裁
tapered cut
TS941.62
D 斜裁角度
S 裁剪*

斜裁角度
Y 斜裁

斜袋开袋机
Y 缝纫设备

斜裙
bias skirt
TS941.7
S 裙装
F 大波浪斜裙
Z 服装

斜刃
slanting knife edge
TG7；TS914.212
S 刀刃
C 冲压力 →(3)
Z 工具结构

斜刃口
Y 刀刃

斜筛
Y 斜网

斜网
inclined wire
TS734
D 斜筛
S 造纸网
Z 造纸设备部件

斜纹
Y 斜纹组织

斜纹布
Y 斜纹织物

斜纹纹路
Y 斜纹组织

斜纹针织物
tricotine
TS186
D 蜂巢织物
S 针织物*

斜纹织物
twill
TS106.8
D 粗斜纹织物
斜纹布
S 机织物*
F 哔叽
华达呢
卡其织物
牛仔布

斜纹组织
twill weave
TS101；TS105
D 斜纹
斜纹纹路
S 三原组织
C 机织物
Z 材料组织

斜嘴钳
Y 钳子

携染剂

 Y 促染剂

鞋*

shoes

TS943.7

 D 便鞋

  布鞋

  彩鞋

  草编鞋

  草鞋

  尘香履

  赤舄

  单鞋

  登山鞋

  登云履

  鞮

  帆布鞋

  飞仙履

  福字履

  复舄

  革履

  古鞋

  菅履

  金舄

  军鞋

  凉鞋

  旅游鞋

  履

  绿丝履

  麻鞋

  木履

  平底鞋

  坡跟鞋

  气垫鞋

  球鞋

  雀头履

  软底鞋

  时尚鞋

  时装鞋

  塑料鞋

  舞鞋

  鞋产品

  鞋类

  鞋类产品

  鞋子

  谢公屐

  雨鞋

  鸳鸯履

  圆头鞋

  增高鞋

  中跟鞋

  重台履

  珠履

 F 防护鞋

  高跟鞋

  胶鞋

  老年鞋

  民族靴鞋

  皮鞋

  水晶鞋

  童鞋

  拖鞋

  橡塑鞋

  绣花鞋

  靴

  运动鞋

  作训鞋

鞋帮

shoe upper

TS943.3；TS943.4

 D 帮面材料

 S 鞋材*

  鞋结构*

 F 帮底

  帮面

鞋帮设计

 Y 鞋类设计

鞋帮样

 Y 鞋样

鞋部件预成型机

 Y 制鞋机械

鞋材*

shoes materials

TS943.4

 D 鞋料

  鞋用材料

  制鞋材料

 F 鞋帮

  鞋带

  鞋底

  鞋垫

  鞋钉

  鞋跟

  鞋里

  鞋面材料

  鞋饰

  鞋样

  鞋用布

  鞋用革

  鞋罩

 C 皮革

  橡胶

  织物

鞋产品

 Y 鞋

鞋厂

footwear factory

TS943.8

 S 工厂*

鞋衬里革

 Y 鞋里革

鞋带

shoe string

TS943.4

 S 鞋材*

鞋底

sole

TS943.4

 D PU 鞋底

  发泡鞋底

  仿革底

  聚氨酯鞋底

  透明底

  透明鞋底

  微孔底

  微孔鞋底

  橡胶鞋底

  橡塑微孔鞋底

  鞋底材料

  鞋底料

  新型鞋底

  中底

  中底材料

  注塑底

 S 鞋材*

 F 内底

  运动鞋底

鞋底材料

 Y 鞋底

鞋底料

 Y 鞋底

鞋底设计

 Y 鞋类设计

鞋底样

 Y 鞋样

鞋底装配

 Y 制鞋工艺

鞋垫

shoe-pad

TS943.4

 S 鞋材*

鞋钉

shoe nail

TS943.4

 S 鞋材*

鞋革

 Y 鞋用革

鞋跟

heel

TS943.4

 D 鞋后跟

 S 鞋材*

鞋跟喷色机

 Y 制鞋机械

鞋后跟

 Y 鞋跟

鞋机

 Y 制鞋机械

鞋结构*

shoe structures

TS943.3

 F 前跷

  鞋帮

  鞋舌

  鞋头

  鞋楦结构

  鞋眼

  鞋掌

鞋类

 Y 鞋

鞋类产品

Y 鞋

鞋类企业
　Y 制鞋企业

鞋类设计
footwear design
TS943.2
　D 帮结构设计
　　球鞋设计
　　贴楦设计
　　鞋帮设计
　　鞋底设计
　　鞋设计
　　鞋型
　　鞋型设计
　　鞋靴设计
　　鞋子设计
　　靴鞋设计
　S 服饰设计*
　F 女鞋设计
　　皮鞋设计
　　鞋楦设计
　　鞋样设计

鞋类用布
　Y 鞋用布

鞋里
shoe lining
TS943.4
　S 鞋材*
　F 鞋里布
　　鞋里革

鞋里布
shoe liner
TS106；TS943.4
　S 鞋里
　　鞋用布
　Z 鞋材

鞋里革
shoe lining leather
TS563.2；TS943.4
　D 鞋衬里革
　S 鞋里
　　鞋用革
　Z 鞋材

鞋料
　Y 鞋材

鞋面
　Y 鞋面材料

鞋面布
shoe face fabric
TS106；TS943.4
　S 鞋面材料
　　鞋用布
　Z 鞋材

鞋面材料
shoe-upper materials
TS943.4
　D 鞋面
　　制鞋面料
　S 鞋材*
　F 鞋面布

鞋面革

鞋面革
shoe upper leather
TS563.2；TS943.4
　D 白色鞋面革
　　苯胺鞋面革
　　超软鞋面革
　　防水鞋面革
　　磨砂鞋面革
　　磨砂压花摔纹鞋面革
　　细绒鞋面革
　　修饰鞋面革
　　植绒鞋面革
　S 鞋面材料
　　鞋用革
　F 铬鞣鞋面革
　　纳巴鞋面革
　　牛皮鞋面革
　　软鞋面革
　　山羊鞋面革
　C 黄牛皮
　Z 鞋材

鞋模
shoe mould
TS943.5；TS943.6
　D 制鞋模具
　S 模具*
　F 鞋楦
　C 制鞋机械

鞋舌
shoe tongue
TS943.3
　S 鞋结构*

鞋设计
　Y 鞋类设计

鞋饰
shoe accessories
TS943.4
　S 鞋材*

鞋套
　Y 鞋罩

鞋头
shoe toe
TS943.3
　S 鞋结构*

鞋型
　Y 鞋类设计

鞋型设计
　Y 鞋类设计

鞋楦
shoe tree
TS943.2；TS943.3
　D 弹簧鞋楦
　　弹簧鞋楦
　　弹簧楦体
　　伏楦
　　符楦
　　鞋楦底部
　　鞋楦底样
　　鞋楦后端点

鞋楦后跷
鞋楦头形
　S 鞋模
　F 皮鞋楦
　Z 模具

鞋楦粗刻机
　Y 刻楦机

鞋楦底部
　Y 鞋楦

鞋楦底样
　Y 鞋楦

鞋楦后端点
　Y 鞋楦

鞋楦后跷
　Y 鞋楦

鞋楦结构
shoe last structure
TS943.3
　S 鞋结构*
　F 楦底
　　楦面
　　楦型

鞋楦扫描机
　Y 制鞋机械

鞋楦设计
shoe last design
TS943.2
　D 楦底样设计
　　楦型设计
　S 鞋类设计
　Z 服饰设计

鞋楦头形
　Y 鞋楦

鞋楦细刻机
　Y 刻楦机

鞋靴
　Y 靴

鞋靴设计
　Y 鞋类设计

鞋眼
eyelet
TS943.3
　S 鞋结构*

鞋样
shoe pattern
TS943.4
　D 帮样
　　皮鞋帮样
　　鞋帮样
　　鞋底样
　S 鞋材*

鞋样设计
shoes pattern design
TS943.2
　D 帮样结构设计
　　帮样平面设计

帮样设计
S 鞋类设计
Z 服饰设计

鞋用布
shoes cloth
TS106；TS943.4
D 鞋类用布
S 鞋材*
F 鞋里布
　　鞋面布

鞋用材料
Y 鞋材

鞋用革
shoe leather
TS563.2；TS943.4
D 鞋革
　　靴鞋用革
S 鞋材*
F 鞋里革
　　鞋面革

鞋油
shoe cream
TQ63；TS943.7
S 皮革涂饰剂
C 蜡 →(2)(9)⑫
Z 表面处理剂

鞋掌
shoe heels
TS943.3
S 鞋结构*

鞋罩
spat
TS943.4
D 鞋套
S 鞋材*

鞋子
Y 鞋

鞋子设计
Y 鞋类设计

写字台
Y 写字桌

写字桌
writing desk
TS66；TU2
D 写字台
S 办公家具
　　桌子
Z 家具

卸板机
unloader
TS64
S 装卸板机
C 装板机
Z 人造板机械

谢公屐
Y 鞋

蟹糊
Y 蟹酱

蟹酱
crab paste
TS264
D 蟹糊
S 风味酱
Z 酱

蟹类菜肴
crab dishes
TS972.125
D 炝蟹
S 水产菜肴
Z 菜肴

蟹肉
crab meat
TS254.5
D 醉蟹
S 肉*

心磨
reduction milling
TS211.4
D 心磨出粉
S 小麦研磨
Z 农产品加工

心磨出粉
Y 心磨

芯板
core veneer
TS66
S 内层单板
Z 型材

芯部直径
Y 直径

芯纱张力
core yarn tension
TS101
S 纱线张力
Z 张力

芯条板
Y 胶合板

芯吸
Y 芯吸性

芯吸效应
Y 芯吸性

芯吸性
wickability
TS101
D 芯吸
　　芯吸效应
　　芯吸性能
S 物理性能*
　　吸收性*

芯吸性能
Y 芯吸性

芯籽
core seed
TS202.1
S 植物菜籽*

辛辣
spiciness
TS264
S 辣味
Z 感觉

辛辣食品
spicy food
TS219
S 食品*

辛烯基琥珀酸酯化淀粉
octenylsuccinate starch
TS235
S 酸酯淀粉
Z 淀粉

辛香料
Y 香辛料

辛香料提取物
Y 香辛料提取物

锌锅
zinc pot
TS972.21
S 锅
F 镀锌锅
Z 厨具

锌强化剂
zinc reinforcer
TS202.36
S 食品强化剂
Z 增效剂

新茶
Y 茶

新陈度
freshness
TS207.3；ZT72
S 程度*

新工艺白酒
new technological liquor
TS262.39
D 新型白酒
S 白酒*

新工艺技术
Y 工艺方法

新工艺浓香型曲酒
new technology luzhou-flavor liquor
TS262.31
S 浓香型大曲酒
Z 白酒

新技术装备
Y 设备

新疆长绒棉
Xinjiang long staple cotton
TS102.21
S 长绒棉
　　新疆棉
Z 天然纤维

新疆地毯
Y 地毯

新疆和田玉
Xinjiang nephrite
TS933.21
S 和田玉
Z 饰品材料

新疆棉
Xinjiang cotton
TS102.21
S 棉纤维
F 新疆长绒棉
新疆细绒棉
Z 天然纤维

新疆细绒棉
Xinjiang fine cotton
TS102.21
S 细绒棉
新疆棉
Z 天然纤维

新疆细羊毛
Xinjiang fine wool
TS102.31
S 细羊毛
Z 天然纤维

新结构
Y 结构

新酒
young wine
TS262
S 酒*

新款式
Y 样式

新娘礼服
Y 婚礼服

新派粤菜
Y 粤菜

新燃料
Y 燃料

新溶剂
Y 溶剂

新生尕里巴牛犊皮
newborn galiba calfskin
TS56
S 牛皮革
Z 皮革

新食品
Y 新型食品

新闻印刷
Y 报刊印刷

新闻纸
newspapers
TS761.2
S 印刷纸
F 彩色报纸
低定量新闻纸
二次纤维新闻纸
高级新闻纸
胶印新闻纸

再生新闻纸
Z 纸张

新闻纸机
newspaper machine
TS734
D 新闻纸造纸机
S 造纸机
Z 造纸机械

新闻纸生产
Y 新闻纸生产线

新闻纸生产线
newsprint production lines
TS75
D 新闻纸生产
S 造纸生产线
Z 生产线

新闻纸印刷
Y 报刊印刷

新闻纸造纸机
Y 新闻纸机

新西兰羊毛
new zealand wool
TS102.31
S 羊毛
Z 天然纤维

新鲜橙皮
Y 新鲜橘皮

新鲜度
freshness
S：TS201；TS254
D 鲜度
S 产品性能*
F 肉品新鲜度
C 水产品

新鲜度检测
freshness determination
S：TS201.6
S 性能检测*

新鲜干红葡萄酒
fresh dry red wine
TS262.61
S 干红葡萄酒
新鲜葡萄酒
Z 葡萄酒

新鲜干酪
fresh cheese
[TS252.52]
S 干酪
Z 乳制品

新鲜甘蔗
fresh cane
S：TS242
S 制糖原料
Z 食品原料

新鲜果蔬
fresh fruit and vegetables
TS255.2
S 果蔬*

F 鲜切果蔬
新鲜蔬菜

新鲜橘皮
fresh orange peel
TS255
D 新鲜橙皮
S 橘皮
Z 水果果皮

新鲜牛奶
Y 鲜奶

新鲜葡萄酒
fresh wine
TS262.61
S 葡萄酒*
F 新鲜干红葡萄酒

新鲜食品
fresh food
TS219
S 食品*

新鲜蔬菜
fresh vegetables
TS255.2
D 鲜蔬菜
S 新鲜果蔬
Z 果蔬

新鲜猪肉
Y 鲜猪肉

新型白酒
Y 新工艺白酒

新型表面活性剂
Y 表面活性剂

新型捕收剂
Y 捕收剂

新型弹性纤维
Y 弹性纤维

新型蛋白纤维
Y 蛋白质纤维

新型防水剂
Y 防水剂

新型纺纱
new spinning system
TS104.7
D 新型纺纱技术
S 纺纱*
F 包缠纺
静电纺纱
摩擦纺
喷气纺纱
平行纺
赛络纺
涡流纺
圆盘式旋流纺
转杯纺纱
自由端纺纱
C 新型纺纱机

新型纺纱机
new type spinning machine

TS103.27
  D 尘笼纺纱机
    涡流纺纱机
    自捻纺纱机
  S 纺纱机械
  F 摩擦纺纱机
    喷气纺纱机
    转杯纺纱机
  C 新型纺纱
    新型纺纱器材
  Z 纺织机械

新型纺纱技术
  Y 新型纺纱

新型纺纱器材
new style spinning equipment
TS103.82
  S 纺纱器材*
  F 纺纱杯
    阻捻盘
  C 新型纺纱机

新型纺织材料
  Y 纺织新材料

新型纺织品
  Y 纺织品

新型纺织纤维
  Y 纺织纤维

新型纺织原料
  Y 纺织原料

新型分散剂
  Y 分散剂

新型服装面料
  Y 新型面料

新型钢领
new steel collar
TS103.82
  S 钢领
  Z 纺纱器材

新型固化剂
  Y 固化剂

新型活性染料
  Y 活性染料

新型浆料
  Y 浆料

新型浆纱机
new type sizing machine
TS103.32
  S 浆纱机
  Z 织造准备机械

新型胶粘剂
  Y 胶粘剂

新型结构
  Y 结构

新型结构体系
  Y 结构

新型金属针布

  Y 针布

新型精梳机
new type combers
TS103.22
  S 棉精梳机
  Z 纺织机械

新型聚丙烯腈纤维
  Y 腈纶

新型聚酯纤维
  Y 聚酯纤维

新型矿灯
  Y 矿灯

新型酶制剂
  Y 酶制剂

新型面料
new developed fabric
TS941.41
  D 新型服装面料
  S 面料*

新型捻线机
  Y 捻线机

新型热风炉
  Y 热风炉

新型人造纤维素纤维
  Y 再生纤维素纤维

新型溶剂
  Y 溶剂

新型纱线
new type yarns
TS106.4
  S 纱线*

新型食品
novel foods
TS219
  D 新食品
  S 食品*
  F 仿生食品
    新资源食品
    植脂末

新型食品添加剂
  Y 食品添加剂

新型陶瓷
  Y 陶瓷

新型添加剂
  Y 添加剂

新型甜味剂
  Y 甜味剂

新型涂料
  Y 涂料

新型纤维
  Y 纺织纤维

新型纤维纺织品
  Y 纺织品

新型纤维素纤维
  Y 再生纤维素纤维

新型鞋底
  Y 鞋底

新型盐田
  Y 盐田

新型阳离子松香胶
  Y 阳离子松香胶

新型抑制剂
  Y 抑制剂

新型原料
  Y 原料

新型再生纤维素纤维
  Y 再生纤维素纤维

新型粘合剂
  Y 胶粘剂

新型粘结剂
  Y 胶粘剂

新型针布
new type card clothing
TS103.82
  S 针布
  Z 纺纱器材

新型织机
new type loom
TS103.33
  S 织机
  Z 织造机械

新型助剂
  Y 助剂

新型助留剂
  Y 助留剂

新型助留助滤剂
  Y 助留助滤剂

新型装置
  Y 装置

新型自动缫丝机
new type automatic silk reeling machine
TS142
  S 自动缫丝机
  Z 纺织机械

新应用
  Y 应用

新颖袋泡茶
  Y 袋泡茶

新原料
  Y 原料

新月形卫生纸机
  Y 新月型纸机

新月型纸机
crescent type tissue machine
TS734
  D 新月形卫生纸机

S 杨克纸机
Z 造纸机械

新中式家具
new Chinese style furnitures
TS66；TU2
　　S 现代中式家具
　　Z 家具

新助剂
　　Y 助剂

新资源食品
new resources foods
TS219
　　S 新型食品
　　Z 食品

薪材
fuelwood
TS62
　　D 木材燃料
　　S 木材*

信标灯
beacon lamp
TM92；TS956
　　D 标灯
　　　标志灯
　　S 信号灯
　　Z 灯

信封
envelope
TS951
　　S 办公用品*

信号灯
signal lamp
TM92；TS956；U6
　　D 号灯
　　　信号灯泡
　　S 灯*
　　F 调车信号灯
　　　航空障碍灯
　　　交通灯
　　　信标灯
　　　指示灯
　　C 信号识别　→(7)(8)

信号灯泡
　　Y 信号灯

信息*
information
TN91
　　D 信息段
　　　信息基因
　　　信息类型
　　　信息资产
　　F 食品安全信息
　　C 手册　→(1)

信息安全技术*
information security technology
TP3
　　F 票据防伪

信息处理*
information processing

TN91
　　D 情报处理
　　　消息处理
　　　信息处理方法
　　　信息处理技术
　　　信息加工
　　F 自动排版
　　C 处理
　　　计算机技术
　　　数据消息处理系统　→(7)(8)
　　　消息通信　→(7)
　　　消息系统　→(7)
　　　信息策略　→(7)(8)
　　　信息处理机制　→(7)(8)
　　　信息处理模式　→(7)
　　　信息处理模型　→(8)
　　　信息处理平台　→(8)
　　　信息处理器　→(8)
　　　信息处理设备　→(8)
　　　信息处理系统
　　　信息数字化　→(7)
　　　信息压缩　→(1)(7)(8)

信息处理方法
　　Y 信息处理

信息处理技术
　　Y 信息处理

信息处理系统*
information processing system
TP2
　　D 情报处理系统
　　　情报处置系统
　　F 输出系统
　　C 信息处理
　　　信息处理机制　→(7)(8)
　　　信息处理器　→(8)
　　　信息传输　→(7)
　　　信息系统　→(1)(2)(4)(5)(6)(7)(8)(11)(12)(13)

信息段
　　Y 信息

信息基因
　　Y 信息

信息加工
　　Y 信息处理

信息卡*
information card
TN99
　　F 色卡
　　C 板卡　→(7)(8)
　　　信息存储　→(8)

信息库*
information base
TP3
　　D 信息资源库
　　F 词库
　　C 数据库　→(1)(2)(3)(4)(6)(7)(8)(12)(13)
　　　信息管理系统　→(1)(8)(12)

信息类型
　　Y 信息

信息特征*
information characteristics

TP1
　　F 书写性能
　　C 不确定性　→(1)(3)(4)(5)(8)(13)
　　　工程性能　→(1)(2)(3)(4)(5)(6)(11)(12)
　　　数据特性　→(7)(8)

信息图像工业
　　Y 酿酒工业

信息资产
　　Y 信息

信息资源库
　　Y 信息库

信阳毛尖
Xinyang Maojian tea
TS272.51
　　D 信阳毛尖茶
　　S 毛尖茶
　　Z 茶

信阳毛尖茶
　　Y 信阳毛尖

星形架染色
　　Y 染色工艺

行李箱
trunk
TS97
　　S 箱*

行人过街信号灯
pedestrian crossing signal lamp
TM92；TS956
　　S 交通灯
　　Z 灯
　　　交通设施

行驶车辆
　　Y 车辆

行走稳定性
　　Y 稳定性

形变
　　Y 变形

形貌
　　Y 形态

形貌稳定性
　　Y 稳定性

形素造型
　　Y 造型

形态*
morphology
ZT5
　　D 冷态
　　　形貌
　　F 波纹
　　　服装形态
　　　固形物
　　　外观形态
　　　纤维形态
　　　悬垂形态

形态风格
shape style

TS941.1
S 风格*
C 形态演变 →(3)

形态记忆
form memory
TS101.923
S 形态稳定
Z 稳定

形态记忆纤维
Y 形状记忆纤维

形态记忆织物
Y 形状记忆织物

形态稳定
Morphological stability
TS101.923
S 稳定*
F 形态记忆

形态稳定性
Y 尺寸稳定性

形稳性
Y 稳定性

形象设计专业
image design major
TS97
S 专业*

形象玩具
Y 玩偶

形状*
shape
ZT2
F 网点形状

形状记忆纤维
shape memory fibre
TQ34；TS102.528
D 形态记忆纤维
S 智能纤维
C 形状记忆效应 →(3)
Z 纤维

形状记忆织物
shape memory fabric
TS106.8
D 形态记忆织物
S 功能纺织品*

形状稳定性
Y 尺寸稳定性

型材*
section material
TG1
F 单板
覆板
钢线
夹芯板
胶合板
结构板
径切板
落叶松单板
马口铁
泡桐单板

拼板
热压板
软木板
烫印箔
细木工板
杨木单板

型模
Y 模具

醒发
proving
TS211.4
D 醒面
S 面粉加工
Z 农产品加工

醒发时间
proofing time
TS213.2
S 烹调时间
Z 加工时间

醒酒
Y 解酒

醒酒草
Y 解酒

醒酒池
Y 解酒

醒酒石
Y 解酒

醒酒鲊
Y 解酒

醒面
Y 醒发

杏脯
preserved apricots
TS255
S 果脯
Z 果蔬制品

杏酱
Y 果酱

杏仁
almond
TS255.6
S 果仁
F 巴旦杏
苦杏仁
甜杏仁
小白杏
C 杏仁油
Z 坚果制品

杏仁饼
almond cake
TS972.132
S 饼
Z 主食

杏仁茶
almond drink
TS275.2
S 茶饮料

Z 饮料

杏仁蛋白
apricot kernel protein
Q5；TQ46；TS201.21
S 油料蛋白
Z 蛋白质

杏仁豆腐
almond junket
TS255.6
S 杏仁制品
Z 坚果制品

杏仁粉
almond meal
TS255.6
D 杏仁霜
S 杏仁制品
Z 坚果制品

杏仁露
Y 杏仁奶

杏仁奶
almond milk
TS275.7
D 杏仁露
杏仁乳
S 植物蛋白饮料
Z 饮料

杏仁乳
Y 杏仁奶

杏仁霜
Y 杏仁粉

杏仁油
almond oil
TS225.19
D 小白杏杏仁油
银杏油
S 植物种子油
F 苦杏仁油
甜杏仁油
C 杏仁
Z 油脂

杏仁制品
almond goods
TS255.6
S 坚果制品*
F 杏仁豆腐
杏仁粉

杏渣
apricot residues
TS255
S 果蔬渣
Z 残渣

杏汁
apricot juice
TS255
S 果汁
Z 果蔬制品
汁液

性能*

performance
ZT4
　D 功能特点
　　基本性能
　　特点
　　特点性能
　　特殊性能
　　特性
　　特异性能
　　特征
　　特种性能
　　性能表征
　　性能极限
　　性能描述
　　性能认定
　　性能势
　　性能水平
　　性能特点
　　性能要求
　　性质
　　重要特性
　　主要性能
　F 触觉舒适性
　　风格特性
　　复水性
　　复原性
　　快干性
　　牢固性
　　连续缝纫性能
　　美观性
　　蓬松性
　　染色重现性
　　热湿平衡
　　柔顺性
　　嗜好性
　　撕裂性能
　　脱木素选择性
　　悬垂性
　　印刷性能
　　硬性
　　造纸性能
　　贮藏性
　C 安全性
　　保护性能
　　变性
　　表面性质
　　材料性能
　　操作性能 →(1)(3)(6)(8)(12)(13)
　　测试性 →(1)(2)(3)(4)(5)(6)(7)(8)
　　产品性能
　　磁性质 →(1)(3)(5)(7)
　　电气性能
　　电性能
　　电子性能 →(1)(7)(13)
　　动力装置性能 →(1)(5)(6)(12)
　　毒性 →(1)(6)(11)(13)
　　方向性
　　防护性能
　　纺织品性能
　　改性
　　高性能 →(1)(2)(3)(5)(8)(9)(11)(12)
　　工程性能 →(1)(2)(3)(4)(5)(6)(11)(12)
　　光电性能 →(1)(7)
　　光学性质
　　化学性质
　　环境性能

　　活性
　　机械性能
　　计算机性能 →(1)(7)(8)
　　技术性能 →(1)(11)(13)
　　金属性能 →(1)(2)(3)(9)(12)
　　均匀性
　　抗性
　　可行性 →(1)(11)
　　控制性能 →(1)(6)(8)(9)(11)
　　理化性质
　　力学性能
　　流体力学性能
　　敏感性 →(1)(2)(3)(4)(5)(6)(7)(8)(9)(11)(12)
(13)
　　耐性
　　染色性能
　　热学性能
　　设备性能 →(1)(4)(6)(7)(8)(9)(11)(12)
　　渗透性能
　　生物特征
　　声学特性 →(1)(4)(7)(11)(12)(13)
　　时空性能 →(1)(3)(4)(5)(6)(7)(8)(9)(11)
　　使用性能
　　适性
　　网络性能 →(1)(5)(6)(7)(8)
　　物理性能
　　吸收性
　　系统性能 →(1)(2)(3)(4)(5)(6)(7)(8)
　　相关性 →(1)(3)(4)(7)(8)(11)
　　冶金性能 →(3)(9)(13)
　　战术技术性能 →(1)(4)(6)(8)(9)(13)
　　属性
　　综合性能
　　阻隔性

性能(力学)
　Y 力学性能

性能变化*
performance change
ZT5
　D 品质变化
　　性质变化
　F 协同增稠
　C 材料性能
　　参数变化
　　快速凝固 →(3)
　　软化

性能表征
　Y 性能

性能测度
　Y 性能测量

性能测量*
performance measurement
TG8
　D 功能测试
　　功能性测试
　　特性测量
　　特性测试
　　特征测度
　　特征测量
　　性能测度
　　性能测试
　　性能测试方法
　　性能度量

　F 捻度测试
　　微波测湿
　　转移率测量
　C 测量
　　性能标准 →(1)
　　性能计算
　　性能检测
　　性能劣化 →(5)
　　性能试验 →(1)(2)(3)(4)(5)(6)(9)(11)(12)

性能测试
　Y 性能测量

性能测试方法
　Y 性能测量

性能度量
　Y 性能测量

性能化设计
　Y 性能设计

性能换算
　Y 性能计算

性能极限
　Y 性能

性能计算*
performance calculation
TH3
　D 特性计算
　　性能换算
　F 快速计算
　　色度计算
　C 计算 →(1)(2)(3)(4)(5)(6)(7)(8)(9)(11)(12)
　　性能测量

性能监测
　Y 性能检测

性能检测*
performance check
TB4
　D 功能检验
　　性能监测
　　性能检查
　F 新鲜度检测
　C 检测
　　性能测量

性能检查
　Y 性能检测

性能描述
　Y 性能

性能认定
　Y 性能

性能设计*
performance design
TB2
　D 特性设计
　　特征设计
　　性能化设计
　　总体性能设计
　F 防伪设计
　　舒适性设计
　C 功能设计 →(1)(4)(8)(11)(12)
　　设计

性能势
    Y 性能

性能试验系统
    Y 试验设备

性能试验装置
    Y 试验设备

性能水平
    Y 性能

性能特点
    Y 性能

性能系数*
coefficient of performance
ZT3
    F 灰度系数
    C 系数
      效率

性能要求
    Y 性能

性能指标*
performance index
O1
    F 白度指标
      弹性指标
      服用性能指标
      麦汁理化指标
      舒适度指标
      透湿指标
    C 指标

性质
    Y 性能

性质变化
    Y 性能变化

性状*
properties
Q3；ZT4
    F 感官性状
    C 生物特征

胸部尺寸
chest size
TS941.2
    S 人体尺寸
    F 胸高
      胸宽
      胸省
      胸凸量
      胸腰差
    C 胸部造型
    Z 尺寸

胸部形态
    Y 胸部造型

胸部造型
chest modelling
TS941.6
    D 胸部形态
    S 造型*
    C 胸部尺寸

胸带

胸高
breast height
TS941.2
    S 胸部尺寸
    Z 尺寸

胸宽
chest width
TS941.2
    S 胸部尺寸
    Z 尺寸

胸省
breast dart
TS941.2；TS941.6
    S 胸部尺寸
    Z 尺寸

胸凸量
chest convex amount
TS941.2；TS941.6
    S 胸部尺寸
    Z 尺寸

胸腺多肽
thymosin
TQ93；TS201.2
    S 多肽
    Z 肽

胸腰差
chest-waist difference
TS941.2；TS941.6
    S 胸部尺寸
    Z 尺寸

胸衣
    Y 文胸

胸罩
    Y 文胸

熊岳苹果酒
    Y 苹果酒

休闲风格
leisure styles
TS941.1
    D 休闲化
    S 风格*
    C 休闲装

休闲服
    Y 休闲装

休闲服装
    Y 休闲装

休闲化
    Y 休闲风格

休闲裤
    Y 裤装

休闲面料
leisure fabrics
TS941.41
    D 运动休闲面料
    S 面料*

    F 棉休闲服装面料

休闲食品
leisure food
TS219
    D 小食品
      休闲小食品
    S 食品*
    F 爽口片

休闲西服
leisure suit
TS941.7
    D 休闲西装
    S 西服
    Z 服装

休闲西装
    Y 休闲西服

休闲小食品
    Y 休闲食品

休闲椅
leisure chairs
TS66；TU2
    S 椅子
    Z 家具

休闲装
leisure clothing
TS941.7
    D 休闲服
      休闲服装
    S 服装*
    F T恤
    C 休闲风格

休止横机
resting flat knitting machine
TS183.4
    S 横机
    Z 织造机械

修复*
restore
TB4
    D 改正性维护
      纠正性维护
      修复改造
      修复工艺
      修复工作
      修复加工
      修复性维修
    F 表面修复
    C 表面缺陷
      环境修复 →⑪⑬

修复改造
    Y 修复

修复工艺
    Y 修复

修复工作
    Y 修复

修复加工
    Y 修复

修复性维修

Y 修复

修改液
　　Y 涂改液

修剪刀
　　Y 剪刀

修剪钳
　　Y 钳子

修脚刀
　　Y 日用刀具

修口钳
　　Y 钳子

修面辊
　　Y 饰面辊

修磨机
reparation grinder
TG5；TS64
　　D 钢坯修磨机
　　　蜗杆珩轮修磨机
　　　钻头修磨机
　　　钻头研磨机
　　S 磨削设备*

修色
　　Y 调整色差

修饰辊
　　Y 整饰辊

修饰鞋面革
　　Y 鞋面革

修芯钻
　　Y 电钻

修形工艺
　　Y 工艺方法

修正液
　　Y 涂改液

秀发护理
hair care
TS974.2
　　S 个人护理
　　Z 护理

岫岩玉
xiuyan jade
TS933.21
　　S 岫玉
　　Z 饰品材料

岫玉
Hsiuyen jade
TS933.21
　　S 玉
　　F 岫岩玉
　　Z 饰品材料

岫玉雕
Jade carving
J；TS932.1
　　S 玉雕
　　Z 雕刻
　　　饰品

袖
　　Y 衣袖

袖长线
　　Y 袖裆

袖裆
sleeve length line
TS941.61
　　D 袖长线
　　　袖开叉
　　　袖口衬
　　S 衣袖结构
　　F 袖肥
　　Z 服装结构

袖肥
sleeve width
TS941.61
　　S 袖裆
　　Z 服装结构

袖开叉
　　Y 袖裆

袖口
sleeve-cuff
TS941.61
　　S 衣袖结构
　　Z 服装结构

袖口衬
　　Y 袖裆

袖口起绺
　　Y 跳针

袖窿
armhole
TS941.61
　　D 袖窿结构
　　S 衣袖结构
　　F 袖窿深
　　C 肩宽
　　Z 服装结构

袖窿弧线
armhole curve
TS941.61
　　S 袖窿深
　　Z 服装结构

袖窿结构
　　Y 袖窿

袖窿深
armhole depth
TS941.61
　　S 袖窿
　　F 袖窿弧线
　　Z 服装结构

袖山
sleeve cap
TS941.61
　　S 衣袖结构
　　F 袖山吃势
　　　袖山高
　　　袖山弧线
　　Z 服装结构

袖山吃势
crown ease
TS941.61
　　S 袖山
　　Z 服装结构

袖山高
sleeve crown height
TS941.61
　　S 袖山
　　Z 服装结构

袖山弧线
sleeve cap line
TS941.61
　　S 袖山
　　Z 服装结构

袖条
sleeves
TS941.4
　　S 衣袖
　　Z 服装附件

袖型
sleeve type
TS941.61
　　S 衣袖结构
　　F 连身袖
　　　两片袖
　　　泡泡袖
　　　西服袖
　　　原身出袖
　　Z 服装结构

袖眼
sleeve eye
TS941.6
　　S 袖子工艺
　　Z 服装工艺

袖珍灯
　　Y 微型灯

袖中线
sleeve centre line
TS941.61
　　S 衣袖结构
　　Z 服装结构

袖子
　　Y 衣袖

袖子工艺
sleeve technology
TS941.6
　　D 袖子基本线
　　　袖子偏后
　　　袖子偏前
　　S 服装工艺*
　　F 配袖
　　　袖眼
　　　装袖

袖子基本线
　　Y 袖子工艺

袖子偏后
　　Y 袖子工艺

袖子偏前
Y 袖子工艺

绣花
Y 刺绣

绣花底布
Y 底布

绣花机
embroidery machine
TS941.562.
D 摆针绣花机
刺绣机
梭式绣花机
自动刺绣机
自动绣花机
S 缝纫设备
F 电脑绣花机
飞梭绣花机
Z 服装机械

绣花线
Y 刺绣线

绣花鞋
embroidered shoes
TS943.7
S 鞋*

绣字机
Y 缝纫设备

须条间距
strand distance
TS104
S 间距*
C 前纺工艺

虚拟打样
virtual proofing
TS801；TS805
S 数字打样
Z 打样

虚拟打印
virtual printing
TS859
S 打印*

虚拟服装
virtual garment
TS941.7
S 服装*

叙府大曲
Y 大曲酒

畜冰设备
Y 冷却装置

续染
Y 染色工艺

絮料
Y 服装辅料

絮棉制品
padded cotton products
TS106.3
S 絮用纤维制品

F 棉胎
Z 纤维制品

絮凝*
flocculation
O6；TQ0
D 结絮作用
解絮凝
絮凝处理
絮凝动态过程
絮凝法
絮凝法处理
絮凝工艺
絮凝过程
絮凝技术
絮凝效果
絮凝效能
絮凝作用
F 酵母超前絮凝
C 沉淀
混凝剂
活性污泥 →(13)
絮凝剂 →(9)(13)
絮凝颗粒 →(9)
有机絮凝剂 →(9)

絮凝处理
Y 絮凝

絮凝动态过程
Y 絮凝

絮凝法
Y 絮凝

絮凝法处理
Y 絮凝

絮凝工艺
Y 絮凝

絮凝过程
Y 絮凝

絮凝技术
Y 絮凝

絮凝效果
Y 絮凝

絮凝效能
Y 絮凝

絮凝作用
Y 絮凝

絮片
flocculus
TS106.3
D 羊毛絮片
针刺絮片
S 絮用纤维制品
F 保暖絮片
Z 纤维制品

絮用纤维制品
wadding fiber products
TS106.3
S 纤维制品*
F 絮棉制品
絮片

蓄热调温纺织品
heat-storage and thermoregualted textile
TS106.8
S 智能纺织品
Z 功能纺织品

宣木瓜酒
Xuan papaya wine
TS262.7
S 木瓜果酒
Z 酒

宣纸
rice paper
TS761.1；TS766
S 手工纸
书画用纸
F 东巴纸
Z 办公用品
纸张

玄武岩长丝
Y 连续玄武岩纤维

玄武岩连续纤维
Y 连续玄武岩纤维

玄武岩纤维
basalt fiber
TS102.4
S 矿物纤维
F 连续玄武岩纤维
C 碳纤维
Z 天然纤维

玄武岩纤维布
basalt fiber reinforced polymer
TS106.8
S 织物*

悬臂磨刨床
Y 刨床

悬臂刨床
Y 刨床

悬臂镗铣床
Y 镗铣床

悬臂铣刨床
Y 刨床

悬垂
Y 悬垂性

悬垂美感
drape aesthetics
TS101
D 悬垂美观性

悬垂美观性
Y 悬垂美感

悬垂系数
drape coefficient
TS101
S 系数*
C 悬垂性
悬垂指标

悬垂形态

draping shape
TS101
S 形态*
C 悬垂性

悬垂性
draping
TS101
D 悬垂
悬垂性能
S 性能*
F 动静态悬垂性
织物悬垂性
C 悬垂系数
悬垂形态
织物外观
织物性能

悬垂性能
Y 悬垂性

悬垂指标
drape index
TS101
S 织物物理指标
C 悬垂系数
Z 指标

悬锭粗纺机
Y 粗纱机

悬锭粗纱机
flyer roving frame
TS103.22
S 粗纱机
Z 纺织机械

悬锭锭翼
suspended flyer
TS103.82
S 锭翼
Z 纺纱器材

悬浮*
suspension
O3；O6；TH4；TS27
F 全悬浮
C 无轴承异步电机 →(5)
悬浮接地 →(5)
悬浮物 →(13)

悬浮法
flotation method
O3；O6；TH4；TS27
S 化工工艺*

悬浮力
levitation force
O3；TS190
S 力*
C 永磁磁路 →(5)

悬浮体浸染
Y 浸染

悬浮饮料
Y 浊汁饮料

悬挂式砂轮机
Y 砂轮机

旋板机
Y 旋切机

旋回筛
Y 筛

旋具
Y 螺丝刀

旋切单板
rotary cut veneer
TS65；TS66
S 单板
Z 型材

旋切机
rotary cutter
TS64
D BQ1626/13 型
单板旋切机
旋板机
S 胶合板机械
F 恒线速旋切机
无卡轴旋切机
液压双卡轴旋切机
Z 人造板机械

旋涡气流光整加工
Y 精加工

旋转发酵罐
rotor fermenter
TQ92；TS261.3
S 发酵罐
Z 发酵设备

旋转模具
Y 模具

旋转式活动铅笔
Y 铅笔

旋转挑线机构
rotary take-up mechanism
TS941.569
S 挑线机构
Z 缝制机械机构

选别
Y 分选

选别工艺
Y 分选

选别流程
Y 分选

选别作业
Y 分选

选厂设备
site selection equipment
TD4；TH6；TS103
S 矿山机械*

选茧机
Y 蚕茧初加工机械

选配*
matching
S；TM3
D 合理选配

优化选配
F 浆料选配
色彩选配
原棉选配

选皮
leather selection
TS541
S 制革准备
Z 制革工艺

选纬
weft selection
TS105
D 电子选纬
S 纬纱工艺
Z 织造工艺

选纬机构
Y 选纬装置

选纬装置
weft selecting apparatus
TS103.12
D 选纬机构
寻纬机构
找纬装置
S 机织机构
F 寻断纬装置
自动选纬装置
Z 纺织机构

选用设备
Y 设备

选择*
selection
ZT5
F 染料选择
原料选择
C 通信选择 →(7)
选线 →(1)(5)(12)
选择开关 →(5)
选址 →(5)(6)(7)(11)(12)

选针
selecting needle
TS184
D 选针可靠性
选针系统
选针原理
S 针织工艺*

选针机构
needle selecting device
TS183.1
D 选针器
选针装置
S 针织机构
F 电子选针器
Z 纺织机构

选针可靠性
Y 选针

选针器
Y 选针机构

选针系统
Y 选针

选针原理
  Y 选针

选针装置
  Y 选针机构

楦底
last bottom
TS943.3
  D 楦底样
  S 鞋楦结构
  Z 鞋结构

楦底样
  Y 楦底

楦底样设计
  Y 鞋楦设计

楦面
last surface
TS943.3
  D 楦面展平
  S 鞋楦结构
  Z 鞋结构

楦面展平
  Y 楦面

楦型
last style
TS943.3
  S 鞋楦结构
  Z 鞋结构

楦型设计
  Y 鞋楦设计

靴
boot
TS943.7
  D 鞋靴
    靴子
  S 鞋*

靴鞋设计
  Y 鞋类设计

靴鞋用革
  Y 鞋用革

靴形压榨
shoe pressing
TS75
  S 压榨*

靴子
  Y 靴

学生服装
  Y 学生装

学生奶
student milk
TS252.59
  D 学生饮用奶
    学童奶
  S 乳制品*

学生饮用奶
  Y 学生奶

学生营养奶
  Y 营养奶

学生装
campus wear
TS941.7
  D 学生服装
  S 服装*
  F 校服

学童奶
  Y 学生奶

学习桌椅
study tables and chairs
TS66；TU2
  S 桌子
  Z 家具

学校食谱
school recipes
TS972.12
  S 食谱*

雪糕
  Y 冰淇淋

雪花纱
  Y 花式纱线

雪尼尔纺纱机
Chenille spinning machine
TS103.23
  S 细纱机
  Z 纺织机械

雪尼尔绒线
  Y 绒线

雪尼尔纱
  Y 雪尼尔纱线

雪尼尔纱线
chenille yarn
TS106.4
  D 雪尼尔纱
    雪尼尔线
  S 花式纱线
  Z 纱线

雪尼尔线
  Y 雪尼尔纱线

雪茄
  Y 烟草

雪茄卷制机
  Y 卷烟包装机

雪茄型烟叶
  Y 烟叶

雪茄烟全能包卷机
  Y 卷烟包装机

雪上运动器材
snow sports equipments
TS952.6
  S 体育器材*
  F 速滑冰刀

鳕鱼

codfish
TS254.2
  S 鱼
  Z 水产品

鳕鱼加工
  Y 鱼品加工

鳕鱼皮
codfish skin
S；TS564
  S 鱼皮
  Z 动物皮毛

血红蛋白
hemoglobin
Q5；TS201.21
  S 动物蛋白
  F 亚硝基血红蛋白
    猪血红蛋白
  Z 蛋白质

血筋绒面毛革
blood band suede leather
TS56
  S 绒面革
  Z 皮革

血糯米
  Y 黑糯米

埙
Xun
TS953.22
  S 民族乐器
  F 陶埙
  Z 乐器

熏醋
fumigating vinegar
TS264
  S 烟熏*

熏干
  Y 液熏

熏鸡
smoked chicken
TS251.55；TS251.67
  D 沟帮子熏鸡
  S 鸡类菜肴
    鸡肉制品
    熏烤肉制品
  Z 菜肴
    肉制品

熏烤
fire-cure
TS205；TS44
  S 烘烤*

熏烤肉制品
smoked meat products
TS251
  S 熟肉制品
  F 烤鸡
    熏鸡
    熏煮香肠
  Z 肉制品

熏气
　Y 烟熏

熏肉
bacon
TS251.43
　S 熏制
　F 熏鱼
　Z 食品加工

熏香肠
　Y 熏煮香肠

熏液
　Y 液熏

熏鱼
smoked fish
TS251.43
　S 熏肉
　Z 食品加工

熏制
smoke curing
TS251.43
　D 焙熏法
　　电熏法
　　机熏
　　冷熏法
　　热熏法
　　温熏法
　　熏制工艺
　　熏制品
　　熏制食品
　　液熏法
　　直接烟熏法
　S 肉品加工
　F 冷熏
　　熏肉
　　液熏
　C 中药制药 →(9)
　Z 食品加工

熏制工艺
　Y 熏制

熏制品
　Y 熏制

熏制食品
　Y 熏制

熏煮香肠
smoked and cooked sausage
TS251.59
　D 生熏肠
　　生熏香肠
　　熏香肠
　　烟熏熟香肠
　　烟熏香肠
　S 香肠
　　熏烤肉制品
　Z 肉制品

窨制
scenting
TS272.4
　D 窨制工艺
　　窨制技术
　S 茶叶加工*

窨制工艺
　Y 窨制

窨制技术
　Y 窨制

寻断纬装置
pick finding device
TS103.12
　S 选纬装置
　Z 纺织机构

寻纬机构
　Y 选纬装置

循环*
cycle
ZT5
　D 反循环工艺
　　非循环
　　良性循环处理
　　循环处理
　　循环法
　　循环方式
　　循环工艺
　F 白水循环
　　垂直循环
　　浆液循环
　C 热力循环 →(1)(4)(5)
　　循环变流器 →(5)
　　循环反应器 →(9)
　　循环风机 →(4)
　　循环液 →(9)
　　制冷循环 →(1)

循环彩灯
cycle lantern
TM92；TS956
　S 彩灯
　Z 灯

循环处理
　Y 循环

循环法
　Y 循环

循环方式
　Y 循环

循环工艺
　Y 循环

循环式烘茧机
　Y 循环式热风烘茧机

循环式热风烘茧机
continuous cocoon drying machine
TS142
　D 热风式烘茧机
　　循环式烘茧机
　S 烘茧机
　Z 纺织机械

循环式煮茧机
　Y 煮茧机

循环水冷却装置
　Y 冷却装置

循环脱脂

　Y 脱脂

鲟鱼皮
sturgeon skin
S；TS564
　S 鱼皮
　Z 动物皮毛

讯响扳手
　Y 扳手

驯鹿毛
　Y 毛纤维

蕈糖
　Y 海藻糖

压板机构
pressure plate mechanism
TS941.569
　S 缝制机械机构*

压扁轧机
　Y 轧机

压层
　Y 层压

压风呼吸器
　Y 呼吸器

压感舒适性
　Y 压力舒适性

压梗机
　Y 洗梗机

压光
calendering
TS755
　S 造纸工艺*

压光辊
calender bowl
TH13；TS73
　S 辊*
　F 软压光辊

压光机
calender
TS803.9
　S 印后设备
　Z 印刷机械

压光绝缘纸
　Y 绝缘纸

压光纸
calendered paper
TS76
　S 纸张*
　F 超级压光纸

压合
stitching
TS88
　S 生产工艺*

压合模具
　Y 模具

压痕线
indentation line

TB4；TS807
S 线迹
Z 痕迹

压花
embossing
TS544
S 生产工艺*

压花辊
embossing roller
TH13；TQ33；TS103.82
S 辊*
花辊
Z 纺织器材

压花纹
Y 花纹

压浆辊
quetsch
TS103.81；TS103.82
D 轧浆辊
S 织造器材*
C 压浆辊硬度

压浆辊硬度
squeezing roller hardness
TS105
S 硬度*
C 压浆辊

压浆力
squeezing pressure
TS105
S 压力*
C 浆纱工艺

压脚
presser foots
TS103
S 缝纫机零件
Z 零部件

压紧辊
pinch roller
TG3；TH13；TS64
S 辊*

压力*
pressure
O3；TB1
D 表压力
F 服装压力
浮压
离合压
临界压榨压力
模切压力
喷头工作压力
压浆力
C 超高压设备 →(9)
辊间压力 →(3)
矿山压力 →(2)
离解平衡 →(9)
力
流体压力 →(1)(2)(3)(4)(5)(6)(9)(11)(12)
压差 →(1)
压力凝胶 →(9)

压力棒
pressure bar
TS103.82
S 牵伸器材
Z 纺纱器材

压力棒上销
pressure bar top pin
TS103.82
S 纺织销
F 后区压力棒上销
Z 纺织器材

压力茶壶
pressure teapot
TS972.23
S 茶具
Z 厨具

压力处理*
pressure treatment
TG3；TH16；TQ0
D 压力技术
F 超高压处理
C 处理
压力缓冲 →(4)
压力加工
压力试验 →(3)

压力服
pressure garment
TS941.731；V2；V4
S 防护服
Z 安全防护用品
服装

压力锅
pressure cooker
TS972.21
S 锅
F 电压力锅
高压锅
Z 厨具

压力技术
Y 压力处理

压力加工*
press working
TG3
D 压力整形
F 钢塑共挤
精压
热压
双螺杆挤压
压制
蒸煮挤压
C 锻造 →(3)
加工
矫直 →(1)(3)(4)
金属加工 →(3)(4)
拉伸
塑性加工 →(3)(4)
压力处理
压力加工设备
压缩性能 →(1)(3)(11)
轧制 →(3)(4)(11)

压力加工设备*
pressworking equipment
TG3
F 挤压设备
C 成型机 →(3)(9)
锻造 →(3)
加工设备
剪切设备
金属加工设备
压力加工
压力设备
压缩性能 →(1)(3)(11)
压铸机 →(3)
轧机
注塑机 →(9)

压力喷雾
pressure atomization
TS205
S 喷射*
C 压力喷嘴 →(4)(5)(6)

压力筛
pressure screen
TS73
S 筛*

压力设备*
pressure equipment
TQ0
D 压力装置
F 加压摇架
C 电气设备 →(2)(3)(4)(5)(6)(8)(9)(11)(12)
压力安全 →(13)
压力加工设备
压力喷嘴 →(4)(5)(6)
压力容器 →(4)
液压设备 →(2)(3)(4)(6)(12)

压力试验设备
Y 试验设备

压力舒适性
pressure comfort
TS94
D 压感舒适性
S 力学性能*
舒适性
F 服装压力舒适性
Z 适性

压力洗浆机
Y 洗浆设备

压力圆珠笔
Y 圆珠笔

压力炸鸡
Y 炸鸡

压力整形
Y 压力加工

压力装置
Y 压力设备

压裂液配伍性
Y 配伍性

压领机
Y 服装机械

压密

Y 压实

压面机
noodle press
TS203
  S 面类饮食加工机械
  Z 食品加工机械

压敏染料
pressure sensitive dye
TS193.21
  S 过敏性染料
  F 热压敏染料
  Z 染料

压敏粘合纤维
  Y 功能纤维

压模压制
  Y 压制

压模装置
  Y 模具

压刨、侧面刨二面木工刨床
  Y 四面木工刨床

压区
press zone
TS73
  S 区域*

压热
  Y 耐久压烫整理

压热处理
  Y 耐久压烫整理

压热法
  Y 耐久压烫整理

压纱衬纬经编织物
  Y 经编织物

压纱衬纬经编组织
  Y 经编组织

压纱经编组织
  Y 经编组织

压纱型经编毛圈织物
  Y 经编毛圈织物

压纱型经编组织
  Y 经编组织

压纱织物
  Y 针织物

压实*
compaction
TU4
  D 春实
    等压压实
    粉末压实
    夯击
    击实
    挤密
    挤密法
    挤密土体
    挤密作用
    紧实

    紧实度
    紧实过程
    紧实率
    密实
    土方压实
    土基压实
    土料压实
    土石料压实
    土体压实
    土压实
    微震压实
    压密
    压实处理
    压实法
    压实方法
    压实工艺
    压实技术
    压实施工法
    液态动压实
  F 预压
  C 干密度 →(1)(11)
    路堤压实 →(11)
    路基压实 →(11)
    剩余湿陷量 →(11)
    塑限 →(11)
    制芯 →(3)

压实处理
  Y 压实

压实法
  Y 压实

压实方法
  Y 压实

压实工艺
  Y 压实

压实技术
  Y 压实

压实施工法
  Y 压实

压实造型
  Y 造型

压水机
  Y 浸轧机

压碎机
  Y 制糖设备

压缩饼干
sea biscuit
TS213.22
  S 饼干
  Z 糕点

压缩机车间
  Y 车间

压缩空气分离器
  Y 分离设备

压缩空气呼吸器
  Y 呼吸器

压缩木
compressed wood

TS62
  D 胶压木
    压缩木材
  S 木材*
  F 压缩弯曲木
  C 热压板

压缩木材
  Y 压缩木

压缩式接头
  Y 接头

压缩速率
compression velocity
TS205
  S 速率*
  C 压缩系数 →(1)

压缩弯曲木
compressing-bending woods
TS62
  S 弯曲木
    压缩木
  Z 木材

压烫
  Y 熨烫

压烫工艺
  Y 熨烫

压烫整理
  Y 耐久压烫整理

压凸印刷
  Y 凸版印刷

压纹
embossing
TS88
  S 加工*
  C 皮革
    印刷品
    纸张

压纹书皮纸
  Y 纸张

压洗
pressure washing
O6；TQ34；TS101
  S 清洗*
  C 尼龙 6
    粘胶纤维

压延帘布
calendered cord
TS106.6
  S 帘子布
  Z 纺织品

压印
press
TS194.4；TS859
  S 印制技术*
  F 纳米压印
    热压印
  C 模压成型 →(3)(4)(9)

压印滚筒

impression cylinder
TH13；TS803
　S 印版滚筒
　Z 滚筒

压印力
　Y 印刷压力

压榨*
squeezing
TS224.3；TS75
　D 压榨法
　　压榨工艺
　　压榨技术
　F 薄膜压榨
　　复合压榨
　　冷榨
　　热榨
　　施胶压榨
　　湿压榨
　　糖厂压榨
　　靴形压榨
　　植物油压榨
　C 压制

压榨部
　Y 纸机压榨部

压榨法
　Y 压榨

压榨工艺
　Y 压榨

压榨辊
pressure roller
TH13；TS24
　D 榨辊
　S 辊*
　C 榨油机

压榨机
presser
TS04
　D 带式压榨机
　　高效长网洗涤压榨机
　　辊式压榨机
　　萘压榨机
　　双网压榨机
　　压榨设备
　　鱼粉压榨机
　　榨机
　S 轻工机械*
　F 冷榨机
　　螺旋压榨机
　　预榨机
　C 食品加工机械
　　榨油机

压榨机组
　Y 制糖设备

压榨技术
　Y 压榨

压榨毛布
　Y 造纸毛毯

压榨毛毯
press felt

TS106.76；TS136
　S 毛毯
　F 造纸压榨毛毯
　Z 毯子

压榨设备
　Y 压榨机

压榨毯
press blanket
TS106.76；TS734.8
　S 造纸毯
　Z 毯子

压榨汁
press juice
TS27
　S 汁液*

压榨装置
　Y 纸机压榨部

压蒸安定性
　Y 稳定性

压纸板
　Y 纸板

压纸辊
air roll
TH13；TS73
　S 纸辊
　Z 辊

压制
pressing
TG3；TS65
　D 磁性压制
　　单向压制
　　单轴向压制
　　单轴压制
　　多工件压制
　　多模压制
　　干袋模压制
　　干袋压制
　　机械压制
　　均衡压制
　　湿袋模压制
　　湿袋压制
　　压模压制
　　压制方程
　　压制工艺
　　压制过程
　　压制技术
　　液相压制
　S 压力加工*
　F 湿袋等静压制
　C 压榨

压制方程
　Y 压制

压制工艺
　Y 压制

压制过程
　Y 压制

压制技术
　Y 压制

压制剂
　Y 抑制剂

压制模
　Y 模具

压致升温
compression heating
TS2
　S 温升*

鸭唇
　Y 鸭肉

鸭蛋
duck eggs
TS253.2
　S 禽蛋
　F 天然红心鸭蛋
　Z 蛋

鸭肝
duck liver
S；TS251.59
　S 鸭肉
　Z 肉

鸭类菜肴
duck dishes
TS972.125
　S 禽肉菜肴
　F 板鸭
　　酱鸭
　　烤鸭
　　香酥鸭
　　盐水鸭
　Z 菜肴

鸭梨醋
　Y 梨醋

鸭梨酒
pear wine
TS262.7
　S 梨酒
　Z 酒

鸭毛
duck feather
S；TS102.31
　S 羽毛
　Z 动物皮毛

鸭排
　Y 鸭肉

鸭坯
raw duck
TS251
　S 坯料*

鸭绒
eiderdown
S；TS102.31
　S 羽绒
　Z 动物皮毛
　　绒毛

鸭肉
duck meat
S；TS251.59

D 鸭唇
鸭排
鸭舌
鸭爪
S 禽肉
F 鸭肝
鸭血
鸭子
野鸭肫
Z 肉

鸭肉面
Y 鸭肉制品

鸭肉制品
duck products
TS251.55
D 糖醋肉鸭
鸭肉面
鸭血糯
盐水香鸭
S 禽肉制品
F 板鸭
酱鸭
烤鸭
香酥鸭
盐水鸭
Z 肉制品

鸭舌
Y 鸭肉

鸭舌帽
cricket-cap
TS941.721
S 帽*

鸭血
duck blood
S；TS251.59
S 鸭肉
Z 肉

鸭血糯
Y 鸭肉制品

鸭爪
Y 鸭肉

鸭肫
Y 野鸭肫

鸭子
duck
S；TS251.59
S 鸭肉
F 八珍鸭
白条鸭
传统风鸭
黄鸭
烧鸭
四川风鸭
Z 肉

牙边机
Y 服装机械

牙雕
ivory carving
J；TS932.2

S 雕刻*

牙刷
toothbrush
TS974
S 口腔用品
F 保健牙刷
电子牙刷
Z 个人护理品

芽茶
Y 茶

芽麦
germinating barley
TS210.2
D 发芽大麦
发芽小麦
S 麦子
Z 粮食

芽霉菌黏多糖
Y 短梗霉多糖

哑铃
dumbbell
TS952.91
D 哑铃球
S 健身器材
Z 体育器材

哑铃球
Y 哑铃

轧光
Y 轧光整理

轧光机
Y 浸轧机

轧光整理
satin finish
TS195.4
D 摩擦轧光
摩擦轧光整理
轧光
S 机械整理
Z 整理

轧花
Y 轧花机

轧花工艺
Y 轧花机

轧花辊
Y 染整机械机构

轧花辊筒
Y 染整机械机构

轧花机
cotton gin
TS103
D 121 轧花机
MY-121 轧花机
MY80 轧花机
滚刀皮辊轧花机
滚刀式皮辊轧花机
锯齿轧花机
毛刷式锯齿轧花机

皮辊轧花机
皮辊轧棉机
气流式锯齿轧花机
轧花
轧花工艺
轧棉机
S 纺织机械*

轧花生产线
cotton ginning line
TS103
S 纺织生产线
Z 生产线

轧花质量
cotton ginning quality
TS101.9
D 轧工质量
S 纺织加工质量*

轧纹
Y 轧纹整理

轧纹（纺织）
Y 轧纹整理

轧纹（染整）
Y 轧纹整理

轧纹辊筒
Y 染整机械机构

轧纹机
Y 浸轧机

轧纹整理
gauffered finish
TS195.4
D 拷花
轧纹
轧纹（纺织）
轧纹（染整）
S 机械整理
C 浸轧机
制版工艺
Z 整理

轧纹织物
Y 纹织物

亚铵法蒸煮废液
Y 亚铵法制浆废液

亚铵法制浆
ammonium sulfite pulping
TS743
D 氢氧化铵法制浆
S 造纸制浆
Z 制浆

亚铵法制浆废液
ammonium sulfite pulping waste liquor
TS74；X7
D 亚铵法蒸煮废液
亚铵制浆废液
S 制浆废液
Z 废液

亚铵制浆废液
Y 亚铵法制浆废液

亚表面
　Y 表面

亚光钢领
　Y 钢领

亚光铜版纸
matte coated papers
TS761.2
　S 铜版纸
　Z 纸张

亚光纸
　Y 纸张

亚克力
　Y 腈纶

亚铃裁刀
　Y 剪刀

亚硫酸法
sulfitation process
TS24
　S 化工工艺*

亚氯酸盐
chlorite
TS36
　S 酸式盐
　C 氯消毒剂 →(11)
　Z 盐

亚氯酸盐漂白
　Y 次氯酸盐漂白

亚麻
　Y 亚麻纤维

亚麻/棉
　Y 亚麻/棉混纺

亚麻/棉混纺
linen/cotton blended
TS104.5
　D 亚麻/棉
　　亚麻/棉针织产品
　　亚麻棉混纺
　S 麻棉混纺
　Z 纺纱

亚麻/棉混纺纱
linen-cotton blended yarn
TS106.4
　D 亚麻棉混纺纱
　S 亚麻混纺纱
　Z 纱线

亚麻/棉混纺织物
linen/cotton blended fabric
TS106.8
　D 亚麻/棉织物
　　亚麻棉混纺织物
　S 棉麻织物
　Z 混纺织物

亚麻/棉针织产品
　Y 亚麻/棉混纺

亚麻/棉针织物
linen/cotton knitted fabric

TS126；TS186
　S 麻针织物
　Z 针织物

亚麻/棉织物
　Y 亚麻/棉混纺织物

亚麻/粘胶
linen/viscose
TS104.5
　S 麻棉混纺
　Z 纺纱

亚麻布
　Y 亚麻织物

亚麻产品
　Y 纺织产品

亚麻长麻纱
　Y 亚麻纤维

亚麻粗纱
flax roving
TS106.4
　S 亚麻纱
　Z 纱线

亚麻弹力织物
linen elastic fabric
TS126
　S 弹力机织物
　　亚麻织物
　Z 织物

亚麻短麻纱
　Y 亚麻纤维

亚麻短纤维
　Y 亚麻纤维

亚麻二粗
　Y 亚麻二粗纤维

亚麻二粗纤维
scutching tow
TS102.22
　D 亚麻二粗
　S 亚麻纤维
　Z 天然纤维

亚麻纺
　Y 麻纺织

亚麻纺纱
　Y 麻纺织

亚麻纺纱厂
　Y 亚麻纺织厂

亚麻纺纱工艺
　Y 麻纺织

亚麻纺织
　Y 麻纺织

亚麻纺织厂
linen textile mill
TS12
　D 亚麻纺纱厂
　S 纺织厂
　Z 工厂

亚麻纺织品
　Y 纺织品

亚麻干茎
　Y 亚麻纤维

亚麻高支纱
　Y 亚麻纱

亚麻混纺纱
blended linen yarn
TS106.4
　S 麻混纺纱
　F 亚麻/棉混纺纱
　　亚麻粘混纺纱
　Z 纱线

亚麻胶
　Y 亚麻籽胶

亚麻茎
　Y 亚麻纤维

亚麻精梳短麻纱
　Y 亚麻纤维

亚麻落麻纤维
flax noil fibers
TS102.22
　S 亚麻纤维
　Z 天然纤维

亚麻棉混纺
　Y 亚麻/棉混纺

亚麻棉混纺纱
　Y 亚麻/棉混纺纱

亚麻棉混纺织物
　Y 亚麻/棉混纺织物

亚麻粕
　Y 亚麻籽粕

亚麻绒
　Y 绒织物

亚麻纱
flax yarn
TS106.4
　D 纯亚麻纱
　　亚麻高支纱
　　亚麻筒纱
　　亚麻细纱
　　亚麻针织纱
　S 亚麻纱线
　F 亚麻粗纱
　C 麻纺织
　　麻织物
　Z 纱线

亚麻纱线
linen thread and yarn
TS106.4
　S 麻纱线
　F 亚麻纱
　Z 纱线

亚麻筒纱
　Y 亚麻纱

亚麻脱胶

flax degumming
TS12
　S 脱胶*
　F 沤麻

亚麻细纱
　Y 亚麻纱

亚麻纤维
flax fiber
TS102.22
　D 超细亚麻
　　天然亚麻纤维
　　温水亚麻
　　亚麻
　　亚麻长麻纱
　　亚麻短麻纱
　　亚麻短纤维
　　亚麻干茎
　　亚麻茎
　　亚麻精梳短麻纱
　　亚麻原茎
　　亚麻原料
　　雨露亚麻
　S 麻纤维
　　韧皮纤维
　F 亚麻二粗纤维
　　亚麻落麻纤维
　C 亚麻织物
　Z 天然纤维

亚麻屑
pouce
TS12
　S 废屑*

亚麻原茎
　Y 亚麻纤维

亚麻原料
　Y 亚麻纤维

亚麻原色布
　Y 亚麻织物

亚麻粘混纺纱
linen viscose blended yarn
TS106.4
　S 亚麻混纺纱
　Z 纱线

亚麻针织纱
　Y 亚麻纱

亚麻针织物
flax knitted fabrics
TS126；TS186
　S 麻针织物
　Z 针织物

亚麻织物
linen fabric
TS126
　D 纯亚麻织物
　　亚麻布
　　亚麻原色布
　S 麻织物
　F 亚麻弹力织物
　C 亚麻纤维
　Z 织物

亚麻籽
linseed
TS202.1
　S 植物菜籽*
　C 开环异落叶松树脂酚二葡萄糖苷 →
(9)
　　生氰糖苷
　　亚麻籽油 →(9)

亚麻籽胶
flaxseed gum
TQ43；TS12
　D 亚麻胶
　S 胶*

亚麻籽粕
flaxseed meal
TS209
　D 亚麻粕
　S 粕*

亚微米纤维
　Y 纳米纤维

亚硝基血红蛋白
nitrosohaemoglobin
Q5；TS201.21
　S 血红蛋白
　Z 蛋白质

亚雪茄型烟叶
　Y 烟叶

亚洲菜肴
Asian cuisines
TS972
　S 菜肴*
　F 韩国菜
　　日本菜
　　泰国菜
　　印度菜
　　越南菜
　　中式菜肴

烟
　Y 烟气

烟包
cigarette packet
TS44
　S 卷烟
　Z 烟草制品

烟包设计
cigarette packet design
TS49
　S 工程设计*

烟包印刷
cigarette packet printing
TS851.6
　S 印刷*
　F 烟标印刷

烟标
cigarette label
TS47；TS896
　S 标志*
　C 烟草制品

烟标印刷
cigarette label printing
TS851.6
　S 烟包印刷
　Z 印刷

烟饼
cake tobacco
TS459
　S 烟草制品*

烟草
tobacco
TS42
　D 过滤嘴香烟
　　滤嘴烟
　　雪茄
　　烟草品种
　　烟草原料
　S 卷烟材料*
　F 废次烟草
　　烟草薄片
　　烟梗
　　烟叶
　C 变黄温度 →(1)(4)
　　吸食品质
　　烟草包装 →(1)
　　烟草提取物
　　烟草下脚料
　　烟具
　　原料

烟草包装机
　Y 卷烟包装机

烟草薄片
tobacco sheets
TS42
　S 烟草
　F 辊压法烟草薄片
　Z 卷烟材料

烟草成分
tobacco component
TS41
　S 成分*

烟草打叶机
　Y 打叶机

烟草调制
　Y 烟叶晒制

烟草分析
tobacco analysis
TS41；TS47
　S 物质分析*
　F 烟气分析

烟草秆
　Y 草类纤维原料

烟草感官鉴定
　Y 吸味评价

烟草工业
tobacco industry
TS4
　D 烟草加工业
　　烟草企业

烟草行业
　S 轻工业*
　F 卷烟工业

烟草工业副产品
tobacco industry by-products
TS49
　S 工业副产品
　F 烟秆
　　烟气粒相物
　C 烟草制品
　Z 副产品

烟草工业机械
　Y 制烟机械

烟草工艺
　Y 烟草生产

烟草烘烤
　Y 烟草生产

烟草化学
tobacco chemistry
TS41
　S 科学*

烟草机械
　Y 制烟机械

烟草加工
　Y 烟草生产

烟草加工厂
　Y 卷烟厂

烟草加工机械
　Y 制烟机械

烟草加工设备
　Y 制烟机械

烟草加工业
　Y 烟草工业

烟草检测
　Y 烟草检验

烟草检验
tobacco inspection
TS41
　D 烟草检测
　　烟草鉴定
　S 检测*

烟草鉴定
　Y 烟草检验

烟草烤制
　Y 烟叶烘烤

烟草膨胀
tobacco expansion
TS4
　S 膨胀*

烟草品种
　Y 烟草

烟草企业
　Y 烟草工业

烟草设备

　Y 制烟机械

烟草生产
tobacco production
TH16；TS45
　D 拆残烟
　　分垛密封
　　梗丝分选
　　挂黄烟
　　挂灰烟
　　解把
　　解纤
　　卷内胚
　　卷外包叶
　　卷烟冲烧
　　卷烟储存
　　卷烟堆码
　　卷烟工艺
　　卷烟加工
　　卷烟生产
　　滤棒成型
　　配叶
　　浅色晾烟
　　切包叶
　　切尖打叶
　　全叶打叶
　　润梗
　　水洗梗
　　烟草工艺
　　烟草烘烤
　　烟草加工
　　烟支夹末
　　烟支卷制
　　制梗丝
　　制烟工艺
　S 轻工业生产
　C 卷烟添加剂
　Z 生产

烟草提取物
cigarette smoke extracts
TS4
　S 提取物*
　C 烟草

烟草下脚料
waste tobacco materials
TS42
　S 下脚料*
　C 烟草

烟草行业
　Y 烟草工业

烟草原料
　Y 烟草

烟草制品*
tobacco products
TS459
　F 卷烟
　　烟饼
　　烟末
　C 焦油含量
　　烟标
　　烟草工业副产品
　　烟丝含水率
　　制品

烟厂
　Y 卷烟厂

烟秆
tobacco stalk
TS49
　S 烟草工业副产品
　Z 副产品

烟梗
tobacco stems
TS42
　S 烟草
　F 梗丝
　　叶丝
　Z 卷烟材料

烟梗复烤机
　Y 烟叶复烤机

烟垢
chimney spot
TS41
　S 污垢*

烟烘焙机
　Y 烘烤机

烟花
　Y 烟花爆竹产品

烟花爆竹
　Y 烟花爆竹产品

烟花爆竹产品
firecracker
TS95
　D 鞭炮
　　烟花
　　烟花爆竹
　S 产品*
　C 鞭炮厂 →(9)
　　鞭炮作坊 →(9)

烟火工业
　Y 工业

烟机
cigarette machine
TS43
　S 制烟机械*

烟具
smoking accessories
TS95
　D 长杆旱烟管
　　和平烟管
　　水烟管
　　烟枪
　　竹质水烟管
　C 打火机
　　烟草

烟卷
　Y 卷烟

烟烤房
　Y 烤烟房

烟霾
　Y 烟气

烟密度等级
　　Y　烟叶等级

烟末
tobacco powder
TS459
　　S　烟草制品*

烟片
smoke sheet
TS4
　　D　碎烟片
　　S　橡胶*

烟气*
smoke
X5
　　D　烟
　　　　烟霾
　　　　烟气分布
　　　　烟雾
　　F　环境烟草烟气
　　　　油烟
　　C　废气
　　　　粉尘　→(2)(3)(6)(7)(12)(13)
　　　　排烟系统　→(11)(13)
　　　　气体污染物　→(13)
　　　　燃烧产物　→(6)(9)(13)
　　　　烟密度　→(1)
　　　　烟气管道　→(5)
　　　　烟气监测　→(13)
　　　　烟气控制　→(11)(13)
　　　　烟气流量　→(5)
　　　　烟气污染　→(13)
　　　　烟气再循环　→(13)
　　　　总粒相物

烟气分布
　　Y　烟气

烟气分析
flue gas analysis
TS4
　　D　烟气特征
　　S　烟草分析
　　C　排烟系统　→(11)(13)
　　Z　物质分析

烟气焦油量
　　Y　焦油含量

烟气粒相物
smoke particulate
TS49
　　S　烟草工业副产品
　　Z　副产品

烟气特征
　　Y　烟气分析

烟气指标
smoke index
TS41
　　S　指标*
　　C　香烟

烟气总粒相物
　　Y　总粒相物

烟枪

　　Y　烟具

烟束曲霉
aspergillus fumisynnematus
TS26
　　S　曲霉
　　C　含铬废水处理　→(13)
　　Z　霉

烟丝
cut tobacco
TS42
　　S　卷烟材料*
　　F　干冰膨胀烟丝
　　　　膨胀烟丝
　　C　烟丝密度

烟丝标准
　　Y　烟丝质量

烟丝纯净度
　　Y　烟丝质量

烟丝弹性
　　Y　烟丝质量

烟丝干燥
　　Y　烟丝质量

烟丝含水率
tobacco moisture content rate
TS42
　　D　卷烟含水量
　　　　卷烟含水率
　　　　卷烟水分含量
　　　　烟叶含水量
　　　　烟叶含水率
　　　　烟叶回潮
　　S　比率*
　　C　烟草制品

烟丝烘烤
　　Y　烟叶烘烤

烟丝结构
cut tobacco structure
TS42
　　D　叶丝结构
　　S　结构*
　　C　叶丝

烟丝宽度
　　Y　烟丝质量

烟丝宽度测定仪
　　Y　烟丝质量

烟丝密度
cut tobacco density
TS42
　　S　密度*
　　C　烟丝

烟丝膨胀
　　Y　烟丝质量

烟丝水分
　　Y　烟丝质量

烟丝水分仪
　　Y　烟丝质量

烟丝填充力
　　Y　烟丝质量

烟丝填充能力
　　Y　烟丝质量

烟丝质量
cut tobacco quality
TS42；TS47
　　D　堆积变黄
　　　　烟丝标准
　　　　烟丝纯净度
　　　　烟丝弹性
　　　　烟丝干燥
　　　　烟丝宽度
　　　　烟丝宽度测定仪
　　　　烟丝膨胀
　　　　烟丝水分
　　　　烟丝水分仪
　　　　烟丝填充力
　　　　烟丝填充能力
　　S　产品质量*
　　C　卷烟质量

烟雾
　　Y　烟气

烟熏*
fumigation
TQ17；TS205.3
　　D　熏气
　　F　硫熏
　　　　熏醋
　　C　植物污染　→(13)

烟熏食用香精
　　Y　食品香精

烟熏熟香肠
　　Y　熏煮香肠

烟熏香肠
　　Y　熏煮香肠

烟叶
tobacco leaf
TS42
　　D　白肋香型烟叶
　　　　白肋型烟叶
　　　　半香料型烟叶
　　　　调味型烟叶
　　　　河南烟叶
　　　　近白肋型烟叶
　　　　抗病毒烟草
　　　　马哈烟香型烟叶
　　　　清香型烟叶
　　　　似烤烟型烟叶
　　　　无柄烟叶
　　　　熄火烟叶
　　　　香料型烟叶
　　　　香料烟叶
　　　　雪茄型烟叶
　　　　亚雪茄型烟叶
　　S　烟草
　　F　低次烟叶
　　　　复烤烟叶
　　　　绿色烟叶
　　　　散叶
　　　　再造烟叶

C 烟叶色泽
Z 卷烟材料

烟叶陈化
tobacco aging
TS44
  S 烟叶加工*

烟叶初烤
  Y 烟叶烘烤

烟叶醇化
  Y 烟叶发酵

烟叶等级
tobacco leaf grading
TS42
  D 烟密度等级
    烟叶分级
  S 等级*
  C 烟叶加工

烟叶发酵
tobacco fermentation
TS44
  D 烟叶醇化
    烟叶人工发酵
  S 烟叶加工*

烟叶发酵设备
  Y 发酵设备

烟叶分级
  Y 烟叶等级

烟叶分切
  Y 烟叶切丝

烟叶复烤
  Y 烟叶烘烤

烟叶复烤机
tobacco redryers
TS43
  D 挂杆复烤机
    片烟复烤机
    烟梗复烤机
    叶片复烤机
  S 烤烟机
  Z 制烟机械

烟叶含水量
  Y 烟丝含水率

烟叶含水率
  Y 烟丝含水率

烟叶烘烤
tobacco flue-curing
TS44
  D 白肋烟烘焙
    初烤
    打叶复烤
    低温吊黄烘烤
    复烤
    复烤片烟
    烤烟烘烤
    烟草烤制
    烟丝烘烤
    烟叶初烤
    烟叶复烤

  S 烟叶加工*
  C 烤烟

烟叶灰色
  Y 烟叶色泽

烟叶回潮
  Y 烟丝含水率

烟叶回潮机
  Y 真空回潮机

烟叶加工*
tobacco processing
TS44
  D 打叶
  F 风力送丝
    梗丝膨胀
    降焦
    浸梗
    卷烟加香
    片烟
    润叶
    烟叶陈化
    烟叶发酵
    烟叶烘烤
    烟叶晾制
    烟叶切丝
    烟叶晒制
  C 烟叶等级

烟叶晾制
air-cured tobacco
TS44
  D 晾烟
    晾制
    深色晾烟
  S 烟叶加工*

烟叶切丝
tobacco leaf shred
TS44
  D 烟叶分切
  S 烟叶加工*

烟叶人工发酵
  Y 烟叶发酵

烟叶色泽
tobacco color
TS42；TS47
  D 烟叶灰色
    烟叶颜色
  S 色泽*
  C 烟叶

烟叶晒制
tobacco sun-curing
TS44
  D 晒红烟
    晒黄烟
    晒烟
    捂晒烟
    烟草调制
  S 烟叶加工*

烟叶颜色
  Y 烟叶色泽

烟叶真空回潮

  Y 真空回潮

烟用接装纸
cigarette tipping paper
TS42
  S 烟纸
  Z 卷烟材料

烟用聚丙烯丝束
polypropylene tow for cigarette filter tip
TS42
  D 丙纶丝束
    丙纤丝束
    聚丙烯丝束
  S 卷烟材料*
    纤维束
  C 滤嘴
  Z 纤维制品

烟用丝束
  Y 滤棒

烟用香精
  Y 烟用香料

烟用香精香料
  Y 烟用香料

烟用香料
tobacco flavor
TQ65；TS264.3；TS42
  D 烟用香精
    烟用香精香料
  S 香料
  C 卷烟
  Z 香精香料

烟支
tobacco rod
TS41
  S 卷烟
  C 烟支密度
    烟支重量
  Z 烟草制品

烟支夹末
  Y 烟草生产

烟支卷制
  Y 烟草生产

烟支密度
tobacco rod density
TS41
  S 密度*
  C 烟支
    烟支重量

烟支吸阻
cigarette draw resistance
TS41
  S 吸阻
  Z 阻力

烟支质量
  Y 卷烟质量

烟支重量
cigarette weight
TS47
  S 重量*

C 卷烟质量
　　烟支
　　烟支密度

烟纸
tobacco paper
TS42
S 卷烟材料*
F 烟用接装纸

烟籽
tobacco seed
TS202.1
S 植物菜籽*

腌菜
pickle
TS255.53
S 腌制蔬菜
F 酱腌菜
　　酸菜
　　榨菜
Z 果蔬制品
　　腌制食品

腌蛋
Y 咸蛋

腌肥肉
Y 腌肉制品

腌腊牛肉
Y 低盐腊肉

腌腊肉
Y 低盐腊肉

腌腊肉鸡制品
Y 低盐腊肉

腌腊肉制品
Y 腊肉制品

腌腊熏肉制品
Y 腊肉制品

腌腊鱼
curing fish
TS254.5
D 腊禾花鲤鱼
S 腌鱼
Z 腌制食品

腌腊制品
Y 腌制食品

腌牛肉
Y 腌肉制品

腌肉
brined meat
TS251.59
S 肉*

腌肉脯
Y 腌肉制品

腌肉制品
salted meat products
TS205.2；TS251.59
D 腌肥肉
　　腌牛肉

　　腌肉脯
　　腌制肉
　　腌制猪肉
S 肉制品*
　　腌制食品*
F 干腌肉制品
　　火腿
　　腊肉制品

腌鱼
salted fish
TS254.5
S 腌制食品*
F 腌腊鱼

腌制
curing
TS972.113
D 干腌法
　　混合腌制法
　　撒盐法
　　湿腌法
　　腌制法
　　腌制方法
　　腌制技术
　　腌制加工
　　腌制原理
　　注射腌制法
S 烹饪工艺*
F 低盐腌制
　　盐渍
　　榨菜腌制
C 腌制食品

腌制法
Y 腌制

腌制方法
Y 腌制

腌制技术
Y 腌制

腌制剂
preserved preparation
TS251
S 制剂*

腌制加工
Y 腌制

腌制品
Y 腌制食品

腌制肉
Y 腌肉制品

腌制时间
salted time
TS205.2
S 烹调时间
Z 加工时间

腌制食品*
pickled food
TS205
D 腌腊制品
　　腌制品
　　腌渍品
　　腌渍食品

F 咸蛋
　　腌肉制品
　　腌鱼
　　腌制蔬菜
C 食品
　　腌制

腌制蔬菜
preserved vegetable
TS255.53
D 干菜
　　脱水菜
　　腌渍菜
　　腌渍蔬菜
S 蔬菜制品
　　腌制食品*
F 咸菜
　　腌菜
Z 果蔬制品

腌制盐
curing salt
TS264.2；TS36
S 食盐*

腌制原理
Y 腌制

腌制猪肉
Y 腌肉制品

腌渍菜
Y 腌制蔬菜

腌渍品
Y 腌制食品

腌渍平衡
Y 盐渍

腌渍食品
Y 腌制食品

腌渍蔬菜
Y 腌制蔬菜

延长保质期
extended shelf-life
TS205
S 保质期
Z 时期

延长寿命
Y 延寿

延迟计数器
Y 计数器

延伸改良连续蒸煮
Y EMCC 制浆

延时灯
delay light
TM92；TS956
S 应急灯
Z 灯

延寿
lifetime extension
R；TS971
D 寿命延长

延长寿命
S 寿命*

芫荽籽
coriandrum seeds
TS202.1
S 植物菜籽*

岩茶
cliff tea
TS272.52
S 乌龙茶
F 武夷岩茶
Z 茶

岩棉
rock wool
TS102；TU5
S 矿物棉
C 保温隔热材料 →(1)(3)(5)(6)(9)(11)
石棉纤维
Z 纤维制品

岩盐
rock salt
TS36
D 矿盐
S 原盐
F 单薄层岩盐
C 溶解性 →(9)
Z 盐

岩盐开采
rock salt mining
TS3
D 矿盐生产
岩盐溶腔利用
盐岩开采
S 盐矿开采
F 岩盐水溶开采
Z 采矿

岩盐矿床
rock salt deposit
TS3
D 岩盐矿山
盐类矿床
S 矿床*
C 地下卤水

岩盐矿山
Y 岩盐矿床

岩盐卤水
halite brine
TS39
S 盐矿卤水
Z 卤水

岩盐溶腔利用
Y 岩盐开采

岩盐水溶开采
rock salt solution mining
TS3
S 水溶采盐
岩盐开采
Z 采矿

沿海工业

Y 酿酒工业

研发方案
Y 研制

研究*
research
G
D 研究方法
F 服饰研究
制浆研究

研究方法
Y 研究

研磨机（磨粉）
Y 磨粉机

研削式碾米机
Y 砂辊碾米机

研制*
research and development
ZT5
D 研发方案
研制方案
研制方法
研制工艺
研制进展
F 饮料研制
C 研制过程 →(1)

研制方案
Y 研制

研制方法
Y 研制

研制工艺
Y 研制

研制进展
Y 研制

盐*
salt
TS36
D 盐产品
F 成品盐
复合盐
复盐
高温盐
工业盐
固体盐
混合盐
络盐
熔盐
酸式盐
药用盐
液体盐
有机盐
原盐
再生盐
真空盐
中性盐
C 羧酸盐 →(1)(9)
盐场
盐化工
盐质
盐资源

制盐
制盐设备

盐产量
salt production
TS3
S 产量*

盐产品
Y 盐

盐产资源
Y 盐资源

盐厂
Y 盐场

盐场
saltworks
TS38
D 晒盐场
盐厂
盐行业
盐业企业
制盐厂
制盐行业
制盐业
S 食品厂
C 盐
制盐工业
Z 工厂

盐炒
Y 炒制

盐蛋
Y 咸蛋

盐干
Y 水产品加工

盐干水产品
Y 水产品加工

盐湖
salt lake
TD1；TS3
D 长芦塘沽盐场
长芦盐区
长山盐矿
干盐湖
固体盐湖
灌东盐场
咸水湖
盐湖资源
盐藻湖
C 盐资源

盐湖卤水
salt lake brine
TS39
D 盐田老卤
盐田卤水
S 卤水*

盐湖资源
Y 盐湖

盐化工
salt chemical industry
TS3

S 化学工业*
C 盐

盐化工产品
salt chemical products
TS3
　　S 化工产品*

盐化工设备
salt chemical engineering equipments
TS33
　　S 制盐设备
　　Z 轻工机械

盐加工
salt process
TS36
　　S 制盐*
　　F 原盐加工

盐井
salt pit
TS3
　　D 出卤井
　　　地下卤井
　　　卓筒井
　　　自喷卤井
　　S 矿井*
　　F 超深盐井
　　　卤井
　　C 盐资源

盐矿
salt mine
TS3
　　D 复层状盐矿
　　　盐矿资源
　　S 矿床*
　　C 盐矿开采
　　　盐资源

盐矿开采
salt mine mining
TS3
　　S 采矿*
　　F 水溶开采
　　　岩盐开采
　　C 盐矿

盐矿卤水
salt mine brine
TS39
　　S 矿卤
　　F 岩盐卤水
　　Z 卤水

盐矿资源
　　Y 盐矿

盐类矿床
　　Y 岩盐矿床

盐类物质
saline material
P5；TS32
　　S 物质*
　　C 烃源岩 →(2)

盐卤
　　Y 卤水

盐卤水
　　Y 卤水

盐卤资源
　　Y 卤水

盐水*
saline water
TQ11；TS3
　　D 含盐水
　　　碱盐水
　　　咸水
　　　油田盐水
　　F 精制盐水
　　C 卤水
　　　水

盐水沉降器
　　Y 制盐设备

盐水冻结
　　Y 盐渍

盐水鹅
brine-goose
TS251.55
　　D 扬州盐水鹅
　　S 鹅类菜肴
　　　鹅肉制品
　　Z 菜肴
　　　肉制品

盐水过滤器
　　Y 制盐设备

盐水火腿
　　Y 西式火腿肠

盐水鸡
　　Y 鸡肉制品

盐水精制
brine refinement
TS36
　　D 盐水精制工艺
　　S 精制*
　　F 二次盐水精制
　　　一次盐水精制
　　C 精制盐水

盐水精制工艺
　　Y 盐水精制

盐水香鸭
　　Y 鸭肉制品

盐水鸭
brine duck
TS251.55；TS251.68
　　D 南京盐水鸭
　　S 鸭类菜肴
　　　鸭肉制品
　　Z 菜肴
　　　肉制品

盐水腌渍法
　　Y 盐渍

盐水预热器
brine preheater
TS33

S 加热设备*
　　制盐设备
C 卤水
　　气体冷却器 →(1)(9)
　　水冷器 →(1)
Z 轻工机械

盐水质量
saline quality
TS37
　　S 盐质
　　Z 食品质量

盐水注射机
brine injector
TS203
　　S 塑料机械*
　　　注射装置*

盐田
salt pan
TS3
　　D 海盐场
　　　滩田
　　　新型盐田
　　S 矿田*
　　C 盐资源

盐田老卤
　　Y 盐湖卤水

盐田卤水
　　Y 盐湖卤水

盐田设备
salt pan equipment
TS33
　　S 制盐设备
　　Z 轻工机械

盐田生产
　　Y 制盐

盐田生物
salt field organisms
TS3

盐脱水
dehydration of salt
TE6；TS205
　　S 脱除*

盐析结晶器
salting out mold
TS33
　　S 结晶器*
　　　蒸发装置*
　　　制盐设备
　　Z 轻工机械

盐硝联产
co-production of salt and glauber's salt
TH16；TS3
　　S 生产*

盐硝卤水
　　Y 硫酸钠型卤水

盐行业
　　Y 盐场

盐腌
　　Y 盐渍

盐岩开采
　　Y 岩盐开采

盐业
　　Y 制盐工业

盐业机械
　　Y 制盐设备

盐业企业
　　Y 盐场

盐业生产
　　Y 制盐工业

盐业营销
salt marketing
F；TS3
　　Y 盐资源

盐藻湖
　　Y 盐湖

盐质
salt quality
TS37
　　S 食品质量*
　　F 盐水质量
　　　 原盐质量
　　C 盐

盐资源
salt resources
P9；TS32
　　D 盐产资源
　　　 盐业资源
　　S 自然资源*
　　C 盐
　　　 盐湖
　　　 盐井
　　　 盐矿
　　　 盐田
　　　 制盐母液

盐渍
salting
TS972.113
　　D 混合腌
　　　 轻盐腌
　　　 腌渍平衡
　　　 盐水冻结
　　　 盐水腌渍法
　　　 盐腌
　　　 重盐腌
　　S 腌制
　　Z 烹饪工艺

盐渍海带
　　Y 海带

盐渍贮藏
salinized store
TS205
　　S 食品保鲜贮藏
　　Z 储藏

筵席
　　Y 宴席

筵席设计
　　Y 宴席设计

筵宴
　　Y 宴席

颜料*
pigment
TQ62
　　D AS 颜料
　　　 丙烯颜料
　　　 薄铝片颜料
　　　 分散颜料
　　　 粉末颜料
　　　 高分子颜料
　　　 高岭土颜料
　　　 古代颜料
　　　 混相颜料
　　　 磷酸盐颜料
　　　 片状颜料
　　　 水性颜料
　　　 体质颜料
　　　 颜料制剂
　　F 超细颜料
　　　 水粉
　　　 造纸颜料
　　　 珠光粉
　　C 分散细度 →(9)
　　　 粉末浸渍 →(3)
　　　 润湿分散剂 →(9)
　　　 色彩
　　　 色浆
　　　 色料
　　　 颜料分散剂 →(9)
　　　 着色剂

颜料浆
　　Y 色浆

颜料墨水
pigment ink
TS951
　　D 颜料型墨水
　　S 墨水
　　Z 办公用品

颜料涂布纸
pigment coated paper
TS762.2
　　S 涂布纸
　　Z 纸张

颜料型墨水
　　Y 颜料墨水

颜料制剂
　　Y 颜料

颜色
　　Y 色彩

颜色变化
　　Y 变色

颜色变换
　　Y 变色

颜色标准
colour standard
G；TS801

　　D 色标
　　　 色彩标准
　　S 标准*

颜色搭配
　　Y 色彩搭配

颜色调配
　　Y 配色

颜色复制
　　Y 彩色复印

颜色感觉
color perception
TS941.1
　　D 色觉
　　S 感觉*

颜色管理
　　Y 色彩管理

颜色管理系统
　　Y 色彩管理系统

颜色合成
color composite
TS193.1
　　D 色彩合成
　　S 合成*

颜色坚牢度
　　Y 色牢度

颜色空间
　　Y 色空间

颜色牢度
　　Y 色牢度

颜色描述*
colour description
TS19；TS8
　　D 显示颜色
　　　 颜色体系
　　F 色号
　　　 色级
　　　 色块
　　　 色立体
　　　 色条
　　　 色相
　　　 色序
　　　 色域
　　　 色质
　　C 色彩理论

颜色摩擦牢度
　　Y 耐摩擦色牢度

颜色迁移
colour migration
TS801
　　D 色迁移
　　S 迁移*

颜色色差
　　Y 色差

颜色深度
　　Y 色彩深度

颜色刷花

Y 色花

颜色特性文件
Y 色彩管理

颜色体系
Y 颜色描述

颜色稳定性
color stability
J；TQ62；TS193
D 保色性
　色彩稳定
　色彩稳定性
　色稳定性
　色泽稳定性
S 光学性质*
F 白度稳定性
　肉色稳定性
　色素稳定性
C 光稳定性 →(9)

颜色系统*
color systems
O4；TS193；TS801.3
D 彩色系统
F 彩色出版系统
　彩色桌面系统
　测色配色系统
　分色系统
　色彩管理系统
C 光学系统 →(1)(4)(5)(6)(7)(8)(11)(12)
　染整机械

颜色效应
colour effect
TQ62；TS193
S 色效应*

颜色校正
color correction
TS194
D 彩色校正
　底色去除
　色彩校正
　色彩校准
　色彩修正
　色修正
　校色
S 图像处理*
C 边缘融合 →(8)

颜色咬花
Y 色花

颜色再现
color reproduction
TS801
D 色彩再现
　色彩再现性
S 色彩效果
C 彩色复印
　色彩管理
Z 效果

颜色转换
Y 色彩转换

衍缝机
Y 绗缝机

眼部保养
Y 眼睛保养

眼部化妆
Y 眼妆

眼睛保养
eye care
TS974.1
D 眼部保养
S 美容护理
Z 护理

眼镜*
glasses
TS959.6
F 超声波眼镜
　催眠眼镜
　电视眼睛
　电子眼镜
　防护眼镜
　光学眼镜
　记忆眼镜
　近视眼镜
　老花眼镜
　立体眼镜
　配光镜
　散光眼镜
　摄影眼镜
　视像眼镜
　双色镜
　水晶眼镜
　塑料眼镜
　提神眼镜
　无框眼镜
　显像眼镜
　眼镜架
　液晶眼镜
　隐形眼镜
　远视眼镜
　智能眼镜
C 眼镜设计

眼镜机械
glasses machinery
TS959.6
S 轻工机械*

眼镜架
spectacle frames
TS959.6
D 镜架
S 眼镜*

眼镜镜片
Y 眼镜片

眼镜零售企业
Y 眼镜企业

眼镜片
spectacle lens
TS959.6
D 眼镜镜片
S 镜片*
F 验光镜片

眼镜企业
glasses enterprise

TS95
D 眼镜零售企业
S 企业*

眼镜设计
glasses design
TS959.6
S 产品设计*
C 眼镜

眼玛瑙
Y 玛瑙

眼妆
eye make-up
TS974.12
D 眼部化妆
S 化妆
Z 美容

罨蒸
Y 水产品加工

演示*
demonstration
TP3
D 演示功能
F 彩妆演示
C 显示 →(1)(2)(3)(4)(6)(7)(8)(12)
　演示程序 →(8)
　演示文档 →(8)

演示功能
Y 演示

厌氧发酵
anaerobic fermentation
TQ92；TS26
D 两步厌氧发酵
　厌氧发酵处理
　厌氧发酵法
　厌氧发酵技术
　厌氧接触发酵
S 发酵*
C 产气特性 →(5)
　废物生物处理 →(13)
　厌氧处理 →(13)

厌氧发酵处理
Y 厌氧发酵

厌氧发酵法
Y 厌氧发酵

厌氧发酵技术
Y 厌氧发酵

厌氧接触发酵
Y 厌氧发酵

砚
ink stone
TS951.28
D 墨盒
　洮河砚
　洮砚
　砚台
S 办公用品*
F 端砚
　松花石砚

砚台
  Y 砚

宴会
  Y 宴席

宴会设计
  Y 宴席设计

宴席*
feast
TS971.2
  D 筵席
     筵宴
     宴会
  F 家宴
     饮宴
     坐席
  C 宴席设计

宴席设计
banquet design
TS971
  D 筵席设计
     宴会设计
  S 设计*
  C 宴席

验布机
fabric inspecting machine
TS103.34
  D 帆布验布机
  S 纺织机械*

验光镜片
test lenses
TS959.6
  S 眼镜片
  Z 镜片

燕麦 β - 葡聚糖
oat beta glucan
TS213
  S β - 葡聚糖
  Z 碳水化合物

燕麦饼干
  Y 饼干

燕麦蛋白
oat protein
Q5；TQ46；TS201.21
  S 谷蛋白
  Z 蛋白质

燕麦粉
gerty
TS213
  S 谷物粉
     燕麦制品
  Z 粮油食品

燕麦麸
oat bran
TS210.9
  D 裸燕麦麸
     裸燕麦麸皮
     燕麦麸皮
  S 麦麸
  C 溶出特性 →(3)

燕麦膳食纤维
  Z 副产品

燕麦麸蛋白
oat bran protein
Q5；TQ46；TS201.21
  S 麸皮蛋白
  F 燕麦麸分离蛋白
  Z 蛋白质

燕麦麸分离蛋白
oat bran protein isolated
Q5；TQ46；TS201.21
  S 燕麦麸蛋白
  Z 蛋白质

燕麦麸皮
  Y 燕麦麸

燕麦麸膳食纤维
  Y 燕麦膳食纤维

燕麦麸油
oat bran oil
TS225.19
  S 糠油
  Z 油脂

燕麦胶
oat gum
TS213
  S 燕麦制品
  Z 粮油食品

燕麦膳食纤维
oats dietary fiber
TS210.1
  D 燕麦麸膳食纤维
     燕麦膳食纤维基料
  S 膳食纤维
  C 燕麦麸
  Z 天然纤维

燕麦膳食纤维基料
  Y 燕麦膳食纤维

燕麦食品
  Y 荞麦食品

燕麦油
oat oil
TS225.19
  S 植物种子油
  Z 油脂

燕麦脂质
  Y 脂质

燕麦制品
oat products
TS213
  D 荞麦制品
  S 谷物食品
  F 燕麦粉
     燕麦胶
  Z 粮油食品

燕皮
meat peel
TS972.14
  S 小吃*

燕尾榫
dovetail joint
TS66
  D 鸠尾榫
  S 家具部件
  Z 零部件

燕窝
edible bird's nest
S；TS218
  D 燕窝制品
  S 营养品
  Z 保健品

燕窝制品
  Y 燕窝

赝消光
  Y 消光

扬克烘缸
  Y 杨克烘缸

扬克式烘缸
  Y 杨克烘缸

扬克式园网造纸机
  Y 圆网纸机

扬克式纸机
  Y 杨克纸机

扬克纸机
  Y 杨克纸机

扬琴
  Y 弦乐器

扬州菜
Yangzhou cuisines
TS972.12
  S 苏菜
  Z 菜系

扬州酱菜
  Y 酱菜

扬州盐水鹅
  Y 盐水鹅

羊肚
sheep tripe
TS251.53
  S 羊肉
  Z 肉

羊肺
sheep lung
TS251.53
  S 羊肉
  Z 肉

羊服装革
  Y 羊皮服装革

羊羔绒
  Y 羊绒

羊骨
sheep bones
TS251.53
  S 羊肉

Z 肉

羊剪绒
shorn sheepskin
S：TS564
D 剪绒羊皮
S 毛皮
Z 动物皮毛

羊角锤
Y 锤

羊毛
wool
TS102.31
D 彩色羊毛
　藏羊毛
　粗长羊毛
　粗羊毛
　低比例羊毛
　地毯羊毛
　短羊毛
　仿绵羊毛
　国产细羊毛
　国产羊毛
　进口羊毛
　精纺羊毛
　林肯羊毛
　罗姆尼羊毛
　毛被
　牵切羊毛
　羊毛纤维
　优质羊毛
　有色羊毛
S 毛纤维
F 澳毛纤维
　半细羊毛
　防缩羊毛
　改性羊毛
　羔羊毛
　拉细羊毛
　凉爽羊毛
　绵羊毛
　山羊毛
　丝光羊毛
　乌拉圭羊毛
　细羊毛
　新西兰羊毛
　羊绒
C 毛针织物
　羊毛直径
Z 天然纤维

羊毛保护剂
wool protective agent
TS19
S 保护剂*
C 纺织助剂
　丝光羊毛

羊毛变性
Y 羊毛改性

羊毛产量
production of wool
TS13
S 轻工产品产量
Z 产量

羊毛产品
Y 纺织产品

羊毛单纱
wool single yarn
TS106.4
S 单纱
　羊毛纱线
Z 纱线

羊毛蛋白溶液
Y 羊毛角蛋白

羊毛蛋白质溶液
Y 羊毛角蛋白

羊毛地毯
Y 地毯

羊毛防缩
wool shrink-resisting
TS195
S 防缩
F 羊毛防毡缩
C 羊毛防缩剂
Z 防缩抗皱

羊毛防缩剂
anti-shrink agent for wool
TS19
S 防缩剂
C 羊毛防缩
Z 防护剂

羊毛防毡缩
wool anti-felting
TS195
S 羊毛防缩
Z 防缩抗皱

羊毛纺织品
Y 毛纺织品

羊毛改性
wool modifications
TS101.921
D 羊毛变性
S 纤维改性
Z 改性

羊毛机织物
wool woven fabrics
TS136
S 羊毛织物
Z 织物

羊毛角蛋白
wool keratin
Q5；TS201.21
D 羊毛蛋白溶液
　羊毛蛋白质溶液
　羊毛角蛋白溶液
S 角蛋白
Z 蛋白质

羊毛角蛋白溶液
Y 羊毛角蛋白

羊毛精纺织物
wool blending fabric
TS106

S 精纺毛型织物
Z 织物

羊毛毛条
Y 毛条

羊毛面料
Y 毛纺面料

羊毛染色
wool dyeing
TS193
D 散毛染色
S 纤维染色
F 毛尖染色
　毛条染色
Z 染色工艺

羊毛绒
Y 羊绒

羊毛绒线
Y 绒线

羊毛纱
Y 羊毛纱线

羊毛纱线
wool yarn
TS106.4
D 羊毛纱
S 毛纱
F 羊毛单纱
Z 纱线

羊毛衫
woollen sweater
TS13；TS18；TS941.7
D 棒针衫
　毛衫
　毛衣
　毛针织服装
　牦牛绒衫
　绒线衫
　兔毛衫
　驼绒衫
　针织衫(套头)
S 针织服装
F 牦牛绒
　羊绒衫
C 毛针织物
Z 服装

羊毛衫 CAD
CAD of cardigans
TP3；TS941.2
S 服装 CAD
Z 计算机辅助技术

羊毛毯
Y 毛毯

羊毛条
Y 毛条

羊毛细化
slenderized wool
TS13
S 细化*

羊毛纤维

Y 羊毛

羊毛性能
wool quality
TS101.921
- D 羊毛质量
- S 纤维性能*
- F 防毡缩性
  缩绒性

羊毛絮片
Y 絮片

羊毛栽绒地毯
Y 地毯

羊毛毡
felted wool
TS106.8
- S 毛毡
- Z 毡

羊毛毡缩性
Y 防毡缩性

羊毛针织品
Y 毛针织物

羊毛针织物
Y 毛针织物

羊毛织品
Y 毛织物

羊毛织物
woollen fabric
TS136
- D 超黑色羊毛织物
  超细羊毛织物
  粗纺毛织物
  粗梳毛织物
- S 毛织物
- F 羊毛机织物
- Z 织物

羊毛脂
lanolin
TS529.1
- D 羊毛脂加脂剂
- S 动植物油脂
- C 洗净毛
- Z 油脂

羊毛脂分离机
Y 毛纺机械

羊毛脂加脂剂
Y 羊毛脂

羊毛直径
wool diameter
TS13
- S 直径*
- C 羊毛

羊毛制品
wool products
TS106；TS136
- S 毛纺织品
- Z 纺织品

羊毛质量
Y 羊毛性能

羊奶
ewe milk
TS252.59
- D 绵羊奶
  山羊奶
  羊乳
- S 乳制品*
- F 鲜羊奶

羊奶干酪
goat cheese
[TS252.52]
- S 干酪
- Z 乳制品

羊奶酸奶
Y 酸羊奶

羊皮
sheepskin
S；TS564
- S 动物皮
- F 羔皮
  绵羊皮
  山羊皮
  细毛羊皮
- C 皮革涂饰
- Z 动物皮毛

羊皮服装革
sheepskin clothing leather
TS56
- D 羊服装革
- S 羊皮革
- Z 皮革

羊皮革
sheep
TS56
- D 绵羊皮革
- S 天然皮革
- F 羊皮服装革
- Z 皮革

羊皮披肩
sheepskin cape
TS941.722
- S 披肩
- Z 服饰

羊皮整饰
Y 整饰

羊皮纸
Y 皮纸

羊皮制革
sheepskin leather
TS54
- S 制革工艺*

羊绒
cashmere
TS102.31
- D 短羊绒
  羊羔绒
  羊毛绒

羊绒纤维
  钻绒
- S 绒纤维
  羊毛
- F 绵羊绒
  山羊绒
  紫羊绒
- C 和毛油
  人造毛皮织物
- Z 天然纤维

羊绒产品
Y 羊绒制品

羊绒花呢
Y 羊绒织物

羊绒拉舍尔毛毯
Y 拉舍尔毛毯

羊绒女式呢
Y 羊绒织物

羊绒披肩
Y 羊绒围巾

羊绒纱
Y 毛纱

羊绒纱线
cashmere yarn
TS106.4
- D 高支羊绒纱
  绵羊绒纱
  羊绒针织纱
- S 毛纱
  羊绒制品
- Z 轻纺产品
  纱线

羊绒衫
cashmere sweater
TS941.7
- S 羊毛衫
- Z 服装

羊绒梳理机
cashmere carding machine
TS132
- S 梳理机
- Z 纺织机械

羊绒毯
cashmere blanket
TS106.76；TS136
- S 毯子*
  羊绒制品
- Z 轻纺产品

羊绒围巾
cashmere scarf
TS941.722
- D 羊绒披肩
- S 围巾
  羊绒制品
- Z 服饰
  轻纺产品

羊绒纤维
Y 羊绒

羊绒针织品
　Y　羊绒针织物

羊绒针织纱
　Y　羊绒纱线

羊绒针织物
cashmere knit goods
TS136；TS186
　D　山羊绒针织物
　　　羊绒针织品
　S　羊绒织物
　　　针织物*
　Z　轻纺产品

羊绒织物
cashmere fabric
TS136
　D　羊绒花呢
　　　羊绒女式呢
　S　羊绒制品
　F　羊绒针织物
　Z　轻纺产品

羊绒制品
cashmere products
TS13
　D　山羊绒制品
　　　羊绒产品
　S　轻纺产品*
　F　纯羊绒
　　　粗纺羊绒
　　　精纺羊绒
　　　丝羊绒
　　　羊绒纱线
　　　羊绒毯
　　　羊绒围巾
　　　羊绒织物
　C　绒织物

羊肉
mutton
TS251.53
　D　黄羊肉
　S　牛羊肉
　F　冷却羊肉
　　　绵羊肉
　　　山羊肉
　　　鲜羊肉
　　　羊肚
　　　羊肺
　　　羊骨
　C　羊肉风味
　Z　肉

羊肉菜
　Y　羊肉菜肴

羊肉菜肴
lamb dishes
TS972.125
　D　羊肉菜
　S　畜类菜肴
　F　烤全羊
　　　烤羊腿
　　　五香羊肉
　Z　菜肴

羊肉串

lamb shashlik
TS251.53
　S　羊肉制品
　Z　肉制品

羊肉风味
mutton flavours
TS971.1
　S　肉品风味
　C　羊肉
　Z　风味

羊肉脯
　Y　肉脯

羊肉干
dried mutton
TS251.53
　S　肉干
　　　羊肉制品
　Z　肉制品

羊肉加工
mutton processing
TS251.5
　S　肉品加工
　Z　食品加工

羊肉泡
　Y　羊肉制品

羊肉松
dried mutton floss
TS251.63
　S　肉松
　Z　肉制品

羊肉丸
mutton balls
TS251.53
　S　肉丸
　　　羊肉制品
　Z　肉制品

羊肉香精
mutton flavors
TQ65；TS264.3
　S　肉类香精
　Z　香精香料

羊肉制品
mutton products
TS251.53
　D　烤羊肉
　　　滩羊肉
　　　羊肉泡
　S　畜肉制品
　F　羊肉串
　　　羊肉干
　　　羊肉丸
　Z　肉制品

羊乳
　Y　羊奶

羊屠宰加工
sheep slaughtering processing
TS251.4
　S　屠宰加工
　Z　食品加工

羊驼毛
alpaca wool
TS102.31
　D　驼羊毛
　S　驼毛
　Z　天然纤维

羊驼绒
　Y　驼绒

羊驼绒毛
　Y　驼绒

羊驼纤维
　Y　驼毛

羊仔毛
　Y　羔羊毛

阳江豆豉
　Y　豆豉

阳离子表面施胶剂
　Y　阳离子施胶剂

阳离子丙烯酸树脂乳液
　Y　阳离子乳液

阳离子处理剂
　Y　阳离子试剂

阳离子涤纶
　Y　阳离子改性涤纶

阳离子涤纶纤维
　Y　阳离子改性涤纶

阳离子淀粉
cationic starch
TS235
　D　阳离子改性淀粉
　S　变性淀粉
　F　低取代度阳离子淀粉
　　　高取代度阳离子淀粉
　　　季铵型阳离子淀粉
　　　疏水缔合阳离子淀粉
　　　阳离子接枝淀粉
　C　醚化剂
　Z　淀粉

阳离子分散松香
　Y　阳离子分散松香胶

阳离子分散松香胶
cationic dispersing rosin size
TS72
　D　阳离子分散松香
　　　阳离子分散松香施胶剂
　　　阳离子松香
　　　阳离子松香溶液
　S　分散松香胶
　　　阳离子松香胶
　F　阳离子微粒乳化中性分散松香胶
　Z　胶

阳离子分散松香施胶剂
　Y　阳离子分散松香胶

阳离子改性涤纶
cation modified polyester
TQ34；TS102.522

D 阳离子涤纶
　阳离子涤纶纤维
　阳离子可染涤纶
　阳离子可染型涤纶纤维
　阳离子染料可染涤纶
S 涤纶
　改性聚酯纤维
C 阳离子染料
Z 纤维

阳离子改性淀粉
Y 阳离子淀粉

阳离子共聚物乳液
Y 阳离子乳液

阳离子固色剂
cationic fixing agent
TS19
S 固色剂
F 偶联型阳离子固色剂
Z 固定剂
　色剂

阳离子红染料
cationic red
TS193.21
S 阳离子染料
Z 染料

阳离子化棉织物
Y 棉混纺织物

阳离子剂
Y 阳离子试剂

阳离子加脂剂
cationic fatliquoring agent
TS529.1
D 阳离子皮革加脂剂
S 加脂剂*

阳离子交换纤维
cation-exchange fibre
TQ34；TS102.6
D 弱酸性阳离子交换纤维
S 离子交换纤维
C 预辐射接枝 →(9)
Z 纤维

阳离子接枝淀粉
cationic grafted starch
TS235
S 阳离子淀粉
Z 淀粉

阳离子壳聚糖
cationic chitosan
Q5；TS24
S 碳水化合物*

阳离子可染涤纶
Y 阳离子改性涤纶

阳离子可染型涤纶纤维
Y 阳离子改性涤纶

阳离子醚化剂
cationic etherification agent
TS727
S 醚化剂

Z 化学剂

阳离子皮革加脂剂
Y 阳离子加脂剂

阳离子染料
cationic dyes
TS193.21
S 染料*
F 阳离子红染料
　阳离子直接染料
C 阳离子改性涤纶

阳离子染料可染涤纶
Y 阳离子改性涤纶

阳离子染色
Y 染色工艺

阳离子染色助剂
cationic dyeing assistants
TS19
S 染色助剂
Z 助剂

阳离子柔软剂
cationic softeners
TS195.23
S 柔软剂
Z 整理剂

阳离子乳液
cationic emulsion
TS72
D 阳离子丙烯酸树脂乳液
　阳离子共聚物乳液
　阳离子无皂乳液
S 乳液*

阳离子施胶剂
cationic sizing agent
TS72
D 阳离子表面施胶剂
S 施胶剂*
F 阳离子松香中性施胶剂

阳离子试剂
cationic reagent
TQ42；TS19
D 阳离子处理剂
　阳离子剂
S 化学试剂*
C 阳离子共聚物 →(9)

阳离子松香
Y 阳离子分散松香胶

阳离子松香胶
cationic rosin size
TS72
D 新型阳离子松香胶
S 松香胶
F 反应型阳离子松香胶
　阳离子分散松香胶
C 松香型阳离子乳化剂 →(9)
　阳离子改性剂 →(9)
Z 胶

阳离子松香溶液
Y 阳离子分散松香胶

阳离子松香中性施胶剂
cationic rosin neutral sizing agents
TS72
D 阳离子型松香施胶剂
S 松香中性施胶
　阳离子施胶剂
C 阳离子乳化剂 →(9)
Z 施胶剂

阳离子微粒乳化中性分散松香胶
microparticle-emulsified cationic neutral dispersed rosin size
TS72
S 阳离子分散松香胶
　中性分散松香胶
Z 胶

阳离子微粒助留体系
Y 微粒助留剂

阳离子无皂乳液
Y 阳离子乳液

阳离子型松香施胶剂
Y 阳离子松香中性施胶剂

阳离子直接染料
cationic direct dyes
TS193.21
S 阳离子染料
　直接染料
Z 染料

阳离子助留剂
Y 微粒助留剂

阳图
positive engraving
TS81
D 阳象刻图
S 图*

阳图 PS 版
positive PS plate
TS81
S PS 版
Z 模版

阳图热敏 CTP 版
Y 热敏 CTP 版材

阳图型热敏 CTP 版
Y 热敏 CTP 版材

阳纹花筒印花
Y 机械印花

阳纹印花
Y 机械印花

阳象刻图
Y 阳图

阳錾
Y 雕版

杨克烘缸
Yankee dryer
TS734
D 扬克烘缸
　扬克式烘缸

杨克式烘缸
　S 杨克纸机
　Z 造纸机械

杨克式烘缸
　Y 杨克烘缸

杨克式造纸机
　Y 杨克纸机

杨克纸机
Yankee papermachine
TS734
　D 扬克式纸机
　　扬克纸机
　　杨克式造纸机
　S 造纸机
　F 新月型纸机
　　杨克烘缸
　Z 造纸机械

杨林肥酒
Yanglingfei liquor
TS262
　S 保健酒
　Z 酒

杨梅果酒
waxberry wine
TS262.7
　D 梅酒
　　青梅酒
　　杨梅酒
　S 果酒
　Z 酒

杨梅酒
　Y 杨梅果酒

杨木
aspen
TS62
　S 天然木材
　F 人工林杨木
　　意大利杨木
　Z 木材

杨木单板
poplar veneer
TS66
　S 型材*

杨木家具
poplar furnitures
TS66；TU2
　S 木质家具
　Z 家具

杨木浆
poplar pulp
TS749.1
　S 木浆
　F 三倍体毛白杨 KP 浆
　　三倍体毛白杨硫酸盐浆
　　杨木硫酸盐浆
　Z 浆液

杨木胶合板
poplar plywood
TS66

　S 胶合板
　Z 型材

杨木硫酸盐浆
poplar kraft pulps
TS749.1
　S 硫酸盐木浆
　　杨木浆
　Z 浆液

杨木屑
poplar wood flour
TS69
　S 木屑
　Z 废屑
　　副产品

杨树木材
　Y 天然木材

杨桃果酒
carambola fruit wine
TS262.7
　S 果酒
　Z 酒

洋菜
　Y 琼脂

洋葱
onion
TS255.2
　D 葱头
　　鳞茎类蔬菜
　　沙葱
　　玉葱
　　圆葱
　S 蔬菜
　C 大蒜
　Z 果蔬

洋葱粉
　Y 蒜粉

洋葱精油
　Y 洋葱油

洋葱油
onion oil
TS225.3；TS264
　D 洋葱精油
　S 调味油
　Z 粮油食品

洋刀豆
canavalia ensiformis
TS255.2
　S 蔬菜
　Z 果蔬

洋河大曲
Yanghe Daqu
TS262.39
　S 中国白酒
　Z 白酒

洋酒
imported wine
TS262
　D 外国白酒

　S 酒*
　F 白兰地
　　伏特加
　　金酒
　　进口葡萄酒
　　日本清酒
　　威士忌
　　香槟

洋麻
ambary
TS102.22
　D 洋麻纤维
　S 麻纤维
　Z 天然纤维

洋麻纤维
　Y 洋麻

洋琴
　Y 弦乐器

洋娃娃
dolly
TS958.1
　S 玩偶
　F 芭比娃娃
　Z 玩具

养发
hair care
TS974.2
　S 美发
　Z 美容

养晶时间
crystal growing time
TS201
　S 反应时间*
　C 水晶
　　制糖工艺

养麦粉
　Y 荞麦粉

养生食品
　Y 保健食品

养殖珍珠
cultured pearls
TS933.2
　S 珍珠
　F 淡水养殖珍珠
　Z 饰品材料

氧等离子体处理
oxygen plasma treatment
TS19
　S 处理*

氧合肌红蛋白
oxymyoglobin
Q5；TS201.21
　S 肉蛋白
　Z 蛋白质

氧化安定性
　Y 氧化稳定性

氧化安全性
　Y 氧化稳定性

氧化淀粉
oxidized starch
TS235
  D 降解淀粉
    氧化降解淀粉
  S 淀粉*
  C 生物降解微球 →(9)
    氧化淀粉胶粘剂 →(9)

氧化发黑
oxidizing blackening
TG1；TG3；TS82
  S 变色*

氧化法脱臭
  Y 氧化脱臭

氧化锆纤维
zirconia fiber
TS102.4
  S 氧化物纤维
  C 隔膜 →(5)(9)
    氧化沉淀 →(9)
  Z 天然纤维

氧化降解淀粉
  Y 氧化淀粉

氧化铝短纤维
alumina short fiber
TS102
  S 短纤维
  Z 纤维

氧化铝纤维
alumina fibre
TS102.4
  D Al_2O_3 短纤维
    Al_2O_3 纤维
  S 氧化物纤维
  C 铝基复合材料 →(1)
  Z 天然纤维

氧化马铃薯淀粉
  Y 马铃薯氧化淀粉

氧化棉纤维
oxidized cotton fiber
TS102.21；TS102.6
  S 氧化纤维
  Z 纤维

氧化漂白
oxidative bleaching
TS192.5
  D 氧漂
    氧漂白
    氧气漂白
  S 化学漂白
  F 臭氧漂白
    过醋酸漂白
    过氧化物漂白
    氯漂
  C 氧漂稳定剂
  Z 漂白

氧化漂白剂
oxidative bleaching agent
TS192.2；TS727.2
  S 漂白剂*

氧化乳糖
oxidized lactose
Q5；TS24
  S 乳糖
  Z 碳水化合物

氧化退浆
  Y 退浆

氧化退浆剂
  Y 退浆剂

氧化脱臭
oxidation deodorization
TS205；X7
  D 化学氧化法脱臭
    氧化法脱臭
  S 除味
  Z 脱除

氧化脱毛
oxidative unhairing
TS541
  S 脱毛
  Z 制革工艺

氧化稳定性
oxidative stability
TE6；TM2；TS201.2
  D 抗氧化安定性
    抗氧化稳定性
    氧化安定性
    氧化安全性
  S 化学性质*
    稳定性*
  C 诱导期 →(2)

氧化物纤维
oxide fibers
TS102.4
  S 矿物纤维
  F TiO_2 纤维
    石英纤维
    氧化锆纤维
    氧化铝纤维
  Z 天然纤维

氧化纤维
oxidized fibre
TS102.6
  S 差别化纤维
  F 氧化棉纤维
    预氧化纤维
  Z 纤维

氧化玉米淀粉
oxidized corn starch
TS235.1
  D 氧化玉米淀粉磷酸酯
  S 玉米变性淀粉
  Z 淀粉

氧化玉米淀粉磷酸酯
  Y 氧化玉米淀粉

氧碱制浆
oxygen alkali pulping

TS10；TS743
  S 碱法制浆
  Z 制浆

氧漂
  Y 氧化漂白

氧漂白
  Y 氧化漂白

氧漂稳定剂
oxygen bleaching stabilizer
TS19
  S 漂白稳定剂
  F 非硅氧漂稳定剂
  C 氧化漂白
  Z 稳定剂

氧气呼吸器
  Y 氧气吸入器

氧气面具
  Y 氧气面罩

氧气面罩
oxygen mask
TJ9；TS941.731；V2
  D 闭式回路供氧面罩
    供氧面罩
    气密供氧面罩
    氧气面具
  S 个人防护用品
  F 敞开式供氧面罩
    加压供氧面罩
  C 供氧系统 →(6)
    生命保障系统 →(6)(12)(13)
  Z 安全防护用品

氧气漂白
  Y 氧化漂白

氧气瓶轧机
  Y 轧机

氧气吸入器
oxygen inhalation apparatus
TH7；TS941.731
  D 浮标式氧气吸入器
    吸氧器
    氧气呼吸器
  S 呼吸器
  F 正压氧气呼吸器
  Z 安全防护用品

氧系漂白剂
  Y 含氧漂白剂

样板*
templet
TG9；TS66
  D 标准板
    标准纸板
    测量样板
    大样板
    划线样板
    极限样板
    角度样板
    精密样板
    孔型样板
    缺口样板

F 含氯漂白剂
    含氧漂白剂

色样
位置样板
专用样板
组合样板
F　原型样板
C　计量器具　→(2)(3)(4)(5)
　　模板　→(1)(3)(7)(8)(9)
　　样板制作

样板设计
sample plate design
TS941.2
　S　设计*

样板制作
pattern making
TS941.6
　S　制作*
　C　样板

样本整经
sample warping
TS105.2
　S　整经
　Z　织造工艺

样片
　Y　衣片

样片设计
　Y　衣片设计

样品*
sample
TB4
　D　样品代表性
　F　小样
　　　原始样品
　C　试样　→(3)(4)
　　　样机　→(4)

样品代表性
　Y　样品

样品整经机
sample warping machine
TS103.32
　D　小样整经机
　S　整经机
　Z　织造准备机械

样式*
pattern
TS94
　D　经典款式
　　　款式
　　　款式特点
　　　流行款式
　　　新款式
　F　服装款式
　　　家具样式
　　　首饰款式
　C　方法
　　　样本　→(1)(4)(8)

要求*
challenge
ZT82
　F　卫生要求
　　　原料要求

腰带
sash
TS106.77
　S　带织物
　Z　织物

腰果壳油
cashew nut shell oil
TS225.19
　S　植物种子油
　Z　油脂

腰果梨酒
　Y　梨酒

腰果油
cashew-nut oil
TS225.19
　S　植物种子油
　Z　油脂

腰省
waist dart
TS941.4
　S　服装附件*

腰头
waistband
TS941.4
　S　服装附件*

肴馔
　Y　菜肴

摇臂式万能木工圆锯机
　Y　圆锯机

摇臂式圆锯机
　Y　圆锯机

摇臂钻床
radial drilling machines
TG5；TS64
　D　万向摇臂钻床
　S　机床*

摇架
rocket centring
TS103.82
　S　纺织器材*
　F　气动摇架

摇粒绒
　Y　绒织物

摇头灯
stage intelligent light
TM92；TS956
　D　摇头电脑灯
　S　舞台灯
　Z　灯

摇头电脑灯
　Y　摇头灯

摇振器
shaker
TS733
　S　造纸机械*

遥控车

telecar
TS958
　D　遥控汽车
　　　遥控赛车
　S　车辆*

遥控电灯
remote control light
TM92；TS956
　S　自控灯
　Z　灯

遥控汽车
　Y　遥控车

遥控赛车
　Y　遥控车

遥控玩具
remote controlled toys
TS958.28
　S　高科技玩具
　F　遥控玩具车
　Z　玩具

遥控玩具车
remote controlled toy car
TS958.28
　S　玩具车
　　　遥控玩具
　Z　玩具

瑶斑布
　Y　民族服饰面料

瑶族服饰
　Y　民族服饰

瑶族蓝靛布
　Y　民族服饰面料

咬白剂
　Y　拔染剂

药剂添加
　Y　加药

药品包装盒
　Y　包装盒

药曲
medicated koji
TS26
　D　曲药
　S　曲*

药膳
　Y　药膳食品

药膳火锅
　Y　火锅

药膳食品
pharmacological food
TS218
　D　药膳
　S　保健食品
　Z　保健品
　　　食品

药性萝卜
　Y　胡萝卜

药用淀粉
pharmaceutical starch
TS235
  S 淀粉*

药用氯化钠
  Y 药用盐

药用米酒
medicinal rice wine
TS262
  S 米酒
  Z 酒

药用盐
medicine salt
TS36
  D 药用氯化钠
  S 盐*

要害部位
  Y 部位

要素*
matter
ZT3
  F 设计要素
    营养要素

钥匙
lock key
TS914
  S 锁具
  Z 五金件

椰胡
  Y 弦乐器

椰壳纤维
coconut fibre
TS102；TS102.22
  D 椰纤维
    椰子纤维
  S 种子纤维
  Z 天然纤维

椰奶
coconut milk
TS275.7
  D 椰子奶
  S 植物蛋白饮料
  Z 饮料

椰纤维
  Y 椰壳纤维

椰子奶
  Y 椰奶

椰子水
coconut water
TS275.5
  S 植物饮料
  Z 饮料

椰子纤维
  Y 椰壳纤维

椰子汁饮料
  Y 果蔬饮料

冶金参数*
metallurgical parameters
TF0
  F 浸出时间
    浸提次数
  C 参数
    工程参数 →(1)

冶金制品
metallurgy goods
TS914
  S 金属制品*

野蚕丝
  Y 柞蚕丝

野胡萝卜
  Y 胡萝卜

野茴香
  Y 孜然

野玫瑰色素
wild rose pigment
TQ61；TS202.39
  S 玫瑰色素
  Z 色素

野山茶
elsholtzia bodineri vaniot
TS272.59
  S 茶*

野生麻
wild flax
TS102.22
  D 野生麻纤维
  S 麻纤维
  F 红麻
    罗布麻
  Z 天然纤维

野生麻纤维
  Y 野生麻

野生山葡萄酒
  Y 山葡萄酒

野生植物淀粉
  Y 植物淀粉

野味
  Y 野味菜肴

野味菜
  Y 野味菜肴

野味菜肴
venison dishes
TS972.125
  D 野味
    野味菜
  S 荤菜
  Z 菜肴

野鸭肫
duck gizzard
S；TS251.59
  D 南京鸭肫
    鸭肫
  S 鸭肉

  Z 肉

野战食品
field food
TS219
  S 军用食品
  Z 食品

野猪火腿
  Y 火腿

野猪腊肉
  Y 低盐腊肉

野猪香肠
  Y 猪肉肠

叶蛋白
leaf protein
Q5；TQ46；TS201.21
  S 植物蛋白
  Z 蛋白质

叶梗纤维
  Y 叶纤维

叶黄素
xanthophyll
TQ61；TS202.39
  S 植物色素
  C 叶黄素酯
  Z 色素

叶黄素酯
lutein esters
TS201.2
  S 有机化合物*
  C 叶黄素

叶绿素
chlorophyll
TQ61；TS202.39
  S 植物色素
  C 红酵母 →(9)
    护绿剂
  Z 色素

叶绿素铜钠盐
sodium copper chlorophyllin
TQ61；TS202.39
  S 天然食用色素
  Z 色素

叶轮式洗碗机
  Y 洗碗机

叶片复烤机
  Y 烟叶复烤机

叶丝
leaf-silk
TS42
  S 烟梗
  F 膨胀叶丝
  C 烟丝结构
  Z 卷烟材料

叶丝结构
  Y 烟丝结构

叶纤维

leaf fiber
TS102.23
D 叶梗纤维
S 植物纤维
F 菠萝叶纤维
剑麻纤维
棕叶纤维
Z 天然纤维

叶组配方
tobacco leaf formulation
TS41
S 配方*

夜灯
Y 夜光灯

夜光灯
night light
TM92；TS956
D 夜灯
S 灯*
F 小夜灯

夜光纤维
luminescent fiber
TS102
S 发光纤维
Z 光纤

夜光印花
luminous printing
TS194.43
S 特种印花
Z 印花

夜光油墨
Y 油墨

夜礼服
Y 晚礼服

夜明珠
luminous pearl
TS933.2
S 珠宝
Z 饰品材料

液氨处理
Y 液氨丝光

液氨丝光
liquid ammonia mercerization
TS195.51
D 液氨处理
液氨整理
S 丝光整理
Z 整理

液氨丝光机
Y 丝光机

液氨整理
Y 液氨丝光

液比
Y 浴比

液醋
Y 液态醋

液蛋
liquid eggs
TS253.4
S 蛋*

液化*
liquefaction
TE6；TQ0
D 液化工艺
液化技术
液化流程
液化现象
F 淀粉液化
连续喷射液化
酶法液化
C 砂基 →(11)
液化性能 →(9)(11)
液化循环 →(1)
液氢 →(9)

液化工艺
Y 液化

液化技术
Y 液化

液化流程
Y 液化

液化糖化法
Y 糖化

液化现象
Y 液化

液化鱼蛋白粉
liquefaction fish protein powder
TS202.1；TS254.51
S 鱼蛋白粉
Z 蛋白粉

液晶纺丝
liquid crystal spinning
TQ34；TS104
S 纺纱*

液晶眼镜
liquid crystal glasses
TS959.6
S 眼镜*

液冷服
liquid cooled suits
TS941.731；X9
D 水冷服
S 调温服
C 加压服 →(6)
Z 安全防护用品
服装

液冷头盔
Y 飞行头盔

液力传动机构
Y 传动装置

液流染色机
Y 液流型多色染色机

液流型多色染色机
liquid flow multi-color dyeing machine
TS193.3
D 液流染色机
S 溢流染色机
Z 印染设备

液态茶
Y 茶饮料

液态茶饮料
Y 茶饮料

液态醋
liquid vinegar
TS264.22
D 液醋
液态淋浇食醋
液体醋
S 食用醋*
F 白醋
保健醋
陈醋
酒醋
米醋
糖醋
香醋
杂粮醋

液态醋酸发酵
liquid acetic acid fermentation
TS264
S 醋酸发酵
Z 发酵

液态动压实
Y 压实

液态发酵
Y 液体发酵

液态发酵法
Y 液体发酵

液态法
liquid method
TS261.4
S 方法*

液态感光抗蚀抗电镀油墨
Y 油墨

液态感光油墨
Y 油墨

液态淋浇食醋
Y 液态醋

液态奶
fluid milk
TS252.59
D 液态奶制品
液态乳
液态乳品
液体奶
液体乳
液体乳制品
S 乳制品*
F 液态婴儿奶

液态奶制品
Y 液态奶

液态酿醋工艺
  Y 酿醋

液态乳
  Y 液态奶

液态乳品
  Y 液态奶

液态深层发酵
  Y 液体深层发酵

液态食品
liquid food
TS219
  D 流体食品
    液体食品
  S 食品*

液态食品包装
liquid food packaging
TS206
  D 液体食品包装
  S 食品包装*
  F 酒包装
    利乐包装
    饮料包装

液态物料定量灌装机
quantitative filling machine for liquid material
TS04
  S 灌装机械*

液态婴儿奶
ready-to-feed infant milk
TS252.59
  D 液态婴儿乳
  S 液态奶
  Z 乳制品

液态婴儿乳
  Y 液态婴儿奶

液体*
liquids
TQ0
  F 纺丝液
    凝胶浓缩液
    浓缩茶汁
    漂液
    染液
    水萃取液
    酸洗液
    涂布液
    蒸煮液
    纸浆悬浮液
    酯化液
    制盐母液
  C 冲洗药液 →(1)(9)
    电镀液 →(9)
    废液
    浆液
    金属加工液 →(2)(3)(4)(9)
    溶液 →(1)(2)(3)(9)
    乳液
    水体 →⑪⑬
    液滴 →(1)(2)(3)(5)
    液体密度 →(4)(9)

钻井液 →(2)

液体茶
  Y 茶饮料

液体茶饮料
  Y 茶饮料

液体醋
  Y 液态醋

液体发酵
liquid state fermentation
TQ92；TS261
  D 液态发酵
    液态发酵法
    液体发酵法
    液相发酵
  S 发酵*
  F 液体深层发酵

液体发酵法
  Y 液体发酵

液体废料
  Y 废液

液体废弃物
  Y 废液

液体废物
  Y 废液

液体感光树脂版制版机
  Y 制版机

液体窖泥
liquid fermentation pit mud
TS261
  S 窖泥
  Z 泥

液体流出物
  Y 废液

液体硫化黑
liquid sulphur black
TS193.21
  S 硫化黑
  Z 染料

液体硫化染料
  Y 硫化还原染料

液体麦芽糊精
  Y 麦芽糊精

液体奶
  Y 液态奶

液体葡萄糖
liquid glucose
TS213
  S 葡萄糖
  Z 碳水化合物

液体曲
liquid koji
TS26
  S 酒曲
  Z 曲

液体燃料取暖炉

Y 燃气取暖炉

液体染料
liquid dyes
TS193.21
  S 染料*

液体乳
  Y 液态奶

液体乳制品
  Y 液态奶

液体深层发酵
liquid submerged fermentation
TS205.5
  D 深层液体发酵
    液态深层发酵
  S 深层发酵
    液体发酵
  Z 发酵

液体食品
  Y 液态食品

液体食品包装
  Y 液态食品包装

液体涂料
  Y 涂料

液体洗衣剂
  Y 洗衣液

液体香精
liquid flavoring
TQ65；TS264.3
  S 香精
  Z 香精香料

液体盐
liquid salt
TS36
  S 盐*
  F 溶解盐

液体饮料
liquid beverage
TS27
  S 饮料*

液体荧光增白剂
liquid fluorescent whitening agent
TS195.2
  S 液体增白剂
    荧光增白剂
  Z 整理剂

液体油墨
  Y 油墨

液体增白剂
liquid brightening agents
TS195.2
  S 增白剂
  F 液体荧光增白剂
  Z 整理剂

液相发酵
  Y 液体发酵

液相脱水

liquid-phase dehydration
TD9；TS205
　S 脱除*

液相压制
　Y 压制

液熏
liquid smoke
TS251.43
　D 熏干
　　熏液
　　重熏
　S 熏制
　Z 食品加工

液熏法
　Y 熏制

液压扳手
hydraulic wrench
TG7；TS91
　S 扳手
　Z 工具

液压传动机构
　Y 传动装置

液压传动器
　Y 传动装置

液压打包机
hydraulic pressing machine
TS103
　S 打包机
　Z 包装设备

液压攻丝机
　Y 攻丝机

液压挤压机
　Y 挤压设备

液压刨床
　Y 刨床

液压试验设备
　Y 试验设备

液压双卡轴旋切机
hydraulic double-chuck spindle lathe
TS64
　S 旋切机
　Z 人造板机械

液压熨平机
　Y 熨平机

液状废物
　Y 废液

一般废弃物
　Y 废弃物

一般工业
　Y 工业

一般工业过程
　Y 工艺方法

一步法白酒工艺
　Y 白酒工艺

一步法倍捻机
　Y 倍捻机

一步一浴法
　Y 一浴法

一层半底网浆板毛毯
　Y 毛毯

一次浸出豆粕
one step leaching soybean meal
TS209
　S 豆粕
　　浸出粕
　Z 粕

一次精制盐水
primary refined brine
TS36
　D 一次盐水
　S 精制盐水
　Z 盐水

一次污泥
　Y 污泥

一次性餐盒
　Y 快餐盒

一次性餐具
disposable tableware
TS972.23
　D 一次性快餐具
　S 餐具
　F 一次性环保餐具
　　一次性筷子
　　一次性塑料餐具
　　纸餐具
　Z 厨具

一次性发泡塑料餐具
disposable foaming plastic tableware
TQ32；TS972.23
　S 发泡塑料餐具
　Z 厨具

一次性环保餐具
disposable environmental protection tableware
TS972.23
　S 环保餐具
　　一次性餐具
　F 一次性可降解餐饮具
　Z 厨具

一次性可降解餐具
　Y 一次性可降解餐饮具

一次性可降解餐饮具
disposable degradable tableware
TS972.23
　D 一次性可降解餐具
　　一次性可降解快餐具
　S 可降解餐具
　　一次性环保餐具
　Z 厨具

一次性可降解快餐具
　Y 一次性可降解餐饮具

一次性快餐盒
　Y 快餐盒

一次性快餐具
　Y 一次性餐具

一次性筷子
disposable chopsticks
TS972.23
　D 卫生筷
　　卫生筷子
　　一次性卫生筷
　　纸质方便筷
　S 筷子
　　一次性餐具
　F 木质卫生筷
　Z 厨具

一次性塑料餐盒
disposable plastic lunch boxes
TQ32；TS972.23
　S 一次性塑料餐具
　Z 厨具

一次性塑料餐具
disposable plastic tableware
TQ32；TS972.23
　S 塑料餐具
　　一次性餐具
　F 一次性塑料餐盒
　Z 厨具

一次性卫生筷
　Y 一次性筷子

一次性纸杯
　Y 纸杯

一次盐水
　Y 一次精制盐水

一次盐水精制
primary brine purification
TS36
　S 盐水精制
　Z 精制

一次元件
　Y 元件

一贯计量单位制
　Y 计量单位

一氯均三嗪活性染料
monochlorotriazine dyes
TS193.21
　D 一氯均三嗪型活性染料
　S K型活性染料
　Z 染料

一氯均三嗪型活性染料
　Y 一氯均三嗪活性染料

一体化*
integration
ZT71
　F 林纸一体化

一体速印机
one quick printing machines
TS803.6
　S 印刷机

　　Z 印刷机械

一窝丝清油饼
　　Y 油炸食品

一氧化碳过滤式自救器
　　Y 过滤式自救器

一浴法
single bath process
TS193
　　D 一步一浴法
　　　一浴漂染
　　　一浴一步法
　　　一浴一步法染色
　　S 浴法*
　　F 碱氧一浴法
　　C 酶洗

一浴法染色
　　Y 同浴染色

一浴漂白
one bath bleaching
TS192.5
　　S 漂白*

一浴漂染
　　Y 一浴法

一浴染色
　　Y 同浴染色

一浴一步法
　　Y 一浴法

一浴一步法染色
　　Y 一浴法

伊比利亚火腿
　　Y 西式火腿

伊力特酒
yilite liquor
TS262.39
　　S 中国白酒
　　Z 白酒

衣服
　　Y 服装

衣服搭配
clothing collocation
TS941.2；TS941.3
　　S 搭配*
　　F 服饰搭配

衣服款式
　　Y 服装款式

衣服设计
　　Y 服装设计

衣襟
front fly
TS941.4
　　D 门襟
　　S 服装附件*
　　F 暗门襟
　　　缉明门襟

衣料

**　　Y 服装面料**

衣领
neck
TS941.4
　　D 领部
　　S 服装附件*
　　F 领里
　　　领面
　　　罗纹领
　　　色织横机领

衣领结构
collar structures
TS941.61
　　S 服装结构*
　　F 翻领结构
　　　领侧倾角
　　　领口
　　　领圈
　　　领窝
　　　领型
　　　领座

衣片
cut-parts
TS941.4
　　D 裁片
　　　缝片
　　　服装裁片
　　　样片
　　S 服装附件*
　　F 三维衣片
　　C 照片 →(1)(6)(8)

衣片染色
　　Y 成衣染色

衣片设计
cut-parts design
TS941.2
　　D 样片设计
　　S 服装设计
　　F 衣袖设计
　　Z 服饰设计

衣身
clothes body
TS941.4
　　S 服装附件*
　　F 背子

衣身结构平衡
body piece structural balance
TS941.6
　　D 衣身平衡
　　S 平衡*

衣身平衡
　　Y 衣身结构平衡

衣饰
　　Y 服饰

衣物
　　Y 服装

衣物平整机
　　Y 熨烫机

衣物柔顺剂
　　Y 织物柔软剂

衣物洗涤剂
　　Y 洗衣粉

衣袖
sleeve
TS941.4
　　D 袖
　　　袖子
　　S 服装附件*
　　F 袖条

衣袖结构
sleeve structures
TS941.61
　　S 上衣结构
　　F 袖裆
　　　袖口
　　　袖窿
　　　袖山
　　　袖型
　　　袖中线
　　Z 服装结构

衣袖设计
sleeve design
TS941.2
　　S 衣片设计
　　Z 服饰设计

衣用洗涤剂
　　Y 洗衣粉

衣用液体洗涤剂
　　Y 洗衣液

衣装
　　Y 服装

衣着搭配
　　Y 服饰搭配

医疗用灯
　　Y 卫生用灯

医学特征
medical characteristics
R
　　C 解释性 →(8)

医用防护服
medical protective clothing
TS941.731；X9
　　S 特种防护服
　　　医用服装
　　F 手术衣
　　Z 安全防护用品
　　　服装

医用防护口罩
medical protective mask
TS941.731；X9
　　S 防护口罩
　　Z 安全防护用品

医用纺织品
medical textiles
TS106
　　S 纺织品*

医用非织造布
　　Y 非织造布

医用服装
medical clothing
TS941.7
　　S 服装*
　　F 医用防护服

依纳 V 型牵伸
　　Y V 型牵伸

仪表(测量)
　　Y 测量仪器

仪表笔
　　Y 记录笔

仪表工业
　　Y 工业

仪表铣床
　　Y 专用铣床

仪器仪表*
instrumentation
TH7
　　D 仪器仪表设备
　　F 法拉第筒
　　　纺织检测仪器
　　　纺织仪器
　　　粉质仪
　　　燃气红外线辐射器
　　　质构仪
　　C 电测量仪器仪表 →(1)(4)(5)(7)(8)(12)
　　　航空仪表 →(4)(6)
　　　热工仪表 →(1)(2)(4)(5)(7)(9)

仪器仪表设备
　　Y 仪器仪表

饴糖
　　Y 麦芽糖浆

胰脂肪酶抑制剂
pancreatic lipase inhibitor
TS201.2
　　S 脂肪酶抑制剂
　　Z 酶制剂
　　　抑制剂

移动*
movement
O4；TH11
　　D 移动方式
　　F 水分移动
　　C 滑移 →(1)(2)(3)(4)(11)
　　　机械运动 →(3)(4)(5)(8)(11)(12)(13)
　　　偏移 →(1)(2)(3)(4)(5)(6)(7)(8)
　　　漂移 →(1)(4)(7)(8)
　　　迁移
　　　输移 →(11)
　　　位移 →(1)(2)(3)(4)(5)(7)(8)(11)(12)
　　　运移 →(2)
　　　转移 →(1)(5)(12)(13)

移动尺
　　Y 尺

移动存储产品
　　Y 存储器

移动方式
　　Y 移动

移动工具
move tool
TG7；TS914.5
　　S 工具*

移动工作台木工圆锯机
　　Y 圆锯机

移动靠板术工圆锯
　　Y 圆锯机

移动链式横截锯
　　Y 木工锯机

移动式机械铺装机
mobile mechanical paving machine
TS64
　　S 铺装机
　　Z 人造板机械

移膜革
transfer-film leather
TS56
　　S 成品革
　　Z 皮革

移圈
loop transfer
TS184
　　S 针织工艺*

移染
dye transfer
TS19
　　S 染色工艺*

移染性
migration property
TS193
　　S 染色性能*

移印
　　Y 转印

移印机
pad printing machine
TS803.6
　　S 印制机
　　Z 印刷机械

移印印刷
　　Y 转印

彝族服饰
Yi costumes
TS941.7
　　S 民族服饰
　　Z 服饰

乙醇发酵
alcoholic fermentation
TQ92；TS261；TS264
　　D 酒精发酵
　　　酒精发酵工艺
　　S 发酵*
　　F 高浓度酒精发酵
　　　浓醪酒精发酵
　　　乙醇连续发酵

　　C 耐高温酵母

乙醇法制浆
　　Y 乙醇制浆

乙醇废水
　　Y 酒精废液

乙醇废液
　　Y 酒精废液

乙醇含量
　　Y 酒精含量

乙醇浸提
　　Y 乙醇提取

乙醇浸提法
　　Y 乙醇提取

乙醇连续发酵
ethanol continuous fermentation
TQ92；TS261
　　D 酒精连续发酵
　　S 连续发酵
　　　乙醇发酵
　　C 自絮凝颗粒酵母 →(9)
　　Z 发酵

乙醇耐受性
　　Y 乙醇耐性

乙醇耐性
ethanol tolerance
TS26
　　D 酒精耐受性
　　　酒精耐性
　　　乙醇耐受性
　　S 耐性*

乙醇溶剂法
ethanol solvent
TS201.2
　　S 有机溶剂法
　　Z 方法

乙醇提取
ethanol extraction
TQ46；TS205
　　D 酒精浸出
　　　乙醇浸提
　　　乙醇浸提法
　　S 有机溶剂提取
　　Z 提取

乙醇提取液
ethanol extract
TQ46；TS205
　　S 提取液
　　F 蜂胶乙醇提取液
　　Z 提取物

乙醇熏蒸
ethanol vapor
TS205
　　S 蒸制
　　Z 蒸煮

乙醇制浆
ethanol-water pulping
TS10；TS743

D 乙醇法制浆
S 化学制浆
F 自催化乙醇制浆
Z 制浆

乙二胺-β-环糊精
ethylenediamine-β-cyclodextrin
TS23
S 环糊精
Z 糊料

乙纶
polyethylene fiber
TQ34；TS102.52
D 聚乙烯纤维
S 聚烯烃纤维
F 超高分子量聚乙烯纤维
 高性能聚乙烯纤维
Z 纤维

乙醚萃取
ether extraction
TQ46；TS205
S 萃取*

乙酸酯纤维
Y 醋酸纤维

乙烯砜型活性染料
Y 活性染料

乙烯脱除剂
ethylene scavenger
TS255.3
S 脱除剂*
C 脱烯烃 →(2)(9)

乙酰氨基葡萄糖
acetylglucosamine
Q5；TS24
S 碳水化合物*

乙酰淀粉
acetyl starch
TS235
D 乙酰化淀粉
S 淀粉*

乙酰化淀粉
Y 乙酰淀粉

乙酰化改性
acetylated modification
TS201.2
S 酰化改性
Z 改性

乙酰化纤维
Y 醋酸纤维

苡米
Y 薏米

蚁酒
Y 蚂蚁酒

倚丽纱
Y 集聚纺纱线

椅类家具
Y 椅子

椅子
chair
TS66；TU2
D 椅类家具
S 坐具
F 扶手椅
 工作椅
 木椅
 圈椅
 躺椅
 休闲椅
 折叠椅
 转椅
Z 家具

艺术搭配
Y 搭配

艺术雕刻
Y 雕刻

艺术挂毯
Y 毯子

艺术家具
art furnitures
TS66；TU2
S 家具*

艺术面点
Y 面点

艺术染整
art dyeing and finishing
TS190.6
S 染整*

艺用人体
Y 模特

异步染色
asynchronous dyeing
TS54
S 染色工艺*

异常监测
Y 异常检测

异常检测*
anomaly detection
TB4
D 异常监测
F 织物疵点检测
 纸病检测
C 异常 →(1)(2)(5)(8)(12)

异常气味
Y 异味

异构化乳糖
Y 乳酮糖

异构蔗糖
Y 异麦芽酮糖

异黄酮
isoflavones
O6；R；TS201.2
S 黄酮*
F 大豆异黄酮
 糖苷型异黄酮

异经织物
end-to-end fabric
TS106.8
S 织物*

异径管
Y 异型管

异麦芽低聚糖
Y 低聚异麦芽糖

异麦芽三糖
isomaltotriose
Q5；TS24
S 麦芽三糖
Z 碳水化合物

异麦芽糖
isomaltose
Q5；TS24
S 碳水化合物*

异麦芽糖醇
isomalt
TS24
S 糖醇*

异麦芽酮糖
isomaltulose
Q5；TS24
D 帕拉金糖
 异构蔗糖
S 碳水化合物*

异面毛圈
Y 毛圈

异蛇酒
different snake wine
TS262
S 保健药酒
 浸泡酒
Z 酒

异收缩丝
different shrinkage yarn
TS106.4
S 变形纱
F 高速双收缩丝
Z 纱线

异纬织物
different weft fabrics
TS106.8
S 织物*

异味
off-flavour
TS207
D 变味
 怪味
 异常气味
 异味气体
S 气味*

异味气体
Y 异味

异纤
Y 异形纤维

异纤度
fiber shaped degree
TS101.921
 D 纤维异形度
 S 纤度
 C 纤维参数
 纤维结构
 Z 纤维性能

异纤分检机
foreign fiber testing machines
TS103
 S 纺织机械*

异纤清除机
foreign fiber clearing machines
TS103
 S 纺织机械*

异形锉
 Y 锉

异形涤纶丝
profiled polyester filaments
TQ34；TS102.522
 D 六通道涤纶纤维
 异形涤纶纤维
 S 涤纶
 改性聚酯纤维
 异形纤维
 F 三角涤纶
 中空涤纶
 C 吸湿快干面料
 Z 纤维

异形涤纶纤维
 Y 异形涤纶丝

异形度
profile degree
TS101.97
 S 化合度*
 C 异形催化剂 →(9)
 异形喷丝板
 异形纤维

异形复合纤维
 Y 多层复合纤维

异形钢筘
 Y 异型钢筘

异形管
 Y 异型管

异形接头
 Y 接头

异形截面纤维
 Y 异形纤维

异形锦纶丝
shaped polyamide yarns
TQ34；TS102.521
 S 锦纶丝
 Z 纤维制品

异形聚酯纤维
profiled polyester fiber
TQ34；TS102.522
 S 改性聚酯纤维

Z 纤维

异形筘
profiled reed
TS103.81；TS103.82
 D 异型筘
 S 筘
 Z 织造器材

异形筘片
profiled reed wire
TS103.81；TS103.82
 S 筘片
 Z 织造器材

异形喷丝板
profile spinneret
TQ34；TS103.19
 S 喷丝板
 F 喷丝孔
 C 异形度
 异形纤维
 Z 纺织机构

异形丝
 Y 异形纤维

异形纤维
profiled fiber
TQ34；TS102.63
 D 沟槽纤维
 异纤
 异形截面纤维
 异形丝
 异型纤维
 S 差别化纤维
 F 多孔纤维
 三角形纤维
 异形涤纶丝
 中空纤维
 C 喷丝孔
 异形催化剂 →(9)
 异形度
 异形喷丝板
 Z 纤维

异型钢筘
profiled steel reed
TS103.81；TS103.82
 D 异形钢筘
 S 钢筘
 Z 织造器材

异型管*
special section tube
TH13；U1
 D 变截面管
 变径管
 变径管道
 异径管
 异形管
 异型管件
 F 方锥总管
 C 金属型材 →(3)
 圆管 →(3)(11)

异型管件
 Y 异型管

Z 纤维

异型筘
 Y 异形筘

异型模
 Y 模具

异型纤维
 Y 异形纤维

异性纤维
foreign fiber
TQ34；TS102.6
 S 差别化纤维
 Z 纤维

异蔗糖
different sucrose
Q5；TS24
 S 碳水化合物*

异种接头
 Y 接头

抑菌保鲜
antimicrobial preservation
TS205
 S 保鲜*

抑菌活性
bacteriostatic activity
TS201
 S 活性*
 生物特征*
 C 富马酸单甲酯

抑菌机理
antifungal mechanism
TS201
 D 抑菌机制
 S 机理*
 C 天然防腐剂

抑菌机制
 Y 抑菌机理

抑菌能力
 Y 抗菌性

抑菌圈直径
bacteriostatic circle diameter
TS201
 S 直径*

抑菌特性
 Y 抗菌性

抑菌物质
antibacterial substance
TS201
 S 物质*
 F 肽类抑菌物质

抑菌效果
inhibitory effect
TS201.6
 S 效果*

抑菌效力
 Y 抑菌效应

抑菌效应
antimicrobial effect

TS201
  D 抑菌效力
  S 效应*

抑菌性
  Y 抗菌性

抑菌性能
  Y 抗菌性

抑泡剂
  Y 消泡剂

抑止剂
  Y 抑制剂

抑制褐变
  Y 褐变

抑制剂*
depressant
TD9
  D 新型抑制剂
    压制剂
    抑止剂
  F 褐变抑制剂
    甜味抑制剂
    微生物抑制剂
    消泡剂
  C 催化剂 →(3)(9)(13)

易腐食品
perishable food
TS219
  S 变质食品
  Z 食品

易拉罐
easy open can
TS29
  D 铝易拉罐
  S 金属罐
    食品容器
  Z 罐

易去污
  Y 防污整理

易去污整理
  Y 防污整理

易熔片
fusible plate
TS914
  S 五金件*

易散性排放
  Y 排放

益生菌酸奶
  Y 益生酸奶

益生酸奶
probiotic yoghurt
TS252.59
  D 益生菌酸奶
  S 功能性酸奶
  Z 发酵产品
    乳制品

益寿糖

longevity sugar
TS246.59
  S 功能性糖果
  Z 糖制品

益阳松花皮蛋
  Y 皮蛋

益智食谱
  Y 保健食谱

益智玩具
  Y 智能玩具

意大利菜
Italian cuisine
TS972
  S 西式菜
  Z 菜肴

意大利面条
  Y 面条

意大利杨
  Y 意大利杨木

意大利杨木
Italy poplar
TS62
  D 欧美杨
    意大利杨
  S 杨木
  Z 木材

意匠
  Y 意匠图

意匠图
pattern grid
TS105
  D 意匠
  S 织物组织图
  Z 工程图

意式面条
  Y 面条

意外排放
  Y 排放

意外牵伸
additional draft
TS104
  S 牵伸*

意外倾卸
  Y 排放

意外释放
  Y 排放

溢流喷射染色
orerflow jet dyeing
TS193
  D 喷射溢流染色
  S 溢流染色
  Z 染色工艺

溢流喷射染色机
  Y 喷射溢流染色机

溢流染槽

  Y 染整机械机构

溢流染色
overflow dyeing
TS193
  D 溢流染色工艺
  S 染色工艺*
  F 溢流喷射染色
  C 染整机械机构
    溢流染色机

溢流染色工艺
  Y 溢流染色

溢流染色机
overflow dyeing machines
TS193.3
  D 溢流式染色机
  S 织物染色机
  F 喷射溢流染色机
    液流型多色染色机
  C 溢流染色
  Z 印染设备

溢流式染色机
  Y 溢流染色机

薏米
semen coicis
TS210.2
  D 苡米
    薏仁米
    薏苡米
    薏苡仁
  S 谷类
  C 薏苡仁油
  Z 粮食

薏仁米
  Y 薏米

薏苡米
  Y 薏米

薏苡奶
job's tears milk
TS275.7
  S 植物蛋白饮料
  Z 饮料

薏苡仁
  Y 薏米

薏苡仁油
coix seed oil
TS225.19
  S 植物种子油
  C 薏米
  Z 油脂

翼锭粗纺机
  Y 粗纱机

翼锭粗纱机
  Y 粗纱机

翼锭纺纱机
  Y 细纱机

翼锭精纺机
  Y 细纱机

翼锭细纱机
　Y 细纱机

翼式打手
　Y 打手

因数
　Y 因子

因子*
factor
O1；TB1
　D 分舱因数
　　回复因子
　　因数
　F 爆破因子
　　功能因子
　　取向因子
　　增殖因子
　　栅栏因子
　C 维修策略　→(4)

阴极灯
cathode lamps
TM92；TS956
　S 灯*
　F 氖灯
　　冷阴极灯
　　热阴极灯

阴离子捕捉剂
　Y 阴离子垃圾捕集剂

阴离子淀粉
anionic starch
TS235
　S 变性淀粉
　Z 淀粉

阴离子分散松香胶
anionic dispersed rosin size
TS72
　S 分散松香胶
　　阴离子松香胶
　F 阴离子中性分散松香胶
　Z 胶

阴离子交换纤维
anion-exchange fibre
TQ34；TS102.6
　S 离子交换纤维
　C 偕胺肟纤维　→(9)
　　阳离子共聚乳液　→(9)
　Z 纤维

阴离子垃圾
　Y 阴离子垃圾捕集剂

阴离子垃圾捕集剂
anionic trash catcher
TS72
　D 阴离子捕捉剂
　　阴离子垃圾
　　阴离子垃圾捕集剂
　S 捕收剂*

阴离子垃圾捕捉剂
　Y 阴离子垃圾捕集剂

阴离子染料

anionic dyes
TS193.21
　S 染料*
　F 阴离子直接染料
　　阴阳离子菁染料

阴离子松香胶
anionic rosin size
TS75
　S 松香胶
　F 阴离子分散松香胶
　Z 胶

阴离子直接染料
anionic direct dye
TS193.21
　S 阴离子染料
　Z 染料

阴离子中性分散松香胶
anionic neutral dispersed rosin size
TS75
　S 阴离子分散松香胶
　　中性分散松香胶
　Z 胶

阴图 PS 版
negative PS plate
TS81
　S PS 版
　Z 模版

阴阳离子菁染料
anionic-cationic cyanine dye
TS193.21
　S 菁染料
　　阴离子染料
　Z 染料

阴錾
　Y 雕版

音板
sound boards
TS953.35
　S 钢琴
　Z 乐器

音乐合成器
music synthesizer
TS953
　S 电子音响合成器
　Z 合成器
　　视听设备

音色效果
sound effects
TS953
　S 效果*

音视频设备
　Y 视听设备

音像设备
　Y 视听设备

涸色
　Y 渗花

铟灯
indium lamp

TM92；TS956
　S 灯*

银耳保健饮料
　Y 保健饮料

银耳茶
　Y 凉茶

银狐皮
silver fox skin
S；TS564
　S 狐皮
　Z 动物皮毛

银花茶
honeysuckle tea
TS272.53
　S 花茶
　Z 茶

银卡纸
　Y 卡纸

银离子洗衣机
　Y 洗衣机

银器
silver plate
TG1；TS914；TS934
　D 银制工艺品
　S 银制品
　Z 金属制品

银枪大衣呢
　Y 大衣呢

银色纸
　Y 纸张

银饰
silver jewelries
TS934.3
　D 白银饰品
　　银饰品
　S 金银饰品
　Z 饰品

银饰品
　Y 银饰

银系抗菌剂
silver antibacterial
R；TQ45；TS195
　D 纳米银抗菌剂
　　银系无机抗菌剂
　　载银抗菌剂
　　载银无机抗菌剂
　S 杀生剂*
　C 纳米银

银系无机抗菌剂
　Y 银系抗菌剂

银星竹鼠皮
hoary bamboo rat skin
S；TS564
　S 鼠皮
　Z 动物皮毛

银杏保健茶

Y 银杏茶

银杏茶
ginkgo tea
TS272.59
D 银杏保健茶
银杏叶茶
S 凉茶
Z 茶

银杏醋
Y 醋饮料

银杏酒
Y 果酒

银杏露酒
Y 果酒

银杏叶茶
Y 银杏茶

银杏油
Y 杏仁油

银杏渣
ginkgo biloba slag
TS255
S 果蔬渣
Z 残渣

银针茶
Y 针形茶

银制工艺品
Y 银器

银制品
silver craftwork
TG1；TS914
S 金银制品
F 银器
Z 金属制品

引导直径
Y 直径

引剑机构
rapier driving mechanism
TS103.12
S 引纬机构
Z 纺织机构

引经
Y 穿经

引经机
Y 穿经机

引射器
Y 喷射器

引纬
wefting insertion
TS105
D 引纬工艺
S 纬纱工艺
F 磁性引纬
电子引纬
剑杆引纬
喷气引纬
喷水引纬

双引纬
C 引纬机构
Z 织造工艺

引纬参数
weft insertion parameters
TS105
D 入纬率
引纬力
引纬率
引纬速度
引纬张力
S 机织工艺参数
Z 织造工艺参数

引纬工艺
Y 引纬

引纬机构
weft insertion mechanism
TS103.12
D 引纬系统
引纬装置
S 机织机构
F 传剑机构
共轭凸轮引纬机构
引剑机构
C 打梭棒
梭子
位置角 →(4)
引纬
Z 纺织机构

引纬力
Y 引纬参数

引纬率
Y 引纬参数

引纬速度
Y 引纬参数

引纬系统
Y 引纬机构

引纬张力
Y 引纬参数

引纬装置
Y 引纬机构

引张线
straining wire
TS106.5
S 绳索*

引纸绳
Y 引纸绳系统

引纸绳系统
threading rope carrier system
TS73
D 引纸绳
S 引纸系统
Z 造纸机械

引纸系统
threading systems
TS73
S 造纸机械*
F 引纸绳系统

吲哚菁染料
indocyanine dyes
TS193.21
S 菁染料
Z 染料

饮茶器具
Y 茶具

饮酒*
alcohol drinking
TS971.22
D 科学饮酒
F 解酒
品酒
评酒
C 白酒
酒

饮酒环境
Y 品酒

饮料*
beverages
TS27
D 食品饮料
饮料产品
饮品
F 彩珠饮料
茶饮料
澄清饮料
醋饮料
大米饮料
蛋白饮料
低糖饮料
发酵饮料
复合饮料
功能饮料
固体饮料
罐装饮料
混合饮料
咖啡
可可粉
冷饮
绿色饮料
瓶装饮料
清汁饮料
热饮料
软饮料
水饮料
速溶饮料
酸性饮料
天然饮料
液体饮料
饮料酒
浊汁饮料
C 活性干酵母 →(9)
小白杏
饮料工业
饮食

饮料包装
beverage packaging
TS206
D 软饮料包装
饮品包装
S 液态食品包装
Z 食品包装

饮料产品
Y 饮料

饮料厂
beverage factory
TS27
　S 食品厂
　Z 工厂

饮料醋
Y 醋饮料

饮料工业
beverage industry
TS27
　D 果汁工业
　　饮料行业
　　饮料业
　S 食品工业
　F 制茶工业
　C 饮料
　Z 轻工业

饮料工艺
Y 饮料加工

饮料灌装
beverage filling
TB4；TS27
　S 灌装*

饮料罐
beverage can
TS270
　S 罐*

饮料混浊
beverage turbidity
TS27
　S 混浊
　　食物变质
　F 非生物混浊
　　后混浊
　　啤酒混浊
　Z 变质

饮料加工
beverage processing
TS27
　D 饮料工艺
　　饮料加工技术
　　饮料生产
　　饮料生产工艺
　S 食品加工*

饮料加工技术
Y 饮料加工

饮料加工企业
Y 饮料生产企业

饮料酒
alcoholic beverages
TS261；TS27
　D 含酒精饮料
　　酒精饮料
　　酒类饮料
　　酒饮料
　S 饮料*
　F 奶啤饮料

　　啤酒饮料

饮料配方
beverage ingredients
TS27
　S 食品配方
　Z 配方

饮料瓶
beverage bottle
TS206
　S 食品容器
　Z 容器

饮料瓶罐
beverage bottles
TS206
　S 瓶罐
　Z 罐

饮料设备
beverage equip
TS270.3
　S 食品加工设备*

饮料生产
Y 饮料加工

饮料生产工艺
Y 饮料加工

饮料生产企业
beverage production enterprise
TS270.8
　D 饮料加工企业
　　饮品企业
　S 食品企业
　Z 企业

饮料生产线
beverage production line
TH16；TQ0；TS270.3
　S 食品生产线
　F 啤酒生产线
　Z 生产线

饮料行业
Y 饮料工业

饮料研制
beverage development
TS27
　S 研制*

饮料业
Y 饮料工业

饮料用香精
Y 食品香精

饮料主剂
beverage concentrates
TS27
　S 食品基料
　Z 物料

饮品
Y 饮料

饮品包装
Y 饮料包装

饮品企业
Y 饮料生产企业

饮食*
diet
TS971.2
　F 传统饮食
　　儿童饮食
　　家庭饮食
　　节日饮食
　　清真饮食
　　特色饮食
　C 食品
　　饮料
　　营养

饮食搭配
diet collocation
TS971.1
　S 营养搭配
　F 食物搭配
　Z 搭配

饮食法
Y 饮食方法

饮食方法
diet method
TS971
　D 饮食法
　　饮食方式
　S 食用方法
　Z 方法

饮食方式
Y 饮食方法

饮食风格
Y 饮食风俗

饮食风貌
Y 饮食风俗

饮食风俗
dietetic custom
TS971.2
　D 饮食风格
　　饮食风貌
　S 风格*
　C 餐饮

饮食风味
Y 风味

饮食工具
Y 饮食器具

饮食机械
Y 食品加工机械

饮食结构
diet composition
TS97
　S 功能结构*

饮食理念
diet concepts
TS97
　S 生活理念*

饮食美容

diet cosmetics
TS974.1
  S 美容*
  F 水果美容

饮食美学
dietetic esthetics
TS971
  S 美学*

饮食器具
eating utensils
TS972.23
  D 食器
    饮食工具
    饮食用具
  S 厨具*
  F 餐具
    茶具
    酒器
    咖啡壶
  C 器具

饮食人类学
food anthropology
TS97
  S 食品科学*

饮食设备
  Y 食品加工设备

饮食时尚
food fashion
TS971.2
  D 酒杯流行
  S 时尚*

饮食史
dietary history
TS97
  D 饮食文化史
  S 历史*
  F 茶史
    烹饪史

饮食文化史
  Y 饮食史

饮食习性
eating habits
TS201
  S 食品特性*
  C 嗜好性

饮食业油烟
cooking fume
TS972.38；X7
  D 餐饮油烟
    城市餐饮油烟
    饮食油烟
  S 油烟
  Z 烟气

饮食用具
  Y 饮食器具

饮食油烟
  Y 饮食业油烟

饮食原料

  Y 食品原料

饮水美容
drinking water cosmetology
TS974.1
  S 美容*

饮宴
coshery
TS971.2
  S 宴席*

饮用安全
drinking security
TS207
  S 食品安全*

饮用方法
drinking method
TS27
  S 食用方法
  Z 方法

饮用矿泉水
mineral water for drinking
TS275.1
  S 用水*

饮用天然矿泉水
  Y 天然矿泉水

隐格织物
  Y 条格织物

隐横条
hidden cross stripes
TS101.97
  S 横条
  Z 纺织品缺陷

隐色染料
leuco dyes
TS193.21
  S 功能染料
  Z 染料

隐身军服
  Y 特种军服

隐形笔
  Y 笔

隐形记号笔
  Y 笔

隐形眼镜
contact lenses
TS959.6
  S 眼镜*

印板
printing plates
TS802；TS803；TS804
  S 板*

印版
  Y 印版制版

印版打孔机
forme perforating machines
TS803.9
  S 印刷机械*

印版滚筒
plate cylinder
TH13；TS803
  D 版滚筒
    套筒式印版滚筒
    印刷滚筒
    印刷机滚筒
  S 滚筒*
  F 凹版滚筒
    传纸滚筒
    橡皮滚筒
    压印滚筒
    印花滚筒
    折页滚筒
  C 印刷机

印版输出机
forme output machines
TS803.9
  S 印后设备
  Z 印刷机械

印版显影机
  Y 制版设备

印版制版
forme platemaking
TS805
  D 印版
    印制版
  S 制版工艺
  Z 印刷工艺

印版质量
forme quality
TS77
  S 印刷质量
  Z 工艺质量

印报机
  Y 报纸印刷机

印钞废水
paper money printing wastewater
TS89；X7
  S 废水*

印度菜
Indian cuisines
TS972
  D 印度菜肴
    印度餐
  S 亚洲菜肴
  Z 菜肴

印度菜肴
  Y 印度菜

印度餐
  Y 印度菜

印度棉
indian cotton
TS102.21
  S 棉纤维
  Z 天然纤维

印后
  Y 印后加工

印后加工
post-press finishing
TS194.4；TS859
　D 印后
　S 印制技术*
　F 书刊印后

印后加工设备
　Y 印后设备

印后设备
postpress equipment
TS803.9
　D 印后加工设备
　S 印刷机械*
　F 模切机
　　烫金设备
　　压光机
　　印版输出机
　　印后装订设备
　　印刷包装设备

印后装订
post-press binding
TS885
　S 装订*

印后装订设备
post-press binding equipments
TS803.9
　S 印后设备
　F 书刊装订设备
　Z 印刷机械

印花*
embossing
TS194
　D 印花方法
　　印花工艺
　　印花生产
　F 凹凸印花
　　拔染印花
　　变色印花
　　叠色印花
　　多色印花
　　发泡印花
　　防染印花
　　纺织品印花
　　活性染料印花
　　机械印花
　　阶调印花
　　烂花印花
　　朦胧印花
　　渗花
　　生态印花
　　手工印花
　　双面印花
　　特种印花
　　涂料印花
　　直接印花
　　纸版印花
　　转移印花
　C 染色工艺
　　染整
　　纹样
　　印花单元
　　印花分色
　　印花滚筒

　　印花机
　　印花实验
　　印花性能
　　印花助剂
　　印制技术

印花薄型毛织物
　Y 毛织物

印花布
　Y 印花织物

印花材料
　Y 印刷材料

印花衬布
　Y 底布

印花单元
printing unit
TS19
　S 单元*
　C 印花

印花灯芯绒
　Y 灯芯绒

印花雕板
　Y 印花设备

印花方法
　Y 印花

印花废水
wastewater from print
TS19；X7
　S 印染废水
　Z 废水

印花分色
color separation in printing
TS19
　S 分色
　C 印花
　Z 色彩工艺

印花工具
　Y 印花设备

印花工艺
　Y 印花

印花辊筒
　Y 印花滚筒

印花滚筒
printing roll
TH13；TS103；TS194
　D 满地印花辊筒
　　印花辊筒
　S 印版滚筒
　C 印花
　Z 滚筒

印花烘燥机
　Y 染整烘燥机

印花糊剂
　Y 印花浆料

印花糊料
printing gum

TS194.2
　S 糊料*

印花机
print works
TS194.3
　D 间隔印花机
　　绞纱印花机
　　静电印花机
　　毛条印花机
　　双面印花机
　　丝绒印花机
　　丝绒轧花机
　　筒子纱印花机
　　印机
　S 印花设备
　F T恤印花机
　　八色印花机
　　滚筒印花机
　　蜡染印花机
　　喷射印花机
　　热转印机
　　筛网印花机
　　数码印花机
　　套色印花机
　C 印花
　Z 印染设备

印花机械
　Y 印染机械

印花浆
　Y 印花浆料

印花浆料
printing pastes
TS194
　D 印花糊剂
　　印花浆
　　印花原糊
　S 纺织浆料
　Z 浆料

印花胶毯
　Y 橡胶毯

印花牢度
printing fastness
TS107；TS194
　S 牢度*

印花面料
printed fabrics
TS941.41
　S 面料*

印花模版
　Y 印花设备

印花模型
　Y 印花设备

印花泡泡纱
　Y 绉织物

印花色浆
printing paste
TS193
　D 拔染浆
　　拔染印浆

印浆
S 色浆
F 涂料印花浆
Z 浆液

印花色浆过滤机
Y 印花设备

印花设备
printing equipment
TS194.3
D 印花雕板
印花工具
印花模版
印花模型
印花色浆过滤机
印花系统
转移印花压毯
S 印染设备*
F 柔印机
烫金机
印花机
圆网印花刮刀

印花设计
printing plate making
TS194.1
D 印花图案设计
印花制版
S 花样设计
Z 纺织设计

印花生产
Y 印花

印花实验
printing test
TS194
S 纺织实验
C 印花
Z 实验

印花手帕
Y 手帕

印花台板
Y 筛网印花机

印花毯
Y 毯子

印花图案设计
Y 印花设计

印花网版
print screen
TS194
S 网版
Z 模版

印花系统
Y 印花设备

印花效果
prints effect
TS107
S 纺织效果
Z 效果

印花性能
prints properties

TS101
S 纺织性能
C 印花
Z 纺织品性能

印花原糊
Y 印花浆料

印花增稠剂
thickener for pigment printing
TS19
D 涂料印花增稠剂
印染增稠剂
S 增效剂*
F PTF 增稠剂
C 涂料添加剂 →(9)
印花助剂

印花粘合剂
printing adhesive
TS194
S 胶粘剂*
F 涂料印花粘合剂
C 印花助剂

印花织物
printing fabric
TS106.8
D 印花布
S 织物*
F 彩印花布
蜡印布
南通蓝印花布

印花制版
Y 印花设计

印花质量
prints quality
TS101.9
S 印染质量
F 喷印质量
Z 纺织加工质量

印花助剂
printing auxiliaries
TS190；TS193；TS194
S 印染助剂
F 拔染剂
剥色剂
防染剂
C 印花
印花增稠剂
印花粘合剂
Z 助剂

印机
Y 印花机

印迹
Y 痕迹

印浆
Y 印花色浆

印金
bronze printing
TS194.4；TS859
S 印制技术*

印经织物
Y 织物

印料
Y 印刷材料

印墨
Y 油墨

印墨性能
Y 油墨性能

印品
Y 印刷质量

印品质量
Y 印刷质量

印前
Y 印前工艺

印前处理
Y 印前工艺

印前处理系统
Y 印前系统

印前工艺
prepress technology
TS194.4；TS859
D 印前
印前处理
印前技术
印前加工
印前制作
预印工艺
S 印制技术*
F 彩色印前
数字印前
C 印前系统

印前技术
Y 印前工艺

印前加工
Y 印前工艺

印前解决方案
pre-press solutions
TS8
S 方案*

印前软件
pre-press software
TP3；TS805
S 计算机软件*

印前色彩控制
pre-press colour control
TS805
S 物理控制*

印前设备
prepress equipments
TS803.1
S 印刷机械*
F 润版装置
晒版机

印前设计
pre-press design
TS801

S 书籍设计*

印前输出
pre-press output
TS805
S 输出*

印前系统
pre-press system
TS803.1
D 印前处理系统
S 印刷系统
F 彩色印前系统
数字化印前系统
桌面印前系统
C 印前工艺
Z 出版系统

印前制版
pre-press platemaking
TS805
S 制版工艺
Z 印刷工艺

印前制作
Y 印前工艺

印染
dyeing and printing
TS190.6
D 纺织染工艺
纺织印染
平网印染
印染工艺
印染技术
印染加工
印染整理
S 染整*
F 传统印染
丝网印染
C 交联

印染产品
printed and dyed products
TS19
D 染色经纱
条染产品
S 染整产品
Z 轻纺产品

印染厂
printing and dyeing mill
TS19
S 纺织厂
Z 工厂

印染车间
Y 纺织车间

印染疵点
Y 染疵

印染导带
Y 染整机械机构

印染废水
printing and dyeing wastewater
TS19；X7
D 纺织印染废水
印染工业废水

印染污水
S 废水*
F 高温印染废水
碱减量印染废水
碱性印染废水
模拟印染废水
漂染废水
退浆废水
洗染废水
印花废水
综合印染废水

印染废水处理
dyeing wastewater treatment
TS19；X7
D 印染废水处理工艺
印染废水处理技术
印染废水治理
印染工业废水处理
S 工业废水处理*
C 超声裂解 →⑬
腐植酸类净水剂 →⑬
管式电凝聚器 →⑬
铁屑过滤 →⑬
物化-生化法 →⑬
厌氧-好氧处理 →⑬

印染废水处理工艺
Y 印染废水处理

印染废水处理技术
Y 印染废水处理

印染废水治理
Y 印染废水处理

印染工业
printing and dyeing industry
F；TS19
D 印染企业
印染行业
S 染整工业
Z 轻工业

印染工业废水
Y 印染废水

印染工业废水处理
Y 印染废水处理

印染工艺
Y 印染

印染机
Y 印染设备

印染机械
dyeing and printing machinery
TS190.4
D 经纱印花机
印花机械
S 染整机械*

印染技术
Y 印染

印染加工
Y 印染

印染胶辊
dyeing and printing rubber roll

TH13；TQ33；TS103.82
S 纺织胶辊
F 分丝辊
Z 纺织器材
辊

印染联合机
Y 印染设备

印染企业
Y 印染工业

印染设备*
dyeing and printing equipment
TS190.4
D 印染机
印染联合机
F 染色设备
印花设备

印染生产
Y 印染生产线

印染生产线
printing and dyeing production line
TS19
D 印染生产
S 生产线*

印染污泥
printing and dyeing sludge
TS19；X7
D 漂染污泥
S 污泥*

印染污染
printing and dyeing pollution
TS19；X7
S 行业污染*

印染污水
Y 印染废水

印染行业
Y 印染工业

印染增稠剂
Y 印花增稠剂

印染整理
Y 印染

印染织物
Y 织物

印染质量
dyeing and printing quality
TS101.9
S 染整质量
F 染色质量
印花质量
Z 纺织加工质量

印染助剂
dyeing and printing auxiliaries
TS190.2
S 染整助剂
F 染色助剂
印花助剂
Z 助剂

印石
chop stone
TS933.21
D 印章石
S 观赏石*
F 巴林石
青田石
田黄石

印刷*
printing
TS805
D 商业印刷
印刷方法
印刷方式
印刷工程
印刷过程
印刷教育
印刷史
印刷形式
印刷职业教育
F 凹版印刷
包装印刷
标签印刷
彩色印刷
出版印刷
传统印刷
大幅面印刷
个性化印刷
广告印刷
焊膏印刷
活字印刷
静电印刷
快速印刷
绿色印刷
轮转印刷
喷墨印刷
票据印刷
平版印刷
轻印刷
实地印刷
数字印刷
双面印刷
丝网印刷
塑料印刷
特种印刷
凸版印刷
图像印刷
瓦楞纸箱印刷
小批量印刷
烟包印刷
邮票印刷
直接印刷
纸漏印刷
专色印刷
组合印刷
C 印刷工艺
印刷管理
印刷精品
印刷图像
印刷网点
印刷性能
印刷油墨
印刷质量
印制技术

印刷 ERP

printing ERP
TS805
D 印刷机模拟操作系统
C 印刷工艺

印刷版
Y 多层金属版

印刷版材
Y 版材

印刷包装
Y 印刷包装设备

印刷包装企业
Y 包装印刷企业

印刷包装设备
printing and packaging equipment
TS803.9
D 包装印刷设备
印刷包装
S 印后设备
Z 印刷机械

印刷标准
printing standards
T-6；TS805
D 印刷标准化
S 标准*

印刷标准化
Y 印刷标准

印刷表面强度
printing surface strength
TS77
S 强度*

印刷材料*
printed materials
TS802
D 印花材料
印料
印刷器材
F 版材
承印材料
润版液
上光油
C 墨水
印刷工艺
油墨

印刷参数*
printing parameters
TS805
F 加网线数
墨层厚度
墨点保真度
耐印力
网点
印刷密度
印刷速度
印刷压力
印压时间
油墨叠印率
油墨转移率
着墨率
C 工程参数 →(1)
印刷精度

印刷产品
Y 印刷品

印刷产品质量
printing product quality
TS807
S 产品质量*

印刷厂
printing plants
TS808
D 印刷工厂
S 工厂*
F 报纸印刷厂

印刷出版业
printing and publishing industry
F；TS8
S 印刷业
F 报纸印刷业
Z 轻工业

印刷打样
Y 打样

印刷方法
Y 印刷

印刷方式
Y 印刷

印刷防伪
printing anti-counterfeiting
TS805
D 包装印刷防伪
S 防伪*
F 版纹防伪
C 防伪印刷
水印

印刷服务
Y 印刷业务

印刷复制
printing reproduction
TS805
D 快印
S 印刷工艺*

印刷工厂
Y 印刷厂

印刷工程
Y 印刷

印刷工程专业
Y 印刷专业

印刷工业
Y 印刷业

印刷工艺*
printing technology
TS805
D 凹版印刷技术
凹印技术
印刷工艺技术
印刷工艺设计
印刷技术
印刷加工
印刷生产

印刷术
　F　放卷
　　加网
　　接版
　　理纸
　　排版
　　配墨
　　切纸
　　印刷复制
　　印刷透印
　　远程传版
　　折手
　　折页
　　制版工艺
　　走纸
　　组版
　C　工艺方法
　　剪切
　　逆转法
　　上光
　　水墨平衡
　　涂布
　　印刷
　　印刷 ERP
　　印刷材料
　　印刷油墨
　　印刷质量
　　油墨预置

印刷工艺技术
　Y　印刷工艺

印刷工艺设计
　Y　印刷工艺

印刷故障
printing trouble
TS805；TS807
　D　测墨
　　刀线
　　飞墨
　　墨皮
　　条杠
　　印刷墨斑
　　印刷缺陷
　S　故障*
　F　胶印故障
　　输纸故障
　　套印故障
　　制版故障
　　重影
　C　印刷管理
　　印刷色差

印刷管理*
printing management
TS805
　F　印刷质量管理
　C　印刷
　　印刷故障
　　印刷控制

印刷光泽
printing gloss
TS807
　S　光泽*

印刷辊

　Y　印刷胶辊

印刷滚筒
　Y　印版滚筒

印刷过程
　Y　印刷

印刷环境
printing environment
TS805
　S　环境*
　C　印刷性能

印刷机
printing press
TS803.6
　D　Rapida 印刷机
　　包装印刷机
　　苯胺印刷机
　　传统印刷机
　S　印刷机械*
　F　凹印机
　　报纸印刷机
　　标签印刷机
　　彩色印刷机
　　大幅面印刷机
　　单张纸印刷机
　　复印机
　　高宝印刷机
　　高速印刷机
　　辊状印刷机
　　海德堡印刷机
　　卷筒纸印刷机
　　轮转印刷机
　　木纹印刷机
　　喷墨印刷机
　　票据印刷设备
　　平版印刷机
　　柔性版印刷机
　　商业表格印刷机
　　数字印刷机
　　双面印刷机
　　丝网印刷机
　　塔式轮转印刷机
　　网版印刷机
　　一体速印机
　　移印机
　　纸箱印刷机
　C　印版滚筒
　　印刷开槽机

印刷机滚筒
　Y　印版滚筒

印刷机机构*
printing press mechanism
TS803
　F　递纸机构
　　分纸机构

印刷机模拟操作系统
　Y　印刷 ERP

印刷机械*
printing machinery
TS803
　D　凹印设备
　　印刷机械设备

印刷设备
　　印刷装置
　F　包装印刷机械
　　标签印刷设备
　　堆积机
　　胶印机
　　轮转印刷设备
　　喷绘机
　　喷墨设备
　　上光机
　　烫金机
　　烫印机
　　网印设备
　　印版打孔机
　　印后设备
　　印前设备
　　印刷机
　　照排机
　　制版设备
　C　轻工机械

印刷机械设备
　Y　印刷机械

印刷技术
　Y　印刷工艺

印刷技术专业
　Y　印刷专业

印刷加工
　Y　印刷工艺

印刷胶版
　Y　胶印

印刷胶辊
printing rubber rolls
TH13；TS73
　D　印刷辊
　S　胶辊
　F　版辊
　　墨辊
　　水印辊
　Z　辊

印刷教育
　Y　印刷

印刷精度
printing precision
TS805
　S　精度*
　C　印刷参数

印刷精品
printing elaborate works
TS89
　S　印刷品*
　C　印刷

印刷开槽机
print fluting machine
TS805
　S　开槽机
　C　印刷机
　Z　工程机械

印刷控制
printing control

TS80
 S 工业控制*
 F 印刷质量控制
 C 墨滴控制 →(8)
  墨量控制 →(8)
  印刷管理

印刷流程
printing processes
TS805
 S 流程*
 F 数字化印刷流程
  印刷生产流程
 C 印刷性能

印刷媒体
print media
TS805
 C 印刷性能

印刷美学
printing aesthetics
TS805
 S 美学*

印刷密度
printing density
TS805
 S 印刷参数*

印刷模版
 Y 模版

印刷墨斑
 Y 印刷故障

印刷墨辊
 Y 墨辊

印刷排版
 Y 照排

印刷品*
printed matter
TS89
 D 印刷产品
  纸质印刷品
 F 包装印刷品
  彩色印刷品
  书刊
  贴标
  印刷精品
 C 轻纺产品
  压纹

印刷品质
 Y 印刷质量

印刷品质量
 Y 印刷质量

印刷企业
printing enterprise
F；TS805
 S 企业*
 F 包装印刷企业
  中小印刷企业

印刷器材
 Y 印刷材料

印刷缺陷
 Y 印刷故障

印刷色彩
printing colour
TS805
 D 印刷色彩学
 S 色彩*
 C 阶调

印刷色彩学
 Y 印刷色彩

印刷色差
printing colour difference
TS805
 S 色差*
 C 印刷故障

印刷色序
printing colour sequences
TS805
 S 色序
 C 套印
 Z 颜色描述

印刷色域
printing color gamut
TS8
 S 色域
 Z 颜色描述

印刷设备
 Y 印刷机械

印刷设计
printing design
TS801
 S 书籍设计*
 C 设计

印刷生产
 Y 印刷工艺

印刷生产流程
printing production processes
TS8
 S 印刷流程
 Z 流程

印刷史
 Y 印刷

印刷适性
printability
TS80
 D 适印性
  印刷适印性
  印刷适应性
 S 适性*
  印刷性能

印刷适印性
 Y 印刷适性

印刷适应性
 Y 印刷适性

印刷术
 Y 印刷工艺

印刷数字化
printing digitalization
TS805
 S 数字技术*
 C 印刷性能

印刷速度
printing speed
TS805
 S 印刷参数*

印刷特点
 Y 印刷性能

印刷特性
 Y 印刷性能

印刷体
 Y 印刷字体

印刷透印
print through
TS805
 D 透印
 S 印刷工艺*

印刷图像
print image
TS805
 S 图像*
 F 印刷网点图像
 C 印刷

印刷涂布纸
 Y 涂布纸

印刷涂料纸
 Y 涂布纸

印刷网点
printing dots
TS805
 S 网点
 C 印刷
 Z 印刷参数

印刷网点图像
printing dot images
TS805
 S 印刷图像
 Z 图像

印刷系统
printing system
TS803
 S 出版系统*
 F 数码印刷系统
  印前系统

印刷效果
 Y 印刷质量

印刷效率
printing efficiency
TS8
 D 打印效率
 S 效率*

印刷行业
 Y 印刷业

印刷形式
Y 印刷

印刷性
Y 印刷性能

印刷性能
printing performances
TS805
D 印刷特点
印刷特性
印刷性
S 性能*
F 阶调再现性
网点扩大特性
印刷适性
C 印刷
印刷环境
印刷流程
印刷媒体
印刷数字化

印刷压力
printing pressure
TS805
D 压印力
S 印刷参数*

印刷业
printing industry
TS8
D 印刷工业
印刷行业
S 轻工业*
F 包装印刷工业
印刷出版业

印刷业务
printing business
TS8
D 印刷服务

印刷用纸
Y 印刷纸

印刷油墨
printing ink
TQ63；TS802.3
D 孔版油墨
盲文印刷油墨
平版印刷油墨
平版油墨
三色版油墨
石印油墨
丝印油墨
塑料印刷油墨
特种印刷油墨
S 油墨*
F 凹印油墨
胶印油墨
幂律油墨
喷印油墨
热转印油墨
柔印油墨
网印油墨
C 复合刷镀 →(9)
抗静电机理 →(9)
孔扩散系数 →(9)
孔隙率 →(1)

印刷
印刷工艺
印刷质量
转移特性 →(1)(7)

印刷职业教育
Y 印刷

印刷纸
printing paper
TS761.2
D α-印刷纸
薄印刷纸
彩色印刷纸
出版印刷用纸
非涂料印刷纸
高级印刷纸
卷筒印刷纸
平版印刷纸
印刷用纸
印刷纸张
S 工业用纸
F 胶版纸
轻型印刷纸
铜版纸
新闻纸
字典纸
Z 纸张

印刷纸张
Y 印刷纸

印刷制版
Y 制版工艺

印刷质量
printing quality
TS805
D 印品
印品质量
印刷品质
印刷品质量
印刷效果
印制效果
印制质量
S 工艺质量*
F 胶印质量
排版质量
柔印质量
晒版质量
上光质量
烫印质量
套印质量
网版质量
印版质量
折页质量
制版质量
装订质量
C 印刷
印刷工艺
印刷油墨

印刷质量管理
printing quality management
TS77
S 管理*
印刷管理*

印刷质量检测

printing quality checking
TS805
S 检测*

印刷质量控制
printing quality control
TS805
S 印刷控制
质量控制*
Z 工业控制

印刷专业
printing major
TS8
D 印刷工程专业
印刷技术专业
S 轻化工程专业
Z 专业

印刷装置
Y 印刷机械

印刷字体
printing character
TS81
D 印刷体
S 字体*

印刷作业
presswork
TS8
S 作业*

印像纸
Y 纸张

印压时间
printing press time
TS805
S 印刷参数*
C 油墨渗透深度

印压纸
Y 纸张

印章
seals
TS951；TS951.3
D 原子印章
S 文具
Z 办公用品

印章石
Y 印石

印制
Y 印制技术

印制版
Y 印版制版

印制工艺
Y 印制技术

印制技术*
printing techniques
TS194.4；TS859
D 印制
印制工艺
F 叠印
烫印

套印
压印
印后加工
印金
印前工艺
罩印
转印
  C 技术
印花
印刷

印制效果
  Y 印刷质量

印制质量
  Y 印刷质量

英国管
  Y 短笛

英制支数
  Y 支数

婴儿床
babycrib
TS66；TU2
  S 床*

婴儿服
  Y 婴儿服装

婴儿服装
baby's wear
TS941.7
  D 婴儿服
  S 婴幼儿服装
  Z 服装

婴儿奶粉
  Y 婴幼儿奶粉

婴儿尿布
  Y 婴儿纸尿裤

婴儿尿裤
  Y 婴儿纸尿裤

婴儿尿片
  Y 婴儿纸尿裤

婴儿配方
infant formula
TS201
  S 食品配方
  Z 配方

婴儿配方粉
  Y 婴幼儿配方粉

婴儿配方奶
  Y 婴儿配方奶粉

婴儿配方奶粉
infant formula milk powder
TS252.51
  D 婴儿配方奶
    婴儿配方乳粉
  S 配方奶粉
    婴幼儿奶粉
  F 婴幼儿配方奶粉
  C 婴幼儿配方粉

  Z 乳制品

婴儿配方乳粉
  Y 婴儿配方奶粉

婴儿配方食品
infant formula foods
TS216
  D 婴幼儿配方食品
  S 婴幼儿食品
  F 婴幼儿配方粉
  C 配方食品
  Z 食品

婴儿食品
  Y 婴幼儿食品

婴儿营养米粉
infant nutrition rice noodle
TS216
  S 婴幼儿营养米粉
  Z 粮油食品

婴儿纸尿裤
baby diapers
TS76；TS974；TS976.31
  D 婴儿尿布
    婴儿尿裤
    婴儿尿片
  S 纸尿裤
  Z 个人护理品

婴幼儿服装
infant clothing
TS941.7
  S 服装*
  F 婴儿服装
    幼儿服装

婴幼儿奶粉
infant milk powder
TS252.51
  D 婴儿奶粉
    婴幼儿乳粉
  S 奶粉
  F 婴儿配方奶粉
  Z 乳制品

婴幼儿配方粉
infant formula powder
TS216
  D 婴儿配方粉
  S 婴儿配方食品
  C 婴儿配方奶粉
  Z 食品

婴幼儿配方奶粉
infant formula powdered milk
TS252.51
  D 婴幼儿配方乳粉
  S 婴儿配方奶粉
  Z 乳制品

婴幼儿配方乳粉
  Y 婴幼儿配方奶粉

婴幼儿配方食品
  Y 婴儿配方食品

婴幼儿乳粉

  Y 婴幼儿奶粉

婴幼儿食品
infant foods
TS216
  D 婴儿食品
  S 儿童食品
  F 断奶食品
    婴儿配方食品
  Z 食品

婴幼儿鞋
  Y 童鞋

婴幼儿营养米粉
infant and young child nutrition rice noodles
TS216
  S 营养米粉
  F 婴儿营养米粉
  Z 粮油食品

樱红欧泊
  Y 欧泊

樱桃
cherries
TS255.2
  S 水果
  Z 果蔬

樱桃酒
cherry wine
TS262.7
  S 果酒
  Z 酒

樱桃木
cherry wood
TS62
  S 天然木材
  Z 木材

鹰眼石
  Y 宝石

鹰嘴豆
gram
TS210.2
  S 豆类
  Z 粮食

鹰嘴豆蛋白
chickpea protein
Q5；TS201.21
  S 豆蛋白
  Z 蛋白质

荧光笔
  Y 笔

荧光反射率
fluorescence reflectivity
TS101
  S 物理比率*

荧光高压汞灯
high pressure mercury fluorescent lamp
TM92；TS956
  S 灯*
    高压水银灯

荧光记号笔
　Y 笔

荧光腈纶纱线
fluorescent acrylic yarns
TS106.4
　S 腈纶纱
　Z 纱线

荧光染料
fluorescent dyes
TS193.21
　S 功能染料
　Z 染料

荧光消除
fluorescence quenching
TS101
　S 消除*

荧光消除剂
fluorescent removers
TS727
　S 消光剂
　Z 制剂

荧光印花
fluorescent printing
TS194.43
　S 特种印花
　Z 印花

荧光油墨
fluorescent ink
TQ63；TS802.3
　D 紫外荧光油墨
　S 油墨*

荧光增白
fluorescent bleach
TS192
　S 增白
　C 荧光增白剂
　Z 生产工艺

荧光增白剂
fluorescent brightener
TS195.2
　S 增白剂
　F 液体荧光增白剂
　C 合成洗涤剂 →(9)
　　荧光增白
　Z 整理剂

营养*
nutrition
R
　F 蛋白营养
　　复合营养
　　公众营养
　　混合营养
　　酵母全营养
　　均衡营养
　　人类营养
　　生物营养
　　食品营养
　C 酱
　　饮食
　　营养成分

营养搭配
营养分析
营养功能
营养凝胶剂
营养品质指标
营养评价
营养特性
营养盐污染 →(13)

营养安全性
nutritional safety
TS201.6
　S 食品安全性
　　营养特性
　Z 安全性
　　食品特性

营养保健挂面
nutrition health vermicelli
TS213.2；TS218
　S 保健食品
　　营养保健品
　Z 保健品
　　食品

营养保健酒
　Y 保健酒

营养保健片
nutrition health tablets
TS218
　S 营养保健品
　Z 保健品

营养保健品
nutritious health food
TS218
　D 保健营养品
　　营养保健食品
　S 保健品*
　F 营养保健挂面
　　营养保健片
　　营养保健饮料
　　营养保健油
　　营养品

营养保健食品
　Y 营养保健品

营养保健酸奶
　Y 保健酸奶

营养保健盐
　Y 保健盐

营养保健饮料
nutrition health drinks
TS218；TS275.4
　S 保健饮料
　　营养保健品
　Z 保健品
　　饮料

营养保健油
nutrition health oils
TS218；TS225.6
　S 营养保健品
　Z 保健品

营养标签

nutritional labelling
TS218
　D 营养标示
　S 标签*

营养标示
　Y 营养标签

营养饼干
nutritional crackers
TS213.22
　S 饼干
　Z 糕点

营养产品
　Y 营养品

营养成分
nutrient content
TS201；TS218
　D 保健成分
　　保健组分
　　营养成份
　S 成分*
　C 保健食品
　　蛋白质
　　分析测定 →(1)
　　食品成分
　　碳水化合物
　　维生素
　　营养
　　营养要素

营养成份
　Y 营养成分

营养搭配
nutrition arrangement
TS971.1
　S 搭配*
　F 饮食搭配
　C 营养

营养蛋白粉
　Y 蛋白粉

营养豆腐
　Y 豆腐

营养豆奶
　Y 营养奶

营养发酵酒
　Y 营养酒

营养分析
trophic analysis
TS218
　D 营养组分
　S 分析*
　C 营养

营养粉
nutrition powder
TS218
　S 营养品
　F 复合营养粉
　　南瓜甘薯全营养粉
　Z 保健品

营养丰富

Y 营养功能

营养功能
trophic function
TS218
　D 营养丰富
　　营养功效
　S 功能*
　C 营养

营养功效
　Y 营养功能

营养挂面
nutritional dry noodles
TS972.132
　S 挂面
　Z 粮油食品
　　主食

营养鸡蛋
　Y 鸡蛋

营养基
　Y 琼脂

营养酱
　Y 酱

营养酱油
nutritive soy sauce
TS264.21
　S 酱油*

营养酒
nutritive wine
TS262
　D 营养发酵酒
　　滋补酒
　S 保健酒
　F 真露酒
　　紫甘薯酒
　Z 酒

营养米
　Y 营养强化大米

营养米粉
nutritional rice flour
TS213
　S 米粉
　F 婴幼儿营养米粉
　Z 粮油食品

营养面包
dietetic bread
TS213.21
　S 面包
　Z 糕点

营养面粉
　Y 强化面粉

营养奶
nutritional milk
TS252.59
　D 海洋生物营养奶
　　学生营养奶
　　营养豆奶
　　营养乳
　S 功能性乳制品

　Z 乳制品

营养凝胶剂
nutritional gelata
TS218
　D 营养性凝胶剂
　S 固化剂*
　C 营养
　　营养品

营养品
nutrition
TS218
　D 营养产品
　　营养食品
　　滋补品
　S 营养保健品
　F 蜂胶
　　蜂蜜
　　螺旋藻粉
　　麦绿素
　　燕窝
　　营养粉
　　营养强化剂
　　营养强化食品
　　营养饮料
　　营养增补剂
　C 营养凝胶剂
　Z 保健品

营养品质指标
nutrition quality indicator
R；TS207
　S 指标*
　C 营养

营养评价
nutrition assessment
TS218
　D 营养学评价
　S 评价*
　C 营养

营养强化
nutrient enrichment
TS218
　S 强化*

营养强化大米
fortified rice
TS210.2
　D 强化大米
　　强化米
　　强化营养米
　　营养米
　　营养强化米
　S 功能稻米
　Z 粮食

营养强化剂
nutrition enhancer
TS218
　D 营养滋补药
　S 营养品
　Z 保健品

营养强化米
　Y 营养强化大米

营养强化面粉
nutritional wheat flour
TS211.2
　D 强化营养面粉
　S 强化面粉
　Z 粮食

营养强化食品
nutrition-intensified foods
TS218
　S 强化食品
　　营养品
　Z 保健品
　　食品

营养强化小麦粉
fortified wheat flour
TS211.2
　S 小麦粉
　Z 粮食

营养乳
　Y 营养奶

营养乳化剂
　Y 食品乳化剂

营养食品
　Y 营养品

营养素损失
　Y 营养损失

营养酸奶
　Y 功能性酸奶

营养损失
nutrient loss
TS218
　D 营养素损失
　S 损失*

营养特性
nutritional properties
TS201.4
　D 营养型
　　营养性
　　营养性质
　S 食品特性*
　F 抗营养性
　　营养安全性
　C 营养

营养型
　Y 营养特性

营养性
　Y 营养特性

营养性凝胶剂
　Y 营养凝胶剂

营养性质
　Y 营养特性

营养学家
dietitian
R；TS971
　S 人员*

营养学评价

Y 营养评价

营养要求
Y 营养要素

营养要素
nutrition elements
TS218
D 营养要求
S 要素*
F 无机营养元素
营养因子
C 营养成分

营养因子
nutritional factors
TS218
S 营养要素
Z 要素

营养饮料
nutrition beverage
TS218；TS27
D 营养饮品
S 营养品
Z 保健品

营养饮品
Y 营养饮料

营养增补剂
nutritional supplement
TS218
S 营养品
Z 保健品

营养滋补药
Y 营养强化剂

营养组分
Y 营养分析

影视服装
film and television costume
TS941.7
S 戏装
Z 服装

影视设备
Y 视听设备

影室灯
studio flash unit
TM92；TS956
D 影室内光灯
影室闪光灯
S 摄影灯
Z 灯

影室内光灯
Y 影室灯

影室闪光灯
Y 影室灯

影象
Y 图像

影音器材
Y 视听设备

影音设备

Y 视听设备

应急标志灯
emergency luminaries
TM92；TS956
D 疏散标志灯
S 应急灯
F 应急疏散标志灯
C 应急　→(6)(12)(13)
Z 灯

应急灯
emergency light
TM92；TS956；TU8
D 应急灯具
应急照明灯
应急照明灯具
S 安全灯
F 消防应急灯
延时灯
应急标志灯
直流应急灯
C 应急　→(6)(12)(13)
应急处理　→(1)
Z 灯

应急灯具
Y 应急灯

应急呼吸器
Y 呼吸器

应急疏散标志灯
emergency evacuation symbol lamp
TM92；TS956
S 应急标志灯
Z 灯

应急照明灯
Y 应急灯

应急照明灯具
Y 应急灯

应压木
Y 硬杂木

应用*
application
ZT83
D 典型应用
具体应用
实际应用
使用
使用领域
新应用
应用方式
应用类型
运用方式
F 纺织应用
食品应用
C 航空航天应用　→(6)
计算机应用　→(7)(8)
技术应用　→(1)(5)(6)(7)(8)(11)
通信应用
网络应用　→(4)(7)(8)(11)

应用方式
Y 应用

应用类型
Y 应用

应用系统
Y 计算机应用系统

应用性能
Y 使用性能

映射*
mapping
TP1
D Hénon 映射
F 三维映射
色域映射
C 映射法　→(8)
映射技术　→(8)
映射模型　→(8)

映像
Y 图像

硬冰激凌机
Y 冰淇淋机

硬冰淇淋机
Y 冰淇淋机

硬彩
Y 五彩瓷

硬打样
hard proofing
TS805
S 打样*

硬度*
hardness
O3；TB3；TG1
D 材料硬度
工件硬度
加工硬度
临界硬度
马氏硬度
摩诺硬度
热硬度
硬度差
硬度值
硬度值换算
郅氏硬度值
F 滤棒硬度
小麦硬度
压浆辊硬度
纸浆硬度
C 金属性能　→(1)(2)(3)(9)(12)
抗粉碎硬度指数
抗热疲劳性　→(1)(3)
力学性能
硬度检测　→(3)(4)

硬度差
Y 硬度

硬度值
Y 硬度

硬度值换算
Y 硬度

硬度指数
hardness index

TS201
- S 指数*
- F 抗粉碎硬度指数
  小麦硬度指数
- C 抗压强度 →(1)
  小麦

硬盒烟
hard box cigarette
TS459
- S 香烟
- Z 烟草制品

硬麦
hard wheat
TS210.2
- S 麦子
- Z 粮食

硬模
- Y 模具

硬木
- Y 硬杂木

硬木家具
hardwood furniture
TS66；TU2
- S 木质家具
- Z 家具

硬木牛皮浆
- Y BHKP

硬木纤维
- Y 木纤维

硬式传动机构
- Y 传动装置

硬糖
hard candy
TS246.55
- D 硬质糖果
- S 糖果
- Z 糖制品

硬挺度
- Y 刚度

硬挺剂
stiff agents
TS195.23
- D 硬挺整理剂
- S 功能整理剂
- F 纸张挺硬剂
- C 硬挺整理
- Z 整理剂

硬挺整理
stiffening
TS195
- D 重浆整理
- S 外观整理
- C 柔软整理
  硬挺剂
- Z 整理

硬挺整理剂
- Y 硬挺剂

硬性
hardness
TS207
- S 性能*

硬玉
- Y 翡翠

硬玉矿物
- Y 红宝石

硬杂木
hardwood
TS62
- D 钢木
  核桃木
  槐木
  山核桃木
  应压木
  硬木
  榆木
- S 天然木材
- F 白杨木
  胡桃木
  桦木
  山毛榉
  柚木
  柞木
- Z 木材

硬纸筒
- Y 纸筒

硬质白小麦
- Y 小麦

硬质干酪
hard cheese
[TS252.52]
- S 干酪
- Z 乳制品

硬质合金刀
- Y 硬质合金刀具

硬质合金刀具
carbide cutter
TG7；TS914
- D 碳化物刀具
  涂层硬质合金刀具
  硬质合金刀
  硬质合金切削刀具
  硬质合金涂层刀具
  硬质合金铣刀
- S 超硬刀具
- F 高速钢刀具
- C 硬质合金工具 →(3)
- Z 刀具

硬质合金刀片
carbide inserts
TG7；TS914.212
- S 合金刀片
- C 金刚石涂层 →(1)(3)
- Z 工具结构

硬质合金可转位刀片
- Y 可转位刀片

硬质合金切削刀具

硬质合金涂层刀具
- Y 硬质合金刀具

硬质合金涂层刀片
- Y 涂层刀片

硬质合金铣刀
- Y 硬质合金刀具

硬质红小麦
- Y 小麦

硬质糖果
- Y 硬糖

硬质纤维板
- Y 纤维板

鳙鱼蛋白
- Y 鱼蛋白

永川豆豉
- Y 豆豉

泳衣
swimwear
TS941.7
- D 游泳服
  游泳衣
- S 运动服装
- Z 服装

泳移
migration
TS19
- S 过程*
- C 防泳移剂
  染色工艺

泳装设计
swimsuit design
TS941.2
- S 成衣设计
- Z 服饰设计

蛹蛋白纤维
- Y 蚕蛹蛋白纤维

蛹蛋白粘胶长丝
chrysalis-protein and viscose filament
TQ34；TS102.51
- S 蚕蛹蛋白纤维
- Z 纤维

蛹油
- Y 蛹脂

蛹脂
chrisalis oil
TS14
- D 蛹油
- S 昆虫油脂
  油脂*

用即弃产品
- Y 非织造布

用即弃非织造布
- Y 非织造布

用即弃织物

Y 非织造布

用水*
water use
TU99
 D 用水方法
  用水方式
  用水类型
 F 饮用矿泉水
  煮茧用水
 C 给排水 →(2)(5)(11)(12)(13)
  水
  需水量 →(11)
  用水量 →(9)(11)(13)

用水方法
 Y 用水

用水方式
 Y 用水

用水计量
 Y 水量

用水类型
 Y 用水

优化概念纸机
conception-optimized paper machine
TS734
 S 造纸机
 Z 造纸机械

优化锯切
 Y 锯切

优化选配
 Y 选配

优化原料
 Y 优质原料

优质白葡萄酒感官质量标准
 Y 葡萄酒质量

优质豆粕
high-quality soybean meal
TS209
 S 豆粕
 Z 粕

优质酒
quality liquor
TS262
 S 酒*

优质食品
premier foods
TS219
 S 食品*

优质晚籼稻
 Y 晚籼米

优质羊毛
 Y 羊毛

优质原料
high quality raw material
TS202
 D 优化原料
 S 原料*

尤克利利
 Y 弦乐器

邮票印刷
stamp printing
TS87
 D 邮票印制
 S 印刷*

邮票印制
 Y 邮票印刷

油
 Y 油品

油饼
 Y 油炸食品

油菜饼粕
rapeseed meal
TS209
 D 油菜籽饼粕
 S 饼粕
 Z 粕

油菜籽
rapeseed
TS202.1
 S 菜籽
 F 富硒油菜籽
  双低油菜籽
 Z 植物菜籽

油菜籽饼粕
 Y 油菜饼粕

油菜籽加工
rapeseed processing
TS224
 S 植物油加工
 Z 农产品加工

油菜籽加工业
rapeseed processing industry
TS22
 S 油脂工业
 Z 轻工业

油茶饼粕
oil-tea-cake
TS209
 D 茶籽粕
  油茶籽饼粕
 S 饼粕
 Z 粕

油茶籽
camellia seeds
TS202.1
 D 茶籽
 S 植物菜籽*
 C 茶籽油
  油茶籽油

油茶籽饼粕
 Y 油茶饼粕

油茶籽油
camellia oleosa seed oil
TS225.16
 S 茶籽油

橄榄油 →(9)
 C 橄榄油 →(9)
  油茶籽
 Z 油脂

油炒
frying
TS972.113
 S 炒制
 Z 烹饪工艺

油疵
 Y 油污

油冬菜
winter rape
TS255.2
 S 蔬菜
 Z 果蔬

油豆腐
fried bean curd puffs
TS972
 S 豆腐菜肴
 Z 菜肴

油豆角
snap bean
TS255.2
 S 蔬菜
 Z 果蔬

油垢
oil scale
TE9；TS972.2
 S 污垢*
 C 难溶垢 →(2)

油管扳手
 Y 扳手

油锅
 Y 锅

油灰刀
putty knife
TG7；TS914；TU6
 S 专用刀具
 Z 刀具

油煎
 Y 煎制

油脚
bottom oil
TQ64；TS229
 S 食品残渣
 F 大豆油脚
  水化油脚
 Z 残渣

油脚残油率
residual oil rate of oil foot
TS22
 S 比率*

油浸
oil immersion
TS972.113
 D 油制
 S 烹饪工艺*
 C 油浸互感器 →(5)

油料
oil
TE6；TQ64；TS22
　S 物料*
　F 植物油料
　C 食用油
　　油品

油料蛋白
oil-protein
Q5；TQ46；TS201.21
　S 植物蛋白
　F 菜籽蛋白
　　核桃蛋白
　　花生蛋白
　　葵花蛋白
　　棉籽蛋白
　　松仁蛋白
　　杏仁蛋白
　　芝麻蛋白
　Z 蛋白质

油料资源
oil resources
TE6；TS22

油面筋
fried gluten
TS23
　S 面筋
　Z 粮油食品

油墨*
inks
TQ63；TS802.3
　D 苯胺油墨
　　彩色水性油墨
　　彩色油墨
　　淡色油墨
　　浆状油墨
　　蜡固着油墨
　　隆凸油墨
　　耐洗烫油墨
　　耐油脂油墨
　　平光油墨
　　热熔油墨
　　热转移油墨
　　软管滚涂油墨
　　软管油墨
　　三原色油墨
　　深色油墨
　　生物油墨
　　塑料油墨
　　无卤素油墨
　　夜光油墨
　　液态感光抗蚀抗电镀油墨
　　液态感光油墨
　　液体油墨
　　印墨
　F EB 油墨
　　UV 油墨
　　大豆油墨
　　电子油墨
　　发泡油墨
　　复合油墨
　　感光成像油墨
　　固化油墨

　　环保油墨
　　环氧树脂油墨
　　金属油墨
　　可食性油墨
　　纳米油墨
　　喷墨油墨
　　溶剂型油墨
　　水性油墨
　　特种油墨
　　印刷油墨
　　荧光油墨
　　油性油墨
　　皱纹油墨
　　珠光油墨
　　专色油墨
　C 调墨油 →(9)
　　环氧树脂灌封料 →(9)
　　环氧树脂胶粘剂 →(9)
　　环氧树脂乳液 →(9)
　　环氧涂料 →(9)
　　聚酰胺树脂 →(9)
　　印刷材料
　　油墨粒子 →(1)

油墨层
　Y 墨层厚度

油墨层厚度
　Y 墨层厚度

油墨产品
ink products
TS8；TS951
　S 产品*

油墨尘埃度
ink dirt
TS802
　S 材料性能*
　　环境性能*
　　油墨性能

油墨除去值
ink removal values
TS74
　D IE 值
　S 数值*

油墨调配
printing ink colour matching
TS802
　D 油墨配色
　S 配色
　　物料调配*
　Z 色彩工艺

油墨叠印率
printing ink trapping rate
TS805
　S 印刷参数*

油墨检测
printing ink detection
TS802
　S 检测*

油墨可脱除性
deinkability
TS802

　S 脱墨性能
　　油墨性能
　Z 材料性能
　　理化性质

油墨老化
ink ageing
TS802
　S 材料性能*
　　油墨性能

油墨黏度
ink viscosity
TS802
　S 黏度*

油墨配方
ink formulation
TS8
　S 配方*

油墨配色
　Y 油墨调配

油墨喷射印花
ink jet printing
TS194
　D 油墨印花
　S 涂料印花
　Z 印花

油墨铺展
ink spreading
TS802
　S 油墨性能
　Z 材料性能

油墨清洗剂
detergent for printing ink
TQ64；TS802
　D 除炭清洗剂
　S 清洁剂*

油墨乳化
ink emulsification
TS802

油墨渗透
ink penetration
TS802
　D 油墨转移
　S 渗透性能*
　　油墨性能
　C 油墨转移率
　Z 材料性能

油墨渗透深度
printing ink penetration depth
TS802
　S 深度*
　C 印压时间
　　自由渗透

油墨特性
　Y 油墨性能

油墨吸收性
ink absorption
TS802
　S 吸墨性

油墨性能

Z 材料性能
　　吸收性

油墨细度
Y 细度

油墨性能
ink property

TS802

D 印墨性能
　　油墨特性
　　油墨性质
S 墨性
F 油墨尘埃度
　　油墨可脱除性
　　油墨老化
　　油墨铺展
　　油墨渗透
　　油墨吸收性
Z 材料性能

油墨性质
Y 油墨性能

油墨印花
Y 油墨喷射印花

油墨预置
printing ink presetting

TS802

D 油墨预置技术
S 设置*
C 印刷工艺

油墨预置技术
Y 油墨预置

油墨质量
ink quality

TS77

S 产品质量*

油墨助剂
printing ink assistant

TS802.3

S 助剂*

油墨转移
Y 油墨渗透

油墨转移率
ink transfer rate

TS805

S 印刷参数*
C 油墨渗透

油墨总量
Y 墨量

油盘
oil pan

TS802

S 盘*

油品*
oil

TE6；TQ64；TS22

D 油
　　油状物
　　总油

F 低硫燃料油
　　挥发油
　　混合油
　　加氢油
　　浸出油
　　酸化油
　　天然气凝析油
C 硅油 →(2)(9)
　　机油 →(2)(4)
　　焦油
　　倾点 →(1)
　　燃点 →(2)(6)(9)
　　润滑剂 →(2)(4)(9)
　　生物油
　　石油 →(2)
　　石油加工 →(2)(9)(11)
　　液压油 →(2)(4)(6)
　　油料
　　油品检测 →(2)
　　油品密度 →(2)
　　油品性质 →(2)
　　专用油 →(2)(4)(5)(6)(9)(12)

油品质
Y 油品质量

油品质量
oil quality

TE6；TS22

D 油品质
　　油液质量
S 产品质量*
F 油脂品质
C 油品检测 →(2)
　　油品密度 →(2)

油粕
oil meal

TS209

S 粕*

油漆质量
paint quality

TH16；TS67

S 产品质量*

油气排放
Y 油烟排放

油溶染料
oil-soluble dyes

TS193.21

S 染料*

油溶性墨水
Y 墨水

油鞣
oil tanning

TS543

S 有机鞣法
Z 制革工艺

油鞣革
oil-tanned leather

TS56

D 麂皮
S 皮革*

油乳化液

Y 乳液

油莎豆油
cyperus esculentus oil

TS225.13

S 豆油
Z 油脂

油烧
Y 油脂酸败

油树脂
oleoresin

TQ65；TS264

S 香辛料提取物
F 八角油树脂
　　白胡椒油树脂
　　丁香油树脂
　　花椒油树脂
　　辣椒油树脂
　　生姜油树脂
　　香辛料油树脂
Z 提取物

油水乳化液
Y 乳液

油水乳状液
Y 乳液

油田盐水
Y 盐水

油条
fried bread stick

TS219

S 油炸食品
Z 食品

油桶扳手
Y 扳手

油污
oil stain

TQ64；TS107；X7

D 油疵
　　油渍
S 污垢*

油雾
Y 油烟

油性油墨
oil-based printing inks

TQ63；TS802.3

S 油墨*

油烟
oil fog

TS972.38；X7

D 油雾
　　油烟气
　　油烟雾
S 烟气*
F 饮食业油烟
C 烟气污染物 →(13)

油烟处理
Y 油烟治理

油烟废气

oil flue waste gas
TS972.38；X7
S 废气*
化学废物*
C 烟气净化装置 →(11)(13)
油烟净化 →(13)

油烟机
Y 吸油烟机

油烟净化机
Y 油烟净化装置

油烟净化器
Y 油烟净化装置

油烟净化设备
Y 油烟净化装置

油烟净化装置
oil smoke purification device
TS972.38；X7
D 油烟净化机
油烟净化器
油烟净化设备
S 净化装置*
C 取样口 →(13)

油烟浓度
oil smoke concentration
TS972.38；X7；X8
S 浓度*

油烟排放
oil smoke emission
TS972.38；X7
D 油气排放
S 排放*
C 油气处理 →(2)

油烟气
Y 油烟

油烟污染
cooking fume pollution
TS972.38；X7
D 餐饮业油烟污染
S 环境污染*
C 净化设施 →(11)(13)
油烟监测 →(13)

油烟雾
Y 油烟

油烟治理
oil smoke treatment
TS972.38；X7
D 防止油污
油烟处理
S 污染防治*
C 油烟净化 →(13)

油液质量
Y 油品质量

油渣
oil foot
TS22
S 食品残渣
Z 残渣

油炸
frying
TS972.113
D 油炸工艺
油炸加工
S 烹饪工艺*
F 油炸膨化
预油炸
真空油炸

油炸臭豆腐
Y 臭豆腐

油炸方便面
fried instant noodles
TS217
S 方便面
Z 方便食品

油炸废油
waste frying oil
TS22
D 废煎炸油
S 餐饮废油
Z 废液

油炸工艺
Y 油炸

油炸机
fryer
TS972.21
S 油炸设备
Z 食品加工设备

油炸加工
Y 油炸

油炸马铃薯片
fried potato chips
TS215
D 油炸薯片
油炸薯条
油炸土豆片
炸薯片
S 马铃薯片
Z 果蔬制品

油炸膨化
fry puffing
TS972.113
S 油炸
Z 烹饪工艺

油炸膨化食品
fried-popping food
TS219
S 膨化食品
油炸食品
Z 食品

油炸肉制品
Y 肉制品

油炸设备
frying equipment
TS972.21
S 食品加工设备*
F 油炸机

油炸时间
frying time
TS972.1
S 烹调时间
Z 加工时间

油炸食品
fried food
TS219
D 葱花脂油饼
鸡油饼
煎炸食品
清油饼
酥脆薯油饼
吴山酥油饼
一窝丝清油饼
油饼
油炸制品
植物油饼
S 食品*
F 油条
油炸膨化食品

油炸薯片
Y 油炸马铃薯片

油炸薯条
Y 油炸马铃薯片

油炸土豆片
Y 油炸马铃薯片

油炸制品
Y 油炸食品

油脂*
oil and grease
TQ64；TS225
D 油脂产品
油脂加工设备
F 不饱和油脂
菜油磷脂
动植物油脂
粉末油脂
改性大豆油
功能性油脂
环氧化猪油
生物油
微生物油脂
蛹脂
脂肪球
脂肪替代品
C 油脂化工 →(9)
油脂加工
油脂检测
油脂降解
油脂色泽

油脂产品
Y 油脂

油脂厂
Y 油脂工业

油脂萃取
oil extraction
TS22
S 萃取*

油脂代用品

Y 油脂替代品

油脂分提
Y 油脂提取

油脂分析
oil analysis
TS22
S 食品分析
Z 物质分析

油脂副产品
Y 油脂工业副产品

油脂改性
oil modification
TS22
D 油脂改质
油脂脱胶
油脂蓄积
S 改性*

油脂改质
Y 油脂改性

油脂工厂
Y 油脂工业

油脂工程
Y 油脂工业

油脂工业
oils and fats industry
TQ64；TS22
D 油脂厂
油脂工厂
油脂工程
油脂加工厂
油脂加工工业
油脂加工企业
油脂加工业
油脂行业
S 粮油工业
F 食用油脂工业
油菜籽加工业
制油工业
Z 轻工业

油脂工业副产品
oil industry by-products
TS22；X7
D 油脂副产品
制油副产品
S 制革副产品
Z 副产品

油脂含量
grease content
TS22
S 含量*

油脂回收
grease recovery
TS22
S 回收*
C 废油回收 →(13)

油脂加工
oil processing
TS224
D 油脂加工技术
油脂科技
油脂生产
油脂制备
油脂制取
S 粮油加工
F 冬化
油脂深加工
C 油脂
Z 农产品加工

油脂加工厂
Y 油脂工业

油脂加工工业
Y 油脂工业

油脂加工技术
Y 油脂加工

油脂加工企业
Y 油脂工业

油脂加工设备
Y 油脂

油脂加工业
Y 油脂工业

油脂检测
grease examination
TS22
S 检测*
C 油脂

油脂检验
Y 食用油质量

油脂降解
lipids degradation
TS22
S 降解*
C 油脂

油脂浸出
oil lixiviate
TS22
S 浸出*
F 膨化浸出
溶剂浸提
预榨浸出

油脂精炼
oil and fats refining
TS224.6
S 精炼*
F 混合油精炼
米糠油精炼
油脂连续精炼
植物油精炼

油脂抗氧化
oil anti-oxidation
TS22
S 化学性质*

油脂抗氧化剂
oil antioxidants
TS222
S 防护剂*

油脂科技
Y 油脂加工

油脂连续精炼
grease continuous refining
TS224.6
S 连续精炼
油脂精炼
Z 精炼

油脂模拟品
Y 油脂模拟物

油脂模拟物
fat-mimetic
TS201
D 油脂模拟品
S 模拟物*
F 脂肪模拟物

油脂品质
oil-fat quality
TQ64；TS22
S 油品质量
Z 产品质量

油脂色泽
oil color
TS22；TS227
S 色泽*
C 油脂

油脂深加工
oil deep processing
TS224
S 油脂加工
Z 农产品加工

油脂生产
Y 油脂加工

油脂食品
Y 食用油

油脂酸败
rancidity
TS205
D 油烧
S 食物变质
Z 变质

油脂酸价
oil acid value
TS22
S 化合度*

油脂提取
extraction of oil
TS201；TS22
D 油脂分提
脂肪提取
S 提取*

油脂替代品
lipid substitute
TS201；TS22
D 油脂代用品
油脂替代物
脂肪代用品
S 替代品*

油脂替代物
　　Y 油脂替代品

油脂脱臭
oil deodorization
TS224
　　S 除味
　　Z 脱除

油脂脱臭馏出物
distillates from oil deodorization
TS22
　　S 馏分*
　　F 豆油脱臭馏出物

油脂脱胶
　　Y 油脂改性

油脂脱色
oil bleaching
TS224
　　S 脱色
　　Z 脱除

油脂行业
　　Y 油脂工业

油脂蓄积
　　Y 油脂改性

油脂制备
　　Y 油脂加工

油脂制取
　　Y 油脂加工

油脂质量
　　Y 食用油质量

油制
　　Y 油浸

油质量
　　Y 食用油质量

油状物
　　Y 油品

油籽
oilseeds
TS202.1
　　S 植物菜籽*

油渍
　　Y 油污

游离度
freeness
TS74
　　D 加拿大标准游离度
　　S 化合度*

游离甲醛释放量
free formaldehyde emission
TS67
　　S 数量*
　　C 中密度纤维板

游离态香气
free form aroma
TS201.2
　　Y 并条机

游戏环境
game environment
TS952
　　S 计算机环境*

游戏机
game machine
TS952.8
　　D 微型电子游戏机
　　　游戏设备
　　　游戏装备
　　　游艺机
　　　掌机
　　　掌上游戏机
　　S 轻工机械*

游戏开发
game development
TS952
　　S 开发*
　　C 游戏编程 →(8)

游戏设备
　　Y 游戏机

游戏设计
game design
TS952
　　S 设计*
　　C 游戏编程 →(8)

游戏外挂
cheating in online games
TS952.8
　　S 外挂*

游戏玩具
game toys
TS958；TS958.64
　　S 玩具*

游戏指南
game guides
TS952.8
　　S 指南*

游戏装备
　　Y 游戏机

游戏桌
gaming table
TS66；TU2
　　S 桌子
　　Z 家具

游艺机
　　Y 游戏机

游泳服
　　Y 泳衣

游泳裤
　　Y 裤装

游泳衣
　　Y 泳衣

鱿鱼
squid
TS254.2
　　S 鱼

　　Z 水产品

鱿鱼干
　　Y 鱼干

鱿鱼加工
　　Y 鱼品加工

鱿鱼皮
squid skin
S；TS564
　　S 鱼皮
　　C 胶原蛋白
　　Z 动物皮毛

鱿鱼丝
shredded squid
TS254.5
　　S 鱼制品
　　Z 水产品

有边筒管
　　Y 筒管

有光纤维
　　Y 发光纤维

有害废气
　　Y 废气

有机表面活性剂
　　Y 表面活性剂

有机茶饮料
　　Y 茶饮料

有机导电短纤维
　　Y 有机导电纤维

有机导电纤维
organic conductive fiber
TQ34；TS102.528
　　D 有机导电短纤维
　　S 导电纤维
　　Z 纤维

有机纺织品
organic textiles
TS106
　　S 生态纺织品
　　Z 纺织品

有机氟施胶剂
　　Y 施胶剂

有机硅柔软剂
organic silicon softener
TS195.23
　　S 柔软剂
　　　有机硅整理剂
　　F 氨基硅油柔软剂
　　Z 整理剂

有机硅整理
organic silicone finishing
TS195
　　S 平滑整理
　　　柔软整理
　　Z 整理

有机硅整理剂
organic silicone finishing agent

TS195.2
　S 整理剂*
　F 有机硅柔软剂

有机合成纤维
　Y 合成纤维

有机化合物*
organic compounds
O6；TQ2
　F 淀粉醋酸酯
　　富马酸单甲酯
　　叶黄素酯
　　蔗糖多酯
　C 化合物 →(1)(9)

有机结合鞣
organic combination tanning
TS543
　S 结合鞣
　Z 制革工艺

有机棉
organic cotton
TS102.21
　S 棉纤维
　Z 天然纤维

有机奶
organic milk
TS252.59
　S 有机乳制品
　Z 乳制品

有机燃料
　Y 燃料

有机染料
organic dye
TS193.21
　D 多偶氮染料
　　噁唑染料
　　恶嗪染料
　　恶唑染料
　　二苯甲烷染料
　　芳基甲烷染料
　　硅氧烷染料
　S 染料*
　F 金属有机配合物染料
　　萘酚绿
　　有机荧光染料

有机溶剂法
organic solvent method
TS201
　S 方法*
　F 乙醇溶剂法
　C 有机泡沫浸渍 →(3)

有机溶剂提取
organic solvent extraction
TS201
　S 溶剂提取
　F 乙醇提取
　Z 提取

有机溶剂脱脂
　Y 脱脂

有机鞣法

---

organic tanning
TS543
　S 鞣制
　F 醛鞣
　　油鞣
　　植物鞣
　Z 制革工艺

有机乳制品
organic dairy products
TS252.59
　S 乳制品*
　F 有机奶

有机食品
organic foods
TS219
　S 食品*

有机酸保鲜剂
organic acid preservatives
TS202
　S 保鲜剂
　Z 防护剂

有机酸发酵
　Y 酸发酵

有机酸媒染剂
organic acid mordant
TS19
　S 媒染剂
　Z 助剂

有机甜味剂
　Y 天然甜味剂

有机微粒助留系统
　Y 微粒助留剂

有机乌龙茶
　Y 乌龙茶

有机物废气
　Y 废气

有机纤维
　Y 合成纤维

有机橡胶
　Y 橡胶

有机盐
organic salt
TS36
　S 盐*
　F 钛醇盐

有机荧光染料
organic fluorescent dyestuff
TS193.21
　S 有机染料
　Z 染料

有机原粮
organic raw grain
TS210.2
　S 原粮
　Z 粮食

有机增强纤维

　Y 增强纤维

有机锗整理剂
organic germanium finishing agent
TS195.2
　S 整理剂*

有机质*
organic matter
TE1；TS201.2
　D 有机质类型
　F 啤酒废弃生物质
　C 成熟作用 →(2)
　　蛋白质
　　烃源岩 →(2)
　　无机质
　　有机质丰度 →(2)

有机质类型
　Y 有机质

有孔纤维板
　Y 纤维板

有捻
　Y 捻线

有捻粗纱粗纺机
　Y 粗纱机

有色宝石
　Y 红宝石

有色稻米
colored rice
TS210.2
　D 彩色米
　　色稻米
　　色米
　　五彩米
　S 大米
　F 黑米
　　紫米
　Z 粮食

有色纺织品
colored textiles
TS106
　D 染色纺织品
　S 纺织品*

有色纤维
coloured fibre
TS102
　D 彩色纤维
　　纺前着色纤维
　　色纺纤维
　　深色纤维
　　天然彩色纤维
　　原液染色纤维
　　着色纤维
　　着色纤维(色纺纤维)
　S 纤维*
　F 变色纤维
　　混色纤维
　　染色纤维
　C 色丝

有色羊毛
　Y 羊毛

有色纸
Y 彩纸

有梭织机
shuttle loom
TS103.33
D 梭织机
S 织机
F 多相织机
片梭织机
Z 织造机械

有梭织造
Y 布机织造

有箱造型
Y 造型

有效工艺
Y 工艺方法

有效牵伸
effective drawing
TS104
S 牵伸*

有效输出长度
effective delivery length
TS104
S 长度*
C 精梳
精梳机

有源耳罩
active headsets
TB5；TS941.731；X9
S 护耳器
Z 安全防护用品

黝帘石
Y 坦桑石

右拈
Y Z 捻

右向捻
Y 捻制

幼儿服
Y 幼儿服装

幼儿服装
toddler's wear
TS941.7
D 幼儿服
幼儿装
S 婴幼儿服装
Z 服装

幼儿食谱
Y 儿童食谱

幼儿装
Y 幼儿服装

柚苷
Y 柚皮苷

柚果皮
Y 柚皮

柚木

teak
TS62
S 硬杂木
Z 木材

柚皮
pomelo peel
TS255
D 柚果皮
柚子皮
S 柑橘皮
F 琯溪蜜柚皮
胡柚皮
沙田柚皮
Z 水果果皮

柚皮苷
naringin
TS255.2
D 柚苷
S 水果
Z 果蔬

柚皮提取物
shaddock peel extract
TS255
S 提取物*

柚子皮
Y 柚皮

釉*
glaze
TQ17
D 瓷釉
花釉（复色釉）
釉料
F 青釉
C 上釉 →(9)
釉面 →(9)

釉料
Y 釉

纡子
Y 纱线

淤垢
Y 污垢

余甘子
emblica
TS255.2
S 水果
Z 果蔬

余纱量
surplus yarn quantity
TS105；TS184
S 织造工艺参数*

鱼
fish
TS254.2
D 鱼类
S 鱼类产品
F 白鲢鱼
低值鱼
桂鱼
海鱼

黄鱼
龙头鱼
马鲛鱼
梅鱼
青鳞鱼
鲭鱼
三文鱼
沙丁鱼
施氏鲟鱼
小鱼
鳕鱼
鱿鱼
竹荚鱼
C 鱼肴
鱼制品
Z 水产品

鱼白
soft roe
TS254.5
S 鱼制品
Z 水产品

鱼鳔
air bladder
TS254.5
S 鱼制品
Z 水产品

鱼茶
Y 鱼制品

鱼翅
shark's fin
TS254.5
S 鱼制品
Z 水产品

鱼蛋白
fish protein
Q5；TS201.21
D 鲢鱼蛋白
鲢鱼肌原纤维蛋白
鳙鱼蛋白
鱼肉蛋白
鱼肉蛋白质
S 动物蛋白
F 浓缩鱼蛋白
水解鱼蛋白
鱼精蛋白
鱼鳞胶原蛋白
鱼皮胶原蛋白
Z 蛋白质

鱼蛋白粉
fish protein powder
TS202.1；TS254.51
S 蛋白粉*
F 液化鱼蛋白粉

鱼蛋白水解液
Y 水解鱼蛋白

鱼肚
Y 鱼干

鱼粉加工
Y 鱼品加工

鱼粉压榨机

Y 压榨机

鱼脯
fish chest
TS254.5
D 鱼脯制品
　鱼肉脯
　鱼松脯
S 鱼制品
Z 水产品

鱼脯制品
Y 鱼脯

鱼干
dried fish
TS254.5
D 鱿鱼干
　鱼肚
S 鱼制品
Z 水产品

鱼糕
fish cake
TS254.5
S 鱼糜制品
Z 水产品

鱼骨
fish bone
TS254.5
D 鳗鱼骨
S 鱼制品
Z 水产品

鱼骨粉
fishbone dust
S；TS251.59
S 骨粉
Z 食用粉

鱼罐头
fish can
TS295.3
S 水产罐头
Z 罐头食品

鱼酱
Y 鱼糜

鱼酱油
fermented fish sauce
TS264.21
S 海鲜酱油
Z 酱油

鱼胶
Y 鱼明胶

鱼胶原
Y 鱼皮胶原蛋白

鱼胶原蛋白
fish collagen protein
Q5；TS201.21
S 水产胶原蛋白
F 鱼鳞胶原蛋白
　鱼皮胶原蛋白
Z 蛋白质

鱼精蛋白

protamine
Q5；TS201.21
D 鲑精蛋白
S 鱼蛋白
C 肽类防腐剂
　天然食品防腐剂
Z 蛋白质

鱼精多肽
protamine peptide
TQ93；TS201.2
S 多肽
Z 肽

鱼类
Y 鱼

鱼类产品
fish products
TS254.2
S 水产品*
F 鱼

鱼类加工
Y 鱼品加工

鱼类食品
Y 鱼制品

鱼类下脚料
fish waste
TS254
S 水产品加工下脚料
F 鲢鱼下脚料
　罗非鱼下脚料
Z 下脚料

鱼鳞
fish scales
TS254.5
S 鱼制品
C 鱼皮
Z 水产品

鱼鳞胶
fish scale glue
TS254.5
S 鱼明胶
Z 胶
　水产品

鱼鳞胶原蛋白
fish scale collagen
Q5；TS201.21
S 鱼蛋白
　鱼胶原蛋白
Z 蛋白质

鱼鳞裙
Y 裙装

鱼露
fish sauce
TS254.5
D 鱼露汁
S 鱼制品
Z 水产品

鱼露汁
Y 鱼露

鱼糜
surimi
TS254.5
D 鱼酱
　鱼泥
　鱼子酱
S 鱼糜制品
F 冷冻鱼糜
C 凝胶
　漂洗
Z 水产品

鱼糜食品
Y 鱼糜制品

鱼糜制品
surimi product
TS254.5
D 鱼糜食品
S 鱼制品
F 鱼糕
　鱼糜
　鱼丸
Z 水产品

鱼面
fish noodle
TS972.132
D 鱼肉面条
S 面条
Z 主食

鱼明胶
isinglass
TS254.5
D 鱼胶
　鱼皮胶
S 食用明胶
　鱼制品
F 鱼鳞胶
C 明胶凝胶 →(9)
Z 胶
　水产品

鱼泥
Y 鱼糜

鱼排
fish steak
TS254.5
S 鱼制品
Z 水产品

鱼皮
fish skin
S；TS564
S 动物皮
F 安康鱼皮
　比目鱼皮
　草鱼皮
　罗非鱼鱼皮
　鲨鱼皮
　鳕鱼皮
　鲟鱼皮
　鱿鱼皮
C 胶原蛋白
　鱼鳞
Z 动物皮毛

鱼皮胶
Y 鱼明胶

鱼皮胶原蛋白
fish skin collagen
Q5；TS201.21
D 鱼胶原
S 皮胶原蛋白
鱼蛋白
鱼胶原蛋白
Z 蛋白质

鱼片
fish fillet
TS254.5
S 鱼制品
F 烤鱼片
生鱼片
Z 水产品

鱼片菜肴
Y 鱼肴

鱼品加工
fish processing
TS254.4
D 淡水鱼调味鱼干片
淡水鱼加工
干法鱼粉加工
鲜鱼加工
鳕鱼加工
鱿鱼加工
鱼粉加工
鱼类加工
S 食品加工*
水产品加工
Z 农产品加工

鱼肉
fish flesh
TS254.5
S 肉*
鱼制品
F 鲨鱼肉
Z 水产品

鱼肉菜肴
Y 鱼肴

鱼肉蛋白
Y 鱼蛋白

鱼肉蛋白质
Y 鱼蛋白

鱼肉脯
Y 鱼脯

鱼肉粒
Y 鱼丸

鱼肉面条
Y 鱼面

鱼肉松
dried fish meat floss
TS251.63
S 肉松
Z 肉制品

鱼松

dried fish floss
TS254.5
S 鱼制品
Z 水产品

鱼松脯
Y 鱼脯

鱼头
fish head
TS254.5
S 鱼制品
Z 水产品

鱼丸
fish ball
TS254.5
D 贡丸
鱼肉粒
鱼丸子
鱼圆
S 鱼糜制品
Z 水产品

鱼丸子
Y 鱼丸

鱼尾
fishtail
TS254.5
S 鱼制品
Z 水产品

鱼尾单板
Y 单板

鱼味香精
fish flavor
TQ65；TS264.3
S 食品香精
Z 香精香料

鱼鲜菜肴
Y 鱼肴

鱼香肠
fish sausage
TS251.59
S 肉肠
Z 肉制品

鱼香味
fishy flavour
TS264；TS972
S 香味
Z 气味

鱼肴
fish meat dishes
TS972.125
D 风味鱼肴
鱼片菜肴
鱼肉菜肴
鱼鲜菜肴
S 水产菜肴
C 鱼
鱼制品
Z 菜肴

鱼油

fish oil
TS225.24
D 水产动物油
S 动物油
F 海豹油
海狗油
甲鱼油
烤鳗油
林蛙油
鳗骨油
鳗鱼油
深海鱼油
Z 油脂

鱼油质构脂质
fish oil structured lipids
TS225.24
S 脂质*

鱼圆
Y 鱼丸

鱼制品
fish products
TS254.5
D 鱼茶
鱼类食品
S 水产食品
F 烤鳗
腊鱼
咸鱼
鱿鱼丝
鱼白
鱼鳔
鱼翅
鱼脯
鱼干
鱼骨
鱼鳞
鱼露
鱼糜制品
鱼明胶
鱼排
鱼片
鱼肉
鱼松
鱼头
鱼尾
C 肉制品
鱼
鱼肴
Z 水产品

鱼籽盐
fish roe salt
TS264.2；TS36
S 食盐*

鱼子酱
Y 鱼糜

禹城扒鸡
Y 鸡肉制品

娱乐玩具
Y 玩具

渔业产品
Y 水产品

渝菜
　Y 川菜

渝派川菜
　Y 川菜

榆木
　Y 硬杂木

榆树大曲
　Y 大曲酒

羽毛
plume
S：TS102.31
　S 羽绒羽毛
　F 鹅毛
　　改性羽毛
　　鸡毛
　　鸭毛
　Z 动物皮毛

羽毛球
badminton
TS952.3
　S 球类器材
　Z 体育器材

羽毛球拍
badminton racket
TS952.3
　S 球拍
　Z 体育器材

羽毛绒
　Y 羽绒羽毛

羽毛扇
feather fan
TS959.5
　S 扇子*

羽毛羽绒
　Y 羽绒羽毛

羽绒
eiderdown
S：TS102.31
　S 绒毛*
　　羽绒羽毛
　F 鹅绒
　　灰羽绒
　　水洗羽绒
　　鸭绒
　C 保暖性
　Z 动物皮毛

羽绒被
down quilt
TS106.72
　S 被子
　Z 纺织品

羽绒布
　Y 防羽布

羽绒服
　Y 羽绒服装

羽绒服面料
　Y 防羽布

羽绒服装
down wear
TS941.7
　D 羽绒服
　S 防寒服
　Z 服装

羽绒纤维
natural down fiber
TS102.31
　S 动物纤维
　Z 天然纤维

羽绒羽毛
feather and down
S：TS102.31
　D 羽毛绒
　　羽毛羽绒
　S 动物皮毛*
　F 羽毛
　　羽绒

羽绒制品
down products
TS102；TS941.4
　S 轻纺产品*

羽觞
　Y 酒器

雨花石
riverstones
TS933.21
　S 观赏石*

雨露亚麻
　Y 亚麻纤维

雨伞
umbrella
TS959.5
　S 伞*

雨刷
wiper
TS95
　D 刮雨器
　　雨刷器
　S 刷子*

雨刷器
　Y 雨刷

雨鞋
　Y 鞋

雨衣
waterproof
TS941.7
　D 风雨衣
　S 功能性服装
　Z 服装

玉
jade
TS933.21
　D 玉料
　　玉石
　　玉石材料
　　玉制品
　S 宝玉石
　F 白玉
　　碧玉
　　独山玉
　　翡翠
　　黄玉
　　蓝田玉
　　软玉
　　岫玉
　　珠宝玉石
　　子料
　Z 饰品材料

玉壁
jade wall
TS933
　S 玉器
　Z 饰品

玉葱
　Y 洋葱

玉雕
jade carving
J；TS932.1
　D 玉石雕刻
　S 雕刻*
　　玉器
　F 仿玉雕
　　翡翠玉雕
　　岫玉雕
　Z 饰品

玉雕工艺品
　Y 雕塑工艺品

玉龟
jade turtle
TS933
　S 玉佩
　Z 饰品

玉件
　Y 玉佩

玉块
jade blocks
TS933
　S 玉器
　Z 饰品

玉料
　Y 玉

玉龙
jade dragon
TS933
　S 玉佩
　Z 饰品

玉米
maize
TS210.2
　D 棒子
　S 谷类
　F 冻玉米
　　黑玉米
　　蜡质玉米
　　脱胚玉米
　　鲜玉米

C 抗粉碎硬度指数
　　玉米副产品
　　玉米食品
Z 粮食

玉米苞叶

corn shuck

TS210.9

S 玉米副产品

Z 副产品

玉米变性淀粉

modified corn starch

TS235.1

D 改性玉米淀粉
　　膨化玉米淀粉

S 变性淀粉
　　玉米淀粉

F 交联玉米淀粉
　　羟丙基玉米淀粉
　　酸解玉米淀粉
　　羧甲基玉米淀粉
　　氧化玉米淀粉
　　玉米微孔淀粉

Z 淀粉

玉米醇溶蛋白

zein

Q5；TS201.21

D 玉米朊

S 玉米蛋白

Z 蛋白质

玉米醇溶蛋白膜

zein films

TS201.21

S 蛋白膜

Z 膜

玉米粗蛋白粉

Y 玉米蛋白粉

玉米粗淀粉

Y 玉米淀粉

玉米醋

corn vinegar

TS264.22

S 杂粮醋

Z 食用醋

玉米蛋白

zein

Q5；TQ46；TS201.21

S 谷蛋白

F 玉米醇溶蛋白
　　玉米谷蛋白
　　玉米黄粉蛋白
　　玉米胚芽蛋白

Z 蛋白质

玉米蛋白保鲜膜

corn protein preservative film

TS201.21

S 蛋白膜
　　可食保鲜膜

Z 包装材料
　　膜

玉米蛋白粉

corn gluten meal

TS202.1；TS213.4

D 精制玉米蛋白粉
　　玉米粗蛋白粉
　　玉米蛋白质

S 蛋白粉*

玉米蛋白质

Y 玉米蛋白粉

玉米低聚糖浆

Y 玉米糖浆

玉米淀粉

corn starch

TS235.1

D 六谷粉
　　萌发玉米淀粉
　　玉米粗淀粉

S 谷物淀粉

F 高直链玉米淀粉
　　糯玉米淀粉
　　玉米变性淀粉
　　玉米抗性淀粉
　　玉米原淀粉

C 玉米淀粉粘合剂 →(9)

Z 淀粉

玉米淀粉工业

corn starch industry

TS23

S 淀粉工业

Z 轻工业

玉米淀粉加工

corn starch processing

TS210.4

D 玉米淀粉生产

S 玉米加工

F 玉米精加工
　　玉米深加工

Z 农产品加工

玉米淀粉生产

Y 玉米淀粉加工

玉米淀粉糖浆

Y 玉米糖浆

玉米调和油

Y 玉米油

玉米多孔淀粉

Y 玉米微孔淀粉

玉米粉

corn flour

TS213；TS23

D 玉米面
　　玉米面粉

S 谷物粉

F 低脂玉米粉
　　黑玉米粉
　　蜡质玉米粉
　　萌发玉米粉
　　糯玉米粉
　　膨化玉米粉
　　特制玉米粉
　　玉米高筋粉
　　玉米黄粉

　　玉米微粉

Z 粮油食品

玉米粉酸奶

Y 玉米酸奶

玉米粉条

Y 玉米米线

玉米麸质

corn gluten

TS201.21

S 麸皮蛋白

Z 蛋白质

玉米麸质粉

Y 麸粉

玉米副产品

corn by-products

TS210.9

S 粮食副产品

F 鲜食玉米穗
　　玉米苞叶
　　玉米黄浆
　　玉米胚
　　玉米胚乳
　　玉米皮
　　玉米皮油
　　玉米皮渣
　　玉米芯
　　玉米须

C 玉米

Z 副产品

玉米高筋粉

high-strength corn flour

TS211

S 玉米粉

Z 粮油食品

玉米谷蛋白

maizegiuten

Q5；TQ46；TS201.21

S 玉米蛋白

Z 蛋白质

玉米挂面

corn noodle

TS972.132

S 挂面

Z 粮油食品
　　主食

玉米黄粉

maize yellow powder

TS213

S 玉米粉

Z 粮油食品

玉米黄粉蛋白

com gluten meal protein

Q5；TQ46；TS201.21

S 玉米蛋白

Z 蛋白质

玉米黄浆

maize paste

TS210.9

S 玉米副产品

Z 副产品

玉米黄酒
corn yellow rice wine
TS262.4
　S 黄酒
　Z 酒

玉米加工
corn processing
TS210.4
　S 粮食加工
　F 玉米淀粉加工
　　玉米提胚
　C 玉米食品
　Z 农产品加工

玉米加工食品
　Y 玉米食品

玉米秸秆板
corn straw boards
TS62
　S 秸秆人造板
　Z 木材

玉米秸秆
corn stover
Q94；TS72
　D 玉米秸穰
　S 茎秆*
　C 半纤维素 →(9)

玉米秸秆纤维
corn stalk fiber
TS102.22
　S 秸秆纤维
　Z 天然纤维

玉米秸穰
　Y 玉米秸秆

玉米浸泡水
　Y 玉米浸泡液

玉米浸泡液
corn-immersion water
TS21
　D 玉米浸泡水
　　玉米浸渍水
　S 浸渍液
　C 玉米皮渣
　Z 浸剂

玉米浸渍水
　Y 玉米浸泡液

玉米精加工
corn finish processing
TS210.4
　S 玉米淀粉加工
　Z 农产品加工

玉米酒精
maize alcohol
TS262.2
　S 发酵酒精
　Z 发酵产品

玉米酒精糟液
maize alcohol jees liquid

TS209
　D 玉米酒糟液
　S 酒精废液
　Z 发酵产品
　　废水

玉米酒糟液
　Y 玉米酒精糟液

玉米聚乳酸纤维
　Y 玉米纤维

玉米抗性淀粉
corn resistant starch
TS235.1
　S 抗性淀粉
　　玉米淀粉
　Z 淀粉

玉米粒
　Y 玉米食品

玉米米
　Y 玉米食品

玉米米线
corn rice vermicelli
TS213
　D 玉米粉条
　S 米线
　Z 粮油食品

玉米面
　Y 玉米粉

玉米面粉
　Y 玉米粉

玉米胚
maize germ
TS210.9
　S 玉米副产品
　F 脱脂玉米胚
　Z 副产品

玉米胚乳
maize endosperm
TS210.9
　S 玉米副产品
　Z 副产品

玉米胚芽蛋白
corn germ protein
Q5；TQ46；TS201.21
　S 胚芽蛋白
　　玉米蛋白
　Z 蛋白质

玉米胚芽油
maize germ oil
TS225.19
　S 胚芽油
　　玉米油
　Z 油脂

玉米胚油
　Y 玉米油

玉米皮
corn bran
TS210.9

S 麸皮
　玉米副产品
Z 副产品

玉米皮膳食纤维
　Y 玉米膳食纤维

玉米皮油
corn peel oil
TS210.9
　S 玉米副产品
　Z 副产品

玉米皮渣
corn grit
TS210.9
　D 玉米糁
　　玉米渣
　　玉米渣皮
　S 玉米副产品
　C 玉米浸泡液
　Z 副产品

玉米片
　Y 玉米食品

玉米朊
　Y 玉米醇溶蛋白

玉米糁
　Y 玉米皮渣

玉米色拉油
　Y 玉米油

玉米膳食纤维
corn dietary fibre
TS210.1
　D 玉米皮膳食纤维
　S 膳食纤维
　C 木聚糖酶
　Z 天然纤维

玉米深加工
maize deep processing
TS210.4
　S 玉米淀粉加工
　Z 农产品加工

玉米食品
corn food
TS213；TS23
　D 黑甜玉米片
　　玉米加工食品
　　玉米粒
　　玉米米
　　玉米片
　　玉米制品
　　玉米制食品
　S 粮食食品
　C 玉米
　　玉米加工
　Z 粮油食品

玉米爽饮料
　Y 玉米饮料

玉米酸奶
maize yogurt
TS252.54

D 玉米粉酸奶
S 酸奶
Z 发酵产品
乳制品

玉米肽
corn peptide
TQ93；TS201.2
S 肽*

玉米糖
Y 果葡糖

玉米糖浆
corn syrup
TS245
D 玉米低聚糖浆
玉米淀粉糖浆
S 糖浆
Z 糖制品

玉米提胚
corn embryo extracting
TS210.4
S 玉米加工
Z 农产品加工

玉米提取物
zea mays extract
TS201
D 玉米衍生物
S 天然食品提取物
Z 提取物

玉米微粉
fine maize powder
TS213
S 玉米粉
Z 粮油食品

玉米微孔淀粉
corn microporous starch
TS235.1
D 玉米多孔淀粉
S 玉米变性淀粉
Z 淀粉

玉米纤维
zein fiber
TQ34；TS102.51
D Ingeo 纤维
Ingeo 玉米纤维
玉米聚乳酸纤维
S 聚乳酸纤维
C 丽赛纤维
Z 纤维

玉米芯
corn cob
TS210.9
D 改性玉米芯
紫玉米芯
S 玉米副产品
F 黑糯玉米芯
Z 副产品

玉米芯木聚糖
corn cob xylan
Q5；TS24
D 玉米芯水不溶性木聚糖

S 碳水化合物*

玉米芯水不溶性木聚糖
Y 玉米芯木聚糖

玉米须
corn silk
TS210.9
D 玉米须黄酮
S 玉米副产品
Z 副产品

玉米须黄酮
Y 玉米须

玉米衍生物
Y 玉米提取物

玉米饮料
corn beverage
TS275.5
D 黑玉米饮料
糯玉米饮料
玉米爽饮料
玉米汁饮料
S 植物饮料
F 玉米汁
Z 饮料

玉米油
corn oil
TS225.19
D 玉米调和油
玉米胚油
玉米色拉油
S 植物种子油
F 黑甜玉米油
玉米胚芽油
Z 油脂

玉米原淀粉
corn starch
TS235.1
S 玉米淀粉
Z 淀粉

玉米原料
corn raw material
TS210.2
S 粮食原料
Z 食品原料

玉米渣
Y 玉米皮渣

玉米渣皮
Y 玉米皮渣

玉米汁
corn juice
TS275.5
S 玉米饮料
F 甜玉米汁
Z 饮料

玉米汁饮料
Y 玉米饮料

玉米制品
Y 玉米食品

玉米制食品
Y 玉米食品

玉佩
jade pendant
TS933
D 玉件
玉玺
玉枕
S 玉器
F 玉龟
玉龙
玉髓
Z 饰品

玉器
jade wares
TS933
D 玉饰
玉饰品
玉藻
S 饰品*
F 古玉器
玉壁
玉雕
玉块
玉佩

玉石
Y 玉

玉石材料
Y 玉

玉石雕刻
Y 玉雕

玉石雕刻工艺品
Y 雕塑工艺品

玉石纤维
jade fibre
TS102.4
S 矿物纤维
Z 天然纤维

玉饰
Y 玉器

玉饰品
Y 玉器

玉髓
chalcedony
TS933
D 石髓
S 玉佩
Z 饰品

玉玺
Y 玉佩

玉藻
Y 玉器

玉枕
Y 玉佩

玉制品
Y 玉

玉质
jade texture
TS934
　S 材质*
　C 珠宝评估

芋头淀粉
taro starch
TS235.5
　D 香芋淀粉
　S 植物淀粉
　F 芭蕉芋淀粉
　Z 淀粉

育草纸
　Y 育苗纸

育果袋
　Y 育果袋纸

育果袋纸
fruit cultivating bag paper
TS761.3
　D 果袋纸
　　苹果套袋纸
　　水果生长保护纸
　　水果套袋纸
　　套袋纸
　　育果袋
　　育果套袋纸
　　育果纸
　S 农业用纸
　　纸袋纸
　Z 纸张

育果套袋纸
　Y 育果袋纸

育果纸
　Y 育果袋纸

育苗容器纸
　Y 育苗纸

育苗原纸
　Y 育苗纸

育苗纸
germinating paper
TS761.3
　D 农业地面覆盖纸
　　农用温床纸
　　育草纸
　　育苗容器纸
　　育苗原纸
　　育苗纸筒
　S 农业用纸
　Z 纸张

育苗纸筒
　Y 育苗纸

浴比
bath ratio
TS193
　D 液比
　S 比*
　C 染色工艺
　　浴法

浴法*
bath process
TS19
　F 变性浴
　　二浴法
　　碱浴
　　水浴
　　一浴法
　C 染色工艺
　　退浆
　　浴比

浴法染色
bath dyeing
TS19
　S 染色工艺*
　F 同浴染色
　　小浴比染色

浴巾
bath towel
TS106.73
　D 提花浴巾
　S 巾被
　Z 纺织品

浴用凝胶
　Y 凝胶

浴中柔软剂
bath softening agent
TS195.23
　S 柔软剂
　Z 整理剂

预包装食品
prepackaged foods
TS219
　S 包装食品
　Z 食品

预焙烘
prebaking
TS195
　S 烘烤*

预井
　Y 并合

预井工艺
pre drawing process
TS104.2
　S 并条
　Z 纺纱工艺

预测*
prediction
TB4
　D 预测技术
　F 流行预测
　　色彩预测
　C 安全预测 →(1)(2)(3)(4)(6)(8)(11)(12)(13)
　　预案 →(1)(6)(11)(13)
　　预估 →(1)(4)(11)

预测技术
　Y 预测

预处理*
pretreatment

TG1；TH16；TQ0
　D 碱液预处理
　　金属预处理
　　浸渍预处理
　　溶剂预处理
　　预处理法
　　预处理方式
　　预处理工艺
　　预处理过程
　　预处理技术
　　预处理时间
　F 等离子体预处理
　　碱预处理
　　酶预处理
　　酸预处理
　C 表面预处理 →(3)(4)

预处理法
　Y 预处理

预处理方式
　Y 预处理

预处理工艺
　Y 预处理

预处理过程
　Y 预处理

预处理机
preprocessing unit
TS04
　S 轻工机械*
　F 预冷器

预处理技术
　Y 预处理

预处理剂
　Y 前处理剂

预处理时间
　Y 预处理

预打样
prepress proofing
TS804
　D 电子打样
　S 打样*

预定形
preboarding
TS195；TS941.67
　S 定形整理
　Z 整理

预分梳板
pre-carding plat
TS103.81
　S 分梳板
　Z 纺纱器材

预腐蚀
precorrosion
TG1；TM6；TS81
　S 腐蚀*

预固化
pre-solidity
TS65
　S 固化*

预固化层
precuring layer
TS65
  S 固化层
  Z 结构层

预固化度
precuring degree
TS65
  S 程度*
    理化性质*

预挂过滤机
precoat filters
TS73
  D 预挂式过滤机
  S 过滤装置*

预挂式过滤机
  Y 预挂过滤机

预糊化
pregelatinization
TS205
  S 糊化
  Z 食品加工

预糊化淀粉
pre-pasting starch
TS235
  D α-淀粉
  S 糊化淀粉
  Z 淀粉

预混合粉
premixed powder
TB4；TS211
  S 粉末*

预碱洗
caustic pretreating
TG1；TS973
  S 清洗*

预交联颗粒凝胶
  Y 凝胶

预胶化淀粉
pregelatinized starch
TS235
  S 淀粉*

预冷保鲜
precooling for keeping fresh
TS205
  S 保鲜*

预冷器
forecooler
TS04
  D 预冷装置
  S 冷却装置*
    预处理机
  F 空气预冷器
  Z 轻工机械

预冷装置
  Y 预冷器

预凝胶
pre-gel

TS205
  S 凝胶*

预牵伸
pre-stretching
TS104
  S 牵伸*

预牵伸倍数
pre drafting ratio
TG3；TS11
  S 倍数*

预牵伸丝
  Y 复丝

预清棉机
opening and cleaning machine
TS103.22
  S 清棉机
  Z 纺织机械

预清洗
  Y 预洗

预清洗槽
  Y 漂洗槽

预取向丝
  Y 复丝

预热干燥部
  Y 前干燥部

预鞣
pretanning
TS543
  S 鞣制
  Z 制革工艺

预鞣剂
pretanning agent
TS529.2
  S 鞣剂*
  C 复鞣剂

预设计
  Y 设计

预湿
prewetting
TS105
  S 生产工艺*

预湿上浆
pre-wetting sizing
TS105
  S 上浆工艺
  Z 织造工艺

预缩
  Y 机械防缩

预缩机
preshrinking machine
TS190.4
  D 机械防缩机
    预缩整理机
  S 整理机
  F 汽蒸机
  Z 染整机械

预缩率
preshrunk rate
TS103；TS190
  S 比率*

预缩整理机
  Y 预缩机

预涂感光版
  Y PS版

预涂膜
precoating
TS80
  S 膜*

预脱溶
pre-desolventizing
TS205
  S 脱溶
  Z 生产工艺

预洗
prewashing
TG1；TS973
  D 预清洗
  S 清洗*
  C 离子交换 →(3)(6)(9)(13)

预先设计
  Y 设计

预压
prepressing
TS653.3
  D 预压法
    预压方法
    预压实
  S 压实*
  C 堆载 →(11)(12)
    现浇箱梁 →(11)
    预压条件

预压法
  Y 预压

预压方法
  Y 预压

预压固结
preconsolidation
TS653.3
  S 固结*

预压机
preforming press
TS64
  S 热压机
  Z 人造板机械

预压排水
  Y 预压排水固结法

预压排水固结法
pre-pressure drainage consolidation method
TS653.3
  D 预压排水
  S 试验法*

预压期
prepressing period

TS653.3
S 时期*
C 预压条件

预压实
Y 预压

预压条件
preloading condition
TS653.3
S 条件*
C 侧向变形 →(11)
预压
预压期
预压试验 →(12)
预压性能 →(9)
预压应力 →(11)

预氧化纤维
preoxidized fibre
TS102.6
D 预氧丝
S 氧化纤维
C 纺丝设备
碳纤维
Z 纤维

预氧丝
Y 预氧化纤维

预印工艺
Y 印前工艺

预应力碳纤维
prestressed carbon fiber
TQ34；TS102
D 预应力碳纤维塑料筋
S 碳纤维
C 混凝土梁 →(11)
Z 纤维

预应力碳纤维布
prestressed carbon fiber sheet
TS106.8
S 碳纤维布
Z 织物

预应力碳纤维塑料筋
Y 预应力碳纤维

预应力土钉
prestressed soil nail
TS914
S 钉子
Z 五金件

预油漆纸
finish foils
TS761.1
S 装饰纸
Z 纸张
纸制品

预油炸
pre-frying
TS972.113
S 油炸
Z 烹饪工艺

预榨机
pre-presser
TS04
D 螺旋预榨机
S 压榨机
Z 轻工机械

预榨浸出
pre-pressing extraction
TS22
S 油脂浸出
Z 浸出

预榨毛油
pre-pressing crude oil
TQ64；TS225
S 毛油
Z 油脂

预制长度
Y 预置长度

预制感光版
Y PS 版

预制缺陷
Y 制造缺陷

预制食品
prepared foods
TS217.2
S 方便食品*

预置长度
precast length
TS105
D 预制长度
S 长度*
C 喷水织机

预煮
pre-cooking
TS203；TS205；TS29
D 斗式预煮机
预煮机
S 煮制
Z 蒸煮

预煮机
Y 预煮

御寒服
Y 防寒服

寓意色彩
Y 色彩

裕固族服饰
Y 民族服饰

豫菜
Henan cuisines
TS972.12
S 菜系*

鸢尾烟用香料
Y 致香成分

鸳鸯火锅
Y 火锅

鸳鸯履
Y 鞋

元部件
Y 零部件

元件*
elements
TH13；TN6
D 机构元件
激励元件
记忆元件
微型元件
校正元件
一次元件
F 脱水元件
C 弹簧件 →(4)
电子电路 →(5)(7)(8)
仪器结构 →(4)

元件结构
Y 装置结构

元青花瓷
Yuan blue and white porcelain
TQ17；TS93
D 青花瓷(考古)
S 青花瓷
Z 瓷制品

元素*
elements
O6
F 服饰元素
流行元素
色彩元素
C 化学元素 →(1)(3)(6)(9)(13)
网页元素 →(8)

元宵
rice glue ball
TS972.14
S 小吃*

园网单缸造纸机
Y 圆网单缸纸机

园网造纸机
Y 圆网纸机

园艺修剪刀
Y 剪刀

原表面
Y 表面

原材料
Y 原料

原材料控制
material control
TS202
D 原料控制
S 控制*

原淀粉
native starch
TS235
S 淀粉*

原废水
Y 废水

原辅材料

Y 材料

原稿设计
original manuscript design
TS801
S 书籍设计*

原果汁
Y 果汁

原花青素
proanthocyanidins
TQ61；TS202.39
S 花青素
原花色素
F 高粱原花青素
C 葡萄籽油
Z 色素

原花色甙元
Y 原花色素

原花色素
proanthocyanidin
TQ61；TS202.39
D 原花色甙元
S 花色素
F 原花青素
Z 色素

原浆
protoplasm
TS74
S 浆液*

原浆豆腐
Y 豆腐

原酒
wine base
TS262
S 酒*

原酒质量
original wine quality
TS261.7
S 酿酒品质
F 白酒质量
啤酒质量
葡萄酒质量
Z 食品质量

原理*
principle
ZT0
D 原理特点
F 纺织原理
光干涉原理
漂白原理
C 机理
理论

原理特点
Y 原理

原粮
food grain
TS210.2
D 国际粮食
种子粮

S 粮食*
F 豆类
谷类
有机原粮
杂粮
C 粮食标准
粮油产品

原粮品质
unprocessed grain quality
TS210.7
S 粮食质量
F 稻谷质量
小麦品质
Z 产品质量

原料*
raw material
ZT81
D 常用原料
新型原料
新原料
原材料
F 草类纤维原料
翡翠原料
功能性原料
绿色原料
木材原料
天然原料
鲜叶原料
优质原料
竹子原料
C 材料
产品
化工原料 →(1)(2)(3)(9)
金属材料
食品原料
烟草
冶金物料 →(2)(3)
原辅料 →(1)
原料处理
制品
制造原料

原料采收
Y 原料处理

原料茶
raw tea
TS272.59
D 初制茶
S 茶*
F 毛茶
生茶

原料成分
raw material components
TS202
D 原料组成
S 成分*
C 原料规格

原料出酒率
alcohol yield of raw materials
TS261
S 比率*

原料处理
raw material processing

TS202
D 原料采收
原料分选
原料粉碎
原料加工
原料浸泡
原料浸提
原料清理
原料清洗
原料生产
原料水分
原料验收
原料整理
原料贮藏
原料贮存
S 处理*
C 原料

原料搭配
Y 原料配料

原料分选
Y 原料处理

原料粉碎
Y 原料处理

原料干酪
natural cheese
[TS252.52]
S 干酪
Z 乳制品

原料规格
raw material specifications
TS1
S 规格*
C 原料成分
原料分析 →(1)

原料加工
Y 原料处理

原料浸泡
Y 原料处理

原料浸提
Y 原料处理

原料精制
raw material refining
TS205
S 精制*

原料控制
Y 原材料控制

原料来源
Y 料源

原料林基地
raw material forest base
TS7
Y 原料选择

原料毛
Y 原毛

原料奶
material milk
TS252.59

D 原料乳
　　原乳
S 乳制品*

原料配方
raw material formula
TS202
　S 配方*

原料配合
　Y 原料配制

原料配料
raw material burdening
TS97
　D 原料搭配
　S 混配料*
　C 原料配制

原料配制
raw materials coordinate
TS202
　D 原料配合
　S 方法*
　C 原料配料

原料皮
　Y 制革原料

原料清理
　Y 原料处理

原料清洗
　Y 原料处理

原料肉
raw meat
TS251.59
　S 肉*

原料乳
　Y 原料奶

原料乳质量
raw milk quality
TS252.7
　S 原料质量
　Z 质量

原料筛选
　Y 原料选择

原料生产
　Y 原料处理

原料适应性
raw material adaptability
TS202
　S 适性*
　　原料特性
　Z 材料性能

原料水分
　Y 原料处理

原料特点
　Y 原料特性

原料特性
raw material characteristics
TS101
　D 原料特点

　　原料特征
　　原料性能
　　原料性质
　S 材料性能*
　F 原料适应性
　C 延迟焦化 →(2)

原料特征
　Y 原料特性

原料性能
　Y 原料特性

原料性质
　Y 原料特性

原料选配
　Y 原料选择

原料选取
　Y 原料选择

原料选用
　Y 原料选择

原料选择
feed stock selection
TQ0；TS202
　D 原料路线
　　原料筛选
　　原料选配
　　原料选取
　　原料选用
　S 选择*
　C 原料输送 →(4)

原料验收
　Y 原料处理

原料要求
material requirements
TS202
　S 要求*

原料整理
　Y 原料处理

原料质量
raw materials quality
TS202
　S 质量*
　F 蚕茧质量
　　浆料质量
　　原料乳质量
　　原棉质量
　　原皮质量
　　原丝质量

原料贮藏
　Y 原料处理

原料贮存
　Y 原料处理

原料组成
　Y 原料成分

原卤
　Y 天然卤水

原麻
　Y 麻纤维

原麦汁浓度
original wort concentration
TS26
　S 浓度*
　C 麦汁饮料

原毛
raw wool
TS102.31
　D 原料毛
　S 毛纤维
　F 国产原毛
　Z 天然纤维

原棉
cotton-wool
TS102.21
　S 棉纤维
　C 棉结
　　梳棉工艺
　Z 天然纤维

原棉品质
　Y 棉花质量

原棉性能
raw cotton property
TS101.921
　D 棉纤维性能
　S 纤维性能*

原棉选配
raw cotton selection
TS11
　S 选配*

原棉异物
　Y 棉结

原棉质量
raw cotton quality
TS11
　S 原料质量
　Z 质量

原木
log
TS62
　D 变性木材
　　春材
　　次加工原木
　　改良木
　　改性木
　　改性木材
　　根段原木
　　加工用原木
　　锯材原木
　　秋材
　　梢段原木
　　弯曲原木
　　晚材
　　圆木
　　早材
　　直接用原木
　　制材用原木
　　制材原木
　　中段原木
　S 木材*
　F 板皮

实木
小径材
C 缺陷扣尺

原木带锯机
Y 细木工带锯机

原木翻楞器
Y 轻工机械

原木翻转器
Y 轻工机械

原木加工
log processing
TS65
S 木材加工
Z 材料加工

原木家具
Y 木质家具

原木检尺
log scale
TH7；TS6
S 尺*
F 缺陷扣尺

原木上车装置
Y 轻工机械

原木整形机
Y 轻工机械

原皮
Y 生皮

原皮质量
raw hide quality
TS52
S 原料质量
Z 质量

原乳
Y 原料奶

原色布
Y 本色布

原色染料
primary colors dyestuff
TS193.21
D 三原色染料
S 染料*

原纱
grey yarn
TS106.4
D 基纱
S 纱线*

原纱强力
Y 纱线强力

原纱丝光
original yarn mercerizing
TS195.51
S 丝光整理
Z 整理

原纱质量
quality of raw yarn

TS107.2
D 细纱质量
S 纱线质量
Z 产品质量

原身出袖
grown-on sleeve
TS941.61
S 袖型
Z 服装结构

原生废水
Y 废水

原生盐
Y 原盐

原生竹纤维
Y 竹原纤维

原始服饰
original costume
TS941.7
S 古代服饰
Z 服饰

原始样品
primary sample
P5；TS207
S 样品*

原丝质量
quality of raw silk
TS101.9
S 原料质量
Z 质量

原糖
raw sugar
TS245
D 粗糖
二号糖
S 糖*

原糖浆
Y 糖浆

原驼毛
Y 驼毛

原驼绒
Y 驼绒

原污泥
Y 污泥

原纤化
fibrillation
TQ34；TS101
D 微纤化
S 成形*
C 纤维结构

原型*
prototype
TH12
F 服装原型
制板原型
C 构型 →(3)(4)(5)(6)(8)
结构
模型

原型裁剪
primary model cutting
TS941.62
S 服装裁剪
C 服装原型
Z 裁剪
服装工艺

原型样板
prototype patterns
TS941.6
S 样板*

原盐
crude salt
TS36
D 原生盐
S 盐*
F 海盐
湖盐
井盐
岩盐

原盐加工
crude salt processing
TS36
S 盐加工
Z 制盐

原盐质量
crude salt quality
TS37
S 盐质
Z 食品质量

原液染色
Y 原液着色

原液染色纤维
Y 有色纤维

原液着色
dope dyeing
TS193
D 纺丝原液染色
原液染色
S 着色
Z 色彩工艺

原则*
principles
ZT0
F 搭配原则
实质等同性原则
着装原则
C 规则 →(1)(6)(7)(8)(9)(11)(12)
准则 →(1)(3)(4)(5)(6)(7)(8)(11)(13)

原汁酱油
pure soy bean sauce
TS264.21
S 酱油*

原汁饮料
normal juice
TS275.5
S 果蔬饮料
F 板栗饮料
橙汁饮料
核桃饮料

麦汁饮料
蔬菜饮料
西瓜汁饮料
Z　饮料

原纸
raw paper
TS76
　S　纸张*
　F　低定量涂布原纸
　　　防粘原纸
　　　热敏原纸
　　　水松原纸
　　　铜版原纸
　　　涂布原纸
　　　转移印花原纸

原纸板
base paper board
TS767
　S　纸板
　Z　纸制品

原纸质量
base paper quality
TS71
　S　纸张质量
　Z　产品质量

原子笔
　Y　圆珠笔

原子印油
atomic stamp-pad inks
TS951.5
　S　文具
　Z　办公用品

原子印章
　Y　印章

原组织
　Y　三原组织

圆葱
　Y　洋葱

圆锉
　Y　锉

圆刀片
circular knife
TG7；TS914.212
　D　内圆刀片
　S　刀片
　C　滚刀　→(3)
　Z　工具结构

圆刀片帮机
　Y　制鞋机械

圆刀片皮机
　Y　制鞋机械

圆工作台式铣床
　Y　升降台铣床

圆滚模
　Y　模具

圆果黄麻

Y　黄麻纤维

圆果种黄麻
　Y　黄麻纤维

圆号
　Y　铜管乐器

圆弧刃
circular arc edge
TG7；TS914.212
　S　刀刃
　Z　工具结构

圆环形织物
　Y　管状织物

圆火腿
　Y　火腿

圆机
　Y　针织圆机

圆机织物
　Y　纬编织物

圆角模
　Y　模具

圆锯
ring saw
TG7；TS64；TS914.54
　D　电动圆锯
　　　圆锯片
　S　锯
　F　金刚石圆盘锯
　C　径向槽
　Z　工具

圆锯床
　Y　圆锯机

圆锯锉锯机
　Y　锯机

圆锯机
circular sawing machine
TS642
　D　摆式圆锯床
　　　带移动工作台木工圆锯机
　　　吊截锯机
　　　多锯片横截圆锯机
　　　多锯片纵剖木工圆锯机
　　　多能圆锯
　　　横截圆锯机
　　　脚踏截锯机
　　　截断圆锯机
　　　锯片往复横截木工圆锯机
　　　立式圆锯床
　　　木工圆锯
　　　木工圆锯机
　　　手动进给木工圆锯机
　　　手动进给圆锯机
　　　双联圆锯机
　　　双圆锯裁边机
　　　台式圆锯机
　　　万能木工圆锯机
　　　万能圆锯
　　　卧式圆锯床
　　　摇臂式万能木工圆锯机

摇臂式圆锯机
　　　移动工作台木工圆锯机
　　　移动靠板术工圆锯
　　　圆锯床
　　　自动进给木工圆锯机
　　　纵剖圆锯机
　S　锯机
　Z　木工机械

圆锯片
　Y　圆锯

圆刻线机
　Y　雕刻机

圆领
round collar
TS941.61
　S　领型
　Z　服装结构

圆螺母攻丝机
　Y　攻丝机

圆木
　Y　原木

圆糯米
　Y　粳米

圆排机
circular row of machine
TS956
　S　制灯机械
　Z　轻工机械

圆盘刀
cutting disc
TG7；TS914
　S　刀具*

圆盘剪刃
　Y　剪刃

圆盘锯
　Y　锯切机

圆盘锯床
　Y　锯机

圆盘锯机
sized disk saw machine
TS642
　D　圆盘锯石机
　S　锯机
　Z　木工机械

圆盘锯石机
　Y　圆盘锯机

圆盘冷却机
　Y　冷却装置

圆盘磨浆机
　Y　盘式磨浆机

圆盘式砂光机
　Y　砂光机

圆盘式旋流纺
disc swirl spinning
TS104.7

S 新型纺纱
Z 纺纱

圆盘式抓棉机
Y 抓棉机

圆盘煮茧机
Y 煮茧机

圆盘抓棉机
Y 抓棉机

圆盘纵剪机
Y 剪切设备

圆梳
circular combing
TS103.81
S 分梳元件
C 毛纺织
Z 纺纱器材

圆榫截断机
Y 开榫机

圆筒平幅针织物
Y 针织物

圆筒烧毛
Y 烧毛

圆筒形针织物
Y 针织物

圆筒针织物
Y 针织物

圆头锤
Y 锤

圆头刀具
round-nosed tools
TG7；TS914
S 单刃刀具
Z 刀具

圆头锁眼机
Y 锁眼机

圆头鞋
Y 鞋

圆网磁棒印花机
Y 圆网印花机

圆网单缸纸机
cylinder yankee machines
TS734.3
D 园网单缸造纸机
S 圆网纸机
Z 造纸机械

圆网浓缩机
decker machine
TS73
S 浓缩设备*

圆网水洗机
Y 洗涤设备

圆网涂胶机
rotary screen coating machines
TS19

S 涂胶机
Z 涂装设备

圆网涂料印花
Y 圆网印花

圆网印花
rotary screen printing
TS194.41
D 圆网涂料印花
S 筛网印花
C 圆网印花机
Z 印花

圆网印花刮刀
round net printing scraper
TS194.3
S 印花设备
Z 印染设备

圆网印花机
rotary screen printing machine
TS194.3
D MBK 型
MBK 圆网印花机
磁棒圆网印花机
圆网磁棒印花机
S 筛网印花机
C 圆网印花
Z 印染设备

圆网造纸机
Y 圆网纸机

圆网纸板机
Y 圆网纸机

圆网纸机
cylinder paper machine
TS734.3
D 多圆网纸板机
斯蒂文思式园网造纸机
扬克式园网造纸机
园网造纸机
圆网造纸机
圆网纸板机
真空园网造纸机
S 造纸机
F 圆网单缸纸机
Z 造纸机械

圆纬机
circular weft knitting machine
TS183.4
D 吊机圆纬机
提花圆机
圆纬针织机
圆型纬编针织机
S 纬编机
F 单面圆纬机
电子提花圆纬机
双面圆纬机
Z 织造机械

圆纬针织机
Y 圆纬机

圆五弦琴
Y 弦乐器

圆形针织机
Y 针织圆机

圆形针织物
Y 针织物

圆形织机
Y 多相织机

圆型纬编针织机
Y 圆纬机

圆袖
Y 连身袖

圆压平印刷机
Y 平版印刷机

圆织机
circular loom
TS103.33
S 织机
Z 织造机械

圆珠笔
ball-point pens
TS951.14
D 多色圆珠笔
滚珠笔
加压圆珠笔
可擦性圆珠笔
墨水圆珠笔
压力圆珠笔
原子笔
S 笔
Z 办公用品

圆柱磨浆机
Y 圆柱式磨浆机

圆柱式磨浆机
cylinder refiner
TS733
D 圆柱磨浆机
S 磨浆机
Z 制浆设备

圆柱锥底发酵罐
Y 发酵罐

圆装袖
Y 连身袖

圆锥模
Y 模具

圆子
Y 丸子

远程传版
plane media remote transmission
TS805
D 卫星传版
卫星传版系统
S 印刷工艺*

远程打样
remote proof
TS801；TS805
D 远程数码打样
S 打样*

远程数码打样
　Y 远程打样

远航食品
　Y 航空食品

远红外丙纶
far-infrared polypropylene
TS102.526
　D 远红外丙纶纤维
　S 聚丙烯纤维
　　远红外纤维
　Z 纤维

远红外丙纶纤维
　Y 远红外丙纶

远红外丙纶织物
　Y 化纤织物

远红外涤纶
　Y 功能性涤纶

远红外纺织品
　Y 远红外织物

远红外辐射干燥设备
　Y 干燥设备

远红外干燥
far infra-red drying
TS254
　S 干燥*

远红外腈纶
far infrared acrylic fibre
TQ34；TS102.528
　S 腈纶
　　远红外纤维
　Z 纤维

远红外纤维
far infrared fibre
TQ34；TS102.528
　S 功能纤维
　F 远红外丙纶
　　远红外腈纶
　　远红外粘胶
　Z 纤维

远红外线纺织品
　Y 远红外织物

远红外粘胶
far-infrared viscose
TQ34；TS102.528
　S 功能性粘胶纤维
　　远红外纤维
　Z 纤维

远红外织物
far-infrared radiated fabrics
TS106.8
　D 远红外纺织品
　　远红外线纺织品
　S 保暖织物
　Z 功能纺织品

远视眼镜
spectacles for hypermetropia
TS959.6

　S 眼镜*

约束造型
　Y 造型

月饼
Chinese moon cake
TS213.23
　S 中式糕点
　C 月饼包装
　Z 糕点

月饼包装
moon cake packaging
TS206
　S 食品包装*
　C 月饼

月盛斋酱牛羊肉
　Y 酱肉制品

月牙扳手
　Y 扳手

乐器*
musical instruments
TS953
　D 乐曲演奏器
　F 打击乐器
　　电声乐器
　　调音器
　　管乐器
　　节拍器
　　民族乐器
　　西乐器
　C 乐器制造

乐器制造
musical instrument making
TS953
　S 制造*
　C 乐器

乐曲演奏器
　Y 乐器

阅读复印机
　Y 复印机

越南菜
Vietnamese cuisines
TS972
　S 亚洲菜肴
　Z 菜肴

越窑茶具
Yue Kiln tea service
TS971；TS972.23
　S 茶具
　Z 厨具

粤菜
Guangdong dish
TS972.12
　D 港式粤菜
　　广东菜
　　广东菜系
　　广东菜肴
　　广东客家菜
　　广东名菜

　　广州菜
　　顺德菜
　　新派粤菜
　　粤菜系
　S 八大菜系
　F 潮菜
　Z 菜系

粤菜系
　Y 粤菜

云贵路黄牛皮
Yunnan-Guizhou road cattle leather
S：TS564
　S 黄牛皮
　Z 动物皮毛

云贵路山羊皮
Yunnan-Guizhou road goat skin
S：TS564
　S 山羊皮
　Z 动物皮毛

云锦
yun brocade
TS106.8
　S 织锦
　F 南京云锦
　C 蜀锦
　Z 机织物

云母纸
mica paper
TM2；TS761.9
　D 粉云母纸
　S 电工材料*

云南烤烟
Yunnan flue-cured tobacco
TS459
　S 国产烤烟
　Z 烟草制品

云南普洱茶
yunnan pu'er tea
TS272.52
　D 成品普洱茶
　S 普洱茶
　Z 茶

云南松树皮
Yunnan pine bark
R：TS202
　S 松树皮
　Z 树皮

云南沱茶
yunnan bowl tea
TS272.52
　S 沱茶
　Z 茶

云南小曲白酒
Yunnan xiaoqu liquor
TS262.36
　S 小曲白酒
　Z 白酒

云雾茶
cloud and mist tea

TS272.51
　　S 绿茶
　　F 庐山云雾茶
　　Z 茶

云烟
cloud and mist
TS459
　　S 中式卷烟
　　Z 烟草制品

云云鞋
Yun Yun shoes
TS943.762
　　S 民族靴鞋
　　Z 鞋

云织
　　Y 纬向疵点

匀度
　　Y 均匀性

匀浆
homogenate
TS10；TS74
　　S 制浆*
　　F 高速匀浆

匀浆辊
doctor-roll
TS733
　　S 流浆箱
　　Z 造纸机械

匀染
　　Y 均匀染色

匀染度
　　Y 匀染性

匀染剂
dye leveller
TS19
　　D 高温匀染剂
　　　匀染修色剂
　　　匀染增深剂
　　S 染色助剂
　　F 匀染剂 MF
　　　匀染剂 0
　　C 缓染剂
　　　均匀染色
　　Z 助剂

匀染剂 MF
levelling agent MF
TS19
　　S 匀染剂
　　Z 助剂

匀染剂 0
levelling agent O
TS19
　　D 平平加 0
　　S 匀染剂
　　Z 助剂

匀染效果
even dyeing effect
TS107
　　S 染色效果
　　Z 效果

匀染性
level dyeing property
TS193
　　D 匀染度
　　S 染色性能*

匀染性能
　　Y 染色均匀度

匀染修色剂
　　Y 匀染剂

匀染增深剂
　　Y 匀染剂

匀质性
　　Y 均匀性

允许残留不平衡
　　Y 平衡

允许色差
acceptability of color matches
O4；TS193
　　S 色差*

允许值
permissible value
S；TS254
　　S 数值*

孕妇服装
　　Y 孕妇装

孕妇装
maternity wear
TS941.7
　　D 孕妇服装
　　S 女装
　　Z 服装

运动*
motion
O3；TH11
　　D 运动方案
　　　运动原理
　　F 钳板运动
　　　纤维运动
　　C 迁移
　　　运动仿真　→(8)

运动保健饮料
sports drinks
TS218；TS275.4
　　D 运动饮料
　　S 保健饮料
　　Z 保健品
　　　饮料

运动变形
motion deformation
TS941.1
　　S 变形*

运动方案
　　Y 运动

运动服

　　Y 运动服装

运动服面料
sportswear fabrics
TS941.41
　　D 运动面料
　　S 服装面料
　　Z 面料

运动服装
sportswear
TS941.7
　　D 运动服
　　　运动装
　　S 服装*
　　F 沙滩排球服
　　　泳衣
　　　自行车运动服
　　C 运动功能性

运动功能性
sporting functionality
TS94
　　S 机械性能*
　　　物理性能*
　　C 运动服装

运动面料
　　Y 运动服面料

运动内衣
sports underwear
TS941.7
　　S 内衣
　　Z 服装

运动器具
　　Y 体育器材

运动器械
　　Y 体育器材

运动设备
　　Y 体育器材

运动时尚
sports fashion
TS941.1
　　S 时尚*

运动食品
sports foods
TS218.23
　　S 功能食品
　　F 运动营养食品
　　Z 食品

运动适应性
　　Y 活动舒适性

运动舒适性
　　Y 活动舒适性

运动鞋
athletic shoe
TS943.74
　　S 鞋*
　　F 滑冰鞋
　　　篮球鞋
　　　轮滑鞋
　　　跑鞋

C 脱胶

运动鞋底
sports shoe sole
TS943.4
　S 鞋底
　Z 鞋材

运动胸衣
sports bras
TS941.7
　S 文胸
　Z 服装

运动休闲面料
　Y 休闲面料

运动饮料
　Y 运动保健饮料

运动营养食品
sports nutritious food
TS218.23
　S 运动食品
　Z 食品

运动原理
　Y 运动

运动装
　Y 运动服装

运动装备
　Y 体育器材

运行次数计数器
　Y 计数器

运用方式
　Y 应用

熨斗
flatiron
TM92；TS941.5
　D 调温熨斗
　　喷汽调温熨斗
　S 熨烫器具*

熨平机
flatwork ironers
TS941.569
　D 平板熨平机
　　液压熨平机
　S 熨烫机
　Z 熨烫器具

熨烫
ironing process
TS941.66
　D 拔烫
　　服装熨烫
　　归烫
　　烫压
　　压烫
　　压烫工艺
　　熨烫工艺
　　整烫
　　整烫工艺
　S 服装工艺*

熨烫工艺

Y 熨烫

熨烫机
ironing machines
TS941.569
　D 衬衫烫领机
　　服装熨烫机
　　立体整理机
　　衣物平整机
　S 熨烫器具*
　F 熨平机
　　蒸汽压熨机

熨烫器具*
ironing appliances
TM92；TS941.569
　D 熨烫设备
　F 熨斗
　　熨烫机
　C 服装机械
　　器具

熨烫设备
　Y 熨烫器具

扎巾盔
　Y 围巾

扎染
knot dyeing
TS193
　D 结扎染色
　　染缬
　　扎染工艺
　　扎缬
　S 染色工艺*
　F 传统扎染

扎染工艺
　Y 扎染

扎缬
　Y 扎染

咂酒
za wine
TS262
　S 青稞酒
　Z 酒

杂化纤维
　Y 混杂纤维

杂技服装
acrobatics costume
TS941.7
　S 特种服装
　Z 服装

杂交稻谷
hybrid unhusked rice
TS210.2
　S 稻谷
　Z 粮食

杂交稻米
hybrid rice
TS210.2
　D 杂交米
　S 大米

Z 粮食

杂交米
　Y 杂交稻米

杂粮
cereal grains
TS210.2
　D 谷物杂粮
　S 原粮
　Z 粮食

杂粮醋
grain vinegar
TS264.22
　S 液态醋
　F 麸醋
　　苦荞醋
　　玉米醋
　Z 食用醋

杂粮碾米
　Y 碾米

杂乱成网
　Y 成网工艺

杂乱铺网机
　Y 成网机

杂乱网
　Y 成网工艺

杂色碧玺
　Y 碧玺

灾害事故
　Y 事故

灾害事件
　Y 事故

灾难事故
　Y 事故

灾难性事故
　Y 事故

栽绒织物
　Y 绒面织物

载荷*
load
O3；TH11；TU3
　D 负荷
　　负荷方式
　　负荷分类
　　负荷类型
　　负荷模式
　　负载
　　荷载
　　荷载历史
　　荷载模式
　　荷载形式
　　荷载压力
　　载荷力
　F 双向拉伸载荷
　C 承压能力 →(2)(11)
　　负荷管理 →(5)
　　负荷试验 →(5)
　　负载管理 →(8)

环境容量 →(11)(13)
结构设计
污染负荷 →(3)(11)(13)

载荷力
Y 载荷

载体*
vector
TQ42
F 幻灯片
中间载体
C 媒体 →(1)(7)(8)

载体染色
carrier dyeing
TS193
S 染色工艺*
C 促染剂

载银活性炭纤维
Y 活性炭纤维

载银抗菌剂
Y 银系抗菌剂

载银无机抗菌剂
Y 银系抗菌剂

宰后成熟
postmortem aging
TS251.4
S 成熟*

再发酵
re-fermentation
TS261
S 发酵*

再流工艺
Y 工艺方法

再剖带锯机
Y 细木工带锯机

再设计
Y 二次设计

再生*
regeneration
X7
D 可再生技术
可再生性
再生处理
再生法
再生方法
再生方式
再生过程
F 废纸再生
C 再生设备 →(2)(4)(13)
再生试验 →(13)
再生条件 →(9)
再生系统 →(8)
资源利用

再生蚕丝蛋白纤维
Y 再生丝素纤维

再生处理
Y 再生

再生大豆蛋白纤维
Y 大豆蛋白纤维

再生大豆蛋白质纤维
Y 大豆蛋白纤维

再生蛋白纤维
Y 再生蛋白质纤维

再生蛋白质纤维
azlon
TQ34；TS102.51
D 人造蛋白纤维
人造蛋白质纤维
再生蛋白纤维
再生动物蛋白纤维
S 化学纤维
F 蚕蛹蛋白纤维
大豆蛋白纤维
牛奶蛋白纤维
再生丝素纤维
C 蛋白质纤维
动物纤维
活性染料
再生纤维素纤维
Z 纤维

再生动物蛋白纤维
Y 再生蛋白质纤维

再生法
Y 再生

再生方法
Y 再生

再生方式
Y 再生

再生干燥滚筒
Y 干燥滚筒

再生干燥-搅拌滚筒
Y 干燥滚筒

再生革
regenerated leathers
TS56
S 皮革*

再生过程
Y 再生

再生剂*
regenerant
TQ33；TU5
F 酸性再生剂

再生浆造纸
Y 再生造纸

再生麻纤维
regenerated bast fibre
TQ34；TS102.51
S 再生纤维素纤维
Z 纤维

再生刨花
Y 木刨花

再生丝素蛋白
regenerated silk fibroin

Q5；TS201.21
S 丝素蛋白
Z 蛋白质

再生丝素纤维
regenerated silk protein fiber
TQ34；TS102.51
D 再生蚕丝蛋白纤维
S 再生蛋白质纤维
C 蚕蛹蛋白纤维
湿法纺丝 →(9)
Z 纤维

再生纤维素纤维
cellulose fibres
TQ34；TS102.51
D 交联纤维素纤维
人造纤维素纤维
生物活性纤维素纤维
新型人造纤维素纤维
新型纤维素纤维
新型再生纤维素纤维
再生植物纤维
S 化学纤维
F Lyocell 纤维
Modal 纤维
Newcell 纤维
醋酸纤维
康特丝
丽赛纤维
莲纤维
木浆纤维
溶剂法纤维素纤维
铜氨纤维
纤维素短纤维
纤维素酯纤维
再生麻纤维
粘胶纤维
珍珠共混纤维素纤维
纸浆纤维
C 活性染料
纤维素纤维
再生蛋白质纤维
植物纤维
Z 纤维

再生新闻纸
recycled newspaper
TS761.2
S 新闻纸
Z 纸张

再生盐
regeneration salt
TS36
S 盐*

再生造纸
reclaimed papermaking
TH16；TS75
D 再生浆造纸
S 造纸
C 废纸再生
Z 生产

再生造纸废水
Y 废纸造纸废水

再生植物纤维

Y 再生纤维素纤维

再生纸
recycled paper
TS76
　D 再生纸板
　S 纸张*
　C 造纸废水

再生纸板
　Y 再生纸

再生纸厂
recycled paper mill
TS7
　D 废纸造纸厂
　S 造纸厂
　Z 工厂

再生纸废水
　Y 造纸废水

再生纸浆
reclaimed paper pulp
TS749
　S 再制浆
　Z 浆液

再生纸浆造纸废水
　Y 废纸造纸废水

再生纸生产废水
　Y 废纸造纸废水

再生竹纤维
regenerated bamboo fibre
TS102.51
　S 竹纤维
　C 竹原纤维
　Z 天然纤维

再用棉
reusable cotton waste
TS102.21
　S 棉纤维
　F 盖板花
　　回花
　C 棉短绒
　Z 天然纤维

再造烟叶
reconstituted tobacco
TS42
　S 烟叶
　F 造纸法再造烟叶
　Z 卷烟材料

再制蛋
processed eggs
TS253.4
　S 蛋*

再制干酪
processed cheese
[TS252.52]
　D 涂抹型再制干酪
　S 干酪
　Z 乳制品

再制浆
repulping

TS749
　S 纸浆
　F 再生纸浆
　Z 浆液

再制糖
　Y 制糖工艺

再制盐
reproducing salt
TS264.2；TS36
　S 食盐*

再制造设计
　Y 产品设计

再资源化技术
　Y 资源化

在线冲洗
online washing
TS973
　S 清洗*

在线配粉
online flour blending
TS201.1
　S 配粉
　Z 混配料

在线膨胀
online expansion
TS4
　S 膨胀*

在线水洗
on-line water flushing
TS973
　S 清洗*

糌粑
tsamba
TS972.14
　S 粑
　Z 小吃

暂时性湿强剂
　Y 湿强剂

錾花
　Y 雕版

錾削
　Y 雕版

脏点
　Y 污渍

脏污
　Y 污渍

藏羊毛
　Y 羊毛

藏纸
Tibetan paper
TS761.1；TS766
　S 手工纸
　Z 纸张

藏族百褶裙
　Y 褶裙

藏族服饰
　Y 民族服饰

糟蛋
pickled egg
TS253.4
　S 蛋*

糟方腐乳
　Y 腐乳

糟煎
　Y 煎制

糟溜
　Y 溜制

糟卤
rice wine brine
TS972.113
　S 卤制
　Z 烹饪工艺

糟醅
fermented grains
TS261.4
　S 醅*
　F 回糟糟醅
　　窖池糟醅

糟肉制品
　Y 肉制品

糟烧
arrack
TS972.113
　S 烹饪工艺*

糟液
　Y 酒精废液

糟醉制品
　Y 醉制

凿削
　Y 雕版

早材
　Y 原木

早餐谷物
　Y 早餐食品

早餐食品
breakfast foods
TS219
　D 谷物早餐
　　谷物早餐食品
　　早餐谷物
　　早点
　S 食品*

早稻糙米
early paddy brown rice
TS210.2
　D 早籼糙米
　S 糙米
　　早籼米
　Z 粮食

早点
　Y 早餐食品

早粳米
    Y 粳米

早凝胶
    Y 凝胶

早籼糙米
    Y 早稻糙米

早籼米
early long-grain rice
TS210.2
    S 籼米
    F 早稻糙米
    Z 粮食

枣醋
jujube vinegar
TS264；TS27
    D 红枣醋
        红枣果醋
        金丝枣醋
    S 果醋
    Z 饮料

枣多糖
jujube date polysaccharide
Q5；TS24
    D 红枣多糖
    S 碳水化合物*

枣粉
jujube powder
TS255.5
    S 食用粉*
    F 红枣粉
        速溶枣粉

枣干
    Y 果干

枣酒
Chinese date wine
TS262.7
    S 果酒
    F 红枣果酒
        金丝枣酒
        酸枣酒
    Z 酒

枣渣
jujube residues
TS255
    S 果蔬渣
    Z 残渣

枣汁
date juice
TS255
    S 果汁
    Z 果蔬制品
        汁液

藻胶
phycocolloid
TQ43；TS202.3
    D 藻类胶
    S 胶*
    F 卡拉胶
        琼脂

藻类胶
    Y 藻胶

藻类食品
seaweed products
TS254.58
    D 海藻产品
    S 水产食品
    F 食用海藻
    C 海藻加工
    Z 水产品

皂化醋酯纤维
    Y 醋酸纤维

皂化松香胶
    Y 松香胶

皂碱洗涤
    Y 皂洗

皂洗
soaping
TS192；TS193
    D 皂碱洗涤
    S 清洗*
    C 洗涤设备

皂洗机
    Y 洗涤设备

皂洗剂
soaping agent
TS195.2
    D 皂煮剂
    S 后整理剂
    Z 整理剂
        助剂

皂洗牢度
soaping fastness
TS101.923
    D 耐皂洗牢度
        耐皂洗色牢度
        皂洗色牢度
    S 耐水洗性
    Z 防护性能
        纺织品性能
        抗性
        耐性

皂洗色牢度
    Y 皂洗牢度

皂煮剂
    Y 皂洗剂

灶
    Y 炉灶

灶具
    Y 炉灶

造船材
    Y 工程木材

造碎
breakage
TS4
    S 加工*
    C 砂石料 →(11)

食品加工

造型*
molding
TG2
    D 敞箱造型
        冲击造型
        抽模造型
        吹喷造型
        磁力造型
        地坑造型
        地面造型
        叠箱造型
        多箱造型
        覆砂造型
        干砂造型
        刮板造型
        化学硬化砂造型
        机构造型
        机器造型
        机械造型
        壳型造型
        冷冻造型
        流态砂造型
        流态自硬砂造型
        轮廓造型
        逻辑造型
        抛砂造型
        砂箱造型
        石膏型造型
        实物造型
        手工造型
        水玻璃砂造型
        脱箱造型
        微震压实造型
        无箱造型
        形素造型
        压实造型
        有箱造型
        约束造型
        造型(艺术)
        造型段
        造型法
        造型技术
        造型结构
        造型实例
        造型系统
        振动造型
        重新造型
        注模造型
        铸型制造
        自动化造型
        自硬砂造型
        组合造型
    F 服装造型
        家具造型
        局部造型
        平面造型
        设计造型
        图案造型
        胸部造型
        整体造型
    C 模具
        模具制造 →(1)(2)(3)(4)(9)
        造型材料 →(3)
        造型效果

制模设备 →(3)
铸模 →(3)(9)

造型（艺术）
Y 造型

造型灯
model lamp
TM92；TS956
S 摄影灯
Z 灯

造型段
Y 造型

造型法
Y 造型

造型技术
Y 造型

造型结构
Y 造型

造型设计*
constructive design
J；TB2
D 成形设计
外观造型设计
F 发型设计
服装造型设计
化妆设计

造型时尚
modelling fashion
TS941.6
D 造型演变
S 时尚*

造型实例
Y 造型

造型系统
Y 造型

造型效果
styling effect
TS941.6
S 效果*
C 造型

造型演变
Y 造型时尚

造油
Y 粉刷

造纸
papermaking
TH16；TS75
D 碱性造纸
空气沉降法造纸
立体造纸技术
绿色造纸
模造纸
酸性造纸
土法造纸
无网造纸
造纸方法
造纸生产
造纸术

S 轻工业生产
F 草浆造纸
废纸造纸
干法造纸
古代造纸
木浆造纸
湿法造纸
手工造纸
再生造纸
中性造纸
C 干强剂
上浆工艺
湿部化学品
造纸设备部件
造纸性能
Z 生产

造纸白泥
white mud in papermaking
TS79；X7
D 草浆碱回收白泥
碱回收白泥
S 造纸废物
F 草浆白泥
Z 工业废弃物

造纸白水
Y 造纸废水

造纸标准
Y 纸张质量

造纸草浆黑液
Y 草浆黑液

造纸产品
Y 纸制品

造纸产业
Y 造纸工业

造纸厂
paper mill
TS78
D 造纸工厂
纸厂
S 工厂*
F 再生纸厂
纸板厂
纸浆厂
C 造纸设备部件

造纸厂白水
Y 造纸废水

造纸厂废水
Y 造纸废水

造纸车间
paper machine room
TS78
S 车间*

造纸成形网
papermaking forming fabrics
TS734
D 成形网
S 造纸网
F 三层成形网
Z 造纸设备部件

造纸法
Y 造纸工艺

造纸法再造烟叶
paper-making process reconstituted tobacco
TS42
S 再造烟叶
Z 卷烟材料

造纸方法
Y 造纸

造纸废料
Y 造纸废物

造纸废弃物
Y 造纸废物

造纸废水
paper mill wastewater
TS79；X7
D 抄纸白水
再生纸废水
造纸白水
造纸厂白水
造纸厂废水
造纸工业废水
造纸脱墨废水
造纸污水
造纸综合废水
纸板工厂废水
纸厂废水
纸机白水
S 废水*
F 板纸废水
废纸脱墨废水
废纸造纸废水
造纸漂白废水
制浆造纸废水
中段废水
C 松柏醇葡萄糖苷
再生纸
造纸废液

造纸废水处理
paper making waste water treatment
TS79；X7
D 造纸工业废水处理
造纸污水处理
S 工业废水处理*
F 碱析法
C 改性膨润土 →(11)
物化-生化法 →(13)

造纸废物
papermaking waste
TS79；X7
D 造纸废料
造纸废弃物
S 工业废弃物*
F 造纸白泥
造纸黑液木素

造纸废液
papermaking effluent
TS79；X7
S 废液*
F 造纸黄液
制浆废液

C 造纸废水

造纸废渣
papermaking trash
TS79；X7
S 废渣*
F 造纸固体废渣

造纸分析
Y 造纸性能

造纸辅料
papermaking accessories
TS72
S 材料*

造纸辅助设备
papermaking auxiliary equipments
TS734.8
S 造纸机械*
F 白泥回收窑
白水回收系统
多圆盘回收机
碱回收炉

造纸辅助物料
papermaking auxiliary materials
TS727
S 物料*

造纸干网
Y 造纸网

造纸工厂
Y 造纸厂

造纸工业
paper industry
TS7
D 吉林造纸厂
江南造纸厂
小型造纸厂
造纸产业
造纸业
制浆造纸厂
制浆造纸工业
S 轻工业*
F 包装纸业
制浆工业

造纸工业废水
Y 造纸废水

造纸工业废水处理
Y 造纸废水处理

造纸工业现代化
paper industry modernization
TS7

造纸工艺*
paper technology
TS75
D 造纸法
造纸技术
F 抄造
抄纸
分纸
切纸
压光

助留助滤
C 抄造性能
工艺方法
浆粕
林纸一体化
木素脱除率
木纤维
施胶工艺
造纸性能
纸浆硬度

造纸固体废渣
papermaking solid waste
TS79；X7
S 造纸废渣
Z 废渣

造纸刮刀
papermaking scrapers
TS734
S 造纸设备部件*
F 清洁刮刀
陶瓷刮刀

造纸辊
Y 纸辊

造纸过程
Y 造纸性能

造纸黑液
Y 黑液

造纸黑液处理
Y 黑液处理

造纸黑液木素
papermaking-liquor lignin
TS79；X7
S 造纸废物
Z 工业废弃物

造纸烘缸
papermaking dryers
TS734
S 造纸设备部件*
F 扰流棒

造纸化学品
papermaking chemicals
TS72
D 造纸化学助剂
造纸用化学品
造纸用助剂
S 造纸原料
Z 制造原料

造纸化学助剂
Y 造纸化学品

造纸黄液
wastewater in pulp and paper industry
TS79；X7
S 造纸废液
Z 废液

造纸活性污泥
paper mill activated sludge
TS79；X7
S 造纸污泥

Z 污泥

造纸机
paper machine
TS734
D 3150mm 纸机
3150 型
3150 纸机
PM11
QCS 系统
抄纸机
抄纸系统
纸机
S 造纸机械*
F 薄页纸机
长网造纸机
大型纸机
叠网纸机
二手纸机
高速纸机
夹网造纸机
瓦楞原纸机
卫生纸机
文化纸机
新闻纸机
杨克纸机
优化概念纸机
圆网纸机
纸板机

造纸机干燥部
dry section of paper machine
TS734
D 干燥部
纸机干燥部
S 造纸设备部件*
F 后干燥部
前干燥部
C 干网

造纸机网毯
paper machine clothing
TS734
D 网毯
S 造纸设备部件*

造纸机械*
papermaking equipment
TS73
D 造纸机械设备
造纸器材
造纸设备
造纸设备机构
纸机设备
纸加工设备
纸制品加工设备
F 除渣器
顶网成形器
动态滤水仪
高剪切纤维离解机
夹网成形器
浆板机
接纸机
流浆箱
切纸机
上浆系统
涂布机

脱墨设备
瓦楞机
摇振器
引纸系统
造纸辅助设备
造纸机
蒸汽网
蒸汽箱
蒸煮器
整饰机
纸管机
纸箱机械
  C 轻工机械
造纸设备部件

造纸机械设备
  Y 造纸机械

造纸机械行业
papermaking machinery industry
TS73
  S 工业*
  C 造纸设备部件

造纸基础理论
  Y 造纸性能

造纸技术
  Y 造纸工艺

造纸浆料
  Y 纸浆

造纸控制
papermaking control
TS7
  S 工业控制*
  F 腐浆控制
切纸长度控制
纸机控制
纸浆浓度控制

造纸毛毯
papermaking felt
TS106.76；TS136；TS734.8
  D 底网毛毯
底网针刺毛毯
毛布
无毯痕造纸毛毯
压榨毛布
  S 毛毯
造纸毯
  F 造纸压榨毛毯
  Z 毯子

造纸漂白废水
effluent from a pulp bleaching process
TS745；X7
  D 漂白纸浆废水
  S 造纸废水
  Z 废水

造纸企业
paper making enterprises
TS78
  D 造纸行业
  S 企业*
  F 生活用纸企业
生态纸业

制浆造纸企业

造纸器材
  Y 造纸机械

造纸设备
  Y 造纸机械

造纸设备部件*
papermaking equipment components
TS734
  F 卷纸轴
退纸架
网槽
网笼
网前筛
造纸刮刀
造纸烘缸
造纸机干燥部
造纸机网毯
造纸网
纸幅稳定器
纸机辊筒
纸机湿部
纸机压榨部
  C 零部件
造纸
造纸厂
造纸机械
造纸机械行业

造纸设备机构
  Y 造纸机械

造纸生产
  Y 造纸

造纸生产线
paper-making production line
TS73
  S 生产线*
  F 卷烟纸生产线
切纸生产线
脱墨生产线
瓦楞纸生产线
新闻纸生产线
纸机生产线
纸浆生产线
制浆生产线

造纸施胶剂
papermaking sizing agent
TS105；TS17；TS72
  S 施胶剂*
  F AKD 乳液

造纸湿部
  Y 纸机湿部

造纸湿强剂
  Y 纸张湿强剂

造纸湿毯
  Y 造纸毯

造纸术
  Y 造纸

造纸毯
wet carpet for paper making

TS106.76；TS734.8
  D 造纸湿毯
针刺造纸毯
  S 毯子*
  F 压榨毯
造纸毛毯

造纸特性
  Y 造纸性能

造纸添加剂
  Y 造纸助剂

造纸填料
paper filler
TS72
  S 填料*

造纸涂布
paper coating
TS75
  D 纸张涂布
  S 涂布
  F 薄膜涂布
刮刀涂布
挤压涂布
帘式涂布
气刀涂布
微量涂布
  Z 涂装

造纸涂料
  Y 纸张涂料

造纸脱墨废水
  Y 造纸废水

造纸脱墨污泥
  Y 脱墨污泥

造纸网
wire cloth
TS734
  D 网部
造纸干网
  S 造纸设备部件*
  F 斜网
造纸成形网

造纸尾水
papermaking tail water
TS79；X7
  S 水*

造纸污泥
paper mill sludge
TS79；X7
  S 污泥*
  F 脱墨污泥
造纸活性污泥

造纸污水
  Y 造纸废水

造纸污水处理
  Y 造纸废水处理

造纸纤维
  Y 造纸纤维原料

造纸纤维原料

papermaking fibrous materials
TS72
  D 纤维原料
    纤维资源
    造纸纤维
  S 造纸原料
  F 非木纤维原料
    废纸纤维原料
    植物纤维原料
  Z 制造原料

造纸项目
papermaking projects
TS7
  Y 造纸企业

造纸性能
papermaking properties
TS71；TS75
  D 造纸分析
    造纸过程
    造纸基础理论
    造纸特性
    纸样分析
  S 性能*
  F 抄造性能
    纸浆性能
    制浆造纸性能
    助留性能
  C 造纸
    造纸工艺

造纸压光机
papermaking calender
TS734.7
  S 整饰机
  F 超级压光机
    光泽压光机
    软压光机
  Z 造纸机械

造纸压榨毛毯
papermaking press felt
TS106.76；TS136；TS734.8
  D 底网压榨毛毯
  S 压榨毛毯
    造纸毛毯
  Z 毯子

造纸颜料
papermaking pigments
TS72
  S 颜料*

造纸业
  Y 造纸工业

造纸用化学品
  Y 造纸化学品

造纸用浆
  Y 造纸制浆

造纸用助剂
  Y 造纸化学品

造纸原料
paper stock
TS72
  D 纸料

    纸原料
    制浆造纸原料
  S 制造原料*
  F 浆板
    造纸化学品
    造纸纤维原料
  C 茎杆
    树皮

造纸原料检测
paper material detection
TS75
  S 检测*

造纸增强剂
  Y 纸张增强剂

造纸纸浆
  Y 造纸制浆

造纸制浆
paper-making pulping
TS743
  D 造纸用浆
    造纸纸浆
    纸浆工艺
    纸浆生产
    制浆造纸
  S 制浆*
  F EMCC 制浆
    KP 法制浆
    SCMP 制浆
    打浆
    非木材制浆
    木材制浆
    亚铵法制浆
    竹子制浆
  C 化学制浆
    机械制浆

造纸制浆废液
  Y 制浆废液

造纸中段废水
  Y 中段废水

造纸助剂
paper additive
TS72
  D 造纸添加剂
  S 助剂*
  F HC-3 助剂
    造纸助留助滤剂

造纸助留剂
papermaking retention aids
TQ0；TS72
  S 造纸助留助滤剂
    助留剂
  Z 助剂

造纸助留助滤剂
filtering
TQ0；TS72
  S 造纸助剂
    助留助滤剂
  F 造纸助留剂
  C 阳离子有机微粒 →(1)
  Z 助剂

造纸综合废水
  Y 造纸废水

增白
white dyeing
TS192；TS205
  D 增白工艺
    增白机理
  S 生产工艺*
  F 除炭增白
    荧光增白

增白工艺
  Y 增白

增白机理
  Y 增白

增白剂
whitening agent
TS195.2
  S 整理剂*
  F 光学增白剂
    面粉增白剂
    液体增白剂
    荧光增白剂
  C 增白效果

增白效果
whitening effect
TS192；TS75
  S 效果*
  C 增白剂

增白性能
whitening performance
TS193
  S 漂白性能
  Z 染色性能

增干强剂
  Y 干强剂

增感*
sensitization
G；O4；TQ57
  F 硫增感
  C 增感剂 →(1)(9)

增感染料
sensitizing dyes
TS193.21
  S 染料*

增高鞋
  Y 鞋

增光
grace
TS934
  S 首饰加工
  Z 加工

增筋剂
  Y 谷朊粉

增进剂
  Y 促进剂

增浸剂
  Y 浸剂

增强玻璃纤维
　　Y 高强玻璃纤维

增强剂
fortifier
TQ33；TS209；TS727
　　D 强化剂
　　S 增效剂*
　　F 表面增强剂
　　　补强剂
　　　干强剂
　　　湿强剂
　　　食品强化剂
　　　纸张增强剂
　　C 加固体系 →(9)(11)
　　　助留助滤剂

增强纤维
reinforced fiber
TS102
　　D 超强纤维
　　　高强度高模量纤维
　　　高强度纤维
　　　高强高模纤维
　　　高强力高模量纤维
　　　高强力纤维
　　　高强纤维
　　　混凝土增强纤维
　　　有机增强纤维
　　　增强纤维材料
　　S 纤维*
　　F 高模量碳纤维
　　　高强玻璃纤维
　　　高强涤纶
　　　高强高模聚乙烯醇纤维
　　　高强高模聚乙烯纤维
　　　高湿模量粘胶纤维
　　C 超高分子量聚乙烯纤维
　　　基体树脂 →(9)
　　　帘子线
　　　摩擦材料 →(1)
　　　石膏制品 →(9)(11)

增强纤维材料
　　Y 增强纤维

增强型浸润剂
　　Y 润湿剂

增强织物
reinforced fabrics
TS106.8
　　S 功能纺织品*

增溶染色
solubilizing dyeing
TS193.5
　　S 染色工艺*

增润剂
　　Y 加脂剂

增深
intensifier deep
TS190
　　D 增深效果
　　　增深作用
　　S 生产工艺*
　　C 染整

增深固色剂
　　Y 固色剂

增深剂
intensifier deep agent
TS19
　　S 助色剂
　　Z 助剂

增深效果
　　Y 增深

增深作用
　　Y 增深

增渗剂
　　Y 渗透剂

增湿
　　Y 加湿

增湿强剂
　　Y 湿强剂

增湿作用
　　Y 润湿

增塑凝胶
　　Y 凝胶

增碎
broken adding
TS205
　　D 增碎率
　　S 加工*
　　C 砂石料 →(11)
　　　食品加工

增碎率
　　Y 增碎

增味剂
flavour enhancer
TS264.2
　　D 大米增香剂
　　　定香剂
　　　风味增强剂
　　　风味增效剂
　　　食品调味剂
　　　食品风味剂
　　　食品风味强化剂
　　　食品鲜味剂
　　　食品香味剂
　　　食品增鲜剂
　　　食品增香剂
　　　鲜味剂
　　　香味剂
　　　香味增效剂
　　　增鲜剂
　　　增香剂
　　　助鲜剂
　　S 调味品*
　　　增效剂*
　　C 肉类香精
　　　食品添加剂
　　　协同增效 →(1)

增鲜剂
　　Y 增味剂

增香

flavour enhancing
TS205；TS212
　　S 食品加工*

增香剂
　　Y 增味剂

增香酵母
　　Y 生香酵母

增香米
　　Y 香米

增效*
synergism
S
　　F 施胶增效

增效剂*
synergist
R；TQ0；TQ45
　　F 合成增稠剂
　　　施胶增效剂
　　　食品增稠剂
　　　酸味剂
　　　甜味剂
　　　印花增稠剂
　　　增强剂
　　　增味剂
　　C 促进剂
　　　协效剂 →(9)
　　　增效作用 →(9)

增艳剂
　　Y 助色剂

增殖因子
breeding factor
TS201
　　S 因子*

增重
　　Y 增重整理

增重法
　　Y 增重整理

增重工艺
　　Y 增重整理

增重剂
weighting agent
TS195.2
　　S 整理剂*
　　C 密度

增重染色
　　Y 增重整理

增重上浆
　　Y 增重整理

增重整理
weighting finish
TS195.52
　　D 增重
　　　增重法
　　　增重工艺
　　　增重染色
　　　增重上浆
　　S 功能性整理

F 接枝增重
Z 整理

渣*
cinder
TF5
　F 粗渣
　　混合汁浮渣
　C 残渣
　　废渣
　　金属渣 →(3)(7)(13)
　　矿渣 →(2)(3)(7)(9)(11)(13)
　　炉渣 →(3)(5)(9)(11)(13)
　　冶金渣 →(2)(3)(9)(13)

渣斗
slag bucket
TS972
　S 清除装置*

渣磨
sizing
TS211.4
　S 小麦研磨
　Z 农产品加工

扎啤
　Y 生啤酒

札木聂
　Y 弦乐器

轧-焙染色
　Y 轧染

轧焙染色法
　Y 轧染

轧车
　Y 浸轧机

轧钢机
　Y 轧机

轧钢机械
　Y 轧机

轧工质量
　Y 轧花质量

轧辊铣床
　Y 专用铣床

轧辊轴颈铣床
　Y 专用铣床

轧机*
rolling mill
TG3
　D PSW 轧机
　　VC 轧机
　　阿塞尔轧机
　　半轴轧机
　　变断面轧机
　　步进轧机
　　车轮轮箍轧机
　　车轮轧机
　　成型轧机
　　齿轮轧机
　　串列式轧机
　　单导盘轧机

单机座轧机
狄塞尔轧机
二重轧机
粉末轧机
复二重式轧机
复二座式轧机
钢轨轧机
钢球轧机
钢轧机
高精度轧机
轨梁轧机
横列式轨梁轧机
横向螺旋轧机
横轧机
红圈轧机
环件轧机
环形件轧机
环轧机
荒轧机
卷取轧机
可变凸度轧机
宽展轧机
冷弯成型轧机
连续可变凸度轧机
轮箍轧机
罗恩轧机
平整轧机
三连轧机
三联轧机
施特克尔轧机
试验轧机
数控滚轧机
双机架轧机
水平轧机
丝杠轧机
斯蒂菲尔轧机
斯蒂格尔轧机
四辊轧钢机
特朗斯瓦尔轧机
特殊轧机
特种轧机
万能钢梁轧机
万能式轨梁轧机
微型轧机
无扭轧机
压扁轧机
氧气瓶轧机
轧钢机
轧钢机械
轧球机
真空轧机
中间轧机
周期断面轧机
轴承轧机
　F 翻板机
　　重卷机
　C 板形质量 →(3)
　　辊道 →(3)
　　扭矩放大系数 →(3)
　　压力加工设备
　　轧钢设备 →(3)
　　轧辊 →(3)(4)
　　轧辊直径 →(3)
　　轧辊装置 →(3)(4)
　　轧机结构 →(3)
　　轧件 →(3)

　　轧制 →(3)(4)(11)
　　轧制设备 →(1)(3)(4)

轧浆
　Y 上浆工艺

轧浆辊
　Y 压浆辊

轧卷染色
　Y 染色工艺

轧卷染色机
pad dyeing machine
TS193.3
　D 轧染机
　S 织物染色机
　C 染色工艺
　Z 印染设备

轧卷丝光机
　Y 丝光机

轧棉机
　Y 轧花机

轧坯
rolled compact
TG1；TS201
　D 初轧坯
　　连轧坯
　　铝铸轧板坯
　　热轧坯
　　热轧坯料
　　铸轧坯
　　铸轧坯料
　S 坯料*

轧球机
　Y 轧机

轧染
pad dyeing
TS193
　D 轧-焙染色
　　轧焙染色法
　　轧染焙烘法
　　轧染法
　　轧染工艺
　　轧染染色
　　转移轧染
　S 染色工艺*
　F 连续轧染
　C 浸轧机
　　连续染色
　　轧蒸

轧染焙烘法
　Y 轧染

轧染法
　Y 轧染

轧染工艺
　Y 轧染

轧染烘干汽蒸法
　Y 轧蒸

轧染机
　Y 轧卷染色机

轧染染色
Y 轧染

轧染液
Y 染液

轧水机
Y 浸轧机

轧液率
mangle expression
TS193
D 带液率
　轧余率
S 比率*

轧余率
Y 轧液率

轧蒸
pad steam
TS193
D 轧染烘干汽蒸法
S 蒸制
C 轧染
Z 蒸煮

炸脆皮鲜奶
Y 鲜奶

炸鸡
fried chicken
TS972.125
D 压力炸鸡
S 鸡类菜肴
Z 菜肴

炸溜
Y 溜制

炸薯片
Y 油炸马铃薯片

炸鲜奶
Y 鲜奶

栅栏技术
hurdle technology
TS205
S 技术*

栅栏因子
hurdle factors
TS20
S 因子*

榨菜
tuber mustard
S；TS255.2
S 腌菜
C 酱腌菜
　酸菜
Z 果蔬制品
　腌制食品

榨菜废水
preserved szechuan pickle wastewate
TS255.53；X7
S 食品工业废水
Z 废水

榨菜腌制
pickled mustard
TS972.113
S 腌制
Z 烹饪工艺

榨蚕丝织物
Y 柞蚕丝织物

榨辊
Y 压榨辊

榨机
Y 压榨机

榨泥机
Y 食品加工机械

榨油
oil expression
TS224.3
D 榨油技术
S 植物油加工
Z 农产品加工

榨油机
oil press
TS223.3
S 制油设备
F 螺旋榨油机
C 压榨辊
　压榨机
Z 食品加工设备

榨油技术
Y 榨油

榨油设备
Y 螺旋榨油机

榨汁
juice expressing
TS255.36
S 汁液制备
C 澄清
　果汁
Z 制备

榨汁机
juicing machine
TS203
D 滚筒榨汁机
　果蔬榨汁机
　离心式榨汁机
　履带榨汁机
　螺杆板式榨汁机
　螺旋榨汁机
　气压榨汁机
　去核榨汁机
　全果榨汁机
S 冷饮机械
Z 食品加工机械

窄长单板
Y 单板

窄缝模具
Y 模具

窄幅
narrow width
TS101；TS107
S 织物幅宽
Z 织物规格

窄幅织机
Y 织机

窄罗纹织物
Y 罗纹织物

窄裙
Y 裙装

窄退刀槽
narrow run-out groove
TG7；TS914.212
S 刀槽
Z 工具结构

沾色
staining
TS194
S 色彩工艺*
F 返沾色
　防沾色

沾色牢度
staining fastness
TS193
S 色牢度
　沾色性
Z 牢度
　染色性能

沾色性
staining properties
TS193
S 染色性能*
F 沾色牢度

毡*
felt
TS106.8
D 覆面毡
　工业用毡
　硅酸铝纤维毡
　湿法毡
　吸油毡
F 短切原丝毡
　复合毡
　擀毡
　花毡
　毛毡
　纤维毡
　针刺毡
C 产业用纺织品
　地毯
　防水毡 →(11)

毡缩
Y 抗毡缩

毡缩率
felt shrinkage rate
TS13；TS190
S 比率*
C 毡缩性

毡缩性
felting property

TS190
D 毡缩性能
　毡缩性状
S 材料性能*
F 防毡缩性
C 毛织物
　毡缩率

毡缩性能
Y 毡缩性

毡缩性状
Y 毡缩性

斩拌型肉肠
Y 肉肠

斩刀棉
Y 盖板花

展览范围
Y 展品范围

展品范围
exhibition range
TS95
D 展览范围
S 范围*

展示设备
Y 舞台机械

战车模型
Y 坦克模型

战术背心
tactical vests
TS941.7
S 军服
C 背心
Z 服装

张度
Y 张力

张弓酒
Zhanggong wine
TS262.39
S 中国白酒
Z 白酒

张力*
strain
O3；TG3；TH11
D 张度
F 动态张力
　缝线张力
　恒张力
　卷取张力
　气圈张力
　纱线张力
　适张度
　退卷张力
　整经张力
　纸幅张力
C 浆纱工艺
　力
　张力控制器 →(8)

张力变化
tension variation

TB3；TS104
S 参数变化*

张力波动
tension fluctuation
TS101.2
Y 张力仪

张力测量装置
Y 张力仪

张力测试仪
Y 张力仪

张力计
Y 张力仪

张力检测仪
Y 张力仪

张力牵伸
tension draft
TS104
D 紧张牵伸
S 牵伸*

张力热定形机
Y 热定型机

张力提花针织物
Y 针织物

张力仪
tensiometer
TH7；TS103
D 张力测定仪
　张力测量装置
　张力测试仪
　张力计
　张力检测仪
S 力学测量仪器*
C 张力机 →(5)

樟树籽
camphor tree seed
TS202.1
S 植物菜籽*

掌机
Y 游戏机

掌上游戏机
Y 游戏机

胀管机
tube expander
TG7；TS914
D 胀管器
S 电动工具
Z 工具

胀管器
Y 胀管机

胀罐
swell
TS297
S 罐*

胀口模具
Y 模具

找纬装置
Y 选纬装置

照明灯
Y 灯

照明灯具
Y 灯具

照明灯泡
Y 灯

照明器
Y 照明设备

照明器材
Y 照明设备

照明器件
Y 照明设备

照明器具
Y 照明设备

照明色彩
Y 色彩

照明设备
illuminating apparatus
TM92；TS956；TU8
D 出入口照明器
　灯光装置
　吊装式照明器
　高效率照明器
　空调式照明器
　立式照明器
　嵌装式照明器
　事故照明器
　疏散导向照明器
　水电站照明器
　照明器
　照明器材
　照明器件
　照明器具
　照明装置
　枝型照明器
S 设备*
C 灯
　光源 →(1)(5)(6)(7)(11)
　照明材料 →(5)
　照明电器 →(5)
　照明控制器 →(11)
　镇流器 →(5)
　制灯工艺 →(5)
　制灯机械

照明装置
Y 照明设备

照排
phototypesetting
TS805
D 印刷排版
S 排版
Z 印刷工艺

照排机
photocomposer
TS803.2
S 印刷机械*

F 激光照排机

照排系统
phototypesetting system
TS803
　　S 排版系统
　　Z 出版系统

照片打印
digital photo printing
TS859
　　D 数码照片打印
　　　相片打印
　　S 数码打印
　　　图像打印
　　C 照片打印机　→(8)
　　　照片输出　→(1)
　　Z 打印
　　　印刷

照相材料
　　Y 摄影材料

照相腐蚀制版
　　Y 照相制版

照相幻灯片
　　Y 幻灯片

照相纸
　　Y 相纸

照相制版
phototype
TS805
　　D 照相腐蚀制版
　　S 制版工艺
　　Z 印刷工艺

罩板
housing plate
TS103.81
　　S 纺纱器材*
　　F 后罩板
　　C 梳棉机

罩杯
brassiere cup
TS941.6
　　S 文胸
　　F 罩杯模型
　　Z 服装

罩杯模型
bra cup model
TS941.6
　　S 罩杯
　　Z 服装

罩漆
　　Y 粉刷

罩印
cover printing
TS194.4；TS859
　　D 罩印印花
　　S 印制技术*

罩印印花
　　Y 罩印

遮阳镜
　　Y 太阳镜

遮阳伞
　　Y 太阳伞

折布机
plaiting machine
TS103.34
　　D 码布机
　　　折叠机
　　S 纺织机械*

折刀
clasp knife
TG7；TS914
　　S 日用刀具
　　Z 刀具

折叠床
folding bed
TS66；TU2
　　S 床*

折叠机
　　Y 折布机

折叠伞
folding umbrella
TS959.5
　　S 伞*

折叠椅
folding chair
TS66；TU2
　　D 折叠座椅
　　　折椅
　　S 椅子
　　Z 家具

折叠座椅
　　Y 折叠椅

折断现象
　　Y 断裂

折光检测器
refractive index detector
TS203
　　S 检测仪器*

折痕
　　Y 折皱回复性

折痕回复度
　　Y 折皱回复角

折痕回复角
　　Y 折皱回复角

折痕回复性
　　Y 折皱回复性

折扇
folding fan
TS959.5
　　S 扇子*

折手
folded hands
TS805
　　S 印刷工艺*

折页
fold
TS805
　　S 印刷工艺*
　　C 装订

折页辊
folding rollers
TS885
　　S 折页装置
　　Z 装订设备

折页滚筒
folding drum
TH13；TS803
　　S 印版滚筒
　　Z 滚筒

折页机
folder
TS885
　　S 折页装置
　　Z 装订设备

折页机构
　　Y 折页装置

折页设备
　　Y 折页装置

折页质量
folding quality
TS77
　　S 印刷质量
　　Z 工艺质量

折页装置
folding device
TS885
　　D 折页机构
　　　折页设备
　　S 装订设备*
　　F 折页辊
　　　折页机

折椅
　　Y 折叠椅

折皱
　　Y 折皱性能

折皱弹性
　　Y 折皱回复性

折皱恢复度
　　Y 折皱回复角

折皱恢复角
　　Y 折皱回复角

折皱回复
　　Y 折皱回复性

折皱回复度
　　Y 折皱回复角

折皱回复角
crease recovery angle
TS101.923
　　D 折痕回复度
　　　折痕回复角

折皱恢复度
折皱恢复角
折皱回复度
S 折皱回复性
Z 纺织品性能
力学性能

折皱回复力
crease recovery force
TS101.923
S 折皱回复性
Z 纺织品性能
力学性能

折皱回复率
crease recovery
TS101.923
S 折皱回复性
Z 纺织品性能
力学性能

折皱回复性
crease recovery
TS101.923
D 折痕
折痕回复性
折皱弹性
折皱回复
折皱回复性能
S 回复性
力学性能*
F 折皱回复角
折皱回复力
折皱回复率
Z 纺织品性能

折皱回复性能
Y 折皱回复性

折皱性能
crease properties
TS101.923
D 折皱
S 织物力学性能
F 回复性
抗皱性
Z 纺织品性能

褶裥
pucker
TS941.63
S 缝制工艺
Z 服装工艺

褶裥造型
pleat modelling
TS941.6
S 服装造型
Z 造型

褶曲
Y 褶皱

褶裙
pleated skirt
TS941.6；TS941.7
D 暗褶裙
百褶裙
藏族百褶裙

抽褶裙
伞褶裙
S 裙装
Z 服装

褶皱*
plication
TS941.6
D 褶曲
皱折
皱褶
F 紧密褶皱
C 防缩抗皱
面料

浙菜
Zhejiang cuisines
TS972.12
D 浙江菜
浙江菜系
S 八大菜系
F 杭帮菜
宁波菜
绍兴菜
温州菜
Z 菜系

浙江菜
Y 浙菜

浙江菜系
Y 浙菜

浙江绿茶
Y 绿茶

浙江玫瑰醋
Y 玫瑰醋

蔗果低聚糖
Y 低聚果糖

蔗加工机械
sugarcane processing machinery
TS243.1
D 称蔗台
甘蔗撕裂机
起蔗机
输蔗机
蔗渣输送机
S 制糖设备
F 甘蔗取样机
甘蔗压榨机
切蔗机
Z 食品加工设备

蔗糠
bagacillo
TS249
S 甘蔗渣
Z 副产品

蔗蜡
Y 甘蔗蜡

蔗糖
saccharum
Q5；TS245.1
D 甘蔗糖
S 碳水化合物*

C 食糖
甜味剂

蔗糖厂
cane mill
TS24
S 糖厂
Z 工厂

蔗糖多酯
sucrose polyester
TS201.2
S 有机化合物*
C 脂肪替代品

蔗糖晶
Y 三氯蔗糖

蔗糖素
Y 三氯蔗糖

蔗糖原料
Y 制糖原料

蔗渣
Y 甘蔗渣

蔗渣化学浆
Y 甘蔗渣化学浆

蔗渣浆
bagasse pulp
TS749.6
D 甘蔗渣浆
蔗渣制浆
S 非木材纸浆
F 甘蔗渣化学浆
漂白蔗渣浆
Z 浆液

蔗渣浆黑液
bagasse black liquor
TS79；X7
S 黑液
Z 废液

蔗渣硫酸盐浆
bagasse kraft pulp
TS749.6
S 甘蔗渣化学浆
Z 浆液

蔗渣膳食纤维
bagasse dietary fibre
TS255.1
S 甘蔗渣纤维
膳食纤维
Z 天然纤维

蔗渣输送机
Y 蔗加工机械

蔗渣纤维
Y 甘蔗渣纤维

蔗渣制浆
Y 蔗渣浆

蔗汁
sugarcane juice
TS255

D 甘蔗汁
S 果汁
Z 果蔬制品
汁液

蔗汁澄清
sugarcane juice clarification
TS244
S 果汁澄清
Z 澄清

贞元增酒
zhenyuanzeng liquor
TS262.39
S 中国白酒
Z 白酒

针板
needle plate
TS173
S 非织造布机械零部件*
F 水针板
C 梳理机
针刺机

针背垫纱
underlap
TS184
S 垫纱
Z 针织工艺

针布
card clothing
TS103.82
D 抄针针布
梳棉机针布
梳棉针布
新型金属针布
专用针布
自锁针布
S 分梳元件
F 刺辊锯齿
弹性针布
道夫针布
盖板针布
金属针布
梳针
锡林针布
新型针布
针布齿条
Z 纺纱器材

针布参数
Y 针布配套

针布齿条
card clothing sawtooth
TS103.82
S 针布
F 金属针布齿条
Z 纺纱器材

针布配套
card cloth mating
TS104
D 针布参数
针布配置
S 配套*
C 前纺工艺

针布配置
Y 针布配套

针床
needle beds
TS183.1
S 针织机构
F 双针床
C 针织机
织针
Z 纺织机构

针刺地毯
Y 地毯

针刺法
Y 针刺工艺

针刺法非织造布
Y 针刺无纺织物

针刺非织造布
Y 针刺无纺织物

针刺工艺
needling process
TS174
D 超级针刺技术
花纹针刺法
花纹针刺工艺
梳理针刺法
针刺法
针刺技术
S 非织造工艺*
F 布针
三维针刺
C 针刺机
针刺密度
针刺深度
针刺无纺织物

针刺合成革基布
needle-punched synthetic leather substrate
TS106
S 合成革基布
针刺无纺织物
Z 纺织品
非织造布

针刺机
needle-punching machine
TS173
D 针刺设备
S 非织造布机械*
C 针板
针刺工艺
针刺无纺织物

针刺技术
Y 针刺工艺

针刺毛毯
Y 毛毯

针刺密度
needling density
TS17
S 密度*
C 针刺工艺

针刺设备
Y 针刺机

针刺深度
needle punching depth
TS17
S 深度*
C 针刺工艺
针刺毡

针刺无纺布
Y 针刺无纺织物

针刺无纺织物
needled non-woven fabric
TS176.3
D 针刺法非织造布
针刺非织造布
针刺无纺布
针刺织物
S 非织造布*
F 聚酯纺粘针刺非织造布
针刺合成革基布
C 芳砜纶
针刺工艺
针刺机

针刺絮片
Y 絮片

针刺造纸毯
Y 造纸毯

针刺毡
needled mat
TS106.8
S 毡*
F 复合针刺毡
C 针刺深度

针刺织物
Y 针刺无纺织物

针缝密度
Y 线迹密度

针杆
needle rod
TS941.5
D 针杆运动机构
S 缝纫机零件
Z 零部件

针杆运动机构
Y 针杆

针辊
needle roller
TS103.81
S 分梳辊
Z 纺纱器材

针迹
Y 缝纫线迹

针迹密度
Y 线迹密度

针铗
Y 布铗

针尖
pinpoint
TS183.1
　　S 织针
　　Z 纺织机构

针尖角
tangle of needle
TS101
　　S 角*
　　C 织针

针距
stitch length
TS184
　　S 针织工艺参数
　　C 编织
　　Z 织造工艺参数

针梁
needle beam
TS173
　　S 非织造布机械零部件*

针圈式精纺机
　　Y 细纱机

针舌
needle latch
TS183.1
　　S 织针
　　Z 纺织机构

针梳机
　　Y 梳理机

针筒直径>165mm 单面大直径圆机
　　Y 针织大圆机

针形茶
pin-shape tea
TS272.59
　　D 绿针茶
　　　银针茶
　　　针形名茶
　　　针形名优茶
　　　针型茶
　　S 茶*

针形绿茶
needle green tea
TS272.51
　　D 针形绿名茶
　　　针形名优绿茶
　　S 绿茶
　　Z 茶

针形绿名茶
　　Y 针形绿茶

针形名茶
　　Y 针形茶

针形名优茶
　　Y 针形茶

针形名优绿茶
　　Y 针形绿茶

针型茶
　　Y 针形茶

针牙送布机构
pin teeth feed mechanism
TS941.569
　　S 送布机构
　　Z 缝制机械机构

针织
　　Y 针织工艺

针织 CAD
knitting CAD
TP3；TS103；TS18
　　D 电子选针
　　S 纺织 CAD
　　Z 计算机辅助技术

针织 T 恤
knitted T-shirts
TS941.7
　　D 针织 T 恤衫
　　S T 恤
　　Z 服装

针织 T 恤衫
　　Y 针织 T 恤

针织保暖内衣
knitted thermal underwear
TS941.7
　　S 保暖内衣
　　　针织内衣
　　Z 服装

针织布
　　Y 针织物

针织布料
　　Y 纺织布料

针织产品
　　Y 针织品

针织衬衫
　　Y 衬衫

针织成衣
　　Y 针织服装

针织绸
knitted silk fabric
TS186
　　S 针织物*
　　F 真丝针织绸

针织大圆机
large diameter circular knitting machine
TS183
　　D 大筒径圆机
　　　大筒径圆形针织机
　　　大圆机
　　　针筒直径>165mm 单面大直径圆机
　　S 针织圆机
　　F 单面大圆机
　　Z 织造机械

针织多轴向多层织物
　　Y 多层织物

针织废水
knitting wastewate
TS189；X7

　　S 废水*

针织服
　　Y 针织服装

针织服饰
knitting clothing
TS941.7
　　S 服饰*

针织服装
knitwear
TS18；TS941.7
　　D 针织成衣
　　　针织服
　　　针织服装原型
　　S 服装*
　　F 羊毛衫
　　　针织内衣
　　　针织衫
　　C 针织品

针织服装设计
knitting garment design
TS941.2
　　S 成衣设计
　　Z 服饰设计

针织服装原型
　　Y 针织服装

针织工业
knitting industry
TS18
　　D 针织企业
　　　针织行业
　　S 纺织工业
　　Z 轻工业

针织工艺*
knitting process
TS184
　　D 针织
　　　针织技术
　　F 成圈
　　　垫纱
　　　集圈
　　　经编工艺
　　　收放针
　　　添纱
　　　脱圈
　　　纬编工艺
　　　选针
　　　移圈
　　C 编织
　　　编织角
　　　差动效应
　　　纺织工艺
　　　钩编
　　　弯纱深度

针织工艺参数
knitting process parameter
TS184
　　S 织造工艺参数*
　　F 针距

针织汗布
knitted undershirt cloth

TS186
  D 汗布
  S 针织物*

针织横机
  Y 横机

针织花边
  Y 花边

针织机
knitter
TS183
  D 编绳机
    编穗机
    钩编机
    钩编织带机
  S 织造机械*
  F 编带机
    编织机
    缝编机
    横机
    经编机
    毛圈机
    手套机
    纬编机
    无针针织机
    针织圆机
    织袜机
  C 导纱器
    缝纫设备
    经编工艺
    挑线机构
    针床
    针织设备
    针织物

针织机构
knitting mechanism
TS183.1
  D 针织机械机构
    针织机械零部件
  S 纺织机构*
  F 编织机构
    衬纬装置
    成圈机件
    梳栉
    选针机构
    针床
    织针
  C 缝纫设备

针织机械
  Y 针织设备

针织机械机构
  Y 针织机构

针织机械零部件
  Y 针织机构

针织技术
  Y 针织工艺

针织结构
  Y 针织物组织

针织毛纱
  Y 针织纱

针织毛衫
  Y 针织衫

针织毛毯
  Y 毛毯

针织帽
gorro
TS941.721
  S 帽*

针织面料
knit fabrics
TS186；TS941.41
  D 仿丝绸针织面料
    棉针织面料
    丝针织面料
  S 面料*
  F PTT针织面料
    针织内衣面料
    针织运动面料
  C 针织内衣
    针织物

针织内衣
knitted underwear
TS941.7
  S 内衣
    针织服装
  F 棉针织内衣
    针织保暖内衣
  C 规格尺寸 →(1)
    针织面料
  Z 服装

针织内衣面料
knitted underwear material
TS186；TS941.41
  S 针织面料
  Z 面料

针织呢绒
  Y 绒织物

针织牛仔
  Y 针织牛仔布

针织牛仔布
knitting denim
TS106.8
  D 针织牛仔
    针织牛仔面料
  S 牛仔布
  Z 机织物

针织牛仔面料
  Y 针织牛仔布

针织坯布
knitted grey fabrics
TS186
  D 纬编坯布
  S 坯布
  Z 织物

针织品
knit goods
TS186
  D 针织产品
    针织制品

  S 纺织品*
  C 服装
    针织服装
    针织物

针织品整理机
knitwear finishing machine
TS190.4
  S 整理机
  Z 染整机械

针织企业
  Y 针织工业

针织人造毛皮
knitted artificial furs
TS186.6
  S 人造毛皮织物
  Z 织物

针织绒
  Y 绒织物

针织绒布
knitted jersey
TS106.8；TS186
  D 起绒针织布
    天鹅绒针织物
    针织双面绒
    针织天鹅绒
  S 绒织物
    针织物*

针织绒线
  Y 绒线

针织色纱
  Y 针织纱

针织纱
stocking yarn
TS106.4
  D 针织毛纱
    针织色纱
    针织纱线
    针织用纱
  S 纱线*
  F 精梳针织纱
    抗菌针织纱
  C 绒线

针织纱工艺
knitting yarn process
TS104.2
  S 细纱工艺
  Z 纺纱工艺

针织纱线
  Y 针织纱

针织衫
knitting shirts
TS18
  D 针织毛衫
  S 针织服装
  F 文化衫
    真丝针织服装
  Z 服装

针织衫(套头)

Y 羊毛衫

针织设备
knitted equipment
TS183
D 针织机械
S 纺织机械*
C 针织机

针织时装
knitwear fashion
TS941.7
S 时装
Z 服装

针织手套
Y 手套

针织双面绒
Y 针织绒布

针织天鹅绒
Y 针织绒布

针织袜机
Y 织袜机

针织无缝合
Y 无缝针织技术

针织物*
knitted fabric
TS186
D 半畦编织物
保健针织物
编链织物
丙纶针织物
大花型针织物
多层针织物
多粒结织物
仿毛法兰绒针织物
仿丝绸针织物
工业用针织物
钩编织物
桂花针织物
横楞针织物
花式针织物
集圈针织物
集圈织物
交织针织物
腈纶针织物
绢丝针织物
抗菌针织物
毛混针织物
毛圈针织物
米兰尼斯针织物
棉毛织物
畦编
畦编扳花织物
畦编织物
乔赛针织物
双层针织物
双胖织物
丝针织物
筒状棉针织物
兔毛针织物
驼绒针织物
压纱织物
圆筒平幅针织物

圆筒形针织物
圆筒针织物
圆形针织物
张力提花针织物
针织布
针织织物
真丝针织物
F 彩格针织物
成形针织物
单面针织物
弹性针织物
复合针织物
功能性针织物
环锭纺针织物
混纺针织物
卡摩纺针织物
麻针织物
毛针织物
棉氨针织物
平针织物
全棉针织物
双面针织物
网眼针织物
斜纹针织物
羊绒针织物
针织绸
针织汗布
针织绒布
C Modal 纤维
Supplex 纤维
服装
针织机
针织面料
针织品
织物
竹炭改性涤纶纤维

针织物结构
Y 针织物组织

针织物染整
dyeing and finishing of knitted fabrics
TS190.6
S 纺织染整
Z 染整

针织物组织
knit fabric construction
TS18
D 编链
编链组织
编织结构
钩编组织
胖花组织
起绒组织
双面组织
针织结构
针织物结构
针织组织
织态结构
S 织物组织
F 经编组织
缺压组织
纬编组织
线圈结构
C 机织物组织
三维编织复合材料 →(1)

三维编织预制件 →(1)
Z 材料组织

针织行业
Y 针织工业

针织印染废水
Y 染整废水

针织用纱
Y 针织纱

针织用针
Y 织针

针织原料
knitting raw material
TS10
S 纺织原料
Z 制造原料

针织圆机
circular knitting machine
TS183
D 圆机
圆形针织机
S 针织机
F 电脑提花圆机
罗纹机
双面圆机
针织大圆机
Z 织造机械

针织运动面料
double knitting sports fabric
TS186；TS941.41
S 针织面料
Z 面料

针织真丝绸
Y 真丝针织绸

针织织物
Y 针织物

针织制品
Y 针织品

针织轴向织物
axial knitted fabric
TS186.1
D 轴向经编织物
S 经编织物
Z 编织物

针织阻燃三维间隔织物
Y 间隔织物

针织组织
Y 针织物组织

针嘴钳
Y 钳子

珍品
curiosity
TS93
S 产品*

珍珠
pearl
TS933.2

D 白色南洋珠
　黑色南洋珠
　南洋养珠
　南洋珍珠
　南洋珠
S 珠宝
F 淡水珠
　黑珍珠
　养殖珍珠
C 珍珠共混纤维素纤维
Z 饰品材料

珍珠共混纤维素纤维
pearl blended cellulose fiber
TQ34；TS102.6
D 珍珠纤维
S 共混纤维
　再生纤维素纤维
C 混纺色纱
　珍珠
Z 纤维

珍珠黑米酒
Y 黑米酒

珍珠加工
pearl processing
TS93
S 首饰加工
Z 加工

珍珠米
Y 粳米

珍珠绒
Y 绒织物

珍珠饰品
pearl jewelry
TS934.5
S 饰品*

珍珠纤维
Y 珍珠共混纤维素纤维

珍珠项链
Y 项链

珍珠小米
Y 小米

真菌保健饮料
Y 保健饮料

真菌多糖
fungi polysaccharides
Q5；TS24
S 碳水化合物*
F 黑木耳多糖
　灵芝多糖
　食用菌多糖
　香菇多糖

真菌油脂
fungal lipids
TS22
S 微生物油脂
Z 油脂

真空白炽灯
Y 真空灯

真空保鲜
vacuum refreshing
TS205
S 保鲜*

真空袋装贮藏
vacuum packing storage
TS205
S 包装贮藏
Z 储藏

真空灯
vacuum lamp
TM92；TS956
D 真空白炽灯
　真空灯泡
S 灯*

真空灯泡
Y 真空灯

真空低温油炸
vacuum low-temperature frying
TS972.113
D 低温真空油炸
　低温真空油炸技术
S 真空油炸
Z 烹饪工艺

真空冻干机
Y 真空冷冻干燥机

真空镀铝纸
vacuum aluminium plating paper
TS76
S 镀铝纸
Z 纸张

真空分离器
Y 分离设备

真空伏辊
suction couch roll
TH13；TS73
S 真空辊
Z 辊

真空辊
vacuum roll
TH13；TS73
S 辊*
F 真空伏辊

真空过滤脱水
Y 真空渗透脱水

真空回潮
vacuum moisture regain
TS41
D 烟叶真空回潮
S 吸湿
Z 吸收

真空回潮机
tobacco moistening machines
TS04
D 烟叶回潮机
S 轻工机械*

真空浸糖
vacuum infusing sugar

TS244
S 浸糖
Z 制糖工艺

真空冷冻干燥
vacuum freeze drying
TQ0；TS205
D 冷冻真空干燥
S 干燥*

真空冷冻干燥机
vacuum freeze drying machine
TQ0；TS203
D 真空冻干机
　真空冷冻干燥设备
S 干燥设备*

真空冷冻干燥设备
Y 真空冷冻干燥机

真空浓缩
vacuum concentration
TQ0；TS205.4
D 减压浓缩
　真空浓缩法
S 浓缩*

真空浓缩法
Y 真空浓缩

真空染色
Y 染色工艺

真空鞣制
vacuum tanning
TS543
S 鞣制
Z 制革工艺

真空渗糖
vacuum sugar infiltration
TS244
S 渗糖
F 微波渗糖
Z 制糖工艺

真空渗透
vacuum infiltration
TS14
S 渗透*
C 煮茧工艺

真空渗透脱水
vacuum filtration dewatering
TS205
D 真空过滤脱水
S 脱除*

真空渗透煮茧机
Y 煮茧机

真空脱臭
vacuum deodorization
TS224
S 除味
Z 脱除

真空微波
vacuum micro wave
TS20
Y 微波真空干燥

真空洗浆机
vacuum washer
TS733.4
　S 洗浆机
　F 鼓式真空洗浆机
　Z 制浆设备

真空盐
vacuum salt
TS36
　S 盐*

真空油炸
vacuum frying
TS972.113
　S 油炸
　F 真空低温油炸
　C 煎制
　Z 烹饪工艺

真空园网造纸机
　Y 圆网纸机

真空轧机
　Y 轧机

真空蒸发制盐
　Y 真空制盐

真空蒸纱机
　Y 毛纺机械

真空制盐
vacuum salt production
TS36
　D 真空蒸发制盐
　S 制盐*

真空煮茧机
　Y 煮茧机

真空转鼓
　Y 毛皮转鼓

真空转移印花
　Y 转移印花

真露酒
jinro wine
TS262
　S 营养酒
　Z 酒

真皮革
　Y 天然皮革

真皮沙发
leather sofa
TS66；TU2
　S 沙发
　Z 家具

真丝
　Y 真丝纤维

真丝/氨纶包覆丝
　Y 氨纶包覆纱

真丝材料
　Y 丝织原料

真丝产品

　Y 丝织物

真丝绸
pure silk knitted
TS146
　D 绸
　S 丝织物
　F 粗纤度真丝绸
　Z 织物

真丝绸面料
　Y 丝织物

真丝绸织物
　Y 丝织物

真丝弹力织物
real silk stretch fabric
TS146
　D 柞/桑弹力真丝
　S 弹力机织物
　　丝织物
　Z 织物

真丝缎
　Y 缎纹织物

真丝服装
pure silk garments
TS941.7
　S 丝绸服装
　Z 服装

真丝经编面料
　Y 经编织物

真丝领带
　Y 领带

真丝面料
　Y 丝织物

真丝牛仔绸
　Y 牛仔绸

真丝纬编织物
　Y 纬编织物

真丝纤维*
silk
TS102.33
　D 丝
　　丝朊纤维
　　丝纤维
　　天然丝
　　天然丝纤维
　　真丝
　F 彩色丝
　　蚕丝
　　弹力真丝
　　绢丝
　　生丝
　　丝素纤维
　C 蚕丝丝素
　　丝胶
　　丝素肽

真丝线
　Y 丝织原料

真丝新材料

　Y 丝织原料

真丝原料
　Y 丝织原料

真丝针织绸
silk knitted broadcloth
TS146；TS186
　D 针织真丝绸
　S 针织绸
　Z 针织物

真丝针织服装
knitted silk garment
TS941.7
　S 针织衫
　Z 服装

真丝针织物
　Y 针织物

真丝织物
　Y 丝织物

真丝重磅绸
　Y 真丝重磅织物

真丝重磅织物
heavy silk fabrics
TS146
　D 真丝重磅绸
　　真丝重绉织物
　　重磅真丝绸
　　重磅真丝织物
　S 丝织物
　Z 织物

真丝重绉织物
　Y 真丝重磅织物

真羊皮纸
　Y 皮纸

砧板
cutting block
TS972.26
　D 铁砧
　　砧块
　　砧子
　S 家用厨具
　C 锤砧 →(3)
　　液压锤 →(3)
　Z 厨具

砧块
　Y 砧板

砧子
　Y 砧板

榛子果酒
hazelnut fruit wine
TS262.7
　S 果酒
　Z 酒

榛子油
hazelnut oil
TS225.19
　S 植物种子油
　Z 油脂

枕头
pillow
TS106.72
　S　床用纺织品
　Z　纺织品

振荡*
oscillation
TN7
　D　流激振荡
　　　瞬变振荡
　　　振荡技术
　F　锯齿振荡
　C　振荡电机　→(5)
　　　振荡频率　→(5)
　　　振荡器　→(7)
　　　振荡叶栅　→(4)(5)(6)
　　　振动　→(1)(2)(3)(4)(6)(11)(12)

振荡技术
　Y　振荡

振动攻丝机
　Y　攻丝机

振动棉箱
oscillating hopper
TS103.11
　S　棉箱
　Z　纺织机构

振动清理筛
vibration cleaning sieve
TS210.3
　S　清理筛
　Z　筛
　　　食品加工机械

振动造型
　Y　造型

镇江香醋
　Y　香醋

蒸
　Y　蒸煮

蒸饼
steamed cake
TS972.132
　S　饼
　Z　主食

蒸炒
cooking
TS972.113
　S　炒制
　Z　烹饪工艺

蒸发*
evaporation
TQ0
　D　蒸发处理
　　　蒸发法
　　　蒸发工艺
　　　蒸发过程
　　　蒸发技术
　　　蒸发流程
　　　蒸发生产
　F　卤水蒸发

　C　挥发　→(1)(2)(3)(9)(13)
　　　精馏　→(3)(9)
　　　脱水　→(9)
　　　液滴　→(1)(2)(3)(5)

蒸发池
　Y　蒸发罐

蒸发处理
　Y　蒸发

蒸发法
　Y　蒸发

蒸发工艺
　Y　蒸发

蒸发罐
evaporating pot
TS33
　D　蒸发池
　S　蒸发装置*

蒸发过程
　Y　蒸发

蒸发技术
　Y　蒸发

蒸发流程
　Y　蒸发

蒸发强度
evaporation capacity
TS31
　S　强度*

蒸发生产
　Y　蒸发

蒸发室
evaporating chamber
TS33
　S　蒸发装置*

蒸发析盐
　Y　析盐

蒸发性排放
　Y　排放

蒸发制卤
　Y　制卤

蒸发制盐
　Y　滩晒

蒸发装置*
evaporation plant
TQ0
　D　单效蒸发装置
　F　盐析结晶器
　　　蒸发罐
　　　蒸发室
　C　干燥设备
　　　装置

蒸谷米
parboiled rice
TS210.2
　S　大米
　Z　粮食

蒸化
　Y　汽蒸

蒸化机
　Y　汽蒸机

蒸饺
steamed dumpling
TS972.132
　S　水饺
　Z　主食

蒸烤
steam-bake
TS205
　S　烘烤*

蒸烤馒头
steaming and baking bread
TS972.132
　S　馒头
　Z　主食

蒸料
steam cooking material
TS202.1
　S　食品原料*

蒸馏*
distillation
O6；TE6；TQ0
　D　蒸馏法
　　　蒸馏方法
　　　蒸馏工艺
　　　蒸馏过程
　　　蒸馏技术
　　　蒸馏流程
　F　萃取分馏
　　　加压蒸馏
　　　酒精蒸馏
　C　初馏塔　→(2)(9)
　　　分级萃取　→(9)
　　　化工工艺
　　　精馏　→(3)(9)
　　　快速加热　→(9)
　　　三相催化剂　→(9)
　　　三相循环流化床　→(9)
　　　石油精炼　→(2)
　　　脱盐
　　　蒸馏酒
　　　蒸馏塔　→(9)

蒸馏白酒
　Y　蒸馏酒

蒸馏萃取
distillation and extraction
TQ46；TS205
　S　萃取*

蒸馏法
　Y　蒸馏

蒸馏方法
　Y　蒸馏

蒸馏工艺
　Y　蒸馏

蒸馏过程

Y 蒸馏

蒸馏技术
Y 蒸馏

蒸馏酒
distilled liquor
TS262.39
D 老姆酒
蒸馏白酒
S 白酒*
酒*
F 世界蒸馏酒
水果蒸馏酒
中国蒸馏酒
C 蒸馏

蒸馏流程
Y 蒸馏

蒸笼
food steamer
TS972.21
D 小蒸笼
S 炊具
Z 厨具

蒸呢
decating
TS195
S 蒸制
Z 蒸煮

蒸呢包布
decating blanket
TS106.8
S 蒸呢布
Z 织物

蒸呢布
decating cloth
TS106.8
S 织物*
F 蒸呢包布

蒸气
Y 蒸汽

蒸汽*
vapor
TK2
D 蒸气
F 二次蒸汽
C 供热管道 →(5)(11)
蒸汽发动机 →(5)
蒸汽炉 →(5)
蒸汽密度 →(5)
蒸汽品质 →(5)
蒸汽系统 →(5)

蒸汽处理
vapour treatment
TG1；TS65
D 蒸汽预处理
S 热处理*

蒸汽定形
steam setting
TS195；TS941.67
D 汽蒸定型

S 热定型
Z 整理

蒸汽定形机
Y 热定型机

蒸汽法
steaming process
TQ35；TS205
S 方法*

蒸汽固色
Y 固色

蒸汽计量
steam metering
TH；TK3；TS201
S 计量*

蒸汽冷凝水系统
steam condensate systems
TS73
S 流体系统*

蒸汽喷射器
steam injector
TK0；TK2；TS73
D 蒸汽引射器
S 喷射器*
C 喷射系数 →(4)
蒸汽喷射系统 →(9)

蒸汽喷射热泵
Y 蒸汽喷射式热泵

蒸汽喷射式热泵
steam ejector heat pump
TS733
D 蒸汽喷射热泵
S 泵*
蒸汽热泵
C 蒸汽喷射系统 →(9)
Z 制浆设备

蒸汽热泵
vapour heat pump
TS733
S 纸浆泵
F 蒸汽喷射式热泵
Z 制浆设备

蒸汽杀青
steam-fixation
TS272.4
D 汽热杀青
S 杀青
Z 茶叶加工

蒸汽杀青机
steam fixation machine
TS272.3
S 杀青机
Z 茶叶机械

蒸汽烫发器
Y 电吹风

蒸汽网
steam network
TS261.3；TS733.2
S 造纸机械*

蒸汽箱
steam box
TS261.3；TS733.2
S 造纸机械*

蒸汽消毒
steam sterilization
TS201.6
D 蒸煮消毒
S 消毒*

蒸汽压熨机
steam press
TS941.569
S 熨烫机
Z 熨烫器具

蒸汽引射器
Y 蒸汽喷射器

蒸汽预处理
Y 蒸汽处理

蒸汽煮茧机
Y 煮茧机

蒸青茶
Y 蒸青绿茶

蒸青绿茶
steaming green tea
TS272.51
D 蒸青茶
S 绿茶
Z 茶

蒸球
Y 蒸煮器

蒸纱
Y 定捻

蒸纱工艺
yarn steaming process
TS104.2
S 纺纱工艺*
C 蒸纱机

蒸纱锅
yarn steaming pot
TS103
S 纺织辅机
Z 辅机

蒸纱机
yarn steaming machine
TS103
S 纺织机械*
C 蒸纱工艺

蒸箱
Y 汽蒸机

蒸盐装置
Y 制盐设备

蒸制
steaming
TS971；TS972
D 粉蒸
旱蒸

滑蒸
生粉蒸
生光蒸
生滑蒸
蒸制技法
蒸制技术
S 蒸煮*
F 触蒸
短蒸
罐蒸
酒精串蒸
清蒸
湿蒸
乙醇熏蒸
轧蒸
蒸呢
煮漂一浴法

蒸制技法
Y 蒸制

蒸制技术
Y 蒸制

蒸煮*
cooking
R：TS972
D 蒸
蒸煮方法
蒸煮工艺
蒸煮技术
F 低温蒸煮
混合蒸煮
连续蒸煮
硫酸盐法蒸煮
无蒸煮
蒸制
制浆蒸煮
煮沸
煮制
C 烹煮品质
蒸煮挤压

蒸煮法
cooking process
TS205；TS74
S 方法*

蒸煮方法
Y 蒸煮

蒸煮废液
spent liquor
TS79；X7
S 废液*

蒸煮工艺
Y 蒸煮

蒸煮锅
Y 蒸煮器

蒸煮黑液
cooking black liquor
TS79；X7
S 黑液
F 檀皮蒸煮黑液
Z 废液

蒸煮火腿

cooked ham
TS205.2；TS251.59
S 火腿
Z 肉制品
腌制食品

蒸煮挤压
cooking extrusion
TS205
S 压力加工*
C 蒸煮

蒸煮技术
Y 蒸煮

蒸煮剂
Y 蒸煮助剂

蒸煮品质
cooking quality
TS207.7
S 食品质量*
F 面条蒸煮品质

蒸煮器
digester
TS261.3；TS733.2
D 球型回转式蒸煮锅
溶出器
蒸球
蒸煮锅
煮沸锅
S 造纸机械*
F 连续蒸煮器

蒸煮设备
cooking equipment
TS261
S 化工装置*

蒸煮时间
cooking time
TS972.11
S 加工时间*
F 煮制时间

蒸煮食品
steamed foods
TS219
S 食品*

蒸煮试验
boiling test
TS201.1
D 煮沸试验
S 环境试验*

蒸煮损失
cooking loss
TS972.1
S 损失*

蒸煮特性
cooking characteristics
TS205
D 蒸煮性能
S 烹煮特性
Z 工艺性能

蒸煮添加剂

Y 蒸煮助剂

蒸煮条件
cooking conditions
TS205；TS74
S 条件*

蒸煮消毒
Y 蒸汽消毒

蒸煮性能
Y 蒸煮特性

蒸煮药液
Y 蒸煮液

蒸煮液
cooking liquor
TS74
D 蒸煮药液
S 液体*
C 蒸煮助剂

蒸煮助剂
cooking additive
TS72
D 蒸煮剂
蒸煮添加剂
S 助剂*
F 绿氧助剂
煮茧助剂
C 硫酸盐法蒸煮
蒸煮液

整车
Y 车辆

整幅单板
Y 单板

整机动平衡
whole machine dynamic balance
TH16；TS211.3
S 平衡*

整浆并轴机
Y 并轴机

整浆联合机
sizing wrapper
TS103.32
S 浆纱机
Z 织造准备机械

整经
warping
TS105.2
D 牵经
整经工艺
整经排花工艺
整经原理
S 前织工艺
F 分批整经
分条整经
样本整经
Z 织造工艺

整经工艺
Y 整经

整经辊

warping roll
TH13；TQ33；TS103.82
　S 整饰辊
　Z 纺织器材
　　辊

整经机
warping machine
TS103.32
　D CGGA114 型
　　CGGA114 型整经机
　　NAS 系列
　　NAS 系列单线整经机
　　NZB-S800
　　NZB-S800 型整经机
　　SGA241 型
　　SGA241 型整经机
　　TW-N 型
　　TW-N 型整经机
　　分段整经机
　　经编机分段整经机
　　整经机部件
　　整经机构
　S 织造准备机械*
　F 高速整经机
　　伸缩筘
　　筒子架
　　样品整经机
　C 导纱机构
　　经编机

整经机部件
　Y 整经机

整经机构
　Y 整经机

整经排花工艺
　Y 整经

整经盘头
　Y 盘头

整经原理
　Y 整经

整经张力
warping tension
TS105
　S 张力*
　F 片纱张力

整经质量
warp quality
TS101.9
　S 纺织加工质量*

整经轴
　Y 经轴

整精米率
whole refined rice rate
TS213
　S 比率*

整理*
consolidation
TS195
　F 纺织品整理
　　生物整理

整理（织物）
　Y 纺织品整理

整理车间
　Y 纺织车间

整理工艺
　Y 纺织品整理

整理机
finisher
TS190.4
　D 后整理设备
　　整理设备
　S 染整机械*
　F 联合上浆机
　　联合整理机
　　树脂整理机
　　涂层机
　　预缩机
　　针织品整理机
　　整毛绒设备
　　整纬机

整理剂*
finishing agent
TS195.2
　D 调理剂
　　整理用剂
　　整理助剂
　　整饰剂
　F 定形剂
　　功能整理剂
　　含氟整理剂
　　后整理剂
　　化学整理剂
　　平滑剂
　　上浆剂
　　树脂整理剂
　　丝素整理剂
　　涂层整理剂
　　退浆剂
　　无机调理剂
　　无甲醛整理剂
　　有机硅整理剂
　　有机锗整理剂
　　增白剂
　　增重剂
　　织物整理剂
　C 纺织品整理
　　染整
　　染整助剂

整理设备
　Y 整理机

整理用剂
　Y 整理剂

整理助剂
　Y 整理剂

整毛绒设备
whole pile equipment
TS190.4
　S 整理机
　F 剪毛机
　　磨毛机
　　起毛机

　Z 染整机械

整平剂
　Y 平滑剂

整平性
　Y 平整度

整饰
finishing
TS54
　D 羊皮整饰
　　整饰工艺
　S 加工*
　F 表面整饰
　C 皮革

整饰工艺
　Y 整饰

整饰辊
finishing roll
TH13；TQ33；TS103.82
　D 修饰辊
　S 纺织胶辊
　F 整经辊
　Z 纺织器材
　　辊

整饰机
finishing machines
TS734.7
　S 造纸机械*
　F 复卷机
　　卷纸机
　　造纸压光机

整饰剂
　Y 整理剂

整丝率
whole cut rate
TS47
　S 比率*

整烫
　Y 熨烫

整烫工艺
　Y 熨烫

整体厨柜
　Y 整体橱柜

整体橱柜
integrated cupboard
TS66；TS972.2；TU2
　D 整体厨柜
　S 橱柜
　Z 家具

整体顶梳
　Y 顶梳

整体防护服
　Y 防护服

整体流动
　Y 流体流

整体模
　Y 模具

整体式模
　Y 模具

整体锡林
whole cylinder
TS103.81
　S 锡林
　Z 纺纱器材

整体造型
global modeling
TS941.6
　S 造型*

整纬
tentering of weft
TS105
　S 纬纱工艺
　C 拉幅整理
　Z 织造工艺

整纬机
weft straighteners
TS190.4
　D 整纬装置
　S 整理机
　Z 染整机械

整纬装置
　Y 整纬机

整形锉
　Y 锉

整形内衣
　Y 塑身内衣

整修工艺
　Y 工艺方法

整页拼版
full page makeup
TS8
　S 拼版
　Z 模版

整装
　Y 桶装

正常体型
　Y 标准体型

正反两面网眼织物
　Y 网眼织物

正反向计数器
　Y 计数器

正面服装革
full grain garment leather
TS563.1；TS941.46
　S 服装革
　Z 面料
　　皮革

正压呼吸器
　Y 正压氧气呼吸器

正压氧气呼吸器
oxygen respirator with positive pressure
TD7；TS941.731；X9
　D 正压呼吸器

　S 氧气吸入器
　Z 安全防护用品

正预涂感光版耐印力
　Y PS版耐印力

支撑表面
　Y 表面

支链淀粉
amylopectin
TS235
　D 胶淀粉
　S 淀粉*
　C 糯米

支数
count
TS107
　D 纺纱支数
　　公制支数
　　纱线支数
　　纱支
　　英制支数
　S 计量单位*
　C 纱线特数

支数不匀率
　Y 不匀率

汁液*
juice
TS255；TS27
　F 复合汁
　　果蔬汁
　　麦芽汁
　　清汁
　　甜高粱汁
　　压榨汁

汁液流失率
drip loss
TS27
　S 比率*

汁液制备
juice preparation
TS205
　S 制备*
　F 榨汁

芝麻饼粕
sesame cake
TS209
　S 饼粕
　Z 粕

芝麻蛋白
sesame protein
Q5；TQ46；TS201.21
　S 油料蛋白
　Z 蛋白质

芝麻酱
sesame paste
TS264
　D 平菇风味芝麻酱
　S 甜酱
　Z 酱

芝麻素
sesamin
TS255.3
　S 提取物*

芝麻香
sesame-flavor
TS972
　D 芝麻香型
　S 香味
　Z 气味

芝麻香型
　Y 芝麻香

芝麻香型白酒
sesame-flavour Chinese spirits
TS262.39
　S 白酒*

芝麻油
sesame oil
TS225.11
　D 香油
　S 植物种子油
　F 小磨香油
　Z 油脂

枝江大曲酒
Zhijiang Daqu wine
TS262.39
　S 中国白酒
　Z 白酒

枝江牌枝江小曲酒
　Y 小曲白酒

枝型照明器
　Y 照明设备

枝桠材
crotch
TS72
　S 木材原料
　F 桑树枝
　Z 原料

织编
　Y 编织

织编织物
　Y 编织物

织布
　Y 棉织

织布车间
　Y 纺织车间

织布工艺
　Y 织造工艺

织布机
　Y 织机

织布结
　Y 打结

织部
　Y 机织工艺

织部工艺

Y 织造工艺

织疵
Y 织物疵点

织带机
bar loom
TS103.33
S 织机
F 电子织带机
C 带织物
Z 织造机械

织构表面
Y 表面

织机
weaving machine
TS103.33
D 布机
单相织机
丁桥织机
多梭箱
多梭箱织机
帆布织机
古代织机
宽幅织机
阔幅织机
绒织机
三向织机
三向轴织机
三轴向织机
手织机
双层织机
双轴织机
丝绒织机
踏盘织机
特种织机
铁木织机
挖花织机
窄幅织机
织布机
重叠梭口织机
自动织机
S 织造机械*
F 地毯织机
多臂织机
毛巾织机
平绒织机
提花机
无梭织机
小样织机
新型织机
有梭织机
圆织机
织带机
C 电子卷取 →(3)
机织工艺
开口机构
织造器材

织机部件
Y 织造器材

织机工艺
Y 织造工艺

织机速度
Y 织造速度

织机效率
Y 织造效率

织机振动
loom vibration
TS103
S 设备振动*

织机主轴
Y 织轴

织金
Y 织金锦

织金箭袖
Y 连身袖

织金锦
weaving gold fabrics
TS106.8
D 织金
S 织锦
Z 机织物

织锦
tapestry
TS106.8
D 锦
S 缎纹织物
F 蜀锦
丝绵
宋锦
云锦
织金锦
壮锦
C 绢丝
丝织物
Z 机织物

织锦缎
Y 缎纹织物

织锦工艺
brocade crafts
TS105
S 织造工艺*

织筘
Y 筘

织品
Y 纺织品

织前工艺
Y 前织工艺

织染废水
textile wastewater
TS19；X7
S 染整废水
Z 废水

织入型经编毛圈织物
Y 经编毛圈织物

织缩率
weaving contraction rate
TS101；TS105
D 经纱缩率
纬纱缩率
织物下机缩率

S 比率*
F 纬向织缩率
C 织物规格

织态结构
Y 针织物组织

织袜机
hosiery machine
TS183.5
D 短袜机
缝袜头机
套口机
袜机
针织袜机
S 针织机
F 电脑袜机
提花袜机
C 袜子
Z 织造机械

织物*
fabric
TS106.8
D 粗纺织物
单纱织物
单向织物
纺织织物
浮雕织物
花式纱线织物
花式线织物
花式织物
剪花织物
拷花织物
宽幅织物
阔幅织物
流行织物
镂花织物
普通织物
起皱织物
浅浮雕织物
嵌花织物
强捻织物
轻薄型织物
轻松织物
全绞纱织物
砂洗织物
绳状织物
时尚织物
双蝶织物
双幅织物
双经单纬织物
双面涂覆织物
双面异色织物
水刺织物
水洗织物
顺纤织物
素色双反面提花织物
素织物
贴衬织物
纤维布
纤维织物
印经织物
印染织物
织物品种
F 凹凸织物
包芯纱织物

本色布
玻璃纤维织物
薄型织物
成形织物
大豆蛋白织物
带织物
单经单纬织物
弹性织物
第三织物
多层织物
多孔织物
多纬织物
多轴向织物
帆布
防羽布
纺织布料
服用织物
复合纤维布
复合织物
高花织物
管状织物
厚重织物
混杂纤维布
技术织物
家用织物
交织织物
金属织物
紧密织物
浸渍织物
精纺织物
聚乳酸织物
立体织物
凉爽织物
毛圈织物
迷彩织物
泡泡纱织物
喷水织物
坯布
平面织物
起球织物
轻薄织物
绒织物
三维织物
色织物
闪光织物
石英纤维织物
疏密纬织物
双面织物
双纬织物
碳纤维布
提花织物
天然纤维织物
条格织物
涂层织物
网眼织物
纹织物
无梭织物
纤维素纤维织物
像景织物
玄武岩纤维布
异经织物
异纬织物
印花织物
蒸呢布
竹节织物
装饰织物

　　C 编织物
　　　动态热湿舒适性
　　　纺织材料
　　　纺织品
　　　纺织纤维
　　　非织造布
　　　服装
　　　功能纺织品
　　　化纤织物
　　　混纺织物
　　　机织物
　　　里料
　　　滤布 →(1)
　　　面料
　　　纱线
　　　湿热性能 →(1)
　　　外观效果
　　　纹样
　　　鞋材
　　　针织物
　　　织物分析
　　　织物风格

织物 CAD
fabric CAD
TP3；TS101
　　D 织物 CAD 系统
　　S 纺织 CAD
　　F 纹织 CAD
　　Z 计算机辅助技术

织物 CAD 系统
　　Y 织物 CAD

织物白度
fabric whiteness
TS101.923
　　S 白度
　　　织物性能
　　C 洗衣粉
　　Z 纺织品性能
　　　光学性质

织物变化组织
fabric variable weave
TS106
　　D 变化经平
　　　变化经平织物
　　　变化组织
　　　方平组织
　　　复杂组织
　　　毛巾组织
　　　毛圈组织
　　　席纹组织
　　S 织物组织
　　F 多层组织
　　　管状组织
　　　纱罗组织
　　　提花组织
　　　网眼组织
　　　重组织
　　Z 材料组织

织物变形
fabric deformation
TS101.923
　　D 尺寸变化
　　S 织物力学性能

　　Z 纺织品性能

织物表面
fabric surface
TS105
　　S 表面*
　　C 织物外观

织物参数
　　Y 织物规格

织物测试仪
　　Y 织物测试仪器

织物测试仪器
fabric tester
TS103
　　D 织物测试仪
　　　织物厚度仪
　　　织物悬垂仪
　　S 纺织检测仪器
　　F 织物风格仪
　　　织物起毛起球仪
　　Z 仪器仪表

织物疵点
fabric defect
TS101.97
　　D 布面疵点
　　　布面纱疵
　　　疵布
　　　坯布疵点
　　　织疵
　　　织造疵点
　　S 纺织品缺陷*
　　F 百脚
　　　边撑疵
　　　缝疵
　　　浮长线
　　　钩丝
　　　横条疵点
　　　鸡爪痕
　　　紧边
　　　经向疵点
　　　烂边
　　　毛边
　　　纰裂
　　　破洞
　　　松边
　　　松紧档
　　　条花疵点
　　　跳纱
　　　纬向疵点
　　C 染疵
　　　纱线疵点
　　　纤维疵点

织物疵点检测
fabric defect detection
TS101.9
　　S 异常检测*
　　　织物检测

织物弹性
warp elastic
TS101.923
　　S 力学性能*
　　　织物力学性能
　　Z 纺织品性能

织物调理剂
  Y 织物整理剂

织物泛黄
fabric yellowing
TS101.9
  S 泛黄
  Z 变色

织物分析
fabric analysis
TS101.9
  S 物质分析*
  C 织物
    织物性能

织物风格
fabric style
TS105.1
  S 风格*
  F 绉风格
  C 织物
    织物规格

织物风格评价
evaluating fabric style
TS101
  S 评价*

织物风格仪
fabric style tester
TS103
  S 织物测试仪器
  F FAST 织物风格仪
    KES 织物风格仪
  Z 仪器仪表

织物服用性能
  Y 服用性能

织物幅宽
fabric width
TS101；TS107
  D 布幅
    布幅宽
    幅宽
    门幅
  S 织物规格*
  F 宽幅
    窄幅
  C 门幅控制

织物光泽
fabric sheen
TS101
  S 光泽*

织物规格*
fabric specification
TS101；TS107
  D 织物参数
  F 织物幅宽
    织物厚度
    织物紧度
    织物密度
    总经根数
  C 紧密指数
    织缩率
    织物风格

织物组织

织物后整理
  Y 后整理

织物厚度
fabric thickness
TS101；TS107
  S 厚度*
    织物规格*
  C 织物密度

织物厚度仪
  Y 织物测试仪器

织物护理
fabric care
TS973
  S 护理*

织物加工
  Y 纺织加工

织物检测
fabric test
TS107
  S 纺织品检测
  F 织物疵点检测
  C 纺织检测仪器
    纺织品性能
  Z 检测

织物结构
weave structure
TS101
  D 织物组织结构
  S 材料结构*

织物紧度
fabric tightness
TS101；TS107
  D 紧度
    经纬向紧度比
    经向紧度
    纬向紧度
    织物总紧度
  S 织物规格*
  C 织物密度

织物开发
fabric development
TS1
  S 纺织品开发
  Z 开发

织物抗菌剂
  Y 抗菌整理剂

织物力学
  Y 织物力学性能

织物力学性能
fabric mechanics
TS101.923
  D 面料力学性能
    织物力学
  S 织物性能
  F 挺度
    折皱性能
    织物变形

织物弹性
  织物起拱
  织物起皱
  织物强力
  织物屈曲
  Z 纺织品性能

织物密度
fabric count
TS101；TS107
  D 缝编密度
    复盖密度
    横密
  S 织物规格*
  F 高支高密
    经纬密
    线圈密度
  C 织物厚度
    织物紧度

织物模型
fabric model
TS941.1
  S 模型*

织物品质
  Y 织物质量

织物品种
  Y 织物

织物起拱
fabric bagging
TS101.923
  S 织物力学性能
  Z 纺织品性能

织物起毛起球仪
fabric fuzzy and pilling tester
TS103
  S 织物测试仪器
  F 箱式起球仪
  Z 仪器仪表

织物起球
  Y 起毛起球性

织物起皱
cockling
TS101.923
  S 织物力学性能
  Z 纺织品性能

织物强度
  Y 织物强力

织物强力
fabric strength
TS101.923
  D 织物强度
  S 织物力学性能
  F 顶破
  Z 纺织品性能

织物强力机
fabric strength tester
TS103
  D 织物强力仪
  S 纺织检测仪器
  Z 仪器仪表

织物强力仪
　Y 织物强力机

织物屈曲
fabric buckling
TS101.923
　S 织物力学性能
　Z 纺织品性能

织物染色
fabrics dyeing
TS193.5
　S 纺织品染色
　Z 染色工艺

织物染色机
fabric dyeing machine
TS193.3
　S 染色机
　F 高温染色机
　　卷染机
　　喷射染色机
　　热溶染色机
　　溢流染色机
　　轧卷染色机
　Z 印染设备

织物柔软剂
fabric softener
TS195.23
　D 衣物柔顺剂
　S 柔软剂
　　织物整理剂
　C 氨基硅油 →(2)
　Z 整理剂
　　助剂

织物设计
fabric design
TS105.1
　D 面料设计
　S 纺织设计*
　F 室内织物设计
　　织物组织设计
　C 织物组织

织物手感
fabric handle
TS101.923
　S 服用性能
　Z 纺织品性能
　　使用性能

织物特殊整理
　Y 织物特种整理

织物特性
　Y 织物性能

织物特种处理
　Y 织物特种整理

织物特种整理
special fabric finishing
TS195
　D 织物特殊整理
　　织物特种处理
　S 功能性整理
　F 防辐射整理
　　防蛀整理

抗静电整理
抗菌防臭整理
阻燃整理
　Z 整理

织物填料
fabric filler
TS941.4
　D 纤维填料
　S 填料*

织物透湿性
fabric moisture permeability
TS101.923
　S 服用性能
　Z 纺织品性能
　　使用性能

织物涂层
textile coating
TS106.85
　S 涂层*

织物外观
fabric appearance
TS101
　S 外观*
　C 悬垂性
　　织物表面
　　织物性能
　　绉效应

织物纹理
fabric texture
TS105.1
　D 面料肌理
　S 纹理*
　C 纹理特性 →(8)

织物物理指标
fabric physical index
TS107
　S 指标*
　F 悬垂指标

织物洗涤剂
fabric detergent
TQ64；TS973.1
　S 清洁剂*
　F 地毯清洁剂
　　洗衣剂

织物下机缩率
　Y 织缩率

织物纤维
textile fiber
TS102
　S 纺织纤维
　Z 纤维

织物性能
fabric properties
TS101.923
　D 面料特性
　　面料性能
　　面料质地
　　面料质量
　　织物特性
　　织物性质

　S 纺织品性能*
　F 防钻绒性
　　服用性能
　　可机洗
　　脱散性
　　洗涤性能
　　织物白度
　　织物力学性能
　　织物悬垂性
　C 凉爽性
　　色牢度
　　湿传递性能
　　悬垂性
　　织物分析
　　织物外观
　　直上尺寸

织物性质
　Y 织物性能

织物悬垂
　Y 织物悬垂性

织物悬垂性
fabric draping
TS101；TS101.923
　D 织物悬垂
　S 悬垂性
　　织物性能
　Z 纺织品性能

织物悬垂仪
　Y 织物测试仪器

织物印花
　Y 纺织品印花

织物整理
　Y 纺织品整理

织物整理剂
textile finishing agent
TS195.2
　D 织物调理剂
　S 纺织印染助剂
　　整理剂*
　F 织物柔软剂

织物质量
fabric quality
TS107
　D 布面平整度
　　布面质量
　　织物品质
　S 纺织品质量
　Z 产品质量

织物总紧度
　Y 织物紧度

织物组织
fabric weave
TS101
　D 凹凸组织
　　波纹组织
　　灯芯绒组织
　　底组织
　　地组织
　　纺织结构
　　蜂巢组织

浮线组织
花边组织
花色组织
里组织
平绒组织
起毛组织
凸条组织
绉纹组织
绉组织
S 材料组织*
F 机织物组织
针织物组织
织物变化组织
C 编结
纺织
服装
织物规格
织物设计
织物组织设计
组织结构 →(1)

织物组织分析
fabric construction analysis
TS105.1
S 分析方法*

织物组织结构
Y 织物结构

织物组织设计
fabric weave design
TS105.1
S 织物设计
C 织物组织
Z 纺织设计

织物组织图
weave pattern
TS105
S 编织图
F 穿筘图
纹板图
意匠图
Z 工程图

织绣
embroidery
TS941.6
D 回族织绣
S 刺绣
Z 工艺品

织样
fabric sample
TS105
S 试织
F 小样试织
Z 织造

织造*
weaving
TS105
D 织造技术
F 布机织造
单纱织造
交织
麻织
毛织
棉织

嵌织
三维织造
试织
手工织造
数码织造
丝织
无梭织布
C 编织
纺织
制造

织造参数
Y 织造工艺参数

织造车间
Y 纺织车间

织造疵点
Y 织物疵点

织造方法
Y 织造工艺

织造工序
Y 机织工艺

织造工艺*
weaving process
TS105
D 织布工艺
织部工艺
织机工艺
织造方法
织造技术措施
F 对花
机织工艺
前织工艺
色织工艺
提花
投梭
织锦工艺
C 纺织工艺
经停
纬向停台
织造效率

织造工艺参数*
weaving processing parameters
TS105；TS184
D 编织参数
编织工艺参数
织造参数
F 机织工艺参数
纱线长度
送纱量
余纱量
针织工艺参数
C 工艺参数

织造机械*
weaving machinery
TS103
D 机织设备
织造设备
F 针织机
织机
C 纺织机械
非织造布机械
机织机构

轻工机械
织造准备机械

织造机械机构
Y 机织机构

织造技术
Y 织造

织造技术措施
Y 织造工艺

织造器材*
weaving equipment
TS103.81；TS103.82
D 织机部件
F 边撑
传剑轮
打梭棒
分绞棒
钢综
回综弹簧
剑带
剑杆
浆槽
浆轴
经轴
卷布辊
开口凸轮
筘
盘头
上浆辊
梭子
踏盘
纹板
压浆辊
织轴
综框
C 纺织器材
器材
织机

织造设备
Y 织造机械

织造速度
weaving speed
TS105
D 织机速度
S 机织工艺参数
Z 织造工艺参数

织造效果
weaving effect
TS107
S 纺纱效果
Z 效果

织造效率
weaving efficiency
TS105
D 布机效率
织机效率
S 效率*
C 浆料
织造工艺

织造性能
Y 织造原理

织造原理
weaving principle
TS105
　　D　织造性能
　　S　纺织原理
　　Z　原理

织造质量
weaving quality
TS101.9
　　S　纺织加工质量*

织造准备
preparation for weaving
TS105
　　S　准备*
　　F　机织准备
　　　　经纱准备
　　C　机织工艺

织造准备机械*
weaving preparatory machines
TS103.32
　　F　并轴机
　　　　穿经机
　　　　浆纱机
　　　　结经机
　　　　卷纬机
　　　　络纱机
　　　　整经机
　　C　织造机械

织针
knitting needle
TS183.1
　　D　纺织用针
　　　　针织用针
　　S　针织机构
　　F　钩针
　　　　弯针
　　　　针尖
　　　　针舌
　　C　梳针
　　　　针床
　　　　针尖角
　　Z　纺织机构

织轴
loom beam
TS103.81；TS103.82
　　D　织机主轴
　　S　织造器材*
　　F　单织轴
　　　　双织轴
　　C　机织工艺
　　　　浆纱工艺

织轴盘头
　　Y　盘头

栀子色素
gardenin
TQ61；TS202.39
　　S　植物色素
　　Z　色素

脂肪测定
fat measurement
TS201

　　S　测定*

脂肪代用品
　　Y　油脂替代品

脂肪含量
fat content
TS201.22
　　S　含量*
　　F　低脂肪
　　　　固体脂肪含量

脂肪降解
fat degradation
TS201
　　D　脂解
　　S　降解*
　　C　腊肉制品

脂肪酶水解
lipase hydrolysis
TS201.2
　　S　水解*

脂肪酶抑制剂
lipase inhibitor
TS202.3
　　S　酶制剂*
　　　　微生物抑制剂
　　F　胰脂肪酶抑制剂
　　C　脂肪酶催化法 →(9)
　　Z　抑制剂

脂肪模拟品
　　Y　脂肪模拟物

脂肪模拟物
fat mimetic
TS201
　　D　脂肪模拟品
　　S　油脂模拟物
　　Z　模拟物

脂肪球
fat globule
TS201
　　S　油脂*

脂肪上浮
fat separation
TS201
　　S　生产工艺*

脂肪水解
adipolysis
TS201.2
　　S　水解*
　　C　干腌火腿

脂肪酸值
fatty acid value
TS227
　　S　数值*
　　C　糙米
　　　　稻谷
　　　　精深加工 →(4)

脂肪提取
　　Y　油脂提取

脂肪替代品

fat substitutes
TS201
　　S　油脂*
　　C　蔗糖多酯
　　　　植脂奶油

脂肪香精
fat flavor
TQ65；TS264.3
　　S　食品香精
　　Z　香精香料

脂解
　　Y　脂肪降解

脂质*
fatty substance
Q5；TS201.22
　　D　肌肉脂质
　　　　磷脂质
　　　　皮肤脂质
　　　　树脂质
　　　　燕麦脂质
　　F　鱼油质构脂质

蜘蛛丝
spider silk
TS102；TS102.33
　　D　蜘蛛丝纤维
　　S　动物纤维
　　C　蚕丝
　　Z　天然纤维

蜘蛛丝纤维
　　Y　蜘蛛丝

执色
　　Y　调整色差

直包机
　　Y　卷烟包装机

直柄扩孔钻
　　Y　电钻

直刀裁剪机
　　Y　裁剪机

直刀式裁剪机
　　Y　裁剪机

直发
　　Y　发式

直贡缎
　　Y　直贡织物

直贡织物
venetian fabric
TS106.8
　　D　直贡缎
　　S　贡缎织物
　　Z　机织物

直挂
　　Y　直接制版

直辊丝光机
clipless mercerizing machine
TS190.4
　　D　无链铁丝丝光机

S 丝光机
Z 染整机械

直角二面木工刨床
Y 四面木工刨床

直接比色
Y 直接比色法

直接比色法
direct colorimetry
O4；TS101
D 直接比色
S 比色法*

直接成像胶印机
Y 胶印机

直接冻黄 G
chrysophenine G
TS193.21
D 直接黄 1
S 直接染料
Z 染料

直接发酵
direct fermentation
TQ92；TS205.5
D 直接发酵法
S 发酵*

直接发酵法
Y 直接发酵

直接干燥法
direct drying method
TS205
S 干燥*

直接黄 1
Y 直接冻黄 G

直接加网技术
Y 直接制版

直接耐酸大红
direct scarlet 4BS
TS193.21
D 直接耐酸大红 4BS
S 直接染料
Z 染料

直接耐酸大红 4BS
Y 直接耐酸大红

直接膨化
direct puffing
TS205
S 食品膨化
Z 膨化

直接染料
direct dyes
TS193.21
S 染料*
F 阳离子直接染料
直接冻黄 G
直接耐酸大红

直接染料印染废水
wastewater containing direct dye

TS19；X7
S 废水*

直接染色
Y 染色工艺

直接缫丝
silk reeling
TS14
S 缫丝工艺
Z 纺织工艺

直接上染性
substantivity
TS193
S 上染性能
Z 染色性能

直接无捻粗纱
direct roving
TS106.4
S 无捻粗纱
Z 纱线

直接性
Y 染色亲和力

直接烟熏法
Y 熏制

直接印花
direct printing
TS194.44
S 印花*
C 媒染

直接印刷
direct printing
TS87
S 印刷*

直接用原木
Y 原木

直接制版
direct plate making
TS805
D 直挂
直接加网技术
直接制版技术
S 制版工艺
F 计算机直接制版
Z 印刷工艺

直接制版机
direct plate making system
TS803.4
D 电脑直接制版机
高速对开热敏制版机
高速热敏直接制版机
计算机直接制版机
热敏电脑直接制版机
直接制版设备
直接制版系统
紫激光计算机直接制版机
S 制版机
Z 印刷机械

直接制版技术
Y 直接制版

直接制版设备
Y 直接制版机

直接制版系统
Y 直接制版机

直结工艺
Y 工艺方法

直径*
diameter
O1
D 比直径
端部直径
负荷直径
工作直径
赫兹直径
阶梯直径
颈部直径
流道直径
密封直径
平衡直径
侵入直径
球直径
实测直径
小端直径
芯部直径
引导直径
F 单丝直径
纱线直径
纤维直径
羊毛直径
抑菌圈直径
C 厚度
宽度
粒径 →(1)(2)(3)(5)(9)(11)(12)(13)
停车场 →(12)
纤维材料
直径测量 →(1)(3)

直开领
up to neck
TS941.61
S 领型
Z 服装结构

直冷模
Y 模具

直链淀粉
amylose
TS235
D 链淀粉
S 淀粉*
F 不溶性直链淀粉
大米直链淀粉
高直链淀粉

直流应急灯
DC emergency lamp
TM92；TS956
S 应急灯
Z 灯

直裙
Y 裙装

直刃口
Y 刀刃

直上尺寸
vertical rising size
TS941.2
　　S 尺寸*
　　C 翻领
　　　织物性能

直升机尾桨传动机构
　　Y 传动装置

直筒裙
　　Y 裙装

直头刀具
straight-nosed tools
TG7；TS914
　　S 单刃刀具
　　Z 刀具

直投发酵剂
direct vat inoculation
TS202
　　D 直投式发酵剂
　　S 发酵剂*

直投式发酵剂
　　Y 直投发酵剂

直投式酸奶发酵剂
DVS yogurt fermentation agent
TS252
　　S 酸奶发酵剂
　　Z 发酵剂

直线缝
　　Y 机缝

直线弓锯床
　　Y 弓锯床

直型手套
　　Y 手套

值
　　Y 数值

职业服
　　Y 职业服装

职业服饰
vocational dress
TS941.7
　　S 服饰*

职业服装
occupational clothing
TS941.7
　　D 职业服
　　　职业套装
　　　职业装
　　S 服装*
　　F 工作服
　　　职业女装
　　　制服

职业服装设计
　　Y 职业装设计

职业模特
　　Y 模特

职业女装

vocational women's dress
TS941.7
　　S 女装
　　　职业服装
　　Z 服装

职业时装模特
　　Y 时装模特

职业套装
　　Y 职业服装

职业装
　　Y 职业服装

职业装设计
career dress design
TS941.2
　　D 职业服装设计
　　S 成衣设计
　　F 制服设计
　　Z 服饰设计

植–铝结合鞣
aluminum planting combination tannage
TS543
　　S 结合鞣
　　Z 制革工艺

植绒
flocking
TS195
　　D 植绒工艺
　　　植绒转印
　　S 起绒
　　F 静电植绒
　　Z 整理

植绒工艺
　　Y 植绒

植绒密度
flocking density
TS105.1
　　S 密度*
　　C 静电植绒

植绒设备
flocking equipment
TS103
　　S 纺织机械*

植绒鞋面革
　　Y 鞋面革

植绒印花
　　Y 静电植绒

植绒织物
flocked goods
TS106.87
　　D 静电植绒织物
　　　套色植绒
　　　套色植绒织物
　　S 绒面织物
　　Z 织物

植绒转移烫花
　　Y 转移印花

植绒转印

　　Y 植绒

植鞣
　　Y 植物鞣

植酸保鲜剂
phytic acid fresh-keeping agent
TS202.3
　　S 保鲜剂
　　F 复配植酸保鲜剂
　　Z 防护剂

植酸钠
sodium phytate
TS201

植酸盐
phytate
TS36
　　S 酸式盐
　　Z 盐

植物菜籽*
plant seed
TS202.1
　　D 植物籽胶
　　F 薜荔籽
　　　菜籽
　　　茶叶籽
　　　稻米籽粒
　　　杜仲籽
　　　番茄籽
　　　柑橘籽
　　　红花籽
　　　花椒籽
　　　华山松籽
　　　黄连木籽
　　　韭菜籽
　　　葵花籽
　　　辣椒籽
　　　辣木籽
　　　莲籽
　　　凉薯籽
　　　萝卜籽
　　　玫瑰茄籽
　　　猕猴桃果籽
　　　棉籽
　　　牡丹籽
　　　南瓜籽
　　　苹果籽
　　　葡萄籽
　　　桑葚籽
　　　沙蒿籽
　　　沙棘籽
　　　酸浆籽
　　　特种油料
　　　乌桕籽
　　　小麦籽实
　　　芯籽
　　　亚麻籽
　　　烟籽
　　　芫荽籽
　　　油茶籽
　　　油籽
　　　樟树籽
　　　紫苏籽

植物蛋白

plant proteins

Q5；TQ46；TS201.21

　　D 非肉蛋白

　　　　植物蛋白质

　　S 蛋白质*

　　F 茶蛋白

　　　　豆蛋白

　　　　番茄籽蛋白

　　　　甘薯蛋白

　　　　谷蛋白

　　　　抗消化蛋白

　　　　伸展蛋白

　　　　水解植物蛋白

　　　　叶蛋白

　　　　油料蛋白

　　　　组织蛋白

植物蛋白工业

　　Y 食品工业

植物蛋白奶

　　Y 蛋白奶

植物蛋白食品

　　Y 植物性食品

植物蛋白饮料

vegetable protein drink

TS275.7

　　D 植物奶

　　S 蛋白饮料

　　F 豆乳饮料

　　　　谷物胚芽奶

　　　　核桃乳

　　　　花生乳

　　　　米乳饮料

　　　　杏仁奶

　　　　椰奶

　　　　薏苡奶

　　Z 饮料

植物蛋白质

　　Y 植物蛋白

植物淀粉

plant starch

TS235.5

　　D 野生植物淀粉

　　S 天然淀粉

　　F 百合淀粉

　　　　板栗淀粉

　　　　葛根淀粉

　　　　桃榔淀粉

　　　　胡萝卜淀粉

　　　　黄姜淀粉

　　　　蕨根淀粉

　　　　荔浦芋淀粉

　　　　荔枝核淀粉

　　　　莲子淀粉

　　　　南瓜淀粉

　　　　藕淀粉

　　　　枇杷核淀粉

　　　　山药淀粉

　　　　香蕉淀粉

　　　　橡实淀粉

　　　　芋头淀粉

　　Z 淀粉

植物靛蓝

　　Y 靛蓝

植物抗氧化剂

plant antioxidants

TS202.3

　　S 天然抗氧化剂

　　Z 防护剂

植物美容

plant cosmetology

TS974.1

　　S 生物美容

　　F 水果美容

　　Z 美容

植物奶

　　Y 植物蛋白饮料

植物染料

vegetable dyes

TS193.21

　　S 天然染料

　　F 天然植物染料

　　Z 染料

植物染色

plant dyeing

TS19

　　D 植物色素染色

　　S 染色工艺*

　　C 渗透助染剂

植物鞣

vegetable tanning

TS543

　　D 植鞣

　　　　植物鞣制

　　S 有机鞣法

　　Z 制革工艺

植物鞣制

　　Y 植物鞣

植物色素

phytochrome

TQ61；TS202.39

　　D 果实色素

　　S 色素*

　　F 板栗壳色素

　　　　草莓色素

　　　　茶色素

　　　　番茄色素

　　　　枸杞色素

　　　　黑加仑色素

　　　　黑芝麻色素

　　　　花色素

　　　　辣椒色素

　　　　玫瑰色素

　　　　葡萄皮色素

　　　　桑葚色素

　　　　矢车菊色素

　　　　叶黄素

　　　　叶绿素

　　　　栀子色素

植物色素染色

　　Y 植物染色

植物水解蛋白

　　Y 水解植物蛋白

植物纤维

plant fibres

TS102

　　D 天然植物纤维

　　S 天然纤维*

　　F 茎纤维

　　　　麻纤维

　　　　木纤维

　　　　韧皮纤维

　　　　膳食纤维

　　　　叶纤维

　　　　种子纤维

　　C 动物纤维

　　　　再生纤维素纤维

　　　　植物纤维素 →(9)

　　　　植物纤维原料

植物纤维餐具

plant fibre tableware

TS972.23

　　D 植纤餐具

　　S 环保餐具

　　Z 厨具

植物纤维原料

plant fibrous materials

TS72

　　S 造纸纤维原料

　　C 植物纤维

　　Z 制造原料

植物香料

plant perfumes

TQ65；TS264.3

　　D 植物性天然香料

　　S 天然香料

　　F 薄荷脑

　　　　长叶烯

　　　　黄樟油素

　　　　浸膏

　　Z 香精香料

植物性食品

plant food

TS219

　　D 花粉食品

　　　　花卉食品

　　　　树叶食品

　　　　鲜花食品

　　　　植物蛋白食品

　　　　植物源食品

　　　　植物源性成分

　　　　植物源性食品

　　　　竹食品

　　　　竹笋食品

　　　　竹系列食品

　　S 食品*

　　F 淀粉类食品

　　C 膳食纤维

植物性天然香料

　　Y 植物香料

植物羊皮纸

　　Y 皮纸

植物饮料

vegetable drink

TS275.5

D 茶叶饮料
　大蒜饮料
　蜂蜜饮料
　甘薯乳饮料
　柑橘饮料
　葛根饮料
　葛饮料
　花卉型饮料
　花卉饮料
　灵芝饮料
　芦荟保健饮料
　芦荟饮料
　芦笋汁饮料
　绿豆乳饮料
　绿豆饮料
　蒲公英饮料
　柿叶饮料
　松针饮料
　天然植物饮料
　仙人掌饮料
　竹汁饮料
S 天然饮料
F 甘薯饮料
　果蔬饮料
　黑米饮料
　香蕉饮料
　椰子水
　玉米饮料
Z 饮料

植物用羊皮纸
　Y 皮纸

植物油饼
　Y 油炸食品

植物油厂
vegetable oil factory
TS22
S 粮油加工厂
Z 工厂

植物油萃取法
　Y 植物油加工

植物油废水
vegetable oil effluent
TS224；X7
D 植物油精炼废水
　植物油脂废水
S 食品工业废水
Z 废水

植物油加工
vegetable oil and fat processing
TS224
D 小磨香油法
　植物油萃取法
　植物油浸出法
　植物油离心制取法
　植物油水代制取法
　植物油脂加工
　植物油制取法
S 制油
F 油菜籽加工
　榨油
Z 农产品加工

植物油浸出法

　Y 植物油加工

植物油精炼
vegetable oil refining
TS224.6
S 油脂精炼
Z 精炼

植物油精炼废水
　Y 植物油废水

植物油离心制取法
　Y 植物油加工

植物油料
vegetable oil materials
TS22
S 油料
Z 物料

植物油水代制取法
　Y 植物油加工

植物油压榨
vegetable oil pressing
TS224.3
D 植物油压榨法
S 压榨*

植物油压榨法
　Y 植物油压榨

植物油脂废水
　Y 植物油废水

植物油脂加工
　Y 植物油加工

植物油制取法
　Y 植物油加工

植物源食品
　Y 植物性食品

植物源性成分
　Y 植物性食品

植物源性食品
　Y 植物性食品

植物糟粕
plant dregs
TS209
S 粕*

植物种子油
stillingia oil
TS225.19
D 种籽油
　梓油
S 动植物油
F 菜籽油
　茶籽油
　豆油
　核桃油
　花生油
　咖啡油
　米油
　胚芽油
　沙棘油
　苏子油

　五倍子油
　杏仁油
　燕麦油
　腰果壳油
　腰果油
　薏苡仁油
　玉米油
　榛子油
　芝麻油
　籽油
Z 油脂

植物籽胶
　Y 植物菜籽

植纤餐具
　Y 植物纤维餐具

植针锡林
planting needling cylinder
TS103.81
S 锡林
Z 纺纱器材

植脂末
vegetable fat powder
TS219
S 新型食品
Z 食品

植脂奶油
nondairy whipping cream
TS213
S 奶油
C 脂肪替代品
Z 粮油食品

止滑性
　Y 抗滑移性

止口
rabbet
TH13；TS941.6
S 部位*

纸
　Y 纸张

纸板
paperboard
TS767
D 板纸
　层压纸板
　单面白板纸
　隔板纸
　胶板纸
　平板纸
　软质纤维板
　压纸板
S 纸制品*
F 白纸板
　包装纸板
　复合纸板
　涂布纸板
　箱板纸
　原纸板

纸板厂
board mill
TS78

S 造纸厂
Z 工厂

纸板工厂废水
Y 造纸废水

纸板机
board machine
TS735.7
D 纸板机械
S 造纸机
F 涂布白纸板机
Z 造纸机械

纸板机械
Y 纸板机

纸板加工
Y 纸板生产

纸板生产
paperboard production
TH16；TS7
D 纸板加工
S 轻工业生产
Z 生产

纸板生产设备
paperboard production equipment
TS73
S 加工设备*
C 纸板生产线

纸板生产线
paperboard production line
TS73
S 板材生产线
C 纸板生产设备
Z 生产线

纸板质量
paperboard quality
TS77
S 纸张质量
Z 产品质量

纸版印花
paper stencil printing
TS194
S 印花*

纸包皮蛋
Y 皮蛋

纸包装废弃物
paper packaging waste
TS79；X7
S 固体废物*

纸杯
paper cup
TS767
D 一次性纸杯
S 杯子*
纸餐具
纸容器
Z 厨具
纸制品

纸杯成型机
paper cup molding machine

TG2；TG3；TS73
S 成型设备*

纸病
paper defects
TS77
D 纸张缺陷
S 材料缺陷*
F 外观纸病
纸张变形

纸病检测
paper defects detection
TS755.9
S 异常检测*

纸菜
Y 蔬菜纸

纸餐具
paper dishware
TS767；TS972.23
D 纸制餐具
纸质餐具
S 一次性餐具
F 纸杯
纸浆模塑餐具
Z 厨具

纸草
Y 草类纤维原料

纸产品
Y 纸制品

纸厂
Y 造纸厂

纸厂废水
Y 造纸废水

纸带
paper strip
TS76
S 卷筒纸
Z 纸张

纸袋
paper bag
TS767
S 纸容器
F 纸塑复合袋
Z 纸制品

纸袋纸
sack paper
TS761.7
D 制袋纸
S 纸张*
F 环保袋纸
育果袋纸

纸幅
paper web
TS76
D 湿纸幅
S 纸张*

纸幅稳定器
paper web stabilizer
TS734

S 造纸设备部件*

纸幅张力
web tension
TS71
D 纸张张力
S 张力*
C 纸张

纸杆铅笔
Y 铅笔

纸管
Y 纸筒

纸管机
paper tube machines
TS735.7
S 造纸机械*

纸辊
paper roll
TH13；TS73
D 造纸辊
S 辊*
F 导纸辊
压纸辊
纸粕辊

纸盒
paper packet
TS767
D 无菌纸盒
S 盒子*
容器*
纸箱纸盒
Z 纸制品

纸机
Y 造纸机

纸机白水
Y 造纸废水

纸机传动
paper machine driving
TS734
S 传动*

纸机干燥部
Y 造纸机干燥部

纸机辊筒
paper machine roller
TS734
S 造纸设备部件*

纸机控制
paper machine control
TS75
D 纸机控制系统
S 机械控制*
造纸控制
Z 工业控制

纸机控制系统
Y 纸机控制

纸机设备
Y 造纸机械

纸机生产线
paper machine production line
TS73
   S 造纸生产线
   Z 生产线

纸机湿部
paper machine wet end
TS734
   D 湿部
     造纸湿部
   S 造纸设备部件*

纸机效率
paper machine efficiency
TS75
   S 效率*

纸机压榨部
press section of paper machine
TS734
   D 压榨部
     压榨装置
   S 造纸设备部件*

纸机运行
paper machine operation
TS75
   S 设备运行*

纸基
   Y 纸基材料

纸基材料
paper-based materials
TS767
   D 纸基
   S 复合材料*

纸加工设备
   Y 造纸机械

纸浆
paper pulps
TS749
   D 蚕丝纸浆
     造纸浆料
   S 浆液*
   F EMCC 纸浆
     KP 浆
     OCC 浆
     RDH 浆
     SGW
     爆破浆
     非木材纸浆
     废纸浆
     高得率浆
     高浓纸浆
     化学浆
     机械浆
     碱法浆
     硫酸盐浆
     木浆
     漂白浆
     绒毛浆
     再制浆
     中浓纸浆
   C 浆料
     浆内染色

     卡伯值
     木质素
     纸浆流量
     纸浆黏度
     纸浆浓度
     纸浆配比
     纸浆强度
     纸浆洗涤
     纸浆纤维
     纸浆性能
     纸浆悬浮液
     纸浆硬度

纸浆泵
pulp pumps
TS733
   S 制浆设备*
   F 冲浆泵
     低浓浆泵
     高浓浆泵
     蒸汽热泵
     中浓浆泵

纸浆产量
paper pulp yield
TS749
   S 轻工产品产量
   Z 产量

纸浆厂
pulp mill
TS78
   D 浆纸厂
     制浆厂
   S 造纸厂
   Z 工厂

纸浆得率
pulp yield
TS77
   S 收率*

纸浆废水
   Y 制浆造纸废水

纸浆废液
   Y 制浆废液

纸浆工业废水
   Y 制浆造纸废水

纸浆工艺
   Y 造纸制浆

纸浆黑液
   Y 黑液

纸浆机
pulp machine
TS733
   S 制浆设备*

纸浆流量
pulp flow
TS74
   C 纸浆

纸浆模塑
moulded pulp
TS767

   S 纸制品*
   F 纸浆模制品

纸浆模塑餐盒
   Y 快餐盒

纸浆模塑餐具
pulp model tableware
TS767；TS972.23
   D 纸模餐具
   S 纸餐具
   Z 厨具

纸浆模塑成型机
pulp molding machine
TG2；TG3；TS73
   D 纸浆模塑机
   S 成型设备*

纸浆模塑机
   Y 纸浆模塑成型机

纸浆模塑快餐盒
moulded pulp snack boxes
TS972.23
   S 餐盒
   Z 厨具

纸浆模制品
paper pulp moulding product
TS767
   S 纸浆模塑
   Z 纸制品

纸浆黏度
pulp viscosity
TS77
   S 浆液黏度
   C 纸浆
   Z 黏度

纸浆浓度
pulp consistency
TS74
   S 浆料浓度
   C 纸浆
   Z 浓度

纸浆浓度控制
pulp consistency control
TS74
   S 造纸控制
   Z 工业控制

纸浆浓缩
pulp concentrating
TS74
   S 浆料浓缩
   Z 浓缩

纸浆配比
pulp content
TS74
   S 浆料配比
   C 纸浆
   Z 比

纸浆漂白
pulp bleaching
TS745

D 制浆漂白
S 漂白*
F HP 漂白
　ODQP 漂白
　OQP 漂白
　PO 漂白
　机械浆漂白
　脱墨浆漂白
　无氯漂白
C 脱木素
　制浆

纸浆漂白废水
pulp bleaching effluent
TS745；X7
S 漂白废水
Z 废水

纸浆漂白剂
paper pulp bleaching agent
TS727.2
S 漂白剂*

纸浆漂白设备
Y 纸浆漂白塔

纸浆漂白塔
pulp bleaching tower
TS733
D 纸浆漂白设备
S 制浆设备*

纸浆粕
Y 浆粕

纸浆强度
pulp strength
TS77
D 浆料强度
　浆张强度
S 强度*
C 浆料性能
　纸浆

纸浆染色
Y 浆内染色

纸浆生产
Y 造纸制浆

纸浆生产线
pulp production line
TS74；TS75
S 造纸生产线
F 脱墨浆生产线
Z 生产线

纸浆物理性能
Y 纸浆性能

纸浆洗涤
pulp washing
TS74
D 洗浆
　纸浆洗涤过程
S 洗涤
C 纸浆
Z 清洗

纸浆洗涤过程

Y 纸浆洗涤

纸浆纤维
pulp fibers
TS72
S 再生纤维素纤维
C 纸浆
Z 纤维

纸浆性能
pulp properties
TS77
D 纸浆物理性能
　纸浆性质
S 材料性能*
　造纸性能
C 纸浆

纸浆性质
Y 纸浆性能

纸浆悬浮液
pulp suspension
TS74
S 液体*
C 纸浆

纸浆硬度
pulp hardness
TS74
S 硬度*
C 造纸工艺
　纸浆

纸浆蒸煮
pulp cooking
TS74
S 制浆蒸煮
F RDH 蒸煮
Z 蒸煮

纸浆质量
paper pulp quality
TS74
D 浆质量
S 产品质量*
C 卡伯值

纸巾
Y 餐巾纸

纸巾纸
Y 餐巾纸

纸卷
Y 卷筒纸

纸料
Y 造纸原料

纸漏印刷
paper leakage printing
TS87
S 印刷*

纸滤棒
Y 滤棒

纸滤嘴
Y 滤嘴

纸面
Y 面巾纸

纸面巾
Y 面巾纸

纸模餐具
Y 纸浆模塑餐具

纸抹布
Y 生活用纸

纸尿布
Y 纸尿裤

纸尿裤
paper diaper
TS76
D 纸尿布
S 卫生用品
F 婴儿纸尿裤
C 生活用纸
Z 个人护理品

纸盆
paper cone
TS767
S 纸容器
Z 纸制品

纸品
Y 纸制品

纸品检验
Y 纸张质量

纸品质量
Y 纸张质量

纸粕辊
paper calender roll
TH13；TS73
S 纸辊
Z 辊

纸强度
Y 纸张强度

纸容器
paper container
TS767
S 纸制品*
F 纸杯
　纸袋
　纸盆
　纸箱纸盒

纸湿增强剂
Y 纸张湿强剂

纸塑复合袋
paper and plastic compound bag
TS767
S 纸袋
Z 纸制品

纸塑复合胶
Y 纸塑复合胶粘剂

纸塑复合胶粘剂
paper plastic laminating adhesive
TQ43；TS727

D 纸塑复合胶
　　纸塑复合粘合剂
S 胶粘剂*

纸塑复合粘合剂
　Y 纸塑复合胶粘剂

纸筒
paper tube
TS767
　D 硬纸筒
　　纸管
　S 筒*
　　纸制品*

纸碗
paper bowls
TS767；TS972.23
　S 碗
　Z 厨具

纸纤维
　Y 纤维纸

纸箱
carton
TS767
　S 纸箱纸盒
　F 瓦楞纸箱
　Z 纸制品

纸箱机械
carton machinery
TS735.7
　S 造纸机械*

纸箱生产废水
carton production wastewater
TS764.6；X7
　S 板纸废水
　Z 废水

纸箱印刷机
carton printing machines
TS803.6
　S 印刷机
　Z 印刷机械

纸箱纸盒
carton box
TS767
　S 纸容器
　F 纸盒
　　纸箱
　Z 纸制品

纸型保鲜蔬菜
　Y 蔬菜纸

纸样*
sample sheet
TS941.6
　D 生产过程纸样
　　生产纸样
　F 裁剪纸样
　　工业纸样
　　基本纸样
　　平面纸样
　C 纸样设计

纸样放缩
pattern grading
TS941.6
　S 服装尺寸
　Z 尺寸

纸样分析
　Y 造纸性能

纸样设计
garment paper pattern design
TS941.2
　D 服装纸样设计
　　纸样设计系统
　S 服装设计
　C 服装纸样
　　纸样
　Z 服饰设计

纸样设计系统
　Y 纸样设计

纸样实验
pattern experiment
TS941.6
　S 实验*

纸页
　Y 纸张

纸页定量
paper quantification
TS77
　S 纸张定量
　Z 定量

纸页干燥
paper drying
TS75
　S 干燥*

纸页强度
　Y 纸张强度

纸页物理强度
　Y 纸张强度

纸页性能
　Y 纸张性能

纸页性质
　Y 纸张性能

纸页匀度
　Y 纸张匀度

纸页质量
　Y 纸张质量

纸用干增强剂
　Y 纸张干强剂

纸用增强剂
　Y 纸张增强剂

纸原料
　Y 造纸原料

纸张*
paper
TS76；TS802
　D 单张纸

　　加工纸
　　拷贝纸
　　书皮纸
　　烫金纸
　　压纹书皮纸
　　亚光纸
　　银色纸
　　印像纸
　　印压纸
　　纸
　　纸页
　　皱纸
　　珠光纸
　F 包装纸
　　彩纸
　　蚕丝纸
　　抄片
　　成型纸
　　镀铝纸
　　钢纸
　　工业用纸
　　功能纸
　　合成纸
　　接装纸
　　浸渍纸
　　滤纸
　　木浆纸
　　农业用纸
　　皮纸
　　商业用纸
　　生活用纸
　　手工纸
　　数字纸张
　　水溶性纸
　　特种纸
　　贴花纸
　　透明纸
　　涂布纸
　　涂塑纸
　　文化用纸
　　无尘纸
　　纤维纸
　　相纸
　　压光纸
　　原纸
　　再生纸
　　纸袋纸
　　纸幅
　　中页纸
　　转移印花纸
　　转印纸
　　装饰纸
　C 办公用品
　　压纹
　　纸幅张力
　　纸张变形
　　纸张定量
　　纸张管理
　　纸张染色
　　纸张水分
　　纸张涂料
　　纸张性能
　　纸张质量
　　纸制品
　　装订设备

纸张凹印机
paper gravure printing machines
TS803.6
　S 凹印机
　Z 印刷机械

纸张白度
　Y 白度值

纸张变形
paper distortion
TB3；TS761
　S 变形*
　　外观缺陷*
　　纸病
　C 纸张
　Z 材料缺陷

纸张产品
　Y 纸制品

纸张定量
paper rationing
TS77
　D 成纸定量
　S 定量*
　F 纸页定量
　C 纸张

纸张定位
paper registration
TS805；TS88
　S 定位*

纸张干强剂
dry strengthened agent for paper
TS72
　D 纸用干增强剂
　　纸张增干强剂
　S 干强剂
　　纸张增强剂
　Z 增效剂

纸张管理
paper management
TS77
　S 产品管理*
　C 纸张

纸张厚度
paper thickness
TS76
　S 厚度*

纸张回收
　Y 废纸回收

纸张检测
paper detection
TS802
　S 检测*

纸张结构
paper structure
TS802
　S 材料结构*

纸张品质
　Y 纸张质量

纸张强度

paper strength
TS77
　D 成纸强度
　　纸强度
　　纸页强度
　　纸页物理强度
　S 强度*

纸张缺陷
　Y 纸病

纸张染色
paper coloring
TS75
　S 染色工艺*
　C 纸张

纸张柔软剂
paper softening agent
TS195.23
　S 柔软剂
　Z 整理剂

纸张色差
paper chromatic aberration
O4；TS77
　S 色差*

纸张施胶
paper sizing
TS75
　S 施胶工艺
　Z 工艺方法

纸张湿强剂
paper wet-strength aids
TS72
　D 造纸湿强剂
　　纸湿增强剂
　S 湿强剂
　　纸张增强剂
　C PAE 树脂
　Z 增效剂

纸张水分
paper moisture
TS77
　D 纸张水份
　S 水分*
　C 纸张

纸张水份
　Y 纸张水分

纸张特性
　Y 纸张性能

纸张挺硬剂
paper stiffening agents
TS195.23
　S 硬挺剂
　Z 整理剂

纸张涂布
　Y 造纸涂布

纸张涂层剂
paper coating agents
TS72
　S 涂层剂

　Z 制剂

纸张涂料
paper coatings
TS72
　D 涂布纸涂料
　　造纸涂料
　S 涂料*
　C 纸张

纸张物理性能
paper physical property
TS77
　S 物理性能*
　　纸张性能
　C 甲苯二异氰酸酯 →(9)
　Z 材料性能

纸张吸墨性
ink absorbency of paper
TS802
　S 吸墨性
　　纸张性能
　Z 材料性能
　　吸收性

纸张性能
paper properties
TS77
　D 成纸性能
　　成纸性质
　　成纸质量
　　纸页性能
　　纸页性质
　　纸张特性
　S 材料性能*
　F 涂布纸性能
　　纸张物理性能
　　纸张吸墨性
　　纸张匀度
　C 白度值
　　细小纤维
　　纸张

纸张匀度
paper formation
TS77
　D 纸页匀度
　S 均匀性*
　　纸张性能
　Z 材料性能

纸张增干强剂
　Y 纸张干强剂

纸张增强剂
paper strengthening agent
TS72
　D 造纸增强剂
　　纸用增强剂
　　纸质增强剂
　S 增强剂
　F 纸张干强剂
　　纸张湿强剂
　C 环压指数
　Z 增效剂

纸张张力
　Y 纸幅张力

纸张质量
paper quality
TS77
D 造纸标准
纸品检验
纸品质量
纸页质量
纸张品质
纸质量
S 产品质量*
F 成品纸质量
废纸质量
原纸质量
纸板质量
C 办公用品
打浆性能
抗张指数
耐折度
纸张
纸制品

纸制餐具
Y 纸餐具

纸制产品
Y 纸制品

纸制品*
paper products
TS767
D 造纸产品
纸产品
纸品
纸张产品
纸制产品
F 试纸
相纸
纸板
纸浆模塑
纸容器
纸筒
皱纹纸
C 办公用品
抗张指数
撕裂指数
松厚度
纸张
纸张质量
制品

纸制品加工设备
Y 造纸机械

纸制铅笔
Y 铅笔

纸质餐具
Y 纸餐具

纸质方便筷
Y 一次性筷子

纸质快餐盒
Y 快餐盒

纸质量
Y 纸张质量

纸质印刷品
Y 印刷品

纸质增强剂
Y 纸张增强剂

指标*
index
C
F 储存控制品质指标
纺织品质量指标
服装材料物理指标
感官评吸指标
滤棒指标
耐折度
限量指标
烟气指标
营养品质指标
织物物理指标
C 城市绿地 →(11)
计划 →(1)(3)(4)(5)(6)(11)(12)(13)
建筑密度 →(11)
建筑面积 →(11)
性能指标

指环
ring
TS934.3
D 指环(戒指)
S 戒指
Z 饰品

指环(戒指)
Y 指环

指甲刀
Y 指甲钳

指甲剪
Y 指甲钳

指甲美容
Y 美甲

指甲钳
nail clippers
TG7；TS914
D 电动指甲刀
指甲刀
指甲剪
S 日用刀具
Z 刀具

指接材
finger joint lumber
TS62
S 木材*

指接集成材
Y 集成材

指接生产线
Y 中纤板生产线

指南*
manual
G；TL
F 游戏指南
C 手册 →(1)

指示灯
indicating light
TM92；TS956
D 监视灯
S 信号灯
F 充电指示灯
分合闸指示灯
故障指示灯
疏散指示灯
Z 灯

指示式测量仪器
Y 测量仪器

指数*
index
O1；ZT3
D 色品指数
指数形式
F onionS 指数
蛋白水解指数
氮溶解指数
防护指数
粉质质量指数
褐变指数
红色指数
环压指数
紧密指数
抗张指数
面筋指数
耐破指数
撕裂指数
小片化指数
硬度指数
转移指数
C 污染指数 →(13)

指数形式
Y 指数

指向性
Y 方向性

指针扳手
Y 扳手

酯化淀粉
esterified starch
TS235
D E19 酯化淀粉
S 淀粉*

酯化红曲
esterified monascus
TS26
S 红曲
Z 曲

酯化交联
esterification and crosslinking
TS231
D 酯交联
S 交联*

酯化力
esterifying capacity
TS201
S 能力*

酯化曲
esterified koji
TS26
S 酒曲

　　Z 曲

酯化液
esterified liquid

TS261

　　S 液体*

　　C 窖泥

酯交联

　　Y 酯化交联

酯交联淀粉

　　Y 醚化交联淀粉

酯类香料
ester perfume

TQ65；TS264.3

　　S 合成香料

　　Z 香精香料

酯香
ester flavor

TS264

　　S 香味

　　Z 气味

郅氏硬度值

　　Y 硬度

制板

　　Y 制板工艺

制板工艺
plate-making technology

TS6

　　D 人造板工艺

　　　制板

　　　装饰板工艺

　　S 制造工艺*

　　C 单板染色

　　　家具用材

　　　人造板

制板原型
plate making prototype

TS94

　　S 原型*

制版

　　Y 制版工艺

制版材料

　　Y 版材

制版法

　　Y 制版工艺

制版方式

　　Y 制版工艺

制版工艺
mask making technology

TS805

　　D 雕刻（印花）

　　　胶印制版

　　　印刷制版

　　　制版

　　　制版法

　　　制版方式

　　　制版系统

　　S 印刷工艺*

　　F 凹印制版

　　　彩色制版

　　　地图制版

　　　电子制版

　　　雕版

　　　分色制版

　　　激光制版

　　　平版制版

　　　数码制版

　　　丝网制版

　　　印版制版

　　　印前制版

　　　照相制版

　　　直接制版

　　C 染整机械

　　　轧纹整理

制版故障
plate making troubles

TS805；TS807

　　S 印刷故障

　　Z 故障

制版机
plate-making machine

TS803.4

　　D CTcP 制版机

　　　UV-CTP 制版机

　　　苯胺版制版机

　　　电铸制版机

　　　感光树脂版制版机

　　　静电制版机

　　　来纳阴极射线照相制版机

　　　柔性版制版机

　　　铜锌版制版机

　　　液体感光树脂版制版机

　　S 制版设备

　　F 直接制版机

　　C 版辊

　　Z 印刷机械

制版设备
platemaking equipment

TS803.4

　　D 印版显影机

　　S 印刷机械*

　　F 制版机

制版系统

　　Y 制版工艺

制版质量
plate making quality

TS77

　　S 印刷质量

　　Z 工艺质量

制备*
fabrication

TQ0

　　D 工业化制备

　　　工业制备

　　　生产制备

　　　制备法

　　　制备方法

　　　制备工艺

　　　制备工艺技术

　　　制备过程

　　　制备技术

　　　制取

　　　制取方法

　　　制取工艺

　　　制取技术

　　F 浆料制备

　　　汁液制备

　　C 方法

　　　制备原理 →(9)

　　　制造

制备法

　　Y 制备

制备方法

　　Y 制备

制备工艺

　　Y 制备

制备工艺参数

　　Y 工艺参数

制备工艺技术

　　Y 制备

制备过程

　　Y 制备

制备技术

　　Y 制备

制备装置

　　Y 加工设备

制笔行业
pens industry

TS951.1

　　D 制笔业

　　S 轻工业*

制笔业

　　Y 制笔行业

制冰设备

　　Y 冷却装置

制材

　　Y 木材加工

制材工艺

　　Y 木材加工

制材机械

　　Y 轻工机械

制材设备

　　Y 轻工机械

制材削片联合机

　　Y 轻工机械

制材学
making wood science

TS612

　　S 材料科学*

　　C 木材加工

制材用原木

　　Y 原木

制材原木

　　Y 原木

制茶
Y 茶叶加工

制茶方法
Y 茶叶加工

制茶废料
tea waste
TS59；X7
D 茶废料
S 废料*
C 废茶 →(13)

制茶工业
tea industry
TS272
S 饮料工业
F 茶叶加工业
Z 轻工业

制茶工艺
Y 茶叶加工

制茶机械
Y 茶叶机械

制茶技术
Y 茶叶加工

制茶设备
Y 茶叶机械

制成
Y 制造

制醋
Y 酿醋

制醋工艺
Y 酿醋

制袋纸
Y 纸袋纸

制灯机械
lamp making machinery
TS956
D 灯具制造机械
制灯设备
S 轻工机械*
F 圆排机
注汞器
C 照明设备

制灯设备
Y 制灯机械

制钉机
nail making machine
TS04
S 轻工机械*

制动传动机构
Y 传动装置

制动灯
Y 刹车灯

制度*
system
ZT
F 食品卫生安全制度
食品召回制度
C 环境保护制度 →(13)
体制 →(1)(7)(11)(12)(13)

制粉*
pulverizing
TF1
D 粉化
粉料制备
粉末化
粉末制备
粉末制造
粉体制备
灰样制备
抗粉化
制粉工艺
F 脱皮制粉
C 爆炸法 →(1)
超细粉 →(1)(3)
铁黄 →(9)
雾化压力 →(3)

制粉工业
milling industry
TS23
S 粮食工业
Z 轻工业

制粉工艺
Y 制粉

制粉技术
Y 面粉加工

制粉设备
powder manufacturing apparatus
TS203
S 设备*
F 薯类制粉机
C 制粉系统 →(5)

制粉生产线
flour production line
TS04
S 生产线*

制粉特性
flour milling property
TS201.1
S 材料性能*
工艺性能*

制服
uniform
TS941.3；TS941.7
D 酒店制服
S 职业服装
Z 服装

制服设计
uniform design
TS941.2
S 职业装设计
Z 服饰设计

制革
Y 制革工艺

制革材料
leather material
TS102
S 材料*

制革厂
tannery
TS5
D 皮革厂
S 工厂*

制革废料
Y 皮边角料

制革废弃物
tannery waste
TS59；X7
D 皮革废弃物
S 工业废弃物*
固体废物*
F 铬革废弃物
皮革固体废弃物

制革废水
tannery wastewater
TS59；X7
D 皮革废水
制革工业废水
制革污水
S 废水*
F 高盐制革废水
革基布废水
制革染色废水
制革综合废水

制革废水处理
tannery wastewater treatment
TS59；X7
D 制革工业废水处理
S 工业废水处理*

制革废液
Y 皮革废液

制革辅料
tannery supplies
TS529
S 材料*

制革副产品
tannery by-products
TS59
S 工业副产品
F 皮边角料
皮革屑
皮化材料
油脂工业副产品
C 制革工业
Z 副产品

制革工业
leather industry
TS5
D 皮革工业
皮革行业
皮革业
皮毛工业
皮毛业
制革行业
制革业
S 轻工业*

　　C 制革副产品
　　　制革工艺

制革工业废水
　　Y 制革废水

制革工业废水处理
　　Y 制革废水处理

制革工艺*
leather manufacture processes
TS54
　　D 现代制革技术
　　　制革
　　　制革技术
　　F 磨革
　　　皮革整理
　　　清洁化制革
　　　鞣制
　　　羊皮制革
　　　制革准备
　　　制裘
　　C 牦牛皮
　　　皮革化学品
　　　鞣剂
　　　生皮
　　　制革工业
　　　制革机械
　　　猪皮

制革工艺学
leather making technology
TS51
　　D 皮革学
　　　制革理论
　　S 科学*

制革化学
　　Y 鞣制化学

制革机械*
leather-making machinery
TS53
　　D 挤水机
　　　拉软机
　　　帘幕涂饰机
　　　毛皮辅助机械设备
　　　毛皮机械
　　　毛皮机械设备
　　　磨革机
　　　喷浆干燥联合机
　　　皮革机械
　　　皮革加工机械
　　　皮革加工器
　　　去肉机
　　　伸展机
　　F 辊涂机
　　　毛皮加工设备
　　　剖层机
　　　脱脂机
　　　削匀机
　　C 轻工机械
　　　制革工艺

制革技术
　　Y 制革工艺

制革浸水
leather soaking

制革理论
　　Y 制革工艺学

制革染色废水
leather dyeing wastewater
TS59；X7
　　S 制革废水
　　Z 废水

制革设备
　　Y 毛皮加工设备

制革涂饰
　　Y 皮革涂饰

制革污泥
leather sludge
TS59；X7
　　S 污泥*

制革污染
leather industry pollution
TS59；X7
　　S 行业污染*

制革污水
　　Y 制革废水

制革下脚料
　　Y 皮边角料

制革行业
　　Y 制革工业

制革业
　　Y 制革工业

制革原料
leather-producing raw materials
TS52
　　D 毛革两用毛皮
　　　皮革材料
　　　皮革原料
　　　原料皮
　　S 制造原料*
　　C 动物皮
　　　制革助剂

制革助剂
leather auxiliary agent
TS52
　　D 皮革助剂
　　S 助剂*
　　F 助鞣剂
　　C 制革原料

制革准备
leathermaking
TS541
　　S 制革工艺*
　　F 浸灰
　　　浸酸
　　　取皮
　　　脱毛
　　　选皮
　　C 脱脂

制革综合废水
leather comprehensive wastewater
TS59；X7
　　S 制革废水
　　Z 废水

制梗丝
　　Y 烟草生产

制罐
manufacturing can
TS205；TS29
　　D 制罐技术
　　S 生产工艺*
　　C 罐头食品

制罐废水
making package wastewater
TS29；X7
　　S 食品工业废水
　　Z 废水

制罐技术
　　Y 制罐

制罐设备
can-making equipment
TS04
　　S 轻工机械*
　　C 罐盖

制糊
　　Y 挂糊

制剂*
preparations
TQ42
　　D 加工剂
　　　制剂工艺
　　F 剥离剂
　　　澄清剂
　　　封端剂
　　　谷朊粉
　　　精炼剂
　　　皮革保养剂
　　　屏蔽剂
　　　前处理剂
　　　渗透剂
　　　食品增补剂
　　　树脂控制剂
　　　涂层剂
　　　消光剂
　　　腌制剂
　　C 剂型

制剂工艺
　　Y 制剂

制浆*
slurrying
TS10；TS74
　　D 制浆法
　　　制浆方法
　　　制浆工艺
　　　制浆过程
　　　制浆机理
　　　制浆技术
　　　制浆理论
　　F 爆破制浆
　　　调浆

高得率制浆
化学制浆
机械制浆
挤浆
两步法制浆
磨浆
配浆
清洁制浆
溶剂制浆
生物制浆
碎浆
匀浆
造纸制浆
C 打浆质量
　浆内施胶
　硫酸盐法
　纸浆漂白
　制浆化学 →(9)
　制浆性能
　制浆研究

制浆厂
　Y 纸浆厂

制浆法
　Y 制浆

制浆方法
　Y 制浆

制浆废水
　Y 制浆造纸废水

制浆废液
pulping waste liquor
TS74；X7
　D 碱法纸浆废液
　　造纸制浆废液
　　纸浆废液
　S 造纸废液
　F 黑液
　　红液
　　化学机械法制浆废液
　　绿液
　　亚铵法制浆废液
　C 板纸废水
　Z 废液

制浆工业
pulping industry
TS7
　S 造纸工业
　Z 轻工业

制浆工艺
　Y 制浆

制浆过程
　Y 制浆

制浆黑液
　Y 黑液

制浆机
pulper
TS733
　S 制浆设备*
　F SLG 多功能制浆机

制浆机理

　Y 制浆

制浆机械
　Y 制浆设备

制浆技术
　Y 制浆

制浆理论
　Y 制浆

制浆漂白
　Y 纸浆漂白

制浆漂白废水
pulp bleaching wastewater
TS745；X7
　S 漂白废水
　Z 废水

制浆设备*
pulping equipment
TS733
　D 浆料制备系统
　　制浆机械
　　制浆系统
　　制浆造纸机械
　　制浆造纸设备
　F 布浆器
　　打浆机
　　供浆系统
　　挤浆机
　　精浆机
　　磨浆设备
　　散浆机
　　筛浆机
　　碎浆机
　　洗浆设备
　　纸浆泵
　　纸浆机
　　纸浆漂白塔
　　制浆机
　　中浓混合器

制浆生产线
pulping production line
TS73
　S 造纸生产线
　Z 生产线

制浆特性
　Y 制浆性能

制浆污水
　Y 制浆造纸废水

制浆系统
　Y 制浆设备

制浆性能
pulpability
TQ53；TS10；TS74
　D 成浆特性
　　成浆性
　　成浆性能
　　成浆性质
　　制浆特性
　S 工艺性能*
　F 打浆性能
　　制浆造纸性能

　C 固硫剂 →(9)
　　灰渣 →(13)
　　浆料性能
　　配煤 →(9)
　　燃油锅炉 →(5)
　　制浆

制浆研究
pulping research
TS74
　S 研究*
　C 制浆

制浆原料
pulping material
TS742
　S 制造原料*

制浆造纸
　Y 造纸制浆

制浆造纸厂
　Y 造纸工业

制浆造纸废水
pulp and paper wastewater
TS74；X7
　D 半化学纸浆废水
　　硫酸盐纸浆废水
　　纸浆废水
　　纸浆工业废水
　　制浆废水
　　制浆污水
　S 造纸废水
　F 草浆造纸废水
　　废纸制浆废水
　　高得率浆废水
　　化机浆废水
　Z 废水

制浆造纸工业
　Y 造纸工业

制浆造纸机械
　Y 制浆设备

制浆造纸企业
pulp and paper enterprises
TS7
　D 制浆造纸业
　S 造纸企业
　Z 企业

制浆造纸设备
　Y 制浆设备

制浆造纸性能
pulping and papermaking properties
TS74
　S 造纸性能
　　制浆性能
　C 速生材
　Z 工艺性能

制浆造纸业
　Y 制浆造纸企业

制浆造纸原料
　Y 造纸原料

制浆造纸中段废水

Y 中段废水

制浆蒸煮
pulping cooking
TS105；TS74
D 煮浆
S 蒸煮*
F 纸浆蒸煮

制浆中段废水
Y 中段废水

制浆助剂
Y 浆料助剂

制酱
soy sauce production
TS264
D 酱油生产
制酱工艺
制酱技术
S 调味品加工
Z 食品加工

制酱工艺
Y 制酱

制酱技术
Y 制酱

制酒厂
Y 酒厂

制酒废水
Y 酒精废液

制酒工艺
Y 酿酒工艺

制酒设备
Y 酿造设备

制冷*
refrigeration
TB6；TU8
D 非制冷
非致冷
冷冻
冷冻处理
冷冻调理
冷冻调配
冷冻法
冷冻工艺
冷冻过程
冷冻理论
冷结
制冷方法
制冷方式
制冷工艺
制冷技术
制冷能力
致冷
致冷技术
F 速冻
C 供冷量 →(11)
局部换热系数 →(1)
冷冻干燥 →(9)
冷冻站 →(1)(11)
冷负荷 →(11)
冷却
冷却装置
凝固点 →(4)
喷射
热声技术 →(1)
热阻
食品冷藏
制冰 →(1)
制冷剂 →(1)
制冷空调 →(1)
制冷率 →(1)
制冷压缩机 →(1)
总制冷量 →(1)

制冷方法
Y 制冷

制冷方式
Y 制冷

制冷工业
Y 工业

制冷工艺
Y 制冷

制冷机械
Y 冷却装置

制冷技术
Y 制冷

制冷能力
Y 制冷

制冷器具
Y 冷却装置

制冷设备
Y 冷却装置

制冷装置
Y 冷却装置

制卤
making bittern
TS36
D 蒸发制卤
制卤工艺
S 制盐*

制卤工艺
Y 制卤

制麦
malting
TS210.4
D 浸麦工艺
润麦
润麦工艺
润麦技术
制麦工艺
着水润麦
S 粮食加工
F 大麦加工
荞麦加工
小麦加工
C 润麦时间
Z 农产品加工

制麦工艺
Y 制麦

制麦特性
wheat malting process
TS261.4
S 工艺性能*

制米
Y 碾米

制米机
Y 碾米机

制米机械
Y 大米色选机

制绵设备
Y 丝纺织机械

制片工艺
preparation metbods
TS205
S 制造工艺*

制品*
products
ZT81
D 加工制品
制品设计
F 仿制品
谷物制品
木制品
水晶制品
C 产品
瓷制品
豆制品
发泡制品
果蔬制品
坚果制品
建材制品 →(11)(12)
金属制品
肉制品
乳制品
塑胶制品
糖制品
陶瓷制品 →(4)(7)(9)(11)
钨制品 →(3)(5)
纤维制品
烟草制品
原料
纸制品

制品品质
Y 产品质量

制品设计
Y 制品

制品质量
Y 产品质量

制裘
fur making technique
TS54
D 制裘技术
S 制革工艺*

制裘技术
Y 制裘

制曲*
starter propagation

TS26
  D　制曲工艺
  F　低温制曲
    多菌种制曲
    复合制曲
    混合制曲
    机制曲
    架式制曲
    酱油制曲
    生料制曲
    熟料制曲
    天然制曲
    通风制曲
  C　酱油
    面包制作

制曲发酵
koji fermentation
TS26
  S　食品发酵
  Z　发酵

制曲工艺
  Y　制曲

制曲原料
starter-making materials
TS26
  S　酿造原料
  Z　食品原料

制取
  Y　制备

制取方法
  Y　制备

制取工艺
  Y　制备

制取技术
  Y　制备

制取酱油
  Y　酱油酿造

制丝
  Y　制丝工艺

制丝厂
filature
TS14
  S　纺织厂
  Z　工厂

制丝车间
silk reeling workshop
TS4
  S　车间*

制丝工艺
silk making technology
TS14
  D　制丝
  S　缫丝工艺
  Z　纺织工艺

制丝率
  Y　蚕丝标准

制丝企业

silk enterprise
TS108
  S　纺织企业
  Z　企业

制丝设备
silk equipment
TS142
  S　缫丝机械
  F　烘丝机
    络丝机
  Z　纺织机械

制丝生产线
shredded tobacco production line
TS43
  D　制丝线
  S　生产线*

制丝线
  Y　制丝生产线

制糖
  Y　制糖工艺

制糖厂
  Y　制糖工业

制糖副产品
  Y　制糖工业副产品

制糖工业
sugar industry
TS24
  D　淀粉糖工业
    糖醇工业
    糖果工业
    糖业
    甜菜糖厂
    甜菜制糖工业
    制糖厂
    制糖业
  S　食品工业
  Z　轻工业

制糖工业副产品
sugar processing by-products
TS249
  D　制糖副产品
  S　工业副产品
  F　废糖液
    甘蔗渣
    滤泥
    糖蜜
    糖糟
  Z　副产品

制糖工艺*
sugar-making craft
TS244
  D　大米制糖
    淀粉制糖
    酶法制糖
    双酶法制糖
    土法甜菜制糖
    再制糖
    制糖
    制糖技术
  F　甘蔗制糖

    浸糖
    渗糖
    碳酸法制糖
    糖汁澄清
    甜菜制糖
    煮糖
  C　甘蔗分析
    甘蔗压榨
    提汁
    养晶时间

制糖机械
  Y　制糖设备

制糖技术
  Y　制糖工艺

制糖企业
sugar enterprise
TS248
  S　食品企业
  Z　企业

制糖设备
sugar making equipment
TS243
  D　打散机
    糖膏搅拌机
    糖化设备
    消和机
    压碎机
    压榨机组
    制糖机械
  S　食品加工设备*
  F　糖果包装机
    蔗加工机械

制糖业
  Y　制糖工业

制糖原料
refine sugar raw material
TS242
  D　糖蜜原料
    糖原料
    糖质原料
    蔗糖原料
  S　食品原料*
  F　新鲜甘蔗

制条
slivering
TS104；TS13
  D　制条工艺
  S　生产工艺*
  C　毛纺织

制条工艺
  Y　制条

制条机
slivering machine
TS103
  S　设备*

制鞋
  Y　制鞋工艺

制鞋材料
  Y　鞋材

制鞋工具
　Y 制鞋机械

制鞋工业
　Y 制鞋业

制鞋工艺
shoe-making technology
TS943.6
　D 包跟
　　绷帮
　　绷帮裕度
　　插帮绷帮
　　冲眼
　　出楦
　　缝帮
　　缝内底布
　　后帮定型
　　后帮拉线绷帮
　　机器绷帮
　　浇注制鞋
　　模压制鞋
　　内底起埂
　　内底粘埂
　　皮鞋翻新
　　全绷帮
　　脱楦
　　线缝制鞋
　　鞋底装配
　　制鞋
　　注塑鞋
　　注塑制鞋
　S 制造工艺*

制鞋机
　Y 制鞋机械

制鞋机具
　Y 制鞋机械

制鞋机械
shoe-making machinery
TS943.5
　D 拔钉机
　　半自动内钉跟机
　　帮脚内里刷腔机
　　帮脚起毛机
　　帮脚熨平机
　　帮口定型机
　　帮面烫平机
　　帮面蒸湿机
　　绷帮机
　　绷后帮机
　　绷前帮机
　　绷楦机
　　绷中帮机
　　绷中后帮机
　　打鞋眼机
　　弹簧楦链式铣槽机
　　弹簧楦制作设备
　　弹簧楦装套筒机
　　弹簧楦装销机
　　钉钉绷后帮机
　　钉钉绷中后帮机
　　钉跟机
　　钉鞋眼机
　　后帮脚锤平机
　　后帮拉伸预成型机

　　后帮预成型机
　　后跟成型机
　　胶粘绷帮机
　　刻跟机
　　量楦仪
　　内底开槽机
　　内钉跟机
　　皮鞋机械
　　平面裁料机
　　前帮起弯机
　　手动钉鞋眼机
　　双钉鞋眼机
　　外底刷胶机
　　外钉跟机
　　万能钉跟机
　　鞋部件预成型机
　　鞋跟喷色机
　　鞋机
　　鞋楦扫描机
　　圆刀片帮机
　　圆刀片皮机
　　粘钉绷中后帮机
　　制鞋工具
　　制鞋机
　　制鞋机具
　　制鞋设备
　　主跟成型机
　　自动进料主跟压型机
　　自动内钉跟机
　　自动切钻弹簧楦机
　　自动外钉跟机
　S 轻工机械*
　F 刻楦机
　C 鞋模

制鞋面料
　Y 鞋面材料

制鞋模具
　Y 鞋模

制鞋企业
shoes manufacturing enterprise
TS943.8
　D 鞋类企业
　S 企业*

制鞋设备
　Y 制鞋机械

制鞋行业
　Y 制鞋业

制鞋业
shoe-making industry
TS943
　D 制鞋工业
　　制鞋行业
　S 纺织工业
　F 胶鞋工业
　Z 轻工业

制烟工艺
　Y 烟草生产

制烟机械*
tobacco industry machinery
TS43
　D 烟草工业机械

　　烟草机械
　　烟草加工机械
　　烟草加工设备
　　烟草设备
　F 摆丝机
　　残次烟支处理机
　　打叶机
　　卷接机
　　卷烟机
　　卷烟机组
　　烤烟机
　　滤棒成形机
　　润叶机
　　吸烟机
　　洗梗机
　　烟机
　　贮丝柜
　C 烘烤装置
　　烤烟房
　　轻工机械

制盐*
salt manufacturing
TS36
　D 海盐生产
　　食盐生产
　　盐田生产
　　制盐工艺
　F 床后加碘
　　兑卤
　　输卤
　　塑苫
　　滩晒
　　提硝
　　析盐
　　洗盐
　　盐加工
　　真空制盐
　　制卤
　C 卤水精制
　　卤水净化
　　卤水开采
　　卤水蒸发
　　盐
　　制盐工业
　　制盐设备

制盐厂
　Y 盐场

制盐废水
salt wastewater
TS3；X7
　S 食品工业废水
　Z 废水

制盐工业
salt industry
TS3
　D 苦卤工业
　　盐业
　　盐业生产
　　制盐系统
　S 轻工业*
　C 盐场
　　制盐
　　制盐设备

制盐工艺
　Y 制盐

制盐机械
　Y 制盐设备

制盐母液
salt making mother liquor
TS39
　D 苦卤
　S 液体*
　C 盐资源

制盐企业
salt making enterprises
TS38
　S 企业*

制盐设备
salt making equipment
TS33
　D 洗盐器
　　盐水沉降器
　　盐水过滤器
　　盐业机械
　　蒸盐装置
　　制盐机械
　　制盐装置
　　装盐机
　S 轻工机械*
　F 采盐机
　　加碘机
　　盐化工设备
　　盐水预热器
　　盐田设备
　　盐析结晶器
　C 沸腾干燥床
　　炉膛　→(5)
　　盐
　　制盐
　　制盐工业

制盐系统
　Y 制盐工业

制盐行业
　Y 盐场

制盐业
　Y 盐场

制盐装置
　Y 制盐设备

制样
　Y 打样

制衣
　Y 服装工艺

制衣机械
　Y 服装机械

制油
extracting oil
TS224
　D 提油
　　提油工艺
　　制油工艺
　　制油技术

制油加工
制油新工艺
　S 粮油加工
　F 浸出法制油
　　浸油
　　酶法提油
　　植物油加工
　C 出油率
　Z 农产品加工

制油副产品
　Y 油脂工业副产品

制油工业
oils preparation industry
TS22
　S 油脂工业
　Z 轻工业

制油工艺
　Y 制油

制油工艺标准
oil process standard
TS227
　S 标准*

制油技术
　Y 制油

制油加工
　Y 制油

制油设备
extracting oil equipment
TS223
　S 食品加工设备*
　F 榨油机

制油新工艺
　Y 制油

制造*
fabrication
TH16；ZT5
　D 加工制造技术
　　制成
　　制造法
　　制造方法
　　制造工程技术
　　制造过程
　　制造技术
　　制造加工
　F 乐器制造
　C 操作
　　成组技术　→(7)
　　锻造　→(3)
　　工艺方法
　　加工
　　模具制造　→(1)(2)(3)(4)(9)
　　酿造
　　生产工艺
　　织造
　　制备
　　制药　→(9)
　　制造工程　→(4)
　　制造科学　→(4)
　　制造缺陷
　　制造系统　→(1)(2)(3)(4)(5)(8)(9)(11)

制造资源　→(4)
制造资源管理　→(13)
制作
　铸造　→(1)(3)(4)

制造厂
　Y 工厂

制造法
　Y 制造

制造方法
　Y 制造

制造工程技术
　Y 制造

制造工艺*
manufacturing process
TH16
　D 制造工艺技术
　F 捻制
　　制板工艺
　　制片工艺
　　制鞋工艺
　C 船舶制造工艺　→(12)
　　工艺方法
　　生产工艺
　　制程　→(8)

制造工艺技术
　Y 制造工艺

制造过程
　Y 制造

制造机械
manufacturing machinery
TH16；TS6
　S 机械*

制造技术
　Y 制造

制造加工
　Y 制造

制造缺陷*
manufacturing defect
TH16
　D 机加工缺陷
　　加工缺陷
　　金属加工缺陷
　　热加工缺陷
　　预制缺陷
　F 砂眼
　C 凹坑　→(3)
　　斑点缺陷　→(3)(4)
　　齿轮缺陷　→(4)
　　焊接缺陷　→(3)
　　加工变形　→(1)(3)(4)(9)(11)
　　金属材料缺陷　→(3)
　　缺陷
　　轧辊缺陷　→(3)(4)
　　制造

制造设计
　Y 产品设计

制造原料*
manufacturing material

ZT81
- D 制作原料
- F 纺织原料
  - 造纸原料
  - 制革原料
  - 制浆原料
- C 原料

制造装置
- Y 机械

制汁工艺
juice-extracting technology
TS27
- D 提汁工艺
- S 食品加工*
- F 麦汁制备

制作*
fabrication
TH16
- D 工艺制作
  - 技术制作
  - 加工制作
  - 制作工艺
  - 制作技术
  - 制做方法
- F 模板制作
  - 模型制作
  - 手工制作
  - 图文处理
  - 样板制作
- C 加工
  - 手工技艺 →(1)
  - 音视频制作 →(1)(7)(8)⑿
  - 影视制作 →(7)(8)
  - 制造

制作工艺
- Y 制作

制作技术
- Y 制作

制作原料
- Y 制造原料

制做方法
- Y 制作

质保期
- Y 保质期

质地
- Y 材质

质地剖面分析
texture profile analysis
TS201.1
- S 分析*

质构分析
texture analysis
TS207.3
- S 分析方法*
- F 质构剖面分析
- C 品质特性 →(1)

质构分析仪
- Y 质构仪

质构剖面分析
texture profile analysis
TS207.3
- S 质构分析
- Z 分析方法

质构特性
textural characteristics
TS201.2
- D 质构性能
- S 产品性能*

质构性能
- Y 质构特性

质构仪
texture analyzer
TS203
- D 质构分析仪
- S 仪器仪表*

质量*
quality
F
- D 品质
  - 质量水平
  - 质量特点
  - 质量要求
- F 板材质量
  - 裁切质量
  - 成曲质量
  - 储存品质
  - 干燥质量
  - 感官质量
  - 锯材质量
  - 评吸品质
  - 原料质量
- C 产品质量
  - 纺织加工质量
  - 工程质量 →(1)(2)(11)(12)
  - 工艺质量
  - 环境质量 →(11)(13)
  - 食品质量
  - 体积 →(1)(2)(3)(9)
  - 性能规格 →(1)
  - 冶金质量 →(3)
  - 重量

质量保证期
- Y 保质期

质量控制*
quality control
F
- D 质量控制技术
- F 食品质量控制
  - 印刷质量控制
- C 管理控制 →(1)(7)(8)(11)
  - 三大控制 →(11)

质量控制技术
- Y 质量控制

质量水平
- Y 质量

质量特点
- Y 质量

质量系数

quality factor
TS65
- S 系数*

质量效果
mass effect
F：TS8
- S 效果*

质量要求
- Y 质量

致癌染料
carcinogenous dyestuff
TS193.21
- D 致敏染料
  - 致敏性染料
- S 染料*

致冷
- Y 制冷

致冷技术
- Y 制冷

致冷设备
- Y 冷却装置

致冷系统
- Y 冷却装置

致裂
- Y 断裂

致敏染料
- Y 致癌染料

致敏性染料
- Y 致癌染料

致香成分
aroma components
TS41
- D 芳香成分
  - 香成分
  - 香根鸢尾
  - 香气成分
  - 香气成份
  - 香气组成
  - 香气组分
  - 香味成份
  - 香味组分
  - 鸢尾烟用香料
  - 紫苏葶
- S 成分*
- F 中性致香成分
- C 香味物质 →(9)

智力玩具
- Y 智能玩具

智能保鲜
intelligent preservation
TS205
- S 保鲜*

智能衬衫
- Y 衬衫

智能纺织品
smart textiles

TS106.8
　D 智能型纺织品
　S 功能纺织品*
　F 蓄热调温纺织品
　C 智能纤维

智能服装
smart garment
TS941.7
　S 服装*
　F 电子服装
　　数字化服装

智能服装 CAD
intelligent clothing CAD
TP3；TS941.5
　S 服装 CAD
　Z 计算机辅助技术

智能复印机
　Y 复印机

智能化集成系统
　Y 智能系统

智能化家具
　Y 智能家具

智能化剑杆织机
intelligent rapier loom
TS103.33
　S 剑杆织机
　Z 织造机械

智能化系统
　Y 智能系统

智能加药控制器
　Y 自动加药装置

智能家具
intelligent furnitures
TS66；TU2
　D 智能化家具
　S 家具*

智能交通灯
intelligent traffic light
TM92；TS956
　S 交通灯
　Z 灯
　　交通设施

智能军服
　Y 特种军服

智能路灯
intelligent street lamp
TM92；TS956
　S 路灯
　Z 灯

智能门禁系统
intelligent access control system
TP2；TS914；TU8
　S 管理系统*
　　建筑系统*
　　智能系统*
　C 智能门锁

智能门锁
intelligent door guard and locking system
TS914
　S 锁具
　C 智能门禁系统
　Z 五金件

智能面料
　Y 高科技面料

智能玩具
intelligent toy
TS958.28
　D 益智玩具
　　智力玩具
　S 高科技玩具
　Z 玩具

智能微波炉
　Y 微波炉

智能洗衣机
　Y 全自动洗衣机

智能系统*
intelligent systems
TP1
　D 多智能体系
　　多智能系统
　　智能化集成系统
　　智能化系统
　F 智能门禁系统
　C 感知系统 →(6)(7)(8)
　　计算机应用系统
　　虚拟层 →(8)
　　专家系统 →(4)(8)(13)
　　自动化系统 →(1)(2)(3)(4)(5)(6)(7)(8)(9)
(11)(12)(13)

智能纤维
intelligent fibers
TQ34；TS102.528
　D 智能型纤维
　S 功能纤维
　F 形状记忆纤维
　C 智能材料 →(1)
　　智能纺织品
　Z 纤维

智能型纺织品
　Y 智能纺织品

智能型酸奶机
　Y 酸奶机

智能型洗衣机
　Y 全自动洗衣机

智能型纤维
　Y 智能纤维

智能眼镜
intelligent glasses
TS959.6
　S 眼镜*

置换漂白
displacement bleaching
TS192.5
　S 漂白*

置换气体包装

　Y 气调保鲜包装

置换洗浆机
　Y 洗浆机

中餐
　Y 中式菜肴

中草药保鲜剂
　Y 食品保鲜剂

中长涤粘纱
　Y 涤粘混纺纱

中长发
　Y 发式

中长粉路
　Y 粉路

中长化纤织物
　Y 化纤织物

中长腈纶
　Y 腈纶

中长纤维
medium length fibre
TQ34；TS102
　S 纤维*

中长纤维织物
　Y 化纤织物

中长织物
　Y 化纤织物

中粗绒线
　Y 绒线

中底
　Y 鞋底

中底材料
　Y 鞋底

中段废水
middle-stage wastewater
TS74；X7
　D 碱法草浆中段废水
　　麦草浆中段废水
　　造纸中段废水
　　制浆造纸中段废水
　　制浆中段废水
　　中段水
　S 造纸废水
　F 草浆中段废水
　Z 废水

中段水
　Y 中段废水

中段原木
　Y 原木

中缝圆袖
　Y 连身袖

中高密度纤维板
　Y 中密度纤维板

中高温大曲
high temperature Daqu

TS262.39
S 大曲酒
Z 白酒

中隔板
Y 隔板

中跟鞋
Y 鞋

中国白酒
Chinese liquor
TS262.39
D 酒名
名酒
中国名酒
中国名优白酒
中国清酒
S 白酒*
F 白云边酒
扳倒井酒
川酒
丛台酒
董酒
杜康酒
二锅头
汾酒
古井贡酒
贵州白酒
国窖大曲
衡水老白干酒
剑南春
金典叙府酒
酒鬼酒
口子窖酒
利口酒
泸型酒
泸州老窖
茅台酒
四特酒
太白酒
泰山特曲
西凤酒
湘泉酒
洋河大曲
伊力特酒
张弓酒
贞元增酒
枝江大曲酒
中原白酒
竹叶青酒

中国菜
Y 中式菜肴

中国菜系
Y 菜系

中国菜肴
Y 中式菜肴

中国餐饮
Y 中式菜肴

中国传统服饰
Y 中国服饰

中国传统家具
Chinese traditional furniture

TS66；TU2
D 中国古代家具
中国古典家具
S 古典家具
中国家具
Z 家具

中国服饰
Chinese dress
TS941.7
D 中国传统服饰
S 服饰*

中国服装
Y 中式服装

中国服装史
Chinese costume history
TS941.1
S 服装史
F 红帮服装史
Z 纺织科学

中国古代家具
Y 中国传统家具

中国古典家具
Y 中国传统家具

中国古陶瓷
ancient China ceramic
TQ17；TS93
S 古陶瓷
Z 陶瓷

中国黄酒
Y 黄酒

中国家具
Chinese furniture
TS66；TU2
S 家具*
F 白族家具
现代中式家具
中国传统家具
C 喷漆机 →(9)

中国结艺
Chinese knot
TS935
S 绳结
Z 编织

中国流行面料
fabrics China
TS941.41
S 时装面料
Z 面料

中国面点
Y 中式面点

中国名酒
Y 中国白酒

中国名优白酒
Y 中国白酒

中国南瓜
Y 南瓜

中国烹饪大师
Y 中式烹调师

中国啤酒
Chinese beer
TS262.59
S 啤酒
Z 酒

中国葡萄酒
Chinese grape wine
TS262.61
S 葡萄酒*

中国清酒
Y 中国白酒

中国乳品工业
Y 乳品工业

中国食品安全
Y 食品安全

中国蒸馏白酒
Y 中国蒸馏酒

中国蒸馏酒
Chinese distilled liquor
TS262.39
D 中国蒸馏白酒
S 蒸馏酒
Z 白酒

中和复鞣剂
neutralization retanning agent
TS529.2
S 复鞣剂
Z 鞣剂

中和料浆浓缩法
Y 浆料浓缩

中和水洗
neutralization and water washing
TG1；TS973
S 水洗
Z 清洗

中和水洗机
Y 洗涤设备

中华白葡萄酒
Y 白葡萄酒

中华大米酒
Y 米酒

中华猕猴桃
Y 猕猴桃

中级废物
Y 废弃物

中间相沥青纤维
mesophase pitch fibre
TQ34；TS102
S 沥青基碳纤维
C 中间相沥青 →(2)
Z 纤维

中间载体
intermediate carrier

TS8
　　S 载体*

中间轧机
　　Y 轧机

中碱玻璃纤维
medium-alkali glass fibre
TQ17；TS102
　　S 含碱玻璃纤维
　　Z 纤维

中碱无捻粗纱
　　Y 无捻粗纱

中碱性造纸
medium-alkaline papermaking
TH16；TS75
　　S 中性造纸
　　Z 生产

中筋粉
medium strength flour
TS211.2
　　S 等级粉
　　Z 粮食

中空涤纶
hollow polyester
TQ34；TS102.522
　　D 中空涤纶纤维
　　S 异形涤纶丝
　　　中空纤维
　　F 抗菌中空涤纶纤维
　　　中空涤纶短纤维
　　C 维劳夫特纤维
　　　中空度　→(9)
　　Z 纤维

中空涤纶短纤维
hollow PET staple fibre
TQ34；TS102.522
　　S 涤纶短纤维
　　　中空涤纶
　　F 葆莱绒纤维
　　Z 纤维

中空涤纶纤维
　　Y 中空涤纶

中空多孔碳纤维
　　Y 碳纤维

中空纤维
hollow fiber
TQ34；TS102.63
　　D 反渗透纤维
　　S 异形纤维
　　F 活性中空炭纤维
　　　聚砜中空纤维
　　　三维卷曲中空纤维
　　　中空涤纶
　　C 超滤膜　→(9)
　　　铜氨纤维
　　　中空度　→(9)
　　Z 纤维

中老年服装
old and middle-aged people clothing
TS941.7

　　S 服装*
　　F 老年服装

中老年体型
elderly type
TS941.1
　　S 人体体型
　　Z 体型

中密度板
　　Y 中密度纤维板

中密度稻草板
medium density straw boards
TS62
　　S 中密度纤维板
　　Z 木材

中密度纤维板
medium density fiberboard
TS62
　　D 半硬质纤维板
　　　中高密度纤维板
　　　中密度板
　　　中容重纤维板
　　　中纤板
　　S 纤维板
　　F 薄型中密度纤维板
　　　超轻质中密度纤维板
　　　复合中密度纤维板
　　　厚型中密度纤维板
　　　室外型中密度纤维板
　　　中密度稻草板
　　　阻燃中密度纤维板
　　C 板式家具
　　　游离甲醛释放量
　　　中纤板生产线
　　Z 木材

中密度纤维板生产线
　　Y 中纤板生产线

中浓
　　Y 中浓纸浆

中浓泵
　　Y 中浓浆泵

中浓打浆
medium consistency beating
TS74
　　S 打浆
　　Z 制浆

中浓混合器
medium-consistency pulp mixer
TS733
　　S 制浆设备*

中浓浆泵
medium consistency stock pump
TS73
　　D 中浓泵
　　S 纸浆泵
　　Z 制浆设备

中浓磨浆
　　Y 中浓纸浆

中浓磨浆机
medium consistency fiberizer
TS733
　　D 中浓盘磨机
　　　中浓液压盘磨机
　　S 磨浆机
　　Z 制浆设备

中浓盘磨机
　　Y 中浓磨浆机

中浓漂白
medium consistency bleaching
TS192.5
　　S 漂白*

中浓液压盘磨机
　　Y 中浓磨浆机

中浓纸浆
medium consistency pulp
TS749
　　D 中浓
　　　中浓磨浆
　　　中浓纸浆悬浮液
　　S 纸浆
　　Z 浆液

中浓纸浆悬浮液
　　Y 中浓纸浆

中切绵机
　　Y 丝纺织机械

中取向丝
　　Y 复丝

中绒棉
medium cotton
TS102.21
　　S 棉纤维
　　Z 天然纤维

中容重纤维板
　　Y 中密度纤维板

中山服
　　Y 中山装

中山装
sun yat sen's uniform
TS941.7
　　D 中山服
　　S 服装*

中式菜肴
Chinese cuisine
TS972
　　D 中餐
　　　中国菜
　　　中国菜肴
　　　中国餐饮
　　S 亚洲菜肴
　　C 菜系
　　Z 菜肴

中式点心
　　Y 中式糕点

中式发酵香肠
　　Y 中式香肠

中式风味小吃
  Y 地方小吃

中式服装
Chinese garments
TS941.7
  D 中国服装
  S 传统服装
  Z 服装

中式糕点
Chinese pastry
TS213.23
  D 风味糕点
    中式点心
  S 糕点*
  F 蛋黄派
    发糕
    糕团
    马蹄糕
    米发糕
    年糕
    桃酥
    月饼

中式家具
Chinese style furnitures
TS66
  S 家具样式
  F 明式家具
    宁式家具
    清式家具
  Z 样式

中式卷烟
Chinese style cigarettes
TS452
  S 卷烟
  F 云烟
  Z 烟草制品

中式面点
Chinese pastries
TS972.132
  D 中国面点
  S 面点
  Z 粮油食品
    主食

中式烹调师
technicians of Chinese style cooking
TS972
  D 中国烹饪大师
  S 烹调师
  Z 人员

中式禽肉制品
  Y 中式肉制品

中式肉品
  Y 中式肉制品

中式肉制品
Chinese meat products
TS251
  D 中式禽肉制品
    中式肉品
  S 肉制品*

中式香肠

Chinese sausage
TS251.59
  D 中式发酵香肠
  S 香肠
  F 广式腊肠
  Z 肉制品

中投梭机构
middle picking mechanism
TS103.12
  S 投梭机构
  Z 纺织机构

中温大曲
medium temperature Daqu
TS26
  S 中温曲
  Z 曲

中温曲
medial temperature Daqu starter
TS26
  S 酒曲
  F 中温大曲
  Z 曲

中纤板
  Y 中密度纤维板

中纤板生产线
MDF production line
TS64；TS65；TS68
  D MDF 生产线
    地板生产线
    人造板生产线
    纤维板生产线
    指接生产线
    中密度纤维板生产线
  S 板材生产线
  C 中密度纤维板
  Z 生产线

中小印刷企业
small and medium-sized printing enterprises
TS808
  S 印刷企业
  Z 企业

中心传动装置
  Y 传动装置

中心纤度
centre fineness
TS101.921
  S 纤度
  C 双宫丝
  Z 纤维性能

中性笔
gel pen
TS951.19
  S 笔
  Z 办公用品

中性笔墨水
  Y 墨水

中性抄造
  Y 中性抄纸

中性抄纸
neutral papermaking
TS75
  D 中性抄造
  S 抄纸
  Z 造纸工艺

中性分散松香胶
neutral dispersed rosin size
TS72
  S 中性松香胶
  F 阳离子微粒乳化中性分散松香胶
    阴离子中性分散松香胶
  Z 胶

中性服装
neutral clothing
TS941.7
  S 服装*

中性改性
neutral modification
TS75
  S 改性*

中性固色
neutral fixation
TS19
  S 固色
  Z 色彩工艺

中性固色剂
  Y 固色剂

中性冷法脱墨剂
  Y 中性脱墨剂

中性墨水
  Y 墨水

中性染料
neutral dyes
TS193.21
  S 染料*

中性染色
  Y 染色工艺

中性乳饮料
neutral milk beverage
TS275.6
  S 乳饮料
  Z 饮料

中性施胶
neutral sizing
TS74
  S 施胶工艺
  Z 工艺方法

中性施胶剂
neutral sizing agents
TS72
  D HRN-40
    HRN-40 松香中性施胶剂
    XC-2 新型中性分散施胶剂
    中性松香施胶剂
  S 施胶剂*
  F 松香中性施胶

中性松香胶

neutral rosin size
TS72
　　S 松香胶
　　F 中性分散松香胶
　　Z 胶

中性松香施胶剂
　　Y 中性施胶剂

中性糖
neutral sugar
TS245
　　S 糖*

中性脱墨
neutral deinking
TS74
　　S 脱墨*

中性脱墨剂
neutral deinking agents
TS72
　　D 中性冷法脱墨剂
　　S 脱墨剂
　　Z 脱除剂

中性洗毛
neutral scouring
TS13
　　S 洗毛
　　Z 纺织加工

中性盐
neutral salt
TS36
　　S 盐*

中性造纸
neutral papermaking
TH16；TS75
　　S 造纸
　　F 中碱性造纸
　　Z 生产

中性致香成分
neutral aroma constituents
TS41
　　S 致香成分
　　Z 成分

中压电器
　　Y 电器

中腰连衣裙
　　Y 连衣裙

中药茶
　　Y 凉茶

中药饮料
　　Y 功能饮料

中页纸
TS76
　　S 纸张*

中音号
　　Y 铜管乐器

中原白酒
liquors in middle China

TS262.39
　　S 中国白酒
　　Z 白酒

终端打印
terminal printing
TS859
　　S 打印*

终端电器
　　Y 电器

钟琴
　　Y 打击乐器

种曲
mother culture
TS26
　　S 酒曲
　　C 种曲培养
　　Z 曲

种曲培养
koji culture
TS26
　　S 培养*
　　C 种曲

种籽油
　　Y 植物种子油

种子粮
　　Y 原粮

种子纤维
seed fiber
TS102.21
　　S 植物纤维
　　F 棉纤维
　　　木棉纤维
　　　椰壳纤维
　　Z 天然纤维

踵趾
heel-toe
TS103.81
　　S 盖板
　　F 踵趾差
　　　踵趾面
　　Z 纺纱器材

踵趾差
heel and toe difference
TS103.81
　　S 踵趾
　　Z 纺纱器材

踵趾面
heel-and-toe section
TS103.81
　　S 踵趾
　　Z 纺纱器材

重磅牛仔布
　　Y 牛仔布

重磅真丝绸
　　Y 真丝重磅织物

重磅真丝织物
　　Y 真丝重磅织物

重点部位
　　Y 部位

重浆
　　Y 上浆工艺

重浆整理
　　Y 硬挺整理

重金属测定
determination of heavy metal
TP2；TS207；X8
　　D 重金属检测
　　S 测定*

重金属检测
　　Y 重金属测定

重力谷糙分离机
specific gravity paddy separator
TS210.3
　　D 谷糙分离设备
　　S 粮食机械
　　Z 食品加工机械

重力盘式浓缩机
gravity disc thickener
TS73
　　S 浓缩设备*

重力喷雾洗涤器
　　Y 洗涤器

重力输送装置
　　Y 输送装置

重量*
weight
O3；TH7
　　F 单支重量
　　　烟支重量
　　C 称重　→(1)(3)(4)(6)
　　　衡器　→(3)(4)(6)(12)
　　　质量
　　　重量不匀率
　　　重量复杂度　→(7)
　　　重量计　→(4)
　　　重量计量　→(4)
　　　重量控制　→(8)
　　　重量偏差　→(1)

重量不匀
sliver weight unevenness
TS107
　　D 生条重不匀
　　　重不匀
　　S 均匀性*

重量不匀率
weight unevenness
TS102
　　D 长片段不匀率
　　S 不匀率
　　C 重量
　　Z 比率

重量加权平均长度
　　Y 纤维平均长度

重型防毒衣
　　Y 防毒服

重盐
- Y 复盐

重盐腌
- Y 盐渍

重要特性
- Y 性能

周期*
period
ZT73
- F 低压短周期
  发酵周期
- C 时期

周期断面轧机
- Y 轧机

周刃
circumferential cutting edge
TG7；TS914.212
- S 刀刃
- C 端刃
  可转位球头立铣刀 →(3)
- Z 工具结构

粥
congee
TS972.137
- D 红粳米粥
- S 主食*
- F 八宝粥
  方便粥
  米糊
  肉粥
  小米粥

轴*
shafts
TH13
- D 轴类
- F 锭轴
  罗拉轴
- C 传动装置
  曲轴 →(4)(5)(12)
  轴结构 →(4)
  轴类工件 →(4)

轴承*
bearing
TH13
- D 成品轴承
  通用轴承
  轴承力矩
  轴承性能
  轴承组
  轴承组结构
- F 烘缸轴承
  罗拉轴承
- C 轴承参数 →(4)
  轴承刚度 →(4)
  轴承规格 →(4)
  轴承精度 →(4)
  轴承寿命 →(4)

轴承钢钢领
bearing steel ring
TS103.82

- S 钢领
- Z 纺纱器材

轴承力矩
- Y 轴承

轴承性能
- Y 轴承

轴承轧机
- Y 轧机

轴承组
- Y 轴承

轴承组结构
- Y 轴承

轴类
- Y 轴

轴流开棉机
- Y 开棉机

轴系传动装置
- Y 传动装置

轴系传动装置效率
- Y 效率

轴系效率
- Y 效率

轴向进料
axial feeding
TS3
- S 物料操作*

轴向经编织物
- Y 针织轴向织物

轴向色差
axial chromatic aberration
O4；TS193
- S 位置色差
- Z 色差

绉布
- Y 绉织物

绉风格
crepe style
TS105.1
- S 织物风格
- Z 风格

绉类织物
- Y 绉织物

绉纱织物
- Y 绉织物

绉纹布
- Y 绉织物

绉纹组织
- Y 织物组织

绉效应
crepe effect
TS101
- D 起绉程度
- S 效应*

- C 织物外观

绉织物
crepe fabrics
TS106.8
- D 起绉织物
  双绉织物
  印花泡泡纱
  绉布
  绉类织物
  绉纱织物
  绉纹布
- S 机织物*
- F 双绉
  顺纡绉
  素绉缎

绉组织
- Y 织物组织

皱皮
- Y 起皱

皱皮缺陷
- Y 起皱

皱纹卫生纸
toilet crepe paper
TS767
- S 卫生纸
  皱纹纸
- Z 个人护理品
  纸张
  纸制品

皱纹油墨
wrinkled printing inks
TQ63；TS802.3
- S 油墨*

皱纹原纸
- Y 皱纹纸

皱纹纸
goffered paper
TS767
- D 皱纹原纸
- S 纸制品*
- F 彩色皱纹纸
  皱纹卫生纸

皱折
- Y 褶皱

皱褶
- Y 褶皱

皱纸
- Y 纸张

朱砂
- Y 矿物染料

珠宝
jewelry
TS933.2
- S 饰品材料*
- F 红珊瑚
  琥珀
  玛瑙
  欧泊

水晶
夜明珠
珍珠
C 宝石学
玳瑁
珠宝评估
珠宝首饰设计

珠宝评估
jewelry appraisal
TS934
D 工艺美术品质量
S 评价*
C 石质
玉质
珠宝

珠宝设计
jewellery design
TS934.3
S 珠宝首饰设计
Z 产品设计

珠宝饰品
Y 饰品

珠宝饰物
Y 饰品

珠宝首饰
bijouterie
TS934.3
S 首饰
Z 饰品

珠宝首饰设计
jewels and jewlry design
TS934.3
S 产品设计*
F 首饰设计
珠宝设计
C 珠宝

珠宝玉石
jewelry precious stones
TS933.21
S 玉
Z 饰品材料

珠茶
ball tea
TS272.51
S 绿茶
Z 茶

珠光粉
pearl essence
TS802
S 颜料*

珠光效应
pearl effect
TS54
S 效应*

珠光印花
nacre printing
TS194.43
S 特种印花
Z 印花

珠光油墨
pearlescent ink
TQ63；TS802.3
S 油墨*

珠光纸
Y 纸张

珠履
Y 鞋

珠欧泊
Y 欧泊

猪膘肉
Y 猪肥肉

猪耳朵
pig ears
TS251.51
S 猪肉
Z 肉

猪反绒服装革
pig suede garment leather
TS56
S 猪服装革
Z 皮革

猪肥膘肉
Y 猪肥肉

猪肥肉
pig fat
TS251.51
D 膘猪肉
猪膘肉
猪肥膘肉
S 猪肉
Z 肉

猪服装革
pig garment leather
TS56
S 猪皮革
F 无铬鞣猪皮服装革
猪反绒服装革
Z 皮革

猪副产品
pig by-products
TS251.9
S 肉类副产品
F 肠衣
猪血制品
Z 副产品

猪肝
pork liver
TS251.51
S 猪内脏
Z 肉

猪革
Y 猪皮革

猪后腿
pig hind leg
TS251.51
S 猪蹄
Z 肉

猪肋排
Y 猪肉

猪里脊肉
loin butt
TS251.51
S 猪肉
Z 肉

猪内脏
haslet
TS251.51
S 猪肉
F 猪肝
Z 肉

猪脑蛋白粉
pig brain protein powder
TS202.1；TS251
S 蛋白粉*

猪排
Y 猪肉

猪排骨
Y 猪肉

猪皮
pigskin
S；TS564
S 动物皮
F 铬鞣猪皮
乳化猪皮
鲜猪皮
C 制革工艺
Z 动物皮毛

猪皮蛋白
Y 猪皮胶原

猪皮服装革
pigskin clothing leather
TS563.1；TS941.46
D 猪正面服装革
S 服装革
Z 面料
皮革

猪皮革
pig leather
TS56
D 猪革
S 天然皮革
F 猪服装革
Z 皮革

猪皮加工
Y 猪肉加工

猪皮胶原
pigskin collagen
Q5；TS201.21
D 猪皮蛋白
S 皮胶原蛋白
Z 蛋白质

猪轻革
Y 轻革

猪肉
pork

TS251.51
　D 白条肉
　　病死猪肉
　　病猪肉
　　冻片猪肉
　　灌水猪肉
　　米猪肉
　　母猪肉
　　片猪肉
　　瘦猪肉
　　晚阉猪肉
　　猪肋排
　　猪排
　　猪排骨
　　猪肉胴体
　　猪肉皮
　　猪肉组织
　　注水猪肉
　S 畜禽肉
　F PSE肉
　　冻猪肉
　　冷却猪肉
　　生鲜猪肉
　　五花猪肉
　　鲜猪肉
　　猪耳朵
　　猪肥肉
　　猪里脊肉
　　猪内脏
　　猪瘦肉
　　猪蹄
　　猪头
　　猪头肉
　　猪腿
　　猪尾
　　猪血
　C 小片化指数
　Z 肉

猪肉保鲜
pork preservation
TS205
　S 肉品保鲜
　Z 保鲜

猪肉菜肴
pork dishes
TS972.125
　D 酱猪肉
　　五香猪肉
　S 畜类菜肴
　F 叉烧肉
　　粉蒸肉
　　红烧肉
　　酱排骨
　　酱猪蹄
　　扣肉
　　午餐肉
　Z 菜肴

猪肉肠
pork sausage
TS251.59
　D 野猪香肠
　　猪肉香肠
　S 肉肠
　Z 肉制品

猪肉蛋白
　Y 猪肉蛋白质

猪肉蛋白质
pork proteins
Q5；TS201.21
　D 猪肉蛋白
　S 肉蛋白
　Z 蛋白质

猪肉胴体
　Y 猪肉

猪肉脯
dried pork slices
TS251.51
　S 肉脯
　　猪肉制品
　Z 肉制品

猪肉干
　Y 猪肉制品

猪肉干片
　Y 猪肉制品

猪肉罐头
　Y 午餐肉罐头

猪肉加工
pork processing
TS251.5
　D 猪皮加工
　　猪血加工
　S 肉品加工
　Z 食品加工

猪肉糜
ground pork
TS251.51
　S 肉糜制品
　　猪肉制品
　F 猪肉丸
　Z 肉制品

猪肉皮
　Y 猪肉

猪肉松
pork floss
TS251.51；TS251.63
　S 肉松
　　猪肉制品
　Z 肉制品

猪肉丸
pork ball
TS251.51
　D 猪肉丸子
　S 肉丸
　　猪肉糜
　Z 肉制品

猪肉丸子
　Y 猪肉丸

猪肉香肠
　Y 猪肉肠

猪肉香精
pork flavor

TQ65；TS264.3
　S 肉类香精
　Z 香精香料

猪肉新鲜度
pork freshness
TS251
　S 肉品新鲜度
　Z 产品性能

猪肉圆
　Y 猪肉制品

猪肉制品
pork products
TS251.51
　D 猪肉干
　　猪肉干片
　　猪肉圆
　S 畜肉制品
　F 酱猪蹄
　　猪肉脯
　　猪肉糜
　　猪肉松
　Z 肉制品

猪肉质量
pork quality
TS251.7
　S 肉品质量
　Z 食品质量

猪肉组织
　Y 猪肉

猪瘦肉
lean pork
TS251.51
　S 猪肉
　Z 肉

猪蹄
trotters
TS251.51
　D 猪肘
　S 猪肉
　F 猪后腿
　　猪蹄筋
　Z 肉

猪蹄筋
pork tendon
TS251.51
　S 猪蹄
　Z 肉

猪头
pig head
TS251.51
　S 猪肉
　Z 肉

猪头肉
pig head meat
TS251.51
　S 猪肉
　Z 肉

猪腿
pig leg

TS251.51
　D 猪腿肉
　S 猪肉
　Z 肉

猪腿肉
　Y 猪腿

猪尾
pigtail
TS251.51
　S 猪肉
　Z 肉

猪五花肉
　Y 五花猪肉

猪血
porcine blood
TS251.51
　D 发酵猪血
　S 猪肉
　Z 肉

猪血肠
　Y 猪血制品

猪血蛋白
porcine blood protein
Q5；TS201.21
　S 动物蛋白
　F 猪血红蛋白
　　猪血浆蛋白
　Z 蛋白质

猪血豆腐
　Y 猪血制品

猪血粉
porcine blood powder
S；TS251.59
　S 食用粉*

猪血红蛋白
porcine hemoglobin
Q5；TS201.21
　D 猪血血红蛋白
　S 血红蛋白
　　猪血蛋白
　C 氮溶解指数
　Z 蛋白质

猪血加工
　Y 猪肉加工

猪血浆蛋白
porcine plasma protein
Q5；TS201.21
　S 猪血蛋白
　Z 蛋白质

猪血球蛋白粉
proteinic powder of porcine corpuscle
TS202.1；TS251
　S 蛋白粉*

猪血血红蛋白
　Y 猪血红蛋白

猪血制品
pig blood products

TS251.9
　D 猪血肠
　　猪血豆腐
　S 猪副产品
　Z 副产品

猪油
lard
TS225.21
　D 猪油脂
　　猪脂
　S 动物油
　F 粉末猪油
　Z 油脂

猪油脂
　Y 猪油

猪正面服装革
　Y 猪皮服装革

猪脂
　Y 猪油

猪肘
　Y 猪蹄

竹/棉混纺纱
　Y 竹棉混纺纱

竹/棉混纺织物
bamboo/cotton blended fabric
TS106.8
　S 棉混纺织物
　Z 混纺织物

竹编
bamboo weaving
TS935
　S 编织*

竹编动物
bamboo woven animal
TS66
　D 竹编工艺品
　　竹编花瓶
　S 竹器*

竹编工艺品
　Y 竹编动物

竹编花瓶
　Y 竹编动物

竹编胶合板
　Y 竹帘胶合板

竹材*
bamboo
TS66
　D 分级竹材
　　竹材资源
　　竹料
　F 竹材胶合板
　　竹材人造板
　　竹帘
　　竹篾
　　竹片
　　竹丝
　　竹丝束
　　竹碎料

　　竹碎料板
　　竹席
　C 家具用材
　　木材

竹材 CTMP 废水
　Y 竹材化机浆废水

竹材板
　Y 竹材人造板

竹材层合板
　Y 竹材人造板

竹材层压板
　Y 竹材人造板

竹材复合板
　Y 竹材人造板

竹材化机浆废水
bamboo chemimechanical pulping
wastewater
TS743；X7
　D 竹材 CTMP 废水
　S 化机浆废水
　Z 废水

竹材集成材
　Y 竹集成材

竹材加工
bamboo timber processing
TS65
　S 材料加工*
　F 刨切薄竹

竹材加工机械
　Y 轻工机械

竹材胶合板
bamboo plywood
TS653.3
　D 竹胶合板
　S 胶合板
　　竹材*
　F 竹帘胶合板
　Z 型材

竹材类贴面
　Y 贴面工艺

竹材刨花板
　Y 竹碎料板

竹材人造板
bamboo-based panels
TS653.3
　D 覆膜竹材人造板
　　覆塑竹材人造板
　　结构用竹材人造板
　　浸渍胶膜纸覆面竹材人造板
　　竹材板
　　竹材层合板
　　竹材层压板
　　竹材复合板
　　竹单板饰面人造板
　　竹帘板
　　竹青砧板
　　竹人造板
　　竹质人造板

S 人造板
　竹材*
Z 木材

竹材资源
Y 竹材

竹层积材
bamboo laminated timbers
TS62
S 层积材
Z 木材

竹醋
bamboo vinegar
TS264.22
D 竹醋液
S 食用醋*
C 竹浆粕
　竹纤维素 →(9)

竹醋液
Y 竹醋

竹单板
bamboo veneer
TS66
S 单板
Z 型材

竹单板饰面人造板
Y 竹材人造板

竹笛
Chinese bamboo flute
TS953.22
S 笛
Z 乐器

竹工机械
Y 轻工机械

竹集成材
glued-laminated bamboo
TS62
D 竹材集成材
S 集成材
Z 木材

竹家具
bamboo furniture
TS66；TU2
D 竹质家具
S 竹藤家具
Z 家具

竹荚鱼
scad
TS254.2
D 马鲭鱼
S 鱼
Z 水产品

竹浆
bamboo pulp
TS749.3
S 非木材纸浆
F KP 竹浆
　硫酸盐竹浆
　漂白竹浆

Z 浆液

竹浆黑液
bamboo pulp black liquor
TS79；X7
S 黑液
Z 废液

竹浆粕
bamboo pulp
TS74
S 浆粕
C 竹醋
　竹纤维素 →(9)
Z 粕

竹浆纤维
bamboo pulp fiber
TS102.51
D 竹纤维素纤维
S 竹纤维
F 维卡纤维
C 竹粘胶纤维
Z 天然纤维

竹浆粘胶纤维
Y 竹粘胶纤维

竹胶合板
Y 竹材胶合板

竹节倍数
slub multiple
TS104.2
S 倍数*
C 竹节纱

竹节布
Y 竹节织物

竹节参数
slub parameters
TS104
S 参数*
C 竹节纱

竹节长度
slub length
TS104
S 长度*
C 纺纱
　竹节间距
　竹节纱

竹节粗度
slub thickness
TS104
S 程度*
C 竹节纱

竹节花式纱
slub yarn
TS106.4
S 花式纱线
Z 纱线

竹节间距
slub space
TS104
S 间距*

C 竹节长度
　竹节纱

竹节牛仔布
Y 牛仔布

竹节绒线
Y 绒线

竹节纱
necked yarn
TS106.4
D 包芯竹节纱
S 纱线*
F 变弹竹节纱
C 竹节倍数
　竹节参数
　竹节长度
　竹节粗度
　竹节间距
　竹节效果

竹节纱疵
Y 粗细节

竹节纱装置
slubby yarn spinning device
TS103.11
S 纺纱机构
Z 纺织机构

竹节效果
slub effect
TS107
S 纺纱效果
C 竹节纱
Z 效果

竹节织物
bamboo node fabric
TS106.8
D 竹节布
S 织物*

竹酒
bamboo wine
TS262
S 保健药酒
Z 酒

竹筷
bamboo chopsticks
TS972.23
D 竹木筷子
S 筷子
Z 厨具

竹帘
bamboo screen
TS66
S 竹材*

竹帘板
Y 竹材人造板

竹帘编织机
Y 编织机

竹帘胶合板
bamboo curtain plywood
TS653.3

D 竹编胶合板
　竹席胶合板
S 竹材胶合板
Z 型材
　竹材

竹料
Y 竹材

竹棉混纺纱
bamboo cotton blended yarn
TS106.4
D 竹/棉混纺纱
S 棉混纺纱
Z 纱线

竹篾
bamboo splits
TS66
S 竹材*
F 径向竹篾

竹篾积成板
Y 积成材

竹木复合板
bamboo-wood composite board
TS62
S 复合人造板
Z 木材

竹木复合材料
bamboo-wood composite materials
TS62
S 木质复合材料
Z 复合材料

竹木复合层积材
bamboo-wood composite laminated lumber
TS62
D 木竹复合层积材
S 层积材
Z 木材

竹木复合空心板
bamboo-wood composite hollow slabs
TS62
S 复合空心板
Z 木材

竹木复合重组材
Y 木竹重组材

竹木家具
bamboo-wood furnitures
TS66；TU2
S 家具*
F 木质家具
　竹藤家具

竹木筷子
Y 竹筷

竹木重组材
Y 木竹重组材

竹片
bamboo strips
TS66
S 竹材*

竹器*
bamboo ware
TS66
F 竹编动物

竹琴
Y 弦乐器

竹青砧板
Y 竹材人造板

竹人造板
Y 竹材人造板

竹食品
Y 植物性食品

竹丝
bamboo filament
TS66
S 竹材*

竹丝束
bamboo strands
TS66
S 竹材*

竹碎料
bamboo particle
TS66
S 竹材*

竹碎料板
bamboo particleboard
TS66
D 竹材刨花板
　竹质刨花板
S 刨花板
　竹材*
Z 木材

竹荪酒
bamboo shoot wine
TS262
S 保健药酒
Z 酒

竹笋
bamboo shoot
TS255.2
D 春笋
　冬笋
　笋
S 蔬菜
Z 果蔬

竹笋加工
bamboo shoot processing
TS255.36
S 蔬菜加工
Z 食品加工

竹笋食品
Y 植物性食品

竹炭涤纶纤维
Y 竹炭改性涤纶纤维

竹炭改性涤纶
Y 竹炭改性涤纶纤维

竹炭改性涤纶纤维
bamboo charcoal modified polyester fiber
TQ34；TS102.522
D 竹炭涤纶纤维
　竹炭改性涤纶
　竹炭聚酯纤维
S 改性聚酯纤维
C 针织物
Z 纤维

竹炭聚酯纤维
Y 竹炭改性涤纶纤维

竹炭纤维
bamboo charcoal fiber
TS102.51
D 竹碳纤维
S 竹纤维
C 竹炭　→(9)
　竹炭粘胶纤维
Z 天然纤维

竹炭粘胶纤维
bamboo charcoal viscose fiber
TQ34；TS102.51
S 竹粘胶纤维
C 竹炭纤维
Z 纤维

竹碳纤维
Y 竹炭纤维

竹藤家具
bamboo and cane furniture
TS66；TU2
S 竹木家具
F 藤家具
　竹家具
Z 家具

竹筒
bamboo tube
TS93
S 筒*

竹席
bamboo woven mat
TS66
S 竹材*

竹席胶合板
Y 竹帘胶合板

竹系列食品
Y 植物性食品

竹纤维
bamboo fiber
TS102.22
D 天竹
　天竹纤维
S 韧皮纤维
F 再生竹纤维
　竹浆纤维
　竹炭纤维
　竹原纤维
C 棉纤维
Z 天然纤维

竹纤维面料

Y 竹纤维织物

竹纤维纱
bamboo fiber yarns
TS106.4
S 纯纺纱
Z 纱线

竹纤维素纤维
Y 竹浆纤维

竹纤维织物
bamboo fiber fabric
TS106.8
D 竹纤维面料
竹原纤维织物
竹织物
S 纤维素纤维织物
F 竹原织物
Z 织物

竹香米
Y 香米

竹盐
Y 保健盐

竹叶青
Y 竹叶青酒

竹叶青酒
trimeresurus stejnegeri wine
TS262.39
D 竹叶青
S 中国白酒
Z 白酒

竹叶提取物
bamboo leaf extract
TS255
S 提取物*

竹原纱线
Y 竹原纤维纱线

竹原纤维
natural bamboo fiber
TS102.51
D 天然竹纤维
原生竹纤维
S 竹纤维
C 再生竹纤维
Z 天然纤维

竹原纤维纱线
bamboo fibril yarn
TS106.4
D 竹原纱线
S 纱线*

竹原纤维织物
Y 竹纤维织物

竹原织物
bamboo fabrics
TS106.8
S 竹纤维织物
Z 织物

竹粘胶纤维
bamboo viscose fiber
TQ34；TS102.51
D 粘胶竹纤维
竹浆粘胶纤维
S 粘胶纤维
F 竹炭粘胶纤维
C 竹浆纤维
Z 纤维

竹汁饮料
Y 植物饮料

竹织物
Y 竹纤维织物

竹质家具
Y 竹家具

竹质毛巾
Y 毛巾

竹质刨花板
Y 竹碎料板

竹质人造板
Y 竹材人造板

竹质水烟管
Y 烟具

竹重组材
Y 重组竹

竹子原料
bamboo raw materials
TS72
S 原料*

竹子制浆
bamboo pulping
TS743
S 造纸制浆
Z 制浆

主传动器
Y 传动装置

主刚度
principal stiffness
TS6
S 刚度*

主跟成型机
Y 制鞋机械

主锯机
Y 木工锯机

主料
mother batch
TS202
S 物料*

主令电器
Y 电器

主流烟气
mainstream smoke
TS47
S 流体流*

主切削刃
Y 切削刃

主色调
dominant hue
TS19
C 色彩特性 →(11)
主色提取 →(9)

主食*
staple food
TS972.13
D 主食品
F 米食
面食
甜食
粥
C 食品

主食面包
Y 面包

主食品
Y 主食

主体长度
modal length
TS102
S 纤维长度
Z 长度

主要表面
Y 表面

主要性能
Y 性能

煮
Y 煮制

煮布锅
Y 精练机

煮茶
Y 煎茶

煮蛋器
egg-boiler
TM92；TS972.26
S 食品加工器
Z 厨具
家用电器

煮法
Y 煮制

煮沸
boiled
TS972.1
S 蒸煮*
F 麦汁煮沸
C 活性干酵母 →(9)

煮沸锅
Y 蒸煮器

煮沸试验
Y 蒸煮试验

煮茧
Y 煮茧工艺

煮茧工艺
cocoon cooking process
TS14

D 煮茧
S 缫丝工艺
C 真空渗透
　　煮茧机
　　煮茧助剂
Z 纺织工艺

煮茧机
cocoon cooking machines
TS142
　　D JD-104G 型
　　　　JD-104G 型高效节能煮茧机
　　　　ZD203 型
　　　　ZD203 型煮茧机
　　　　红外线煮茧机
　　　　水煮煮茧机
　　　　丝纺设备
　　　　循环式煮茧机
　　　　圆盘煮茧机
　　　　真空渗透煮茧机
　　　　真空煮茧机
　　　　蒸汽煮茧机
　　S 缫丝机械
　　F V 型煮茧机
　　C 水煮
　　　　煮茧工艺
　　Z 纺织机械

煮茧水
　　Y 煮茧用水

煮茧用水
cocoon-cooking water
TS14
　　D 煮茧水
　　S 用水*

煮茧助剂
cocoon cooking assistant
TS14
　　D 缫丝用剂
　　　　缫丝助剂
　　S 纺织助剂
　　　　蒸煮助剂
　　F 解舒剂
　　C 煮茧工艺
　　Z 助剂

煮浆
　　Y 制浆蒸煮

煮浆桶
　　Y 轻工机械

煮练
scouring
TS192.5
　　D 煮练工艺
　　S 练漂*
　　F 高温煮练
　　　　碱煮练
　　　　酶煮练
　　C 煮练酶

煮练工艺
　　Y 煮练

煮练机
　　Y 精练机

煮练剂
　　Y 精练剂

煮练酶
scouring enzyme
TS19
　　S 精练剂
　　　　酶制剂*
　　C 棉织物
　　　　前处理　→(1)
　　　　煮练
　　Z 助剂

煮练设备
　　Y 精练机

煮练助剂
　　Y 精练剂

煮炼
scouring
TS192
　　S 生产工艺*
　　C 练漂

煮呢
potting
TS195
　　S 煮制
　　C 染整机械
　　Z 蒸煮

煮漂
boiling and bleaching
TS192.5
　　D 煮漂工艺
　　S 练漂*

煮漂工艺
　　Y 煮漂

煮漂联合机
　　Y 练漂联合机

煮漂一浴法
one bath scouring and bleaching method
TS192
　　D 煮漂一浴工艺
　　S 蒸制
　　C 练漂
　　Z 蒸煮

煮漂一浴工艺
　　Y 煮漂一浴法

煮糖
sugar boiling
TS244.3
　　D 煮糖工艺
　　　　煮糖技术
　　S 制糖工艺*

煮糖工艺
　　Y 煮糖

煮糖技术
　　Y 煮糖

煮制
decoction
TS972.1

D 烹煮
　　烹煮方法
　　煮
　　煮法
　　煮制方法
S 蒸煮*
F 碱煮
　　水煮
　　糖煮
　　预煮
　　重二煮
　　煮呢
C 温度　→(1)(2)(3)(4)(7)(9)(11)(12)
　　煮制时间

煮制方法
　　Y 煮制

煮制时间
boiling time
TS972.1
　　S 蒸煮时间
　　C 煮制
　　Z 加工时间

苎麻
　　Y 苎麻纤维

苎麻/棉混纺织物
　　Y 棉麻织物

苎麻布
　　Y 苎麻织物

苎麻长麻纱
　　Y 苎麻纱

苎麻短麻纱
　　Y 苎麻纱

苎麻纺织
　　Y 麻纺织

苎麻纺织品
　　Y 纺织品

苎麻废水
　　Y 苎麻脱胶废水

苎麻混纺纱
　　Y 麻棉混纺纱

苎麻混纺针织物
　　Y 麻针织物

苎麻精干麻
　　Y 精干麻

苎麻棉混纺纱
　　Y 麻棉混纺纱

苎麻绒
　　Y 苎麻纤维

苎麻纱
ramie yarn
TS106.4
　　D 纯苎麻纱
　　　　苎麻长麻纱
　　　　苎麻短麻纱
　　S 苎麻纱线
　　C 麻纺织

麻织物
　Z 纱线

苎麻纱线
ramie yarn and thread
TS106.4
　D 苎麻纤维纱
　S 麻纱线
　F 苎麻纱
　Z 纱线

苎麻脱胶
ramie degumming
TS12
　S 脱胶*
　F 沤麻

苎麻脱胶废水
degumming wastewater of ramie
TS104；X7
　D 苎麻废水
　S 废水*

苎麻纤维
ramie
TS102.22
　D 苎麻
　　苎麻绒
　　苎麻油麻
　S 麻纤维
　　韧皮纤维
　C 变性苎麻纤维
　　木质素
　Z 天然纤维

苎麻纤维纱
　Y 苎麻纱线

苎麻油麻
　Y 苎麻纤维

苎麻针织品
　Y 麻织物

苎麻针织物
　Y 麻织物

苎麻织物
ramie cloth
TS126
　D 纯苎麻织物
　　苎麻布
　S 麻织物
　Z 织物

助沉剂
　Y 沉淀剂

助促进剂
　Y 促进剂

助分散剂
　Y 分散剂

助航灯
navigation light
TM92；TS956；V2
　S 航行灯
　F 机场助航灯
　Z 灯

助剂*
auxiliary agent
TQ0
　D 通用助剂
　　新型助剂
　　新助剂
　F 纺织印染助剂
　　和毛油
　　浆料助剂
　　浸灰助剂
　　浸水助剂
　　润湿剂
　　湿部助剂
　　洗涤助剂
　　油墨助剂
　　造纸助剂
　　蒸煮助剂
　　制革助剂
　　助留助滤剂
　　助漂剂
　C 表面活性剂
　　醇盐法 →(9)
　　添加剂

助练剂
　Y 精练剂

助留
retention
TS74
　S 助留助滤
　C 助留机理
　　助留体系
　Z 造纸工艺

助留机理
retention mechanism
TS71
　S 机理*
　C 助留

助留剂
retention aids
TQ0；TS72
　D 留着剂
　　新型助留剂
　　助留增强剂
　S 助留助滤剂
　F 微粒助留剂
　　造纸助留剂
　C 磷石膏纤维
　　施胶剂
　Z 助剂

助留体系
retention system
TS71；TS73
　D 助留系统
　　助留助滤系统
　S 体系*
　F 微粒助留体系
　　助留助滤体系
　C 改性酚醛树脂 →(9)
　　助留

助留系统
　Y 助留体系

助留性能

retention characteristics
TS71
　S 造纸性能
　Z 性能

助留增强剂
　Y 助留剂

助留助滤
retention and drainage
TS74
　S 造纸工艺*
　F 助留
　　助滤

助留助滤剂
retention and drainage agents
TQ0；TS72
　D 新型助留助滤剂
　　助留助滤剂(组合)
　　助滤助留剂
　S 助剂*
　F 微粒助留助滤剂
　　造纸助留助滤剂
　　助留剂
　C 增强剂

助留助滤剂(组合)
　Y 助留助滤剂

助留助滤体系
retention and drainage systems
TS71
　S 助留体系
　Z 体系

助留助滤系统
　Y 助留体系

助滤
aid filtering
TS74
　S 助留助滤
　C 自动分选 →(2)
　Z 造纸工艺

助滤助留剂
　Y 助留助滤剂

助膨化
　Y 膨化

助漂
aid-bleaching
TS192.5
　S 练漂*
　F 木聚糖酶助漂

助漂剂
bleaching auxiliaries
TQ0；TS72
　S 助剂*

助漂作用
aid-bleaching effects
TS71
　S 作用*
　C 练漂
　　漂白

助染

auxiliary dyeing
TS5
　　S 染色工艺*

助染复鞣剂
　　Y 复鞣剂

助染剂
　　Y 促染剂

助染性
assistant-dyeing properties
TS193
　　S 染色性能*

助鞣
auxiliary tanning
TS543
　　S 鞣制
　　Z 制革工艺

助鞣剂
auxiliary tanning agent
TS52
　　S 制革助剂
　　C 鞣剂
　　Z 助剂

助乳化剂
　　Y 乳化剂

助色剂
color and brightening agent
TS19
　　D 增艳剂
　　S 染色助剂
　　F 增深剂
　　Z 助剂

助稳定剂
　　Y 稳定剂

助洗剂
　　Y 洗涤助剂

助洗性能
assisting washing performance
TS101.923
　　S 洗涤性能
　　Z 纺织品性能

助鲜剂
　　Y 增味剂

贮藏
　　Y 储藏

贮藏安全性
storing security
S；TS201.6
　　S 安全性*
　　　贮藏性

贮藏保鲜
　　Y 保鲜

贮藏品质
　　Y 储存品质

贮藏效果
storage effects
TS255

　　S 效果*
　　C 储藏

贮藏性
storability
TS205
　　D 保藏性能
　　　保存性能
　　　储藏性能
　　　储存特性
　　　储存性能
　　　可贮性
　　　贮藏性能
　　　贮存性
　　　贮存性能
　　S 性能*
　　F 冻藏稳定性
　　　贮藏安全性
　　C 保藏性

贮藏性能
　　Y 贮藏性

贮存
　　Y 存储

贮存过程
　　Y 存储

贮存器
　　Y 贮存容器

贮存容器
storage vessel
TQ0；TS203
　　D 储存容器
　　　贮存器
　　S 容器*

贮存性
　　Y 贮藏性

贮存性能
　　Y 贮藏性

贮酒
liquor storage
TS261.4
　　S 酿酒工艺*

贮酒罐
　　Y 酒罐

贮酒容器
liquor storage vessels
TS261
　　D 贮酒设备
　　S 食品容器
　　F 酒罐
　　　酒瓶
　　　橡木桶
　　Z 容器

贮酒设备
　　Y 贮酒容器

贮丝柜
cut tobacco silo
TS43
　　D 贮烟丝设备
　　　自动堆垛机

　　S 制烟机械*

贮香纺织品
　　Y 芳香织物

贮烟丝设备
　　Y 贮丝柜

注汞器
mercury-injecting
TS956
　　S 制灯机械
　　Z 轻工机械

注模造型
　　Y 造型

注入*
injection
TB4
　　D 充注
　　　注入法
　　　注入方法
　　　注入方式
　　　注入工艺
　　　注入技术
　　F 加药
　　C 边缘注水　→(2)
　　　增注　→(2)
　　　注气　→(2)
　　　注入参数　→(2)
　　　注入机　→(7)
　　　注入井　→(2)
　　　注入量　→(2)
　　　注入剖面　→(2)
　　　注入试验　→(1)(2)(4)

注入法
　　Y 注入

注入方法
　　Y 注入

注入方式
　　Y 注入

注入工艺
　　Y 注入

注入技术
　　Y 注入

注入水配伍性
　　Y 配伍性

注射机构
　　Y 注射装置

注射腌制法
　　Y 腌制

注射装置*
injection devices
TQ32
　　D 注射机构
　　F 盐水注射机

注水猪肉
　　Y 猪肉

注塑底
　　Y 鞋底

注塑鞋
　Y 制鞋工艺

注塑制鞋
　Y 制鞋工艺

柱塞挤压机
　Y 挤压设备

铸铁烘缸
cast iron dryer
TS73
　S 缸*

铸型制造
　Y 造型

铸轧坯
　Y 轧坯

铸轧坯料
　Y 轧坯

铸字机字模
　Y 活字

抓包机
　Y 抓棉机

抓炒
　Y 炒制

抓饭
pilaf
TS972.131
　D 手抓饭
　S 风味饭
　Z 主食

抓棉打手
　Y 打手

抓棉机
plucker
TS103.22
　D 往复式抓棉机
　　往复抓棉机
　　圆盘式抓棉机
　　圆盘抓棉机
　　抓包机
　　自动抓包机
　　自动抓棉机
　S 开清棉机械
　Z 纺织机械

专色打样
spot colour proofing
TS1；TS801；TS805
　S 打样*

专色印刷
special-color printing
TS87
　S 印刷*

专色油墨
spot-color printing ink
TQ63；TS802.3
　S 油墨*
　F 磁性油墨
　　导电油墨

防涂改油墨
防伪油墨
阻焊油墨

专业*
professional
G
　F 家具设计专业
　　轻化工程专业
　　形象设计专业

专业化设计
　Y 设计

专业美发
　Y 美发

专用扳手
　Y 扳手

专用锉刀
　Y 锉

专用刀具
special cutter
TG7；TS914
　S 刀具*
　F 水刀
　　涂层刀具
　　武术刀
　　油灰刀

专用粉
tailored flour
TB4；TS213
　S 粉末*

专用面粉
special-used wheat flour
TS211.2
　D 工业用面粉
　　膨松面粉
　　速发面粉
　S 面粉
　F 活性面筋粉
　　食品专用粉
　　专用小麦粉
　　自发面粉
　Z 粮食

专用镗床
special boring lathe
TG5；TS64
　S 机床*

专用铣床
special milling machine
TG5；TS64
　D 方钢锭铣床
　　钢锭模铣床
　　键槽铣床
　　六角螺母槽铣床
　　螺杆铣床
　　螺纹铣床
　　数控键槽铣床
　　数控凸轮铣床
　　丝杠铣床
　　凸轮铣床
　　万能螺纹铣床
　　蜗杆铣床

仪表铣床
轧辊铣床
轧辊轴颈铣床
钻头铣床
　S 机床*
　F 花键轴铣床
　　曲轴铣床

专用系统*
special purpose system
TN92
　F 加湿系统
　C 计算机应用系统
　　系统

专用小麦粉
appropriative flour
TS211.2
　D 小麦专用粉
　S 小麦粉
　　专用面粉
　Z 粮食

专用样板
　Y 样板

专用油脂
　Y 功能性油脂

专用针布
　Y 针布

砖茶
tile tea
TS272.54
　S 紧压茶
　F 茯砖茶
　　康砖
　C 除氟剂 →(3)
　Z 茶

转变温度*
transition temperature
O4；TB9；TH7
　D 转化温度
　　转折温度
　F 水中软化点
　C 温度 →(1)(2)(3)(4)(7)(9)(11)(12)

转波微波炉
　Y 微波炉

转鼓
drum
TD5；TH13；TS103
　S 滚筒*
　C 离心机 →(6)(9)
　　旋转部件 →(4)

转鼓式碎浆机
　Y 转鼓碎浆机

转鼓碎浆机
drum pulper
TS733
　D 转鼓式碎浆机
　S 碎浆机
　Z 制浆设备

转化糖

invert sugar
TS245
　　S 糖*

转化糖浆
invert syrup
TS245
　　S 糖浆
　　Z 糖制品

转化温度
　　Y 转变温度

转换*
conversion
ZT5
　　F 可逆转换
　　　色彩转换
　　C 变换
　　　换能器　→(1)(7)(12)
　　　能量转换　→(2)(5)
　　　切换　→(1)(4)(5)(7)(8)(12)
　　　置换　→(1)(7)(11)(13)
　　　转化　→(1)(5)(9)(13)

转基因标识
GMO mark
TS209
　　S 标志*
　　C 转基因动物制药　→(9)

转基因成分
genetically modified ingredient
TS202.1
　　S 成分*

转基因大豆
genetically modified soybean
TS210.2
　　S 大豆
　　C 转基因动物制药　→(9)
　　　转基因豆粕
　　　转基因食品
　　Z 粮食

转基因稻米
transgenic rice
TS210.2
　　S 大米
　　C 转基因食品
　　Z 粮食

转基因动物食品
transgenic animal food
TS219
　　S 转基因食品
　　Z 食品

转基因豆粕
genetically modified soybean meal
TS209
　　S 豆粕
　　C 转基因大豆
　　Z 粕

转基因检测
genetically modified organism detection
Q7；TS207.3
　　S 检测*
　　C 转基因食品

转基因食品
genetically modified foods
TS219
　　D 工程食品
　　　基因改良食品
　　　基因改造食品
　　　基因工程食品
　　　基因食品
　　　转基因食物
　　S 食品*
　　F 转基因动物食品
　　　转基因植物食品
　　C 转基因大豆
　　　转基因稻米
　　　转基因检测

转基因食物
　　Y 转基因食品

转基因纤维
invert gene fiber
TS102
　　S 纤维*

转基因植物食品
transgenic plant food
TS219
　　S 转基因食品
　　Z 食品

转角精度
　　Y 精度

转排
trans-permutation production
TS261.4
　　D 伏天掉排
　　　秋季转排
　　　夏季掉排
　　S 酿酒工艺*

转刷
brush type rotor
TS95
　　S 刷子*

转位不平衡
　　Y 平衡

转位刀具
　　Y 可转位刀具

转向灯
cornering lamp
TM92；TS956
　　S 侧灯
　　Z 灯

转移率测量
transfer rate measurement
TS19
　　S 性能测量*

转移罗拉
　　Y 罗拉

转移染色
　　Y 染色工艺

转移烫花
　　Y 转移印花

转移涂层
transfer coating
TG1；TS19
　　S 涂层*

转移印花
transfer dye printing
TS194
　　D 电化铝转移印花
　　　干法热转移印花
　　　熔融转移印花
　　　升华转移印花
　　　真空转移印花
　　　植绒转移烫花
　　　转移烫花
　　　转移印花技术
　　S 印花*
　　F 气相转移印花
　　　热转移印花

转移印花机
　　Y 热转印机

转移印花技术
　　Y 转移印花

转移印花压毯
　　Y 印花设备

转移印花原纸
transfer printing base paper
TS76
　　S 原纸
　　Z 纸张

转移印花纸
transfer printing paper
TS76
　　S 纸张*

转移印刷
　　Y 转印

转移轧染
　　Y 轧染

转移指数
migration index
TS19
　　S 指数*
　　C 空间分布　→(6)
　　　纤维分布

转印
transfer printing
TS194.4；TS859
　　D 电晕转印
　　　辊转印
　　　网移印刷
　　　移印
　　　移印印刷
　　　粘着转印
　　　转移印刷
　　S 印制技术*
　　F 热转印
　　　水转印

转印滚筒
　　Y 橡皮滚筒

转印纸
transfer paper
TS76
  S 纸张*
  F 热转印纸
    水转印纸

转折温度
  Y 转变温度

转杯
  Y 纺纱杯

转杯纺
  Y 转杯纺纱

转杯纺复合纱
  Y 转杯纱

转杯纺工艺
  Y 转杯纺纱

转杯纺机
  Y 转杯纺纱机

转杯纺纱
rotor spinning
TS104.7
  D 气流纺
    气流纺纱
    转杯纺
    转杯纺工艺
    转杯纺纱工艺
  S 新型纺纱
  F 高速气流纺
  C 转杯速度
  Z 纺纱

转杯纺纱工艺
  Y 转杯纺纱

转杯纺纱机
rotor spinner
TS103.27
  D 转杯纺机
  S 新型纺纱机
  F 气流纺纱机
  Z 纺织机械

转杯纱
rotor spun yarn
TS106.4
  D OE 纱
    气流纱
    转杯纺复合纱
  S 纱线*

转杯速度
rotor speed
TS104
  D 纺杯速度
  S 速度*
  C 转杯纺纱

转塔立式钻床
  Y 立式钻床

转塔升降台铣床
  Y 升降台铣床

转筒洗涤机
  Y 洗涤设备

转椅
revolving chair
TS66；TU2
  S 椅子
  Z 家具

篆刻制品
  Y 套刻

妆扮方法
  Y 化妆

妆面设计
  Y 化妆设计

装板机
loader
TS64
  S 装卸板机
  C 卸板机
  Z 人造板机械

装版
justify
TS805
  D 装版工艺
  S 排版
  Z 印刷工艺

装版工艺
  Y 装版

装备
  Y 设备

装备机械
  Y 机械

装备现况
  Y 设备

装备现状
  Y 设备

装出料机
  Y 上下料装置

装订*
binding
TS885
  D 装订方法
    装订技术
    装订形式
  F 胶订
    精装
    平装
    骑马订
    书刊装订
    塑料线烫订
    锁线订
    套合
    铁丝装订
    印后装订
    装帧
  C 折页
    装订质量

装订方法
  Y 装订

装订机
binding machine
TS885
  D 订书机
  S 装订设备*
  F 骑马订书机
    骑马装订联动机
    全自动装订机

装订机具
  Y 装订设备

装订机械
  Y 装订设备

装订技术
  Y 装订

装订设备*
binding equipments
TS885
  D 平装机械
    装订机具
    装订机械
    装订用具
  F 打孔机
    胶订设备
    折页装置
    装订机
  C 纸张

装订形式
  Y 装订

装订用具
  Y 装订设备

装订质量
bookbinding quality
TS88
  D 装帧质量
  S 印刷质量
  F 胶订质量
  C 装订
  Z 工艺质量

装罐
  Y 灌装

装罐封口
  Y 灌装

装罐技术
  Y 灌装

装潢工程
  Y 装修

装潢技术
  Y 装修

装潢五金
  Y 五金件

装璜
  Y 装修

装夹系统
  Y 夹紧装置

装夹装置
  Y 夹紧装置

装酒机
　　Y 灌酒机

装饰*
ornamentation
TU2；TU7
　　F 纺织装饰
　　　　服装装饰
　　　　家具装饰
　　　　色彩装饰
　　　　图案装饰
　　　　涂饰
　　C 表面处理　→(1)(3)(4)(7)(9)
　　　　涂装
　　　　装修

装饰板工艺
　　Y 制板工艺

装饰薄木
　　Y 薄木

装饰布
　　Y 装饰织物

装饰部位
decoration positions
[TS-9]
　　S 部位*

装饰彩灯
linolite lamp
TM92；TS956
　　S 彩灯
　　Z 灯

装饰绸
　　Y 装饰织物

装饰瓷
decorative ceramic
TQ17；TS93
　　D 陈设瓷
　　　　美术瓷
　　S 瓷制品*

装饰单板
　　Y 薄木

装饰方法
　　Y 装修

装饰方式
　　Y 装修

装饰纺织品
　　Y 装饰用纺织品

装饰工程
　　Y 装修

装饰工艺
　　Y 装修

装饰花纹
　　Y 花纹

装饰技法
　　Y 装修

装饰结
decorative knot

TS935
　　D 梅花结
　　　　盘长结
　　S 绳结
　　Z 编织

装饰面料
　　Y 装饰织物

装饰品
　　Y 饰品

装饰施工
　　Y 装修

装饰手帕
　　Y 手帕

装饰贴面
　　Y 贴面工艺

装饰纹织物
　　Y 纹织物

装饰线
ornamental thread
TS88
　　S 结构线*
　　F 嵌线
　　C 纱线
　　　　装帧

装饰用布
　　Y 装饰织物

装饰用纺织品*
upholstery textiles
TS106.7
　　D 纺织装饰品
　　　　家用电器罩布
　　　　家用电器装饰布
　　　　装饰纺织品
　　F 餐饮用纺织品
　　　　窗帘
　　　　花边
　　　　靠垫
　　　　内装纺织品
　　　　汽车用纺织品
　　　　台布
　　C 纺织品

装饰原纸
decorative base paper
TS761.1
　　D 装饰纸原纸
　　S 装饰纸
　　Z 纸张
　　　　纸制品

装饰织物
furnishing fabric
TS106.7
　　D 家用装饰织物
　　　　内饰织物
　　　　室内装饰织物
　　　　装饰布
　　　　装饰绸
　　　　装饰面料
　　　　装饰用布
　　S 织物*

　　F 幕布

装饰纸
decorative paper
TS761.1
　　S 纸张*
　　F 壁纸
　　　　美纹纸
　　　　平衡纸
　　　　预油漆纸
　　　　装饰原纸

装饰纸贴面人造板
　　Y 饰面人造板

装饰纸原纸
　　Y 装饰原纸

装饰装修
　　Y 装修

装饰装修材料
　　Y 装修装饰材料

装饰装修工程
　　Y 装修

装卸板机
loader and unloaders
TS64
　　S 胶合板机械
　　F 卸板机
　　　　装板机
　　C 自动装卸板热压机
　　Z 人造板机械

装卸料机构
　　Y 上下料装置

装卸料设备
　　Y 上下料装置

装修*
decoration
TU2；TU7
　　D 建筑装饰技术
　　　　装潢工程
　　　　装潢技术
　　　　装璜
　　　　装饰方法
　　　　装饰方式
　　　　装饰工程
　　　　装饰工艺
　　　　装饰技法
　　　　装饰施工
　　　　装饰装修
　　　　装饰装修工程
　　　　装修工程
　　　　装修施工
　　　　装修装饰工程
　　F 包装装潢
　　　　初装修
　　　　纺织装饰
　　　　粉刷
　　　　家具装饰
　　　　色彩装饰
　　　　图案装饰
　　C 房间
　　　　光面瓷砖　→(11)
　　　　嵌条

装饰
装饰风格 →(11)
装饰砖 →(11)
装修管理 →(11)
装修质量 →(11)
装修装饰材料

装修工程
Y 装修

装修施工
Y 装修

装修装饰材料*
decorating and renovating material
TU5
D 装饰装修材料
F 薄木装饰板
内饰材料
皮革涂饰材料
饰面人造板
贴面材料
C 花岗石板 →(11)
饰面石材 →(11)
装饰石材 →(11)
装修

装修装饰工程
Y 装修

装袖
set-in sleeve
TS941.6
S 袖子工艺
Z 服装工艺

装盐机
Y 制盐设备

装帧
bookbinding
TS885
D 书籍装帧
图书装帧
S 装订*
C 装饰线
装帧材料

装帧材料
decorating material
TS88
S 材料*
C 装帧

装帧设计
graphic design
TS801
S 书籍设计*
F 动态装帧设计
书籍装帧设计

装帧质量
Y 装订质量

装置*
unit
TB4
D 工作装置
设备装置
新型装置
装置特性
装置型式
作业装置
F 保鲜装置
隔离装置
横移装置
烘烤装置
换网装置
接头装置
牵伸装置
润湿装置
自动加药装置
自动停车装置
C 安全装置
补偿装置 →(4)(5)(7)(8)
测量装置 →(1)(4)(5)(6)(7)(8)
电能计量装置 →(5)
定位装置 →(2)(3)(4)(6)(7)(8)
发射装置 →(6)(7)(12)
感应装置 →(3)(4)(5)(7)(8)
过滤装置
化工装置
回收装置
机械装置 →(2)(3)(4)(12)
净化装置
瞄准装置 →(4)(6)
喷射装置 →(1)(2)(3)(4)(5)(6)(9)(11)(13)
平衡装置 →(4)
清洁装置
燃烧装置
热核装置 →(4)(6)(12)
设备
水处理装置 →(2)(4)(5)(9)(11)(13)
温控装置 →(1)(4)(5)(8)
油装置 →(2)(4)(5)(6)(12)
蒸发装置
装置结构
自动装置 →(4)(5)(8)(12)

装置结构*
equipment structure
TH12
D 设备结构
设备结构特点
元件结构
F 轮胎帘子布
轮胎帘子线
内置筛网
筛缝
筛格
筛鼓
筛路
C 机械结构
装置
装置设计 →(1)(4)

装置特性
Y 装置

装置型式
Y 装置

装置运行
Y 设备运行

壮锦
Zhuang brocade
TS106.8
S 织锦
Z 机织物

壮族服饰
Y 民族服饰

撞击机
impactor
TS210.3
S 粮食机械
F 撞击松粉机
Z 食品加工机械

撞击松粉机
flake disrupter
TS210.3
S 撞击机
Z 食品加工机械

锥面钢领
conical ring
TS103.82
S 钢领
Z 纺纱器材

锥模
Y 模具

锥形发酵罐
cylindro-conical fermenter
TQ92；TS261.3
D 锥型发酵罐
S 发酵罐
Z 发酵设备

锥形罐
cone tank
TS26
S 罐*

锥形接头
Y 接头

锥形精浆机
jordan refiner
TS734.1
S 精浆机
Z 制浆设备

锥形磨浆机
conical refiners
TS733
S 磨浆机
Z 制浆设备

锥形筒子
conical package
TS106.4
D 宝塔筒子
S 筒子纱
Z 纱线

锥型电杆模
Y 模具

锥型发酵罐
Y 锥形发酵罐

坠胡
Y 弦乐器

坠芯式活动铅笔
　　Y 铅笔

准备*
preparation
ZT
　　F 织造准备

准分子灯
excimer lamp
TM92；TS956
　　S 灯*

准静不平衡
　　Y 平衡

桌
　　Y 桌子

桌灯
　　Y 台灯

桌类
　　Y 桌子

桌面出版
　　Y 桌面出版系统

桌面出版系统
desktop publishing
TS803.8
　　D DTP 出版系统
　　　轻印刷系统
　　　台式出版
　　　台式出版系统
　　　桌面出版
　　　桌面印刷系统
　　S 出版系统*

桌面数码打样
desktop digital proofing
TS801；TS805
　　S 数码打样
　　Z 打样

桌面印前系统
desktop pre-press systems
TS803.1
　　S 印前系统
　　Z 出版系统

桌面印刷系统
　　Y 桌面出版系统

桌子
tables
TS66；TU2
　　D 桌
　　　桌类
　　S 家具*
　　F 办公桌
　　　餐桌
　　　床桌
　　　电脑桌
　　　升降桌
　　　写字桌
　　　学习桌椅
　　　游戏桌
　　C 厨柜

茁霉多糖

　　Y 短梗霉多糖

卓筒井
　　Y 盐井

浊汁饮料
suspending beverage
TS255；TS27
　　D 浑浊型饮料
　　　混浊果汁
　　　混浊型
　　　混浊饮料
　　　混浊汁饮料
　　　悬浮饮料
　　S 饮料*
　　F 果肉饮料

着陆灯
landing light
TM92；TS956；V2
　　D 触陆区灯
　　　飞机着陆灯
　　　降落导向灯
　　　目视着陆斜度指示灯
　　　着陆区投光灯
　　S 机场灯
　　Z 灯

着陆点精度
　　Y 精度

着陆精度
　　Y 精度

着陆区投光灯
　　Y 着陆灯

着墨辊
　　Y 墨辊

着墨率
inking percentage
TS805
　　S 印刷参数*

着色
coloring
TS193
　　D 表面着色
　　　赋色
　　　扩散着色
　　　离子着色
　　　上色
　　　生色
　　　着色处理
　　　着色法
　　　着色方法
　　　着色工艺
　　　着色机理
　　　着色技术
　　S 色彩工艺*
　　F 纺前着色
　　　纺液着色
　　　生态着色
　　　原液着色
　　C 表面处理　→(1)(3)(4)(7)(9)
　　　黄度指数　→(9)

着色处理
　　Y 着色

着色法
　　Y 着色

着色方法
　　Y 着色

着色工艺
　　Y 着色

着色机理
　　Y 着色

着色技术
　　Y 着色

着色剂
coloring agents
TQ63；TS193
　　D 黑色着色剂
　　　化学染色剂
　　　染色剂
　　　染色物质
　　　石油着色剂
　　S 色剂*
　　F 食品染色剂
　　C 染料
　　　颜料

着色纤维
　　Y 有色纤维

着色纤维(色纺纤维)
　　Y 有色纤维

着水*
dampening
TU99
　　F 雾化着水
　　　小麦着水
　　C 水

着水碾米
　　Y 碾米

着水润麦
　　Y 制麦

着装舒适性
　　Y 服装舒适性

着装心理
　　Y 服装心理学

着装原则
dressing principles
TS941.1
　　S 原则*

孜然
cuminum cyminum
TS255.2
　　D 安息茴香
　　　枯茗
　　　野茴香
　　S 蔬菜
　　　香辛料
　　Z 调味品
　　　果蔬

资源发展观
　　Y 资源化

资源化*
resource recycling
X2
    D 全球资源信息数据库
       再资源化技术
       资源发展观
       资源化处理
       资源化处理技术
       资源化处置
       资源化措施
       资源化技术
       资源化率
       资源化特性
       资源化途径
       资源化系统
    F 黑液资源化
    C 循环利用 →(1)(13)

资源化处理
    Y 资源化

资源化处理技术
    Y 资源化

资源化处置
    Y 资源化

资源化措施
    Y 资源化

资源化技术
    Y 资源化

资源化利用
    Y 资源利用

资源化利用技术
    Y 资源利用

资源化率
    Y 资源化

资源化特性
    Y 资源化

资源化途径
    Y 资源化

资源化系统
    Y 资源化

资源化应用
    Y 资源利用

资源化综合利用
    Y 资源利用

资源回收装置
    Y 回收装置

资源利用*
resource utilization
F；P9；X3
    D 二次资源利用
       重新利用
       资源化利用
       资源化利用技术
       资源化应用
       资源化综合利用
    F 废纸回用
       废纸利用

       木材资源利用
    C 利用 →(1)(2)(5)(11)(13)
       向量负载指数 →(8)
       循环利用 →(1)(13)
       再生

滋补酒
    Y 营养酒

滋补品
    Y 营养品

滋补食品
    Y 保健食品

滋味
    Y 口感

滋味品质
    Y 食味品质

子料
jade materials
TS933.21
    S 玉
    Z 饰品材料

籽棉
seed cotton
TS102.21
    S 棉纤维
    Z 天然纤维

籽棉加工
cottonseed processing
TS10
    D 棉籽加工
    S 农产品加工*

籽油
seed oils
TQ64；TS225.19
    S 植物种子油
    F 杜仲籽油
       番茄籽油
       枸杞籽油
       葵花籽油
       栝楼籽油
       辣椒籽油
       猕猴桃籽油
       南瓜籽油
       苹果籽油
       葡萄籽油
       芹菜籽油
       桑葚籽油
       沙蒿籽油
       石榴籽油
       松籽油
    Z 油脂

梓油
    Y 植物种子油

紫菜酱
laver paste
TS255.5；TS264
    S 菜酱
    Z 酱

紫貂皮

sable
S：TS564
    S 貂皮
    Z 动物皮毛

紫甘薯
    Y 紫薯

紫甘薯酒
purple sweet potato wine
TS262
    S 营养酒
    Z 酒

紫甘薯色素
purple sweet potato pigments
TQ61；TS202.39
    D 紫红薯色素
    S 紫薯色素
    Z 色素

紫红曲霉
monascus purpureus
TS26
    D 紫色红曲霉
    S 红曲霉
    Z 霉

紫红薯
    Y 紫薯

紫红薯色素
    Y 紫甘薯色素

紫激光
violet laser
TS8
    D 紫激光 CTP
    S 激光*
    C 热敏 CTP 版材

紫激光 CTP
    Y 紫激光

紫激光计算机直接制版机
    Y 直接制版机

紫米
purple rice
TS210.2
    S 有色稻米
    Z 粮食

紫绒
    Y 紫羊绒

紫色红曲霉
    Y 紫红曲霉

紫色玉米
    Y 黑玉米

紫砂茶壶
ceramic teapot
TS972.23
    D 紫砂茶具
    S 茶具
    Z 厨具

紫砂茶具
    Y 紫砂茶壶

紫薯
purple sweet potato
S：TS255.2
D 紫甘薯
　 紫红薯
　 紫心甘薯
S 薯类
C 花色苷
Z 果蔬

紫薯色素
purple potato pigment
TQ61；TS202.39
S 食用色素
F 紫甘薯色素
Z 色素

紫苏
perilla frutescens
TS255.2
D 紫苏油
　 紫苏子
S 蔬菜
Z 果蔬

紫苏素
Y 紫苏糖

紫苏糖
perillartine
TS202；TS245
D 4-异丙烯基-1-环己烯-1-甲醛肟
　 紫苏素
　 紫苏亭
S 甜味剂
Z 增效剂

紫苏提取物
beefsteak plant extract
TS255.1
S 天然食品提取物
Z 提取物

紫苏亭
Y 紫苏糖

紫苏葶
Y 致香成分

紫苏油
Y 紫苏

紫苏籽
perilla seeds
TS202.1
S 植物菜籽*

紫苏子
Y 紫苏

紫笋茶
Y 凉茶

紫檀
Y 红木

紫檀家具
rosewood furnitures
TS66；TU2
S 红木家具
Z 家具

紫檀木
Y 红木

紫外防护
Y 紫外线防护

紫外光固化油墨
Y UV 固化油墨

紫外屏蔽
UV-shielding
TQ34；TS102
D 紫外线屏蔽
　 紫外线屏蔽率
S 紫外线防护
C 抗紫外性能 →(9)
　 紫外线屏蔽剂
Z 防护

紫外线处理
ultraviolet light treatment
O4；TS101
D 紫外线应用
S 处理*

紫外线灯
ultraviolet light
TM92；TS956
D 人工太阳灯
　 太阳灯
S 灯*
F 微波无极紫外灯

紫外线防护
ultraviolet protection
TS101
D 紫外防护
S 防护*
F 紫外屏蔽

紫外线防护剂
Y 防紫外线整理剂

紫外线防晒织物
Y 防护织物

紫外线固化油墨
Y UV 固化油墨

紫外线屏蔽
Y 紫外屏蔽

紫外线屏蔽剂
ultraviolet screening agent
TS101
S 屏蔽剂
C 紫外屏蔽
Z 制剂

紫外线屏蔽率
Y 紫外屏蔽

紫外线屏蔽整理
Y 防紫外线整理

紫外线上光
UV glazing
TS805；TS88
D UV 上光
S 上光
Z 生产工艺

紫外线应用
Y 紫外线处理

紫外线油墨
Y UV 油墨

紫外荧光油墨
Y 荧光油墨

紫心甘薯
Y 紫薯

紫羊绒
purply cashmere
TS102.31
D 紫绒
S 羊绒
C 脱色
Z 天然纤维

紫阳富硒茶
Ziyang se-enriched tea
TS272.55
S 富硒茶
Z 茶

紫玉米
Y 黑玉米

紫玉米色素
purple corn pigment
TQ61；TS202.39
S 食用色素
Z 色素

紫玉米芯
Y 玉米芯

自淬灭计数器
Y 计数器

自催化乙醇制浆
auto-catalyzed ethanol pulping
TS10；TS743
S 乙醇制浆
Z 制浆

自调匀整
autoleveller
TS104.2
D 自调匀整技术
S 纺纱工艺*

自调匀整并条机
Y 并条机

自调匀整技术
Y 自调匀整

自调匀整器
Y 自调匀整装置

自调匀整系统
Y 自调匀整装置

自调匀整仪
Y 自调匀整装置

自调匀整装置
automatic eveners
TS103.11
D 自调匀整器

自调匀整系统
自调匀整仪
S 纺纱机构
Z 纺织机构

自定位模
Y 模具

自动编织机
Y 编织机

自动补偿式活动铅笔
Y 铅笔

自动草帘编织机
Y 编织机

自动抽油烟机
Y 吸油烟机

自动穿经
Y 穿经

自动穿经机
automatic entering machine
TS103.32
S 穿经机
Z 织造准备机械

自动刺绣机
Y 绣花机

自动搓丝机
Y 搓丝机

自动打印
automatic print
TS859
S 打印*

自动灯
non-attended light
TM92；TS956
D 自动化灯具
自动照明灯
S 自控灯
Z 灯

自动电饭锅
Y 电饭煲

自动电压力锅
Y 电压力锅

自动调色
Y 调色

自动堆垛机
Y 贮丝柜

自动对花
Y 光电对花

自动复卷
automatic rewinding
TS80
S 复卷
Z 生产工艺

自动攻丝机
Y 攻丝机

自动滚筒干衣机

Y 干衣机

自动横机
Y 横机

自动化灯具
Y 自动灯

自动化造型
Y 造型

自动加药控制系统
Y 自动加药装置

自动加药系统
Y 自动加药装置

自动加药装置
automatic dosaging unit
TH13；TQ0；TS20
D 加药系统
智能加药控制器
自动加药控制系统
自动加药系统
自动控制加药装置
自动投药
自动投药系统
S 装置*

自动胶印机
Y 胶印机

自动接头
automatic joint
TS101
S 接头*

自动接头装置
auto-piecing device
TS103
D 半自动接头装置
S 接头装置
Z 装置

自动结经机
automatic warp tying machine
TS103.32
S 结经机
Z 织造准备机械

自动进给木工带锯机
Y 细木工带锯机

自动进给木工圆锯机
Y 圆锯机

自动进料主跟压型机
Y 制鞋机械

自动进料装置
Y 轻工机械

自动开袋机
Y 缝纫设备

自动控制加药装置
Y 自动加药装置

自动络筒机
Y 自动络筒机

自动络纱机
Y 自动络筒机

自动络筒
auto winding
TS104.2
S 络筒
Z 纺纱工艺

自动络筒机
automatic winder
TS103.23；TS103.32
D 全自动络筒机
自动络筒机
自动络纱机
S 络筒机
Z 纺织机械

自动面包机
automatic bread maker
TM92；TS972.26
D 全自动家用面包机
S 面包机
Z 厨具
家用电器

自动模
Y 模具

自动木工机床
Y 木工机床

自动内钉跟机
Y 制鞋机械

自动排版
automatic typesetting
TS803.2
S 信息处理*

自动配色
automatic color matching
TS101
S 配色
Z 色彩工艺

自动平压模切机
automatic platen die cutting machines
TS803.9
S 模切机
Z 印刷机械

自动铅笔
Y 铅笔

自动切钻弹簧楦机
Y 制鞋机械

自动缫
Y 自动缫丝

自动缫生产
Y 自动缫丝

自动缫丝
automatic silk reeling
TS14
D 自动缫
自动缫生产
S 缫丝工艺
Z 纺织工艺

自动缫丝机
automatic silk reeling machine

TS142
    D 定纤式自动缫丝机
      双宫丝自动缫丝机
    S 缫丝机械
    F 新型自动缫丝机
    Z 纺织机械

自动上下料
    Y 上下料装置

自动试验设备
    Y 试验设备

自动苏生器
    Y 呼吸器

自动锁眼机
    Y 锁眼机

自动套色
automatic register
TS80
    S 套色
    Z 色彩工艺

自动套准
autoregister
TS80
    S 套准
    Z 生产工艺

自动停车系统
    Y 自动停车装置

自动停车装置
automatic train stop equipment
TS103；U2
    D 列车自动停车装置
      自动停车系统
      自停装置
    S 装置*

自动投药
    Y 自动加药装置

自动投药系统
    Y 自动加药装置

自动退刀装置
    Y 退刀装置

自动外钉跟机
    Y 制鞋机械

自动洗碗机
    Y 洗碗机

自动洗衣机
    Y 全自动洗衣机

自动绣花机
    Y 绣花机

自动选纬装置
automatic pick finding device
TS103.12
    D 自动寻纬装置
    S 选纬装置
    Z 纺织机构

自动寻纬装置
    Y 自动选纬装置

自动照明灯
    Y 自动灯

自动织机
    Y 织机

自动竹帘编织机
    Y 编织机

自动抓包机
    Y 抓棉机

自动抓棉机
    Y 抓棉机

自动装卸板热压机
hot press with auto loader and unloader
TS64
    D 自动装卸热压机
    S 热压机
    C 装卸板机
    Z 人造板机械

自动装卸热压机
    Y 自动装卸板热压机

自发粉
    Y 自发面粉

自发酵酸奶
    Y 酸奶

自发面粉
self-raising flour
TS211.2
    D 自发粉
    S 专用面粉
    Z 粮食

自发热
    Y 热学性能

自给式呼吸器
    Y 自救呼吸器

自贡井盐
zigong well salt
TS36
    S 井盐
    Z 盐

自交联型粘合剂
    Y 胶粘剂

自紧结
    Y 打结

自救呼吸器
self-rescuer
TD7；TS941.731；X9
    D 自给式呼吸器
      自救器
    S 呼吸器
    F 过滤式自救器
      化学氧自救器
    Z 安全防护用品

自救器
    Y 自救呼吸器

自控灯
controlled lights

TM92；TS956
    S 灯*
    F 热感应灯
      遥控电灯
      自动灯

自来水笔
    Y 笔

自捻纺纱机
    Y 新型纺纱机

自酿啤酒
self-brewing beer
TS262.59
    D 自酿鲜啤酒
    S 啤酒
    Z 酒

自酿鲜啤酒
    Y 自酿啤酒

自喷卤井
    Y 盐井

自清除
    Y 清除

自清洁整理
self cleaning
TS195.57
    S 防污整理
    Z 整理

自然长度
    Y 纤维平均长度

自然澄清法
    Y 澄清

自然发酵
spontaneous fermentation
TQ92；TS205.5
    S 发酵*

自然晾挂成熟
natural hang mature
TS205
    S 成熟*

自然染色
    Y 染色工艺

自然色
    Y 自然色彩

自然色彩
natural colour
O4；TS193
    D 自然色
    S 色彩*

自然源
    Y 自然资源

自然贮存
natural storage
TS205
    S 存储*

自然资源*
natural resources

P9；X3
 D 公有自然资源
  天然源
  自然源
 F 木材资源
  盐资源
 C 储量参数 →(2)
  向量负载指数 →(8)
  再生资源 →(13)
  资源 →(1)(2)(7)(8)(13)
  自然资源管理 →(13)

自溶
autolysis
TS201.1
 S 溶解*
 F 酵母自溶
 C 酵母精
  啤酒酵母

自溶条件
autolysis conditions
TS201.1
 S 条件*

自适应反射镜
 Y 反射镜

自适应纺织品
 Y 功能纺织品

自锁针布
 Y 针布

自停装置
 Y 自动停车装置

自行车运动服
vest
TS941.7
 S 运动服装
 Z 服装

自硬砂造型
 Y 造型

自由端纺纱
open-end spinning
TS104.7
 D 非自由端纺纱
 S 新型纺纱
 Z 纺纱

自由基清除
radical scavenging
R；TS201.2
 D 清除自由基
  自由基清除能力
 S 清除*
 C 清除活性

自由基清除能力
 Y 自由基清除

自由渗透
free penetration
TS8
 S 渗透*
 C 油墨渗透深度

自由脱开气圈

free balloon separation
TS104.2
 S 气圈
 Z 纺纱工艺

自由涡轮恒速器
 Y 传动装置

自粘保鲜膜
 Y PVC 自粘保鲜膜

自助餐
buffet
TS971
 S 快餐
 Z 餐饮

自助餐厅
cafeterias
TS97
 S 餐馆
 Z 场所

自装配家具
 Y 组合家具

字典纸
oxford india paper
TS761.2
 S 印刷纸
 Z 纸张

字号
 Y 字体

字库
 Y 词库

字模
 Y 活字

字模库
 Y 词库

字体*
type fount
TS80
 D 隶书体
  字号
 F 书法字体
  印刷字体

字体库
 Y 词库

字形信息库
 Y 词库

渍菜
 Y 咸菜

综合保鲜
integrated preservation
TS205
 S 保鲜*

综合测量仪器
 Y 测量仪器

综合产率
 Y 收率

综合打手

 Y 打手

综合管理
 Y 管理

综合环境原理
 Y 环境

综合回收技术
 Y 回收

综合回收率
 Y 回收率

综合加工
comprehensive machining
TS205
 D 综合加工技术
 S 加工*

综合加工技术
 Y 综合加工

综合精度
 Y 精度

综合利用*
comprehensive utilization
ZT83
 D 综合利用工作
  综合利用技术
 F 木材综合利用
 C 利用 →(1)(2)(5)(11)(13)
  深加工 →(4)(9)
  碳五馏分 →(2)

综合利用工作
 Y 综合利用

综合利用技术
 Y 综合利用

综合特性
 Y 综合性能

综合提取
compositive extraction
TQ46；TS205
 S 提取*

综合性能*
overall performance
ZT4
 D 综合特性
 F 复合变性
 C 性能

综合印染废水
comprehensive printing and dyeing wastewater
TS19；X7
 S 印染废水
 Z 废水

综框
heald shaft
TS103.81；TS103.82
 S 织造器材*
 F 综框边杆

综框边杆
heald frame side bar

TS103.81；TS103.82
　　S　综框
　　Z　织造器材

综框高度
heald frame height
TS105
　　S　机织工艺参数
　　Z　织造工艺参数

综平时间
heald level time
TS105
　　S　机织工艺参数
　　Z　织造工艺参数

综合试验
　　Y　试验

棕榈纤维
　　Y　棕叶纤维

棕棉
　　Y　棕色彩棉

棕色彩棉
brown cotton
TS102.21
　　D　棕棉
　　S　天然彩色棉
　　Z　天然纤维

棕色彩棉织物
　　Y　彩棉织物

棕叶纤维
monkey grass
TS102.23
　　D　棕榈纤维
　　S　叶纤维
　　Z　天然纤维

鬃毛
　　Y　毛纤维

总产率
　　Y　收率

总酚
total phenolic content
TS201.2
　　D　总酚含量
　　S　含量*

总酚含量
　　Y　总酚

总还原糖
　　Y　还原糖

总环境
　　Y　环境

总黄酮
total flavonoids
R；TQ46；TS201.2
　　S　含量*

总回收率
　　Y　回收率

总碱值

Y　碱值

总经根数
total number of warp
TS101；TS107
　　S　织物规格*

总抗氧化活性
　　Y　抗氧化活性

总粒相物
total particulate matter
TS41
　　D　烟气总粒相物
　　S　物质*
　　C　烟气

总收率
　　Y　收率

总酸
total acidity
O6；TS23
　　D　酚酞酸度
　　　　总酸度
　　　　总酸含量
　　S　含量*

总酸度
　　Y　总酸

总酸含量
　　Y　总酸

总糖
total sugar
TS245
　　S　糖*

总糖测定
determination of total sugar
O6；TH7；TS24
　　S　测量*
　　C　糖

总糖度
　　Y　糖度

总糖含量
total sugar content
TS24
　　S　糖含量
　　Z　含量

总糖转化率
total sugar conversion rate
TS24
　　S　化学比率*

总体布置方案
　　Y　布置

总体结构
　　Y　结构

总体性能设计
　　Y　性能设计

总污染
　　Y　环境污染

总油

Y　油品

纵密
　　Y　经密

纵剖计数器
　　Y　计数器

纵剖圆锯机
　　Y　圆锯机

纵切刀
　　Y　纵切机

纵切刀装置
　　Y　纵切机

纵切机
slitting mechainsm
TS73
　　D　纵切刀
　　　　纵切刀装置
　　S　剪切设备*

纵条
　　Y　经向疵点

纵向合缝
　　Y　合缝

纵向刨切机
portrait chipping machine
TS642
　　S　刨切机
　　Z　木工机械

纵向色差
longitudinal chromatic aberration
O4；TS193
　　S　位置色差
　　Z　色差

粽子
glutinous rice dumpling
TS972.14
　　S　小吃*

走锭纺纱机
　　Y　细纱机

走锭精纺机
　　Y　细纱机

走锭细纱机
　　Y　细纱机

走马灯
revolving scenic lantern
TM92；TS934；TS956
　　S　灯笼
　　Z　灯

走纸
paper feed
TS805
　　D　送纸
　　S　印刷工艺*

走纸故障
　　Y　输纸故障

足球
soccer

TS952.3
　S　球类器材
　Z　体育器材

阻挡特性
　Y　阻隔性

阻挡性能
　Y　阻隔性

阻隔剂
　Y　防护剂

阻隔性*
barrier property
TM2；TN3；TQ32
　D　隔离特性
　　隔离性
　　阻挡特性
　　阻挡性能
　　阻性
　F　抗渗水性
　C　性能

阻垢剂
scale inhibitor
TE3；TQ0；TS195.2
　D　防垢剂
　　防污处理剂
　　防污剂
　　防污染剂
　　防污添加剂
　　防污整理剂
　　防沾污剂
　　垢抑制剂
　　化学阻垢剂
　　结垢抑制剂
　　抗垢剂
　　绿色阻垢剂
　　污垢抑制剂
　S　防护剂*
　C　防污涂料　→(1)(9)
　　防污整理
　　结垢　→(2)(3)(4)(9)
　　污垢
　　洗涤剂　→(9)
　　阻垢机理　→(9)
　　阻垢率　→(9)

阻光染料
antihalation dyes
TS193.21
　S　功能染料
　Z　染料

阻焊油墨
solder resist ink
TQ63；TS802.3
　S　专色油墨
　Z　油墨

阻力*
reaction
O3
　D　阻尼力
　F　透水阻力
　　吸阻
　C　减阻　→(2)(6)(11)(12)
　　力

示功特性　→(1)

阻尼力
　Y　阻力

阻拈盘
　Y　阻捻盘

阻捻
resistant twist
TS104.2
　S　加捻工艺
　Z　纺纱工艺

阻捻盘
navel
TS103.82
　D　隔离盘(纺纱)
　　阻拈盘
　　阻捻器
　　阻捻头
　S　新型纺纱器材
　Z　纺纱器材

阻捻器
　Y　阻捻盘

阻捻头
　Y　阻捻盘

阻燃处理
　Y　阻燃整理

阻燃涤纶
flame retardant polyester
TQ34；TS102.528
　S　阻燃纤维
　C　复合阻燃体系　→(9)
　　膨胀阻燃体系　→(9)
　Z　纤维

阻燃涤纶纤维
　Y　功能性涤纶

阻燃防护服
　Y　消防服

阻燃纺织品
　Y　阻燃织物

阻燃钢纸
flame retardant vulcanized paper
TS761.9
　S　钢纸
　　阻燃纸
　Z　纸张

阻燃棉型纤维
flame retardant cotton fiber
TS102.528
　S　阻燃纤维
　Z　纤维

阻燃棉织物
　Y　棉织物

阻燃面料
　Y　功能面料

阻燃刨花板
fire retardant particleboard
TS62

　D　防火刨花板
　S　刨花板
　Z　木材

阻燃人造板
fire retardant artificial boards
TS62
　S　人造板
　Z　木材

阻燃纤维
fire-retardant fibre
TQ34；TS102.528
　D　本质阻燃纤维
　　防火纤维
　　防燃纤维
　　抗燃纤维
　　耐燃纤维
　　难燃纤维
　S　防护纤维
　F　阻燃涤纶
　　阻燃棉型纤维
　　阻燃粘胶纤维
　C　PBI 纤维
　　玻璃纤维
　　芳砜纶
　　芳纶
　　酚醛纤维　→(9)
　　聚四氟乙烯纤维
　　聚酰亚胺纤维
　　耐高温纤维
　　阻燃整理
　　阻燃织物
　Z　纤维

阻燃粘胶
　Y　阻燃粘胶纤维

阻燃粘胶纤维
flame-retardant viscose fiber
TQ34；TS102.528
　D　阻燃粘胶
　S　功能性粘胶纤维
　　阻燃纤维
　Z　纤维

阻燃整理
fire resistant finish
TS195
　D　防火整理
　　阻燃处理
　　阻燃整理工艺
　　阻燃整理技术
　S　织物特种整理
　F　耐久阻燃整理
　C　阻燃剂　→(9)
　　阻燃纤维
　Z　整理

阻燃整理工艺
　Y　阻燃整理

阻燃整理技术
　Y　阻燃整理

阻燃织物
fire proofing fabric
TS106.8
　D　防火织物

阻燃纺织品
 S 热防护织物
 C 阻燃纤维
 Z 功能纺织品

阻燃纸
flame retardant paper
TS761.9
 D 芳纶 1313 纤维纸
 芳纶纤维纸
 芳纶纸
 防火特种纸
 防火纸
 S 功能纸
 F 阻燃钢纸
 C 芳纶浆粕 →(9)
 Z 纸张

阻燃中密度纤维板
fire-retardant medium density fiberboard
TS62
 S 中密度纤维板
 F FRW 阻燃中密度纤维板
 Z 木材

阻染剂
 Y 防染剂

阻溶剂
insolubilize
TS202.3
 S 防护剂*

阻水纱
water blocking yarn
TS106.4
 S 纱线*

阻性
 Y 阻隔性

组版
group edition
TS805
 S 印刷工艺*

组成成分
 Y 成分

组成配方
 Y 配方

组分
 Y 成分

组份
 Y 成分

组合扳手
 Y 扳手

组合表面
 Y 表面

组合薄木
 Y 薄木

组合打浆
 Y 打浆

组合刀具
combined tool

TG7；TS914
 S 刀具*
 C 组合工艺 →(1)
 组合机床 →(3)

组合家具
modular furniture
TS66；TU2
 D 拆装家具
 自装配家具
 组合式家具
 S 家具*

组合浆料
combination size
TS105
 S 浆料*

组合碾米设备
 Y 大米色选机

组合漂白
combining bleaching
TS192.5
 D 混合漂白
 S 漂白*

组合生产线
 Y 生产线

组合式 3D 机织物
 Y 机织物

组合式家具
 Y 组合家具

组合镗床
combination boring machine
TG5；TS64
 S 机床*

组合填料
combined packing
TS753.9；TU5
 D 组合型填料
 S 填料*

组合玩具
combo toys
TS958.22
 S 玩具*

组合型填料
 Y 组合填料

组合胸衬
combined chest interlining
TS107；TS941.4
 S 文胸
 Z 服装

组合样板
 Y 样板

组合印刷
combination printing
TS87
 S 印刷*

组合造型
 Y 造型

组合钻
 Y 电钻

组织蛋白
histone
Q5；TQ46；TS201.21
 S 植物蛋白
 F 大豆组织蛋白
 复合组织蛋白
 Z 蛋白质

组织点
weaving points
TS105；TS18
 D 交织点
 经纬浮点
 经组织点
 纬浮点
 纬组织点
 S 点*
 C 组织图

组织化大豆蛋白
 Y 大豆组织蛋白

组织图
histogram
TS105
 S 图*
 C 组织点

组织循环
weaving cycle
TS105
 S 结构*

祖克 S222 型
 Y 祖克浆纱机

祖克 S432 型
 Y 祖克浆纱机

祖克浆纱机
sucker sizing machine
TS103.32
 D 德国祖克浆纱机
 祖克 S222 型
 祖克 S432 型
 S 浆纱机
 Z 织造准备机械

祖母绿
emerald
TS933.21
 S 翡翠
 Z 饰品材料

钻绒
 Y 羊绒

钻戒
diamond ring
TS934.3
 D 钻石戒指
 S 戒指
 Z 饰品

钻井*
drilling well
P5；TE2

D 钻井法
　钻井方法
　钻井方式
　钻井工艺
　钻井工艺技术
　钻井技术
F 冲击钻井
　水平钻井
C 表层套管 →(2)
　固井 →(2)
　井 →(2)(4)(11)(12)
　取心 →(2)(11)
　随钻测量系统 →(2)
　完井 →(2)
　油气开采 →(2)
　油气上窜速度 →(2)
　钻井废弃物 →(2)(13)
　钻井工程 →(2)
　钻井管理 →(2)
　钻井理论 →(2)
　钻井设备 →(2)
　钻井作业 →(2)

钻井法
　Y 钻井

钻井方法
　Y 钻井

钻井方式
　Y 钻井

钻井工艺
　Y 钻井

钻井工艺技术
　Y 钻井

钻井技术
　Y 钻井

钻孔攻丝机
　Y 攻丝机

钻石
diamond
TS933.21
　D 人造钻石
　S 宝石
　F 彩色钻石
　　合成钻石
　　天然钻石
　Z 饰品材料

钻石分级
diamond grading
TS93
　S 分级*

钻石加工
diamond processing
TS93
　S 首饰加工
　Z 加工

钻石戒指
　Y 钻戒

钻石饰品
　Y 饰品

钻石印花
diamond printing
TS194.43
　S 特种印花
　Z 印花

钻镗床
drilling and boring machine
TG5；TS64
　D 多孔镗床
　S 机床*
　F 深孔镗床

钻头铣床
　Y 专用铣床

钻头修磨机
　Y 修磨机

钻头研磨机
　Y 修磨机

钻铣床
milling and drilling machine
TG5；TS64
　D 台式铣钻床
　　铣钻床
　S 机床*
　F 数控钻铣床

钻屑清除
　Y 清除

最大长度
　Y 长度

最大吸收峰
maximum absorption peak
TS205
　S 峰*

最佳提取条件
optimum extraction conditions
TQ46；TS205
　S 提取条件
　Z 条件

最小包装量
minimum pack quantity
TS09
　S 包装量
　Z 数量

最优长度
　Y 长度

醉方腐乳
　Y 腐乳

醉螺
　Y 醉泥螺

醉泥螺
drunk snail
TS972.125
　D 醉螺
　S 水产菜肴
　Z 菜肴

醉虾
drunken shrimp

TS972.125
　S 虾肴
　Z 菜肴

醉蟹
　Y 蟹肉

醉制
wine pickling
TS972.113
　D 糟醉制品
　S 烹饪工艺*

作坊*
workshop
F；TS08
　D 小作坊
　F 家庭作坊
　　手工作坊
　C 工作室 →(11)
　　古代建筑 →(11)

左拈
　Y S 捻

左旋糖
　Y 果糖

左中右色差
side-center-side chromatic aberration
O4；TS193
　S 位置色差
　Z 色差

佐餐
be eaten together with rice or bread
TS971
　S 餐饮*

佐料
　Y 调味品

作茶
　Y 茶叶加工

作图效率
　Y 绘图效率

作训服
battle dress uniform
TS941.7
　S 军服
　F 冬作训服
　　军用体能训练服
　Z 服装

作训鞋
training shoes
TS943.7
　S 鞋*

作业*
operating
ZT5
　D 作业方法
　　作业方式
　　作业过程
　F 印刷作业
　C 采矿
　　操作
　　货运作业 →(2)(4)(6)(8)(9)(12)

矿井作业 →(2)(11)(12)
生产工艺
施工作业 →(1)(2)(4)(6)(11)(12)(13)
选矿工艺 →(2)(3)(9)(13)
油井作业 →(2)

作业定义格式
job definition format
TS803
S 规范*

作业方法
Y 作业

作业方式
Y 作业

作业过程
Y 作业

作业设备
Y 加工设备

作业线
Y 生产线

作业装置
Y 装置

作用*
role
ZT84
F 保健作用
保鲜作用
促染作用
降血脂作用
交联作用
清除作用
微生物作用
助漂作用
C 弹药作用 →(4)(6)(7)(11)(12)
化学作用
力作用 →(1)(2)(3)(11)
物理作用 →(1)(3)(5)(9)(11)
相互作用 →(1)(5)(6)(7)(9)(11)(12)

作用效应
Y 效应

坐标纸
coordinate paper
TS761.1
D 概率纸
S 文化用纸
Z 办公用品
纸张

坐具
seats
TS66；TU2
S 坐卧类家具
F 沙发
椅子
Z 家具

坐卧类家具
sitting and lying style furnitures
TS66；TU2
S 家具*
F 卧室家具
坐具

坐席
attend a banquet
TS971.2
S 宴席*

柞/桑弹力真丝
Y 真丝弹力织物

柞蚕丝
tussah
TS102.33
D 野蚕丝
柞丝
S 蚕丝
C 桑蚕丝
丝织物
柞蚕丝织物
Z 真丝纤维

柞蚕丝绸
Y 柞蚕丝织物

柞蚕丝蛋白
tussah silk protein
Q5；TS201.21
S 蚕丝蛋白
Z 蛋白质

柞蚕丝素
tussah fibroin
TS141
S 丝素*

柞蚕丝素蛋白
antheraea pernyi silk fibroin
Q5；TS201.21
S 蚕丝素蛋白
Z 蛋白质

柞蚕丝素粉
tussah fibroin powder
TS202
S 丝素粉
Z 粉末

柞蚕丝素肽
tussah silk fibroin peptide
TQ93；TS201.2
S 丝素肽
Z 肽

柞蚕丝织物
tussah fabric
TS146
D 榨蚕丝织物
柞蚕丝绸
柞绸
柞绵绸
柞丝绸
柞丝织物
S 丝织物
C 柞蚕丝
Z 织物

柞蚕雄蛾油
tussah male moth oil
TS225.2
S 缫丝蛹油
Z 油脂

柞蚕蛹油
tussah pupa oil
TS225.2
S 蚕蛹油
Z 油脂

柞绸
Y 柞蚕丝织物

柞茧干缫机
Y 缫丝机械

柞绵绸
Y 柞蚕丝织物

柞木
xylosma
TS62
S 硬杂木
Z 木材

柞丝
Y 柞蚕丝

柞丝绸
Y 柞蚕丝织物

柞丝织物
Y 柞蚕丝织物

座垫革
Y 沙发革

座套革
Y 沙发革

座椅安全带
Y 安全带

座椅背带
Y 安全带

座椅面料
Y 沙发套面料

做青
making of green leaf
TS272.4
D 做青工艺
S 茶叶加工*
C 做青环境

做青工艺
Y 做青

做青环境
fine-manipulation environment
TS272.4
S 环境*
C 做青

做形
shaping
TS205
D 做形工艺
S 食品加工*

做形工艺
Y 做形

分类简表

A	马克思主义、列宁主义、毛泽东思想、邓小平理论		O	数理科学、化学
			O1	. 数学
B	哲学、宗教		O3	. 力学
C	社会科学总论		O4	. 物理学
D	政治、法律		O6	. 化学
E	军事		O7	. 晶体学
F	经济		P	天文学、地球科学
G	文化、科学、教育、体育		P1	. 天文学
H	语言、文字		P2	. 测绘学
I	文学		P3	. 地球物理学
J	艺术		P4	. 大气科学、气象学
K	历史、地理		P5	. 地质学
N	自然科学总论		P7	. 海洋学
N0	. 自然科学理论		P9	. 自然地理学
N1	. 自然科学现状		Q	生物科学
N2	. 自然科学机构、自然科学团体、自然科学会议		Q-0	. 生物科学理论、生物科学方法
N3	. 自然科学研究方法		Q-1	. 生物科学现状、生物科学发展
N4	. 自然科学教育、自然科学普及		Q-3	. 生物科学研究方法、生物科学研究技术
N5	. 自然科学丛书、自然科学文集、自然科学连续性出版物		Q-4	. 生物科学教育
N6	. 自然科学参考工具书		Q-9	. 生物资源调查
N79	. 自然科学非书资料、自然科学视听资料		Q1	. 普通生物学
N8	. 自然科学调查、自然科学考察		Q2	. 细胞生物学
N91	. 自然研究、自然历史		Q3	. 遗传学
N93	. 非线性科学		Q4	. 生理学
N94	. 系统科学、系统技术		Q5	. 生物化学
N95	. 信息科学、信息技术		Q6	. 生物物理学
N96	. 控制理论、控制技术		Q7	. 分子生物学
			Q81	. 生物工程学
			Q91	. 古生物学
			Q93	. 微生物学
			Q94	. 植物学
			Q95	. 动物学

Q96	．昆虫学		TE5	．海上油气田开发
Q98	．人类学		TE6	．石油天然气加工
			TE8	．石油天然气储运
R	医药、卫生		TE9	．石油机械设备
			TE99	．石油天然气综合利用
S	农业科学			
			TF	冶金工业
T	工业技术		TF0	．冶金工业概论
T-0	．工业技术理论		TF1	．冶金技术
T-1	．工业技术现状		TF3	．冶金机械
T-2	．工业机构、工业团体、工业会议		TF4	．钢铁冶炼
T-6	．工业参考工具书		TF5	．炼铁
[T-9]	．工业经济		TF6	．铁合金冶炼
			TF7	．炼钢
TB	工程技术（总论）		TF79	．其他黑色金属冶炼
TB1	．工程基础科学		TF8	．有色金属冶炼
TB2	．工程设计、工程测绘			
TB3	．材料科学		TG	金属工艺
TB4	．通用技术、通用设备		TG1	．金属学、热处理
TB5	．声学工程		TG2	．铸造
TB6	．制冷工程		TG3	．金属压力加工
TB7	．真空技术		TG4	．焊接、金属切割、金属粘接
TB8	．摄影技术		TG5	．金属切削加工
TB9	．计量学		TG7	．金属加工工具
			TG8	．公差测量、技术测量、机械量仪
TD	矿业工程		TG9	．钳工工艺、装配工艺
[TD-9]	．矿山经济		TH	机械、仪表工业
TD1	．矿山地质、矿山测量		TH-39	．机电一体化
TD2	．矿山建设、矿山设计		[TH-9]	．机械仪表工业经济
TD3	．矿山压力、矿山支护		TH11	．机械学
TD4	．矿山机械		TH12	．机械设计、机械制图
TD5	．矿山运输、矿山运输设备		TH13	．机械零件、传动装置
TD6	．矿山电气		TH14	．机械制造用材料
TD7	．矿山安全、矿山劳动保护		TH16	．机械制造工艺
TD8	．矿山开采		TH17	．机械运行、机械维修
TD9	．选矿		TH18	．机械工厂、机械车间
TD98	．矿产资源综合利用		TH2	．起重运输机械
TD99	．矿山环境保护		TH3	．泵
			TH4	．气体压缩、气体压缩机械
TE	石油、天然气工业		TH6	．专用机械设备
[TE-9]	．石油天然气工业经济		TH7	．仪器仪表
TE0	．油气能源、油气节能			
TE1	．石油天然气地质、石油天然气勘探		TJ	武器工业
TE2	．钻井工程		[TJ-9]	．武器工业经济
TE3	．油气田开发		TJ0	．武器概论
TE4	．油气田建设工程			

TJ2	．枪械
TJ3	．火炮
TJ4	．弹药、引信、火工品
TJ5	．爆破器材、烟火器材
TJ6	．水中武器
TJ7	．军用火箭、导弹技术
TJ81	．战车、军用车辆
[TJ83]	．战舰
[TJ85]	．战机
TJ86	．航天武器
TJ9	．特种武器、特种武器防护设备

TK　能源与动力工程

[TK-9]	．能源动力工业经济
TK0	．能源概论、动力工程概论
TK1	．热力工程、热机
TK2	．蒸汽动力工程
TK3	．热工量测、热工自动控制
TK4	．内燃机
TK5	．特殊热能、特殊热能机械
TK6	．生物能、生物能机械设备
TK7	．水能、水力机械
TK8	．风能、风力机械
TK91	．氢能、氢能利用

TL　原子能技术

[TL-9]	．原子能技术经济
TL1	．原子能技术基础理论
TL2	．核燃料、核燃料生产
TL3	．核反应堆工程
TL4	．反应堆、核电厂
TL5	．加速器
TL6	．受控热核反应
TL7	．辐射防护
TL8	．粒子探测技术、辐射探测技术、核仪器仪表
TL91	．核爆炸
TL92	．放射性同位素生产
TL929	．辐射源
TL93	．放射性物质储运
TL94	．放射性废物、放射性废物管理
TL99	．原子能技术应用

TM　电工技术

TM0	．电工技术概论
TM1	．电工基础理论
TM2	．电工材料
TM3	．电机
TM4	．变压器
TM5	．电器
TM6	．发电、发电厂
TM7	．输配电工程
TM8	．高电压技术
TM91	．独立电源技术
TM92	．电气化、电能应用
TM93	．电气测量技术、电气测量仪器

TN　电子技术、通信技术

TN0	．电子技术概论
TN1	．真空电子技术
TN2	．光电子技术
TN3	．半导体技术
TN4	．微电子学、集成电路
TN6	．电子元件、电子组件
TN7	．电子电路
TN8	．无线电设备、电信设备
TN91	．通信
TN92	．无线通信
TN93	．广播
TN94	．电视
TN95	．雷达
TN96	．无线电导航
TN97	．电子对抗
TN99	．电子技术应用

TP　自动化技术、计算机技术

[TP-9]	．自动化技术经济
TP1	．自动化基础理论
TP2	．自动化技术、自动化技术设备
TP3	．计算技术、计算机技术
TP6	．射流技术
TP7	．遥感技术
TP8	．远动技术

TQ　化学工业

[TQ-9]	．化学工业经济
TQ0	．化学工业概论
TQ11	．无机化学工业
TQ12	．非金属元素化学工业、非金属无机化合物化学工业
TQ13	．金属元素无机化合物化学工业
TQ15	．电化学工业
TQ16	．电热工业、高温制品工业

TQ17	. 硅酸盐工业		TS93	. 工艺美术品工业
TQ2	. 有机化学工业		TS94	. 服装工业、制鞋工业
TQ31	. 高分子化合物工业		TS95	. 其他轻工业、手工业
TQ32	. 合成树脂工业、塑料工业		TS97	. 生活服务技术
TQ33	. 橡胶工业			
TQ34	. 化学纤维工业		**TU**	**建筑科学**
TQ35	. 纤维素化学工业		TU-0	. 建筑理论
TQ39	. 精细化学工业		TU-8	. 建筑艺术
TQ41	. 溶剂生产、增塑剂生产		[TU-9]	. 建筑经济
TQ42	. 化学试剂工业		TU1	. 建筑基础科学
TQ43	. 胶粘剂工业		TU19	. 建筑勘测
TQ44	. 化肥工业		TU2	. 建筑设计
TQ45	. 农药工业		TU3	. 建筑结构
TQ46	. 制药化学工业		TU4	. 地基基础工程
TQ51	. 燃料化学工业		TU5	. 建筑材料工业
TQ52	. 炼焦化学工业		TU6	. 建筑机械
TQ53	. 煤化学、煤的加工利用		TU7	. 建筑施工
TQ54	. 煤气工业		TU8	. 房屋建筑设备
TQ55	. 燃料照明工业		TU9	. 地下建筑
TQ56	. 爆炸物工业		TU97	. 高层建筑
TQ57	. 感光材料工业		TU98	. 区域规划、城乡规划
TQ58	. 磁记录材料工业		TU99	. 市政工程
TQ59	. 光学记录材料工业			
TQ61	. 染料工业		**TV**	**水利工程**
TQ62	. 颜料工业		[TV-09]	. 水利经济
TQ63	. 涂料工业		TV1	. 水利工程基础科学
TQ64	. 油脂化学工业		TV21	. 水利调查、水利规划
TQ65	. 香料工业、化妆品工业		TV22	. 水工勘测、水工设计
TQ91	. 农产物化学加工工业		TV3	. 水工结构
TQ92	. 发酵工业		TV4	. 水工材料
TQ93	. 蛋白质化学加工工业		TV5	. 水利工程施工
TQ94	. 鞣料工业		TV6	. 水利枢纽、水工建筑物
TQ95	. 海洋化学工业		TV7	. 水能利用、水电站工程
			TV8	. 治河工程、防洪工程
TS	**轻工业、手工业、生活服务业**			
			U	**交通运输**
[TS-9]	. 轻工业经济、手工业经济、生活服务业经济		[U-9]	. 交通运输经济
TS0	. 轻工业生产概论		U1	. 综合运输
TS1	. 纺织工业、染整工业		U2	. 铁路运输工程
TS2	. 食品工业		U4	. 公路运输工程
TS3	. 制盐工业		U6	. 水路运输工程
TS4	. 烟草工业			
TS5	. 皮革工业		**V**	**航空、航天**
TS6	. 木材加工工业、家具制造工业		V1	. 航空航天技术
TS7	. 造纸工业		V2	. 航空
TS8	. 印刷工业		V4	. 航天
TS91	. 五金制品工业			

分类详表

TS 轻工业、手工业、生活服务业

TS103.15	..... 纺织附属装置		TS106.85	..... 涂层织物
TS103.19	..... 其他纺织机构		TS106.86	..... 人造毛皮织物
TS103.2	.... 纺纱设备		TS106.87	..... 簇绒织物
TS103.22	..... 前纺工程设备		TS106.88	..... 人造皮革
TS103.23	..... 后纺工程设备		TS107	... 纺织品标准、纺织品检验
TS103.24	..... 废纺设备		TS107.1	.... 纺织品分类命名、纺织品一般标准
TS103.25	..... 絮棉设备		TS107.2	.... 纺织用纤维标准、纱线标准
TS103.27	..... 新型纺纱设备		TS107.3	.... 纺织品半成品标准
TS103.28	..... 纺织制绳机械		TS107.4	.... 日用纺织品标准
TS103.3	.... 机织设备		TS107.5	.... 成件纺织品标准
TS103.32	..... 机织准备设备		TS107.6	.... 混纺交织品标准
TS103.33	..... 织机		TS107.7	.... 家具用纺织品标准、装饰用纺织品标准
TS103.34	..... 原布整理设备		TS107.8	.... 工业用纺织品标准
TS103.6	.... 纺织仪器		TS108	... 纺织工厂
TS103.7	.... 纺织机械化、纺织自动化		TS108.1	.... 纺织厂选址
TS103.8	.... 纺织配件、纺织器材、纺织辅助物料		TS108.3	.... 纺织厂力能供应
TS103.81	..... 纺织配件		TS108.5	.... 纺织用水
TS103.82	..... 纺织器材		TS108.6	.... 纺织厂生产安全
TS103.84	..... 纺织辅助物料、纺织助剂		TS108.7	.... 纺织厂储运设备
TS104	... 纺纱		TS108.8	.... 纺织厂生产技术管理
TS104.1	.... 纺纱理论、纺纱设计		TS109	... 纺织副产品加工
TS104.2	.... 纺纱工艺		TS11	.. 棉纺织
TS104.4	.... 废纺		TS111	... 棉纺织基础科学
TS104.5	.... 混纺		TS112	... 棉纺织机械
TS104.7	.... 纺纱新工艺		TS112.1	.... 棉花初加工机械
TS105	... 织造		TS112.2	.... 棉纺设备
TS105.1	.... 织造理论、织造设计		TS112.3	.... 棉织设备
TS105.2	.... 织造准备工艺		TS112.6	.... 棉纺织用仪器
TS105.3	..... 有梭织布工艺		TS112.7	.... 棉纺织机械化、自动化
TS105.4	..... 无梭织布工艺		TS112.8	.... 棉纺织配件、棉纺织器材、棉纺织辅料
TS105.5	.... 原布整理		TS113	... 棉花初加工
TS106	... 织物		TS114	... 棉纺工艺
TS106.3	.... 絮棉		TS115	... 棉织工艺
TS106.4	.... 纱线		TS116	... 棉纺织物
TS106.5	.... 普通织物		TS117	... 棉纺织品标准与检验
TS106.6	.... 工业用织物		TS118	... 棉纺织厂
TS106.7	.... 装饰织物		TS119	... 棉纺织副产品
TS106.71	..... 窗帘		TS12	.. 麻纺织
TS106.72	..... 床罩、桌布		TS121	... 麻纺织基础科学
TS106.73	..... 毛巾、被单		TS122	... 麻纺织机械
TS106.74	..... 贴墙布		TS123	... 原麻初加工
TS106.76	..... 毯		TS124	... 麻纺工艺
TS106.77	..... 带织物		TS125	... 麻织工艺
TS106.8	.... 其他织物		TS126	... 麻纺织物
TS106.81	..... 精纺毛混纺织物		TS127	... 麻纺织品标准与检验
TS106.82	..... 粗纺毛混纺织物		TS128	... 麻纺织工厂
TS106.83	..... 麻混纺织物		TS129	... 麻纺织副产品
TS106.84	..... 丝混纺织物			

TS190.63	..... 纱线染整	
TS190.64	..... 机织物染整	
TS190.65	..... 针织物染整	
TS190.66	..... 特种织物染整	
TS190.67	..... 非织造布染整	
TS190.8	.... 新技术在染整中的应用	
TS190.9	.... 染整品质管理与质量控制	
TS192	... 练漂	
TS192.1	.... 练漂化学	
TS192.2	.... 练漂助剂	
TS192.3	.... 练漂机械	
TS192.4	.... 练漂准备工艺	
TS192.5	.... 练漂工艺	
TS192.6	.... 漂后工艺	
TS192.7	.... 各种纤维的练漂	
TS193	... 染色	
TS193.1	.... 染色物理学、染色化学	
TS193.2	.... 染色剂	
TS193.21	..... 织物染料、织物用颜料	
TS193.22	..... 织物染色助剂	
TS193.3	.... 染色机械	
TS193.4	.... 染色准备工艺	
TS193.5	.... 染色方法	
TS193.6	.... 各种染料染色方法	
TS193.7	.... 染色后处理	
TS193.8	.... 各种纤维的染色	
TS194	... 印花	
TS194.1	.... 印花理论、印花设计	
TS194.2	.... 印花色浆	
TS194.3	.... 印花机械	
TS194.4	.... 印花方法	
TS194.41	..... 机械印花	
TS194.42	..... 手工印花	
TS194.43	..... 特殊印花法	
TS194.44	..... 直接印花	
TS194.45	..... 防染印花、拔染印花	
TS194.5	.... 印花后处理	
TS194.6	.... 各种纤维印花	
TS195	... 纺织整理	
TS195.1	.... 整理理论	
TS195.2	.... 整理用剂	
TS195.21	..... 防皱剂	
TS195.22	..... 防缩剂	
TS195.23	..... 硬挺剂、柔软剂	
TS195.24	..... 整理用防火剂（阻燃剂）	
TS195.25	..... 整理用防水剂	

TS195.26	..... 整理用防生化剂	
TS195.27	..... 整理用耐磨剂	
TS195.28	..... 整理用防污剂、整理用防静电剂	
TS195.3	.... 整理机械设备	
TS195.4	... 机械整理	
TS195.5	... 化学整理	
TS195.51	.... 丝光	
TS195.52	..... 加重整理、增厚整理、减量整理	
TS195.53	..... 消光整理、上光整理	
TS195.54	..... 变性处理	
TS195.55	..... 树脂整理、防皱整理	
TS195.56	..... 羊毛防毡防缩整理	
TS195.57	..... 防水整理、拒水整理、拒油整理	
TS195.58	..... 抗生物整理	
TS195.59	..... 特种整理	
TS195.6	.... 各种纤维的整理	
TS197	... 染整物标准、染整物检验	
TS198	... 染整工厂	
TS199	... 染整副产品加工	
TS2	. **食品工业**	
TS20	.. 食品工业概论	
TS201	... 食品基础科学	
TS201.1	.... 食品工程学、食品工艺学	
TS201.2	.... 食品化学	
TS201.21	..... 食品中的蛋白质	
TS201.22	..... 食品中的脂肪	
TS201.23	..... 食品中的碳水化合物	
TS201.24	..... 食品中的维生素、食品中的激素	
TS201.25	..... 食品中的酶	
TS201.26	..... 食品中的矿物质	
TS201.3	.... 食品微生物学	
TS201.4	.... 食品营养学	
TS201.6	.... 食品安全、食品卫生	
TS201.7	.... 食品胶体化学	
TS202	... 食品原料、食品添加剂	
TS202.1	.... 食品原料	
TS202.3	.... 食品添加剂	
TS202.31	..... 食品乳化剂	
TS202.32	..... 食品抗氧剂	
TS202.33	..... 食品防腐剂	
TS202.34	..... 食品杀菌剂	
TS202.35	..... 食品品质改良剂	
TS202.36	..... 营养强化剂	
TS202.39	..... 其他食品添加剂	
TS203	... 食品机械	

TS251.47	....	肉类罐藏
TS251.5	...	肉制品
TS251.51	....	猪肉制品
TS251.52	....	牛肉制品
TS251.53	....	羊肉制品
TS251.54	....	兔肉制品
TS251.55	....	禽肉制品
TS251.59	....	其他肉制品
TS251.6	...	熟肉制品
TS251.61	....	酱肉制品
TS251.63	....	肉松、肉蓉
TS251.65	....	灌肠
TS251.67	....	熟鸡类制品
TS251.68	....	熟鸭类制品
TS251.69	....	其他熟肉制品
TS251.7	...	肉类产品标准与检验
TS251.8	...	肉类加工厂、屠宰场
TS251.9	...	肉类加工副产品
TS252	..	乳品工业
TS252.1	...	乳品基础科学
TS252.2	...	鲜乳
TS252.3	...	乳品加工机械
TS252.4	...	乳品加工工艺
TS252.41	....	鲜乳加工
TS252.42	....	乳制品加工
TS252.5	...	乳制品
TS252.51	....	奶粉
[TS252.52]	....	奶油
		宜入 TS225.23。
TS252.53	....	干酪
TS252.54	....	发酵乳制品
TS252.55	....	乳的代用品
TS252.56	....	中国民族传统乳制品
TS252.59	....	其他乳制品
TS252.7	...	乳品标准、乳品检验
TS252.8	...	乳品加工厂
TS252.9	...	乳品工业副产品
TS253	..	蛋品工业
TS253.1	...	蛋品基础科学
TS253.2	...	鲜蛋
TS253.3	...	蛋品加工机械
TS253.4	...	蛋品加工、蛋品制品
TS253.7	...	蛋品标准、蛋品检验
TS253.9	...	蛋品工业副产品
TS254	..	水产加工工业
TS254.1	...	水产加工基础科学
TS254.2	...	水产加工原料
TS254.3	...	水产加工机械
TS254.4	...	水产品加工、水产品保藏
TS254.5	...	水产制品
TS254.51	....	鱼粉、鱼翅
TS254.55	....	鱼酱、虾酱
TS254.58	....	水产植物制品
TS254.7	...	水产制品标准与检验
TS254.8	...	水产品加工厂
TS254.9	...	水产副产品
TS255	..	果蔬加工工业
TS255.1	...	果蔬加工基础科学
TS255.2	...	果蔬加工原料
TS255.3	...	果蔬加工、果蔬保藏
TS255.35	....	果蔬加工机械
TS255.36	....	果蔬加工工艺
TS255.4	...	水果加工食品
TS255.41	....	果脯、蜜饯
TS255.42	....	果干
TS255.43	....	果酱、果冻
[TS255.44]	....	果汁
		宜入 TS275.5。
[TS255.46]	....	果酒
		宜入 TS262.7。
[TS255.47]	....	果醋
		宜入 TS275.4。
TS255.5	...	蔬菜加工食品
TS255.52	....	干菜
TS255.53	....	酱菜、腌菜
TS255.54	....	渍菜、泡菜
TS255.6	...	坚果加工食品
TS255.7	...	果蔬加工品标准与检验
TS255.8	...	果蔬加工厂
TS26	..	酿造工业
TS261	...	酿酒工业
TS261.1	....	酿酒微生物
TS261.11	.....	酒曲（酿酒酵母）
TS261.12	.....	酿酒霉菌
TS261.13	.....	酿酒细菌
TS261.15	.....	酿酒选种、酿酒育种
TS261.16	.....	酿酒微生物保藏法
TS261.17	.....	酿酒有害微生物
TS261.2	....	酿酒原料
TS261.3	....	酿酒机械

TS261.4	.... 酿酒工艺		TS270.3	.... 饮料加工机械
TS261.41	..... 酿酒原料处理		TS270.4	.... 饮料加工工艺
TS261.42	..... 酿造		TS270.7	.... 饮料标准、饮料检验
TS261.43	..... 酿酒糖化、酿酒发酵		TS270.8	.... 饮料加工厂
TS261.44	..... 酿酒冷却		TS270.9	.... 饮料工业副产品
TS261.48	..... 酒品包装、酒品贮存		TS272	... 茶、茶加工
TS261.7	.... 酿酒产品标准与检验		TS272.2	.... 制茶原料
TS261.8	.... 制酒厂		TS272.3	.... 制茶机械
TS261.9	.... 酿酒副产品		TS272.4	.... 制茶工艺
TS262	... 酒		TS272.5	.... 各种茶
TS262.2	.... 酒精		TS272.51	..... 绿茶
TS262.3	.... 白酒		TS272.52	..... 红茶、发酵茶
TS262.31	..... 浓香型大曲酒		TS272.53	..... 花茶
TS262.32	..... 清香型大曲酒		TS272.54	..... 砖茶、饼茶
TS262.33	..... 酱香型大曲酒		TS272.55	..... 保健茶
TS262.34	..... 米香型大曲酒		TS272.59	..... 其他茶
TS262.35	..... 其他香型大曲酒		TS272.7	.... 茶产品标准、茶产品检验
TS262.36	..... 小曲白酒		TS272.8	.... 制茶场（厂）
TS262.37	..... 麸曲白酒		TS273	... 咖啡
TS262.38	..... 外国白酒		TS274	... 可可、巧克力、麦乳精
TS262.39	..... 其他白酒		TS275	... 软饮料
TS262.4	.... 黄酒		TS275.1	.... 净水饮料
TS262.5	.... 啤酒		TS275.2	.... 茶饮料
TS262.52	..... 啤酒原料		TS275.3	.... 碳酸饮料
TS262.54	..... 啤酒酿造工艺		TS275.4	.... 功能饮料
TS262.57	..... 啤酒标准、啤酒检验		TS275.5	.... 果汁饮料、蔬菜汁饮料
TS262.59	..... 各种啤酒		TS275.6	.... 含乳饮料
TS262.6	.... 葡萄酒、香槟		TS275.7	.... 植物蛋白饮料
TS262.61	..... 葡萄酒		TS277	... 冷冻饮品
TS262.65	..... 香槟		TS278	... 固体饮料
TS262.7	.... 果酒		TS29	.. 罐头工业
TS262.8	.... 配制酒、露酒		TS292	... 罐头机械
TS262.91	.... 药酒		TS293	... 空罐生产工艺
TS264	... 调味品生产		TS294	... 实罐生产工艺
TS264.2	.... 常用调味品		TS295	... 罐头产品
TS264.21	..... 酱油		TS295.1	.... 猪肉罐头
TS264.22	..... 食醋		TS295.2	.... 牛羊肉罐头
TS264.23	..... 味精		TS295.3	.... 禽类罐头
TS264.24	..... 黄酱、甜酱		TS295.4	.... 水产罐头
TS264.3	.... 食用香料、食用香精		TS295.5	.... 乳品罐头、饮料罐头
TS264.4	.... 食用色素		TS295.6	.... 水果罐头
TS264.9	.... 其他合成调味品		TS295.7	.... 蔬菜罐头
TS27	.. 饮料工业、冷食制造工业		TS295.8	.... 糖果罐头、果脯罐头
TS270	... 饮料工业概论		TS295.9	.... 其他罐头
TS270.1	.... 饮料工业理论		TS297	... 罐头产品标准与检验
TS270.2	.... 饮料工业原料		TS298	... 罐头食品加工厂

TS652	... 制材加工
TS653	... 人造板生产、人造板
TS653.2	.... 木材单板
TS653.3	.... 胶合板
TS653.4	.... 木材厚板
TS653.5	.... 废材制板
TS653.6	.... 纤维板
TS653.7	.... 压缩板
TS653.8	.... 蜂窝板
TS653.91	.... 钙塑板
TS653.92	.... 复面板
TS654	... 细木工
TS655	... 软木工
TS656	... 手工木工
[TS657]	... 家具制造工艺
	宜入 TS664.05。
TS66	.. 木材制品
TS664	... 家具制造工业
TS664.0	.... 家具概论
TS664.01	..... 家具理论、家具设计
TS664.02	..... 家具材料、家具辅料
TS664.03	..... 家具结构、家具构件
[TS664.04]	..... 家具加工机具
	宜入 TS64。
TS664.05	..... 家具加工工艺
TS664.06	..... 家具包装
TS664.07	..... 家具标准、家具检验
[TS664.08]	..... 家具工厂
	宜入 TS68。
TS664.1	.... 木家具
TS664.2	.... 竹家具
TS664.3	.... 藤家具
TS664.4	.... 金属家具
TS664.5	.... 塑料家具
TS664.6	.... 皮革家具
TS664.7	.... 玻璃家具
TS664.9	.... 其他按材料分的家具
TS665	.... 按用途分的家具
TS665.1	..... 卧具
TS665.2	..... 箱柜
TS665.3	..... 桌台
TS665.4	..... 坐具
TS665.5	..... 办公家具
TS665.7	..... 组合式家具
TS665.8	..... 多功能家具
TS665.9	..... 其他按用途分的家具

TS666	.... 按国家和地区分的家具
TS666.2	..... 中国家具
TS666.20	...... 中国各时代家具
TS666.21/.27	...... 中国各地区家具
TS666.28	...... 中国少数民族家具
TS666.3/.7	..... 各国家具
TS666.8	..... 西式家具
TS67	.. 木材产品标准、木材产品检验
TS68	.. 木材加工厂
TS69	.. 木材副产品
TS7	**. 造纸工业**
TS71	.. 造纸理论
TS711	... 植物纤维化学
TS712	... 造纸纤维形态、结构
TS713	... 制浆化学
TS714	... 造纸化学
TS72	.. 造纸原料、造纸辅料
TS721	... 植物造纸纤维
TS722	... 非植物造纸纤维
TS724	... 造纸废料纤维
TS727	... 造纸辅助物料
TS727.1	.... 制浆用助剂
TS727.2	.... 造纸增白剂、造纸消泡剂
TS727.3	.... 造纸渗透剂、造纸减粘剂、造纸助溶剂
TS727.5	.... 造纸施胶剂、造纸粘胶剂
TS727.6	.... 造纸填充剂
TS727.7	.... 造纸着色剂
TS73	.. 造纸设备
TS732	... 造纸原料处理机械
TS733	... 制浆机械
TS733.1	.... 蒸煮药液制备设备
TS733.2	.... 制浆蒸煮设备
TS733.3	.... 机械制浆设备
TS733.4	.... 浆料洗涤、浆料净化设备
TS733.5	.... 浆料浓缩设备、漂白设备
TS733.6	.... 湿抄机、浆板机
TS733.8	.... 再生纸原料制浆设备
TS733.9	.... 制浆酸碱回收设备
TS734	... 造纸机
TS734.1	.... 打浆设备、精浆设备
TS734.2	.... 配浆设备、流浆设备
TS734.3	.... 圆网造纸机
TS734.4	.... 长网造纸机
TS734.5	.... 造纸成型器

TS807	...	印刷标准、印刷检验
TS808	...	印刷厂
TS81	..	凸版印刷
TS811	...	活字
TS812	...	凸版印刷排版
TS813	...	凸版印刷制版
TS815	...	凸版印刷过程与设备
TS816	...	凸版印刷故障
TS82	..	平版印刷
TS823	...	平版印刷制版
TS825	...	平版印刷过程与设备
TS826	...	平版印刷故障
TS827	...	胶版印刷
TS828	...	石版印刷
TS829	...	珂罗版印刷
TS83	..	凹版印刷
TS833	...	凹版印版制作
TS835	...	凹版印刷过程与设备
TS836	...	凹版印刷故障
TS838	...	雕刻凹版印刷
[TS84]	..	孔版印刷
		宜入 TS871。
TS85	..	特种印刷
TS851	...	按载体分的特种印刷
TS851.1	....	塑料印刷
TS851.2	....	金属印刷
TS851.5	....	建筑材料印刷
TS851.6	....	包装材料印刷
TS851.7	....	皮革印刷、纤维印刷
TS852	...	按油墨分的特种印刷
TS853	...	按工艺分的特种印刷
TS853.1	....	静电印刷
TS853.2	....	立体印刷
TS853.4	....	转移印刷
TS853.5	....	喷墨印刷
TS853.6	....	全息印刷、防伪印刷
TS859	...	其他特种印刷
TS87	..	其他印刷
TS871	...	孔版印刷
TS871.1	....	丝网印刷
TS871.11	.....	丝网印刷材料
TS871.13	.....	丝网印刷制版
TS871.15	.....	丝网印刷过程、丝网印刷设备
TS871.16	.....	丝网印刷故障
TS873	...	柔性版印刷
TS879	...	复写方法

TS88	..	装订技术、装帧技术
TS881	...	装帧设计
TS882	...	装订材料
TS885	...	装订过程、装订设备
TS887	...	装订标准、装订检验
TS888	...	装订工厂、装订车间
TS89	..	印刷应用
TS891	...	书籍印刷、期刊印刷
TS892	...	报纸印刷
TS893	...	图谱印刷
TS895	...	票据印刷、证券印刷
TS896	...	标签印刷、条形码印刷
TS91	.	**五金制品工业**
TS911	..	五金基础理论
TS912	..	五金原料
TS913	..	五金工艺、五金加工设备
TS914	..	五金制品
TS914.1	...	各种材料的五金制品
TS914.2	...	日用五金制品
TS914.21	....	小五金
TS914.211	.....	锁具
TS914.212	.....	刀剪
TS914.213	.....	金属餐具
TS914.215	.....	理发工具、美容工具
TS914.216	.....	燃点具
TS914.219	.....	其他日用五金制品
TS914.23	....	炉灶、灶具
TS914.231	.....	燃煤炉灶、燃煤灶具
TS914.232	.....	燃气炉灶、燃气灶具
TS914.239	.....	其他炉灶
TS914.24	....	炊具
TS914.25	....	热水器具、洗涤器具
TS914.251	.....	水壶
TS914.252	.....	热水器
TS914.253	.....	暖水瓶
TS914.254	.....	盥洗器具
TS914.259	.....	其他洗涤器具
TS914.26	....	金属箱柜
TS914.27	....	文化教育用具
TS914.29	....	其他日用五金制品
TS914.3	...	建筑五金
TS914.4	...	农具五金
TS914.5	...	工具五金
TS914.51	....	钳工工具、装配工具
TS914.53	....	电工工具

TS941.565	..... 缝纫机具、编织机具	TS941.732.9	...... 学生服装
TS941.569	..... 其他服装机械	TS941.733	..... 军服
TS941.6	... 服装工艺	TS941.734	..... 运动服装
TS941.61	.... 服装工艺理论与设计	TS941.735	..... 表演服装
TS941.62	.... 服装准备工艺	TS941.736	..... 保暖服装
TS941.63	.... 缝制工艺	TS941.737	..... 宗教服装
TS941.64	.... 服装成型	TS941.739	..... 其他按用途分的服装
TS941.65	.... 服装无缝模制	TS941.74	.... 按国家分的服装
TS941.66	.... 服装熨烫	TS941.742	..... 中国服装
TS941.67	.... 服装整理	TS941.742.8	..... 中国民族服装
TS941.68	.... 服装包装	TS941.743	..... 外国服装
TS941.7	... 服装	TS941.75	.... 床上用品、装饰用品
TS941.7-9	.... 流行装、时装	TS941.751	..... 被褥
TS941.71	.... 按式样分的服装	TS941.752	..... 床单、床罩
TS941.711	..... 中山装	TS941.753	..... 枕巾、枕套
TS941.712	..... 西装	TS941.754	..... 蚊帐、幔帐
TS941.713	..... 衬衣、内衣	TS941.755	..... 台布、装饰布
TS941.714	..... 外衣、外套、大衣	TS941.756	..... 坐具套、坐垫
TS941.715	..... 浴衣、睡衣	TS941.757	..... 窗帘、门帘
TS941.716	.... 按年龄分的服装	TS941.76	.... 按工艺分的服装
TS941.716.1	..... 婴儿服装、幼儿服装	[TS941.761]	..... 针织服装
TS941.716.3	..... 少年服装		宜入 TS186.3。
TS941.716.4	..... 青年服装	TS941.763	..... 编织服装
TS941.716.5	..... 中年服装	TS941.764	..... 刺绣服装
TS941.716.6	..... 老年服装	TS941.765	..... 手工服装
TS941.717	.... 女装	TS941.77	.... 按材料分的服装
TS941.717.8	..... 裙装	TS941.771	..... 棉布服装
TS941.717.9	..... 胸衣、胸罩、束腰用品	TS941.772	..... 丝绸服装、麻服装
TS941.718	.... 男装	TS941.773	..... 毛呢服装
TS941.72	.... 按佩带分的服装	TS941.774	..... 毛绒服装
TS941.721	..... 帽	TS941.775	..... 羽绒制品
TS941.722	..... 围巾、头巾、披肩	TS941.776	..... 皮革服装、毛皮服装
TS941.723	..... 领带、蝴蝶结	TS941.777	..... 混纺料服装
TS941.724	..... 手套、口罩	TS941.778	..... 化纤料服装
TS941.727	..... 护具	TS941.779.1	..... 人造革服装、人造毛皮服装
TS941.728	..... 服装配饰件	TS941.779.3	..... 复合材料服装、非织造物服装
TS941.73	.... 按用途分的服装	TS941.79	... 服装标准、服装检验
TS941.731	..... 劳保服装、保健服装	TS941.8	... 服装厂
TS941.731.3	..... 防热服、抗寒服、防水服	TS942	.. 服装表演、服装展示
TS941.731.7	..... 防辐射服、防腐蚀服、防尘服、抗冲击服	TS942.2	... 服装表演
		TS942.5	... 时装模特
TS941.731.8	..... 防护头盔、面罩、耳罩	TS942.8	... 服装展示
TS941.731.93	..... 保健服装	TS943	.. 制鞋工业
TS941.732	..... 工作服装、学生服装	TS943.1	... 制鞋理论
TS941.732.1	...... 职业服装	TS943.2	... 制鞋设计
TS941.732.3	...... 工作服	TS943.3	... 靴鞋结构

TS943.4	... 制鞋材料
TS943.5	... 制鞋机械
TS943.6	... 制鞋工艺
TS943.7	... 靴鞋
TS943.71	.... 按材料分的靴鞋
TS943.711	..... 布鞋
TS943.712	..... 皮鞋
TS943.713	..... 塑料鞋
TS943.714	..... 胶鞋
TS943.72	.... 按用途分的靴鞋
TS943.721	..... 男鞋
TS943.722	..... 女鞋
TS943.723	..... 童鞋
TS943.725	..... 棉鞋
TS943.726	..... 单鞋
TS943.727	..... 凉鞋、拖鞋
TS943.728	..... 雨鞋
TS943.73	.... 按式样分的靴鞋
TS943.74	.... 运动鞋、旅游鞋、休闲鞋
TS943.741	..... 跑鞋、跳鞋
TS943.742	..... 滑冰鞋、滑雪鞋
TS943.743	..... 登山鞋
TS943.745	..... 球鞋
TS943.748	..... 旅游鞋
TS943.75	.... 工艺靴鞋、戏剧靴鞋
TS943.76	.... 民族靴鞋
TS943.762	..... 中国靴鞋
TS943.763	..... 外国靴鞋
TS943.77	.... 保健鞋
TS943.779	.... 军用靴鞋
TS943.78	.... 劳保靴鞋、特殊用途的靴鞋
TS943.79	... 靴鞋标准、靴鞋检验
TS943.8	... 制鞋工厂、制鞋店

TS95　.　其他轻工业、手工业

TS951	.. 文教用品工业
TS951.1	... 笔
TS951.11	.... 毛笔
TS951.12	.... 铅笔
TS951.13	.... 自来水笔
TS951.14	.... 圆珠笔
TS951.18	.... 蜡笔、粉笔
TS951.19	.... 其他笔
TS951.2	... 墨、砚、绘画颜料
TS951.21	.... 墨锭、墨汁、墨膏
TS951.23	.... 墨水

[TS951.24]	.... 绘画颜料
	宜入 TQ628.9。
TS951.28	.... 砚
TS951.3	... 篆刻制品
TS951.4	... 誊印机具
TS951.43	.... 打字机具
TS951.47	.... 复印机
TS951.48	.... 装订机具
TS951.5	... 簿册制品
TS951.7	... 教学用具
TS951.8	... 绘图工具
TS952	.. 体育器具制造工业
TS952.1	... 田径器具
TS952.2	... 体操器具
TS952.3	... 球类运动器具
TS952.4	... 武术器具
TS952.5	... 重竞技器具
TS952.6	... 水上运动器具、冰上运动器具、雪上运动器具
TS952.7	... 军事体育器具
TS952.8	... 游乐活动器具
TS952.81	.... 电动游乐器具
TS952.83	.... 电子游戏机
TS952.91	... 群众体育器具
TS952.93	... 裁判用器具、教练用器具
TS952.94	... 体育保护器具
TS952.95	... 登山运动器具
TS952.97	... 文娱活动器具
TS953	.. 乐器制造工业
TS953.0	... 乐器制造概论
TS953.01	.... 乐器理论、乐器设计
TS953.03	.... 乐器材料、乐器配件、乐器辅助用品
TS953.05	.... 乐器制造工艺
TS953.06	.... 乐器分类
TS953.07	.... 乐器标准、乐器检验
TS953.08	.... 乐器厂
TS953.2	... 中国民族乐器
TS953.22	.... 中国吹奏乐器
TS953.23	.... 中国弓弦乐器
TS953.24	.... 中国弹拨乐器
TS953.25	.... 中国打击乐器
TS953.26	.... 中国鼓乐器
TS953.27	.... 中国响乐器
TS953.29	.... 其他中国民族乐器
TS953.3	... 西乐器
TS953.32	.... 吹奏乐器

TS953.33	.... 弓弦乐器
TS953.34	.... 弹拨乐器
TS953.35	.... 键盘乐器、簧乐器
TS953.36	.... 打击乐器
TS953.37	.... 鼓乐器
TS953.39	.... 其他西乐器
TS953.5	... 电乐器
TS953.6	... 儿童乐器
TS953.7	... 乐器辅助用品
TS954	.. 放音器
TS954.1	... 留声机
TS954.5	... 唱片
TS954.6	... 录音片、录音筒、录音盒
TS955	.. 舞台道具制造
TS956	.. 灯具制造
TS956.2	... 日用灯具
TS956.3	... 文化艺术灯具
TS956.4	... 特种灯具
TS958	.. 玩具工业
TS958.0	... 玩具制造概论
TS958.01	.... 玩具理论
TS958.02	.... 玩具设计
TS958.03	.... 玩具结构、玩具零件
TS958.04	.... 玩具材料
TS958.05	.... 玩具制造设备
TS958.06	.... 玩具制造工艺
TS958.07	.... 玩具标准、玩具检验
TS958.08	.... 玩具工厂、玩具经销商
TS958.1	... 按造型分的玩具
TS958.2	... 按结构和性能分的玩具
TS958.21	.... 整体式玩具
TS958.22	.... 组合式玩具
TS958.23	.... 充气式玩具
TS958.25	.... 音响玩具
TS958.26	.... 机动玩具
TS958.27	.... 电动玩具
TS958.28	.... 电子玩具、光学玩具
TS958.289	.... 电子宠物
TS958.4	... 按材料分的玩具
TS958.41	.... 布玩具、绒玩具
TS958.42	.... 纸玩具、花玩具
TS958.43	.... 木玩具、竹玩具、藤玩具
TS958.44	.... 塑料玩具
TS958.45	.... 橡胶玩具
TS958.47	.... 金属玩具
TS958.5	... 按使用人分的玩具

TS958.6	... 按用途分的玩具
TS958.61	.... 室内玩具
TS958.62	.... 室外玩具
TS958.63	.... 智益性玩具
TS958.64	.... 游艺性玩具
TS958.66	.... 玩偶的服饰、玩偶的用具
TS958.7	... 童车
TS959.1	.. 毛发羽毛制品
TS959.2	.. 竹藤棕草制品
TS959.3	.. 漆器制造
TS959.4	.. 纸料工
TS959.5	.. 制扇、制伞
TS959.6	.. 眼镜、眼镜制造
TS959.61	... 普通眼镜
TS959.62	... 隐形眼镜
TS959.63	... 墨镜
TS959.64	... 劳保眼镜
TS959.66	... 潜水镜
TS959.7	.. 制镜

TS97   . 生活服务技术

TS971	.. 饮食科学
TS971.1	... 美食学
TS971.2	... 饮食文化
TS971.21	.... 茶文化、茶艺
TS971.22	.... 酒文化、酒艺
TS971.23	.... 咖啡文化
TS971.29	.... 其他饮食文化
TS972	.. 饮食烹饪技术、饮食烹饪设备
TS972.1	... 烹饪法、食谱、菜谱
TS972.11	.... 烹饪技术
TS972.111	.... 烹饪原料、烹饪辅料
TS972.112	.... 调味原料、调味法
TS972.113	.... 烹调技术
TS972.114	.... 雕饰技艺
TS972.117	.... 中餐烹饪法
TS972.118	.... 西餐烹饪法
TS972.119	.... 其他烹饪法
TS972.12	.... 菜肴烹饪、菜谱
TS972.121	.... 冷菜烹饪
TS972.122	.... 甜菜烹饪、汤烹饪、煲烹饪、羹烹饪
TS972.123	.... 素菜烹饪
TS972.125	.... 荤菜烹饪
TS972.126	.... 海鲜菜肴烹饪
TS972.127	.... 家常菜烹饪、宴会菜烹饪